中国石油科技进展丛书（2006—2015年）

# 石油地球物理勘探

主　编：张　玮
副主编：撒利明　张少华

石油工业出版社

## 内容提要

本书系统总结了"十一五""十二五"期间中国石油在油气地球物理勘探技术方面的新进展,主要涉及地震数据采集、处理、解释技术及物探软件、物探装备研发方面的进展等,介绍了地震勘探技术在复杂山地复杂构造油气藏勘探、碳酸盐岩油气藏勘探、岩性油气藏勘探、复杂断块油气藏勘探、火山岩油气藏勘探、致密油气藏勘探、非常规储层勘探开发、二次开发油藏精细评价、海外油气勘探开发及煤矿生产安全中的10个标志性勘探实例,论述了今后物探技术发展方向等。

本书可供从事油气地球物理勘探的技术人员、管理人员及相关院校师生参考阅读。

## 图书在版编目(CIP)数据

石油地球物理勘探 / 张玮主编 . —北京:
石油工业出版社,2019.1
(中国石油科技进展丛书 . 2006—2015 年)
ISBN 978-7-5183-3001-0

Ⅰ . ①石… Ⅱ . ①张… Ⅲ . ①油气勘探 – 地球物理勘探 – 研究 Ⅳ . ① P618.130.8

中国版本图书馆 CIP 数据核字(2018)第 265265 号

---

出版发行:石油工业出版社
  (北京安定门外安华里 2 区 1 号　100011)
  网　　址:www.petropub.com
  编辑部:(010)64523544　图书营销中心:(010)64523633
经　销:全国新华书店
印　刷:北京中石油彩色印刷有限责任公司

2019 年 1 月第 1 版　2019 年 1 月第 1 次印刷
787×1092 毫米　开本:1/16　印张:30.75
字数:750 千字

定价:260.00 元
(如出现印装质量问题,我社图书营销中心负责调换)
版权所有,翻印必究

# 《中国石油科技进展丛书（2006—2015年）》
# 编委会

主　任：王宜林

副主任：焦方正　喻宝才　孙龙德

主　编：孙龙德

副主编：匡立春　袁士义　隋　军　何盛宝　张卫国

编　委：（按姓氏笔画排序）

于建宁　马德胜　王　峰　王卫国　王立昕　王红庄
王雪松　王渝明　石　林　伍贤柱　刘　合　闫伦江
汤　林　汤天知　李　峰　李忠兴　李建忠　李雪辉
吴向红　邹才能　闵希华　宋少光　宋新民　张　玮
张　研　张　镇　张子鹏　张光亚　张志伟　陈和平
陈健峰　范子菲　范向红　罗　凯　金　鼎　周灿灿
周英操　周家尧　郑俊章　赵文智　钟太贤　姚根顺
贾爱林　钱锦华　徐英俊　凌心强　黄维和　章卫兵
程杰成　傅国友　温声明　谢正凯　雷　群　蔺爱国
撒利明　潘校华　穆龙新

# 专家组

成　员：刘振武　童晓光　高瑞祺　沈平平　苏义脑　孙　宁
高德利　王贤清　傅诚德　徐春明　黄新生　陆大卫
钱荣钧　邱中建　胡见义　吴　奇　顾家裕　孟纯绪
罗治斌　钟树德　接铭训

# 《石油地球物理勘探》编写组

主　　编：张　玮
副 主 编：撒利明　张少华
编写人员：

| | | | | | |
|---|---|---|---|---|---|
| 施海峰 | 宋建军 | 马伟宁 | 徐礼贵 | 李向阳 | 曹　宏 |
| 董世泰 | 杨志芳 | 张　颖 | 卢明辉 | 狄帮让 | 丁拼博 |
| 张　峰 | 何永清 | 唐东磊 | 汪长辉 | 王梅生 | 何光明 |
| 李彦鹏 | 徐　刚 | 宁宏晓 | 夏建军 | 蔡锡伟 | 李伟波 |
| 胡永贵 | 蔡加铭 | 赵建儒 | 李道善 | 于宝利 | 刘占族 |
| 王建民 | 吴永国 | 王海立 | 蓝益军 | 肖　虎 | 赵小辉 |
| 王成祥 | 张建磊 | 周　辉 | 杨午阳 | 王恩利 | 罗福龙 |
| 杨　波 | 陶知非 | 罗兰兵 | 全海燕 | 易昌华 | 方守川 |
| 罗国安 | 孙鹏远 | 崔京彬 | 王文闯 | 刘　军 | 叶苑权 |
| 罗敏学 | 贺维胜 | 蒽晓宇 | 何展翔 | 刘雪军 | 刘云祥 |
| 王永涛 | 王乃建 | 陈学强 | 王瑞贞 | 张慕刚 | 蒋连斌 |
| 张宇生 | 倪宇东 | 白旭明 | 郭　锐 | | |

# 序

习近平总书记指出，创新是引领发展的第一动力，是建设现代化经济体系的战略支撑，要瞄准世界科技前沿，拓展实施国家重大科技项目，突出关键共性技术、前沿引领技术、现代工程技术、颠覆性技术创新，建立以企业为主体、市场为导向、产学研深度融合的技术创新体系，加快建设创新型国家。

中国石油认真学习贯彻习近平总书记关于科技创新的一系列重要论述，把创新作为高质量发展的第一驱动力，围绕建设世界一流综合性国际能源公司的战略目标，坚持国家"自主创新、重点跨越、支撑发展、引领未来"的科技工作指导方针，贯彻公司"业务主导、自主创新、强化激励、开放共享"的科技发展理念，全力实施"优势领域持续保持领先、赶超领域跨越式提升、储备领域占领技术制高点"的科技创新三大工程。

"十一五"以来，尤其是"十二五"期间，中国石油坚持"主营业务战略驱动、发展目标导向、顶层设计"的科技工作思路，以国家科技重大专项为龙头、公司重大科技专项为抓手，取得一大批标志性成果，一批新技术实现规模化应用，一批超前储备技术获重要进展，创新能力大幅提升。为了全面系统总结这一时期中国石油在国家和公司层面形成的重大科研创新成果，强化成果的传承、宣传和推广，我们组织编写了《中国石油科技进展丛书（2006—2015年）》（以下简称《丛书》）。

《丛书》是中国石油重大科技成果的集中展示。近些年来，世界能源市场特别是油气市场供需格局发生了深刻变革，企业间围绕资源、市场、技术的竞争日趋激烈。油气资源勘探开发领域不断向低渗透、深层、海洋、非常规扩展，炼油加工资源劣质化、多元化趋势明显，化工新材料、新产品需求持续增长。国际社会更加关注气候变化，各国对生态环境保护、节能减排等方面的监管日益严格，对能源生产和消费的绿色清洁要求不断提高。面对新形势新挑战，能源企业必须将科技创新作为发展战略支点，持续提升自主创新能力，加快构筑竞争新优势。"十一五"以来，中国石油突破了一批制约主营业务发展的关键技术，多项重要技术与产品填补空白，多项重大装备与软件满足国内外生产急需。截至2015年底，共获得国家科技奖励30项、获得授权专利17813项。《丛书》全面系统地梳理了中国石油"十一五""十二五"期间各专业领域基础研究、技术开发、技术应用中取得的主要创新性成果，总结了中国石油科技创新的成功经验。

《丛书》是中国石油科技发展辉煌历史的高度凝练。中国石油的发展史，就是一部创业创新的历史。建国初期，我国石油工业基础十分薄弱，20世纪50年代以来，随着陆相生油理论和勘探技术的突破，成功发现和开发建设了大庆油田，使我国一举甩掉贫油的帽子；此后随着海相碳酸盐岩、岩性地层理论的创新发展和开发技术的进步，又陆续发现和建成了一批大中型油气田。在炼油化工方面，"五朵金花"炼化技术的开发成功打破了国外技术封锁，相继建成了一个又一个炼化企业，实现了炼化业务的不断发展壮大。重组改制后特别是"十二五"以来，我们将"创新"纳入公司总体发展战略，着力强化创新引领，这是中国石油在深入贯彻落实中央精神、系统总结"十二五"发展经验基础上、根据形势变化和公司发展需要作出的重要战略决策，意义重大而深远。《丛书》从石油地质、物探、测井、钻完井、采油、油气藏工程、提高采收率、地面工程、井下作业、油气储运、石油炼制、石油化工、安全环保、海外油气勘探开发和非常规油气勘探开发等15个方面，记述了中国石油艰难曲折的理论创新、科技进步、推广应用的历史。它的出版真实反映了一个时期中国石油科技工作者百折不挠、顽强拼搏、敢于创新的科学精神，弘扬了中国石油科技人员秉承"我为祖国献石油"的核心价值观和"三老四严"的工作作风。

《丛书》是广大科技工作者的交流平台。创新驱动的实质是人才驱动，人才是创新的第一资源。中国石油拥有21名院士、3万多名科研人员和1.6万名信息技术人员，星光璀璨，人文荟萃、成果斐然。这是我们宝贵的人才资源。我们始终致力于抓好人才培养、引进、使用三个关键环节，打造一支数量充足、结构合理、素质优良的创新型人才队伍。《丛书》的出版搭建了一个展示交流的有形化平台，丰富了中国石油科技知识共享体系，对于科技管理人员系统掌握科技发展情况，做出科学规划和决策具有重要参考价值。同时，便于科研工作者全面把握本领域技术进展现状，准确了解学科前沿技术，明确学科发展方向，更好地指导生产与科研工作，对于提高中国石油科技创新的整体水平，加强科技成果宣传和推广，也具有十分重要的意义。

掩卷沉思，深感创新艰难、良作难得。《丛书》的编写出版是一项规模宏大的科技创新历史编纂工程，参与编写的单位有60多家，参加编写的科技人员有1000多人，参加审稿的专家学者有200多人次。自编写工作启动以来，中国石油党组对这项浩大的出版工程始终非常重视和关注。我高兴地看到，两年来，在各编写单位的精心组织下，在广大科研人员的辛勤付出下，《丛书》得以高质量出版。在此，我真诚地感谢所有参与《丛书》组织、研究、编写、出版工作的广大科技工作者和参编人员，真切地希望这套《丛书》能成为广大科技管理人员和科研工作者的案头必备图书，为中国石油整体科技创新水平的提升发挥应有的作用。我们要以习近平新时代中国特色社会主义思想为指引，认真贯彻落实党中央、国务院的决策部署，坚定信心、改革攻坚，以奋发有为的精神状态、卓有成效的创新成果，不断开创中国石油稳健发展新局面，高质量建设世界一流综合性国际能源公司，为国家推动能源革命和全面建成小康社会作出新贡献。

2018年12月

# 丛书前言

石油工业的发展史，就是一部科技创新史。"十一五"以来尤其是"十二五"期间，中国石油进一步加大理论创新和各类新技术、新材料的研发与应用，科技贡献率进一步提高，引领和推动了可持续跨越发展。

十余年来，中国石油以国家科技发展规划为统领，坚持国家"自主创新、重点跨越、支撑发展、引领未来"的科技工作指导方针，贯彻公司"主营业务战略驱动、发展目标导向、顶层设计"的科技工作思路，实施"优势领域持续保持领先、赶超领域跨越式提升、储备领域占领技术制高点"科技创新三大工程；以国家重大专项为龙头，以公司重大科技专项为核心，以重大现场试验为抓手，按照"超前储备、技术攻关、试验配套与推广"三个层次，紧紧围绕建设世界一流综合性国际能源公司目标，组织开展了50个重大科技项目，取得一批重大成果和重要突破。

形成40项标志性成果。（1）勘探开发领域：创新发展了深层古老碳酸盐岩、冲断带深层天然气、高原咸化湖盆等地质理论与勘探配套技术，特高含水油田提高采收率技术，低渗透/特低渗透油气田勘探开发理论与配套技术，稠油/超稠油蒸汽驱开采等核心技术，全球资源评价、被动裂谷盆地石油地质理论及勘探、大型碳酸盐岩油气田开发等核心技术。（2）炼油化工领域：创新发展了清洁汽柴油生产、劣质重油加工和环烷基稠油深加工、炼化主体系列催化剂、高附加值聚烯烃和橡胶新产品等技术，千万吨级炼厂、百万吨级乙烯、大氮肥等成套技术。（3）油气储运领域：研发了高钢级大口径天然气管道建设和管网集中调控运行技术、大功率电驱和燃驱压缩机组等16大类国产化管道装备，大型天然气液化工艺和20万立方米低温储罐建设技术。（4）工程技术与装备领域：研发了G3i大型地震仪等核心装备，"两宽一高"地震勘探技术，快速与成像测井装备、大型复杂储层测井处理解释一体化软件等，8000米超深井钻机及9000米四单根立柱钻机等重大装备。（5）安全环保与节能节水领域：

研发了 $CO_2$ 驱油与埋存、钻井液不落地、炼化能量系统优化、烟气脱硫脱硝、挥发性有机物综合管控等核心技术。(6) 非常规油气与新能源领域：创新发展了致密油气成藏地质理论，致密气田规模效益开发模式，中低煤阶煤层气勘探理论和开采技术，页岩气勘探开发关键工艺与工具等。

取得 15 项重要进展。(1) 上游领域：连续型油气聚集理论和含油气盆地全过程模拟技术创新发展，非常规资源评价与有效动用配套技术初步成型，纳米智能驱油二氧化硅载体制备方法研发形成，稠油火驱技术攻关和试验获得重大突破，井下油水分离同井注采技术系统可靠性、稳定性进一步提高；(2) 下游领域：自主研发的新一代炼化催化材料及绿色制备技术、苯甲醇烷基化和甲醇制烯烃芳烃等碳一化工新技术等。

这些创新成果，有力支撑了中国石油的生产经营和各项业务快速发展。为了全面系统反映中国石油 2006—2015 年科技发展和创新成果，总结成功经验，提高整体水平，加强科技成果宣传推广、传承和传播，中国石油决定组织编写《中国石油科技进展丛书（2006—2015 年）》（以下简称《丛书》）。

《丛书》编写工作在编委会统一组织下实施。中国石油集团董事长王宜林担任编委会主任。参与编写的单位有 60 多家，参加编写的科技人员 1000 多人，参加审稿的专家学者 200 多人次。《丛书》各分册编写由相关行政单位牵头，集合学术带头人、知名专家和有学术影响的技术人员组成编写团队。《丛书》编写始终坚持：一是突出站位高度，从石油工业战略发展出发，体现中国石油的最新成果；二是突出组织领导，各单位高度重视，每个分册成立编写组，确保组织架构落实有效；三是突出编写水平，集中一大批高水平专家，基本代表各个专业领域的最高水平；四是突出《丛书》质量，各分册完成初稿后，由编写单位和科技管理部共同推荐审稿专家对稿件审查把关，确保书稿质量。

《丛书》全面系统反映中国石油 2006—2015 年取得的标志性重大科技创新成果，重点突出"十二五"，兼顾"十一五"，以科技计划为基础，以重大研究项目和攻关项目为重点内容。丛书各分册既有重点成果，又形成相对完整的知识体系，具有以下显著特点：一是继承性。《丛书》是《中国石油"十五"科技进展丛书》的延续和发展，凸显中国石油一以贯之的科技发展脉络。二是完整性。《丛书》涵盖中国石油所有科技领域进展，全面反映科技创新成果。三是标志性。《丛书》在综合记述各领域科技发展成果基础上，突出中国石油领先、高端、前沿的标志性重大科技成果，是核心竞争力的集中展示。四是创新性。《丛书》全面梳理中国石油自主创新科技成果，总结成功经验，有助于提高科技创新整体水平。五是前瞻性。《丛书》设置专门章节对世界石油科技中长期发展做出基本预测，有助于石油工业管理者和科技工作者全面了解产业前沿、把握发展机遇。

《丛书》将中国石油技术体系按15个领域进行成果梳理、凝练提升、系统总结，以领域进展和重点专著两个层次的组合模式组织出版，形成专有技术集成和知识共享体系。其中，领域进展图书，综述各领域的科技进展与展望，对技术领域进行全覆盖，包括石油地质、物探、测井、钻完井、采油、油气藏工程、提高采收率、地面工程、井下作业、油气储运、石油炼制、石油化工、安全环保节能、海外油气勘探开发和非常规油气勘探开发等15个领域。31部重点专著图书反映了各领域的重大标志性成果，突出专业深度和学术水平。

《丛书》的组织编写和出版工作任务量浩大，自2016年启动以来，得到了中国石油天然气集团公司党组的高度重视。王宜林董事长对《丛书》出版做了重要批示。在两年多的时间里，编委会组织各分册编写人员，在科研和生产任务十分紧张的情况下，高质量高标准完成了《丛书》的编写工作。在集团公司科技管理部的统一安排下，各分册编写组在完成分册稿件的编写后，进行了多轮次的内部和外部专家审稿，最终达到出版要求。石油工业出版社组织一流的编辑出版力量，将《丛书》打造成精品图书。值此《丛书》出版之际，对所有参与这项工作的院士、专家、科研人员、科技管理人员及出版工作者的辛勤工作表示衷心感谢。

人类总是在不断地创新、总结和进步。这套丛书是对中国石油2006—2015年主要科技创新活动的集中总结和凝练。也由于时间、人力和能力等方面原因，还有许多进展和成果不可能充分全面地吸收到《丛书》中来。我们期盼有更多的科技创新成果不断地出版发行，期望《丛书》对石油行业的同行们起到借鉴学习作用，希望广大科技工作者多提宝贵意见，使中国石油今后的科技创新工作得到更好的总结提升。

孙龙德

2018年12月

# 前 言

"十一五"和"十二五"期间，国内外油气勘探开发形势较好，中国石油天然气集团公司（以下简称集团公司）坚定不移地推进"资源、市场和国际化"战略，发挥一体化综合竞争优势，科技创新能力、参与国际竞争综合实力得到显著提升，国内国际油气生产能力快速提高。

物探作为技术服务国际化程度较高、支撑主业发展贡献突出的业务，集团公司持续给予了高度重视和大力支持。在两个五年规划发展过程中，逐步形成了"保持优势领域技术领先，解决生产问题；实现装备软件技术赶超，提高服务能力；发展业务链延伸技术，保障可持续发展；跨越式发展差距技术，促进新业务增长；强化前沿技术获取与发展，占领制高点"5项核心发展思路。按照超前储备、技术攻关、集成配套三个层次组织实施了"物探新方法新技术""物探核心装备与软件""物探技术装备现场试验与配套"三个重大科技项目，取得了可喜的成果，使软件与装备技术、陆上地震采集技术、叠前深度域处理技术、复杂油藏地震解释技术居国际先进水平，复杂地表地震勘探技术居国际领先行列。形成了大型地震仪器等4项硬件、地震数据处理解释一体化等11项软件，以及高密度宽方位地震勘探等14项配套技术的完整物探技术链条，实现了总体科技水平和创新能力跨越式发展，在国际高端技术占有一席之地，有力支撑了中国石油国内外勘探开发业务和国际化业务。

首先，物探技术进步为集团公司实施的储量增长高峰期工程、二次开发工程、天然气大发展工程、海外业务大发展工程四大工程顺利实施提供了坚实的技术保障。物探技术的每一次新突破、新进展，都带动一批新油气田的发现，并由此产生新的储量增长高峰。在复杂山地油气勘探中，大幅度提高地震成像精度，为柴达木盆地英雄岭地区、塔里木盆地库车坳陷等一批复杂构造的落实奠定了基础。在地层岩性油气藏勘探中，大幅度提高储层预测精度，为环玛湖、歧口、埕北、苏里格等突破奠定了基础。在叠合盆地深层非均质碳酸盐岩油气藏勘探中，提高缝洞储层雕刻精度，为大川中、塔北等探区突破、增储发挥了重要作用。在火山岩复杂油气藏勘探中，提高储层描述精度，为克拉美丽气田、滴南凸起南带等的突破发挥了重要作用。在断陷盆地复杂断块、断层—岩性和潜山油气藏勘探中，提高地震成像精度，为冀中、港北潜山及埕海低断阶复杂断块等获得新突破发挥了重要作用。在渤海湾老区挖潜中，开展物探一体化技术应用，为提高滚动勘探开发成效发挥了重要作用。在非常规油气勘探中，攻关甜点预测技术，为雷家、扎哈泉致密油及长宁、威远、昭通页岩气勘探奠定基础。

其次，通过持续的技术积淀与技术攻关，基本实现物探技术从跟跑到并跑，行业竞争能力得到大幅度提升，陆上地震勘探技术整体处于国际先进水平。陆上高精度地震勘探一体化解决方案 PAI-Land、过渡带地震勘探一体化解决方案 PAI-TZ、油藏地球物理勘探一体化解决方案 PAI-RE、重磁电勘探一体化解决方案 PAI-GME3D，以及数字化地震队与可控震源高效采集技术 PAI-Vibroseis、海洋地震勘探技术 PAI-Marine、速度建模与成像技术 PAI-Imaging 等 8 项特色技术，成为油气勘探开发、开拓物探市场的主要技术载体。复杂山地勘探技术国际领先，形成了宽方位高密度三维地震采集、TTI 各向异性叠前偏移成像和地震采集高效作业三项关键技术。大型地震仪器、可控震源技术保持国际同步，G3i 有线地震仪带道能力提升到 10 万道。Hawk 节点地震仪技术能力与国外同类仪器相当，满足各种地形、长时间采集要求。低频可控震源 LFV3 激发频宽由常规的 6～80Hz 提升到 3～120Hz，并稳定生产，被国外同行赞为"开启低频勘探先河"。物探软件整体处于国际先进水平，国产物探软件进入了全面替代进口软件的阶段，在叠前偏移成像、速度建模、触摸屏解释工具等关键技术获得重大进展，叠前偏移成像软件效率领先于同类商业软件。新一代地震采集工程软件具有开放式软件开发平台，发展形成可控震源配套技术、实时监控软件 RTQC 等新功能，为"两宽一高"地震资料采集提供了有力技术支撑。同时，油藏地球物理、非常规油气物探技术、海洋物探技术也取得了不同程度的重要进展。

物探技术的持续发展为集团公司主营业务发展提供了坚实的技术保障。中国油气资源潜力较大，但勘探开发的难度也逐步加大，要实现突破性进展，必须依赖工程技术的进步和创新，依赖创新理论和新技术新方法的运用。中国石油陆相盆地地质问题比国外突出，对物探技术需求更高。中国石油油气勘探开发重点是前陆、岩性、深层和老区，普遍存在以下 4 个问题：一是储层薄，东部地区储层厚度为 1~5m，中西部地区储层厚度为 5~10m，已经超过了常规地震分辨率极限；二是储层非均质性强，陆相沉积相变快，砂泥互层错叠发育、碳酸盐岩储层类型多、储层控制因素复杂、火山岩发育机制不同、物性差异较大，利用常规地震技术难以分辨小尺度目标体的研究；三是复杂地表条件下的复杂构造、低幅度构造、复杂断块成像精度低，常规技术不能完全满足提高成像精度和纵横向分辨率要求；四是富油气区带油气藏精细评价、剩余油监测、寻找新层系和开发动态监测等已成为油藏评价和二次开发物探工作重点。

因此，为了总结两个五年规划期间物探技术创新的重要成果，认清面临的发展问题，奠定中长期物探技术发展基础，特编写本书，主要涉及物探数据采集/处理/解释技术、物探软件、物探装备、勘探实例和今后技术发展方向等内容。

本书编写工作得到了中国石油集团东方地球物理勘探有限责任公司、大庆钻探集团物探公司、川庆钻探集团物探公司、中国石油勘探开发研究院物探所、中国石油勘探开发研究院西北分院地球物理所、物探重点实验室等单位的主管领导及专家的大力支持，在此表示衷心感谢。

# 目 录

## 第一章 物探新方法新技术 … 1
第一节 岩石物理与建模技术 … 1
第二节 速度建模及成像技术 … 19
第三节 非均质储层及流体识别技术 … 35
第四节 物理模型及正演技术 … 50
第五节 页岩储层物探技术 … 64

## 第二章 物探装备 … 78
第一节 G3i 与 Hawk 地震仪器 … 78
第二节 高精度可控震源 … 87
第三节 高精度宽频地震检波器 … 90
第四节 海洋拖缆船、导航定位系统 … 96

## 第三章 物探软件 … 106
第一节 GeoEast 地震数据处理解释一体化系统 … 106
第二节 KLSeis 地震采集工程软件系统 … 151
第三节 GeoMountain 山地地震勘探软件 … 165
第四节 GeoEast-RE 油藏地球物理软件系统 … 177
第五节 微地震压裂监测软件 … 189
第六节 GeoSeisQC 地震采集质量监控软件系统 … 197

## 第四章 地球物理勘探技术 … 208
第一节 陆上油气高密度宽方位地震勘探技术 … 208
第二节 海洋（过渡带）地震勘探技术 … 277
第三节 油藏地球物理勘探开发一体化技术 … 292
第四节 多波地震勘探及裂缝储层预测配套技术 … 311
第五节 重磁电勘探一体化技术 … 325

# 第五章 重大标志性地震勘探实例 ... 340

## 第一节 复杂山地复杂构造油气藏勘探 ... 340
## 第二节 碳酸盐岩油气藏勘探 ... 350
## 第三节 岩性油气藏勘探 ... 365
## 第四节 复杂断块油气藏勘探 ... 378
## 第五节 火山岩油气藏勘探 ... 392
## 第六节 致密油气藏勘探 ... 405
## 第七节 非常规储层勘探开发 ... 414
## 第八节 二次开发油藏精细评价 ... 435
## 第九节 海外油气勘探开发中的应用 ... 447
## 第十节 物探技术在煤矿生产安全中的应用 ... 461

# 第六章 技术发展展望 ... 469

# 第一章 物探新方法新技术

## 第一节 岩石物理与建模技术

地震岩石物理建模是储层地震预测的关键环节，地震岩石物理分析是储层定量解释的基础工作。相关研究是了解储层物性特征、孔隙类型及连通性，掌握储集空间类型、物性及孔隙流体类型、含量及其分布的弹性参数和地震响应特征，揭示其内在物理机理，探索地震有效评价、预测方法的最有效途径。"十二五"期间在复杂介质岩石物理分析方面取得了较大进展，实现了宽频岩石物理测量和动静态联合测量，初步建立了双孔介质岩石物理模型，形成了致密砂岩与碳酸盐岩储层预测方法，在实际工程应用中见到了一定效果。

### 一、跨频段岩石物理实验技术

岩石物理实验方法按其测试频率范围和测试方式大体归成三类，一是行波观测方法，超声波测量技术一般采用此类方法，测量频率在 0.1~2MHz；二是驻波法，如共振棒技术，频率范围在百赫兹至千赫兹，接近于声波测井的频率；三是应力—应变方法，这是材料力学中常用的一种方法，通过对样品施加轴向压力获得纵向和横向的应变变化，目前有静态和动态两种测试方法，静态测试在无振动条件下进行，动态测试可在几赫兹到几千赫兹范围内进行，是目前低频测量技术主要采用的方法。

中国石油勘探开发研究院于 2012 年成功研制多功能跨频段岩石物理性质测量系统，主要包括多功能超声波测量系统、加压低频纳米级应变测试系统和流体性质测量系统，并且在石油系统首次引进了工业级纳米 CT 系统，与跨频段测量系统形成有效配合，将岩石物理研究真正推进至微观孔隙层面，为岩石物理进一步服务于流体勘探和油藏二次开发拓展了空间。

1. 超声波测量技术

超声震源产生一个超声脉冲波，让其在被测样品中传播，测试其传播的时间和能量（波形振幅）的损耗量，从而计算速度与衰减。利用超声波测试岩石的速度和衰减具有实验测试系统简便、测试精度高和有利于在地层压力温度条件下测试等特点，测试频率在 0.25~1MHz，测量方法主要分为透射法和反射法。目前超声波速度测量普遍使用透射法，而在低频系统中往往利用反射法来同时进行超声波频段的速度测量，目前大多数实验装置都实现了对温度、压力、饱和流体类型及饱和状态的准确控制。

利用超声波透射技术还可以实现速度各向异性的测量，通过测量不同角度的纵横波速度可以获取 5 个独立弹性参数来描述介质的弹性特征（例如页岩）。传统的各向异性测量在 3 个柱样上完成，包括垂向柱样（垂直于层理）、水平柱样（平行于层理）和 45° 柱样，后来发展为在单个垂直样品或水平样品上进行。显然，单个样品的测量效率更高，并且避免了多个样品非均质带来的干扰。

2. 共振棒技术

利用震源激发样品受迫振动,产生的驻波在自身共振频率处共振,采集共振条件下样品的长度变形和扭转变形,进而得到相应的弹性模量。试验样品被加工成细长棒形,其共振频率由其长度和纵波速度决定。这项技术将实验测试频率拓展到了声波范围。

采用共振棒技术测量的最低频率目前在600Hz,以倍数周期拓展到1200～1800Hz,其缺陷在于岩石样本的加工,岩样在不被破坏的前提下必须加工为足够细长的棒形(长方形或圆柱体),并且所测试的频率越低,要求样本的尺寸越长,一种可行的方案是在岩样两端连接附加物,以降低测试频率的同时保持岩样的尺寸。

3. 低频测量技术

目前低频测量比较流行的方法是利用应力—应变原理,近几年得到较多关注。随着低频测量技术的进步,设备测量的频率已拓宽到2～2000Hz,测量结果可以与测井数据和超声波数据进行对比分析。随着交叉学科相关技术的发展,目前低频测量已经可以实现动静态岩石模量的同位测量,并且已经获得了部分实验数据。

应力—应变低频测量系统根据应力—应变理论,在岩心样品表面粘贴应变计,激振器将经过功率放大的不同频率正弦信号转换为周期性振动,岩心样品和标准件因受到相同应力作用而发生形变,应变计将这种形变转换成电信号输出,根据输出的电压幅值,就可以进行不同频率条件下速度和衰减的测量及计算。

图1-1显示了须家河组致密砂岩样品在不同频段纵波速度随含水饱和度的变化,图中速度进行了归一化,上部曲线代表超声波600kHz条件速度随含水饱和度的变化,下部曲线为30Hz条件下速度随含水饱和度的变化规律。在超声波频段,速度—含水饱和度关系表现为台阶状单调变化,随着含水饱和度增加纵波速度逐渐上升,在完全水饱和附近增速变缓,表现出较强的流体敏感性。低孔低渗样品往往在超声波频段都会表现出此类特征。

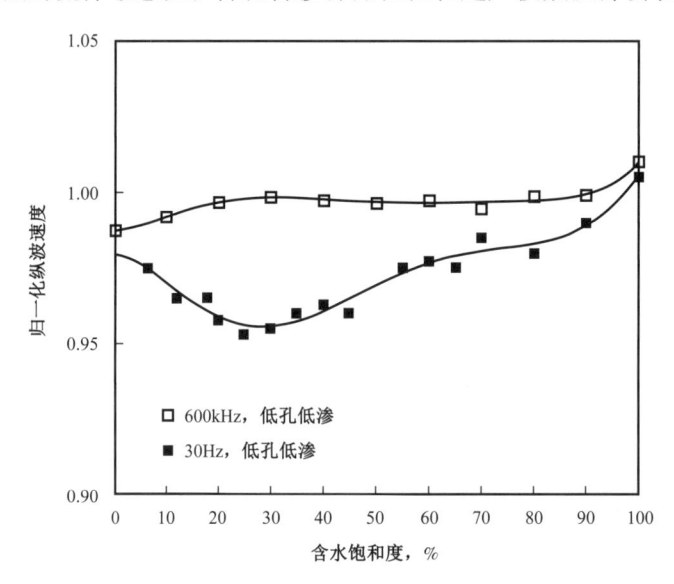

图1-1 不同频段纵波速度—含水饱和度变化关系(同一样品孔隙度12.6%)

在地震频段,致密砂岩的纵波速度随含水饱和度的变化出现两个拐点(图1-1下部曲线),在含水饱和度25%附近,速度出现最低点。此时流体达到最大弛豫状态,对应的含水饱和度称为最大弛豫饱和度，在地震频段速度表现出更高的敏感性，这种敏感性的差别在实际地震预测应用时会发挥非常重要的作用。实际研究中缺乏地震频段或低频测量数据时，可以根据跨频段测量结果，通过发展或建立复杂孔隙介质地震岩石物理模型，预测得到致密储层地震频段速度—含水饱和度关系规律。

4. 跨频段动静态变饱和度弹性模量同位测量技术

开展岩石动、静力学性质测量，对于实现跨频段测量，了解更完整的岩石物理性质随频率变化特征具有重要意义。在前人的工作中，动态模量是基于超声波速度测量的结果计算而得，静力学性质则是通过LVDT方法测得，静力学、超声波实验测量分开进行，由于实验条件的变化，同一样品不同测量方法获得的岩石物理性质之间可比性不佳，而且所有的测量分析中没有涉及低频测量和变饱和度测量。在不同设备上开展不同频段测量，不仅工作量巨大，饱和度控制也不具有可重复性，测量结果因一致性差而很难开展有效的对比分析。

将静力学测量方法集成到低频测量和超声测量系统中，实现真正意义上的全频段同步联合测量，不仅可以节省大量实验成本（设备成本、实验成本、时间成本），也可以确保实验数据之间的一致性和有效性。目前这样的实验测量系统尚未见报道，也没有类似的实验数据发表。其主要原因是目前低频测量技术本身尚不够成熟，现有的低频测量设备中几乎都不支持轴压系统。

基于现有的低频测量设备，中国石油勘探开发研究院岩石物理实验室集成多通道静态模量测量装置、集成超声波换能器，扩展轴压控制系统，达到静态、高低频动态的同位测量。改进后的测量系统具有以下优势：

（1）轴压和围压单独控制，实现静力学、动力学性质的同位测量；

（2）静态杨氏模量可以测量$10^{-6}$尺度的应变；

（3）所有测量具有相同的温度、压力条件；

（4）饱和度可以连续控制。

利用铝件对以上方法进行验证和校正，杨氏模量为74.2GPa的铝件利用以上动静态测量方法在不同压力条件下的测量标准误差小于0.6%，相对误差低于1.0%。图1-2显示了相同压力条件下的低频测量信号，信号质量很高，计算的模量与超声波测量的模量非常接近。

选取不同岩性、不同孔渗条件的6块岩心样品进行了跨频段变饱和度动静态联合测量，包括超低孔渗页岩（油）、超低渗透率鲕粒灰岩和溶孔白云岩、致密砂岩和物性较好的砂岩样品，其中的砂岩样品进行了变饱和度测量。

图1-3显示了不同岩性样品在不同频率条件下测量的动静态杨氏模量的对比结果，图中黄色和红色点代表低频测量结果，绿色和蓝色点代表超声波测量结果。从图1-3展示的动静态模量同位测量结果可以看出：

（1）动态杨氏模量高于静态杨氏模量；

（2）低频条件下测量的动静态差异（D/S）一般低于1.4，超声波条件下测量的动静态差异（D/S）低于2.0，在静态与地震、地震与超声波之间表现出明显的频散特征；

（3）岩性是控制动静态差异（D/S）的主要因素，超低渗透率白云岩的D/S最高，砂岩的D/S偏低；

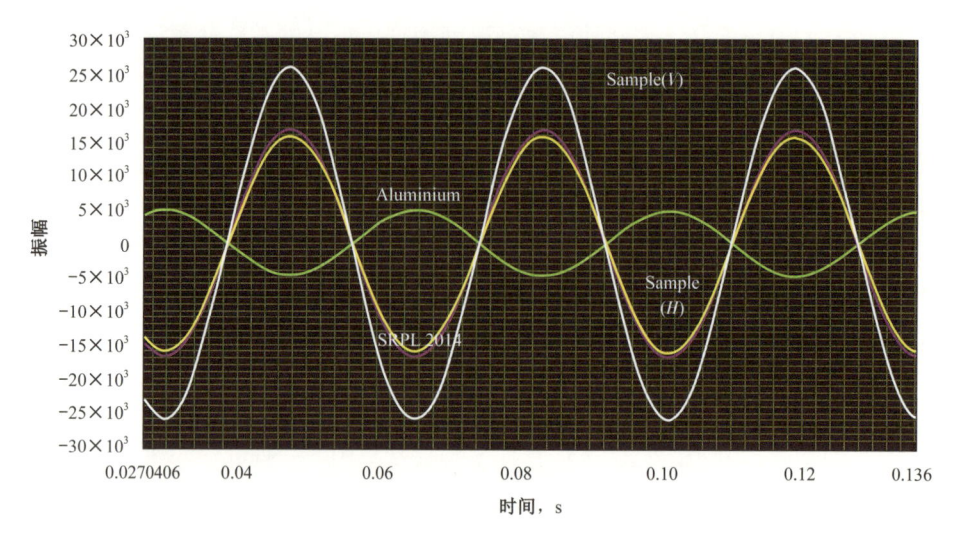

图 1-2 标准铝件的低频测量信号

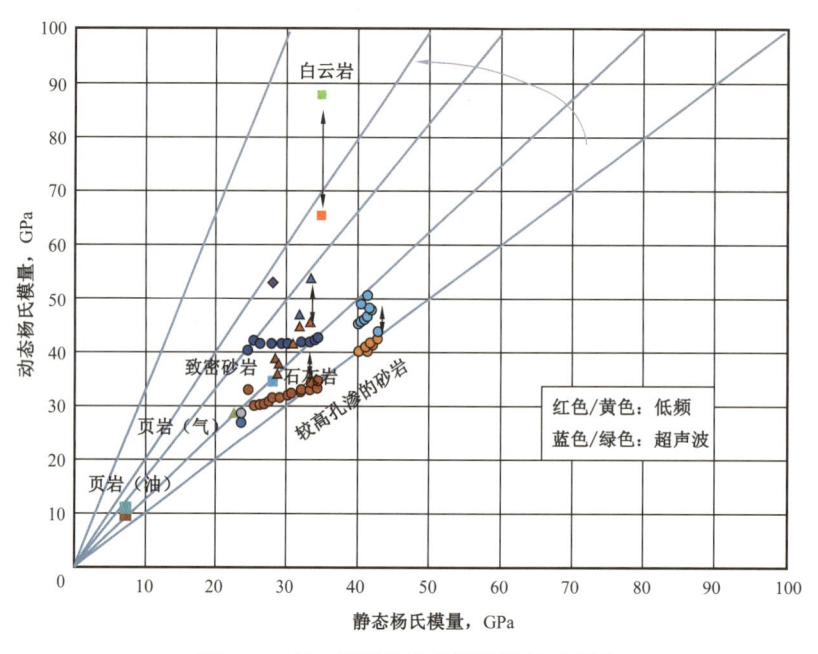

图 1-3 高、低频动静态杨氏模量对比图

（4）物性对动静态差异（D/S）显著影响，岩石越致密，D/S 越大，致密砂岩的 D/S 要高于物性较好的砂岩。

对其中的致密砂岩和较高孔渗石英砂岩 4 个样品进行了变饱和度动静态模量的测量与分析，图 1-4 显示了不同饱和度条件下的速度频散特征，可以看出在干燥条件和完全水饱和条件下的速度几乎没有频散，而在部分饱和条件下，速度表现出明显的频散特征。该结果与前期研究中的跨频段测量结果一致。

不同饱和度条件下动静态模量对比分析结果如图 1-5 所示，图中红色空心圆圈点代表注水过程中的动态杨氏模量（低频），红色实心圆圈点代表注水过程中的静态杨氏模量，正方形点集代表排水过程中的动态杨氏模量，三角形点集代表排水过程中的静态杨氏模

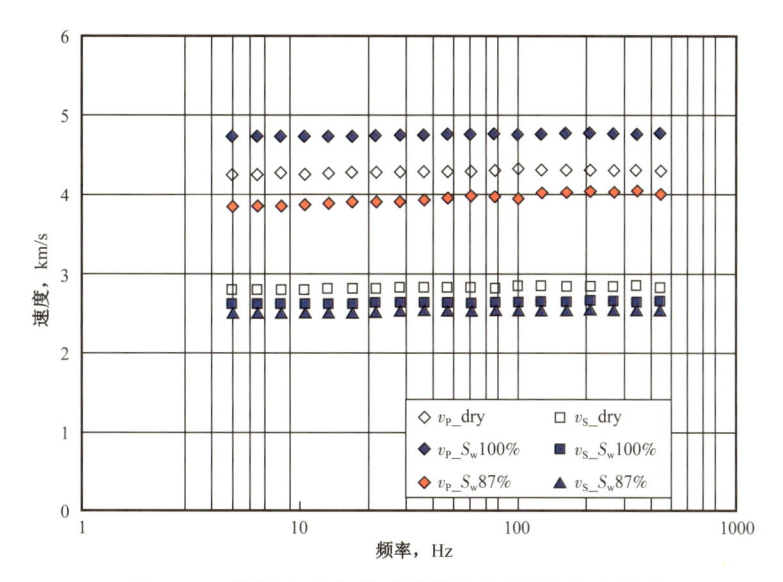

图1-4 不同饱和度条件下纵横波速度随频率变化图

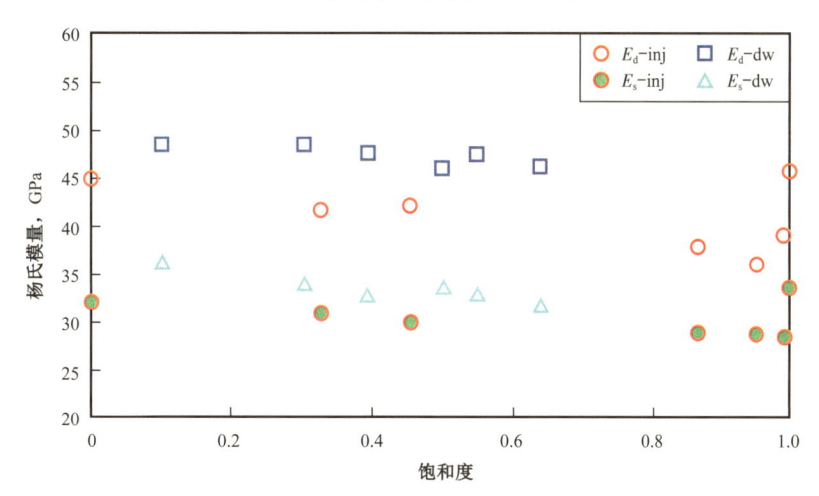

图1-5 动静态杨氏模量随饱和度变化图（注水和排水过程）
$E_d$-inj—注水过程中的动态杨氏模量；$E_s$-inj—注水过程中的静态杨氏模量；
$E_d$-dw—排水过程中的动态杨氏模量；$E_s$-dw—排水过程中的静态杨氏模量

量，测量的轴压为2000psi。测量结果显示，低频测量结果与静态结果更为接近；脱水过程动态模量高于注水模量；纵波速度随含水饱和度变化关系有明显区别，高含气饱和度对应的较大的D/S，认为孔隙压力部分均衡效应对波传播动力学行为有重要影响，孔隙流体影响动静态差异，对频散效应影响也较为显著。

## 二、岩石物理建模技术

### 1. 基础理论模型

为了准确描述储层岩石的弹性特征，前人从岩石结构、流体流动等方面进行简化近似，发展出众多的理论模型，总体上分为等效介质理论和波传播理论两大类理论模型。

等效介质理论的基本思想是将复杂孔隙介质等效为一种宏观均匀的弹性介质（包括各

向同性和各向异性），即等效介质，进而研究其整体等效弹性特征与力学特征。等效介质理论主要包括界限、接触理论、包体三类模型。

地下储层普遍充填油、气、地层水等流体，引起弹性波速度频散和衰减的一个重要原因是弹性波激励下的岩石内部流体流动。波传播理论将储层岩石看作流固双相介质，研究孔隙流体对岩石整体弹性与波动力学特征的影响。

实际岩石的孔隙结构非常复杂，采用双孔的建模思路可能更合理。巴晶等（2011）引入 Rayleigh 提出的球状气泡胀缩振动方程来描述双孔介质中的局部流动现象。基于孔隙结构非均匀的双孔介质理论对速度频散和衰减的描述更加完备，尤其是可以模拟地震频段的速度频散和衰减。

2. Biot–Rayleigh 理论模型

弹性波激励下，含流体复杂孔隙介质的流体局部流动（局部流），是造成波频散与衰减的重要原因。采用双重孔隙介质波传播方程模拟局部流过程，基于含球形嵌入体的双孔介质模型，分析嵌入体内、体外的局部流速度场，基于哈密顿原理重新推导了弹性波传播的 Biot–Rayleigh（BR）方程。

据 BR 方程，按嵌入体边界把岩石骨架划分为"球内""球外"两部分，所有"球内"骨架占岩石总体积率 $V_2$，球内骨架孔隙度 $\phi_{20}$，球内孔隙占整个岩石的绝对孔隙度为 $\phi_2=V_2\phi_{20}$。"球外"骨架占岩石总体积率 $V_1$，球外骨架孔隙度为 $\phi_{10}$，绝对孔隙度为 $\phi_1=V_1\phi_{10}$。岩石的总孔隙度为 $\phi=\phi_1+\phi_2$。

首先，假设嵌入体内部的流体是可压缩的，则球坐标系下的连续方程（流体质量守恒）为：

$$\frac{d\rho}{dt}+\rho\left[\frac{1}{r^2}\frac{\partial}{\partial r}\left(r^2 U_R\right)\right]=0 \qquad (1-1)$$

式中　$\rho$——嵌入体内的流体密度，g/cm³；

$t$——时间，s；

$r$——变形后的嵌入体半径，μm；

$U_R$——嵌入体内流体的径向速度，m/s。

式（1-1）整理后，可写为：

$$\frac{r^2}{\rho}\frac{d\rho}{dt}=-\frac{\partial}{\partial r}\left(r^2 U_R\right) \qquad (1-2)$$

其中 $\dfrac{d\rho}{dt}$ 变化很小，视为常数，等号两边同时对 $r$ 积分，可得：

$$U_R=-\frac{1}{3\rho}\left(\frac{d\rho}{dt}\right)r \qquad (1-3)$$

由于骨架嵌入体的半径为 $R_0$，流体球的动态半径为 $R$，$\dot{R}$ 是半径为 $R$ 流体球表面的流体速度，根据假设，嵌入体内流体质量是恒定的，则有 $\rho R^3=C+o(\varepsilon)$，故可以得到：

$$\frac{d\rho}{dt}=-\frac{3CR^2}{R^6}\dot{R} \qquad (1-4)$$

可得嵌入体内（$r<R$）的流体速度为：

$$\dot{r}_{\text{in}} = \frac{\dot{R}r}{R} \tag{1-5}$$

则嵌入体内的流体动能可写为：

$$T_{\text{in}} = \frac{1}{2}\phi_{20}\rho_{\text{f}}\int_0^R 4\pi r^2 \left(\dot{r}_{\text{in}}\right)^2 \mathrm{d}r = \frac{2}{5}\pi\phi_{20}\rho_{\text{f}}\left(\dot{R}\right)^2 R^3 \tag{1-6}$$

其次，基于流体质量守恒定律，可以得到嵌入体外（$r>R$）的流体速度：

$$\dot{r}_{\text{out}} = \frac{\dot{R}R^2\phi_{20}}{r^2\phi_{10}} \tag{1-7}$$

则嵌入体外的流体动能可写为：

$$T_{\text{out}} = \frac{2\pi\rho_{\text{f}}\phi_{20}^2}{\phi_{10}}\left(\dot{R}\right)^2 R^3 \tag{1-8}$$

基于哈密顿原理可以直接推导弹性波动力学方程，其中拉格朗日能量密度可表示为：$L=T-W$。

带耗散的拉格朗日方程可写为：

$$\frac{\mathrm{d}}{\mathrm{d}t}\left(\frac{\partial L}{\partial \dot{x}}\right) + \frac{\mathrm{d}}{\mathrm{d}x_k}\left(\frac{\partial L}{\partial\left(\frac{\partial x}{\partial a_k}\right)}\right) + \frac{\partial L}{\partial x} + \frac{\partial D}{\partial \dot{x}} = 0 \tag{1-9}$$

式中，$x$ 分别代表位移矢量 $\boldsymbol{u}$、$\boldsymbol{U}^{(1)}$ 和 $\boldsymbol{U}^{(2)}$ 其中的任一分量，$a_k$ 代表 $x$，$y$，$z$ 三个方向。

局域流矢量 $\zeta$ 的拉格朗日方程可表示为：

$$\frac{\mathrm{d}}{\mathrm{d}t}\left(\frac{\partial L}{\partial \dot{\zeta}}\right) + \frac{\partial L}{\partial \zeta} + \frac{\partial D}{\partial \dot{\zeta}} = 0 \tag{1-10}$$

推导可以得到改进后的 BR 方程组：

$$\begin{aligned}
&N\nabla^2\boldsymbol{u} + (A+N)\nabla e + Q_1\nabla(\xi_1+\phi_2\zeta) + Q_2\nabla(\xi_2-\phi_1\zeta) \\
&= \rho_{00}\ddot{\boldsymbol{u}} + \rho_{01}\ddot{\boldsymbol{U}}^{(1)} + \rho_{02}\ddot{\boldsymbol{U}}^{(2)} + b_1\left(\dot{\boldsymbol{u}}-\dot{\boldsymbol{U}}^{(1)}\right) + b_2\left(\dot{\boldsymbol{u}}-\dot{\boldsymbol{U}}^{(2)}\right) \\
&Q_1\nabla e + R_1\nabla(\xi_1+\phi_2\zeta) = \rho_{01}\ddot{\boldsymbol{u}} + \rho_{11}\ddot{\boldsymbol{U}}^{(1)} - b_1\left(\dot{\boldsymbol{u}}-\dot{\boldsymbol{U}}^{(1)}\right) \\
&Q_2\nabla e + R_2\nabla(\xi_2-\phi_1\zeta) = \rho_{02}\ddot{\boldsymbol{u}} + \rho_{22}\ddot{\boldsymbol{U}}^{(2)} - b_2\left(\dot{\boldsymbol{u}}-\dot{\boldsymbol{U}}^{(2)}\right)
\end{aligned} \tag{1-11}$$

$$\begin{aligned}
&\frac{\phi_2}{15}\rho_{\text{f}}\phi_1^2 R_0^2\left(\ddot{\zeta}\right) + \frac{\phi_2\phi_{20}}{3\phi_{10}}\rho_{\text{f}}\phi_1^2 R_0^2\left(\ddot{\zeta}\right) + \frac{1}{15}\phi_{20}\phi_2\phi_1^2 R_0^2 \frac{\eta}{\kappa_2}\left(\dot{\zeta}\right) + \frac{1}{3}\phi_{20}\phi_2\phi_1^2 R_0^2 \frac{\eta}{\kappa_1}\left(\dot{\zeta}\right) \\
&= \phi_2\left[Q_1 e + R_1(\xi_1+\phi_2\zeta)\right] - \phi_1\left[Q_2 e + R_2(\xi_2-\phi_1\zeta)\right]
\end{aligned} \tag{1-12}$$

考虑到岩石内部存在两种压缩系数不同的骨架，但饱含着一种流体，可将体积含量较少的骨架抽象成嵌入体，另一类抽象成背景相，即两类骨架、一类流体双孔模型；同理，考虑到岩石内部存在一种岩石骨架，两类孔隙流体，由于孔隙空间内流体在密度、弹性模量以及黏滞性方面的差异，可将两类孔隙流体分别抽象为嵌入体和背景相，即一类骨架、两种流体双孔模型，两者其动力学波传播方程形式基本相同，唯一的差别是LFF控制方程。

提出的两类骨架一类流体双孔模型的LFF控制方程为：

$$\frac{\phi_2\phi_{20}}{3\phi_{10}}\rho_{\mathrm{f}}\phi_1^2R_0^2(\ddot{\zeta})+\frac{1}{3}\phi_{20}\phi_2\phi_1^2R_0^2\frac{\eta}{\kappa_1}(\dot{\zeta})$$
$$=\phi_2\left[Q_1e+R_1(\xi_1+\phi_2\zeta)\right]-\phi_1\left[Q_2e+R_2(\xi_2-\phi_1\zeta)\right]$$

（1-13）

但考虑嵌入体内部局部流动能耗散后，两类骨架、一类流体双孔模型的LFF控制方程，提出一类骨架、两类流体的双孔介质LFF控制方程为：

$$\frac{\phi_2\phi_{20}}{3\phi_{10}}\rho_{\mathrm{out}}\phi_1^2R_0^2(\ddot{\zeta})+\frac{1}{3}\phi_{20}\phi_2\phi_1^2R_0^2\frac{\eta_1}{\kappa_1}(\dot{\zeta})$$
$$=Q_1e\phi_2+R_1(\xi_1+\phi_2\zeta)\phi_2-Q_2e\phi_1-R_2\phi_1(\xi_2-\phi_1\zeta)$$

（1-14）

同理进行改进后，LFF控制方程可改写为：

$$\frac{\phi_2}{15}\rho_{\mathrm{in}}\phi_1^2R_0^2(\ddot{\zeta})+\frac{\phi_2\phi_{20}}{3\phi_{10}}\rho_{\mathrm{out}}\phi_1^2R_0^2(\ddot{\zeta})+\frac{1}{3}\phi_{20}\phi_2\phi_1^2R_0^2\frac{\eta_1}{\kappa_1}(\dot{\zeta})+\frac{1}{15}\phi_{20}\phi_2\phi_1^2R_0^2\frac{\eta_2}{\kappa_1}(\dot{\zeta})$$
$$=Q_1e\phi_2+R_1(\xi_1+\phi_2\zeta)\phi_2-Q_2e\phi_1-R_2\phi_1(\xi_2-\phi_1\zeta)$$

（1-15）

改进的LFF控制方程式（1-15）与原方程式（1-14）相比，引入了对嵌入体内局域流动能与耗散的考虑，更为完备。

利用BR理论模型进行"两类骨架、一类流体"的双孔介质建模，嵌入体为高孔高渗、背景相为低孔低渗双孔模型（较为致密的固结砂岩中，局部含未固结的疏松砂岩），所采用的岩石参数包括：基质体积模量38GPa，基质剪切模量44GPa，流体体积模量2.5GPa，基质密度2650kg/m³，流体密度1040kg/m³，背景相骨架的渗透率为0.01D，嵌入体骨架的渗透率为1D，水的黏滞性0.001，算例中所采用的气泡尺寸为0.01m。而嵌入体为低孔低渗、背景相为高孔高渗双孔模型（弱固结砂岩中，局部含较为致密的、胶结良好的固结砂岩），所采用的基质参数、流体参数及气泡尺寸与上述双孔模型相同，所采用的岩石骨架参数为：背景相骨架的渗透率为1D，嵌入体骨架的渗透率为0.01D。

如图1-6所示，对于嵌入体为高孔高渗、背景相为低孔低渗的双孔模型，采用两组方程进行了对比计算，结果显示改进前后的理论预测结果几乎不存在差别。图1-7给出了嵌入体为低孔低渗、背景相为高孔高渗的双孔模型中，改进前、后BR理论的预测结果，对比发现，改进后的BR理论所预测的纵波速度以及衰减曲线相比改进前，均向频率轴左端移动。在该双孔算例中，改进前的BR理论在$10^{2.84}\sim10^{5.88}$Hz频率范围内预测的纵波速度相比改进后要低，而在$10^{0.1}\sim10^{4.28}$Hz频率段，改进后的衰减预测结果要高于改进前。

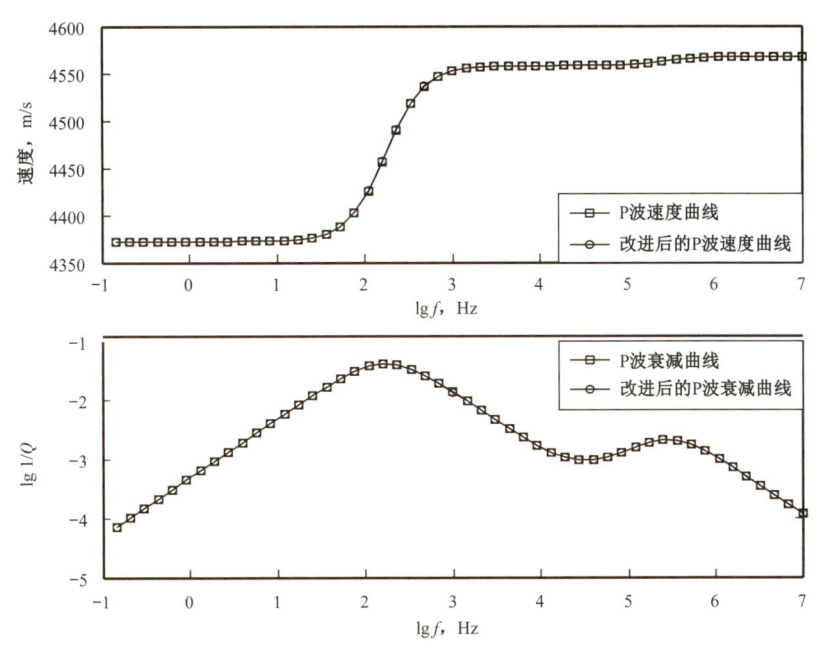

图 1-6 背景为低孔低渗，嵌入体为高孔高渗的双孔模型

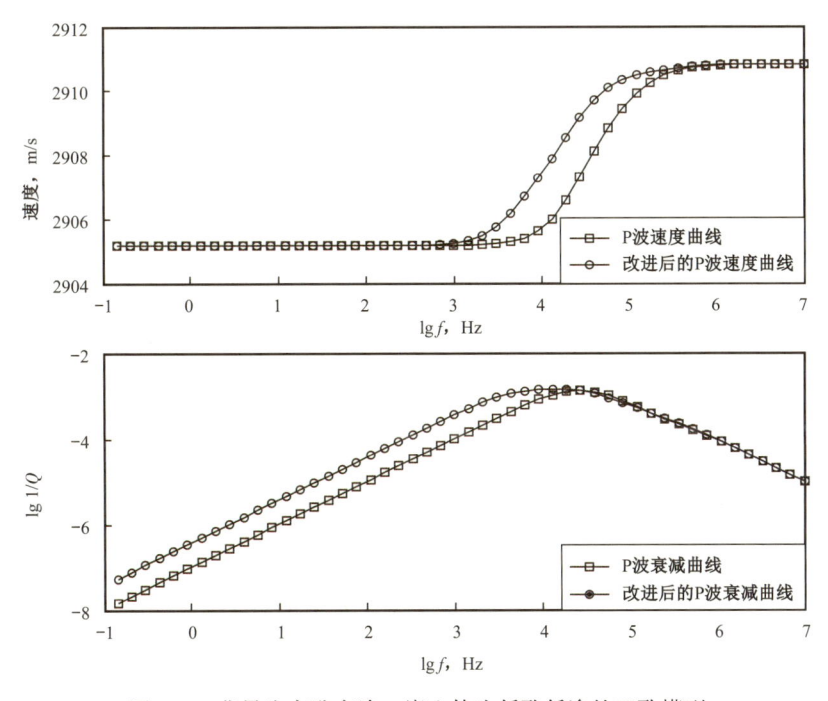

图 1-7 背景为高孔高渗，嵌入体为低孔低渗的双孔模型

利用 BR 理论模型进行"一类骨架、两类流体"双孔介质建模，所采用的岩石骨架参数包括：基质的的体积模量 35GPa，骨架的体积模量 7GPa，骨架的剪切模量 9GPa，基质的平均密度 2650kg/m³，孔隙度为 0.15，渗透率为 0.1D，平均气泡尺寸 0.25m。

图 1-8 为"水包气"双孔模型（即含水孔为背景相、含气孔为嵌入体所组成的双孔结构，反之则为"气包水"模型），进行对比分析，结果显示改进前、后曲线重叠在一起，没

有差别。图 1-9 为"气包水"双孔模型，对比结果显示，改进后的 BR 理论预测的速度曲线与衰减曲线相比改进前，向频率轴左端移动，改进后的速度曲线频散发生于 $10^{0.52}$Hz 左右，衰减峰值出现于 $10^{1.6}$Hz 处，而改进前在 $10^{1.84}$Hz 附近发生频散，衰减出现在 $10^{3.04}$Hz，改进前后曲线有明显差异，在地震频段内，改进后预测的衰减幅值及速度要高于改进前。

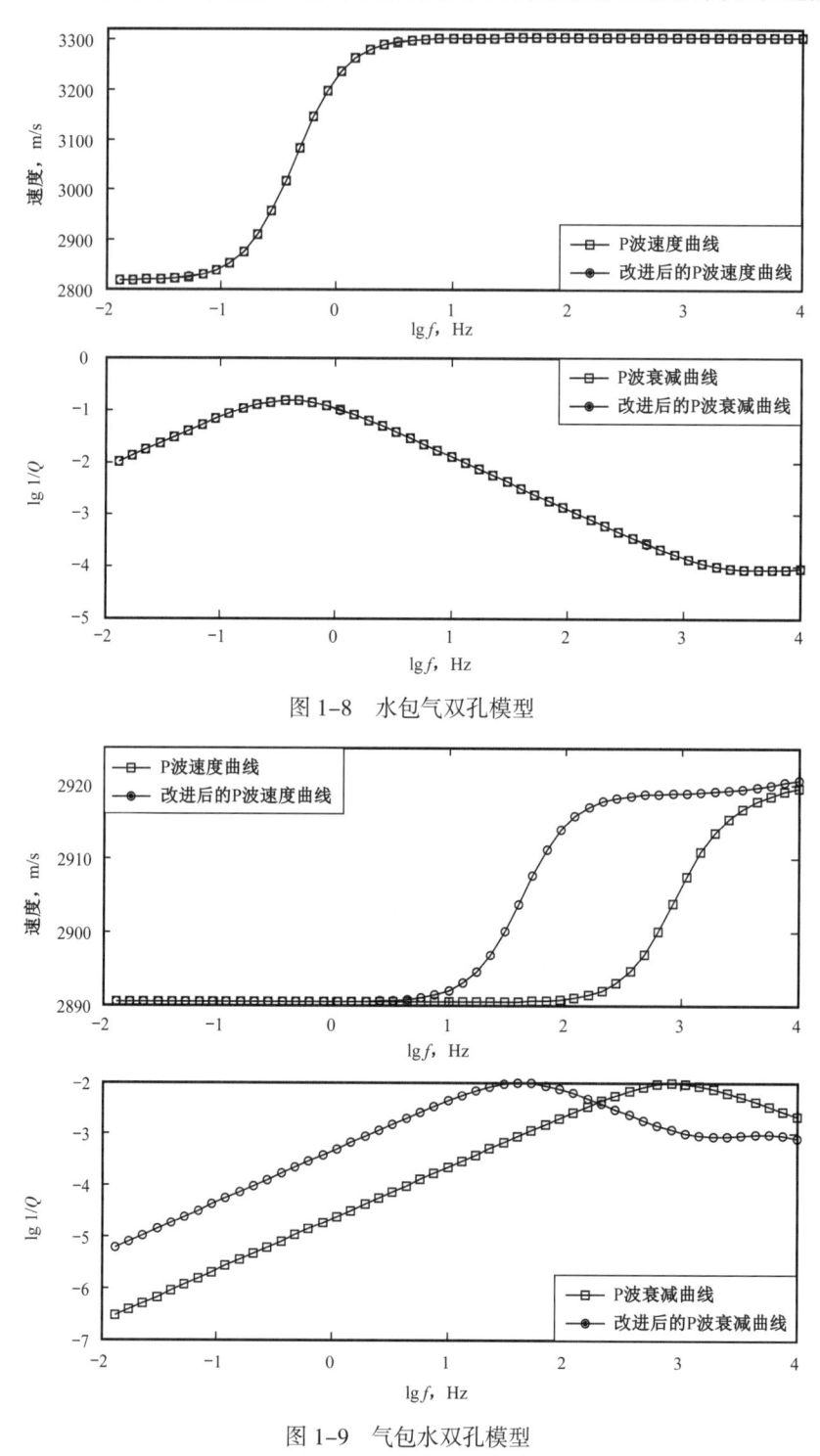

图 1-8　水包气双孔模型

图 1-9　气包水双孔模型

将"水包气"双孔建模结果与White（1975，1979）和Johnson（2001）的预测结果进行了对比分析。

图1-10中给出了三种理论预测的对比结果，BGW和BGH两条线分别给出了Biot-Gassmann-Wood边界与Biot-Gassmann-Hill边界。对比三种理论的预测曲线，发现修正后的White理论、Johnson理论以及改进后的BR理论，在低频极限下都与BGW边界吻合较好，White与Johnson理论预测的速度曲线相差不大，并且在高频极限下，与BGH边界吻合较好，而改进后BR理论预测的结果要略大于BGH边界，这可能是由于高频极限下，局部流体流动在一个地震波周期内不能完全"弛豫"，岩石呈较"硬"的状态，并且地震波的散射也会造成影响。改进后BR理论所预测的速度曲线的"台阶"向频率轴的左端移动，改进后BR理论所预测的速度频散开始于0.03981Hz，在6.31Hz达到上限。White与Johnson理论的频散开始于0.1Hz，在158.4893Hz处达到上限。

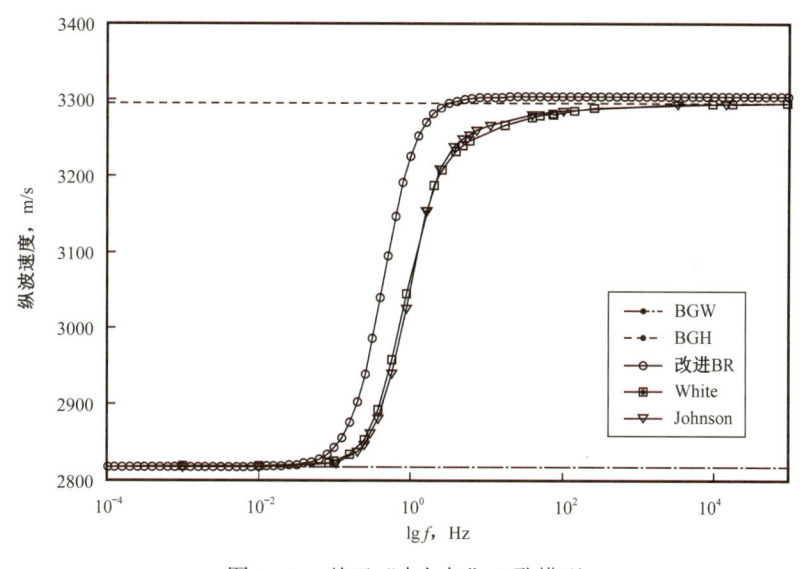

图1-10 基于"水包气"双孔模型

**3. 部分连通孔隙介质模型**

实际低孔渗储层岩石孔隙结构非常复杂，含有不同尺寸、形态和连通性的孔隙，很难从数学上准确地模拟其弹性特征，因此需要进行相应的简化近似。如果波长远大于孔隙或孔洞尺寸，那么建模过程只需要考虑孔隙形态和连通性两个方面。将低孔渗储层近似为一种部分连通孔隙介质，并作如下孔隙结构假设：（1）任何形态的孔隙均可等效分解为球形硬孔和硬币状软孔两部分，因此总孔隙度由硬孔隙度和软孔隙度构成；（2）总孔隙空间划分为连通孔和孤立孔两部分，连通孔之间的孔隙压力可以在半个波周期内达到平衡（满足Gassmann方程），而孤立孔不满足该条件；（3）连通孔中硬软孔的比例与孤立孔相同；（4）各种类型孔隙在介质中随机分布，不存在定向排列。

基于以上孔隙结构假设，存在三种孔隙结构参数，即孔隙纵横比 $\alpha$、比例因子 $\nu$ 和连通系数 $\xi$。

针对部分连通孔隙介质，分别用Mori-Tanaka模型和Gassmann方程分别考虑孤立孔和连通孔的作用。图1-11给出了相应的建模流程。

(a)"基质"　　　　　　　(b)"干骨架"　　　　　　(c)流体饱和岩石

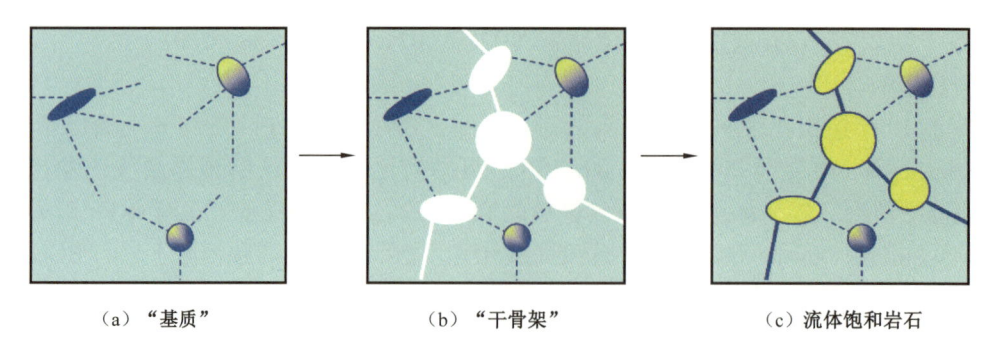

图1-11　部分连通孔隙介质建模流程

孤立孔隙及其内部流体对岩石弹性模量的影响可以用包体等效介质理论来进行描述，文献中存在大量该类模型。此类模型的基本假设是，孔隙作为包体嵌入到主介质中，孔隙之间不存在流体流动。出于计算和推导方便的目的，选用Mori-Tanaka模型，简称MT模型。该模型是一种基于平均应力场的方法，考虑了孔隙之间的相互应力作用，而且具有应用方便的显格式公式。MT模型对于孔隙度不超过30%的岩石是适用的。

岩石矿物作为主介质而孔隙作为包体，将孔隙度、基质模量、流体模量、孔隙结构参数分别代入MT模型，可以化简得到：

$$\begin{cases} K = \dfrac{(1-\phi)K_{\mathrm{m}} + \phi\sum_{i=1}^{n}v_i K_{\mathrm{f}} P_i}{(1-\phi) + \phi\sum_{i=1}^{n}v_i P_i} \\ \mu = \dfrac{(1-\phi)\mu_{\mathrm{m}}}{(1-\phi) + \phi\sum_{i=1}^{n}v_i Q_i} \end{cases} \quad (1-16)$$

式中　$K$、$\mu$——体积模量和剪切模量；

$K_{\mathrm{m}}$、$\mu_{\mathrm{m}}$——固体基质体积模量和剪切模量；

$K_{\mathrm{f}}$——孔隙流体体积模量；

$\phi$——孔隙度；

$P_i$、$Q_i$——与孔隙形态有关的参数。

在双连通孔隙介质中，连通孔的流体影响用Gassmann方程来进行描述，而孤立孔部分采用MT模型。根据前面定义的孔隙结构参数，将这两个模型有效地结合在一起，推导出一种双连通孔隙模型。建立双连通孔隙介质模型的基本思路：首先，由含流体孤立孔隙和矿物颗粒组成混合"固体基质"；其次，将不含孔隙流体的连通孔加入这种"固体基质"中，形成"干骨架"；最后，将孔隙流体注入到这种"干骨架"中，使孔隙完全被流体饱和。具体计算分为以下三步来完成。

第一步：计算"基质"模量。

由含流体孤立孔隙和矿物颗粒组成混合"固体基质"，其孔隙度为：

$$\phi_{\mathrm{iso}} = \phi(1-\xi) \quad (1-17)$$

式中　$\phi_{iso}$——等效孔隙度；

　　　$\phi$——原始孔隙度；

　　　$\xi$——连通系数。

将孤立孔隙作为矿物基质中的包体，利用MT模型计算这种混合"固体基质"的弹性参数，得到：

$$\begin{cases} K_0 = \dfrac{(1-\phi_{iso})K_m + \phi_{iso}\sum\limits_{i=1}^{n}v_iK_fP_i}{(1-\phi_{iso}) + \phi_{iso}\sum\limits_{i=1}^{n}v_iP_i} \\ \mu_0 = \dfrac{(1-\phi_{iso})\mu_m}{(1-\phi_{iso}) + \phi_{iso}\sum\limits_{i=1}^{n}v_iQ_i} \end{cases} \quad (1-18)$$

第二步：计算"干骨架"模量。

将不含流体的连通孔隙加入这种"固体基质"中，这时孔隙度为岩石的总孔隙度。含流体的孤立孔隙部分以及不含流体的连通孔隙需要分别作为矿物基质的两种包体，再次利用MT模型计算"干骨架"的弹性参数，即

$$\begin{cases} K_{dry} = \dfrac{(1-\phi)K_m + \phi_{iso}\sum\limits_{i=1}^{n}v_iK_fP_i}{(1-\phi) + \phi\sum\limits_{i=1}^{n}v_iP_i} \\ \mu_{dry} = \dfrac{(1-\phi)\mu_m}{(1-\phi) + \phi\sum\limits_{i=1}^{n}v_iQ_i} \end{cases} \quad (1-19)$$

第三步：流体饱和岩石模量。

由于连通孔之间的压力能够在波的半个周期内达到平衡，满足Gassmann方程的假设条件，可以用该方程来描述连通孔的流体作用。将前面两步计算的"固体基质"和"干骨架"参数代入到Gassmann方程中，并将里面的$\phi$替换为连通孔隙度$\phi_{con}$，即

$$\begin{cases} K_{sat} = K_{dry} + \dfrac{(1-K_{dry}/K_0)^2}{\phi_{con}/K_f + (1-\phi_{con})/K_0 - K_{dry}/K_0^2} \\ \mu_{sat} = \mu_{dry} \end{cases} \quad (1-20)$$

其中，$\phi_{con}=\phi\xi$。

在部分连通孔隙介质中，孔隙连通性的差异会造成流体充填存在优先顺序。不同流体驱替过程会形成不同的流体分布特征，从而影响速度随饱和度的变化关系。以孔隙度为10%的纯石英砂岩为例子，用新模型来模拟气驱水和水驱气模式下的部分饱和特征，其中$\alpha_2$设定为0.01、$v_2$设定为0.01。

气藏的形成是一种天然气驱替地层水的过程。图1-12展示了气驱水模式下速度随含

水饱和度的变化关系，驱替过程从右向左进行，即含水饱和度减小方向。当连通系数 $\xi$ 为 1 时，新模型与均匀饱和模型完全一致。对于部分连通情况，曲线中间增加一个拐点，而且完全水饱和端点向上抬升。该拐点将纵横波曲线分为两段：首先，气体优先占据连通孔，此时饱和度对速度的影响（图 1-12a 和图 1-12b 的右侧）与均匀饱和模型非常接近；达到该拐点后，气体逐渐侵入孤立孔，纵横波速度随含气饱和度增加逐渐减小（图 1-12a 和图 1-12b 的左侧）。随着连通性降低，该拐点会逐渐右移，而且纵波速度的气水差异也明显。当连通系数接近于零时，纵横波速度随饱和度几乎呈线性变化规律。

（a）纵波速度与含水饱和度的关系　　（b）横波速度与含水饱和度的关系

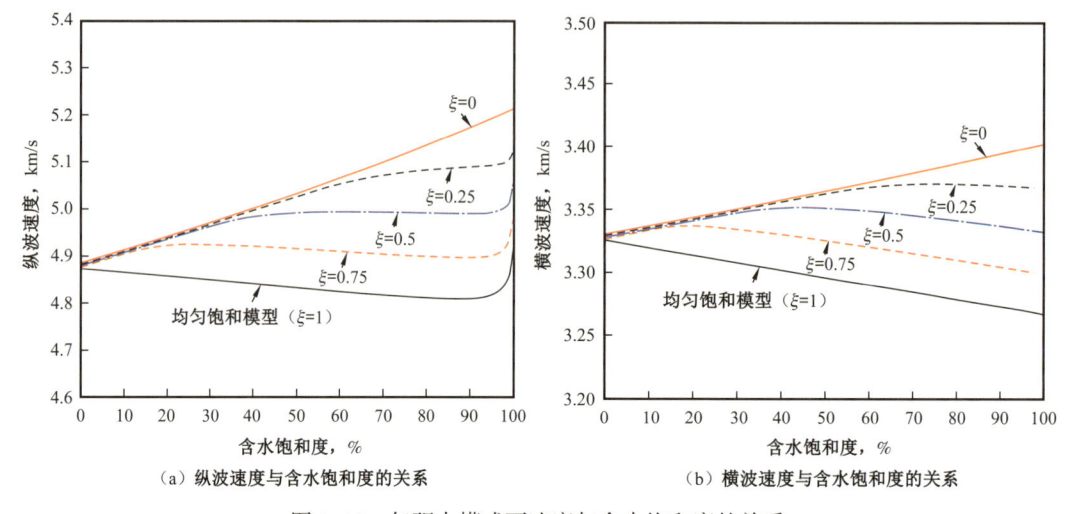

图 1-12　气驱水模式下速度与含水饱和度的关系

在气藏开采过程中，如果边水、低水比较活跃，连通孔中气体优先排除并被水充填，而微孔中气体很容易被水封闭。图 1-13 展示了气驱水模式下速度随含水饱和度的变化关系，驱替过程从左向右进行，即含水饱和度增加方向。与前一种模式不同之处在于，拐点的左侧与均匀饱和模型接近，而其右侧速度随含水饱和度增加而上升，这主要归因于水侵入微孔。

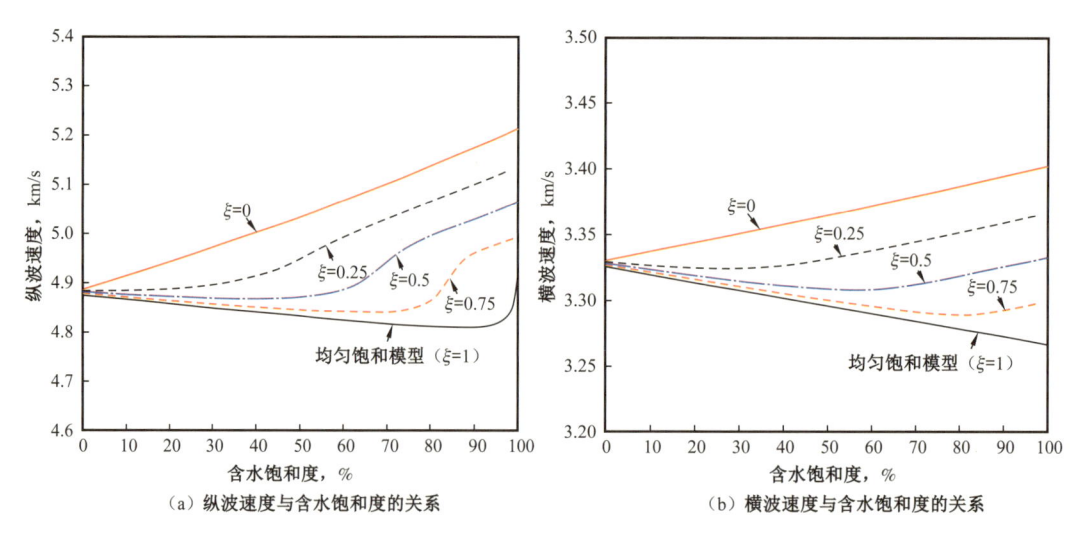

（a）纵波速度与含水饱和度的关系　　（b）横波速度与含水饱和度的关系

图 1-13　水驱气模式下速度与含水饱和度的关系

计算结果表明：

（1）连通系数 ζ 对气饱和状态下的速度没有影响，但可以比较明显地改变水饱和岩石速度，随着孔隙度增加，由连通性引起的差异越大。

（2）对于纵波速度而言，相同孔隙度条件下，孔隙连通性越差，气水差异越明显。在高孔渗岩石中，水饱和状态下的横波速度肯定小于气饱和状态，但是随着连通性的下降，完全可能出现横波速度增加的现象。

（3）无论是纵横比速度还是横波速度，都随着软孔纵横比 $\alpha_2$ 的减小而下降，并随孔隙度的变化趋势越剧烈。

（4）软孔比例 $v_2$ 增加对速度的作用与其纵横比 $\alpha_2$ 下降基本上相当，因此在实际应用过程中可以固定其中一个参数而变化另一参数来达到弹性近似的目的。

#### 4. 含黏滞流体双重孔隙介质模型

孔隙流体的类型和流动方式是地震波频散和衰减的重要影响因素。常规油气储层的孔隙度以毫米、微米量级为主，采用牛顿流体本构足以描述流体本身的特性，流体的流动一般满足经典的达西定律。对于致密油气储层，微纳米孔隙、裂缝发育，孔隙流体的流动空间极为狭窄，是否还能用牛顿流体与达西流动描述流体特性和渗流规律是首先要弄清的问题。目前，致密储层微纳米管道中流体呈非达西渗流已获得大多数学者的认同。

致密油以轻质油为主，原油密度小于 $0.8251\text{g/cm}^3$，流动性好。常规油气勘探研究工作中一般视孔隙中的原油为牛顿流体，在微纳米孔径大小的管道中流体的特性发生改变，根据 Thomas 等的研究工作，发现在管径降低时，微纳米孔中流体出现接近固体的规则分子排布，表明此时流体是介于理想固体与理想流体之间的复杂状态物质，其黏性已发生变化，因此常规牛顿流体已不适用于致密储层情况，采用非牛顿本构模型更为恰当。

考虑到影响致密油储层地震波频散和衰减因素复杂，从影响地震波某一种因素出发，掌握其影响地震波频散和衰减的规律，建立相应的波动方程，通过平面波分析、数值求解波动方程等方法得到理论频散和衰减结果，并进行对比分析。基于非达西流动和非牛顿流动模型，提出了新的波动方程模型。

1）基于单孔隙、达西流动、非牛顿流体模型的波动方程

$$\begin{cases} \left[\omega^2\left(\rho_{11}-\dfrac{\text{i}b}{\omega}\right)-k^2(A+2N)\right]\boldsymbol{u}_0 + \left[\omega^2\left(\rho_{12}-\dfrac{\text{i}b}{\omega}\right)-k^2Q\right]\boldsymbol{U}_0 = 0 \\ \left[\omega^2\left(\rho_{12}-\dfrac{\text{i}b}{\omega}\right)-k^2Q\right]\boldsymbol{u}_0 + \left[\omega^2\left(\rho_{22}-\dfrac{\text{i}b}{\omega}\right)-k^2\left(R-2\phi\eta_0(\text{i}\omega)^\alpha\right)\right]\boldsymbol{U}_0 = 0 \end{cases} \quad (1-21)$$

速度频散和衰减的方程如下：

$$v_\text{p} = \left[\text{Re}\left(\dfrac{1}{v}\right)\right]^{-1} \quad a = -\omega\,\text{Im}\left(\dfrac{1}{v}\right),\ Q = \dfrac{\pi f}{av_\text{p}} = \dfrac{\text{Re}(v)}{2\text{Im}(v)} \quad (1-22)$$

计算致密油储层中地震波速度特征，在计算中采用了分数阶 Maxwell 流体模型，由图 1-14 可知，当分数阶导数 $\alpha$ 取 1 时，流体是经典 Maxwell 非牛顿流体模型，P 波速度有明显的右移。这表明对于 Biot 模型来说，非牛顿流体的存在使速度频散曲线向高频区间移动。在分数阶导数 $\alpha$ 取 0.8、0.6 时，频散曲线进一步向高频移动，但是移动幅度不大。从

图 1-15 可以看出，采用经典 Maxwell 非牛顿流体模型时，P 波速度的衰减峰明显向高频移动，当分数阶导数的阶数取 0.8 和 0.6 时，衰减峰有所降低，同时向右移动，但是幅度都很小。值得注意的是，当考虑流体非牛顿效时，Biot 模型速度频散曲线向高频移动，这与增加流体黏性和降低流体渗透率效果相同，等同于孔隙介质中流体的流动性变差。同时，随着分数阶导数阶数的降低，也等同于流体流动性变差，导致频散衰减曲线向高频移动。而当引入其他力学机制（例如喷射流机制）时，随渗透率降低，速度频散曲线左移，即随渗透率取值的减小，速度越来越大，这是由于考虑机制不同的结果。

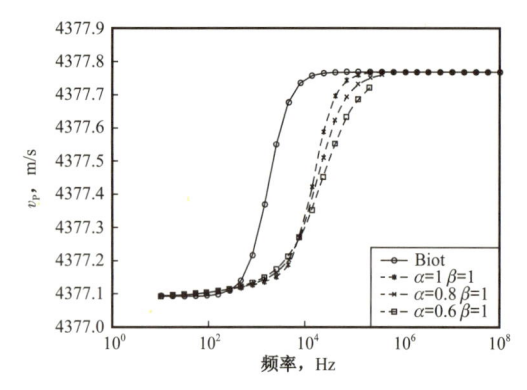

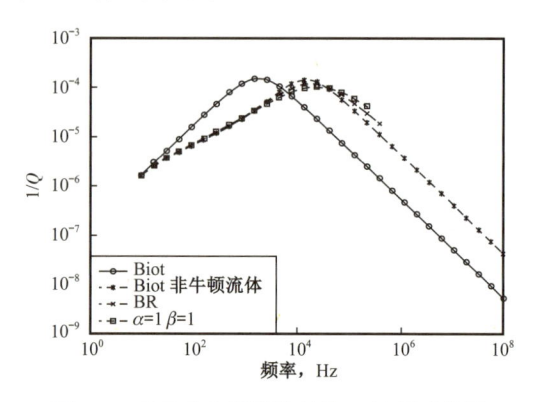

图 1-14 考虑非牛顿流体的快 P 波速度频散曲线　　图 1-15 考虑非牛顿流体的快 P 波衰减曲线

2）基于单孔隙、非达西流动、牛顿流体模型的波动方程

$$\begin{cases} \left[\omega^2\left(\rho_{11}-\dfrac{ib}{\omega}\right)-k^2(A+2N)\right]\boldsymbol{u}_0 + \left[\omega^2\left(\rho_{12}+\dfrac{ib}{\omega}\right)-k^2 Q\right]\boldsymbol{U}_0 = 0 \\ \left[\omega^2\left(\rho_{12}+\dfrac{ib}{\omega}\right)-k^2 Q\right]\boldsymbol{u}_0 + \left[\omega^2\left(\rho_{22}-\dfrac{ib}{\omega}\right)-k^2 R\right]\boldsymbol{U}_0 = 0 \end{cases} \quad (1-23)$$

对分数阶导数 $\beta$ 取不同数值时的 P 波频散曲线进行了初步预测，如图 1-16 所示。

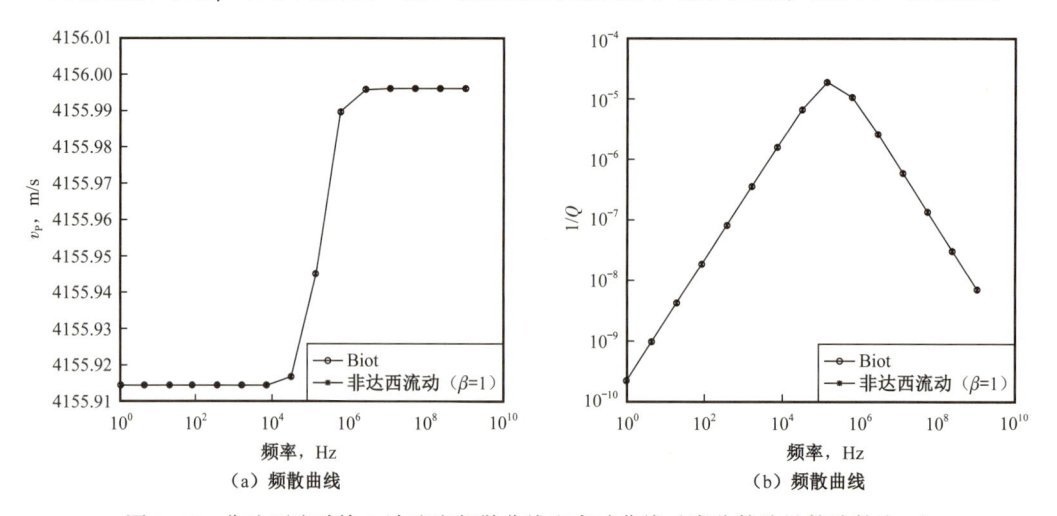

(a) 频散曲线　　(b) 频散曲线

图 1-16　非达西流动快 P 波速度频散曲线和衰减曲线（当分数阶导数阶数为 1）

随着分数阶导数 $\beta$ 的降低，频散曲线向右移动，在相同频率下，速度降低，这与渗透率降低效果一致。对于致密孔隙介质，微纳米孔道会增加流体流动的迂回程度和阻力，这

样的孔道中达西定律已经失效，分数阶导数非达西模型能够很好的表征孔隙复杂程度对流体流动的影响，进而表征对波速的影响。

3）基于双重孔隙、达西流动、非牛顿流体的波动方程

$$\begin{cases} N\nabla^2 \boldsymbol{u} + (A+N)\nabla e + Q_1\nabla(\xi_1 + \phi_2\varsigma) + Q_2\nabla(\xi_2 + \phi_1\varsigma) \\ \quad = \rho_{11}\ddot{\boldsymbol{u}} + \rho_{12}\ddot{\boldsymbol{U}}^{(1)} + \rho_{13}\ddot{\boldsymbol{U}}^{(2)} + b_1(\dot{\boldsymbol{u}} - \dot{\boldsymbol{U}}^{(1)}) + b_2(\dot{\boldsymbol{u}} - \dot{\boldsymbol{U}}^{(2)}) \\ Q_1\nabla e + R_1\nabla(\xi_1 + \phi_2\varsigma) = \rho_{12}\ddot{\boldsymbol{u}} + \rho_{22}\ddot{\boldsymbol{U}}^{(1)} + b_1(\dot{\boldsymbol{u}} - \dot{\boldsymbol{U}}^{(1)}) + \phi_1\eta_0\nabla^2\left(\dfrac{\partial^\alpha \boldsymbol{U}^{(1)}}{\partial t^\alpha}\right) + \phi_1\eta_0\nabla\left(\dfrac{\partial^\alpha \xi_1}{\partial t^\alpha}\right) \\ Q_2\nabla e + R_2\nabla(\xi_2 + \phi_1\varsigma) = \rho_{13}\ddot{\boldsymbol{u}} + \rho_{33}\ddot{\boldsymbol{U}}^{(2)} + b_2(\dot{\boldsymbol{u}} - \dot{\boldsymbol{U}}^{(2)}) + \phi_2\eta_0\nabla^2\left(\dfrac{\partial^\alpha \boldsymbol{U}^{(2)}}{\partial t^\alpha}\right) + \phi_2\eta_0\nabla\left(\dfrac{\partial^\alpha \xi_2}{\partial t^\alpha}\right) \end{cases}$$

(1-24)

其中，$\partial^\alpha/\partial t^\alpha$ 表示对时间 $t$ 求 $\alpha$ 阶导数，$0<\alpha<1$。

将双孔介质理论的计算结果与基于分数阶非牛顿本构模型的双孔介质波动方程计算结果作对比，考虑流体内部摩擦耗散机制对快 P 波频散和衰减的作用，同时分析分数阶非牛顿流体本构模型中的求导阶数对结果的影响。

图 1-17 为 Biot 理论与新模型在不同分数阶数下得到的速度频散曲线对比图。分数阶导数的阶数为 $\alpha$，$\beta$，当两者取 1 时，为经典 Maxwell 流体模型，当两者取小于 1 的非整数时，为分数阶导数的非牛顿流体模型。

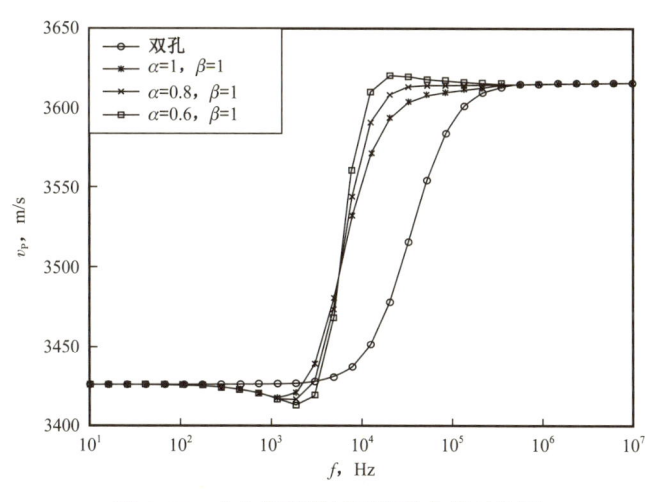

图 1-17　非牛顿流体速度频散曲线对比图

4）基于双重孔隙、非达西流动、牛顿流体的波动方程

$$\begin{cases} N\nabla^2 \boldsymbol{u} + (A+N)\nabla e + Q_1\nabla(\xi_1 + \phi_2\varsigma) + Q_2\nabla(\xi_2 + \phi_1\varsigma) \\ \quad = \rho_{11}\ddot{\boldsymbol{u}} + \rho_{12}\ddot{\boldsymbol{U}}^{(1)} + \rho_{13}\ddot{\boldsymbol{U}}^{(2)} + b_1(\dot{\boldsymbol{u}} - \dot{\boldsymbol{U}}^{(1)}) + b_2(\dot{\boldsymbol{u}} - \dot{\boldsymbol{U}}^{(2)}) \\ Q_1\nabla e + R_1\nabla(\xi_1 + \phi_2\varsigma) = \rho_{12}\ddot{\boldsymbol{u}} + \rho_{22}\ddot{\boldsymbol{U}}^{(1)} - b_1(\dot{\boldsymbol{u}} - \dot{\boldsymbol{U}}^{(1)}) \\ Q_2\nabla e + R_2\nabla(\xi_2 + \phi_1\varsigma) = \rho_{13}\ddot{\boldsymbol{u}} + \rho_{33}\ddot{\boldsymbol{U}}^{(2)} - b_2(\dot{\boldsymbol{u}} - \dot{\boldsymbol{U}}^{(2)}) \end{cases}$$

(1-25)

考察引入分数阶非达西对波频散和衰减的影响,速度曲线计算结果如图 1-18 所示。可以看出,随着分数阶数 $\beta$ 的降低,频散曲线向低频移动,这与渗透率降低效果一致。对于致密孔隙介质,微纳米孔道会增加流体流动的迂回程度和阻力,这样的孔道中达西定律已经失效,分数阶导数非达西模型能够很好的表征孔隙复杂程度对流体流动的影响,进而表征对波速的影响。分数阶导数模型中的阶数 $\beta$ 跟复杂孔隙网络的几何特征紧密相关,可以通过岩石切片细观结构观察,重构孔隙网络,并对其分类,计算出对应的阶数。

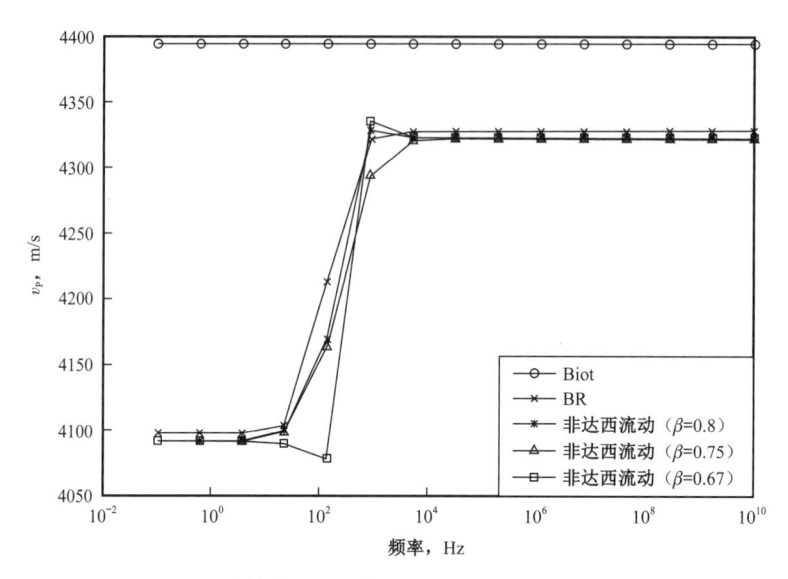

图 1-18 基于分数阶非达西模型的双孔介质声波速度频散曲线

通过引入分数阶导数的方法表示非达西流动和非牛顿流体的影响,便于推导复杂孔隙介质波动方程,并利于实现频率—波数域的解析求解方程;通过引入骨架空间填充物的非均匀分布模型,得到了包含两类物质骨架—双重填充物含量的复杂孔隙介质弹性模量计算方法,并有效应用于岩石 TOC(总有机碳,Total Organic Carbon)反演。

### 三、问题与展望

历经半个多世纪发展,地震岩石物理在实验技术、理论模型和建模方面均取得了令人瞩目的成就,但地震岩石物理尚未形成系统的理论体系和方法论,很大程度上仍停留在无准则应用状态,理论模型的使用尤其突出,地下储层的复杂性远远超出现有描述能力是主要原因。同时,与地震紧密结合,应用岩石物理知识、手段分析和解决实际问题的习惯还没有普及。

岩石的复杂非均质性是地下孔隙介质的最基本表征之一,这些非均质性表现为岩石的物质组成、孔隙类型、流体分布、运输性质和地应力等在空间分布的不均匀性。最典型的复杂孔隙介质理论模型即双孔双渗模型,其假设岩石通常被看成是两种不同的多孔介质复合组成的:一类分布较广(背景相),岩石骨架较硬,渗透率较低;另一类分布较少(非均质体),比如含裂隙介质,岩石骨架较软,渗透率较高。复杂孔隙介质理论模型需要解决两个问题:第一个问题是复杂孔隙介质干岩石骨架的弹性性质;第二个问题是复杂孔隙介质中流体压力弛豫所引起的弹性波频散和衰减。显然，干岩石骨架的弹性性质很难准确描述，因为很多情况下，背景介质和非均质体（比如裂缝）所使用的力学模型是不一致的，而基质孔隙和裂隙之间的弹性相互作用也很难准确刻画。但事实上，当前很多理论模型都被"滥用"来刻画岩石骨架的弹性性质，这其中忽略了很多理论模型的物理假设与实际的地质情况并不匹配的事实。在刻画岩石骨架弹性性质时，针对不同的岩性和不同的地质过程应该采用不同的岩石物理建模方法，应该做到"有的放矢"。

而其中关于复杂孔隙介质中孔隙压力弛豫引起的弹性波频散和衰减问题，首先要解决的问题仍然是怎么描述非均质体以及相关特征参数的获取，因为当前的很多关于非均质体的描述都是基于简单的球形或椭球体模型，这与实际地质情况仍然差别很大。而另外一个非常重要的问题是如何利用弹性波的频散衰减进行储层描述，这包括建立带有频散效应的岩石物理模板来理解和解释多尺度地球物理数据，以及基于孔隙压力的弛豫建立起流体流动性能和地震频散特征的关系。而其他需要进一步研究的问题包括：（1）非均质体的空间分布对弹性波频散幅度和特征频率的影响；（2）横波频散的物理机制和特征，因为这直接涉及频变AVO梯度的属性；（3）同时存在不同尺度的宏观"Biot流"，中观流、微观"挤喷流"相互作用的物理机制以及对频散衰减的影响。

总之，针对部分饱和复杂孔隙介质的理论模型进展缓慢，在流体勘探问题上地震岩石物理遇到了瓶颈，衰减量估计依然是个难题，直接影响到多尺度资料集成应用于地震预测的成效；实验室的中低频实验技术发展已经历数十年，然而，低频测量技术在模拟地层条件、提高测量精度和效率上依然困难重重，观测数据、经验模型发布很少，目前还很难在生产中发挥大作用，需要在实践中继续发展。

## 第二节　速度建模及成像技术

地震成像技术作为探寻石油天然气资源的关键地球物理手段，先后发展了波动方程叠后时间偏移、Kirchhoff叠前时间偏移、Kirchhoff叠前深度偏移、单程波叠前深度偏移及逆时偏移技术。与偏移相配套的速度建模技术也经历了动校正速度分析、均方根速度分析、块状层速度建模、网格层析速度建模到全波形反演的速度建模技术发展历程。到"十二五"末，叠前深度偏移已成为复杂构造成像的必备技术，在高陡构造、碳酸盐岩、低渗透油气藏、潜山等油气勘探开发领域全面应用。

### 一、速度建模技术

在"十二五"期间，速度建模技术取得了巨大进步（表1-1）。从时间域建模延伸到深度域建模，从各向同性介质建模发展到各向异性建模，从纵波速度建模发展到转换波速度建模，从垂向速度分析建模发展到沿层速度分析建模，从块状建模扩展到网格层析建模再到全波形反演，从多方位建模发展到宽方位建模。复杂介质建模的精度更高，刻画得更精细，建模手段更丰富，适应性更好。

表 1-1 速度建模技术

| 方法 | 维度 | 介质属性 | 建模方式 | 建模技术 |
| --- | --- | --- | --- | --- |
| 时间域速度建模 | 2D | 各向同性 | 垂向建模 | 垂向速度分析 |
| | | *VTI 各向异性 | | |
| | 3D | 各向同性 | | 剩余速度分析 |
| | | *VTI 各向异性 | | |
| 深度域速度建模 | 2D | 各向同性 | 块状建模 | 扫描速度建模 |
| | | | | 垂向速度分析 |
| | | *VTI 各向异性 | *层析及反演建模 | *沿层层析 |
| | | | | *约束速度反演 |
| | | *TTI 各向异性 | | *网格层析反演 |
| | | | | *全波形反演 |
| | 3D | 各向同性 | 块状建模 | 扫描速度建模 |
| | | | | 垂向速度分析 |
| | | *VTI 各向异性 | *层析及反演建模 | *沿层层析 |
| | | | | *约束速度反演 |
| | | *TTI 各向异性 | | *网格层析反演 |
| | | | | *全波形反演 |

注：*代表"十二五"期间新增。

1. 从时间域延伸到深度域

为了解决时间域速度建模手段单一，假设简单，对复杂介质适应性差的问题，同时为了更好地与叠前深度偏移技术相配套。经过五年发展，到"十二五"末，形成了块状建模、网格层析及全波形反演等深度域速度建模技术系列。与时间域建模结果相比，深度域建模手段更丰富，对复杂介质的描述更合理，能适应剧烈横向变速的介质。为深度域高精度成像提供了必备的输入数据。初始建模是速度建模中比较关键的部分，一个好的初始模型能够减少速度优化迭代的次数，进而节省用户的建模时间。

利用时间域均方根速度（或者叠加速度）来估计层速度的 Dix 反演抗干扰能力非常差，均方根速度（或者叠加速度）很小的变化都容易引起 Dix 反演的震荡，但是总体上层速度的变化趋势是一个不断增大的函数，而且在深层，层速度变化不大。于是，便可以考虑用一个指数渐近值有界的趋势函数来约束 Dix 反演的结果。同时，为了进一步压制层速度在纵向的跳变，还可以利用各种提高层速度稳定性的阻尼函数来对层速度做进一步的限制。

图 1-19 分别为 Dix 反演和约束速度反演（CVI 反演）的层速度场，从图中可明显看出，根据同一个均方根速度场，Dix 反演的层速度场跳动很大，而约束速度反演的结果则很光滑、稳定，更加合理。

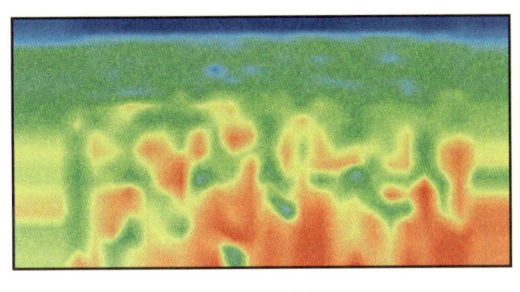

(a) Dix 反演　　　　　　　　　　　　(b) CVI 反演

图 1-19　Dix 反演和 CVI 反演的层速度场

为了进一步验证约束速度反演的正确性，将图 1-19 两个速度场分别作叠前深度偏移。得到相应的 Dix 反演和约束速度反演的层速度场的叠前深度偏移剖面（图 1-20）。从图 1-20 中可以看出，约束速度反演的速度场的偏移结果明显比 Dix 反演的层速度场的偏移剖面好。

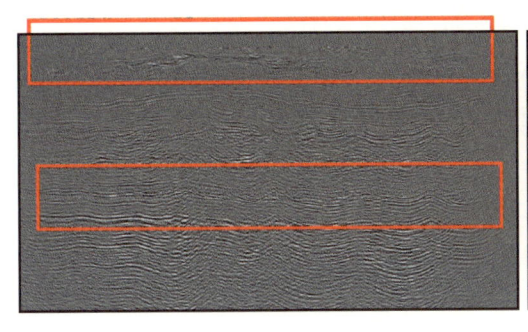

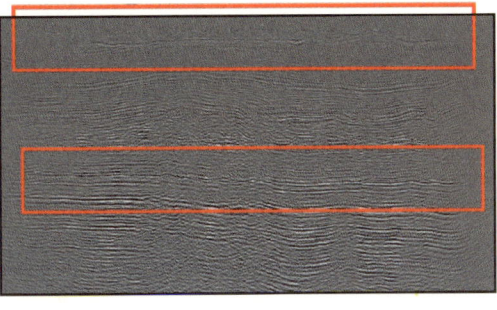

(a) Dix 反演　　　　　　　　　　　　(b) CVI 反演

图 1-20　Dix 反演和 CVI 反演速度场的叠前深度偏移剖面

#### 2. 从各向同性发展到各向异性

从各向同性速度建模发展到各向异性速度建模是深度域速度建模技术发展的必然趋势。地震成像将各向异性的影响归并到速度误差中，从而造成成像深度与钻井深度之间存在较大的误差。需要在各向同性速度建模的基础上，发展 VTI、TTI 各向异性速度建模。

VTI 速度模型包含三个参数场：$v$、$\varepsilon$、$\delta$。这三个参数的初始值求取主要采用两种技术方案：(1) 在有测井资料与地层分层数据的工区，用井点的地层分层数据与各向同性深度偏移剖面的地层深度差求取初始 $v_0$ 和 $\delta$，然后扫描反演 $\varepsilon$；(2) 在没有测井资料的工区采用无约束一维层析反演的方法获得 $v_0$、$\varepsilon$、$\delta$。

验证反演 $v_0$，假定原始速度模型：$v_0$=2000m/s，$\varepsilon$=0，$\delta$=0，根据原始模型算出走时，然后在错误模型上进行偏移。验证时采用了单一的反射点，错误速度模型速度为 2500m/s，$\varepsilon$=0，$\delta$=0。其结果如图 1-21 所示。

从图 1-21a 中可以看出，由于用了错误的速度，反射点在不同炮检距上的成像出现明显误差。对炮检距道集进行拾取，作为"快速层析 VTI 各向异性参数求取技术"程序的输入，反演得到速度 $v_0$=2004.4m/s，误差仅为 0.2%。从图 1-21b 中可以看出，反演结果几乎将炮检距道集上的事件拉平，与原始模型基本相同。

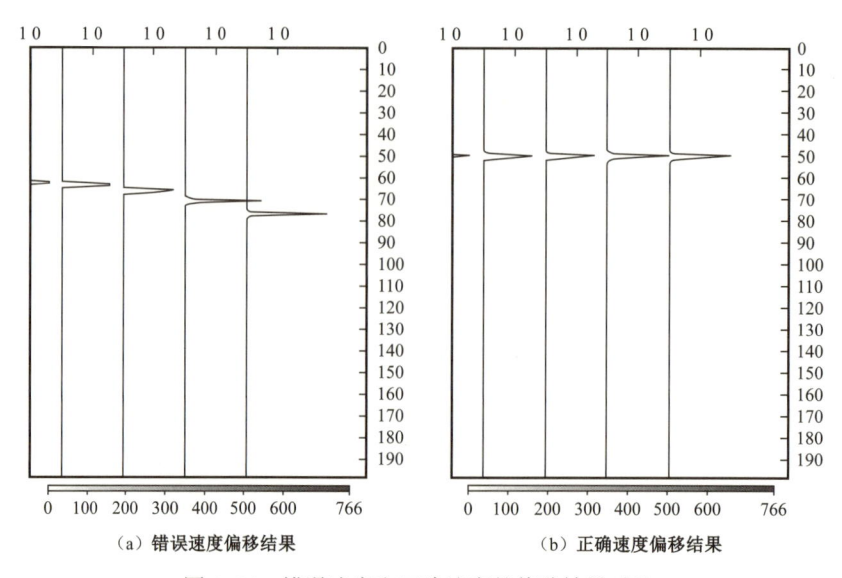

(a) 错误速度偏移结果　　　　　　　　(b) 正确速度偏移结果

图 1-21　错误速度和正确速度的偏移结果对比

验证反演 ε，假定原始速度模型：$v_0$=2000m/s，ε=0.1，δ=0，根据原始模型算出走时，然后在错误模型上进行偏移。验证时采用了单一的反射点，错误速度模型 $v_0$=2000m/s，ε=0.2，δ=0。其结果如图 1-22 所示。

(a) 错误 ε 偏移结果　　　　　　　　(b) 正确 ε 偏移结果

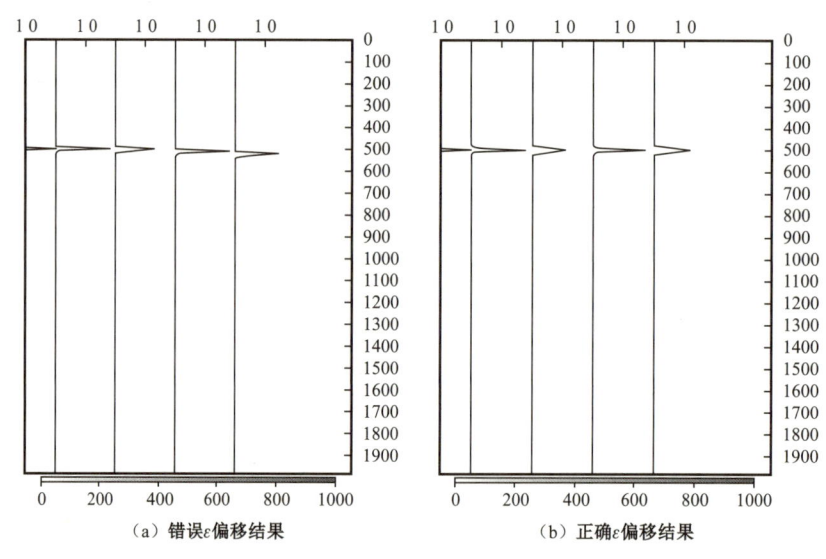

图 1-22　错误 ε 和正确 ε 的偏移结果对比

从图 1-22a 中可以看出，由于用了错误的 ε，反射点在不同炮检距上的成像出现轻微向下弯曲。这通常表明速度模型中 ε 偏大。对以上炮检距道集进行拾取，作为"快速层析 VTI 各向异性参数求取技术"程序的输入，反演得到速度 ε=0.100128s，误差仅为 0.13%。而通过反演结果进行偏移，得到图 1-22b。该反演结果几乎将炮检距信道集上的事件拉平，与原始模型基本相同，并且偏移后的道集有明显的改进。

图 1-23 展示了一个存在各向异性问题的实际地震数据，远道存在严重"上翘"的 CIP 道集，经过层析反演，ε 参数校正后远道被"拉平"的输出道集。

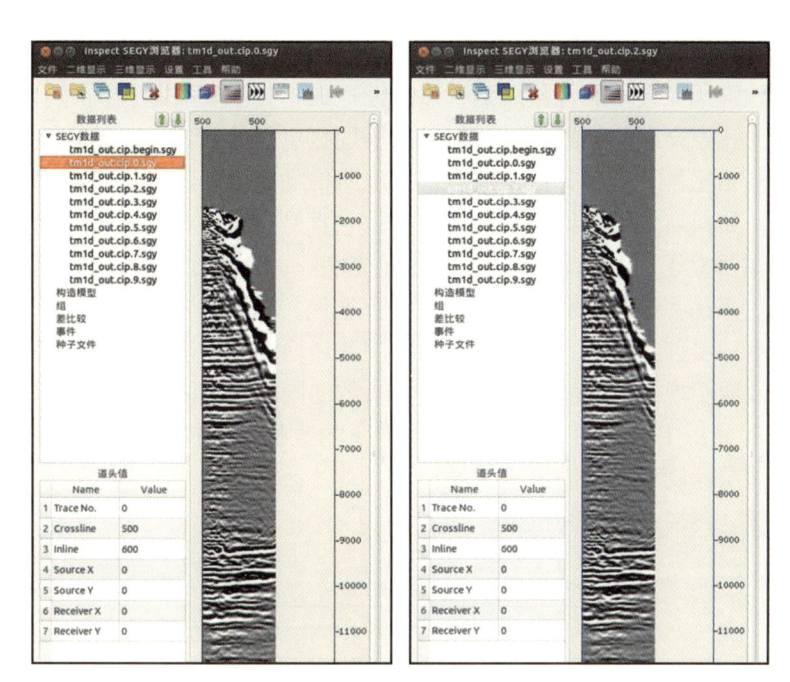

图 1-23　层析反演 ε 参数输入与输出道集

图 1-24 为实际生产数据反演插值得到的 ε 三维场。

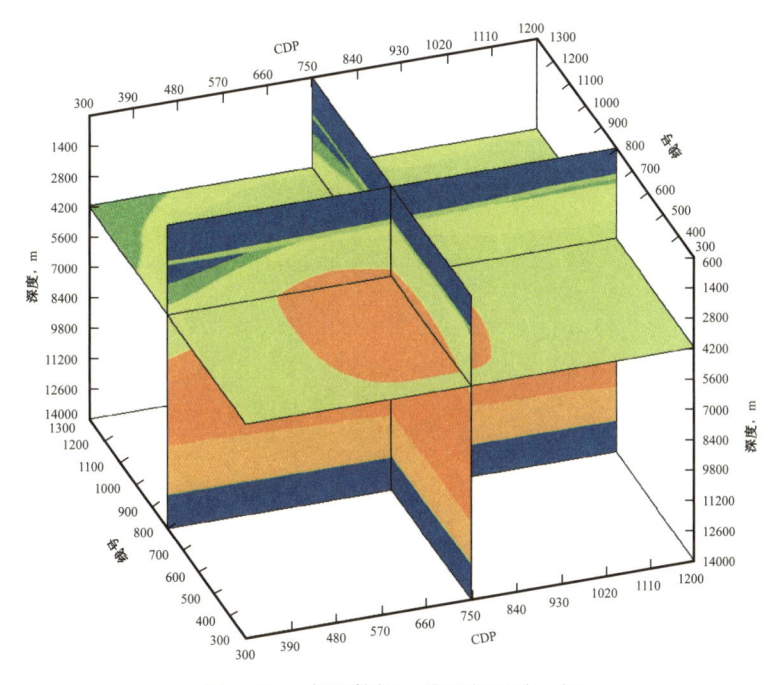

图 1-24　实际数据一维层析反演 ε 场

TTI 速度包含 5 个参数场：$v$、$\varepsilon$、$\delta$、$X_{\text{dip}}$、$Y_{\text{dip}}$，更好地描述了介质的构造各向异性，使 TTI 各向异性地震成像在复杂地质构造的成像准确度大大提高，断层面归位更准确、断点更清晰、陡倾角反射界面的连续性更好。地震剖面的层位与井数据的吻合度大大提高，为更小的勘探目标的储层横向预测、油藏描述、岩性成像等提供了可靠的成像结果。

**3. 从纵波发展到转换波**

随着纵波地震勘探技术的日益成熟，多波勘探成了技术发展趋势。由于横波在岩石骨架中传播，不受孔隙介质的影响，可对气云区等气藏更好的成像。而转换波横波速度分析与纵波速度分析相比具有速度分析参数多，速度谱信噪比低的特点。且成像参数间互相依赖且等效互补，如何高效可靠地求取各成像参数一直是业界的难题。为了能很好地解决该问题，中国石油研发了三参数转换波速度分析技术：垂直速度比 $\gamma_0$、等效速度比 $\gamma_{eff}$ 和各向异性参数 $\chi_{ef}$。采用多谱计算和多参数拾取交互迭代、用成像道集更新多个成像参数和单点交互偏移技术三项创新技术，有效解决了纵波和转换波 VTI 动校正和偏移成像参数估算难题。优质高效地实现了转换波多个 VTI 成像参数的同时估算。

转换波速度分析主要分两步进行，需要准备的数据是转换波深度偏移生成的 CIP 道集、深度域 P 波层速度场和 S 波层速度场。

第一步，确立转换点的空间位置：

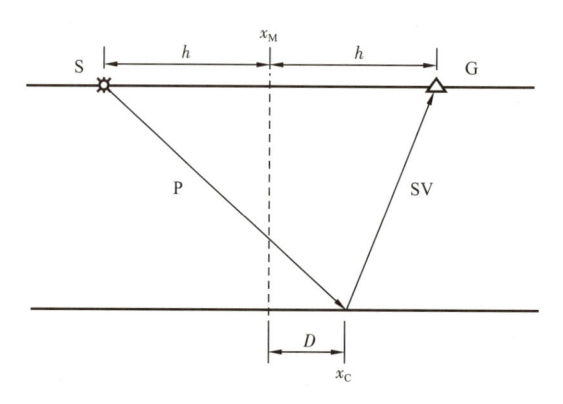

图 1-25　P—S 转换反射波的射线路径图

转换点的位置公式如下：

$$D \approx \left[1+\frac{4rh^2}{(1+r)^2 z^2 + 2(1-r)h^2}\right]\frac{1-r}{1+r}h \quad (1-26)$$

其中　　　　　　　　　　　　$r=v_S/v_P$

式中　$h$——半炮检距；

　　　$z$——转换点的深度。

第二步，在均方根速度概念下，转换波的时距方程近似为：

$$t_C = \frac{\sqrt{z^2+(h+D)^2}}{v_P(z)} + \frac{\sqrt{z^2+(h-D)^2}}{v_S(z)} \quad (1-27)$$

依据时间不变原理，假定 P 波速度场正确，只估算 S 波速度场进行速度更新。在计算过程中，由于 P—S 波的左右不对称性，只能分别应用 CIP 道集的正负炮检距计算 S 波的修正量，更新区域为转换点到接收点的 S 波区域，三维地震区域在未分方位角数据则统一更新区域为转换点附近区域，分方位角数据则更新区域和二维地震类似。

### 4. 从垂向速度分析到沿层速度分析

由于垂向速度分析基于水平层状介质和近偏移距的假设，依据均方根速度与走时和深度的关系描述单个成像点的速度关系。在这一关系下，速度变化将导致不同偏移距的深度发生变化，从而产生不同的叠加曲线。垂向速度分析得到的速度模型往往精度较低，表现为横向速度误差较大，为此需要沿地质层位的速度反演进行修正。从垂直速度分析到沿层速度分析是速度分析技术的巨大进步，使速度准确性在横向的连续性和统一性得到了显著提高。且沿层速度分析本质上是一种基于解释的速度建模方法，由于引入了地质层位，所以速度分析的精度得到了很大提高。

图 1-26 为垂向速度分析界面，可以看到谱值能量的拾取仅限于当前的 CIP，而无法观察速度在横向是否有剧烈变化。图 1-27 为沿层速度分析界面，由于速度分析是沿层进行的，速度值在横向的连续性和统一性得到了有效的保证。在进行沿层速度分析的同时，垂向谱可以显示出来，作为辅助及质控手段，增加了速度分析的可靠性。

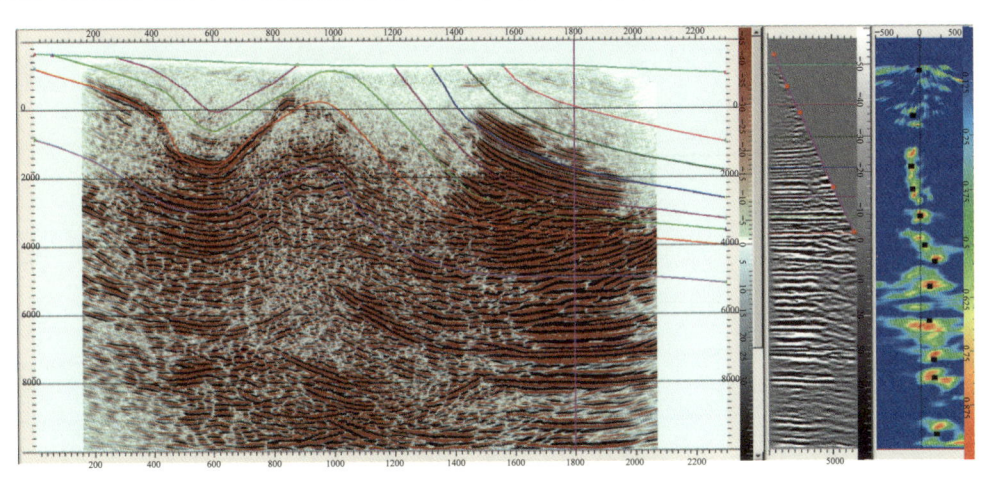

图 1-26　垂向谱速度分析

### 5. 从块状建模扩展到网格层析建模

层析建模技术是深度域速度建模领域的里程碑，开辟了反射波网格模型的新领域。其建模思想与以往的块状建模截然不同。块状模型可以描述大地质层位框架结构的特征，但是，在基本的地质单元内部，速度也不是均匀体，基于块状模型的成像道集往往不能完全拉平。而层析速度建模则描述了离散的速度场，没有层位的概念，通过逐点的速度值变化反映了介质层位速度变化。因此，对介质速度的描述也更准确。

另外，网格层析速度建模基于三维成像空间中，成像道集的曲率与射线旅行时的匹配关系，采用全局层析速度反演的方法得到更精确的速度反演结果。因而小的剩余速度误差会得到消除，成像的准确性会得到进一步提高。

层析反演方法采用的是基于旅行时（Travel Time）的射线法层析，其基本思想如图 1-28 所示，如果将当前工区范围等间距划分成 3×3 的网格，每个格子的速度为 $v_i$，那么对于图中所示的射线路径 ABC，其旅行时为：$t_{ABC}=\dfrac{d_1}{v_1}+\dfrac{d_5}{v_5}+\dfrac{d_8}{v_8}+\dfrac{d_9}{v_9}+\dfrac{d_6}{v_6}+\dfrac{d_3}{v_3}$，其中 $d_i$ 为射线在第 $i$ 个格子中的射线路径长度，定义慢度（Slowness）$s=\dfrac{1}{v}$。

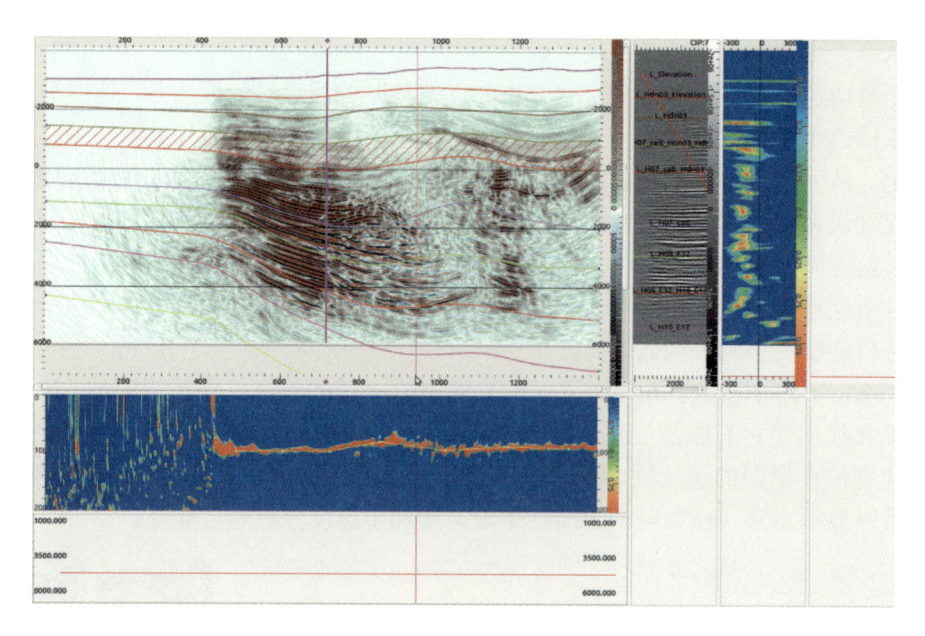

图1-27 沿层谱速度分析

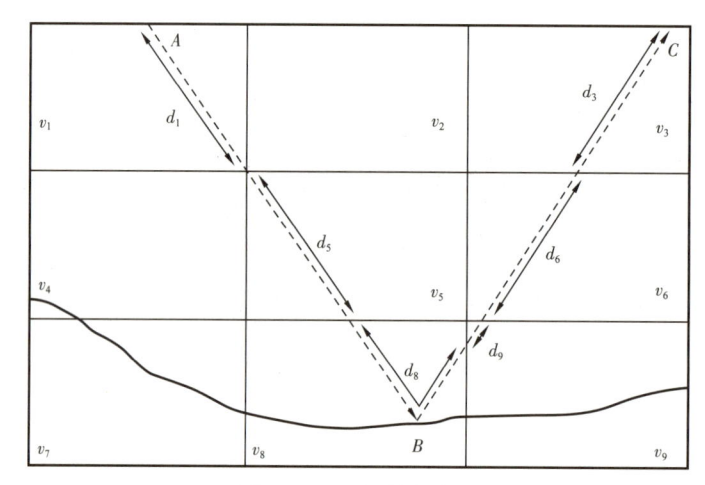

图1-28 层析射线路径

如果存在图1-29所示的一个CIG（Common Image Gather）道集，每个偏移距在图中所示事件的走时分别为 $t_i$，以向量形式表示上面的公式：$t_h = \boldsymbol{D} \cdot \boldsymbol{S}$，其中向量 $\boldsymbol{D} = (d_1, d_5, \cdots, d_3)$，向量 $\boldsymbol{S} = (s_1, s_5, \cdots, s_3)$，那么对于偏移距 $h$ 的道集，其走时与真实走时之间的差异为：$\Delta t_h = \boldsymbol{D}_{\text{true}}(0) \cdot \boldsymbol{S}_{\text{true}} - \boldsymbol{D}(h) \cdot \boldsymbol{S}(h)$。同理，零偏移距的走时与真实走时之间的差异为：$\Delta t_0 = \boldsymbol{D}_{\text{true}}(0) \cdot \boldsymbol{S}_{\text{true}} - \boldsymbol{D}(0) \cdot \boldsymbol{S}(0)$，考虑到实际情况中，根本无法知道真实的速度，也就无从知道 $\boldsymbol{S}_{\text{ture}}$。将 $h$ 偏移距走时差与零偏移距走时差相减之后，并抛弃高次项，可得层析公式为：

$$\left( \frac{D(h)}{\cos\theta(h)} - D(0) \right) \cdot \Delta S = \Delta t \tag{1-28}$$

式中 $\theta(h)$ ——$h$ 偏移距出射射线与法向之间的夹角，(°)。

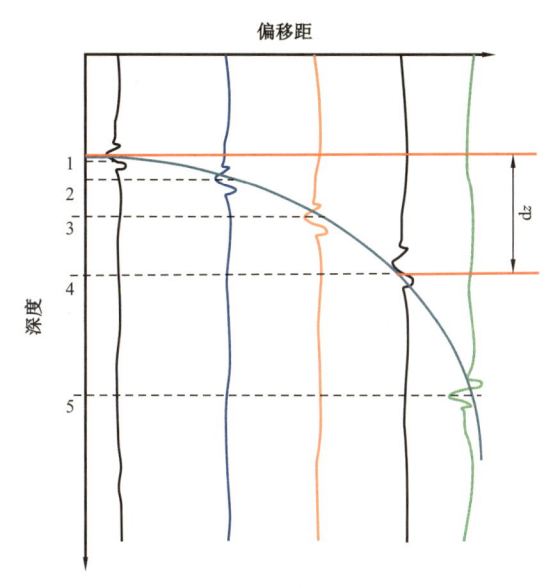

图 1-29　CIP 道集时差计算

图 1-30a 为实际资料基于初始速度模型的走时层析反演成像结果，图 1-30b 为实际资料基于网格层析速度模型的走时层析反演成像结果。可见，网格层析速度模型的反演剖面在层位细节刻画及高陡构造成像方面表现更为良好。

**6. 从多方位建模发展到宽方位建模**

宽方位建模技术相对于多方位建模技术来说，是速度建模领域在解决方位各向异性问题方面达到了新的高度，是外在表现形式与内在解决方式的高度统一。多方位速度建模只考虑到同一速度模型对各个方位角数据偏移成像结果的聚焦程度不同、速度误差不同和成像深度差异等问题，仅仅进行多个方位角建模及偏移。但在多方位的速度融合方面一直没有很好的解决方法。而以 OVT 域方位各向异性校正为代表的速度建模技术，很好地解决各个方位速度的融合问题，且建模精度更高。其提供的快慢波速度为预测裂缝发育方向提供了重要依据。

对正交介质而言，和 TI 介质类似的是空间位置 $x$ 对时间 $t$ 的一阶导数是群速度 $v_g$（$v_g$ 也是向量），而传播方向 $o$ 对时间 $t$ 的一阶导数是相速度 $v_P$ 对空间的导数。

$$\begin{cases} \dfrac{\mathrm{d}\vec{x}}{\mathrm{d}t} = \vec{v}_g \\ \dfrac{\mathrm{d}o_x}{\mathrm{d}t} = \dfrac{\partial v_P}{\partial x} \\ \dfrac{\mathrm{d}o_y}{\mathrm{d}t} = \dfrac{\partial v_P}{\partial y} \\ \dfrac{\mathrm{d}o_z}{\mathrm{d}t} = \dfrac{\partial v_P}{\partial z} \end{cases} \quad (1-29)$$

正交介质的相速度 $v_P$ 公式如下：

$$\dfrac{v_P^2}{v_0^2} = 1 - \dfrac{f}{2} + \varepsilon \sin^2\theta + \dfrac{f}{2}\sqrt{\left(1 + \dfrac{2\varepsilon \sin^2\theta}{f}\right) - \dfrac{8(\varepsilon - \delta)\sin^2\theta \cos^2\theta}{f}} \quad (1-30)$$

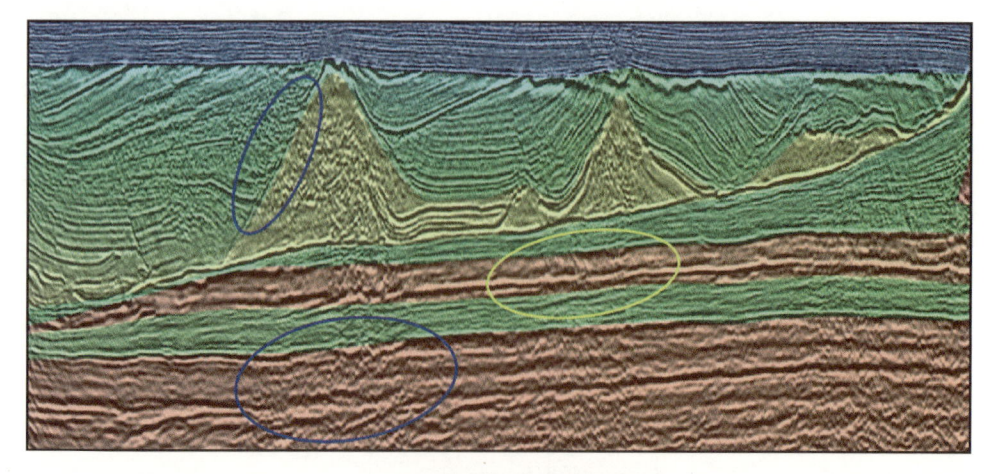

（a）初始速度模型的叠前深度偏移

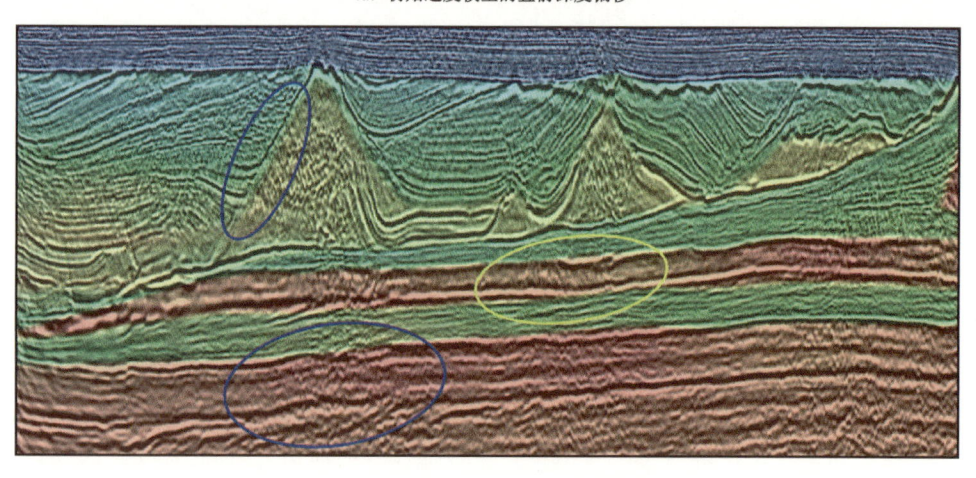

（b）网格层析速度模型的叠前深度偏移

图1-30　基于初始速度模型和基于网格层析速度模型的反演结果对比

和TI介质的不同在于公式中 $\varepsilon$ 和 $\delta$ 不是常量，具体函数形式如下：

$$\begin{aligned}\varepsilon(\phi) &= \varepsilon_1 \sin^2\phi + \varepsilon_2 \cos^2\phi + (2\varepsilon_2 + \delta_3)\sin^2\phi\cos^2\phi \\ \delta(\phi) &= \delta_1 \sin^2\phi + \delta_2 \cos^2\phi\end{aligned} \quad (1\text{-}31)$$

式中　$\theta$——$o$ 和各项异性对称 $z$ 轴的夹角；

$\phi$——$o$ 和各向异性对称 $x$ 轴的夹角。

从式（1-30）和式（1-31）中，可以很容易推导出 $v_P$ 对 $x$，$y$，$z$ 的导数。

以下是群速度 $v_g$ 的公式：

$$\begin{cases} v_g(x) = v_P \sin\theta\cos\phi + \dfrac{\partial v_P}{\partial \theta}\cos\theta\cos\phi - \dfrac{\partial v_P}{\partial \phi}\dfrac{\sin\phi}{\sin\theta} \\ v_g(y) = v_P \sin\theta\sin\phi + \dfrac{\partial v_P}{\partial \theta}\cos\theta\sin\phi + \dfrac{\partial v_P}{\partial \phi}\dfrac{\cos\phi}{\sin\theta} \\ v_g(z) = v_P \cos\theta - \dfrac{\partial v_P}{\partial \theta}\sin\theta \end{cases} \quad (1\text{-}32)$$

## 二、地震成像技术

"十二五"期间，地震成像技术发展突飞猛进（表1-2），算法种类从已有的Kirchhoff、单程波，到Kirchhoff、高斯束、单程波及逆时偏移全系列偏移成像技术。对介质的适应性从各向同性发展到VTI/TTI各向异性。偏移的地震波类型从纵波发展到转换波，再到弹性波。从窄方位偏移发展到宽方位偏移。偏移计算技术从并行计算发展到大规模并行。算法种类更为齐全，适用性更广，提高了地震成像与钻井的吻合度，提高了勘探目标的照明度，提高了裂隙介质的成像精度。具有共炮检距、共反射角和共构造倾角等丰富的成像道集类型。计算效率更高、扩展性更好、对硬件架构的适应性更广泛，可完成数十TB数据的叠前深度偏移。

表1-2 地震成像技术

| 软件技术 | | 维度 | 地表类型 | 成像域 | 道集类型 | 特殊功能 | 介质类型 |
|---|---|---|---|---|---|---|---|
| Kirchhoff积分法 | | 2D/3D | 水平/起伏 | 时间 | 共炮检距 | CPU/*GPU | 各向同性 |
| | | | | | | *OVT | |
| | | | | | | *弯线 | VTI各向异性 |
| | | | | 深度 | 共炮检距 *共反射角 *共构造倾角 | CPU/*GPU | 各向同性 |
| | | | | | | | VTI各向异性 |
| | | | | | | *OVT/*OBN | TTI各向异性 |
| *高斯束 | | 2D/3D | 水平/起伏 | 深度 | 共炮检距 共反射角 共构造倾角 | OVT/OBN | 各向同性 |
| | | | | | | | VTI各向异性 |
| | | | | | | | TTI各向异性 |
| 波动类成像技术 | 单程波 | 2D/3D | 水平/起伏 | 深度 | 共炮像距 *共反射角 | | 各向同性 |
| | | | | | | | VTI各向异性 |
| | 双程波 | 2D/3D | 水平/起伏 | 深度 | 共炮像距 *共反射角 | CPU/*GPU | 各向同性 |
| | | | | | | | *VTI各向异性 |
| | | | | | | *OBN | *TTI各向异性 |

注：*代表"十二五"期间新增。

### 1. 从单个成像算法发展到全系列成像算法

叠前偏移成像算法在"十二五"期间发展成同时具有Kirchhoff积分、高斯束、单程波和逆时偏移等全系列多样化成像技术系列。不同的偏移算法都有其适应条件及优缺点，积分法偏移具有无倾角限制、无频散、网格剖分灵活、实现效率高等特点，而且适应复杂观测系统和起伏地表，对速度场精度要求较低等优点成为叠前成像的必备技术。但在复杂不均匀介质中，存在成像不准确、焦散区无法成像和不能解决多路径等问题。逆时偏移具有适用于复杂区域和高陡构造成像等优点，但面临计算和存储量大、效率低、偏移噪声强、需要高精度速度模型等问题。高斯束偏移则兼具计算效率、成像精度和灵活性。基于这些特点，发展了全系列成像算法。不同地区根据资料的具体情况可灵活选择不同的成像算法。

2. 从各向同性发展到 VTI/TTI 各向异性

从各向同性偏移发展到 VTI、TTI 各向异性偏移是深度域叠前偏移技术发展的必然趋势。大量研究表明，地球介质存在各向异性，不考虑介质各向异性的偏移算子必然导致反射点归位不准确，因此，研究各向异性介质偏移对地下构造精准成像十分重要。为了解决生产中各向同性地震成像中成像深度与钻井深度的不匹配问题，开发了 VTI 及 TTI 各向异性成像技术。尤其 TTI 各向异性地震成像技术对复杂地质构造的成像准确度大大提高，断层面归位更准确、断点更清晰、陡倾角反射界面的连续性更好。地震剖面的层位与井数据的吻合度大大提高，为更小的勘探目标的储层横向预测、油藏描述、岩性成像等提供了可靠的成像结果。

积分法 TTI 各向异性叠前深度偏移所研究的核心是求取介质的相速度和群速度，各向同性介质的相速度和群速度相同，而 TTI 介质的相速度和群速度不同，如图 1-31 比较了某 TTI 各向异性介质地区的 RTM（逆时偏移）成像结果和各向同性 RTM 成像结果。这一结果表明在有各向异性存在的地区，只有各向异性介质参数在偏移方法中被充分地运用，才能获得可靠的地震成像。

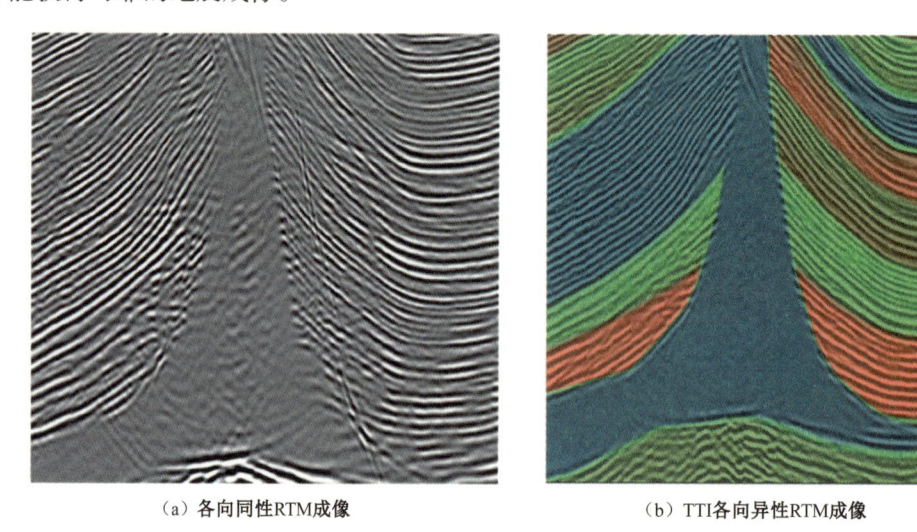

（a）各向同性RTM成像　　　　　　（b）TTI各向异性RTM成像

图 1-31　各向同性与 TTI 各向异性介质的 RTM 成像结果对比

3. 从纵波成像发展到转换波成像

多波地震数据包含了更为丰富的地震波场信息，在构造成像、储层预测、油气监测和动态监测中显示出了独特的优势和巨大的应用潜力。同时，相对于纵波成像来讲，转换波成像不受气云区的影响，可以对气云区下方的构造进行准确成像。为了使纵波时间偏移剖面和转换波时间偏移剖面的能量级别在相同的水平上，对相对保幅的纵波和转换波时间偏移加权函数进行了研究。同纵波时间偏移相比，转换波时间偏移的加权函数要复杂得多，常速介质条件下的共偏移距域转换波时间偏移的加权函数为：

$$w(m,x) \approx z\left(\frac{\gamma^2 t_S}{t_R} + \frac{t_R}{\gamma^2 t_S}\right)\left(\frac{1}{t_S v_S^2} + \frac{1}{t_R v_R^2}\right) \quad (1-33)$$

其中，$\gamma = v_P/v_S$ 为纵横波速度比，$z$ 是成像点的深度。

图 1-32 为某地实际资料纵波及转换波 VTI 各向异性叠前时间偏移处理效果对比，不难看出，对于"气云区"的成像，转换波与纵波相比有明显的改善。

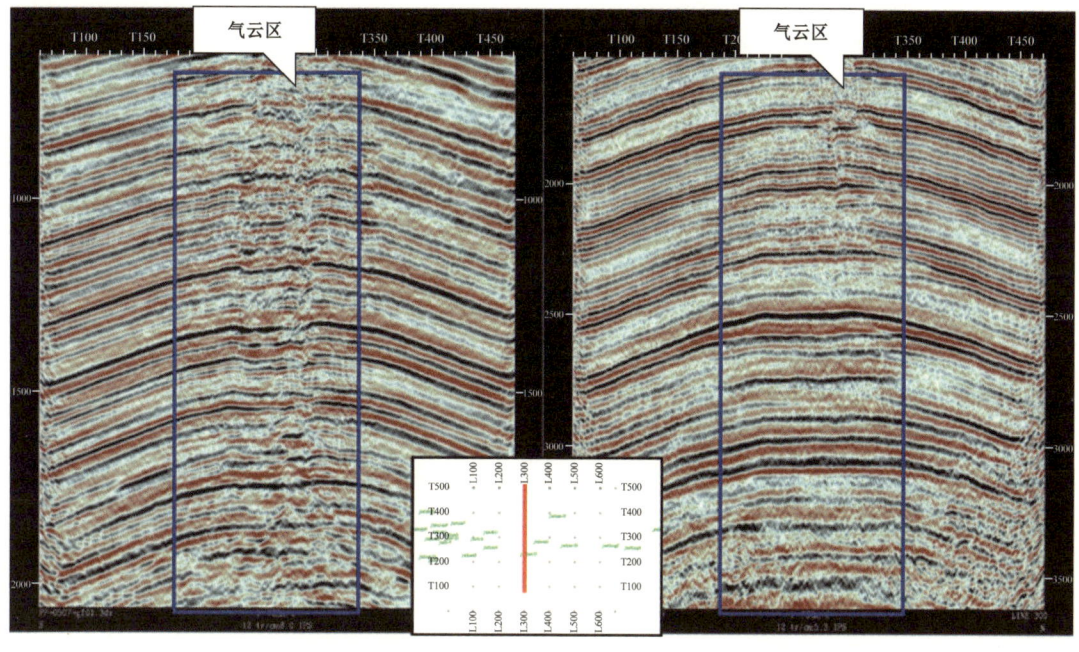

（a）纵波　　　　　　　　　　　　　　　（b）转换波

图 1-32　纵波、转换波各向异性叠前时间偏移效果对比

### 4. 从声波发展到弹性波

基于声学介质假设的偏移方法在过去的数十年中取得了巨大的成功，已成为地震勘探的重要支柱。事实上，地震介质为弹性介质，地震波场为矢量场，弹性波偏移使复杂地质区域的高精度成像成为可能。"十二五"期间开发的弹性波逆时偏移成像技术，通过二维地震理论模型验证，在陡倾角成像、盐下成像及散射体成像方面较声波成像技术具有明显优势。

同声波介质逆时偏移相比，弹性波逆时偏移使用矢量波方程进行构建地下波场，保持了弹性波的矢量特征，并在成像之前通过如下公式把矢量波场分解为 P 波和 S 波成分，可以得到物理意义明确的 PP 波和 PS 波成像结果：

$$P(x,t)=\nabla u(x,t), \quad S(x,t)=\nabla u(x,t) \tag{1-34}$$

### 5. 从窄方位成像到宽方位成像

宽方位叠前成像技术是窄方位叠前成像技术在数据适应性方面的重要扩展。由于窄方位数据叠前成像的照明度不足、盐下成像不清、陡倾角成像归位不准等缺点，需要以 OVT 叠前成像技术为代表的叠前成像技术加以解决。独特的 Kirchhoff 积分法 OVT 域成像技术可同时兼顾常规偏移与 OVT 域偏移中任务的分配。任务分配灵活、实现高效，可一次性完成数百个 OVT 片的叠前深度偏移。利用积分法及高斯束叠前深度偏移技术可得到 OVT 域成像道集，在深度域对方位各向异性展开分析，进行时差校正，可改善成像质量,为资料解释提供参考。其成果在岩性和裂缝油气藏勘探领域发挥了重要作用。

6. 从并行计算到大规模并行计算

地震成像技术从并行计算发展到大规模并行计算是海量地震数据驱动下的新技术。由于地震成像技术的发展在很大程度上都与计算机处理能力的发展密切相关,叠前深度偏移技术和逆时偏移技术的工业化应用就是计算机软、硬件技术发展的结果。随着地震高效采集技术的发展及地震勘探高精度要求的逐步提高,油气勘探逐步迈向大数据时代,同时随着高性能计算机的不断涌现,对偏移软件的高性能计算提出了新的更高要求。通用的并行计算技术因扩展性不足、加速比不高、稳定性不好,不能满足海量地震数据的叠前偏移需求。以Kirchhoff叠前深度偏移中混合域并行技术为代表的大规模并行计算技术,大幅度提高了并行计算的扩展性,可在千节点集群上同时并行计算,且加速比接近线性。以GPP并行计算框架为代表的并行计算技术极大地提高了大规模并行计算的稳定性,为海量数据叠前偏移的顺利完成提供了技术保障。

7. 从单一集群到异构集群

CPU/GPU异构集群叠前偏移技术是叠前偏移技术在高性能计算领域的重要应用。单一的CPU集群叠前偏移因浮点计算能力有限,在海量数据面前无能为力。通过利用计算高效的GPU硬件,可以充分发挥GPU硬件中向量化、超线程并行计算等技术优势,进一步提升叠前偏移的计算效率。目前,GeoEast基于CPU/GPU协同计算的GeoEast积分法叠前时间偏移和国际同类软件偏移相比,偏移效果基本一致,但效率要快得多(图1-33)。图1-34为GeoEast积分法叠前时间偏移在大规模的CPU/GPU协同集群上的可扩展性测试结果,从图1-34中可以看出,时间偏移软件接近线性的加速比,具备良好的可扩展性,能在大规模集群上高速、稳定运行。

(a)国际同类软件偏移　　　(b)GeoEast偏移

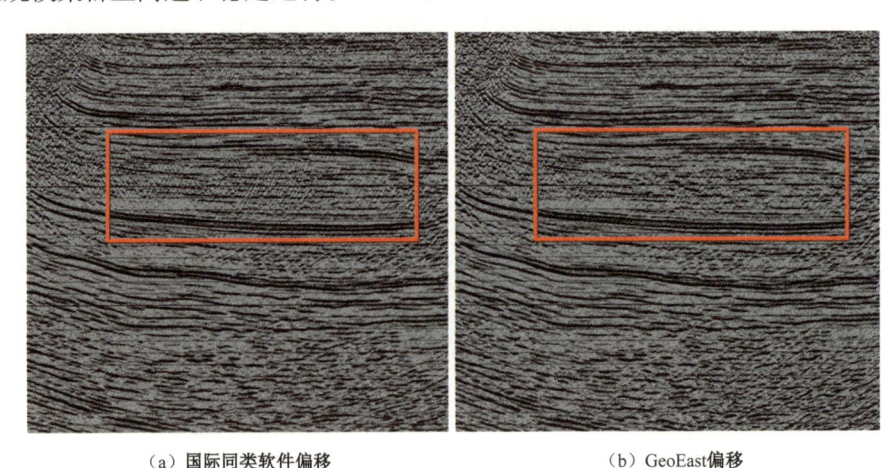

图1-33　国际同类软件偏移与GeoEast偏移的对比

8. 成像道集更加丰富

单一的共炮检距成像道集或炮像距成像道集仅仅代表输入数据在地面的炮检关系或成像点与炮点的关系,并不能很好地反映地下反射点随反射角的变化。使后期的AVO解释及反演增加了不确定性。"十二五"期间,在已有的共炮检距道集基础上形成了共反射角

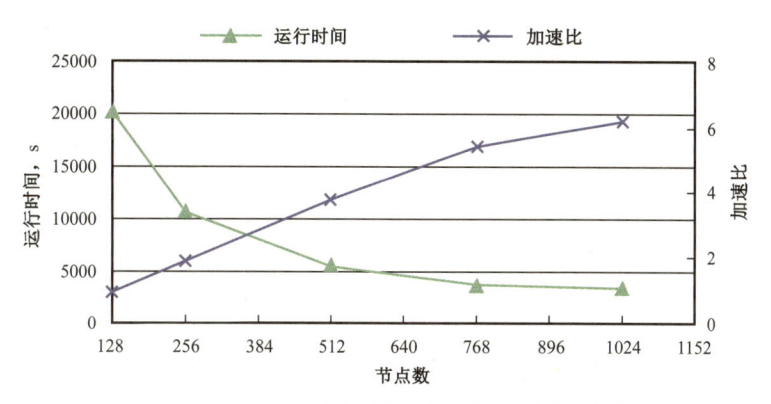

图 1-34　GeoEast 积分法叠前时间偏移运行性能

道集和共构造倾角道集，其中 3D 角道集被证明在复杂情况下是唯一没有假象的道集，为后续的处理和解释提供准确的成像资料。共构造倾角道集与其他去噪方法相结合进一步提高了成像质量。

逆时偏移过程中，通过对正演入射波场的分析，提取各炮在空间各点的入射方向矢量，再从深度偏移后的叠加图像上提取各点构造界面的法向矢量，这两个矢量给出了单炮偏移后的反射能量所属的入射角。提取构造走向信息的过程中，采用构造张量方法，求出的倾角具有较高的精度：

$$T = \nabla I * \nabla I \tag{1-35}$$

其中，*代表转置运算，$\nabla I$ 为图像 $I$ 的梯度：

$$\nabla I = (\nabla_x, \nabla_y, \nabla_z) I = (\partial I/\partial x, \partial I/\partial y, \partial I/\partial z) \tag{1-36}$$

积分法偏移通过射线参数来计算倾角和反射角，在成像过程中提取角度域道集，构造倾角角度域 Kirchhoff 积分法成像公式为：

$$I(\xi,\gamma) = \int_{\Omega_{\xi,\gamma}} W_\gamma(\xi,\alpha_x,\gamma) D\left[t = t_D(\xi,\alpha_x,\gamma), x_m(\xi,\alpha_x,\gamma), x_h(\xi,\alpha_x,\gamma)\right] d\alpha_x \tag{1-37}$$

其中

$$\gamma = \frac{\beta_r - \beta_s}{2}, \quad \alpha_x = \frac{\beta_r + \beta_s}{2}$$

式中　$\gamma$ 和 $\alpha_x$——由炮点和检波点射线参数 $\beta_r$，$\beta_s$ 求得到构造倾角和反射角；

　　　$W_\gamma$——Kirchhoff 积分法偏移的权函数；

　　　$D$——地震数据。

图 1-35 为某三维地震工区的共偏移距和共构造倾角道集对比，共偏移距道集上同向轴的形态同共构造倾角道集上有较大差异，通过在共构造倾角道集上可以识别出地层倾角和噪声，为后面成像效果的改善奠定了基础。

### 三、起伏地表深度域建模与成像配套技术

在"十二五"期间，针对前陆冲断带下复杂构造速度场纵横向变化剧烈、地震资料信噪比低、速度建模精度远远不能满足叠前深度偏移要求的问题，开展了一系列技术流程方

(a) 共偏移距道集　　　　　　　(b) 共构造倾角道集

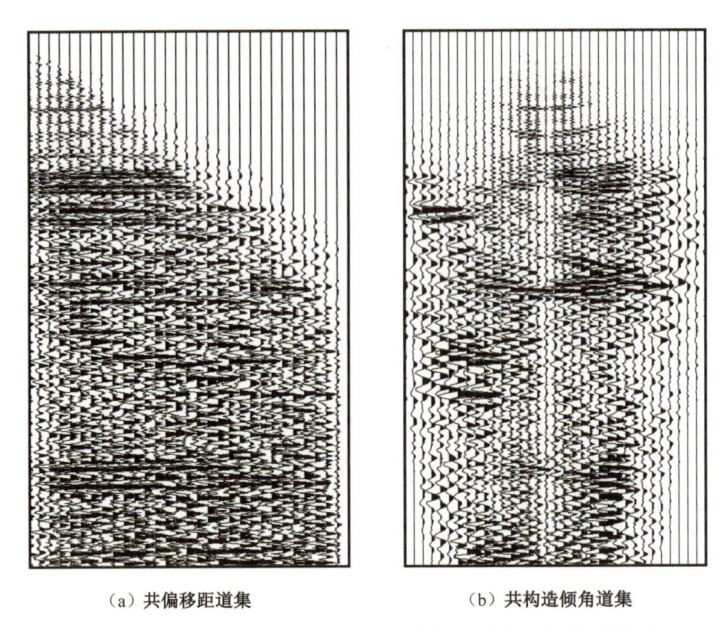

图 1-35　三维实际资料的共偏移距道集和共构造倾角道集对比

面的试验及研究。从最初的近地表层析＋真地表叠前深度偏移的技术流程发展到高精度近地表反演＋地形匹配剩余静校正＋地表相关小平滑面叠前深度偏移处理技术流程（图1-36），其核心在于地震资料处理过程中避免水平层状介质假设，从起伏地表开始保持地震波场的运动学特征，提高复杂构造深度域速度建模和成像精度。

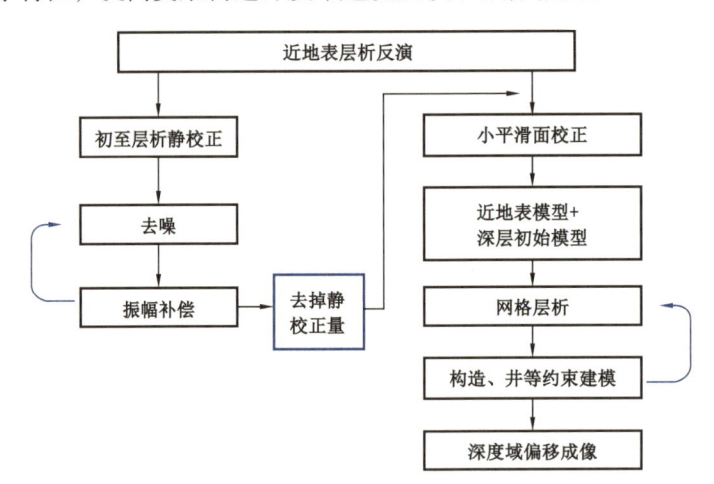

图 1-36　基于小平滑面的叠前深度偏移技术流程

**1. 基于小平滑面的静校正及去噪技术流程**

为了得到高信噪比的叠前数据，首先在高精度近地表反演基础上构建地形相关小平滑面，再利用初至波与地形匹配关系计算小平滑面校正量并应用到数据上。为了进行线性噪声压制，应用了静校正量之后，线性干扰波的相干性增强，更有利于叠前噪声衰减和一致性振幅处理。具体处理步骤包括初至波拾取、旅行时及波形层析近地表速度反演、建立小平滑地表高程模型、地形匹配静校正量计算、应用匹配静校正量。

## 2. 基于小平滑面的速度建模及偏移技术流程

起伏地表叠前深度偏移成像处理以速度建模为核心，它的基础是高精度的近地表速度反演、静校正及去噪。在获得高信噪比叠前数据之后，把长波长静校正量去掉，使数据回到实际地表，这时可以开展真地表或基于地表小平滑面的深度域速度建模和偏移。以这几个速度建模关键步骤为核心构建了面向起伏地表深度域成像的时间域配套处理和深度域建模流程。

### 四、问题与展望

在速度建模方面，2Hz 以下的背景速度建模及中波数的层析建模已经相当成熟。但低波数到中波数的速度建模领域仍然有待发展。全波形速度反演技术正是填补这一领域的关键技术。所以，未来 5~10 年，全波形反演速度建模技术将成为重点发展方向。另外，鉴于地震成像领域对各向异性介质成像精度要求的不断提高，发展正交各向异性速度建模技术也是大势所趋。

在地震成像方面，面临将新的研究成果推向工业化应用更加严峻的挑战。总体来看，地震成像将向正交晶系、黏滞介质等更复杂介质的地震成像方向发展。弹性波地震成像技术将逐渐成熟，并在隐蔽油气藏的高精度成像领域发挥重要作用。反演类成像技术（如最小二乘偏移成像技术）将大放异彩，极大地提高地震成像的分辨率。大数据时代下的高效地震成像技术将成为工业化的门槛技术。基于"云"技术的新一代地震成像软件将成为高端平台技术，推动大数据地震成像的工业化应用。

## 第三节 非均质储层及流体识别技术

随着油气勘探领域从构造向岩性延伸，勘探深度从中浅层向深层发展，勘探对象从常规储层向复杂储层过渡。礁滩相气藏（龙岗），非均质性强，储层物性、厚度在短距离内即会发生较大变化，气水关系复杂。致密砂岩油气藏（苏里格、广安）孔隙度低、渗透率低、储层薄，地球物理参数和地震响应特征异常不明显，有效储层识别预测仍存在相当大的难度。

经过"十一五"和"十二五"的技术发展，在叠前声波方程反演及参数解释方法、叠前 AVO 反演与流体解释新方法研究以及复杂天然气藏地震综合解释方法研究方面取得了创新成果，形成了复杂岩性油气藏储层和流体识别技术系列。

### 一、叠前波动方程储层参数反演

#### 1. 频率域延拓法单程声波方程反演

为了提供用于储层描述和流体识别的高精度地球物理参数，研发了频率域延拓方法声波方程反演方法，由于采用深度域方向延拓，波场计算速度快，反演效率高。

假设地震波可分解成互不干涉的两种波：向下传播的下行波和向上传播的上行波。深度域波场延拓就是向地下垂直方向正向延拓下行波，逆向延拓上行波，即计算波场随深度变化。

图 1-37 显示了延拓法单程声波方程反演效果，图 1-37a 为用于反演的炮集数据，直接利用炮集数据，避免了更多处理对有效信号的畸变作用。图 1-37b 为井旁反演数据与测井曲线，可见反演结果基本与测井数据吻合。表 1-3 列出了时间域双程声波方程、时间域

双程弹性波方程和频率域单程声波方程三种波动方程反演方法计算效率。综合考虑模型大小和计算时间,频率域单程延拓声波方程反演的计算效率提高了近4倍(相对时间域双程声波方程)。

(a) 炮集数据

(b) 反演数据与测井曲线

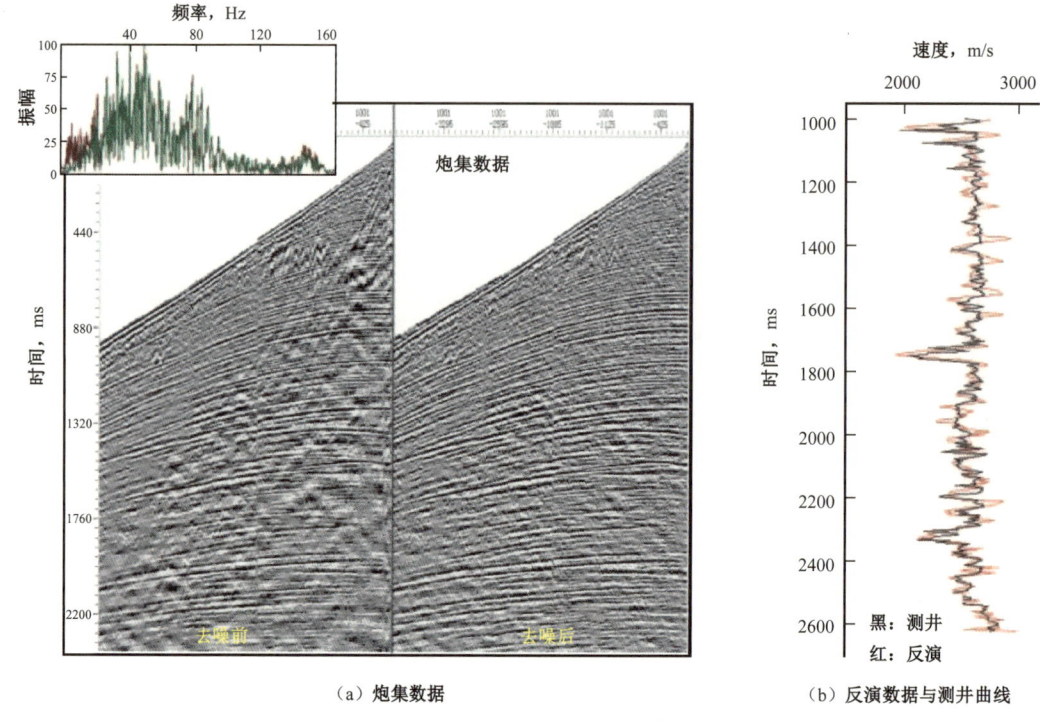

图 1-37 频率域延拓法单程声波方程反演

表 1-3 单炮计算量比较

|  | 数据量 | 计算时间,h |
| --- | --- | --- |
| 双程伪谱弹性波方程 | 234×801×1251 | 18 |
| 双程伪谱声波方程 | 234×801×1251 | 6.5 |
| 单程延拓声波方程 | 234×801×1251 | 3.5 |

图 1-38 显示了一次迭代反演的密度剖面。密度剖面上有三个明显的密度低值条带,分别分布在 $J_1d$ 的上覆层、$X_6$—$J_1z$ 间地层以及 $X_5$—$X_4$ 间地层。$X_6$—$J_1z$ 间地层的密度表现为从 GA101 井到 XH1 井横向上略有增大,$X_5$—$X_4$ 间地层密度变化趋势正好相反,从 GA101 井到 XH1 井横向上减小,且表现很强的不均匀性。频率域延拓法反演结果能很清晰地反映三角洲平原、三角洲前缘水下分流河道沉积形成的储层,且能表现它们在横向上很强的非均匀特征。频率域延拓法反演结果的分辨率虽然比较高,但形态不如时间域反演活跃,这可能是因为声波动方程分解和延拓因子展开时引入的近似造成的。

2. 叠前波动方程密度反演和孔隙度计算

基于扰动理论,利用 Tarantola 提出的波场回传技术,可从声波方程中计算体积模量和密度的共轭修改量:

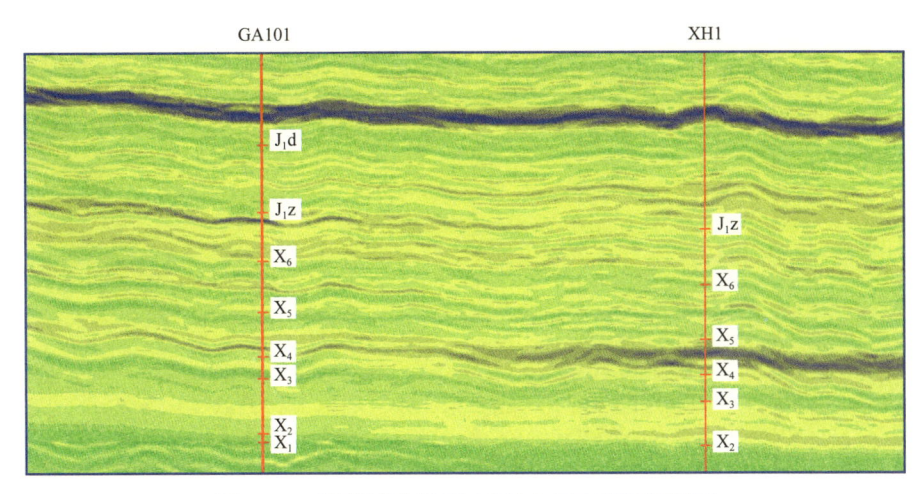

图 1-38 频率域单程延拓声波方程密度反演剖面

$$\delta\hat{\rho}(x) = \frac{1}{\rho^2(x)} \sum_s \int_0^T \mathrm{grad}\, \Psi(x,t;x_s) \mathrm{grad} P(x,t;x_s) \mathrm{d}t \qquad (1-38)$$

式中　$\rho$——密度；

　　　$P$——声波场；

　　　$s$——震源；

　　　$\delta\hat{\rho}$——密度的共轭修改量；

　　　$\Psi$ 和 $P$——剩余波场和震源波场。

只利用振幅信息的 AVO 反演，反演密度的难度较大。基于波动方程的全波形反演直接利用炮集数据，减少了常规叠前地震反演需要更多数据处理而对地震信号产生的畸变，同时全波形反演能充分利用接收到的地震波场运动学（如时差）和动力学（如振幅）信息，在一定程度上缓解了常规叠前地震反演只利用振幅而使反演信息量严重不足的矛盾，可以给出比较可靠的密度参数估计。

直接利用地震数据估计孔隙度是非常困难的。目前常规的利用神经网络技术建立地震属性与地层孔隙度关系估计孔隙度的方法只是一种数学映射，很难解释其物理意义。依据阻抗、速度或密度等弹性参数估计孔隙度是一种具有物理基础的可靠方法。弹性参数直接与地层孔隙度、孔隙流体类型、饱和度和骨架矿物成分有关。已有的研究表明，相对于阻抗和速度，密度参数更适合于孔隙度估计。

图 1-39 显示了声波方程反演模型数据和井旁数据反演结果。虽然初始模型与实际数据相差较大，但反演结果基本恢复了实际模型的特征，消除了高频抖动。

声波方程反演获得两个参数：体积模量和密度。充分发挥这两参数在储层预测和流体识别中的作用，合理的解释也是关键的一步。

有效介质密度值是由骨架固体密度、孔隙流体密度和孔隙度确定的。同理，已知有效介质密度、骨架固体密度和流体密度，可以计算孔隙度。图 1-40 显示了 GA101 井和 XH1 井两口井处反演的密度估计孔隙度和测井孔隙度交会图。两口井交会图上的交会点虽然与红线有一定的偏离，但基本上沿 45°线（红线）分布，预测结果与测井基本吻合，表明全波形密度反演可以给出比较好的地层孔隙度估计。

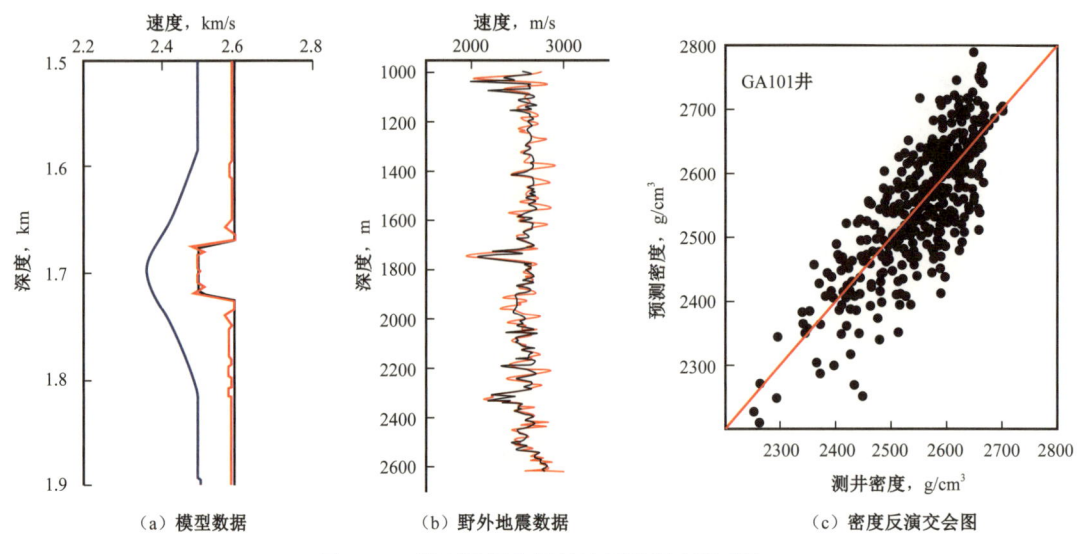

(a) 模型数据　　　　　(b) 野外地震数据　　　　　(c) 密度反演交会图

图1-39　模型数据和野外地震数据密度反演

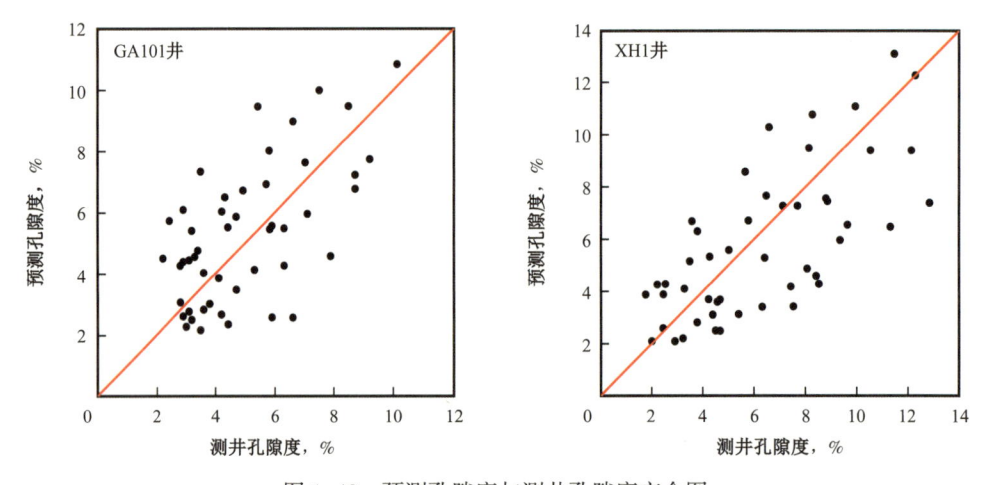

图1-40　预测孔隙度与测井孔隙度交会图

图1-41显示了由声波方程反演的密度计算的孔隙度（预测孔隙度）剖面。与密度剖面不同，孔隙度剖面上有三个明显的成层状高孔隙度条带，分别位于$X_6$—$J_1z$层段、$X_4$—$X_5$层段和$J_1d$上覆地层。沿测线的整个剖面孔隙度分布范围在16%以下，为低孔隙度地层。预测结果与该区储层孔隙度特征基本一致，与测井孔隙度值也比较吻合。结合流体模量分解技术预测的有效储层分布剖面，该区为辫状河三角洲沉积，储层特征为低孔、低渗，厚度大，平面上大面积分布。有效储层纵向上交错叠置，单层厚度薄，横向变化大，非均质性强。有效储层预测结果与上述特征类似，井孔处与钻井基本吻合。

3. 频率域多尺度波动方程反演

在波形反演中采用多尺度策略或是通过频带滤波方式不断增大反演频带来解决非线性反演解的非唯一性问题。在频率域，多尺度策略则是通过从低频到高频的逐频反演得以实施。低频对应于地震数据的长波长分量，只有当频率低到一定程度时，目标函数才转变为凸函数拥有唯一极值点。图1-42和图1-43是基于复杂的Marmousi模型的数值试验及分析结果。

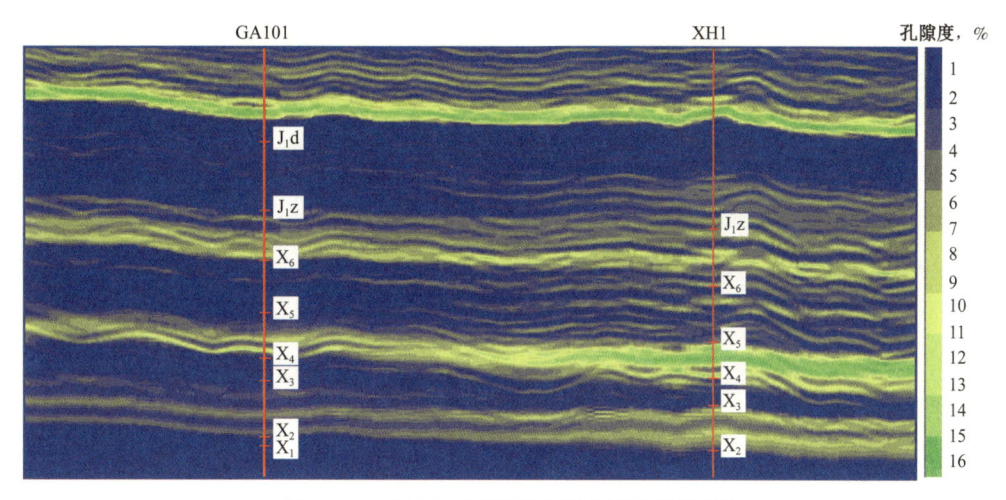

图 1-41 声波方程密度反演孔隙度预测剖面

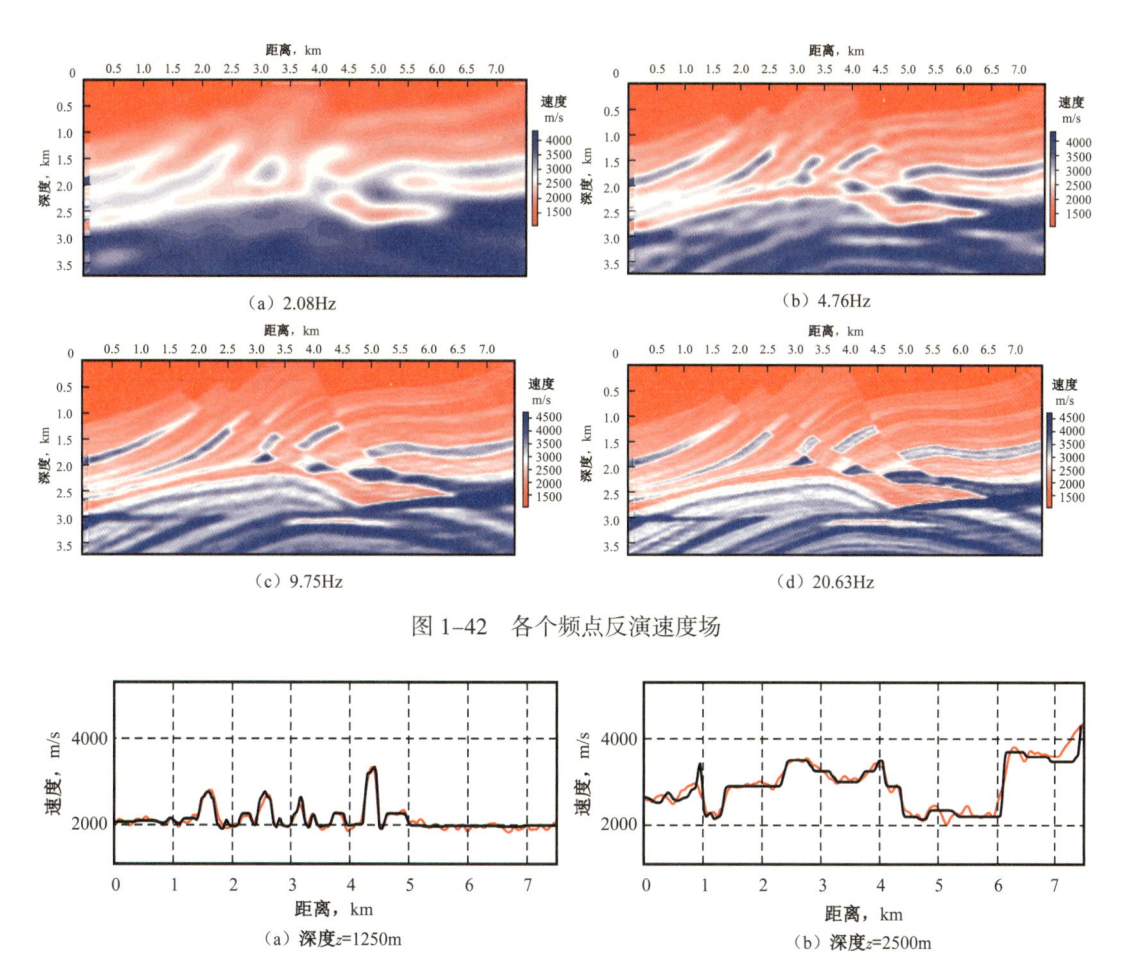

(a) 2.08Hz

(b) 4.76Hz

(c) 9.75Hz

(d) 20.63Hz

图 1-42 各个频点反演速度场

(a) 深度 z=1250m

(b) 深度 z=2500m

图 1-43 抽取横向的反演结果与真实模型比较

基于四川安岳地区的某条地震测井，进行了多尺度波动方程反演测试，如图 1-44 和图 1-45 所示。

(a) 低频增量

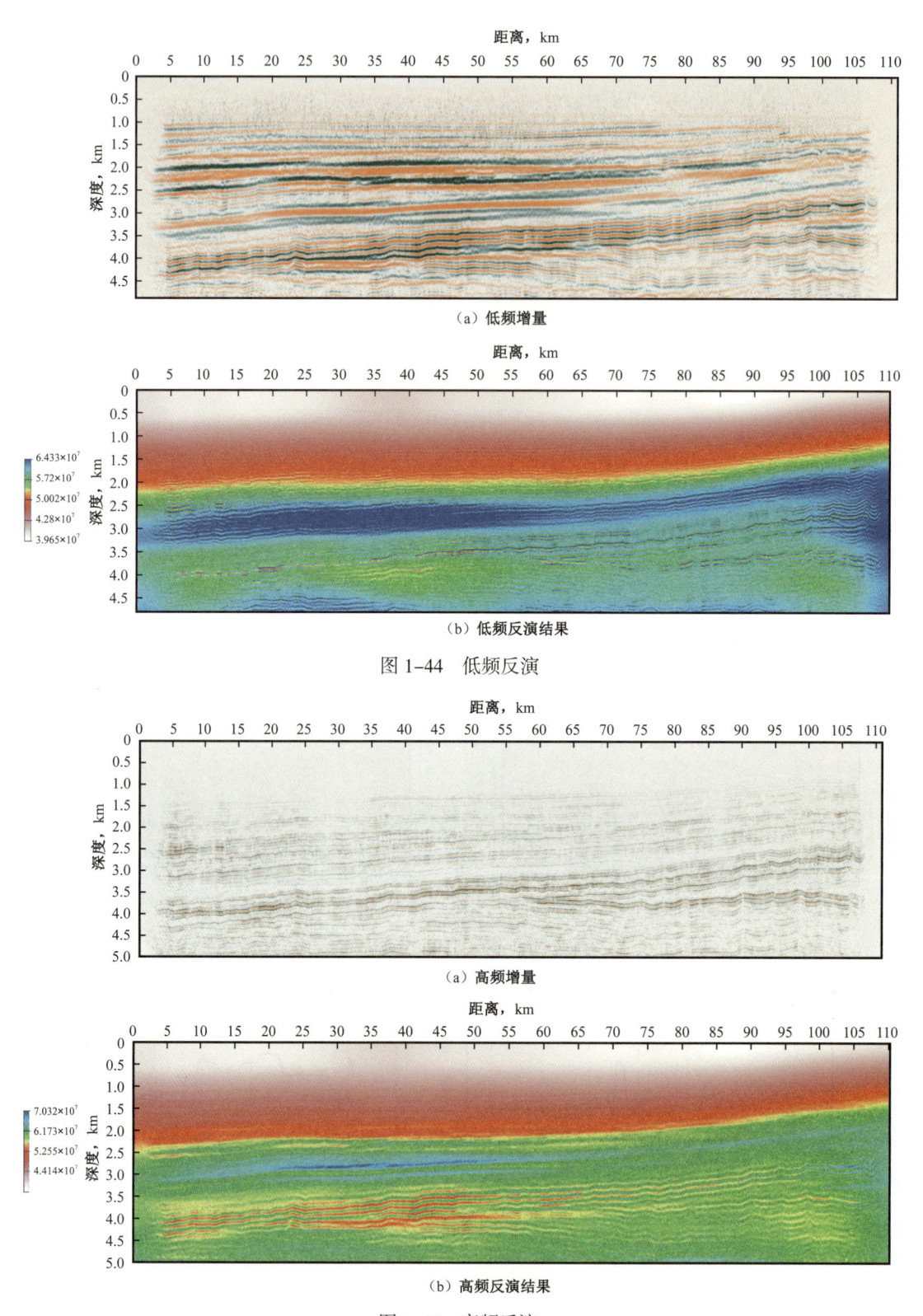

(b) 低频反演结果

图 1-44 低频反演

(a) 高频增量

(b) 高频反演结果

图 1-45 高频反演

## 二、叠前 AVO 储层参数反演

1. 叠前 AVA 同步反演

叠前地震反演技术已经逐渐成为油气勘探的常规技术，在复杂储层精细预测、储层流体识别等领域展示了良好的应用前景。叠前 AVA 同步反演具有以下特点：（1）可同时获得时间域和深度域反演结果；（2）目标函数可灵活配置，抗噪能力强；（3）可同步获得 23 种岩石弹性参数；（4）Zoeppritz 方程精确求解不同角度的反射系数，无倾角限制。因此从理论角度来讲，叠前 AVA 同步反演能够更加有力地提高储层预测和流体识别精度。

模拟退火算法（SA）是离散优化问题中寻找最优解的迭代概率算法，在综合考虑解的稳定性、约束条件、模型参数化、模型约束等条件下，实现了基于模拟退火的叠前 AVA 同步反演方法，实现流程如图 1-46 所示。

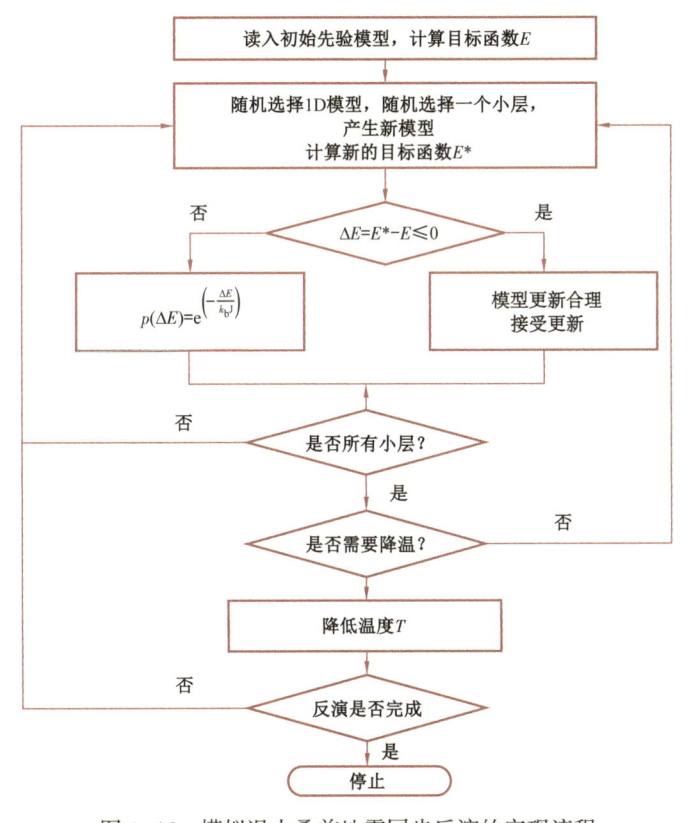

图 1-46 模拟退火叠前地震同步反演的实现流程

该方法在塔里木、青海、鄂尔多斯等地的多个探区进行了测试，取得了较好的应用效果，展示了良好的预测复杂储层的能力。

图 1-47 为苏里格气田苏 46 井区叠前 AVA 同步反演结果。反演得到的纵横波速度比（$v_P/v_S$）以及泊松比（$\sigma$）等储层参数能够很好反映该井区河道砂体分布与油气储存位置。从反演结果与实际测井解释结果对比看到，反演得到的较低 $v_P/v_S$ 以及较低 $\sigma$ 对应于有利含气砂体。

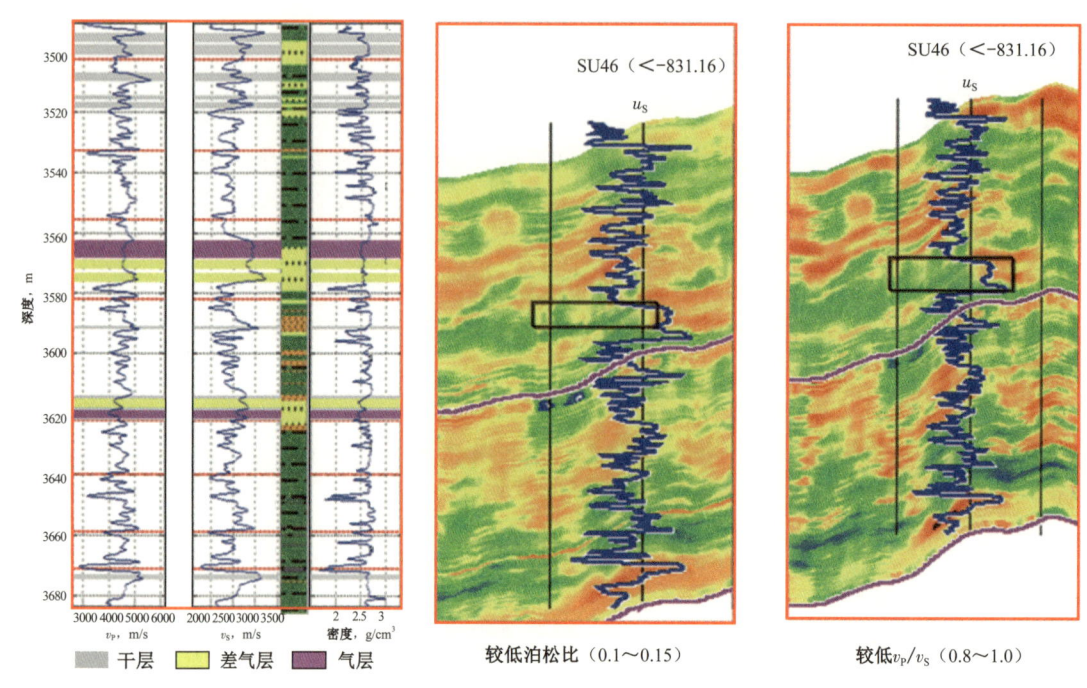

图 1-47 苏 46 井区叠前 AVA 同步反演得到的纵横波速度比、泊松比

以叠前反演为基础的储层物性参数预测可以获得由定性到定量的高精度的储层物性参数。孔隙度预测任务就可以分解为两个步骤：（1）以反演结果、地震属性分析等为基础，在多属性融合的基础上，采用 Kohenon 自组织神经网络模型（SOM）进行储层分类，分类结果为不同的各向同性区域；（2）根据分类结果，在神经网络学习的基础上，应用多层感知器（MLP）方法实现储层孔隙度预测。

**2. 叠前纵横波联合反演**

目前多波反演主要有弹性参数反演、梯度反演、阻抗反演和模量反演。基于双模型的 PP-PS 反演方法有两个优点：（1）在利用常规旅行时建立初始 $\gamma$ 模型的基础上，利用地震振幅信息得到另外一个与振幅相关的 $\gamma$ 模型，求取两个模型的目标函数或误差能量最小值，最终得到最优化的 $\gamma$ 模型，这个最优化的 $\gamma$ 数据体可以使 PP、PS 地震同相轴得到最佳匹配；（2）在此基础上利用纵波截距（$R_{PP}$）、梯度（$G_{PP}$）和横波梯度（$G_{PS}$）三个独立参数进行反演，最终得到纵波速度 $v_P$、横波速度 $v_S$ 和密度 $\rho$。这种反演方法有效避免 $\gamma=2$ 的假设。在岩性参数反演结果的过程中使用模拟退火的方法使得反演结果全局最优，避免目标函数落入局部极值。

实验证明基于双模型的 PP-PS 反演方法，在鄂尔多斯盆地苏里格气田盒 8 段储层具有良好的应用效果。图 1-48 显示，在 $T_{P_2}$、$T_{C_3}$ 目标层段 PP、PS 波匹配效果很好。井震标定时，由于提取子波在浅层相关性不高以及浅层时间层位缺失的缘故，使得计算 $\gamma$ 在浅层误差较大，导致浅层 PP、PS 波匹配效果不好，需要改进。

该研究区块通过井上分析得到有效储层纵横波速度比主要分布在 1.45～1.6，含水砂岩、致密砂岩及泥岩的纵横波速度比主要在 1.6 以上。因此，该区目标层含气后泊松比主要集中在 0.05～0.17，并且当含气饱和度增大到一定程度时由于纵波速度的迅速降低，泊松比会剧烈下降。

(a) PP波　　　　　　　　　　　　　　(b) PS波

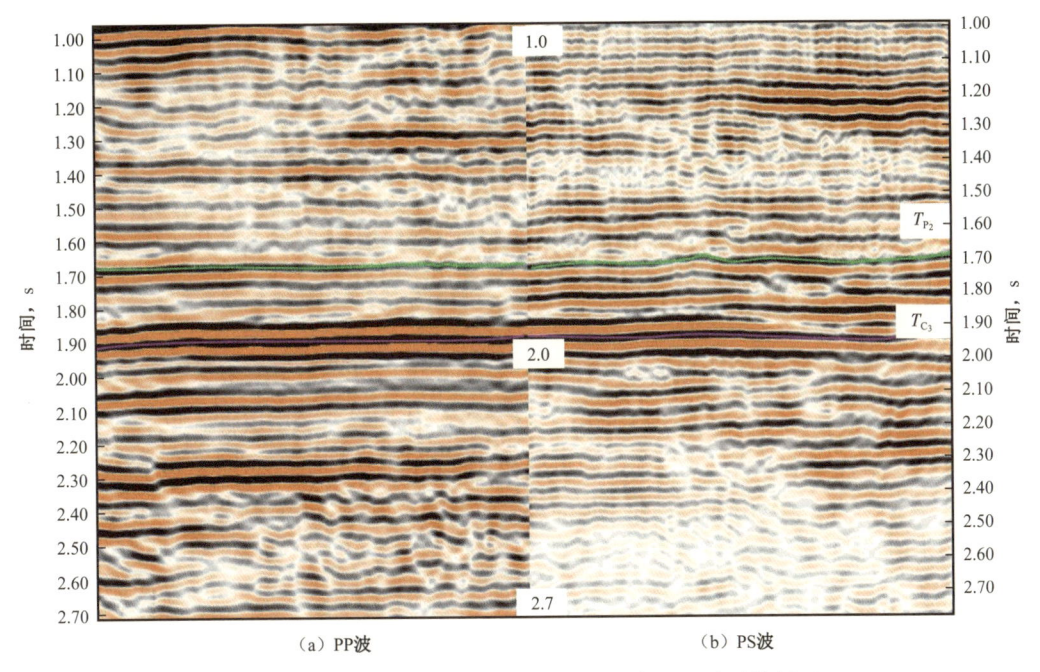

图 1-48　利用 γ 模型进行匹配后的 PP 波、PS 波过井剖面

图 1-49 为苏里格研究区块泊松比平面展布图。分析认为，物源来自于工区的北部，在工区的西部和中东部由北向南发育两个砂体富集区，其中已钻井普遍为工业气井，估计可能为湖泊三角洲内的曲流河沉积相，而在两个砂体富集区之间为泛滥平原相和河道间相，虽然在局部也有砂体富集的情况出现，但是出现差井的概率比较大，这与实际地质验证结果吻合。通过对预测砂体分布情况和后验井的对比，可以看到在总共接近 80 口已知井中，共有 60 余口井的资料和预测砂体分布能很好地对应起来，总符合率能达 80% 以上。

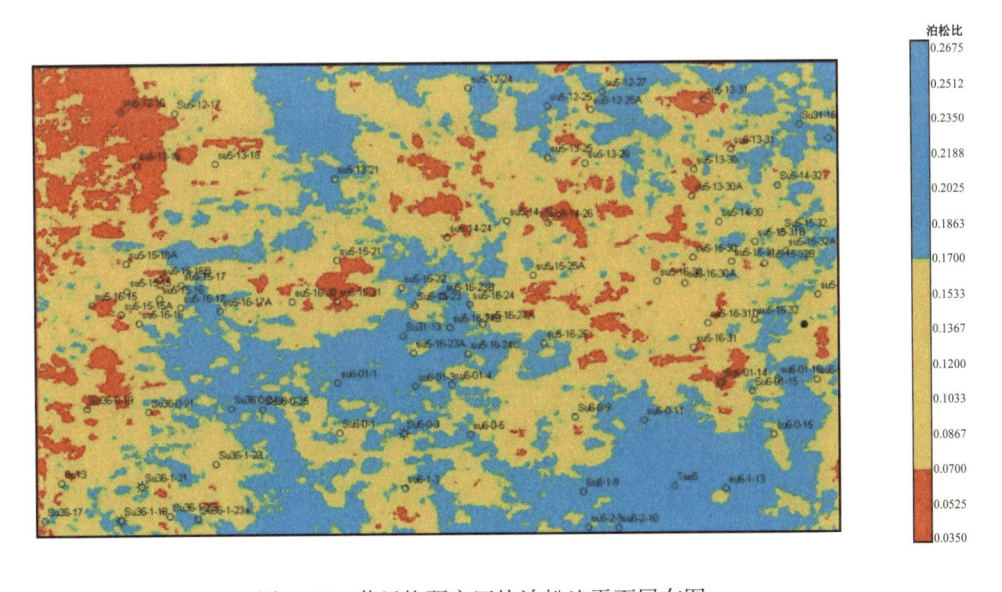

图 1-49　苏里格研究区块泊松比平面展布图

3. 反向加权非线性 AVO 反演

基于 Aki-Richards 近似公式，提出了反向加权系数的方法以均衡各反演参数的系数所引起的响应差异，并把具有较强的非线性搜索能力、能够更好地求得全局最优解的量子蒙特卡罗方法引入到叠前反演，直接应用于非线性方程的求解，可以改善叠前反演的精度，提高储层定量描述的能力。

反向加权 AVO 反演中，并没有对 Aki-Richards 公式本身做任何改变，只是针对不同参数的反演，给它增加一个反向权重系数 $C_x$：

$$C_x \cdot \left\{ R_{PP}(i) \approx \frac{\sec^2 i}{2} \frac{\Delta v_P}{v_P} - 4\left(\frac{v_S}{v_P}\right)^2 \sin^2 i \frac{\Delta v_S}{v_S} + \frac{1}{2}\left[1 - 4\left(\frac{v_S}{v_P}\right)^2 \sin^2 i\right] \frac{\Delta \rho}{\rho} \right\} \qquad (1-39)$$

式中 $C_x$——$C_{vp}$，$C_{vs}$，$C_\rho$，其大小和各参数相对变化量系数项的大小成反向关系；

$v_P$、$v_S$ 和 $\rho$——反射界面两侧介质的纵、横波速度和密度的平均值；

$i$——入射角；

$R_{PP}$——纵波反射纵波。

实际反演中具体的步骤如下：（1）从叠前数据抽取不同角度的叠加地震数据，并提取相应的子波；（2）以层位为约束，利用井资料建立低频模型作为初始模型；（3）针对不同的角度数据，计算纵波反射系数，并和子波褶积得到模型数据；（4）以量子蒙特卡罗反演方法进行反演，通过逐步迭代使目标函数趋于最小化。

图 1-50 是利用塔中地区某一口井的纵波速度、横波速度和密度生成的叠前角道集，利用它来进行反演。图 1-51 是使用线性方法进行反演的结果，可以看出，纵波速度反演结果效果最好，也最稳定，密度次之，横波速度的结果最差。

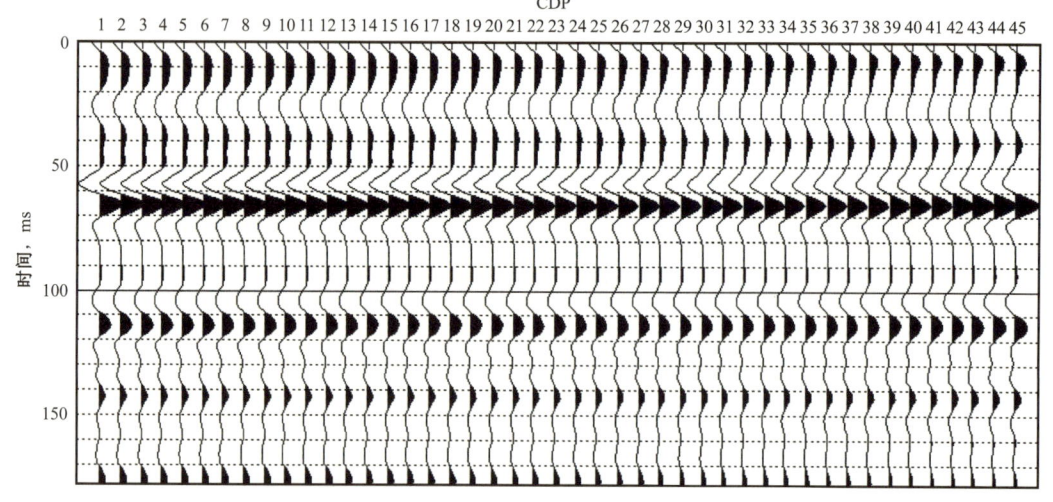

图 1-50 塔中某井资料生成的叠前角道集

图 1-52 是反向加权非线性反演的结果，整体提高了反演的精度。纵波速度的非线性反演和线性近似反演的相对误差相当，均在 5% 左右，其反向加权非线性反演相对误差则下降到 3% 左右，密度的非线性反演和线性近似反演的相对误差也都基本接近 2%，其反向加权非线性反演相对误差则不足 1%，而横波速度的反演精度变化最大，其线性近似反

图 1-51 AVO 线性反演结果

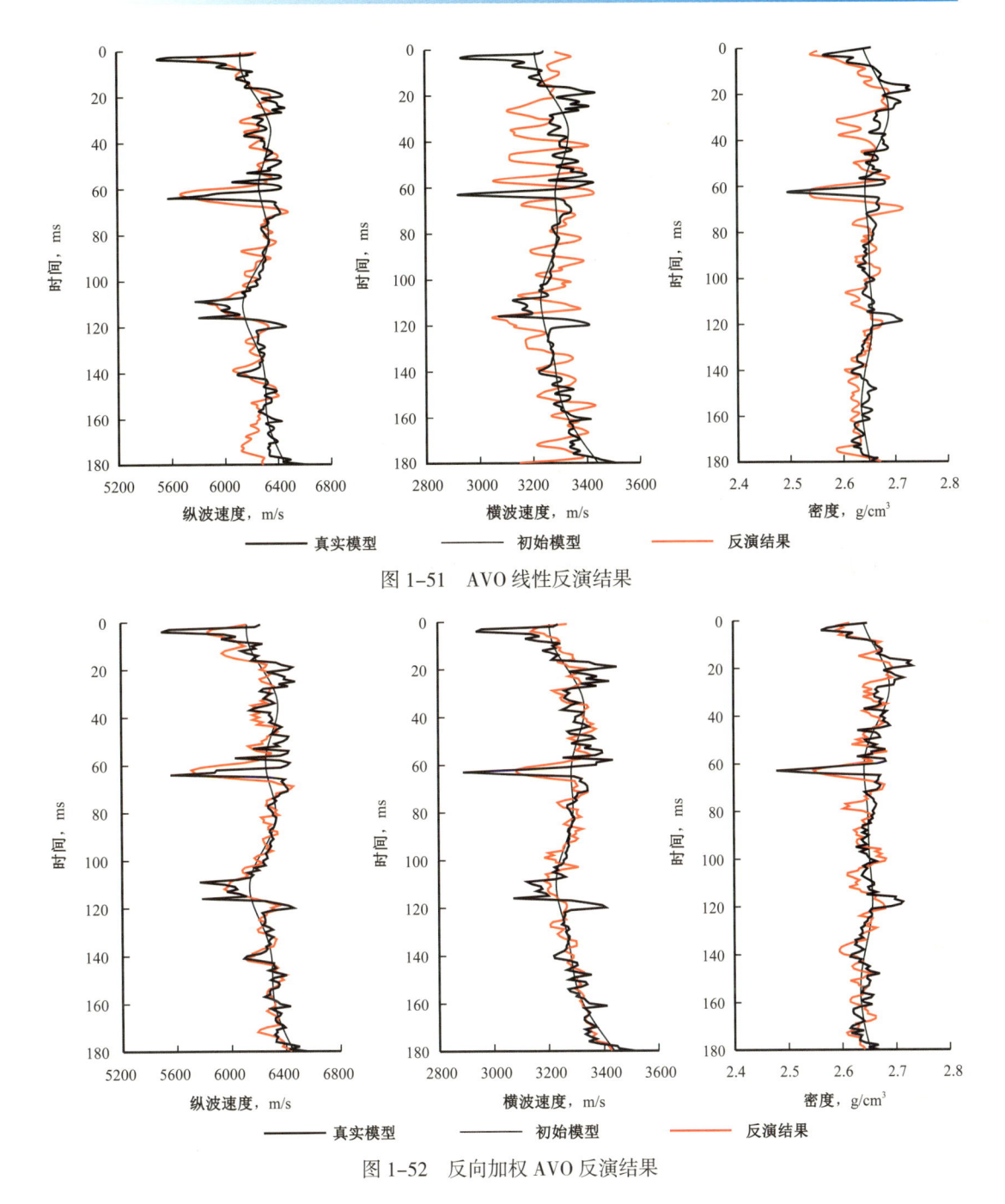

图 1-52 反向加权 AVO 反演结果

演相对误差超过 16%，非线性反演相对误差降低至 14% 左右，而反向加权非线性反演相对误差则直接降至 4% 左右。总的来说，纵波速度、横波速度和密度的反向加权非线性反演相对误差较之于线性近似反演和非线性反演的相对误差有了很大幅度的降低，明显提高了反演结果的精度。

将反向加权 AVO 反演方法应用于哈拉哈塘哈 6 区块。图 1-53a 是某商业软件反演的结果，图 1-53b 是反向加权非线性反演的结果，通过对比可以看出，商业软件的结果中存在非常强的孤立的串珠形态，而反向加权非线性 AVO 反演的结果中不再是孤立的串珠，

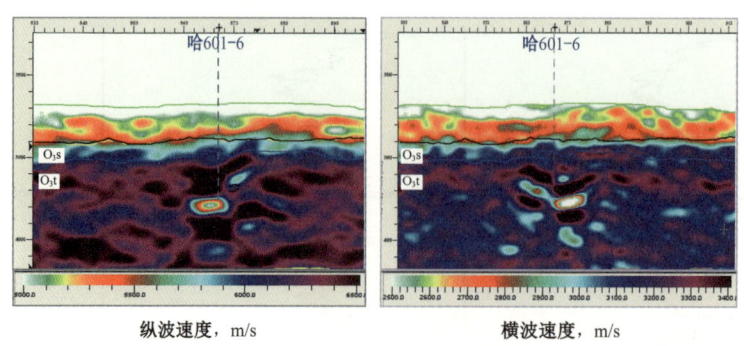

(a) 某商业软件反演结果

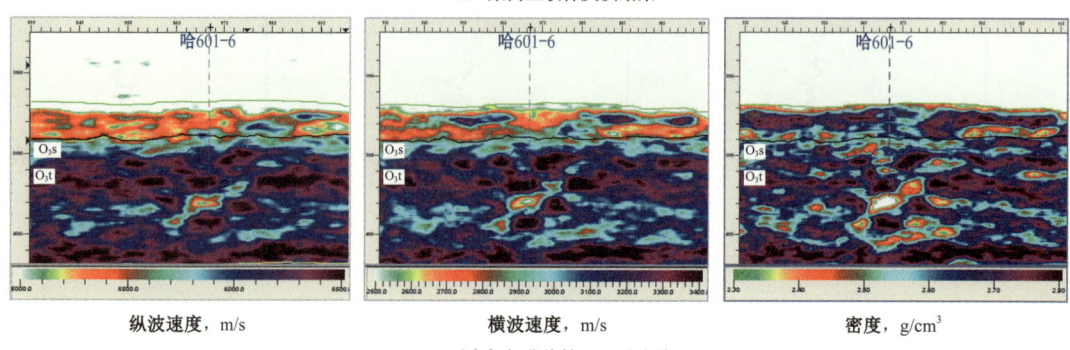

(b) 反向加权非线性AVO反演结果

图 1-53 哈 601-6 井反演结果对比

不仅有洞，周边还清楚地反映出缝洞的沟通体系，这和地质上的概念是比较吻合的。

非线性反演方法虽然计算精度提高很明显，但是计算量大、导致计算效率低。在该工区的反演计算中，利用 I/O 并行算法进行计算，最初选取了 260km² 进行试验，利用单个节点进行计算耗时 3 个多月，而 20 个节点并行计算只需 1 天多即可完成，效率提高 100 多倍；整个工区 750km²，20 个节点并行计算耗时不到 3 天。对比可以看出，并行极大地提高了计算效率，这为工业化应用奠定了基础。

4. 频变 AVO 分析技术

频变 AVO 分析是指通过时频转换在频率域内对目的层段地震资料振幅能量随频率以及偏移距的变化情况进行研究。频变 AVO 分析首先进行时频转换，然后对地震叠后资料进行储层振幅能量随频率变化的研究，最后针对地震叠前资料进行储层振幅能量随频率以及偏移距变化的研究。由于在频率域内能够反映一些在时间域无法表征的地震信号特征，通过频变 AVO 分析可以对不同频率和不同偏移距情况下有效储层振幅能量变化情况进行判别，以此进行复杂气藏流体识别。

苏里格气田第三类含气砂岩某口工业气井盒 8 段砂体厚度只有 13m，孔隙度 8%，但其具有明显的衰减特性。薄层调谐效应以及不考虑速度频散正演模型是无法进行解释的，考虑速度频散的模型正演可以对此进行有效的解释。

图 1-54a 为苏里格气田过某井不考虑速度频散的分频剖面，可看到从低频 10Hz 到高频 60Hz，目的层段能量几乎没有变化，表现出很强的薄层调谐效应。图 1-54b 为是否考虑速度频散的分频剖面对比图，该井含气砂层厚度 7.3m，可以看到从 20Hz 到 40Hz，常规分频剖面上气层能量几乎没有任何变化，当考虑速度频散以后目的层段高频能量衰减。

(a) 过某井不考虑速度频散的分频剖面

(b) 是否考虑速度频散的分频剖面对比

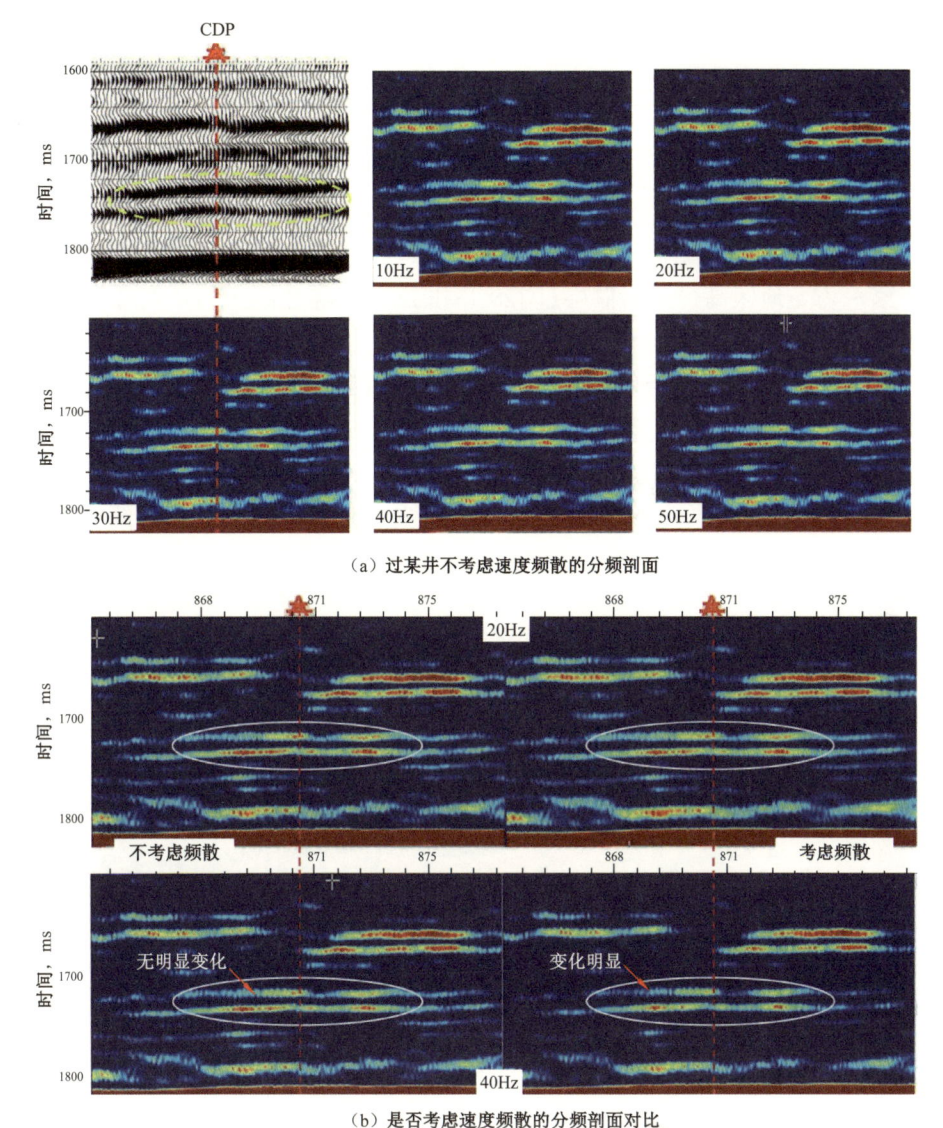

图 1-54 苏里格气田过某井分频对比剖面

5. 基于固液两相解耦近似的流体因子叠前反演

基于固液解耦 AVO 近似公式推导了新的弹性阻抗方程：

$$R_{PP}(\theta) = \left[\left(1 - \frac{\gamma_{dry}^2}{\gamma_{sat}^2}\right)\frac{\sec^2\theta}{4}\right]\frac{\Delta K_f}{K_f} + \left(\frac{\gamma_{dry}^2}{4\gamma_{sat}^2}\sec^2\theta - \frac{2}{\gamma_{sat}^2}\sin^2\theta\right)\frac{\Delta f_m}{f_m} + \left(\frac{1}{2} - \frac{\sec^2\theta}{4}\right)\frac{\Delta\rho}{\rho} + \left(\frac{\sec^2\theta}{4} - \frac{\gamma_{dry}^2}{2\gamma_{sat}^2}\sec^2\theta + \frac{2}{\gamma_{sat}^2}\sin^2\theta\right)\frac{\Delta\phi}{\phi}$$

(1-40)

式中　$R_{PP}$——纵波反射纵波；

$\gamma_{dry}$、$\gamma_{sat}$——干岩石样、饱和岩石的纵横波速度比；

$K_f$——流体等效体积模量；

$f_m$——固体刚性参数，$f_m=\phi\mu$；

$\rho$——密度；

$\phi$——孔隙度；

$\theta$——入射角；

$\mu$——剪切模量。

由式（1-40）可实现流体等效体积模量的直接提取。在实际数据应用中，首先建立松辽盆地齐家—古龙地区高台子组储层过 J28 井和 J2 井的连井剖面的角度叠加剖面，叠加角度分别是 3°（0°~6°）、9°（7°~12°）、15°（12°~18°）、20°（16°~22°）。分别利用 4 个角度的角度叠加道集反演得到弹性阻抗剖面，然后由 4 个弹性阻抗提参数得到固体项剖面（图 1-55）和流体体积模量剖面（图 1-56）。图 1-55 和图 1-56 中，红色表示油层，绿色表示差油层，蓝色表示非储层。从图 1-55 中可以看出，固体项剖面中暖色表示低值部分，与储层位置对应较好。而图 1-56 剖面中暖色表示流体体积模量 $K_f$ 的低值，可以看出 1.56~1.57s 段和 1.58~1.59s 段的 $K_f$ 低值异常与实际油层位置对应较好，这表明该方法具有较好的实用性。

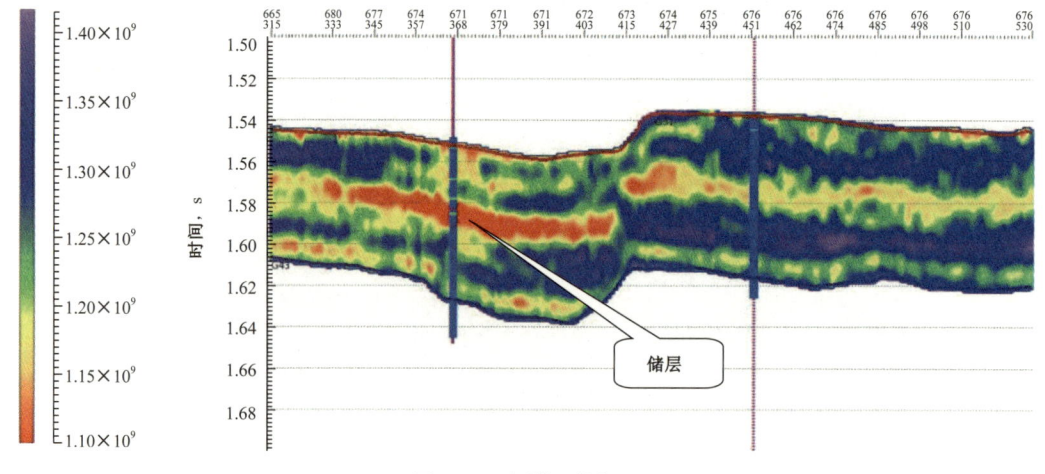

图 1-55　固体项剖面

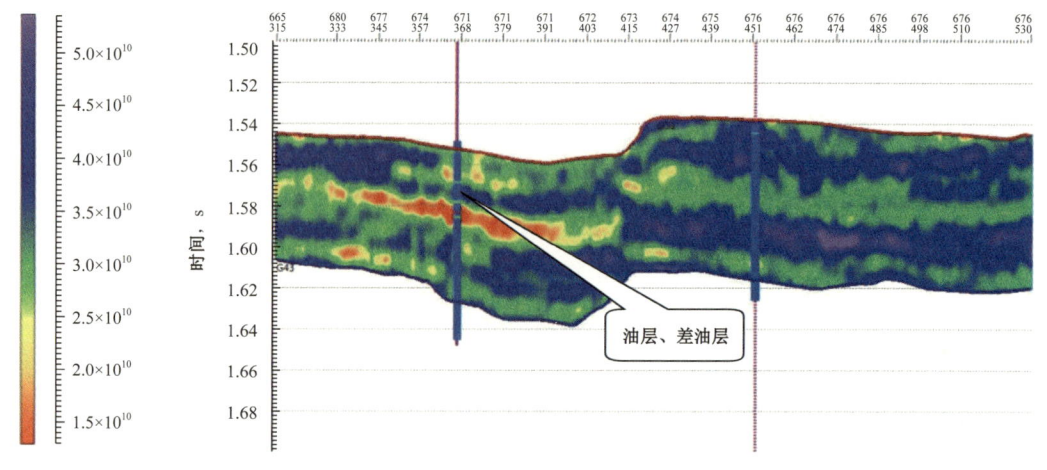

图 1-56　流体体积模量剖面

## 三、复杂天然气藏地震综合解释方法

通过对实际研究区的测井数据和地震数据分析，研究储层岩石物理特征和地震响应特征。并通过流体替换模型研究矿物成分、孔隙度、含气性等储层岩石物性参数对纵波速度、横波速度、密度等地球物理参数的影响，确定不同类型气层的地震敏感参数，建立不同气藏地震解释模式。

针对四川龙岗地区岩石物理分析，在计算岩石物理参数过程中，把岩石物理参数划分为两大类：与叠后有关的参数和与叠前有关的参数。与叠后有关的参数是指利用地震叠后资料通过一定的数学方法如递推反演、特征反演或者神经网络等可以得到的参数，它主要包括纵波速度 $v_P$、纵波阻抗 AI、密度 DEN、自然伽马 GR、电阻率 $R_t$、孔隙度 POR、含水饱和度 $S_w$ 等。与叠前有关的参数是指利用地震叠前资料通过一定的数学方法如全波形反演、基于佐普里兹方程的 AVO 反演和弹性阻抗反演等可以得到的参数，它主要包括剪切模量 $\mu$、拉梅系数 $\lambda$、泊松比 $\sigma$、体积模量 $\kappa$、纵横波速度比 $v_P/v_S$、$\mu\rho$、$\lambda\rho$、$\mu/\lambda$ 及弹性阻抗 EI 等。

针对龙岗地区长兴—飞仙关礁滩储层 AVO 特征模型正演，AVO 模型研究的目的是分析不同岩性、物性、不同流体性质及厚度等因素对 AVO 响应特征的影响情况。它是 AVO 反演识别气层的基础，进行 AVO 正演模拟时，主要采用 Zoeppritz 方程。模拟范围为偏移距 0~7000m，道数 20，子波采用零相位的 Ricker 理论子波。开展气、水层平面分布预测，根据礁滩储层的含气性及气水关系把储层划分为 4 种类型，分别得到龙岗气田三维研究区长兴组和飞仙关组礁滩体储层含气性分类平面分布预测图（图 1-57 和图 1-58）。

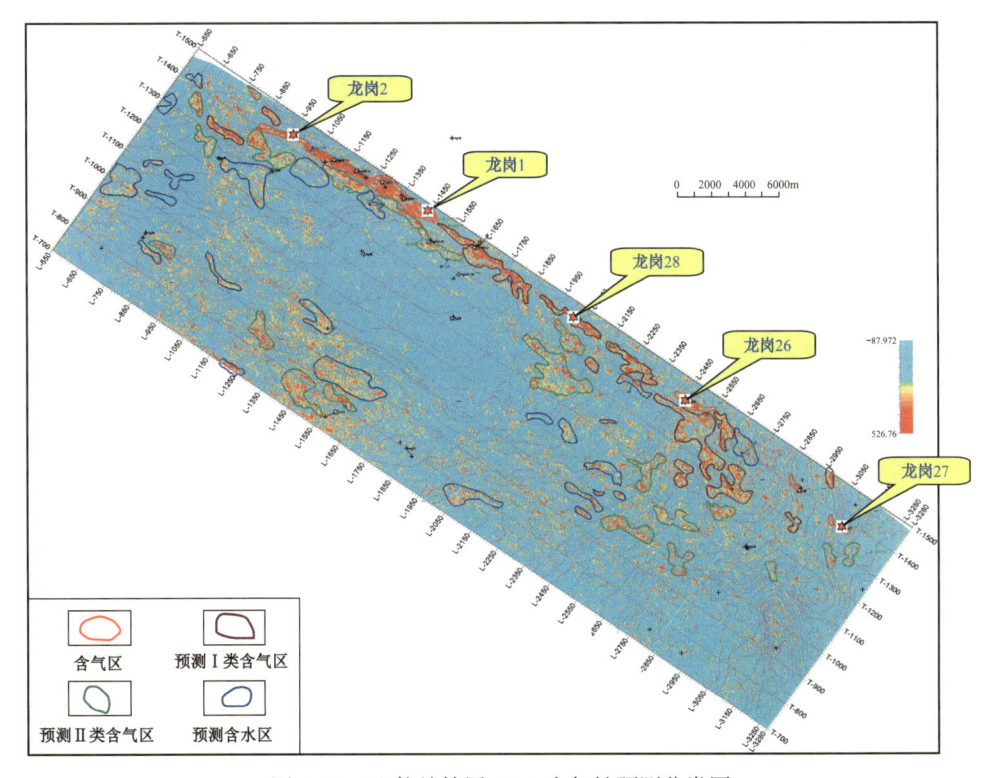

图 1-57 飞仙关储层 AVO 含气性预测分类图

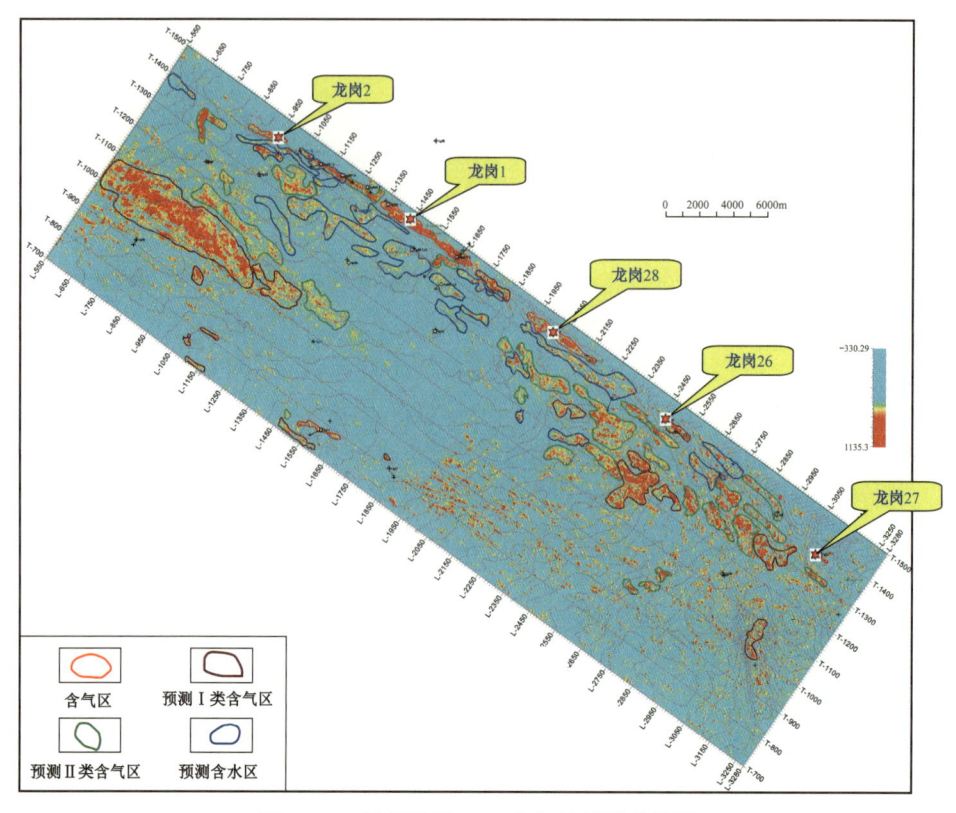

图1-58　长兴储层AVO含气性预测分类图

## 第四节　物理模型及正演技术

地震物理模型实验在油气勘探开发中的应用越来越广泛，除了在地震波理论研究，例如声波介质、弹性介质、各向异性介质和双相介质中弹性波传播理论研究外，还对盐丘、盐下构造成像、河道砂预测、裂缝带检测、井间地震研究及油藏动态监测等石油天然气勘探、开发工作中发挥重要的作用。在"十一五"和"十二五"期间，围绕岩石裂缝、致密砂岩、页岩，以及深层复杂构造等方面开展了一系列模型实验与正演研究工作，并取得丰硕的研究成果，包括双孔隙人工岩心实验、致密砂岩地震响应特征、复杂介质多物理场响应特征、复杂构造物理模型等。

### 一、物理模型技术

1. 实验测试条件

1）高温高压实验测试系统

引进了美国NER（New England Research）公司的新型轻便式BenchLab 7000 EX测试系统，以完善实验室测试条件和提高实验测试精度。BenchLab系统在一个更紧凑的装置上提供了许多和AutoLab1000相同的功能，包括测量超低渗透率、超声波速度和电阻率（图1-59）。实验围压能达到10000psi（70MPa），孔隙流体可使用气体或液体，气体能够达到的压力为2000psi，液体可加压至10000psi。相对于一般的单一功能的装置，模块化

BenchLab 系统允许上述功能模块的任意组合。随时可以添加额外的功能模块，以满足不断变化的数据需求。

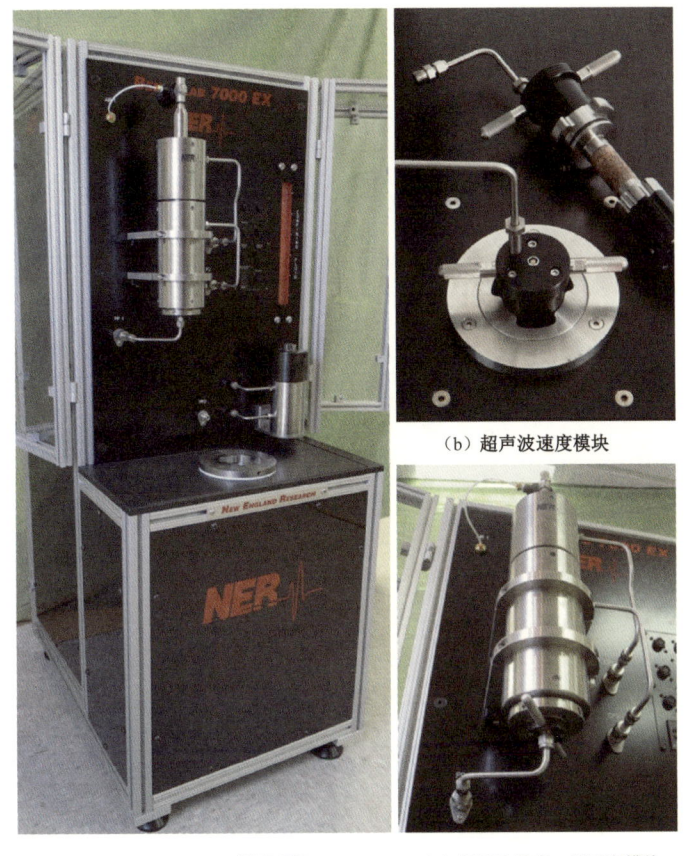

（a）BenchLab测试系统　　　（b）超声波速度模块　　　（c）超低孔隙度—渗透率模块

图 1-59　高温高压测试系统

对于每个测试选项，一旦建立了应力状态，数据采集就已经开始了。计算机控制测试流程并进行数据收集、存储和处理。在每个测量过程的数据记录结束后，测得的岩石物性会显示在电脑屏幕上。主要测试模块包括：

（1）渗透率—孔隙度模块：此系统可以在10000psi的有效压力下使用脉冲衰减法进行常规孔隙度和渗透率的测量，围压范围为400～10000psi。可采用不同的气体检测渗透率，最大孔压为250psi，渗透率的测量范围为0.001～10000mD，孔隙度范围为0.1%～60%。

（2）超声波速度模块：能够在10000psi的有效压力下检测在岩心轴向方向上传播的纵波和正交横波。这个功能使动态力学与压力之间的关系量化，还为多柱塞岩样的各向异性表征工作提供了一个非常有用的工具。中心频率为500kHz～1MHz，渗透率—孔隙度模块可以和声波模块同时测量并能快速生成数据集。

（3）超低渗透率模块：使用复合瞬态测量技术能够在10000psi围压条件下测量的渗透率范围达到10nD～0.1mD。可使用不同气体或液体测试渗透率，可以使用定制的压力瞬态的波形，也能用更传统的正弦振荡法和脉冲衰减法。

图 1-60 为某岩石样本在高温高压下的测试结果。

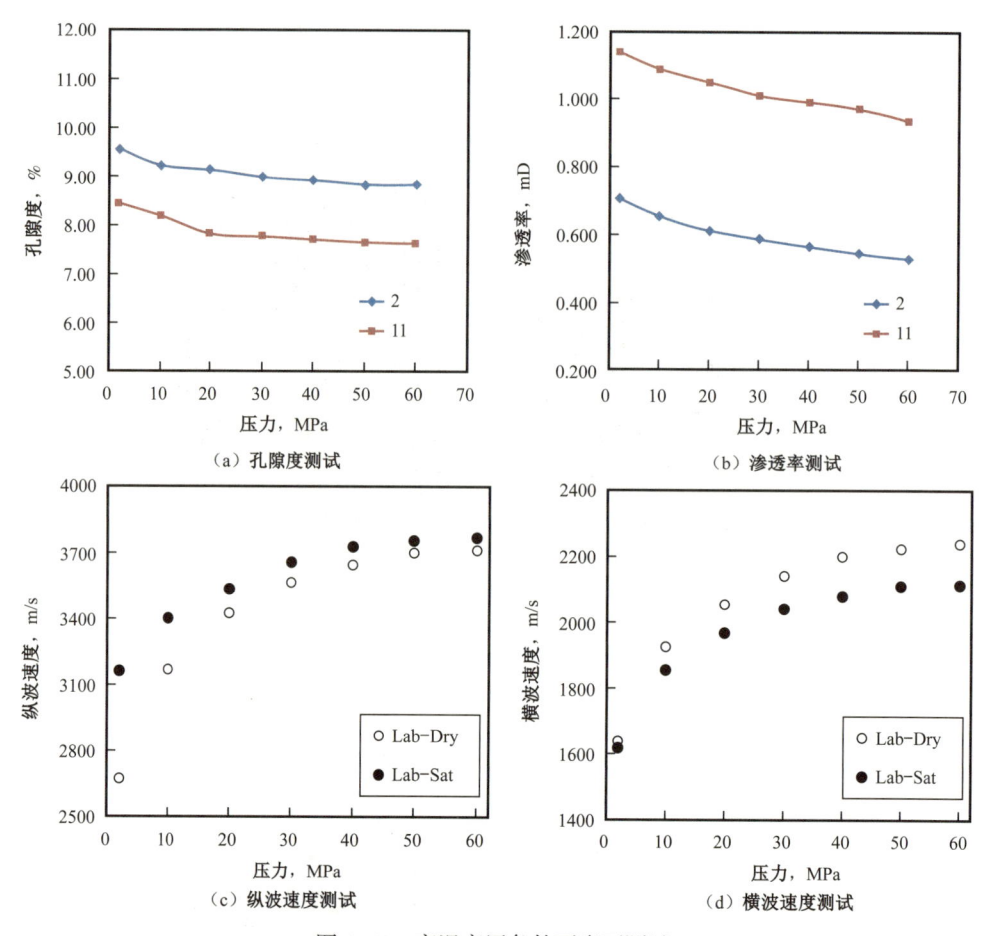

图1-60 高温高压条件下岩石测试

2）复杂介质多物理场测试系统

通过自主研发建立了复杂介质多物理场实验测试系统（图1-61），进行了复杂介质多物理场响应特征研究，对不同地层界面形态产生的地震波响应和震电效应进行了观测分析，阐明了复杂孔隙介质中地震波—电磁波的转换机制，揭示了利用多物理场信号精确识别界面位置、孔渗特征等岩石物性参数的方法。

2. 双孔隙人工岩心实验技术

通过自主研发形成了国际领先的双孔隙人工岩心实验技术，基于该技术揭示了裂缝介质地震响应特征，阐明了裂缝储层物性参数（裂缝参数、流体等）与地震各向异性响应特征之间的定量关系，基于物理模型数据进行了多尺度裂缝预测和储量评价研究，为裂缝储层的定量化预测与储层评价提供了有力依据。

天然岩石中裂缝的分布复杂、裂缝参数无法定量描述，人工岩心技术是裂缝岩石物理研究的重要手段。在实验室制作出孔隙—裂缝同时存在的人工岩石样品，高精度纳米CT成像表征了双孔隙人工岩样内部裂缝的分布（图1-62）。基于双孔隙人工岩样实验技术，研究了流体、裂缝参数对地震各向异性特征的影响，揭示了流体饱和度不同时地震各向异性特征的变化，阐明了裂缝发育程度与地震各向异性特征之间的定量化关系，提高了利用地震各向异性提取裂缝参数和识别流体的精度。

(a) 复杂孔隙介质多物理场测试系统结构图

(b) 复杂孔隙介质多物理场响应

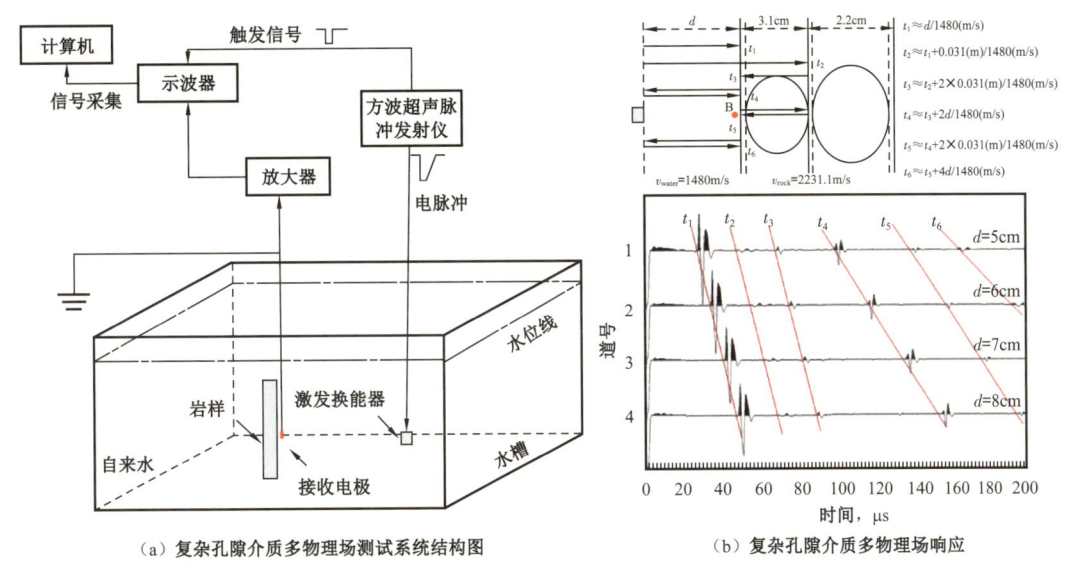

图 1-61 复杂介质多物理场实验测试系统

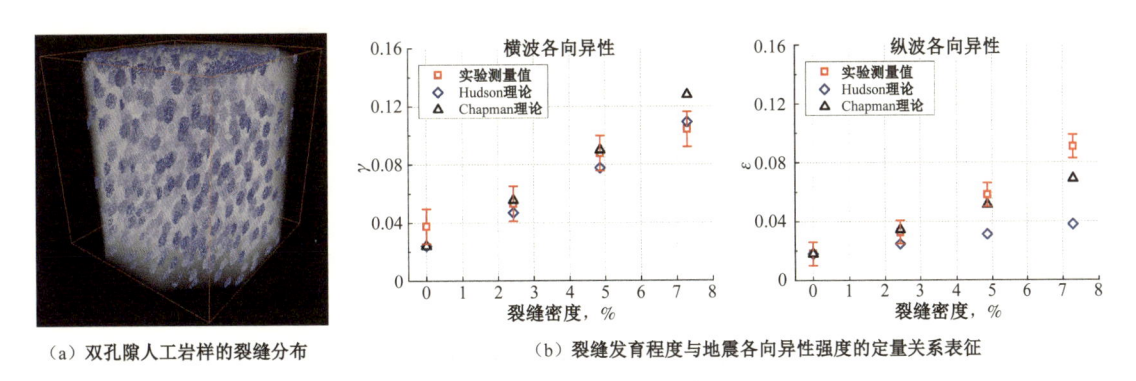

(a) 双孔隙人工岩样的裂缝分布

(b) 裂缝发育程度与地震各向异性强度的定量关系表征

图 1-62 利用双孔隙人工岩心研究裂缝介质各向异性特征

**3. 致密砂岩地震响应特征**

利用物理模拟技术研究了致密砂岩含气饱和度的地震响应特征，揭示了致密砂岩含气性对地震波速度和衰减的影响（图 1-63），阐明了致密砂岩储层 AVO 响应特征，基于物理模型数据进行了致密砂岩含气性评价研究，为致密砂岩储层含气性评价提供了定量依据。

**4. 基于人工页岩的岩石物理特征**

研发形成了人工页岩实验技术，形成了页岩脆性评价方法，揭示了页岩脆性与岩石物性之间的关系，阐明了利用地震数据提取的动态参数进行页岩脆性评价的思路，推动了页岩脆性评价从基于测井数据的点资料拓展到基于地震数据的平面区域资料，提高了页岩脆性评价的应用效果。该方法是国内外独创的一套页岩脆性评价方法。

研究依据不同地区的页岩矿物组成、压力、各向异性等特征，通过自主研发形成了人工页岩实验技术，在实验室模拟制作人工页岩样品（图 1-64a），利用 SEM 扫描电镜表征人工页岩具有与天然页岩相似的微观结构，实验室动态测试结果显示人工页岩具有与天然页岩相同的各向异性特征，以上表明人工页岩的实验结果可以模拟天然页岩的岩石物性

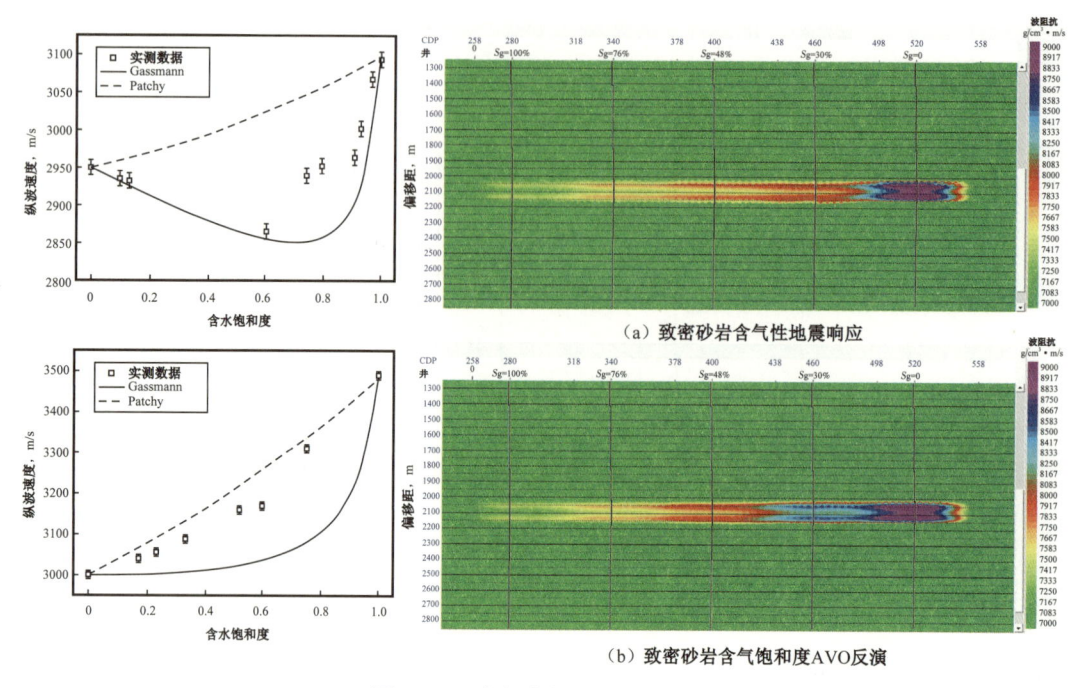

图 1-63 致密砂岩地震响应特征

（图1-64b）。基于人工页岩实验技术，能够解决页岩取样困难的问题，并且能够研究某一单一因素对页岩性质的影响，对页岩储层性质的研究具有现实意义。基于该技术研究了页岩脆性评价方法，并分析页岩脆性受矿物组分、压力、流体等因素的影响。揭示了页岩脆性与压力呈正相关的关系，发现页岩在饱水后脆性降低，并且平行层理方向的减小量小于垂直层理方向的减小量（图1-64c）。

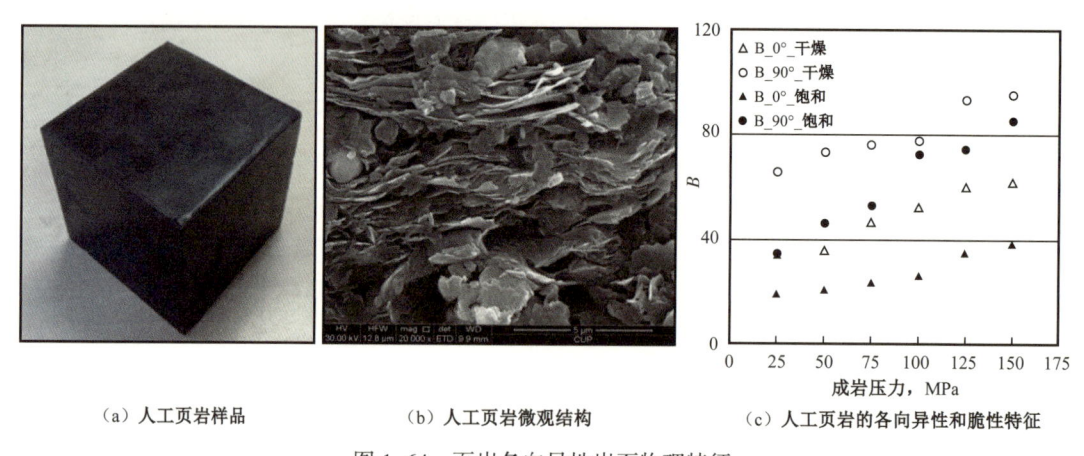

图 1-64 页岩各向异性岩石物理特征

## 二、深部复杂构造物理模型研究

模拟研究区表层地质特征为地势北高南低，沿岸有大片河床砾石堆积区，北部为老地层出露的山体，山体区地形陡峭，断崖陡坎较多。模拟区深层地质特征：研究区位于拜城坳陷北缘，克拉苏冲断带东段，构造复杂，发育克拉苏大断裂，各个断片互相叠置，构成典型的多重构造样式。上部有高陡地层和倾角较大的断层，中部广泛分布厚度不均的膏盐层，深部分布多个逆冲复杂断块，目的层深度大于 8000m，构造类型多样，地震反射路径复杂，可用于研究分析多种地质和地震波传播问题。层位通过地震解释成果得到，速度和密度通过该探区的多口 VSP 测井资料统计得到，设计的速度密度和实际值完全一致。

1. 模型制作与质量控制

地质构造的形态通过预先制作的木质模具控制，模具制作是依照 1∶20000 的设计图，直接在木材上按等值线雕刻出来的。制作复杂构造物理模型不同于制作其他模型，由于构造的复杂性及模型的体积和重量较大，还要考虑模型的脱模具、搬运和形态测量等方面。模型的浇铸过程拼接完成，分开浇铸既方便模型的搬运也可以缩短模型的制作时间，图 1-65 为克深模型最终实物照片。

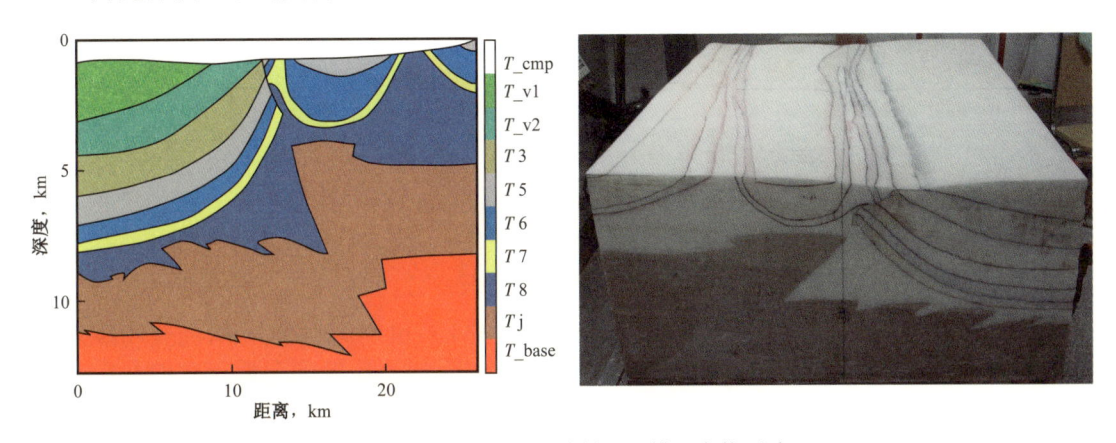

图 1-65 克深模型设计剖面和模型实物照片

在模型制作过程中，需要一个专用的三维定位坐标系统来完成模型的空间形态测量，每制作一个界面都需测试模型构造形态，在横、纵两个方向上都要进行形态测量。所以实验室选用了激光扫描式的三维测量仪作为模型形态测试的专用仪器。它的测试范围为 2500mm×1200mm×2000mm，单轴精度 0.03mm。图 1-66 为三维空间模型。

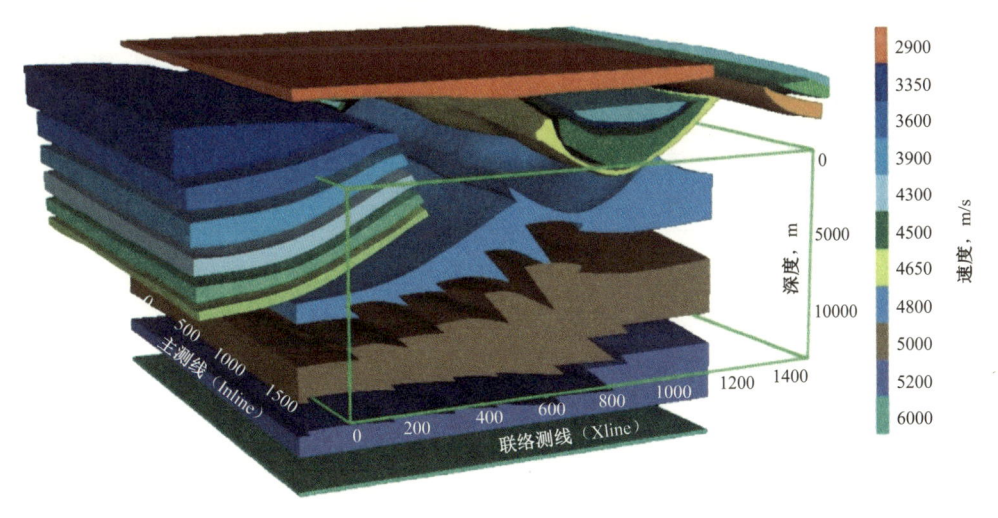

图 1-66 克深模型三维空间展示图

2. 观测系统设计及数据采集

为了对比不同观测系统的成像效果，参考野外采集方案，克深模型最终采集 2 套三维物理模型数据，设计了 4 套三维观测系统，采用的方案为宽方位方案 1 和方案 2。

方案 1 与方案 2 的主要差异在于面元和方位角宽度（横纵比），方案 1 的面元为 20m×20m，线束宽度为 9600m，横纵比为 0.67；方案 2 的面元为 10m×20m，线束宽度为 11520m，横纵比为 0.77。

设计方案 2 的目的在于获得小面元与更宽的方位角（横纵比大），与方案 1 的成像结果进行对比，分析小面元与宽方位对成像效果的影响。相对于方案 1，方案 2 属于高密度宽方位的观测系统，它的覆盖次数为方案 1 的 2 倍。方案 2 的子区为正方形，其最大炮检距也较大。受到采集数据总量、采集时间和成本的限制，方案 2 的横向（东西向）施工面积较小，共采集 30 束线，仅为 18.24km，方案 1 的横向（东西向）施工面积为 30km，覆盖整个模型，共采集 90 束线。

3. 三维地震资料成像效果

1）高密度三维地震数据成像效果

高密度三维地震资料即按照方案 2 的观测系统采集的物理模型数据。模拟区构造复杂，地层厚度变化大且速度差异大；地震波场扭曲剧烈，目标构造正确成像难度大。通过针对性的叠前预处理和叠前深度偏移成像技术，达到解决这些技术问题的目标。

叠前时间偏移最主要的参数是偏移孔径、偏移倾角和去假频参数。具体参数的选取要根据资料的特点，并结合机器的运算能力、周期、效果确定最合理的叠前时间偏移参数。叠前时间偏移剖面的整体成像质量较好，在此基础上进行时间域层位解释（图 1-67）。

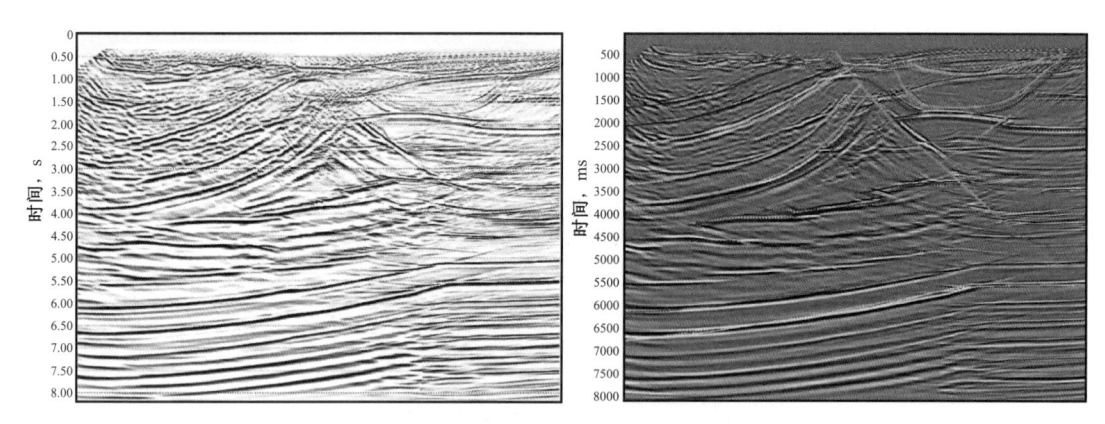

图 1-67 叠前时间偏移剖面和层位解释

2）宽方位三维地震数据成像效果

宽方位三维地震资料即按照方案 1 采集的三维物理模型资料，它的面元为 20m×20m，比高密度三维地震资料的面元要大，但是，其施工面积较大，满覆盖面积达到 241.54km²，而高密度三维地震资料的满覆盖面积为 166.92km²。分析不同位置的原始单炮频谱及炮统计自相关函数可知，单炮频带相对稳定，地表一致性特征很好。从时间偏移结果来看，整体成像基本反映构造特征，但在高陡构造部位，陡倾角成像有待提高，断面成像也不完整。深度偏移的处理流程和高密度三维地震资料相同,最终的宽方位三维资料叠前深度偏移(PSDM)成果见图 1-68。

(a)三维PSDM联络测线400剖面

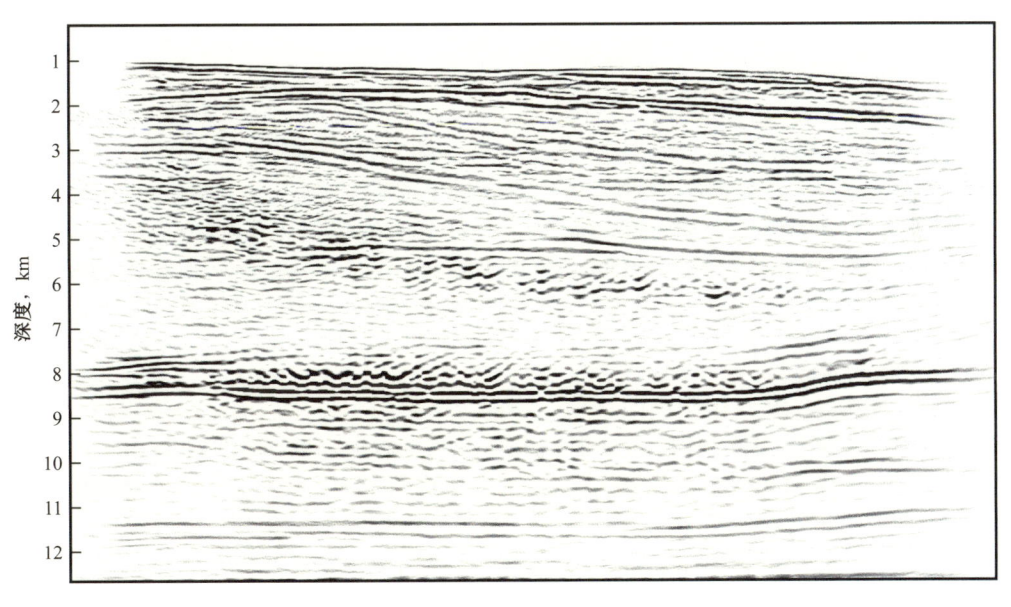

(b)三维PSDM联络测线600剖面

图 1-68 宽方位三维地震资料叠前深度偏移(PSDM)成果

将纵向中线剖面 Inline680 线的高密度与宽方位三维地震资料的成像结果做对比,见图 1-69。从图中对比可以发现,高密度三维地震资料的成像剖面信息更丰富,分辨率高,但背景噪声强,浅层成像不如宽方位三维地震资料。高密度三维地震资料对于高陡地层下部的深部断块绕射的收敛和归位效果好,且去噪和多次波压制效果好,高密度三维地震资料的模型底面平层同相轴接近水平,而宽方位三维地震资料的模型底面反射同相轴有些弯曲。总体来说，高密度三维地震资料的成像效果要好于宽方位三维地震资料。模型数据处理不存在静校正问题，另外模型三维地震资料的信噪比较高，干扰波相对较少，去噪工作相对简单。两套三维地震数据的处理流程比较接近，不同之处在于针对宽方位三维地震资料处理，分别在叠前 CMP 道集和叠前深度偏移成像后转时间域道集上两次去噪，且在速度场迭代过程中，考虑到聚焦与深度形态合理的双重标准。

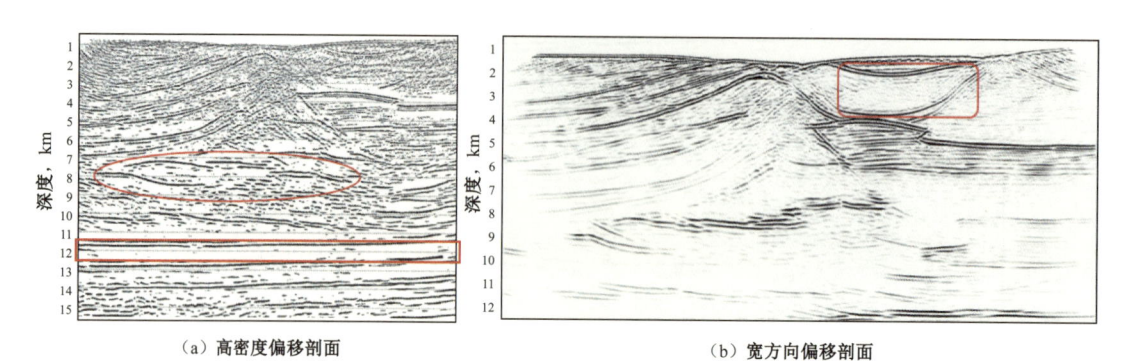

(a) 高密度偏移剖面　　(b) 宽方向偏移剖面

图 1-69　Inline680 高密度资料与宽方位资料的偏移剖面对比

### 三、碳酸盐岩缝洞储层地震物理模拟

1. 物理模型制作与数据采集

根据塔里木盆地哈拉哈塘工区碳酸盐岩孔洞储层的地质地震综合解释成果，通过改进地震物理模型制作工艺，构建一个与该区实际地层参数相近的三维碳酸盐岩孔洞储层精细物理模型，严格按照实际地震资料的采集参数和处理流程对物理模型进行地震数据采集和处理，获得了与实际地震数据相匹配的物理模型地震数据体。

图 1-70a 展示了物理模型中的缝洞分布，整个模型模拟面积为 20km×17km，南北长 20km，缝洞体主要分布在模型中心 13.58km×12.72km 的面积内。在这个面积内共分 14 个缝洞区，即考虑 14 种类型的缝洞，200 多个缝洞体，规则分布在纵 13 横 14 条等距线的交叉点上，各缝洞体的中心间距为 1060m。溶洞随机分布区主要在 X 大断裂线两边和交叉处附近，以及缝洞规则区的北侧。图 1-70b 给出了模型放置在水槽中进行模拟地震数据采集的示意图，图中可以看到模型沿纵测线 1 的垂直地质剖面示意图。由图 1-70 可知，本模型主体为 4 层，其中第三、四层之间南部有较薄的三层，而缝洞体在第三层中。

模型制作完成后，将模型放置在水箱内进行模拟三维地震数据采集。最小非纵距 25m，最大非纵距 3475m，工区总测线共 35 条，测线间距 500m，工区总炮线共 41 条，炮线间距 500m，纵向滚动：每次滚动 1 炮线，滚动距 500m。横向滚动：每次滚动 3 测线，滚动距 1500m。面元为纵向 25m×横向 25m，覆盖次数为 12（纵向）×6（横向），模型 2 方位角为 0.55°。将模型置于水中，水面与模型顶面距离为 245mm。超声波激发和接收换能器放置在水面下 0.5mm 处。使用超声波主频为 500kHz，对应野外采集 25Hz。然后对采集获得的原始地震数据进行数据处理，如振幅补偿、去噪、去除多次波、反褶积、动校正、叠加和偏移等。

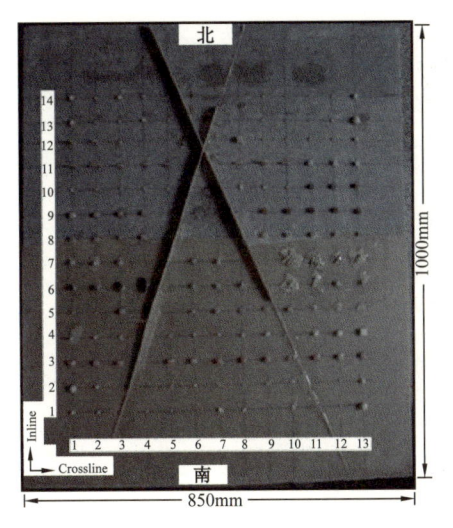

(a) 物理模型缝洞分布俯视图

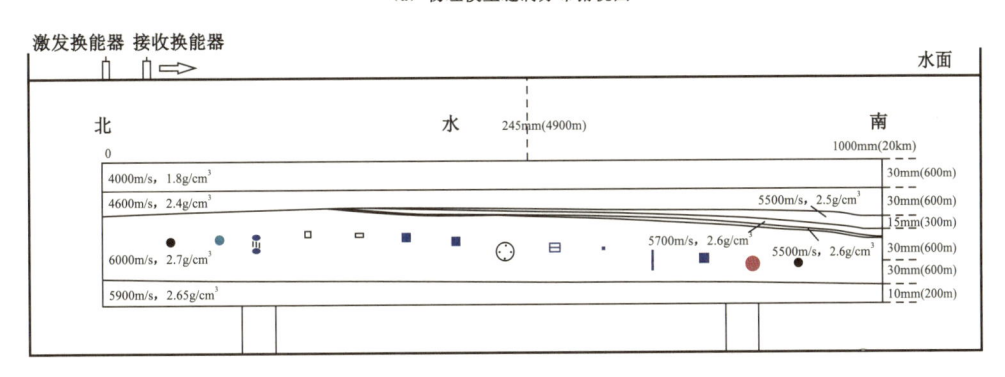

(b) 缝洞分布层均方根振幅切片

图 1-70 碳酸盐岩孔洞储层物理模型图

2. 物理模拟效果

图 1-71 分别给出了缝洞层均方根振幅切片与地震偏移剖面。该切片是在 150ms 时窗内的综合显示，基本上把缝洞的所有串珠贡献都反映到水平投影上。从切片图中可以很清晰地看到大断裂以及断裂的横向走向、所有的缝洞体都得到了较好的成像。

在图 1-71b 右上角，能清晰地看到模型垂直剖面示意图中与三层界面对应的同相轴，分辨率较高。在时间为 3800~4400ms 范围内，各缝洞体在图中呈现出明显的异常反射，即"串珠"反射，这些"串珠"反射与野外地震数据中发现的"串珠"反射十分类似。因此，该地震物理模拟实验成功地实现了野外数据中"串珠"反射的模拟。观察图中的"串珠"反射可以发现，各个"串珠"反射能量、形态各不相同，这与物理模型中设计的不同形状、不同大小、不同速度等缝洞体类型相互对应。以上分析表明模型地震数据质量较高。在具有较高数据质量基础的保障下，可以进一步开展针对不同"串珠"反射特征的归纳研究。

图 1-72 为缝洞体类型与"串珠"反射类型对应关系图，"倾斜串珠""波浪形串珠"和"杂乱反射"都是由单个缝洞体地震波绕射相互干涉形成的，其起因是地震分辨率有限，在较小间距下（小于 60m），绕射波会相互干涉。

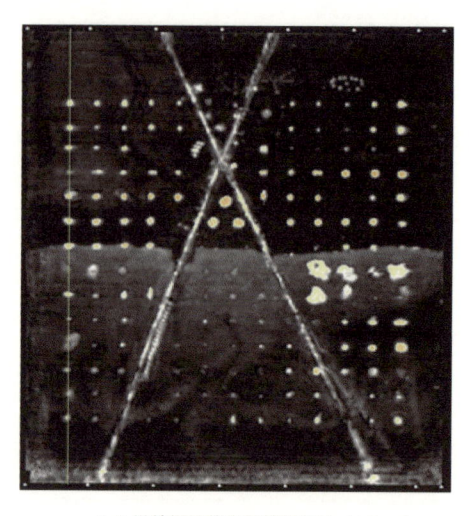

(a) 沿缝洞层均方根振幅切片 (150ms)

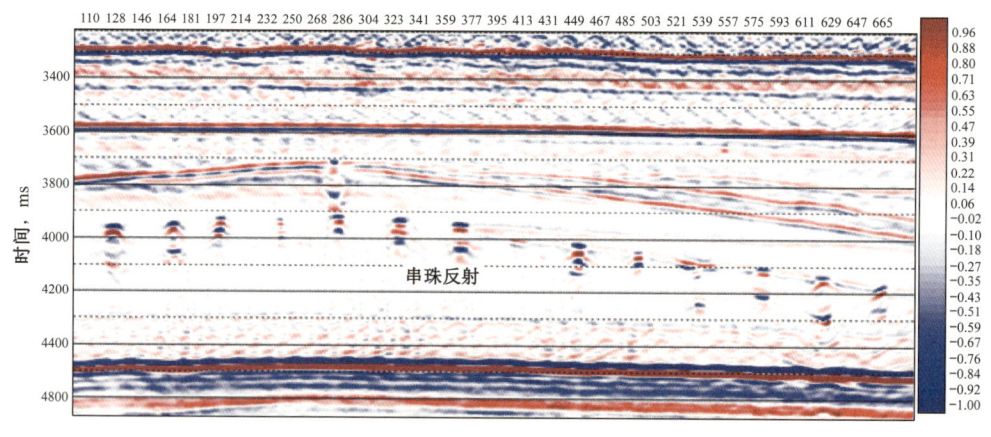

(b) 沿纵测线1的地震偏移剖面

图 1-71　缝洞层均方根振幅切片及偏移剖面图

3. 缝洞体积定量雕刻量版

三维雕刻能估算溶洞的体积，针对地震成像数据体（或者属性体），设定阈值，然后进行三维雕刻并保留溶洞的地震信息，最后在深度域将地震三维雕刻体积转换为地质体体积。整个过程中溶洞的地震三维雕刻体积和溶洞的真实体积之间的关系是至关重要的研究内容，利用两者的关系，就可以通过溶洞地震三维雕刻体积计算出地下溶洞的真实体积。

从众多属性中选取4种属性：瞬时振幅、均方根振幅、分频振幅和纵波阻抗体。这些属性的优点在于它们能够将成像体中每个溶洞的"串珠"状特征反射转换为一个空间上的连续体。纵波阻抗的雕刻体积相对其他三种属性体积更接近真实体积；4种属性的雕刻体积和真实体积之间都存在明显的趋势关系，利用这一关系就可以估算出实际地下溶洞体的真实体积。对比多种属性，发现纵波阻抗雕刻方法，放大倍数较小，误差范围较小，更加稳定，明显优于其他属性。

图 1-73 给出了上述物理模型中不同填充物的球形溶洞、不同单洞理想模型柱状溶洞的纵波阻抗溶洞体积综合校正量版。

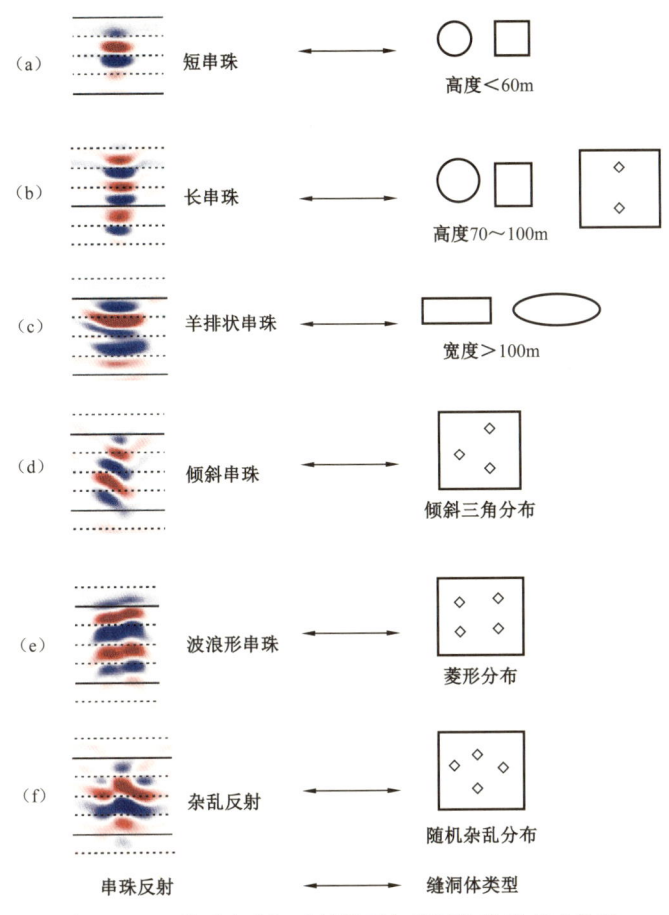

图 1-72  6 种"串珠"反射类型与缝洞体类型对应关系

## 四、多尺度裂缝储层地震物理模型

1. 多尺度裂缝物理模型设计与制作

在三维地震物理模型制作技术的基础上，根据中国西南部四川盆地中部的龙岗地区的地质构造，制作出一个小裂缝带尺度、成比例的裂缝储层地震物理模型。该模型是对三维裂缝地震物理模型技术研究的一个新尝试，将裂缝带岩石物理模块放入到模拟地层结构的地震物理模型中。

模型包括 6 个地层、4 个大尺度逆断层、一些薄互层以及多个裂缝带。图 1-74 是龙岗地震物理模型的三维示意图。模型北部的简化裂缝区是一个厚地层，构造平缓，无断层；复杂裂缝区位于模型的南半部，地层结构较复杂，存在多个薄互层和逆断层。尖灭的存在导致薄互层从 6 层尖灭到 4 层。裂缝带参数包括裂缝带长度、裂缝带宽度、裂缝密度、裂缝方位角、缝面倾角、阶梯状裂缝的宽度以及一些裂缝群的规模。复杂裂缝区有 9 组裂缝带，7 个交叉裂缝，7 组群缝，还有一些随机分布的裂缝带。裂缝带的最大尺度仅为 18mm×18mm×5mm，相似比到实际尺度后约为 180m×180m×50m。最小裂缝带的尺度为 20mm×0.15mm×5mm，相似比后为 200m×1.5m×50m。所得裂缝密度从 0.319 条 /m 变为 1.336 条 /m（相似比后），纵波速度各向异性相关的 Thomsen 参数 $\varepsilon$ 范围是 0.068~0.273。

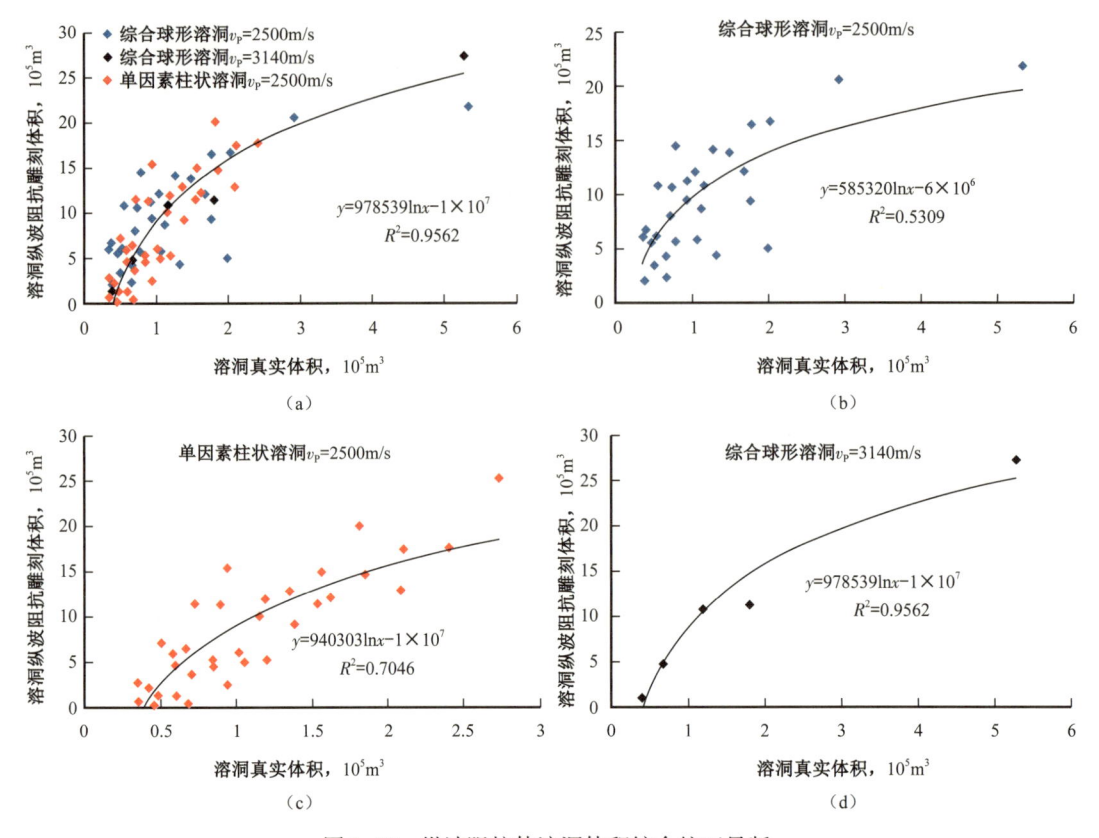

图 1-73  纵波阻抗体溶洞体积综合校正量版

(a)单一填充物模型圆柱形溶洞和实际模型球形溶洞综合量版；(b)实际模型填充物 $v_P$=2500m/s 球形溶洞雕刻量版；
(c)理论模型填充物 $v_P$=2500m/s 球形溶洞雕刻量版；(d)实际模型填充物 $v_P$=3140m/s 球形溶洞雕刻量版

2. 多尺度裂缝物理模拟与分析

采用超声脉冲反射波法在水箱中进行数据采集。设计的宽方位（近全方位）采集观测系统模板是 32 线、8 炮、448 道。参数如下：道距和炮点距都是 25m，偏移距 200m，接收线距 200m，炮线距 400m，横向滚动距离 200m。观测系统纵横比是 0.84，采样间隔为 1 ms，满覆盖为 224 次，记录长度为 4s。处理过程包括观测系统加载、真振幅恢复、高通滤波、衰减谐振、预测反褶积、速度分析、拉东滤波、道集分选、分方位角度叠加、叠后和叠前时间偏移。

叠前频率衰减属性能够表征实际裂缝区小裂缝各向异性强度，叠前频率衰减属性预测裂缝密度图（图 1-75a）上显示断层附近各向异性较强，表明这个区域裂缝较多，这与小裂缝分布在断层附近相符合。图 1-75b 给出预测出的小裂缝的走向平面图，信噪比较高，预测结果假象较少，基本上符合裂缝带分布情况，简化裂缝区各区有裂缝带存在的位置在走向图上都有显示，简化裂缝区裂缝走向基本上都沿着 Inline 测线的方向，裂缝带放置区域方位图上存在方位特征，细节上具体到某一个裂缝，其方位预测准确性不是很高。实际裂缝区显示出裂缝多的区域还是比较吻合的，断层边裂缝分布也隐约能看到。

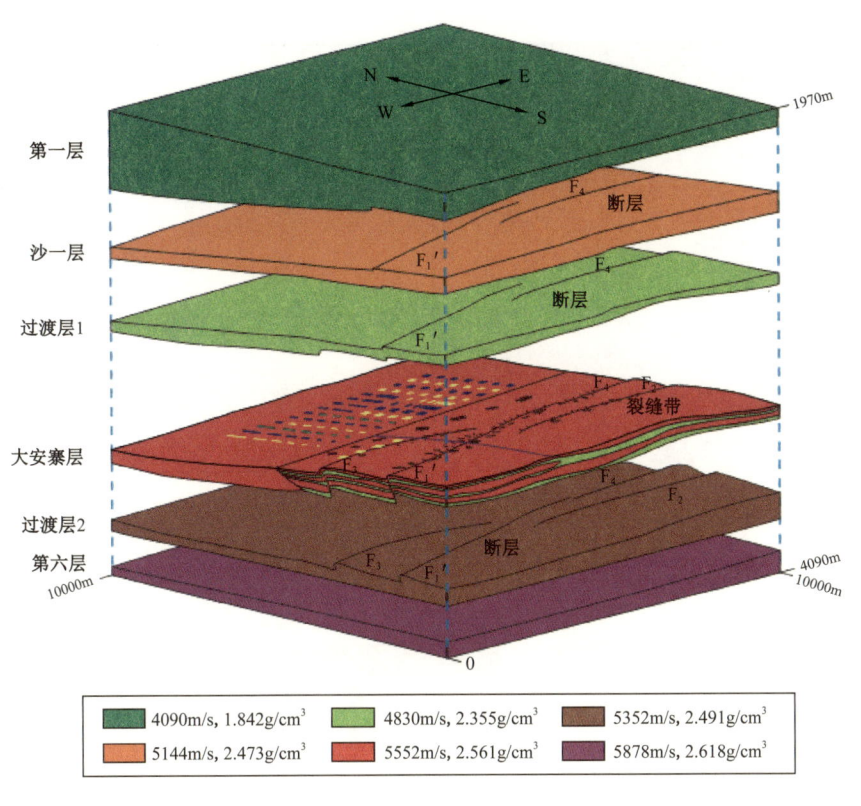

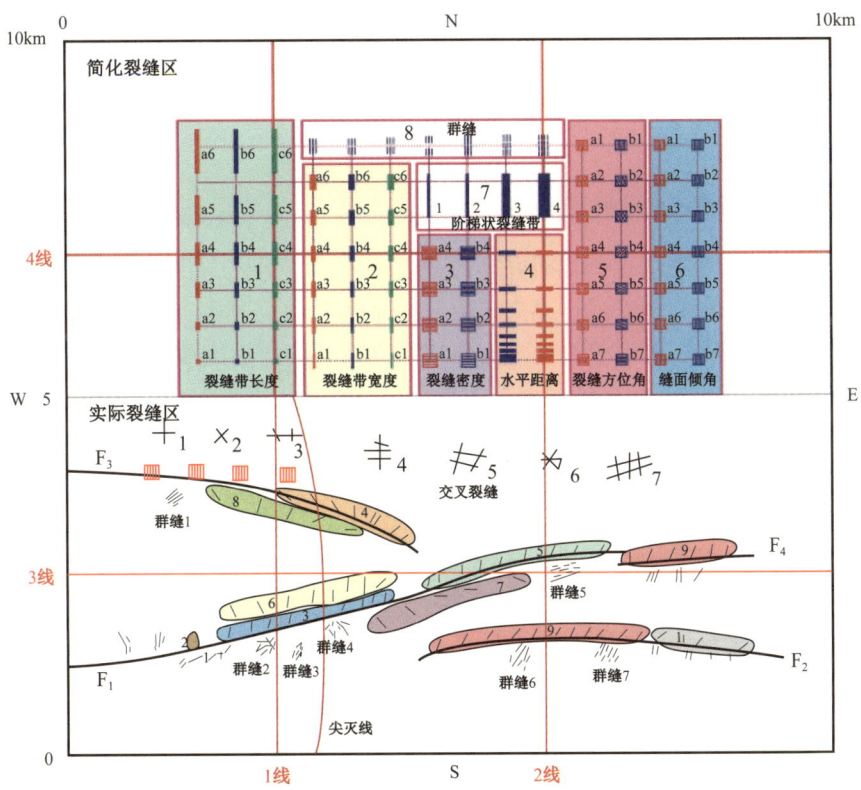

图 1-74 三维裂缝物理模型示意图和大安寨层顶界面水平示意图

(a) (b)

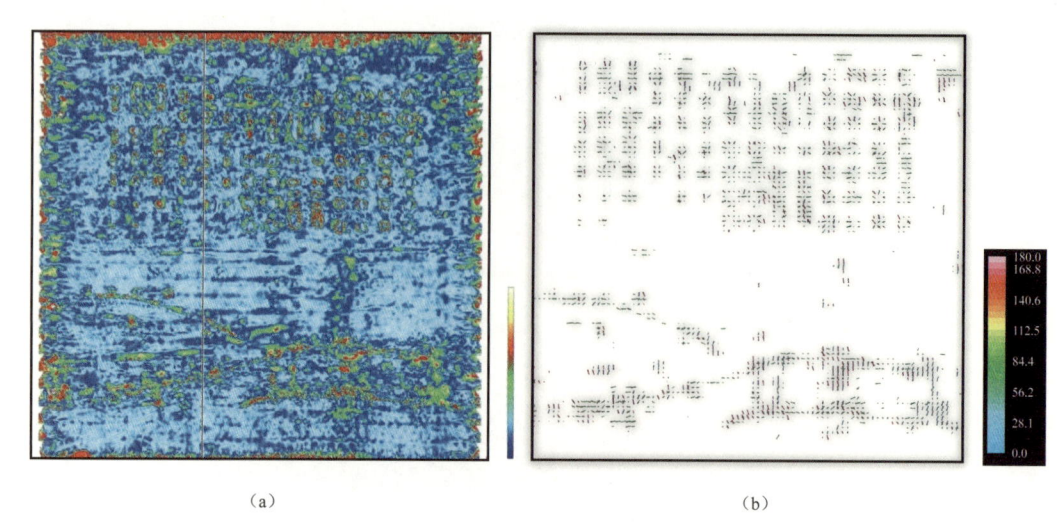

图1-75 叠前频率衰减属性和裂缝走向平面图

## 第五节 页岩储层物探技术

页岩储层最显著的地震响应特征是速度各向异性,是所有岩石中最强的。研究页岩的地震各向异性响应特征及其应用是进一步发展页岩气地震勘探技术的关键。"十一五"和"十二五"期间,在页岩储层岩石物理模型、页岩弹性特征和其他物性特征,以及页岩各向异性参数预测、AVO技术、地震多属性分析等方面开展了多种地球物理信息技术方法研究,填补了中国石油在该领域的研究空白,形成了页岩气地球物理预测技术系列。

### 一、页岩地震各向异性响应机理

基于人工页岩样品的物理模拟研究,即通过制作矿物组成、孔隙结构、地震特性、机械特性上与真实页岩岩心相近的样品来研究某一个变量对页岩各向异性的影响,然后结合理论岩石物理模型研究,可以更好地理解页岩的固有各向异性成因;建立地震各向异性参数与孔隙结构的关系;VTI地震各向异性参数与矿物组分(即有机质、泥质、脆性矿物质)的关系,明确页岩储层孔隙度、纵横比、矿物组分、有机质含量等与地震各向异性参数的经验关系;建立地震各向异性参数与储层脆性的关系以及相应的地震岩石物理描述方法。

1. 基于物理模拟的合成页岩制作

人工页岩样品的最大特点可简单概括为可控性,即其各类组成成分、成岩压力、胶结程度等均可以按照实验要求进行设定,且不同条件可以任意组合。可以制作出一批相同或高度相似的样品,用于不同实验目的重复性实验研究,也可以在保证所有影响因素不变的前提下,连续改变某一目标因素,得到目标因素连续变化的样品系列,用于针对某一目标因素影响的实验研究。同时,样品还可以与SEM/TEM,CT以及数字岩心技术相结合,在微观领域对页岩岩石物理基础理论进行验证、拓展,为页岩相关性质的基础研究提供新的思路。

制作完成后的原始样品呈深黑色，破碎面有明显的层理状结构（图1-76）。在0°及90°方向分别取得较为平整、光滑的新鲜样品，先对样品表面进行氩离子抛光，之后在真空度2～10Pa甚至更低的环境中，采用SCD500型离子溅射仪对样品表面进行镀金处理，镀金厚度约为15nm。样品完成前期处理后，使用FEI Quanta 200F型发射环境扫描电子显微镜对样品进行观测。

(a) 脱模后人工页岩样品成品　　　　(b) 人工页岩样品破碎面

图1-76　原始样品及破碎面照片

从电镜扫描照片对比得到，平行层里面，人工页岩样品与天然页岩样品颗粒呈现出明显的定向排布特点，垂直层理方向，样品均表现出致密排布的特点。人工页岩样品与天然页岩样品具有较高的相似程度（图1-77）。

新型人工页岩样品的制作提出了人工样品的制作材料以及不同材料配比。利用球磨及循环混合的方法确保各种材料间充分、均匀的混合，以保证样品的均质性。利用实验室设计的模具进行多次填装压实，最终得到人工页岩样品的成品。

对人工页岩样品的微观结构、制作工艺的可重复性、样品的均质性及各项异性在实验室内进行了测试，测试结果表明人工页岩样品制作工艺稳定，与天然样品相似程度高，能够在一定程度上替代天然样品或作为天然样品的补充，进行实验及理论研究。

2. 基于岩石物理的页岩固有各向异性

为了更好地模拟页岩的固有各向异性，对页岩固有各向异性的影响因素进行了详细的分析，分别从黏土矿物、孔隙结构、干酪根的分布与富集、页岩成层性等方面分析了不同因素对页岩各向异性的影响方式及强度大小。

页岩中所含的黏土矿物是导致页岩各向异性的重要因素之一。在构建页岩的岩石物理模型，黏土集合体通常被当作各向同性或假设其VTI性质不变。然而，改变黏土矿物组分（伊利石、蒙皂石、高岭石、绿泥石等）的矿物组成会影响其弹性性质。

图1-78为利用4种不同理论模型（Backus平均、SCA、DEM、SCA+DEM），计算得到的完全水平排列的黏土集合体的弹性模量的示意图，其中伊利石的体积含量的变化范围为0～100%。其他黏土矿物包括53%的蒙皂石、27%的高岭石和20%的绿泥石。所使用的黏土矿物的弹性参数通过测井数据与测量结果进行标定所确定，具体数值如表1-4所示。为了简化模拟，使用各向同性的黏土弹性参数来计算黏土混合物背景的等效弹性参数。可以

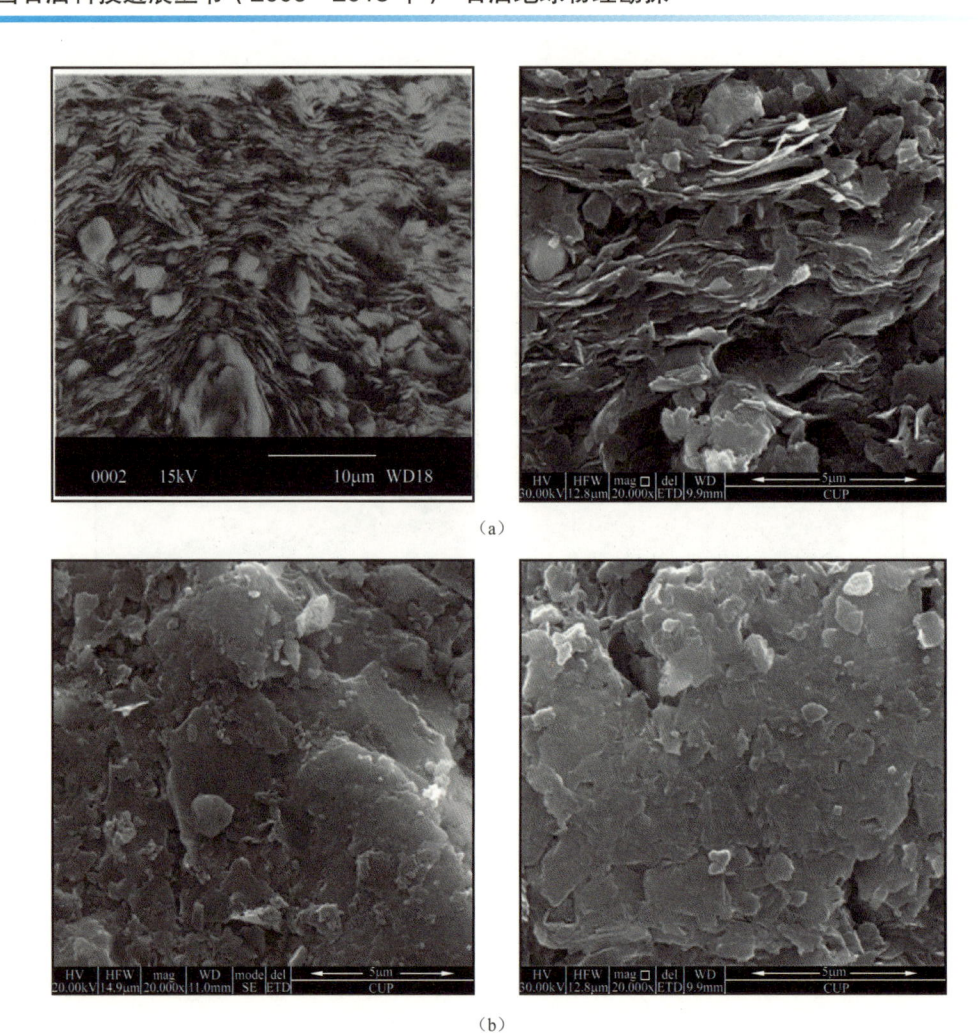

图 1-77 天然及人工页岩样品不同角度电镜扫描照片

（a）平行层理面视角扫描电镜照片，左侧为天然页岩样品，右侧为人工页岩样品；

（b）垂直层理面视角扫描电镜照片，左侧为天然页岩样品，右侧为人工页岩样品

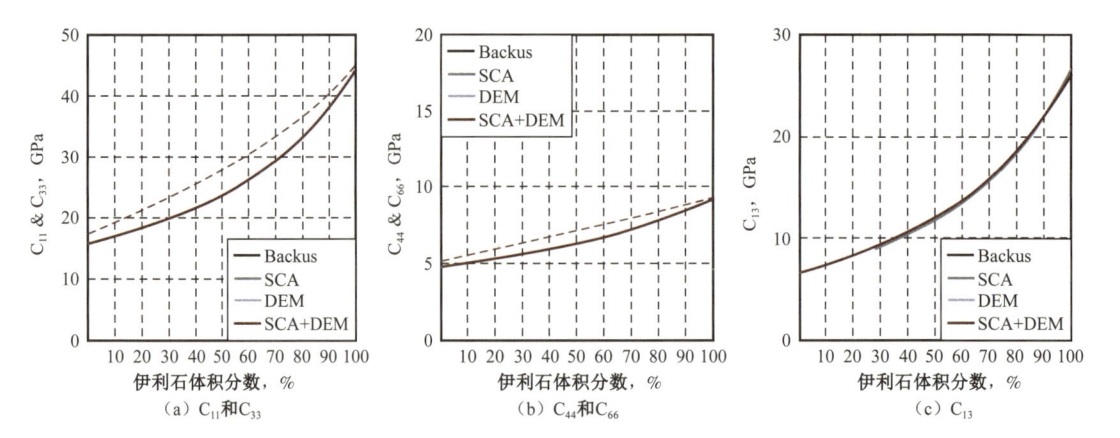

图 1-78 利用 Backus 平均、各向异性 SCA、各向异性 DEM 和 SCA+DEM 4 种方法计算不同伊利石含量的黏土集合体中等效弹性张量系数，纵横比为 0.05

看出，不同方法模拟得到的结果差别并不大。然而，黏土矿物组分的体积含量对等效结果影响很大。因此在建模过程中，应该考虑页岩中黏土矿物的组分。

表 1-4　不同黏土矿物的弹性常数

| 黏土矿物 | $v_P$, m/s | $v_S$, m/s | 密度, g/cm³ | 测试结果参考文献 |
| --- | --- | --- | --- | --- |
| 伊利石 | 4150 | 1900 | 2.55 | Eastwood and Castagna（1987） |
| 蒙皂石 | 2300 | 1300 | 2.29 | Vanorio et al.（2003） |
| 高岭石 | 2710 | 1520 | 2.59 | Vanorio et al.（2003） |
| 绿泥石 | 3713 | 1634 | 2.69 | Zhou et al.（2011）<br>Wang et al.（2011） |

定向排列的非圆形孔隙是页岩各向异性的另一个主要来源。页岩中大多数的孔隙更像是"裂缝"而并非砂岩中常见的粒间孔隙。其中孔隙的大小、纵横比、排列方式等因素都会影响页岩的固有各向异性，同时还会影响页岩的渗透性。

与图 1-78 类似，比较了 4 种不同等效理论对"黏土相关孔隙"的模拟结果（图 1-79）。其中，孔隙流体的弹性模量为 $K_{water}$=2.2GPa 和 $\mu_{water}$=0.1GPa。模拟结果显示，当孔隙纵横比较小（0.05）且孔隙度较小（<5%）时，这几种包裹体理论的模拟结果与 Backus 平均的结果类似。在中等孔隙度范围（10%~30%），与其他模型理论相比，Backus 平均预测了最高的 $C_{11}$ 和 $C_{66}$，和最低的 $C_{33}$ 和 $C_{44}$，即最强的各向异性。需要指出的是，三种包裹体理论所模拟的各向异性强度类似。总的来说，与其他弹性张量系数相比，$C_{44}$ 对包裹体类型的选择更为敏感。

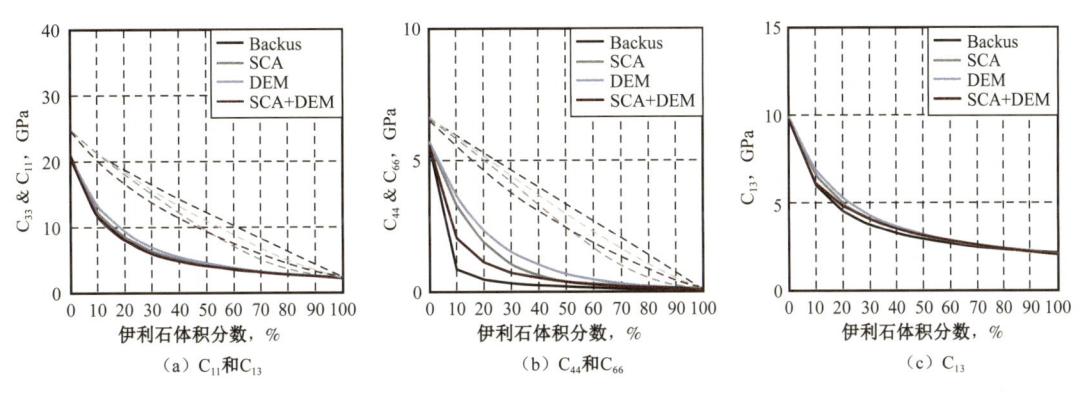

(a) $C_{11}$ 和 $C_{13}$　　(b) $C_{44}$ 和 $C_{66}$　　(c) $C_{13}$

图 1-79　利用 Backus 平均、各向异性 SCA、各向异性 DEM 和 SCA+DEM 4 种方法计算含有不同体积百分比的孔隙流体的黏土集合体中等效弹性张量系数，纵横比为 0.05

作为类似于孔隙流体的特殊矿物，干酪根由于其具有较低的弹性模量，微分等效理论被用于模拟富有机质页岩中的干酪根。由于不同页岩样品的干酪根分布也可能不同，因此，成层分布的有机质同样会影响页岩的各向异性。干酪根（$K_{water}$=9.8GPa、$\mu_{water}$=3.2GPa）对各向异性的影响与孔隙流体类似，但等效弹性模型对低纵横比的干酪根并不敏感（图 1-80）。由于包裹体的纵横比被高度理想化且很难直接测量，因此 Backus 平均可以被用于构建完全定向排列的黏土—流体—干酪根混合物，但各向异性参数以及 $C_{44}$ 需要更多的优化。在较小的体积含量情况下，干酪根对各向异性的影响较孔隙流体小。虽然三种不同的包裹体方法均有各自的适用范围和假设前提，但是当纵横比很小时，三种方法的等效结果仍然较类似。当孔隙流体含量适中时，$C_{44}$ 对等效理论的选取较为敏感。

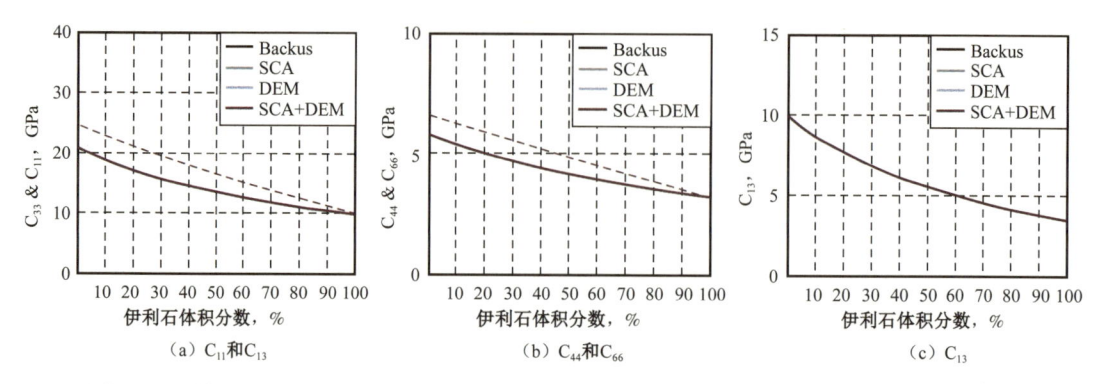

图 1-80　利用 Backus 平均、各向异性 SCA、各向异性 DEM 和 SCA+DEM 4 种方法计算含有不同体积百分比的干酪根的黏土集合体中等效弹性张量系数，纵横比为 0.05

黏土颗粒、孔隙、干酪根的定向排列程度对页岩的各向异性有很大的影响。为了模拟实际页岩地层中黏土的层状分布，将层状分布的黏土层假设成 $N$ 个性质相同的黏土块的集合，通过改变每个黏土块的偏转角度来控制地层的成层性强弱，偏转后每个黏土块的弹性性质可由 Bond 变换计算得到，最终，$N$ 个偏转后的黏土块集合的等效性质用 Voigt-Reuss-Hill 平均计算。每个黏土块的偏转角度定义为其对称轴与垂直方向的夹角。当角度为 0° 时，岩层表现出最强的 VTI 性质，地层的成层性最好。上述过程中涉及弹性张量的 Bond 变换和 Voigt-Reuss-Hill 平均。

黏土—流体—干酪根的混合物的弹性性质随定向排列方向变化的关系如图 1-81 所示。在角度不大时（<20°），定向排列方向对弹性性质的影响并不十分明显。图 1-82 描述了黏土—流体—干酪根的混合物偏转角度随 CL 的变化趋势。当 CL 值较低时（蓝色曲线所示），黏土块的偏转角度集中在均值（0°）附近，此时等效结果的 VTI 性质较强。随着 CL 值不断升高，偏转角度为均值的黏土混合物的发生概率逐渐降低，意味着随机分布的黏土

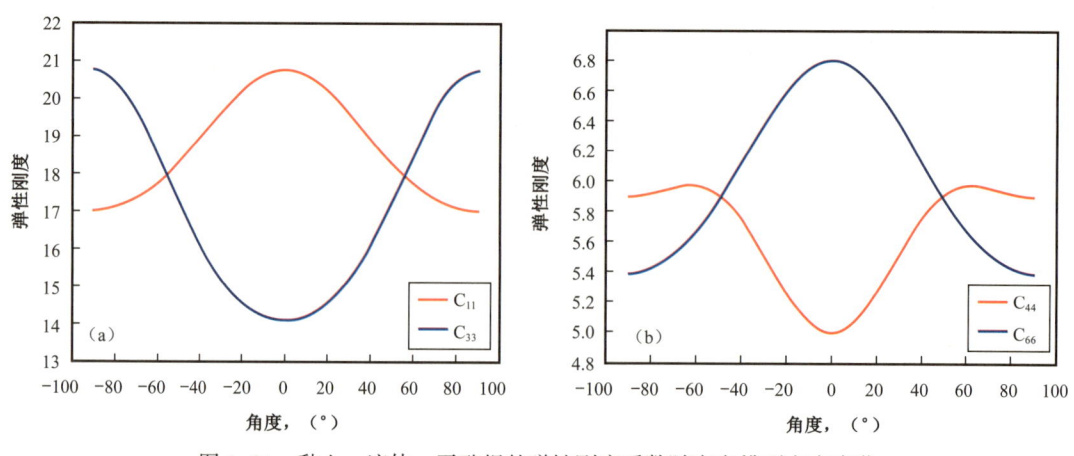

图 1-81　黏土—流体—干酪根的弹性刚度系数随定向排列方向变化

混合物的数量逐渐增加，等效的 VTI 性质也逐渐减弱。为了验证本方法模拟页岩成层性的可行性，模拟了等效弹性模量随 CL 变化的曲线（图 1-83）。图中红色曲线分别为 $C_{11}$ 和 $C_{44}$，蓝色曲线分别为 $C_{33}$ 和 $C_{66}$。随着 CL 的增加，$C_{11}$ 和 $C_{33}$ 之间的差异以及 $C_{44}$ 和 $C_{66}$ 之间的差异逐渐减小，意味着 VTI 性质逐渐减弱。

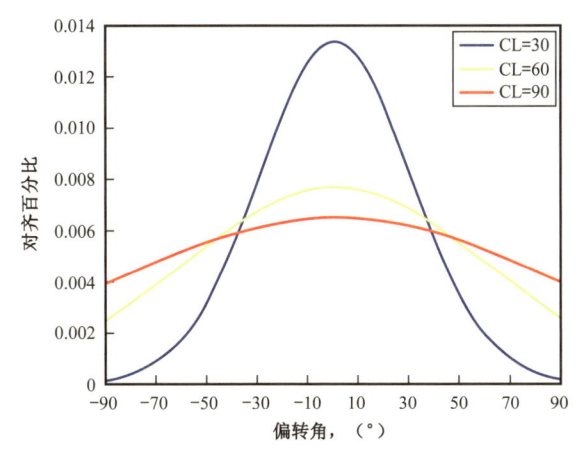

图 1-82 黏土—流体—干酪根的偏转角度随 CL 的变化趋势

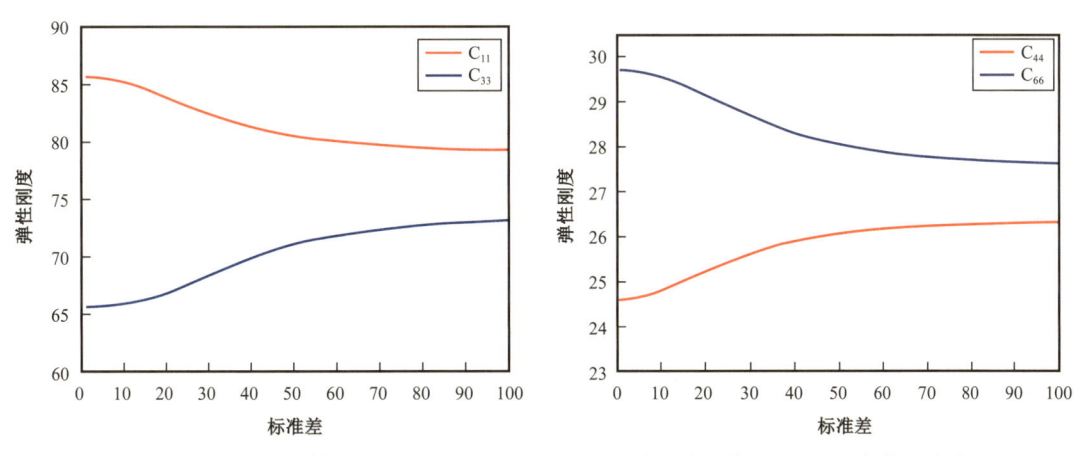

图 1-83 黏土—流体—干酪根的弹性刚度系数随分布函数的标准差（CL 参数）变化

**3. 页岩储层各向异性地震波场数值模拟**

基于改进的各向异性岩石物理模型进行了页岩储层各向异性地震波场数值模拟，分析了各向异性介质中的波场特征及振幅属性变化特征。

反射率法各向异性地震模拟可以进行水平层状各向异性介质和裂缝介质地震波的数值模拟。该方法可以提供一系列震源方式，如垂直震源、爆炸震源等。对于各向异性介质，只要给定模型所需要的各向异性参数，即可进行正演模拟。并可以旋转地下介质模型或观测系统方位，获得不同方位的地震波特征。这是一个全波场精确模拟方法，非常适合于研究和分析页岩储层的各种地震岩石物理模型的有效性以及各种矿物组分、孔隙结构的地震响应特征，是开展敏感参数分析的一个不可缺乏的有效工具。

在极化各向异性的基础上（VTI），加入一组垂直裂缝，得到正交各向异性（ORT）介质，通过旋转可以得到不同裂缝面倾角的地震记录。随着裂缝面倾角的增大，方位各向异性在弱化，当倾角为90°时，不再有方位各向异性。在不同的方位观测时，裂缝中充填流体油、气、水或者是干裂缝时振幅随着偏移距的增大均在减小，并且含水时振幅最大，油、气次之，干裂缝时最小。但是，不同流体的时的变化趋势很接近，仅通过振幅信息很难区别。

通过对裂缝性储层饱和不同流体的AVO响应的分析以及对裂缝密度、裂缝半径等参数进行了敏感性测试，评估了转换波AVO响应在裂缝探测上的可行性。可以说，多波勘探的优势以及宽方位数据采集是十分必要的，在实际中可将二者进行联合提高预测裂缝的精度。

采用离散裂缝模型（DFM）模型可以将柔性裂缝嵌入任何各项异性介质中，用来研究在裂缝中存在的各向异性介质，地震各向异性、尾波、散射衰减和AVO随方位角的变化。裂缝介质的地震波响应特征存在明显的方位各向异性，裂缝的引入导致P波速度的各向异性，并导致了反射振幅、散射衰减等属性随方位角的变化而变化。这些性质指导我们可以采用叠前纵波的旅行时，反射振幅，散射衰减等属性的方位各向异性特征来识别裂缝储层。

## 二、页岩地震资料的地震各向异性处理和反演方法

### 1. 地震各向异性处理新方法

受转换波非对称性射线路径和地层各向异性的影响，常规纵波处理及解释技术无法直接应用到多分量地震资料中，即纵波的动校正处理也需要更多的参数来描述。在探索各向异性介质的地震处理技术时，需要解决地震各向异性速度分析及对应的成像方法，同时许多技术难题仍制约着多分量地震技术的发展。

针对转换波动校正，需要给出相应的转换波动校正方程。在已有研究的基础上，引入了一个新参数$\gamma_{vti}$，并提出了一种针对多层VTI介质的双参数动校正方程。新提出的方程在大偏移距时具有很高的精度，即使偏移距是反射深度的三倍时，新的双参数方程也是精确的。通过对多参数同步扫描，应用到合成数据和实际数据中，改善了动校正效果。

图1-84a所示为共转换点（CCP）道集。图1-84b所示为双曲线动校正处理的结果，忽略了不对称射线路径和各向异性，在红色矩形框里能看到明显的动校拉伸，必须要有大尺度的切除，只有在近偏移距的地方动校正是平的。图1-84c所示为各项同性双参数方程（Li，2003）的动校正结果，考虑了不对称射线路径的影响，忽略了各向异性，虽然拉伸程度有所降低，而且有效范围变大，但是红色矩形框内远偏移距的校正仍然不平。图1-84d所示为新方程的校正结果，不对称射线路径和各向异性都考虑了。红色矩形框显示即使在远偏移距情况下动校正依然是平的。因此可以得出结论，新方程可以应用到转换波数据，而且尤其对于各向异性，$\gamma_{vti}$比$\gamma_{iso}$精度更高。

对于射线参数域多波数据匹配保幅处理，首先确定速度比方程，继而利用Sinc方程形成的转换算子$\Gamma$将转换波匹配到纵波时间域。然后利用Gabor变换，对匹配到纵波时间域的转换波进行子波恢复。该方法应用到实际数据中，能够对转换波与纵波进行精细的匹配。

图1-85显示的是对纵横波速度比施加扰动进行振幅扫描的结果。能量谱指示的高能量位置即是最优速度比，进而根据这一结果对初始速度比模型进行更新。通过井旁的单道匹配结果能够看出，利用该方法能够对转换波与纵波进行精细的匹配。

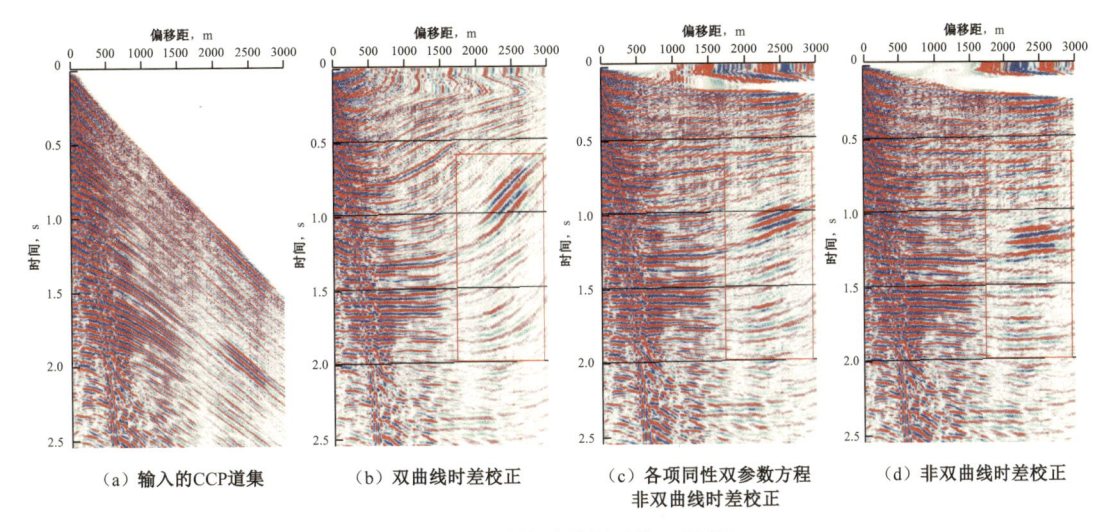

(a) 输入的CCP道集　　(b) 双曲线时差校正　　(c) 各项同性双参数方程非双曲线时差校正　　(d) 非双曲线时差校正

图 1-84　转换波数据动校正结果

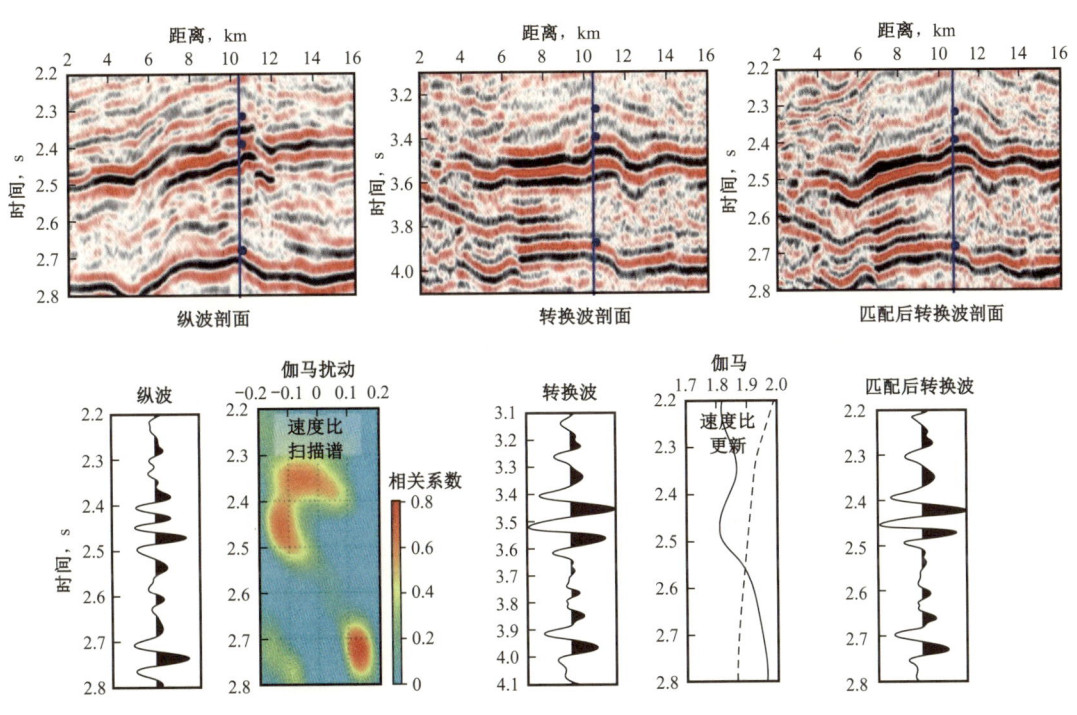

图 1-85　纵波与转换波数据在射线参数域的精细匹配

**2. 页岩多波资料联合反演方法**

利用PP波和PS波在不同偏移距上的优势，开展射线参数域的纵波和转换波联合反演。实现射线参数域反演首先需要创建共射线参数道集，采用弯曲射线追踪法在叠前偏移的共成像点道集上构建真实射线参数道集。然后利用PP和PS波反射系数公式建立射线参数域纵波与转换波联合反演的目标函数进行反演。通过对比合成地震数据单独纵波反演与联合反演的结果发现，联合反演的横波速度特征值精度高于单独纵波反演的，联合反演条件数更小，反射系数残差收敛速度更快。对于实际地震数据，联合反演结果与测井曲线更吻合，准确性更高，并且联合反演结果具有更高的分辨率。

反演方法应用于新场须五页岩储层联合反演，利用PP波反演和联合反演得到的三参数结果如图1-86所示。

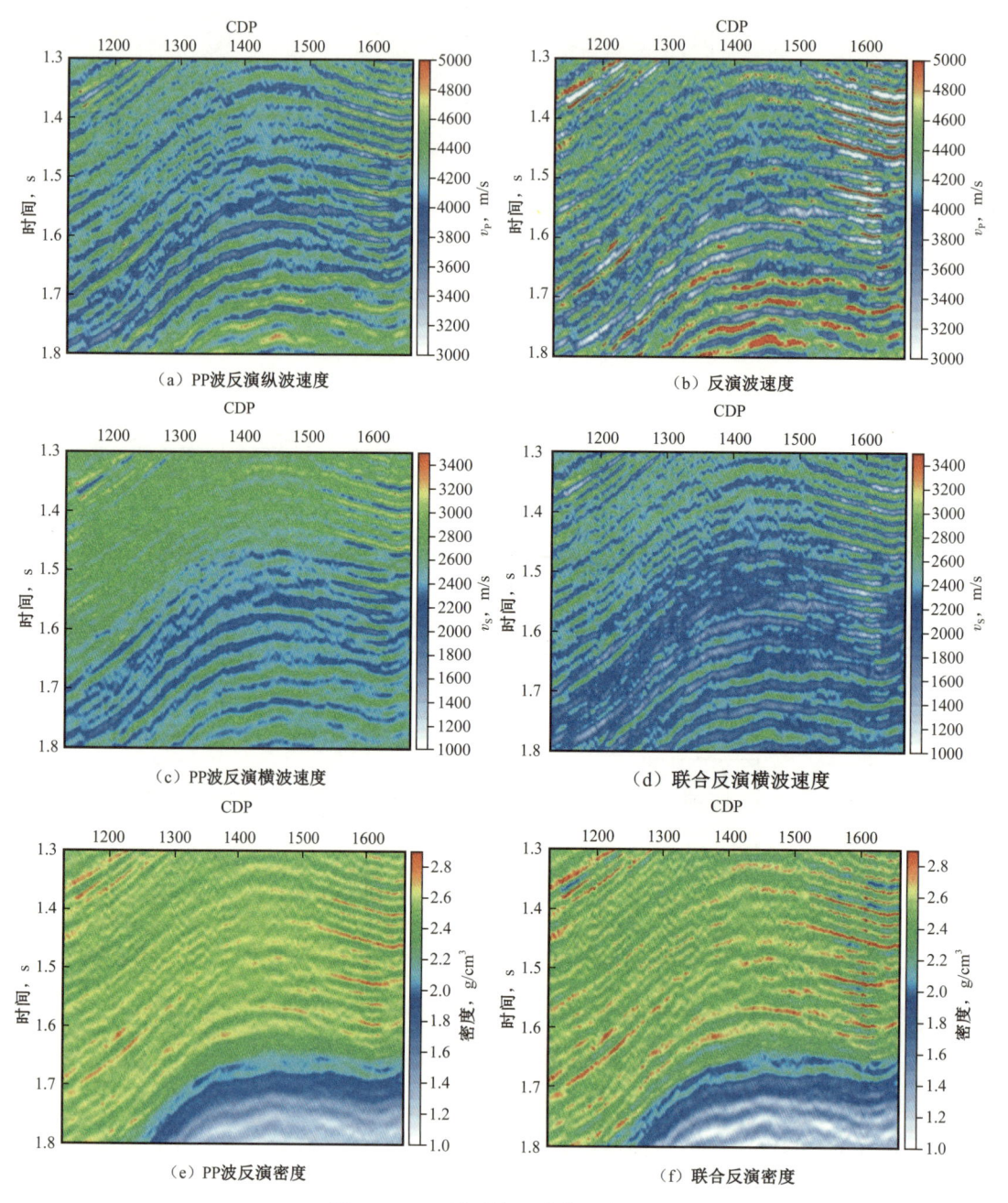

(a) PP波反演纵波速度

(b) 反演波速度

(c) PP波反演横波速度

(d) 联合反演横波速度

(e) PP波反演密度

(f) 联合反演密度

图1-86　PP波反演和联合反演对比

通过比较井旁道反演结果与测井曲线发现（图1-87和图1-88），联合反演得结果与测井曲线更加吻合。图1-89是利用反演结果（纵波速度、横波速度和密度）计算得到的与脆性相关的弹性参数：杨氏模量和泊松比。

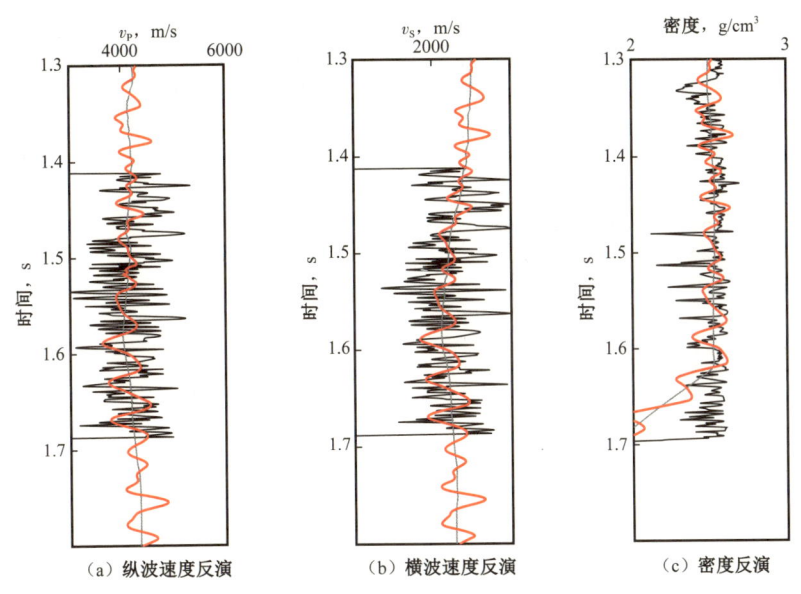

图 1-87 单独反演的三个弹性参数与新页 1 井对比

灰色代表初始模型，黑色代表实际测井曲线，红色代表反演结果

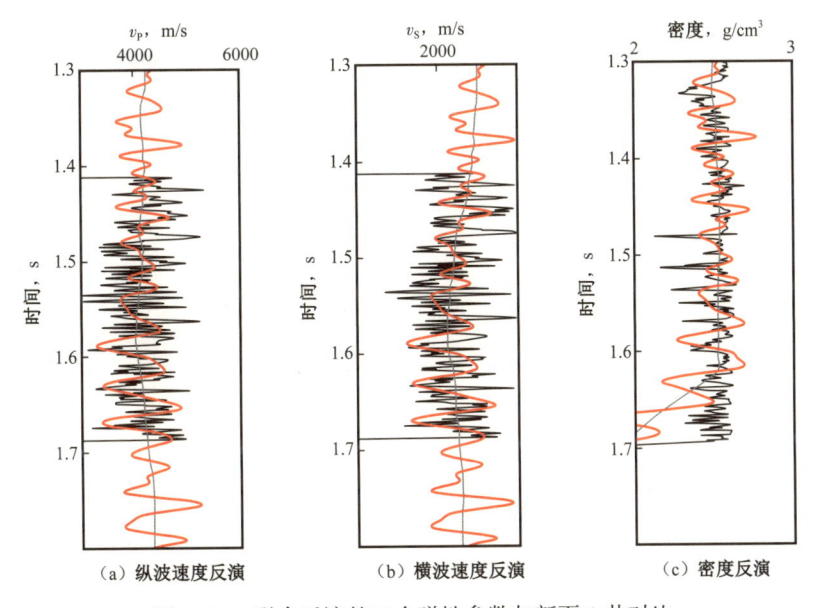

（a）纵波速度反演　　（b）横波速度反演　　（c）密度反演

图 1-88 联合反演的三个弹性参数与新页 1 井对比

## 三、页岩气储层地震各向异性应用技术

1. 页岩气储层脆性和有机质含量定量解释方法

通过岩石物理与实际井资料分析了两种脆性评价标准的异同，引入沉积和成岩作用建立两种脆性指数之间更准确的对应模式。基于统计岩石物理的定量解释技术，提出一种结合两种脆性评价标准的新的页岩脆性评价方法，根据矿物含量划分岩性，同时对脆性指数分级，利用处理后的测井数据建立可同时分类岩性和脆性的似然函数。

(a)泊松比　　　　　　　　　　(b)杨氏模量

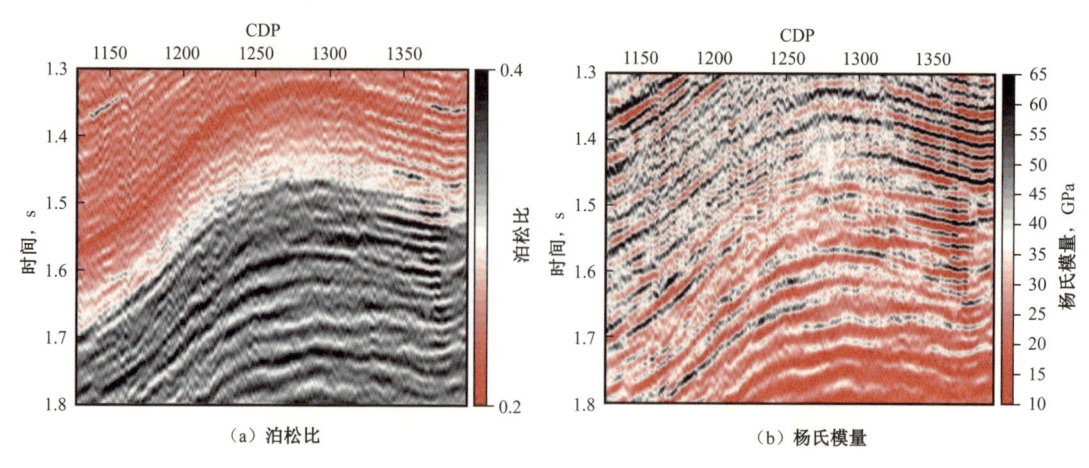

图 1-89　根据反演结果计算得到的泊松比和杨氏模量

最后利用基于马尔科夫随机场的贝叶斯分类对地震数据进行定量解释。该方法在四川地区上白垩纪页岩储层进行检验，效果良好。得到初始分类图 1-90a 后，引入马尔科夫随机场对分类剖面进行约束，最终得到稳定的、空间连续的岩性剖面图 1-90b，迭代过程中 $p(\omega)$ 将持续更新。

(a)初始分类剖面

(b)经过马尔科夫处理后的分类剖面

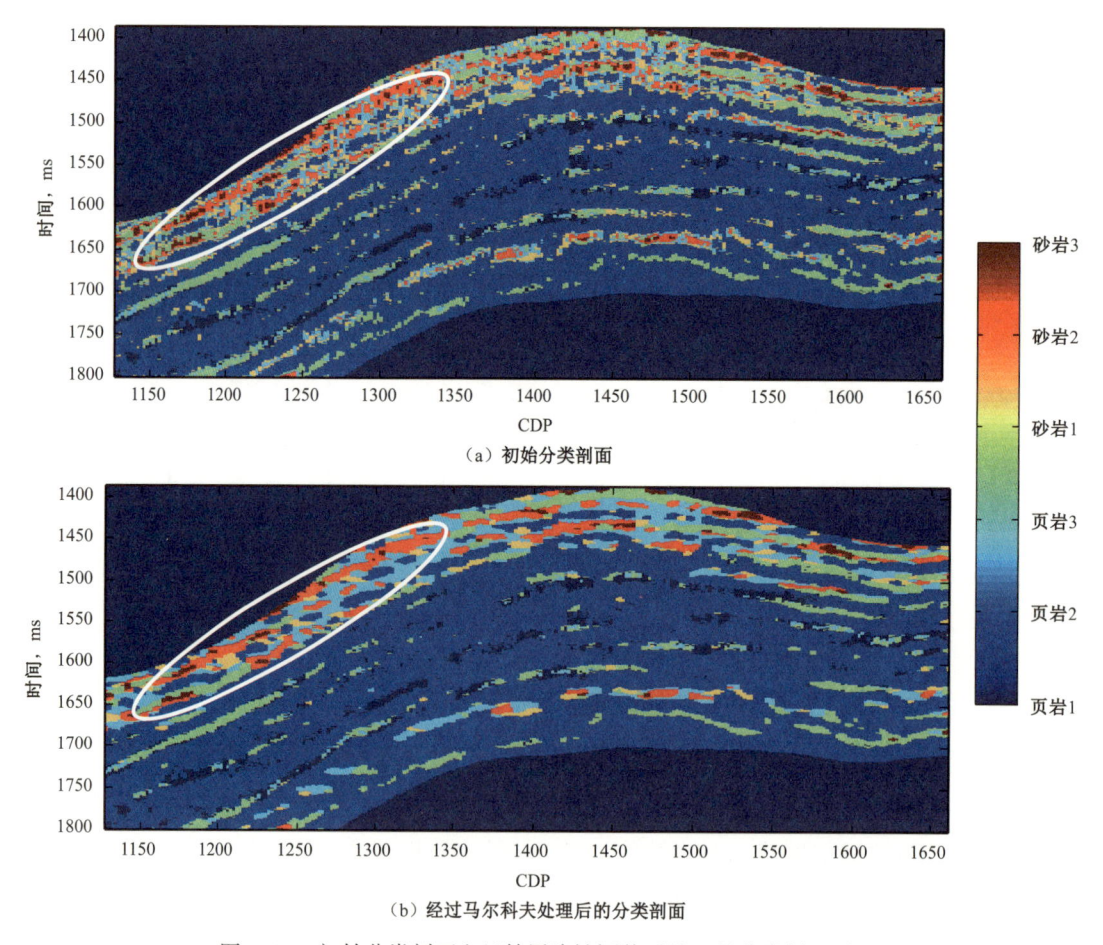

图 1-90　初始分类剖面和经储层脆性评价后处理的分类剖面对比

## 2. 页岩储层各向异性参数和物性参数估算方法

尝试通过反演孔隙纵横比和成层因子，进而对各向异性参数进行预测。建立了考虑矿物组分变化的三维岩石物理模板，反演的孔隙纵横比更为准确。为了进一步提高孔隙纵横比反演精度，引入了成层因子 CL 这一反演校正量，并对 CL 参数和孔隙纵横比进行双扫描，从而获得了最优的物性参数和各向异性参数。以上反演方法应用于实际页岩地层数据，预测的速度与测井值较好地吻合。另外，通过简化岩石物理建模方法（图1-91），对页岩储层水平裂缝密度进行了反演预测，并在实际页岩区取得了较好的应用效果。

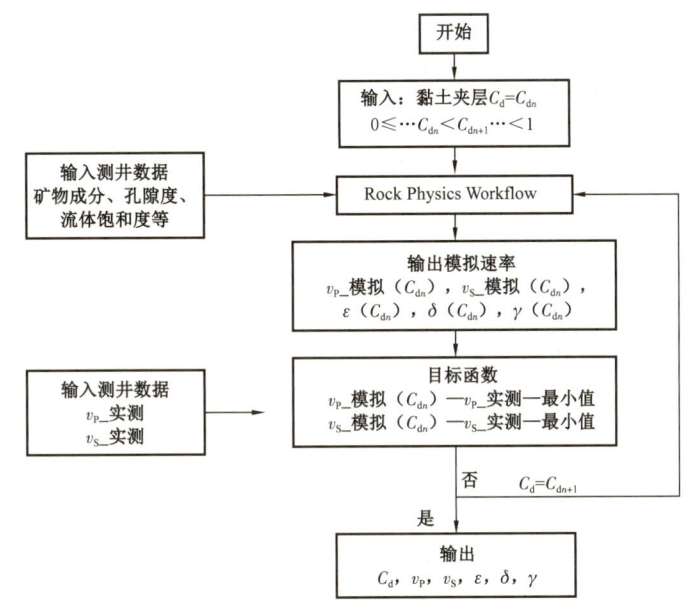

图 1-91 页岩各向异性岩石物理建模示意图

对于页岩井 #1，进行纵波速度、横波速度、水平纵横比、水平缝密度、各向异性参数性（$\varepsilon$、$\gamma$）、岩心测量水平渗透率反演。反演结果如图 1-92 所示。可以看到反演得到的水平裂缝密度与岩心测量的水平渗透率具有较高的一致性，表明岩石物理建模流程具有合理性、基于模型的水平缝反演算法具有可靠性。

对于页岩井 #2，反演结果如图 1-93 所示。可以看到，计算的纵波速度（红色曲线）与测井纵波速度（黑色曲线）几乎完全拟合，同时反演的横波速度（红色曲线）与测井横波速度（黑色曲线）一致性较高，验证了水平缝和 VIT 各向异性参数反演算法的可靠性与合理性。

## 3. 微地震正演与反演方法

为了模拟骨架中的孔隙压力变化和流体渗漏导致的微地震活动性，综合物质守恒、渗流方程、断裂力学、Coates—Schoenberg 理论和裂缝柔量参数计算了水力压裂过程对速度的实时影响，模拟了压裂过程中的微地震活动和孔隙压力变化，用临界孔隙压力准则模拟了流体渗漏引起的微地震事件。然后，利用四方打靶法正演微地震走时和传播方位，用矢量图法（HM）和多点反演法（MPIM）进行了微地震事件定位和反演误差分析，并进一步研究了压裂带对常规定位方法（单点极化法和多点反演法）的影响。最后，提出了等效速度反演方法（EVIM），用传统反演结果和速度扫描法构建了等效低速区，以减小压裂过程对微地震事件定位的影响。同时，构建了一个新的方法来估计旅行时间偏差。

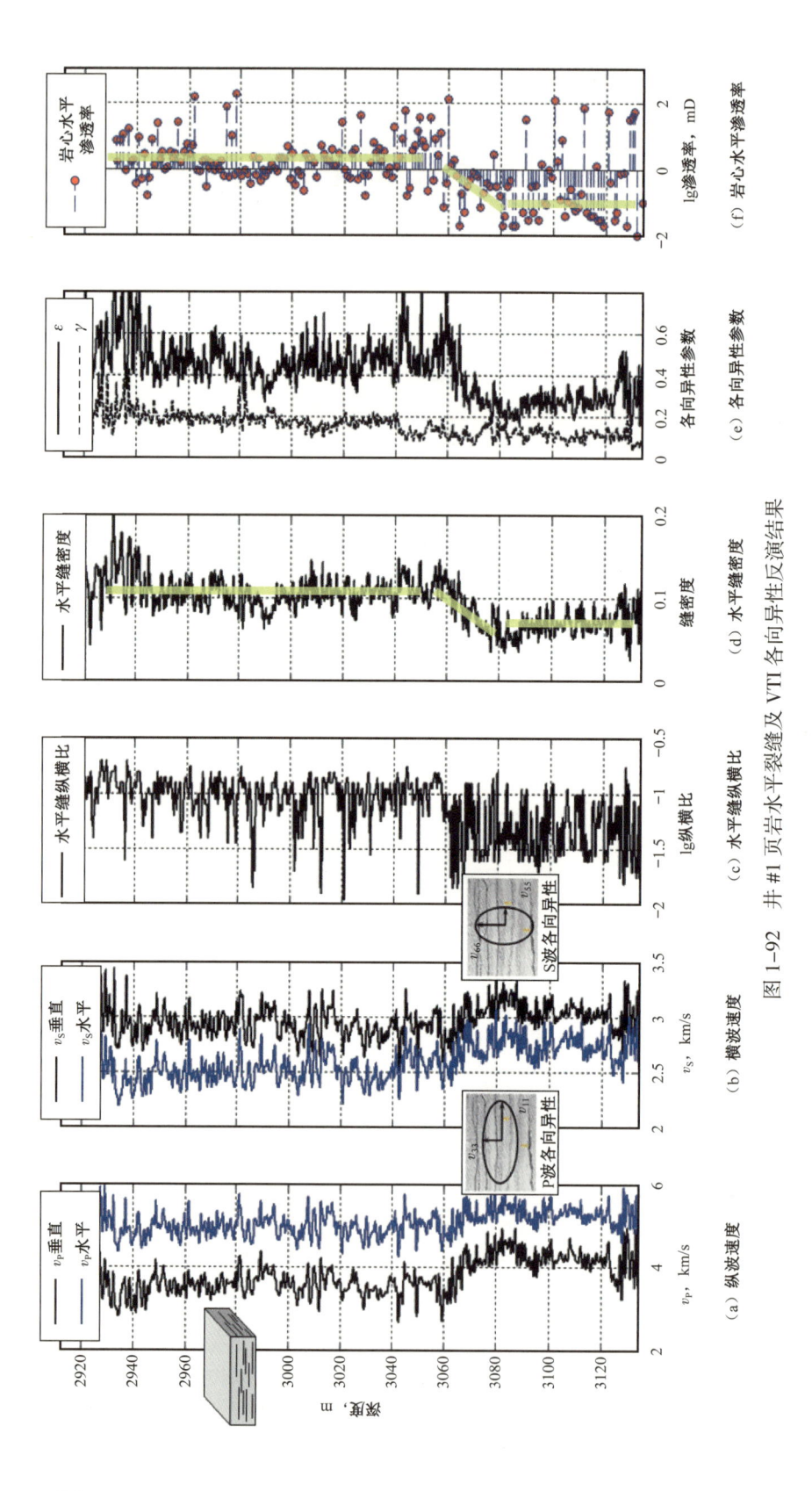

图 1-92 井#1 页岩水平裂缝及 VTI 各向异性反演结果

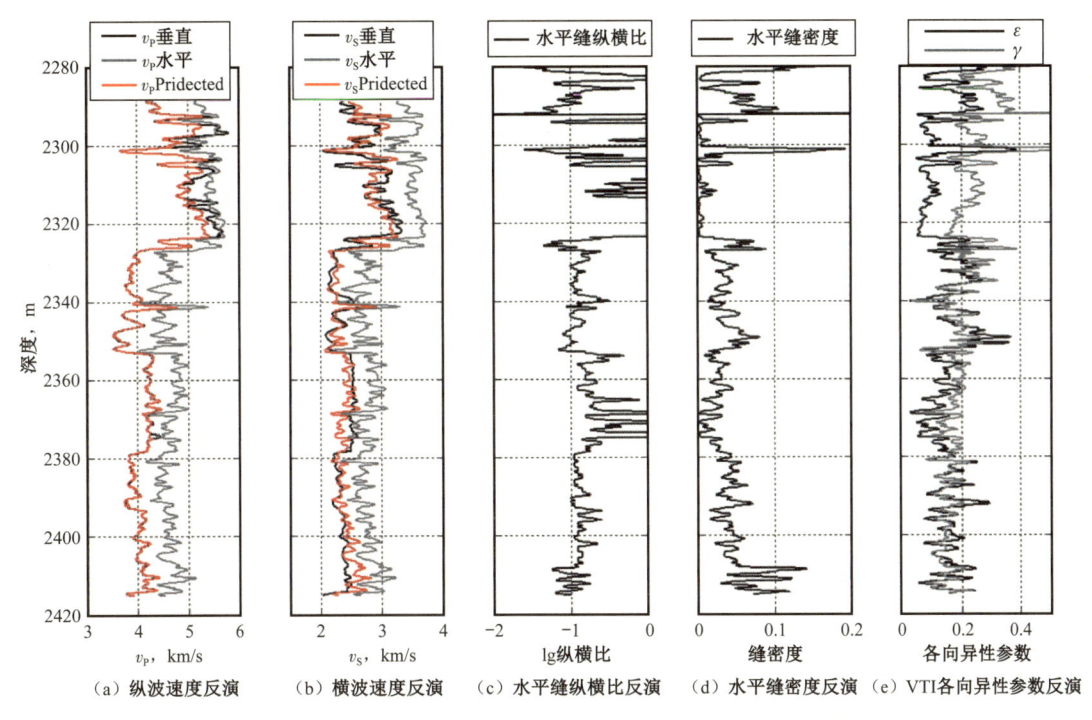

图 1-93　井 #2 页岩水平裂缝及 VTI 各向异性反演结果

（1）改进了水力压裂进程中传统的质量守恒方程，结合渗流方程同步模拟了裂缝扩展和裂缝及骨架中的孔隙压力变化。模拟结果显示，由于缝内渗透率远高于基质渗透率，裂缝的分布控制孔隙压力的整体分布和微地震事件的分布，孔隙压力和微地震事件分布在二维和三维剖面上分别呈现扁长的椭圆和椭球形态。

（2）水力压裂过程产生压裂缝，同时缝内流体向基质渗流提高地层孔隙压力，引起有效应力下降。压裂过程产生新的裂缝，改变孔隙压力，这些变化会使岩石速度减小，导致传统定位方法产生反演误差。

（3）除了模拟水力压裂缝扩展产生的微地震事件，还根据临界孔隙压力准则模拟了由流体渗流引起的微地震活动，这是对传统微地震模拟方法的重要补充。

（4）忽略压裂带的情况下，多点反演法（MPIM）与单点极化法（HM）在不同压裂阶段的反演精度相当；多点反演法的准确性取决于参与反演的数据质量，反演精度位于各检波器单点极化反演的精度范围内。相比于 HM 和 MPIM，EVIM 可以有效减小最大偏差和平均偏差，反演结果更接近真实震源位置。

（5）EVIM 用于提高水力压裂过程中的微地震事件定位精度。事实上，EVIM 的思想也可以用于常规裂缝储层。可以采用其他独立的方法近似裂缝储层分布，然后构建目标函数去搜索最佳等效速度，以此来改进裂缝储层地震监测速度模型。

（6）模型试算表明，如果忽略压裂过程中的速度变化，反演结果将与实际震源之间产生偏差，且偏差值会随着射线路径在压裂带中传播距离的增加而变大，这个距离可用于指示偏差强度。实际生产中可用常规微地震定位结果近似压裂带分布，并根据该分布对定位结果进行可靠性分析。

（7）模拟中，由压裂导致的传播偏差对于不同检波点位置是不同的，偏差会随着压裂进程增加。

# 第二章 物探装备

## 第一节 G3i 与 Hawk 地震仪器

"十一五"和"十二五"期间，随着"高密度、宽方位"物探技术的发展与推广应用，要求地震仪器具有更大的实时采集道数、更高的施工效率、更低的成本、更高的稳定性及可靠性、更强的地表环境适应性。为了加强装备业务发展，中国石油收购了美国 ION 公司的陆地业务，依托联合成立了 INOVA 公司。INOVA 公司充分发挥一体化的技术优势，加快新型地震仪器的研发、试验、完善及推广应用。通过 5 年多的努力，成功开发了系统整体功能及性能均达到国际同类先进水平的 G3i 及 Hawk 地震仪器。

自主研发的地震仪器在种类、功能、性能、应用范围等方面都有了大幅度提高，具体情况见表 2–1。

表 2–1 地震仪器自主研发状况对比表

| 项目名称 | "十一五" | "十二五" |
| --- | --- | --- |
| 地震仪器种类 | ES109 有线地震仪 | G3i 有线地震仪、Hawk 节点地震仪 |
| 功能及性能 | 实时道能力 1 万道、不支持可控震源高效采集、不支持数字检波器 | 实时道能力 24 万道、支持可控震源高效采集、支持数字检波器 |
| 推广应用 | 国内应用三个项目 | 国内外应用超过 200 个项目 |
| 销售及客户情况 | BGP 共 15000 道 | G3i 销售超过 30 万道、Hawk 仪器销售超过 13 万道，客户包括 BGP 及十多个国际地球物理服务公司 |

G3i 及 Hawk 地震仪已经实现了产业化及全球商业化，被评为中国石油集团公司"十二五"推广利器，G3i 作为中国石油集团公司重大核心装备之一参加国家"十二五"科技创新成就展，成为中国石油集团东方地球物理勘探有限责任公司（以下简称东方地球物理公司）主力勘探仪器，国内市场完全替代国际同类产品，国际上也获得沙特阿美、ENI、壳牌等石油公司的招投标准入。

### 一、G3i 地震仪器

G3i 地震仪器是一套一体化系统，兼容有线系统与节点系统。由主机系统、野外站体设备（采集站、电源站、交叉站）、排列电缆及光缆组成，其结构示意见图 2–1。

主机系统通过光缆与电缆将野外站体设备连接成有线传输网络，实时管理、控制野外设备进行地震数据采集，并通过有线网络实时收集地震数据进行分析、处理、存储等。

G3i 地震仪器突破了"全系统 GPS 同步技术""高速数据传输技术""海量数据处理技术""可控震源高效采集技术""低功耗设计技术""多路径传输技术""高可靠性设计技

术"等关键技术，使系统具有24万道实时带道能力、兼容模拟及数字检波器、支持各种可控震源高效采集技术，满足陆地勘探各种地表条件下高效施工要求。

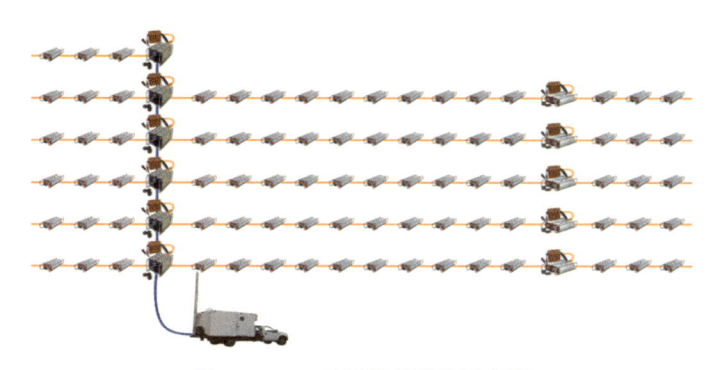

图2-1　G3i地震仪器结构示意图

G3i地震仪器的主要技术指标及特点如下：
（1）系统实时带道能力为24万道@2ms采样；
（2）交叉线实时带道能力为6万道@2ms采样（采用数据压缩技术能够达到10万道）；
（3）传输速率为30～60Mbps（根据大线长度、性能灵活设置）；
（4）系统功耗为平均每道235mW；
（5）过渡带系统防水深度为75m；
（6）支持可控震源高效采集，如Flip-Flop、Slip-Sweep、ISS、DS3/DS4等；
（7）兼容不同类型的野外设备，如有线站体/节点站体、模拟站体/数字站体、陆地站体及电缆/过渡带站体及电缆等；
（8）兼容模拟及数字检波器包括SM21三分量数字检波器及SL11单分量数字检波器。

1. G3i地震仪器各组成部分功能及性能

1）主机系统

主机系统是G3i地震仪器的控制中心，主要实现对野外站体、源控制系统等设备进行控制，完成地震数据的实时采集、处理、显示及存储等功能。

G3i地震仪器能够提供三种不同型号的主机软硬件系统供用户选择，满足不同技术需求，即便携式主机、标准型主机及扩展型主机（图2-2）。

图2-2　G3i主机系统（便携式、标准型、扩展型）

不同类型主机的特点及技术性能见表 2-2。

表 2-2 不同型号主机功能及性能对比表

| 项目名称 | 便携式主机 | 标准型主机 | 扩展型主机 |
| --- | --- | --- | --- |
| 实时道能力（2ms 采样） | 6000 道 | 100000 道 | 240000 道 |
| 交叉线支持 | 单条交叉线 | 4 条交叉线 | 4 条交叉线 |
| 存储设备 | eSATA HDD、DVD、USB | eSATA HDD、DVD、USB、NAS | eSATA HDD、DVD、USB、NAS、10GNAS |
| 激发源 | 炸药<br>常规可控震源 | 炸药<br>常规可控震源<br>可控震源高效采集 | 炸药<br>常规可控震源<br>可控震源高效采集 |
| 适用工区 | 二维地震施工<br>小三维地震施工 | 常规三维地震施工 | 高密度、宽方位三维地震施工 |

2）采集站

采集站直接与检波器相连，主要完成检波接收数据的采集、数模转换及数据传输等功能。采集站采用单站 4 道设计，这种设计理念不仅能够降低系统平均功耗，而且能够减少站体数量，提高施工效率。为了适应模拟检波器及数字检波器，G3i 仪器设计了模拟系统采集站及数字系统采集站，如图 2-3 所示。

（a）模拟采集站 　　　　　　（b）数字采集站

图 2-3　G3i 采集站

采集站主要技术指标如下。

（1）采样率：4ms，2ms，1ms，1/2ms，1/4ms。

（2）增益：0dB，12dB，24dB。

（3）系统动态范围：145dB。

（4）总谐波畸变：<0.0001%。

（5）共模抑制比：>110dB。

（6）串音：>130dB。

（7）频率响应：3～1640Hz。

（8）去假频滤波器：–3dB@.82fN（奈奎斯特）。

（9）功耗：800mW。

（10）传输速率：30Mbps。

3）电源站

G3i 地震仪器设计采用集中供电方式，即采用电源站为采集站供电。因此电源站的主要功能是将 12V 电瓶电压转换为 60V 电压，通过电缆为采集站供电，供电方式为单向供电。由于采用了低功耗设计方案，每个电源站能够同时为 12 个采集站供电。电源站设计两个电瓶连接口，因此野外使用过程中更换电瓶不会影响正常施工。

电源站还集成了采集站功能，能够进一步减少野外设备数量。系统设计了模拟系统电源站及数字系统电源站满足不同检波器需求（图 2-4）。

(a) 模拟电源站 　　　　　　　　　　(b) 数字电源站

图 2-4　G3i 电源站

4）交叉站

交叉站的主要功能为主机与排列数据提供传输通道，将与之相连的排列数据汇集后上传给主机。交叉站与主机之间、交叉站之间采用光缆连接，传输速率为 1000Mbps。交叉线的实时道能力为 60000 道（采用数据压缩技术达到 10 万道）。

交叉站还集成了电源站功能，能够双向为采集站供电，交叉站的供电能力为 24 个采集站。系统设计了模拟系统电源站及数字系统交叉站满足不同检波器需求（图 2-5）。

(a) 模拟交叉站 　　　　　　　　　　(b) 数字交叉站

图 2-5　G3i 交叉站

2. G3i 地震仪器的技术水平

目前国际上先进的有线地震仪主要有法国 Sercel 公司的 508XT 及 428XL 系统、WesternGeo 公司的 UniQ 系统以及 G3i 系统。这几种系统的主要技术指标对比见表 2-3。

表 2-3  G3i 仪器与其他有线地震仪主要性能对比

| 项目名称 | UniQ | 428XL | 508XT | G3i |
| --- | --- | --- | --- | --- |
| 站体结构 | 链式 | 链式 | 链式 | 站线分离 |
| 单站道数 | 1 | 1 | 1 | 4 |
| 外壳材料 | 塑料 | 塑料 | 塑料 | 铝合金 |
| 防水深度 | 2m | 5m | 5m | 5m/75m |
| 交叉线 | 光缆 | 光缆和铜缆 | 光缆 | 光缆 |
| 电源站供电道数 | 75 | 50 | 64 | 52 |
| 支持数字检波器 | 是(但不支持模拟检波器) | 是 | 是 | 是 |
| 排列实时道能力 | — | 2000 | 2400 | 2400 |
| 交叉线道能力 | 48k | 100k | 100k | 60k |
| 系统道能力 | 200k | >100k | 400k | 240k |
| 5000 道系统站体数量 | 5040 | 5100 | 5080 | 1250 |

这 4 种有线地震仪各有特点。G3i 地震仪与其他三种系统相比，在系统道能力、传输速率、可控震源高效采集技术、稳定性及可靠性等方面都处于同等先进技术水平。G3i 地震仪器在设计中实现了以下三个方面的创新。

1）真正满足各种地表条件下高效施工的一体化系统

G3i 地震仪采用一套主机软件对多种野外设备（模拟系统设备、数字系统设备、过渡带设备、节点设备等）进行同时控制，因此能够适应不同施工方法、不同地表条件高效施工要求。一体化系统野外施工方式示意如图 2-6 所示。

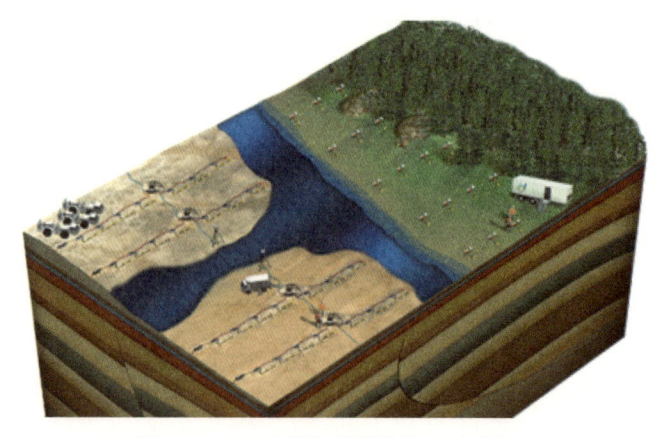

图 2-6  G3i 地震仪器野外施工示意图

模拟系统设备与数字系统设备使用同样的电缆连接，过渡带系统与陆地系统能够在同一排列上混合使用，因此能够降低用户采购成本。而且所有的野外设备采用同样的同步方式、同样采集电路及滤波方式，因此数据合成时不需要进行数据处理，能够进一步提高一体化施工效率。

2）实现更高效施工

可控震源施工方面，采用集成谐波压制技术的 Vibpro 控制系统、基于轮询机制的可控震源控制算法、基于 Connex 系统的可控震源导航系统，实现了同时管理 64 组震源施工及滑动扫描零等待。

炸药震源施工方面，开发有线防炮系统（图 2-7），通过排列电缆实现主机与编码器通信，解决编码器与译码器之间由于无线通信问题影响放炮的问题，提高复杂地区（山地、丛林）等地区的施工效率。

图 2-7 G3i 仪器有线放炮系统

野外数据传输方面，开发了多路径传输技术，降低由于排列故障影响施工的时间；开发了基于激光传输技术的无线中继设备，提高排列穿越障碍物（河流、沟壑等）的布设效率。

3）排列数传速率灵活设置、排列故障精确定位

G3i 地震仪器正常排列数传速率为 30Mbps（220m 电缆），但在野外使用过程中排列数传速率可以根据电缆长度、站体状况在主机上进行灵活设置，设置范围为 30～60Mbps，满足不同施工方式即设备状况要求。

由于采用了自定义的数据传输机制，野外排列故障能够准确定位到具体的站体或采集道，因此能够提高野外故障排除效率。

3. G3i 地震仪器的应用情况

G3i 地震仪器全球销售已经超过 30 万道，Hawk 地震仪器全球销售超过 13 万道，用户包括东方地球物理公司、河北省煤田地质局、OGDCL、Petroseismic Services S.A、Dank 等十多个国内及国际物探公司。

G3i 地震仪器全球应用项目超过 150 个，其中，东方地球物理公司国内应用项目超过 100 个，国际应用项目超过 30 个，其他物探公司应用项目超过 20 个。东方地球物理公司国内所有高密度高效施工项目都均用 G3i 完成。其中在玛 131 井区三维地震项目中，采用 DSSS 震源高效施工方式，使用 60000 道的超级排列，平均采集日效达到 7269 炮，最高日效达到 12316 炮，创造了国内勘探生产新记录。G3i 仪器的应用为"高密度、宽方位"物探技术的发展及推广应用提供了装备保障，提高了野外施工效率和经济效益。

## 二、Hawk 地震仪器

Hawk 地震仪是一款典型的节点地震仪，即主机与采集站之间不需要进行数据通信，

采集的数据在采集站内进行本地存储，施工结束后进行数据下载与合成。Hawk 地震仪器结构相对有线地震仪器更简单，主要由主机、采集站、数据下载系统、排列助手及充电系统组成。Hawk 地震仪器在开发过程中，突破了"高速数据下载合成技术""无桩号施工技术""模拟/数字检波器兼容技术""低功耗设计技术""抗雷电、抗干扰设计技术""海量数据管理技术"等技术。因此该系统具有定位精度高、连续工作时间长、支持无桩号施工，兼容模拟检波器及数字检波器，能大幅度提高复杂地区施工效率，降低 HSE 风险。

Hawk 地震仪器的主要技术指标及特点如下。

（1）单站 3 道：用户可以根据施工配置为 1/2/3 道工作模式。

（2）GPS 定位精度：小于 5m。

（3）功耗：357mW。

（4）连续工作时间：35 天（288W·h 电池）。

（5）支持多种数据下载模式：全部数据下载、炮数据下载。

（6）兼容模拟及数字检波器：SM21 三分量数字检波器及 SL11 单分量数字检波器。

1. Hawk 地震仪器各组成部分的功能及性能

1）主机系统

Hawk 仪器主机系统采用 G3i 地震仪器主机，其功能主要是显示采集站布设状态、控制炮点激发、为数据下载与合成提供相关的辅助数据（如放炮 GPS 时间、SPS 数据、辅助道数据等）。

2）采集站及电池

采集站主要完成野外地震数据连续采集并进行本地存储，实现现场对检波器（包括模拟检波器及数字检波器）的测试及测试结果的存储。采集站采用 GPS 定位与授时，并支持蓝牙、WiFi 及 100M 以太网进行 QC（Quality Control 质量控制）数据及地震数据下载。

Hawk 采集站采用外置锂电池供电，系统设计了 198W·h 与 288W·h 两种容量的电池共用户选择。采集站及电池如图 2-8 所示。

图 2-8　Hawk 采集站及电池

3）数据下载系统

数据下载系统的主要功能是实现采集站数据下载、数据合成、数据 QC 分析、采集站测试等，主要由控制计算机与数据下载柜组成（图 2-9）。

控制计算机能够通过 1000M 以太网与多个数据下载柜连接，数据下载柜与采集站之间通过 100M 以太网相连，每个数据下载柜同时与 24 个采集站相连，从而实现多个采集站同时高速下载。同时系统提供下载全部数据或仅下载放炮数据两种数据下载方式，提高了数据下载的灵活性和效率。

4）排列助手

排列助手硬件为手持式计算机，主要功能是现场对采集站进行布设、采集站 QC 数据（包括采集站测试结果、检波器测试结果、GPS 状态、电池容量、存储卡容量使用情况等）回收等。排列助手可以安装在汽车与直升飞机上，通过 WiFi 实现对多个采集站 QC 数据进行同时回收，提高野外施工效率。

5）充电系统

由于 Hawk 仪器每个采集站采用锂电池独立供电，因此野外使用过程中电池数量比较多，为了提高充电效率，设计了采用柜式结构的专用充电系统（图 2-10）。

图 2-9　数据下载系统　　　　　图 2-10　Hawk 仪器充电系统

每个充电柜可以同时为 48 个 192W·h 或 32 个 288W·h 电池充电；能够根据电池的存储或使用需求设置 40%、100% 两种充电方式，并在充电过程中实时显示充电状态。

2. Hawk 地震仪器技术水平

目前国际上先进的节点地震仪主要有法国 Sercel 公司的 Unite 系统、Geospace 公司的 GSR 系统、Fairfield 公司的 Zland 以及 Hawk 系统。几种节点仪器的技术指标对比见表 2-4。

表 2-4　节点仪器性能对比

| 项目名称 | Hawk | OYO-GSR | Zland | Sercel-Unite |
| --- | --- | --- | --- | --- |
| 单站道数 | 1,2 或 3 | 1～4 | 1 | 1,2 或 3 |
| 支持数字检波器 | 是,同一站体 | 不 | 不 | 不同站体 |
| 连续工作时间, h | 840 | 720 | 720 | 220 |
| 同步方式 | GPS | GPS | GPS | GPS |
| 无线方式收集 | 是 | 否 | 否 | 是 |
| 现场无线方式收集采集数据 | 是 | 否 | 否 | 是 |
| 外壳 | 铝合金 | 塑料 | 塑料 | 塑料 |
| 体积, cm$^3$ | 1903 | 1148 | 1934 | 5175 |

与其他几种系统相比，Hawk 地震仪在连续工作时间、施工灵活性、稳定性及可靠性等方面都处于同等先进技术水平，同时在以下几个方面实现了创新。

1）GPS 授时效率高、定位精度高

通过优化 GPS 接收系统硬件及算法，实现了 GPS 授时时间低于 5min、定位精度小于 5m，能够提高采集站布设效率，从而提高施工效率。

2）同一站体支持模拟及数字检波器

通过优化采集站硬件设计，同一 Hawk 采集站支持模拟及数字检波器（ML21 三分量数字检波器、SL11 单分量数字检波器），因此不仅能够降低用户采购成本，而且能提高仪器对不同勘探方法的适应性。

3）多种方式收集采集站状态数据

开发低功耗远距离无线通信技术，实现能够通过人工、车辆、直升飞机、无人机等多种方式回收采集站 QC 数据，提高现场质量控制效率。

4）适用于电磁勘探

系统开发过程中，开发电磁传感器匹配技术、采集同步技术，实现 Hawk 仪器应用于电磁勘探。这是全球第一家将传统地震仪器应用拓展到电磁勘探领域，而且成本低于常规电磁勘探仪器。

3. Hawk 地震仪器应用情况

Hawk 仪器全球应用项目超过 50 个，其中东方地球物理公司应用项目超过 10 个，其他国际物探公司应用项目超过 40 个。国内主要应用在黄土塬等复杂地区及电磁勘探项目中。在黄土塬地区施工时，大大提高了施工效率（平均提高 30% 以上），有效减少了设备及人工投入，取得良好的经济效益。同时首次在国内实现大面积三维电磁勘探，为地震、电磁联合勘探奠定技术基础。

## 三、发展建议

G3i 及 Hawk 地震仪的成功研发及应用为公司带来了良好的经济效益及社会效益。不仅为东方地球物理公司在设备采购方面节约了大量成本，而且促进了公司"高密度、宽方位"等物探技术的发展，为公司进入国际高端物探市场提供了保障。

G3i 及 Hawk 仪器的研发及应用为公司地震仪器的持续研发奠定了坚实的基础，为了进一步赶超世界先进地震仪器，更好地满足"宽方位、高密度"等勘探技术对地震仪器的技术需要，在以下几方面对地震仪器进行持续改进与提高。

1. 提高系统实时带道能力

实现系统实时道能力达到 50 万道以上，排列实时道能力达到 3000 道以上，能够满足更高密度地震勘探技术需求。

2. 提高稳定性与可靠性

优化硬件、固件及结构设计，实现系统故障率降低 50% 以上。

3. 降低系统成本

目前地震仪器的租赁及维护成本成为制约更大道数勘探技术推广应用的关键因素之一。因此需要优化系统的结构与功能、完善生产测试流程，降低系统生产成本与应用成本。

## 第二节 高精度可控震源

可控震源技术解决了地震作业中如何实现低公害、高效、安全环保作业的难题。但是，由于连续信号与脉冲信号的特征区别，提高可控震源的激发频宽与改善地震信号激发信噪比一直是技术人员努力的方向。"十一五"和"十二五"期间，东方地球物理公司依托"低畸变 KZ28 型大吨位可控震源""高精度可控震源"等重点科研项目开展了技术攻关，研发形成了新一代可控震源及配套技术，并广泛应用于生产。

### 一、KZ-28LF 低频可控震源

KZ-28LF 低频可控震源的低频扫描频率拓展至 3Hz，是全球技术先进的经过野外采集检验的 6 万磅级低频震源，引起了世界物探行业和壳牌石油公司等国际知名公司的极大关注。研究掌握了 ISS、V1、DSSS 可控震源高效采集配套技术，开发了质量监控及数据处理配套软件，提高了海外地震作业的竞争能力。

主要技术性能指标如下。

（1）名义振动出力：>275kN。

（2）可用扫描频率范围：3～160Hz。

（3）最大静载荷压重：>279kN。

（4）最大越野牵引力：>300kN。

（5）最高车速：25km/h。

改进型 LFV3 低频可控震源（图 2-11）消除了扰动（降低了输出信号的畸变），减少了接头与胶管的数量，降低了发生液压系统泄漏的风险，增强了震源底盘的通过性能，改善了操作环境与仪表显示的智能化。激发频率从 3Hz 拓展到稳定的 1.5Hz 激发，实现超过 6 个倍频程（>100Hz）的激发频宽，在振动扰动抑制、激发波场均匀行、液压系统合流实现了技术创新，在同激发级别的可控震源中，主要技术指标达到国际领先水平。

图 2-11 LFV3 低频可控震源

该产品被评为中国石油十大科技进展之一，在塔里木、吐哈、准噶尔、阿曼 PDO 和利比亚 Shell 项目同步滑动扫描（DSSS）高效采集、宽频采集、安全环保施工等方面发挥

了重要作用，已成为中西部复杂地表中深层油气勘探的利器。在新疆迪南 8 井区，利用低频可控震源激发，深层石炭系及内幕成像品质大幅度改善（图 2-12）。

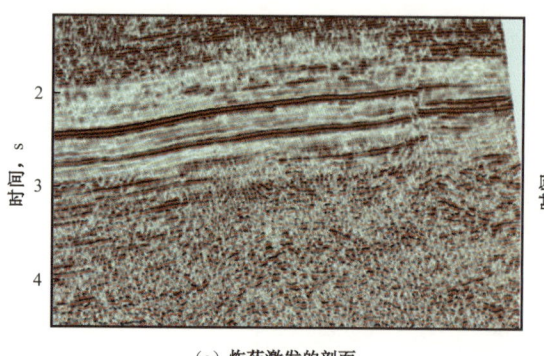

（a）炸药激发的剖面　　　　　　　　　　（b）LFV3 低频可控震源激发的剖面

图 2-12　炸药激发与 LFV3 低频可控震源激发的剖面对比

## 二、EV-56 高精度可控震源

从 6 万磅级的大吨位可控震源出现后，地球物理工作者越发认识到提高激发信号频带宽度，改善激发地震信号品质的重要性，业内人士已经从单纯追求可控震源的激发能级到如何改善可控震源的激发信噪比及改善可控震源的激发信号频带宽度，以期解决地震信号对地质目标的分辨能力。

可控震源激发信号的畸变水平与激发能级有关，而激发信号的品质无疑也与激发信号的畸变水平有关。随着激发能量的增加，激发源的输出信号畸变水平也随之增加，因此，如何控制输出信号畸变的增长成为可控震源设计的难题，也是应用可控地震激发源如何提高复杂区地震成像研究的主要方向。

EV-56 高精度可控震源（图 2-13）突破了三个方面的关键技术。（1）宽频地震信号激发技术：1.5Hz 低频信号更稳定，能满足至少 6 个倍频程的宽频激发要求。（2）振动器扰动控制技术：解决了宽频激发过程中由于振动器扰动造成的输出信号畸变问题。（3）改善了激发源波场各向异性：消除了激发源的各向异性问题，有助于高精度油气勘探技术的实施。

图 2-13　EV-56 高精度可控震源

EV-56 宽频高精度可控震源的主要改进：（1）新振动器结构设计；（2）新驾驶室设计，进一步改善了操作环境，提高了震源系统的智能化程度；（3）新的伺服阀使高频部分突破到了 190Hz（原设计目标是 160Hz）。

EV-56 试制完成后，先后在新疆准噶尔沙漠腹地，冀中能源的东庞、西庞煤矿及内蒙古火山岩地区进行了采集试验及可靠性、稳定性考核，突出考核高精度震源在工作中的稳定性及解决地质问题的能力。目前，已完成超过 20 万炮的地震工作量，通过连续试验，充分验证了高精度可控震源在激发能量上比低频震源更突出，在解决类似浅表层火成岩问题上表现了极强的解决问题能力。

### 三、可控震源配套技术

近年来，国内外可控震源研制公司围绕大吨位可控震源、低频可控震源、可控震源低频信号等方向开展技术攻关的同时，在电控箱体方面开发了根据各种高效采集技术要求的监控、管理功能。越来越多的勘探项目应用可控震源作为激发源，如 DSSS、ISS、滑动扫描、交替扫描等可控震源高效采集方式解决了可控震源激发效率低的瓶颈。

1. 可控震源低频信号技术

可控震源低频信号技术是在充分考虑不同型号的重锤最大位移、最大流量、气囊隔振以及平板结构这几方面限制的基础上，参照理论计算的最大出力。

针对不同型号常规震源低频段样点实测出力，用可控震源实际输出最大出力设计一个震源可以产生的加强低频成分的扫描信号。对设计出的扫描信号在实际中测试，并修正设计，从而得到用于地震采集的最佳扫描信号。

可控震源低频信号技术已在国家知识产权局取得发明专利。可控震源低频信号技术应用情况见表 2-5。2011 年，应用到国际勘探项目——阿曼 PDO 三维地震项目。2012 年，在国内博孜 1 井、白家 1 井、彩 9 井等项目得到应用，取得较好的资料品质。

表 2-5 可控震源低频信号技术应用情况

| 序号 | 时间 | 施工单位 | 施工地点 | 震源型号 | 施工方式 | 扫描参数 | 工作量 |
|---|---|---|---|---|---|---|---|
| 1 | 2011—2012 年 | BGP 阿曼 8622 队 | 阿曼 PDO | AHV-IV362 | DSSS | 1.5～86Hz 9s 滑动时间 7s | 360 万炮 |
| 2 | 2011 年 |  | 吐哈胜北 | KZ34 | 常规 | 1.5～84Hz 16s | 256 炮 |
| 3 | 2012 年 | BGP 阿曼 8622 队 | 阿曼 PDO | AHV-IV380 | DSSS | 1.5～86Hz 12s 滑动时间 7s | 约 150 万炮 |
| 4 | 2012 年 |  | 北疆白家 1 井 | KZ28as | 滑动扫描 | 3～84Hz 滑动时间 16s | 12320 炮 |
| 5 | 2012 年 |  | 北疆彩 8 井 | KZ28as | 滑动扫描 | 3～84Hz 滑动时间 16s | 16 万炮 |

2. 可控震源导航技术

VNS（Vibroseris Navigation System）系列震源导航系统是由东方地球物理公司自主研发制造，具有完全知识产权的专业级可控震源作业导航系统，由震源导航软件及 GNSS 接收机两部分组成。该系统通过蓝牙在 GNSS 接收机与处理显示部分传输数据，没有任何有线连接，安装操作简便，差分数据与物探测量系统完全兼容，为震源提供了厘米级的精确位置导航和优于 30ns 精度的 GPS 授时。

经过简单设定，就可以完成所有炮点的自动跳点导航，有效协助震源操作手的作业，大大提高作业效率。该系统与 Sercel 公司的 Raveon 电台联合作业，采用分时接收基准站差分信号，减少了设备数量，降低了不同电台之间的相互干扰，使整套系统从架构和使用上更加合理；实时采集和记录 SEG-D 信号文件，为后续处理提供第一手现场资料。

随着高精度可控震源技术的完成，低频信息将更加稳定，系统对信号的控制精度更高，未来将全面替代低频可控震源。

## 第三节　高精度宽频地震检波器

获取更宽频带和更高信噪比的地震信号一直是野外地震数据采集追求的目标，随着宽频高密度勘探技术的发展，地震排列的接收道数和检波器用量都在成倍增加，对检波器提出高精度、宽频带、高灵敏度等方面的要求。而传统的检波器无论是信号保真能力或是响应频带宽度还是野外作业的便利性等都不能充分满足勘探市场的需求。为此，"十一五"和"十二五"期间中国石油发展了以宽频高精度为特征技术的多种新型检波器，从地震信号保真、宽频传感接收的角度有力支持了宽方位、宽频带、高密度勘探技术应用与发展。

### 一、技术优势

传统检波器在电阻、频率、阻尼、灵敏度等主要技术参数上的容差一般为 5% 左右，而失真度一般以小于 0.2% 为主。较大的阻尼、频率等误差会导致响应信号产生较大相位误差，也即影响检波器的"聚焦"效果进而降低地震信号的保真性；较大的失真度，不仅直接影响检波器响应信号的有效动态范围而且会在地震信号中引入更多的检波器噪声。

近十年间，中国石油检波器技术在磁路设计和弹性系统设计上取得了重大突破。在磁路设计上应用稀土永磁材料，替代了传统的铝镍钴磁性材料，应用均匀宽强磁场（图 2-14）设计技术，改善了窄磁靴、宽线圈设计带来的磁路非线性，进而有效地提高了的检波器的参数一致性，并减少了非线性失真。此外，内置缓冲环弹簧片设计也降低了弹性系统的非线性失真，并提高了抗干扰能力和可靠性。由此设计制造出失真度低、容差小的高精度检波器。传统检波器与高精度检波器的失真度和容差主要区别参见表 2-6。

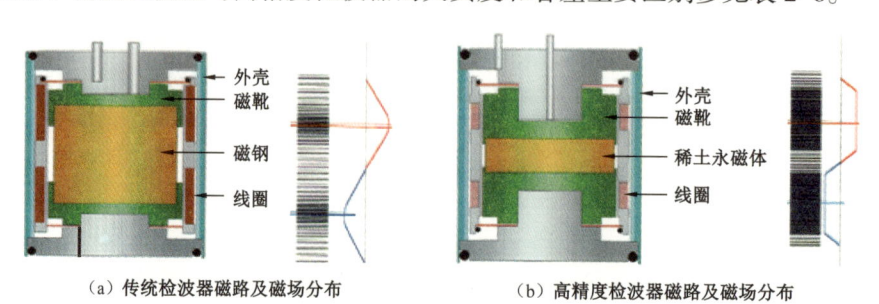

（a）传统检波器磁路及磁场分布　　　　（b）高精度检波器磁路及磁场分布

图 2-14　传统检波器和高精度检波器磁场分布比较

## 第二章 物探装备

表 2-6 高精度检波器和传统检波器失真与容差对比

| 参数名称 | 传统检波器最大容差与失真 | 高精度检波器最大容差与失真 |
| --- | --- | --- |
| 电阻 | ±5% | ±2.5% |
| 频率 | ±5% | ±2.5% |
| 阻尼 | ±5% | ±2.5% |
| 灵敏度 | ±5% | ±2.5% |
| 失真度 | 0.2% | 0.1% |

为适应高密度勘探需要，在保证质量前提下降低野外劳动强度，从功效上用单只检波器取代多只检波器就显得十分必要。高灵敏度检波器芯体使得其单只检波器的灵敏度比单只传统检波器的灵敏度高出 4 倍以上。灵敏度的提高，不仅改善了对弱信号的响应能力，同时也使得单只检波器替代一串检波器成为现实，进而降低勘探成本。高灵敏度检波器和传统检波器的灵敏度对比曲线如图 2-15 所示。

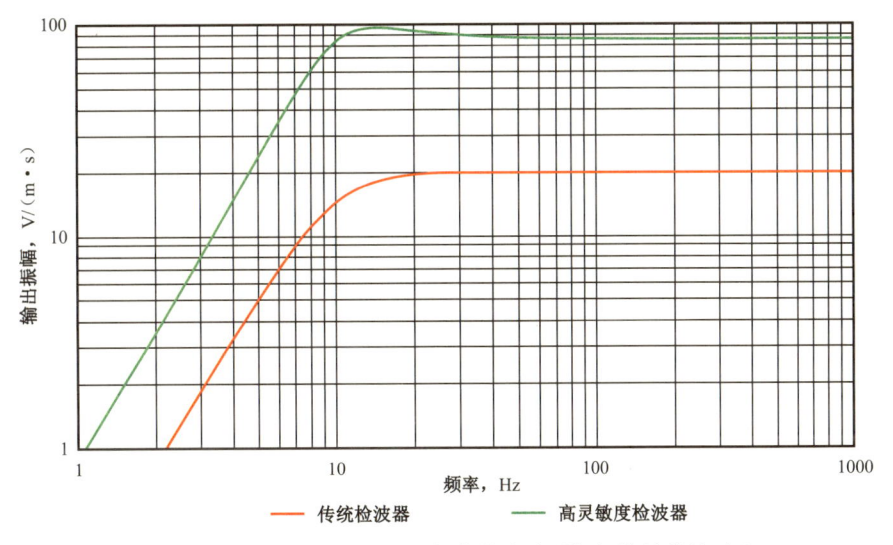

图 2-15 高灵敏度检波器与传统检波器幅频特性曲线对比

此外，为改善检波器的响应频带特别是低频响应能力，针对性地研制开发了高灵敏度低频检波器。低频高灵敏度检波器的自然频率典型值一般为 5Hz，中高频响应灵敏度是传统检波器的 4 倍以上，而 5Hz 以下的低频响应能力却是传统检波器的 16 倍左右，进而有效提高了低频弱反射信号的接收能力。图 2-16 展示了低频高灵敏度检波器（SG-5）与高精度检波器（SG-10）的幅频特性曲线在低频响应和灵敏度上的差异。

数字检波器的研发也取得了长足的进度，代表性的产品是由控股公司 INOVA 制造的 SL11。相比过去，这种新型单分量数字检波器具有功耗更低、重量更轻、失真度更小、响应频带更宽等技术特点。

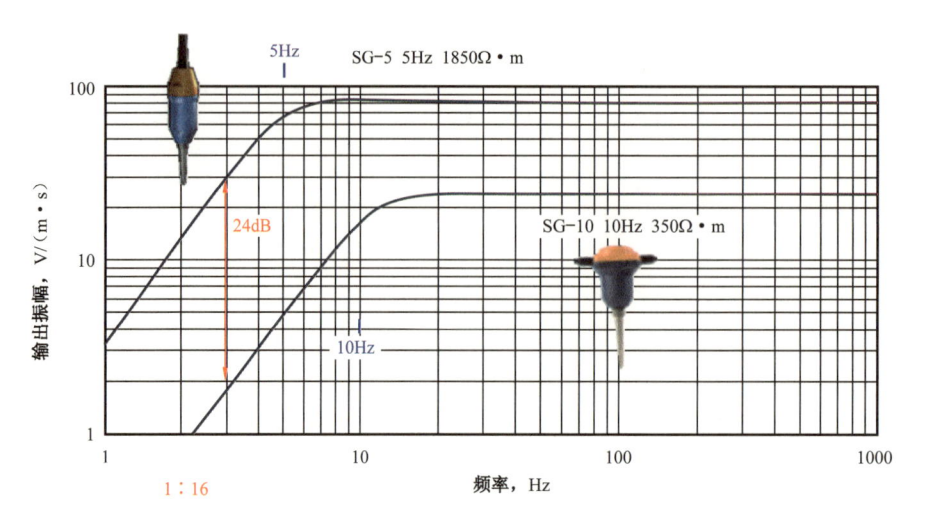

图 2-16　低频高灵敏度检波器与高精度检波器的幅频特性曲线

## 二、产品系列

近十年间，依托检波器在材料、工艺等技术的发展，以及原理和方法的突破，针对特定勘探环境和目标开发了一系列的新型产品，以便充分满足宽频、高精度地震数据采集的需求。为说明检波器技术的总体进展，下面将重点介绍方法新颖、技术先进、特点突出且得到规模化生产应用的几种具有代表性的新型检波器。

1. 常规高精度检波器

常规高精度检波器的自然频率通常都是10Hz，其他技术指标也基本一致或相近。相比传统检波器，高精度检波器具有稳定性更好、指标一致性更强、失真度更小等优势，表现在地震信号响应效果上，就是带给接收信号的畸变更小、"聚焦"程度更高、有效频带更宽等。在技术上，这些高精度检波器具有国际先进水平，且多数得到国际知名油公司认可，并在国内外勘探市场得到广泛应用。目前，国内外油气勘探领域普遍应用的都是常规高精度检波器。表2-7列出了几种常规高精度检波器的型号和技术指标。

表 2-7　常规高精度检波器的型号和技术指标

| 项目名称 | 检波器型号 ||||
|---|---|---|---|---|
|  | SD7M-10 | SN7C-10 | SD7X-10 | 30DX-10 |
| 自然频率，Hz | 10×(1±2.5%) | 10×(1±2.5%) | 10×(1±2.5%) | 10×(1±2.5%) |
| 开路阻尼 | 0.250 | 0.271 | 0.300 | 0.300 |
| 并阻1000Ω阻尼 | 0.703×(1±2.5%) | 0.696×(1±2.5%) | 0.707×(1±2.5%) | 0.707×(1±2.5%) |
| 灵敏度，V/(m·s) | 28.8×(1±2.5%) | 28.8×(1±2.5%) | 28×(1±2.5%) | 28×(1±2.5%) |
| 线圈电阻，Ω | 375×(1±2.5%) | 375×(1±2.5%) | 395×(1±2.5%) | 395×(1±2.5%) |
| 失真系数 | ≤0.1% | ≤0.1% | ≤0.1% | ≤0.1% |
| 横向固有频率，Hz | ≥240 | ≥250 | ≥250 | ≥250 |

续表

| 项目名称 | 检波器型号 ||||
|---|---|---|---|---|
| | SD7M-10 | SN7C-10 | SD7X-10 | 30DX-10 |
| 惯性体质量, g | 11.0 | 11.0 | 11.0 | 11.0 |
| 惯性体最大位移（峰—峰值）, mm | 2.0 | 2.0 | 1.5 | 1.5 |
| 直径, mm | 25.4 | 25.4 | 25.4 | 25.4 |
| 高度, mm | 32.0 | 32.0 | 33 | 33 |
| 芯体质量, g | 74 | 74 | 87 | 87 |

2. 高灵敏度检波器

常规单只检波器的灵敏度一般在 20~30V/（m·s），所以工作时要按串联组合方式来提高灵敏度以便增强识别弱小地震信号的能力。在进行几万地震道甚至更多地震道同步接收时，"串"结构的检波器给野外施工带来诸多困难。为降低野外施工强度并提高生产效率，用单只检波器取代多只串联和并联组合便是众望所归。为此，开发了高灵敏度检波器，实现同样输入驱动时使一只检波器的输出信号振幅等同或接近传统组合检波器的输出信号振幅。高灵敏度的检波器可按自然频率分为低频高灵敏度检波器和常规高灵敏度检波器两大类。常规高灵敏度检波器是在常规高精度检波器基础上，主要通过增加线圈匝数和磁场强度来提高机电比，除灵敏度外二者的其他技术指标一样。低频高灵敏度检波器是近年开发的一种创新产品，其关键之处在于有更低的自然频率，进而能有效地响应 5Hz 以下的地震信号。表 2-8 列出了中国石油自主或参股开发的两种低频高灵敏度检波器（SG5 和 SN5-5）和一种常规高灵敏度检波器（SN5-10）的主要技术指标。它们的自然频率分别是 5Hz、5Hz 和 10Hz，综合技术性能达到国际先进水平，且正在广泛应用于国内外勘探市场。

表 2-8 高灵敏度检波器的型号和技术指标

| 项目名称 | 检波器型号 |||
|---|---|---|---|
| | SG5 | SN5-5 | SN5-10 |
| 自然频率, Hz | 5×（1±7.5%） | 5×（1±10%） | 10×（1±2.5%） |
| 阻尼系数 | 0.600×（1±7.5%） | 0.700×（1±7.5%） | 0.680×（1±5%） |
| 灵敏度, V/（m·s） | 80×（1±5%） | 86×（1±5%） | 98×（1±2.5%） |
| 线圈电阻, Ω | 1850×（1±5%） | 1820×（1±5%） | 1550×（1±2.5%） |
| 失真系数 | <0.1% | <0.1% | <0.1% |
| 横向固有频率, Hz | ≥160 | ≥160 | ≥250 |
| 工作温度, ℃ | −40~80 | −40~80 | −40~80 |
| 惯性体最大位移, mm | 3 | 3 | 1.5 |
| 惯性体质量, g | 22.7 | 21.2 | 19 |

### 3. 陆地压电检波器

压电式传感器是基于压电效应的传感器，它的敏感器件由压电材料制成。压电材料受力后表面产生电荷，此电荷经电荷放大器和测量电路（或阻抗变换）就成为正比于所受压力的电量输出。这种材料的压电特性是频带宽、灵敏度高、信噪比高、机构简单、工作可靠和重量轻，缺点是需要防潮措施，低频信号响应能力较差，温度特性也不如常规磁电检波器稳定。由于水具有温度变化慢、压力传递衰减小等特点，以往由压电材料制作的检波器仅用于水中地震勘探，所以俗称这类检波器为"水听器"。

为开发陆用型压电检波器，"十二五"期间中国石油以科研项目方式进行技术攻关，在保持压电材料固有特性基础上，重点研究了提高低频响应能力、降低高频噪声、扩展温度适应范围等技术。经过3年多的连续攻关，目前已经研制出有源和无源两种类型的陆用压电检波器，各项技术指标达到设计目标，野外试验的资料品质也证明这类新型产品能够满足陆上地震勘探需求。

陆地压电检波器分有源和无源两种类型。SY-1是采用固定阻抗变换方式进行输出的检波器，其优点是无须使用电路变换，无须供电，结构简单，如同常规检波器一样应用，缺点是低频端灵敏度低，频带宽度延展性稍差。SY-2是经过了电路变换后进行输出的检波器，输出信号频带得到较大拓展，整体灵敏度特别是低频端灵敏度大幅提高，相位特性接近线性，缺点是由于电路的引入，需要附加直流电源（由于功耗低采用高能电池一般可连续工作3年）。自主研制压电检波器的外观如图2-17所示，其主要技术指标参见表2-9。

图2-17 陆用压电检波器实物

表2-9 两种陆用压电检波器技术指标

| 项目名称 | 无源压电检波器SY-1 | 有源压电检波器SY-2 |
| --- | --- | --- |
| 阻尼谐振频率，Hz | 400 | 730 |
| 线性工作带宽，Hz | 5～220 | 2～400 |
| 灵敏度 | 5.8V/g@31.5Hz | 10V/g@31.5Hz |
| 动态范围，dB | 120 | 110 |
| 测量直流电阻，kΩ | 1.3 | 3.6 |
| 失真系数 | <0.1% | <0.1% |
| 阻尼系数 | 0.3 | — |

### 4. 数字检波器

虽然以MEMS技术为基础的数字检波器由来已久，但"十二五"期间又取得了新的进展。针对以往数字检波器成本高、稳定性差、功耗大、低频响应差等问题，进行了技术攻关，形成了新式的数字检波器，其中典型的产品是SL11。这种新型单分量检波器具有体积小、重量轻、功耗低、稳定性好、保真能力强、低频响应好、成本低等特点，其外形结构和主要技术性能如图 2-18 所示。

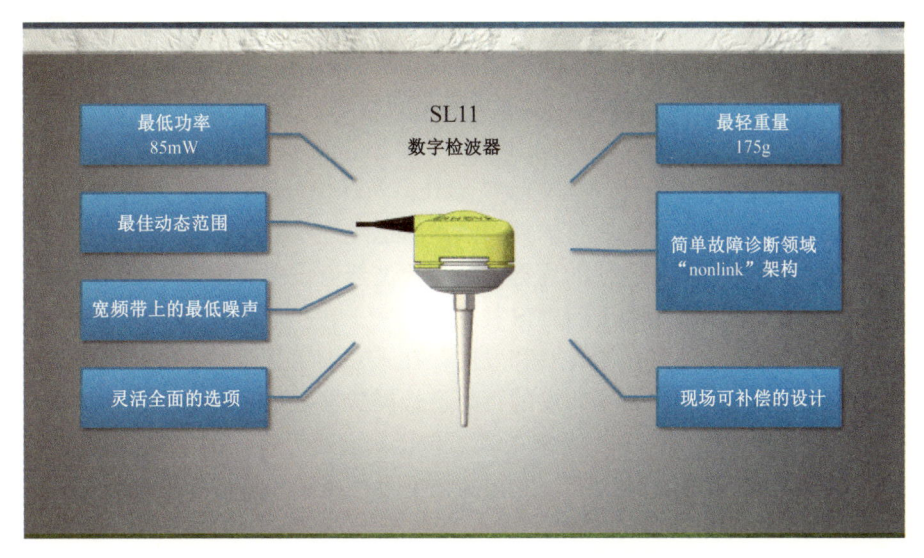

图 2-18　数字检波器 SL11 的主要技术性能

同期开发的还有三分量的数字检波器 ML21，通常将其作为节点仪器的配套，目前在北美等市场得到较广泛应用。

相比传统技术的模拟检波器，数字检波器具有响应频带宽、灵敏度高、相位和幅度保真性好、抗电磁干扰等优势，不足是价格偏高、维护支持要求高、耐用性较差、没有组合效果。随着半导体电子技术和新工艺、新材料技术的持续创新，数字检波器的性能将有更多的进步，其经济成本也将成倍下降，最终应会取代模拟检波器成为勘探市场的一支独秀。

### 三、应用效果

除陆地压电检波器外，"十二五"研发的新型产品大多实现了产业化和全球商业化应用，并得到了壳牌等国际知名油公司的认证许可。这些新型产品已经成为东方地球物理公司占领勘探市场的必备利器，并正在逐步替代传统产品。

常规高精度检波器都在国内外勘探市场上得到广泛应用，其中 SD7M-10 的应用量超过 50 万只，SN7C-10 的应用量超过 200 万只，SD7X-10 的应用量超过 20 万只，30DX-10 的应用量超过 700 万只。这些常规高精度检波器已经成为我国油气勘探的主体，国内的重点勘探项目都采用这类产品。从目前的发展态势来看，"十三五"前期仍然是油气勘探市场的主角，到"十三五"后期可能逐渐被宽频高灵敏度单点结构的检波器取代。

到目前为止，SN5-5 的应用量超过 8 万只，作业环境涉及我国东部的山地和西部的沙漠，在降低劳动强度的同时提高了生产效率，且相比其他类型检波器所取得的地震资料也具有更丰富的低频信号。SN5-10 的应用量超过 9 万只，主要应用到辽河探区和新疆探区，实际效果证明，在高密度勘探项目中完全可以用单只取代传统的单串，为项目提速、提效奠定基础。

### 四、技术发展趋势

检波器的技术发展将同步地球物理勘探技术发展,"十三五"及以后仍然是围绕提高地震信号响应能力、降低制造维护成本、简化野外操作工序、增强稳定可靠性等进行技术创新。在地震信号响应技术指标上,追求更高的灵敏度、更宽的接收频带、更低的失真度、更好的一致性、更大的瞬时动态范围等。随着工艺和材料技术的发展,检波器的原理也将更加多样化,除传统的电磁感应式检波器外,光纤检波器、压电陶瓷检波器、MEMS检波器等全面进入陆上勘探市场。考虑到单点接收已经逐步推广应用,而数字检波器在抗干扰和信号保真方面又有不可替代的优势,数字检波器应该会成为"十三五"及今后发展的重要方向,只是原理上不局限于 MEMS 技术。

随着高密度空间采样地震技术普及和发展,在未来十年甚至更短时间内百万道采集必定由理论探讨走向实际应用,自主研发的百万道地震数据采集系统将成为地震物理勘探的装备基础。百万道采集装备是一个系统工程,包括具有百万道实时采集能力的地震仪器、适应百万道接收的宽频高精度检波器、宽频高精度可控震源和相应的配套技术或设备。

"十三五"期间,物探装备技术仍然是地球物理勘探技术的重要支撑,其研发方向和内容主要是围绕降低成本、增强激发与接收地震信号保真效果、简化野外施工操作、提高工作速度、更加智能化和自动化等进行技术攻关。在地震仪器方面,以节点、有线、无线混合采集为工作模式,实现低成本下的百万道级地震数据实时采集。在检波器方面,技术原理更加多样化,突出响应频带和信号保真效果,并以数字检波器技术为重点。在可控震源上,宽频高精度激发信号仍然是追求的目标,更加注重系统的稳定可靠性,机电一体化技术和智能化技术更加突出。海上勘探的采集装备以及其他配套技术等,也将跟随物探技术快速发展,并且将海底勘探装备技术作为发展的重点。

## 第四节 海洋拖缆船、导航定位系统

海洋拖缆船舶是从事海洋地球物理勘探必备的装备载体,是集船舶设备、物探设备、人员生活环境为一体的综合系统,其功能和性能直接关系着地震勘探的质量和效率,影响着进入不同油气勘探领域的能力和技术应用。在海上地震勘探中,综合导航定位系统可以说是整个地震采集工程的中枢神经和指挥系统。随着物探技术向宽频、宽方位、高密度、高效等方向发展,对海洋拖缆船和导航定位系统的性能和功能提出了新的要求。"十一五"和"十二五"期间,东方地球物理公司重点发展了 12 缆海洋拖缆船舶,开展了系统建造、集成、测试规模化推广应用,开展了导航定位数据处理理论方法研究,实时综合导航系统的研究,以及声学定位系统软硬件的研制,形成了具有国际先进水平的 GeoSNAP 石油物探测量导航与定位技术系列产品,提高了公司的综合竞争力,为进入高端物探市场提供了硬件支撑。

### 一、海洋拖缆船舶

东方地球物理公司先后拥有了 BPG PIONEER、东方勘探一号、BGP CHALLENGER、BGP EXPLORER 4 条拖缆船舶。最大拖缆能力为 6 缆(BGP PIONEER 船),实现了船舶的从无到有（表2-10），开始进入海洋物探市场，完成多个国际海洋勘探项目和国内广阔海洋油气资源勘探项目。随着深海勘探市场的快速发展与需求，对海洋拖缆船舶的性能和功能有了更高的要求，拖缆能力向多缆（12~22缆）方向发展。

表2-10 "十一五"末国内外拖缆船主要技术对比表

| 性能 | 国内 | 国际 |
| --- | --- | --- |
| 冰级 | 无 | Class C |
| 环保设计 | 无 | Clean Design |
| 拖带能力 | 6缆×6km | 14缆×8km |
| 续航能力 | 45天 | >60天 |
| 采集设备 | 油缆 | 固体电缆 |

依托国家科技重大专项及集团公司专项，成功完成了12缆拖缆勘探船舶系统集成、测试、规模应用，具备了12揽拖缆作业能力。拖缆地震船舶BGP PROSPECTOR布局优化、冗余推进、高效节能等设计保证了高端拖缆地震船安全性、稳定性和高效节能，标志我国在高端拖缆地震作业船设计和物探装备布局等技术上的突破，达到国际先进水平，跻身于国际高端拖缆船舶的先进行列。

1. 船舶参数和设备配置

BGP PROSPECTOR船舶于2011年8月完成了在韩国船厂的建造和测试，9—10月完成了工区内设备海试，10月26日正式开始了首个三维拖缆地震项目的数据采集，正式投产应用。图2-19展示了BGP PROSPECTOR船舶照片。

1）基本参数

船体号：H1198；

船东：PROSPECTOR Pte. Ltd；

船级社：DNV；

船籍国：巴哈马；

船长：100.1m；

船宽：24m；

最大吃水：7.3m；

总吨位：11080t；

最大航速：15节；

主机：Bergen B32，40L8P CD；

主机功率：2×4000kW；

螺旋桨类型：可变螺距；

螺旋桨直径：3.9m；

螺旋桨数：4片；

燃油容量：3400m$^3$；

淡水容量：300m$^3$；

住舱床位：66个。

图2-19 BGP PROSPECTOR船舶展示

2）采集和记录设备

BGP PROSPECTOR 船舶配有美国 ION 公司生产的具有连续采集功能的 DigiSTREAMER 三维地震采集系统一套，具备拖带 12 缆 ×8km 电缆的能力，水下采集设备为 ION 生产的 Gel DigiSTREAMER，数据记录设备为 CYPRESS 3592 磁带机。

3）导航和定位系统

导航系统配备的是英国 Concept 公司（美国 ION 公司的子公司）提供的 ORCA 综合导航系统，该系统具有前绘、导航、数据处理和文档生成等综合功能；电缆深度控制和罗经系统采用 ION 公司的 DigiCOURSE 5011E 水鸟；声学定位系统使用的是 ION 公司的 DigiRANGE；地震定位系统为 Veripos DGPS 系统，尾标和震源定位系统为挪威 KONGSBERG 公司生产的 Seatrack 系统。

4）震源系统

震源系统为 Sercel 公司生产的 GGII 气枪，震源容量 $2×5620in^3$，工作压力 2000~3000psi（磅每平方英寸）；震源控制系统为 ION 公司的 DigiSHOT 气枪控制系统；现场处理软件为 Landmark 的 ProMAX。

5）处理设备

配有 Landmark 的 ProMAX 和东方地球物理公司自主知识产权的 GeoEast 处理系统。同时，BGP PROSPECTOR 船舶配有 Viking 救生筏两个，Noresafe 7.5 快速救生艇一艘，NORPOWER 30ft 工作艇两艘。船舶通信和导航设备配备有 X-band 雷达两套，Inmarsat C 站和 F 站，VSAT 通信系统一套，SPERRY NAVIGAT X MK1 电罗经，KONGSBERG 自动舵以及 EA600 测深仪等设备。

2. 船舶技术水平

BGP PROSPECTOR 船舶具备拖带 12 缆 ×8km×100m 电缆的能力，适合地震作业 5 节经济航速，最大航速达到 15 节，5 节工作航速时的净拖力达到 100t，续航能力达 80d，满足地震作业船舶推水噪声和拖力，作业效率提高了 1 倍，性能达到国际同类先进水平，与其他船舶的性能对比见表 2-11。

表 2-11　船舶性能对比表

| 序号 | 性能 | 船舶名称 ||||
|---|---|---|---|---|---|
| | | BGP PROSPECTOR（BGP） | POLAR DUKE（DOPHONE） | Geo Celtic（CGG） | 海洋 720（中国海油） |
| 1 | 冰级 | Class C | | Class C | Class B |
| 2 | 环保设计 | Clean Design | | Clean Design | Clean Design |
| 3 | 拖带能力 | 12 缆 ×8km | 12 缆 ×9km | 12 缆 ×8km | 12 缆 ×8km |
| 4 | 续航能力 | 80d | 45d | 70d | 60d |
| 5 | 采集设备 | ION 胶缆 | Sercel 固体缆 | Sercel 固体缆 | Sercel 固体缆 |

BGP PROSPECTOR 是国内首条具备 12 缆能力的深海拖缆地震船舶，其先进性体现在物探装备布局、作业能力和效率、安全性能、节约油料等方面。

1）拖缆船舶物探装备布局优化技术

基于船舶设计公司的基本设计思路，根据选择的电缆收放系统、炮缆收放系统、扩展器收放系统、气枪阵列刚性浮体、扩展器等物探装备的几何参数、工作方式、操作方法等特性，进行预摆放，模拟施工过程中的实际操作，通过多种方案的对比和优化，既保证了操作的有效性，又最大化地利用船舶的空间，达到物探装备布局的合理性。

物探装备布局优化主要是物探甲板的布局优化，物探甲板主要位于船舶的后部，贯穿于第二甲板到第六甲板。第二、第三甲板主要是气枪甲板。第四、第五甲板主要是电缆甲板，第六甲板是后甲板的顶甲板。物探装备布局优化是实现枪甲板和电缆甲板与上甲板的设备布置，满足安全、便利的操作。同时要给设备的存储，替换及维护提供足够的空间。尤其是设备的收放关系到整个船舶设计的成功与否。

深海拖缆船舶物探装备布局优化技术成功完成了如何在有限的空间内实现对多达12缆的物探装备布局的合理性、稳定性、易操作性、安全性目标，最大化的利用了船舶的空间。技术成果成功地应用于12缆船舶的建造，造就了系统的各项性能和稳定性均达到预期要求的中国石油第一艘高端拖缆作业船舶 BGP PROSPECTOR。

2）采用多路混合电驱动模式

采用 PTO/PTI 辅助推进模式，在一台主机发生故障时，可以利用主发电机给轴带发电机供电，轴带发电机转化为电动机为螺旋桨提供推进动力。各主机和各主发电机的燃油供应、机油供应系统，海水、淡水冷却系统全部采用独立设计。机控室、配电板间、船舶仪器设备间及地震设备仪器房的空调系统都设有备用系统。可以保证船舶的安全航速、拖力与水中拖带的地震设备安全，避免出现事故。供电系统的冗余设计，左右两部分分屏配电板设计，使得船舶供电具有 100% 的备有能力。

高冗余度的机电混合推进及电力供给系统保证船舶行驶、地震作业、船舶用电之间相互补给电力资源，既保证了作业的经济性，又保证了安全。

3）优化了高效节能模式

通过机电混合模式实现了船舶航行及地震拖缆作业情况下的最经济油耗；设计了海上船舶油料补给系统，实现了船舶地震作业中在不停航情况下的燃油补给，提高了工作效率、降低了作业成本、提高了经济效益。图 2-20 展示了船舶加油示意图。

图 2-20　船舶加油示意图

4）实现冰级 C 级，满足全球作业要求

高纬度地区数据采集主要难点是几乎全年处于冰冻期，海面存在大量的浮冰，无冰时间短，一般只存在夏天的几个星期内。特殊的地理位置和气候条件对作业船舶提出了新的要求，即要达到一定的冰级才能确保安全进入该领域。

12 缆船舶建造时充分考虑到此问题，采用双层船壳合计（图 2-21），使 BGP PROSPECTOR 船舶冰级达到 C 级，为高纬度地区作业提供了装备保障，拓宽了深海物探作业领域。这一技术特点，满足了全球作业要求，确保了 2015 年 BGP PROSPECTOR

船队成功进入挪威巴伦支海海域施工，从而开启了中国拖缆船队在高纬度海域施工的先河。

图 2-21 双层船壳展示

3. 应用实例和效果

BGP PROSPECTOR 12 缆拖缆船舶已经实现了规模化应用，完成了巴布亚新几内亚、尼日利亚、科特迪瓦、摩洛哥、赤道几内亚、贝宁、圭亚那、圣多美、挪威等国家的 21 个深海拖缆地震数据采集三维项目，工作量超 43815km$^2$。

12 缆拖缆地震数据采集系统集成与应用，标志着东方地球物理公司拥有了高端拖缆地震船舶的能力，具备了参与全球高端海洋地球物理勘探市场竞争的装备条件，拓宽了深海物探作业领域，为进入国际高端市场提供了保障。

1）首个最高电缆配置方式作业项目

尼日利亚 OPL284 项目是 BGP PROSPECTOR 船队的第二个生产项目，也是首次采用 12 缆×8km 最高电缆配置方式作业的项目。该项目自 2012 年 3 月 20 日第一个生产炮开始，生产历时 16 天，按计划完成任务，其中待工时间占 7%，停工时间占 4.6%，待工时间全部来自于渔业干扰。共完成测线 50 条，总生产面积 694.74km$^2$，补线率仅占 8.9%。

通过 OPL284 项目的科学组织与成功运作，船队实现了"安全、高效、优质"生产的三大目标，首战告捷，既证实了 BGP PROSPECTOR 12 缆船的优良性能，也标志着 BGP 深海拖缆业务的新开端。

2）首个高纬度海域作业项目

2015 年 BGP PROSPECTOR 船队开始首个高纬度海域作业项目的施工，其 C 级冰级的特点确保了 BGP PROSPECTOR 船队成功进入挪威巴伦支海海域施工，从而开启了中国拖缆船队在高纬度海域施工的先河。

同时，该项目也是 BGP PROSPECTOR 船队首次采用电缆间距 75m 的作业方式，处于行业领先水平。

无论是特殊地理位置和气候条件，还是首次高密度电缆的配置方式，都是一次新的挑战，历时 82 天，BGP PROSPECTOR 圆满完成了该项目，为中国在高纬度地区进行深海三维拖缆地震勘探作业打下坚实基础，也再次证实了 BGP PROSPECTOR 12 缆拖缆船舶的优良性能。

## 二、海上综合导航定位系统

海上地震勘探中，综合导航定位系统是整个地震采集工程的中枢神经和指挥系统。先后开展了导航定位数据处理理论方法研究，实时综合导航系统的研究，以及声学定位系统软硬件的研制，研发形成了具有国际先进水平的 GeoSNAP 石油物探测量导航与定位技术系列产品。

用于海底电缆的作业模式的导航定位产品包括海上勘探综合导航系统（GeoSNAP-HydroPlus）、海底电缆（OBC）声学定位系统（GeoSNAP-BPS）、海底电缆（OBC）海上勘探综合导航系统（GeoSNAP-Dolphin）。用于深海拖缆作业模式下导航产品有拖缆综合导航系统 GeoSNAP-Shark。

这些自主研发的产品提高了导航定位的精度和效率，实现了海上地震勘探导航定位技术和产品从无到有的突破，整体技术达到国际先进水平。

1. 海底电缆（OBC）海上勘探综合导航系统（GeoSNAP-Dolphin）

GeoSNAP-Dolphin 是一套适用于海上 OBC 地震勘探的多船分布式实时综合导航系统。作为 OBC 作业队伍的中央控制和指挥系统，该系统能够进行作业船的实时导航，海底电缆的放缆作业，声学定位作业的导航控制；并能对震源激发作业和仪器记录作业进行同步控制和质量监控。

该系统由配套的软件硬件组成，软件包括 GeoSNAP-Dolphin 海底电缆（OBC）海上勘探综合导航系统和数据处理软件 GeoSNAP-OBCOffice，硬件包括采集同步控制器同步通信系统。

1）GeoSNAP-Dolphin 海底电缆（OBC）海上勘探综合导航系统

海底电缆（OBC）海上勘探综合导航系统是整套系统的核心，负责采集卫星定位数据、声学定位数据、水深测量、电罗经定向等测量设备的数据，进行计算和预测，通过采集同步控制器和同步通信系统完成作业船的放缆、放炮等各项作业。其主要功能包括：

（1）集震源导航、放缆导航、声学定位导航、踏勘导航等多种模式导航功能于一体；

（2）能够完成基于 GPS 时间的 OBC 地震勘探气枪激发作业和地震仪器记录作业的同步控制功能，监控同步控制质量，构建导航头段等功能；

（3）能够完成对挂枪和基于 RGPS 设备的拖枪两种气枪阵列模式作业的数据解算、导航、定位、显示和质量控制功能；

（4）能够完成海底电缆的声学定位、导航质量监控、定位质量监控和数据记录等功能；

（5）能够完成 OBC 放缆作业导航定位所需要的所有功能；

（6）支持 OBC 地震勘探海上踏勘作业所需要的导航定位功能；

（7）支持基于无线局域网络的远程导航配置，控制和质量监控功能；

（8）能够记录国际标准的 P1/90、SPS、P2/94 地震勘探成果数据格式，支持记录 GeoSNAP-Dolphin 导航质量控制成果 DLB 数据格式文件；

（9）导航显示和质量监控手段丰富，支持十几种导航信息显示窗口，便于用户从不同侧面监控导航定位质量，支持关键质量数据报警显示功能，支持导航底图显示功能，支持实时导航成果 QC 监控，支持远程导航质量监控功能。

2）GeoSNAP-OBCOffice 数据处理软件

GeoSNAP-OBCOffice 是专门针对滩浅海过渡带地震勘探导航定位数据处理功能的软件。该软件能够完成各种类型的二维、三维石油地震勘探的测线设计，数据计算，数据处理，质量控制，成果提交等工作，并兼容常见的物探行业标准数据文件格式。其主要功能包括：

（1）二维地震、三维地震测线设计；
（2）P294 原始数据处理；
（3）导航定位成果数据处理；
（4）长基线声学定位数据处理；
（5）枪阵成果数据处理；
（6）实时验潮数据处理；
（7）导航班报系统；
（8）成果管理、查询、输出等；
（9）交点成果查询与检查；
（10）SQL 语句管理功能。

其技术特点包括：

（1）功能和界面均采用多模块独立设计；
（2）采用 Sqlite3 轻型数据库，处理速度快，兼容所有 SQL 语句；
（3）支持全球 59 种基准及自定义基准转换，41 种投影类型；
（4）兼容 SPS，P190，P294 等行业标准文件格式；
（5）可根据需求灵活自定义成果数据库。

3）GeoSNAP-Dolphin 的技术水平

GeoSNAP-Dolphin 海底电缆（OBC）海上勘探综合导航系统目前在石油物探领域属于国内首创，在导航控制、声学定位、实时质量控制，多船同步控制等主要功能方面与国外同类产品相当。它搭建了海上海底电缆石油地震勘探导航定位技术平台，满足了野外生产的需要。

通过与国外同类导航系统对标分析认为，GeoSNAP-Dolphin 在放缆导航、放炮导航、声学定位、声学定位数据处理、坐标系统管理、分布式管理、中央集中控制和远程控制作业、地震标准格式的数据记录、作业船只生产作业监控及 HSE 管理、支持多种导航定位传感器、PDF 格式 QC 报告、实时潮汐改正和潮汐预报、综合导航定位质量远程监控技术、双震源船作业同步控制技术等功能方面处于同等水平。GeoSNAP-Dolphin 在测量导航数据后，处理质量控制方面体现得更全面，能够对采集的原始导航数据进行后处理，可以实现导航数据处理、声学定位数据处理、枪阵数据管理、潮汐数据归算、成果数据管理、成果质量检查、成果输出、交点检查等功能。

4）GeoSNAP-Dolphin 的应用情况

该系统已在渤海湾曹妃甸、塘沽、东营及南黄海、喀麦隆、印度尼西亚等国内外多个地区的 OBC 地震勘探项目中得到广泛应用。累计在国内外海上 OBC 地震勘探项目中应用 47 套。

2. 海底电缆（OBC）声学定位系统（GeoSNAP-BPS）

海底电缆（OBC）声学定位系统可对水下相对静止的目标点进行定位，主要应用于滩浅海过渡带地震采集中水下接收点的空间位置测定。

GeoSNAP-BPS 将声学应答器与检波器绑定，利用海面上的数据采集系统与海底下的应答器之间的声纳通信所得到的两点之间的声纳信号走时（$\Delta t$）来确定海底目标（即应答器）的距离之后，结合舰载 GPS 的位置参数，采用先进的定位算法，解算出海底检波器的空间坐标。该系统包括主控机、换能器、应答器、编程器等硬件和 OBCPos 声学定位软件（图 2-22 和图 2-23）。

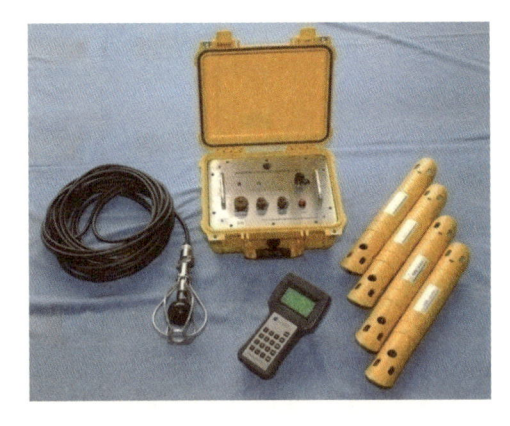

图 2-22　BPS 声学定位系统硬件 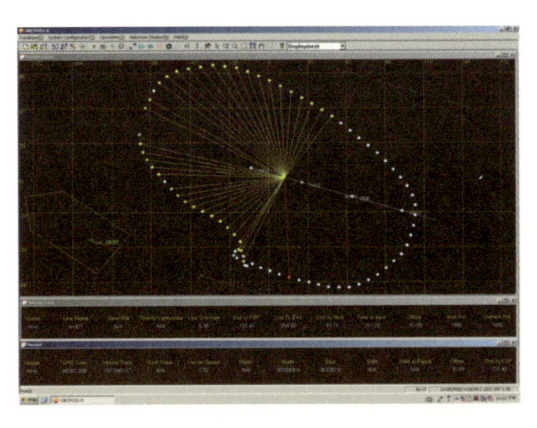　　　　图 2-23　BPS 声学定位软件（OBCPos）界面

其性能指标包括：

（1）系统可支持 4000 个测量点；

（2）适用范围水深为 200m，测距最大距离为 1000m；

（3）定位精度为 1m 左右；

（4）最高作业船速为 5 节；

（5）换能器指向性为全指向性；

（6）换能器收发共用，发射声源级有 175dB、180dB、185dB、195dB 四挡可调，接收灵敏度为 –195dB；

（7）最大配接电缆为 20m；

（8）重复周期可设定，周期 2s、4s、6s；

（9）交流、直流供电；

（10）环境要求存储温度为 –40～70℃，工作温度为 –20～40℃；

（11）运行于 586 以上的 PC 平台，Windows 操作系统。

GeoSNAP-BPS 是国内唯一可以和外国厂家抗衡的石油勘探海底声学定位产品，处于国际先进水平，具有以下主要技术特征及创新点。

（1）基于声学长基线和超短基线组合定位的海底电缆二次定位方法。

在数据采集与处理单元使用接收阵，用于判定应答器的方位，提高定位可靠性，同时在定位软件中采用一定的算法，实现测量船单边测量定位应答器，解决了目前的测量方式必须沿不同测线往复测量的问题，提高定位效率达一倍。

（2）基于粗差探测和稳健估计理论的二次定位实时计算方法。

为了削弱不服从正态分布的误差对系统计算的影响，采用了稳健估计方法。根据给定的误差范围，先用比较的方法剔除野值和粗差，再用稳健估计的方法降低误差较大观测值的影响，对相对干净的观测值进行整个平差的方法，使得定位精度达到1m。

（3）简单实用编码解码方法。

GeoSNAP-BPS 在常规时延差与多频调制频移键控码元编码的基础上进行了改进，组号采用了二频二时隙三脉冲技术。扩展了编码容量，系统可检测的应答器容量达到4000（400×10）个，达到了目前国内外同类产品容量之最，同时简化了鉴别硬件。使系统在保持较高通信速率的前提下，将码元间距扩展到足够宽，能有效地克服由于水声多途效应产生的码间干扰，减小了频带占用率，降低了功耗。

（4）基于双电池组的新型水声应答器供电装置。

将功放板的供电与数字采集板的供电分离，既可以为发射电路提供较高的电压，又可以保障采集处理电路电压有较高的转换效率。通过以上设计，应答器系统静态功耗仅为1.8 mW，而国外类似产品静态功耗最低为2.16mW，为应答器长时间在水下工作提供了可靠的基础。

（5）应答器入水通电检测方法。

拥有独立自主知识产权的应答器节电装置，采用电子开关进行控制，实现应答器在水中开启电源，在空气放置期间关闭电源，解决了应答器中电池长期存放或长途运输中产生的待机功率损耗，可以节省60%的电量，同时减少了收放电缆的次数，节省了大量的人力和物力成本，还避免了由于频繁拆卸应答器对设备造成的损坏。

GeoSNAP-BPS 技术先进，功能齐全，定位技术、定位方式、定位误差、系统容量、能耗指标等优于国外同类产品，总体技术达到国际同类产品先进水平。GeoSNAP-BPS 是国内第一个针对海洋石油勘探海底电缆的水下定位设备，具有优越的产品性能与稳定的产品质量，得到了市场的认可，为摆脱依赖进口、实现核心定位装备自主化奠定了坚实的基础。目前已广泛应用于国内、国际勘探项目。已生产制造15050个应答器、30套主机、30台编码器和30个换能器，分别应用于国内外几十个勘探项目。自主研发，软、硬件都可针对野外实际需求进行功能定制，能够根据需要随时进行方便快捷的技术支持。

3. 海上勘探综合导航系统（GeoSNAP-HydroPlus）

GeoSNAP-HydroPlus 是一套适用于浅海过渡带地区的地震勘探及其他物探施工导航和定位作业的实时导航定位软件，实现放缆船导航与放缆控制、震源船导航与同步控制、等时间记录导航与控制、等距离导航与控制等海洋勘探导航定位关键技术集成。能够提供气枪船、放缆船的实时位置，对船只进行导航，对枪控系统进行同步控制，完成放缆或放炮作业，并对施工作业现场进行质量控制。该系统还适用于湖泊、河流等水域的导航测量作业以及同步控制。主要系统功能：

（1）多种导航设备同步数据采集；

（2）时导航定位；

（3）时质量数据显示监控；

（4）对气枪控制设备的同步控制；

（5）对放缆信号发生器的同步控制；

（6）测线设计与管理；

（7）高精度数据记录；

（8）提供多种标准成果格式数据；

（9）生成导航日志。

技术特点：

（1）粗差过滤与卡尔曼滤波技术，提高了导航作业精度与可靠性；

（2）优化的记录设计，能够最大限度地保存数据；

（3）优化的显示设计，以灵活的个性化设置进行丰富的数据显示；

（4）独特的数据管理和访问机制；

（5）系统适应性强，算法精确，施工效率高，完全能够满足水陆交互带、极浅海项目的导航作业要求。

GeoSNAP-HydroPlus 集成了多种导航模式，设计了严密的时间同步算法，采用了独特的数据记录方法，在断电等突发情况下能最大限度地保证数据的完整性。采用导航实时同步控制技术，利用计算机时钟频率和耗时程序实现了系统时间的精确控制，保证在地震放缆和放炮工作模式下实时导航定位成果的记录与枪控制系统激发的时间同步，使实时导航定位的成果尽可能的接近于地震测线设计的位置。

GeoSNAP-HydroPlus 已在国内外多个项目和单位得到应用，共计安装108套。从国内的埕北油田三维地震项目、垦利9及15区带海底电缆三维地震采集等项目，到国际部的巴基斯坦、墨西哥、尼日利亚、坦桑尼亚、土库曼等多个国际项目都安装使用了 GeoSNAP-HydroPlus 系统。该软件不仅适用于石油物探行业，能够用于近海地震勘探施工的导航和定位作业，还适用于浅海过渡带地区或者河道水下地形测量作业，用于常规海洋工程测量，有着良好的应用前景。

4. 二维拖缆综合导航定位系统（GeoSNAP-Shark）

二维拖缆综合导航定位系统（GeoSNAP-Shark）是一套用于深海拖缆地震勘探的实时导航控制系统。该系统用于海上拖缆地震勘探船的导航、定位和控制，能够进行实时导航并能同步控制枪阵和地震记录设备协同工作。能够接收来源于多种导航定位设备的数据，并实时计算出拖缆及其附着设备的准确位置。实时监控系统运行状态、实时监控船舶航行状态、实时监控电缆位置和漂移形态等一系列功能。其主要功能：

（1）支持多种导航定位设备接入；

（2）自动测线设计；

（3）同步控制；

（4）自动舵驾驶；

（5）自动转弯上线设计；

（6）丰富的显示窗口；

（7）自动标准格式数据记录；

（8）实时质量监控；

（9）自动导航日志；

（10）拖缆导航数据处理。

GeoSNAP 石油物探测量导航与定位技术系列产品广泛应用国内八大盆地及海外五大探区，并为沙特 Aramco、英国 BP、荷兰 Shell、法国 Total、意大利 Eni、中国海油、中国石油等国内外多家大型石油公司提供了优质地震勘探导航与定位技术服务。

# 第三章 物探软件

## 第一节 GeoEast 地震数据处理解释一体化系统

"十一五"和"十二五"期间,通过引进国家千人计划专家,进行系统架构设计和关键技术研发,GeoEast 处理解释一体化大型商业软件功能和性能得到显著提升,使之逐步发展成为一套技术含量高、成熟度高、行业影响力不断扩大的优秀软件,已经成为中国石油十大"找油找气"利器之一。GeoEast V3.0 系统已经集成了叠前深度偏移速度建模、多种叠前偏移算法、提高分辨率处理、深海资料处理、多波多分量处理、叠前属性提取和参数反演等多项新功能,整体达到国际先进主流软件水平。利用该软件成功运作了马拉松、雪佛龙等国际知名石油公司的商业处理项目,取得了很好的效果,软件得到了马拉松、雪佛龙等国际知名石油公司的市场准入认证。在中国石油 15 个油气田、4 个科研院所安装应用,取得良好的地质效果。

### 一、地震数据处理技术

GeoEast 地震数据处理系统具备了常规陆上、海洋、多波多分量、VSP 资料处理及速度建模与成像等 5 个技术系列和相应的配套技术,海量数据和大规模计算集群资源管理、高效的并行处理方式使其具有较高的工作效率,提供 TTI 各向异性、复杂地表和复杂构造、低信噪比地震资料的从预处理到深度域成像的解决方案,可满足从陆地到海洋、从纵波到转换波、从常规采集到高效采集等不同地震资料处理的需求。

1. 静校正技术

1)基于菲涅尔体的层析反演

菲涅尔层析静校正考虑了射线路径上第一菲涅尔带范围内介质对波传播速度的影响。与传统近地表射线层析方法相比,可更精细、更稳定地描述近地表速度分布情况,能更好地处理近地表复杂、速度及厚度变化剧烈区域的静校正问题(图 3-1)。图 3-2 为菲涅尔层析反演所得的山地地区的速度模型和射线密度。

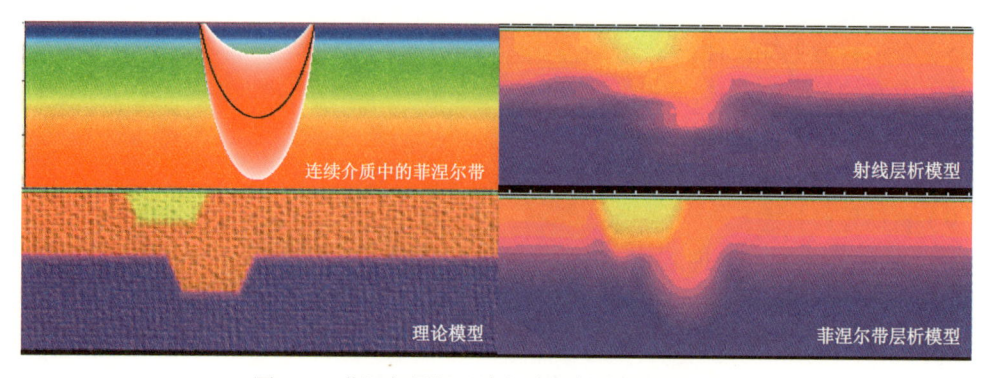

图 3-1 菲涅尔层析反演与常规射线层析的比较

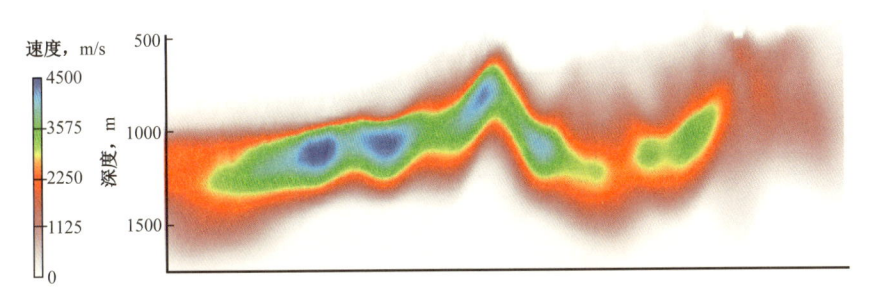

图 3-2　菲涅尔层析反演在山地地区的速度模型与射线密度图

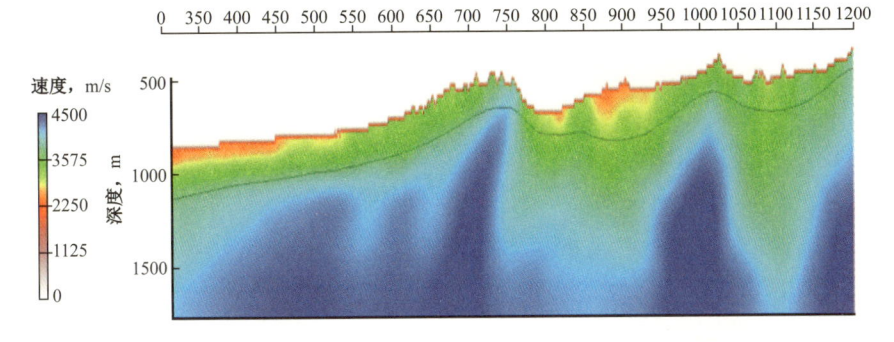

2）超级道剩余静校正

超级道剩余静校正利用扫描搜索方法提取输入数据的有效信号，建立高信噪比的超级道数据，根据超级道数据来进行剩余静校正计算。该方法具有以下特点：（1）在低信噪比地区效果较好；（2）计算效率较高；（3）计算所消耗的资源较少；（4）对大时差静校正量有较好的处理效果（图 3-3）。

3）非线性剩余静校正技术

综合全局寻优，利用最大能量法、模拟退火、遗传等三种非线性算法，交替迭代求取剩余静校正量。非线性算法能避免陷入局部极值，计算的静校正量可超过地震子波的 1/2 周期；在解决低信噪比、复杂近地表区域的静校正问题时优于常规线性剩余静校正方法。采用高性能计算技术提速，具有极高的运算效率；通常 TB 级以下数据在 128GB 物理内存的节点上、仅需数小时即可得到结果。

2. 高分辨率处理技术

1）K—L 变换线性噪声压制方法

K—L 变换本征滤波技术在多次波压制、线性干扰消除以及多分量 VSP 数据多次波消除等方面可以取得良好效果。尤其是在地滚波消除方面效果更明显。该方法充分考虑地滚波频率范围低、视速度低、能量强、同相轴表现大致为直线状等特征，利用频带分解、K—L 变换本征滤波、自适应衰减三项关键技术，实现地滚波模拟切除。实际资料应用表明，该方法能较为满意地消除地滚波等线性噪声，并能最大限度地保护有效信号（图 3-4）。

2）井控俞式子波反褶积技术

在进行井控地表一致性反褶积处理时，以往预测步长参数的选取主要由处理人员通过分析不同参数的试验结果，依据经验进行确定。为了定量描述参数的合理性，采用井控的

(a) 高程静校正　　(b) 折射波静校正

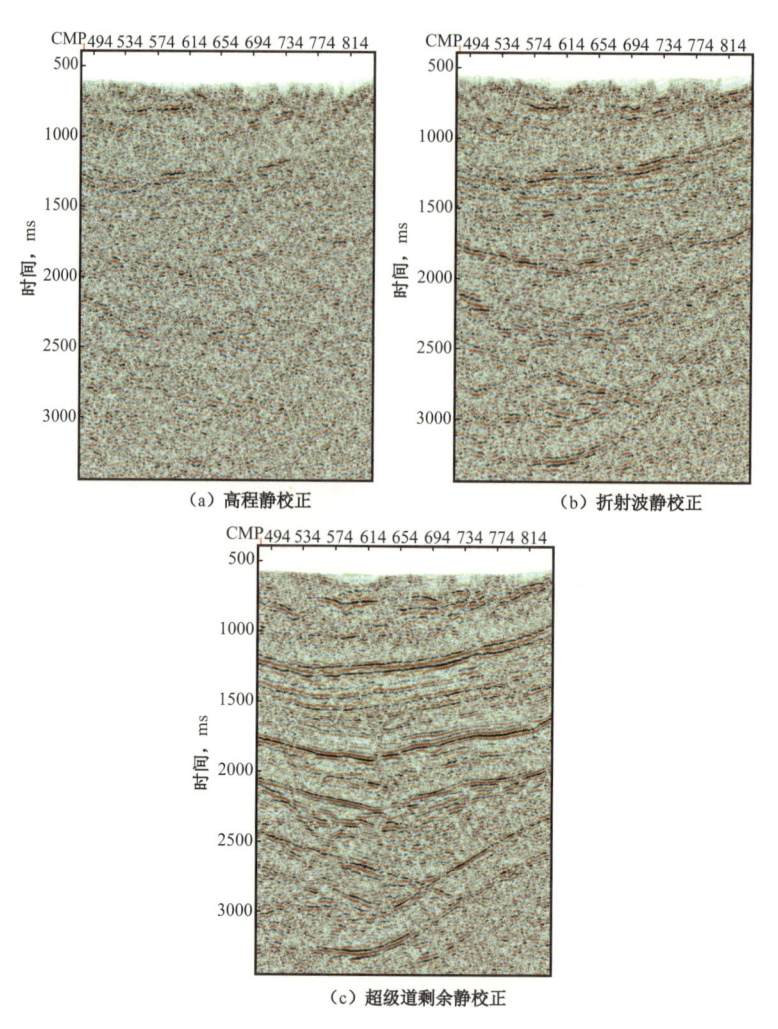

(c) 超级道剩余静校正

图 3-3　超级道剩余静校正应用效果

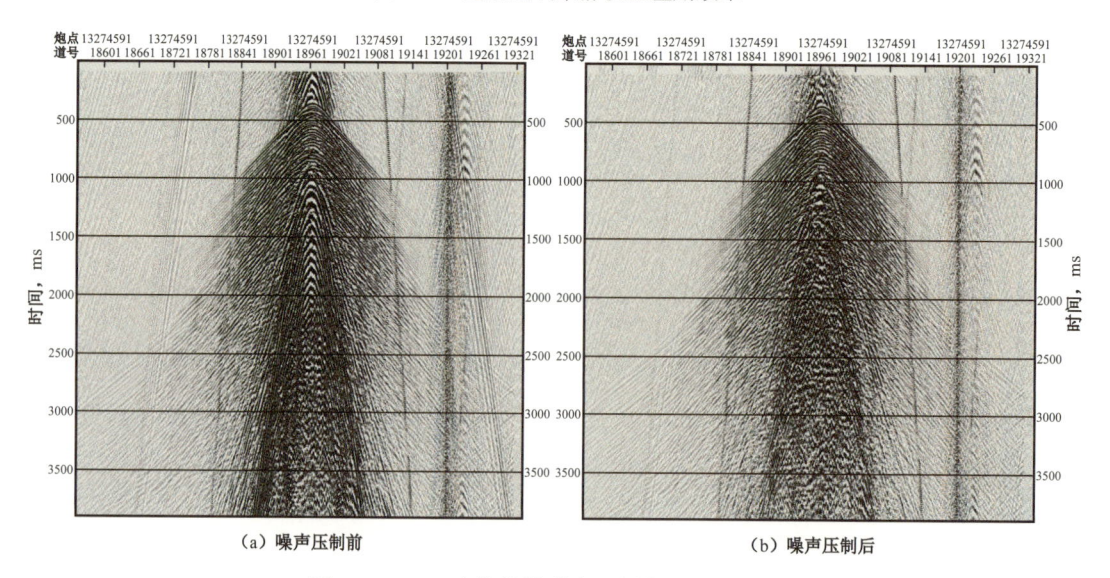

(a) 噪声压制前　　(b) 噪声压制后

图 3-4　K—L 变换线性噪声压制前后炮记录对比

方式来进行参数的选取，具体是通过 VSP 与不同预测步长的井旁道进行互相关，通过相似系数来确定预测步长参数。

为了进一步提高分辨率，处理过程中应用期望输出为俞氏子波的炮统计反褶积处理。与预测反褶积相比，使用俞氏统计子波反褶积处理可得到较高的信噪比，关键参数为期望输出。通过对不同期望输出进行试验，采用 VSP 资料与井旁道互相关及相似系数分析，来确定最终的期望输出。

3）基于模型的井控 $Q$ 补偿技术

由于大地吸收衰减作用，地震波在传播过程中，随着传播时间的增加，会使地面子波产生能量衰减和速度频散，从而降低地震纵向分辨率。同时由于吸收引起速度频散造成地震波的相位扭曲，使地震剖面和声波测井数据产生时差，影响成果解释精度。应用 $Q$ 相位校正与高频补偿技术，不仅可以补偿高频成分的能量损失，提高弱反射信号的能量，还可以使不同频率成分的相位趋于一致，改善与合成记录的匹配关系。应用该项技术的关键在于选择合适的时变 $Q$ 值及实现叠前地震道的反 $Q$ 滤波。

常用 $Q$ 值求取的方法有三种，即叠加剖面扫描法、层速度转换法、零井源距 VSP 初至法。其中零井源距 VSP 初至法精度高，与井吻合较好。基于模型的井控 $Q$ 补偿技术就是采用零井源距 VSP 初至法求取 $Q$ 值，然后进行 $Q$ 补偿。

采用基于模型的井控 $Q$ 补偿后，地震数据主要层位与 VSP 吻合较好，与井旁道的相似性明显提高（图 3-5）。

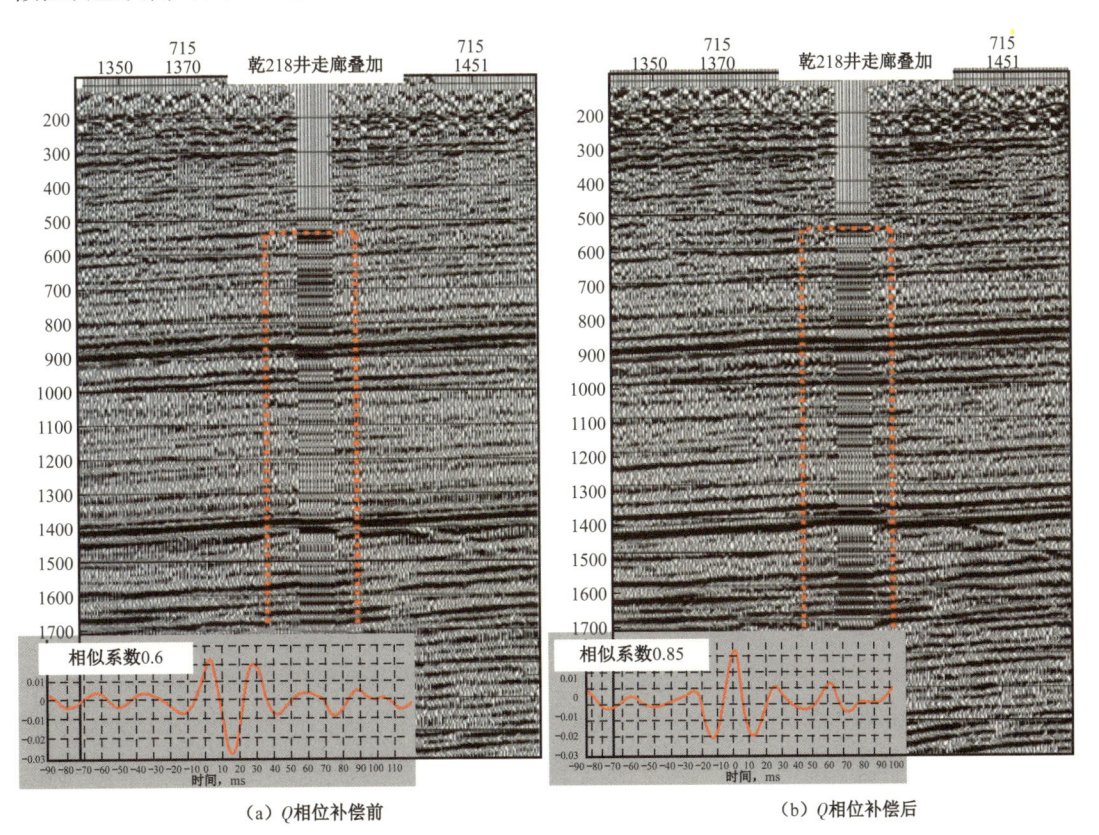

(a) $Q$ 相位补偿前

(b) $Q$ 相位补偿后

图 3-5　$Q$ 相位补偿前后的剖面对比

4）EMDDecon 经验模态分解提高分辨率

利用经验模态分解方法（EMD）对地震数据进行高分辨率处理，拓宽地震数据在频率域的有效带宽（图3-6）。与常规方法不同的是，EMD算法更像是一种应用于数据集的算法，而不是一个理论工具，EMD在时频域的分辨率要优于传统的分析方法。此外，它能揭示被处理数据中所蕴含的真正的物理含义。

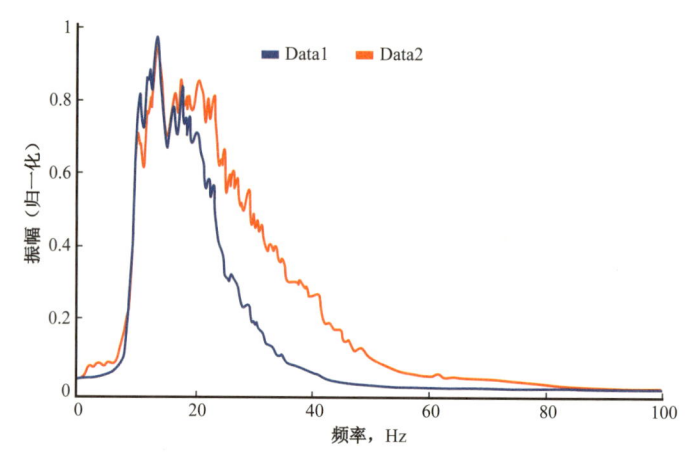

图 3-6　EMD 处理前、后振幅谱对比

基于 EMD 的高分辨率处理流程如下：
（1）将地震道按 EMD 算法进行分解，得到不同的频率成分（IMF）；
（2）分析不同频率成分（IMF）的能量，得到各自的衰减曲线；
（3）将不同 IMF 的能量抬升到一致的水平（保持相对振幅关系）；
（4）利用能量抬升后的各个 IMF 分量重构信号，得到拓频后的地震信号。

3. 高密度宽方位处理技术

OVT（Offset Vector Tile）技术是宽方位高密度地震数据理想的处理技术，不但能够得到更好的成像效果，还可以得到更精确的方位属性，为裂缝分析和预测提供更可靠的信息。基于 OVT 进行高密度宽方位地震数据处理的核心步骤有4个环节，分别为：（1）OVT 面元计算及分组技术；（2）叠前五维数据内插与规则化；（3）OVT 域叠前时间偏移及蜗牛道集输出；（4）方位各向异性分析与校正。

1）OVT 面元计算及分组技术

GeoEast 进行 OVT 面元计算及分组时，直接使用炮检点坐标，采用3+1方式达到高效 OVT 计算及分组目的。"3"就是针对数据 I/O 采取的三级提效方案：采用自输入输出方法，独立操作数据道头，避免生成重复数据体，节省时间、空间；采用大块数据顺序访问取代常规按照地震数据索引方式进行数据读取；采用数据缓冲池技术提高数据访问速度。"1"就是优化 OVT 分组编号算法。通过3+1策略的实施，逐步缩短海量数据 OVT 分组计算时间，极大提高 OVT 处理效率。

2）叠前五维数据规则化与插值技术

规则化插值技术能在一定程度上改善观测系统的空间采样属性，从而改善偏移成像效果。常规方法需要预先对数据进行网格化，实际应用中可能会模糊构造细节、降低成像分辨率。GeoEast 的五维数据规则化插值技术利用数据的实际坐标位置进行处理，具有更高的保真度；采用频率波数域径向积分方式进行抗假频约束，相比其他由低频约束高频的方式，能够更充分利用全频带信息，具有更好的抗假频效果（图 3-7）；利用相邻频率片之间振幅谱连续变化特点进行预排序，极大地降低了算法的运算量，使得计算效率目前基本能满足工业生产需求。

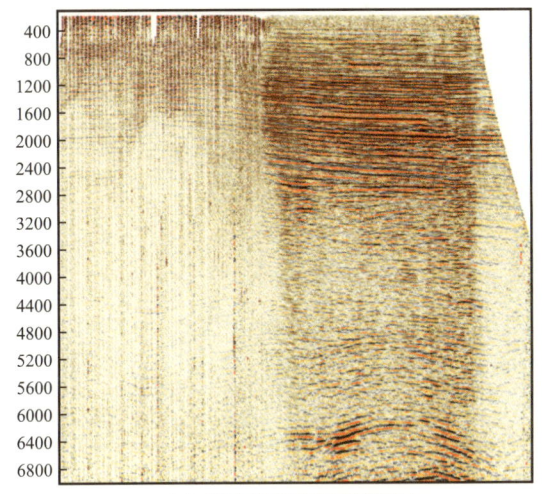

(a) 叠前五维规则化前叠加剖面　　　　　　(b) 叠前五维规则化后叠加剖面

图 3-7　五维规则的前、后叠加剖面对比

3）OVT 叠前时间偏移和螺旋道集

OVT 道集本身是一个共炮检距—共方位角道集，是基于共炮检距叠前时间偏移算法的理想输入数据。另外，OVT 道集内各道的炮检距和方位角分布范围较小，所以偏移后可以保留炮检距和方位角信息，炮检距和方位角的值分别是 OVT 道集的平均炮检距和方位角。将 OVT 偏移后的成像点道集按照炮检距、方位角的先后顺序进行分选，就可以得到当前成像点的螺旋道集。图 3-8 是传统叠前偏移与 OVT 叠前偏移成像点道集对比，OVT 偏移螺旋道集的道头曲线分别是炮检距和方位角，可以看到在一个炮检距分组内，方位角按从小到大排序。此外，随着炮检距的增大，同相轴有随方位变化的类似于正弦曲线的抖动，这是典型的方位各向异性特征。所以，OVT 偏移后的螺旋道集是叠前裂缝预测的理想数据。

4）方位各向异性速度反演与方位各向异性校正

相对于传统的人工分扇区方位各向异性速度分析，GeoEast 通过批量运行的模块可以自动拾取方位各向异性速度引起的剩余时差，然后根据剩余时差来反演方位速度，极大地提高了方位速度的精度和生产效率。针对低信噪比数据，利用圆形速度、正弦速度、余弦速度三个新的参数来进行方位速度反演，很好地控制了反演稳定性，提高了对低信噪比数据的适应性；通过方位速度与背景成像速度得到剩余速度，利用剩余速度和高精度插值算法可以实现高效精确的方位各向异性剩余时差校正。图 3-9 和图 3-10 分别是宽方位实际数据方位各向异性校正前后的螺旋道集，可以看到，校正后的同相轴消除了"波浪"形态，同相轴被拉平。

(a）传统叠前偏移成像点道集　　　　　　　　（b）OVT叠前偏移成像点道集

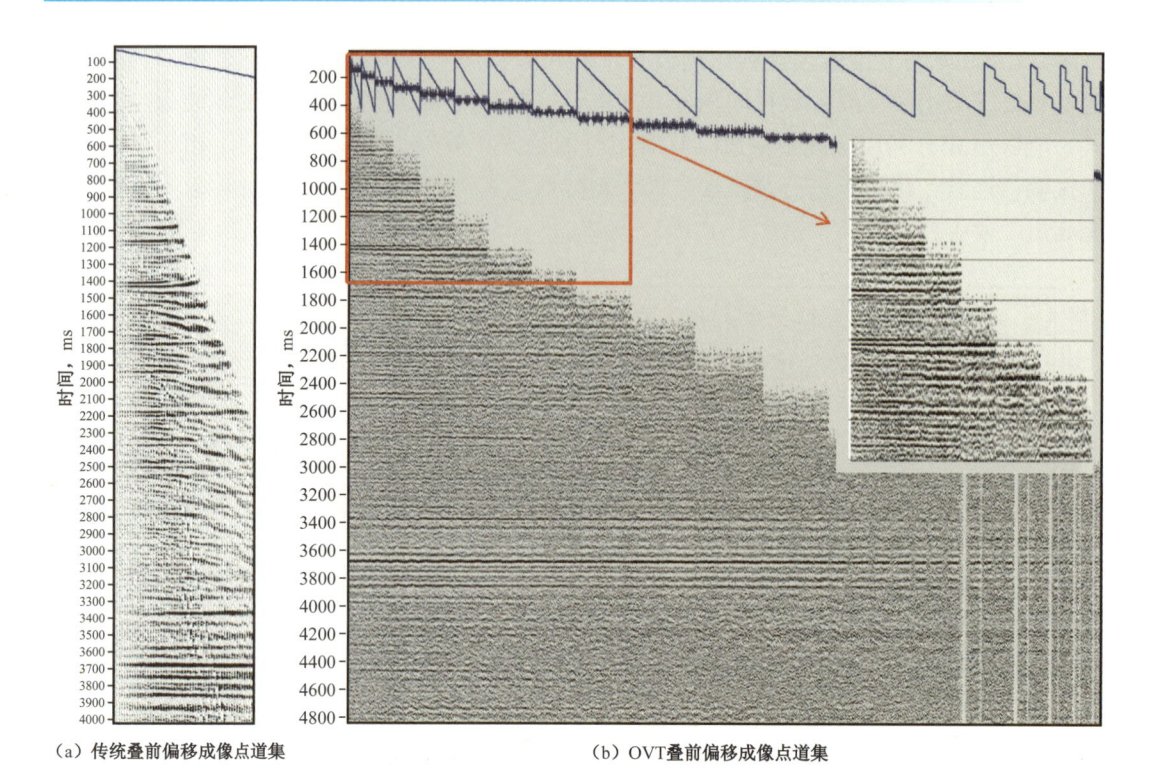

图 3-8　传统叠前偏移与OVT叠前偏移成像点道集对比

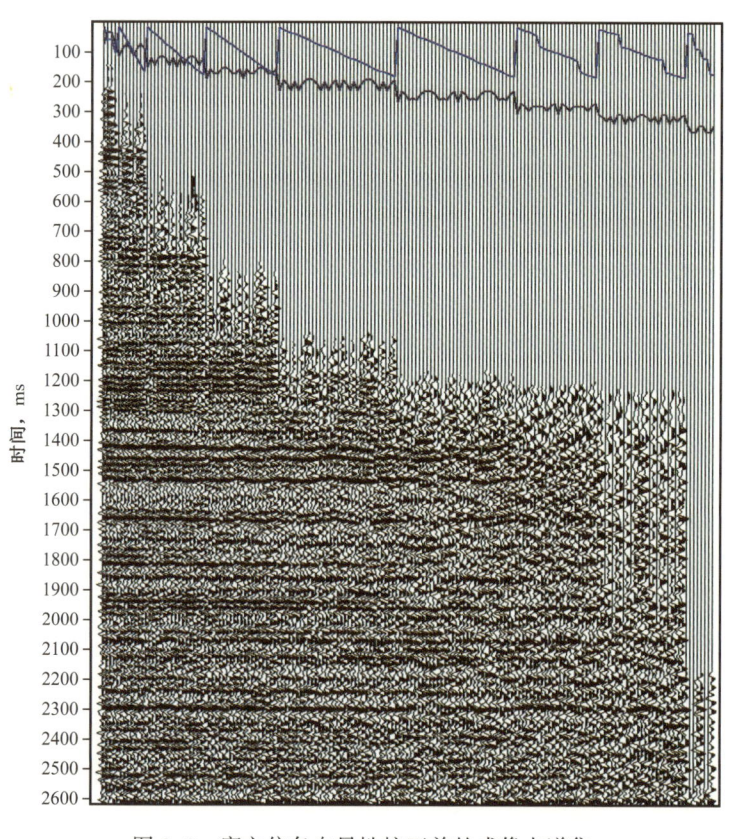

图 3-9　宽方位各向异性校正前的成像点道集

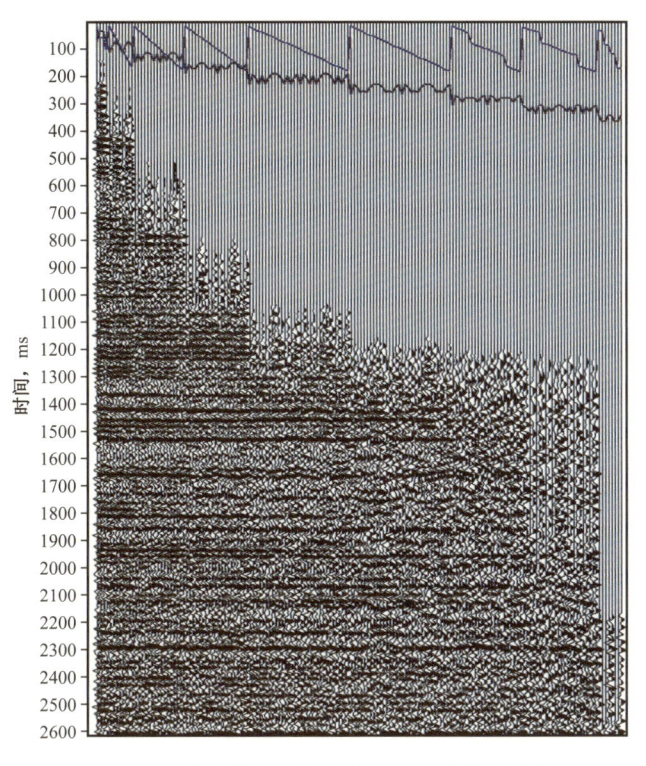

图 3-10 宽方位各向异性校正后的成像点道集

OVT 分组时可以对炮检距和方位角进行更精细的划分，OVT 偏移后的螺旋道集可以保留更精细的炮检距和方位角信息，OVT 处理后的螺旋道集非常适合叠前裂缝检测，可以得到比传统叠后裂缝预测、分扇区处理叠前裂缝预测更精确的预测结果。图 3-11 是国内某数据分别进行叠后裂缝预测、分方位处理叠前裂缝预测、OVT 处理叠前裂缝预测结果对比。可以看到，相对于分方位处理叠前裂缝预测，OVT 处理叠前裂缝预测结果与测井结果

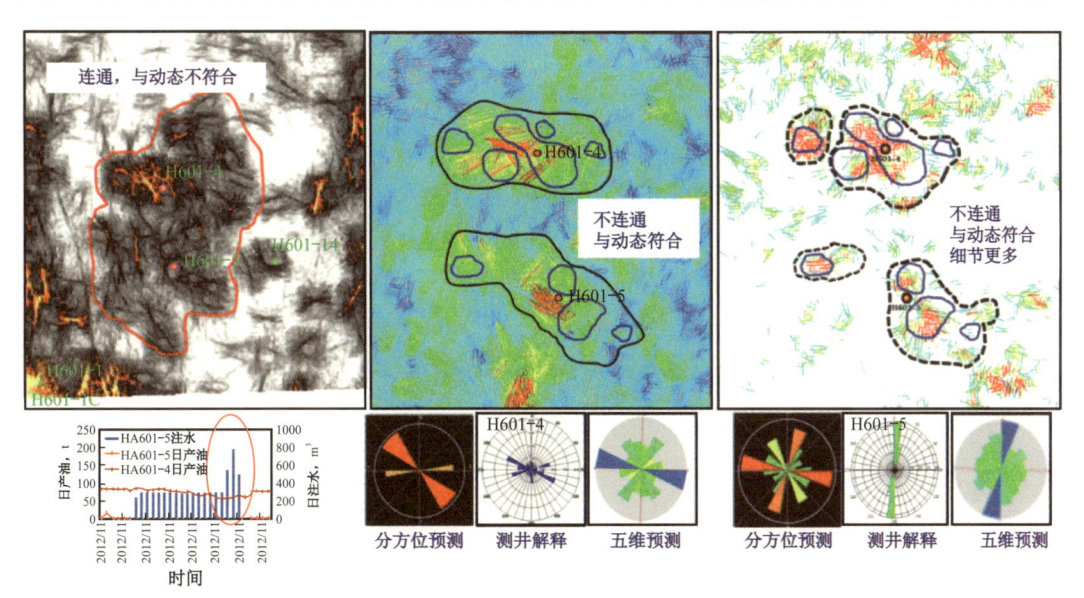

图 3-11 叠后裂缝预测、分方位处理叠前裂缝预测、OVT 处理叠前裂缝预测结果对比

的吻合度更高，细节更多。这是因为，相比于分扇区处理，OVT处理可以保留更精确的信息给后续的叠前裂缝解释。

4. 时间域速度分析及建场技术

1）VTI各向异性速度分析

根据速度与多个各向异性参数的关系，GeoEast软件开发了各向异性多参数速度谱迭代扫描技术，以实时交互的方式进行速度扫描和拾取、各向异性参数扫描计算和拾取。用户首先交互拾取最佳速度值。确定了最佳速度后，依次进行各向异性参数的扫描计算和拾取。尽管在VTI各向异性叠加速度谱计算中增加了VTI各向异性介质参数，但是除了填写少数几个参数值或者采用包括VTI各向异性介质参数的速度信息作为计算参数以外，并不需要用户有其他改变，与常规速度分析作业差别不大，便于用户使用。图3-12是VTI各向异性多参数迭代分析流程示意图。

VTI叠加和叠前时间偏移更新参数分析需要交互计算速度谱和各向异性参数谱，同时需要交互拾取时间—速度曲线以及时间—各向异性参数曲线。为此，采用交互迭代的方法解决多参数相互依赖的难题。反复迭代，直到谱的能量团收敛于拾取的曲线，取得满意的动校正效果为止。

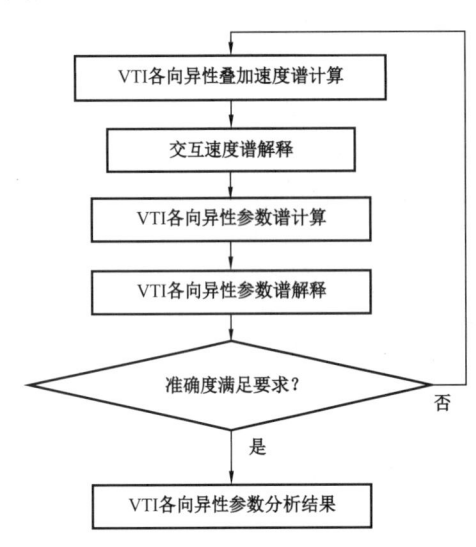

图3-12 VTI各向异性多参数迭代分析流程示意图

研发了双参数谱同时扫描技术，解决了交互迭代收敛难题。在给定$T_0$时间的前提下，扫描所有的速度—各向异性参数组合，形成速度—各向异性参数谱。交互拾取双参数谱，即可得到时间—速度—各向异性参数组合。由于扫描了所有的速度—各向异性参数组合，双参数谱实现了成像参数的全局扫描，避开了局部极值陷阱。

2）多波速度分析

多波速度分析与纵波速度分析相比具有速度分析参数多、信噪比低的特点。GeoEast系统率先采用多谱计算和多参数拾取交互迭代、用成像道集更新多个成像参数及单点交互偏移技术三项创新技术，有效解决了纵波和转换波VTI动校正和偏移成像参数估算难题。多谱计算和多参数拾取交互迭代技术实现了在给定其他参数的前提下，交互扫描当前参数谱，然后交互调整当前参数，再交互扫描其他参数谱。软件功能解决了多个参数相互依赖的难题，用于纵波和转换波VTI动校正和偏移的多参数估算。

纵波和转换波VTI成像参数估计技术采用交互扫描VTI成像参数和循环迭代的方法，优质高效地实现了多个VTI成像参数的同时估算。

3）自动速度拾取技术

速度与各向异性参数拾取的人工交互工作量大，且十分烦琐。针对高信噪比数据，研发了高密度速度分析功能，通过自动的方法得到高密度的速度与各向异性参数。对于低信噪比数据，自动拾取的结果十分不稳定，提出了相邻速度点约束的自动速度拾取技术，可以很好地解决低信噪比情况下的速度拾取问题；并同时解决自动速度拾取的质控问题，减轻用户的手工劳动工作量。

4）高分辨率的相关速度谱技术

常规的叠加谱以动校正后的道集叠加能量或相似系数来计算速度谱，抗干扰能力较差，而且运算量比较大。GeoEast 相关谱分析使用用户定义的一系列动校正速度，对输入的速度分析道集进行切除与动校正，然后进行互相关分析，将互相关分析的结果写入谱能量矩阵，形成速度谱。根据参考速度，应用不同的速度百分比，经动校正叠加，形成叠加段数据，供速度解释时参考。

通过对比发现相关速度谱明显优于原来的速度谱。GeoEast 相关速度谱的整体面貌与速度的分辨率都优于 GeoEast 常规速度谱。相关速度谱能量团清晰，而常规速度谱能量团比较乱、聚焦性差，速度趋势明显没有相关速度谱清楚。

5）交互速度拾取质量控制与后续处理技术

GeoEast 交互速度分析软件开发了丰富的实时速度拾取结果质控技术，包括 Inline，Crossline 与速度切片三方向速度拾取结果质控图件。在拾取过程中，可以参考叠加剖面段、层位信息进行实时联动质控，以取得理想的速度解释结果。

速度拾取的散点数据必须经过后续处理才能被成像模块使用，下面以 VTI 各向异性叠前时间偏移参数建场过程进行说明。主要步骤如下：首先进行各向同性叠前时间偏移速度分析，然后拾取叠前时间偏移速度，建立各向同性叠前时间偏移初始速度场，进行各向同性叠前时间偏移。如果偏移结果 CRP 道集上同相轴明显不平，说明初始速度场有误差。这时需要进行叠前时间偏移更新速度分析，确定更好的叠前时间偏移速度，同时可以确定各向异性参数，获得 VTI 各向异性叠前时间偏移参数场，改进 VTI 各向异性叠前时间偏移的效果。如果效果仍然不满意，可以再次进行叠前时间偏移更新速度分析。这样能够使 VTI 各向异性叠前时间偏移参数场逐步优化。

6）VTI 介质交互实时叠前时间偏移技术

纵波和转换波 VTI 叠前时间偏移成像参数迭代更新技术首先用初始的各向同性或 VTI 成像参数作为初始参数对原始道集做一轮偏移，然后在成像道集和原成像参数的基础上，交互迭代扫描各成像参数谱，同时交互更新多个成像参数。

在纵波和转换波 VTI 成像参数更新的过程中，实现了单点交互叠前时间偏移功能。采用和批量的叠前时间偏移相同的算法，利用交互更新得到的当前成像参数，在当前分析点位置，进行交互偏移运算。这样可立刻看到 VTI 偏移的结果，以便评价成像参数的合理性。同时，还可在交互成像道集的基础上，继续进行成像参数更新。

5. 积分法偏移成像技术

近年来采集技术飞速发展，进一步提高积分法偏移的计算效率，从而缩短生产周期、节约计算机资源和人工成本成为行业生产的迫切需求。GeoEast 软件积分法叠前偏移模块完善和扩充主要集中在提升偏移模块的计算效率，包括开发 OVT 域叠前时间偏移功能，开发 CPU 和 GPU 版本分炮检距积分法叠前深度偏移模块，完善 GPU 版本的分炮检距积分法叠前时间偏移模块，完善 TTI 各向异性介质的深度偏移功能。

1）OVT 叠前时间偏移技术

OVT 是十字排列道集的自然延伸，是十字排列道集内的一个数据子集。提取所有十字排列道集中相应的 OVT，组成 OVT 道集，该道集由具有大致相同的炮检距和方位角的地震道组成，而且延伸到整个工区，是覆盖整个工区的单次覆盖数据体。因而它可以独立偏移，偏移后能保存方位角和炮检距信息用于方位角分析。

每个 OVT 都是沿炮线有限范围内的炮点和沿检波线有限范围内的检波点构成，这两个范围把一个具体的 OVT 数据取值限制在一个有限炮检距和方位角范围内。和传统的四维空间（线、CMP、时间、炮检距）叠前时间偏移相比，OVT 叠前时间偏移可以简单理解为：在炮检距维度上增加方位角维度信息，从而变成（线、CMP、时间、炮检距、方位角）五维叠前时间偏移。和四维共炮检距叠前时间偏移并行算法相比，OVT 五维数据空间并行任务完全可以借鉴共炮检距并行算法，只是并行粒度更细，经过反复研讨和试验，最终采用共炮检距+输出道+输入道组成的混合域叠前时间偏移并行算法。

2）CPU 版共炮检距积分法叠前深度偏移模块

在软件开发过程中，通用的编程框架功能包括以下几个方面：作业进程的启动和结束、计算节点间的通信、计算节点的负载均衡、计算节点间的容错、并行计算模式库。

CPU 版共炮检距积分法叠前深度偏移模块除了并行框架的改进，在数据组织模式上采用了共炮检距+组内广播+本地缓存的方式。数据组织模式从传统的数据依赖型转化为数据分割型，即按照偏移距和任务面元组织数据，把叠前深度偏移软件并行算法的地震数据网络流量减少为传统并行算法的几十至几百分之一，为大规模叠前深度偏移并行奠定了理论基础。

旅行时表是模块开发的重中之重，采用共炮检距叠前数据组织模式，无形中增加了旅行时表的 I/O 量。因为原有输入道法模式的旅行时表按照共炮集模式存放，输入 10000 道共炮集数据后，其炮点坐标可能只有几个，所不同的只是检波点坐标。而在共炮检距数据输入模式下，10000 道输入数据的炮点和检波点坐标都在变化，所以 I/O 量增加了。根据旅行时表这些特点，针对性地采取了相应的存储、分配措施，有效减少了 I/O 量，提高了模块的运行效率。

3）GPU 版积分法叠前深度偏移模块

GPU 版积分法叠前深度偏移模块是在 CPU 版积分法叠前深度偏移模块的基础上开发的新版本。该协同计算版本具有 CPU 和 GPU 同时计算的能力，且 GPU 计算的运行不影响 CPU 计算的正常进行。GPU 版本和 CPU 版本的主要区别在于偏移计算部分，该部分不但要正常进行 CPU 偏移计算，还需要进行 GPU 偏移计算的协同处理。

4）GPU 版积分法叠前时间偏移模块

GeoEast 系统基于共炮检距并行算法 CPU+GPU 协同计算叠前时间偏移模块具有并行规模大、地球物理功能齐全、运行稳定、运算速度快等诸多优点。面临突然增长的大数据量，一些技术环节成为技术瓶颈，最为突出的就是叠前时间偏移软件数据按照共炮检距分选环节，以前叠前时间偏移数据预处理是用单进程串行实现的，大部分工区只需花费几小时到十几个小时即可完成，能满足实际生产需求，但是到了海量数据阶段仅数据预处理就要花费几天到十几天，比偏移计算时间还长，地震数据预处理已经是叠前时间偏移程序最急需解决的问题。针对该问题开发了多节点多线程数据并行预处理功能，并在此基础上增加了以下新功能：数据预处理断点保护功能、随意增加、删除输入文件功能及起伏地表资料网格加密等功能。

5）TTI 各向异性积分法叠前深度偏移

积分法 TTI 各向异性叠前深度偏移所研究的核心是求取介质的相速度和群速度。

GeoEast TTI 积分法叠前深度偏移模块采用相速度控制的波前重建射线追踪算法进行旅行时计算，并叠加成像，可对东部潜山、复杂断块、逆掩推覆体等多种 VTI 和 TTI 各向异性介质成像。图 3-13 为 BP 二维模型的各向同性、VTI 各向异性和 TTI 各向异性积分法叠前深度偏移道集对比。从成像结果来看，各向异性的成像结果明显好于各向同性的结果，而且 TTI 的成像道集最平。

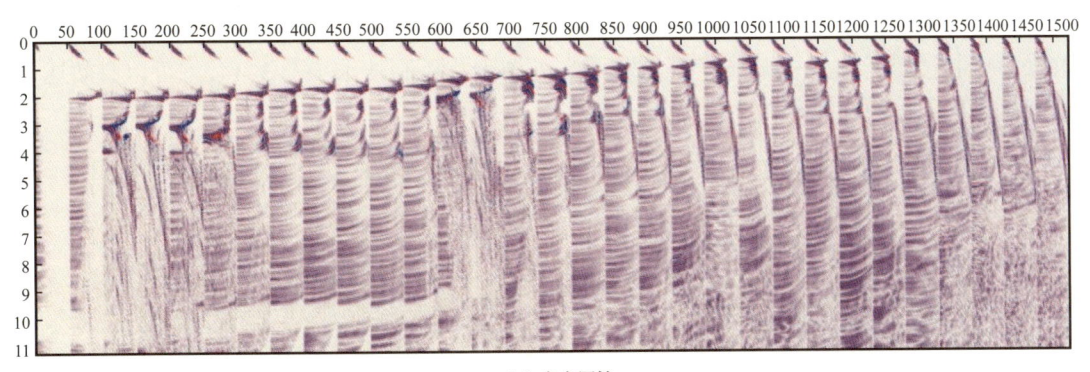

（a）各向同性

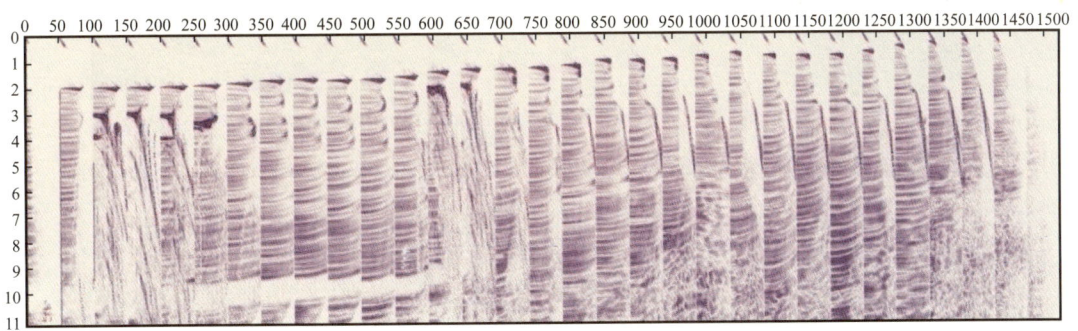

（b）VTI 各向异性

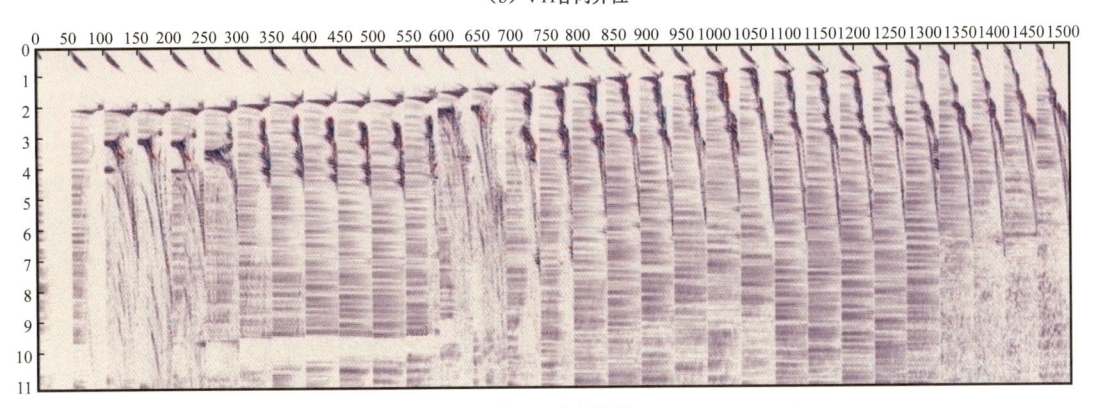

（c）TTI 各向异性

图 3-13　BP 二维模型的各向同性、VTI 各向异性和 TTI 各向异性积分法叠前深度偏移道集对比

6. 海洋资料处理技术

1）海洋地震数据采集现场质量监控技术

GeoEast 具有完整的海洋地震数据采集质量监控系统和相对应的质量监控流程，是确保海洋地震采集质量和提高生产效率最重要的技术。通过及时获取采集过程中的各系统状

态数据,并采用灵活直观的方式展现出来,从而达到实时监控采集状态和资料品质的目的。根据海洋地震采集具有数据量大、施工连续的特点,采用自动实时监控技术来监测拖缆、枪阵等采集设备的工作状态,自动进行相关的质量监控分析并实时显示分析结果。采用该技术,可以提高资料采集质量,节约船队的生产时间,提高生产效率。

2)海洋特殊噪声压制技术

针对海洋地震勘探中的特殊复杂干扰波(涌浪干扰、外源干扰等)的特点,研发了涌浪噪声压制技术、Tau—P域噪声压制技术、外源干扰压制技术(图3-14),可以有效压制涌浪、侧反射等海洋噪声。

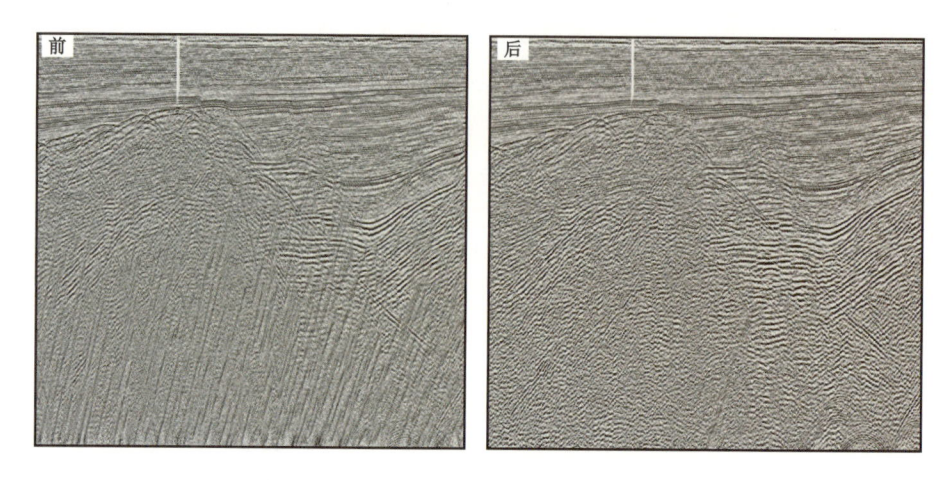

图3-14 海洋外源干扰压制前后的叠加剖面

3)多次波压制技术

海洋地震资料一般具有较高的分辨率,但对于多次波的处理一直以来都是海洋地震资料处理中需要首先解决的主要问题。GeoEast系统研发了Tau—P域反褶积技术(图3-15)、全三维表面多次波压制技术(图3-16)、绕射多次波压制技术,从而形成了完整系列的多

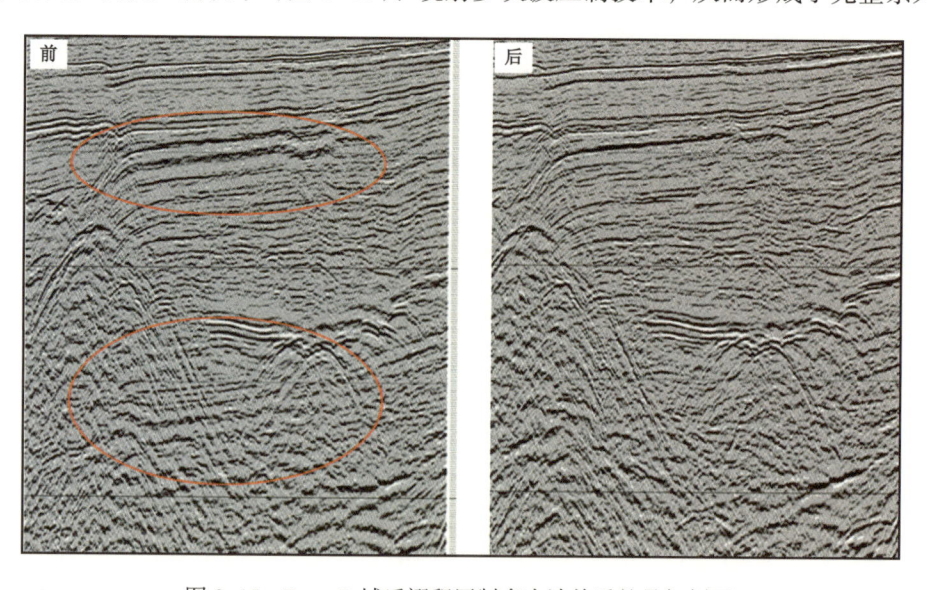

图3-15 Tau—P域反褶积压制多次波前后的叠加剖面

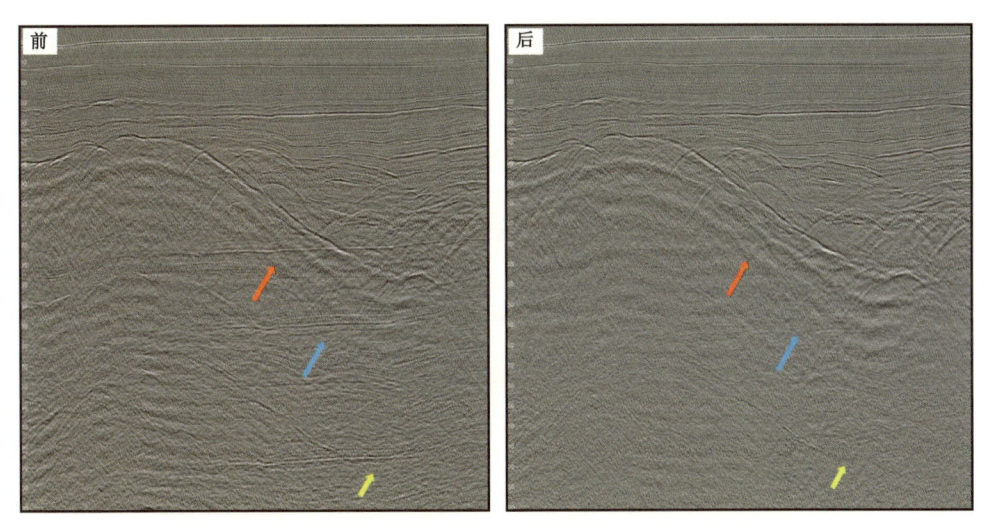

图 3-16　全三维表面多次波压制前后的叠加剖面

次波压制技术，能够适应从浅海 OBC 到深海拖揽地震资料，可以很好地压制浅海鸣震多次波、表面多次波及层间多次波。

4）海洋资料宽频处理技术

海洋地震勘探中，气枪激发时所产生的气泡振荡会影响地震资料的信噪比和分辨率，另外由于气枪、接收点都沉放于海面以下，会产生虚反射，导致地震资料中存在频率陷波点，从而使资料缺失高、低频信息。利用野外提供的远场子波来设计整形滤波因子对地震数据进行整形滤波，可以消除气泡和接收点虚反射的影响（图 3-17）。

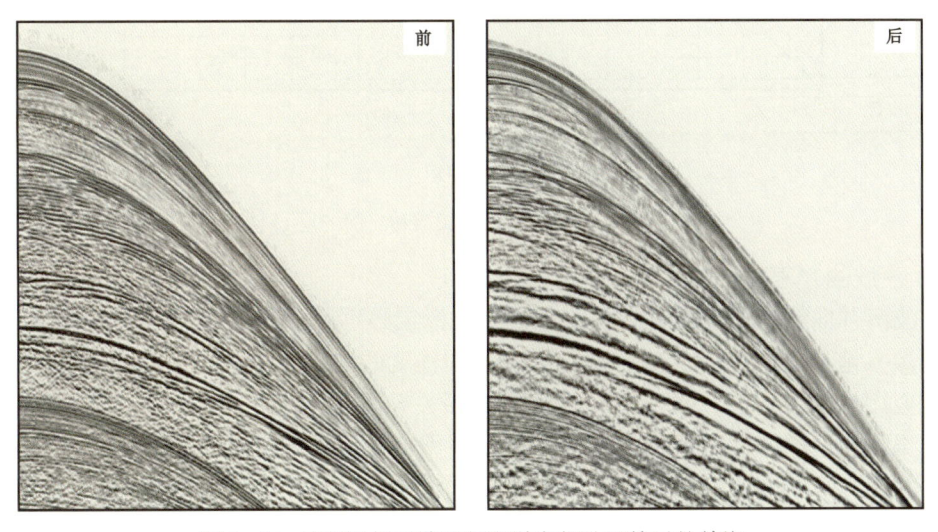

图 3-17　应用远场子波进行海洋宽频处理前后的单炮

7. VSP 处理技术

1）基于 VSP 资料的稳健 $Q$ 值反演

从零偏移距 VSP 记录初至波中可以准确反演地下介质的 $Q$ 值，利用提取的 $Q$ 值对地震资料进行反 $Q$ 滤波，可加强地震波的高频信息，拓宽有效频带，消除子波时变影响，提高地震资料的分辨率。基于 VSP 资料的稳健 $Q$ 值反演方法，将除 $Q$ 吸收以外的所有影响地震子波的因素都转移到震源子波频谱中,采用适应实际VSP资料新的震源子波频谱表达式,并采用改进的频谱拟合法,反演的层$Q$值更加稳定可靠(图3-18)。

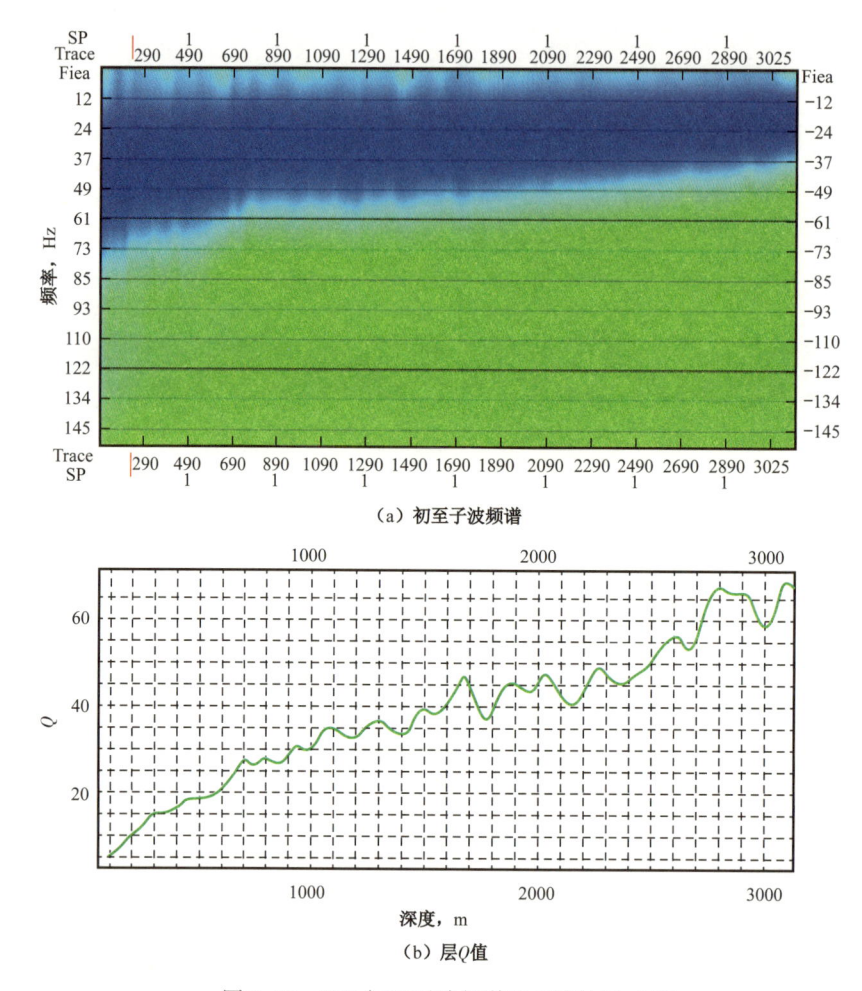

(a)初至子波频谱

(b)层$Q$值

图3-18  VSP初至子波频谱和反演的层$Q$值

2)声波测井速度曲线校正

声波测井曲线是地震资料解释中进行地层标定必不可少的数据。由于受地层、井径、钻井液渗入地层等诸多因素的影响,会有不同程度的失真。为了提高声波测井资料在处理解释应用中的可信度,研发了利用VSP时深关系对声波测井资料进行校正。零井源距VSP观测到的地震波近似于垂直传播,因此利用零井源距VSP初至波估算的时深关系既直接又准确(图3-19)。

3)VSP资料套管波压制

套管波是VSP数据特有的一种噪声类型,主要是由于套管和地层胶结不良引起的,严重影响VSP数据质量。通过套管波干扰附近直达波的速度计算直达波的斜率,在可控震源采集的三分量数据上直接进行中值滤波,对强套管波干扰进行压制;然后选择强套管波干扰道的范围,用滤波后的数据替换滤波前的数据,实现对VSP可控震源相关前地震数据进行强套管波压制的目的。

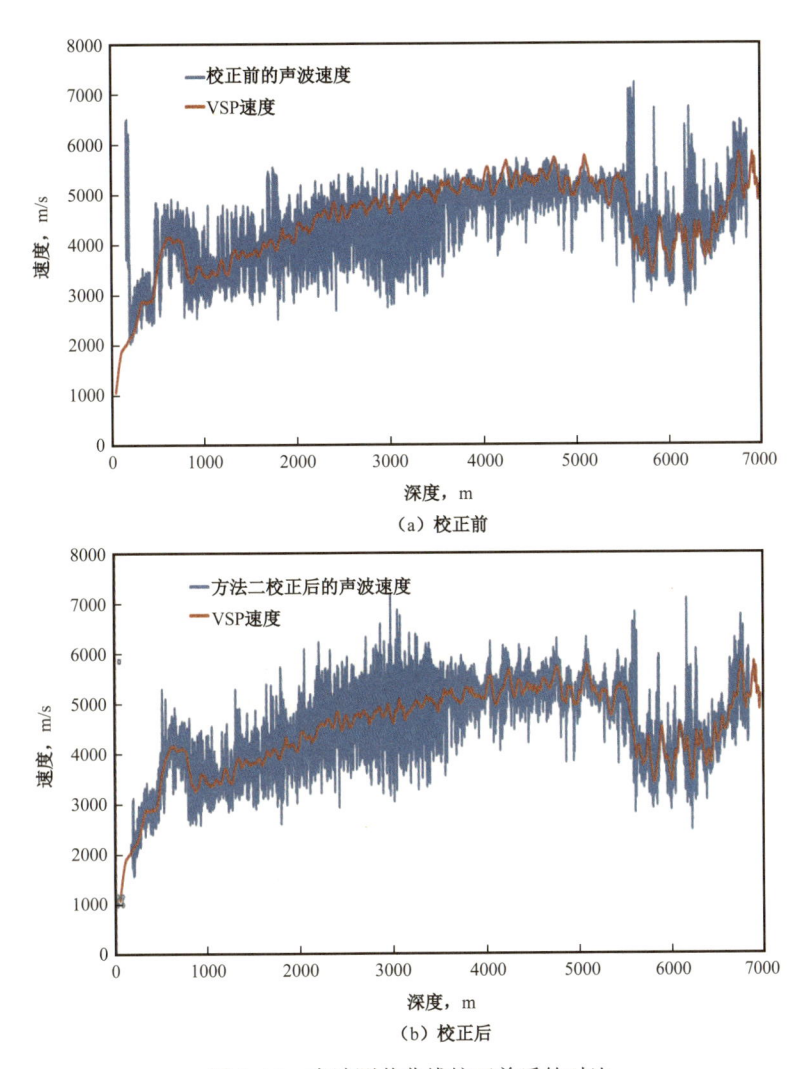

图 3-19　声波测井曲线校正前后的对比

8. 海量数据高效处理技术

针对高密度、宽方位、多波多分量等勘探新技术带来的百 TB 级海量数据处理挑战，GeoEast 处理系统推出一系列的特色技术和功能，主要包括：地震数据混合存储管理、大规模并行框架、大规模并行环境作业调度及资源管理系统、批量作业的高效生成、并行分选等，并结合 CPU—GPU 协同等高性能计算技术，解决了 GeoEast 处理系统上百 TB 级海量地震数据的存储、管理及计算效率问题，提升了处理人员的操作方便性、快捷性，能够满足百 TB 级海量数据实际生产的需求。

1）地震数据混合存储管理技术

GeoEast 软件平台自主研发了基于元模型管理的共享数据平台，创新地震数据混合管理模式，研发了分布式地震数据管理系统，统一协调和管理全局存储及节点本地存储，为海量数据提供可靠的存储空间及访问效率。

为了能方便地对同一地震数据按多种方式访问，GeoEast 采用分级索引技术，实现近百 TB 超大单体地震数据有效管理和访问的同时，大幅减少存储空间的使用。

2）地震数据高效访问技术

为了适应地震数据处理过程中的道集变换需求（例如从炮集转换到CMP集），GeoEast创新地震数据分选算法，利用集群多节点内存、本地盘、共享存储和网络资源，把对数据的随机访问转化为顺序访问，实现地震数据的高效访问，加速数据处理。该技术的使用使得GeoEast系统分选效率明显优于国外同类软件（图3-20）。

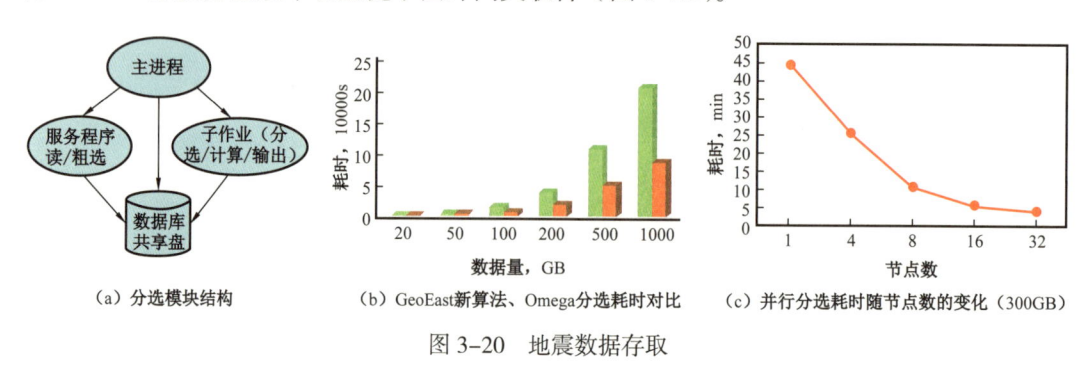

(a) 分选模块结构　　(b) GeoEast新算法、Omega分选耗时对比　　(c) 并行分选耗时随节点数的变化（300GB）

图3-20　地震数据存取

GeoEast地震数据在物理设备上采用分块存储，在逻辑层上给用户单一数据呈现。在地震数据输出时，平台根据系统中的存储配置，兼顾存储容量和效率，实现各存储系统的负载均衡。对于地震作业运行过程中产生的临时数据，则优先存储在节点本地盘或者分布式存储中，从而降低共享存储压力，提高数据的存储效率。

3）大规模集群资源管理和作业调度技术

海量地震数据处理必定要使用大规模集群，同时也需要运行大量地震作业。GeoEast平台研发并集成了一套适用性强的大规模作业调度和资源管理软件系统，实现了对数千节点规模集群、数千地震作业的高效管理。该系统以资源实时监控技术和多种策略的调度技术为基础，结合地震数据处理特性（数据密集、I/O密集、计算密集）和地震作业特点（串行/并行、交互/批量），实现集群资源的负载均衡和高效利用，提高系统整体的运行效率。

4）地震数据并行处理技术

GeoEast系统中采用基于数据分割的并行处理框架，该技术将串行地震作业按照相应的规则，自动分配到集群多节点上并行运行，充分利用了多节点，多核并发优势技术，提高了作业的运行效率，使得GeoEast系统80%的常规串行模块都可以并行运行，提高了海量地震数据的运行效率。

海量地震数据处理过程中，传统的串行处理方式效率低，利用地震数据处理的局部性特点，自主研发了"基于参数变量的作业大规模复用技术"，使得处理员编辑一个作业的同时即可自动生成大批量地震作业，并实现大批量作业的一键发送运行及监控，大幅减轻劳动强度，提升用户体验。

另外，GeoEast处理系统创新研发并集成了"基于活动消息的并行与分布式开发框架（简称GPP）"，克服MPI编程模型在可扩展性和容错性等方面的限制，单作业可达到百万核级别的并行，并支持自动容错，可运行在数千节点规模的GPU集群之上。该GPP框架已经支持了绝大多数GeoEast并行应用开发（如叠前时间偏移、叠前深度偏移等），其扩展性和计算效率明显优于国外同类软件，保证海量数据计算密集型处理的效率。

叠前时间偏移模块（PSTM）在天河–1号超级计算上，使用1024个节点，接近线性加速；叠前深度偏移模块超过1024个节点依然能够近线性加速（图3–21）。

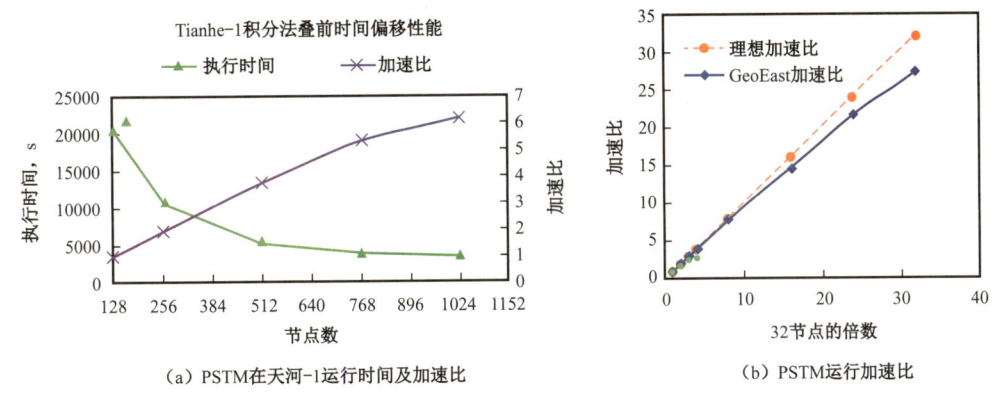

(a) PSTM在天河-1运行时间及加速比

(b) PSTM运行加速比

图3–21　叠前时间偏移模块运行测试

## 二、地震资料解释技术

GeoEast解释系统是集构造解释、储层预测及油气检测为一体的综合地震资料解释系统，具有完备的多工区二/三维联合解释和深度域解释能力，形成了高效精细构造解释、储层预测、油气检测、三维可视化及地质体检测等技术系列。

1. 精细构造解释技术

精细构造解释技术形成了一套具有国际竞争力、具有自主知识产权的特色构造解释软件包。具备多工区、大数据、深度域的综合解释能力，在小断层识别、层位断层解释、速度、成图等方面独具特色。

（1）数据I/O：提供用于地震资料综合解释的各种数据批量加载功能，具备与其他同类软件进行方便快捷的数据交换能力。

（2）多井数据预处理及地震地质标定：提供丰富的测井曲线、岩性、分层、油气水编辑和多井地层对比功能，利用井孔环境校正、曲线归一化、曲线计算和横波估算等方法为层位标定、地震反演提供高质量测井曲线。其具备子波提取、时变子波标定等功能，支持反射系数贡献率分析和直/斜井层位标定。

（3）层位解释：提供4种自动追踪方法进行剖面和空间自动追踪，满足不同品质地震数据的快速层位解释。利用剖面与三维可视化协同解释，提高层位解释精度与效率。

（4）断层解释：提供剖面/切片断层解释、断面实时生成、自动标识断层上下盘、断层自动组合等功能，并利用多线剖面显示解释技术，对比小断层在相邻多个剖面的变化规律，保障小断层解释精度。

（5）小断层识别技术：提供构造导向滤波、相干、方差、边缘检测、多尺度体曲率和分方位角相干能量梯度等多种属性，并利用多属性融合技术进一步增强断层显示效果，精细刻画小断层。

（6）解释速度建场：提供速度谱浏览与编辑功能，针对不同地质条件提供Dix公式法、层位控制法、偏移归位法、模型层析法和井时深关系插值法等5种速度建场方法，具备高精度变速构造成图能力。

（7）工业制图：提供多工区整体成图功能，支持汉字图名、责任表、图例及标注，输出 CGM、DXF、JPG 等多种格式文件。可以利用等值线生成圈闭，自动统计圈闭面积和幅度，具备高效的成图能力。

2. 现代属性储层预测技术

地震属性提取与分析技术是充分挖掘地震资料丰富信息的有效手段，提升解释人员对小断层、复杂储层、非常规油气等复杂地质情况的认识层次，有利于提高油气勘探开发成功率，对油田的增储上产、节本增效起到关键作用。目前 GeoEast 可提供百余种体属性、60 多种层属性和 9 种聚类分析方法，可用于碎屑岩、碳酸盐岩、火成岩等多种类型的储层预测，能有效地识别河道、碳酸盐岩缝洞、生物礁和火山等地质体。

1）构造导向滤波技术

构造导向滤波技术以地层的倾角为依据，沿地层方向进行选择性滤波，在确保有用边界（断裂及地质体边界）不被破坏的前提下进行平滑滤波，使地震数据的信噪比得到改善的同时增强了地震数据同相轴的连续性和间断性特征。

图 3-22 是该技术在某实际资料的应用，对滤波前后地震剖面进行对比发现：滤波前地震剖面上出现的"层断波不断"现象经过构造导向滤波后得以消除（如椭圆区域所示）。

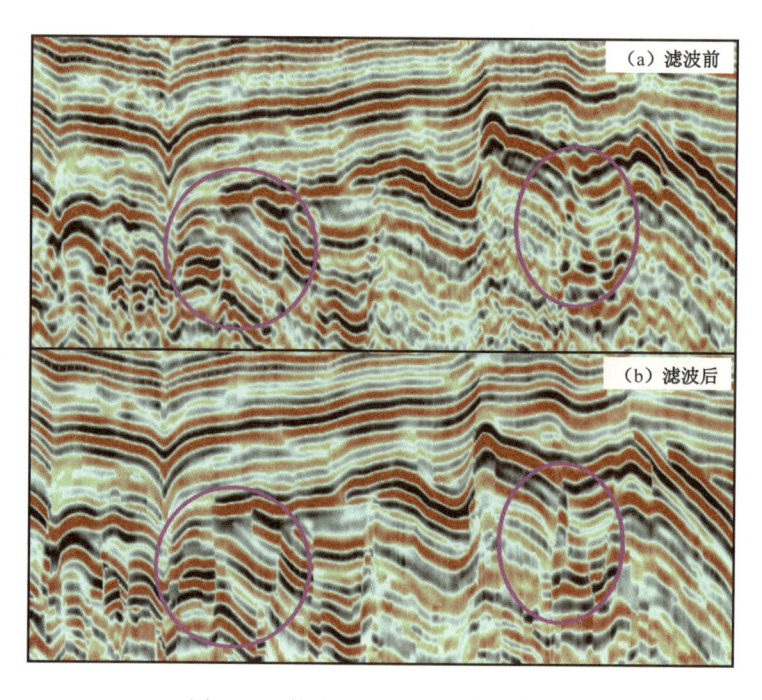

图 3-22 构造导向滤波前后资料对比

图 3-23 是该技术对原始地震剖面进行构造导向滤波前后相干切片的对比，可以看出滤波后相干反映的断层更加清晰。

2）相干振幅能量梯度技术

通常相干体是计算地震数据总振幅的变化，相干振幅能量梯度是计算地震数据相干分量的振幅变化，是反映相干数据体振幅变化的一种属性。该属性有利于突出一些细小的地质特征，如断层、裂缝和河道边界等，达到提高解释精度的目的。

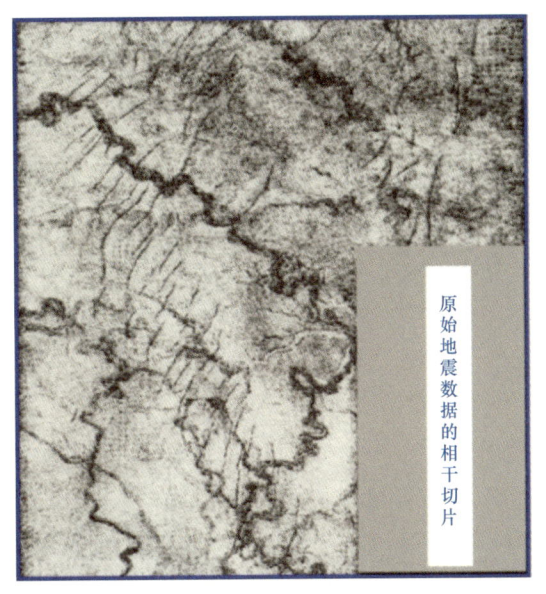

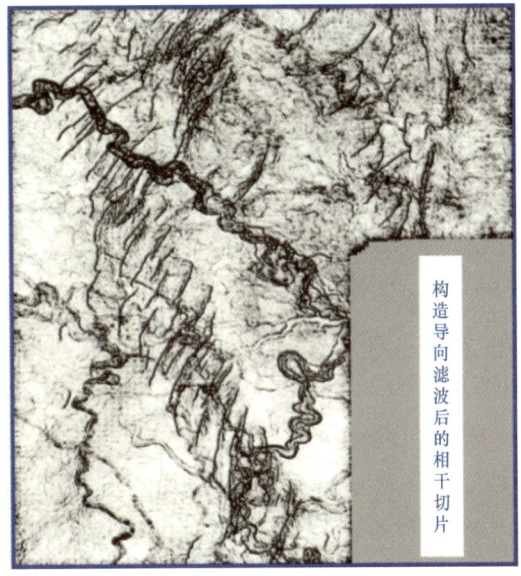

图 3-23　构造导向滤波前后提取的相干切片效果图对比

通过实际数据应用来看，如图 3-24 所示，利用相干能量梯度、相干属性，均能很好地刻画河道分布。但与相干属性相比，相干能量梯度更有利于河道发育特征描述（图 3-24a）。

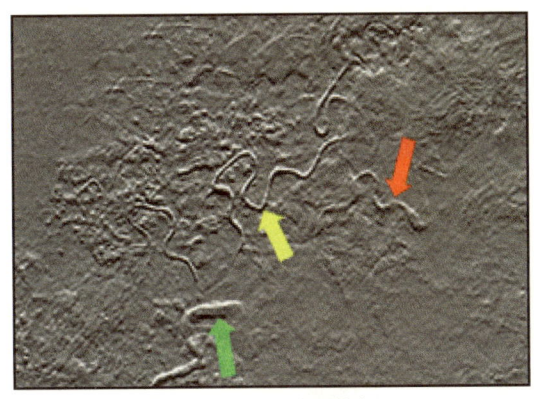

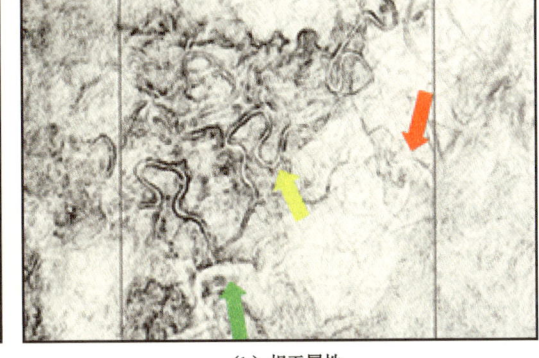

(a) Inline 相干能量梯度　　　　　　　　(b) 相干属性

图 3-24　相干和相干振幅能量梯度对比图

3）多尺度体曲率技术

曲率是一条曲线的二维属性，它是一个圆半径的倒数，曲率的大小可以反映一条弧形的弯曲程度，曲率越大越弯曲。对于地层来说，裂缝发育程度与岩石的弯曲程度密切相关，地层中的岩石弯曲程度越大裂缝发育程度越高，所以可用曲率属性来评价地层裂缝的发育程度。曲率不但可用来指示地层裂缝的发育程度，而且可以反映地层的形态变化。

图 3-25 展示了相干与构造曲率属性的断裂识别差异。相干能有效识别区域性大断裂；曲率属性对于刻画局部小断裂效果明显，这为小断块刻画提供了有力手段。

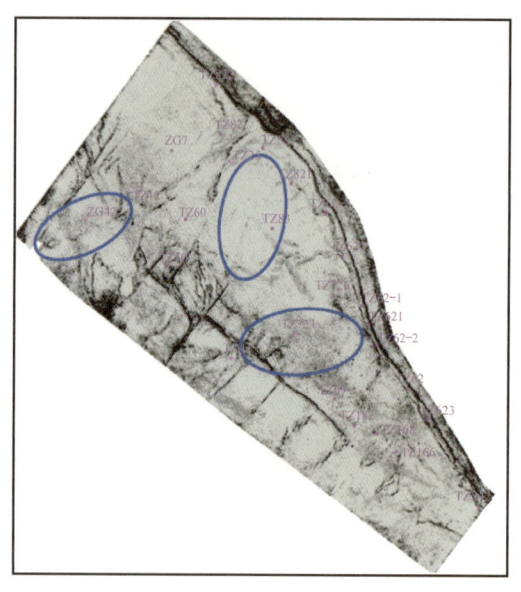

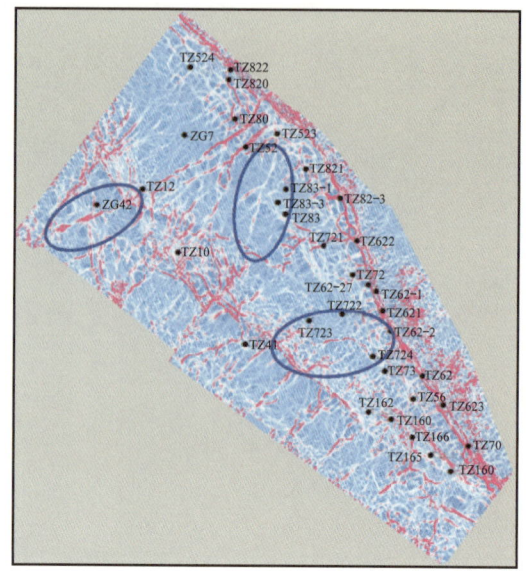

(a) 相干切片　　　　　　　　　　　　　　(b) 曲率切片

图 3-25　相干与构造曲率断层识别比较

4) 特征值相干技术

GeoEast 开发了三种比较成熟的相干算法：相关算法、相似算法和特征值算法。特征值相干是第三代相干算法，相比以往的相关和相似算法，该算法具有更好的抗噪能力，同时能提高断层的横向分辨能力，但是该算法运算速度慢。

图 3-26 是相干技术在某实际资料中的应用，展示了三种相干算法的沿层切片，三种相干算法的结果都反映了河道的展布。但基于特征值的相干具有背景噪声少，河道轮廓及整体展布规律清晰的特点。

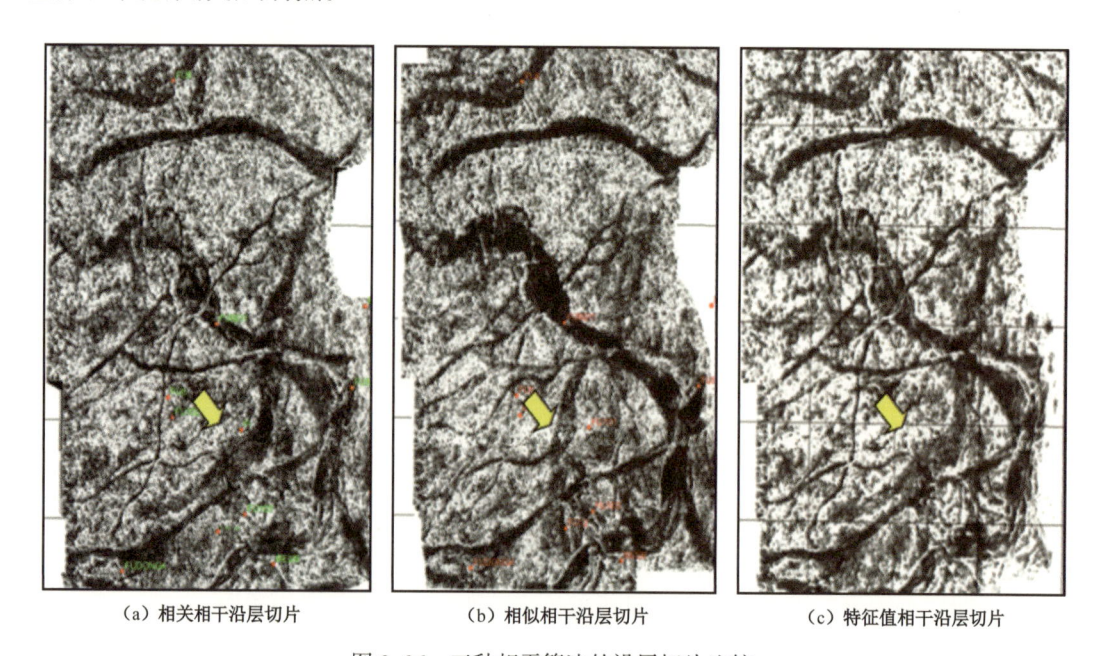

(a) 相关相干沿层切片　　　　(b) 相似相干沿层切片　　　　(c) 特征值相干沿层切片

图 3-26　三种相干算法的沿层切片比较

5）纹理属性提取技术

与常规的地震属性提取方法不同，采用纹理分析技术所获得的地震属性具有结构性特征，可从规则的大背景中筛选出局部不规则的区域，以确定异常目标体的空间形态和空间分布范围。GeoEast 基于灰度共生矩阵提取了 14 种纹理属性，常用于地震解释的纹理属性主要包括熵、均匀度、能量、对比度、相关性和方差等 6 种纹理属性。

6）振幅差异属性技术

振幅差异属性是在考虑振幅变化的情况下计算振幅的差异，它突出了储层或地层的不连续性变化，增强了地质特征的变化特征。振幅差异属性可用来识别由于储层或地层的不连续性引起的地震反射波振幅的横向变化。因此，振幅差异属性包含了由地质特征变化引起的振幅突变信息，对一些地质异常体边界比较敏感。

图 3-27 是振幅差异属性在某实际资料火山口识别的应用效果，从图中可以看出火山口特征十分清楚，表明振幅差异属性在突出地震异常特征时是有效的。

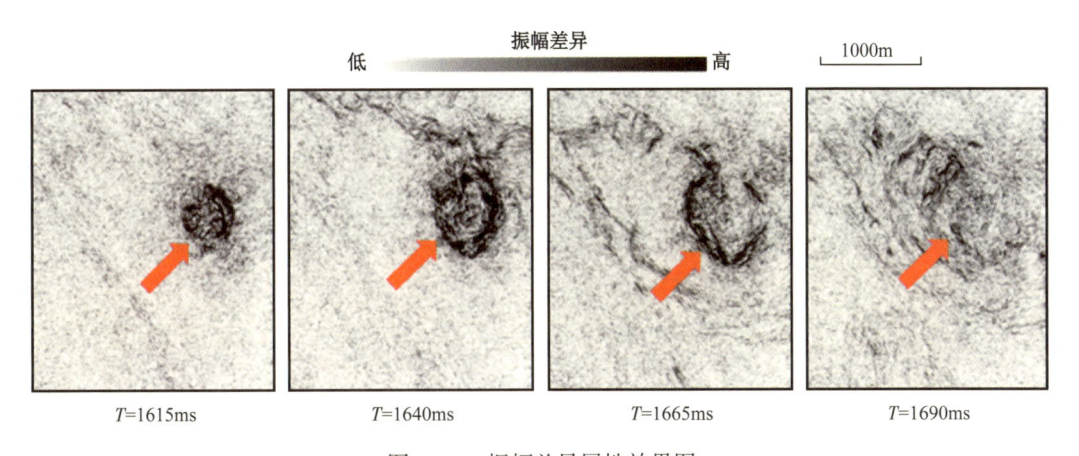

图 3-27 振幅差异属性效果图

7）蚂蚁体技术

蚂蚁体属性主要用来识别断层与裂缝。图 3-28b 是蚂蚁体属性在某实际资料断层识别的应用效果，从图中可以看出蚂蚁体反映的断层更加清晰和连续，更加有利于自动解释。

8）单频属性提取技术

利用时频分析方法，可以将 3D 地震数据体通过时频分析得到不同频率的数据体，如单频振幅、单频相位、峰值频率和峰值振幅等，每个数据体所包含的反映地层物性变化的信息都不尽相同。GeoEast 系统中集成了短时窗傅里叶变换（DFT）、小波变换（WT）、广义 S 变换（GST）、最大熵法等 4 种时频分析算法，在国内外的各个地区也进行了广泛应用。

广义 S 变换是用一系列不同宽度的时窗去分析信号在某时刻附近的频率成分，它可以实现对信号的变焦分析。其在继承傅里叶良好性质的基础上克服了其以上的缺点，表现了良好的时频局部性和变焦特性。所以相比短时窗傅里叶变换，采用基于广义 S 变换方法的谱分解有着更好的效果，如图 3-29 所示。

9）高亮体技术

高亮体属性是频谱的峰值振幅与平均振幅之差，当砂体在地震频谱上表现异常时，可以用该技术预测砂体分布。图 3-30 为该模块在实际资料中的应用效果图。

(a) 相干

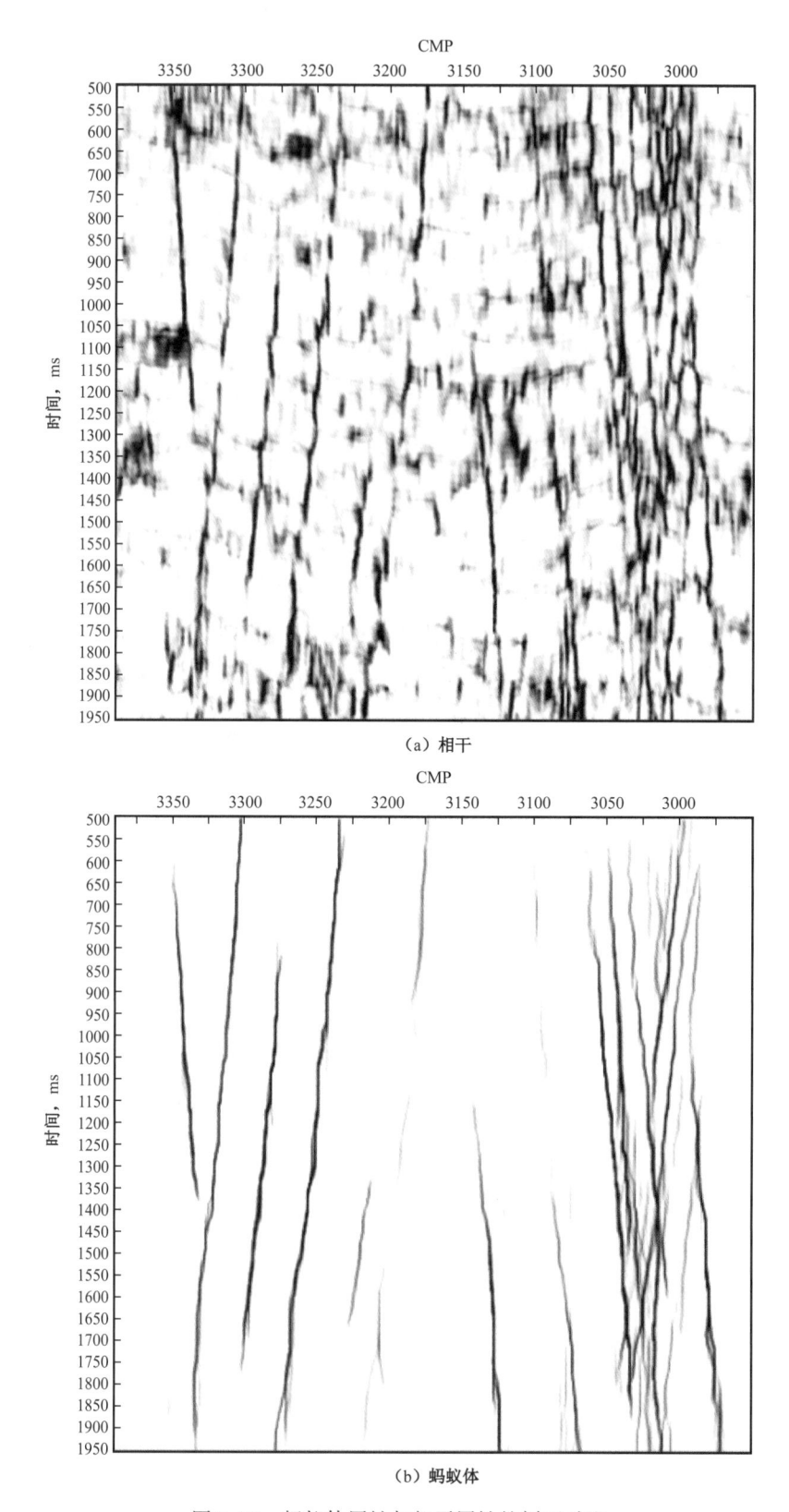

(b) 蚂蚁体

图 3-28 蚂蚁体属性与相干属性的剖面对比

(a) 傅里叶变换

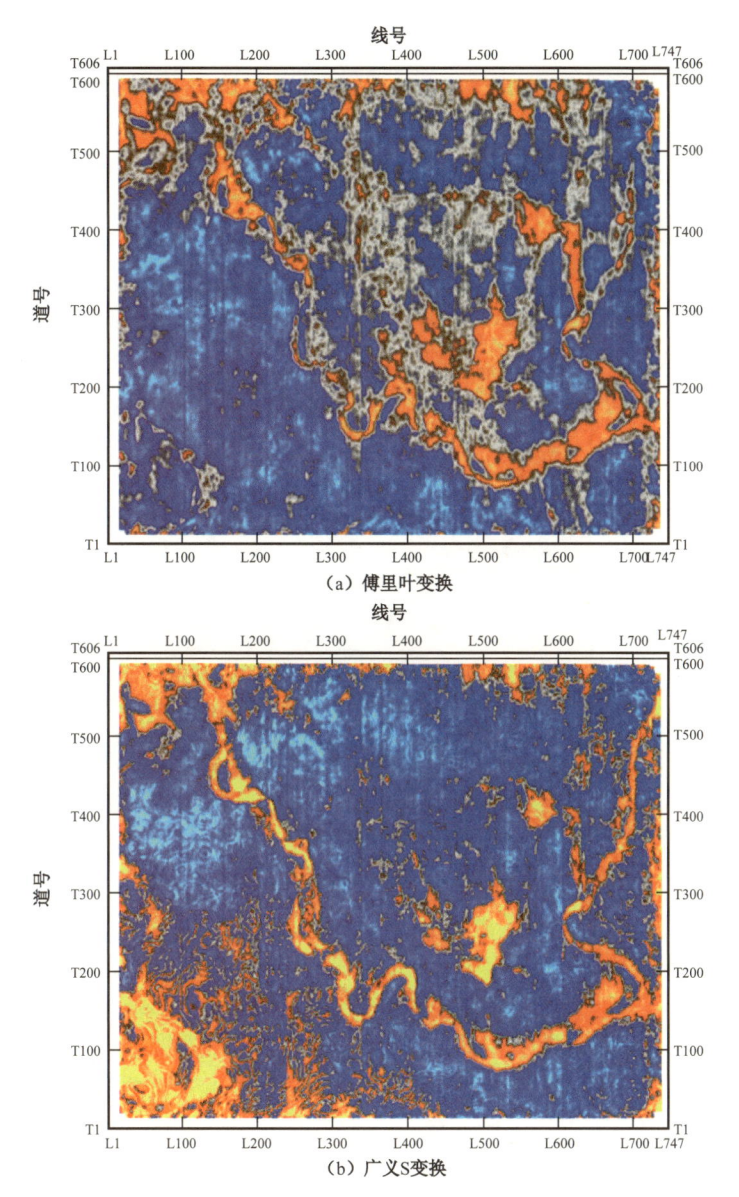

(b) 广义S变换

图 3-29 广义 S 变换与傅里叶变换结果对比

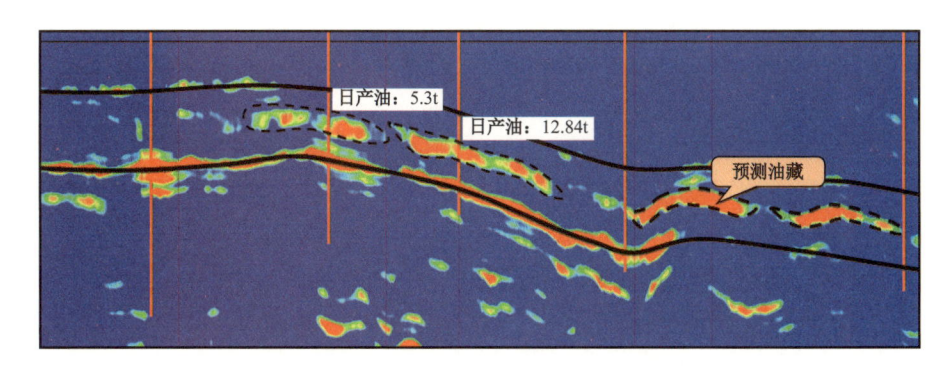

图 3-30 高亮体属性油气检测效果图

10）流体活动性技术

流体活动性属性不仅能检测油气储层的低频阴影，而且可以刻画油气储层的岩性边界和空间展布，减小油气储层检测的多解性。图3-31是在某地区，利用流体活动性属性的油气预测，可以看到预测的结果与已钻井吻合度很好，据该属性对油气空间的分布进行预测。

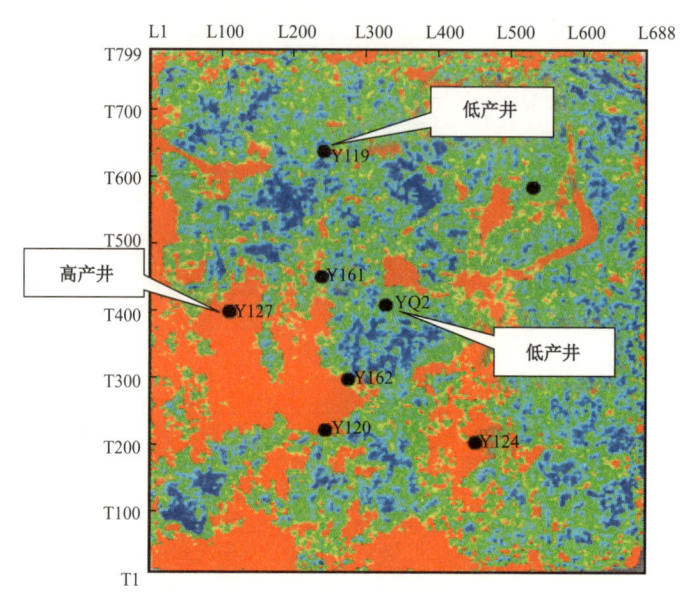

图3-31 流体活动性属性应用效果图

11）谱分解技术

谱分解技术是地震数据处理中一种非常重要的信号处理方法，它通过应用短时窗傅里叶变换、小波变换、最大熵和匹配追踪等分析方法对目的层段的地震数据进行全频段的扫描，将地震资料从时间域转换到频率域，分析其频谱分布情况，得到一系列连续变化频率的调谐振幅数据体，再对其进行深入分析，通过频谱分布变化情况预测地下的地质构造以及烃类，为地质勘探预测提供一种新的方法和思路。谱分解得到的调谐体可用来识别断层、河道，分析地层厚度及油气检测等。图3-32是不同频率的调谐振幅体效果图，很好地刻画了断层分布。

12）叠前地层吸收参数估算技术

叠前地层吸收参数估算以叠前CMP道集为基本输入数据，对输入CMP道集的各地震道作S变换，将叠前CMP道集数据转换到时频域；在时频域里，对同一地震道取相同时间的所有频谱值作线性拟合，估算其斜率，利用斜率与地层衰减的因子关系，估算衰减量；接着对各偏移距的衰减量进行线性拟合，进而估算截距，然后将估算值作为零偏移距处地层吸收参数值，输出即为地层吸收参数。

图3-33是利用叠前道集资料计算地层吸收参数，它清楚地表明了高吸收地层的情况。

13）多属性综合分析技术

随着属性技术的发展，提取出了越来越多的属性，需要对这些属性进行综合分析，达到地震相分析、岩性预测、油气预测、储层物性参数预测的目的。对单属性在地质分析中

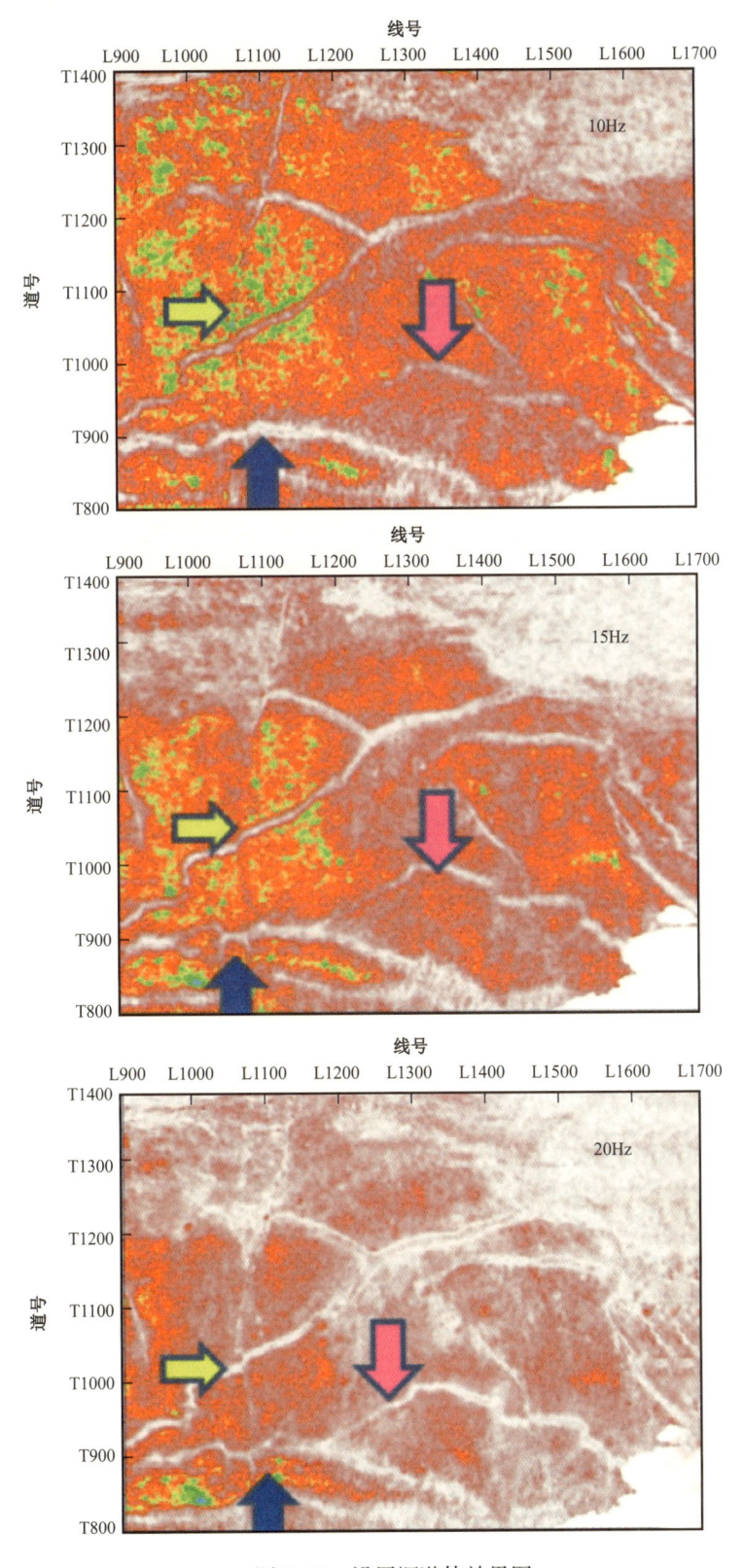

图 3-32 沿层调谐体效果图

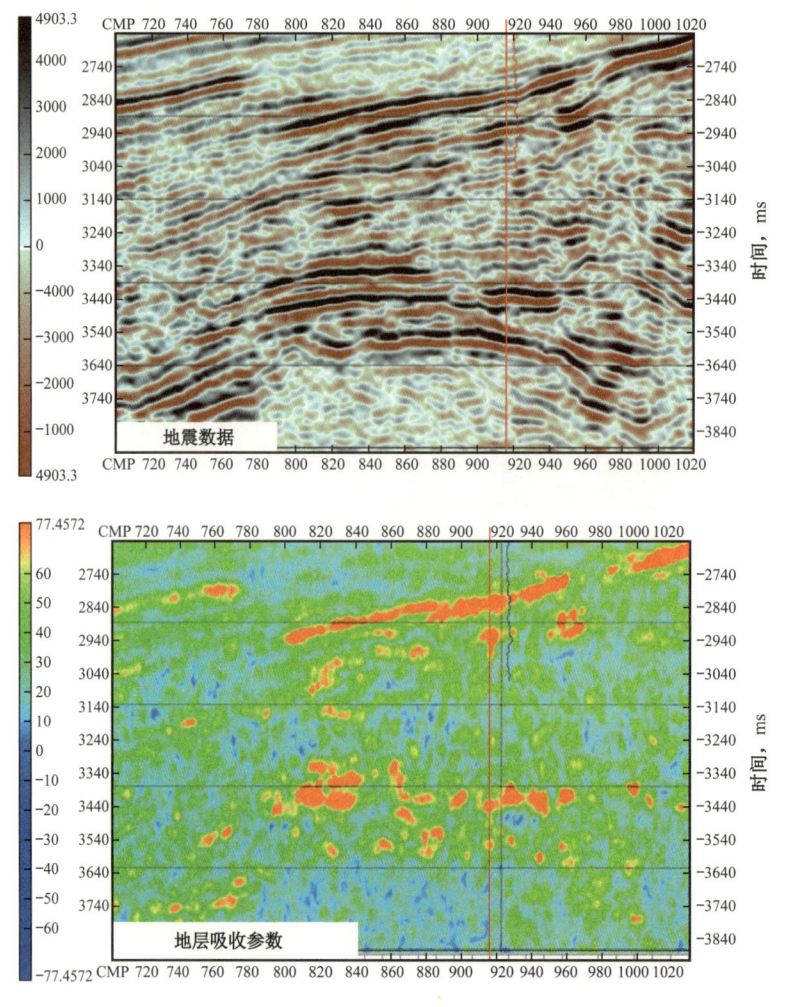

图 3-33　叠前地层吸收参数估算效果图

的不稳定性和数据冗余等问题，采用属性优化技术将对地质特征敏感性高的不同属性提取出来形成一组新的属性，应用自适应增强法、自组织神经网络等现代分类技术，实现平面、空间多属性分类，获得构造、岩性等地质体边界和内幕成像，应用于沉积相分析、储层预测、岩性预测以及储层含油气性预测。

（1）多属性模式识别技术。

地震属性模式识别就是利用模式识别方法对多属性进行综合分析。在地震解释领域，目前可用于地震相分析、储层预测、油气检测、储层物性参数估计、地质体识别和岩性识别等。

GeoEast 提供了两类模式识别方法：统计模式识别法和神经网络法。其中 Fisher 线性判别法、K-近邻法、自适应增强聚类分析方法、C-均值法、对手受罚的竞争学习算法是统计类方法；自组织分析是神经网络法。这 6 种分析方法依据是否使用训练样本又分为无样本监督分析法和有样本监督分析法。

图 3-34 是继承性分类效果图。通过继承性分类对河道体系进行分类，在整体河道识别的基础上再对不同厚度的沉积体进行划分。

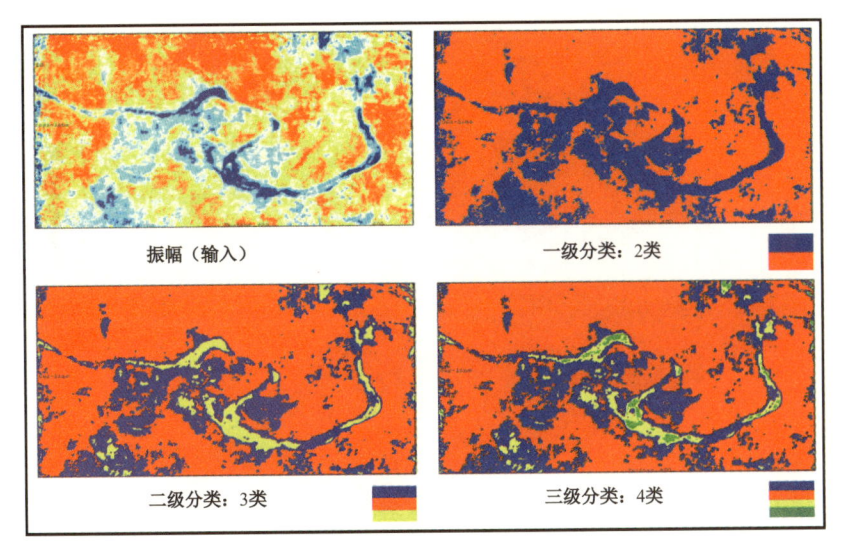

图 3-34　继承性分类效果图

（2）储层物性参数估算技术。

储层参数估算的目的就是预测这些参数的井间变化。在地震解释领域，可利用误差反向传播神经网络技术，将测井资料和地震属性结合来估算储层物性参数。图 3-35 是 BP 神经网络技术在某地区的应用效果图。利用已知井作为样本，在礁体发育带预测基础上，对孔隙度和渗透率进行了定量描述。

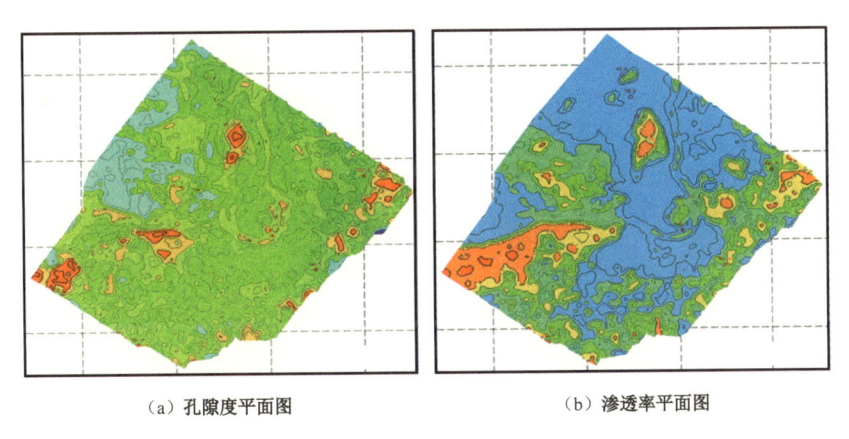

图 3-35　BP 神经网络技术预测孔隙度与渗透率

（3）地震波形/频谱聚类技术。

地震波形/频谱聚类技术是利用自组织特征映射神经网络技术，对给定时窗内的波形/频谱特征进行分类处理，从而达到地震相、岩性分析的目的。通常地震属性只是表征地震信号的某几个物理参数（振幅、相位、频率等），不能单独描述地震信号的总体异常。地震波形/频谱的总体变化与岩性和岩相的变换密切相关，任何与地震波传播有关的物理参数变化都可以反映在地震道波形变化上，因此可以对地震波形/频谱的变化进行分析，找出波形/频谱变化的总体规律，从而达到认识地震相变化规律的目的。

图 3-36 是地震波形聚类技术在某实际资料的应用结果，利用该技术，弄清了目的层段地震相，识别了储层发育带。

— 133 —

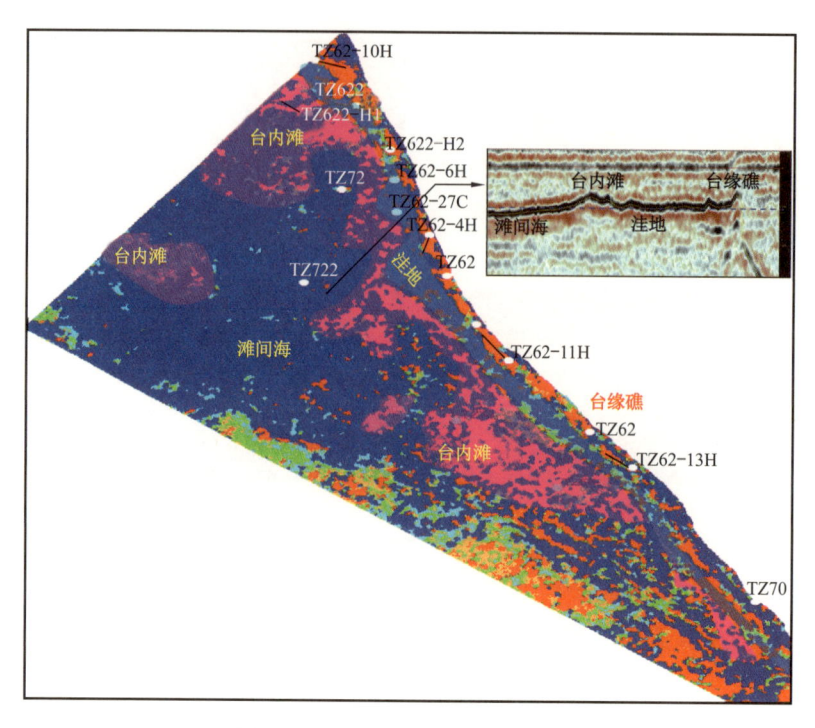

图3-36 地震波形聚类技术效果图

3. 地震反演技术

GeoEast是一种多子系统协同工作模式的系统，很多子系统协同参与完成地震反演的全流程，主要包括三个部分：（1）反演前的数据准备与分析；（2）叠前、叠后反演计算；（3）反演数据体分析。其中反演前的数据准备与分析主要包括可行性分析、井震标定、子波估算、横波速度估算、建立初始模型等几个关键方面。每个过程的质量都对反演结果有重要的影响。

GeoEast解释系统目前提供两个叠前反演：叠前弹性参数反演和贝叶斯叠前同步反演。4个叠后反演：宽带约束反演、BP神经网络反演、模拟退火反演和稀疏脉冲反演。

图3-37对比了同一地区应用GeoEast稀疏脉冲反演和国外某主力反演软件的叠后反演的结果，二者的波阻抗变化趋势相当，纵向分辨率接近。而GeoEast稀疏脉冲反演结果具有更好的横向连续性。

4. 五维地震数据解释技术

五维地震数据解释技术是指从拥有方位角和炮检距信息的叠前地震数据中提取与地层构造、油气储层和流体有关的地质信息的技术。与叠后地震资料和常规叠前地震资料相比，由于在三维空间信息之外还具备方位角和炮检距信息，因此，这种叠前地震数据被称为"五维地震数据"。

五维地震数据具备宽方位、宽炮检距特征。与常规叠前地震资料相比，经过精细和特殊处理的宽方位地震资料的方位角和炮检距分布范围较广且更为均匀，利用方位角和炮检距信息可更好地分析地震波在各向异性介质中传播时的旅行时、速度、振幅、频率和相位差异性，识别地层的各向异性特征。

五维地震数据解释技术聚焦于五维地震数据的解释与地质信息提取功能，以充分利

(a) GeoEast稀疏脉冲反演

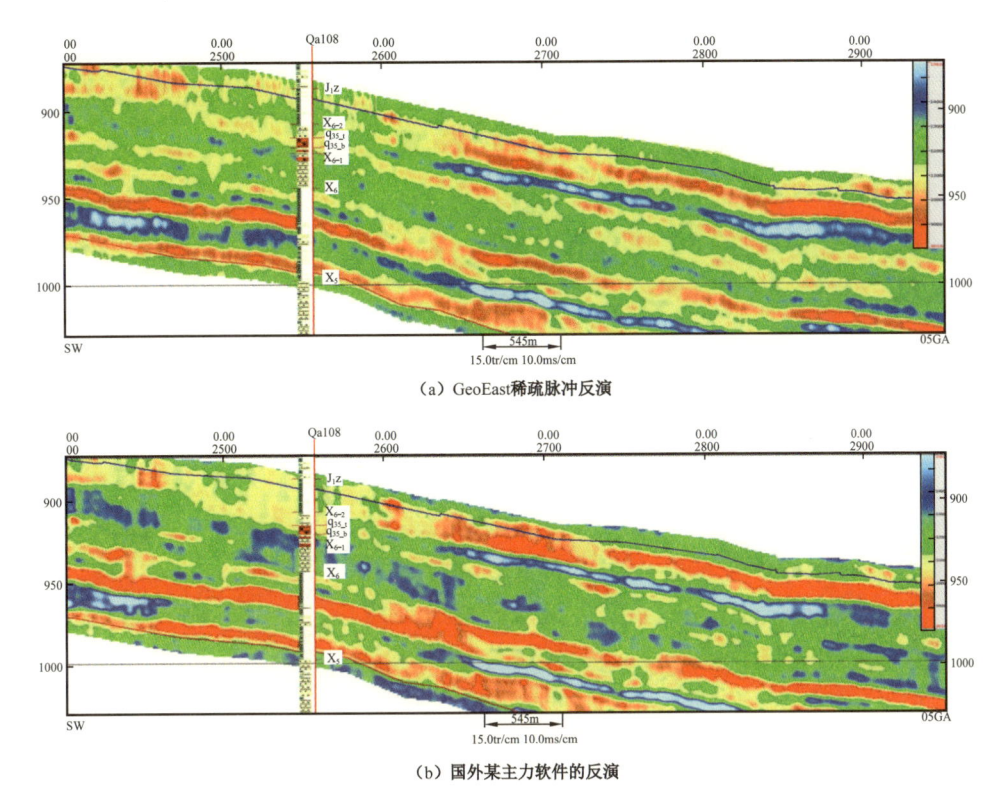

(b) 国外某主力软件的反演

图 3-37　稀疏脉冲反演与国外某主力软件反演的剖面对比

用叠前地震数据所包含的方位各向异性和不同偏移距信息，突破常规构造解释软件的局限性，提高储层预测、裂缝预测以及含油气性的预测精度，满足了油气藏高效勘探开发的需求。该技术实现了"精细构造解释""储层预测""流体识别"三大任务，实现了"TB 级海量数据管理""交互式道集数据叠加""裂缝预测""分方位 AVO 分析"和"分方位 FVO 分析"等特色技术，为油气藏开发、增储上产提供了技术保障。

基于五维地震数据解释技术，依托 GeoEast-EasyTrack 平台研发了具有完全自主知识产权的五维地震数据解释软件，如图 3-38 所示。该软件形成了跨平台软件开发、海量数据加载与管理、插件式模块管理、高效叠前地震数据处理与运算、多任务并行计算、基于 OSG 的三维可视化显示等特色技术；并且形成了裂缝预测、主方位 AVO/FVO 分析、分方位油气预测、基于地质目标的方位优化道集叠加等特色技术，可实现完整的叠前地震数据解释和分析。

5. 虚拟现实技术

研发形成了以多通道软件边缘融合、PC Cluster 并行可视化以及基于偏振光模式的立体显示等一系列核心功能为主的高性能虚拟现实集成技术，是具有自主知识产权的虚拟现实一体化解决方案，能够形成高沉浸感虚拟环境，支撑地震数据处理与解释业务过程，提高海量数据处理与沉浸感呈现领域的技术应用水平。

采用了两种主流的立体影像技术：主动立体成像和被动立体成像。基于这两种投影技术的特点，针对不同的应用需求，研究开发了移动便携式、小规模的固定单通道和大规模的固定高分辨率多通道环幕系统等三类立体投影技术方案，可满足不同应用环境，如图 3-39 所示。

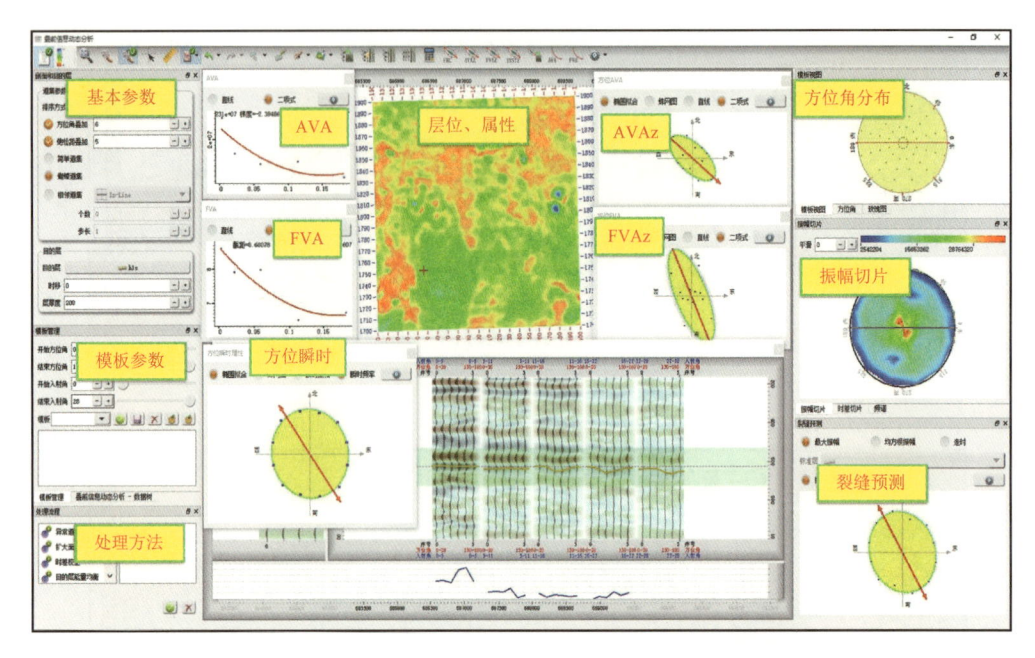

图 3-38　叠前地震信息分析软件（ET-PreSI）主界面

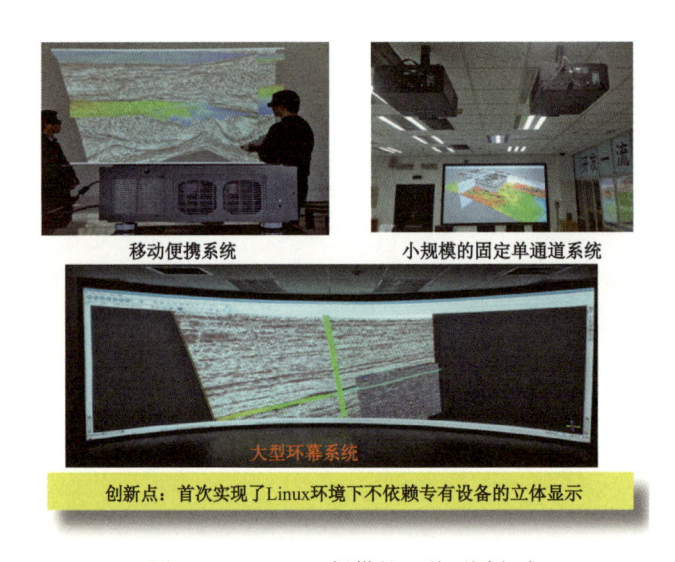

图 3-39　GeoEast 提供的三种不同方式

## 三、GeoEast-Lightning 叠前深度偏移软件

叠前深度偏移已成为复杂构造成像的主流技术。GeoEast-Lightning 波动方程叠前深度偏移处理系统包括了二维和三维单程波波动方程叠前深度偏移法和全声波逆时叠前深度偏移法，填补了国内深度域波动方程偏移成像软件产品的空白。近年来的研发重点集中在确保成像精度的前提下如何提高逆时偏移的作业效率，主要包括：RTM GPU 运算效率优化，增加 CPU/GPU 版本的 VTI/TTI RTM 功能，增加波动方程 3D 角度域道集的提取功能，优化原有的震源偏移距道集提取功能，增加断点保护功能，增加深度域方位各向异性时差校正功能等。

1. 由 CPU 版扩展到 GPU 版

RTM 算法本身是计算密集型方法，需要计算能力强大的处理器完成计算。最近几年，GPU 计算技术被大型计算行业广泛采用，用以提高计算效率、减少计算时间。为了巩固优势地位，该系统持续进行改进优化，完善功能，提高效率，以满足实际生产的需要。GeoEast-Lightning V3.0 在 CPU+GPU 异构集群系统上，研制 GPU 版叠前逆时偏移软件，创新性地提出 GPU 加速技术，应用"GPU—CPU 负载均衡技术"有效解决效率瓶颈，高效实现 GPU 优化加速，效率提高 50%～200%。效率优于国际同类型软件。

图 3-40 为 GeoEast-Lightning 软件中逆时偏移算法的 CPU—GPU 协同计算分工图，主要分为两大部分：震源场波场外推和检波点波场外推。在每一部分中，红色框内为 GPU 计算部分，其余为 CPU 计算部分。其中，CPU 负责数据准备、GPU 数据准备、波场压缩、读取和存储波场以及应用成像条件；GPU 计算部分包括加载震源或检波点波场、有限差分计算和边界处理三步。总体来看，GPU 负责计算，CPU 负责与 I/O 设备协调并参与少量计算。

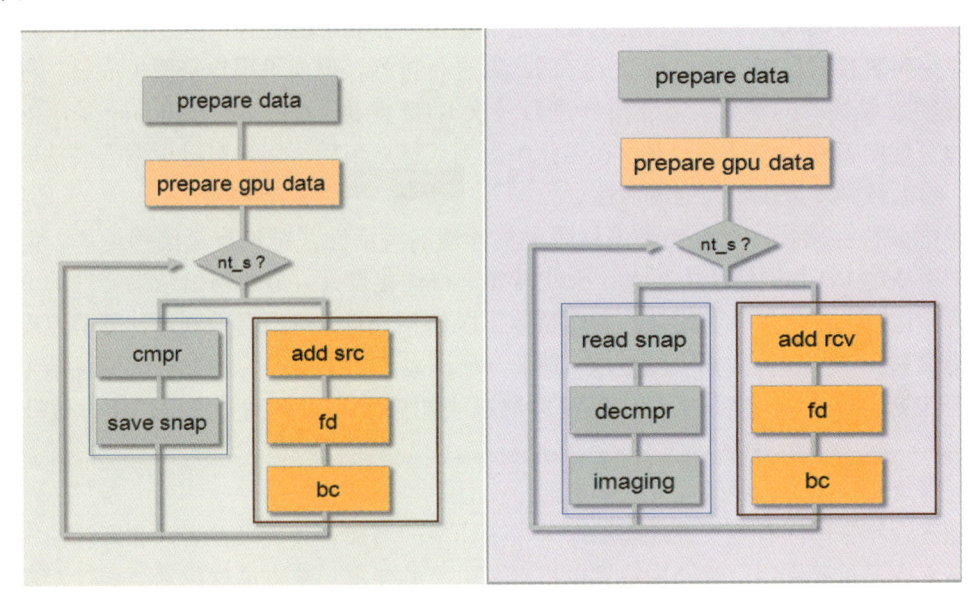

（a）震源场波场外推 CPU—GPU 协同计算分工　　（b）检波点波场外推 CPU—GPU 协同计算分工

图 3-40　GeoEast-Lightning 软件中逆时偏移算法中 CPU—GPU 协同计算分工图

2. 由各向同性扩展到 VTI/TTI 各向异性

地下介质由层状的且存在倾角变化的岩层组成，本身存在各向异性，如果仅用各向同性偏移算法进行成像，对构造不能正确归位，能量不能聚焦。因此对于叠前偏移成像技术而言，从各向同性过渡到各向异性是技术本身发展的必然趋势。目前在国内外各大地球物理服务公司的成像技术研究中，都纷纷开展 TTI 各向异性叠前深度偏移的研究，并正在逐步转化为软件产品。

GeoEast-Lightning V3.0 稳定版推广应用，此后为满足生产需要，开发了 VTI/TTI RTM CPU 和 GPU 版本，应用于更加复杂的介质成像。RTM 在空间—时间域实现，自然地模拟了波在各种介质中的传播，是复杂构造区和非均匀 TTI 介质成像的强有力工具。在地下介质存在各向异性特征时，TTI RTM 偏移与各向同性介质 RTM 相比，成像质量有显著提高。

3. 由震源偏移距道集扩展到角度道集

炮域波动方程偏移，特别是逆时偏移，近年来在地震资料处理中应用愈加普遍。提取偏移共成像点道集，可用于偏移质量控制和速度模型调整，进一步提高成像质量；并且为地震资料岩性解释提供丰富的基础资料。

炮域波动方程偏移可以形成多种共成像点道集（CIG），比较常见的道集有共炮像距道集、共炮像距向量道集、共入射角道集等。提取的共成像点道集可用于偏移质量控制和速度模型调整，进一步提高成像质量；共入射角道集为地震资料岩性解释提供了丰富的基础资料。

GeoEast-Lightning 软件增加了波动方程偏移 CIP 道集输出功能，可以输出震源偏移距道集和 3D 角度域道集，其中 3D 角度域道集被证明在复杂情况下是唯一没有假象的道集，为后续的处理和解释提供丰富的资料。

共成像点道集的提取，理论上是将成像空间以高维形式显示出来，实质上是将单炮偏移图像在整个高维成像空间按特定的规则进行重排列和叠加的过程。这一步骤可以在单炮偏移结束时直接将该炮的图像按设定好的规则进行排列，但如果用户希望生成另一种道集或者改变道集抽取的参数，需要重新进行一次 RTM 偏移。GeoEast-Lightning 采用的方案是将每一炮的偏移图像压缩后保存在磁盘中。当偏移结束后，用户可以根据需要抽取多种道集，给后续处理提供更大的灵活性。

单炮偏移存储技术可以提高偏移后道集处理的灵活性，避免重复偏移运算，但道集提取对系统的 I/O 和网络压力很大，因此需要进行优化设计。分块写出结果文件的方案提高了程序运行的稳定性和实用性。利用整体工区信息分析，可以有效利用计算节点内存保存单炮偏移图像，避免数据重复读取，降低 I/O 压力。采用非均匀网格保存偏移结果，可以进一步降低 I/O 和网络压力。实际资料测试表明整体速度提高了 5 倍以上，优化效果明显。

4. 深度域方位各向异性时差校正功能

随着近年来国内外宽方位地震勘探采集工作量的增加，其成果在岩性和裂缝油气藏勘探领域发挥了重要作用，对处理技术也提出了更高的要求。东方地球物理公司针对逆时偏移技术在宽方位地震资料的应用展开研究。在进行宽方位地震数据处理，同一速度模型对各个方位角数据偏移成像时，经常可以观察到各个方位角聚焦程度不同、速度误差不同和成像深度差异等现象，引起这一现象的一个重要原因是由地下介质中的裂缝和水平应力变化引起的方位各向异性。利用波动方程 3D 角度域道集，在深度域对方位各向异性展开分析，进行时差校正，可改善成像质量，为资料解释提供参考。

5. 软件成像精度进一步改善

在逆时偏移中，数值频散是有限差分法求解波动方程时最突出的问题，严重降低了波场模拟的分辨率。在空间方向上可通过高阶差分来控制空间数值频散。但是在时间方向上，如果也采用高阶差分，计算量和内存需求量都会大大增加，难以适应工业化生产需要，因此大多数是采用二阶差分离散实现，但是由于模拟精度不足，在实现波场延拓过程中会导致数值频散。如果要提高时间差分精度，抑制数值频散，就会增加 5~10 倍的计算量，这在规模化应用中也是难以接受的。GeoEast-Lightning 在这个技术难题上进行了研究攻关，提出了两个解决方案。（1）显式时间演化算法（ETE）。显式时间演化算法和有限差分算法工作方法类似，但其优化了波动方程的数值求解算法，该算法模拟出的波场没有数值频散现象，提高了成像精度和时间效率。（2）时变相移法差分数值频散补偿方法。分析所用差分计算的数值频散特征，预测输入地震数据随时间传播的误差，从而对正演模拟过程中的波场进行相位补偿，有效地提高了偏移成像空间位置精度和相位稳定性。这两项技术都在高效实现偏移计算的同时，提高了偏移成像精度，巩固了软件的优势地位。

6. 软件运行效率大幅度提高

在逆时偏移的波场延拓计算过程中，普通的波前幅值比较法会使波场拓展的早期阶段计算域得不到有效的扩展，因此，GeoEast-Lightning 采用了非线性计算域动态扩展方法，针对波场传播过程中的波前振幅值对计算域的扩展进行动态调整，使计算域得到精确的预测和扩展；同时利用计算域动态扩展得到的信息，动态地调整炮点、检波点波场模拟时间长度，有效地减少计算量，极大地提高了软件计算效率。

7. 由生产试用到大规模推广

GeoEast-Lightning 软件已成为功能齐全、稳健易用的波动方程叠前偏移成像系统，具备了大规模生产能力（图 3-41）。陆上复杂区叠前深度域成像能力达到国际领先，偏移程序的计算效率达到国际同类软件的先进水平。随着软件进一步推广应用，GeoEast-Lightning 软件将在复杂区油气勘探中发挥更大的作用。

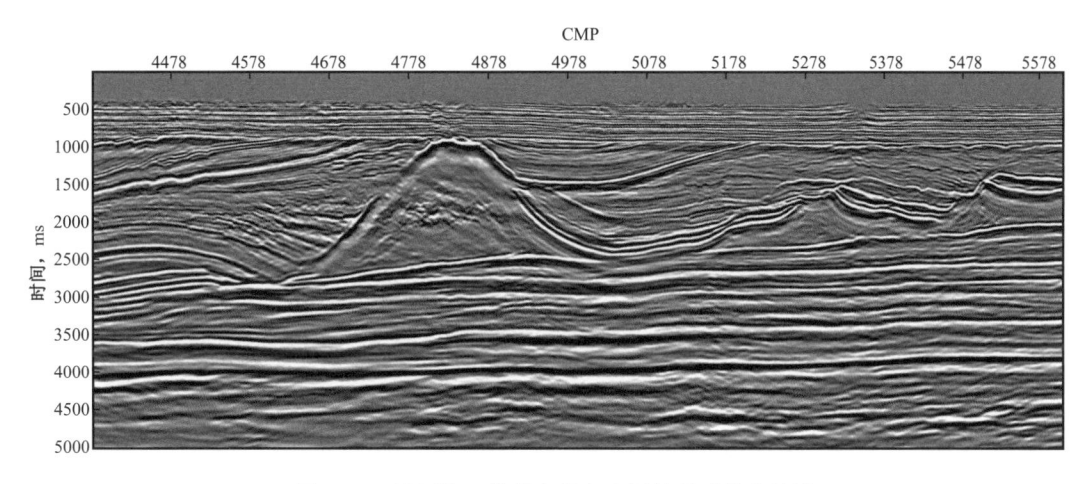

图 3-41　滨里海三维某条线各向同性逆时偏移结果

## 四、GeoEast-MC 多波数据处理软件

GeoEast-MC 多波处理软件系统在转换波综合静校正技术、多波成像参数分析及建场技术、转换波 HTI 各向异性参数分析与校正技术、多波 VTI 各向异性叠前时间/深度偏移技术等领域取得了一批具有完全自主知识产权的原创性成果，解决了多波地震资料处理方面的诸多难题，可以满足 2D/3D 陆上和海上低信噪比及复杂构造多波资料处理技术需求，成为裂缝型、隐蔽型油气藏及非常规油气藏勘探开发的又一把技术利器。

1. 多波数据预处理

GeoEast-MC 系统提供了功能丰富的预处理模块，能够完成野外不同记录格式的多分量地震数据分选、观测系统定义、CCP 面元计算、三分量检波器定向分析与应用、波场分离等预处理功能。另外，还专门提供了多分量数据匹配、道头拷贝及比较，确保了多分量数据的一致性，方便后续模块处理，提高处理效率。

2. 转换波静校正

GeoEast-MC 系统的初至时差互相关及纵波构造约束法等两种转换波静校正技术，能有效计算转换波检波点大的横波静校正量，方法实现简便、稳定且适应性强，初步形成了一套从转换波与纵波时差拾取到转换波静校正量计算的实用处理技术和流程，能够满足绝大多数多波地震数据处理的需求。图 3-42 为转换波静校正前、后的叠加剖面对比。

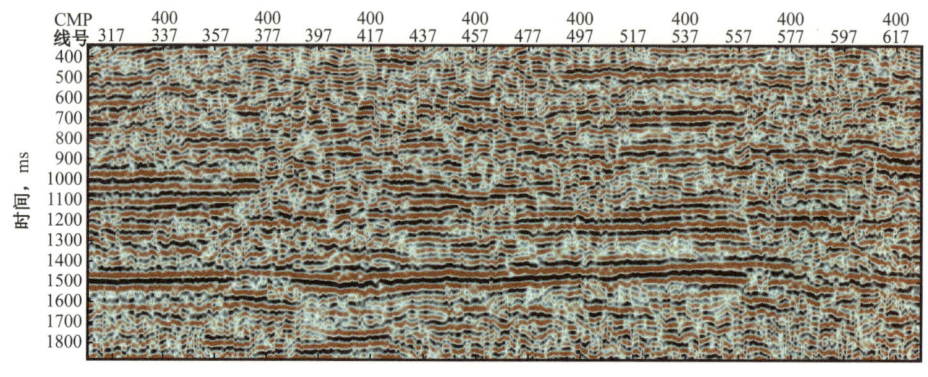

(a) 转换波静校正前

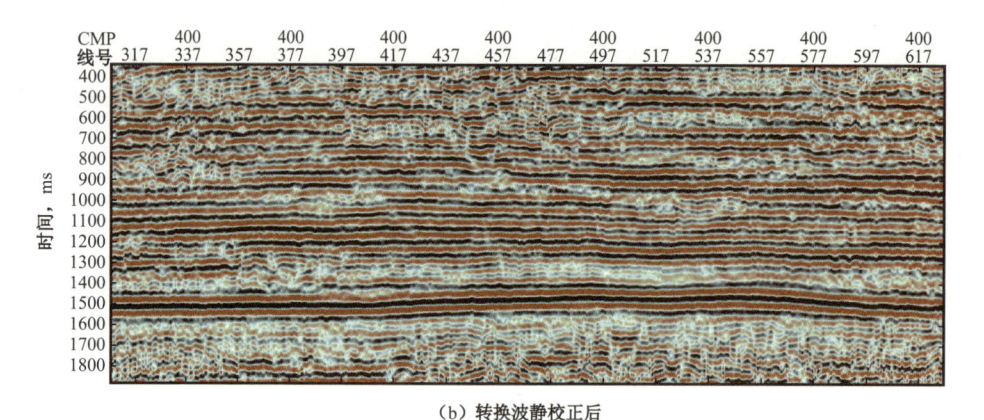

(b) 转换波静校正后

图 3-42 转换波静校正前、后叠加剖面

3. 多波 VTI 各向异性多参数迭代分析

GeoEast-MC 系统提供了纵波 VTI 各向异性介质双参数迭代分析技术，以及转换波 VTI 各向异性介质双参数和四参数迭代分析技术，可同时求取纵波/转换波叠加速度和各向异性参数，同时系统还提供了与之相配套的纵波各向异性双参数动校正，以及转换波各向异性双参数、四参数动校正技术，可切实改善纵波/转换波大炮检距数据动校正的效果。图 3-43a 为纵波 VTI 各向异性参数迭代分析交互界面，图 3-43b 为转换波 VTI 各向异性参数迭代分析交互界面。

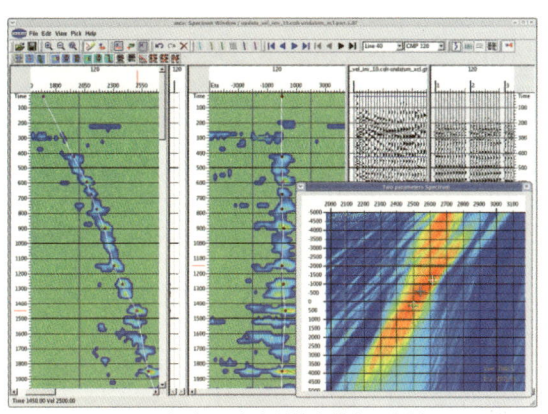

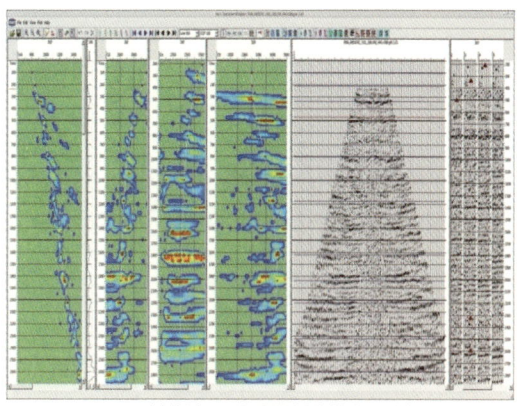

(a) 纵波VTI各向异性参数交互分析  (b) 转换波VTI各向异性参数交互分析

图 3-43 纵波 VTI 各向异性参数交互分析、转换波 VTI 各向异性参数交互分析展示

**4. 多波 HTI 各向异性参数分析**

GeoEast-MC 系统可根据数据方位角分布，对叠前道集数据进行精确分组，支持多方位角速度谱解释、多方位角场数据的速度椭圆拟合、场数据的平滑和重采样、场对数据转换、多参量 TV 数据的多种运算等功能。同时该系统还提供了与之相配套的 HTI 各向异性转换波动校正技术，可切实改善方位各向异性介质中的转换波成像质量，为宽方位多波地震数据的高精度成像提供技术保障。图 3-44 为转换波 HTI 各向异性五参数及多项式速度椭圆参数估计交互界面。

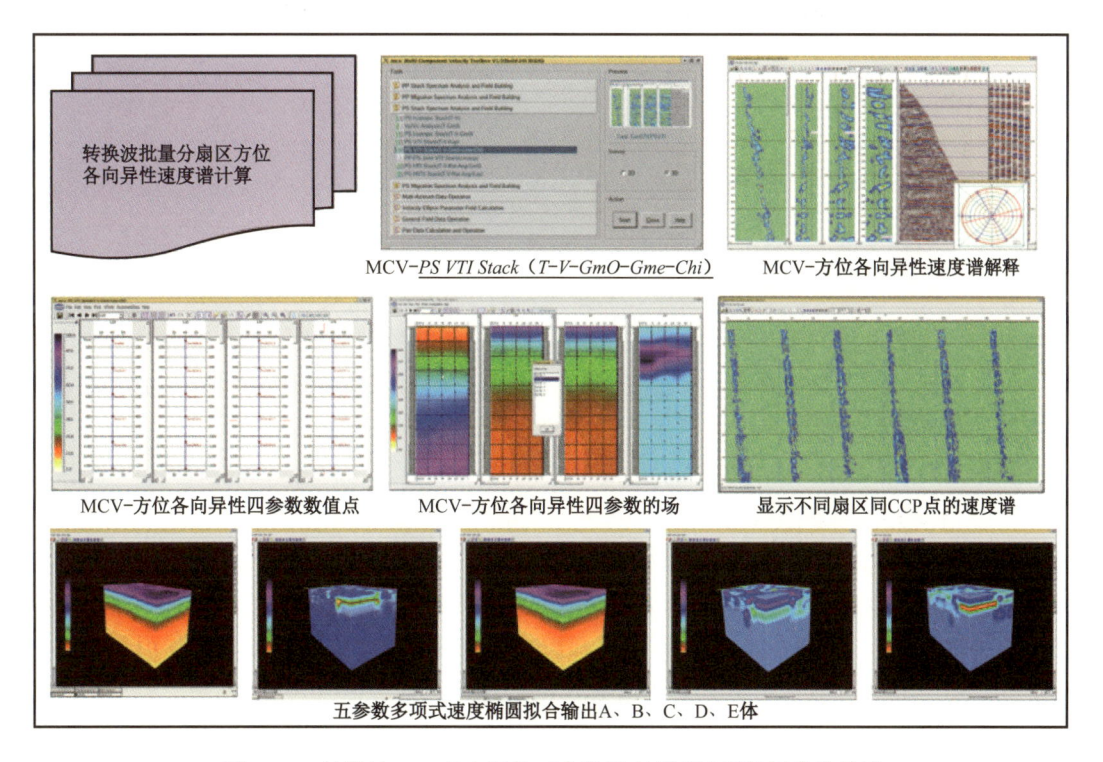

图 3-44 转换波 HTI 各向异性五参数及多项式速度椭圆参数估计

5. 转换波分裂分析及校正

GeoEast-MC 系统提供了基于互相关法、切向能量最小法和最小二乘法的层剥离横波分裂分析技术。通过横波分裂分析，可获取地层的裂缝方向和快、慢横波时差等特征参数，并据此对转换波进行快、慢横波分离，以及对慢横波进行时移校正处理，可有效增强径向分量有效信号能量和改善最终的成像质量，同时为储层预测提供较可靠的裂缝方位和发育强度信息。图 3-45 展示了横波分裂分析与校正（$R$ 分量、$R'$ 分量、S1 波、S2 波、$T$ 分量、$T'$ 分量）的效果对比。

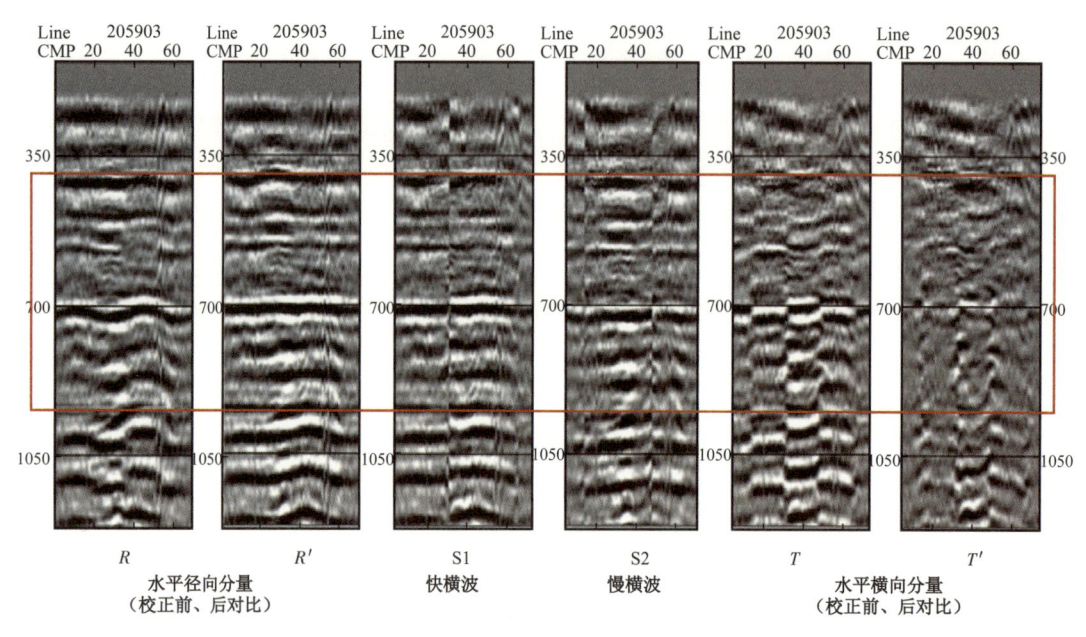

图 3-45 横波分裂分析与校正结果对比

6. 多波 VTI 各向异性叠前时间偏移速度建模

GeoEast-MC 系统提供了基于 VTI 各向异性动校正的偏移速度更新分析和基于时间偏移的实时单点交互偏移速度分析技术，对纵波可以得到纵波速度和各向异性两个参数，对转换波直接得到纵波速度、横波速度、纵波各向异性参数和横波各向异性参数等 4 个参数，形成了配套的多参数叠前时间偏移速度分析及建模技术。图 3-46 为转换波 VTI 各向异性叠前时间偏移参数交互分析界面及相应的参数场。

7. 转换波 VTI 各向异性叠前时间偏移

GeoEast-MC 系统的转换波 VTI 各向异性叠前时间偏移成像技术，在方法实现上采用了适于转换波的振幅加权及反假频滤波技术来提高成像精度，并采用 MPI 并行与指令并行等多种并行计算措施，以切实提高时间偏移的效率。该技术具有反假频效果好、振幅保真度高、走时计算考虑射线弯曲、适应力强以及支持大规模并行计算等特点。从实际应用效果看，该技术可以满足大规模多波地震数据处理的需要。图 3-47 为某地实际资料纵波及转换波 VTI 各向异性叠前时间偏移处理效果对比，不难看出，对于"气云区"的成像，转换波与纵波相比有明显的改善。

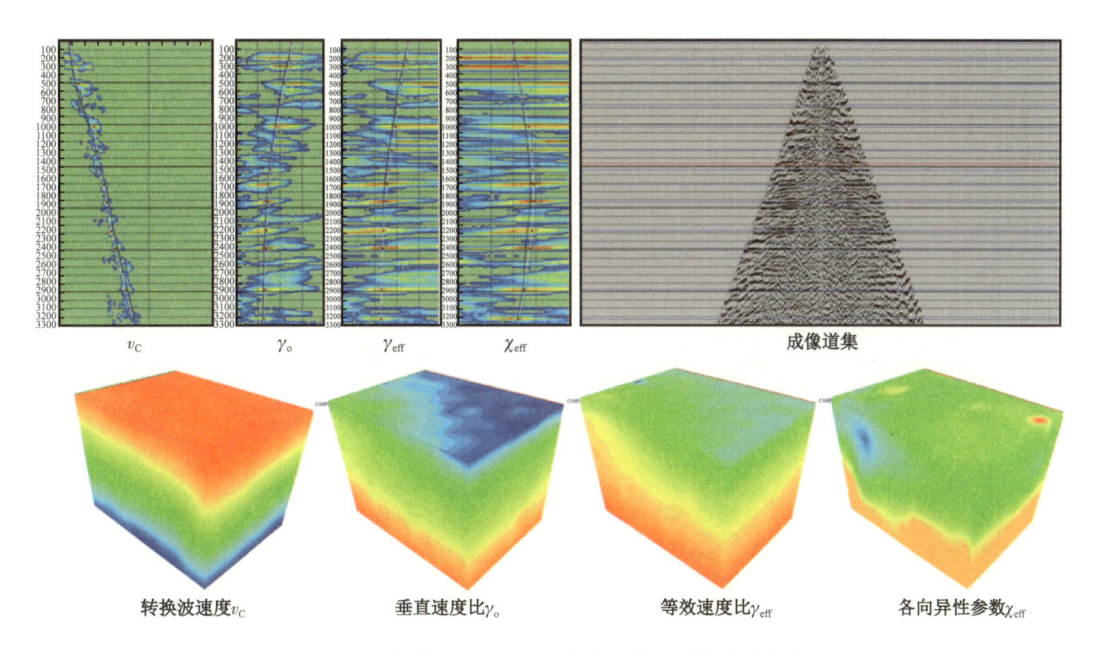

图 3-46 转换波 VTI 各向异性叠前时间偏移参数场

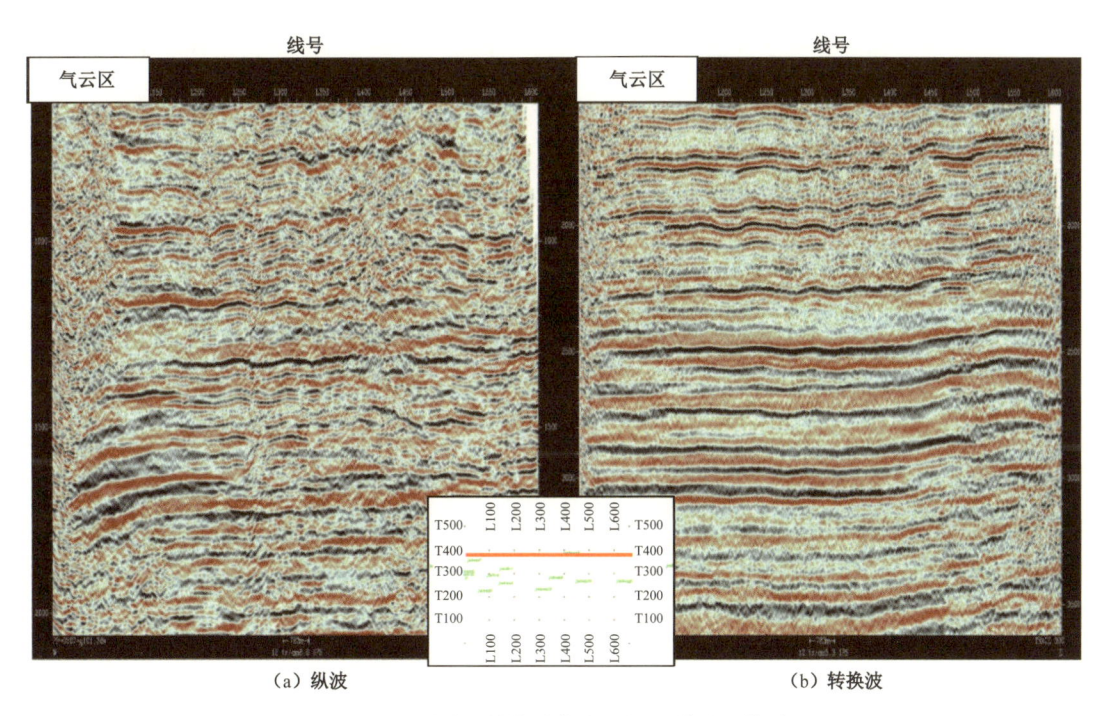

图 3-47 纵波、转换波各向异性叠前时间偏移

8. 转换波 VTI 各向异性叠前深度偏移

GeoEast-MC 系统的转换波 VTI 各向异性叠前深度偏移成像技术，采用了适于转换波的波前构建射线追踪技术，并将动态任务分配、高压缩比数据压缩存储、内核向量化和偏移算子优化等技术有机结合，大大提高了积分法叠前深度偏移的计算效率。该技术支持 VTI 各向异性及大规模并行计算，采用针对转换波的反假频滤波算子及振幅加权因子，确

– 143 –

保了转换波在深度域的高精度成像。图3-48为某地实际资料纵波和转换波VTI各向异性叠前深度偏移处理效果对比。

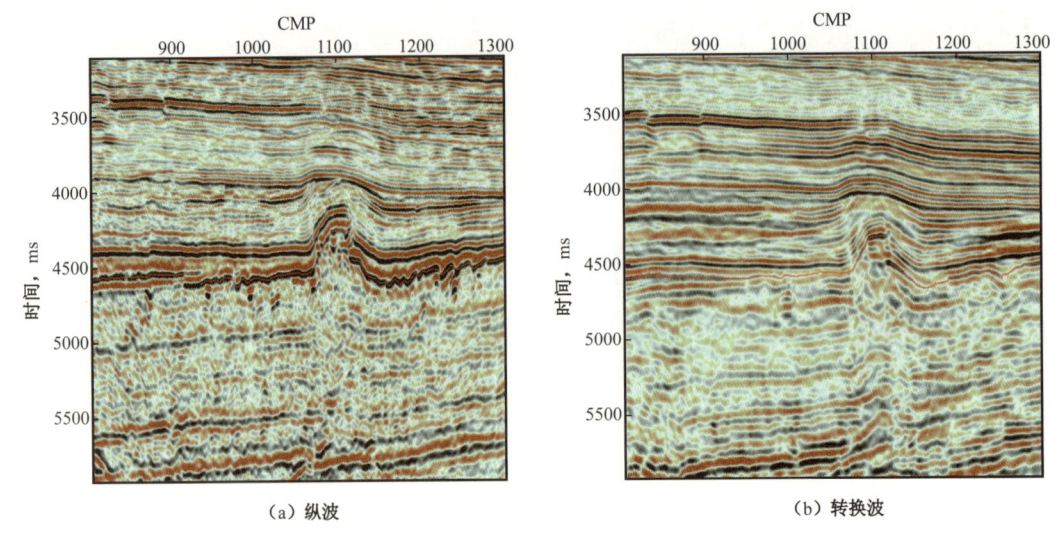

(a) 纵波　　　　　　　　　　　　(b) 转换波

图3-48　纵波、转换波VTI各向异性叠前深度偏移剖面对比

多波数据处理软件系统已成功应用于四川、新疆、青海、委内瑞拉、沙特阿拉伯、加拿大、美国等16个国内外勘探区块的多波地震资料处理，勘探领域涉及致密砂岩、碳酸盐岩、重油、沥青、页岩气等不同类型的储层，实现了多波地震勘探处理技术研究和应用的整体突破，取得了显著的勘探效果和经济效益。

首次应用于委内瑞拉SUR-10-3D3C项目，在深层发现了新的勘探目标层系，深化了该区的地质认识，增加了新的勘探前景。

针对国内最大面积的四川磨溪—龙女寺多波资料，全流程采用GeoEast-MC软件完成了多波资料的处理工作，在超深碳酸盐岩地层获得了国内最好的转换波资料，有力支撑了龙王庙组井位部署，推动了四川盆地深层碳酸盐岩地震技术的发展，为多波勘探的推广应用提供了技术支撑，多波资料解释成果落实了磨溪29井区和高石16井区两处规模滩体，有利面积近450km$^2$，拓展了勘探范围，提供建议井位8口，攻关成果有力支撑了磨溪53井、高石16井、高石112井、高石113井的目标论证，其中高石16井在龙王庙组测试获日产20.44×10$^4$m$^3$高产工业气流，完钻的高石112井储层发育，揭示了龙女寺区块高石16井区良好的勘探潜力。

## 五、GeoEast-Diva地震速度建模软件

在叠前深度偏移成像过程中，深度域偏移成像与速度场具有一种全局性的关联，从而决定了深度域速度建模比时间域速度建模更加复杂。GeoEast-Diva深度成像速度分析软件系统是一款深度域速度建模工具，V2.0系统中包括了目前主流商用软件所提供的各种模型更新手段，包括基于Deregowski循环的垂向速度分析、速度扫描、层析反演（构造层析和网格层析）。

1. 速度扫描

由于深度偏移成像时,某一点的成像结果受该点以上各层速度的影响,顶层速度的准确性对深度偏移影响很大,因此在速度分析过程中需要首先确定顶层的速度,自上而下依次迭代确定每层速度。速度扫描方法在每一层分析过程中,根据当前的参考速度,按照某种方式进行扫描,生成多个不同速度的速度场,并分别将其进行偏移,根据得到的偏移结果,更新层速度,扫描生成新的速度场。如此反复迭代进行。

深度同相轴在不同扫描速度下会上下跳动,深度偏移剖面中同相轴的深度随上覆速度场变化而变化,如图 3-49 所示。这样不利于用户快速定位到聚焦同相轴,因此引入"等效深度"的概念。在不同速度下拾取速度时,将深度同相轴转换成等效深度同相轴,同相轴转换后大致处于同一水平位置,并且不会影响同相轴聚焦情况,使用户能够快速定位到聚焦同相轴,从而拾到正确的速度。

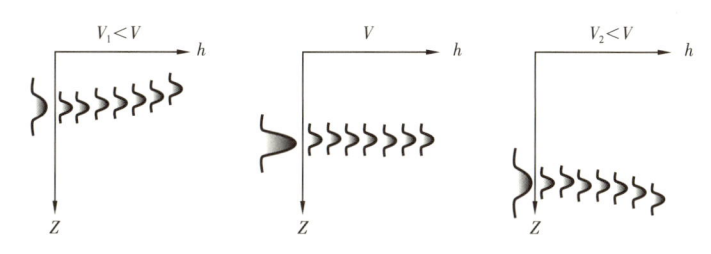

图 3-49　同相轴随速度场变化情况

"等效深度"根据各偏移剖面上同相轴纵向走时相同的理论,将剖面上的同相轴校正为"等效深度",如图 3-50 所示。这样可基本消除各速度下偏移剖面上同相轴上下漂移的情况,方便用户拾取速度。

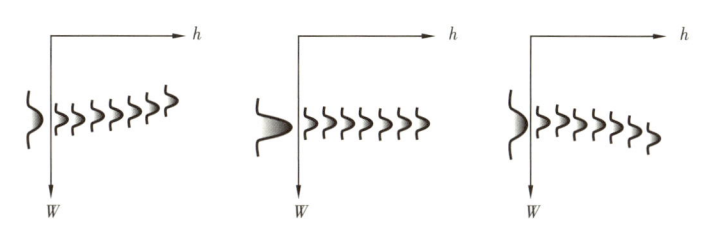

图 3-50　校正到"等效深度"后的同相轴

2. 垂向分析

垂向速度分析的基本原理基于 Dix 的反演公式,即在平层和近偏移距的假定下,均方根速度与走时和深度的关系。在这一关系下,速度变化将导致不同偏移距的深度发生变化,从而产生不同的叠加曲线。当对速度进行一定范围内的扫描时,沿着不同速度所对应的叠加曲线对 CIP 道集进行叠加,就可以计算共振谱图像,而在该图像中,强信号事件在吻合的叠加曲线下就会产生强能量团。用户通过拾取强能量团来挑选修正速度,从而达到速度更新的目的。

共振谱的计算基于相邻道之间局部的相似度。为改进谱效果,计算完基本相似度后,首先对整个谱面从深度方向做一个均衡,以保证在不同深度都有较强的信号,然后将谱对比度做加强,以突出强能量团区域而抑制弱能量区域,方便用户辨别和拾取。图 3-51 显示的是对共振谱面做加强后的效果。

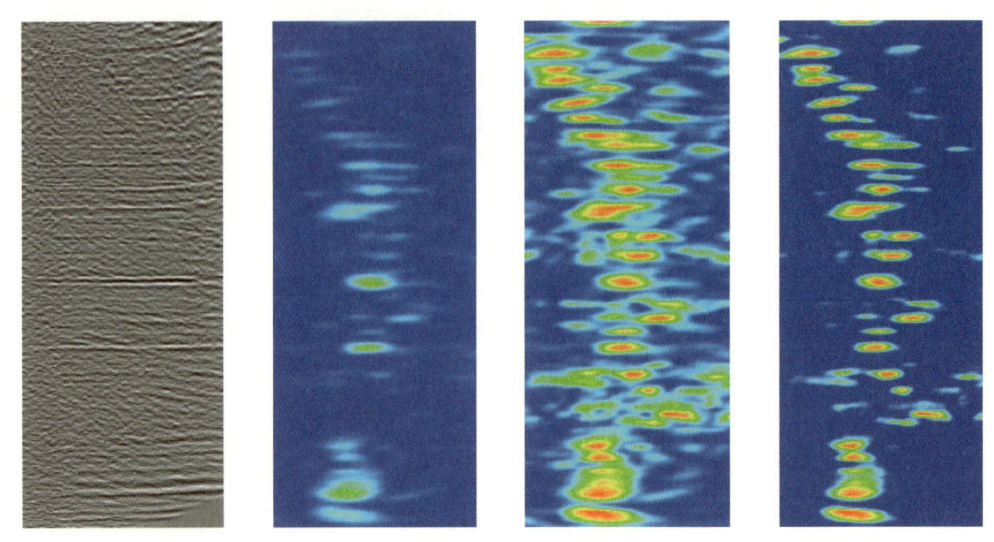

图 3-51 道集、初始计算、深度均衡和增进对比度后的图像

3. 层析反演方法采用的是基于旅行时的射线法层析

速度建模是勘探地震资料处理中最复杂、最重要的环节，直接决定了成像的质量和对地质构造的认识，也是精细勘探技术（例如保幅成像、裂隙检测等）的基础。在实际资料处理中，西部山区资料的信噪比较低，处理起来有一定难度，GeoEast-Diva 叠前深度偏移速度建模软件为此提供了一个建模平台，它的混合模型表示方式兼顾了层状模型和网格模型的优势，使得系统能够处理较为复杂的地质构造，通过嵌入浅层速度场模型，使得 GeoEast-Diva 叠前深度偏移速度建模软件对复杂地表处理具有一定的优势。GeoEast-Diva 叠前深度域速度建模软件已在中国东、西部地区和国外部分地区开展了试生产应用，取得了良好的应用效果（图 3-52）。

## 六、GeoEast-Frac 地震综合裂缝预测软件

GeoEast-Frac 软件是针对复杂裂缝储层而开发的综合软件系统，突出裂缝储层预测的特色技术和综合分析功能，主要涵盖叠后裂缝预测、叠前裂缝预测、测井数据处理以及相关辅助功能，应用目标涉及碳酸盐岩、致密泥灰岩等 7 类储层。

1. 三维交互功能

三维可视化交互工具主要功能包括叠后数据浏览及成图编辑、地震数据体雕刻、沿层属性叠合雕刻、测井数据成图、井旁道数据雕刻、叠后数据浏览及成图编辑功能、沿 Inline 浏览地震数据、沿 Crossline 浏览地震数据、沿 Timeslice 浏览地震数据、沿任意线浏览地震数据。3D 地震工区的属性可以设置工区是否显示，设置文本和线。虚框是地震剪切的对象生成后才产生的属性。设置属于同一地震数据体的地震剪切对象的一些公共属性是否光照（体绘制的情况下）、颜色映射、不透明度等。井的 3D 显示包括显示井轨迹、测井曲线、分层数据。动态 Bubble 图在空间可以表达，深度可以根据用户调节。动态产量图在空间可以表达，表示油气水三个动态产量，深度可以根据用户调节。系统除了具备基本的三维显示，还必须对任意数据进行协同可视化分析。图 3-53 是融合地震数据、动态数据、井数据构成的三维多数据对比分析图。

(a)国外某商业软件实际偏移结果

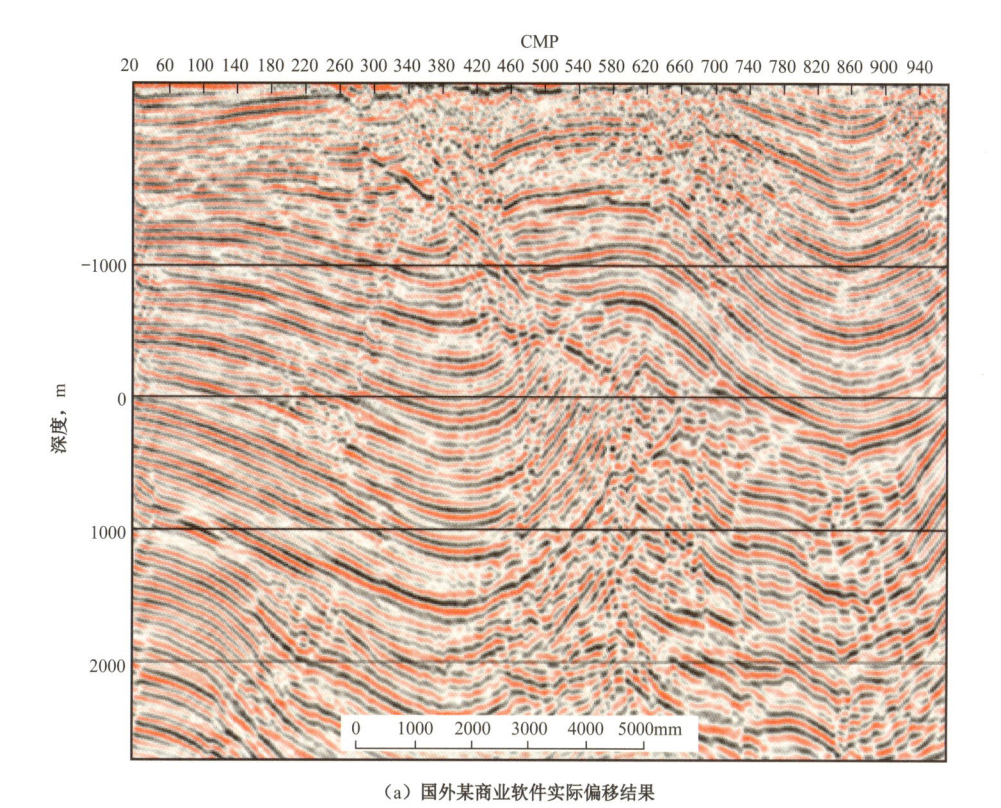

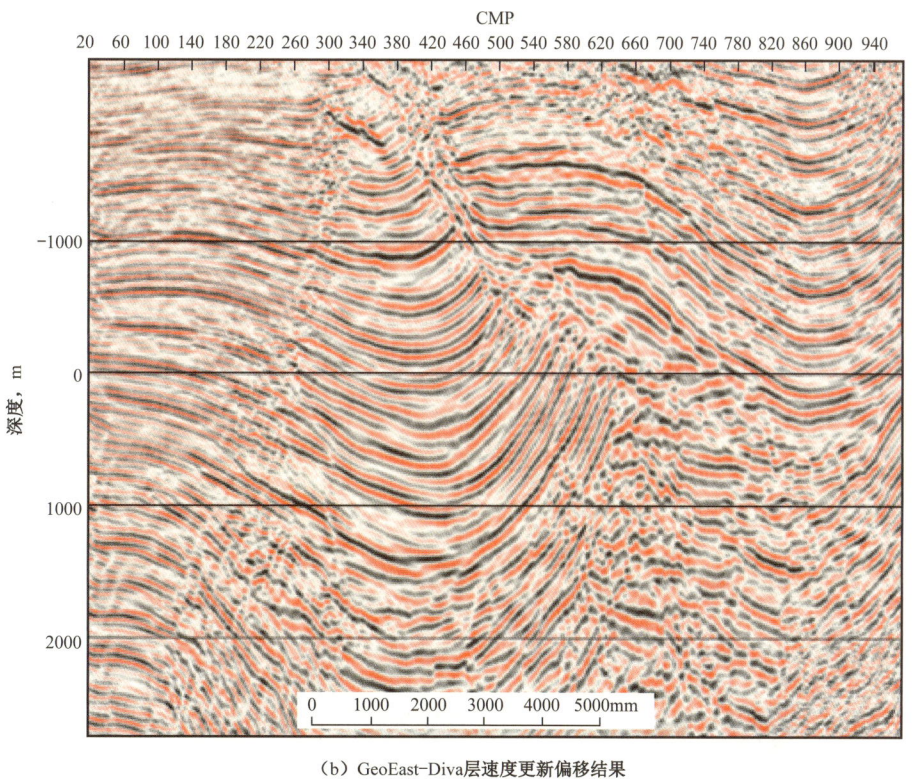

(b)GeoEast-Diva层速度更新偏移结果

图 3-52 GeoEast-Diva 建模软件成像效果与国外某商业软件成像效果对比

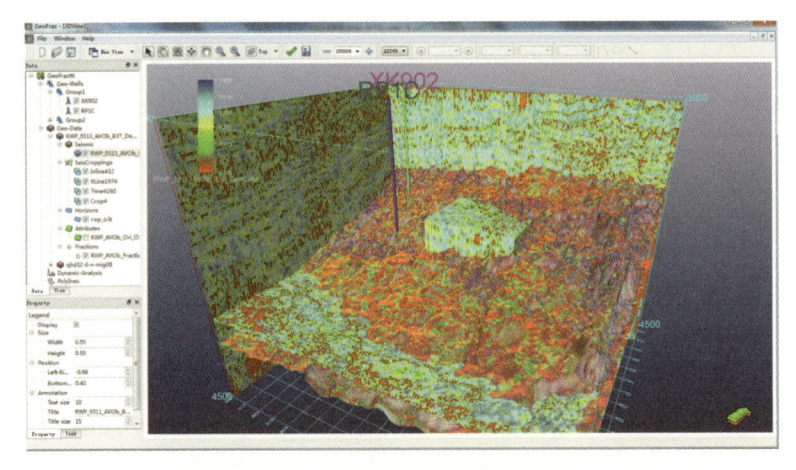

图 3-53　多数据综合三维显示图

2. 属性计算功能

主要功能包括：属性算法插件管理、属性计算作业管理、属性计算、相干属性、分频相干、分频方位角倾角、曲率属性、频谱成像、吸收衰减、相对阻抗、时差属性计算裂缝密度方位角、分方位能量属性。

在系统主控功能树上弹出属性计算主窗口，即可选择属性算法进行计算。主菜单包括 File、Windows、Options、Help，工具栏对应主菜单。算法树用来管理属性算法，主窗口的标签用来显示选中的属性。主窗口右下方是用来控制作业的按钮（包括开始、暂停、停止、清除）。启动主程序选择主菜单，弹出插件选择对话框。在窗口中对每个自定义的变量选择不同的窗口控件并设置初始值和范围。设置完毕后，回到属性计算主界面，会在属性节点树上产生一个新的节点。输入完毕后需要重启属性计算程序。

3. 地震分析功能

主要提供叠前、叠后地震数据、属性数据的显示与层位解释功能。同时，提供叠前、叠后地震剖面联动分析，叠后地震剖面显示，提供多种常用显示方式、叠后 CMP 道集显示、属性数据显示、数据打开、关闭、测线切换、切片数据显示、与底图的通信与联动、解释层位投影、图形放缩、色标编辑、显示参数设置。

4. 叠前裂缝预测技术

GeoEast-Frac 软件中利用方位各向异性原理和统计学原理，对多个方位的 AVD 属性进行差异性分析，统计研究区裂缝综合排布方位和分布密度，实现对储层裂缝发育情况的定量检测（图 3-54）。

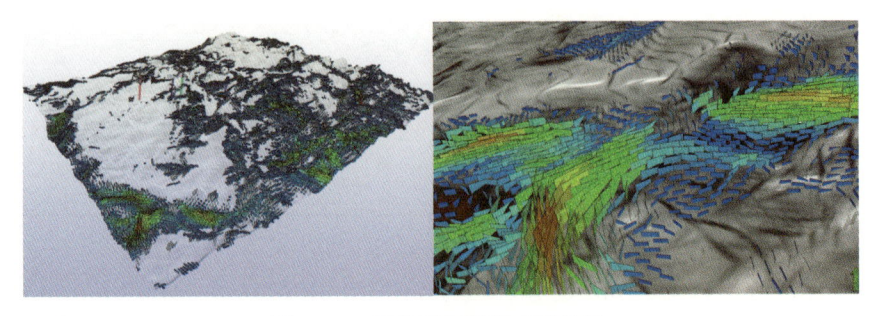

图 3-54　叠前裂缝预测三维显示

5. 多属性综合预测技术

GeoEast-Frac 提供了涉及叠前叠后的多种裂缝属性，包括叠后常规属性计算及叠前宽方位裂缝属性。叠前裂缝预测主要采用震幅、时差、旅行时及分方位属性差异确定裂缝密度及方位。叠后属性包括各类相干属性、分频属性、道积分、曲率属性和吸收衰减等。

软件提供的色彩融合方法为多属性的综合裂缝分析方法提供了有力的工具。利用该方式将各种裂缝敏感属性融合显示，各种叠后属性（如相干、分频、倾角），叠前/叠后属性（如叠前 AVD、叠后相干、叠后倾角等），有助于从多角度、多尺度方面对工区的裂缝分布进行综合分析。图 3-55 中融合显示了吸收衰减、相干和分频 25Hz 属性数据，可以看到清晰的剪切断裂带。

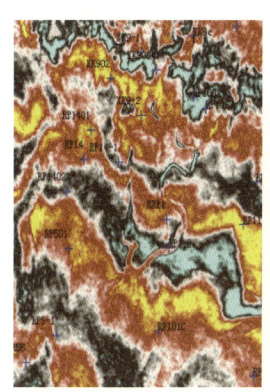

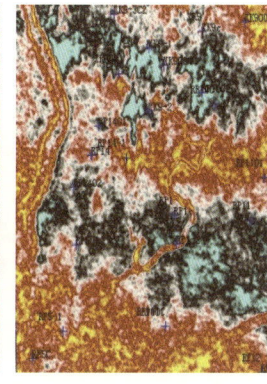

图 3-55 低、中、高频与色标融合结果

地震综合裂缝预测软件系统先后在各油田及研究单位推广使用，以国内热点探区地质情况为基础，配合国内外热点探区提交多口井位部署，取得了良好的效果。逐步成为中国石油地震复杂储层预测的有效工具，有效提高储层地震预测和油藏描述的能力和精度，最终提高油气勘探开发的整体效益。

## 七、GeoGME 重磁电综合处理解释软件

重磁电震一体化的软件系统具有常规的重力、磁力、大地电磁资料处理功能，具备数据管理、模块管理、输入输出、实时绘图、交互编辑等功能，实现了具有多信息、多方法的可视化综合解释功能。

1. 重磁电交互处理功能

针对重磁电资料特点开发的交互编辑绘图子系统能够进行交互编辑、交互处理、绘图等，方便实用。针对重磁电 1D、2D、3D 正反演特点，根据初始模型特殊需求研发的交互综合建模技术，能够快速同时建立密度、磁化率、视电阻率甚至是速度模型，满足实际生产的需要。

2. 重磁电震可视化解释

能够进行多信息、多方法、综合对比分析，能够完成二维重磁电剖面的层位标定、层位解释、断层解释、钻井标定层位、三维重磁电资料解释等工作，可以直接生成各种厚度图、构造图、立体图，使重磁电资料的解释水平达到了地震资料的可视化解释水平，提高重磁电资料的地质解释精度和客观性。

3. 重力资料处理技术

能够进行重力异常计算、提取区域场、提取局部场、断层信息增强、异常转换、二维/三维正反演模拟等计算功能，能够满足重力常规资料处理的实际生产需要；具有梯度张量分量转换、全分量转换、三维多界面正演、三维组合方柱体正演、三维密度快速层序反演、二维黄金分割法反演、三维黄金分割法反演等特色技术的三维重力资料处理能力。

4. 电磁资料处理技术

能够进行预处理、提取区域场及局部场、断层信息增强、异常转换、二维/三维正反演模拟等计算，能够满足磁力常规资料处理的实际生产需要；具备磁源重力异常计算、3D磁化率快速层序反演、三维黄金分割法反演为特色技术的三维磁力资料处理能力。

具备以三维积分方程法正演、三维有限差分法正演、拟三维约束反演为特色的三维大地电磁资料处理能力。开创性地研发了目标最小化的三维电磁快速反演方法，三维电阻率级联自动成像方法，电磁多反演结果最优化模型方法，小面元三维大地电磁数据采集方法，达到了国际领先的水平。

具有充电率、双频相位、双频振幅、三频相位、三频振幅、异常提取与增强、拟二维反演、拟二维约束反演、快速拟二维反演、带固定参数的极化率反演、1D OCCAM 反演、1D 模拟退火反演等为特色的时频电磁资料处理能力。

目前 GeoGME 软件已经成为重磁电资料处理解释的主力软件，累计安装已经达到了 60 台套。通过在实际生产上的应用提高了资料的采集精度、资料处理解释效率和效果（图 3-56），可视化的综合解释技术有效地抑制了地质解释的"多解性"，保障了重磁电勘探业务的顺利开展。

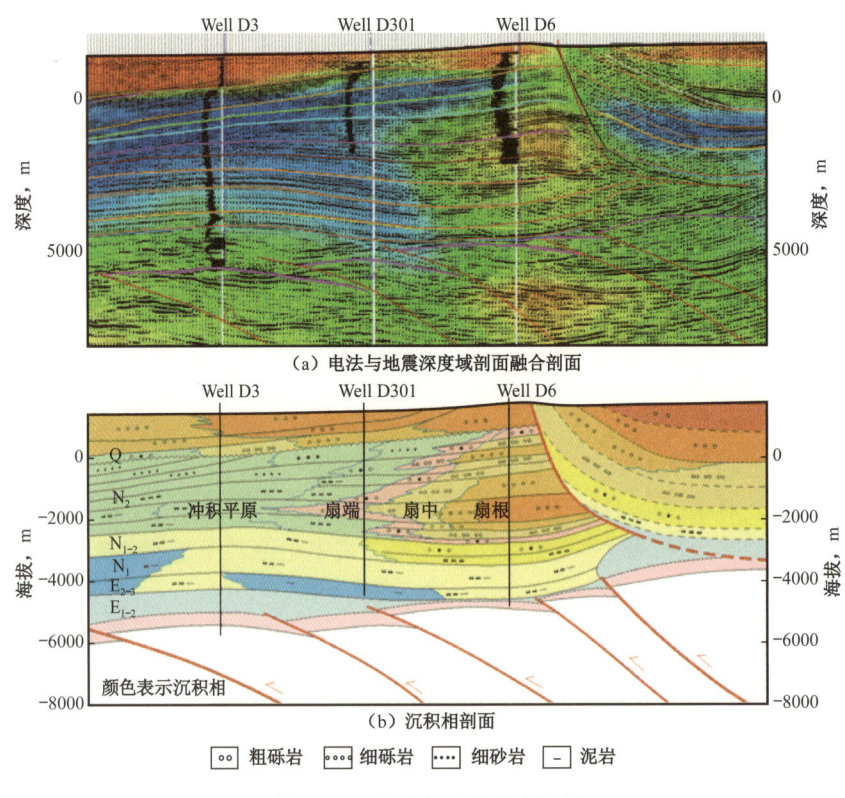

(a) 电法与地震深度域剖面融合剖面

(b) 沉积相剖面

图 3-56 电法与地震联合解释

## 第二节　KLSeis 地震采集工程软件系统

KLSeis 地震采集工程软件系统是服务于地震采集的大型专业软件，适用于陆上、过渡带和深海地震采集，涵盖从工区踏勘、地质建模、地震数值模拟、采集方案设计、采集设备配置、野外现场质控、静校正计算、地震采集辅助数据整理等地震采集全过程。

随着"两宽一高"和高效地震采集技术的发展与推广应用，地震采集放炮速度大大增加，地震采集数据量成倍增长，带来了可控震源高效采集、海量数据、快速质控分析等一系列挑战，新一代地震采集工程软件系统采取了先进的单机、多机并行技术来支撑海量数据和大计算量的快速处理，软件平台具备了开放式、高性能、大数据、跨平台、多语种等特点。在应用功能方面，新增了可控震源系列等 4 个应用，另外还增加了数据驱动设计、三维波动照明分析、地震采集实时监控、数据转储与质控、层析静校正、辅助数据工具等应用，软件功能更加全面。KLSeis 新一代地震采集工程软件系统是目前业界功能最全、性能最强的软件系统。

### 一、软件平台

KLSeis 软件平台是物探行业首创的开放式、高性能、大数据、跨平台、多语种的地震采集工程软件平台，突破了高效计算、海量勘探数据快速处理、超大采集数据三维可视化等多项技术瓶颈，形成了全新的插件式架构、快速的开发工具包等软件开发环境，实现了地震观测量化设计、采集方案规划、正演照明等物探软件的快速开发和集成。在业内首次实现了 TB 级卫星遥感数据的处理、千万级炮检点的观测系统快速计算和立体显示、TB 级地震数据的监控和分析、百 GB 级地震体数据的渲染和切片分析，为高密度宽方位地震采集技术的工业化提供了坚强技术支撑。

开发工具包（KL-SDK）是为软件研发人员设计的一整套快速开发工具。它以闭源方式公开了大量的 KLSeis Ⅱ 软件平台资源，拥有海量数据处理能力、超大观测系统及 TB 级地震数据的显示能力，支持高密度采集数据的三维可视化功能，提供了强大的高性能计算框架及安全可靠的授权管理服务。它的投入使用使普通软件人员可以专注于领域需求，大大简化了物探采集软件的开发难度，缩短了软件的研发周期，降低了行业软件的开发门槛。KL-SDK 的配套工具有设计器、开发工具、帮助工具和翻译器。它涵盖了产品的设计、编码、调试及发布环节，提供了采集软件开发全生命周期的支撑。

### 二、地震采集工程应用软件

1. 地震采集设计

地震采集设计系列软件包括陆上地震采集设计、拖揽地震采集设计、OBS（海底勘探）采集设计、数据驱动地震采集设计等软件，主要应用于观测系统设计、分析评价，服务于技术投标与采集方案预设计，能根据用户要求完成平原、山地、过渡带、海洋等各种复杂地表的观测系统设计及方案优化。与其他软件相比，具有布设方式灵活、自动化程度高、实时交互编辑、面元动态分析、超大数据处理等特点。

1）陆上地震采集设计（KL-LandDesign）

陆上地震采集设计软件主要包括陆上观测系统的布设与编辑、面元分析、GIS 辅助设计、参数论证等功能，具备强大的观测系统设计能力、灵活易用的交互编辑能力以及完整的观测系统属性分析评价体系，可充分满足设计人员不同阶段的采集方案设计需求。图 3-57 为利用包含地理信息的影像数据或卫星遥感数据，在平面或立体地表上进行炮检点优化布设。

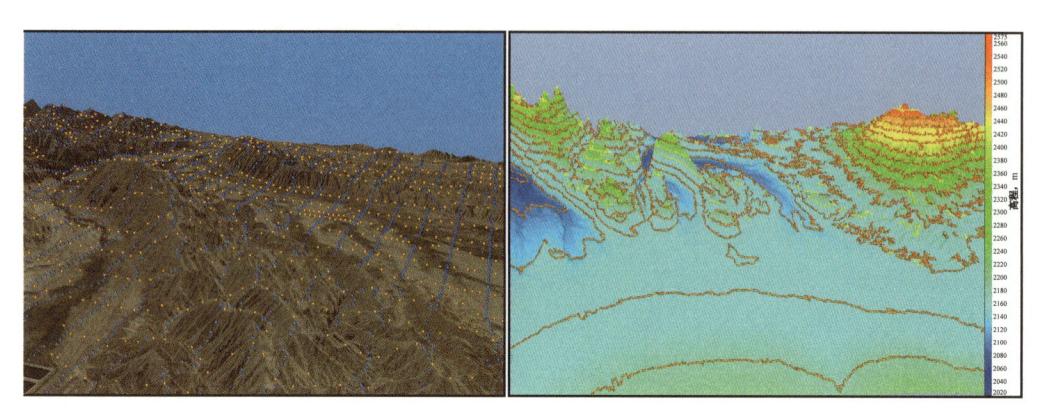

图 3-57　炮检点及等值线在真地表上的显示

2）拖缆地震采集设计（KL-Streamer）

拖缆地震采集设计软件主要应用于海上地震数据采集观测系统设计、四维地震采集设计与质量监控。软件主要功能包括 6 个模块：模板设计、航迹设计、航线优选、方案实施、观测系统分析和 4D 分析与质量监控，采用全新的观测系统设计流程，简化了繁杂的航线编辑操作，6 个环节紧密相扣，各司其职。图 3-58 为航线优选设计。

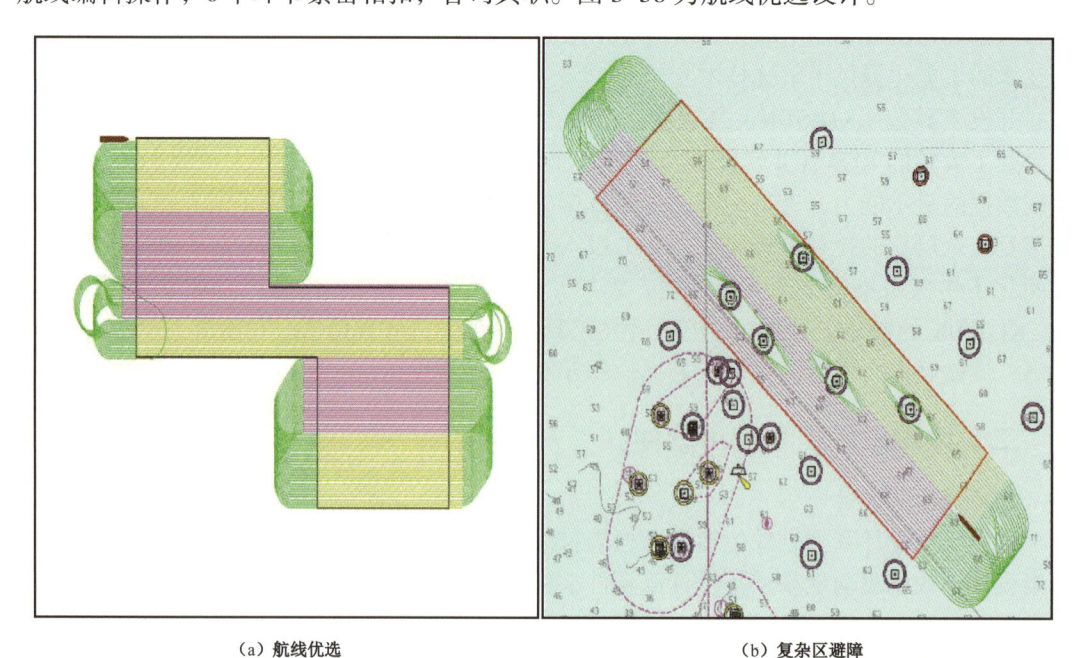

（a）航线优选　　　　　　　　　　　（b）复杂区避障

图 3-58　航线优选设计

3）海底地震采集设计（KL-OBS）

OBS采集设计软件作为陆上地震采集设计的插件，增加了Patch观测系统的满覆盖自动布设、基于水深的面元属性分析功能，可满足OBC（海底电缆）、OBN（海底节点）等类型观测系统的设计需求。

4）数据驱动采集设计（KL-DataDriven）

充分利用以往采集的地震资料，实现对采集参数的精细设计与优化，提高新采集项目的勘探精度，为面向目标勘探、油藏开发的二次和三次地震资料采集提供技术支撑和分析工具。

（1）观测系统参数分析。

① 空间采样分析是利用炮集数据或者偏移剖面分析观测系统道距，包括 $F-K$ 谱分析法和混叠频率分析法。

② 炮检距设计是利用炮集数据或者动校正后的CDP道集分析最大炮检距，包括折射波干涉法、目的层能量法和动校拉伸切除法三种方法。

（2）非纵波场模拟分析。

从实际的单炮出发，建立纵向与非纵的有效波、折射波、面波时距方程，建立扩展地震波模型，模拟三维非纵观测，确定观测系统排列片范围。

（3）炮检组合分析。

室内模拟分析不同组合图形、不同组合基距、不同组合方向的炮检组合对实际地震记录干扰波的压制效果，从而可以少做或不做野外炮检组合试验。

（4）三维数据体成像分析。

通过利用工区以往实际采集、动校正后的道集数据，将地震道按炮检距投影到待分析面元内，生成CDP道集，然后进行水平叠加，作为各个面元的输出，从而产生整个工区的SEGY叠加数据体。

2. 模型正演照明

地震正演照明包括二维模型正演与照明、三维波动照明分析、三维地质建模、三维射线正演、三维高斯束模型分析等软件。通过建立二维、三维地质模型进行正演模拟或照明分析来优化或优选观测系统设计方案，得到最佳采集效果。

1）二维模型正演与照明（KL-2DModeling）

功能包括：地质建模、观测系统布设、射线追踪正演、高斯射线束正演、波动方程正演、波动照明分析等功能。

地质建模实现了复杂地表及地下构造的建模功能（砂体、尖灭、剥蚀、岩丘、逆掩推覆及真地表模型等，图3-59），支持导入建模、拓绘建模、交互建模，支持常属性及梯度属性定义，支持深度域及时深转换建模。

射线追踪正演基于改进的块状模型结构，实现了试射迭代法快速射线追踪，能够完成水平地表和起伏地表条件下共炮点射线追踪和自激自收射线追踪过程。共炮点射线追踪实现了反射波、折射波、直达波、转换波、多次波和绕射波等射线追踪及基于目的层的CRP覆盖次数分析，同时实现了分选射线类型进行地震记录模拟。

高斯射线束正演考虑了波的动力学特征，对射线盲区有较好的效果，支持起伏地表、复杂构造的波场分析，已实现标量方程、矢量方程正演模拟。

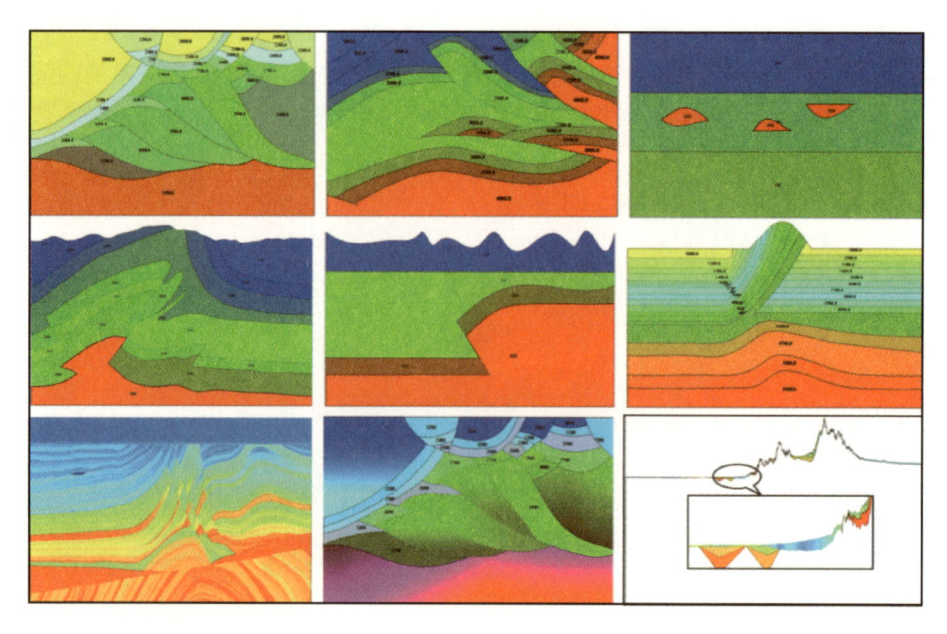

图 3-59 地质模型示例

波动方程正演采用一阶速度—应力方程,利用交错网格高阶有限差分法求解。实现了声波方程正演、弹性波方程正演、黏滞弹性波正演、双相介质声波正演、双相介质弹性波正演、可控震源声波正演,可以获得自激自收记录、地面地震记录、井中地震记录。

单程波照明采用局部余弦小波束法进行波场延拓,能够完成复杂地表条件下单向照明和双向照明计算,完成不同观测方式的照明度对比分析(图 3-60)。根据目的层的照明结果可以进行反向照明计算,并完成炮点变观分析及验证(图 3-61)。

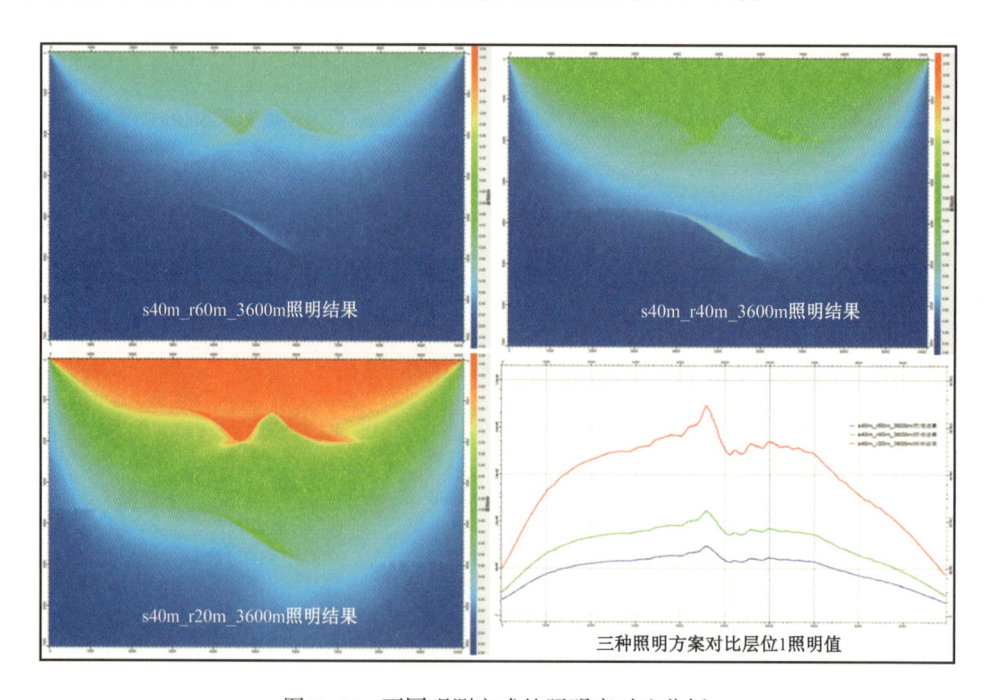

图 3-60 不同观测方式的照明度对比分析

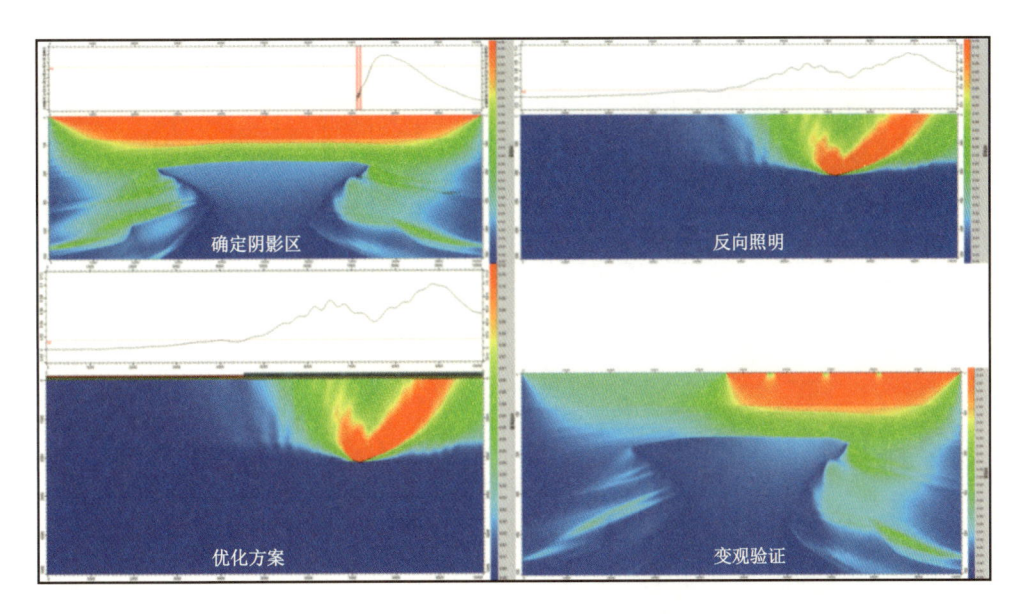

图 3-61　炮点变观分析及验证

双程弹性波单向照明精度高，适用于复杂模型，实现了基于炮点的单向照明计算分析。

2）三维波动照明分析（KL-3D Illumination）

三维波动照明分析软件集模型加载及预处理、观测系统定义、波动方程照明分析等功能为一体，可以完成三维目的层照明和体照明的计算及分析。

模型加载可以加地质模型和 SEG-Y 格式的网格模型，针对网格模型提供了提取地表、提取层界面、定义层界面、属性替换和模型检查等预处理功能。

观测系统定义支持观测系统布设和 SPS 格式观测系统导入导出，观测系统布设可以进行模板布设和分步布设，并提供了对炮检点等信息的编辑和观测系统属性分析等功能。

三维波动照明采用广义屏算子进行单程波照明分析，包括双向层位照明、双向体照明以及基于照明结果的照明对比，可以建立不同观测方式照明结果的方案对比，并通过曲线对比进行定量分析（图 3-62）。

3）三维地质建模（KL-3D Modeler）

三维地质建模支持剖面、解释数据两种数据来源，以交互编辑或半自动方式快速建立拓扑一致的三维地质构造块体模型。用户可以在三维空间对剖面、层面、断面等对象进行各种可视化编辑和修改，软件自动追踪形成无缝构造块体，用户定义介质属性后，可以输出拓扑一致块体模型。

三维地质建模采取分阶段建模的思路，首先建立合理的断面交切框架，其次建立层面和断面交切框架，再次建立层面与层面交切框架，最后自动提取拓扑一致的无缝块体模型。

软件可以建立通透或局部断层，可以建立十字、Y 字形相交断层，可以建立尖灭、剥蚀、透镜体等复杂地质构造。

可以由单个剖面数据外推形成 2.5D 块体模型，支持断层自动裁剪、地层自动分片建模；对于散点数据来源，可以半自动断裂建模，加上少量编辑，快速得到满意的块体模型。

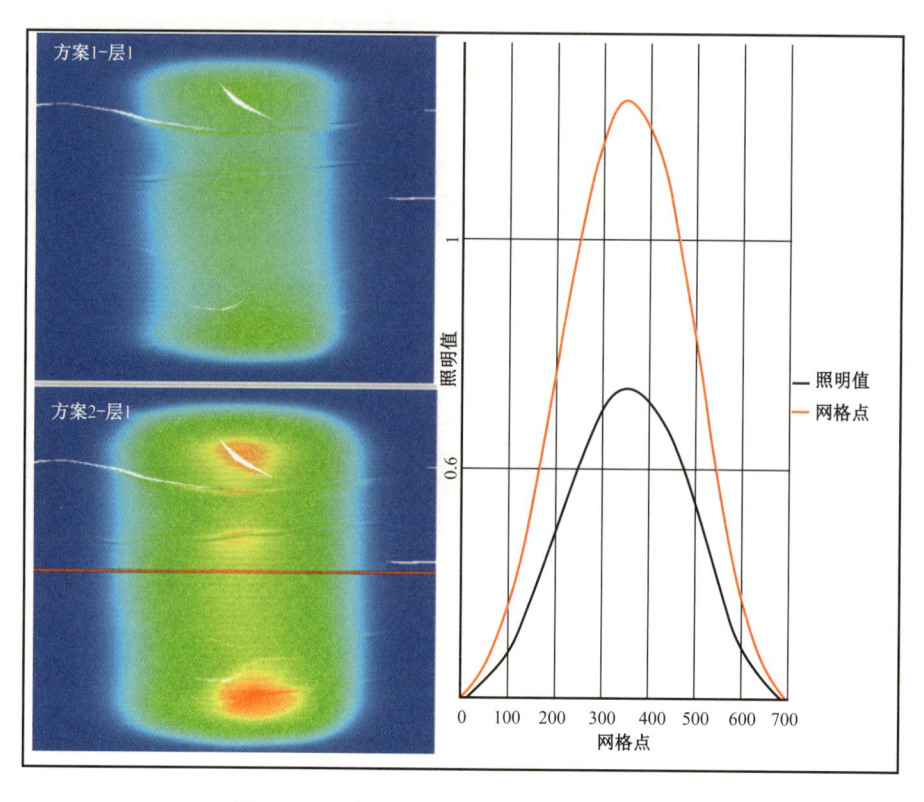

图 3-62　不同观测方式的照明能量对比分析

场景树、图元属性设置可以便捷地设置显示属性。在建模过程中可以随时保存整个建模显示场景，下次打开直接恢复显示场景。

4）三维射线正演（KL-RayTracing）

三维射线正演软件包括三维地质建模、射线追踪、CRP 面元分析三类功能。首先利用工区已有地震资料，通过插值运算建立初始三维模型，对初始模型进行交互编辑得到工区的最终三维地质模型；然后把观测系统布设于地表，并对目的层进行射线追踪；最后通过对目的层面的 CRP 信息进行统计和分析，确定各种设计方案的优缺点，得到最合理的设计方案。

三维地质模型建立：采用块状建模技术，可以建立各种复杂的三维地质模型。用户可以在三维空间对三维模型进行各种编辑，并实现编辑的实时可视化。

三维射线追踪：可以用不同的观测系统对目的层进行反射射线追踪、成像射线追踪和自激自收射线追踪；各种射线追踪都可以对单个层面、多个层面、单目标区进行追踪。两点射线追踪可以逐炮显示各种射线路径、反射点信息（图 3-63）。

基于模型的面元分析包括：CRP 覆盖次数分析、炮检距分析、方位角分析、CRP 面元与 CMP 面元比较、CMP—CRP 偏移量分析、CMP—CRP 覆盖次数差分析等。

5）三维高斯束模型分析（KL-GaussBeam）

三维高斯束模型分析软件包括三维地质建模、高斯束正演、高斯束照明分析三类功能。首先利用工区已有地震资料，通过插值运算建立初始三维模型，对初始模型进行交互编辑得到工区的最终三维地质模型；然后把观测系统布设于地表，可以对目的层进行高斯

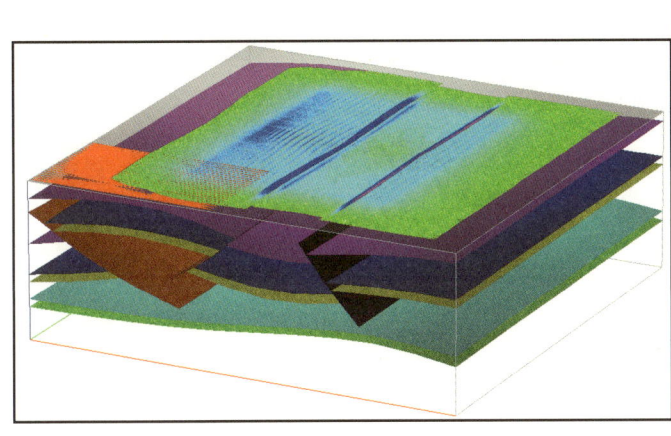

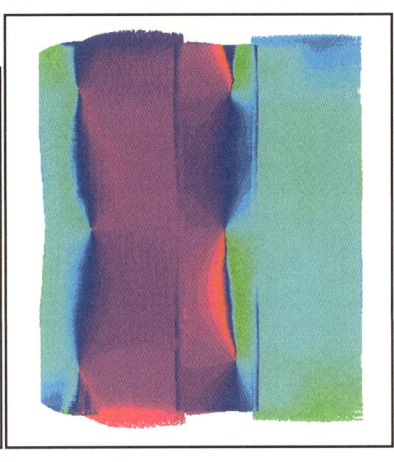

(a) 模型及射线　　　　　　　　　　　(b) CRP覆盖次数

图3-63　三维射线正演

射线束追踪并模拟记录；或进行高斯束照明计算，并进行统计分析，确定各种设计方案的优缺点，得到最合理的设计方案。

高斯束正演是波动方程的高频近似解，考虑了波的动力学特征，对临界区、阴影区等有较好效果，在复杂介质正演中计算速度优势也更为明显。软件能根据SPS定义的任意三维观测系统，生成指定炮的正演地震记录，可以保存高斯射线束的中心射线，并加载到三维模型上显示，方便用户进行正演过程的质量监控和分析。

高斯束照明可以用于复杂区不同观测系统下地震波在地下介质中的传播及能量分布规律的研究，评估优化采集观测系统设计。软件首先针对目的层进行照明能量计算，之后进行统计分析，可以得到7种照明结果：（1）单炮震源点照明；（2）多炮震源点照明；（3）单炮检波点照明；（4）多炮检波点照明；（5）单炮震检照明；（6）多炮震检照明；（7）共炮检距/方位角震检照明。照明能量计算可以采用单机或多机方式进行，也可以选择计算的线程数；照明结果可以按二维显示，也可以在三维空间显示。

3. 数据采集质量控制

数据采集质控系列软件包括地震采集实时监控、地震数据分析与评价、地震数据转储与质控、地震辅助数据工具包等软件。

1）地震采集实时监控（KL-RTQC）

传统的通过人工肉眼对单炮记录回放来进行监控，已无法满足野外高密度、高效采集现场质量控制的要求。地震采集实时监控系统通过局域网络与地震采集仪器主机连接，传输记录的地震数据和可控震源属性文件到质控主机，质控主机实时分析地震采集数据多种属性、可控震源和检波器的工作状态，对有问题单炮和设备进行报警提示，及时通知操作员进行处理，避免大面积废炮产生。地震采集实时监控软件界面如图3-64所示。

地震采集实时监控软件采用自动化监控，参数设置完成后，软件自动监控最新采集的单炮，对超标的监控属性采用不同颜色的柱状图和声音进行报警提示，从而达到对野外地震采集实时监控的目的。软件采用多线程并行计算，在大数据量处理和高效运算方面具备较高的性能，可满足动态扫描等高效采集项目需求。

地震采集实时监控适用于目前主流仪器，如Sercel公司的408、428和508仪器，

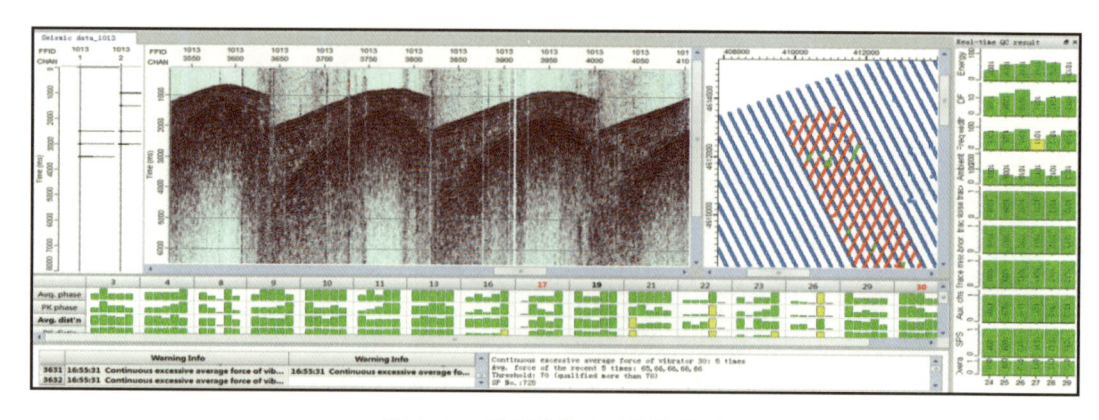

图 3-64　地震采集实时监控界面

INOVA 公司的 G3i、Scorpion 仪器。实时监控的功能主要有：单炮记录的基本属性分析、排列状态监控、炮点偏移监控、采集参数监控、辅助道监控、可控震源属性监控、属性统计分析（图 3-65）。

2）地震数据分析与评价（KL-DataAE）

通过软件定量地分析地震记录的品质，结果更加准确可靠。点分析是通过对试验或采集的单炮记录的多种属性进行详细分析。面分析是通过对全工区资料的多种属性进行统计分析，从面上了解采集区块资料品质情况。

点分析主要用于试验资料分析，首先导入试验因素，根据试验因素对数据进行筛选和排序，再进行详细对比分析，分析方式多样，可进行单道、时窗和全道集分析，时窗分析又包括矩形、双曲线和沿轴多种时窗分析方式。

面分析是对单炮数据利用拾取的时窗或整道集进行统计分析，得到单炮的多种属性值，采用平面图的方式进行显示。包括属性分析和噪声分析，属性分析主要包括平均能量、均方根能量、最大能量、主频、频宽、高截频、低截频和信噪比统计分析；噪声分析包括弱振幅道、背景噪声、野值、低频噪声和单频干扰道分析。

为了更清楚地了解采集区块整体品质情况，面分析的所有属性可按炮域、CMP 域、检波点域进行多域统计。分析不同的地表条件对激发和接收因素的影响，分析高压线、公路等外界干扰对资料品质的影响，从而确定采集区块不同地理位置资料品质的差异产生的具体原因。

3）地震数据转储与质控（KL-SeisPro）

地震数据转储与质控软件是一款针对高效采集地震数据拷贝、转储与质量控制，以及集数据分析功能为一体的数据质控转储软件。主要功能包括 SEGD 和 SEGY 格式数据转储与拷贝、数据检查，以及数据质控等功能。软件地震数据拷贝与转储效率高，能够满足高效采集每日海量数据（TB 级）的拷贝与转储质控需求。

地震数据转储与质控软件可实现磁盘或磁带 SEGD/SEGY 数据输入，磁盘与磁带多份数据同步拷贝输出，SEGD→SEGY、SEGY→SEGD、SEGD/SEGY→GeoEast 数据转储。可识别 Sercel 408/428/508、GSR、Zland、G3i、Scorpion、Hawk、Aries 等多种仪器记录数据格式。在海量数据采集项目中，磁带输出采用不写 EOF 和 Blocking 格式，大大提高了写磁带的速度。

（a）能量属性平面统计

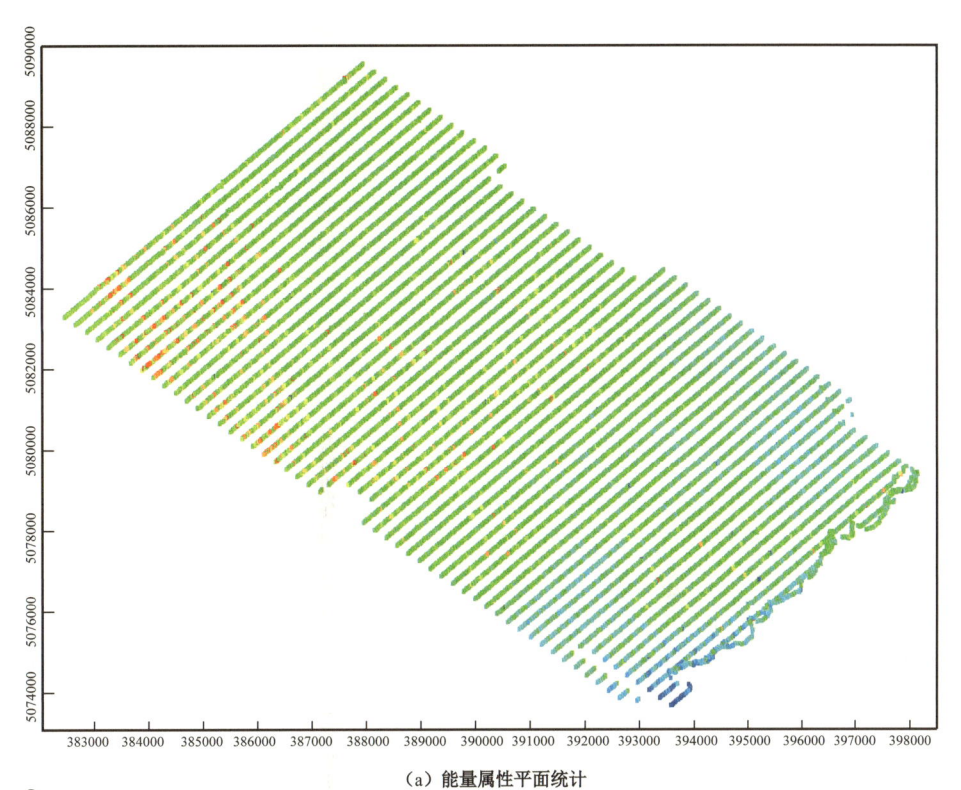

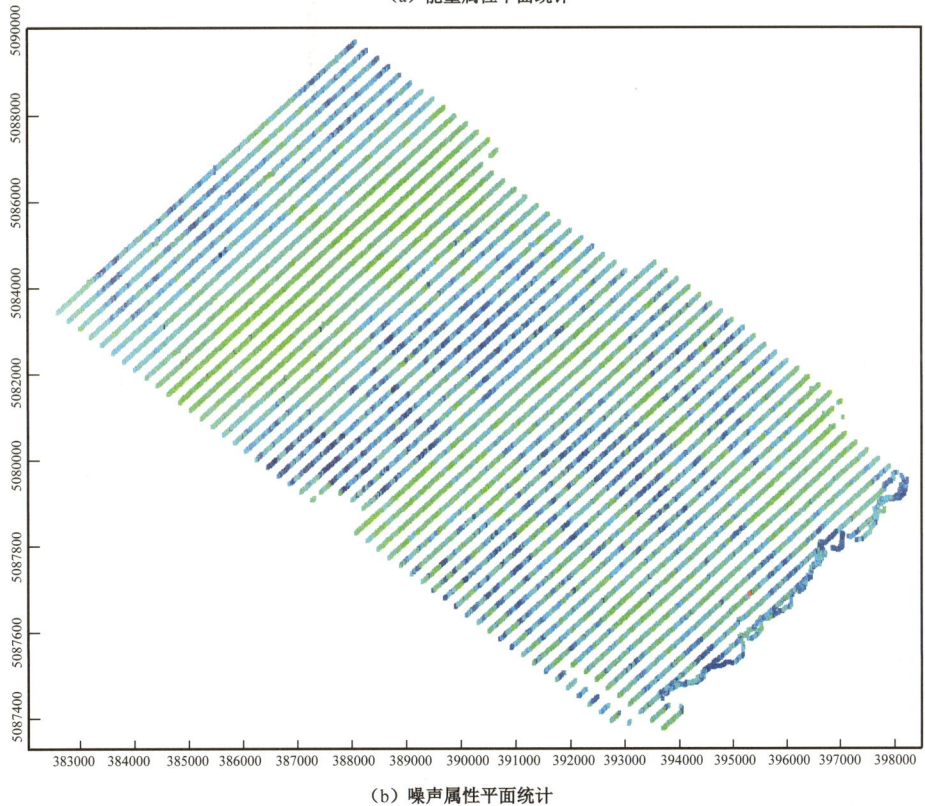

（b）噪声属性平面统计

图 3-65 属性分析平面图

利用拾取的深层和浅层时窗数据，计算单炮数据的振幅信息，在数据拷贝的同时，实现对单炮数据的时窗能量、坏道、死道、排列异常、炮能量、局部断排列、主频等7种属性的质控分析。识别出的问题炮，放到可疑炮列表中，供进一步确认。

地震数据转储与质控软件还提供了模板定义、磁带硬拷贝、数据解析等辅助功能。通过自定义拷贝模板，可根据用户需求快速定义输入字段与输出字段间的对应关系。对于软件无法自动识别的磁带数据，可利用硬拷贝工具，直接解编到磁盘或磁带，再利用数据解析工具，详细分析数据的记录格式。

### 4. 近地表静校正

近地表静校正系列软件包括近地表调查、初至拾取、折射静校正、层析静校正等4个软件，为地震采集环节提供了近地表调查资料解释、近地表建模、静校正量计算与质控的全过程服务。能够完成小折射、微测井不同施工方式的资料解释，推出了高精度初至时间拾取方法和实用的辅助功能，提供了快速高效初至折射静校正方法及适用于连续介质及层状介质的多种层析反演方法，能够方便地实现多种方法静校正量的联合应用。同时，各软件均包含了丰富的过程质量监控功能。

1）折射静校正（KL-RefraStatics）

折射静校正软件包括基础数据的输入、折射层位划分、折射速度计算、延迟时计算、近地表模型反演、静校正量计算等主体功能，同时还包括基础数据分析与处理（表格数据查找、排序、绘图、平滑、插值等）、初至交互编辑与质控（同初至拾取软件）、计算过程质控（综合误差计算、静校正定量误差计算等）、应用效果的监控（共炮点、共接收点、共炮检距、共中心点初至时间静校正效果质控等）。为了进一步提高短波长静校正精度，该软件中还提供了初至波剩余静校正量计算功能。

2）层析静校正（KL-TomoStatics）

层析反演方法是推出的全新功能，其中包括填补业界空白的多尺度网格层析和可形变不规则网格层析方法，常规的单尺度网格层析方法也实现了非线性反演，较传统方法的反演精度得到明显提高，对大数据的处理能力和计算效率也达到业界先进水平。在该软件中，还实现了层析反演模型的边界自动处理、高速层顶界面自动提取和交互编辑、表层模型约束层析反演等使用功能。层析静校正软件也包括了其他软件的基础数据输入、初至交互编辑、初至波剩余静校正及丰富的质量监控等功能。层析反演结果能够获得高精度的中、长波长静校正量，同时能为叠前深度偏移提供高精度的近地表速度场。图3-66为层析静校正软件界面。

### 5. 可控震源配套技术

可控震源技术系列软件包括可控震源扫描信号设计、可控震源施工参数设计、可控震源作业方案设计以及可控震源与接收系统质量分析等软件。能够进行可控震源各种扫描信号设计、多种施工方式下的参数设计、施工效率估算、生产排列分析以及对震源属性和采集站等设备的质量控制等。

1）可控震源与接收系统质量分析（KL-VibEQA）

可控震源与接收系统质量分析软件能够为震源、采集站、检波器等设备的室内质控提供有效的技术支撑。软件能够进行震源属性分析、组合中心检查、一致性测试分析、仪器采集站测试结果分析、检波器测试结果分析和检波器在线测试结果分析等。

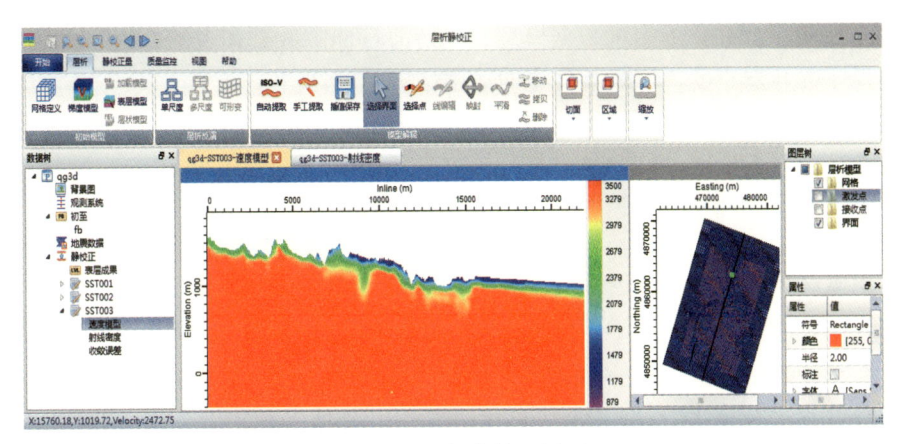

图 3-66 层析静校正界面

2）可控震源扫描信号设计（KL-VibSig）

可控震源扫描信号设计软件可以设计并分析常规扫描信号、组合扫描信号、整形扫描信号、串联扫描信号、高保真扫描信号、低频扫描信号、分段扫描信号等 7 种扫描信号，能够为 Sercel 公司的 VE 系列箱体和 Pelton 公司的 VibPro 系列箱体提供可用的扫描信号。

可控震源扫描信号设计软件具有明显特色和很好的配套性。可控震源的电控箱体只具备常规扫描信号设计功能，而没有组合扫描信号、整形扫描信号、串联扫描信号、高保真扫描信号、低频扫描信号、分段扫描信号的设计功能，所以以上 6 种扫描信号设计是 KLSeisII 可控震源扫描信号设计软件特有技术。同时，设计的各种扫描信号输出格式，能够满足多种常用震源箱体的格式要求，体现了软件良好的配套性。

3）可控震源施工参数设计（KL-VibParam）

可控震源施工参数设计是可控震源施工中的一个关键环节，它对可控震源在施工中的资料品质及施工效率起着决定性的作用。尤其是在高效可控震源采集中，如果参数设计不合理，会对后续的资料处理带来很大的挑战。

可控震源施工参数设计软件可以分析常规施工参数对信噪比改善的影响，分析滑动扫描的滑动时间对谐波的影响，DSSS 同步震源距离设计以及 ISS 扫描信号参数设计和重复概率计算等。

4）可控震源作业方案设计（KL-VibPlan）

在可控震源项目施工之前，管理人员会密切关注项目周期，而项目周期与施工方式、设备资源投入及施工效率有密切关系，可控震源作业方案设计软件为项目管理和施工技术建起了一座桥梁。

可控震源作业方案设计软件可以估算、对比震源在各种施工方式下的施工效率；根据投入的设备数量，分析最佳的排列布设方式，从而优选设备配备方案；根据观测系统 Zipper 划分，优化震源施工方案等。

## 三、特色配套技术

1. 海量地震采集数据的管理和分析技术

为了解决海量数据对地震采集工程软件带来的冲击，根据采集软件的特点，软件平台提供了一套海量采集数据处理技术，包括应用数据缓存管理、数据库、规则表单和线性表单。并在此基础上，抽象了多种数据模型，支持海量地震数据和观测系统的高效访问，简化了应用程序的开发难度，增强了程序的适用性和稳定性。

应用数据缓存管理提供了一套内外存管理机制，通过高效 I/O 策略及灵活的缓存调度策略来保障在内存占用较少的情况下对海量数据文件进行高效访问。

数据库采用了类似关系数据库的逻辑组织方式对有关系的一系列数据进行管理。根据采集数据的特点使用按列存储的物理存储方式，提高了整列数据的检索及提取效率，非常适合静校正等软件的数据处理需要。

规则表单和线性表单是基于应用缓存管理机制来实现的一套基础数据管理组件，使海量复杂数据文件的使用像数组一样简捷。

地震数据管理具有 TB 级地震数据的处理能力。支持多种数据格式，拥有格式自识别功能，使程序员在进行程序开发时可以忽略数据大小及数据类型的限制。同时还提供了 KLSeis 地震数据格式，其道头信息可定制；数据 I/O 更高效，信息存储更丰富。

观测系统数据模型抽象了实际工区的方案、线集、测线、物理点等信息，提供了千万级炮检点及关系信息的存储、加载、查找等功能。它采用了动态加载技术保障了海量数据的高效访问，可以根据需要选择信息的物理存储形式。

2. 海量地震采集的三维可视化技术

随着勘探开发程度的加深，目前可供勘探开发地区的地表条件越来越复杂，施工的区域多在山地、丘陵、沙漠、沼泽、海陆过渡带地区。随着勘探设备和技术的同步发展，勘探面积也不断增大，作业工区面积最大能达到上千平方千米，布设的炮检点数量也成倍增长，已经达到千万级别的数据量，加深了观测系统布设和数据处理的压力。三维可视化技术的成熟，使观测系统设计能够与大数据量的高清卫片和真实的三维地表高程数据结合，从而大大提高了设计的针对性和可行性，提高针对目标的勘探能力和实际勘探效果。

针对地震采集设计、模型正演与照明等领域在三维可视化方面的需要，经过深入研发，软件平台提供了海量背景图的快速加载显示、真地表三维可视化及三维体数据无延迟交互等关键技术，解决了 KLSeis Ⅱ 软件在单机环境下的三维可视化应用瓶颈问题。

背景图显示处理技术通过对图像数据进行金字塔模式的分级分块处理，针对不同的分辨率进行多线程分级调度和显示数据预读取，实现了 TB 级背景图的快速加载和显示。同时提供了背景图定位、裁剪、拼接、在线下载等功能，支持 TIF、BMP、PNG、JPG 等通用图像格式。

真地表三维可视化技术通过对真地表数据采用金字塔模式分级管理，实现了三维地表的分级海量数据场景的快速、实时渲染。基于纹理高程技术和基于 GPU 的 Shader 编程技术，实现了上千万炮检点在真地表上的快速显示和编辑。同时提供了基于真地表的观测系统飞行踏勘、等值线显示、路径高程及地形因子提取、炮检点地形偏移等功能。

三维体数据无延迟交互显示技术通过预处理技术将数据体按照空间八叉树的模型建立了快速索引机制，结合多线程调度机制和多线程绘制技术实现了数百 GB 体数据的快速加载和显示。通过渐进式切片细化技术实现了切片的交互编辑和无延迟快速显示，同时提供了三维体数据多种体显示模式（实体模式、子体模式、排除模式、雕刻模式）和三维体数据的多种切片模式（三切片、多切片、自由折线切片）。

## 3. 地震采集高性能计算框架及技术

随着技术的发展，勘探区域和内容的复杂化、精细化，在地震采集过程中人们面临着各种越来越多的高性能计算问题，为了解决高性能计算问题，软件平台提供了一套多机并行计算框架，它是一套针对地震采集应用的轻量级并行框架。用户通过在空闲计算机上安装一个很小的客户端软件，即可搭建一个自己的"私有云"来实现中小规模的多机并行计算，而不需要额外购买新设备。该框架可以在 Windows、Linux 不同的操作系统上运行，不但能整合多机计算资源，还可以充分发挥集群乃至异构设备的硬件性能，适应地震室内处理和野外采集的巨大环境差异、软硬件环境多样的现况。

多机并行框架是一套多级别并行的性能解决方案，在单机内，使用多线程、OpenCL 等方法实现线程级、指令级的并行与优化，在节点间采用任务并行。

并行框架采用"分而治之"的思想对作业进行分解和处理。作业是多机处理的基本单位，一个作业可以分解成若干计算任务，然后分发到各计算节点完成。一个作业的执行流程通常包括作业准备、启动作业、作业运行、作业释放等几个主要步骤。其中多机并行框架负责计算资源管理、任务调度、数据通信等后台工作，为用户提供了基础的、可靠的多机并行计算环境。用户可在不修改程序主体的情况下利用插件技术实现软件功能扩展，也可"即插即用"地实现不同应用的多机并行计算。利用过程控制技术不但可以实现复杂算法的流程描述，还可以按定制的作业流程来组织和协调网络资源、网络插件的高效运作。

基于多机并行框架，KLSeis 实现了多个项目的多机并行计算，并在实际应用过程中取得了良好效果。

## 4. 面向叠前偏移的观测系统定量分析技术

叠加响应分析技术根据每个面元内的偏移距分布，抽取母记录数据进行叠加，作为该面元对应的一个输出地震道，从而形成 3D 工区的叠加数据体，其水平切片能辅助设计人员分析采集脚印对资料的影响程度，从而优化高分辨率地震采集三维观测系统的设计，提高资料采集的质量。

在地震地质模型基础上，基于成像分辨率的观测系统优化设计技术，给定观测系统和子波，使用有限差分正演模拟地下某假想点的点弥散函数，并进一步计算其空间成像分辨率，实现在地震采集阶段预知勘探目标的最终成像效果。

波场连续性评价技术从不同观测系统的十字数据子集中抽取共炮检距道集，以有效覆盖面积与满覆盖面积的比作为空间波场连续性。据此，可以直接设计出空间波场连续的观测系统，并给出了观测系统的优化设计流程。

## 5. 基于连续采样的自动避障技术

针对复杂工区地表涉及岩石、沙丘、油田设施和城区，障碍物种类及数量较多，大量炮点需要偏移的需求，提出基于连续采样的自动避障技术（图3—67）。可依据障碍物范围进行炮检点纵向、横向、纵横向、就近等 4 种偏点，还可以依据缺失的覆盖次数、偏移距、方位角自动进行加密点设计，并将偏点、加密点信息统计结果以报表形式输出。该技术满足了野外偏点的要求，并最大限度地减少了 QC 组室内偏点的工作量。

## 6. 复杂地表多模板自动拼接技术

在滩海过渡带进行地震采集时，可控震源、炸药、气枪等按地表条件分块激发，陆检、水检、节点等不同类型检波器混合接收；同时，水陆观测系统差异较大，陆上接收点

(a) 理论设计

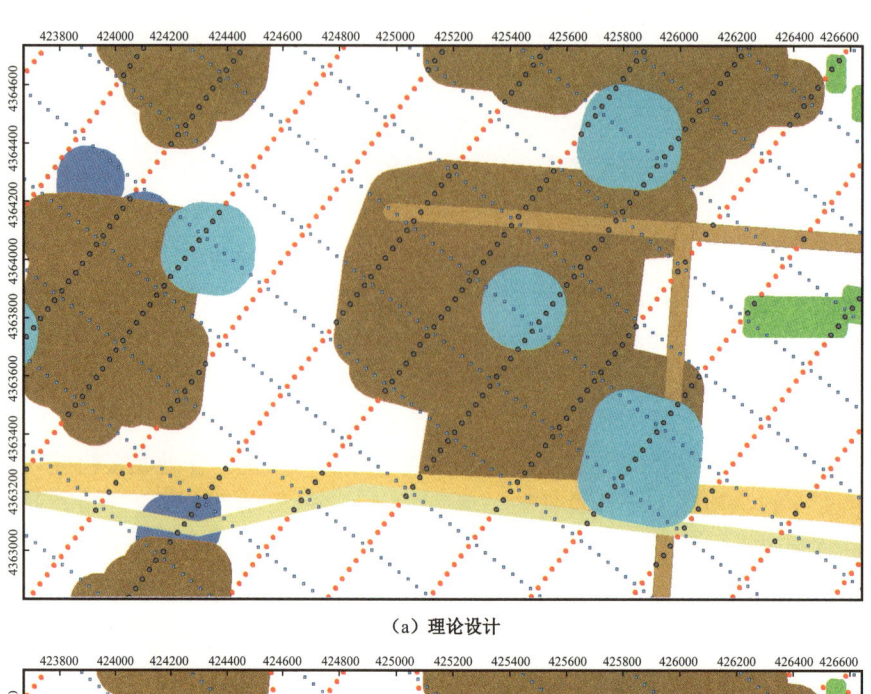

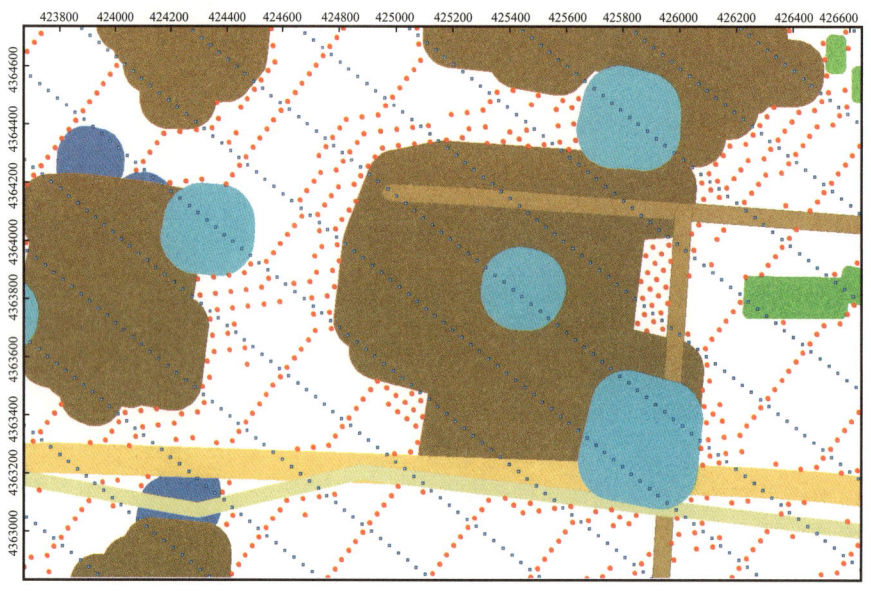

(b) 避障后预设计

图 3-67 国际项目某工区避障前后对比

较多,激发点较少,水中接收点较少而激发点较多。通过模板分析自动设置不同地表激发点的接收排列,保证覆盖次数、偏移距、方位角在整个工区内连续分布,实现不同观测系统的快速、自动衔接设计,避免手动操作产生的冗余道,达到最佳的观测效果和最高的施工效率。

7. 可控震源工作状态实时监控技术

在可控震源高效地震采集中,可控震源的工作状态往往决定了资料品质的合格与否,故对可控震源工作特性的质控至关重要。

可控震源工作状态可以通过实时监控和统计分析两种方式进行质控。实时监控主要用于监控震源的工作状态和振次信息，及时发现状态不佳的震源和有问题的振次，及时报警提示，进行补炮。统计分析主要用于统计某一时段内各可控震源的工作状态。

可控震源实时监控技术包括：（1）震源振动属性（平均相位、峰值相位、平均畸变、峰值畸变、平均出力、峰值出力），以及可控震源振次连续超标和连续变差的情况；（2）震源状态码；（3）动态扫描时间距离规则检查；（4）震源高低位出力实时监控；（5）GPS 状态实时监控。

8. 多类型检波器在线测试结果分析技术

多类型检波器在线测试结果分析技术，是一种针对多种检波器在线测试分析的检波器质控技术。通过分选、统计等方式，查看水检、陆检等各类型检波器在线测试结果的分布特征，如电阻、噪声、漏电、倾斜度等属性，用以发现排列上不正常的检波器，适用于多类型检波器接收的采集项目的检波器日检分析。图 3-68 是某过渡带项目检波器在线测试结果分析，能够看到不同检波器的电阻、噪声、漏电、倾斜度等属性在不同桩号的分布特征。

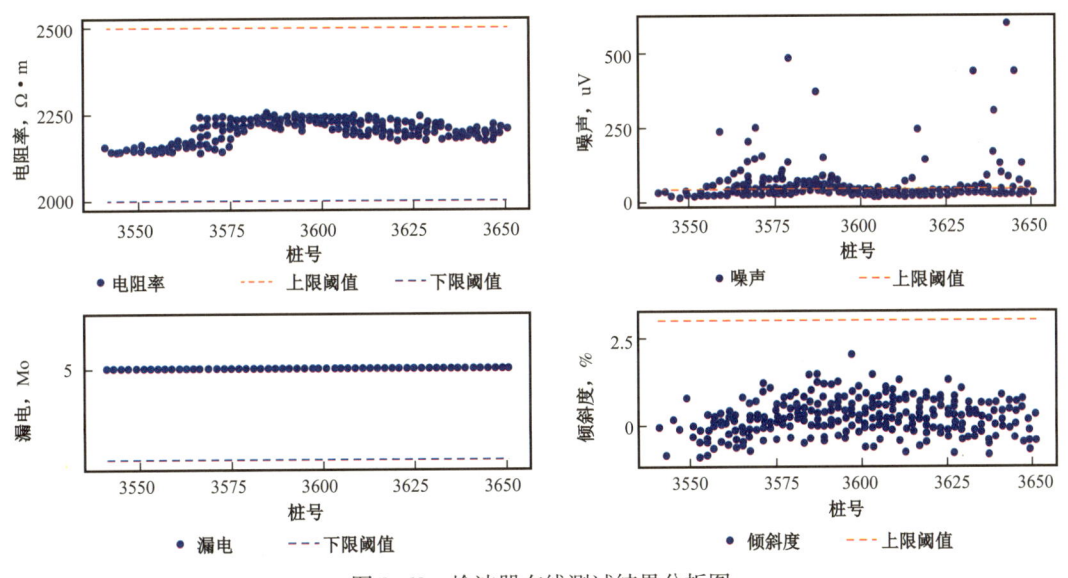

图 3-68 检波器在线测试结果分析图

## 第三节　GeoMountain 山地地震勘探软件

GeoMountain 山地地震勘探软件是专门针对山地地震勘探的采集处理解释一体化软件系统，包含采集子系统、处理子系统和解释子系统。能够完成数据管理，复杂地区最佳激发和接收参数论证，基于叠前偏移成像的观测系统优化设计，山地地震资料预处理，复杂构造偏移成像，二、三维复杂构造解释，复杂储层预测及气水检测等任务，基本满足山地地震勘探的需要。

GeoMountain 山地地震勘探软件已在中国和缅甸、土库曼斯坦等 12 个海外国家的山地复杂构造油气勘探中得到大规模成功应用，为中国石油、中国石化、中国海油、神华集团、法国道达尔、壳牌等 17 家业主提供了高质量的技术服务，为发现和探明四川盆地磨溪龙王庙组气藏、塔里木盆地库车等4个万亿立方米储量规模的大气区提供了重要物探技术支撑。

## 一、主要软件功能

### 1. GeoMountain 采集子系统

采集子系统分为复杂山地观测系统设计优化与复杂山地采集质量控制与管理两大软件功能，包括10个模块，即参数论证、表层结构调查、二维观测系统设计、三维观测系统设计、二维模型分析、三维模型分析、资料品质分析、施工资料管理、SPS数据管理与质量控制和可控震源质量QC管理。

1）复杂山地观测系统设计优化软件功能

复杂山地观测系统设计优化软件功能用于对采集观测系统的设计及优化分析。它首先基于山地复杂的表层结构数据、地球物理模型等信息进行采集观测系统的设计，然后利用基于水平层状假设的CMP属性分析、基于复杂构造的CRP属性分析以及基于叠前偏移成像的观测系统优化技术实现复杂山地观测系统设计优化的整个流程。

（1）二维模型分析。

二维真实地质模型构建：根据二维深度剖面构建真实复杂地质模型，同时具有多种模型构建方法。

二维点论证：基于模型对目标点进行观测系统偏移距、面元、偏移孔径、纵横向分辨率、菲涅尔半径等参数的论证。

射线追踪正演：基于二维模型，能够完成起伏地表二维射线追踪模拟，并且能够生成地震数据剖面。

二维波动方程正演：基于交错网格高阶差分和GPU/CPU协同运算技术，能够快速准确地完成波动方程正演工作，得到单炮记录和照明度结果，为后续的观测系统评价与优化提供原始资料。

基于CRP的观测系统评价与优化：根据正演结果，能够完成二维观测系统的CRP属性统计分析，并在此基础上进行评价，同时能够通过智能加炮、推荐加炮区手段完成观测系统的优化设计。

（2）三维模型分析。

采用块状模型构建技术，建立具有起伏地表的各类复杂三维地质模型；在三维空间对各种三维模型进行编辑和质控，并实现编辑的实时可视化。可用不同的炮检数据对三维地质模型的一个或多个目的层进行射线追踪；逐炮显示各种射线路径、反射点信息；可根据反射信息提取、显示并分析CRP属性，对观测系统方案进行评价分析；可以输出网格化数据用于三维波动方程正演。

三维模型构建：可以利用二维或三维工区地震层位和断层解释数据、地表DOM数据建立起伏地表复杂三维地质模型；针对无数字化地震层位归档材料的老探区，能提供纸质平面构造等值线图数字化建模功能，解决了无法建立准确模型的问题。三维建模是个复杂的过程，模块提供了三维空间层面、等值线、三角网等显示，地层逐层剥离显示等丰富的可视化质控工具，确保高效精确三维建模。

三维射线追踪正演：可利用三维建模软件生成的块状地质模型进行起伏地表三维射线

追踪正演，具有 PP 波、PS 波和 SS 波正演能力。正演结果可直接生成地震合成记录显示和输出。正演轨迹显示方式多样化，可以逐炮显示各种射线路径、反射点信息，便于进行正演分析。

三维 CRP 属性统计分析：可利用射线追踪数据对每个 CRP 面元信息进行统计分析，可将统计信息在二维平面显示，也可投影到三维空间目的层面上进行查看和分析。提供不同方案的 CRP 属性快速比较功能，便于进行观测方案的优选。基于 CRP 属性的观测系统优化功能可有效地指导用户设计出针对地质目标的合理采集方案。

2）复杂山地采集质量控制与管理软件功能

（1）资料品质分析。

资料品质分析模块用于对地震资料的质量进行分析。它通过对地震数据的能量、信噪比、频率等属性的定量分析，准确评价地震资料质量的好坏。根据软件的分析结果，评估资料质量，调整施工参数，有效地指导下一步采集生产。

能量分析：提供了均方根振幅等多种能量计算方法来分析资料能量变化规律，用户可设置多个分析时窗，对资料质量进行准确评价。

信噪比分析：信噪比分析的难点是信噪分离，该模块信噪分离的思路是在选择时窗中，即用户指定信号的频率段，对该频率段进行滤波，剩下的为噪声。然后计算振幅比估算出信噪比。软件可进行有效频段信噪比分析和随机信噪比分析。

频率分析：分析单炮的频率变化规律，通过对比分析频率的变化情况。模块根据用户定义的分析时窗，计算各道集的统计振幅谱曲线，并将计算出的振幅谱曲线绘制在同一张图上，供用户对比分析。

时频分析：分析不同频率的信号随时间变化的规律。该模块计算道集间时频分析，在分析道集上（多个道集）定义时频分析的起始频率、结束频率和分频个数。模块根据用户定义的分析参数自动计算出分析频带，然后分别计算各个频带随时间的振幅衰减曲线，并将不同道集同一频带的振幅衰减曲线绘制在同一张图上供分析使用，每一个分析频带分别生成一张分析图。其结果可用于分析对比不同道集的某一频段随时间的变化规律，以及不同道集在不同频率段的振幅能量变化规律。

自相关分析：在道集的某个时窗内进行自相关分析，提供给用户自相关分析图和自相关零点分析图。自相关分析是一种提取子波的方法，提取子波后就可以分析激发子波的一致性。

（2）可控震源 QC 管理。

可控震源质量分析软件主要用于野外震源的质量分析，可以对 VAPS、COG、PSS 等震源数据进行文本解析和图形解析。在确保可控震源资料采集质量的同时能有效地提高施工效率，并及时解决震源存在的隐患，指导震源的维护保养工作，预防震源发生故障。

震源质量分析：通过柱状图和曲线图两种方式呈现。在震源质量分析中可针对单台震源车进行分析，也可按组进行分析。可分析的数据有峰值或均值相位误差、峰值或均值振动输出力、峰值或均值畸变，在图形上面快速有效地分析震源质量。

震源质量统计：具有文本解析和图形解析两种方式。文本解析统计出各震源车振动情况、属性合格率、过载次数和警告次数，并以图表形式展现给用户查看。图形解析统计振次时效次数、平均振动输出力振次的振动情况、峰值振动输出力振次的振动情况、属性合格率、单台震源质量与本组震源质量平均值比较情况。COG 数据图形解析还能对 COG 文件实际震源重心与 SPS 坐标的误差进行绘图，直观地显示震源质量。

2. GeoMountain 处理子系统

GeoMountain 处理子系统分为叠加成像、偏移成像与交互应用三大软件功能，由 13 个部分构成，包括交互应用模块（17 个）、数据输入输出（6 个）、观测系统定义（4 个）、道选择（6 个）、去噪（35 个）、振幅处理分析（23 个）、反褶积（14 个）、静校正（17 个）、速度分析（20 个）、动校正与叠加（8 个）、插值模块（5 个）、偏移模块（14 个）和辅助模块（35 个）。

1）叠加成像软件功能

叠加成像软件用于对地震数据进行常规处理和分析，是一套流程完整的处理软件包。其包括观测系统定义、静校正处理、去噪、振幅处理分析、反褶积处理、速度分析，以及动校正与叠加等核心环节，共 173 个批处理模块。能全面满足常规二维、三维地震资料处理工作需要，具有山地低信噪比去噪、复杂山地静校正等特色技术，可为地震资料处理提供技术手段和工具。

2）偏移成像软件功能

偏移成像软件用于对地震数据进行时间/深度域成像处理和分析，是一套功能完备的复杂山地成像处理软件包，共有 14 个批处理模块，采用分布式多级并行计算架构，能全面满足各类二、三维地震资料叠前/叠后高效成像处理工作需要，并具有起伏地表叠前时间偏移、起伏地表波动方程叠前深度偏移等特色技术，可为复杂地区地震处理提供更佳的成像方案。

（1）叠后偏移成像。

通常情况下，叠后偏移成像可以有效地解决构造较为简单、速度变化较为缓慢的地质问题，也可以给复杂地区成像处理提供初步的分析结果，为下一步更精细的叠前偏移提供成像参考，具有相移（PS）、相移加插值（PSPI）、时间—波数域（$T-K$）、克希霍夫（Kirchhoff）积分法等多种叠后时间偏移技术，可满足简单构造成像的需要。

（2）叠前偏移成像。

随着成像技术的发展和计算机集群技术的突破，叠前偏移技术迅速进入全面工业化生产阶段，在复杂油气藏勘探中发挥了重要的作用。它通过基于叠前共反射/成像道集处理思路，可以有效地克服常规 NMO、DMO 和叠后偏移的缺点，实现真正的共反射点叠加。具有起伏地表叠前时间、起伏地表叠前深度偏移、起伏地表单/双程波波动方程叠前深度偏移等技术，对构造复杂、信噪比较低的地区的地震资料偏移成像具有明显的优势，偏移断点、断层、断面成像更清晰。

3）交互应用功能

交互应用软件用于作业管理与运行、地震数据查看与交互处理、参数交互拾取与分析，是一套操作便捷的处理软件包，共有 17 个子模块，能高效便捷地为用户提供地震数据处理过程中的各类作业编辑、作业提交、节点管理、磁盘管理、数据交互分析等全套功能。

3. GeoMountain 解释子系统

GeoMountain 解释子系统分为复杂构造综合解释、复杂储层预测、裂缝检测与气水识别四大软件功能，包括 10 个模块，即测井分析、构造解释、地震属性分析、地震反演、地质绘图、多波解释、实用工具模块等。

1）复杂构造综合解释软件功能

复杂构造综合解释软件可进行复杂山地地震构造解释。首先利用测井分析模块标定地质层位，其次利用构造解释模块解释层位和断层，并构建复杂速度场和时深转换，最后利用地质绘图模块进行含逆断层的一次性快速成图，该软件提供了含逆断层的一体化解决方案。

2）复杂储层预测软件功能

复杂储层预测软件功能包括基于属性分析的储层预测和基于地震反演的储层预测两大类功能模块，能够完成复杂储层的预测，含逆断层的储层预测是该软件功能的特色之处。

属性储层预测：具有地震属性的提取、优化、分析和储层含油气性预测4项功能。能进行多种常规属性和特殊属性的沿层和体属性提取，批量的属性提取及实时QC功能提高属性提取效率。属性参数快速优选保证属性提取的准确性，降低属性间的关联度，提高预测精度。多种线性和非线性的预测方法，满足孔隙度等储层参数预测及含油气性检测需要。

地震反演储层预测：地震反演软件具有无井和有井约束的叠后和叠前反演功能。叠后反演主要包括积分反演、稀疏脉冲反演、弹性阻抗反演、宽带约束反演等；叠前反演主要包括三参数同时反演、叠前同步反演等模块，并为反演配套角度子波提取、角道集生成、初始模型建立、反演前后质量控制等相关辅助功能。扩展弹性阻抗反演，用于流体检测、气水识别。能进行含逆断层的地震反演，提升复杂构造断层下盘储层预测的精度。

3）裂缝检测软件功能

裂缝检测软件功能用于叠后地震数据和叠前地震数据的裂缝预测。通过对地震数据预处理后，综合叠前的分方位P波各向异性裂缝预测技术、叠后的相干和体曲率属性，结合钻、测井信息，开展属性融合等裂缝发育带综合分析，可有效地开展不同尺度的裂缝预测。

叠后裂缝预测：改进的第三代相干功能，运算速度快，分辨率高。基于曲率类和纹理类的裂缝预测可更精细地刻画裂缝走向及空间展布。数据预处理是基于结构导向滤波的地震属性预处理，改善叠后资料信噪比。

叠前裂缝预测：分方位P波裂缝预测，解决个别方位角数据出现畸变的问题，能更准确地预测裂缝发育密度和方位。

4）气水识别检测软件功能

气水识别检测软件功能是利用地震资料预测地下储层的气水分布。它是根据含油气引起地震波吸收系数高频衰减、低频共振的特点，采用时间域、时间—频率域、分数域等多域信息的烃类检测解释方案，综合流体活动性敏感分析、高精度时频分析、多子波重构等技术，联合应用纵波和转换波中的频率和振幅信息，提高烃类检测的可信度。用扩展弹性阻抗（EEI）代替常规弹性阻抗（EI）方法，综合应用新含气概率预测方法，提高含气性检测吻合率；用分数域Wigner-Ville分布代替常规Wigner-Ville分布，用最优阶分数域Gabor变换代替常规Gabor变换构建时频域流体因子，增强了时频能量聚集度，提高气层识别成功率。

## 二、山地特色技术

1. 山地地震勘探采集特色技术

1）基于相控理论的激发接收组合论证技术

基于相控理论的激发接收组合论证技术，以相控理论为基础，根据激发层的速度和子波的频率、地层埋深及倾角、观测系统等参数，设计合理的组合个数、组合内距、组合图形和激发深度，以及组合接收方式。在地震勘探子波激发过程中，让向下传播的地震波同相叠加，侧面传播的地震波异相抵消，达到聚集有效信号、压制噪声的目的，从而使组合激发和组合接收大幅度提高地震资料信噪比（图3-69）。

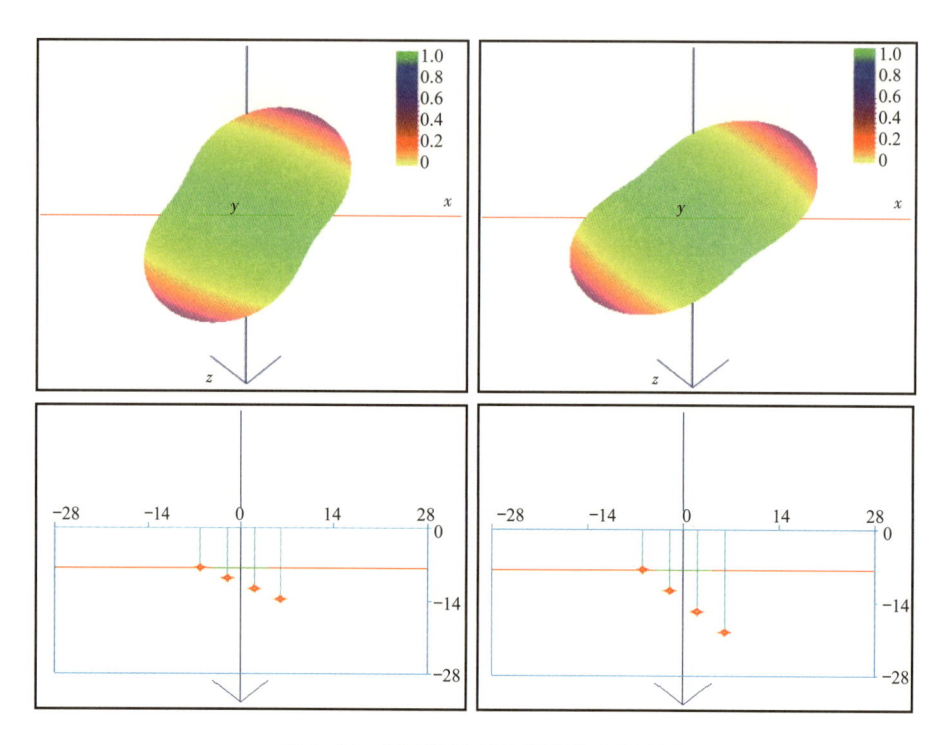

图3-69 基于相控理论的激发组合论证

2）基于遥感信息的采集方案优化技术

针对山地复杂地表问题，提出了基于地震工程遥感技术的观测系统设计技术。该技术主要利用遥感技术、地理信息技术、全球定位技术和虚拟现实技术，在计算机中模拟真实的地表环境。并从高精度遥感信息中获取地表高程、相对坡度、岩性等专题信息对勘探工区的激发、接收条件，施工安全性和可实施性进行评价；指导测线部署、炮检点位置优选。从而设计出更具针对性和可行性的观测系统（图3-70），提高山地复杂地表环境的地震采集施工效率和地震资料品质，降低生产成本。

3）基于CRP属性分析的观测系统评价优化技术

山地地震观测系统设计面临地表和地腹构造双重复杂性问题，传统观测系统设计假设地表水平，地下为水平均匀介质，从共中心点（CMP）角度分析，设计炮检关系，造成设计的共中心信息与实际情况差异巨大，不利于构造成像和后期储层预测，影响地震采集最

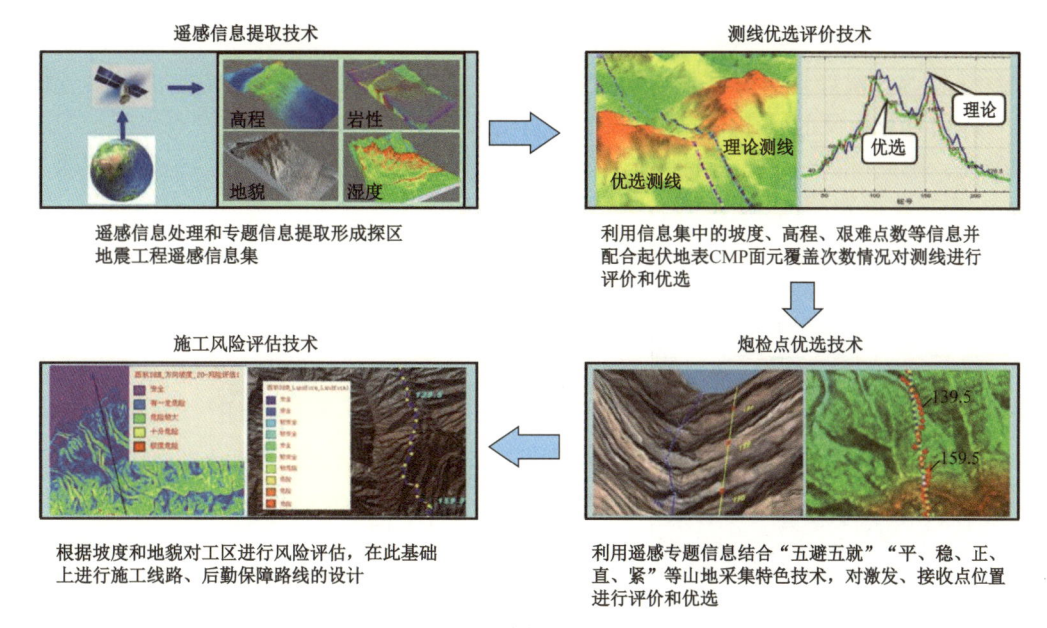

图 3-70 基于遥感信息的采集方案优化

终效果。针对此，形成了基于 CRP 属性分析的观测系统评价优化技术，该技术通过地质模型正演获得共反射点（CRP）信息来指导观测系统设计（图 3-71），从而充分考虑地下地质构造对观测系统的影响，准确地反映地下目标层反射信息，获得更加适合叠前偏移处理的地震资料。

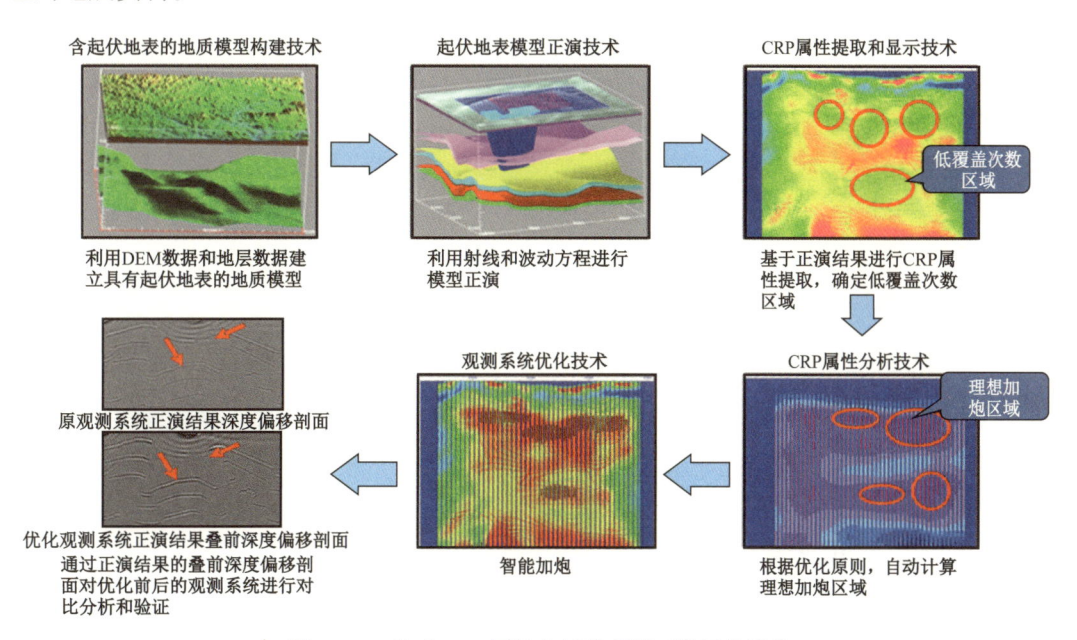

图 3-71 基于 CRP 属性分析的观测系统评价优化

4）基于能见度分析的观测系统评价技术

提出了基于能见度分析的观测系统评价技术，该技术是一种对地下地震波传播特征和能量在检波点分布规律进行定量分析的技术，也是一种针对地质目标层的观测系统评价技术。它模拟了地震波从激发点到目标反射点产生反射被检波点接收的整个流程，真实地反映震源能量经过目标层反射后被检波点接收的能量分布情况。通过能见度分析方法，可以得到目标反射层在检波点的反射能量分布情况，也可以得到整个观测系统的能量分布情况，因此可进行采集观测系统最优加炮位置、最大炮检距等参数的论证和选取（图3-72），为采集观测系统的优化设计提供理论指导和技术支持。

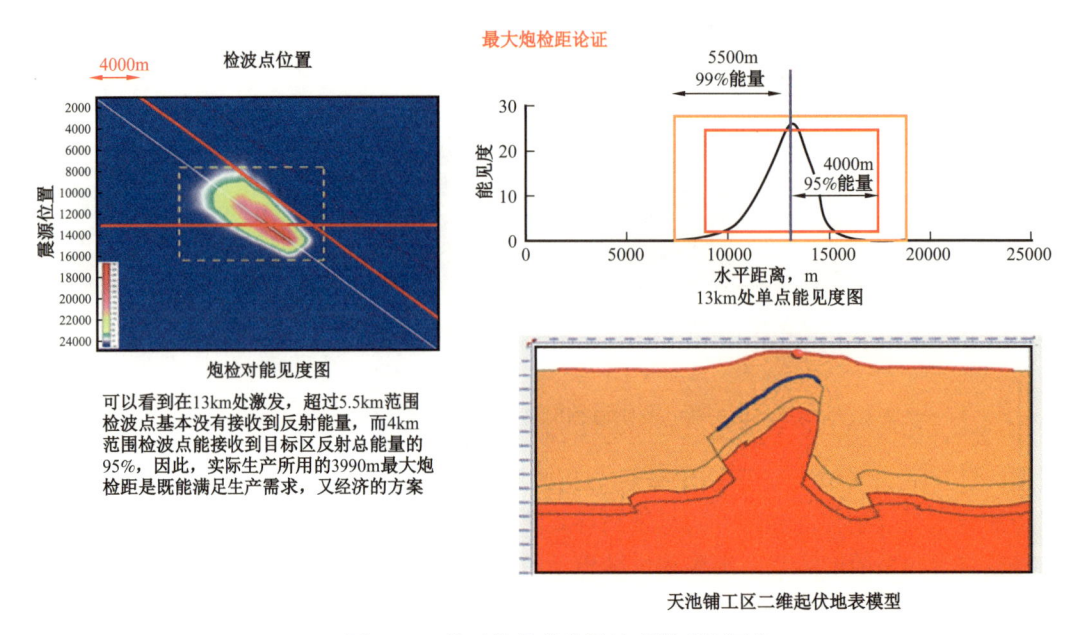

图3-72 基于能见度分析的观测系统评价

5）基于偏移成像的观测系统评价技术

将叠前深度偏移理论应用于地震观测系统设计方案评价，针对目标位置，结合地质速度模型，计算出三维地震观测系统的检波点聚焦属性与震源点聚焦属性。进而分析整个观测系统的聚焦分辨率、聚焦清晰度。通过以上这些属性的分析，对不同的观测系统从整体上进行评价，可以直观地分析观测系统的最终偏移成像效果，进而定量分析观测系统方案的分辨率与噪声压制能力（图3-73）。

2. 山地地震勘探处理特色技术

1）复杂山地静校正技术

研究形成了复杂山地静校正技术，包括初至波折射静校正、初至波层析静校正，初至波加权拟合静校正和全局最优非线性反演剩余静校正等关键技术手段，为复杂地区静校正处理提供有针对性的解决方案，提升成果剖面质量和成果解释的可靠性。

2）山地低信噪比去噪技术

山地地震勘探表层破碎，地层坚硬，激发打井困难，炸药能量散失严重、接收检波器耦合差，且各种次生干扰的衍生导致资料信噪比低，成像困难。为此，研究形成了山地低信噪比去噪技术，用时空域分频自适应异常噪声衰减、最优阶分数域傅里叶变换相干噪声分离、时空域三次样条拟合随机噪声压制等实现山地复杂构造低信噪比地震资料的高效精细去噪（图3-74），全方位利用了有效信号和噪声的频谱差异、视速度的差异以及相邻道噪声的无相关性等特性来实现对复杂山地采集地震资料的干扰压制。

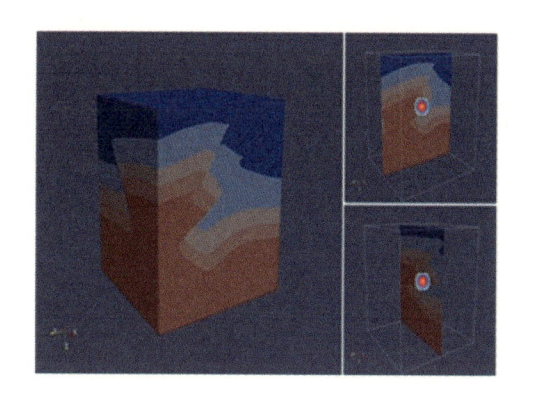

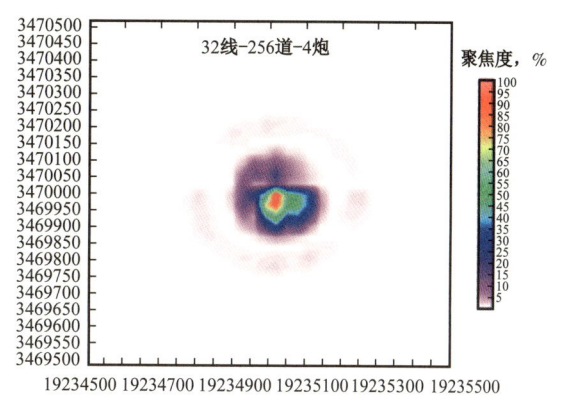

聚焦度为35%

$X$方向分辨率为52m，$Y$方向分辨率为58m

图 3-73　基于偏移成像的观测系统评价

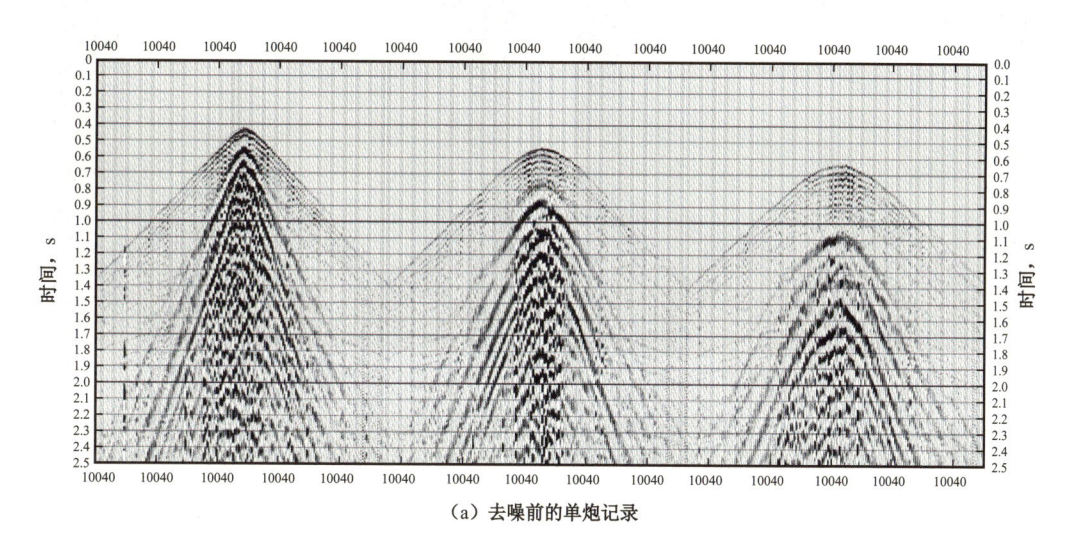

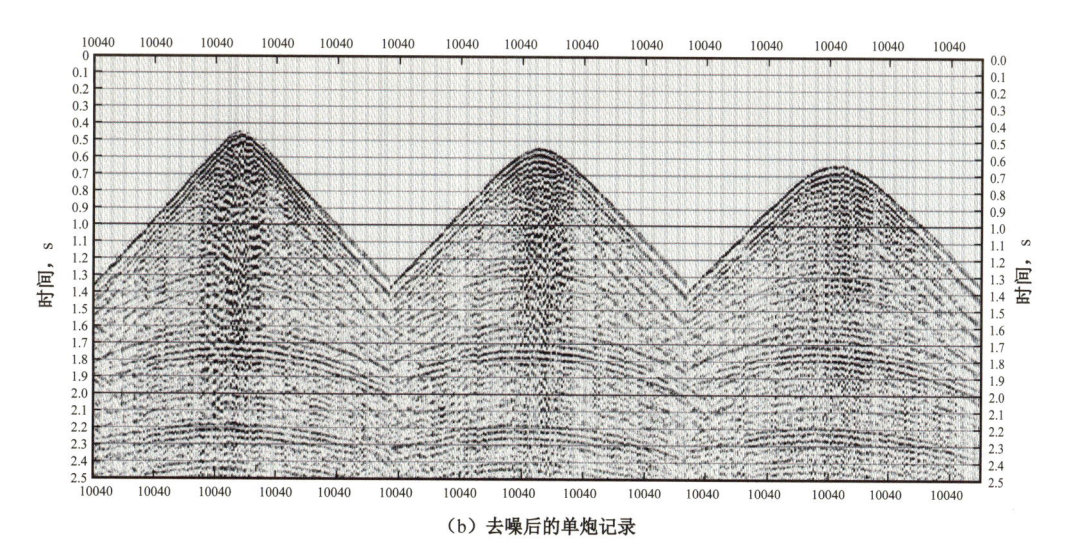

（a）去噪前的单炮记录

（b）去噪后的单炮记录

图 3-74　去噪前后的炮记录对比

3）地下复杂构造精确速度建模技术

地下复杂构造精确速度建模是通过偏移迭代来实现深度域偏移速度模型的构建，其核心内容是三维模型自动成块的地质模型构建能实现山地复杂构造复杂地层空间结构关系的精确刻画。低信噪比地震资料速度分析高精度聚焦、非线性变换速度谱辨识度增强、交叉测线联合速度分析、速度闭合差实时检查与校正等能实现从复杂构造低信噪比地震资料中对地震速度场的快速高效高精度获取。用井点地层速度约束、速度变化系数分区拟合、漂移量单点换算、参数平面外推、速度关系逐层迭代、井约束横向可变 $H—V$ 曲线构建方法等实现山地复杂构造稀疏井区地震速度场的校正和地层深度成像（时深转换）速度场的高精度获取（图3-75）。

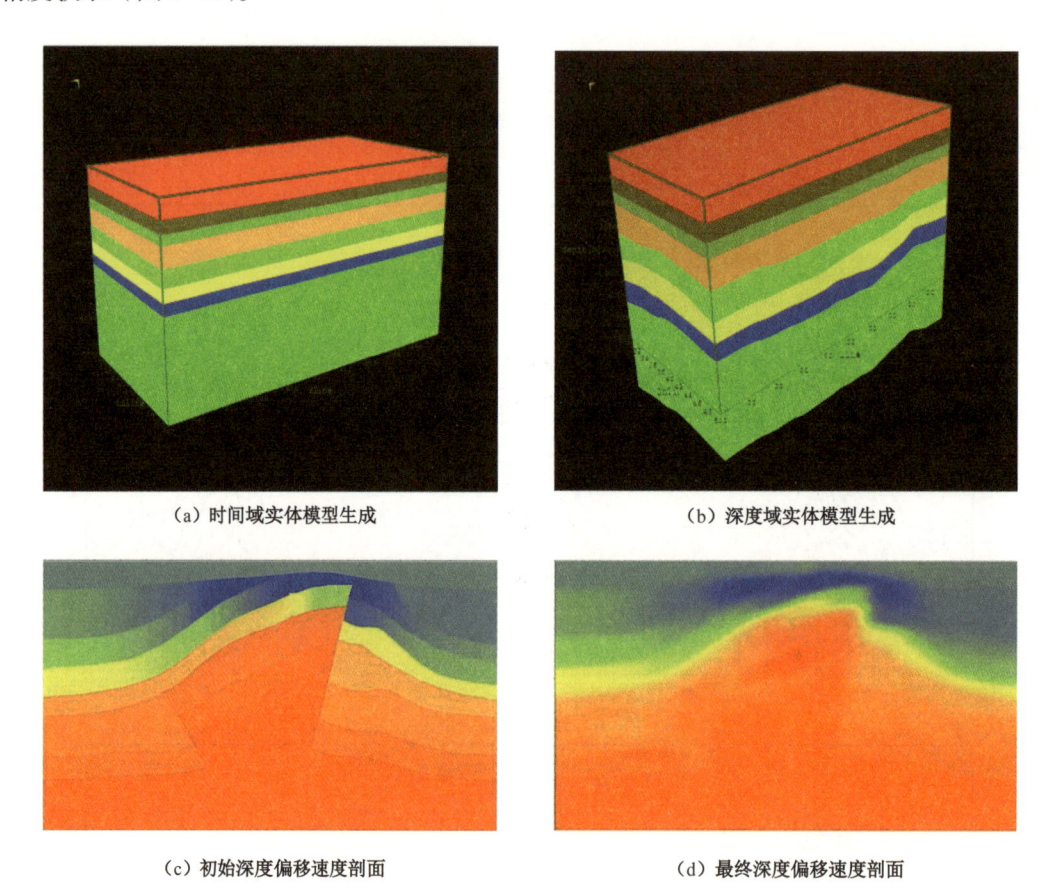

（a）时间域实体模型生成　　（b）深度域实体模型生成

（c）初始深度偏移速度剖面　　（d）最终深度偏移速度剖面

图3-75　速度建模技术

4）地震大数据拟真地表精确成像技术

小道距、长排列、高覆盖、宽线、宽方位三维地震成为解决山地复杂构造成像难题的重要探测手段，但起伏地表、各向异性、地层陡倾倒转、逆掩断层、地震大数据的快速精确成像依然是难题。针对这些难点，应用地震大数据拟真地表精确成像技术，包括VTI介质起伏地表含倾角倾向参数的走时计算，TTI介质起伏地表四阶非双曲走时计算，起伏地表高密度射线快速追踪方法等来提升大数据、起伏地表、各向异性Kirchhoff成像的走时计算精度和效率。用大步长、高效控频散算法等大幅度提升RTM（叠前逆时偏移）归位计算效率，实现大数据 RTM 的规模工业化应用；用大数据的工区自适应合并、地震数据自适应分块、处理单元自适应细分、缓存自适应分配、模块架构再造、多进程多线程多层级作业批量运行等实现计算与存储资源的高效利用。这些方法的应用，使处理效率至少提高了 4 倍，有效地解决了复杂地区大规模的数据叠前精确成像差的难题。

3. 山地地震勘探解释特色技术

1）含逆掩断层上下盘统一解释及一体化成图技术

复杂山地逆断层发育，其主要特点是：每个 CMP 点存在多值，从而导致层位、断层数据存储困难、层位联动解释困难、逆掩断层成图困难。针对这些难点，研究形成了含逆掩断层上下盘统一解释及一体化成图技术（图 3-76），包括含逆断层层位联动解释、含逆断层层位插值、含逆断层速度场构建、含逆断层等值线追踪和含逆断层构造成图整套含逆断层的核心技术，为含逆掩断层解释提供了一体化解决方案，提升了含逆断层解释的精度和效率。

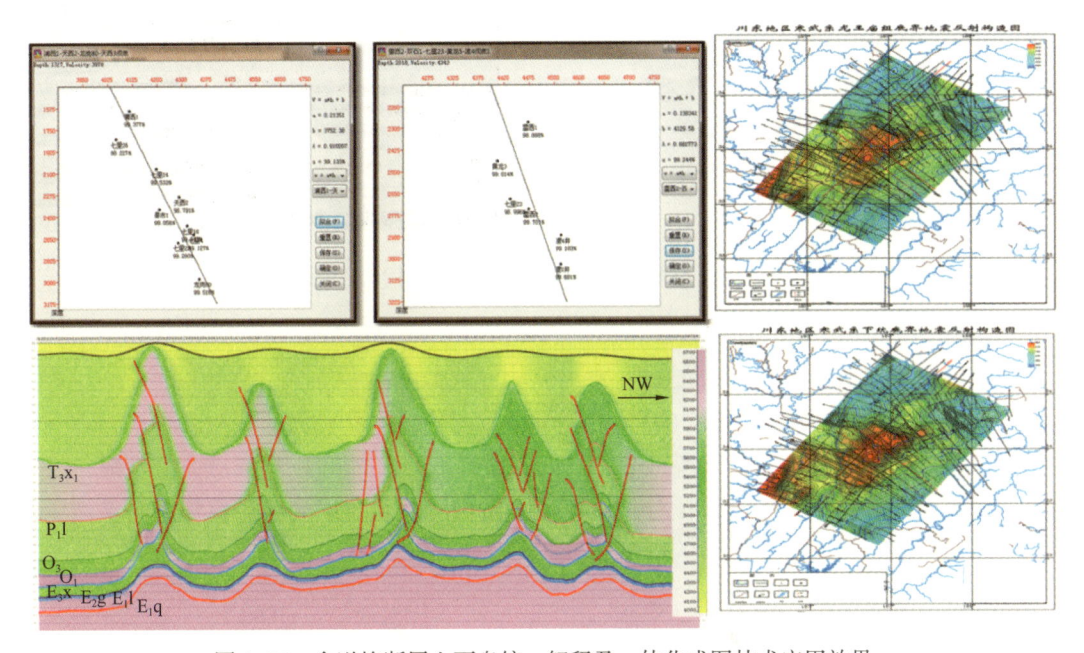

图 3-76　含逆掩断层上下盘统一解释及一体化成图技术应用效果

2）含逆掩断层复杂储层预测技术

复杂山地潜伏构造大都发育在大型逆掩断层下盘，而潜伏构造是油气的主要聚集区，因此逆掩断层下盘储层预测显得尤为重要，但是主流技术和软件对此无能为力。为此，研究形成了含逆掩断层地震储层预测技术，包括含逆断层地震属性提取、地质建模、地震反演、地震切片分析一体化的储层预测技术和流程，采用断层上下盘自动识别的属性计算、层位断层自动组块逐层分区建模、含逆断层自适应的反演技术，在测井信息约束下实现高精度储层预测。整体应用使断层上下盘储层描述更清楚，储层预测精度显著提高，整套流程的自动化使工作效率提升一倍以上。

3）复杂山地裂缝检测技术

针对测井数据裂缝检测的结果只在井点周围很小的范围内有效，在裂缝型储层各向异性岩石物理模拟的指导下，结合叠前和叠后裂缝检测关键技术，综合分析裂缝发育方向和发育强度，形成了一套裂缝综合分析技术（图3-77），包括基于相干、曲率和纹理属性的叠后裂缝预测技术和基于交叉检验的分方位P波叠前裂缝预测技术。解决了裂缝油气藏勘探开发所面临的难题。

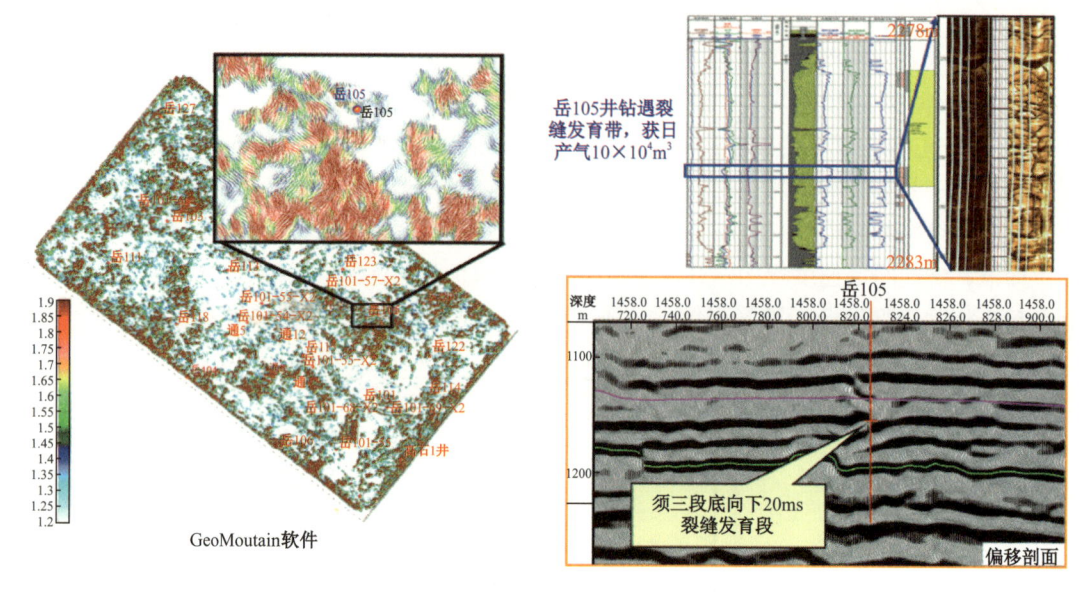

图3-77 叠前分方位P波裂缝预测技术应用效果

4）复杂储层的气水识别技术

（1）地震多域联合气层直接识别技术。

气水识别检测软件根据含油气导致的吸收系数加剧、高频衰减、低频共振的特点，采用了多域信息的烃类检测解释方案（图3-78），在时间域、时间—频率域、分数域，综合流体活动性敏感分析、高精度时频分析、多子波重构等技术，联合应用纵波和转换波中的频率和振幅信息，提高烃类检测的可信度。

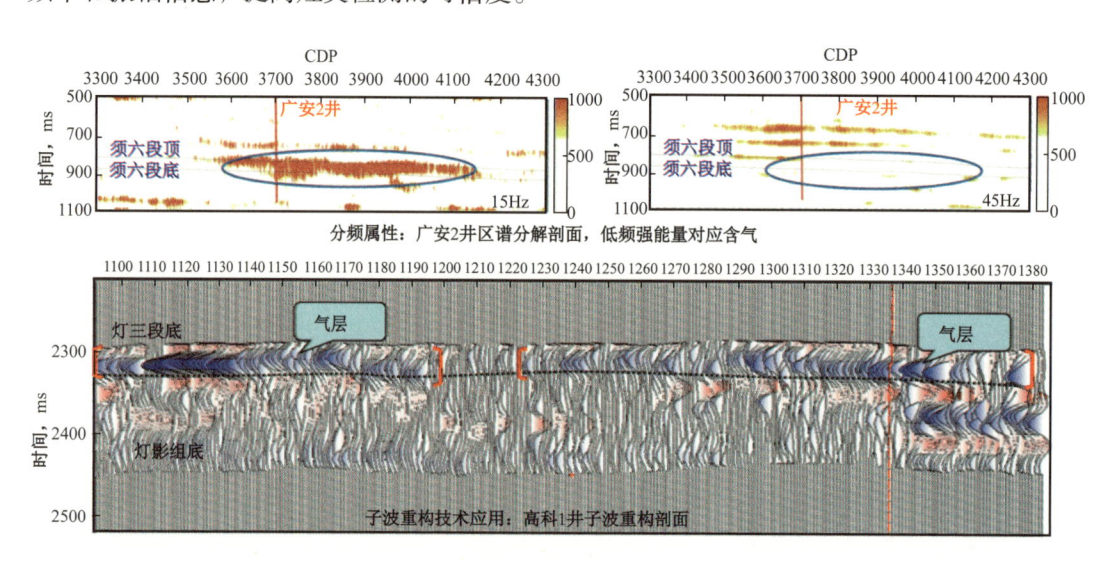

图3-78 基于频率信息的流体识别技术应用效果

（2）地震纵波和转换波精确气层识别技术。

由于纵、横波在地下介质中传播的机制差异，使多波在储层界面产生的反射波振幅发生明显的变化，可根据多波振幅差异的变化，对油气进行定性检测。纵横波联合反演采用的是实测横波，能够得到更准确的岩石弹性参数，在储层岩石物理参数敏感性分析的基础上，优选敏感参数，采用多体交会解释手段，定量预测有效储层的厚度、孔隙度分布及识别储层含流体性质。

## 第四节　GeoEast-RE 油藏地球物理软件系统

油藏地球物理的研究涉及多个学科，因此多学科数据的协同工作是油藏物理软件的发展趋势，最大限度地发挥地震、测井、岩石物理、生产动态等数据的作用和这些数据的快速有效融合是油藏地球物理软件的发展方向。GeoEast-RE 油藏地球物理软件系统是一个多学科协同工作的软件系统，利用地震、测井、地质和油田开发等信息对储层进行精细描述和剩余油气预测，包括油藏描述、油藏模拟、油藏监测、油藏协同工作等 4 个子系统。

### 一、软件特点

GeoEast-RE 软件基于 Windows MFC 系统开发，可在 Windows 7 和 Windows 8 系统上运行。该系统既可以使用文件方式管理数据，也可以使用 MySQL 数据库实现数据的管理。系统的 4 个平台子系统（油藏描述、油藏模拟、油藏监测和油藏协同工作）采用统一风格的白板操作界面，在平台白板上实现点（井）、线（纵向和横向测线、任意线）、面（矩形、任意多边形）的数据选择、操作和显示。基于白板和启动关系的链式多窗口显示控制实现了众多窗口环境下任意窗口的快速查找和切换，为研究人员提供了多专业、多信息和多维数的油藏综合研究和油气预测的快速分析手段。

（1）建立"地质、地震和测井（G∩S∩L）"专业间协同工作（油藏描述）子平台（图 3-79a）。该子平台可通过地震、地质和测井三个专业的协同，完成地震地质解释、测井地震联合反演、地震地质测井联合油藏描述和储量计算及井位设计等任务，从而满足地震工程师、地质工程师和测井工程师的协同工作需求。

（2）建立"地质、测井和油藏（G∩L∩R）"专业间协同工作（油藏模拟）子平台（图 3-79b）。该子平台是在油藏描述平台认识基础上，通过地质、测井和油藏三个专业间的协同工作，完成储层静态模型、岩石物理、生产措施、油藏模拟方法和历史拟合迭代，最终获得模拟油藏开发过程的空间动态结果，以满足地质工程师、测井工程师和油藏工程师的协同工作需求。

（3）建立"地质、地震和油藏（G∩S∩R）"专业间协同工作（油藏监测）子平台（图 3-79c）。该子平台在油藏描述和油藏模拟认识基础上，通过地震、地质和油藏三个专业间的协同工作，综合利用静态信息（地震、地质和储层静态建模）和动态信息（时移地震、油藏模拟和开发数据）实现剩余油气预测，满足了地震工程师、地质工程师和油藏工程师的协同工作需求。

（4）建立"地质、地震、测井和油藏（G∩S∩L∩R）"专业间协同工作（信息融合）子平台（图 3-79d）。该子平台是基于油藏描述、油藏模拟和油藏监测认识，通过地

(a)油藏描述子平台

(b)油藏模拟子平台

(c)油藏监测子平台

(d)地震、地质、测井和油藏协同平台

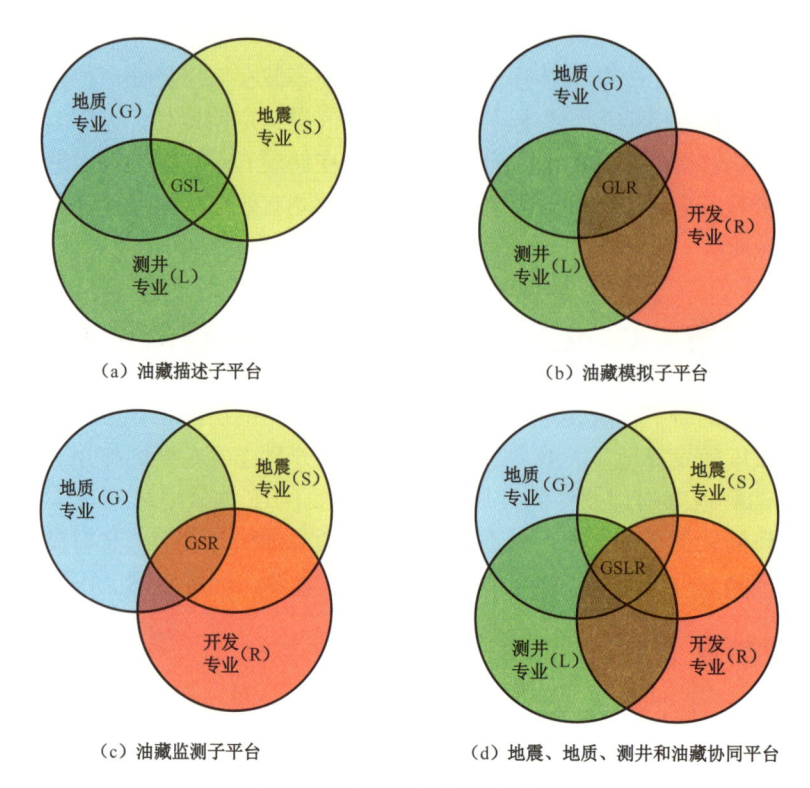

图 3-79　四个子平台交集设计

震工程师、地质工程师、测井工程师和油藏工程师以及管理者间的协同工作，最终达到综合预测油气和提高采收率的目的。该子平台的设计满足了地震工程师、地质工程师、测井工程师、油藏工程师和管理者的协同工作需要。

GeoEast-RE 采用分类子平台设计思想，明确划分了三个不同专业的协同工作环境，包括油藏描述、油藏模拟和油藏监测子平台。在此基础上，设计了 4 个专业间的信息融合子平台。

（5）软件平台。基于统一风格平台白板操作。GeoEast-RE 系统各个平台具有统一风格的白板界面（图 3-80），操作方式相同，并基于白板（$x, y$）坐标驱动（图 3-81）进行数据管理。白板上坐标任意"框"驱动三维数据和空间平面数据，白板上坐标任意"线"驱动二维剖面数据，白板上坐标任意点驱动一维数据和表格数据的选择、加载、操作和显示等。并依据子平台间或网上用户间的用户关系和坐标关系实现它们之间的数据交换。

## 二、软件主要功能

GeoEast-RE 软件系统的油藏描述、油藏模拟、油藏监测和油藏协同工作 4 个子系统的功能介绍如下。

1. 油藏描述子系统

油藏描述子系统主要是利用地震、地质和测井信息等进行储层精细描述，最终建立储层地质模型。主要是将解释成果导入进行质控分析，补充没有的功能，为后续静态、动态

（a）油藏描述平台白板

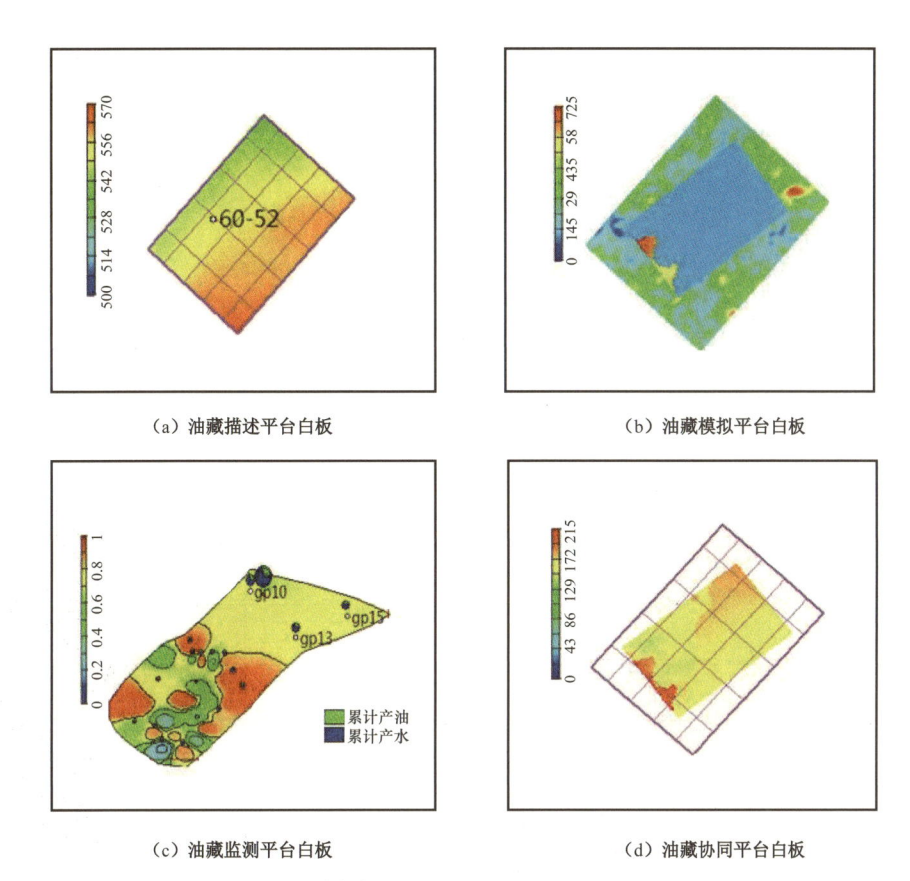

（b）油藏模拟平台白板

（c）油藏监测平台白板

（d）油藏协同平台白板

图 3-80　四个平台白板界面

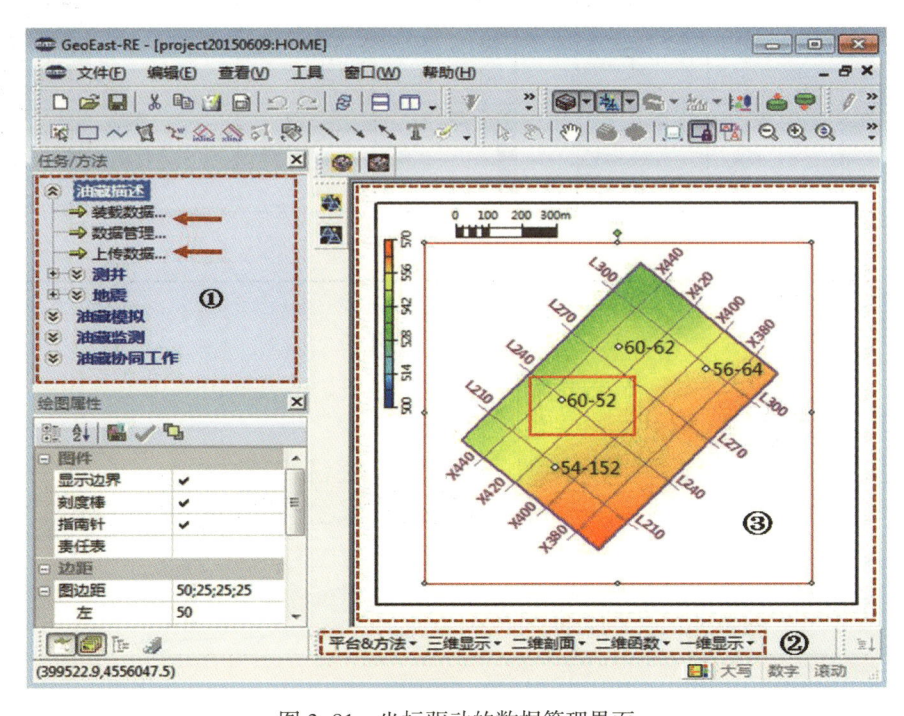

图 3-81　坐标驱动的数据管理界面

数据的结合提供重要的储层静态信息。目前主要的功能包括：测井数据处理与解释、地震属性提取、井震联合标定、地震反演、地震等时格架的QC、时深转换、储层地质模型的质控等功能。储层地质建模的功能正在研发过程当中。

在测井数据的处理解释方面，GeoEast-RE软件实现了测井数据编辑、预处理与测井参数解释、沉积旋回、沉积相解释、常规测井解释和水平井测井解释等功能。测井数据解释完后，可以对其解释成果，如孔隙度、渗透率、泥质含量等曲线进行显示成图，如图3-82所示。也可以把测井解释曲线、解释结论、沉积旋回等一起综合显示，如图3-83所示。在地震数据分析方面，提供了地震反演和属性提取、便捷的沉积演化解释工具、井震联合地层格架质控和储层地质模型质控等功能，图3-84显示的是储层地质模型和测井数据的对比结果。

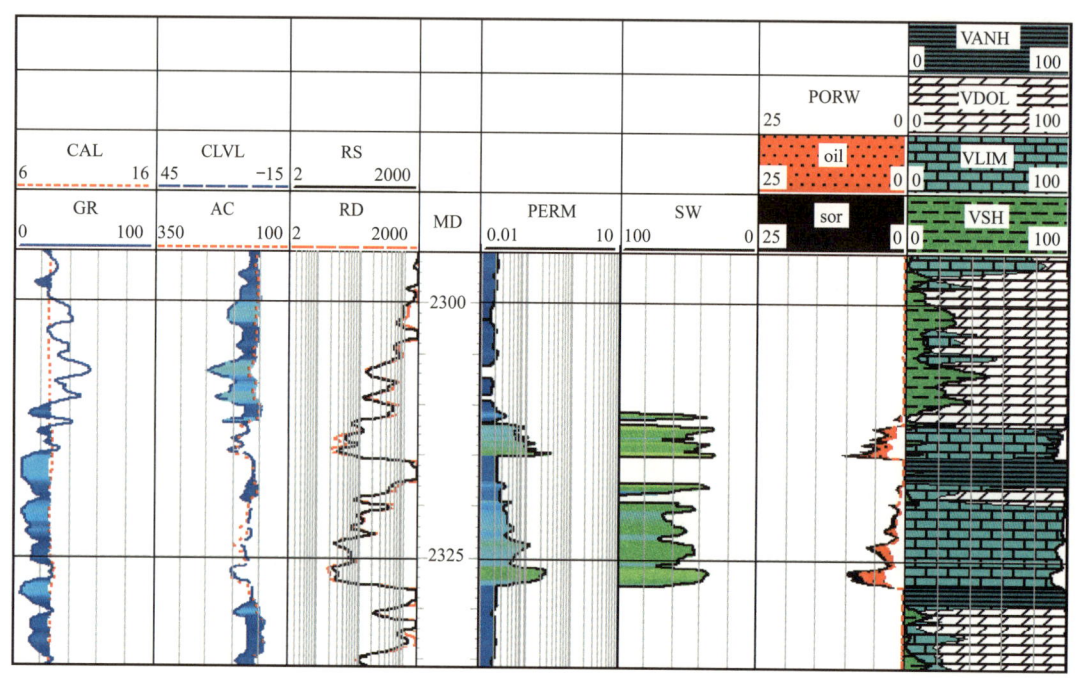

(a) 直井

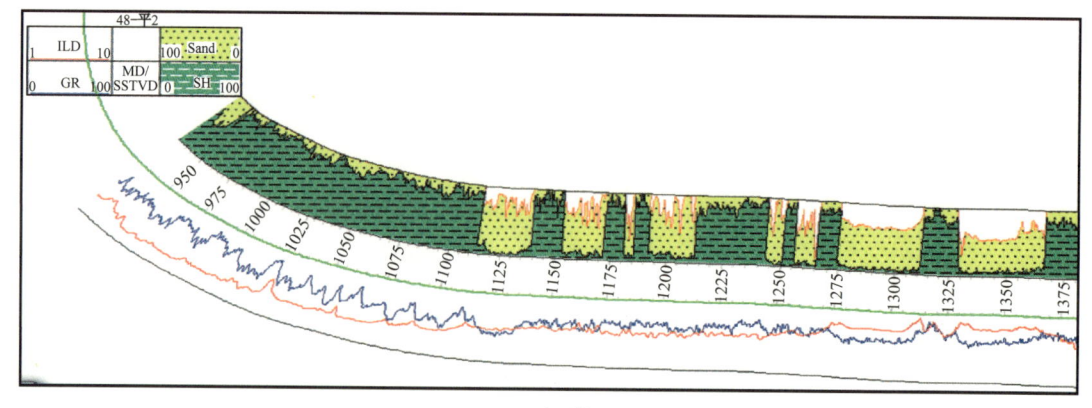

(b) 水平井

图3-82　直井和水平井测井曲线显示

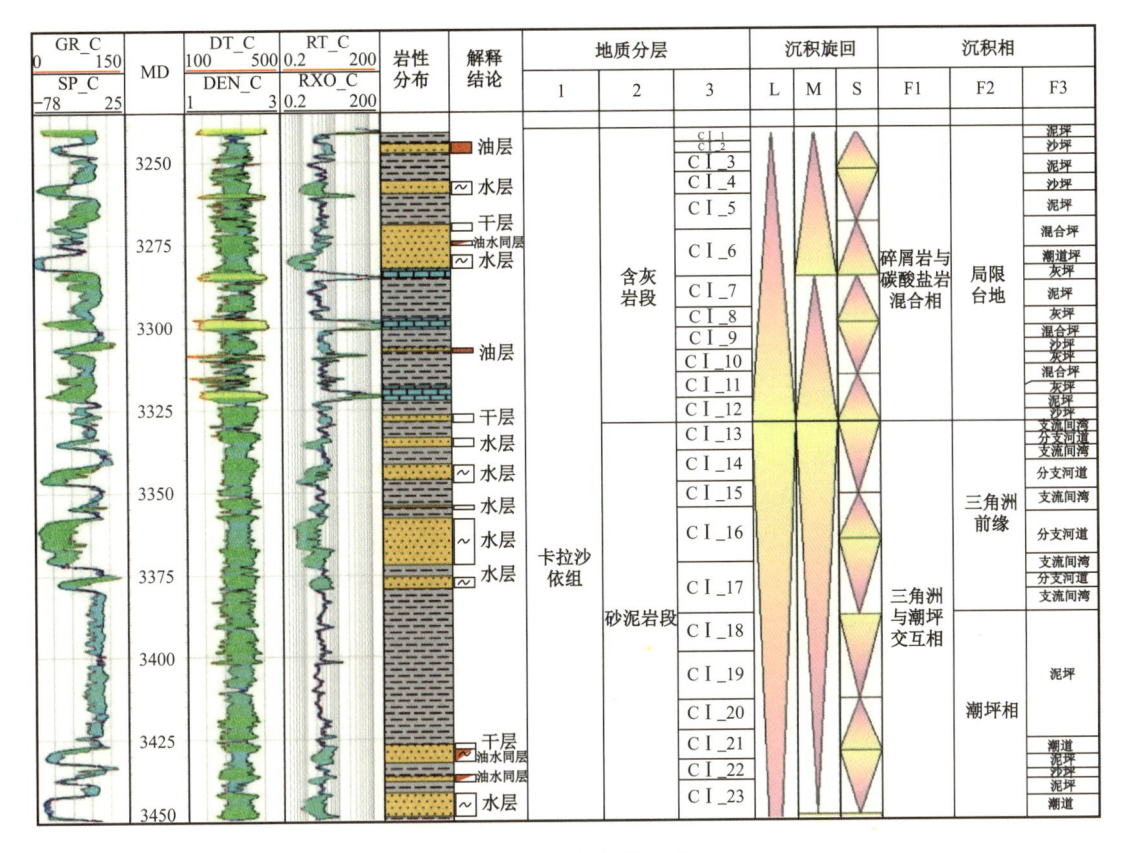

图 3-83 测井曲线显示

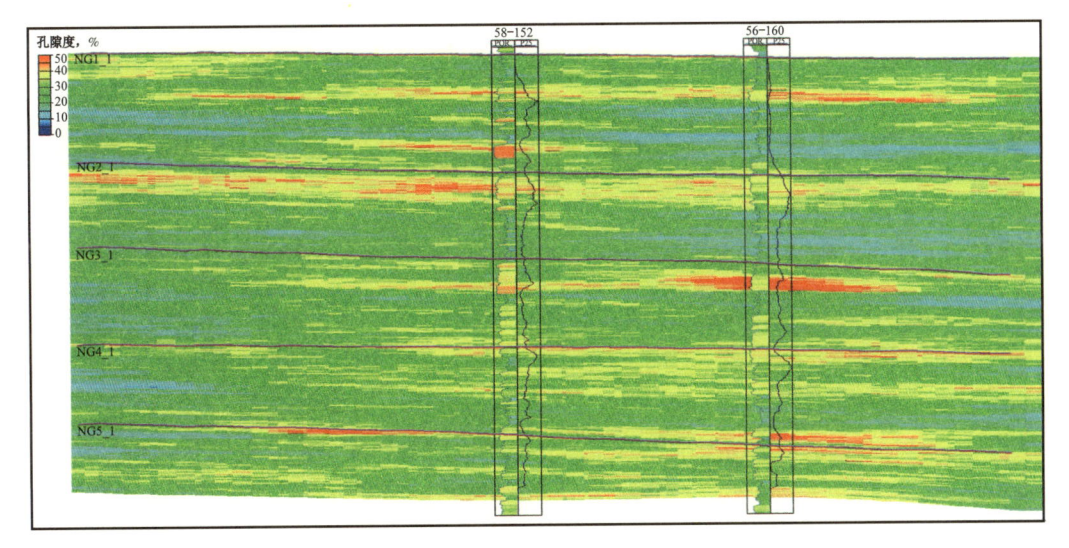

图 3-84 储层地质模型和测井数据的对比结果

2. 油藏模拟子系统

油藏模拟子系统是在储层地质模型的基础上，为油藏数值模拟和动态历史拟合提供软件工具，目前主要包括油藏数值模拟输入参数的设置、油藏模拟结果质控、模型计算和模型修改等功能。油藏数值模拟输入参数的设置的一个例子如图 3-85 所示，展示的是相渗曲线的设置。对于数值模拟结果的质控除了传统的模拟结果和井史数据对比（图 3-86）外，还可以利用泡泡图的方式从平面上显示，可以直观地看出各井之间拟合误差的对比关系（图 3-87），误差越大，饼图越大，红色和蓝色分别代表井的模拟结果和生产数据，如果红色区域面积大于蓝色面积，说明模拟结果大于实际的生产数据，这是该软件的特色之一。此外，该软件有地震约束历史拟合的功能，用地震约束历史拟合的结果明显优于不用地震约束的结果，如图 3-88 所示。

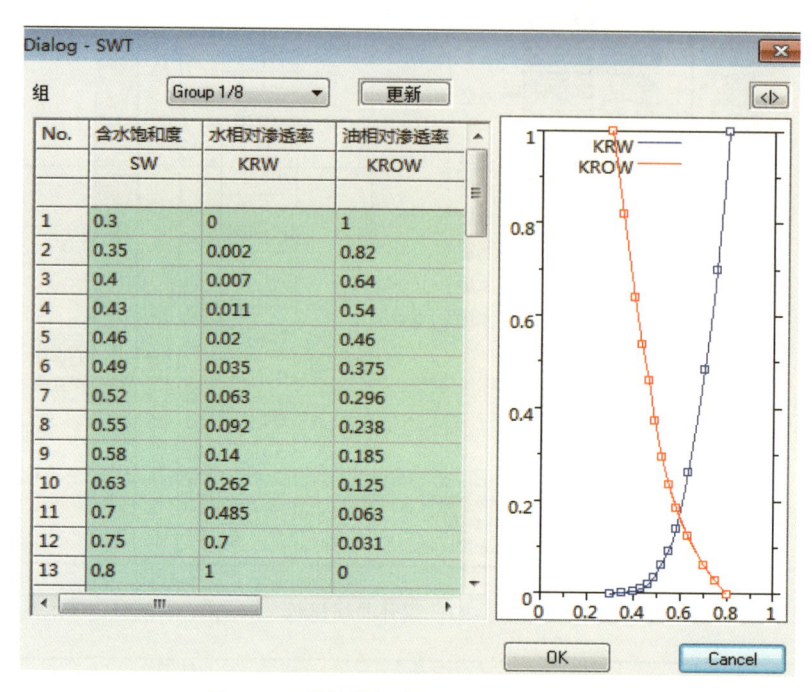

图 3-85　数值模拟模型相渗曲线的设置

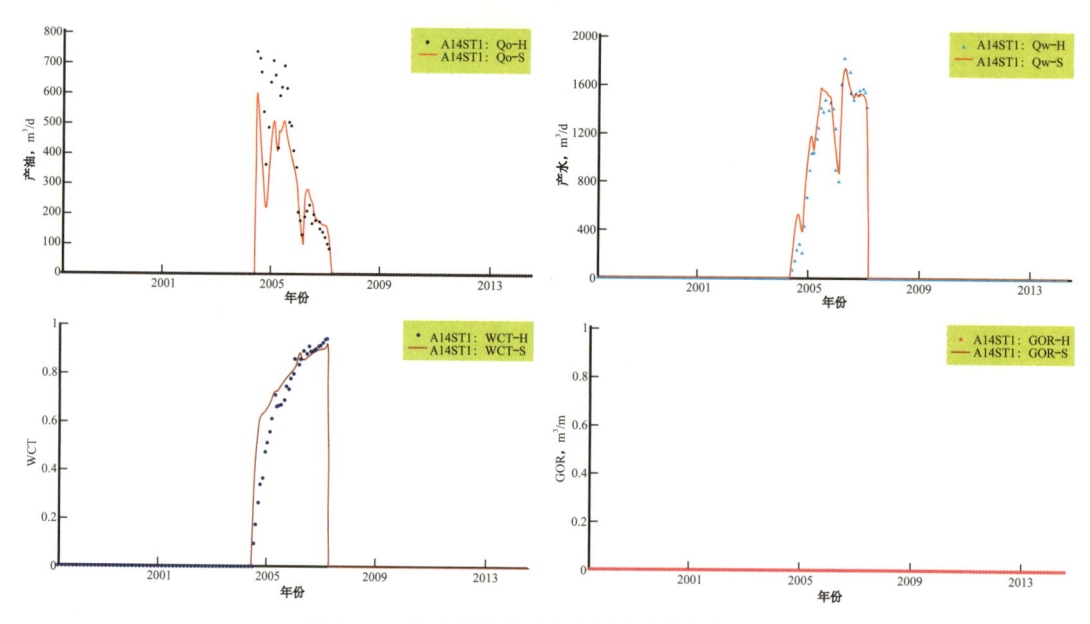

图 3-86　单井模拟结果和实际生产数据的对比

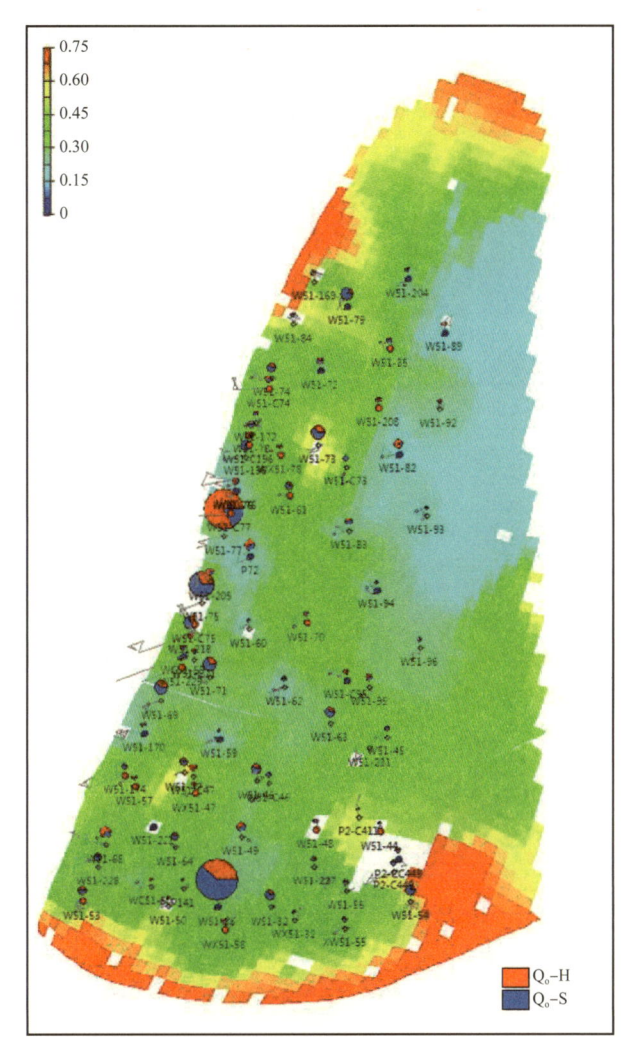

图 3-87 模拟结果误差泡泡图

3. 油藏监测子系统

油藏描述子系统提供了储层静态成果，如构造、沉积相、砂体厚度等，油藏模拟子系统提供了储层流体（动态）的成果信息，如含油饱和度随着时间的变化，油藏监测子系统是综合以上两个子系统的成果（静、动态信息）进行剩余油气的预测。此外，为了更好地进行静、动态数据的结合，还提供了动态生产数据的分析功能。油藏监测子系统主要包括生产数据计算与分析、开发现状图、产量递减分析、井间连通性分析、注水优化和 3.5D 地震等功能。

GeoEast-RE 提供了静、动态数据结合的工具，通常采用不同学科信息叠合显示的方式进行 3.5D 地震剩余油气的预测。常用剖面叠合方法、平面叠合方法来实现。

（1）剖面叠合方法。剖面叠合方法主要是通过在剖面上叠合油藏静、动态数据，进行剩余油气预测分析的方法。静态信息包括测井、地震数据和储层地质模型。动态数据主要是油藏数值模拟结果。地震数据包括地震处理后的振幅数据、提取的地震属性和反演结果。

(a)地震约束前

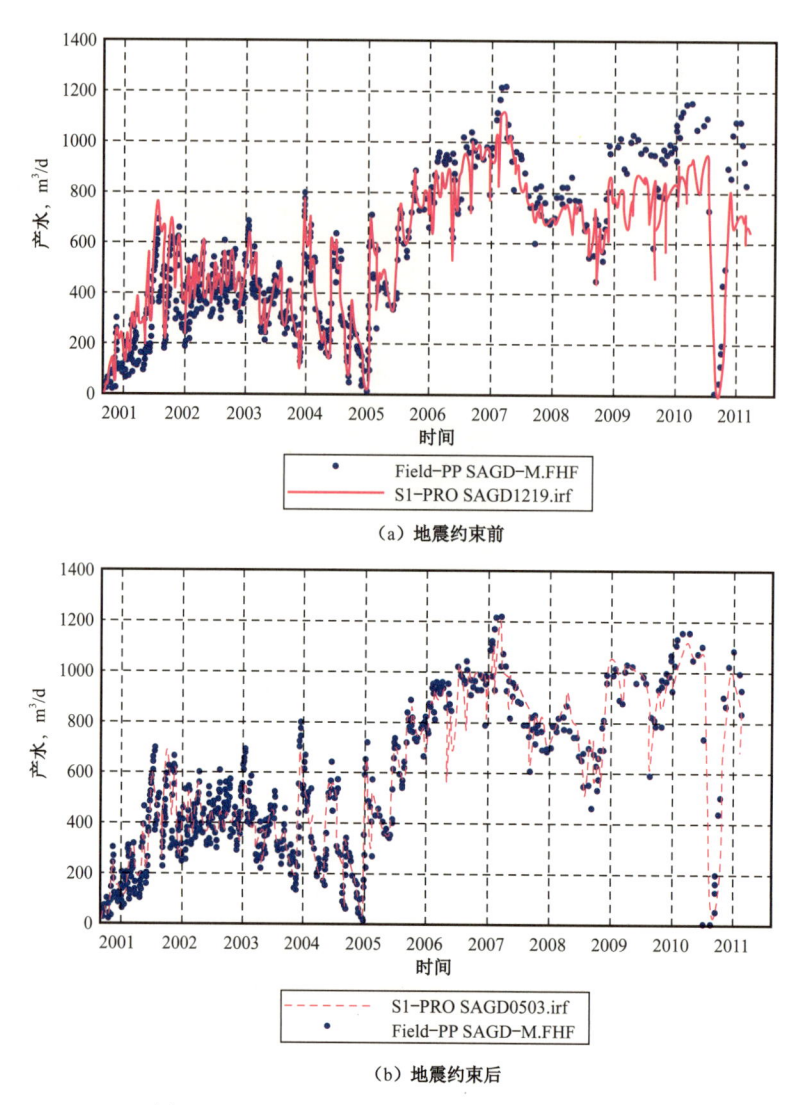

(b)地震约束后

图 3-88　不用地震约束和用地震约束结果的对比

（2）平面叠合方法。平面叠合方法主要是基于静态信息和动态数据的平面叠合图，进行剩余油气预测分析的方法。静态信息包括测井、地震属性和储层地质模型。动态数据主要是井的生产数据和油藏数值模拟结果。常用的地震属性包括反演的波阻抗、三瞬属性、RMS 均方根振幅属性等；生产数据主要是日（月、年）产油量、日（月、年）产水量、日（月、年）产液量、日（月、年）产气量、累计产油量、累计产水量、累计产液量、累计产气量等。典型图形有：地震属性分别与累计产油量柱状图、某时刻产油（气、水）泡泡图、连通性分析图的叠合图。

图 3-89 显示的是油藏数值模拟的含油饱和度和地震波叠合剖面图。图中背景颜色显示的是含油饱和度，红色表示含油饱和度高，蓝色或者绿色表示含油饱和度低，波形是地震数据。从油藏模拟的含油饱和度和地震波形对比图中可以看出：在汽腔边界处，地震同相轴不连续。根据这一点，在没有进行油藏数值模拟的区域，可以借助地震信息推断汽腔的边界。由于研究区是一个块状油藏，所以汽腔之外的区域就是剩余油气富集区。在实际

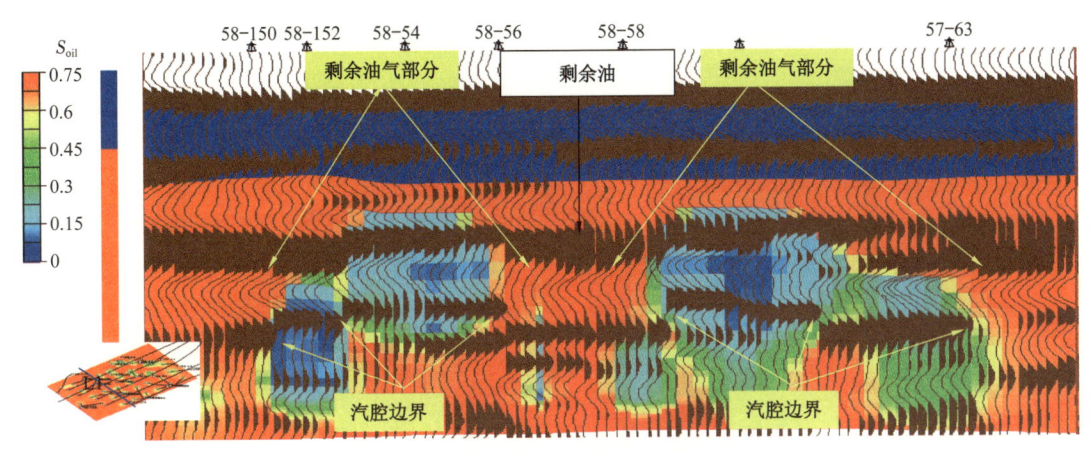

图 3-89 含油饱和度和地震波形剖面叠合图

应用过程中，经常发现油藏数值模拟结果和地震信息不吻合的情况，如图 3-89 中下面左侧第四个箭头位置处的汽腔边界，地震预测的汽腔大小比数值模拟的结果小，此时需要综合分析实际的数据情况，来确定哪个结果更加准确。这样，利用多学科综合解释的方法，可以提高剩余油气预测的精度。

图 3-90 是均方根振幅与累计产油叠合图，从图中可以看出井点都位于弱振幅区。这是合理的，因为研究区是注蒸汽开发，井周围的稠油已经被开采出来，岩石物理分析表明，采出稠油后地震振幅明显变弱。并且研究区储层横向变化相对较小，可以忽略地质变化因素的影响。因此，红色的强振幅区表明了剩余油气的富集区。该均方根振幅和采集地震时刻产量叠合图如图 3-91 所示。图中泡泡的大小表明了产液量的大小，紫色的表示产

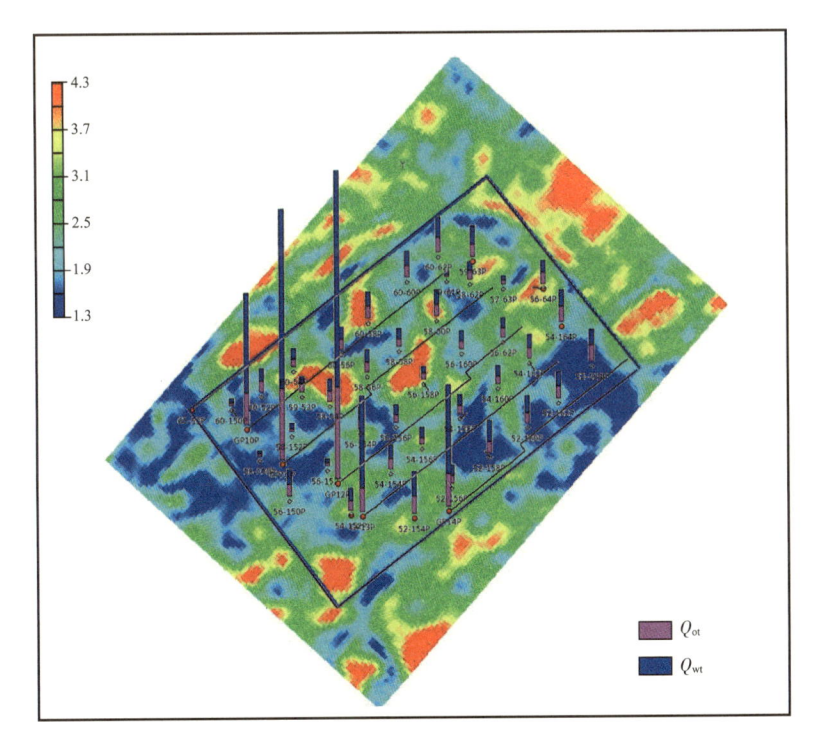

图 3-90 均方根振幅与累计产油叠合图

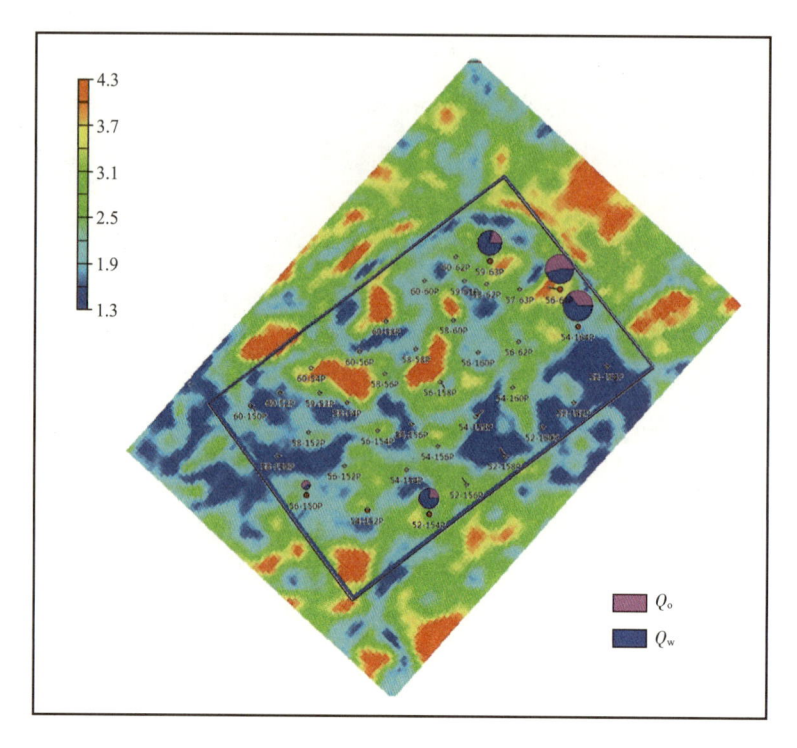

图 3-91　均方根振幅与采集地震时刻产量叠合图

油量，蓝色表示产水量。从图 3-91 中可以看出，这些生产井基本上都位于强振幅区，进一步验证了振幅区是剩余油气富集区的结论。另外一种常用的平面叠合图是地震属性和井间连通性叠合图，如图 3-92 所示。图中箭头的大小表示井间连通性的大小，这也是预测剩余油气的一种有效方式。

4. 油藏协同工作子系统

油藏协同工作子系统是把上述三个子系统的信息作为输入，为多学科信息综合解释以及它们之间相互交叉验证提供工具，具有多学科数据的协同显示与分析、岩石物理模型标定、3D 地震数据的合成、合成与观测地震数据的对比和时移地震数据的合成等功能。

多学科信息综合解释以点、线、面、3D 立体的方式。3D 立体综合显示方法是常用的方法，它是基于地震、测井、数值模拟、产量等静动态信息在三维空间的综合显示图，预测剩余油气分布的一种方法。图 3-93 显示了一个 3D 立体显示图的例子，图中显示了地震剖面和地震数据体；沿着井轨迹显示的是测井 GR 曲线，黄色代表砂岩；井头上显示的是井的产量，蓝色表示产水量，粉色表示产油量；中间小的块状模型显示的是油藏模拟的温度，红色或者绿色表示温度高，即含油饱和度高，利用这些综合信息可以进行多学科协同解释，减少单学科解释的不确定性，提高剩余油气预测的精度。

该子系统还有方便的岩石物理模型标定功能。GeoEast-RE 软件具有多种灵活科学的岩石物理模型标定方法，能根据不同油藏条件、不同岩石特征，对具体的岩石物理参数展开对比分析，尤其是交互对比分析功能。图 3-94 是某油田岩石物理交互分析模型过程图，图中红色散点为试验观测结果，绿色曲线为岩石物理模型生成曲线。交互编辑功能可以在建立的初始岩石物理模型基础上，非常方便地浏览模型与试验数据的吻合情况。吻合较差

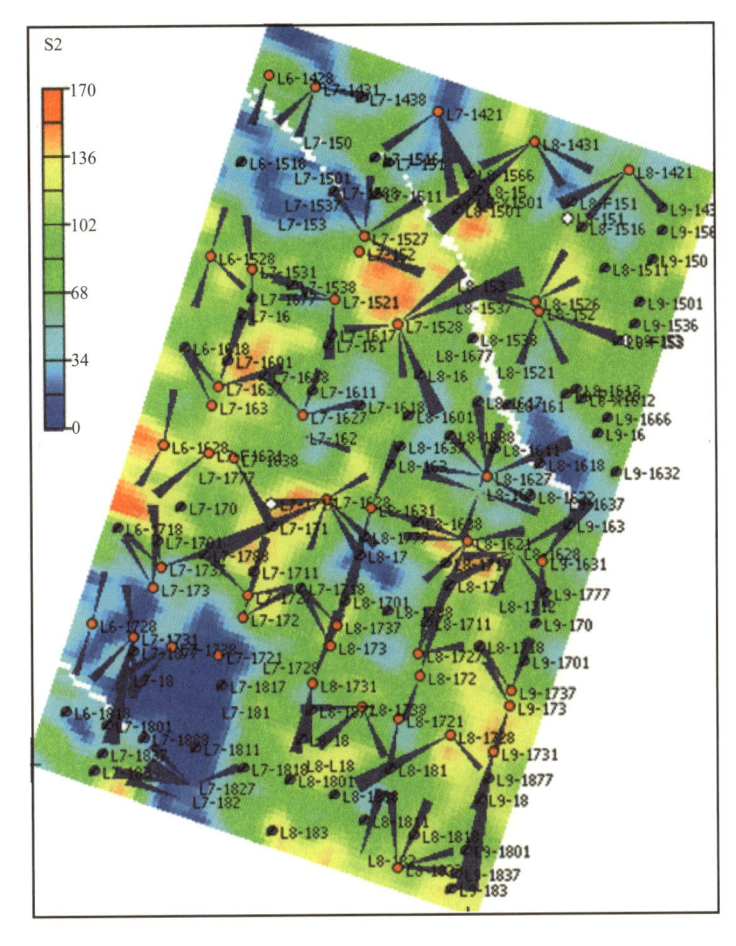

图 3-92　地震属性和井间连通性分析叠合图

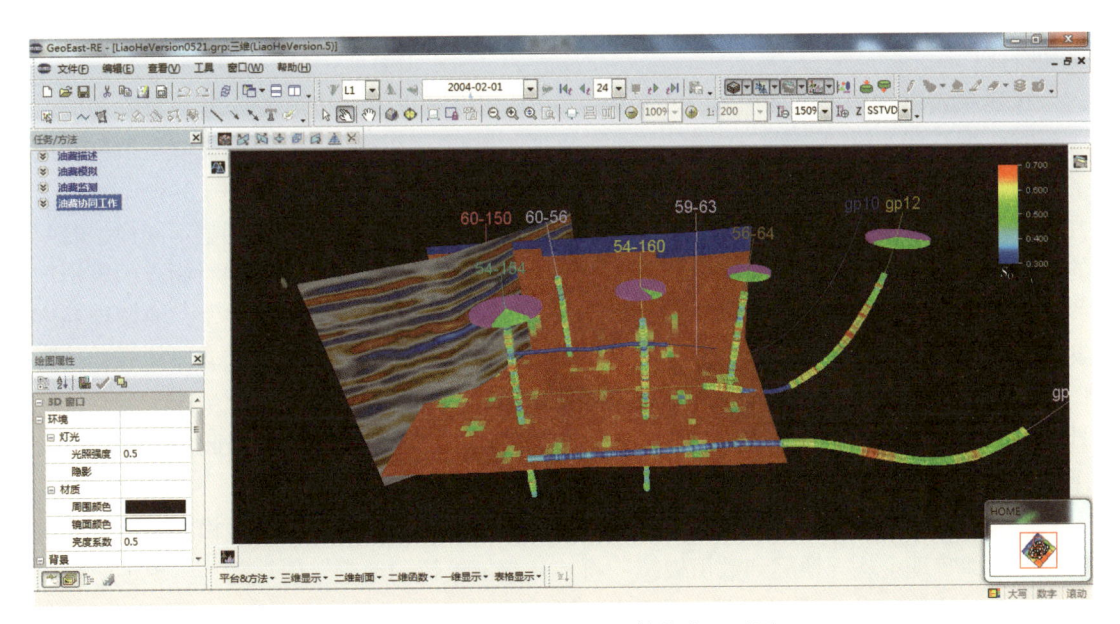

图 3-93　多学科信息 3D 立体综合显示图

- 187 -

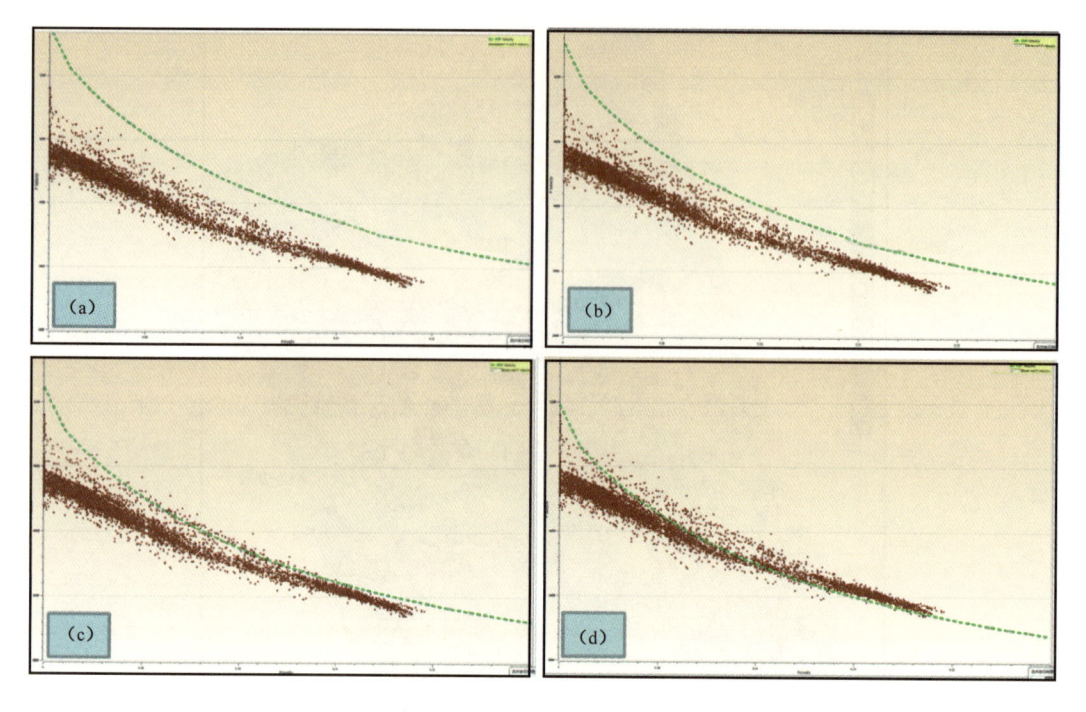

图 3-94　岩石物理模型标定图

时，可以调整岩石物理模型参数，图形窗口实时地显示参数调整后模型与观测数据的吻合情况。图3-94显示的是调整参数过程中模型曲线变化情况，可以看到随着参数的调整，模型与实际数据吻合越来越好。控制各个参数在合理的范围内，并使模型和实验数据吻合得很好，即可建立较准确的岩石物理模型。GeoEast-RE软件也提供了灵活的参数选择和分析功能，除了常用的速度、孔隙度、渗透率、饱和度等参数可以参与模型拟合外，压力和温度等参数也可以方便地加入岩石物理模型，更准确地解释地震资料反映的各种不同变化和特征。

在建立岩石物理模型的基础上，GeoEast-RE软件可以方便快速地计算油藏模型的合成地震数据，图3-95显示了计算合成地震数据的过程，图3-95a为油藏数值模拟饱和度剖面图，通过直接在剖面上点击右键就可以弹出合成地震数据的菜单（图3-95b），点击合成地震数据就可以直接在剖面上生成图3-95c所示的合成地震剖面，调整不同模拟时间的数值模拟数据，可以生成对应时间点的合成地震数据，图3-95d为不同时间点的模拟饱和度剖面和对应的合成地震数据。从图3-95中可以看到，随着油藏的开发，油藏饱和度发生了明显的变化，地震响应特征也发生了一些改变。此外，软件也有随着流体变化计算地震响应变化的功能，可以方便直接地研究流体差异引起的地震差异变化情况。该软件还具有计算三维叠后、叠前、多波数据体的功能，以及4D地震的功能。因此，该软件可以用于时移地震可行性分析。

借助上述本子系统的岩石物理和地震合成的功能，与油藏描述、油藏模拟、油藏监测功能一起，实现了从"地震到数值模拟"再"从数值模拟到地震"的功能，实现多学科数据的融合。地震到数值模拟就是由地球物理数据、地质、测井等数据建立储层地质模型，再进行油藏数值模拟的过程；"从数值模拟到地震"即是计算数值模拟模型的合成地震数据、合成地震和观测地震进行对比、数据重新解释以及模型修改、重新运行油藏数值模拟的过程，使数模的结果和实际观测地震数据一致或基本一致。

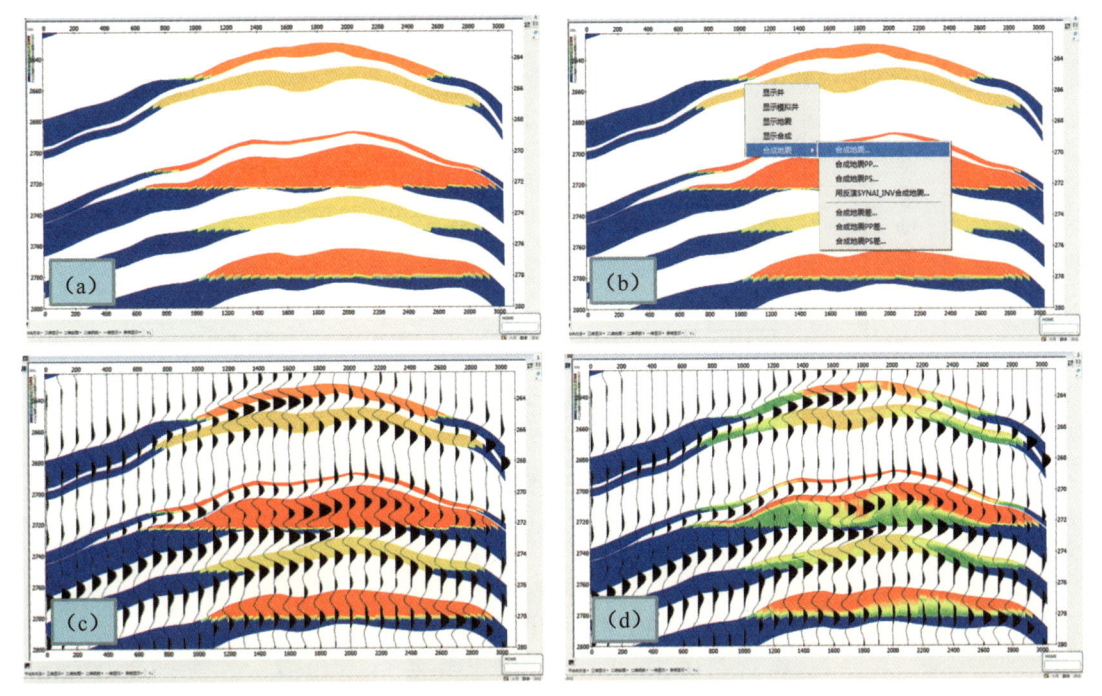

图 3-95　数值模拟模型及其合成地震数据叠合图

## 第五节　微地震压裂监测软件

微地震监测技术是监控压裂施工有效性的重要手段，"十一五"和"十二五"期间，中国石油结合生产需求并行开发了微地震压裂监测软件，分别形成了 GeoEast-ESP 和 CQ-GeoMonitor 两套软件系统，功能覆盖了微地震地面、浅井、深井监测技术，不仅能保证成熟的非常规油气藏压裂微地震监测的施工需求，而且能保证非常规油气藏开采开发早期的工区地质条件。

### 一、软件主要特点

微地震监测软件能够进行微地震井中及地面监测数据的采集处理解释（图 3-96），形成了微地震数据去噪、速度建模、极化分析、微地震定位等生产流程，实现了多域数据联动和可视化交互功能。

软件系统能够为不同的压裂施工作业条件提供全面的监测手段，具备地面、井中等多种观测方式（图 3-97）一体化作业能力。

软件系统采用多线程并行处理技术，极大地提高了微地震监测处理的计算效率，为用户提供实时监测压裂施工动态的功能。系统为用户提供多属性地震、地质数据的融合显示，如图 3-98 所示，便于将地震、地质、测井、压裂及微地震监测数据充分结合，提高微地震监测的合理性、可靠性。

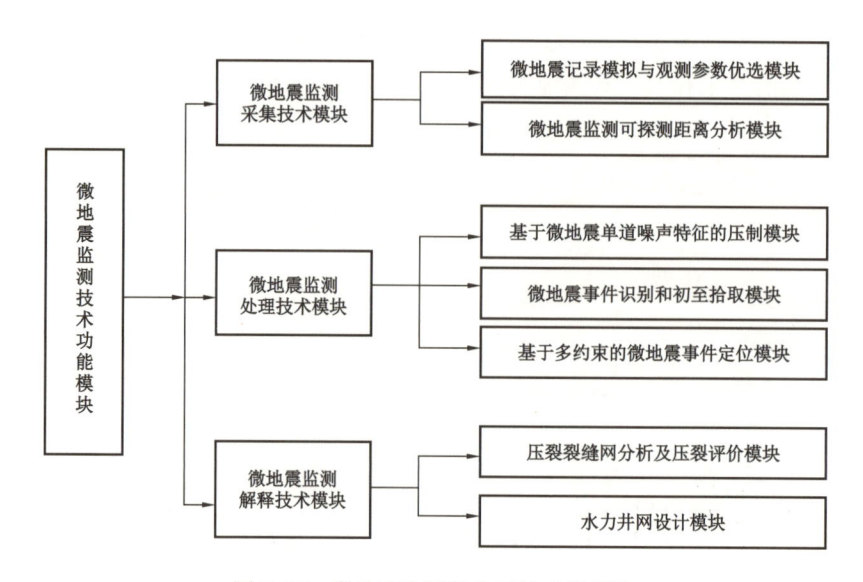

图 3-96 微地震监测软件系统功能模块

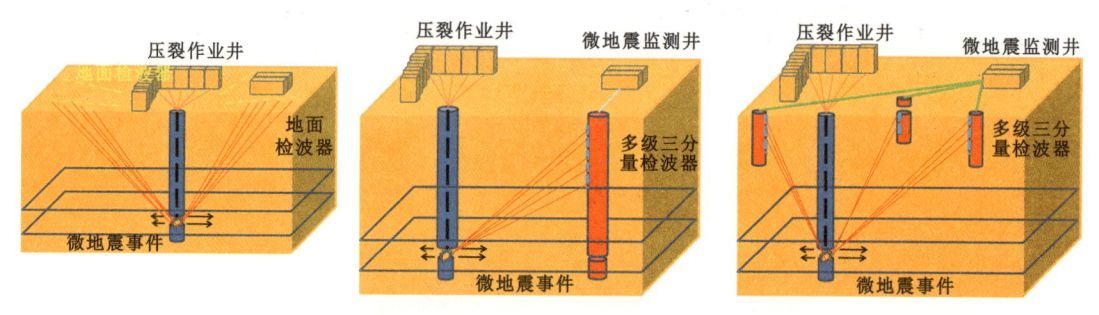

图 3-97 微地震地面、浅井、深井一体化监测技术示意图

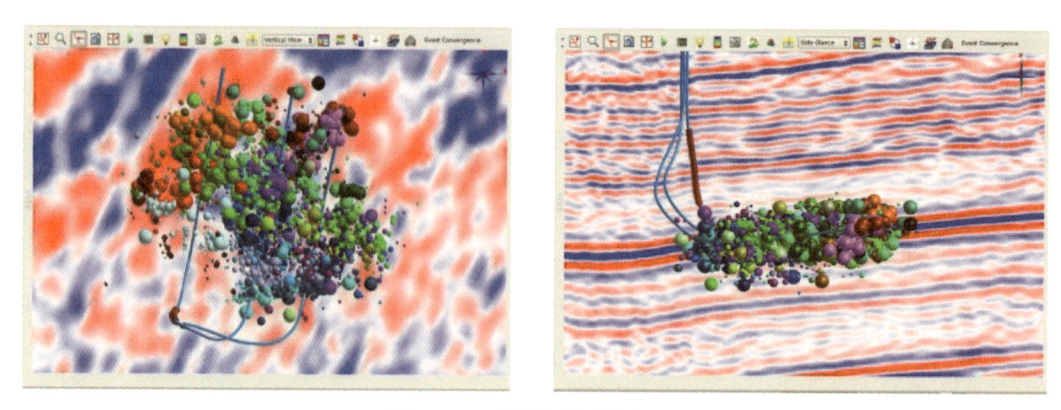

图 3-98 多域数据融合解释

## 二、软件主要功能

1. 微地震监测采集技术

微地震监测采集技术模块是利用数学手段对微地震事件的波场传播进行模拟,从而分析观测系统布设的一系列手段。

微地震记录模拟与观测参数优选是微地震监测采集技术系列的重要组成部分,根据区域地球物理资料建立精细地质速度模型,根据微地震震源机理设置震源参数,对微地震事件的发震、传播特性进行高仿真度模拟(图3-99)。

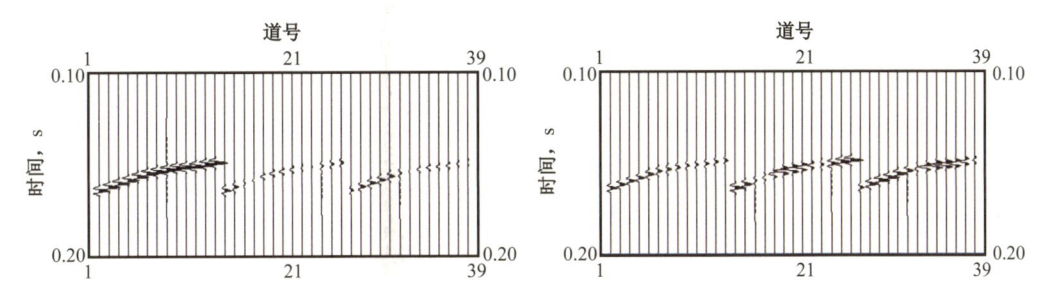

图3-99 微地震井中监测直达波模拟

针对事件的正演模拟结果进行频率、振幅、时差、相位等波场特征分析,优选微地震井中观测参数(观测距离、观测点间距、沉放深度等)或微地震地面观测参数(排列长度、排列方向、道间距等),并根据正演技术评估观测参数对实际微地震监测定位误差的影响(图3-100)。

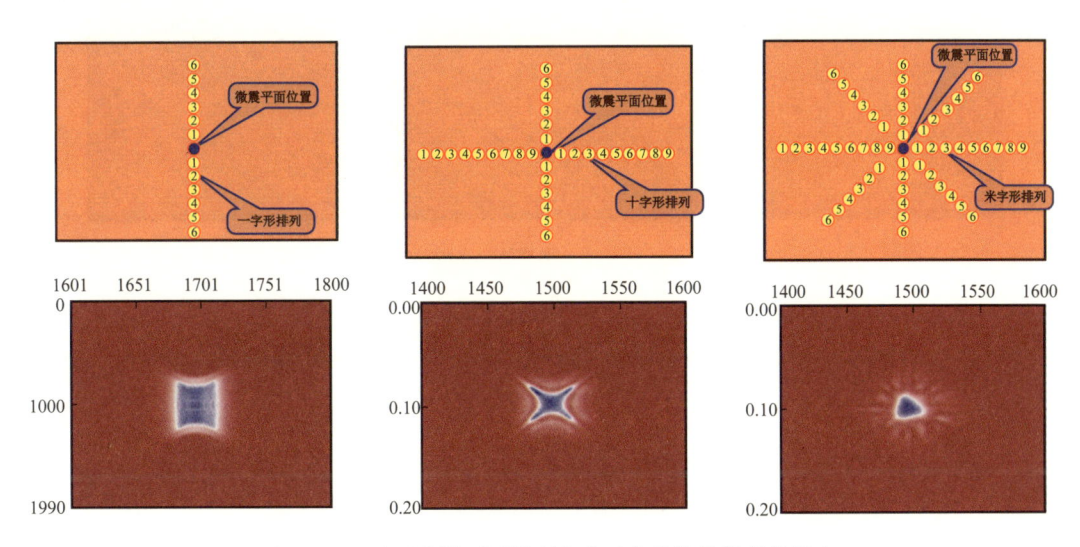

图3-100 地面监测不同排列方式对定位结果精度的影响

2. 微地震监测处理技术

微地震监测的关键在于微地震事件的正确定位,将微地震初至、能量、偏振等特性充分结合,相互验证和约束,最终反演得到最优化的震源空间位置。技术适用范围广,能对微地震地面、浅井、深井监测事件进行有效定位,定位效率完全达到实时处理要求,反演精度理论测试达到15m。

1)噪声压制

微地震资料有效波和噪声的主要区别为频率、视速度、区域统计等差异。根据这些差异可以采取相应的噪声压制方法,常规去噪过程一般包括直流干扰压制、单频干扰压制、井筒波压制、强脉冲干扰压制等(图3-101)。

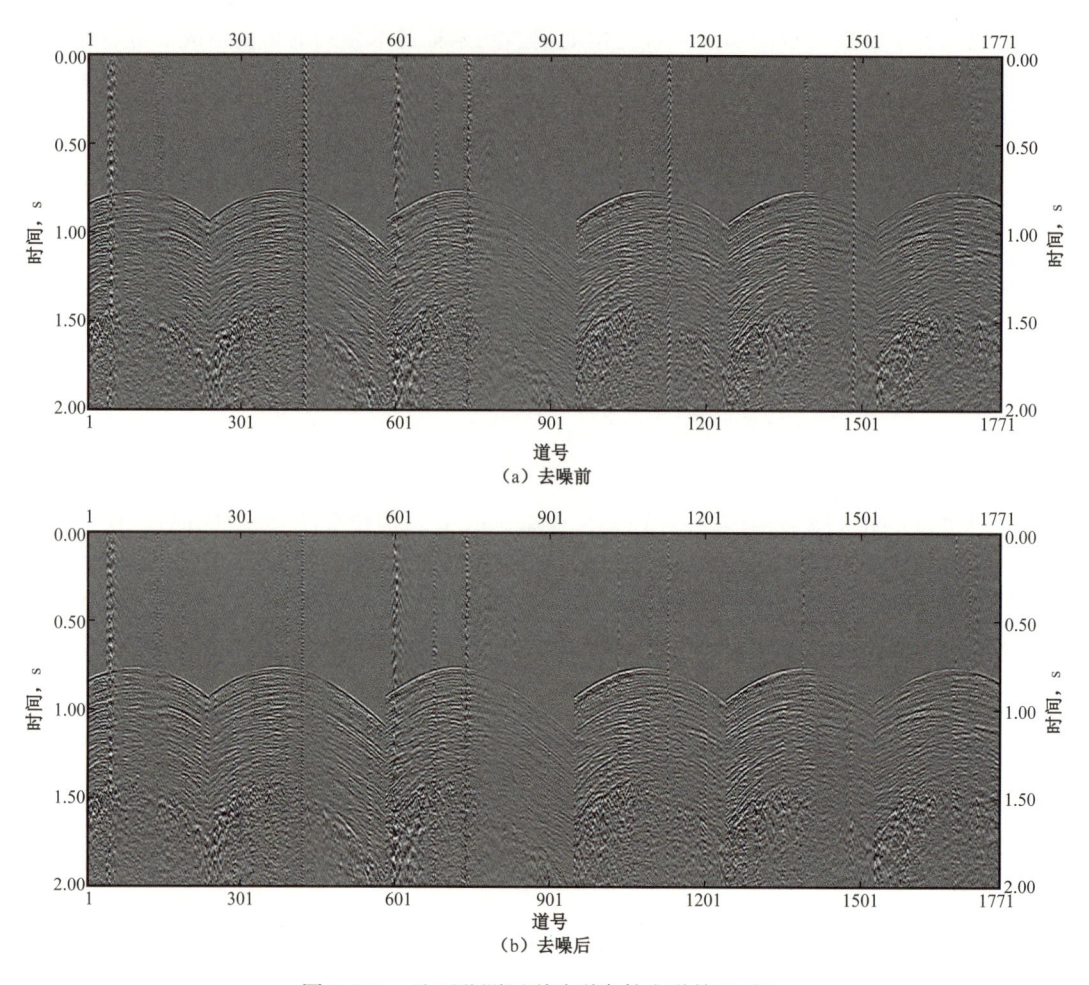

图3-101 地面监测压裂破裂事件去噪前后对比

2）速度模型优化

速度模型是定位的基础，同时也是压裂破裂事件精确定位的关键参数，建立合理的初始速度模型是压裂微地震井中监测的一个重要环节。

实际微地震监测中，能够收集到的测井数据提供了比较精确的层位信息，但是其包含的信息主要反映垂直传播的速度，可能并不是最适合微地震分析定位的精确速度信息。井中监测往往只是利用它的深度相关信息大致对S波和P波速度模型进行分层，建立初始的层状速度模型。

为了得到更精确的速度模型还需要利用监测井所观测到的射孔事件来校正初始的速度模型。在已知射孔位置和初始速度模型的情况下，结合已划分的地质层位调整各个层位的速度值，直到理论初至与实际初至吻合程度满足精度要求（图3-102）。

3）极化分析

极化分析适用于使用三分量检波器的井中监测。射孔产生的微地震波由射孔点向检波器传播，传播方向即是从射孔点指向检波器，利用射孔纵波初至或者横波初至可以得到三分量检波器$x$、$y$分量初始方向，然后可以旋转到确定的方向上以便后续处理，一般是旋转到北和东方向上。

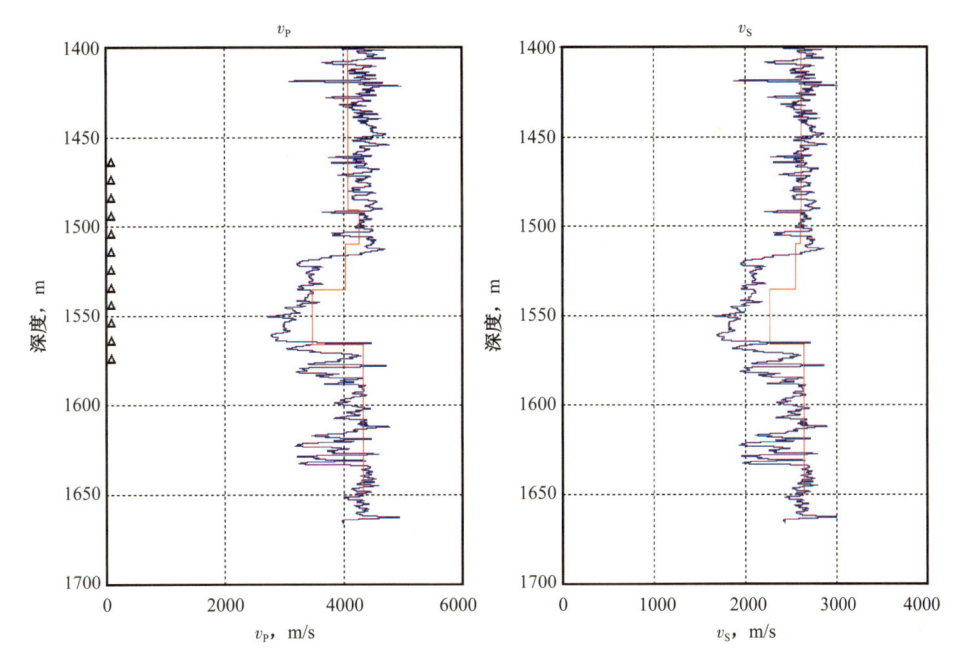

图 3-102　速度模型优化

在射孔重定向后，根据每个微地震事件检波器的三分量方向质点振动绘制随时间变化空间矢量图，拟合最佳直线可以得到产生微地震事件的源方位（图 3-103）。

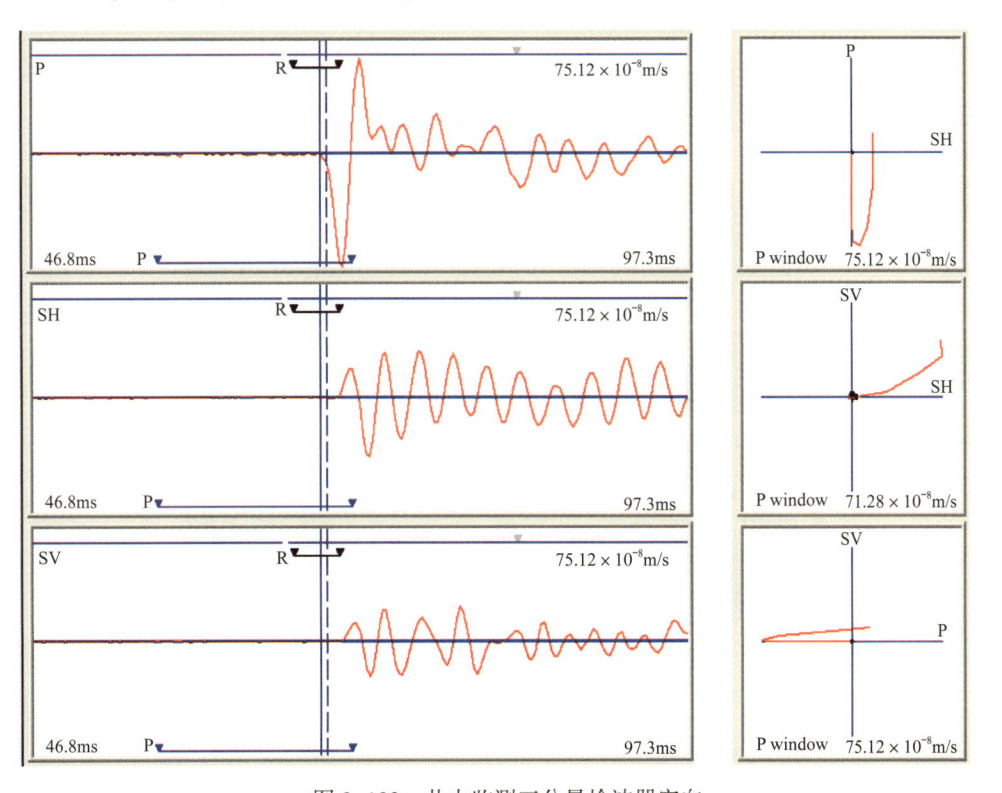

图 3-103　井中监测三分量检波器定向

4)静校正

微地震地面监测由于检波器安置在地表，地震波在地下传播的过程中会受到地形、地表结构变化的影响。因此需要定量地将因接收地表条件变化所引起的旅行时差异计算出来，并校正除去。从而消除它对微地震有效事件旅行时的影响，使资料近似满足假设模型，为后续处理制造便利。

针对微地震地面监测的特点，采用了一套适合微地震地面监测的静校正处理流程：利用已知射孔位置与射孔事件初至走时，反演地下速度模型，再根据已拾取的射孔事件和强能量有效事件初至走时，计算得到对应地震道的静校正量。

图 3-104 和图 3-105 分别是地面监测两种典型事件静校正处理前后对比，可以看到经过计算出的静校正量将原先起伏的同相轴校正为符合透射波走时的双曲线形状，处理后的数据信噪比得到了明显提高。处理后结果不再存在走时局部抖动。利用确定后的速度模型和静校正量对射孔事件进行动校正和静校正处理，可以看到有效事件同相轴已被拉平。

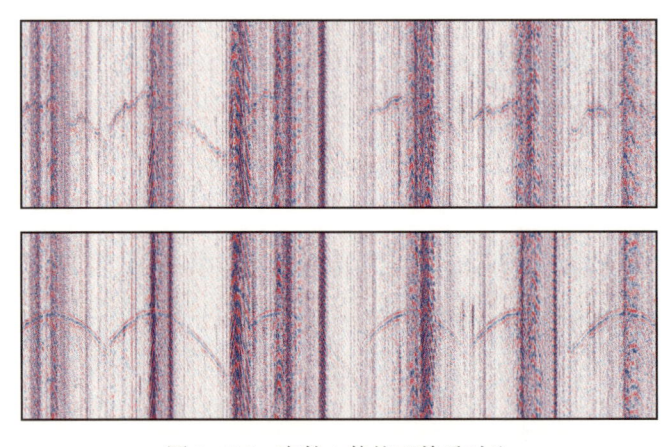

图 3-104　事件 1 静校正前后对比

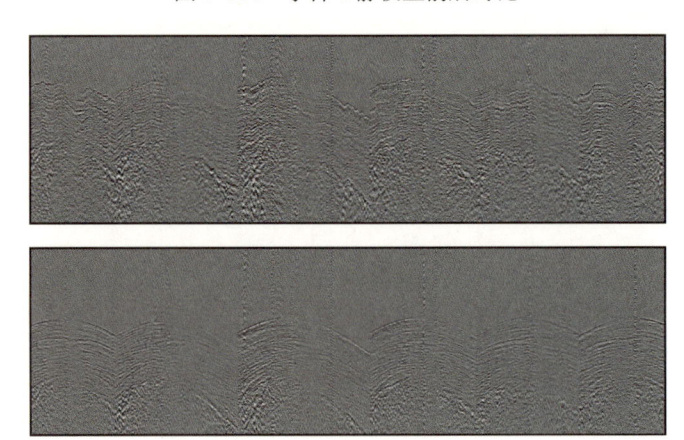

图 3-105　事件 2 静校正前后对比

5）微地震事件定位

井中监测所使用的检波器往往是三分量检波器。为了利用三方位信息的优点，极化分析是一种常用的方法。这种处理主要用来估计一个接收站点记录到的微地震事件波场的传播方向。利用得到的方位信息可以用于后续的震源定位处理，即由各观测点 P 波和 S 波的时差与观测点和震源距离的关系得到一组线性方程，求解得到最后的震源位置。

微地震地面监测资料信噪比较低，P/S 波初至很难拾取。针对此特点，东方地球物理公司研发了微地震有效信号波形信息的地面监测定位方法。可以认为，微地震有效事件的信号在形式或传播特点上类似于常规地震勘探当中的绕射波。在常规地震勘探中可以利用扫描叠加偏移来消除绕射波的影响，对井中微地震监测而言，由于井中监测时所用的检波器级数比较少，一般为 10 级或 12 级，无法满足偏移成像所需要的条件。地面监测适用检波器较多、分布区域广泛。可以借鉴 Kirchhoff 偏移或扫描法叠加偏移的思想，利用路径叠加的方法来进行微地震震源的定位。

3. 微地震监测解释技术

基于微地震信息的裂缝分析技术、多属性融合的压裂效果评估等技术，可高效地利用微地震、地震、地质、测井信息为压裂作业服务。

1）SRV（Stimulated Reservoir Volume）计算

SRV（储层改造体积）是指油气储层经过水力压裂后新张开的裂缝网络和再次张开的次生裂缝网络所波及的体积。在常规油气藏和致密砂岩气藏中，常用单层裂缝的半长和导流能力作为增产压裂的主要描述参数。但是在页岩气藏中这些参数并不足以较好地表述增产特征。这便是提出 SRV 相关参数的原因。产生缝网体积的大小可以近似用一个三维的微地震云体积（储层改造体积）表征（图 3-106）。SRV 可以通过微地震定位结果测得并评价压裂施工的有效性。

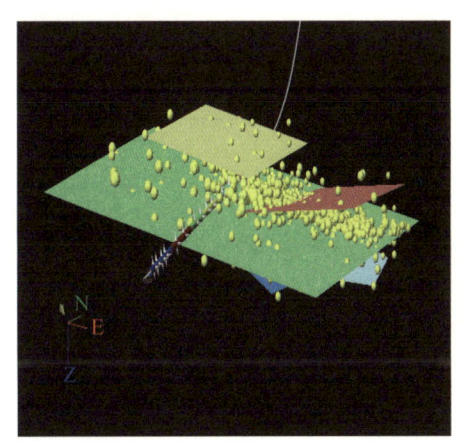

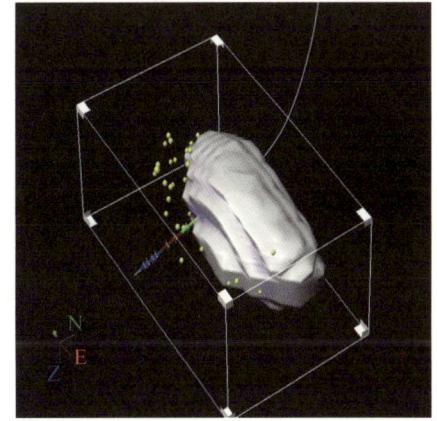

图 3-106　事件及 SRV

2）与其他资料综合解释

将微地震事件定位结果与测井数据、砂体展布、地震剖面、压裂相关数据等资料综合解释应用到实际生产中。与测井曲线的结合取得了微地震事件分布与地层参数关联度方面的很多认识，如微地震事件数与地层泥质含量成反比，如图 3-107 所示，微地震事件数与压裂规模成正比等。

随着水力压裂的广泛使用及对裂缝发展规律了解的迫切需要，将微地震事件分布与其他资料综合解释必将成为微地震资料运用的一个重要方面。它可以在邻井压裂措施实施之前得到断裂体系分布的先验信息，帮助工程师优化压裂设计，还可以辅助分析储层物性、构造特征（断层、裂缝）等。

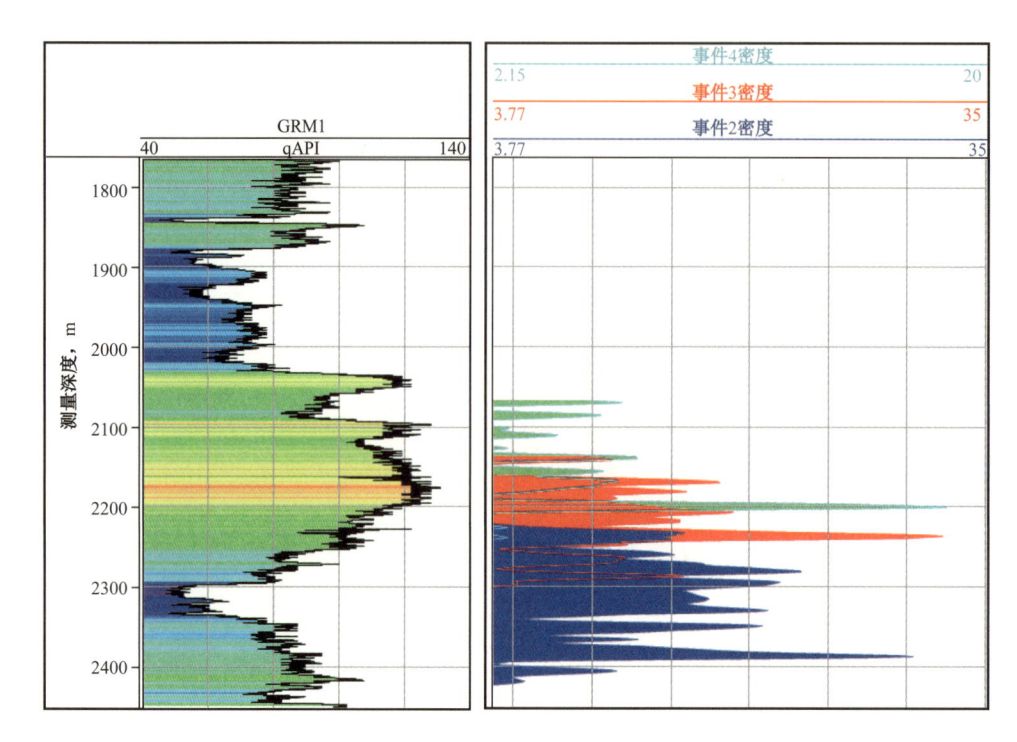

图 3-107 某压裂监测项目事件分布与测井信息对应图

利用钻井、测井、VSP测井、微地震数据结合地震，指导长宁—威远页岩气示范区、新疆致密油5个水平井组压裂优化（图3-108、图3-109）。

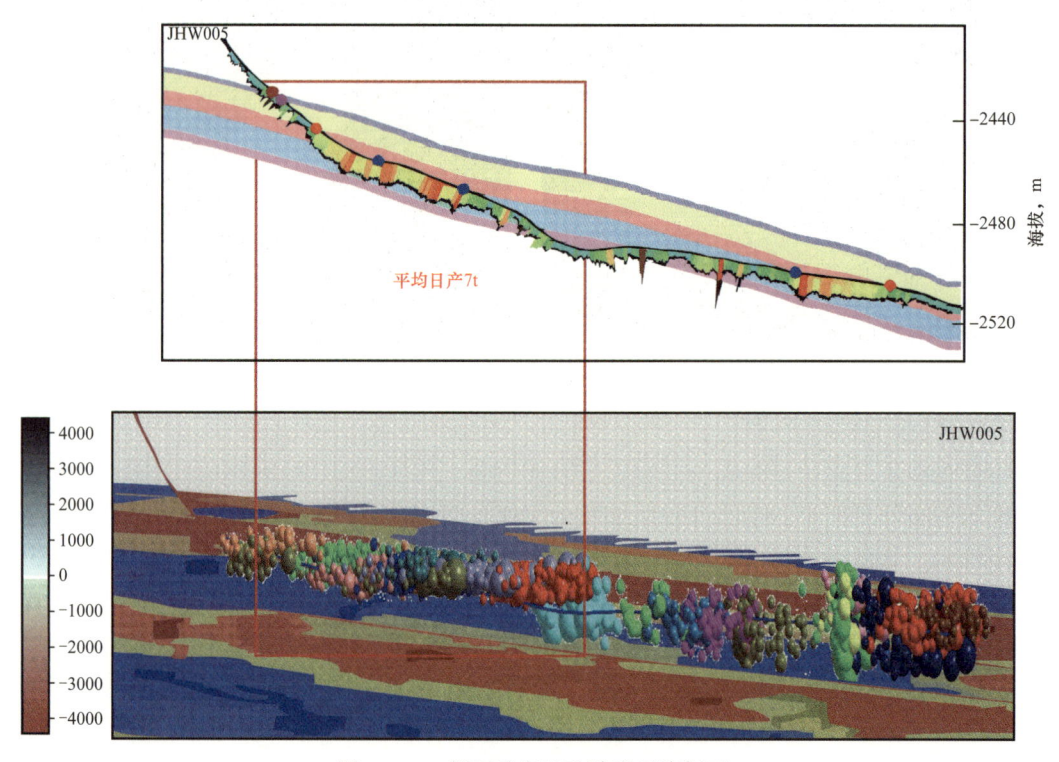

图 3-108 新疆致密油孔隙度反演剖面

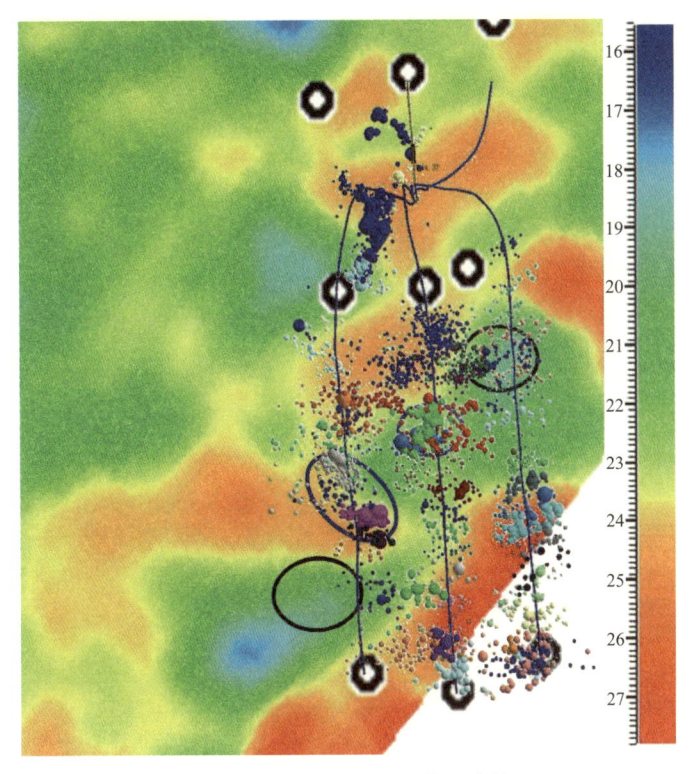

图 3-109 威远 202H2 井组脆性

3）震源机理分析

微地震地面监测定位结果解释方法几乎与井中监测相同，但是由于地面监测的排列分布范围较广，更适合一些数据处理方法的使用。微地震的震源机制包括原有裂缝面上的滑动（孔隙度没有增减）和拉张作用产生新的裂缝（孔隙度增加）。通过可靠的观测数据识别这些震源机制的类型，有利于更好地利用微地震资料，特别是大型水力压裂的监测。

检波器记录的 P 波初至的振动方向，有的向上（即压缩波，记为正号），有的向下（即拉伸波，记为负号）。求解震源机制时，需要将检波点的记录标在震源球面的相应位置上，震源球面是包围震源的一个球面，若将每个检波点所记录的 P 波初动方向都标到震源球面上的相应位置后，可以发现，只要记录足够多，并且在球面上的分布范围足够广，则可找到过球面中心的两个互相垂直的平面，将震源球面上正负号分成 4 个象限，这两个平面就是上述双力偶震源两个节平面。

在微地震地面监测中，不同的微地震震源机制在测线之间、测线内部之间会表现出不同破裂产生的微地震波初至起跳的极性变化。由此可通过统计微地震初至极性信息分析不同微地震事件的震源破裂机理。

## 第六节　GeoSeisQC 地震采集质量监控软件系统

"十一五"以来，为了解决大道数接收、宽方位、高密度、宽频采集施工质量控制的问题，研发了地震野外采集质量定量、实时监控的软件系统。该系统是一套由现场实时监控、综合监控分析及基于网络的地震远程质量评价组成的全面野外采集质量监控智能分析工具，解决了陆上、滩涂及其过渡带、井炮、可控震源采集质量的现场实时、自动监控、复杂地震地质条件多信息约束下的地震采集质量的综合监控以及定量远程监控的难题。

该系统已在中国石油的多个油田单位、地震小队、监理公司得到广泛的应用，基本覆盖近年的施工项目，应用效果显著。

## 一、软件主要特点

GeoSeisQC地震野外采集质量监控软件系统提供了用于现场实时监控的实时版，用于复杂地表综合分析与监控的监督版和用于管理部门掌握现场采集施工质量及进度的远程监控版（图3-110）。

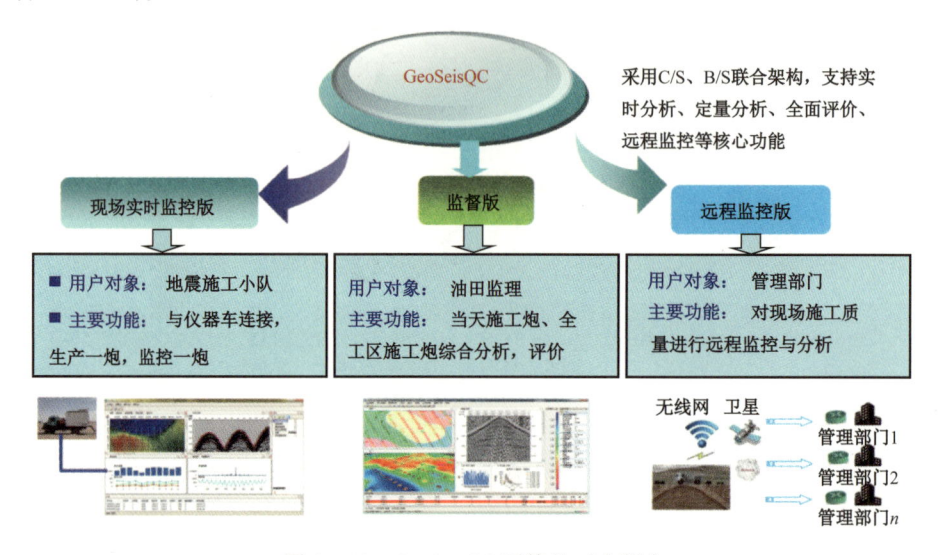

图3-110 GeoSeisQC系统的三个版本

现场实时监控版主要提供采集仪器连接、地震和记录属性实时分析、地震采集质量评价标准定制、自动生成监理报告等功能，完全可以满足不同类型的采集仪器的现场采集实时监控。

监督版主要提供三维地表地震采集质量分析与评价、复杂地表分区域定量登记评价、地震数据现场处理与分析、观测系统属性分析、可控震源监控、水陆双检数据采集质量监控、双井微测井解释等功能，可满足解释人员与现场处理人员室内综合采集质量分析、地震数据现场处理的需求。

远程监控版与中国石油集团公司A1系统无缝连接，可将野外施工方、现场监理方分析评价的监控成果数据、成果图件、自动生成的报告和报表上传到远端服务器，远端管理部门可通过浏览器对采集现场施工进度、采集质量水平进行监控和分析。

1. 系统功能

在系统功能方面，建立以下总体工作流程：首先根据给定探区的地表、地质特点，优选分析参数（异常道、掉排列、检波器状态、炮偏、辅助道、环境噪声、可控震源、双检等）。根据以往施工炮、实验炮或已分析炮，结合该地区地表施工勘测数据，制定符合探区实际特点的评价标准，对于复杂地表，结合遥感数据，划分湖泊、草场、戈壁等区域，分别制定评价标准。对于地震采集施工小队,采用系统对每炮进行实时监控分析、评价,并可进行现场处理分析(图3-111)。

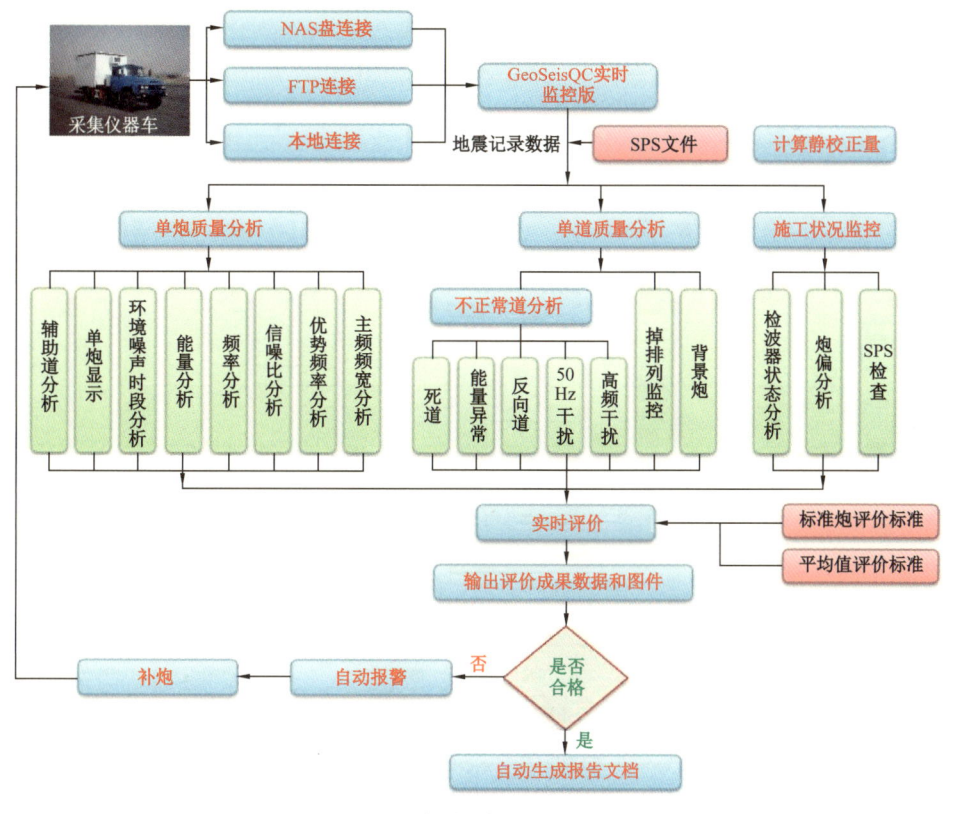

图3-111 实时监控版功能流程图

针对油田监理,系统提供了用于地震数据采集质量综合分析的监督版,对于当天施工炮或全工区炮,进行批量分析、现场预处理与综合评价,为后期施工提供更科学合理的决策方案(图3-112)。

针对各级管理部门,系统提供了用于地震数据采集质量远程传输与监控的远程监控版,将现场分析结果自动远程转发到服务器端,供油田、中国石油集团公司等各级管理部门远程监控分析(图3-113)。

2. 特色技术

(1)通过采集仪器连接技术,系统可直接与目前中国石油采集施工队伍使用的各类主流地震采集仪器相连,自动监测仪器的施工状态、数据采集状态,仪器每施工一炮,系统自动监控一炮。

(2)地震记录属性实时分析技术。现场每施工一炮,系统实时分析一炮的激发效果、环境噪声、辅助道、异常道、频率相关信息、检波器工作状态等与地震采集质量相关的多种属性信息,以统计图形、图标等方式动态显示分析结果,不合格炮自动报警。

(3)三维地表仿真采集质量综合分析与评价技术。通过引入遥感、地表高程等地表信息实现复杂三维地表建模,高度还原真实地表状况,将评价结果在地理信息背景下显示。

(4)复杂地表和施工情况分区域定量等级评价技术。根据地表复杂程度、震源类型划分不同区域,每个不同的区域采用各自符合区域特点的评价标准评价单炮质量。

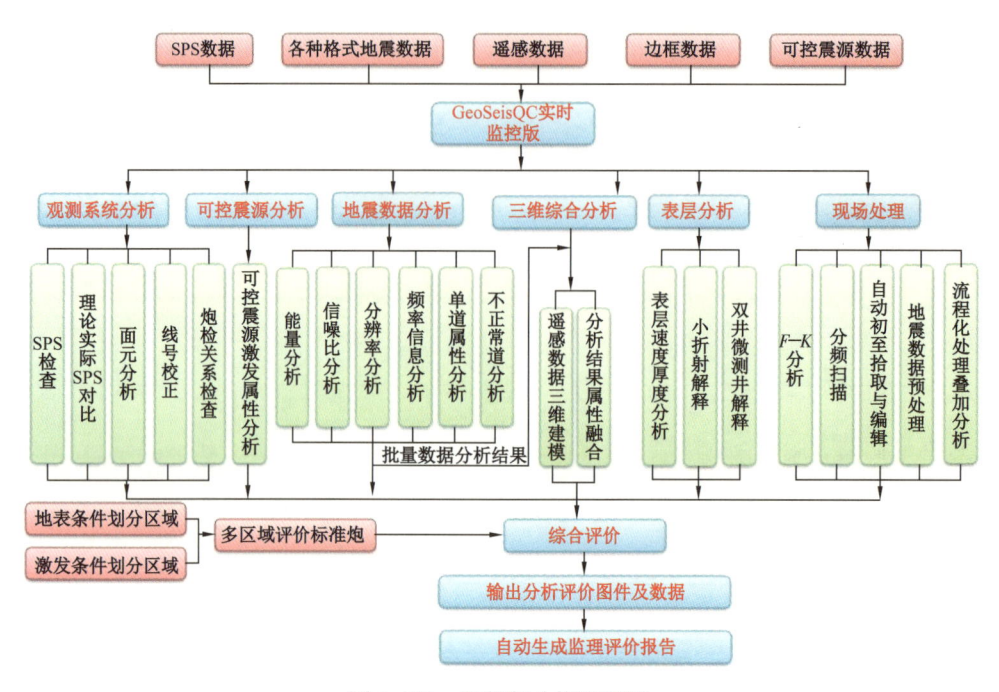

图 3-112　监督版功能流程图

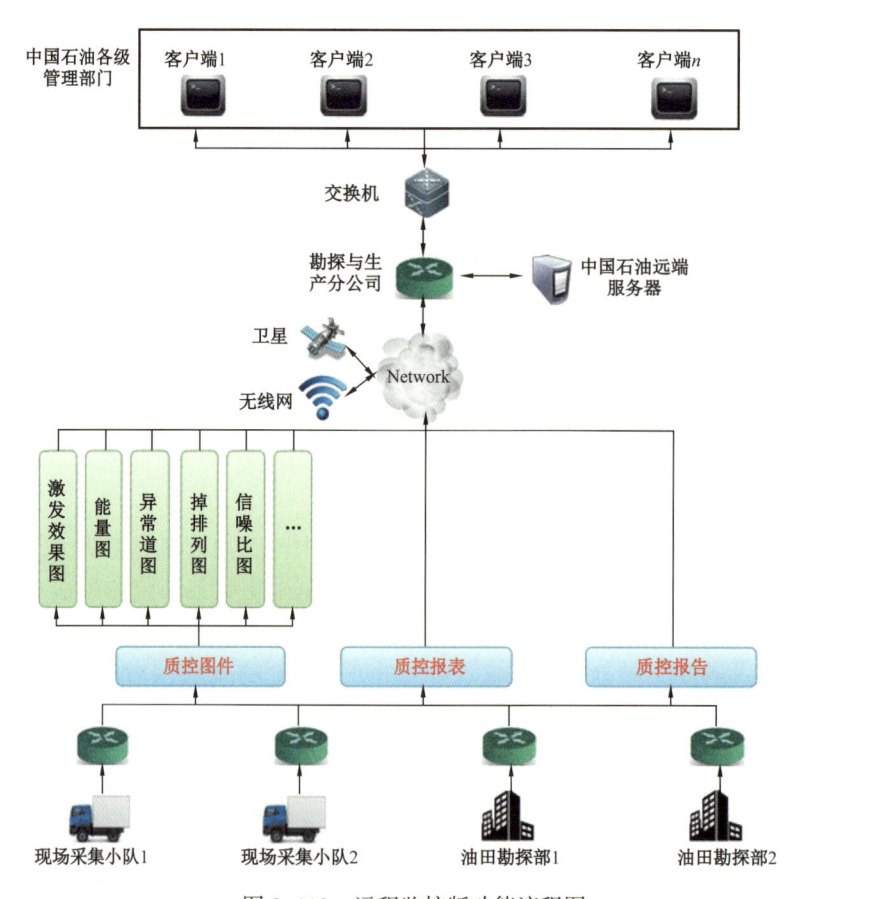

图 3-113　远程监控版功能流程图

- 200 -

（5）地震数据现场处理与分析技术。采用数据预处理、道集抽取、自动初至拾取与批量编辑、现场处理流程定制、滤波、动校正、静校正、反褶积等处理手段，处理各个不同阶段结果，可以对比分析。

（6）浅滩、可控震源监控技术。针对浅滩水陆双检施工，可分别监控陆检、水检、全双检数据的各类影响采集质量因素的属性。可控震源可监控平均相位、峰值相位、平均畸变、平均出力、峰值出力、偏移半径等可控震源状态属性。

（7）自动报告生成技术。系统对工区概况、监控结果统计信息、监控结果、评价标准信息、监控成果图件、废炮修复记录、数据处理结果、监督信息等监控成果内容进行自动排版，生成 PDF 监控报告。

（8）远程传输与监控技术。使用该系统可通用连接主流地震采集仪器，自动监控施工状态，针对影响采集质量的因素进行实时、定量、客观的评价。

## 二、软件主要功能

1. 现场实时监控

实时监控版与地震采集仪器直接相连，现场施工一炮，实时监控分析评价一炮，对于不合格炮，软件通过红色标注、报警发声等方式自动提示用户，通知及时补炮。

1）地震采集仪器通用实时质量监控

为用户构建了统一采集仪器连接接口，支持当前主流地震采集仪器连接，包括 Sercel 公司的 408UL、428XL；BGP 公司的 G3i；ARAM 公司的 ARIES；ION 公司的 System Four、Scorpion、Firefly 等，在不干扰采集施工作业的前提下，自动监听地震数据的生成和采集仪器工作状态变化，采用多种技术提高数据读取、传输和分析效率，实时监控和评价采集数据质量，并且系统还支持滩涂、水陆双检工区的实时监控分析。

2）影响采集质量的因素分析

系统提供了多种影响采集质量的参数监控分析，以分析列表、属性柱状图、频率分布和环境噪声时段分析曲线、辅助道监控等多种方式展示监控分析结果（图 3-114）。主要分析评价因素包括：异常道、炮偏、掉排列、检波器状态、辅助道、背景炮、单炮采集质量关键属性、环境噪声。

3）单炮采集质量定量评价

（1）标准炮模式：根据以往施工炮、实验炮或已分析炮，结合该地区地表施工勘测数据、施工采用的震源类型等情况，分选适合作为标准炮的地震记录，然后根据勘探施工设计的目标层段，结合表层调查数据在地震记录上划定监控分析的目的层段，针对影响采集质量的品质因素进行分析，依据相关标准，根据实际施工情况，选择低于此分析结果一定范围的关键属性值作为判定采集质量是否合格的监控门槛值，在实时监控采集质量的同时，对数据库中存储的多重采集质量评价标准进行比对分析，从而判定当前采集施工作业的质量。

（2）平均值模式：需要评价某炮的采集质量时，以野外记录号顺序、炮线顺序、矩形区域卡定一个包含该炮的炮段，设定低于该炮段内的各种分析结果的平均值或阈值一定范围的关键属性值作为判定采集质量是否合格的监控门槛值，随着采集施工，滑动计算炮段的平均值或阈值，灵活判断当前采集施工的质量。

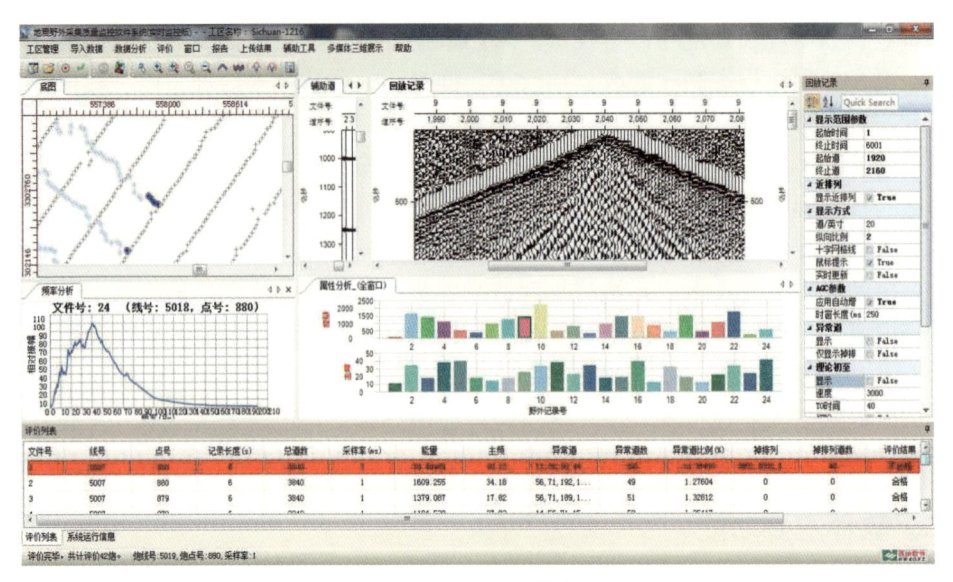

图 3-114 实时监控分析

4）自动生成实时监控报告

自动排版生成 PDF 格式实时监控报告，内容包括工区概况、监控结果列表、评价标准信息、监控结果图件、废炮修复记录等。

2. 室内综合分析

当天或某一段施工结束后，批量对数据进行观测系统分析、表层调查分析、可控震源监控分析、批量数据分析、三维地理信息综合分析、复杂地表多区域采集质量综合评价、现场快速处理等工作，并形成监督工作报告。

1）观测系统分析

（1）SPS 检查：主要检查炮、检点文件和关系文件的匹配情况，炮检关系排列异常，C 文件表示字段的正确性，炮点文件和地震记录的匹配关系，检查 KL 道等，并将检查结果投影到底图上。

（2）理论 SPS 与实际 SPS 对比分析：对比分析理论 SPS 和实际施工的 SPS 在炮点检波点上的差异。

（3）面元分析：根据加入的 SPS 自动计算工区的面元的覆盖次数、能量分布，针对某一条选定的 Inline 或者 Crossline 面元线或者任意选定的面元，提供多种分析方法（图 3-115）。

（4）炮点线号校正：当 SPS 文件中的线号出现错误时，对全部的炮点或者某条线的炮点线号按照一定的变换公式进行批量校正。

（5）炮检关系检查：直观分析选定任意炮的炮检关系是否正确。

（6）物理点定位：以大地坐标或炮检点桩号定位某个物理点的位置。

2）可控震源监控分析

针对可控震源野外采集数据，系统提供了多种格式的 PSS 报告、COG 文件和 OBS 文件的数据支持，可针对不同震源的平均相位、峰值相位、平均畸变、峰值畸变、平均出力、峰值出力、偏移半径监控分析（图 3-116）。

(a) 方位图和炮检距交会图　　(b) 炮检距和中点个数图　　(c) 炮检距玫瑰花图

(d) 方位角和中点个数图　　(e) 纵向面元线统计分析图

图 3-115　面元分析图件

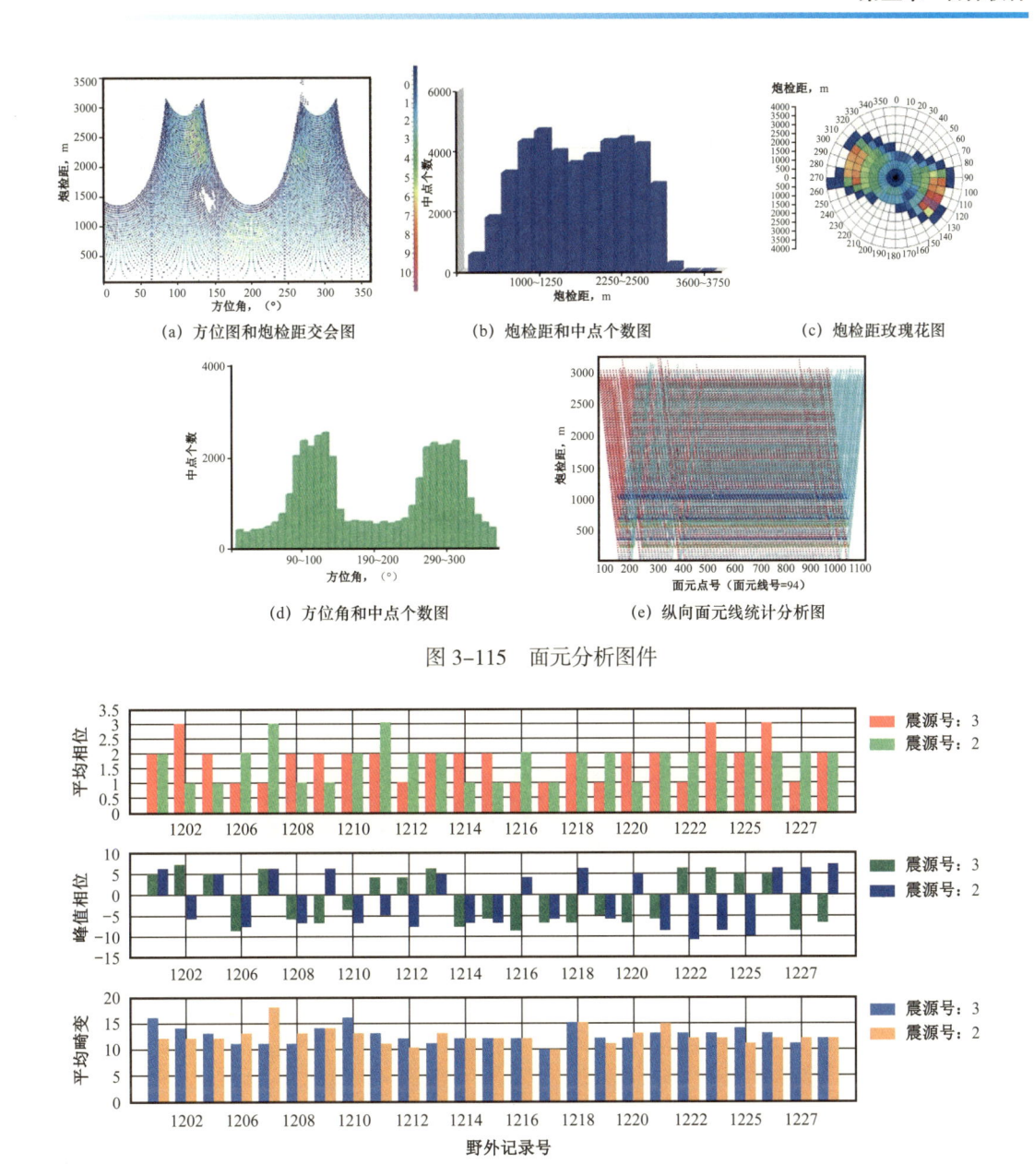

图 3-116　可控震源分析

3）批量数据分析

以 Inline、Crossline、任意方式选取批量地震数据，针对全炮或目的层段的时窗进行快速地震数据属性分析，包括能量、信噪比、分辨率、频率、主频及频宽等属性（图 3-117）。

4）三维地理信息综合分析

系统通过引入遥感、DEM 高程、坡度、湿度等信息，构建探区复杂三维地表模型，高度还原真实地表、地质状况。以高分辨率遥感影像、数字地形模型（DEM）为基架，将工区测网信息、采集质量监控分析结果数据、坡度、面元信息等转化为模型约束点，动态建立三维地表模型，采用 GIS 技术实现评价结果在地理信息背景下的二维、全三维交

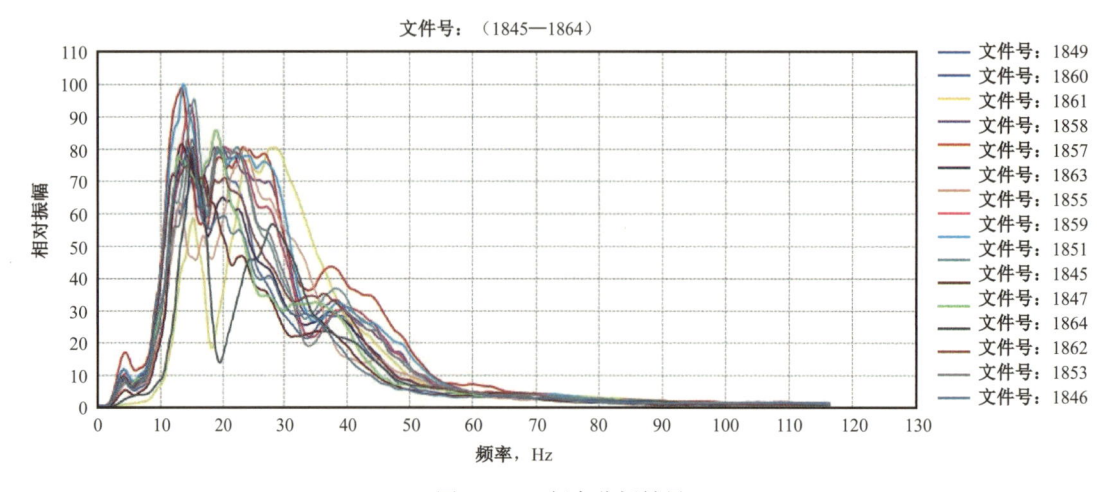

图 3-117 频率分析结果

互分析综合展示工区采集施工情况；可根据工区施工动态，增量分析多种属性，针对不同系统分析属性结果进行融合分析，从多角度、多层次对单炮质量进行综合分析与评价（图 3-118）。在采集施工工期全过程中，该技术可结合测网信息、采集质量监控分析结果、面元信息等地震采集信息增量动态分析采集施工质量。

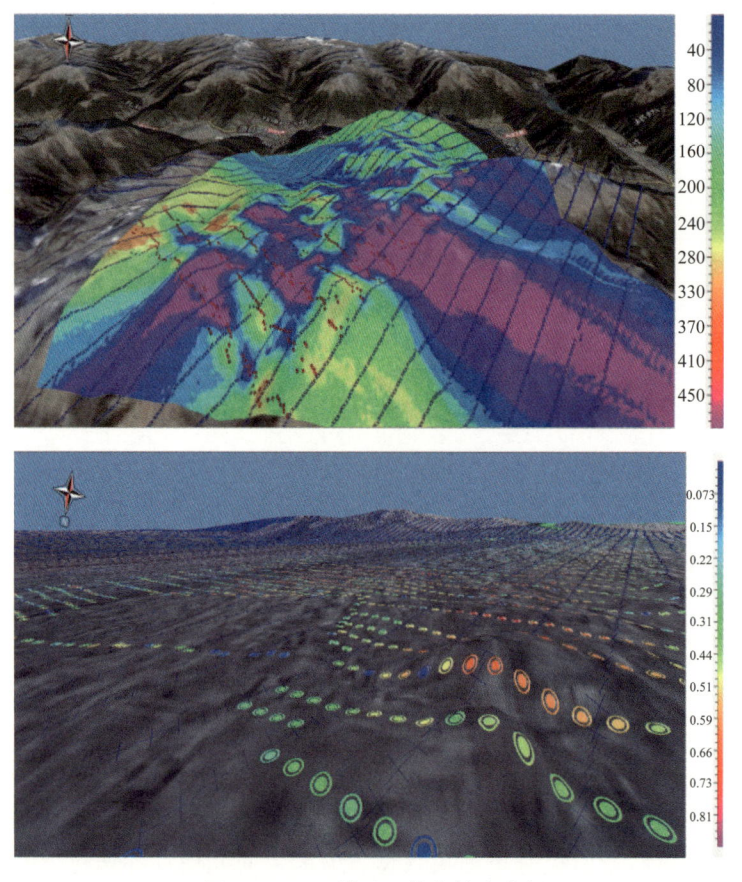

图 3-118 三维地理信息综合分析

5）多区域采集质量综合评价

（1）复杂地表条件下多区域划分采集质量综合评价：以地形图、地表调查图、构造图等图件多层融合显示作为划分依据，对地表条件进行分类，针对不同类别的地表条件类型进行区域建模，在各个区域内建立符合地质构造特征的相应评价标准，在该区域内所有的地震记录都将以该评价标准所划定的目的层时窗和设定的监控属性进行记录分析评价。采用该功能将获得更加科学、合理的地震采集记录的质量评价结果。

（2）以震源分类为基础的抽象区域划分采集质量评价：在地震采集过程中，由于地表复杂、干扰波发育、激发条件多样化、组合接收实施困难、组合效果欠佳、观测系统优化设计困难等因素的影响，在评价地震记录的质量前可根据不同的地震地质条件、震源激发条件、炸药震源的药量、干扰波发育水平等将炮记录进行分类，形成抽象的区域，每个区域制定各自不同的分析评价标准，对系统监控的地震记录自动判断属于哪一类，并依据该类已经制定的标准进行监控分析和评价。

6）表层调查分析

（1）表层厚度、速度分析：可分析某条地表调查线的表层厚度和速度的分布情况。

（2）小折射解释：定义 SEG-2 格式的小折射数据的排列信息，拾取和修正小折射初至，用得到直达波的时距曲线和各层的折射波计算出各层的速度和厚度。

（3）双井微测井解释：通过对地面微测井和井中微测井信号的初至拾取，得到垂直时间域深度的交会图，进而分析出地震工区内表层速度和厚度在横向上和纵向上的变化规律，更准确地为野外地震资料采集选择最佳激发岩性和井深，确保野外地震资料采集质量。

7）现场快速处理分析

（1）$F—K$ 谱分析：系统提供了针对不同时窗批量数据的快速 $F—K$ 谱对比分析功能（图 3-119）。

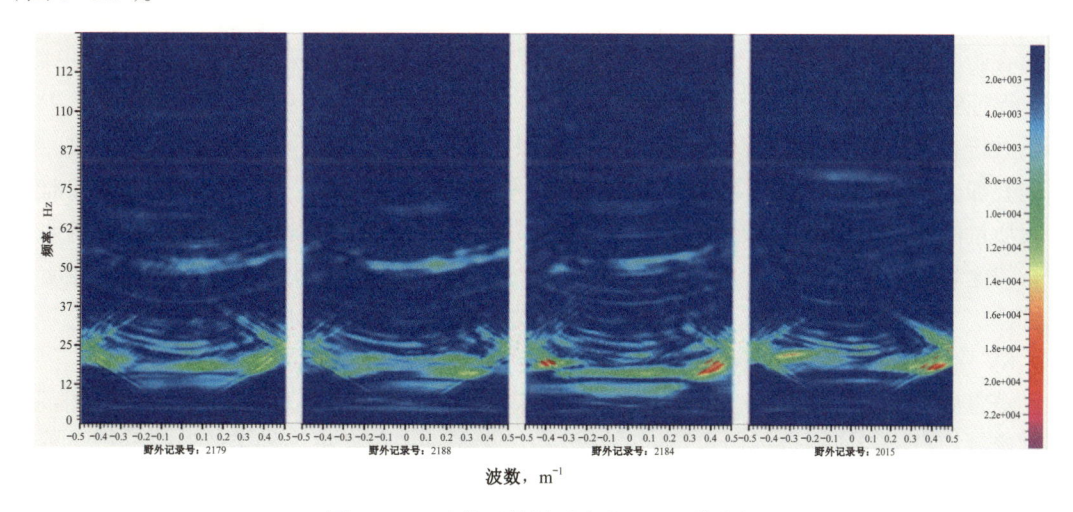

图 3-119 多炮目的层时窗的 $F—K$ 谱分析

（2）分频扫描：可获取任意多个不同步长频段的单炮记录进行对比分析（图 3-120）。

（3）自动初至拾取：针对批量数据系统提供了两种初至自动拾取方法，对于地震记录品质相对较好的地区，可以采用理论初至方式对初至进行拾取；对于记录品质不好、干扰

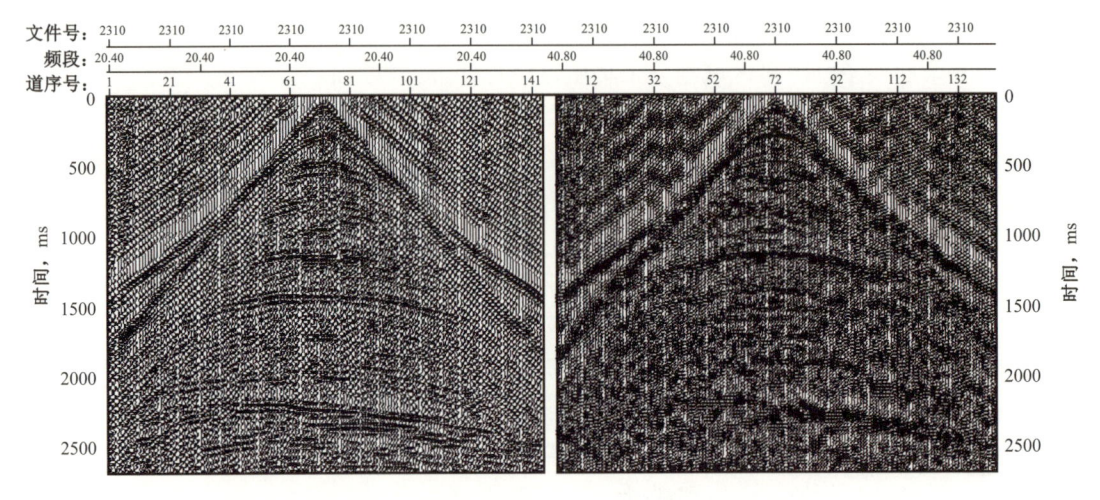

图 3-120 某炮 20~40Hz 频段和 40~80Hz 频段的地震记录对比分析

较大的地区可以采用时间范围方式进行拾取。

（4）异常初至批量编辑：由于地震记录中各种干扰的影响，自动初至拾取结果通常都会有一些异常值，系统可以对单个炮记录的初至进行编辑修改。同时也提供了批量编辑修正异常值的方法，对于某条炮线的记录，分析每个记录的初至时间和偏移距的关系，形成交会图，在该图上对离散点进行切除，然后通过拟合方法进行批量炮初至修正。

（5）数据预处理：系统可以将野外采集数据进行数据解编并将其格式转换成 SEGY 格式，可以针对不同的约束条件抽取选定面元的共中心点道集、共偏移距道集、共方位角道集。针对选定的检波点，可以抽取共检波点道集，为进一步进行地震数据处理做准备。

（6）地震数据流程化模板定制：根据处理业务频繁调整处理方法和大量重复性工作的工作特点，系统提供了模板化的快速现场处理流程模板定制方法，以图形符号表示处理业务中所有的处理方法、数据、工作流组件。由用户按需定制流程模板，在执行流程前自动检查验证模板的合理性与参数正确性，在执行处理流程时实时保存每一个步骤的处理现场，保证处理流程的可回溯。

系统提供了多种处理方法：滤波、反褶积、静校正、动校正及叠加等处理方法。采用的叠加方法使用分块读取数据多线程叠加计算来提高计算效率，实现快速叠加，在监控采集质量的同时可以迅速看到大致处理效果，并且不需要特定的处理机，常用计算机即可进行快速现场处理，并提供了灵活的对比分析，更加适应野外采集质量监控工作的性质和条件。

8）监督工作报告生成

监督版的工作报告也提供工区概况、监控结果列表、监控结果图件、评价标准信息、废炮修复信息，与实时监控版本不同的是监控结果图件中包含更多种类的监控分析结果图件，并且监督工作报告还加入了数据处理结果及监督信息。

（1）数据处理结果：包含数据预处理结果存储的图件、数据处理结果存储的图件。

（2）监督信息：包含监督的个人工作信息、资质相关的证明。

3. 远程监控

采用 SMTP 技术开发的远程监控版本，可将现场采集的质量监控评价结果数据、成果图件、监控报表、成果报告等成果数据进行自动分类、打包、压缩加密，在无线网络或有线网络条件下，将监控成果增量安全上传到中国石油集团公司 A1 系统的工程生产与运行管理系统中（图 3-121），远端用户通过浏览器可进行监控结果的远程浏览和分析操作，从而实现地震采集的远程、实时监控，利用该技术，为远程数据分析和采集施工管理提供数据支撑，实现了全方位、多部门协同监控地震采集质量。

图 3-121　远程监控施工进度

# 第四章　地球物理勘探技术

## 第一节　陆上油气高密度宽方位地震勘探技术

21世纪以来，油气勘探向着复杂构造、地层岩性、碳酸盐岩和非常规储层4个领域迅速转移。随着油气勘探的不断深入，面临"低（低幅度）、深（大深度）、薄（薄储层）、隐（隐蔽性）"的问题日益突出。特别是中国陆上油气勘探，给地震勘探技术提出了三个方面的突出难题：一是储层薄而破碎，微小断裂发育，对地震资料的纵向、横向分辨率要求越来越高；二是地表类型日趋复杂，包括山地、沙漠、黄土塬、城区、水网区、油田开发设施分布区等，构成了地震数据采集工程实施的巨大障碍，同时又构成能量很强的干扰源，提高地震资料信噪比的任务越来越重；三是地层、岩性和断块油气藏的勘探任务不断受到重视，对地震资料的保真度提出了更高要求。针对这些难题及其技术需求，发展了陆上高密度宽方位地震勘探一体化技术，效果显著，在英雄岭复杂山地等低信噪比地区实现了地震资料的突破，在准噶尔、柴达木、吐哈、塔里木等盆地使地震成果资料的品质得到大幅度提升，有效频带拓展了10Hz以上，可以识别断距3~5m的薄储层。高密度宽方位地震勘探技术为油田的增储上产提供了有力支撑。

### 一、高密度宽方位地震观测技术

高密度宽方位地震观测技术是指在野外采用单点或小组合激发和接收进行"真实"采集的基础上，对有效波和噪声波场进行密集空间采样和宽方位或全方位观测，通过叠前偏移成像处理能够较好地解决噪声压制的难题，达到提高信噪比、分辨率和保真度的目的。这项技术的"真实"采集避免了传统采集过程中采用加大组合激发和接收对有效反射信息造成的伤害，从而能够保持反射信号的原始性和丰富性。

高密度宽方位地震观测技术涉及的内容非常宽泛，如空间采样、观测（激发和接收）方法、观测系统设计和优化、实施模拟等。"十一五"和"十二五"主要进展体现在三个方面，即"充分、均匀、对称"的空间采样理念和观测系统量化设计。

1. "充分、均匀、对称"空间采样技术理念

高密度宽方位地震数据采集的目的是得到高信噪比、高分辨率和高保真的地震成像结果，观测系统设计优化是实现这一目的的主要环节。针对高密度宽方位地震技术发展的目的和实现手段，提出高密度空间采样三维地震观测系统的设计理念，即充分采样、均匀采样、对称采样的理念。

1）"充分采样"的理念

充分采样是按照期望信号无假频的原则，把一个连续的三维波场采样，转变为对波场进行离散采样，必须使采样的离散波场最大限度地包含期望连续波场的频率成分。对于地震数据采样来说，应最大限度地保护期望地震信号的频率成分，增加地震波场的高波数成分，保

持地震信息的原始性。为达到采集数据的原始性，应在时间域和空间域同时满足线性噪声和有效信号的充分采样。对噪声波场充分采样是高密度地震数据采集的突出特点之一。

采样定理的 Nyquist 频率 $f_N$ 和 Nyquist 波数 $k_N$ 分别决定了时间域和空间域采样率的大小，即时间域采样间隔应满足 $\Delta t \leq 1/2f_N$，空间域采样间隔应满足 $\Delta x \leq 1/2k_N$。地震仪器的发展使时间采样均已能满足这一要求。空间采样方面，以准噶尔盆地典型地震数据为例，能够相对较好实现主要干扰波和有效波分离，避免假频严重污染数据的空间采样间隔范围为 13～20m。目前 $x_r$、$y_s$ 两个坐标（道距、炮点距方向）已能做到接近采样定理要求；但受采集装备和投资的限制，还很难达到采样定理要求，这种稀疏的三维线距对空间波数域的覆盖范围（3D 空间带宽）影响十分明显。

图 4-1 是不同覆盖密度观测方案的空间波数响应计算结果，图 4-1a 的检波线距、炮线距均为 125m，覆盖密度 307.2 万道 /km²，图 4-1b 的检波线距、炮线距均为 250m，覆盖密度 76.8 万道 /km²，计算面积为一个子区。$x_s$、$y_r$ 采样间隔扩大一倍，覆盖密度降为前者 1/4，空间波数响应范围 $k_x$、$k_y$ 减小为前者的 1/2，这是五维叠前波场 $w(t, x_s, y_s, x_r, y_r)$ 中三个变量达到或接近充分采样条件下的计算结果，根据互换原理，4 个空间坐标中的其他任意两个做类似变化，可得出相似结论。

(a) 覆盖密度307.2万道/km²　　　　　(b) 覆盖密度76.8万道/km²

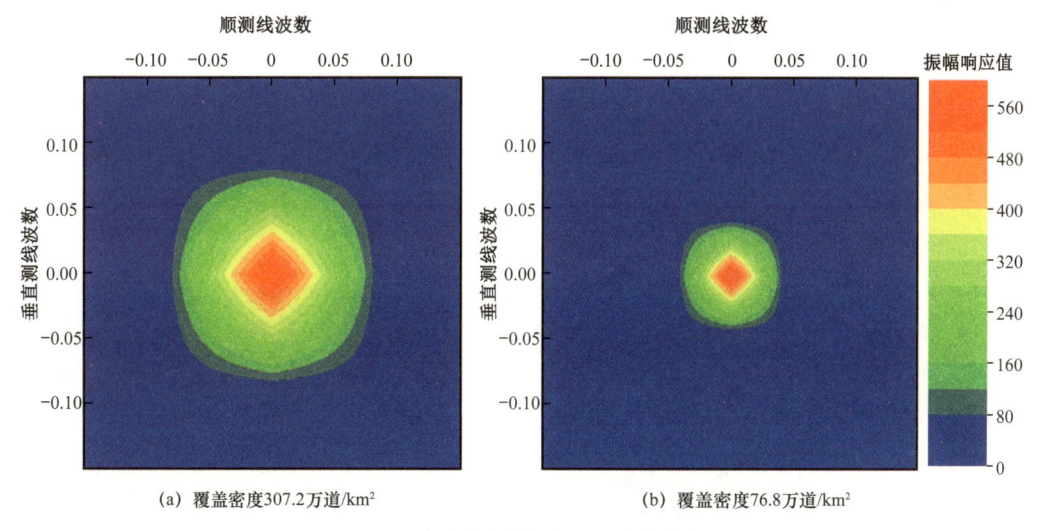

图 4-1　不同覆盖密度空间波数响应

衡量高密度空间采样地震技术的一个重要指标就是覆盖密度，它是指在单位面积内地震数据的道数，常用单位平方千米内的地震数据道数表示，因此覆盖密度也就是归一化后的覆盖次数。覆盖密度的高低反映了一个时期的地震勘探技术现状，如 2006 年以前国内地震数据的覆盖密度一般都小于 10 万道 /km²。开展实施高密度空间采样技术以来，"十一五"国内中国石油使用高密度空间采样技术的地震勘探项目平均覆盖密度 46 万道 /km²，"十二五"国内中国石油实施高密度宽方位地震数据采集，平均覆盖密度 210 万道 /km²。

观测覆盖密度高低与地震成果数据的品质密切相关。举例说明，在准噶尔盆地东部西泉地区进行了前述覆盖密度为 307.2 万道 /km² 的地震数据采集。对实际数据体进行了炮检线距抽稀，获得覆盖密度分别为 307.2 万道 /km² 和 76.8 万道 /km² 的原始数据体，叠前时间偏移 CRP 道集对比如图 4-2 所示。

(a) 307.2万道/km²　　　　(b) 76.8万道/km²

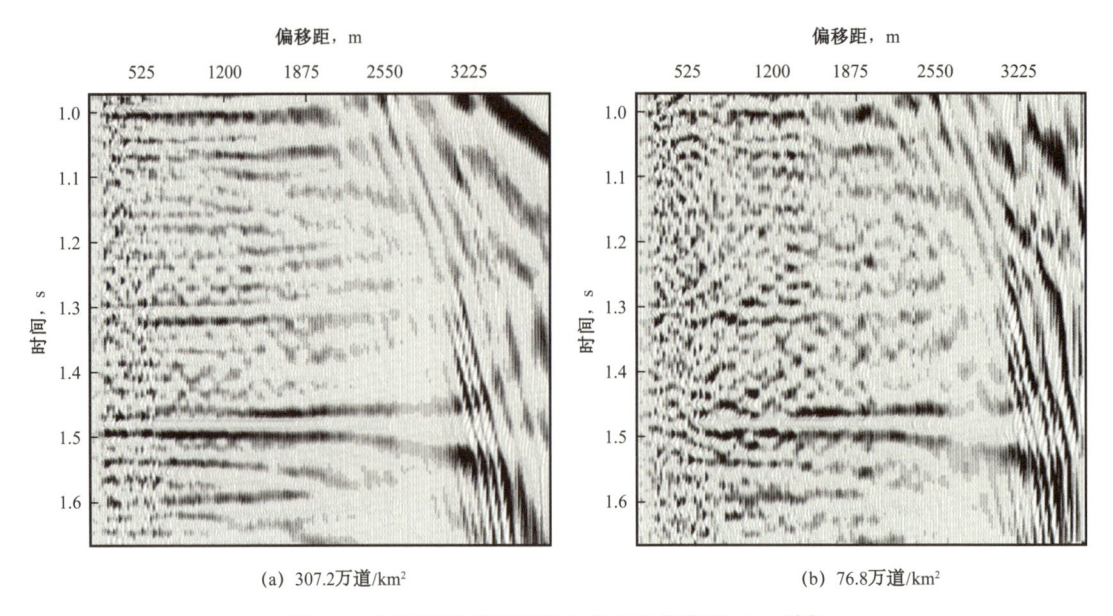

图 4-2　不同覆盖密度观测方案的叠前偏移 CRP 道集

两种覆盖密度的叠前偏移效果差异明显，若在这两种叠前偏移道集开展叠前油气检测等工作，显然会得出差异明显的结果。较低覆盖密度的叠前偏移道集信噪比明显偏低，同时会增加油气检测的难度并降低预测的准确性。

图 4-3 是前述两种覆盖密度实际数据的最终成像数据体的时间切片，从时间切片刻画地质体的清晰程度可以看出，图 4-3a（307.2 万道/km²）明显好于图 4-3b（76.8 万道/km²），与理论分析结果一致。

(a) 307.2万道/km²　　　　(b) 76.8万道/km²

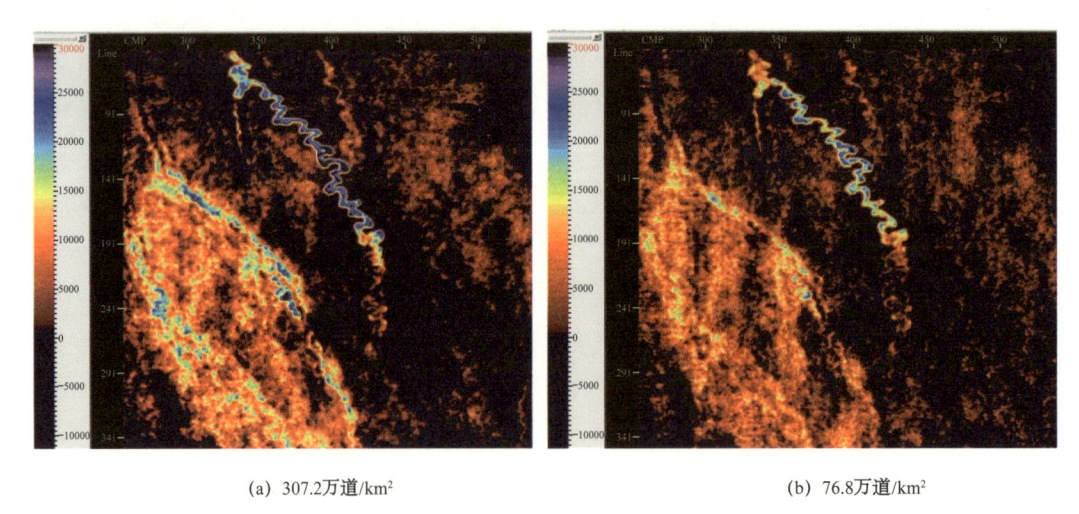

图 4-3　不同覆盖密度观测数据的叠前偏移时间切片（624ms）

准噶尔盆地西泉地区实际资料的分析证明，提高覆盖密度对改善叠前偏移成像效果明显。但不同地区噪声发育程度、勘探目的层地震响应特征等因地而异，覆盖密度对叠前偏移成像效果的影响程度也会因此存在差异。

2)"均匀采样"的理念

"均匀采样"理念是钱荣钧先生于 2006 年首先提出来的。均匀采样要求观测点在空间是均匀分布的，对于二维观测来说，测点沿线要均匀，对于三维观测来说，观测点（接收点和激发点）在平面二维方向上是均匀分布的，就可以使偏移噪声得到很好地压制，达到提高叠前偏移成像数据的质量的目的。

业界使用最广泛的偏移方法可以分为两类，即积分法和差分法。无论哪种方法都有一些假设条件或要求，其中对于地震数据的要求就是充分采样和均匀性。受经济条件限制，三维地震数据采集不能做到全方位的充分采样，只能做到 Inline 和 Crossline（接收线和炮线）两个方向的密集采样。这是一种折衷的办法，必然会造成其他方向的数据采样稀疏，使得偏移算子所用到的地震道分布不均匀。比如用正交观测系统采集的三维地震数据，由于炮线距远远大于炮点距，接收线距远远大于接收点距，造成共炮点道集在 Crossline 方向空间采样不充分，共检波点道集在 Inline 方向空间采样不充分，致使共偏移距域剖面出现周期性的跳跃变化（图 4-4a），这就是偏移波场不均匀造成的。目前共偏移距域的偏移是使用最广泛和可靠性最高的方法，在共偏移距域减小不均匀性的方法有两种，一是划分共偏移距剖面时用较大的偏移距间隔（图 4-4b），二是通过插值使地震数据规则化。但是增大偏移距间隔就会减少偏移后 CRP 道集中的道数（偏移成像次数），带来一些不利影响，如减弱对偏移噪声的压制作用，降低速度分析的准确性，不利于 CRP 道集上做 AVO 分析，降低优势频率等。后一种方法在近年来发展了许多具体的算法，基本可分为三类，即数据映射法、PEF 方法（预测误差滤波方法）和傅里叶变换法。虽然各种地震数据插值方法可以得到分辨率更高的模型空间和数据插值结果，但是数据采样过于稀疏，再好的插值方法也很难重建原始波场，因此通过设计合理观测系统设计，提高偏移波场均匀性才是最根本的方法。

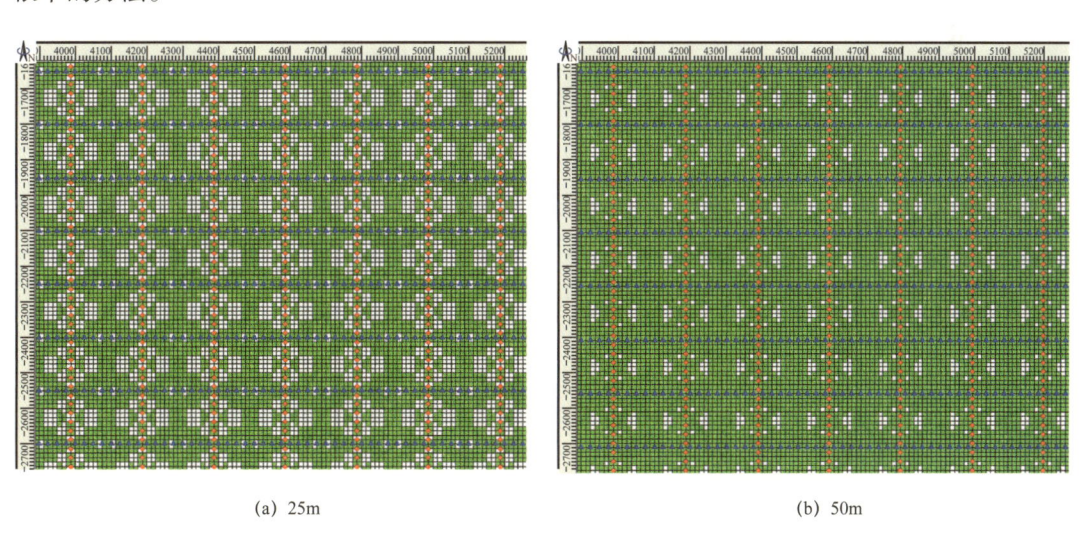

(a) 25m　　(b) 50m

图 4-4　三维地震不同偏移距间隔的共炮检距域地震道的平面分布

为对比分析不同观测系统的均匀性，引入均匀度衡量标准。衡量均匀度的指标有两类：一是根据观测点的分布直接定义，如道距/接收线距、炮点距/炮线距等越接近 1 越均匀；二是根据偏移距大小及其方位角定量计算。

设均匀分布时，不同偏移距为 $d_0$，$d_1$，$d_2$，…，$d_n$，其间距为 $\Delta d$；当分布不均匀时，各偏移距的间距分别为 $\Delta X_{12}$，$\Delta X_{23}$，$\Delta X_{34}$，…，$\Delta X_{(n-1)n}$。用相对均匀度作为定义均匀程度的指标，即

$$U_1 = \frac{1}{(N-1)\Delta d}\sum_{n=1}^{N-1}\mathrm{abs}\left[\Delta d - \mathrm{abs}(x_{n+1} - x_n - \Delta d)\right] \qquad (4\text{-}1)$$

式中　$N$——覆盖次数；

　　　$X_{\max}$——最大炮检距，$\Delta d = X_{\max}/N$。

均匀度是对点集格局的一种测度，它描述的是点集的空间关系，而不是点的"多少"，有限点集的均匀度可以取到 [0，1] 区间的任何实数。

同理，可以定义方位角的相对均匀度：

$$U_1 = \frac{1}{(N-1)\Delta \theta}\sum_{n=1}^{N-1}\mathrm{abs}\left[\Delta \theta - \mathrm{abs}(\theta_{n+1} - \theta_n - \Delta \theta)\right] \qquad (4\text{-}2)$$

式中　$N$——覆盖次数；

　　　$\theta$——方位角，$\Delta \theta = 2\pi/N$。

以上对两个一维子空间的独立定量评价方法，能从炮检距、方位角两个方面进行三维观测系统的均匀性定量评价。

由于三维地震观测中"线距"逼近"点距"对均匀度的改变是线性的，用前一类方法进行评价既实用也简单。

"均匀采样"理念对于指导观测系统设计非常有帮助。三维观测系统设计时，线距设计要考虑的重点是空间采样均匀性，空间采样均匀性越差，则得到的波场连续性越差。扩大子区时（激发线距增加或接收线距增加或二者均增加），在子区之内创建了更多的面元，在稀疏的网格中，有更多的普通面元分享这些偏移距，这种子区共享炮检距的结果导致面元内炮检距分布变得不均匀，而且子区内包含的面元个数越多，炮检距分布越不均匀。

图 4-5 是保持接收线数为 6 条，改变接收线距（自上而下 200m、150m、100m、50m）的覆盖次数棒状显示。可以看出，保持面元内覆盖次数不变情况下（覆盖密度相同），改变炮检距分布情况，即覆盖次数不变，随着线距减小，面元内的炮检距分布将变得均匀。由此可知，在投资和设备有限的前提下，缩小线距，提高道距/线距之比是改善地震成果数据品质的最有效做法。

3）"对称采样"的理念

对称采样的理论基础是互换原理，目的是保持各个域中地震波场特征分布的一致性。地震数据体各个子集的有效波能量、频率、炮检距等特征的一致性对叠前去噪等处理具有较大影响。因此对称采样的理念应该广义地理解，对于三维地震观测系统的诸多参数，均存在对称性问题，例如两个方向采样长度对称（排列片）、炮线距和检波线距（子区尺度）的对称、道距和炮点距（面元尺度）的对称等。这是对称性的主要度量，隐含了观测系统纵向、横向覆盖次数、观测密度和观测方位的对称性。另外，在激发接收方式上也同样应考虑对称性，一是从宽频出发，激发与接收的应满足宽频目标的要求；二是从提高信噪比和分辨率的策略出发，要弱化野外组合，且尽量在保证组合对称性的同时使组合的联合特

性不影响分辨率目标;三是在数据处理方面,避免室内任何形式的组合处理。

以上是针对陆上高精度地震勘探技术发展要求而提出来的新理念,其主要特点:(1)强调空间采样密度对叠前偏移成像质量的影响;(2)不仅弱化野外组合接收,而且避免组合处理;(3)强调空间采样均匀,提高压制偏移噪声的能力;(4)强调观测的对称性,增强各向异性的检测能力。这一空间采样新理念,强调地震波场"充分、均匀、对称"空间采样,改变了国内"低密度、窄方位、大组合"的传统做法,突破了国外"单点接收、多子线观测、数字组合处理"的$Q$技术理念,奠定了高密度宽方位地震勘探技术的理论基。实际采集项目设计中应将这三个理念作为统一的系统加以考虑,贯彻采集设计的始终,方能获得经济有效的采集方案。

图 4-5 扩大子区保持覆盖次数不变的对炮检距分布

2. 地震观测关键技术参数设计

在地震波场"充分、均匀、对称"空间采样理念的指导下,兼顾技术的经济性,通过大量实际资料试验分析,针对观测系统的关键参数,形成了一些行之有效的设计方法。

1) 无污染采样的道距设计

在高密度地震数据采集时,要求野外采用较小道距或面元观测,保证地震有效波场和噪声波场进行充分采样,从而达到在室内地震数据处理时实现信噪分离,最大限度地压制噪声、保护有效波的目的。但是,要想对噪声波场充分采样,必须选取很小的空间采样(道距或面元),因此需要高的勘探成本。为此,综合考虑技术与经济因素的平衡,提出了无污染空间采样的道距选取技术。

无污染空间采样是指噪声$F—K$谱折叠频率与有效波期望频率范围在波数域不发生混叠的采样间隔或道距大小。也就是说,当道距较大时,噪声产生了空间假频,在$F—K$域表现为折叠频率,但与期望保护的有效波频段在频率—波数域里不混叠,从而在室内去噪时很容易压制噪声,且对有效波无影响。这也称为噪声的空间采样假频对有效波没有污染。

实际应用中,对地震记录进行10m、20m、40m三种不同道距的$F—K$分析。如图 4-6 所示,当道距为10m时,有效波频率范围内无噪声影响;当道距为20m时,虽然噪声产生了折叠频率或假频，但噪声假频与有效波没有发生混叠，即有效波没有受到污染，为室内信噪分离或噪声压制创造了条件；当道距为40m时，噪声假频与有效波产生严重混叠。通过以上分析，选择20m道距兼顾了技术和经济的平衡。

2）基于波动照明分析的观测系统最大炮检距优化设计

地震照明分析是指在地表测定地下的照明值。照明值（照明能量）是一个关于目标体的深度、倾角与速度模型和观测系统的函数。通过波动方程的数值模拟，可以计算出地面震源在不同地质模型中的穿透能力，这种单纯计算震源穿透能力的照明分析方法一般被称作"单向照明"。地震勘探中，一般使用"双向照明"，这既考虑了地面震源穿透地层的能力，同时也考虑了地面检波器接收到地下地层界面反射的能力。

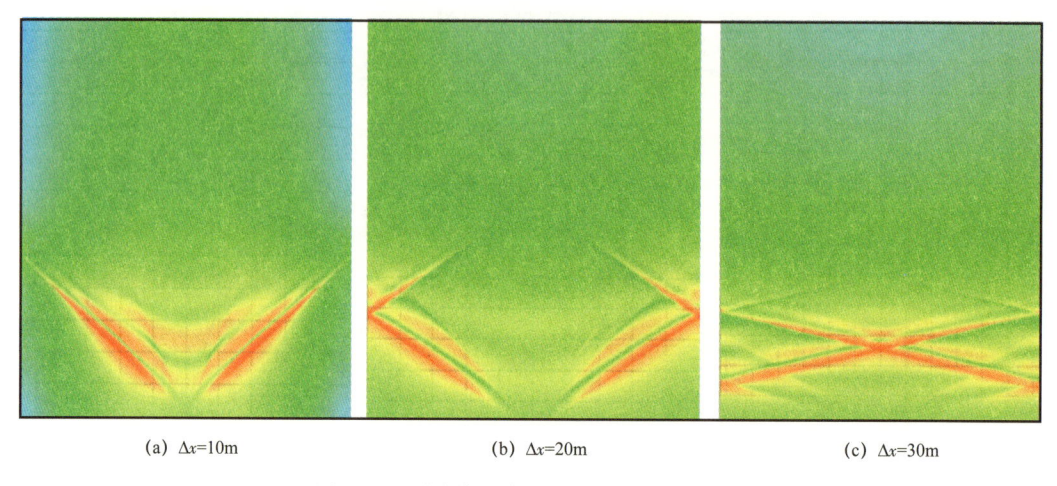

(a) $\Delta x=10m$　　(b) $\Delta x=20m$　　(c) $\Delta x=30m$

图 4-6　不同道距单炮地震记录的 $F$—$K$ 谱

地震照明分析是定量描述反射波地震探测能力的一种有效方法。在地震资料处理中，通过照明分析获得地下照明能量分布的图像，由此指导地震数据规则化的处理；在地震数据采集中，用照明分析研究地表障碍区观测点非均匀布设对地下地震波场造成的阴影，由此开展针对性的地震采集观测系统变观、优化设计；应用研究表明，照明分析对观测系统最大炮检距的优选有着更明确的意义。

基于地震波动方程的"双向照明"分析，可以准确定量计算地震照明能量与传播距离的关系，而且这种关系是非线性的，为最大炮检距的优选创造了条件。以下举例说明该技术实施的流程：首先根据以往勘探资料，建立地质模型；其次选择主要目的层作为照明分析的靶层，计算照明能量沿测线的分布曲线；最后选定目的层上的任何一点作为成像分析点，绘制该点的最大炮检距量化分析曲线。如图 4-7a 所示，二维地质模型中的主要目的层（即为桃红色）顶界面埋深4100～5400m，在地表0～34000m 之间激发，炮点间距80m，检波点间距20m，用不同最大炮检距5000m，5500m，…，13000m 等分别计算照明能量，并绘制成如图 4-7b 所示的照明能量曲线。针对图 4-7a 所示的成像点（箭头指示处），将不同炮检距与照明能量绘制成曲线（图 4-7c），这就是基于照明能量的最大炮检距量化设计曲线。由图 4-7c 可见，随着最大炮检距的增加，照明能量逐渐增加，但二者呈非线性关系，当炮检距增大到一定程度时，其能量增加幅度或递增率逐渐减小，说明这个能量曲线存在拐点，即炮检距的最佳取值。大于这个拐点的最大炮检距，虽然会使目的层位的照明能量增加，但增加的速率变低，对提高地震成像的潜力不大。

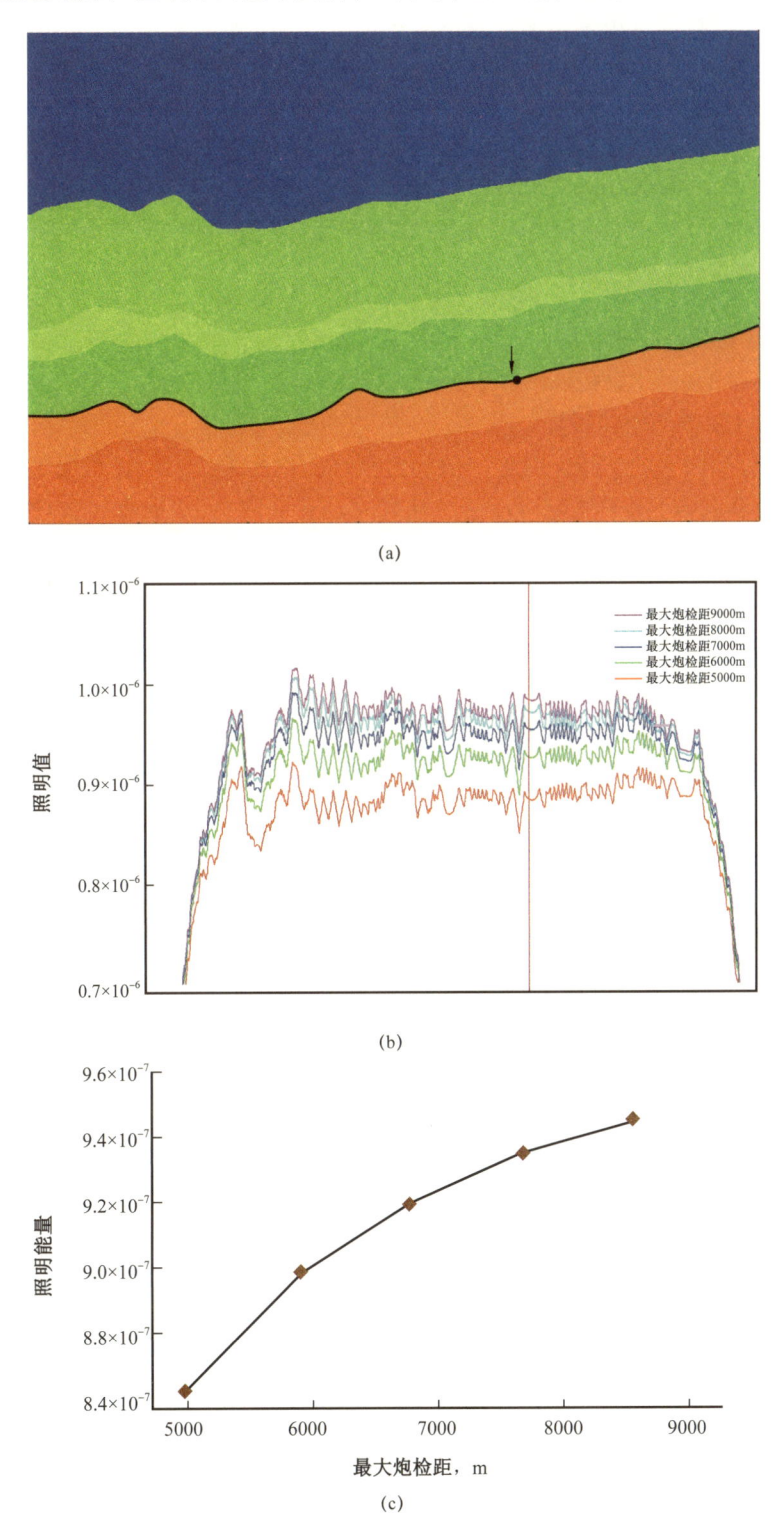

图 4-7 照明分析方法确定最大炮检距

3）不同激发方式的覆盖次数对比设计

高密度三维地震采集一般是在以往井炮激发的一次三维或多次三维基础上开展的，参照以往井炮施工参数设计可控震源激发的高密度三维地震技术方案是采集方法设计的重要需求。为此提出了一种不同激发方式的覆盖次数对比设计方法。

对于地震数据成像处理而言，地震记录中发育的次生干扰波多表现为"随机干扰"的特性，因此按照统计特性来压制。根据统计性原理，可以得到如下关系：

$$\sqrt{N}=R_{\text{section}}/R_{\text{shot}}$$

即
$$N=(R_{\text{section}}/R_{\text{shot}})^2 \tag{4-3}$$

式中　$N$——覆盖次数；

$R_{\text{shot}}$——单炮记录信噪比；

$R_{\text{section}}$——期望剖面信噪比。

研究认为：剖面 $R_{\text{section}}\geq2$，可作一般构造解释；剖面 $R_{\text{section}}\geq4$，可用于地震地层学解释；剖面 $R_{\text{section}}\geq8$，可用于波阻抗反演。从式（4-3）可知，当地震采集项目的地质任务确定以后，期望的剖面信噪比也随之固定，根据覆盖次数与原始单炮记录信噪比平方成倒数的关系，原始单炮记录信噪比越低，需要设计的覆盖次数就越高。

举例说明技术应用方法。图4-8a，b分别为1台1次可控震源激发和井炮（9口×8m×3kg）组合激发的原始单炮记录，两张记录上为看不到有效波的影子，说明原始记录信噪比远远小于1。对以上两张单炮记录分别进行BP（30~60Hz）带通滤波，得到对应的图4-8c和4-8d所示的两张分频记录。由此可见，在30~60Hz频段，与井炮记录相比，可控震源记录的信噪比要低得多。依据以上的背景资料，可控震源方案的覆盖次数设计方法步骤为：首先，对可控震源和井炮两种激发方式的单炮记录进行信噪比定量计算，结果分别为0.25和0.54；其次，根据采集项目的岩性预测地质任务要求，确定地震剖面的期望信噪比为8；最后，在可控震源与井炮两种激发方式的剖面信噪比（即 $R_{\text{section}}=8$）相等的条件下，根据式（4-3）计算出井炮和可控震源的覆盖次数分别为219次和1024次。由此可见，在研究区内，要想获得满足岩性勘探的地震剖面资料品质，可控震源激发的覆盖次数需要4倍左右的井炮覆盖次数。

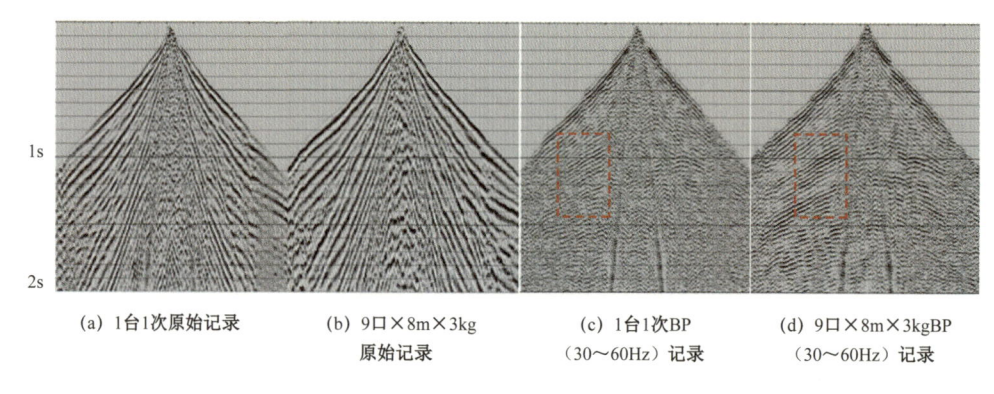

(a) 1台1次原始记录　　(b) 9口×8m×3kg原始记录　　(c) 1台1次BP（30~60Hz）记录　　(d) 9口×8m×3kgBP（30~60Hz）记录

图4-8　不同激发方式单炮记录对比

根据以上结论，开展对比试验。图 4-9a 和图 4-9b 分别为井炮 288 次和可控震源 1152 次的三维地震叠加剖面。由此可见，当 1 台 1 次可控震源激发的覆盖次数是多井组合激发的 4 倍时，两种激发方式的地震剖面品质基本相当。这一结论为科学合理设计可控震源激发的地震观测覆盖次数、保证高密度地震资料品质提供了依据。

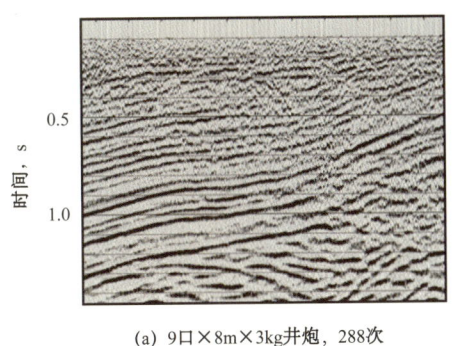

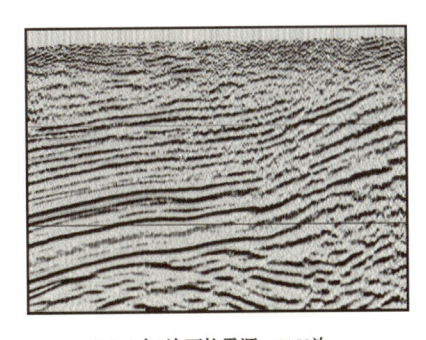

(a) 9口×8m×3kg井炮，288次　　(b) 1台1次可控震源，1152次

图 4-9　井炮和可控震源激发的叠加剖面对比

4）基于叠前偏移子波均匀性的观测系统设计

空间采样与地下偏移成像子波特征的非均匀性密切相关，空间采样的不均匀性通常表现为叠加剖面或偏移剖面的振幅切片上出现条带状痕迹，称为"采集脚印"。因此通过研究偏移子波的均匀性，可以对高精度地震勘探的观测系统设计提供关键的理论方法依据。

基于叠前偏移子波均匀性的观测参数设计方法原理是通过对叠前地震数据进行积分法叠前偏移，获取每一个面元的模拟偏移子波，对其主瓣峰值（以下称最大振幅）、旁瓣扰动能量（以下称偏移噪声）等特征值进行分析评价。以采用 12L4S320T（L：线。S：炮。T：道）观测系统为例说明关键参数的设计方法。该观测系统的具体参数是炮线距和炮点距分别为 240m 和 60m、接收线距和检波点距分别为 240m 和 30m，纵向最大排列长度 4785m，覆盖次数 120 次（纵 20×横 6），最大非纵距 1410m，横纵比 0.29。假设其中目的层为单一水平层，埋深为 1000m，上覆均匀层速度为 3000m/s。模拟的偏移子波波形及最大振幅如图 4-10 所示。

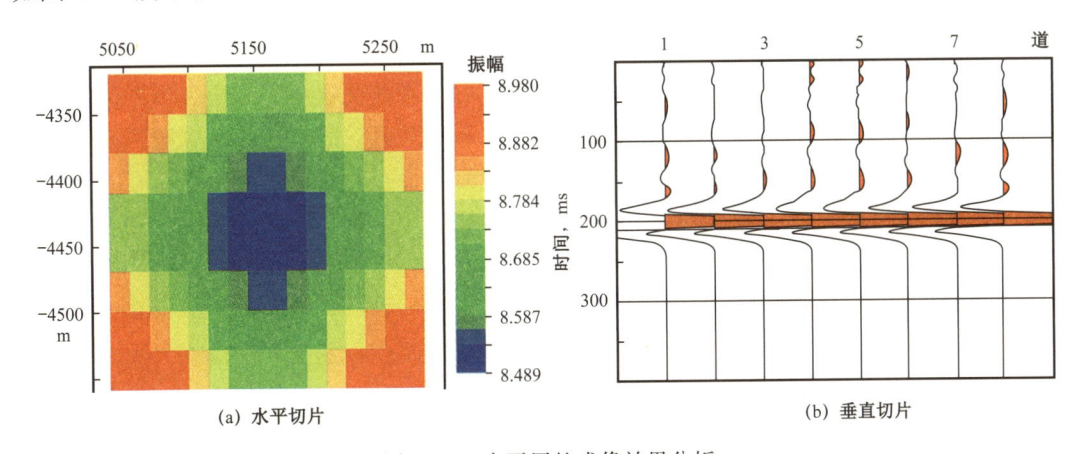

(a) 水平切片　　(b) 垂直切片

图 4-10　水平层的成像效果分析

由图4-10可见，子区中共128个面元（横向16个，纵向8个），颜色表示每个面元中模拟偏移子波的最大振幅，可见一个子区的1/4区域的最大振幅分布是独立的；图4-10b是沿纵向的垂直切片，揭示了炮线方向的偏移子波波形，可见图中8个子波是关于1与8、2与7、3与6、4与5两两对称，同时可看出，偏移噪声分布在子波曲线的上半部，表现为小幅度的扰动。

为了量化分析偏移子波特征与观测系统属性的关系，定义偏移成像质量的评价指标：

振幅离散度 =（最大振幅 – 最小振幅）/ 平均振幅

偏移噪声 =20lg（噪声均方根振幅 / 信号主瓣振幅）

其中最大振幅、最小振幅和平均振幅均采用时间切片上的真值；噪声时窗选取为目的层 $t_0$ 时刻至上方两倍成像子波波长。

为说明以上模拟分析方法的应用流程和分析思路，对以下观测系统类型和参数变化的三种情况进行评价分析：

（1）观测系统类型的影响。以上述观测系统12L4S320T为例，将炮点分别构建正交、斜交、砖墙三种类型，其振幅离散度分别为9.75%、9.577%、9.172%；偏移噪声分别为 –31dB、–30dB、–30dB。可见，观测系统类型对成像效果影响较小。

（2）接收线距的影响。在保持炮线距、接收点距、炮点距、纵向排列长度、排列片横向宽度等都不变的情况下，改变接收线数分别为24条、12条、8条，相应的接收线距变为120m、240m、360m，覆盖次数分别为240次、120次、80次，覆盖密度为53万道/km$^2$、26.5万道/km$^2$、17.7万道/km$^2$。通过模拟计算，偏移振幅离散度分别为4.4%、5.47%、7.46%，可见接收线距变化时，离散度非常明显，即随着接收线距的减小或接收线数的增多，振幅离散度快速降低。

（3）接收点距或面元尺度的影响。在保持炮线距、炮点距、接收线距、纵向排列长度、排列片横向宽度等都不变的情况下，同时保持接收线12条、覆盖次数120次（纵20次、横6次），改变接收点距为15m、30m、45m，覆盖密度相应地变为80万道/km$^2$、40万道/km$^2$、26.7万道/km$^2$。通过模拟计算，模拟子波的最大振幅离散度分别为5.18%、5.47%、6.14%，由此可见，减小接收点距会导致偏移振幅离散度缓慢降低。

对比上述接收线距引起的离散度变化率，由接收点距引起离散度的变化率要小得多。

3. 观测系统的有效带宽计算方法

影响地震地震成像分辨率的因素主要包括地震采集方案和地震地质条件两个方面，后者的影响在地震采集中是不可改变的，前者的影响可以通过优化地震采集观测系统、激发和接收条件尽可能减小，而观测系统的优化设计是最直接有效的方法。使用地震成像分辨率来优化设计观测系统，通过直接计算可实现期望有效带宽的目标，对实现高密度宽方位地震勘探配套技术的目标具有积极的作用。一是通过成像分辨率的量化分析，在采集方案实施之前对最终成像分辨率有一个基本估计，提高高密度宽方位地震采集方案的采集效果；二是通过一种量化选择，依据优选拟订方案，提高高密度宽方位地震采集的经济可行性。

1）偏移噪声与有效带宽的关系

从有效带宽的概念可知，有效带宽是综合考虑地震子波频宽和噪声的一个分辨率指标，可以用来分析地震数据的分辨率，也可以用来评价一个观测系统的成像分辨率，进而进行观测系统的设计优化。评价一个观测系统方案的分辨率高不高，实际上就是看该观测系统得到的地震成像有效带宽宽不宽。

观测系统对偏移成像分辨率的影响可以通过偏移成像的过程得到说明。从输出道的观点来说偏移就是沿着绕射曲线求和，然后将求和的结果放在绕射曲线的顶点。偏移时沿着绕射曲线求和截取的信息由两部分构成：一部分是来自偏移成像点的绕射波或反射波信息，这些信息能够同相叠加，叠加后振幅值就成为该偏移成像点像值，因此这些是对偏移成像有贡献的信息；另一部分是来自该偏移成像点以外的反射波、绕射波、面波、折射波和外界干扰等信息，这些信息不能够同相叠加，叠加后的振幅值若不为零，那么这个振幅值就成为该偏移成像点的噪声，因此这些是对偏移成像没有贡献的信息。由于地震波是有限带宽的信号，对应每个成像点的成像值不是一个样点值，而是一个有限带宽的子波，因此，偏移成像输出也是一个有限带宽的子波。如果把沿着绕射曲线截取的对成像点有贡献的信息称为成像输入信号，这些有贡献的信息沿绕射曲线叠加的结果称为成像输出信号；把沿着绕射曲线截取的对成像点没有贡献的信息称为成像输入噪声，这些没有贡献的信息沿绕射曲线叠加的结果称为成像输出噪声，那么偏移成像的最高分辨率取决于成像输出噪声为零时成像输出信号子波的频带宽度，成像输出信号子波的频带宽度越宽，偏移成像分辨率越高。但是当成像输出噪声不为零时，成像输出噪声就降低了成像输出信号子波的频带宽度，使得偏移成像分辨率降低，成像输出噪声越强，对偏移成像分辨率降低越多。成像输出信号子波的频带宽度和成像输出噪声的强弱均分别取决于成像输入信号和成像输入噪声的数量和空间分布，成像输入信号和成像输入噪声的数量越多，空间分布特性越好，成像输出信号子波的频带宽度越宽，成像输出噪声越弱，偏移成像的分辨率越高。

基于成像分辨率的观测系统优化设计的核心是估计目标层成像的分辨率，对这一问题文中提出在考虑噪声的情况下用有效带宽来分析分辨率。但计算整个目的层的有效带宽计算量大效率低，在采集方案设计中不具有实用性，因此简化为基于绕射点成像的有效带宽计算方法。

2）有效带宽计算方法

有效带宽的计算方法分为5个过程，分别为建模、正演、偏移成像、计算频谱和确定有效带宽（图4-11）。

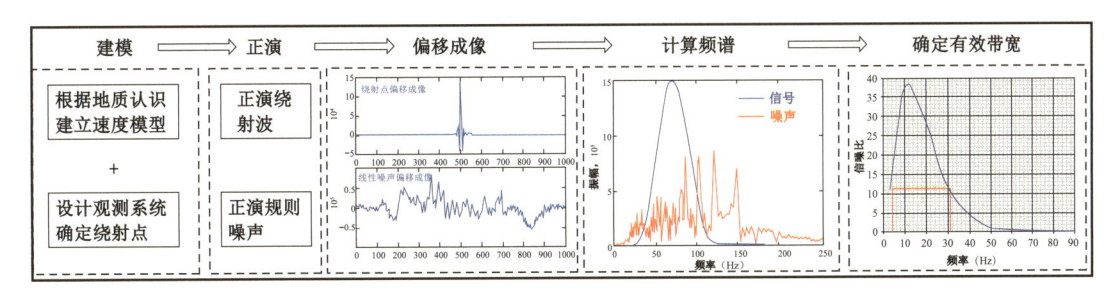

图 4-11 有效带宽的计算过程

建模就是根据已有的地质认识建立简化的速度模型，根据目的层埋深确定计算有效带宽的位置，该位置就作为绕射点位置；正演就是根据速度模型和观测系统正演计算绕射点产生的绕射波和近地表产生的规则噪声；偏移成像就是分别对绕射波和规则噪声进行偏移成像，偏移成像的速度模型采用建模生成的速度模型；计算频谱就是把绕射波和规则噪声的偏移成像结果转换到频率域，然后计算各自的频谱；确定有效带宽就是根据绕射波频谱与噪声频谱的比值确定大于某个阈值的频带宽度。

3）应用效果分析

以准噶尔盆地西北缘地区玛湖1井区高密度宽方位地震采集项目为例，说明有效带宽定量计算技术应用效果。从以往典型单炮记录上来看（图4-12），本区干扰波主要为面波和多次折射波，面波速度为316～1200m/s，视频率为5～25Hz，折射波速度在2213m/s以上，视频率为6～30Hz，图中红色框是目的层所在深度，可以看出面波和折射干扰严重影响了目的层的信噪比。

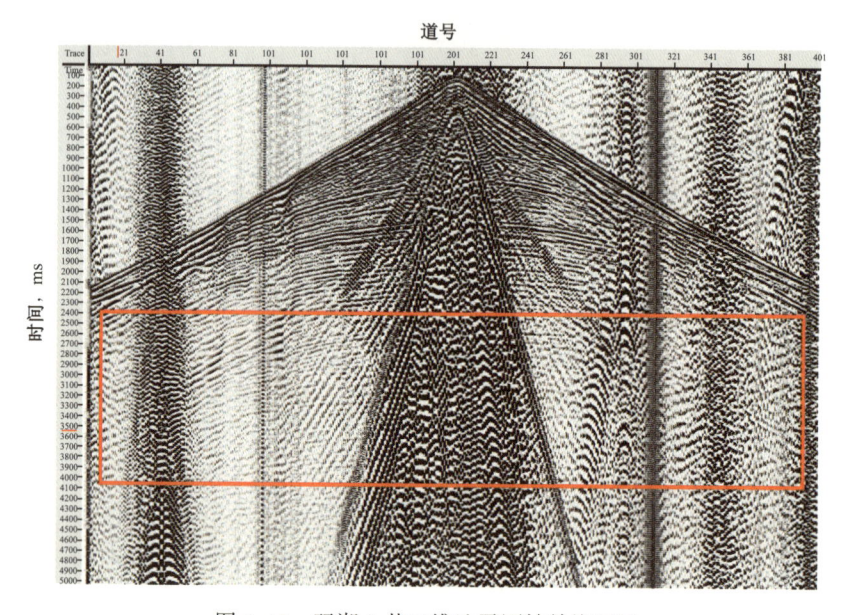

图4-12 玛湖1井三维地震原始单炮记录

（1）建模与观测系统参数。

地质模型按照该区地下地质结构和地质任务简化为均匀介质模型，绕射点深度为目的层的深度3000m，地层吸收衰减品质因子为80。绕射点的地震波传播速度为2800m/s。线性噪声有三组，第一组速度范围是300～600m/s，间隔是50m/s；第二组速度范围是900～1200m/s，间隔是100m/s；第三组速度范围是2000～2400m/s，间隔是200m/s。震源激发的宽带雷克子波频率为1～90Hz，频率增量是1Hz。转化为向下传播信号能量的比例系数是0.05%，转化为线性噪声能量的比例系数为95%。根据覆盖密度分析，采用可控震源1台1次激发所需要的有效覆盖密度在100万道/km²以上。在此覆盖密度以上选择三种拟定的观测系统，观测系统的主要差别是线距和道距（表4-1）。显然方案1的覆盖密度最高，因此它的成像质量应该最好，但它的采集成本也是最高。方案2和方案3的覆盖密度相同且是方案1的1/4，它们的采集成本基本相同，因此需要从方案2和方案3中选择成像质量最优的方案。

## 第四章 地球物理勘探技术

表 4-1  准噶尔盆地玛湖 1 井拟订的三种对比 3D 观测系统方案

| 名称 | 方案 1 | 方案 2 | 方案 3 |
| --- | --- | --- | --- |
| 观测系统类型 | 28 线 10 炮 400 道 | 14 线 10 炮 400 道 | 28 线 5 炮 200 道 |
| 面元大小, m×m | 12.5×12.5 | 12.5×12.5 | 25×25 |
| 覆盖次数 | 28 横 ×40 纵 =1120 | 14 横 ×20 纵 =280 | 14 横 ×20 纵 =1120 |
| 道距, m | 25 | 25 | 50 |
| 炮点距, m | 25 | 25 | 50 |
| 接收线距, m | 125 | 250 | 125 |
| 炮线距, m | 125 | 250 | 125 |
| 覆盖密度, 万道 /km² | 716.8 | 179.2 | 179.2 |
| 最大横向炮检距, m | 3487.5 | 3487.5 | 3487.5 |
| 最大炮检距, m | 6086 | 6086 | 6086 |
| 横纵比 | 0.7 | 0.7 | 0.7 |
| 最大横向炮检距, m | 3487.5 | 3487.5 | 3487.5 |

（2）不同观测系统的有效带宽分析。

图 4-13 是三种观测系统对应的信噪比谱及其有效带宽。从图 4-13 中可以看出，信噪比大于 1 时，方案 1、方案 2、方案 3 的有效带宽分别为 51Hz、46Hz、42Hz，有效带宽

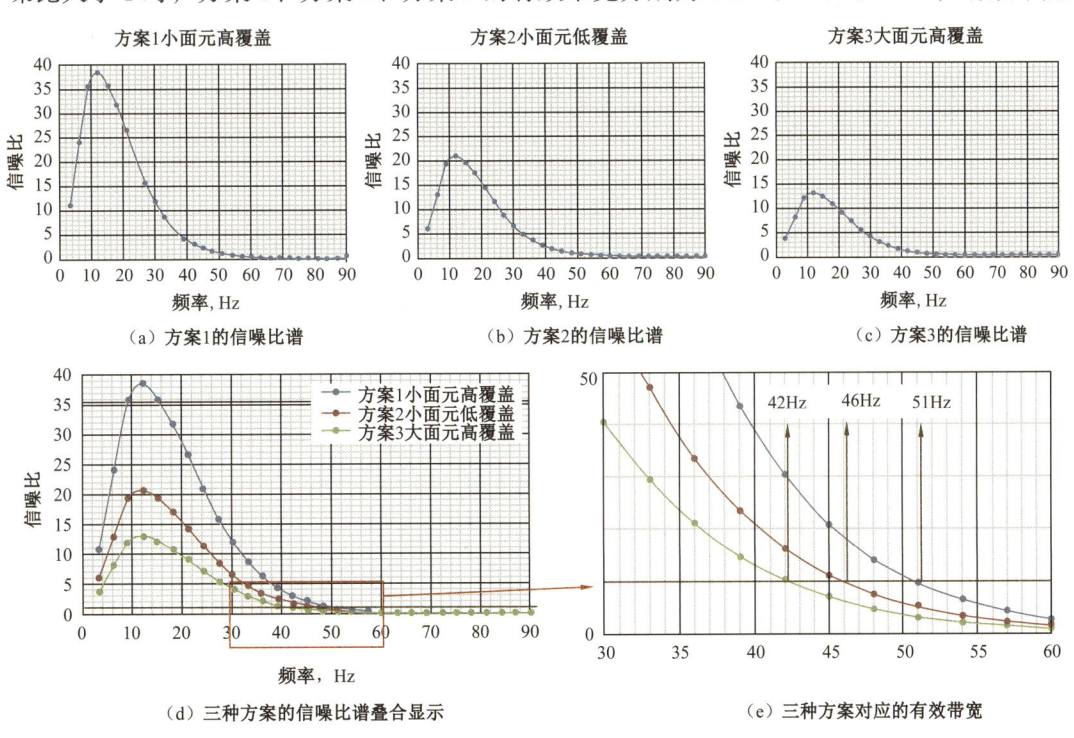

图 4-13  三种观测系统对应的信噪比谱及有效带宽

— 221 —

清楚表明了三种观测系统的分辨率差别。方案1是小面元高覆盖的观测系统,覆盖密度最高,它的有效带宽(51Hz)最宽,说明增加空间采样密度和提高覆盖次数对提高分辨率具有重要的作用。方案2是小面元低覆盖方案,方案3是大面元高覆盖方案,这两种观测系统的覆盖密度相同,但是方案1的1/4,因此方案2和方案3的有效带宽都比方案1窄。但是方案2的有效带宽比方案3要高4Hz。从图4–13中还可以看到一个方面的差别,就是各种方案之间的信噪比谱峰值大小是不同的。方案3、方案2、方案1的信噪比谱峰值分别是13、21、38,可见,方案之间的成像效果差别与有效带宽分析的结论一致,即三种观测系统的分辨率由高到低分别是方案1、方案2、方案3,其中方案2的成像质量和技术投入是最合算的。

(3)实际数据的偏移成像效果。

图4–14是三种观测系统对应的实际数据叠前偏移剖面的时间切片和相干体。从相干体来看,方案1刻画的断裂线条精细,背景噪声低;方案2刻画的断裂线条精细,背景噪声略高;方案3刻画的断裂线条粗,背景噪声高;三种方案的实际数据偏移成像效果与有效带宽计算结果和分析结论一致。

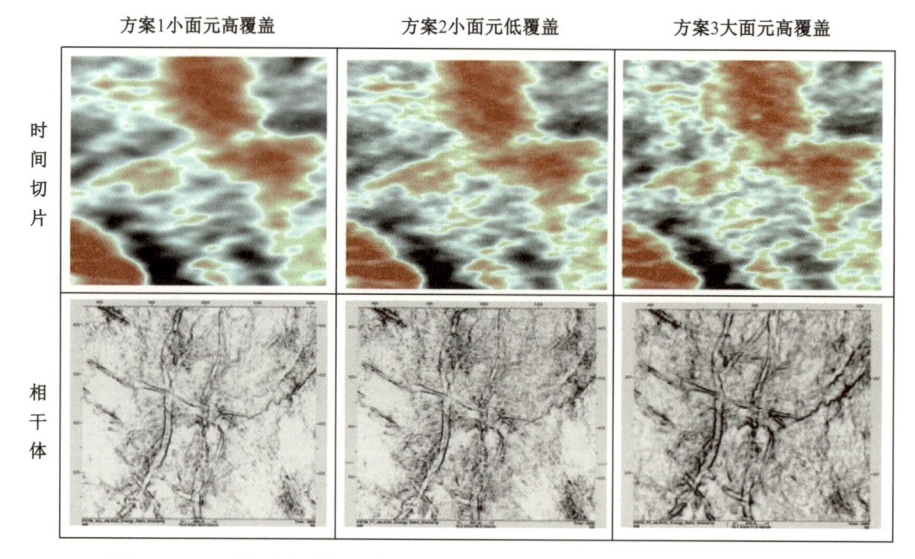

图4–14 三种观测系统对应的实际数据的叠前偏移时间切片和相干体

**4. 基于弱反射信号的可控震源空间分布设计**

可控震源高效地震采集技术通过压缩炮间激发时间提高了采集效率,但是同时也增加了大量邻炮之间互为影响的噪声。这种可控震源高效采集过程中多组震源之间产生的激发、谐振、机械噪声等被统称为混源噪声。随着"两宽一高"地震采集技术的推广深入,单点激发、单点接收的激发、接收方式对野外采集噪声采取"通放"的方式,进一步加剧了采集噪声的影响。很多石油服务公司针对这些噪声推出了自己独特的压制方法和技术。这些技术都有一个共同的假设条件:有效信号总是无损存在,只是被噪声淹没了而已,只要压制了噪声,信号就可以得到恢复。但是实际采集作业中由于采集系统动态范围的局限,使得这个假设往往不能成立。当采集系统的动态范围小于信号动态范围时,实际接收到的信号其实是经过"限幅"处理的不完整信号,"限幅"的程度决定于三个因素:采集系统动态范围、噪声能量、信号能量。采集系统动态范围越大、噪声能量越弱、信号能量越强，则接收到的信号振幅变化范围越宽，信号损失越小，否则实际采集到的地震信号总是存在不同程度的损失，而且信号越弱损失越大。强噪声环境无疑会加剧这种损失程度，假如噪声已经影响到无法接收所需的有效信号时，噪声覆盖下的地震道已经变成了无效道，这时压噪已经失去意义，只能付出牺牲覆盖次数的代价，所以有必要将不同强度噪声对弱信号的影响进行研究分析，为降低野外采集噪声、提高原始采集资料的含信比提出具体、量化的采集建议。

可控震源空间分布设计的前提是确定弱信号与不同强度噪声的关系，这需要在噪声环境下检测弱信号。由于噪声的存在及地震信号所含信息的复杂性，弱信号检测和提取仍然是业界的难题。目前对弱信号的检测方法多为去噪方法，利用去噪提高资料信噪比的方法来改善被噪声淹没的弱信号的识别条件，并非检测和提取的方法。只有"基于非线性动力系统的混沌理论"是直接对弱信号的检测方法，虽然在其他领域已经成功应用，但由于地震信号所含信息的复杂性，在地震勘探领域还没有确定性效果。

利用多次覆盖叠加提高信号信噪比，增加弱层信号识别的可靠性，同时寻找多次覆盖叠加剖面与对应道集上弱层和强层的能量关系，来推算出道集弱信号的能量，在此基础上计算弱信号的动态范围，展开不同噪声对弱信号影响的分析研究，把这种方法称作能量比法道集弱信号提取方法。该方法主要分为三个部分：一是识别和提取弱信号和噪声；二是计算和评价弱信号的动态范围；三是可控震源的空间分布设计。

1）弱信号的识别和提取

本文所指的弱信号是个相对概念，不只意味着信号的幅度很小，主要是指被强噪声所淹没的信号。弱信噪比特征是弱信号难以被检测和识别的主要原因。幸运的是道集上难以识别的弱信号在多次覆盖叠加的剖面上由于能量和信噪比的提高而拥有了更高的识别精度。图4-15展示了弱信号动态范围分析的思路：用剖面替代道集完成弱信号的提取来提高识别精度，即在剖面上分别拾取一个目标弱层和一个强层的均方根能量，然后计算弱层与强层之间的能量比 $\lambda$。道集与剖面能量之间的关系可以认为只是加入了覆盖次数的因素，这种关系可表示为：

$$\lambda = \frac{N_S^W}{N_S^P} = \frac{F_W \times N_G^W}{F_P \times N_G^P} \quad (4-4)$$

式中 $N_S^W$——剖面弱层能量；
$N_S^P$——剖面强层能量；
$N_G^W$——道集弱层能量；
$N_G^P$——道集强层能量；
$F_W$——弱层覆盖次数；
$F_P$——强层覆盖次数。

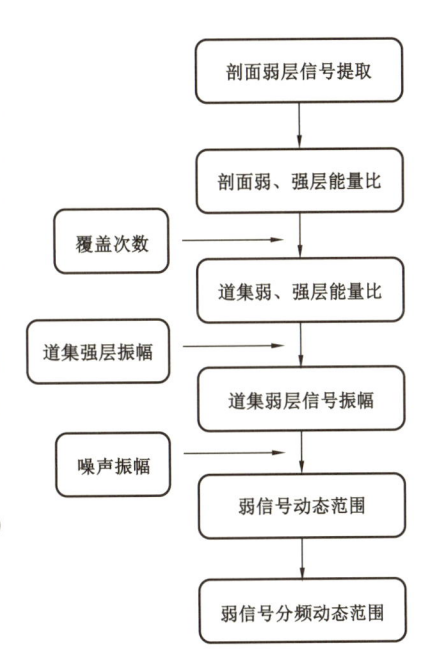

图4-15 弱信号动态范围分析流程

当观测系统参数确定后，不同深度的覆盖次数是可以得到的；剖面强、弱层能量可以通过统计、计算获得。一般地，在经过去噪处理后的道集上可以直接拾取高信噪比强层的能量，这样通过式（4-4）就得到了唯一的未知量——道集弱层信号的能量。

2）弱信号动态范围的计算和评价

弱信号的动态范围可以引用瞬时动态范围经典公式，当研究对象为强噪声条件下的弱信号时，噪声能量往往比其他信号能量高出数量级的差别，为简化问题，此时可以认为噪声最大振幅值近似等于总信息最大振幅值，弱信号动态范围可表示为：

$$I(\text{dB}) = 20 \lg \left| \frac{A_{\text{total}}^{\max}}{A_{\text{signal}}^{\min}} \right| \approx 20 \lg \left| \frac{A_{\text{noise}}^{\max}}{A_{\text{signal}}^{\min}} \right| \quad (4-5)$$

式中　$A_{\text{signal}}^{\min}$——某时刻信号的最小振幅值；

$A_{\text{total}}^{\max}$——某时刻总信号（所有噪声、信号的总和）的最大振幅值；

$A_{\text{noise}}^{\max}$——某时刻噪声最大振幅值。

通过统计的方法获得各级噪声的能量以后，利用式（4-5）计算可得到不同噪声条件下弱信号的动态范围，以仪器接收系统的动态范围（一般为检波器的有效动态范围）作为约束门槛，当信号动态范围大于门槛值时，则该信号将无法被完整地记录。通过此法即可实现不同噪声强度条件下弱反射可记录性状况的分析。

图4-16用一个实例展示了弱信号提取的主要过程：图4-16a在剖面上定义目标弱层和强层分析时窗；图4-16b分别计算时窗内强、弱层的均方根振幅能量；图4-16c计算剖面上的弱层与某一强层能量之比λ，从图4-16c中看到能量比在空间上有一定波动，但总的趋于一个定值，为了能够分析更弱能量信号的影响，选择较小的λ=0.04作为后续计算分析的参考值；图4-16d在去噪道集上找出对应剖面上的强层，沿层拾取不同炮检距的绝对振幅值（图4-16d红色曲线），在λ、弱层覆盖次数、强层覆盖次数已知的情况下，由式（4-4）可求得道集弱层信号在不同炮检距上的绝对振幅值（图4-16d绿色曲线）。

噪声的能量提取可以通过统计的方法实现。图4-17为2000炮原始炮集噪声绝对振幅的分布统计情况：除源致噪声外，混源噪声主要为震源谐振噪声和机械噪声两类，噪声之间的能量差异大，不同噪声还表现出明显的区域性分布特征。震源谐振噪声集中出现在炮检距4200～5800m范围内；机械噪声则在空间上几乎均匀分布，并且能量级别表现出条带状分布特征，这种条带状分布与多组震源在采集过程中距离接收排列的远近密切相关，越靠近接收排列，则混源噪声能量越强。根据这些分布特点将这些噪声按照能量级别大小分为震源谐振噪声、一级机械噪声、二级机械噪声、三级机械噪声和背景噪声5个能级，以利于获得野外采集控制混源噪声能量的量化指标。分别计算各级噪声的平均振幅作为弱信号动态范围计算分析的噪声因子。

将获得的弱信号和相关噪声振幅值代入式（4-5）即可得到弱层信号在特定噪声条件下的动态范围。从图4-18a不同噪声条件下某弱层信号的动态范围曲线上可以看出，弱层信号的动态范围随炮检距增加而增大，如果取常规模拟检波器60dB动态范围为门槛，那么曲线上60dB对应的炮检距就是噪声条件下能否记录到弱信号的临界点，例如一级机械噪声（图4-18a红色曲线）的临界点为炮检距3900m，当噪声出现在大于该临界点的接收排列内时，噪声覆盖区域内的接收道将无法记录到该弱层信号。噪声能级越低，可记录弱信号的范围越大。众所周知，信号的不同频率地震响应的能量存在差异，所以弱信号分频动态范围分析可以得到全频分析无法获得的不同频率更加精细的信息。同样方法，利用式（4-5）将获得的弱信号和相关噪声振幅值代入，这里将弱信号用不同频段的弱反射信号代替，即可得到分频弱层信号在特定噪声条件下的动态范围。图4-18b一级机械噪声8个频段弱信号的动态范围变化曲线体现不同频率有效波的可记录状态，从图中可以明显地看出基于一级机械噪声条件下，以60dB为门槛，检波点实际可记录到的弱信号只有28Hz以下的低频成分，大于28Hz的频率成分则基本接收不到，显然噪声对高频信号可记录性的影响更大。另外结合式（4-5）可以看出，在固定动态范围情况下，弱信号振幅越小，则要求相应的噪声振幅值越小，显然降低噪声能量水平更有利于弱信号的获得。

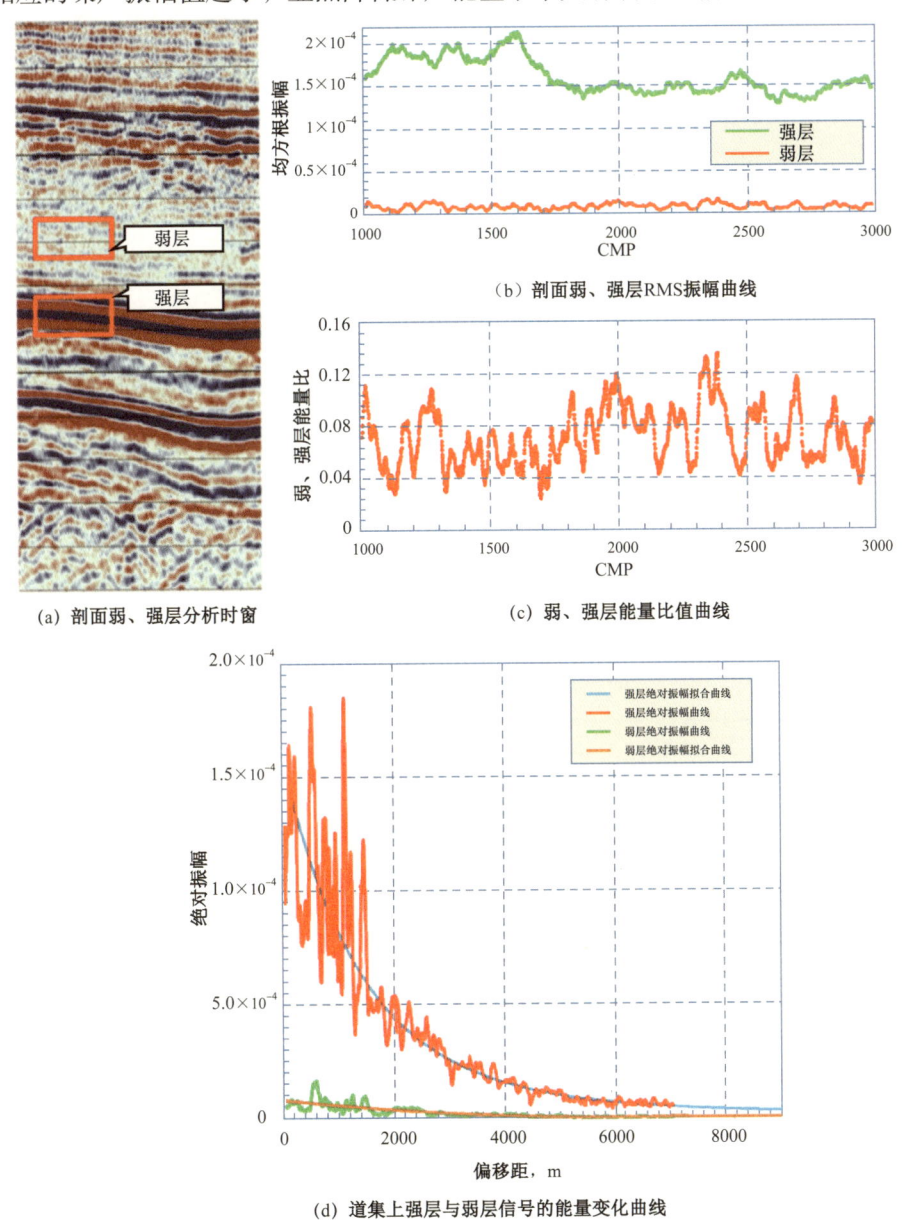

图4-16 剖面和道集上强、弱层反射振幅提取及其比值计算

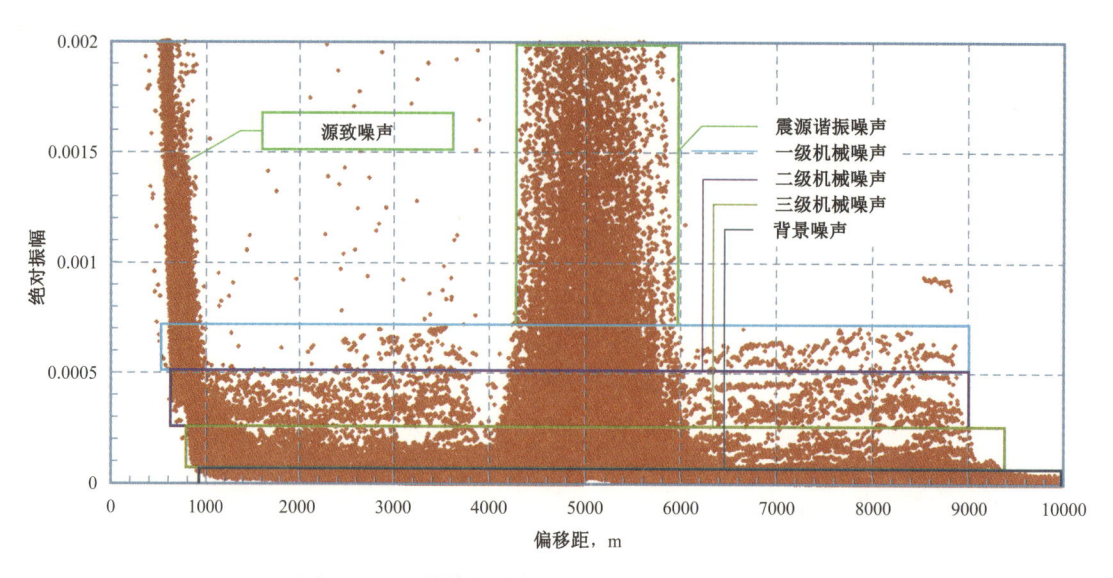

图 4-17 原始单炮噪声绝对振幅的分布及噪声分级

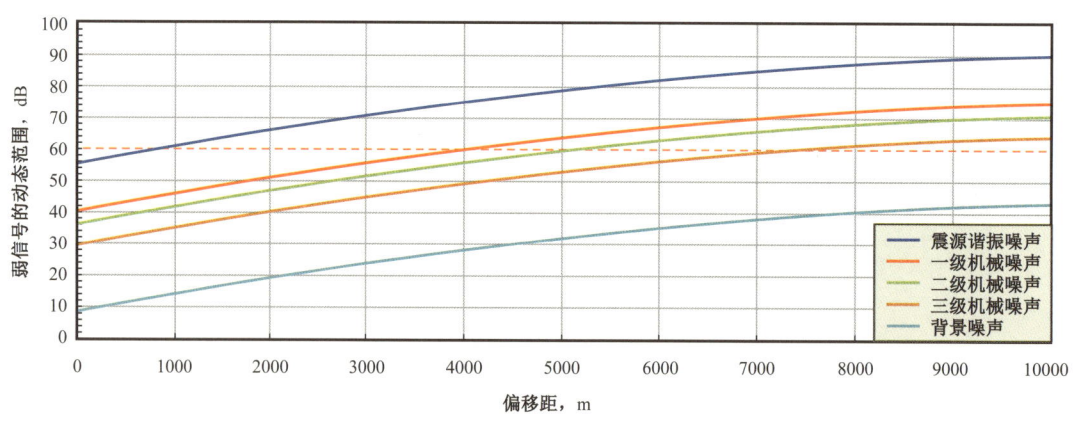

(a) 不同级别噪声条件下弱信号的动态范围

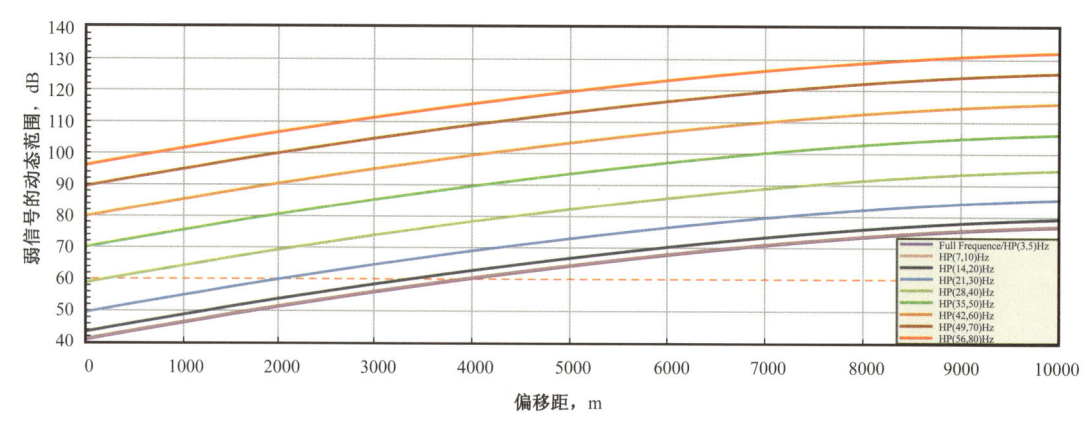

(b) 一级机械噪声条件下弱信号的分频动态范围

图 4-18 不同噪声条件下弱信号的动态范围

3）可控震源空间分布设计

用一条可控震源高效采集的二维地震数据展示可控震源空间分布优化设计过程。从图4-19b中可以看出，混源噪声主要能量影响范围的直径约为1500m。那么可控震源布设的方式有两种选择：一是将非激发可控震源布设到接收排列外，二是布设在近偏移距强面波带内。

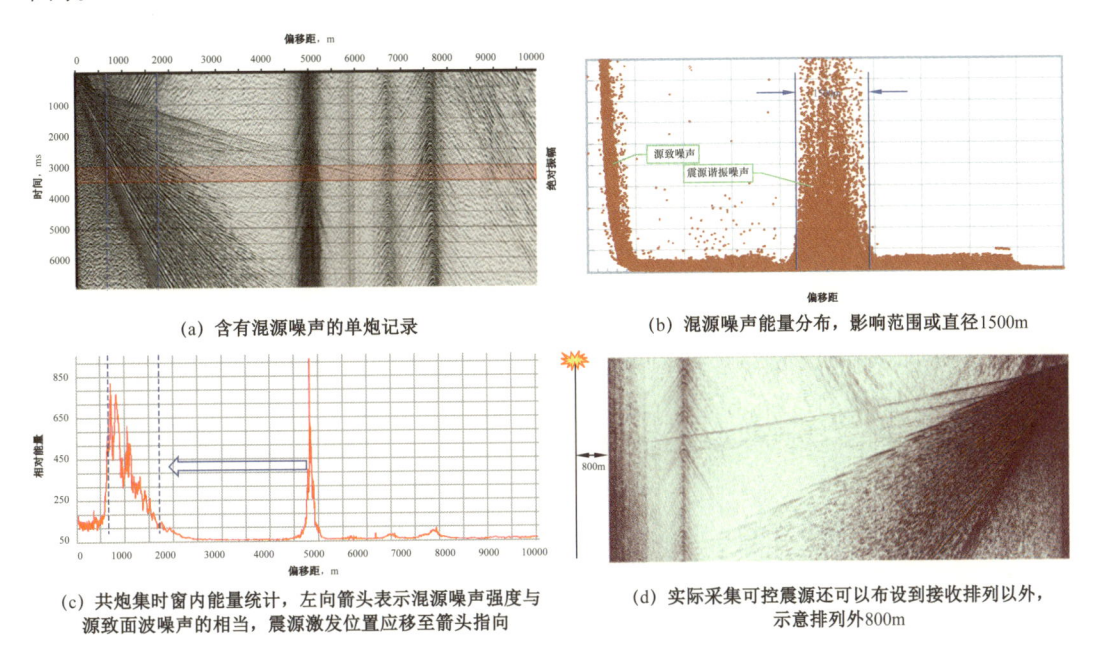

(a) 含有混源噪声的单炮记录

(b) 混源噪声能量分布，影响范围或直径1500m

(c) 共炮集时窗内能量统计，左向箭头表示混源噪声强度与源致面波噪声的相当，震源激发位置应移至箭头指向

(d) 实际采集可控震源还可以布设到接收排列以外，示意排列外800m

图4-19　降低混源噪声的可控震源空间优化布设分析

第一种方法，将非激发可控震源布设到接收排列外大于混源噪声影响半径的位置，即图4-19d所示混源噪声分布在接收排列外800m的炮集记录。很显然，采取这种布设方法后，混源噪声的强能量得到有效规避，以20m道距计算，相当于增加了40道的有效接收道数，在有多套震源存在的情况下，效果会更加明显。

第二种方法，将非激发可控震源布设在近偏移距强面波带内，如图4-19a、c所示，时窗内面波带能量与强混源噪声能量相当，而面波是无法避免的噪声，将混源噪声放在面波影响带里，也就避免了对其他接收道的影响，从而降低混源噪声的影响程度，提高了有效接收道的数量。

对于高精度地震勘探而言，混源噪声严重影响地震反射弱信号的可记录性，而且噪声能量越强，其影响越大，特别是高频信号成分更容易受噪声影响而被损失，因此进行高分辨率要求的弱层目标勘探时，必须控制混源噪声的强度。采集环节降低混源噪声的措施就是采取近炮检距面波带内或接收排列外激发，并采取移动震源保持动态空间分布特征的采集组织方式。

## 二、可控震源高效采集技术

可控震源高效采集可以有效降低高密度、宽方位地震数据采集的成本，已经成为支撑陆上高精度地震勘探的一项重要技术手段。"十一五"以来，通过持续的技术攻关和应用创新，取得了多项关键性的技术突破，成功打造出了具有国际领先水平的可控震源高效采集技术利器——HPVibSeis。通过数据采集的空间域拓展，与国际同步实现了更为高效的可控震源激发方法：距离分离同步扫描（DSSS）和独立同步扫描（ISS）。针对可控震源高效采集的特有噪声，开发了配套的可控震源高效采集噪声压制技术；针对可控震源高效采集野外作业的实际需求，研发了业内性能最强大、功能最丰富的可控震源高效采集作业管理系统——数字化地震队系统（DSS），独立于采集记录系统，实现了可控震源无桩号施工、实时现场作业调度和质量控制管理；针对可控震源高效采集放炮效率高、数据量大的特点，研发形成了海量地震数据现场质量控制、数据评价与转储技术，为可控震源高效采集作业提供了保障。通过大量国内外地震勘探项目的成功应用，该技术目前已经具备了30组以上可控震源、日均2万炮以上的实际采集能力。

1. 可控震源高效激发方法

可控震源交替扫描（Flip-flop sweep）和滑动扫描（Slip sweep）实现了多组震源在时间序列上无缝衔接或部分重叠激发，从而提升了采集激发效率。随着生产效率需求的进一步提高，利用地震数据空间上的分布特点和差异，采用多空间位置的可控震源时间域重叠激发，来实现相对更加高效的可控震源激发。

1）距离分离同步扫描（DSSS 或者 DS3：Distance Separated Simultaneous Sweep）

距离分离同步扫描（DS3）是一种相对比较简单的可控震源高效激发方式。其实施的前提是投入足够多的地震采集地面接收设备，形成一个足够大的地震采集接收排列，即保证对一定炮检距范围或者深度的地震勘探目的层来说，同步震源激发产生的地震数据彼此间不互相污染。在这种前提下，当两个或多个同步激发位置相距足够远时（通常大于两倍的目标深度或最大炮检距），同步激发数据之间的相互干扰区域将避开各自勘探目的层同相轴出现区域。这样的高效激发方式相对常规的单个激发位置激发，相同单次激发时间内，可以获得两倍或多倍（足够大的排列范围）的采集激发效率。由于地震波传播的空间时间特性，同一个接收点接收到来自不同激发位置同步激发的地震波能量（包括噪声和反射信号）时间与其炮检距相关，炮检距越大，地震能量被记录到的时间越晚。因此，同步激发点之间的距离要选择足够大，以保证彼此同步激发的地震能量有足够的传播时间，使得它们到达对方排列的时间晚于对方同步激发的勘探目的层同向轴出现的时间（图4-20）。这样的同步激发数据按照空间距离直接分离，不需要复杂的处理，即可得到两炮与常规单炮记录没有区别的数据（至少在目的层及以上区域）。

可控震源 DS3 高效激发方式容易在野外实施和进行数据处理，有助于增加采集产量，降低采集成本，得到与传统采集相当的数据品质。在实际应用中，如果前后相邻两组同步扫描激发之间采用滑动扫描时间序列（间隔一个滑动时间，而不是采用交替扫描时间序列）时，这种高效激发方式通常称为距离分离同步滑动扫描（$DS^4$：Distance Separated Simultaneous with Slip Sweep）。

2）独立同步扫描（ISS：Independent Simultaneous Sweeping）

独立同步扫描（ISS）高效激发方法最早由 BP 公司提出。其具体施工方式为地震记录仪器采用连续不间断记录方式，野外投入多组可控震源施工，各组之间相隔一定距离（与工区地震地质条件、处理技术对于邻炮干扰的要求，以及采集设备投入等因素有关）分布，脱离地震仪器的激发控制，在接收排列正常工作状态下，各自在预定区域中进行相互独立的自主激发,从而实现非常高效的采集生产。ISS 采集不同于传统的施工方法,地震记录仪器与可控震源之间不需要激发管理方面的通信(除排列原因采集中断时),但必须通过 GPS 授时的方式完成地震仪器与可控震源的精确时间同步,连续记录的地震数据需要有 GPS 时间标记,同时需要记录每台震源激发的 $T_0$ 启动时间,施工中通常将激发点 GPS 位置、激发时的 GPS 时间以及震动特征信号都记录下来,以便在室内后续处理中,利用位置和时间信息将连续记录的地震数据切分整理成正常的单炮记录(图 4-21)。

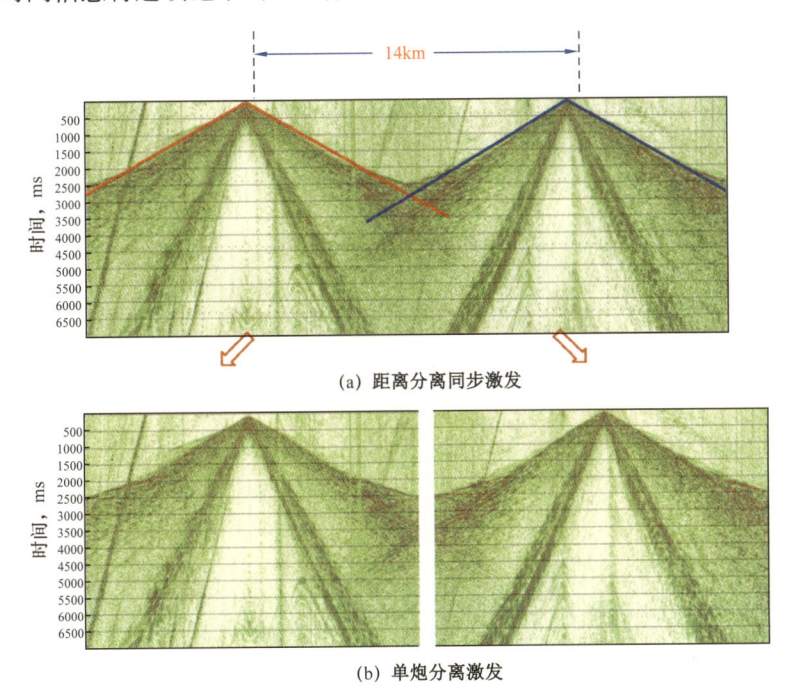

图 4-20　距离分离同步激发与单炮分离激发对比

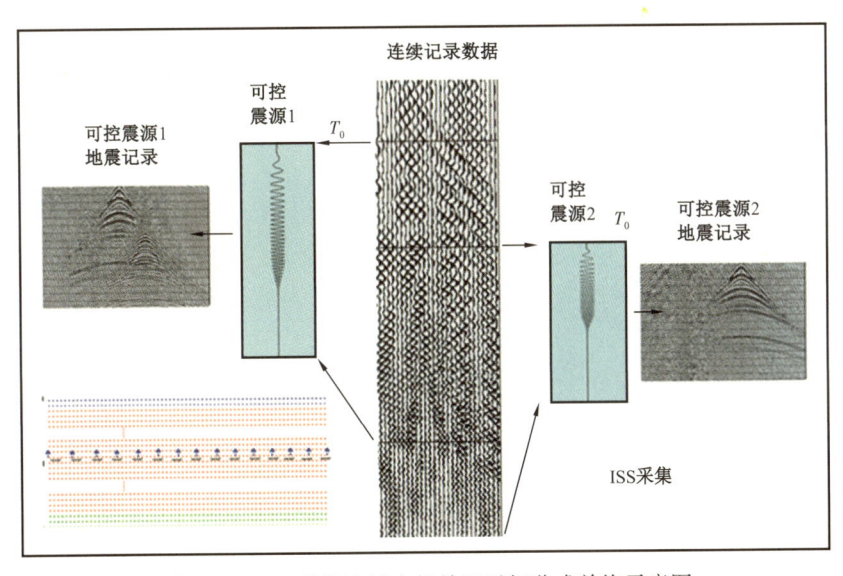

图 4-21　ISS 采集连续未相关记录切分成单炮示意图

ISS 高效采集具有以下优点：多组可控震源独立工作，不需要地震记录系统的协同；不同组震源独立自主激发，相互间没有等待时间；只要排列空间允许，对可控震源数量没有明显的限制，震源越多，效率越高。同时，该方法采集施工中，由于是未相关的连续记录，因此不能像常规采集一样直接进行地震数据的实时质量控制；接收排列的稳定性，直接关系到 ISS 采集的生产效率。因此，实践中，无线节点仪器相对于有线记录仪器更加适合这种采集方式。另外，ISS 采集的地震数据存在较为严重的时间域和空间域的重叠，因此，该方法通常适用于较高密度的三维地震采集（通常在 400 炮 /km² 以上），以便进行后续邻炮干扰噪声的压制处理。邻炮干扰噪声的压制处理技术某种意义上最终决定了 ISS 采集混叠程度，即震源的空间分布距离。

2. 可控震源高效采集噪声压制方法

可控震源地震数据高效采集有别于以往的传统地震数据采集方法，地震数据采集过程中两炮之间的时间间隔远小于常规的地震数据采集方法，相邻两炮激发产生的地震波波场相互重叠，不同炮激发产生的地震波场相互重叠干扰，包括谐波和基频波的干扰，造成了单炮地震数据质量的严重下降。目前针对可控震源高效采集时间域和空间域混叠带来的滑动扫描谐波噪声和可控震源独立同步扫描数据邻炮干扰形成了专门的处理方法和软件模块。

1）滑动扫描谐波压制处理

（1）滤波法谐波干扰压制。

① 基本原理。

假设 $S$、$R$、$B$、$H$ 和 $F$ 分别代表互相关前的地震记录、反射系数序列、实际传入地下的信号的基波、实际传入地下的信号的谐波和压制谐波的滤波算子，则有：

$$S = R \cdot (B + H) \tag{4-6}$$

根据假设，有：

$$F \cdot S = R \cdot B \tag{4-7}$$

于是，有：

$$F = \frac{1}{B + \dfrac{H}{B}} \tag{4-8}$$

如果能得到实际传入地下的信号，则可以由式（4-8）得到用于压制谐波干扰的滤波算子。实际应用中可以用力信号近似代替实际传入地下的信号来进行谐波干扰压制。

② 应用效果。

图 4-22 是实际数据上压制谐波的效果对比图，图 4-22a 是压制前的，可以看到近排列很强的谐波干扰，图 4-22b 是用本方法压制谐波后的结果。可以看到，谐波干扰得到了很好的压制。

（2）纯相移法谐波干扰压制。

① 基本原理。

应用纯相移法压制谐波的关键是设计合理的滤波器。选取一个合适的 $k$ 次谐波，其过程步骤如下：

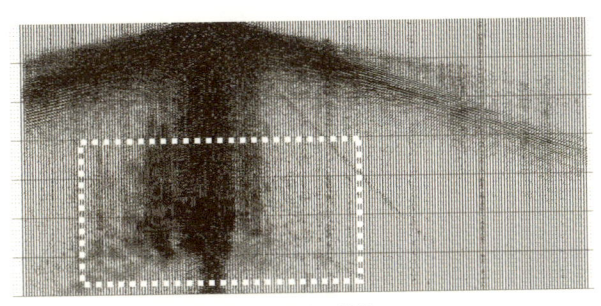

(a) 谐波压制前

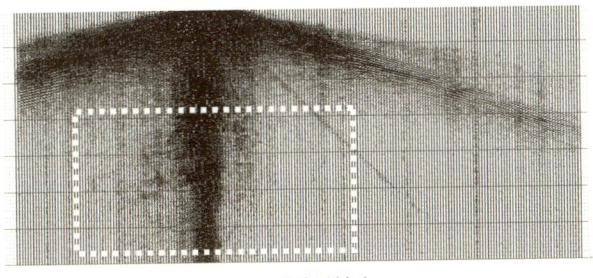

(b) 谐波压制后

图 4-22 压制谐波干扰在实际数据上的应用效果分析

（a）将谐波畸变扫描信号 $s(t)$ 转换到频率域。同时对第 $k$ 次谐波进行傅里叶变换，计算出每一个频率分量所对应的相位。

$$S_k(f) = |S_k(f)| \exp[-i\Phi_k(f)] \tag{4-9}$$

令 $|S_k(f)| = 1$，得到 $S_k^{\Phi}(f) = \exp[+i\Phi_k(f)]$。其中，$S_k^{\Phi}(f)$ 为相移算子。

（b）应用相移算子，对谐波畸变扫描信号进行纯相移滤波。此时，高于 $k$ 次谐波的谐波分量都被相移到负时间轴，而小于 $k$ 次谐波的基波成分则分布在时间轴的正轴。

$$S(f) = S(f) S_k^{\Phi}(f) \qquad s(t) = \frac{1}{2\pi} \int_{-\infty}^{\infty} S(f) e^{-i2\pi ft} dt \tag{4-10}$$

（c）对第（b）步得到的结果，令负时间轴的振幅值为零，即消除谐波分量，只剩下基波能量，然后将其变换到频率域。

$$s'(t) = \begin{cases} s(t) & t \geq 0 \\ 0 & t > 0 \end{cases} \qquad S'(f) = \int_{-\infty}^{\infty} s'(t) e^{-i2\pi ft} dt \tag{4-11}$$

（d）对第（c）步得到的结果 $S'(f)$ 应用反相移算子 $\widehat{S}_k(f)$，得到滤波之后的结果。

$$\widehat{S}_0(f) = S'(f) \widehat{S}_k(f) \tag{4-12}$$

② 应用效果。

图 4-23 是实际地震数据采用纯相移法压制谐波的效果对比图，图 4-23c 是压制前的，可以看到近排列很强的谐波干扰，图 4-23a 是用本方法压制谐波后的结果。可以看到，谐波干扰得到了很好的压制。

（3）模型法谐波干扰压制。

① 基本原理。

本方法基于力信号估算谐波预测算子 $P$，通过算子 $P$，可以求取谐波模型，然后将求得的谐波模型从被干扰区域中减去，从而达到滑动扫描谐波干扰压制的目的。本方法在压制相关后滑动扫描记录中的谐波干扰的同时，对有效信号不产生影响。

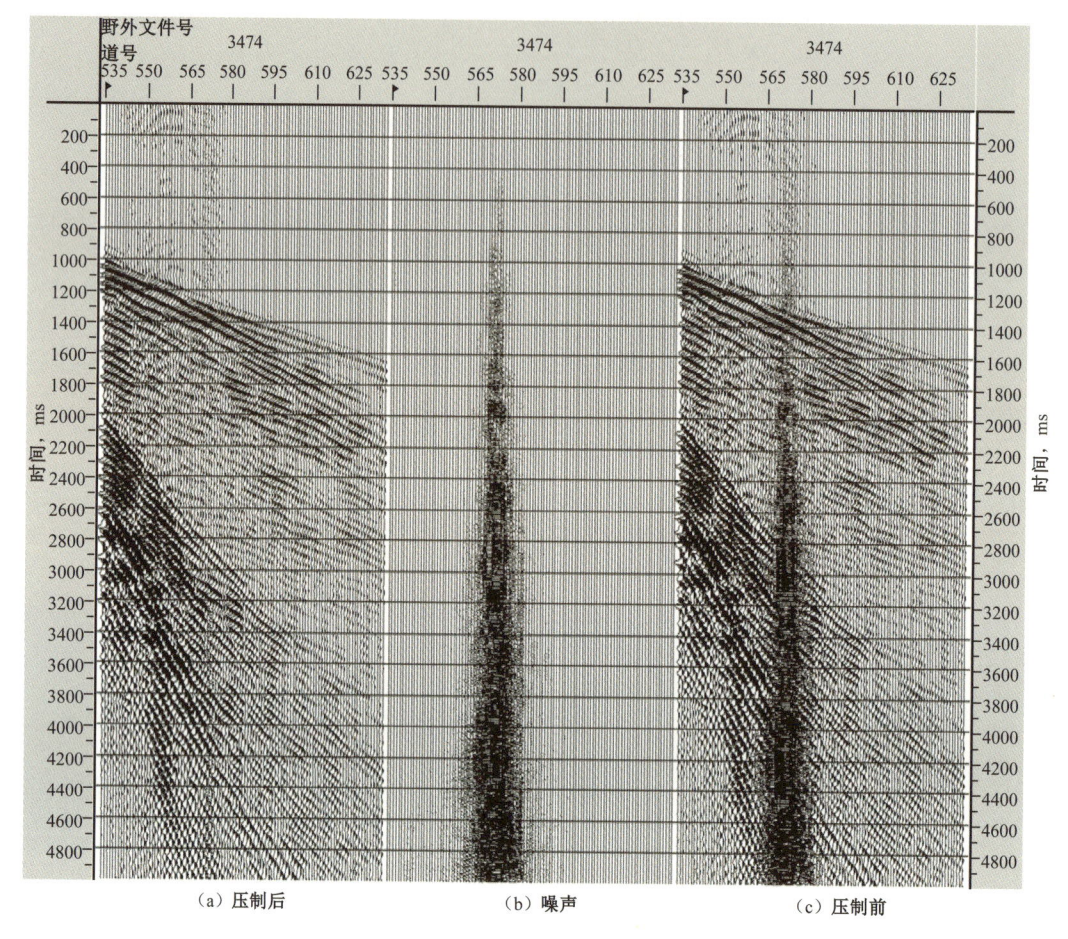

图 4-23　纯相移法谐波压制效果

首先来估算谐波预测算子 $P$：地面力信号中包含了基波（$H_1$）及其 $k$ 阶谐波（$H_k$，$k>1$）。从力信号中估计出 $H_k$ 后，定义 2 到 $n$ 阶谐波的谐波预测算子 $P$ 为：

$$P = \sum_{k=2}^{n} w_k \rho_k \varphi_k \quad (4\text{-}13)$$

式中，$w_k$ 为权系数，$\rho_k$ 为振幅校正项，$\varphi_k$ 为相移项，用上标 * 来表示取共轭，则振幅校正项 $\rho_k$ 和相移项 $\varphi_k$ 又可分别表示为：

$$\begin{cases} \rho_k = \left| H_k H_1^* \right| \cdot \left( H_1 H_1^* \right)^{-1} \\ \varphi_k = \left| H_k H_1^* \right| \cdot \left( H_k H_1^* \right) \end{cases} \quad (4\text{-}14)$$

权系数 $w_k$ 的求取，需要建立恰当的目标函数 $J(w_k)$，然后进行参数反演。相关后相邻两炮记录道分别为 $C_1$ 和 $C_2$，则目标函数可以取为下式：

$$J(w) = C_1 - C_2 P \tag{4-15}$$

谐波预测算子 $P$ 建立了有效信号同其谐波之间的关系。然后通过算子 $P$，可以求取谐波模型，并将求得的谐波模型从被干扰区域中减去。基于运算效率的考虑，这一处理过程通常在相关后的记录上进行。令 $F(\text{heav})$ 表示 Heavside 函数的频谱，$\otimes$ 表示频率域褶积，以 $C_1$ 表示 $\overline{C_1}$（相关后记录）经过谐波干扰压制后的结果，则在频率域中对相关后记录的谐波干扰压制过程可以描述如下：

$$\overline{C_1} = C_1 - F(\text{heav}) \otimes C_2 P \tag{4-16}$$

② 应用效果。

图 4-24a 为该试验线谐波干扰压制前的某一单炮，图 4-24b 为谐波干扰压制后的结果，图 4-24c 为去掉的谐波干扰，同时图 4-24d、图 4-24e 分别绘出了图 4-24a 和图 4-24b 中 133 道的时频谱。对比谐波干扰压制前、后的单炮并分析时频谱可知，来至后续炮的谐波干扰绝大部分能量都得到了很好的压制。

2）邻炮干扰的压制方法

（1）多道倾角矢量中值滤波压制邻炮干扰。

① 基本原理。

利用可控震源高效采集邻炮干扰的分布特点：在共炮点道集中具有很强的相干特性，而在其他类型的道集中则表现为随机性（如十字排列道集、CMP 道集、共接收点道集等），将高效可控震源采集地震数据经分选和重新排序得到非共炮点道集（如十字排列道集、CMP 道集等），采用多道倾角矢量中值滤波：在非共炮点道集沿 $T$—$X$ 方向，只有来自主炮的有效波可以预测，当一个地震子波或一个波形作为一个矢量时，便可以在非共炮点道集沿 $T$—$X$ 方向应用矢量中值滤波压制随机的邻炮干扰。

矢量中值滤波算法就是在一组矢量中找到一个矢量，该矢量与其他矢量的距离之和最小，式（4-17）表示 $L_2$ 范数下的矢量中值滤波，$X_m$ 为滤波得到的结果。

$$\sum_{i=1}^{N} \|X_m - X_i\|_2 \text{ d } \sum_{i=1}^{N} \|X_j - X_i\|_2 \tag{4-17}$$
$$X_m \in \{X_i | i = 1, \cdots, N\}; j = 1, \cdots, N$$

② 应用效果。

图 4-25 为 $T$—$X$ 域矢量中值滤波前后的正演共炮点道集，对比滤波前后的道集，很显然，$T$—$X$ 域的矢量中值滤波有效压制了邻炮干扰，同时有效信号得到了很好的保护。

图 4-26 为某探区 ISS 典型单炮记录采用此方法压制邻炮干扰的效果。可以看出邻炮干扰能量得到很好的压制。

（2）$\alpha$-trimmed 矢量中值滤波邻炮干扰压制。

① 基本原理。

为了改善矢量中值滤波对主炮能量的伤害，采用 $\alpha$-trimmed 矢量中值滤波。

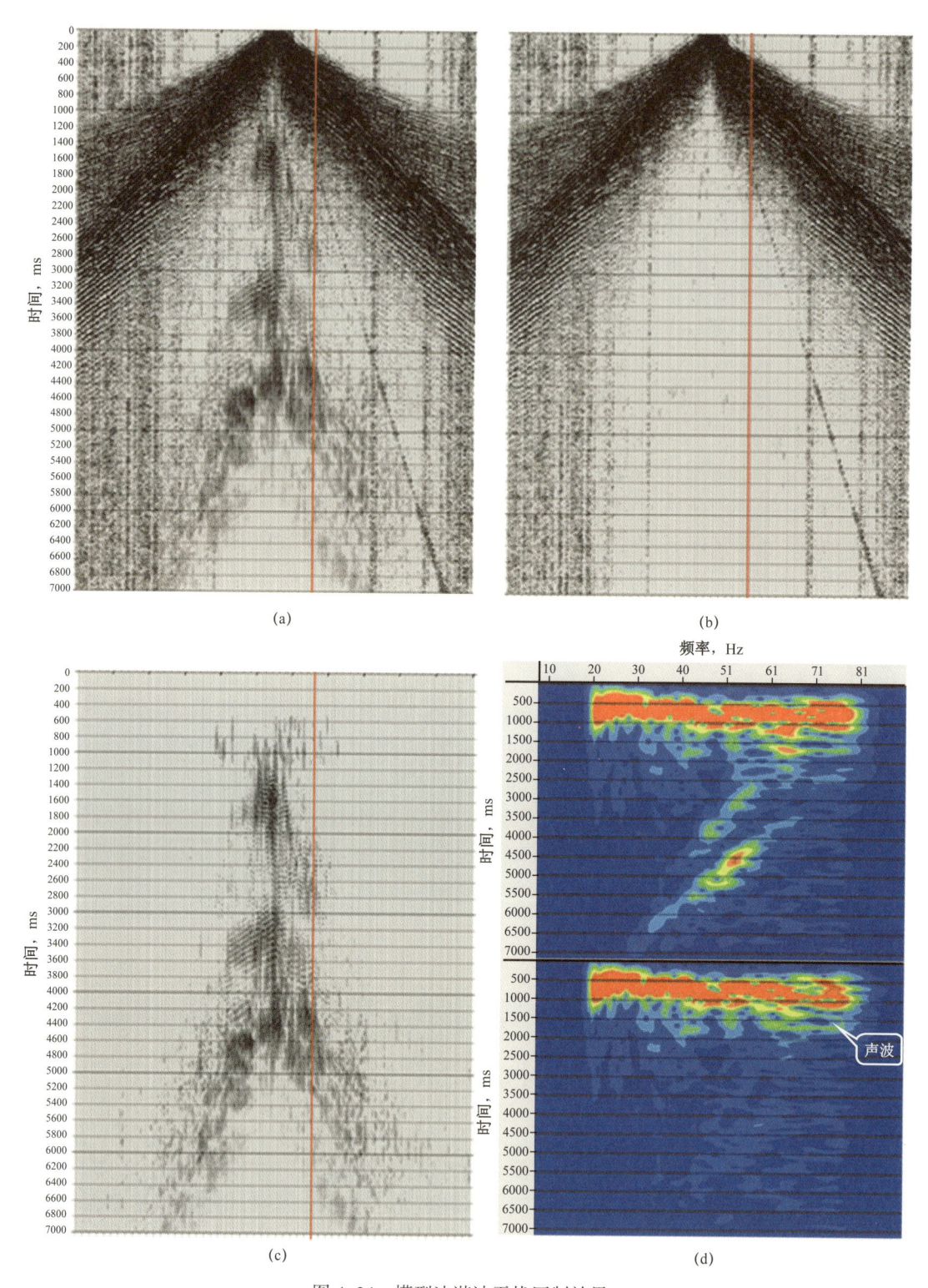

图 4-24 模型法谐波干扰压制效果

(a) 原始共炮点道集　　　　　　　　(b) 滤波后道集

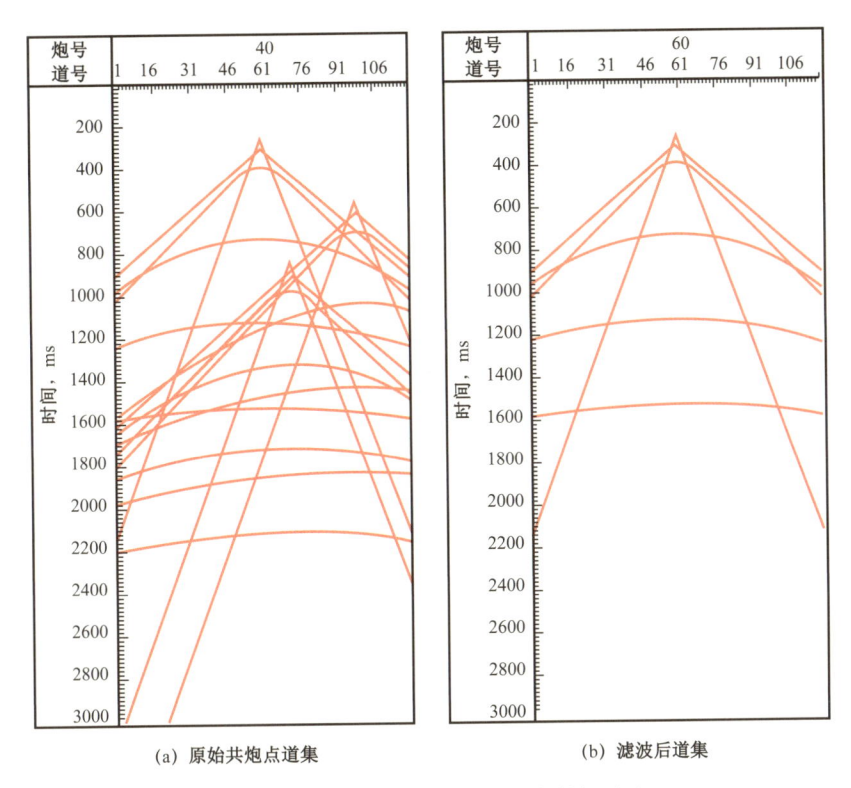

图 4-25　矢量中值滤波前后炮集数据对比

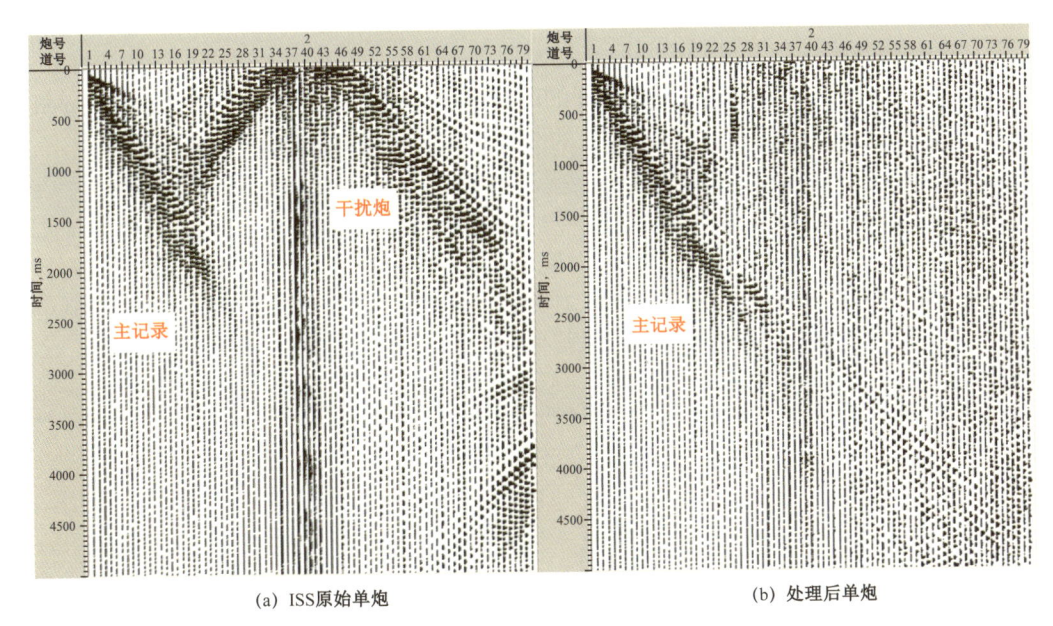

(a) ISS原始单炮　　　　　　　　(b) 处理后单炮

图 4-26　ISS 采集数据邻炮干扰的 $T-X$ 域多道倾角扫描矢量中值滤波处理效果

给定一个数据集 $\{x_i\}_{i=1}^n$，用 $\{x_i\}_{i=1}^n$ 表示经过排序后的数据集，这里 $n$ 取奇数，$\alpha$-trimmed 均值 $x_\alpha$ 可以描述为：

$$x_\alpha = \frac{1}{n-2[\alpha \cdot n]} \sum_{i=[\alpha \cdot n]+1}^{n-[\alpha \cdot n]} x_{(i)} \qquad (4-18)$$

式（4-18）的具体含义是对一组数据按大小进行排序，然后根据给定的 α 值把两端（最小的和最大的）最异常的数据去掉，最后由留下的数据计算均值。根据参数选取只去除最大的异常矢量，用式（4-19）表示，即

$$c_\alpha = \frac{1}{n-l} \sum_{i=1}^{n-l} c_{(i)} \quad l = \mathrm{ceil}(\alpha \cdot n) \qquad (4-19)$$

式中 $c_\alpha$——矢量中值滤波时空窗中心样点的 α-trimmed 均值；

$c_{(i)}$——排序后的时空窗中各个矢量（地震数据段）的中心样点振幅值；

$l$——时空窗中要去除的矢量个数；

$n$——时空窗中的矢量个数，这里取奇数；

ceil（ ）——对括号中的数取不小于它的最小整数；

α——用户给定的值，取值范围为 $0 \leq \alpha < 0.5$。规定当 α=0 时，α-trimmed 矢量中值滤波自动退化为矢量中值滤波；当 α≠0 时，将时空窗中心样点的 α-trimmed 均值 $c_\alpha$ 作为阈值进行滤波，用式（4-20）表示，即

$$y_c = \begin{cases} y_c & y_c \leq c_\alpha \\ y_m & y_c > c_\alpha \end{cases} \qquad (4-20)$$

式中 $y_c$——时空窗中心样点的振幅值；

$y_m$——时空窗中值矢量的中心样点振幅值。

式（4-20）的含义是：如果当前处理的时空窗中心样点的振幅值不大于 α-trimmed 均值，则保留当前数据，否则使用中值矢量的中心样点替换当前数据进行滤波。

② 应用效果。

图 4-27 所示是中国西部某地区同步激发采集的数据，图 4-27a 是其中的一个炮集记录，图 4-27b 是 α-trimmed 矢量中值阈值滤波结果（α 为 0.3，时—空窗为 9×9），图 4-27c 为图 4-27a 与图 4-27b 的差。可以看到，α-trimmed 矢量中值阈值滤波法压制邻炮干扰取得了很好的效果，同时尽可能地保留了主炮能量。

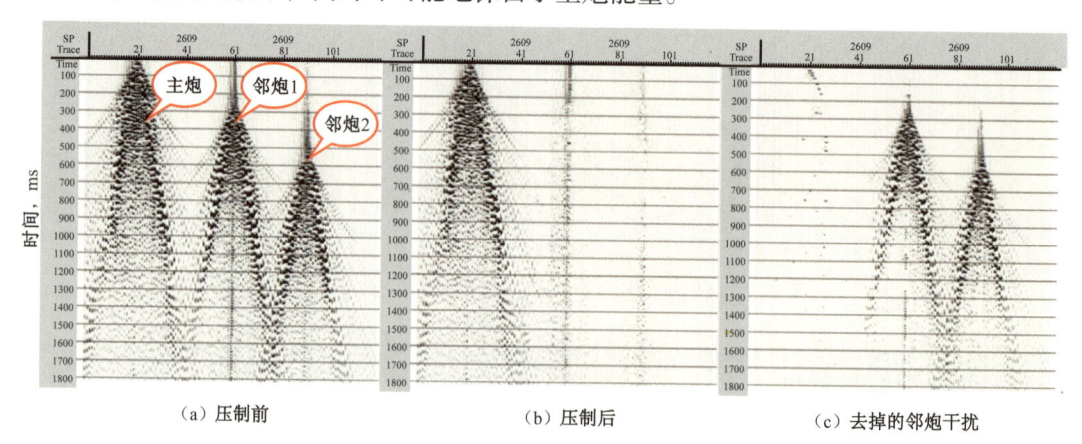

(a) 压制前　　　　　　(b) 压制后　　　　　　(c) 去掉的邻炮干扰

图 4-27　邻炮压制效果

3. 野外可控震源高效作业管理—数字化地震队系统（DSS）

可控震源高效采集常常面临着高密度的炮点和野外上百平方千米范围内的大道数接收排列，以及分散分布多达 30 组可控震源的调度和管理。常规可控震源采集中依赖地震记录仪器来进行震源生产组织管理的方式、方法已经不能适应这种生产模式，况且无线节点地震记录仪器已经不再有常规地震记录仪器的集中生产管理功能。在此背景下，一种独立于地震记录仪器系统的、专门进行野外可控震源高效作业管理的数字化地震队系统（DSS：Digital-Seis System）应运而生。

1）DSS 系统概述

数字化地震队系统（DSS）是一套高度自动化、简单易操作的野外采集生产管理系统。以高速数据链系统为通讯载体，独立于地震记录系统，实现了可控震源高效采集作业所需的智能导航、可控震源高效激发、实时生产任务分配、管理和实时质量控制等技术功能。

该系统集最先进的微电子芯片技术、GPS 技术、数字通讯技术和 IT 技术，模块化设计、嵌入式系统开发，以 PAD 移动终端、石油物探专用 GPS 接收机、自适应连续可调大功率高速数据链系统、时间控制器（TC）搭建的高性能系统架构平台提供了精确的空间位置信息、时间信息以及快速计算和高速的信息交换手段，以可控震源导航、激发和作业管理为中心，拓展涵盖了地震队野外采集生产的其他环节，为野外可控震源高效采集作业管理提供了有力的技术支撑，其工作模式如图 4-28 所示。

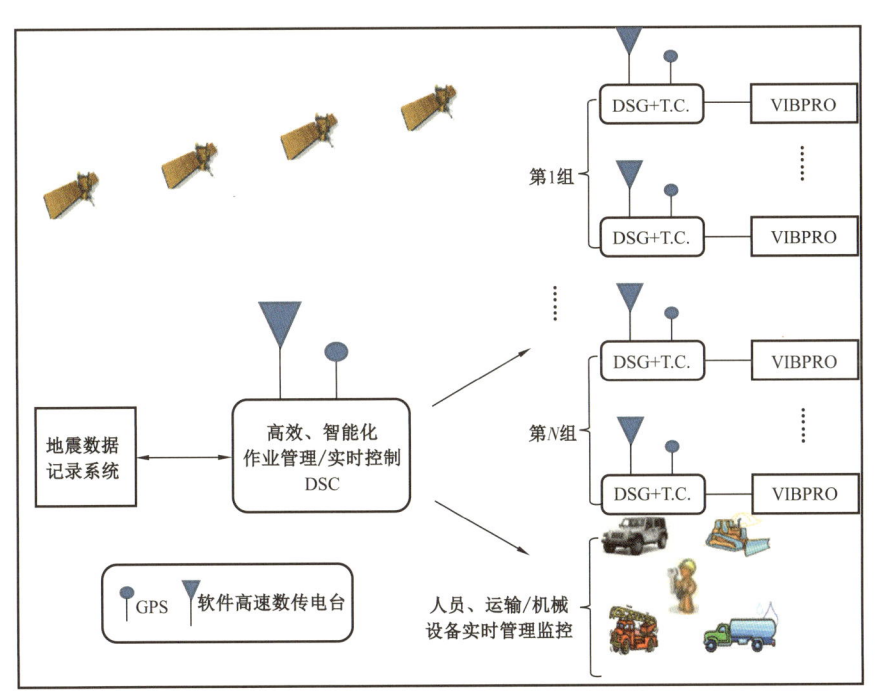

图 4-28　DSS 系统野外工作模式

高性能 DSS 系统采用模块化设计，针对可控震源高效采集的特点，自主开发了一系列的软硬件产品，实现了 RTK 厘米级定位精度条件下 10Hz 的 GPS 数据刷新频率（最高可达 50Hz）、38km 传输距离下 115200bps 的数据传输速率、GPS 信号遮挡条件下 50ns 级的时钟控制精度,为可控震源高效采集作业提供了快速高精度空间坐标定位、精确时钟逻辑同步和高速数据信息交换的手段。

数字化地震队系统(DSS)根据功能主要分成两大部分:控制单元 DSC(Digital-Seis Commander)、野外流动单元 DSG(Digital-Seis Guidence),图 4-29 是功能示意图。DSG 通常安装在可控震源车上,与可控震源电控箱体相连接,实现可控震源无桩号智能导航、本地质量监控等功能。DSC 可以放在营地,也可以放在仪器车上,通过高速数据链系统与 DSG 建立联系,实现可控震源任务管理、震源激发、生产监控及远程质量控制的功能。

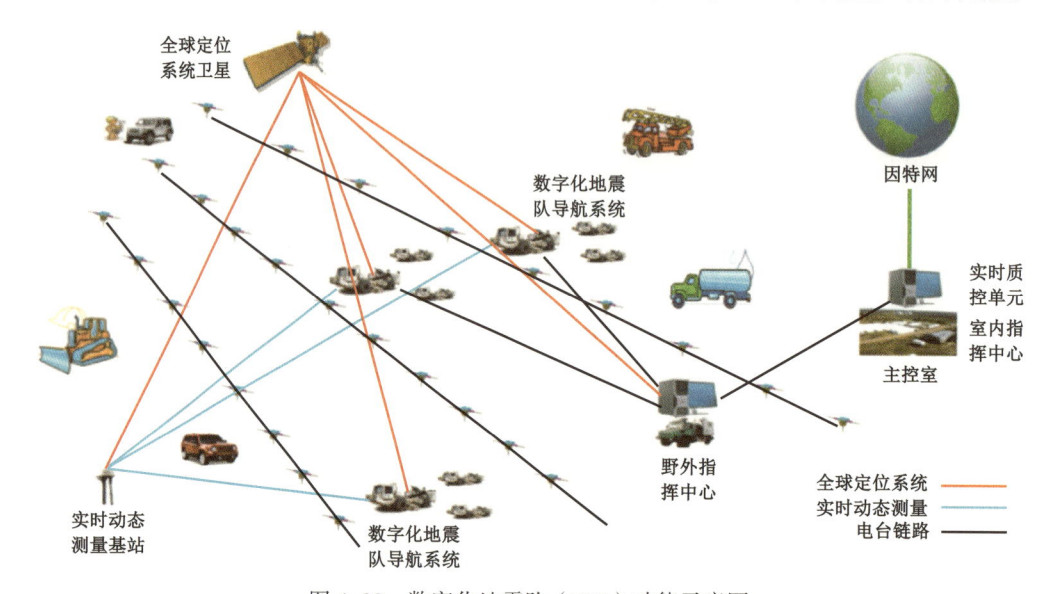

图 4-29 数字化地震队(DSS)功能示意图

2)高精度可控震源导航

可控震源高效采集炮点密度大,激发效率高,传统测量炮点放样难以达到效率要求,可控震源无桩号施工势在必行。在复杂地表条件下,DSG 根据预置的 SPS 数据或者 DSC 任务分配的数据,通过图层管理,在导航屏幕上提供丰富的 GIS 信息,实时显示所有组内震源实时位置(刷新率可达 50Hz)、实时计算和显示组合中心 COG 坐标位置、实时显示 SPS 施工设计文件的相对激发点距离方位,并智能引导每一台震源操作手驾驶震源到达各自预定的平板位置,实现可控震源无桩号施工,无须人工带点。导航过程中,能够实时监控 GPS 信号、GPS 差分信号、电台信号等质量状况,并对预置的禁区进行声音和窗口警示;平板落下后自动发送 Ready 信号,每次扫描后实时计算并图形化显示震动 QC 结果并保存震源本地振动特征信号和 QC 结果,可根据设定的门槛值进行超标报警(图 4-30);一炮震动结束后自动根据炮序定义指示导航下一炮位置。在施工过程中,每一台震源控制终端上均显示所有信息实时回传到中央控制单元,对不正常事件实时做出警示或提示,以便生产指挥管理者及时调度和调配。

3)可控震源高效作业管理

可控震源高效采集过程中,在每台可控震源上的 DSG 和作业控制中心 DSC 系统上都安装和加载工区的卫片和各种地理信息图层以及观测系统信息,然后利用他们之间的通信链路,即可进行以下远程作业管理(图 4-31)。

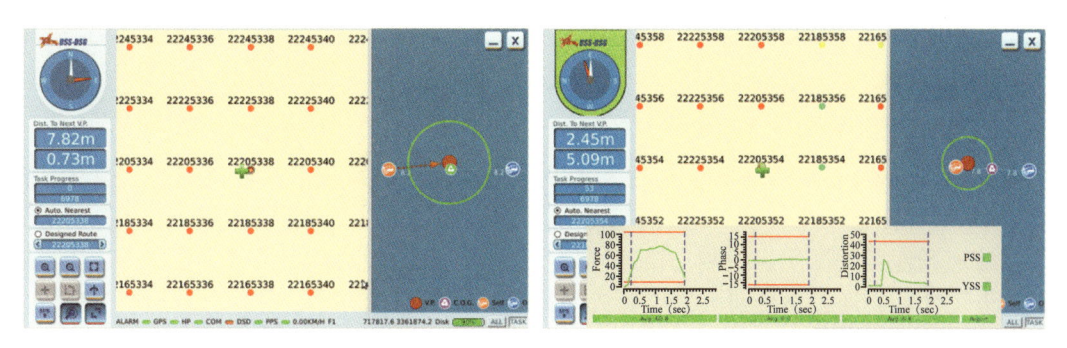

(a) DSG可控震源导航界面　　　　　　　(b) 可控震源本地振动QC显示界面

图 4-30　DSG 可控震源导航界面和可控震源本地振动 QC 显示界面

图 4-31　DSC 作业管理界面

（1）作业任务分发：DSC 可以根据地表条件和生产进度的需要可视化地给不同震源划分不同的任务，并通过数字电台发送炮点信息文件给野外的震源，并且可以根据生产进度随时进行调整。

（2）可控震源高效激发：通过 DSC 控制可控震源箱体，进行交替扫描、滑动扫描、距离分离同步激发（$DS^3$ 和 $DS^4$）、独立同步扫描（ISS）等各种高效激发。

（3）实时监控：通过数传电台可以实时显示每台震源的位置，偏离理论炮点的方向和距离；并且可以根据需要实时显示每台震源的工作状态、任务进度及效率、每次扫描的属性参数曲线以及机械属性如过载信息等。

（4）禁炮区预警：DSC 及时更新所有禁炮区信息，划分禁炮区域并形成相应文件，远程同步震源 DSG 上的禁区文件，各移动车辆上的 DSG 通过数字电台（实时）将车辆位置（坐标）发送给 DSC。当 DSG 在到达设定的禁炮区边界距离时自动报警，同时实时提示到禁炮区边界的最近距离。DSC 也可以在紧急情况下实现远程制动，在车辆到达禁炮区边界时强行制动。

（5）实时对多台震源实现生产统计和效率统计，实时显示当天的总采集量情况；并可对任意历史事件进行轨迹回放。

**4. 海量地震数据现场质量控制与转储**

相对于常规可控震源采集，可控震源高效采集由于效率高、接收道数多，其生成的地震数据量可能猛增几百倍，达到 6TB/d 海量地震数据（以 2.5 万道接收，日效 2 万炮计算），给现场地震数据质量控制、快速评价及转储带来严峻的技术挑战。在"十一五"和"十二五"期间，通过系统研究影响野外地震资料品质监控方法、快速数据分析和转储算法，形成了可控震源高效采集配套的海量地震数据现场质量控制与转储技术。

1) 可控震源高效采集现场实时质量控制

现场由仪器操作人员人工进行现场地震数据的常规实时质量控制方式已经无法满足大道数可控震源高效采集的要求。可控震源高效采集现场实时质量控制系统 KL-RtQC 通过网络连接地震记录仪器（图 4-32），实时获取地震采集数据及地震装备状态数据，通过自动对这些数据进行分析，及时发现地震采集存在的质量问题，同时具有丰富的自动报警、属性统计和可视化图形显示功能（图 4-33）。主要的实时质量监控内容包括以下几点。

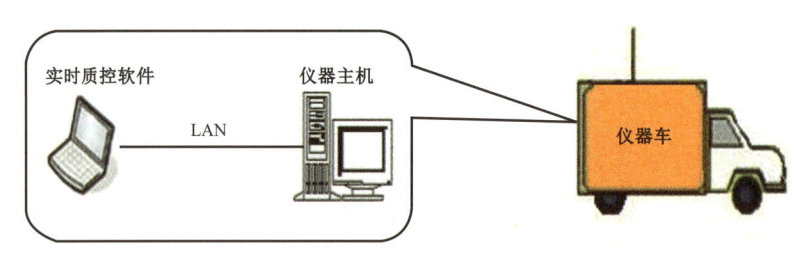

图 4-32 实时质控软件（KL-RtQC）与地震仪器连接示意图

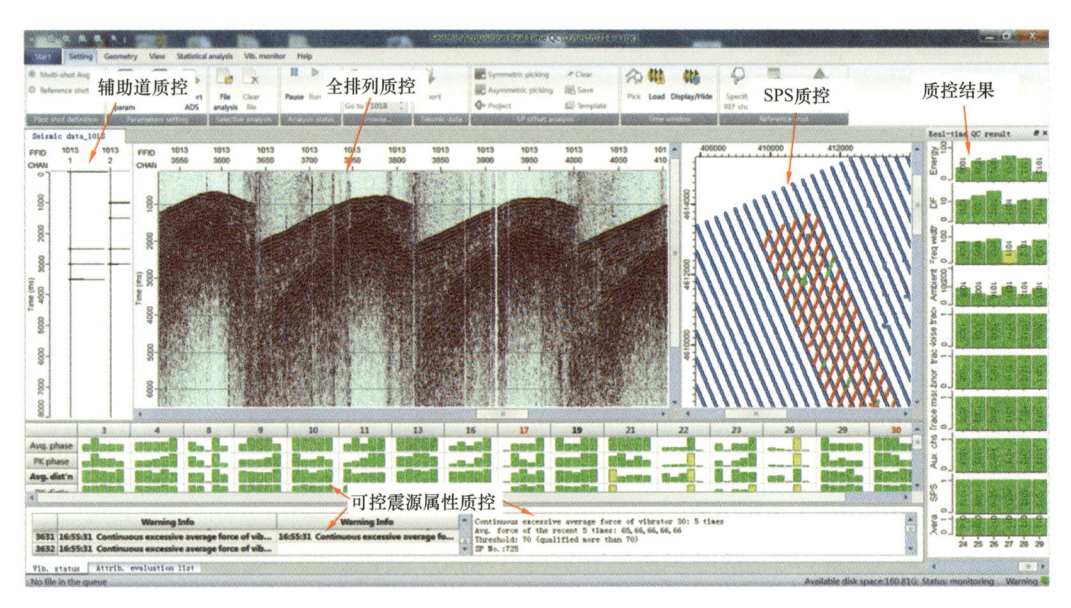

图 4-33 KL-RtQC 软件实时质控界面

（1）激发能量监控：将当前炮的能量与标准炮的能量或之前若干炮的平均能量进行比较，来监控当前炮的激发能量。

（2）频率监控：将当前炮的主频与频宽与标准炮的主频与频宽或之前若干炮的平均主频与频宽进行比较，来监控当前炮的频率是否存在问题。

（3）辅助道监控：将当前采集到的可控震源扫描参考信号与标准的可控震源扫描参考信号进行对比，检查其幅值和符号位的一致性，来判定辅助道是否存在问题。

（4）采集参数监控：将当前采集单炮的主要采集参数（采样间隔、记录长度、滑动扫描时间间隔等）与设置的标准采集参数对比，保证采集参数的正确性，防止仪器参数设置出现错误或在仪器故障恢复后参数发生变化。

（5）噪声道监控：通过分析所采集资料的弱振幅道、背景噪声道、野值道、低频噪声道、高频噪声道和噪声道总数来判别资料是否合格。

（6）掉排列监控：对数据采集时的掉排列现象进行自动判别和警示，同时显示掉排列各道的详细信息。

（7）单炮初至时间监控：通过标准炮初至拾取和速度分析结果形成理论初至曲线，与初至自动识别模块获得的初至进行比较，自动判别出初至时间异常的单炮，并进行报警提示。

2）海量地震数据快速评价及转储

如何针对可控震源高效采集产生的海量地震数据（多达 6TB/d）进行快速质量控制、评价和转储，常规的人工方式和磁带转储方法同样无法满足要求，为此专门研发了海量地震数据管理系统（KL-SeisPro），其系统框架示意如图 4-34 所示。基于多进程和并行框架设计、多通路数据流控制，在地震数据转储读取的同时，一次性提取地震道头信息和多时窗振幅、频率域地震单炮数据，进行观测系统、道头信息检查以及地震单炮时间、能量、频率信息的快速质量控制和评价，通过门槛设置，能够快速、高效地查找疑似坏炮，进而减少人工识别的工作量，大幅度提高单炮现场质量控制和评价的准确率和效率；采用多进程和并行框架设计和无 EOF 地震磁带数据格式，实现系统软硬件高度匹配，系统单机数

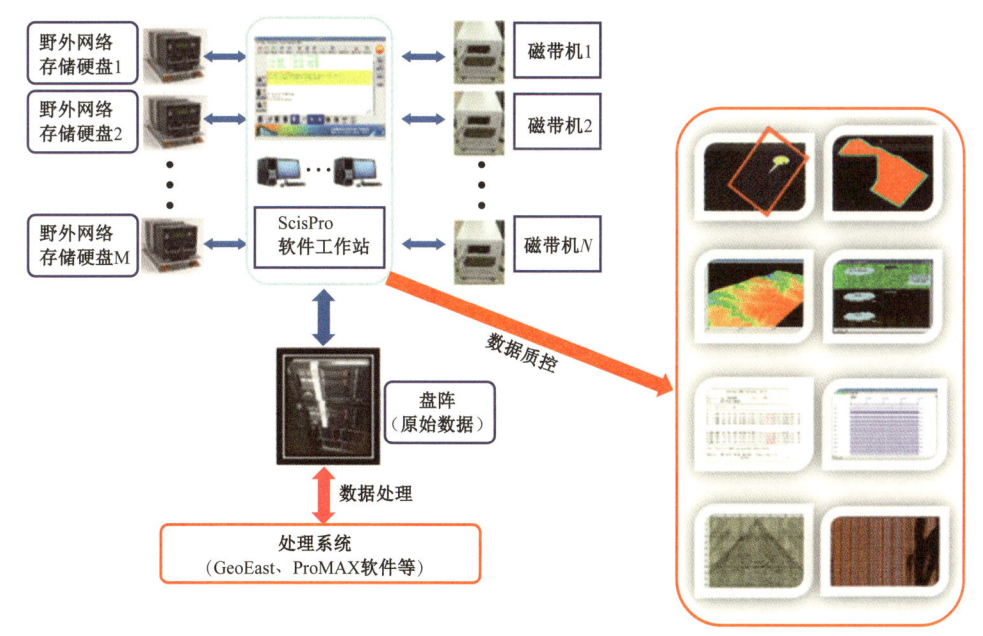

图 4-34 海量地震数据质量控制与转储系统功能框架示意图

据处理速率可达 95MB/s，有效突破了现今大道数可控震源高效采集产生的海量地震数据（6TB/d）现场转储的技术瓶颈，并支持当前各种存储介质、多输入多输出并行作业以及多线束数据管理，实现了 6TB/d 海量地震数据的现场快速单炮质量评价和现场快速地震数据转储。

### 三、表层调查和表层建模技术

"十一五"至"十二五"期间，中国西部探区高精度地震成像一直面临表层非均质性强、厚度巨大、初至信噪比低、难以提高静校正精度等难题，经过针对性技术攻关，研究形成了针对性的静校正配套技术。

#### 1. 空变时深曲线静校正技术

中国西部山地山前带近地表广泛发育巨厚砾石区，由于快速堆积形成的原因，近地表纵向和横向速度连续变化，无明显的速度分层，常规表层调查和静校正方法的应用精度大大降低，严重影响地震勘探的成像精度。解决这类静校正问题比较有效的方法就是时深曲线，常规的时深曲线静校正方法就是在一个工区或地区拟合一条统一的时深曲线来解决大的静校正问题，与拟合曲线相比较小的散点时差，可由剩余静校正来解决。但是很多地区用单一时深曲线无法代表工区的表层变化，无法满足成像精度的要求。例如：砾石冲积扇从扇根到扇缘时深关系曲线是逐渐变化的，不同冲积扇之间时深关系有明显的分带现象（图 4-35），在交界处也是渐变的，在这样砾石区分带明显的地区用单一时深曲线可能引起长波长问题。针对这一问题，假定表层速度在平面上是渐变的，只是变化率不同，不存在边界突变，提出了空变时深曲线的静校正问题解决方案。

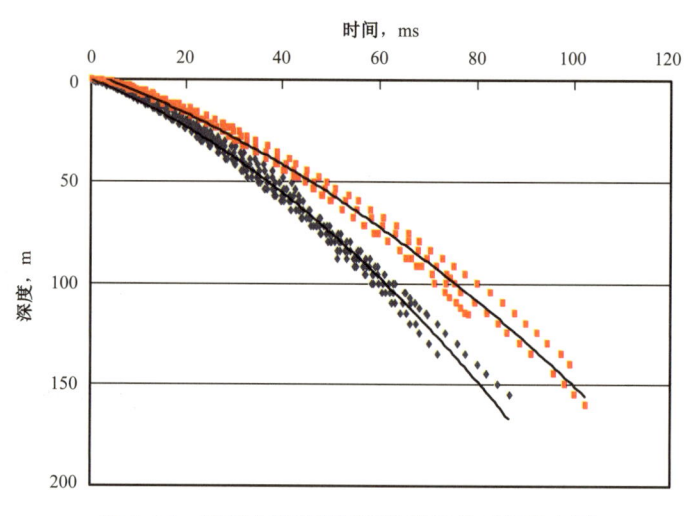

图 4-35 砾石冲积扇不同部位微测井时深散点图

在连续介质中波的传播速度是渐变的，波速是深度的函数，一般情况下可以表示如下：

$$v = v_0 (1+\beta h)^{1/n} \quad (n \geqslant 1 \text{ 的整数}) \qquad (4-21)$$

通过野外微测井的实施可以得到垂直传播时间和深度，统计表明，大部分砾石覆盖区符合 $n=2$，即

$$h = \frac{\beta v_0^2}{4} T^2 + v_0 T \qquad (4-22)$$

式中 $h$——深度；

$T$——单程旅行时；

$\beta$——速度随深度的变化率；

$v_0$——初始速度。

空变时深曲线静校正技术实现步骤有以下几步。

（1）利用微测井方法得到高速顶界面高程，计算出低速带厚度 $z$。

（2）由于表层呈连续变化，微测井时深关系连续变化，分层困难，时深关系呈二次曲线关系，利用最小二乘原理对每一口微测井的时深关系进行二次曲线拟合。

（3）从拟合的二次曲线提取每一口微测井点的近地表初始速度 $v_0$ 和速度随深度的变化率 $\beta$。

（4）将 $v_0$ 和 $\beta$ 按平面位置的变化进行插值，得到整个区域空间上连续变化的时深关系，即得到时深关系的三维空间数据体；上述方法得到整个区域空间上连续变化的时深关系曲线。

（5）将由（1）得到厚度 $z$ 和由（4）得到 $v_0$ 和 $\beta$ 代入时深关系公式（4-22）即可求得低速带静校正量。

（6）计算基准面静校正量。对于巨厚砾石这类典型非均匀连续介质的表层调查和静校正问题，特别是长波长问题一直到地球物理界的关注和研究，但始终没有一个很好的方法。特别是多种地表情况模型的拼接困难，人为因素较大，容易产生静校正问题。借鉴塔里木沙漠沙丘曲线方法，通过理论研究与实践，发展了空变时深曲线静校正技术。该技术在中国西部山前带推广应用取得了较好的效果。LD 三维项目应用研究的效果表明（图4-36），在当前对于低降速带巨厚（容易存在长波长问题）且高频静校正问题十分突出，而常规静校正方法不能取得较好效果时，基于高精度表层模型的空变时深曲线静校正方法对解决低降速带巨厚的复杂地表区特别是连续介质表层地区静校正方面有着重要的指导意义。空变时深曲线静校正方法是沙丘曲线法的继承和发展，具有较好的应用前景。

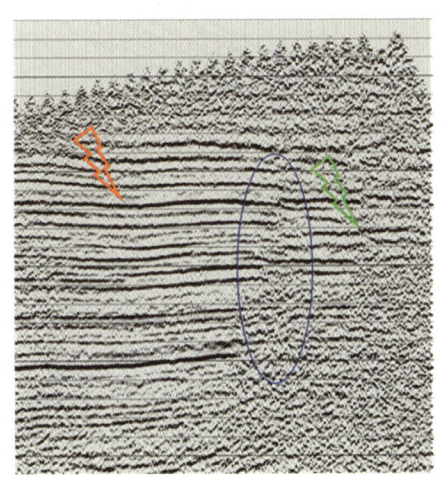

(a) 模型静校正　　　　(b) 空变时深曲线静校正

图 4-36 模型静校正与空变时深曲线法静校正的效果对比

**2. 巨厚低降速带地区的表层速度建模技术**

随着油气勘探开发的不断深入，地震勘探面临的地表地下地质条件越来越复杂，特别是柴达木盆地英雄岭复杂山地山前带的地震初至数据低信噪比、巨厚低降速带表层条件对静校正提出了严峻挑战。经过"十二五"的技术攻关，创新形成了独具特色的静校正配套技术，有效地解决了久攻不克的难题，为地震资料的高精度成像提供了关键支撑。

1）低信噪比海量初至数据的高效拾取

油气勘探已进入精细勘探时代，高密度地震勘探技术得到了广泛应用。基于勘探成本和环保考虑，与之配套的可控震源高效采集技术也得到了迅速发展，一方面，可控震源高效采集下的初至质量基础差，高效采集生产的初至数据拾取精度需要提高。另一方面，可控震源高效采集技术的完善也促进了高密度技术的发展：覆盖密度越来越高，方位越来越宽，导致了接收道数的迅猛增长，形成了海量的初至数据，拾取工作量巨大。常规的初至自动拾取方法在高效采集初至信噪比相对较低的情况下，抗干扰能力和自动化程度仍然不足，"自动拾取—人工修改—初至输出"的传统模式无法满足高效、快节奏勘探的需求，导致静校正周期增加，严重影响了三维地震数据处理进度。青海探区从提高初至数据信噪比入手，通过滤波技术和垂直叠加技术提高初至数据信噪比，最小初至数据集优化技术等方法优化拾取流程，提高了海量数据初至拾取精度与效率，在应用中得到了较好的效果。

（1）空变滤波。在压制噪声的过程中为了保证不同地表情况下有效初至波主频信号，针对不同地表地震初至使用不同的带通滤波器，采用滤波技术，先分析初至波频谱特征，再根据频谱采用合适的带通滤波参数进行滤波，提高不同地表初至信噪比，如图 4-37 所示。

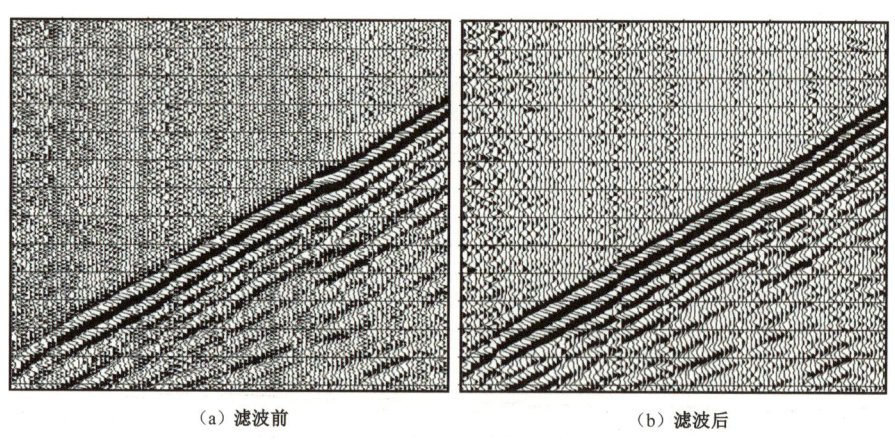

(a) 滤波前　　(b) 滤波后

图 4-37 空变滤波前后地震记录对比

（2）邻炮叠加提高初至信噪比。根据地表一致性假设，空间位置相邻炮的初至变化具有较好的相似性，而噪声具有随机性，通过叠加削弱噪声，增强有效信号。随着高密度地震数据采集道距越来越小，而紧邻前后炮叠加对初至漂移有较好的抑制作用，叠加后初至基本上不会改变，因此通过与相邻炮对应的道叠加，增加初至信噪比，如图 4-38 所示。

（3）最小初至数据集优化。在实际应用中发现，由于海量数据初至信息量巨大，对于一些不正常的初至道不拾取不会影响初至应用效果。鉴于此，提出了一种海量初至数据自动免拾方法：首先通过对初至和初至前噪声的能量进行分析，当初至与噪声能量比达到某一值时，自动拾取才能判别为可以有效拾取；然后将此能量比值作为门槛值进行判断，小于门槛值的初至将自动免拾。高密度三维初至信息量巨大，根据试验对比分析，选择合理的炮（道）初至与全部初至数据反演的静校正结果基本上是一致的，没有明显的差别。也就是说，可以通过实际应用分析，寻求满足静校正计算精度要求的最小初至数据量，以此为标准进行初至拾取，从而降低海量初至数据的拾取工作量。

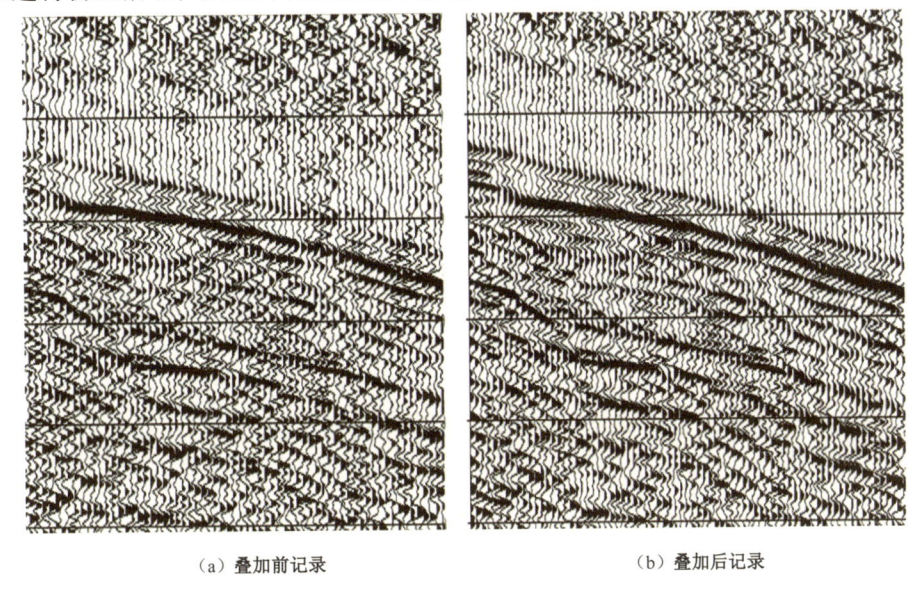

（a）叠加前记录　　　　　　　　　（b）叠加后记录

图 4-38　邻炮叠加前后地震记录对比

通过以上措施，实现了海量数据"自动拾取—自动调整—初至输出"的初至工业化高效拾取流程（图 4-39），效率提高了 60%，满足了青海探区高密度、高效采集的海量初至数据拾取要求。

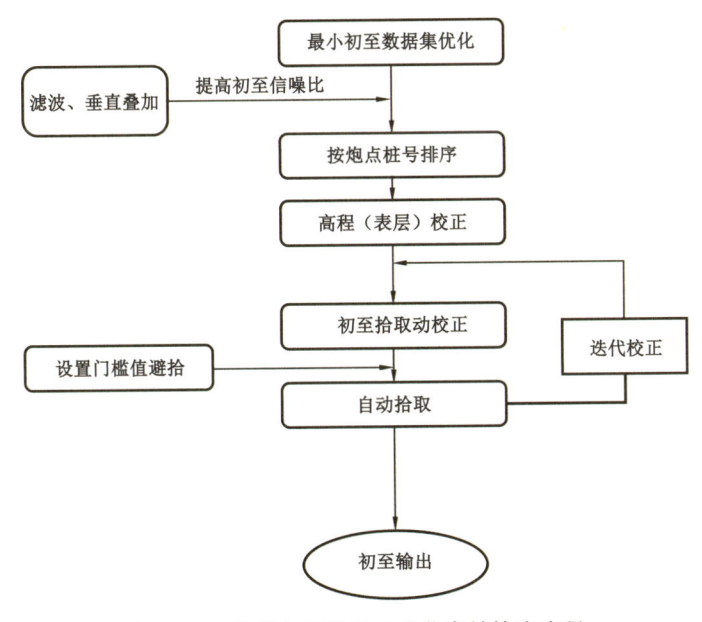

图 4-39　海量初至数据工业化高效拾取流程

### 2）不依赖表层调查资料的初始模型构建技术

从初至层析反演静校正来看，要减少反演多解性，提高复杂山地层析反演精度，需要引入初始信息进行约束反演，因此如何建立比较合理的初始近地表模型是提高复杂区层析反演静校正精度的基础。对于西部高原复杂山地，目前主要依赖于微测井调查建立初始近地表模型。在利用微测井建模中主要存在以下问题：一是复杂山地地形起伏和表层的剧烈变化，需要有足够密度的微测井表层调查控制点来精确描述表层速度结构，这样必将消耗巨大的人力、物力资源成本，无形中增加了勘探成本和HSE风险，也会制约野外勘探生产效率；二是受山地钻机能力的制约，在低降速带巨厚区，微测井无法打穿低降速层，调查深度不够，难以满足近地表建模精度要求。总之，依靠表层调查资料准确建立复杂地表表层结构初始模型，用于约束层析反演是不现实的。

因此，在建立地表初始模型时，需要尽可能在最大限度地利用更多采集的能够反映或包含了近地表信息的资料来建立初始模型。根据这一思路，提出了利用CMP初至构建模型是在CMP域里，用生产炮的初至采用折射法计算表层初始模型参数。首先是将整条测线按CMP桩号进行分段（三维数据按inline和crossline方向分块），如图4-40所示（略去了同一炮对应不同接收点的CMP桩号）；然后对落在每一段内的所有CMP初至（炮检对）按绝对偏移距排序，形成该CMP段的时距图（图4-41），通过线性拟合时距曲线的斜率可以求出低降速带不同地层的速度，再利用折射时距曲线与时间轴的交点求出交叉时$t$，进而求出各层厚度，就得到了一个CMP段对应的近地表模型参数。对所有CMP段分别求取对应的速度厚度参数，采用内插的方式建立起整个测线的近地表初始模型。

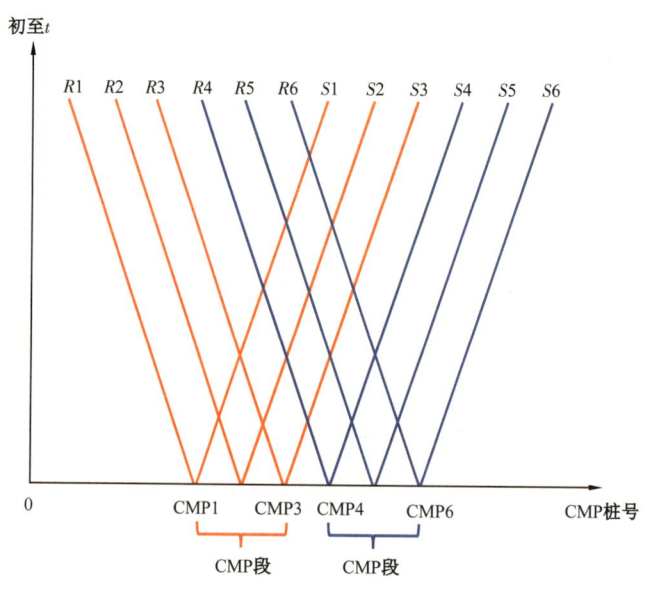

图4-40 CMP域初至分段示意图

利用CMP域初至拟合计算出的模型参数反映的是某一段的近地表结构，并且，受道距的影响，对浅层刻画相对要差。因而，从单点上来说，微测井精度要高。但是，微测井只在选定的控制点展开，采用CMP域初至可以根据需要分段，复杂地区可分得更密，能更好控制近地表结构变化，其探测深度更深（可达500m以上）。图4-42是该点经过CMP

域初至构建的初始模型约束后的层析反演最终模型与微测井时深对比,从时深关系曲线来看,在微测井深度范围内,约束后的层析反演时深关系与该点上的微测井时深相差不大,在 5ms 左右,小于该区有效波周期的 1/4,室内剩余静校正可以有效解决。可见 CMP 域初始模型约束后的反演模型精度和微测井基本相当,而深度更深,最终的模型能更客观反映复杂山地巨厚区的近地表特点,既提高了静校正建模精度,也更有利于后期叠前时间偏移处理。

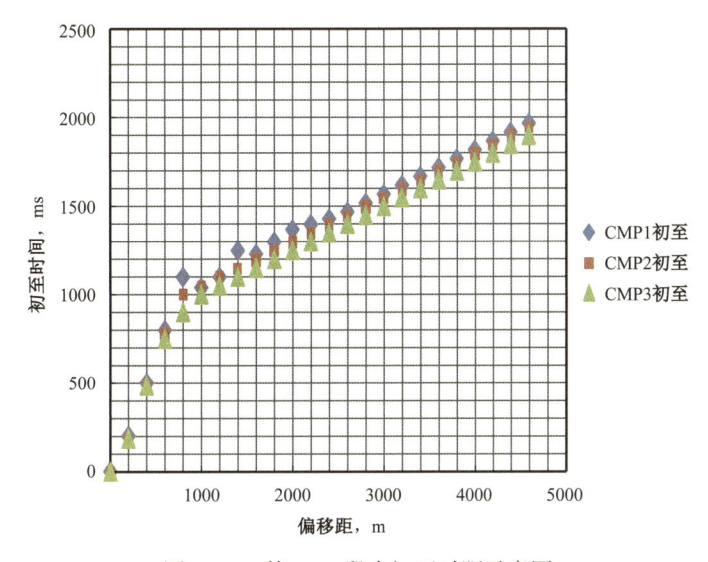

图 4-41 某 CMP 段内初至时距示意图

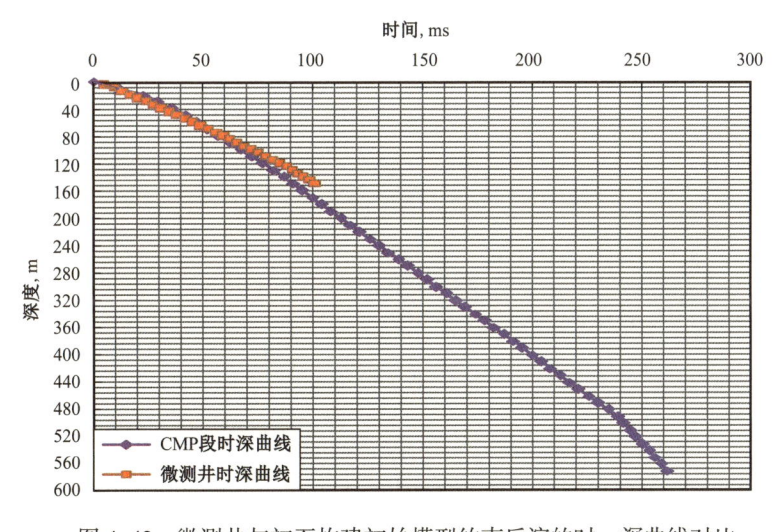

图 4-42 微测井与初至构建初始模型约束反演的时—深曲线对比

本方法不需要额外的表层资料,而是直接利用大炮生产的初至建立初始模型进行约束,通过层析反演计算静校正量,避免了复杂山地大量繁重的表层调查工作,可有效地节约勘探成本,规避 HSE 风险,提高勘探效率。该方法在柴达木盆地英雄岭地区三维勘探中进行了应用,复杂区表层调查工作量较以往降低了 80%,取得了积极的效果,并获得了授权专利。在环英雄岭地区、冷湖地区、窟窿山地区、吐错盆地冻土地区均得到了推广应用,取得了较好的经济社会效益。

3）标志面静校正技术

英雄岭地区是典型的高原山地，山地勘探区域海拔达 3100～3700m。地表为沟壑纵横的"刀片山"，高差达 600m；表层干燥疏松，干扰发育，地表巨厚且呈连续介质特性，常规的静校正方法在应用过程中难以找到相对稳定的低降速带界面，影响基准面静校正精度；同时极低信噪比与静校正问题相互影响，剩余静校正优势很难发挥，静校正效果监控困难，静校正工作往往需要耗费大量精力对比，收效甚微，成为地震资料取得突破的关键瓶颈问题。

层析反演结果表明，英雄岭地区在深达 500m 处存在一个强反射面（图 4-43）。这个面的地震资料成像能力的影响因素为：（1）单炮地震记录上信噪比极低，看不到这个界面反射波的影子；（2）以往低覆盖密度观测不能有效地压制噪声，叠加地震剖面也看不到这个界面的反射成像；（3）在低信噪比因素影响下，当静校正存在问题时，即使高密度观测的地震数据也不能使这个界面的反射成像。但是，要想提高静校正精度，还需要搞清楚这个面的性质，并探索利用这个面的特殊静校正技术。针对这个问题，开展了深井微测井调查，查清这一界面就是潜水面。照此推理，这个面具有如下特点：（1）界面上下波阻抗差相对稳定；（2）埋藏深度大，以往表层调查手段探测不到；（3）在空间展布上，是一个近似的水平面或起伏较小的斜面。这个面定义为潜水面反射标志面，由此研究形成了标志面静校正技术。

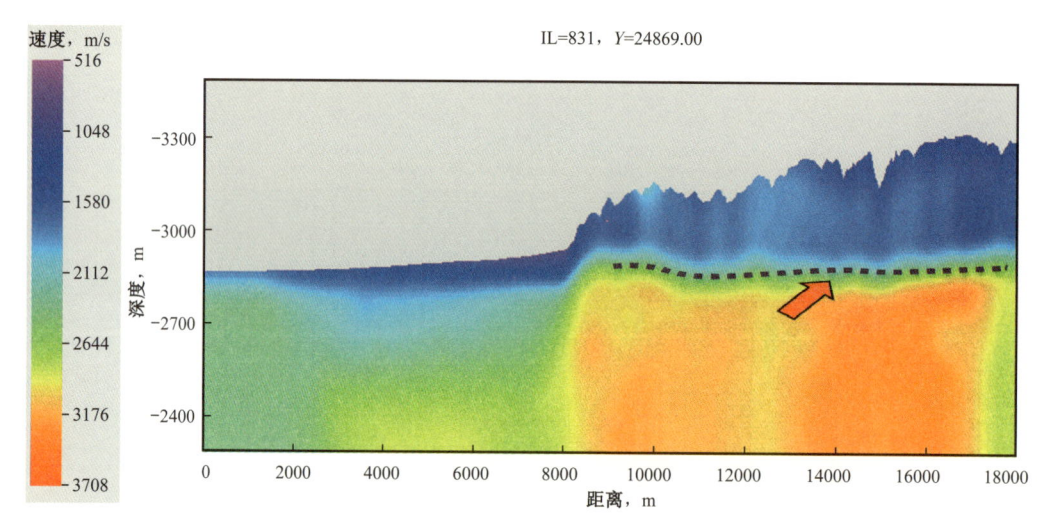

图 4-43 英雄岭某测线标志面速度模型剖面

基于英雄岭地区潜水面反射标志面具有相对稳定的速度和深度，高密度地震数据有利于获取标志面图像等特点。首次创新提出了标志面静校正方法：一是利用标志面的时间和速度信息计算标志面基准面静校正量，解决了低频静校正问题；二是在此基础上利用标志面折射波初至信息，大幅度提升折射波剩余静校正量的精度，消除了高频剩余静校正量大值的影响；三是利用标志面反射波信息，计算反射波剩余静校正量，消除了高频剩余静校正量的影响。可见，该方法充分利用了标志面的各种信息，高、低频兼顾，较好地解决了高原复杂地表区的静校正问题，特别是在环英雄岭地区，进行了广泛的应用，使得地震资料信噪比得到了较大提高，取得了较好的剖面成像效果（图 4-44）。

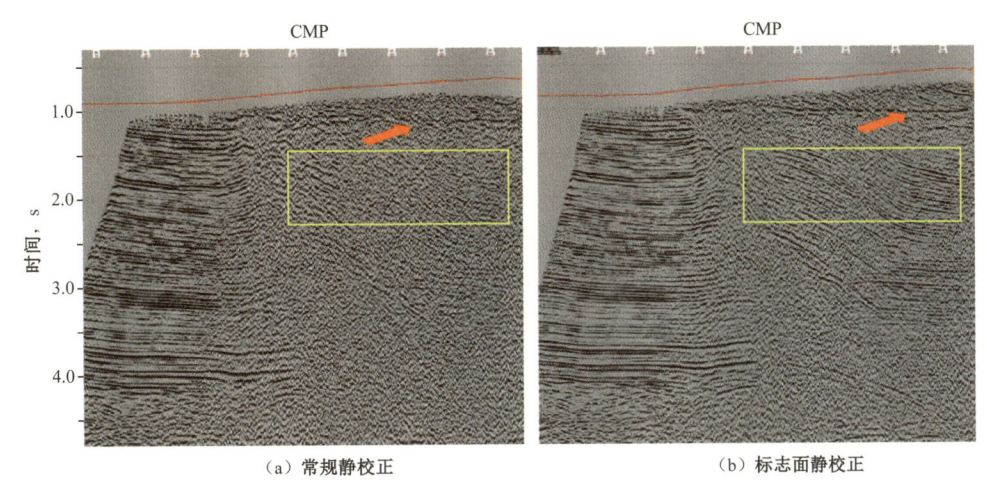

（a）常规静校正　　　　　　　　　　　　（b）标志面静校正
图4-44　英雄岭地区常规静校正与标志面静校正效果对比

标志面静校正技术改变了以往英雄岭复杂山地依赖微测井调查建立近地表模型的传统方式。一是开创性地研究了浅层反射标志面的物理性质，确认这种标志面是潜水面，并首次定义为低降速带底界，用于表层建模，解决了复杂山地表层没有稳定折射界面的难题；二是创建了浅层反射标志面成像品质作为静校正质量的评价标准，为地震数据处理提升质量潜力评价提供了可靠依据。

综上所述，"十二五"期间，针对英雄岭复杂山地区巨厚低降速带的静校正难题，自主创新了不依赖于表层调查的静校正配套技术，包括低信噪比海量初至数据高效拾取技术、初至构建初始模型约束的层析反演静校正技术和标志面静校正技术。这一配套技术，不依赖野外微测井调查资料，通过生产炮地震初至数据约束层析反演进行表层建模技术和标志面静校正技术，解决了巨厚复杂山地高精度表层建模和静校正的难题。该创新成果构成了国内外独一无二的复杂山地极低信噪比地区的特色静校正技术，大大提高了静校正精度且计算效率提高了三倍。

3. 基于地震数据浅层反射波的静校正方法

折射和层析法静校正应用的基础是初至时间。当初至波连续、信噪比较高时，拾取初至时间比较容易，应用折射法和层析法能够顺利解决静校正问题。但是初至波信噪比极低时，很难拾取到准确的初至时间，折射法和层析法静校正失去了应用的基础。随着可控震源高效采集技术的推广应用，初至波信噪比低的问题越来越普遍，基于初至时间的折射和层析静校正方法越来越难以发挥出应有的优势。但是随着高密度空间采样地震采集技术推广应用，通过地震采集得到的浅层反射波信息量越来越多，直接应用地震数据的浅层反射波的静校正方法具备了数据基础。由此，研究形成了基于浅层反射波叠加的静校正方法（以下简称浅层反射叠加法）。

基于地震数据浅层反射波静校正方法的主要思想，就是对浅层反射波进行共中心点叠加成像，在叠加剖面上拾取浅层反射波的双程旅行时，然后通过双程旅行时建立低降速层的厚度和速度模型，最后用这个模型计算静校正量。实现这一思想，首先要建立起伏地表浅层反射波的时距曲线方程，为浅层反射波叠加的速度分析和动校正提供计算公式。此外，需要一套建立低降速层模型的技术流程，用于静校正量计算。最后也需要采取一些资料处理措施，提高低降速层模型的精度。

1）时距方程

为了实现起伏地表浅层反射的叠加，需要两个应用条件。一是低降速层与下伏地层有较大的速度差，能够形成浅层反射波。二是浅层反射波的有效炮检距范围较小，该炮检距范围内的低降速层速度和厚度稳定。这两个条件是确保在任意一个共中心点道集内的低降速层速度和厚度随炮点位置、检波点位置和炮检距的变化非常小。一般情况下，低降速层由于风化作用变得松散，地震波的传播速度很低。而下伏地层由于压实作用地震波的传播速度较高。所以，低降速层与下伏地层存在较大的速度差，能够产生浅层反射波。此外，低降速层的厚度最大不超过几百米这个数值，所以任意一个共中心点道集覆盖的炮点、检波点和炮检距范围不会超过该数值。虽然低降速层速度在空间上变化很大，但是在局部几百米这个数值范围内变化非常小。所以，上述两个应用条件在实际应用中很容易满足，因此可得到以下时距曲线方程：

$$t = \sqrt{\left(t_0 - (\Delta h_s + \Delta h_r)/v\right)^2 + (x/v)^2} \qquad (4-23)$$

式中　$x$——炮检距；

　　　$t_0$——以水平地表作为参考面时的浅层反射的双程旅行时；

　　　$\Delta h_s$ 和 $\Delta h_r$——激发点 s 和接收点 r 的高程与水平地表参考面的高程差；

　　　$v$——低降速层速度。

取水平地表参考面的高程等于起伏地表上共中心点的高程，则 $t_0$ 就是共中心点位置从地表到低降速层底界面的双程旅行时。利用上式对浅层反射波做叠加速度分析和动校正叠加可以得到浅层反射的叠加剖面。通过速度分析和叠加剖面求得的速度 $v$ 和厚度 $h$ 等于起伏地表共中心点位置的低降速层厚度和速度。

2）低降速层模型的建立流程

低降速层模型建立流程分为叠加速度谱分析、动校正、共中心点叠加和模型建立 4 个步骤，如图 4-45 所示。叠加速度谱分析是利用起伏地表浅层反射波的时距曲线方程对浅层反射波进行速度谱分析，求取低降速层的平均速度。通过动校正和共中心点叠加就能得到浅层反射波的叠加剖面。低降速层模型建立包括浅层反射的双程旅行时拾取，共中心点低降速层速度、厚度计算和炮检点低降速层速度厚度计算。拾取双程旅行时之前应该对浅层反射的叠加剖面做一个零相位反褶积，使得浅层反射波的波峰时间与低降速层底界相对应。用浅层反射的双程旅行时计算厚度的速度参数可以是叠加速度，也可以是用其他方式获得的速度。当用叠加速度时，需要用微测井调查得到的速度做一个标定和校正。

基于地震数据浅层反射波的静校正方法在中国西部的 2D 和 3D 地震采集项目中得到较广泛的应用，这里通过一个 3D 实例分析应用效果。应用工区为低降速层巨厚的沙漠区，受静校正影响，目的层的叠加成像常常产生地质假象。该区以往采用井炮激发，应用折射静校正和层析静校正能够较好解决好静校正问题。但是由于可控震源高效采集，初至波信噪比极低造成初至时间难以准确拾取，基于初至时间的折射静校正和层析无法发挥出应有的优势。沙丘曲线静校正方法难以刻画出近地表的剧烈变化。为此，根据工区的近地表特点，采用起伏地表浅层反射叠加方法解决了该区的静校正问题。图 4-46 分别是用两种方法得到叠加剖面和剖面所在位置的底界高程。从图 4-46 中可以看出，由于沙丘曲线法没有刻画低降速层底界面细节的变化，叠加剖面出现假断层现象。用浅层反射叠加法刻画的低降速层底界面有细节的变化，消除了叠加剖面中的假断层，同相轴更连续。

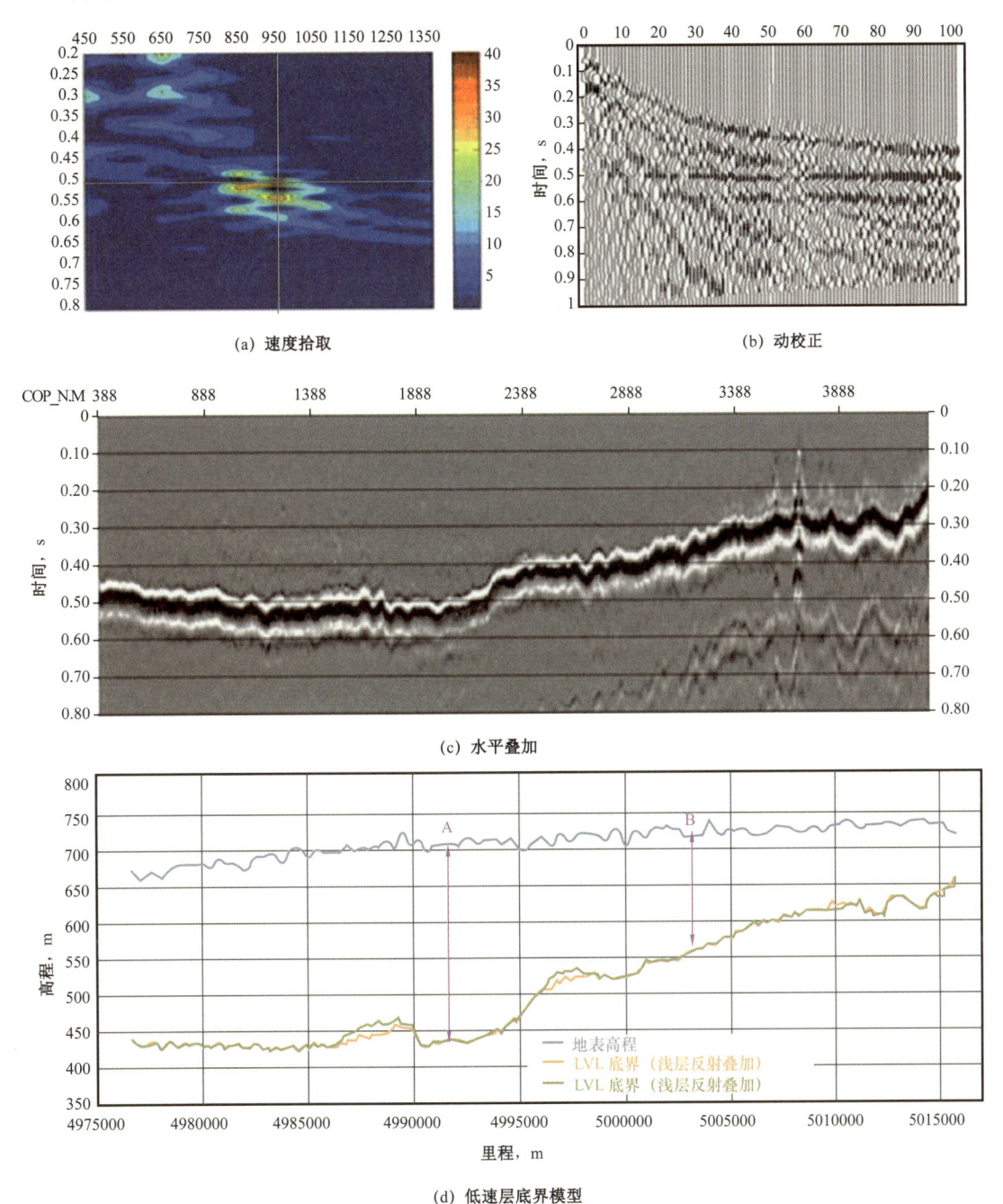

(a) 速度拾取

(b) 动校正

(c) 水平叠加

(d) 低速层底界模型

图 4-45  低降速层模型的建立流程示意图

此外，这个应用实例的单炮数据初至波信噪比极低，无法进行自动拾取。采用人工拾取每人每天最多拾取 185 炮，整个项目炮次接近 120000 炮，一个人需要耗时 645d。而采用本方法一个人只用了 15d，效率提高了 43 倍。

(a) 沙丘曲线法　　　　　　　　　　(b) 浅层反射叠加

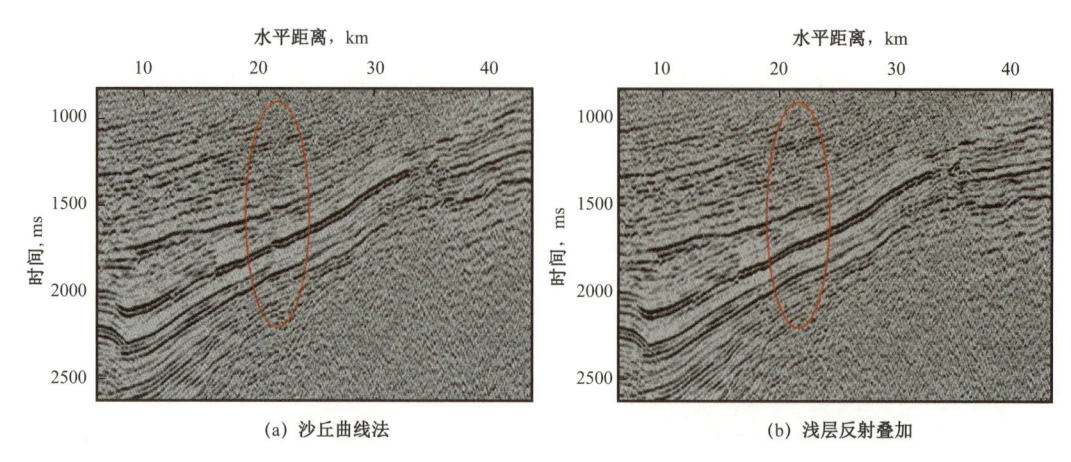

图 4-46　沙丘曲线静校正和基浅层反射叠加静校正的叠加剖面对比

起伏地表浅层反射叠加法一方面较好地解决了复杂近地表可控震源高效采集遇到的静校正问题，另一方面省去了拾取初至的时间，提高了静校正的效率。因此无论从效果还是效率上来说，起伏地表浅层反射叠加法是解决复杂近地表区可控震源高效采集中静校正问题的有效方法。

## 四、高密度宽方位地震资料处理技术

"十一五"期间，高精度地震采集处理在复杂构造成像、岩性储层保幅成像等方面，发挥了重要的作用。地震资料处理技术重点围绕叠前提高信噪比、分辨率和叠前反演方面开展研究工作，在叠前保幅处理、井控处理、高精度成像等方面取得了一系列的成果和技术。

"十二五"期间，高密度宽方位（全方位）地震资料采集大规模实施，三维地震观测密度更高、方位角更宽，叠前高精度道集处理技术、炮检距矢量片处理技术形成配套应用，基于炮检距矢量片概念的高密度宽方位地震资料数据处理技术全面推广，并推动了多维叠前道集的解释技术进步，裂缝预测精度大幅提高。

1. 三维保真噪声压制技术

高保真叠前去噪的理念是最大限度压制干扰的同时而不损害或最小损害有效地震信号。主要技术包括可控震源谐波干扰压制、三维频率波数滤波、分频异常干扰压制技术等。这些针对性的技术应用，较好地提高了原始资料的信噪比，为高保真的成像奠定了基础。

1）可控震源谐波干扰压制

高密度宽方位地震数据采集可控震源滑动扫描，可大幅度提高野外地震数据采集效率，可控震源滑动扫描产生谐波干扰，高保真资料处理需要尽可能压制这种干扰。针对谐波干扰压制，国内外学者提出了众多方法，比如模型法滑动扫描谐波干扰压制、基于线性频率扫描方式的纯相移滤波方法、基于滑动扫描时间的频率域分离法、相关反相关预测法、相关炮记录谐波干扰估计滤波法、利用地面力信号代替参考信号，用褶积代替相关压制谐波干扰的技术等。

图 4-47 展示了模型法滑动扫描谐波压制的效果。从图 4-47a 所示的谐波干扰压制前炮集记录上可以明显地看到谐波干扰（绿色箭头所示位置），取受谐波影响较重的 4101 道做时频谱，从中可以更清楚地看到 2s 以下数据受到较强的 2 阶、3 阶、4 阶谐波干扰，在 4s 以下区域尤为严重。从图 4-47b 谐波干扰压制后炮集记录及其时频谱图 4-47d 可以看出采用谐波压制技术后，各阶谐波干扰得以明显压制。

第四章 地球物理勘探技术

从谐波压制前后叠加剖面来看（图4-48），谐波干扰压制前叠加剖面2s以下区域受到较强谐波干扰，在频谱上反应为40Hz以上高频干扰。经谐波压制处理后，从叠加剖面来看，谐波干扰基本消除，在相应的频谱上也看不到谐波产生的高频噪声。

(a) 谐波干扰压制前炮集记录

(b) 谐波干扰压制后炮集记录

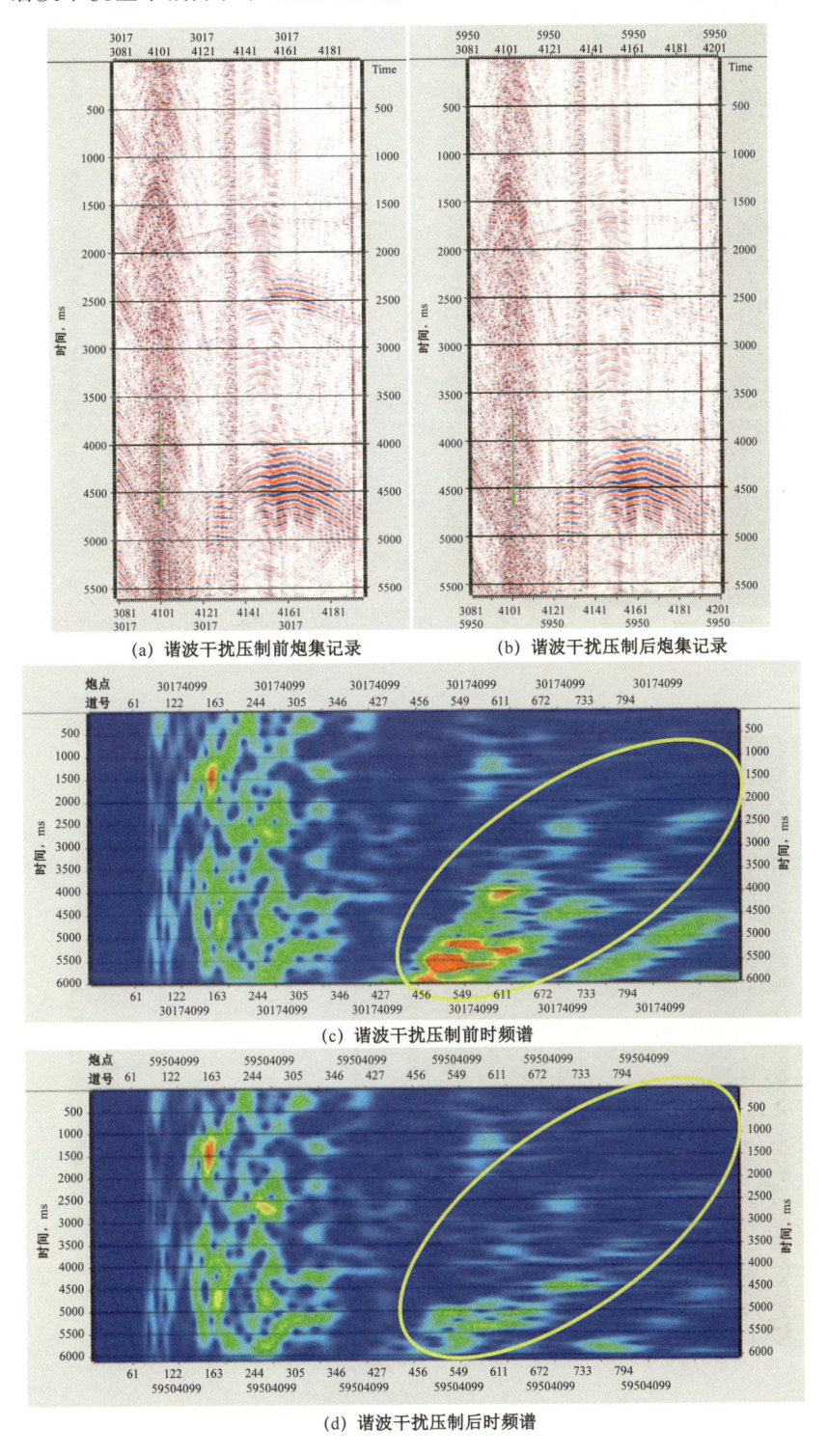

(c) 谐波干扰压制前时频谱

(d) 谐波干扰压制后时频谱

图4-47 谐波干扰压制前后炮集记录及其时频谱分析

- 253 -

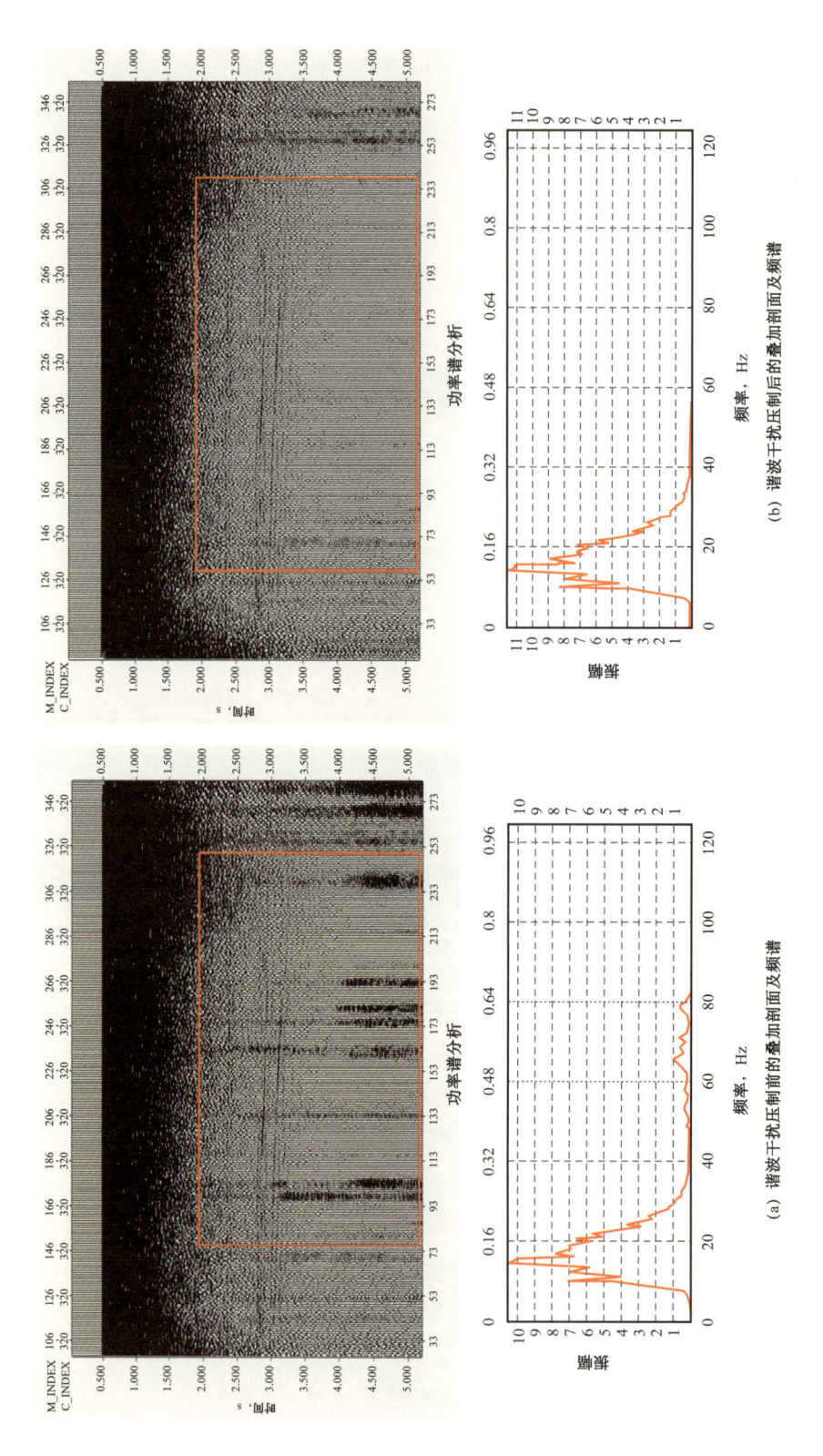

图 4-48 谐波干扰压制效果分析

2）三维十字排列去噪

高密度地震观测空间采样数据为真正意义上的三维规则干扰去噪技术奠定了基础。三维十字排列是对叠前炮集数据的重排，即以检波线为横坐标、垂直于检波线的炮点线为纵坐标所抽取的数据体，从而构成一个以炮点为中心的三维叠前正交子集。高密度地震数据可以形成比较理想的十字排列最小地震数据子集，具有纵横向相同的空间采样，而且空间采样间隔小，能够较好地满足面波等规则干扰每个波长内至少两个样点的采样要求，面波等规则干扰不会形成假频或畸变，因此理论上更有利于三维去噪手段的应用。

这种方法的滤波器响应函数在设计时，充分利用了相关信号在 $F—K—K$ 域的特征，同时考虑到了两个方向上的波数值，所以得到的有效信号的 $F—K—K$ 谱呈圆锥状，根据视速度（锥体）的大小，选择滤波因子进行滤波，将保留的有效信号部分的 $F—K—K$ 谱进行三维傅里叶反变换，即可得到去噪后的时间空间域信号（图 4-49）。

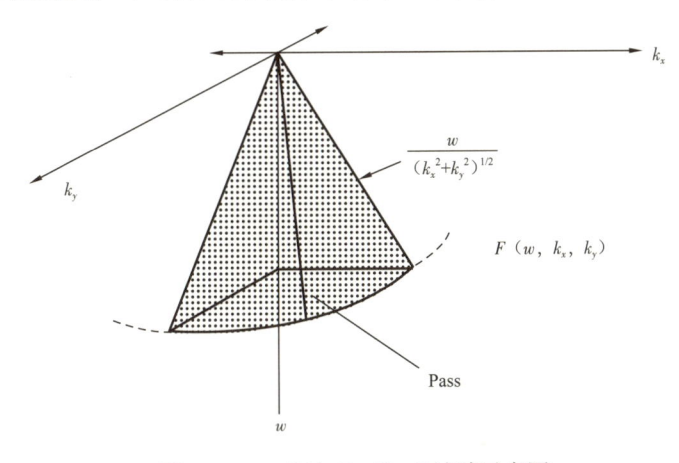

图 4-49 一步法 $F—K—K$ 滤波示意图

图 4-50 是单炮十字排列去噪前后对比和去除的噪声。图 4-51 是面波去噪前后的叠加剖面和噪声叠加剖面。从单炮和叠加剖面上可以看到去除的噪声中没有包含有效信号，达到了比较保真的去噪效果。

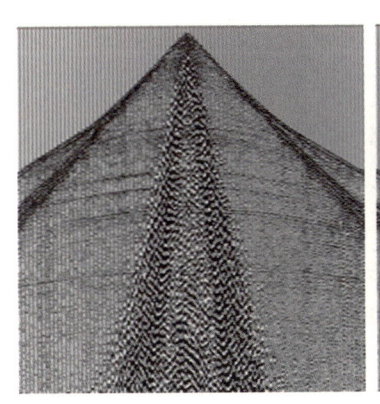

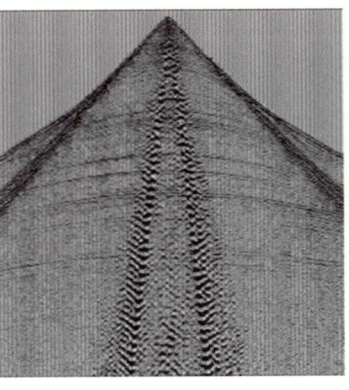

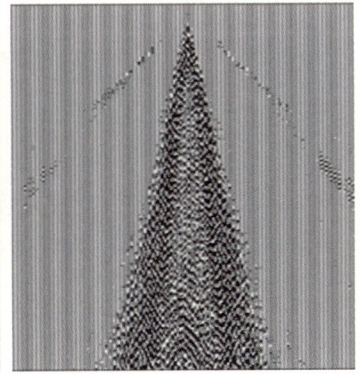

（a）去噪前的单炮　　　　（b）去噪后的单炮　　　　（c）去除的噪声

图 4-50 十字排列去噪前后的单炮

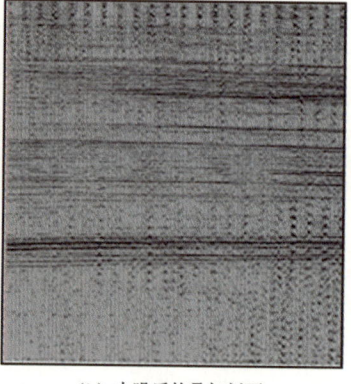

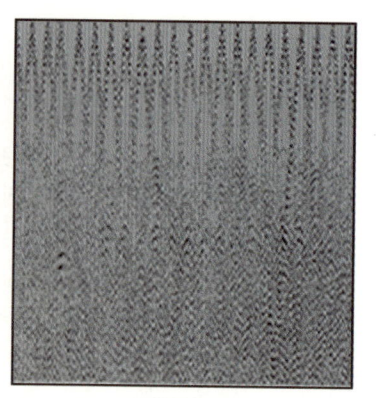

(a) 去噪前的叠加剖面　　　　(b) 去噪后的叠加剖面　　　　(c) 噪声叠加剖面

图 4-51　十字排列去噪前后的叠加剖面

3）分频异常振幅压制

地震资料中通常存在某些随机出现的异常干扰，或者是其他去噪技术后残留的局部分布的剩余干扰，这些干扰将会对后续的振幅处理和偏移成像产生严重的影响。这些干扰在某个数据集上（比如炮集、检波点集、共炮检距集）空间方向一般随机出现或小范围局部出现，在频率域一般分布在某个频率或某个较窄的频带，对于这些干扰的压制常采用具有空间统计性的分频压制技术来压制。其基本思路是：在给定的处理时窗和宽度（道数）范围内，进行傅里叶变换，然后进行频带划分；在每个频带内计算平均能量和门槛值，对超出门槛值的道进行剔除，并用相邻道进行替换；反傅里叶变换到时间域得到去噪后的结果。

该方法仅对异常干扰出现的频带和局部空间进行处理，保留了没有异常能量频带的信号特征，因而保真度更高。图 4-52 和图 4-53 为分频干扰压制后的单炮和叠加剖面对比。

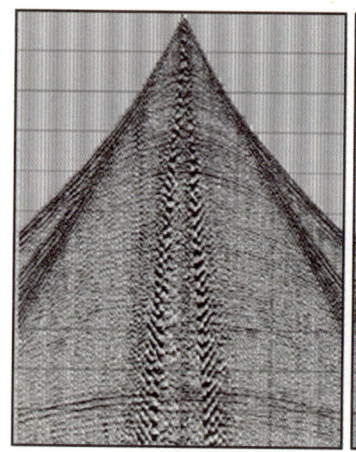

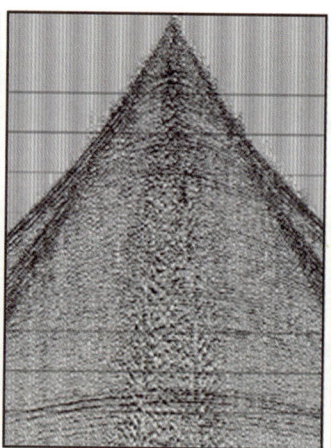

(a) 分频去噪前的单炮　　　　(b) 分频去噪后的单炮　　　　(c) 去除的噪声

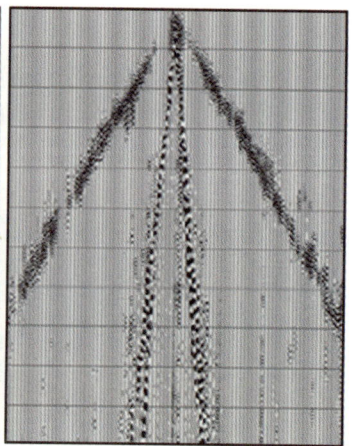

图 4-52　分频去噪前后单炮对比

2. 井约束处理技术

井约束处理技术主要是以 VSP、合成记录等资料为约束，提高振幅处理及反褶积处理参数选择的可靠度，主要包括井控振幅恢复因子求取与应用、井控 $Q$ 值求取与补偿处理技术、井约束反褶积技术等。

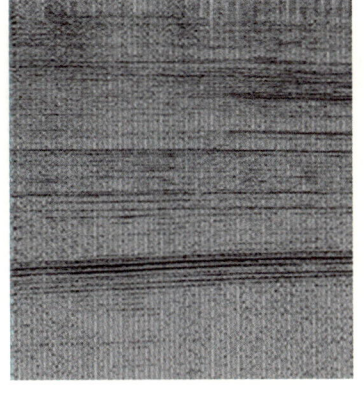

(a)分频去噪前的叠加剖面　　　　(b)分频去噪后的叠加剖面　　　　(c)噪声叠加剖面

图 4-53　分频去噪前后叠加剖面对比

1）井控球面扩散补偿因子求取

井控球面扩散振幅补偿处理是利用 VSP 资料的下行波，根据不同时刻的振幅值求取衰减因子，将衰减因子应用到地面地震数据的球面扩散振幅补偿中，使得振幅补偿达到定量化补偿，提高球面扩散振幅补偿精度。VSP 资料求取振幅扩散补偿因子的方法如下：首先对 VSP 下行波初至拾取，得到下行波不同时间的振幅值，根据振幅衰减公式取对数得到不同时间的振幅补偿因子。然后通过线性拟合方法，得到随时间振幅补偿因子变化的统计规律，将拟合后直线的斜率作为振幅衰减因子（Tar）。图 4-54 为不同井得到的振幅衰减因子，通过综合考虑和精细扫描，最终确定要采用的合理振幅衰减因子。图 4-55 为应用井约束振幅恢复前后的对比。可以看到经过振幅补偿后，地震能量的衰减得到了很好的补偿。

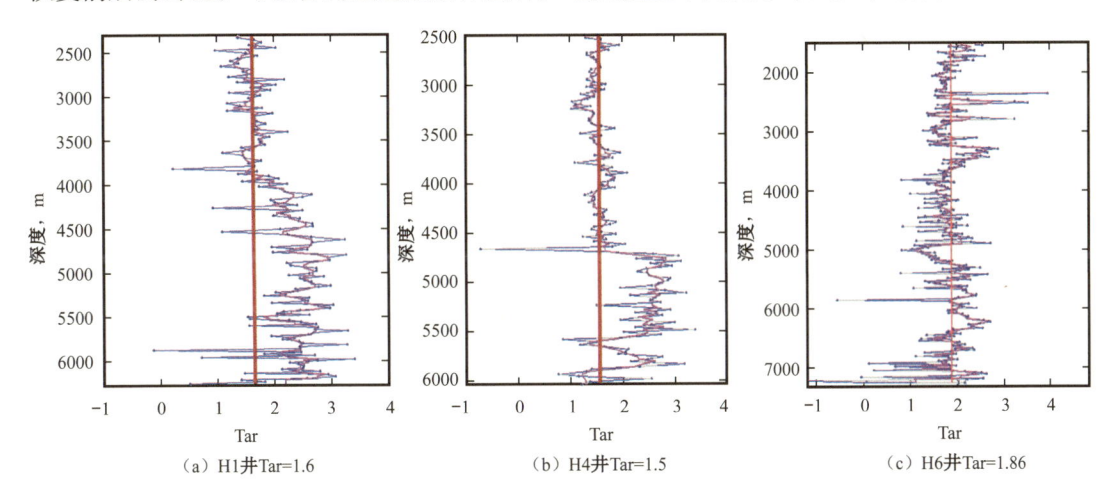

(a) H1井Tar=1.6　　　　(b) H4井Tar=1.5　　　　(c) H6井Tar=1.86

图 4-54　不同井得到的振幅衰减因子

2）井控 $Q$ 补偿处理

黏弹性介质中，不同频率波的速度不一样，这就是波的"色散现象"。波的色散，造成了子波相位谱的改变和起跳时间延迟，不同频率的能量衰减不一样，子波振幅谱也发生变化。这两个主要原因，造成了地震子波的时变，从而影响了地震子波的分辨率。反 $Q$ 滤波可在振幅和频率两个方面对大地衰减效应进行补偿，恢复大地滤波系统对地震子波的改造。

(a) 振幅恢复前，振幅与走时关系

(b) 振幅恢复后，振幅与走时关系

(c) 振幅恢复前叠加剖面

(d) 振幅恢复后叠加剖面

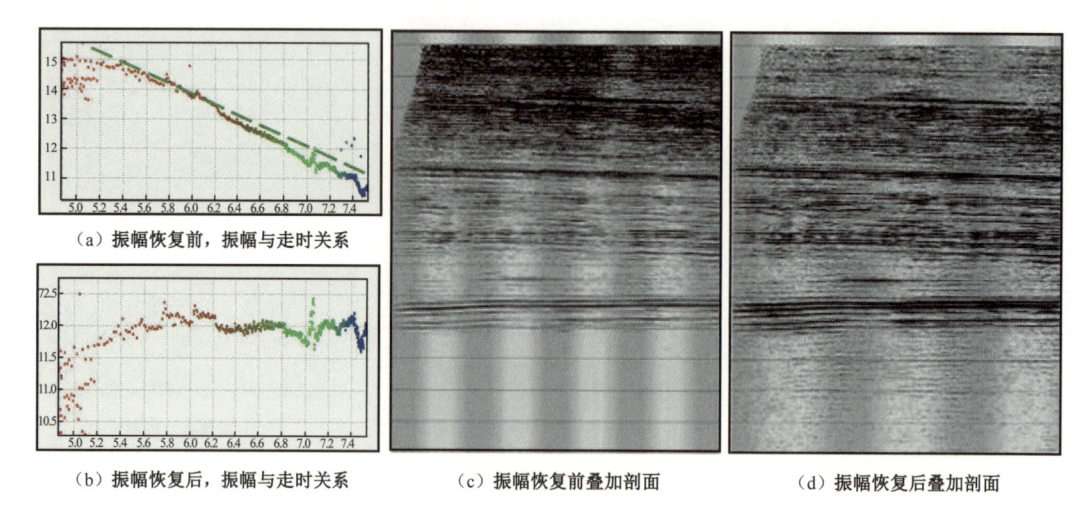

图4-55 井控振幅恢复前后对比

反$Q$滤波的关键参数是确定大地品质因子$Q$值，一般处理流程中$Q$值的确定常采用$Q$扫描法。在井控处理技术中，采用VSP下行波谱比法，对$Q$值进行定量估算。谱比法就是对VSP下行波分时窗计算其振幅谱，由于地震信号振幅谱是随时间按指数衰减，通过简单的对数计算，可得到不同深度或时间对应的$Q$值。

图4-56为工区内H1井、H4井、H6井、H7井VSP求取的$Q$值，经过综合分析，结合适当的$Q$值扫描，确定该区的$Q$值。图4-57为应用$Q$补偿前后的偏移剖面对比，可以看到，在目的层段分辨率都得到了明显的提高，频谱也得到展宽，特别是25～60Hz的能量得到大幅提高。

(a) H1井、H4井、H6井$Q$值随$T_0$时变化图

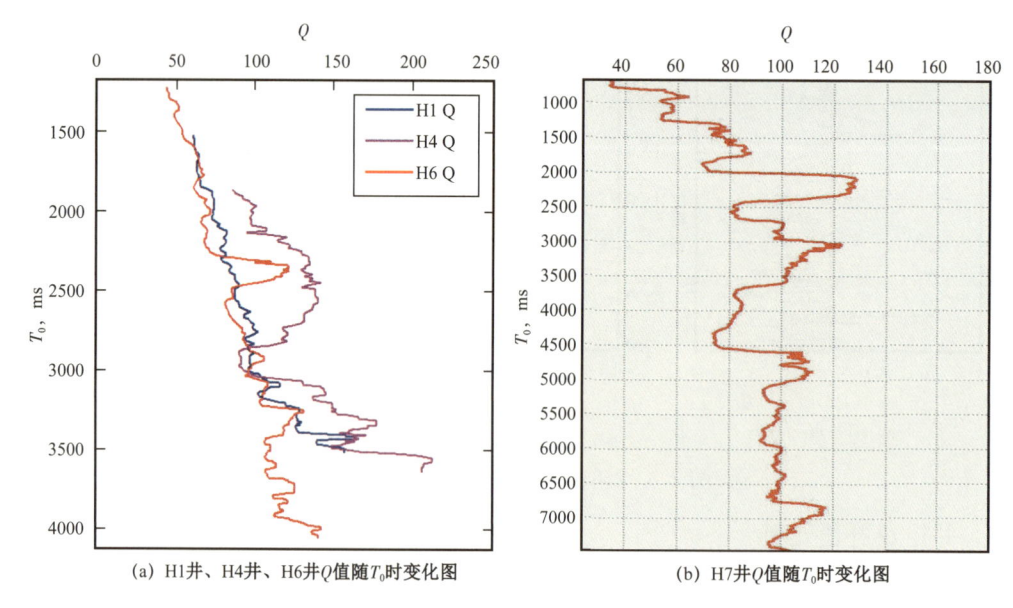

(b) H7井$Q$值随$T_0$时变化图

图4-56 工区内不同井VSP求取的$Q$值

对于反$Q$或反褶积处理参数的优选和确定，还可以结合VSP走廊叠加进行标定，来进一步优选子波处理的参数。图4-58为偏移剖面与VSP走廊叠加镶嵌图，可以看到两者

吻合较好，层位关系对应良好。叠前高保真井控处理技术的应用，提高了道集资料的品质，为后续高保真处理提供了坚实的基础。

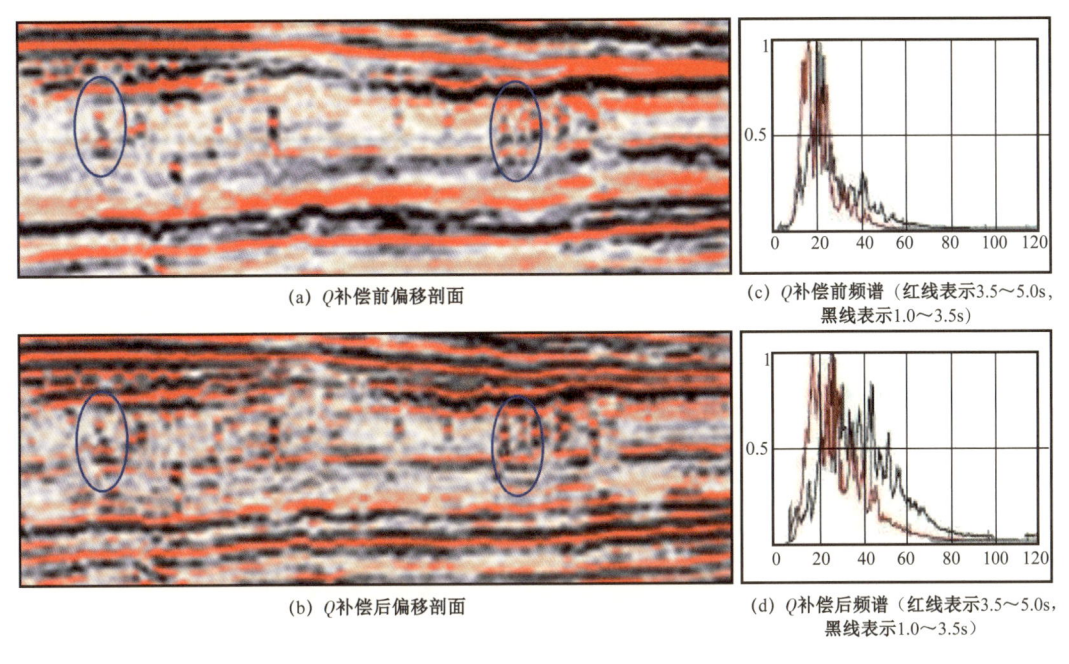

(a) $Q$ 补偿前偏移剖面

(c) $Q$ 补偿前频谱（红线表示3.5～5.0s，黑线表示1.0～3.5s）

(b) $Q$ 补偿后偏移剖面

(d) $Q$ 补偿后频谱（红线表示3.5～5.0s，黑线表示1.0～3.5s）

图 4-57　$Q$ 补偿处理前后的对比

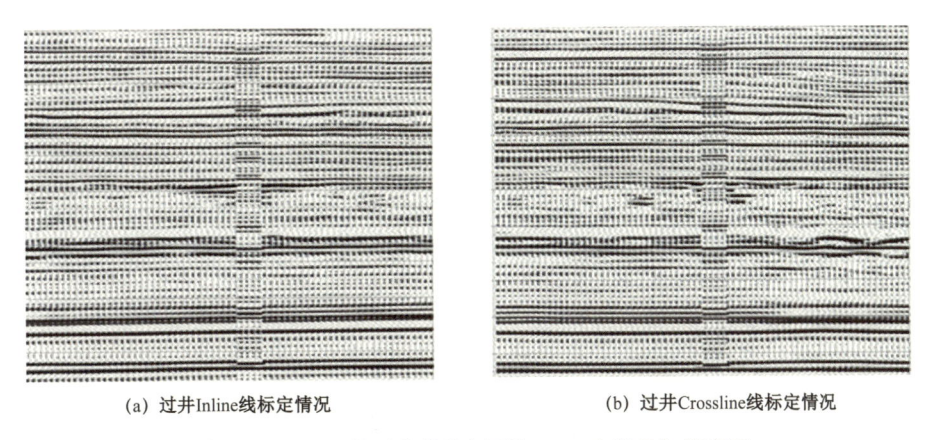

(a) 过井Inline线标定情况

(b) 过井Crossline线标定情况

图 4-58　H7-4 井过井偏移剖面与 VSP 走廊叠加镶嵌图

3. 五维数据规则化技术

在实际的地震勘探中，由于勘探经费的限制、野外施工条件等因素的影响，采集到的数据常常满足不了后续处理和成像对地震数据空间规则性及空间采样密度的要求。稀疏的或不规则的空间采样属性会影响地震数据的成像效果，而地震数据重建技术可以在一定程度上改善观测系统的空间采样属性，从而改善地震数据的成像效果。"十一五"期间，开展了共炮检距数据道集上的基于内插的数据规则化，在消除 CRP 道集的能量不均方面取得一定效果，改善了偏移成像的精度。但是对于宽方位数据来说，共炮检距的数据规则化，没有考虑不同方位的数据差异，使得插值后的振幅精度降低，不能满足叠前裂缝预测等需要利用振幅信息的解释技术的需要。

若用炮、检点的 $X$、$Y$ 坐标这 4 个空间维度加上时间维度来描述地震数据，可认为地震数据是五维的。在不同的坐标系统下，这 5 个维度可以有不同的含义。前 4 个空间维度也可以是 CMP 点的 $X$、$Y$ 坐标加上炮检距在 $X$、$Y$ 方向的投影；或者是 CMP 点的 $X$、$Y$ 坐标加上绝对炮检距和炮检方位角。

利用非均匀傅里叶重构技术，可以在上述不同的坐标系统下同时进行前 4 个空间方向的规则化处理，使得空间方向不均匀采样得到规则化重建，从而改善炮检距、覆盖次数等属性的不均匀性，并且重建部分缺失的地震道。由于五维数据重构算法具有更好的振幅保真性及抗假频和补缺口能力，因此，最近几年五维数据重构算法在工业界得到推广应用。图 4-59 为五维插值后的检波点分布图对比。图 4-60 为五维插值后的某一炮的检波点位置图。

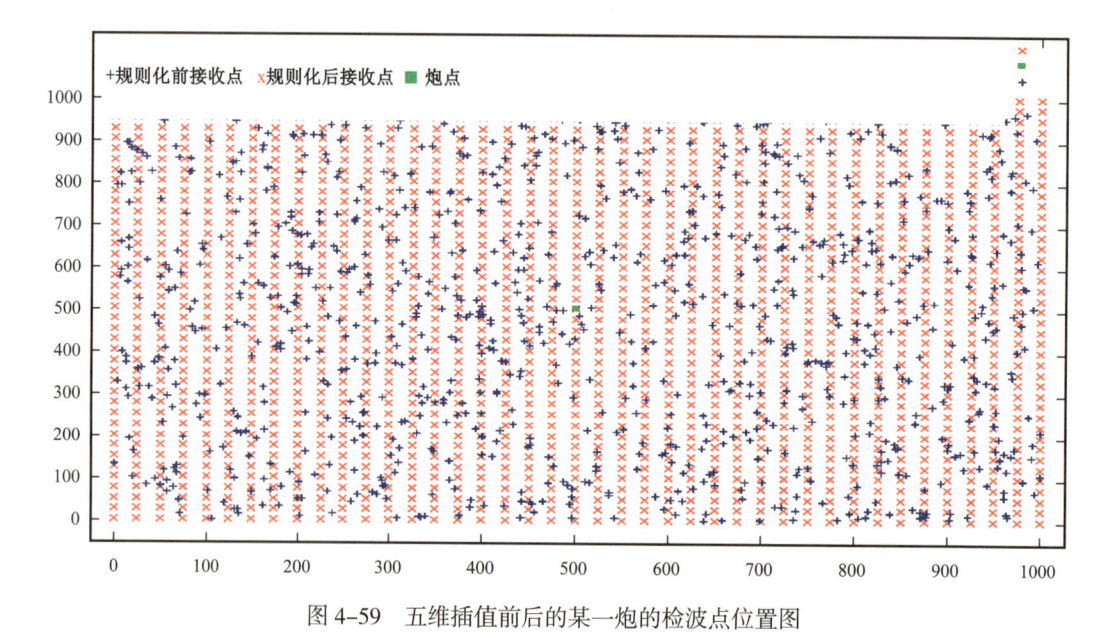

图 4-59　五维插值前后的某一炮的检波点位置图

(a) 五维插值前　　　　(b) 五维插值后

图 4-60　五维插值前后叠加剖面对比

五维插值本质是频率—空间域的数据重构，核心问题是如何避免空间假频，比较先进的算法是匹配追踪算法，其中在数据重构过程中的迭代次数、波数范围、频率范围等参数都决定了插值后数据的保真度。此外，原始数据的空间采样过大，也会降低插值后的数据精度，频率有所降低，较小空间采样的高密度数据具有较好的插值处理基础。

### 4. 炮检距矢量片域处理技术

随着高密度宽方位地震数据采集技术的大规模推广，基于炮检距矢量片（OVTs）处理技术替代了常规的分方位处理技术，成为高密度宽方位地震数据处理的核心技术。每个炮检距矢量片数据集由遍布工区的所有十字排列中相对位置的OVT块组成，位于每个OVT块内的所有CMP道数据具有相对较小的炮检距变化范围和方位角分布范围。因此，可以将每个炮检距矢量片道集视为具有相近的炮检距和方位角。在OVT域进行偏移处理后得到的数据可以定义为一个炮检距和一个方位角，对所有偏移后的数据按照成像点位置、炮检距、方位角顺序排列，就得到具有炮检距和方位角信息的CRP道集。在该道集上可以进行方位各向异性分析和校正，改善偏移后叠加成像质量，更重要的是可以进行方位各向异性裂缝预测研究。图4-61为OVT域处理的基本流程。

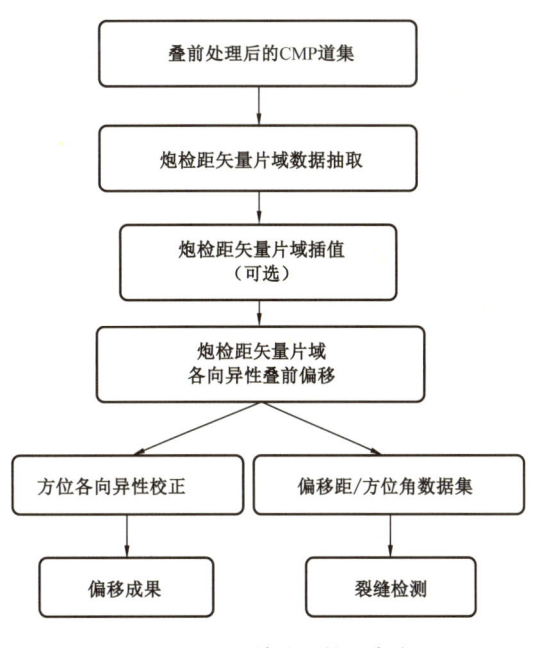

图4-61 OVT域处理的基本流程

#### 1）炮检距矢量片道集抽取与偏移

OVT（Offset Vector Tiles）道集就是炮检距向量片道集。OVT子集的抽取是在十字排列上进行的。图4-62显示了OVT子集抽取的过程，OVT块的大小定义为2倍炮线距×2倍检波线距所限定的炮检距分布范围，将十字排列按OVT块大小进行编号，那么只要抽

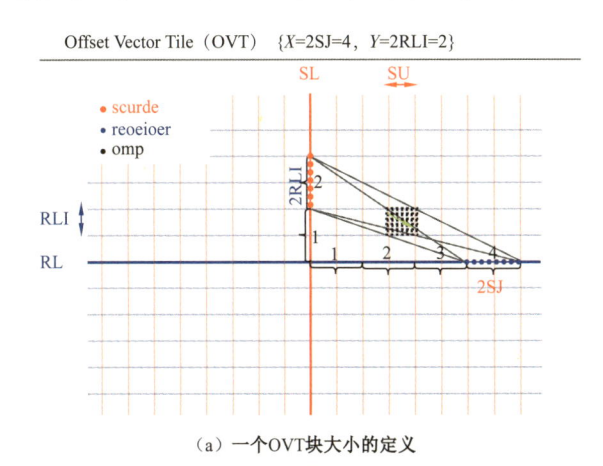

（a）一个OVT块大小的定义　　　　　（b）十字排列内OVT编号

图4-62 OVT子集抽取示意图

取每个十字排列内相同的 OVT 编号，就可以得到覆盖全工区的 OVT 子集。OVT 子集的个数等于覆盖次数。从工区内所有可能的十字排列中把单一的向量片取出并组合到一起，这些单一的 OVT 在每个十字排列中具有相同的相对位置，抽取后形成单次覆盖的数据体，这个数据体具有相近的方位角和炮检距（图 4-63）。理想情况下，一个 OVT 数据就是满足对地下一次覆盖的最小数据子集。

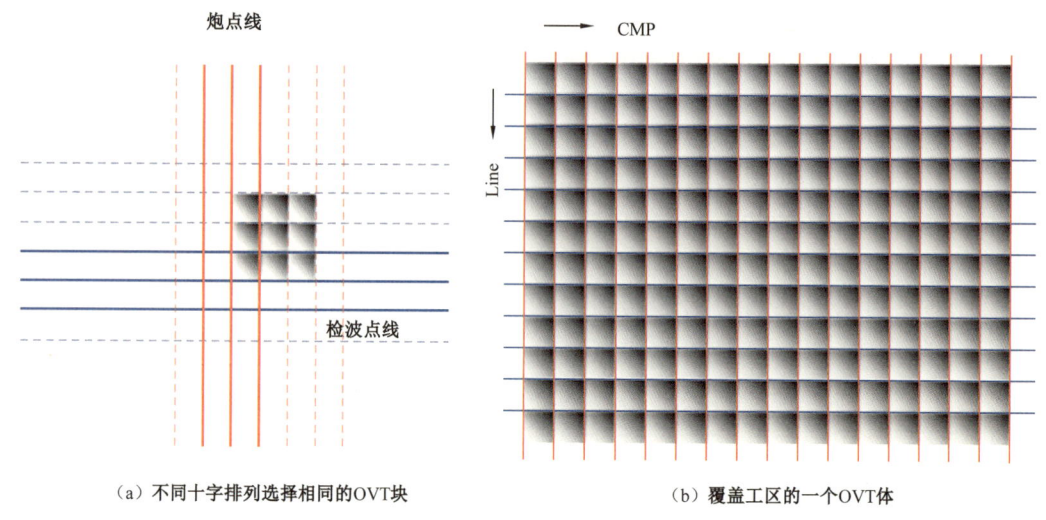

（a）不同十字排列选择相同的OVT块　　　　（b）覆盖工区的一个OVT体

图 4-63　OVT 子集抽取示意图

图 4-64 为一个 OVT 道集的炮检距和方位角分布平面图，可以看到炮检距和方位角集中在一个小的范围内。显然，OVT 子集的炮检距和方位角属性和观测系统有关，炮线距和检波线距越小，OVT 子集的炮检距和方位角离散度越小，反之越大。

OVT 域偏移成像与常规的 Kirchhoff 偏移道理一样，差别在于输入数据为 OVT 道集，而不是共炮检距道集。每个 OVT 数据子集偏移后，保留其原有的炮检距和方位角信息，按照 CRP 点位置、炮检距、方位角顺序抽取和排列，得到的道集称为螺旋道集，也称作"蜗牛"道集（图 4-65）。从螺旋道集上可以看到，不同炮检距的方位各向异性特征表现不同，近炮检距方位各向异性不明显，随着炮检距的增大，方位各向异性特征逐渐明显，但远炮检距信噪比相对较低。在每个方位角 0°～360° 变化范围内，炮检距大小限定在一个很小范围内，且均值为一常数。

2）方位各向异性校正处理技术

如果对介质某参数的测量值随方向发生变化，就称为各向异性。在地震勘探中，TI 介质是所遇到的各向异性中最重要的一种。在裂缝性地层中常存在 HTI 各向异性的影响，主要表现在振幅、速度、反射波形和相位随测线方位变化而发生变化。如图 4-66 所示的方位角道集所表现的方位各向异性。高密度宽方位地震数据 OVT 偏移或分方位偏移，保留了方位各向异性信息，消除方位各向异性的影响可以更好地实现同相叠加，改善宽方位地震资料成像效果。

在各向同性介质中，弹性波的相速度代表群速度，波的传播方向垂直于波前面。而在各向异性介质中，弹性波的相速度一般不同于群速度，相速度表示波前面前进的速度，而群速度代表了能量传播速度或射线速度。波的传播方向（射线方向）并不总是垂直于波前面的，如图 4-67 所示（$\theta$ 为相速度角、$j$ 为群速度角）。

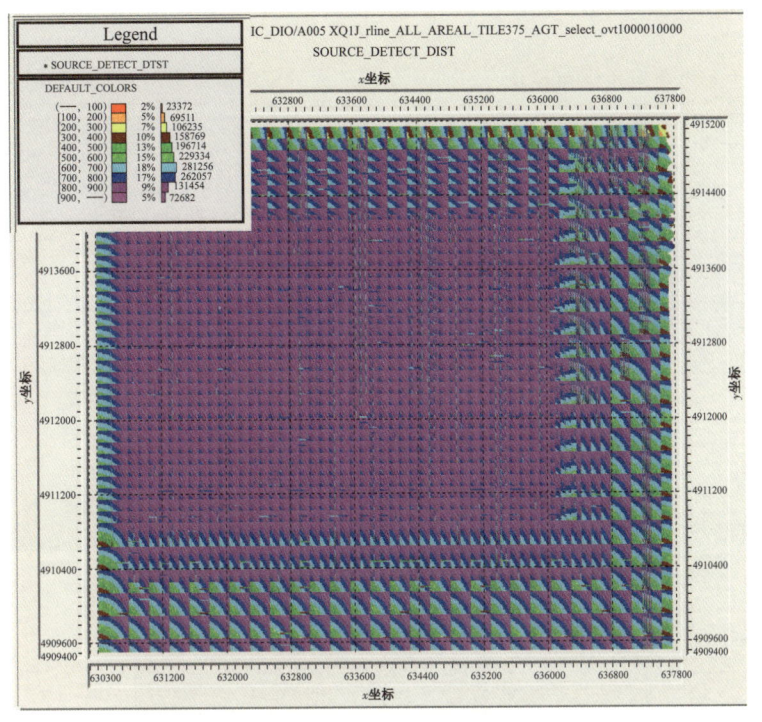

(a) OVT道集炮检距分布平面图

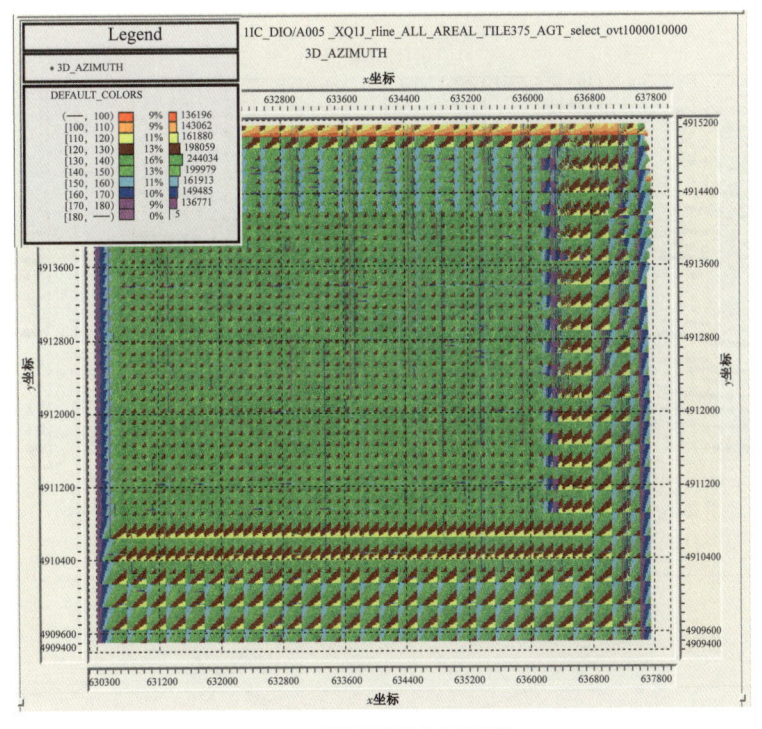

(b) OVT道集方位角分布平面图

图 4-64  OVT 道集炮检距和方位角分布平面图

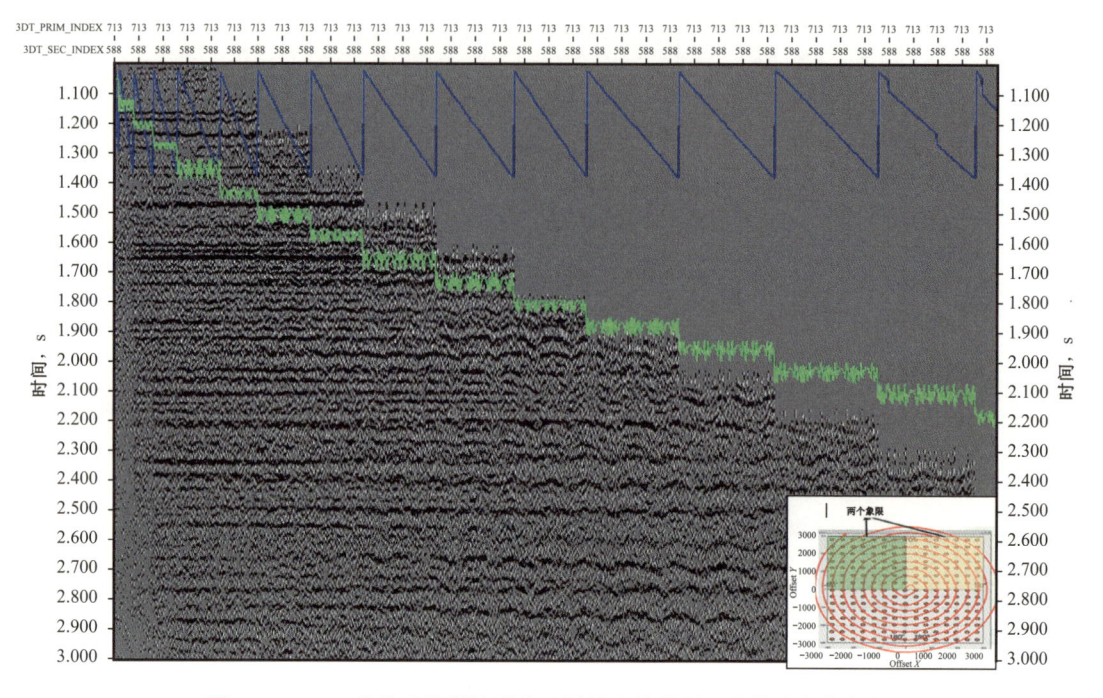

图 4-65 OVT 偏移后的螺旋道集（绿线为炮检距、蓝线为方位角）

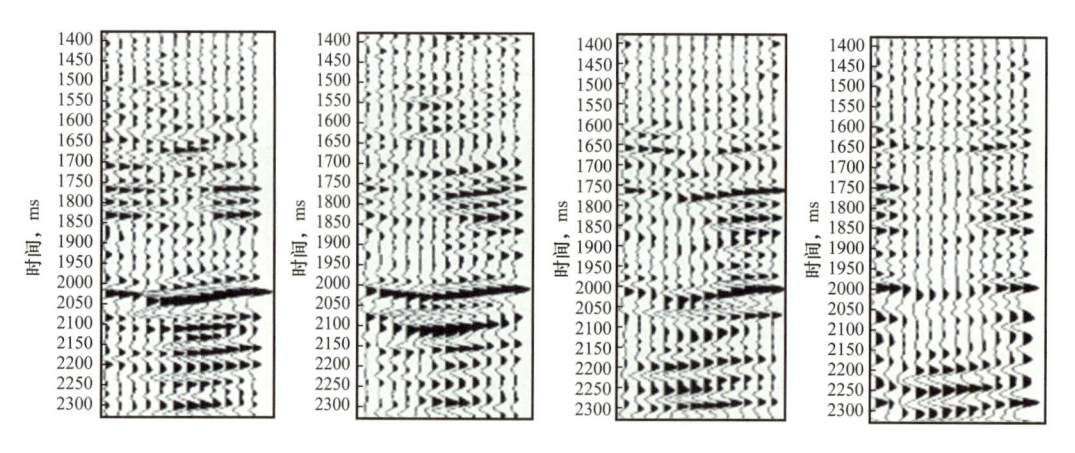

图 4-66 四个 CRP 点，每个点按 12 个方位排列，方位角间隔 15°

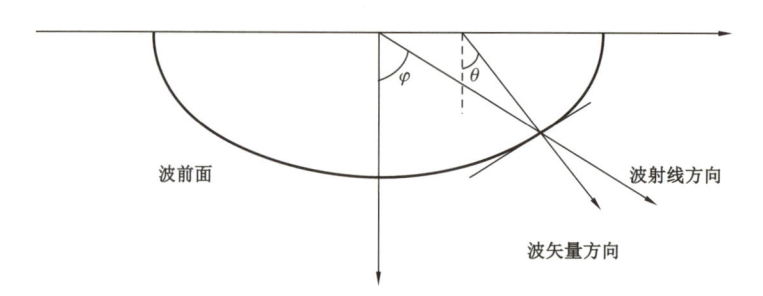

图 4-67 各向异性介质中群速度与相速度示意图

在 HTI 介质中，有两个互相垂直的对称平面。一个是垂直于对称轴的"各向同性面"，另一个是包含对称轴的"对称轴平面"。当 CMP 线方向既不平行也不垂直于对称轴方向时，仅考虑入射平面内的相速度矢量是不准确的。考虑射线在不同方位的动校正速度公式是一个椭圆方程，纵波动校正速度随观测方位的变化呈椭圆分布的特点。

方位各向异性动校正的关键是求取随方位角变化的速度函数，其中需要求取快方向、快方向速度、慢方向速度。具体实现的流程如图 4-68 所示。

方位各向异性校正也可以在螺旋道集上进行。图 4-69 为叠前时间偏移的螺旋道集方位各向异性校正前后的道集，图 4-70 为方位各向异性校正前后的叠加剖面对比，可以看到方位各向异性校正后剖面成像质量得到了较大的提高和改善，这也是 OVT 域处理的一大优势。

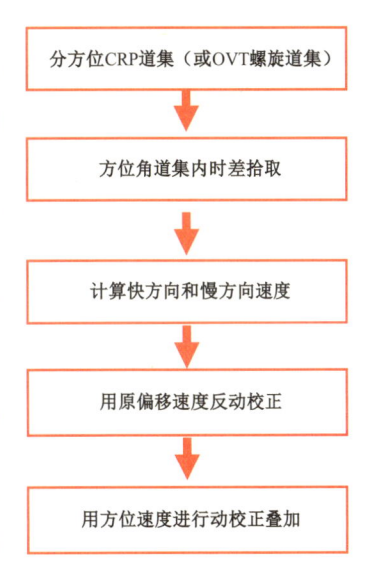

图 4-68　方位各向异性校正流程

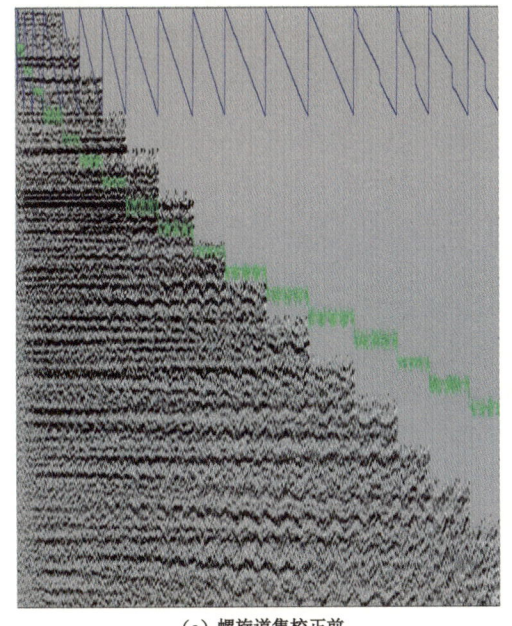

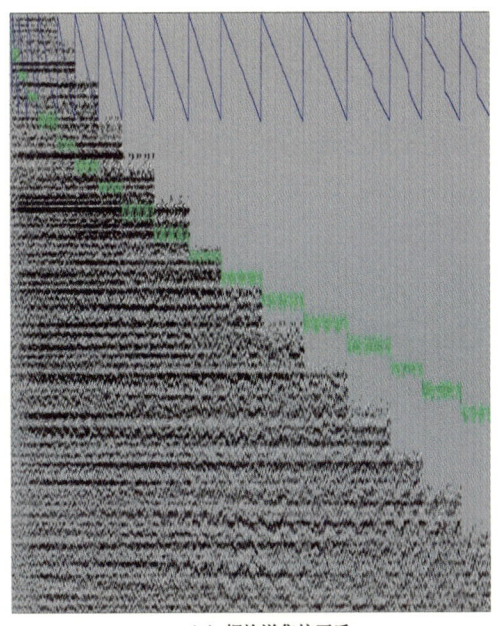

(a) 螺旋道集校正前　　　　(b) 螺旋道集校正后

图 4-69　叠前时间偏移的螺旋道集方位各向异性校正前后的道集对比

OVT 数据处理技术已经成为高密度宽方位资料处理的核心技术。形成的螺旋道集推动了叠前五维地震数据解释技术的进步，为各向异性裂缝检测提供了更好的基础，基于五维道集的裂缝检测精度大幅度提高。螺旋道集的方位时差校正技术提高了全方位数据的叠加质量，充分发挥了高密度宽方位地震数据在改善地震成像、提高裂缝预测精度方面的作用和潜力。

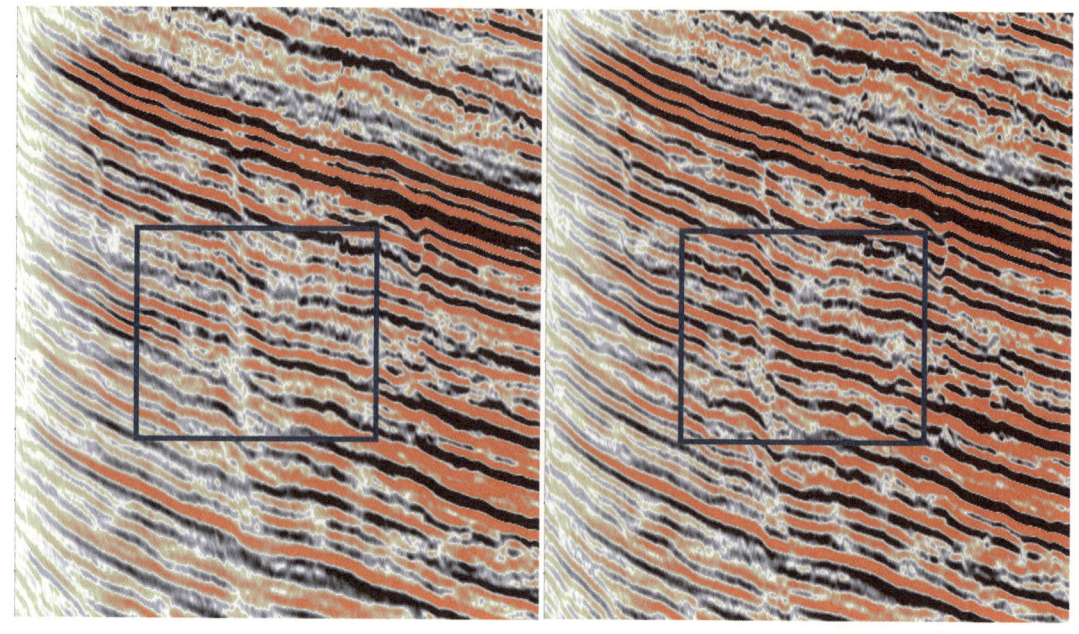

(a) 方位各向异性校正前　　　　　　　　　　(b) 方位各向异性校正后

图 4-70　叠前时间偏移方位各向异性校正前后的叠加剖面对比

以高保真道集处理、井约束处理、数据规则化、OVT 处理、方位各向异性研究为核心的高密度宽方位配套处理技术，大幅度提高了地震资料品质，地震地质信息得到进一步挖掘，显著地推动了高密度宽方位资料处理技术的进步，为高精度的地质解释研究、油藏评价研究、开发地震研究提供了高质量的地震成果。

### 五、高密度宽方位地震解释技术

高密度宽方位观测为地震成果数据质量的提高奠定了基础，地震资料的有效频带拓宽 10Hz 以上。在此基础上，采用炮检距矢量片域偏移成像处理技术，使地震数据在三维基础上增加了炮检距和方位角的信息维数，就可以更好地利用这些数据来识别断裂和预测裂缝发育情况。为解决如何应用多维度与宽频带地震数据来提高勘探精度的问题，"十二五"以来，针对越来越复杂的地质目标需求，通过对地震数据深化认识和持续挖潜，形成了以下关键技术，实现了地震数据解释由常规的三维解释到五维解释的跨越，获得了比常规地震资料更多的有用信息，为油气勘探开发提供了有力依据。

1. 微小断裂识别技术

1）地震多属性融合解释技术

随着地震技术及其他相关学科的发展与进步，地震属性从早先的振幅属性已经发展到现在的上百种。"十二五"以前，通常只利用单一的地震属性反映地下某种地质信息，但由于每一种地震属性都只对某些地质特征敏感，利用单一地震属性来预测断裂或者储层会产生多解性，因此，"十二五"期间，为充分挖潜高密度宽方位地震信息，创新发展了地震多属性融合解释技术，有效降低了单一地震属性预测地质目标的多解性。

地震多属性融合解释技术就是根据预测目标需求和属性数据类型及其特点，将同一地质目标的不同属性用融合的方法融合在一起，以突出对特定地质目标的识别。常用的融合方法有三原色融合、比例融合、特征值融合等。

2）基于分方位数据的多属性融合解释技术

高密度宽方位地震数据采集可以从不同方位观测到地下地质体的信息，炮检距矢量片域偏移成像处理则提供了不同方位叠加的地震成果数据，如何快速有效地从不同方位地震数据中提取微小断裂信息是"十二五"期间主要攻关的解释技术之一。

基于 GeoEast 解释系统提供的特色属性功能，首先，采用基于核主成分分析技术，通过坐标旋转的方式，将构造曲率和振幅曲率映射到新的坐标系统中，以最有利于分类为原则，将这两种属性进行压缩融合，突出微小断裂在不同地震属性上的共性特征，去除曲率属性中的无效和异常信息，提高断裂成像的清晰度。其次，针对不同方位的地震属性压缩结果，分析表征微小断裂的属性值域范围，采用多方位特征值数据融合技术，将不同方位压缩融合后的地震属性体上表征微小断裂特征的数据值域保留下来，剔除其余数值区域，再互相叠加覆盖，最终得到一张综合多个方位的多种地震属性的平面图（图4-71）。这样，通过这种基于分方位数据的多属性融合解释技术形成的一张属性图，就包括了12个地震属性数据体的信息（2种属性/方位×6个方位），不仅保留了不同属性的共性特征，也突出了同一种属性不同方位的个性特征，大幅度提高了微小断裂的识别能力。利用这种技术，在准噶尔盆地玛湖1井先导试验三维进行了应用，有效落实了用常规手段无法识别的垂向断距小于10m的走滑断裂，建立了玛湖1井区油气成藏模式，并按照断块控藏的模式上钻了玛湖4井，该井在百口泉组获得工业油流，进一步证实了该方法的有效性。

(a) 105°~135°方位角构造曲率属性

(b) 105°~135°方位角能量曲率属性

(c) 105°~135°方位角基于核主成分分析的曲率融合属性

(d) 15°~45°方位角基于核主成分分析的曲率融合属性

(e) 6个方位特征值融合属性

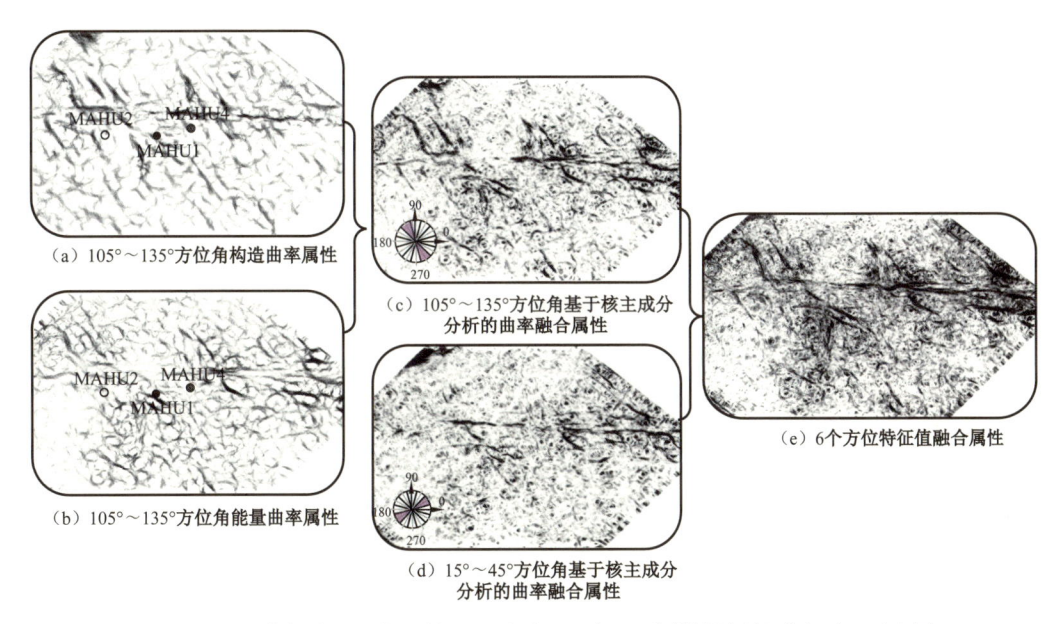

图 4-71　准噶尔盆地玛湖1井区三叠系百口泉组不同数据属性融合平面对比图

3）基于优势频带的多尺度断裂融合解释技术

随着勘探程度的提高，在大多数地区，需要用地震资料落实10m左右的微小断裂，以满足勘探开发及油藏描述的需要。高密度宽方位地震数据采集和处理技术使得地震资料有效频带得到拓宽，低频端拓展了5Hz左右，高频端拓展了10Hz左右，即视主频提高

8Hz左右，为微小断裂刻画提供了资料基础。以往对于断裂的识别一般是直接利用地震成果数据的相干、曲率等地震属性进行解释和组合断裂。"十二五"期间，为更充分有效地挖掘潜宽频地震数据优势，重点从不同尺度断裂对频率敏感程度不同的角度出发，通过优势频带选择，再利用属性融合的方法来完成断裂的刻画。

以准噶尔盆地石南13井区三维为例，区内主要发育中、晚燕山期两期断裂，断层垂向断距一般为10~20m，走向存在明显差异。常规的相干体属性只能刻画断距较大的断裂，但对于10m左右的微小断裂识别则显得无能为力；而曲率体属性对同相轴的微小挠曲或者扭动较为敏感，对微小断裂刻画也就更为精细，但对于较大尺度断裂识别，断点平面位置横向偏差就显得比较大了，存在严重的多解性。同时，由于地震资料有效频带内的高频端和低频端的信噪比都相对较低，利用全频带数据满足不了微小断裂识别的需要。因此，在正演分析基础上，利用优势频带来提高不同尺度断裂的识别能力。具体来说，就是采用20~45Hz优势频带地震数据通过相干体属性分析技术来完成较大尺度断裂刻画，再采用40~60Hz优势频带地震数据通过曲率体属性分析技术来完成较小尺度断裂识别。最后，再利用属性比例融合的方式实现不同尺度断裂的综合识别（图4-72）。该方法不仅有效地保留了不同尺度断裂的有效信息，抗噪性也得到明显提高。利用上述方法，有效地落实了该区侏罗系三工河组二段断裂展布特征，其中晚燕山期较大尺度断裂6条，中燕山期较小尺度断裂56条，特别是近南北走向的中燕山期小断裂的发现，对油藏分析和目标落实起到了重要作用。结合优质储层预测结果，采纳上钻了两口井位。其中和8井在目的层获得工业油流，和12井也在目的层获得油浸级显示，证明了本文断裂识别技术的可靠性和有效性。

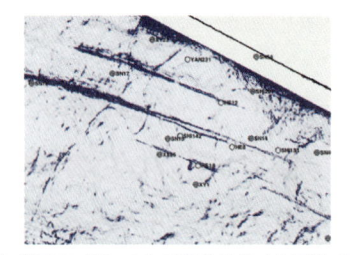

(a) 基于BP（20，45）数据体的相干体属性平面图 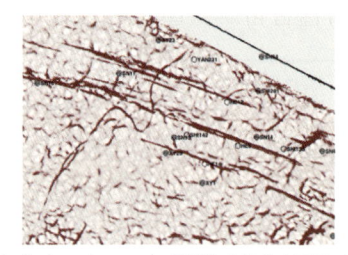　　(b) 基于BP（40，60）数据体的体曲率属性平面图

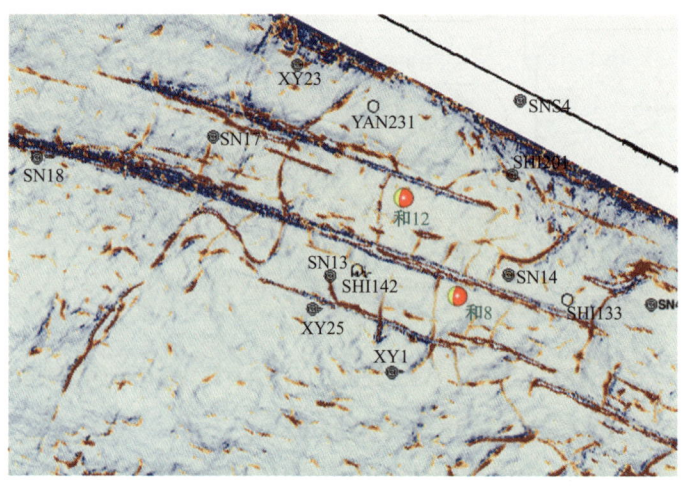

(c) a、b两种属性的比例融合结果

图4-72　准噶尔盆地石南13井区侏罗系三工河组不同尺度断裂属性平面对比图

2. 方位各向异性裂缝预测技术

裂缝的存在会导致地震波穿过储层介质时引起地震波能量、振幅、频率、相位和吸收系数等地震波参数的改变，从而引起地震反射特征的变化。裂缝的发育程度关系到储层品质和单井产量，因此裂缝预测一直是地质和地球物理研究人员关心的问题。"十二五"以前，地震地质解释人员主要是采用叠后属性分析方法（蚂蚁体、曲率、应力场分析等）来定性描述，即推测越靠近断裂带的区域或者变形强烈的区域裂缝可能越发育，这种推断多解性强、可靠程度较低。

高密度宽方位三维地震技术通过增加三维接收排列片宽度，实现宽方位或全方位观测，从而获得了方位各向异性的地震信息。特别是近年来，炮检距矢量片域叠前偏移处理技术的应用，使得地球物理人员利用方位各向异性信息来进行裂缝预测成为可能。由于炮检距矢量片域叠前时间偏移更好地保留了方位角信息，就可以利用不同方向的地震波在穿过裂缝时会引起反射振幅的变化这一特征（AVAZ, Amplitude Versus Azimuth）来实现裂缝的预测，这也是方位各向异性椭圆预测裂缝的基本原理。同时，由于 OVT（Offset Vector Tile）道集数据量大，原始道集信噪比低，解释人员如何从庞大冗余的道集中获取高质量的分方位叠加数据体是面临的主要问题。

1）有效偏移距分析与优选技术

无论是 CRP（Common Reflection Point）道集还是 OVT 道集，即使进行了保幅处理，受野外观测条件的限制，不同偏移距上的信噪比、频率、振幅特征差别也较大。受激发和接收条件的影响，在 OVT 道集上，近偏移距资料信噪比低，有效信号往往淹没在噪声里；而远偏移距有效信息也受覆盖次数不均匀及频率衰减等的影响严重，成像质量一般也较差。因此，为保证每个方位上的部分叠加资料的信噪比和成像精度，首先要通过已知井的 AVO 正演模拟来保证有效的偏移距或入射角范围。其次要根据近、远偏移距资料的信噪比和分辨率进行适当的取舍。具体就是，在 AVO 正演结果的指导下，通过对全方位角的 OVT 道集数据进行不同偏移距叠加剖面的能量及信噪比对比分析，最大限度地保障有效数据的利用，提高成像的精度。在近偏移距范围优选时，要尽量避免选择面波影响严重区域；在远偏移距范围确定时，要尽量切除动校拉伸畸变以及方位各向异性校正不足的区域。

2）椭圆拟合充分性分析和优选技术

利用各向异性椭圆原理预测裂缝，决定其精度的另外一个重要参数就是椭圆拟合点数，也就是方位角划分数量。如果每个方位角内的数据叠加成一个数据体，由于覆盖次数不够，单个方位叠加数据的信噪比就会很低，各向异性椭圆拟合规律性就会很差，同时也会影响运算速度和效率；如果分方位划分数量太少，虽然可以保证单个方位叠加数据的信噪比较高，却不能保证椭圆拟合的充分性。因此，裂缝预测基础数据的选择实际上是综合信噪比和椭圆拟合充分性两方面因素来权衡。

在实际裂缝预测的过程中，首先，要以研究区 AVAZ 正演分析结果为指导，明确裂缝发育的优势方位与地震振幅响应特征之间的关系；其次，井点处方位各向异性振幅变化的椭圆拟合结果要与井的裂缝发育方向一致；最后，需要综合信噪比、椭圆拟合充分性两方面因素通过反复实验来确定分方位叠加数据的数量。考虑到上述因素，在裂缝发育主方向比较明确的情况下，一般建议分方位划分数量（即椭圆拟合点数）至少保证在 12 个以上，方能得到较为可靠的裂缝预测结果。

以准噶尔盆地玛湖 1 井先导试验区为例，区内玛湖 1 井、玛湖 2 井、玛湖 4 井的储层物性基本一致，但试油产量存在较大差异，其中玛湖1井为高产工业油流井，平均日产油39.4t，平均日产气 $0.25 \times 10^4 m^3$，后期产量下降较快；玛湖4井产量相对较低，平均日产油量10t，产量基本稳定；玛湖2井为水井。根据正演结果及OVT道集实际情况，偏移距优选范围为800~4500m，方位角划分数量为36个，即每10°划分一个叠加范围。从利用方位各向异性振幅特征预测的裂缝结果来看（图4-73）：玛湖2井、玛湖4井井点附近裂缝密度相对较低，裂缝发育方向主要为近南北向，与北东南西向羽状断裂走向基本一致；预测结果与钻、测井资料完全吻合。玛湖4井成像测井资料显示目的层只发育少量的高角度裂缝和钻井诱导缝，裂缝走向与近东西向走滑断裂的走向一致，导致油气产量低。玛湖1井无成像测井资料，但深浅侧向电阻率的差异指示了裂缝的存在；分析认为，玛湖1井的高压和高产可能就是由于油气在裂缝中高丰度充注所引起的。利用这项技术，实现了该区裂缝发育密度和裂缝发育方向的定量表征。这项技术不依赖于井的信息，在地震数据方位各向异性校正和保幅处理做得比较好的情况下，具有很好的应用前景。

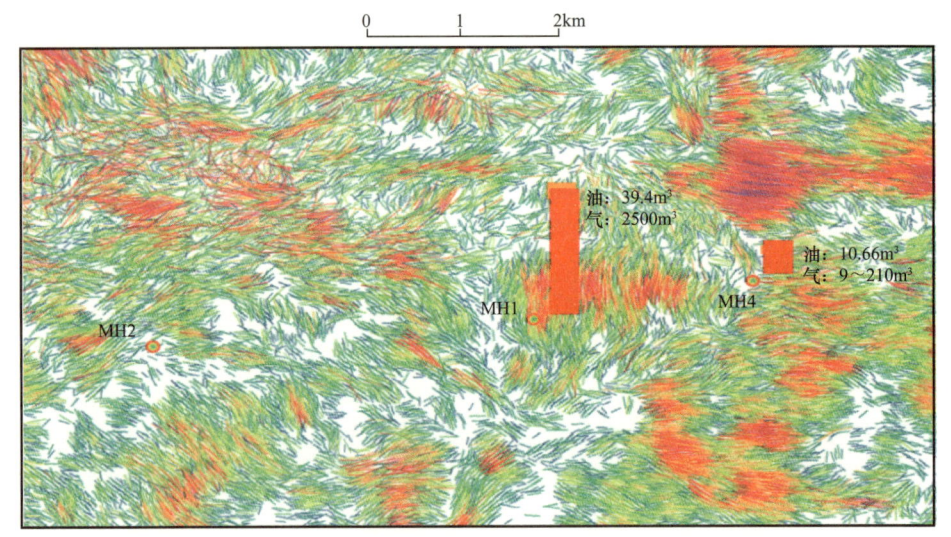

(a) 目的层底界裂缝预测平面图

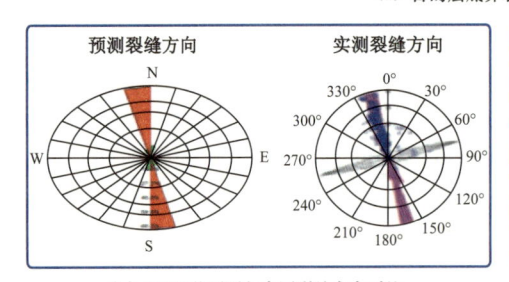

(b) 玛湖1井预测与实测裂缝方向对比

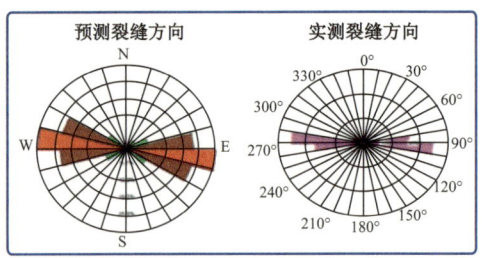

(c) 玛湖1井预测与实测裂缝方向对比

图4-73 玛湖1井与玛湖4井区裂缝预测结果对比图

3. 油气检测技术

1) 敏感方位AVO分析及叠前反演技术

AVO（Amplitude Versus Offset）分析和叠前地震反演技术是利用Zoeppritz方程或其近似方程，根据振幅随炮检距或入射角的变化规律来定性或者定量预测地下岩性和流体的关键技术。以往由于野外观测方位较窄，造成CRP道集数据中所包含的断裂方位特性和流体富集的信息相互影响，不能实现流体富集信息的准确预测；当观测角度变宽时，地震波穿过断裂或裂缝（带）就会引起地震速度、振幅、频率及相位的相应变化，就可以通过炮检距矢量片域处理技术明确断裂或裂缝的方位各向异性特征，突出流体富集的 AVO 特征。也就是说，在保证足够信噪比的情况下，要尽量优选平行于断裂或裂缝发育方位的数据，然后再进行入射角划分来开展 AVO 分析或者叠前反演，这样预测的结果才能更真实地反映流体富集信息的真实变化规律。

同样以准噶尔盆地玛湖 1 井区先导试验三维为例，该区三叠系百口泉组储层厚度较大（30～50m），砂砾岩体纵向存在一定叠置，但横向分布较为稳定。钻井证实，玛湖 1 井、玛湖 4 井属于同一套砂体，玛湖 2 井所钻遇的砂体为位于玛湖 1 井上倾方向的另外一套砂体，三口井的油气水产量前已述及，不再赘述。叠前弹性敏感参数交会表明，纵横波速度比（$v_P/v_S$）为能反映该区流体变化特征的叠前弹性敏感参数，$v_P/v_S$ 值低于 1.76 指示为油层。通过炮检距矢量片域处理技术，按照全方位、平行和垂直断裂方向三种方案（每套方位数据又进一步划分为三个部分入射角叠加数据）进行了对比研究。

从三个不同方位的 $v_P/v_S$ 叠前反演结果对比（图 4-74）可以看出，全方位 $v_P/v_S$ 反演结果（图 4-74a）虽然信噪比更高，但由于没有去除断裂或裂缝引起的各向异性影响。剖面上显示玛湖 1 井、玛湖 4 井两口井井点处存在明显的 $v_P/v_S$ 异常低值（小于 1.73），而两井之间却表现为较高的 $v_P/v_S$（1.76 左右），与钻井揭示油藏分布特征差别较大。显然，断裂或裂缝的信息干扰了流体预测结果；对于平行于主断裂发育方向的 $v_P/v_S$ 反演结果（图 4-74b），不仅能很好地表征三口井的出油气情况，还显示玛湖 1 井、玛湖 4 井两口井之间的储层是连通的，这与油藏的分布特征是一致的；而垂直于主断裂方向的 $v_P/v_S$ 反演结果（图 4-74c）与另外两个预测结果差异较大，可以明显地看出该结果主要反映的是断裂或裂缝带的方位各向异性特征（图 4-75），掩盖了储层含流体特征的变化。

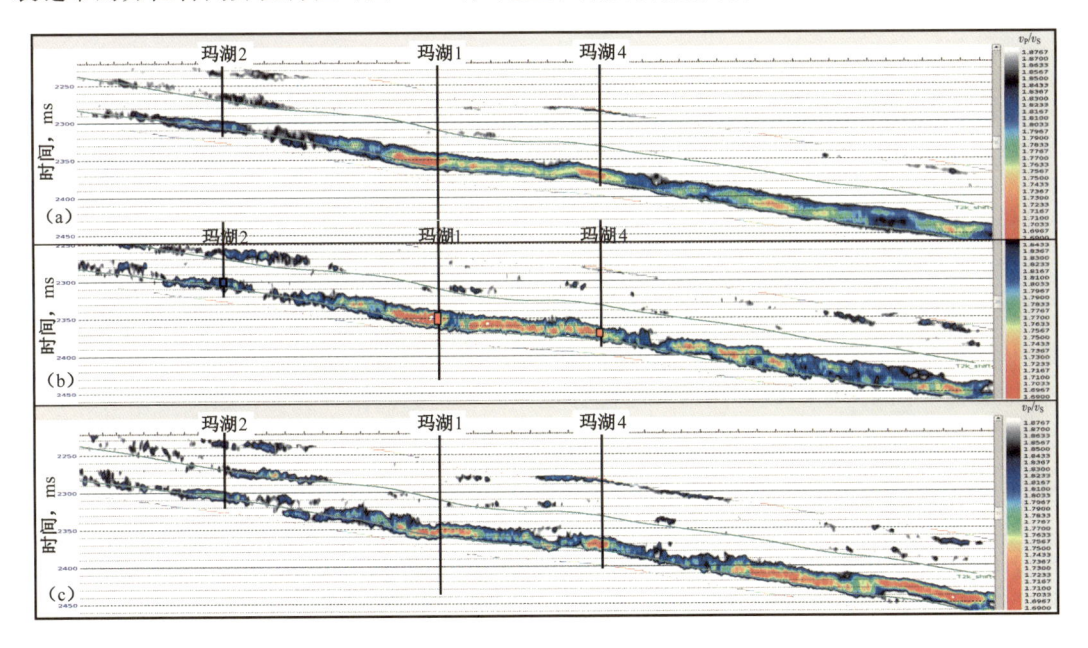

图 4-74　准噶尔盆地玛湖 1 井区三叠系百口泉组不同方位地震数据 $v_P/v_S$ 叠前反演剖面
（a）全方位分入射角叠加数据叠前 $v_P/v_S$ 反演结果；（b）平行于断裂方向分入射角叠加数据
叠前 $v_P/v_S$ 反演结果；（c）垂直于断裂方向分入射角叠加数据叠前 $v_P/v_S$ 反演结果

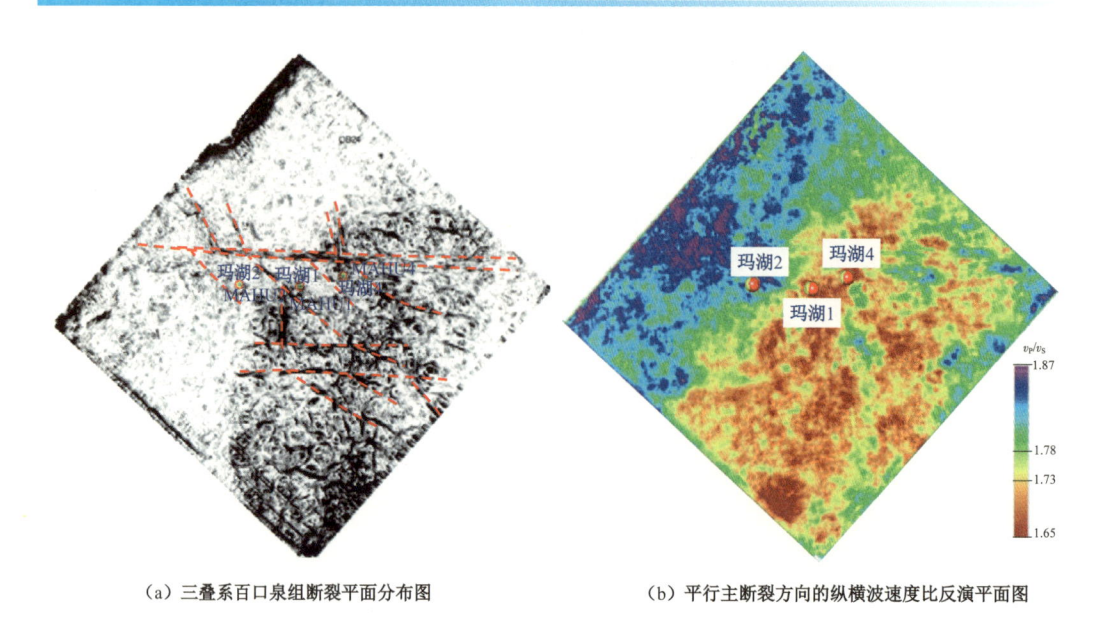

(a) 三叠系百口泉组断裂平面分布图　　　　(b) 平行主断裂方向的纵横波速度比反演平面图

图 4-75　准噶尔盆地玛湖 1 井区断裂各向异性特征

2）基于低频信息的烃类检测技术

一般认为储层含油气后会引起振幅和频率的变化。在时间域，储层含油气后振幅往往表现为"亮点"或者"暗点"特征；在频率域，频谱形态主要表现为"低频共振、高频衰减"的特征。实验室研究和国际、国内一些勘探实践证实，储层含油后的低频敏感响应频段为 8~10Hz，因此"十二五"期间采用高密度地震观测、低频可控震源激发，获得了高质量的低频信息，为烃类检测奠定了良好的基础。由此，研发并形成了子波分解与重构技术及其衍生的频谱衰减属性等关键解释技术。改变了以往以时频分析、单频体分析技术等为主进行叠后流体检测的老做法。

由于地震子波在穿过储层与非储层、含油气储层与不含油气储层等不同岩性及不同流体性质的介质时，其反射波形往往会发生相应的变化，可以利用这些隐藏在地震波形中的信息来指示和表征储层或者流体性质信息。但基于单一地震子波褶积模型的一些常规叠后储层和油气预测方法存在一定的局限性，主要表现在能够表征储层和含油气性的有价值信息被众多冗余信息和噪声信息所掩盖，预测结果存在一定的不确定性。子波分解与重构技术突破了常规地震信号处理和解释中的单一地震子波的假设，将一个地震道分解成多个不同形状、不同主频的地震子波，用这些子波重新组合叠加，就可以较为准确地重构出分解前的地震道（图 4-76）。该方法最大的优势是可以根据已知钻井资料，去掉与储层变化和分布没有直接关系的子波，选取能够表征储层和流体变化相关的子波，重构出新的地震数据体。

以准噶尔盆地滴南 8 井区三维为例，三维叠前时间偏移地震成果资料有效频宽为 2~62Hz，出油层段为二叠系梧桐沟组顶部的薄砂层，埋深 4000~4200m，其中滴南 8 井为油井，滴南 081 井为水井，滴南 13 井为干层，尝试用多种叠后常规油气检测方法均无法表征各井之间含油储层展布，从图 4-76 中可以看出，在常规地震剖面上很难区别油井、水井和干井，但在重构后的剖面上，滴南 8 井与另外两口井之间的响应特征存在明显不同，较好地预测了该区含油储层展布。

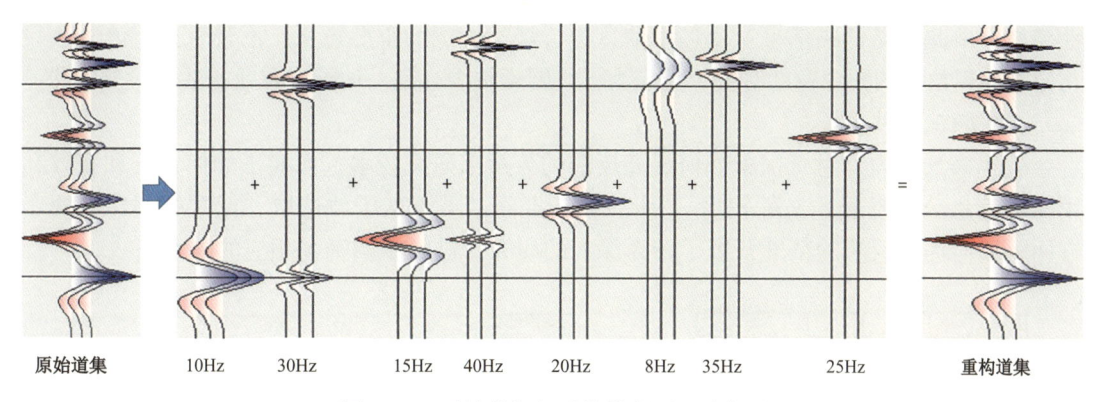

图 4-76　子波分解与重构技术原理示意图

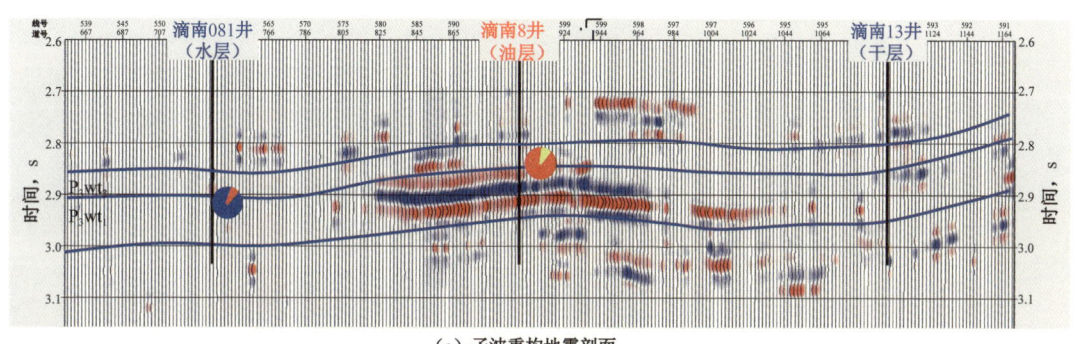

图 4-77　准噶尔盆地滴南 8 井区二叠系梧桐沟组子波重构剖面与原始地震剖面对比图

从理论上来说，只要在给定的地震信号段内有子波存在，其频谱就可以精确地计算出来。如果在目标层之上和目标层之下各取一个窗口，分别计算其频谱并对频谱进行归一化处理，再用目标层之上的频谱减去之下的频谱，得到的结果称之为剩余频谱。显然，当地震波穿过不同特性的地层或含油气和非油气层时，其频率成分会发生相应的衰减变化，就可以利用频谱特征或剩余频谱的横向变化来预测含油气性。

同样以滴南 8 井三维二叠系梧桐沟组主要目的层为例，在剩余谱剖面上（图 4-78d），当储层含油气后，剩余谱响应特征较为明显，即"低频共振、高频衰减"的变化现象成对出现。从图中可以看出，该区低频共振频率 10Hz 左右，用红色表示；高频衰减频率为 30Hz 左右，用蓝色表示。同时，通过不同低频截止频率的试验对比研究发现（图 4-78），当地震低频能量足够稳定时，低频端能量有效信号能量越强，基于剩余频谱预测油气方法的稳定

- 273 -

性越好，由此可见低频信号对用频率信息进行烃类检测的重要意义。不难看出，该方法只与原始地震数据的频带宽度有关，受人为干扰因素较少，是一种行之有效的油气检测手段。

4. 宽频反演技术

近年来，国内外对于探索如何提高反演的分辨率研究较多，而对于如何充分和有效利用低频信息公开发表的文献较少，"十二五"期间，重点从子波选取、低频模型建立两个方面就如何提高反演的精度开展了较为深入的研究，进一步明确了相应的技术路线。

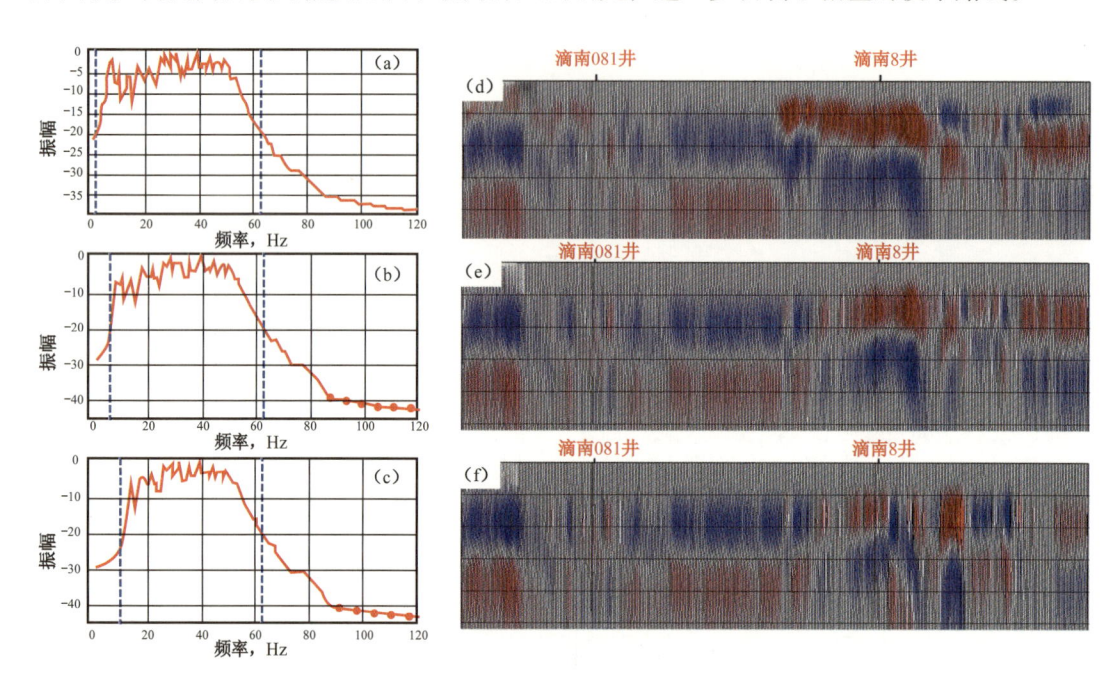

图4-78 准噶尔盆地滴南8井区二叠系梧桐沟组不同低频成分下的剩余频谱结果对比图
（a）原始地震数据的频谱；（b）（c）分别为对原始地震数据进行6Hz、10Hz
低通滤波后的目的层频谱；（d）（e）（f）分别为a、b、c对应的剩余频谱剖面

1）子波选取原则和方法

地震反演的过程就是去除子波响应恢复真实反射系数的过程。子波不仅决定合成记录标定的质量，更直接影响反演精度。子波的求取方法较为复杂，涉及子波类型、子波极性判定、子波长度、子波估算时窗等，这里主要阐述如何正确选择子波类型，其他不做赘述。

通过在多个区块的试验对比研究，发现在宽频地震资料的反演过程中，特别是在地震资料低频有效截止频率小于4Hz时，由于各种不同类型子波其滤波特性存在较大差异。为保证合成记录与实际地震记录有更好的相关性，需要对目的层范围内的振幅谱特征与不同类型子波对应的合成记录频谱特征进行对比研究，从而选择和确定合适的初始子波。对于雷克子波就需要确定合适的主频，对于俞氏子波则需要确定合适的起止频率，对于带通子波就要确定合适的起止频率及斜坡长度。然后利用这个选定的初始子波与实际井旁道进行互相关，求取最优化子波再进行反演，这样就可以保证合成记录振幅谱与实际地震记录振幅谱有较好的一致性，提高合成记录标定的精度，从而达到提高地震反演精度的目的。

以准噶尔盆地滴南8井区三维为例，原始地震资料有效频带为2~62Hz，选择雷克子波、带通子波、俞氏子波进行对比试验（图4-79，图中蓝色和红色曲线分别为正演合成记录和实际地震记录的振幅谱),从图4-79中可以看出,当振幅谱值不小于-20dB时,三个子波对应的合成记录振幅谱与实际地震记录振幅谱形态大致相同,但当振幅谱值小于-20dB以后,低频端和高频端振幅谱形态和能量均存在一定的差异。分析认为,这是由于不同类型子波本身的滤波特性决定的。由于雷克子波主频更偏向于中心频率,且缺少低频,导致两者低频端振幅谱形态差异较大;由于俞氏子波主频更偏向低频,致使低频端能量比实际地震记录更强,同时在振幅谱值小于-20dB时,高频端能量也比实际地震记录强;而对于带通子波,由于可以更灵活地控制起止频率和斜坡长度,就可以获得与实际地震记录较为一致的合成记录振幅谱。

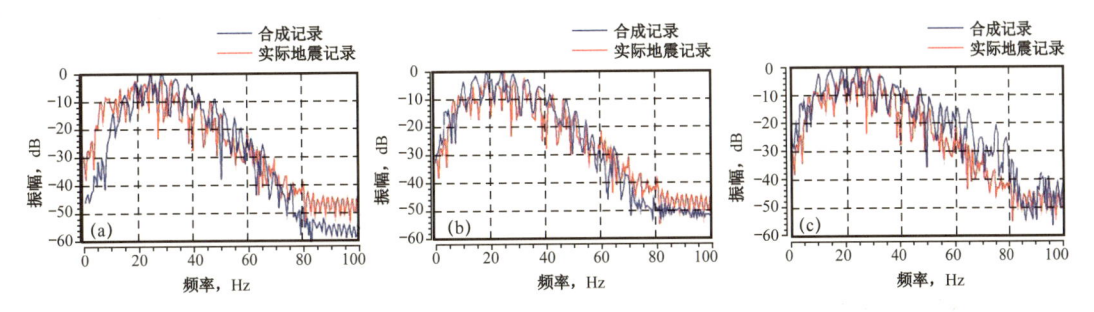

图4-79 准噶尔盆地滴南8井二叠系梧桐沟组合成记录与实际地震记录振幅谱对比图
(a)雷克子波(主频28Hz)合成记录与实际地震记录振幅谱对比;(b)带通子波BP(2,8,30,70)Hz合成记录与实际地震记录振幅谱对比;(c)俞氏子波(2~40Hz)合成记录与实际地震记录振幅谱对比

从合成记录与实际地震记录对比来看(图4-80),利用三种子波制作的合成记录结果差异不大,相关系数均在0.8以上。但由于带通子波的振幅谱特征与实际地震数据最相似,因此合成记录标定质量最高,相关系数值最大。

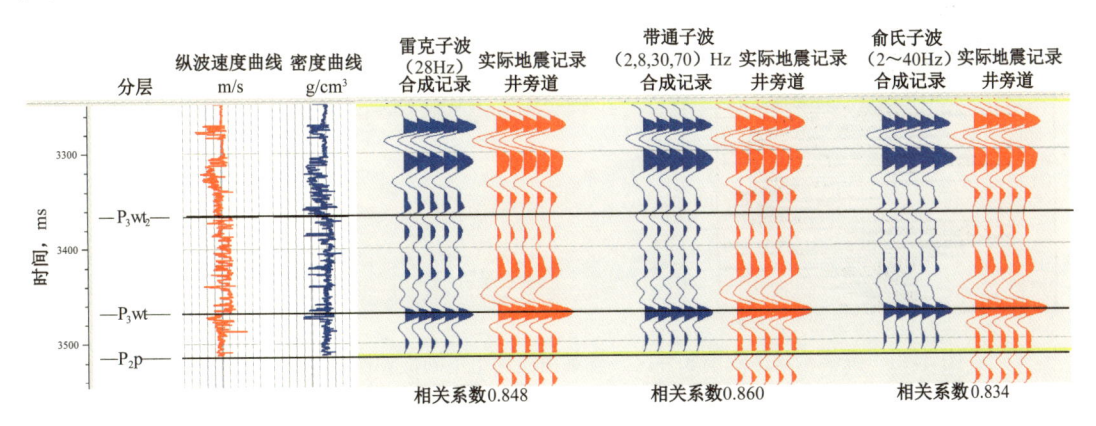

图4-80 准噶尔盆地滴南8井二叠系梧桐沟组不同子波合成记录与实际地震数据对比图

2)低频模型建立方法

地震反演首先要恢复真实反射系数,即先获得准确的相对波阻抗,然后再加上正确的低频趋势,就得到了真实的绝对波阻抗。一般而言,由于常规地震数据大多缺失10Hz以下的低频信息,低频成分主要是通过导入测井数据的低频趋势,然后与带限反演结果合并得到含低频成分的绝对波阻抗结果。但是,对于宽频地震数据,特别是对于低频端有效截止频率达到2Hz的宽频数据,是否意味着只需用测井数据补充2Hz以下的低频信息就可

较好地恢复真实阻抗信息了呢？

针对这个问题，在准噶尔盆地滴南 8 井区三维开展了研究试验，该区成果数据有效带宽为 2～62Hz，滴南 8 井为反演约束井，滴南 081 井为验证井。通过对测井曲线进行低通滤波对比研究发现，在该目的层段，当采用 4Hz 低通滤波器进行滤波时（图 4-81），原本浅、中、深位置对应的低、高、低阻抗特征发生了明显的反转，从对应的 6Hz、4Hz、2Hz 低频趋势补充的反演结果来看（图 4-81b—d，图中反演剖面井点位置嵌入的柱子为从测井曲线获得的真实波阻抗），当低频趋势补充不合理时（小于等于 4Hz 时），不能得到相对准确的绝对波阻抗信息，只是获得类似于相对波阻抗的一个结果（图 4-81c、图 4-81d）。当 6Hz 补充低频趋势时，如图 4-81b 所示，在滴南 081 井处目的层箱状砂岩与测井曲线的较强波阻抗（红黄色调）相一致，说明地震反演的结果接近绝对波阻抗。由此可见，如果测井的低频趋势过于平滑，不仅不能获得真实的绝对波阻抗，反而会引入错误的低频信息。综合各种因素，为满足该区目标识别和储层预测的要求，最终选择对测井资料补充 6Hz 以下低频。

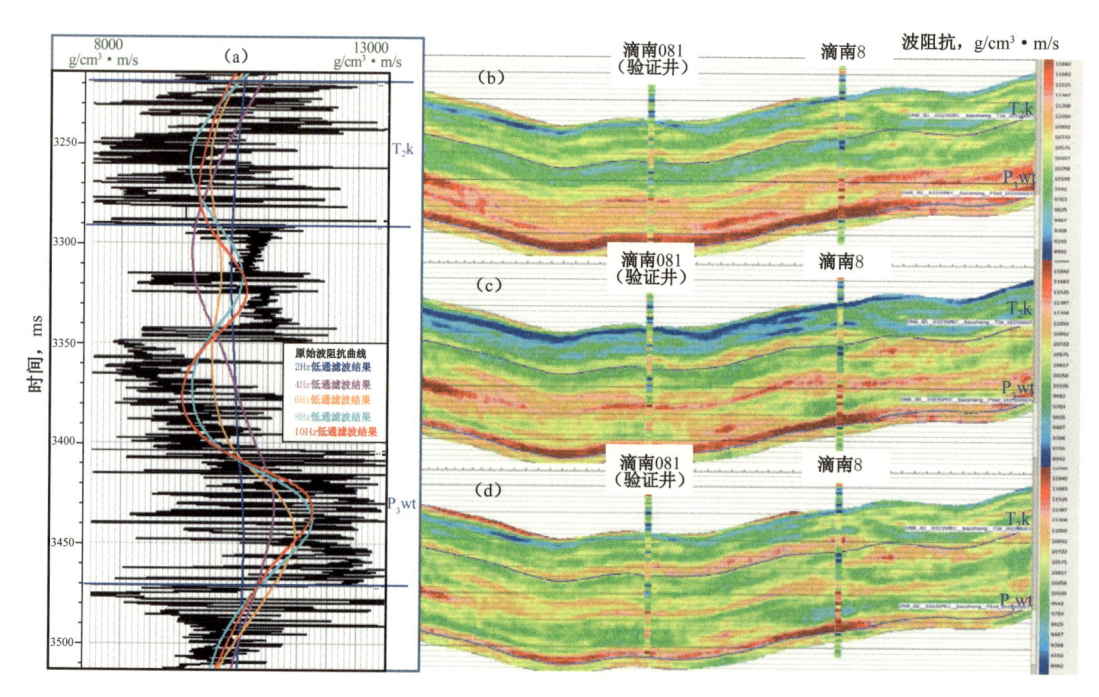

图 4-81　准噶尔盆地滴南 8 井区二叠系梧桐沟组不同低频模型的反演结果对比图
（a）不同低通滤波档进行滤波得到的纵波阻抗曲线；（b）用测井资料补充 6Hz 以下低频的反演结果；
（c）用测井资料补充 4Hz 以下低频的反演结果；（d）用测井资料补充 2Hz 以下低频的反演结果

综上所述，低频信息固然重要，但对于宽频地震资料反演来说，由于不同地区不同目的层段沉积结构和速度或波阻抗纵向变化规律（即低频趋势）不一致，在反演过程中进行低频趋势补充时，应重点考虑测井曲线低频滤波试验结果，进而选择合适的测井低频补充范围（图 4-81b），而不是只考虑地震资料低频有效截止频率有多低，就用测井曲线补充该截止频率以下的低频信息。

## 第二节　海洋（过渡带）地震勘探技术

海洋地震勘探主要是指海上拖缆和海底地震数据采集处理技术，其中还包括浅海、潮间带、滩涂以及与之相接陆地的地震勘探，主要是利用物探船在水中激发震源，在漂浮于水中的电缆中或布设在海底的检波器接收信号。经过多年海洋（过渡带）地震勘探作业服务，逐步发展提高了海洋（过渡带）地震勘探配套技术，"十一五"和"十二五"期间，重点围绕海洋拖缆宽方位地震勘探、拖缆 4D、综合导航定位、海底检波点定位、气枪阵列设计、实时质量监控等技术开展了研究工作并取得了一定成果。

### 一、海洋地震勘探配套技术

1. 海洋拖缆宽方位角地震勘探技术

拖缆宽方位地震勘探技术作为一种既经济（相对于海底电缆地震勘探技术）又能提高地下复杂地质体成像精度的地震方法得到了业界的广泛关注，近几年来，中国石油研究掌握了拖缆宽方位角地震数据采集设计和多船同步控制等关键技术，拓展了深海拖缆地震勘探领域，利用拖缆宽方位角地震数据采集方法完成了加蓬 1347km² 的地震数据采集任务。

1）采集设计技术

拖缆地震采集观测系统按照方位角的分布可以分为窄方位角观测系统、多方位角观测系统、宽方位观测系统、富方位角观测系统及全方位观测系统（图 4-82）。宽方位观测系统（Wide-Azimuth Geometry）地震采集技术，通常需要配置多条拖缆船或震源船进行多船联合作业，因此，宽方位角观测系统的设计具有多样性，最简单的方式是一个独立的拖缆船和一个附加的震源。

以某宽方位角拖缆地震数据采集项目为依托，开展了宽方位角拖缆地震数据采集观测系统的模拟研究，借助项目完成了宽方位角拖缆地震数据采集试验，形成了拖缆宽方位地震数据采集工艺，掌握了深海拖缆宽方位角地震勘探设计技术。

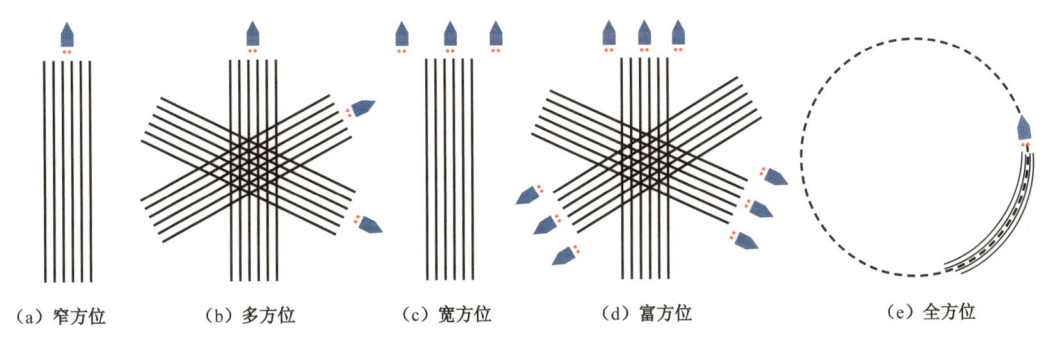

(a) 窄方位　　(b) 多方位　　(c) 宽方位　　(d) 富方位　　(e) 全方位

图 4-82　不同方位角拖缆观测系统示意图

2）多船同步控制技术

多船联合作业的同步控制技术是实现拖缆宽方位地震数据采集的基础，在开展拖缆宽方位地震数据采集技术研究和野外试验的同时，开展并掌握了野外多船联合作业数据同步控制系统技术和硬件设备优化配置。多船联合作业的优化装备配备、同步控制技术及合理配置参数设置，满足了拖缆宽方位采集的基本要求，实现了多船作业之间数据的传输和交换，保证了试验项目的圆满完成。为实现拖缆联合作业的多船同步控制积累了经验，为以后的拖缆宽方位角地震数据采集项目的实施奠定了基础，有助于提高海上地震勘探技术服务实力，具有较好的应用前景和经济价值。

2. 海洋拖缆地震勘探实时质量监控技术

拖缆地震勘探集海上综合导航、仪器采集系统、气枪阵列系统和地震资料处理系统于一体，是一个高效、智能化的地震勘探平台。其中，地震数据采集实时质量监控技术是必备技术，是保证拖缆地震数据采集质量的基础和提高作业效率的关键，国外公司实行技术封锁。

针对深海拖缆地震数据采集实时质量监控，以现有的地震资料处理软件系统 GeoEast 为平台，研究形成了拖缆地震资料采集质量监控技术和方法。实现了对数据采集设备工作状态和地震资料质量的实时监控，自动数据分析技术应用于拖缆地震数据采集质量监控过程中，有效改进了拖缆船载质量监控方法和手段，实现了地震数据的质量监控数据计算、对比分析的智能化，显著提高了海上拖缆地震作业施工效率。

1）在线实时质量控制

在线质量控制或称实时质量控制，顾名思义就是在拖缆在线采集过程中，应用采集系统附属的质量控制系统进行相应的实时质量控制，该系统主要包括仪器记录质量控制系统、导航定位质量控制系统、气枪控制质量控制系统。各系统都配备相应的质量控制功能，通过这些功能对每一炮的地震资料包括单炮资料，导航定位数据，气枪阵列数据等实施质量监控；同时也对设备状态进行质量监控，包括气枪状态、拖曳电缆及导航定位设备的质量控制。

在生产过程中，采集系统将每一炮的地震数据记录并写进存储阵列中，利用实时质量控制软件对磁盘数据进行在线进行相应的质量控制。采集系统自带的实时质量控制软件对每一炮地震资料进行计算并分析，然后将分析结果在多个显示屏上加以显示。主要的实时质量控制显示，主要质量控制方面有：单炮记录及相应每道 RMS 噪声水平显示；近道排齐显示；辅助道显示；死道、弱道、噪声道、脉冲干扰；串感应监测；电缆及数字包状态监控等。也可以通过实时质量控制软件对地震数据以及设备的工作状态进行质量控制。东方地球物理公司研发的 GeoOnboardQC 软件可以很好地进行实时质量控制，提供了高效地质量控制方法，特别是为海上拖缆地震勘探作业提供了很好的技术支撑。

2）离线质量控制

相对在线质量控制而言，离线质量控制就是在一条地震测线完成之后，利用后处理，包括地震资料现场处理、导航资料后处理以及其他软件，对采集到的地震资料质量、数据采集过程中各设备的状态进行检查，如发现问题，及时采取补炮、重新处理等手段来保证采集质量。离线质量控制主要包含以下几个方面：导航定位数据处理、面元覆盖分析、震源激发能量对比、电缆灵敏度测试技、地震资料处理。

自主研发的拖缆地震数据采集实时质量监控系统实现了实时质量监控的各项功能，具备智能化、工业化，弥补了实时质量监控技术与应用的空白。表 4-2 列举了本系统与国外同类方法和软件的对比情况。

表 4-2 拖缆地震数据采集实时质量监控系统与国内外同类软件对比

| 序号 | 技术创新点 | 拖缆地震数据采集实时质量监控系统 | 国外同类系统和软件<br>SQSPerseus、SeisSpace、Focus、CGG、Omega |
|---|---|---|---|
| 1 | 实时质量监控系统集成平台 | 以 GeoEast 为平台,实现软件包独立运行,作为 GeoEast 的一个补充,将各项技术集成到一起并实现实时质量监控之目的 | SeisSpace、Focus 没有实时功能,成图技术不全面;质控成果滞后。<br>GXT 公司的 SQSPerseus 软件功能单一。<br>CGG、Omega 没有实时软件功能 |
| 2 | 多域实时属性叠加技术 | 实时 CMP 叠加、实时分缆共炮集叠加、实时共缆叠加和实时共通道叠加,这 4 种叠加方式分别从不同的域对原始数据进行质控 | SeisSpace、Focus 没有实时功能,成图技术不全面;质控成果滞后。<br>GXT 公司的 SQSPerseus 软件功能单一。<br>CGG、Omega 没有实时软件功能 |
| 3 | 实时 RMS 振幅分析技术 | 对噪声炮和数据炮进行不同时窗的实时均方根振幅分析,快速、全面监控地震资料质量 | SeisSpace、Focus 没有实时功能,成图技术不全面;质控成果滞后。<br>GXT 公司在开发一款 SQSPerseus 软件,只针对 RMS 振幅分析,功能单一。<br>CGG、Omega 没有实时软件功能 |
| 4 | 实时道头读取与分析技术 | 实时读取数据,同时读取道头,并成库和生成质量监控图件,在线对数据完成道头质控;节省读取数据占用的大量时间 | SeisSpace、Focus 没有实时功能,成图技术不全面;质控成果滞后。<br>GXT 公司的 SQSPerseus 软件功能单一。<br>CGG、Omega 没有实时软件功能 |
| 5 | 全新实时辅助道和地震道分析技术 | 对震源近场子波数据进行实时分析,加强了对气枪状态性能等,尤其是漏气的动态实时监控。对其他辅助道或者其他地震道进行排齐,实时显示监控,针对性强 | SeisSpace、Focus 没有实时功能,成图技术不全面;质控成果滞后。<br>GXT 公司的 SQSPerseus 软件功能单一。<br>CGG、Omega 没有实时软件功能 |

质量监控技术和软件平台实现了实时质量监控功能,在国内属于首创,达到了国际先进水平。产品已经在东方地球物理公司所有拖缆船队上进行了安装和应用,实现了内部全替代进口软件。随着海上地震勘探数据采集技术的不断提高,软件和硬件装备技术趋向于高度集成化、系统化、自动化。大数据在线智能化实时质量监控技术作为地球物理勘探采集质量监控技术的一个发展方向,该系统成功开发有助于推动新的质量监控技术的进步,全新的质量监控理念顺应这一未来发展需求,该系统凭借丰富的质量功能、友好的交互界面、自动化的质量监控方法、先进的设计理念,为该系统的发展以及后续的应用打下良好的基础,将有很好的市场应用前景。

3. 深水海底电缆声波定位技术

在海底电缆地震勘探施工中,二次定位系统对地震信号的采集质量起着至关重要的作用。随着物探业务逐步向海上和国际业务进军,地震勘探施工对海底电缆声学定位系统提出了更高的要求:首先,海上电缆铺设过程中电缆位置控制困难,因此需要提供海底电缆实时定位系统指导海底电缆,从而达到指导海底电缆铺设到理想的位置;其次,国际业务和海洋作业成本极高,要求尽量提高海底电缆地震勘探施工作业效率。

国际上还没有一种适合于深水铠装海底电缆地震数据采集的声学定位设备，为了满足海上地震勘探作业中水下设备高精度定位的迫切需求，打破外国公司对 USBL 超短基线定位系统的技术垄断，"十二五"期间，依托国家科技重大专项课题，成功研制了拥有独立自主知识产权的深水海底电缆声学定位系统（图 4-83），该系统采用宽带扩频信号完成应答及定位，抗压性及抗干扰能力强、作用距离远、工作稳定可靠，解决了深水海底电缆地震数据采集的声学定位问题，具有国际先进水平。

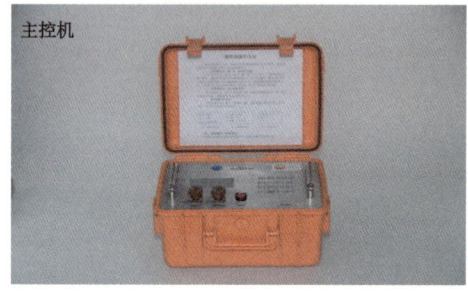

图 4-83　海底电缆声学定位系统

深水海底电缆声学定位系统技术的研究成果形成产品后，应用于了卡塔尔海底电缆地震数据采集项目，该项目位于阿拉伯湾，距离卡塔尔岸约 100km，施工面积为 444km$^2$，工区水深为 20～45m，本项目共使用声学定位系统三套，水下声学应答器 400 个，经过近 8 个月的项目应用，其定位精度、数据采收率及电池寿命都达到了设计的要求。

批量生产的适用于铠装电缆的 Transponder 经受了卡塔尔 OBC 生产项目的测试，保证了 444km$^2$ 三维地震数据采集的顺利完成。具有自主知识产权的深水海底电缆声波定位技术的开发，解决了海底电缆向深水发展的瓶颈技术和装备。

4. 海底地震勘探设计技术

海底地震（OBS）勘探技术分为海底电缆（OBC）和海底节点（OBN）两种方式。与拖缆采集相比，海底地震具有明显的优势，主要体现在可在平台密集或其他障碍物区域进行作业；检波器位于海底位置准确且干扰小，噪声低、频带宽、鬼波影响小，获得的地震资料信噪比有很大的提高；可以方便地实施长偏移距、宽方位、全方位地震数据采集；可采集多波多分量数据，联合纵波和转换横波信息进行油气检测，降低勘探风险。

海底地震勘探的观测系统与拖缆相比，具有多样性、复杂性的特点。按照施工过程中炮检线的相对位置关系可以分为两大类：平行观测系统和正交观测系统。

1）正交观测系统设计

正交观测系统是指在施工过程中，炮线与检波线垂直的观测系统，最常用的两种正交观测系统如图 4-84 所示，其中图 4-84a 为正交 Patch 观测系统，为炮多道少设计，能够最大限度地降低 OBC 放缆工作强度，发挥气枪作业优势；该观测系统在近偏移距的炮检距分布不够均匀，但它拥有更丰富的中远距离的炮检距分布，能够有效压制较小时差差异的多次波。在施工过程中，排列片为全排列片滚动方式，采集脚印比较明显，同时由于排列片外围有大量炮点，这就导致在两个排列片之间出现大量的重复炮，从而降低施工效率。在电缆资源充足的条件下，可以采用图 4-84b 所示的正交束线状观测系统进行数据采集，与 Patch 观测系统相比，具有方位角宽、面元属性分布均匀的优势，但是由于投入设备资源多，作业成本较高。

（a）Patch观测系统　　　　　　　　　　（b）正交束线状观测系统

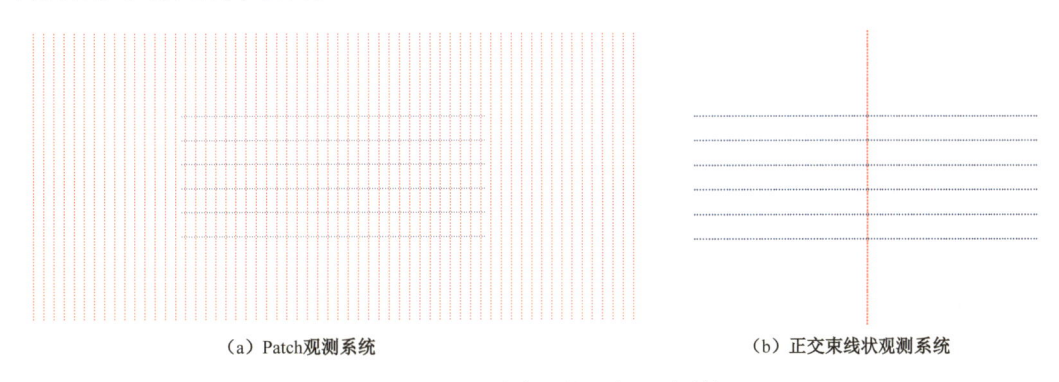

图 4-84　两种常用的正交观测系统

□—炮点；+—检波点

2）平行观测系统设计

平行观测系统是指在施工过程中，炮线与检波线平行的观测系统，它是海上勘探特有的观测系统，如图 4-85 和图 4-86 所示，它具有炮点密度大，覆盖次数相对较高的特点，在施工过程中通常采用双源交替放炮的模式，来减少换线时间从而提高放炮效率，排列在横向上滚动一条接收线就可以实现连续作业，设备利用率高；同时这一滚动模式很大程度上减少了采集过程中地震射线方位的突变，能够减弱采集脚印对地震数据的影响。在图 4-85 和图 4-86 中，a 是平行 Patch 观测系统，与正交 Patch 观测系统相同，在排列片与排列片之间会出现重复的炮点，在电缆资源充足的条件下，可以采用与之相对应的正交束线状观测系统（图 4-85b、图 4-86b）。

（a）Patch观测系统　　　　　　　　　　（b）正交束线状观测系统

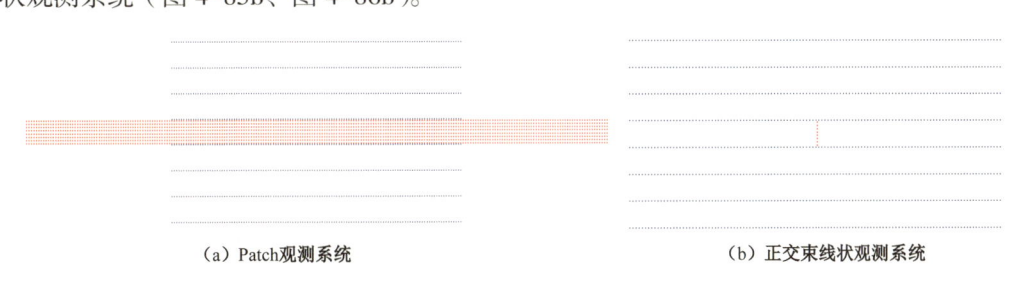

图 4-85　常用的中间放炮平行观测系统

□—炮点；+—检波点

中间放炮的平行观测系统与两边放炮的平行观测系统相比，不同点在于接收线的条数，其他参数完全相同。实际施工过程中，双边放炮观测系统电缆设备投入较中间放炮观测系统节省了一半，但是炮点增加了一倍，实际上这两种观测系统是等价的，因此，在设备资源有限的条件下，为了获得更宽的方位角范围，来满足地下复杂地质体的成像高精度的需求，可以通过增加炮线束的方式来增大横向偏移距，同时大大提高了横向覆盖次数。

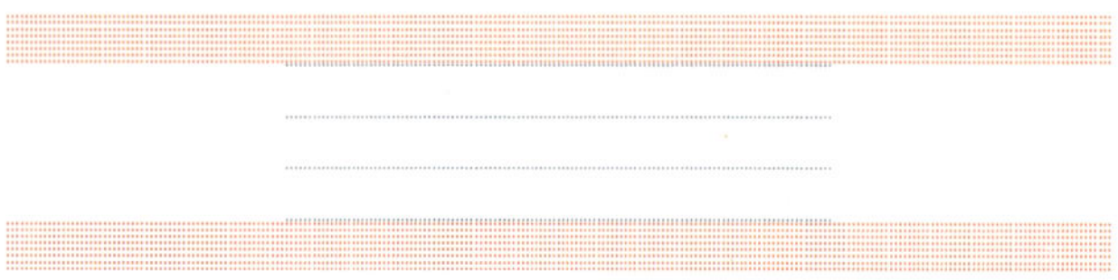

(a) Patch观测系统 　　　　　　　　(b) 正交束线状观测系统

图4-86　常用的两边放炮平行观测系统
□—炮点；＋—检波点

## 二、滩浅海地震勘探配套技术

### 1. 滩浅海地震采集设计

滩浅海地区地震采集设计虽然也是基于地质目标的设计，但由于其特定的作业条件、施工方法，使得滩浅海地震采集设计既有别于海上拖缆设计，也有别于陆上设计，有着其自身的特殊性。一是，围绕地表类型和施工条件进行的采集设计，如海陆一体化采集设计等。二是，围绕作业装备进行的采集设计，如海底地震勘探（OBS）设计等。

1）海陆一体化采集设计技术

为解决海陆联合施工作业、资料拼接等关键技术难题，在基于地质目标设计的基础上，综合考虑地表类型、作业装备、施工效率和成本等因素，提出一体化的观测系统、激发和接收等技术解决方案，使地震采集设计与复杂多变的地表条件相适应，最大限度保证地下面元属性分布的一致性，实现陆滩海等不同地表类型之间资料的无缝连接（图4-87）。海陆一体化设计技术主要有观测系统一体化设计技术、接收参数一体化设计技术和激发参数一体化设计技术。

（1）观测系统一体化设计技术。

在基于地质目标采集设计的基础上，重点围绕海陆观测系统特点及其相互间拼接的差异性，进一步优选耦合性好的海陆观测系统，以及优化的拼接方式来保证海陆观测系统拼接处面元属性的一致性，从而保证海陆一体化采集的资料效果。

海陆观测系统拼接一般由观测方向确定，当观测系统方向垂直海岸线时采用纵向拼接方法。当观测系统的方向平行海岸线时，采用横向拼接。

纵向拼接根据排列的变化，可分为转变拼接法和渐变拼接法。转变拼接法，即海陆观测系统过渡时，陆地炮点用陆地观测系统对应的排列接收，海上炮点用海上观测系统对应的排列接收，海陆观测系统及排列瞬间发生转变。转变拼接法的最大特点是能够最大限度地保持海陆不同部分的面元属性的一致性。不足是在实施陆上炮点时需要占用较多的海上资源，实施海上炮点时陆上资源出现闲置。渐变拼接法是指陆海观测系统过渡时，不管是陆上的炮点还是海上的炮点，陆地用陆上排列，海上用海上排列，过渡部分观测系统及排列、接收道数逐渐变化。渐变拼接法的最大特点是能够充分利用海陆资源，方便施工。不足是海陆结合部接收道数变化，覆盖次数不均匀。

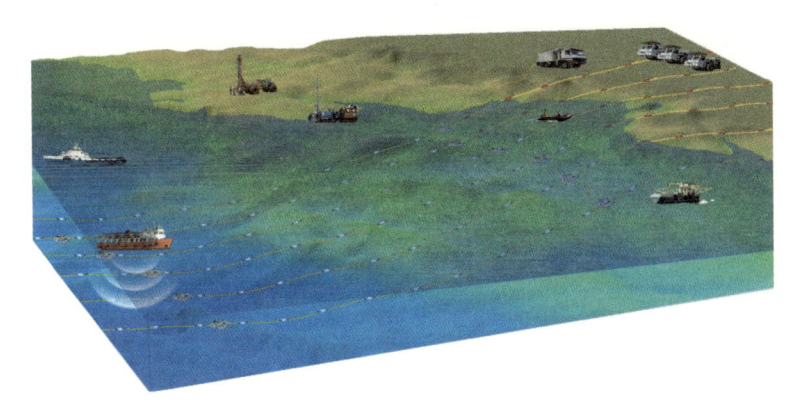

图 4-87　海陆一体化采集施工图

横向拼接较纵向拼接要简单些，但需要考虑束线间排列滚动及共用排列等因素。例如陆上采用16线、海上采用8线接收，海陆接合部的8条排列是海陆两种观测系统的共用排列。很显然，为实现海陆观测系统拼接，需要对陆上或海上的观测系统进行调整。一是陆上维持正常观测系统，海上排列不变、炮点减半；二是海上维持正常观测系统，陆上排列减半、炮点不变，两种方法效果一样。至于是调整陆上观测系统、还是对海上观测系统进行调整，主要取决于当时的施工作业顺序、设备资源情况、作业难易程度等因素。

当然，也可以将海陆结合部的海陆观测系统合二为一，即以陆上观测系统为基础，补充海上的炮点；或者以海上观测系统为基础，补充陆上的排列，道理和拼接效果是一样的。海陆合二为一的拼接方法，一方面可带来结合部位覆盖次数的增高，另一方面经过拼接的观测系统需要两种或多种震源同时施工，一定程度提高了野外施工难度和资源配备要求。

此外，一个实际海陆观测系统设计及拼接方案不仅要考虑海上作业、装备配备、观测方向等技术特点，还要综合考虑勘探区域的地震资料品质、激发震源能量强弱、海上噪声干扰程度等影响因素。通常，对于低信噪比、海上噪声发育的勘探区域，为改善激发效果，弥补气枪激发能量较炸药弱的不足，经常采用差异化的海陆观测系统拼接方式，即海上和陆上的观测系统的面元属性不一致。一般做法是提高气枪震源的炮密度，比如将海上气枪施工的炮线距设计为陆上炮线距的二分之一，海上覆盖次数为陆地的两倍。

（2）接收参数一体化设计技术。

海陆接收参数一体化设计技术主要围绕滩浅海地区地表类型及水深变化，在检波器选型等接收参数设计上整体考虑，改善接收效果，主要有两项内容：一是针对地表类型的海陆一体接收参数设计；二是消除水深对地震资料虚反射影响的双检接收技术。

海陆一体设计通常根据地表类型和水深的变化将滩浅海地区细分成陆地区、滩涂区、浅水区和深水区等4个区域，之后对每个区域的接收参数提出指导性的设计要求（图4-88）。

陆地区大都采用组合检波方式接收，组合参数视地表障碍物分布情况确定，如在空旷的平地和沙漠区域，通常选择检波器个数多、大面积组合的接收方式。在城区、岛屿、港口码头区接收，需要考虑检波器耦合效果和排列辅设难度，一般选择检波器个数适中、小面积组合方式接收。检波器类型以速度检波器为主，由于不受海水影响，可以不防水。但是，如果涉及的陆地施工面积较小，设备资源充足，为了与滩涂区接收参数相匹配，一般采用防水型检波器，即通常所说的沼泽检波器。

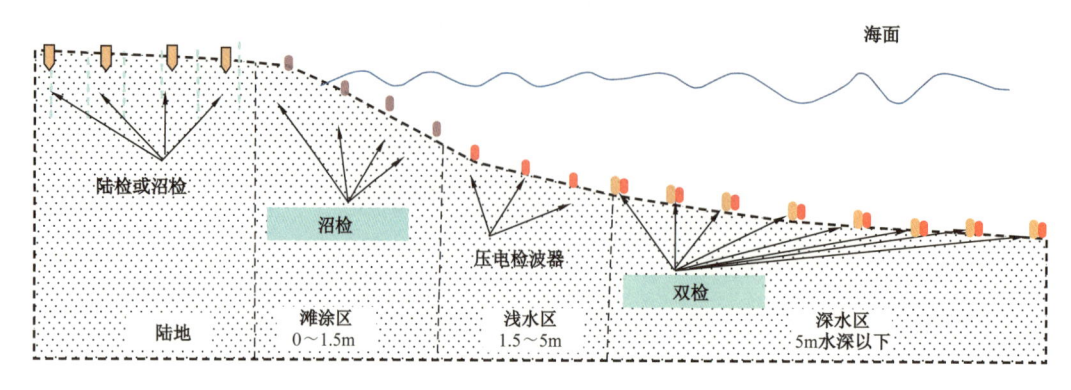

图 4-88 检波器类型设计图

滩涂区对于检波器耦合、稳定性要求非常高。通常做法是线性组合检波方式接收，以起到压制噪声和便于检波器收放的目的，每道检波器数量不易过多；避开软淤泥层，将检波器尽量插置在硬质海底；适当增加检波器外壳与海底的接触面积；检波器重量适中，太轻容易漂移。检波器类型多选用速度型沼泽检波器，密封、防水。

浅水区是指 1.5m 水深以深至 5m 以内的区域，无法使用沼泽检波器，一般采用压电检波器、单点接收方式。但是，如果涉及海域面积较大，需要与 5m 以深的深水区一起施工，为了与深水区接收参数保持一致，通常都是采用双检（即一个速度检波器和一个压电检波器）接收方式。

双检接收技术主要是为了压制水柱混响干扰，在同一点采用速度检波器（陆检）和压电检波器（水检）同时接收，速度检波器对上行波和下行波会表现为相反的响应，而压电检波器感受压力的变化，它没有方向性，上行和下行波场在压电检波器的记录上表现是一样的。资料处理过程中利用两种检波器对上行波场极性相同、下行波场极性相反的特征，将两种资料求和，使有效波得到加强，干扰波得到压制，从而达到消除水柱混响的目的。

（3）激发参数一体化设计技术。

主要是在满足勘探技术要求的基础上，结合滩浅海地区地表条件、运载设备能力等具体特点，在震源类型等激发参数设计上整体考虑，实现海陆一体化激发作业，改善激发效果。

可控震源主要应用于车辆能够通行的陆地部分，如平地、沙漠、城区、港口码头等地段。可控震源激发参数主要结合勘探任务、现场试验结果、震源性能等因素确定，具体参数设计与陆上可控震源勘探要求一致。

炸药震源主要应用在陆地车辆无法通行、气枪震源船无法施工的潮间带以及水深一般小于 5m 的浅水区域，如盐田、卤池、沼泽、沉积池、淤泥滩、漫滩等地段。滩浅海区的井炮激发参数设计较陆地简单，一般以确保炸药柱在井中空间耦合为主，单井激发，井深较陆地浅，药量适中。渤海湾地区进行的滩浅海地震采集，一般选择井深 9m、4kg 药量的激发参数。

气枪震源因其环保、安全、高效等显著优点使其成为海上地震勘探一个重要组织部分,特别在滩浅海勘探领域,随着技术和装备进步、环保要求的提高,气枪震源施工领域越来越广,无论在枪型、枪阵、气枪容量,还是气枪收放方式、运载船只配套上都呈现出个性化、多样性的特点,能够基本满足从滩涂到深水海域全气枪震源施工要求。图 4-89 是一典型滩浅海勘探气枪配置及现场作业示意图,图中清楚地显示了水陆两用链轨车载气枪、船载侧吊式极浅水气枪、侧吊式浅水气枪、后拖式深水气枪及其适用水深和施工区域。

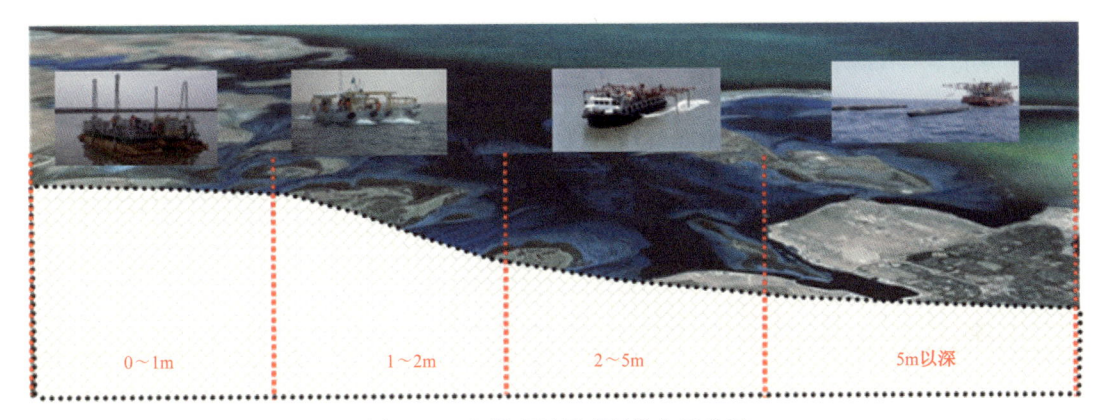

图 4-89　气枪配置及现场作业示意图

2) OBS 采集设计技术

海底勘探(Ocean Bottom Survey,OBS)主要是指海底电缆(Ocean Bottom Cable,OBC)勘探和海底节点(Ocean Bottom Node,OBN)勘探的总称。

(1) OBC 采集设计技术。

OBC 施工作业流程首先是放缆和仪器测试。通过放缆、检波点二次定位和仪器测试确保电缆放置到规定位置、各项专用设备检测合格;之后,气枪实时定位激发与仪器记录,综合导航定位、气枪激发、仪器记录同步作业;最后是现场质量控制和资料分析,对综合导航数据、枪控数据、地震数据的质量控制与分析。

OBC 观测系统设计是在充分理解地质任务及要求、基本完成采集参数论证工作的基础上,根据 OBC 装备配备和施工特点,对观测系统类型进一步优化,最终使观测系统与作业装备相匹配。OBC 勘探中主要采用的观测系统有"U"形观测系统、Patch 观测系统和束线型观测系统等主要类型。

"U"形观测系统存在着方位角窄、横向覆盖次数低、炮密度高等明显不足。为克服"U"形排列方位窄、横向覆盖次数低等问题,可以通过增加接收排列数或多次重复炮点激发的方式加以弥补。早期的 OBC 勘探采用"U"形观测较多,但随着 OBC 装备的进步、电缆道数的增多,"U"形观测系统开始逐步被新型观测方式所取代。

Patch 观测系统称为片状或块状观测系统,它是面积型观测系统的一种。一般稀密的接收点、稠密的炮点设计,接收线数量和长度固定,炮点规律布设在接收排列中间和外围,炮线与接收线垂直。同一 Patch 内排列不滚动,炮点都是采用相同的排列接收。Patch 与 Patch 之间,排列在纵向和横向方向滚动一般全排列搬家,排列不重复,即纵向下一个 Patch 排列的首道和上一个 Patch 排列的尾道相接,并相隔一个道距,横向下一个 Patch 首条排列与上一个Patch尾条排列相接,并相隔一个排列线距;炮点滚动,一般采用纵向和横向方向炮点重叠一半,即重复炮点布设方式。

Patch观测系统的显著优点是固定排列接收,施工方法简单;布设在排列外围的炮点,还可以用作定位炮,方便电缆定位,提高生产时效;道少炮多设计,可以最大程度地降低OBC放缆工作强度、减少电缆偏差,发挥气枪作业优势。

Patch观测系统多数应用在纯OBC海上施工项目,由于不涉及陆上和滩涂作业,没有海陆观测系统拼接、多源施工等问题,纯气枪作业确保了施工的高效性。另外,对于海况条件复杂、收放电缆困难,而且要求有一定横向覆盖次数的滩浅海项目,采用Patch观测系统十分有利于OBC施工。Patch观测系统的不足是纵向排列接收的非对称性和变化性,从而导致CDP面元属性的炮检距剧烈变化和明显的观测系统采集痕迹。

正交束线型观测系统适用于海陆联合施工项目,主要考虑浅海与陆上观测系统的拼接。此外,随着OBC技术的发展、勘探精度的提高,为弥补面积型观测系统存在的面元属性差等缺陷,需要采用正交束线型观测系统。

OBC勘探采用的正交束线型观测系统主要有两种,一种是炮点布设在排列片的中部,排列在外,与陆上一样,但排列线较陆上要少,重复排列、不重复炮点设计,非常适合炸药施工。另一种是排列布设在炮点的中部,炮点在外,相比第一种排列线较少、炮点较多,重复炮点、不重复排列,有利于气枪作业。

正交束线型观测系统具有的观测方位宽、面元属性分布好等优势越来越受到物探界的青睐。不足是大道数施工,动用的设备资源多,海上收放缆作业费时费力,点位控制困难、作业成本高等不利因素。

(2)OBN采集设计技术。

无缆海底节点采集系统(OBN)主要由5部分组成,即节点(野外数据采集单元)、数据管理系统、时钟和定位系统、野外排列管理系统和电源管理系统。节点是一个自主单元,无线系统的核心,用于采集、存储和传输地震数据。采集数据后的节点回收后直接与数据管理系统连接下载野外数据,数据传输到数据管理系统后,进行时间校准以消除时钟时间漂移产生的误差,根据震源激发的时序截取相关数据形成道集记录,最后输出炮集数据。

OBN最大的特点就是它的野外数据采集单元——海底节点,不需要电缆连接传输数据,地震信号被连续采集并存储在节点中的高速大容量的数据盘中。

OBN采集时节点所具有的独立性为观测系统的设计提供了更大的自由度,可以做到炮检距分布更为均匀和观测方位角更宽。OBN采集时使用的观测系统与OBC使用的观测系统有一定的相似性,设计时通常也以多炮少道为原则,OBC常用的Patch观测系统,对OBN同样适用。不同之处在于,OBN采集通常为纯海上作业,适用海域的水深比OBC要深,或者近海一些由于海底地形原因造成剧烈水深变化的地区。而且,由于它不受电缆传输的限制,观测方式的设计和选择更为灵活,如全方位观测系统、圆形观测系统等类型。

全方位观测系统设计通常以点距和线距相等的块状式为主,这种全方位观测系统充分考虑了海上地震作业和节点装备特点,道少、炮多,可以节省大量的节点收放时间,发挥气枪工作高效优势。不足之处是,为了满足勘探目标的全方位观测,需要增加设计炮数,从而造成相当数量的超出勘探目标需求的远炮检距。

OBN 圆形观测系统设计一般采用炮点检波点分别进行射线状布设，固定排列接收，施工时可以采用围绕中心成环形放炮的方式。此类设计是为了通过障碍区而设计的特殊观测系统。当在海上油田区域采用拖缆施工遇到钻井平台等障碍区时，就会产生较大的资料缺口，充分利用节点系统灵活施工的优势可以最大限度地弥补资料缺口。施工时可以通过水下投放装置将节点放置在平台区的目标位置，震源船围绕平台放炮，这样可以获得平台附近区域的资料。

OBN 采集观测系统设计可以不拘一格，随着技术的进步、设备数量的增加和成本的降低，OBN 采集将会得以快速发展和推广。

2. 综合导航定位技术

相比陆上勘探，海上勘探对地震测线的方向和位置的确定有着其本身的特点，需要适合的导航定位设备、软件和技术方法作为保障，施工作业时要求勘探船只沿一定的航迹点或测线航行，同时要求及时准确地确定施工物理点所在的位置，并确保施工物理点位置在一定的精度范围之内。

1）导航定位技术

OBC 勘探导航定位不仅要能够实时监控航迹点或地震测线，及时准确地确定施工物理点所在的位置，还要能够同步采集多种导航定位设备数据，并对气枪激发实施同步控制。其主要内容有检波点导航定位、炮点导航定位和海底高程测量等。

（1）检波点导航定位。

放缆是 OBC 勘探布设检波器的重要操作工序，一般是导航员根据导航软件的提示，指挥导航船舵手按设计测线方向航行，到达设计点位时提前发出放缆信号，放缆员听到信号后将检波器投放到水中。由于瞬时离散的 GPS 观测值不足以表达船的实际航行轨迹，也不能用它来直接表示施工物理点位的空间位置，因此为了表述船的实际航行轨迹及施工物理点的空间位置，需要采用一定的数据处理手段实时更新作业船的采集数据。在导航软件中，通常通过卡尔曼滤波推算法获得作业船只的航行轨迹、速度、加速度等信息，并利用这些信息对放缆时刻进行预测。

实际导航定位时，由于海洋环境的特殊性，放入水中的电缆受到海流、航速、缆重和放缆船的拉力等多种因素的影响，检波器沉放到海底的位置与沉放时的位置不一致。为了使电缆在海底的位置尽可能接近设计位置，沉放点的位置应综合考虑，进行合理偏移。

研究表明，电缆的下沉是一个非常复杂的过程，难以用一个简单的数学公式进行描述。为了使检波器尽量沉放到设计位置，一般是搜集工区涨落潮资料和工区附近河流分布情况，了解可能对施工点位造成的影响因素，之后分别在涨潮和落潮时进行放缆试验，综合估算出潮流对放缆点位的影响数值。具体做法是：首先，在工区内选择一条有代表性的地震测线，分别在涨潮和落潮时按理论设计位置进行放缆，舵手导航偏差保证在 1m 之内；其次，采用二次定位设备获取检波点实际坐标，将实际坐标和导航软件记录的水面坐标进行比较，从而估算测线实际坐标距离理论测线的纵横向偏移数值或平均值；最后，根据这个估算出的数值来确定放缆船放缆时偏移设计测线的方向和距离，并在实践过程中不断加以完善。

（2）炮点导航定位。

对于炮点的导航定位工作，其气枪震源船航行轨迹的预测和校正方法与检波点相似，所不同的主要有以下两个方面。一是主定位设备（如 GPS）一般不能同气枪阵列中心处在同一位置，需要主定位设备同电罗经和 RGPS 等联合定位才能得出气枪震源中心的精确位置。先由差分 GPS 定出固定于船上的 GPS 天线的位置，再由差分 GPS 天线的坐标、电罗经测定的方位推算出船上 RGPS 天线的坐标，最后由船上 RGPS 天线与枪阵上的 RGPS 天线所定出的同步基线解算出枪阵中心的位置。二是炮点导航定位不仅仅要实时确定气枪阵列中心的位置信息，还要求对导航定位、气枪激发和地震仪器记录做到同步控制。

（3）海底高程测量。

海底高程测量同陆地高程测量有着本质的区别，由于水深受潮汐的影响，海水面是时刻变化的，海水面的高程随着时间的变化而变化。海底高程不能直接实测，需要进行水深和潮汐测量才能得到检波点的三维位置，因此测定海水面的高程是精确测定海底高程的关键。

水深测量：测量水深所使用的工具和仪器一般有测深杆、水砣（测深锤）和测深仪。测量时，测量船沿设计测线或物理点连续施测。为评定水深测量成果的精度，测区内应适当布设检查线。检查线与测深线相交处两次测得的深度之差不能超过规范的要求。

潮汐测量：测得水深后，必须进行潮汐改正。就是把在瞬时水面上测得的深度归算到由深度基准面起算的深度。潮汐改正方法包含潮汐表验潮改正法、验潮站验潮改正法和 GPS 验潮改正法。

海底高程求取：一般为获得较为准确的物理点位高程（水准），需进行 GPS 天线位置高程（水准）、船的姿态改正、水面位置高程（水准）、物理点位的高程（水准）的计算。

2）检波点二次定位技术

在滩浅海地震勘探采集施工过程中，需要将检波器投放到海底，投放时由综合导航定位设备记录检波点在海面的位置，这个过程通常叫检波点的一次定位或放样。在实际投放过程中，考虑到船的行驶状态，以及检波器在沉入海底过程中受风浪、潮流、海底地形等影响，当检波器沉入海底以后，需要获取检波点在海底的实际位置，人们将获得检波点海底实际位置的过程称为二次定位。近年来，随着勘探精度要求越来越高，面元越来越小，检波点二次定位已经成为滩浅海地区勘探项目中必不可少的重要工作环节，提交完整的检波点二次定位成果也已成为滩浅海地区地震勘探采集时必须提交的成果数据。

（1）声学二次定位技术。

水下声学定位按应答器基阵基线长度分为超短基线定位、短基线定位和长基线定位三种模式。超短基线的优点是低价的集成系统、操作简便容易；只需一个换能器，安装方便；高精度的测距精度。其缺点是系统安装后的校准需要非常准确，而这往往在海上大规模的施工中难以达到；测量目标的绝对位置精度依赖于外围设备精度——电罗经、姿态传感器和深度传感器。短基线的优点是低价的集成系统、操作简便容易；基于时间测量的高精度距离测量；固定的空间多余测量值；换能器体积小，安装简单。其缺点是深水测量要达到很高的精度，基线长度一般需要大于 40m；系统安装时，换能器需在船坞严格校准，这些缺点在海上二次定位中也不允许。长基线定位的优点是具有较高的定位精度，多余观测值增加；对于大面积的调查区域，可以得到非常高的相对定位精度；换能器非常小，易于安装。其缺点是存在镜像点，需要双边航行测量，降低了施工效率。

综合三种定位方式及其特点，目前滩浅海地震勘探中使用的是基于长基线系统定位理论和基于超短基线理论的两种声学定位系统。

长基线声学定位系统声学定位系统主要由 GPS 接收机、计算机（安装有控制及定位软件）、主控机（MCU）、应答器、编码器等组成。

超短基线定位系统由声学基阵、应答器组成，声学基阵包括 1 个发射换能器和 4 个接收换能器。声学基阵安装在船上，应答器固定在水下载体上。发射换能器发出一个声脉冲，应答器收到后，回发声脉冲，接收换能器收到信号后测量出 $X$、$Y$ 两个方向的相位差，并根据声学的到达时间计算出应答器到声学基阵的距离 $R$，从而计算得到应答器的坐标。

（2）初至波二次定位技术。

初至波定位法是利用检波点周围多个炮点地震数据的初至时间、炮点位置坐标及地震波的速度，通过距离交会法计算获得检波点实际位置的方法。初至波定位法的特点是野外无需投入或投入少许声学定位设备便能获得完整的检波点二次定位成果数据。初至波二次定位技术已经成为滩浅海地震勘探中不可或缺的技术手段。

实现初至波二次定位有两个基本条件，第一是观测系统中的炮点位置是准确的，第二是要定位的检波点接收了不同方向上的多个炮点的地震记录。在海上地震勘探施工过程中炮点位置是通过导航系统获得的，炮点位置是准确的，这样，只要检波点接收了不同方向上的多个炮点的地震记录就满足了初至波定位的基本条件。

具体应用过程中，一是要求有完整的观测系统数据和地震数据；二是要求地震数据的初至清晰，易于初至时间的拾取；三是要求观测系统有利于完成初至波二次定位，当生产炮不能满足初至波二次定位要求时，应该设计定位炮。

3. 滩浅海地震勘探资料处理技术

滩浅海地区特殊的地表条件决定了该地区的地震勘探既不同于单纯的陆地勘探也不同于单纯的深海勘探。滩浅海地区地震资料特点为复杂多变的地表条件，水深变化剧烈。所用的震源（有炸药和气枪）和检波器类型（有陆地的、沼泽的和压电的）也随之多变，导致了能量和子波的不一致性（图 4-90）；海上部分由于受海水流动、波浪、潮汐等因素的影响，检波器漂移现象严重，不能很好地实现共面元叠加，严重影响着资料的信噪比、连续性及成像效果；各种噪声发育，其中以高频噪声干扰和多次波以及有源干扰尤为严重。另外，以东部大港油田滩浅海地区为例，地下地质结构复杂、断层发育、地层产状变化

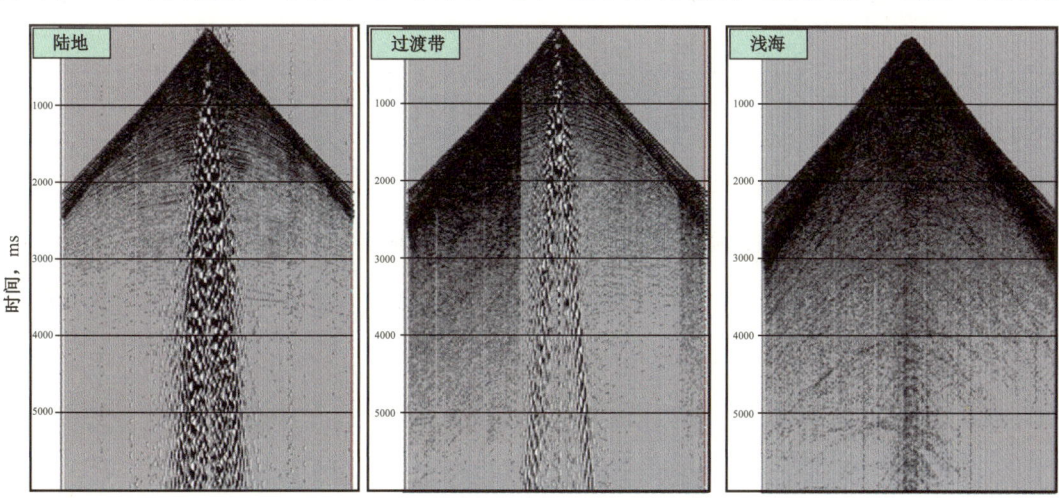

图 4-90 滩浅海不同地表条件原始记录

大,从而造成资料纵横向速度变化大、成像效果差。

1)SRME多次波压制技术

SRME是英文Surface Related Multiple Elimination的缩写,即自由表面相关多次波压制。该项技术不仅去多次波的能力强,而且和传统的多次波压制方法相比,该方法对多次波的周期性、多次波和一次波速度的差异没有特别要求,对近道多次波有较好的压制效果。因此该项技术最近几年在海上资料的多次波压制中得到了迅速的普及。

SRMM对多次波的预测有两种主要方式:第一种方式被称为Iterative方式(迭代方式),是把保幅的偏移剖面当作海底反射的良好反应,利用原始叠前数据的道头信息,采用迭代的方式预测海底多次波。Iterative方式是利用保幅的偏移剖面估算海底模型,通过迭代的叠前反演预测多次波模型,处理中只用叠前数据的道头信息,一般用于预测海底多次波。

第二种方式称为Peg-legs方式(微屈多次波),这种方式利用叠前规则化的数据,把叠前数据体当作一个区域震源,由于叠前数据中包括了所有一次波和微屈多次波,因此,通过一轮反演就可以预测出所有阶次的地表相关多次波,避免了多次迭代运算,而且在预测和海水面相关绕射多次波和浅水区微屈多次波方面较Iterative方式更为稳健。

滩浅海地震资料的干扰波特别发育,产生的机理也特别复杂,因此噪声的压制是一项复杂且艰巨的工作。实际应用中应仔细分析噪声产生的机理,噪声的类型及其在不同域中的表现形式,在此基础上再去寻找具有针对性的去噪技术。

2)一致性处理技术

滩浅海地区处于海陆过渡带,特殊的施工环境决定了滩浅海地区地表、近地表条件的复杂性以及资料采集过程中激发、接收方式的多样性。而地表条件及施工因素的变化多样也不可避免地造成了地震信号在振幅、相位、频率等方面的差异,给地震成像、属性分析等工作带来不利影响。

图4-91是滩浅海地区某地震测线地震资料的自相关显示,可以看到,从滩涂到过渡带,再到极浅海地区,地震信号存在明显的差异。因此,消除地表、近地表以及施工因素变化对地震信号的影响,使最终处理成果真实反映地下地质构造、岩性及流体的变化特征,是滩浅海地震数据处理中关键的技术环节之一。

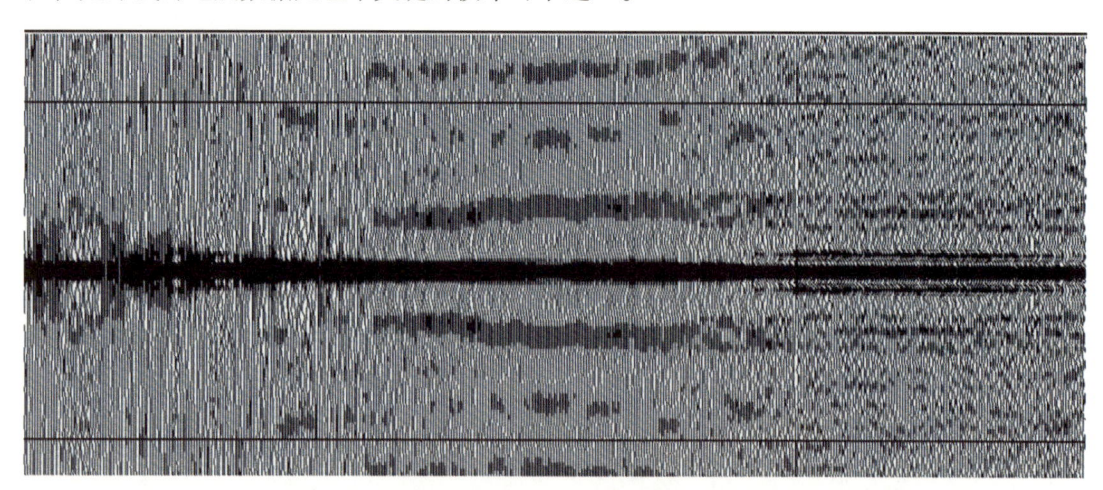

图4-91 滩浅海地区某地震测线地震资料自相关显示

一致性处理的关键技术包括不同震源、不同检波器的频率、相位、能量的调整技术，以及球面扩散补偿、吸收补偿、地表一致性振幅补偿、地表一致性反褶积等。处理的目的在于通过一系列技术手段的综合应用，尽量消除地震信号在时间及空间方向的差异，保持地震信号的一致性，使地震记录真实反映地下的地质特征。

（1）不同震源、检波器信号一致性调整。

不同检波器间相位校正：速度检波器和压电检波器的相位差在 90° 左右，因此，在地震资料处理中通常将速度检波器做 –90° 的常相位校正，或是将压力检波器做 90° 的常相位校正，使二者接收的资料在相位特征上趋于一致。

不同类型震源激发地震资料子波整形：子波整形处理的关键是求取整形因子。在实际资料处理中，可以通过利用震源对比记录求取整形因子、利用动校正道集求取整形因子、利用叠加记录求取整形因子。

（2）地震数据能量一致性处理。

对地震信号在时间和空间方向的能量差异进行补偿，是信号一致性处理重要的内容之一。在各种振幅补偿和能量调整技术中，几何发散补偿和地表一致性振幅补偿是目前应用效果比较稳健且振幅又相对保真的处理技术。

几何发散补偿处理中最重要的处理参数是速度参数。在实际地震资料处理中，如果工区内地震波的速度横向变化比较稳定，可采用全区统一的区域速度进行补偿，如果工区内地震波速度变化比较大，则需要结合速度分析工作建立相对精确的速度场，才能够合理地补偿地震波的损失。

地表一致性振幅补偿处理过程包括三个部分：地表一致性振幅拾取、地表一致性振幅分解、地表一致性振幅补偿。地表一致性振幅拾取采用均方根振幅或绝对值平均振幅判别准则对某一时窗内的振幅进行统计平均以作为该时窗内的拾取振幅。

几何发散补偿和地表一致性振幅补偿都是资料处理中常用的振幅恢复技术，在实际地震资料处理过程中，一般首先利用几何发散补偿对时间方向的能量衰减进行补偿，再利用地表一致性振幅补偿进行地震能量空间方向的一致性调整。

（3）地震数据信号一致性处理技术。

在能量一致性调整的基础上，进一步进行地震信号频率、相位的一致性调整，有利于消除地表条件差异对地震子波的影响，从而增强地震子波横向稳定性和一致性。

通常认为炸药激发的地震子波为近似小相位的子波，可控震源激发的子波为近似零相位的子波。在地震波的传播过程中，由于表层及地下介质并非完全的弹性介质，大地的吸收作用使地震子波受到一个随频率变化的能量衰减，并伴随有相应的相位变化。在地震资料处理中，用 $Q$ 值来表示这种吸收衰减（$Q$ 称为地层的品质因子），而对地震波吸收衰减的补偿被称为反 $Q$ 滤波。反 $Q$ 滤波处理的关键首先是求取较为准确的 $Q$ 值，另外要注意振幅补偿时防止高频噪声能量的过度放大，兼顾信噪比和分辨率。

地表一致性反褶积是消除因近地表因素造成子波差别的一致性处理技术，主要目的在于改善地表、近地表条件变化引起的地震子波不一致性问题，同时，该项技术也可以在一定程度上压缩地震子波，提高地震资料的纵向分辨率。在实际资料处理中，地表一致性反褶积常和预测反褶积串联应用，以达到既提高地震子波的一致性，又有效提高分辨率的目的。

图4-92是地表一致性反褶积前后叠加剖面与自相关对比，反褶积处理后，分辨率有所提高，同时，从自相关剖面上可以看出，子波空间方向的一致性有明显改善。

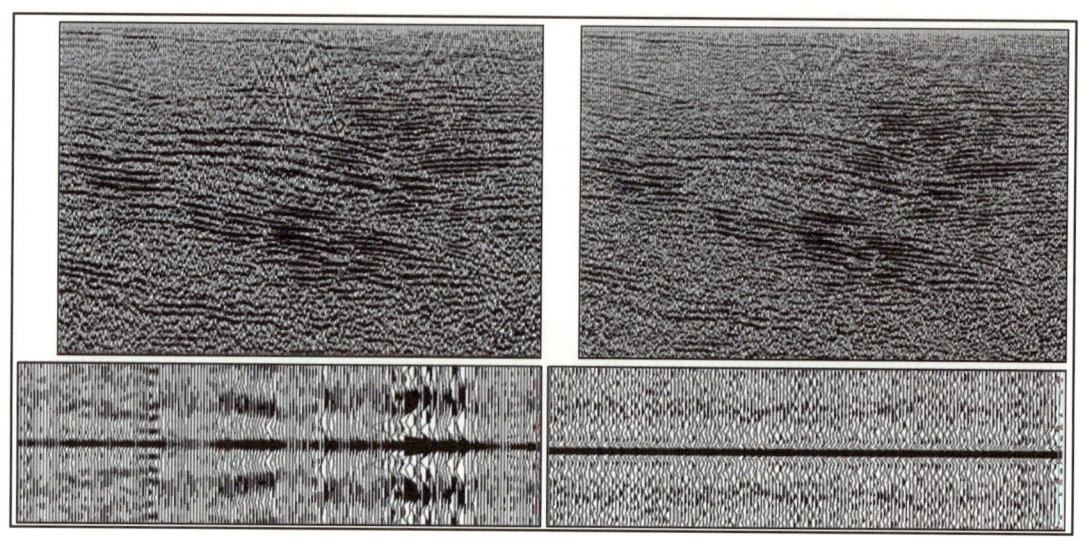

(a) 反褶积前　　　　　　　　　　　　(b) 反褶积后

图4-92　地表一致性反褶积前后叠加剖面与自相关对比

（4）地表一致性时差校正。

在滩浅海地区，由于表层介质的变化，对炮点、检波点进行高程静校正后，由于近地表速度在横向上的变化，使得炮点、检波点仍存在一定时差（通常称为剩余静校正量）。地表一致性剩余静校正是利用地震记录的反射波来进行自动剩余静校正的一项技术。

在实际资料处理中，时差拾取的时窗要注意选取反射层连续性好，构造简单的部位，并且尽量要保证动校正速度的准确。

## 第三节　油藏地球物理勘探开发一体化技术

油藏地球物理技术正不断向油气田开发和油藏工程领域延伸，已成为发现剩余油气和提高采收率的重要技术手段。"十一五"和"十二五"期间，中国石油开展了地震、地质、测井和油藏的多学科综合研究和大量各种油藏类型的应用研究，积累了丰富的静态油藏描述与动态油藏监测的经验，并在此基础上研究发展了3.5D地震技术和井地联合一体化采集处理解释技术。在辽河油田稠油蒸汽热采和大庆油田水驱油藏中开展了时移地震和地震油藏一体化技术攻关，建立了相对完整的技术系列，并在剩余油挖潜中见到明显效果。

### 一、时移地震技术

1. 时移地震一致性采集技术

通过干扰波、表层结构、物理点的差异调查及接收设备差异性测试和激发介质差异性分析，评估以上各种因素的差异对多期次时移地震采集数据的影响程度，形成了一套针对我国陆上稠油热采的时移地震采集施工流程和配套质控技术，为稠油油区时移地震的实施提供有效的采集方案。

1）表层结构一致性

研究区表层结构在冬季与其他三个季节相差很大,因为地震波速度在冰中可达到5000m/s,而其他三个季节在水中只有1500m/s,这样大的速度差异必然造成激发地震子波的较大变化及对地震波传播吸收的不同。因此,必须在同一个季节进行地震观测,并针对不同地表进行表层条件验证,将表层条件对一致性的影响降至最低。结果表明：2011年二期与2009年一期采集时的表层各层速度、厚度、近地表结构和潜水面深度基本一致（19个考核点中有18个点潜水面调查结果相差在0.2m以内）,符合率达到94.7%,炮点和检波点的高程符合率也达到92%和94%,两期采集最终炮点一致率达到93.2%,达到一致性良好标准。

2）降低噪声影响

曙一区噪声发育,对资料信噪比的影响很大,其随机性更对能否确保资料一致性提出了很大的难题,为落实曙一区稠油热采工业及环境噪声情况,确定干扰波类型、能量大小、频率范围及衰减规律,在第二期采集前进行了二次干扰波调查（一期采集前进行过一次,本次干扰波调查的几条测线与一次调查时位置相同）,目的是与一次干扰波调查结果进行对比,分析该区干扰波的变化情况。结果显示,经过两年时间该区地表障碍情况变化不大,主要干扰源的能量及频谱范围基本一致,这些调查数据为施工边框的确定提供了依据。从采集时的噪声真值对比可以发现,虽然客观因素无法克服,但是两期采集时的背景噪声已经得到最大限度的降低,为取得良好的一致性和高信噪比的资料打下了坚实的基础,符合评估标准。

3）单炮一致性

从2009年和2011年的两期四维地震炮集记录（图4-93）可以看出,其主要目的层段波组反射特征清楚,层间反射信息丰富,目的层反射能量强,可连续对比追踪,最为重要的是资料一致性良好,其$t_0$时、能量、频率、信噪比和统计自相关子波等分析对比结果都比较相近。而从整个工区的角度,两期所有单炮（每期7802炮）的能量、频率和信噪比的对比结果（图4-94）显示出很好的一致性,从单炮角度来看一致性程度达到评估标准。

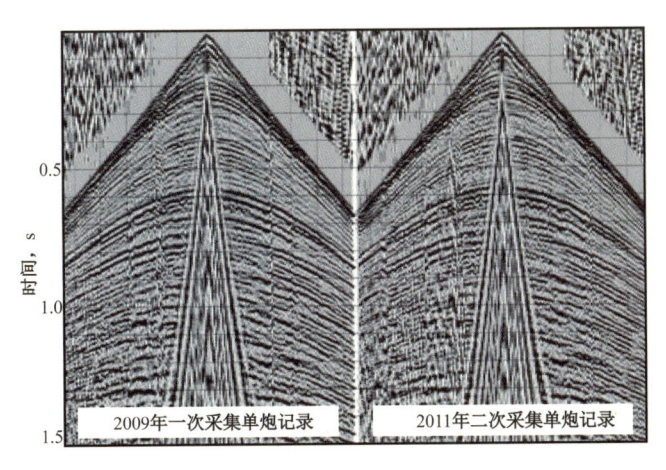

图4-93 二期单炮记录对比

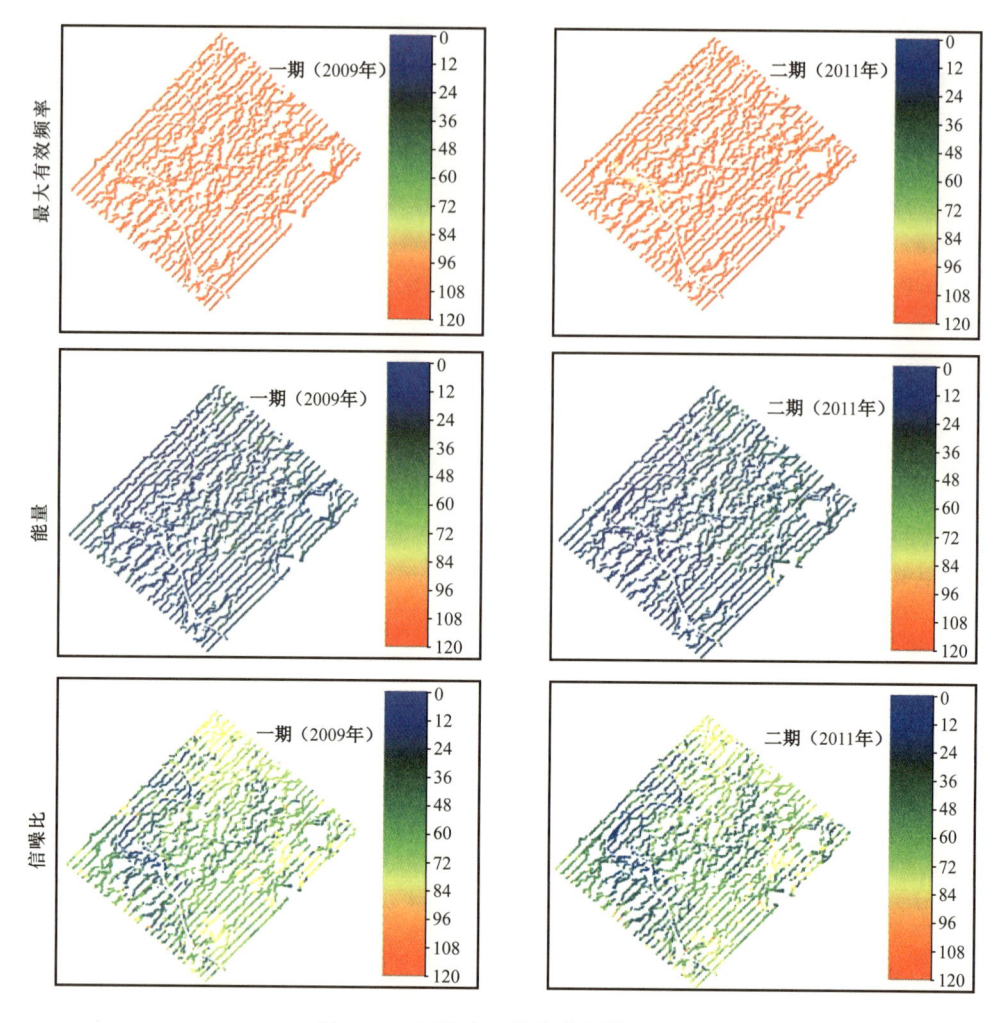

图 4-94 两期全区单炮分析结果对比

4）成果剖面一致性

将两期采集数据使用完全相同的处理流程进行处理后，抽取剖面进行对比（图4-95），可以发现，两期剖面盖层部分高度一致，油层部分变化明显，剖面相减后盖层被减掉，而油层部位信息丰富，可以观测到 A 井开采形成蒸汽腔的形态，其位置、深度等信息都与实际情况非常吻合，真实地反映了因蒸汽腔变化导致的地震反射的差异，从剖面角度可评价其一致性良好。

2. 时移地震一致性处理及储层精细解释技术

针对时移地震勘探的要求和特点，本次时移地震处理在相对保持提高分辨率处理的基础上增加了两期时移地震数据的一致性处理和质量监控内容（图4-96流程中红色部分），主要包括：时移地震采集数据差异分析监控；叠前相对保持提高分辨率一致性处理；联合一致性叠加速度场求取和剩余静校正求取；基于参考标准层的一致性处理；联合三维处理质量监控与地质评价。

通过以上技术的应用，充分发挥处理解释一体化求解问题的优势，有效消除采集非重复性因素影响，确保时移地震处理结果满足地质解释的需要。

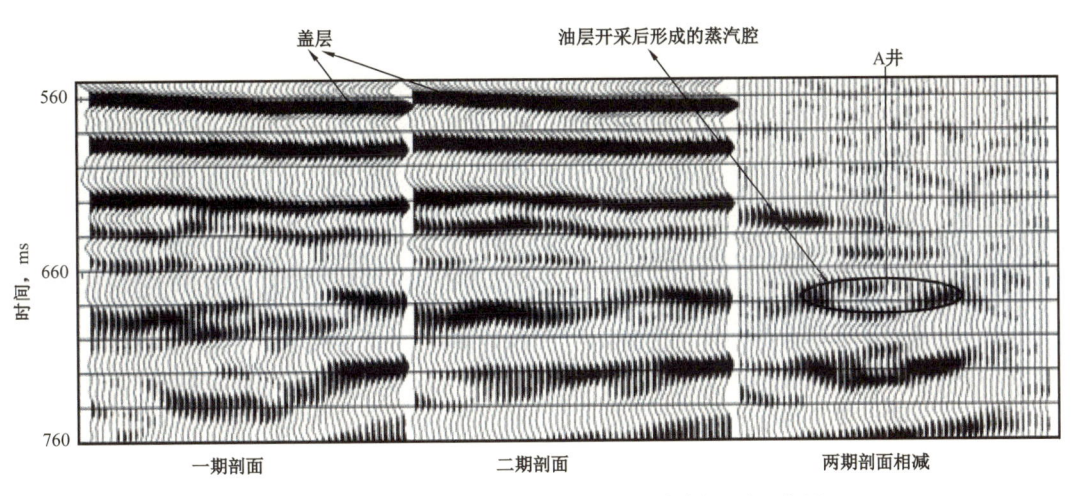

图 4-95　2009 年一期剖面和 2011 年二期剖面对比分析

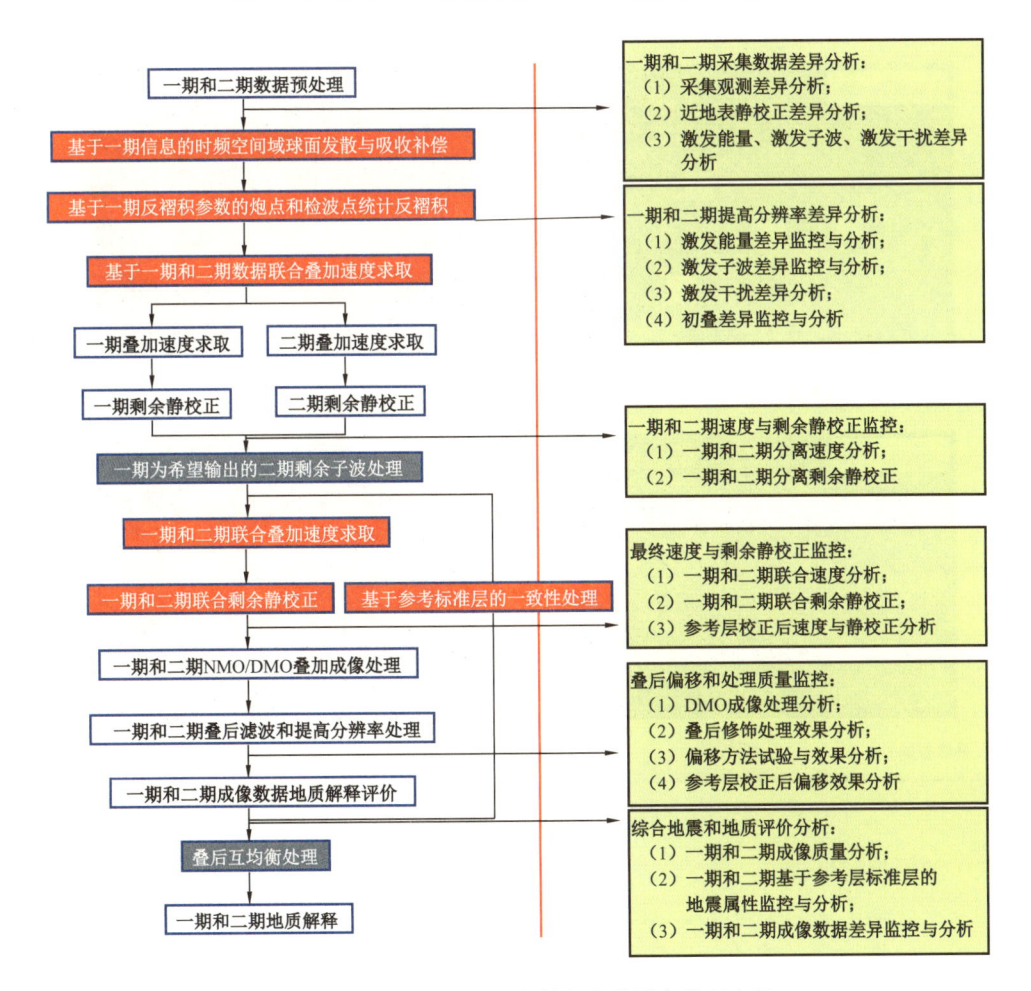

图 4-96　时移地震相对保持提高分辨率处理流程

1）叠前相对保持一致性处理与质量监控

（1）相对保持振幅处理。

经过叠前"时频域球面发散与吸收补偿"和炮点、检波点统计预测反褶积处理后，不仅在时间方向上的振幅、频率衰减得到很好的补偿，有效地消除了近地表变化引起的激发振幅和频率的空间差异。同时，近地表变化引起的虚反射得到很好的压制，面波干扰也得到很好的消除，两期采集数据最终处理结果保持了很好的一致性。

对于整个三维工区的处理效果还需要通过三维质量监控手段来进一步分析。图4-97是两期时移采集数据叠前相对保持提高分辨率处理前后的三维激发能量平面图，从图中可以看出，原始数据的能量分布比较分散，变化范围在0~1之间，而经过叠前相对保持提高分辨率处理后，激发能量的空间差异明显减小，变化范围在0.82~0.96之间，激发能量空间差异减小了近80%，能量分布也更加集中，空间一致性有了很大改善。从两期采集数据处理前后的对比来看，两期数据原始激发能量具有很好的一致性，处理后的结果依然保持了很好的一致性，满足时移地震一致性处理的要求。

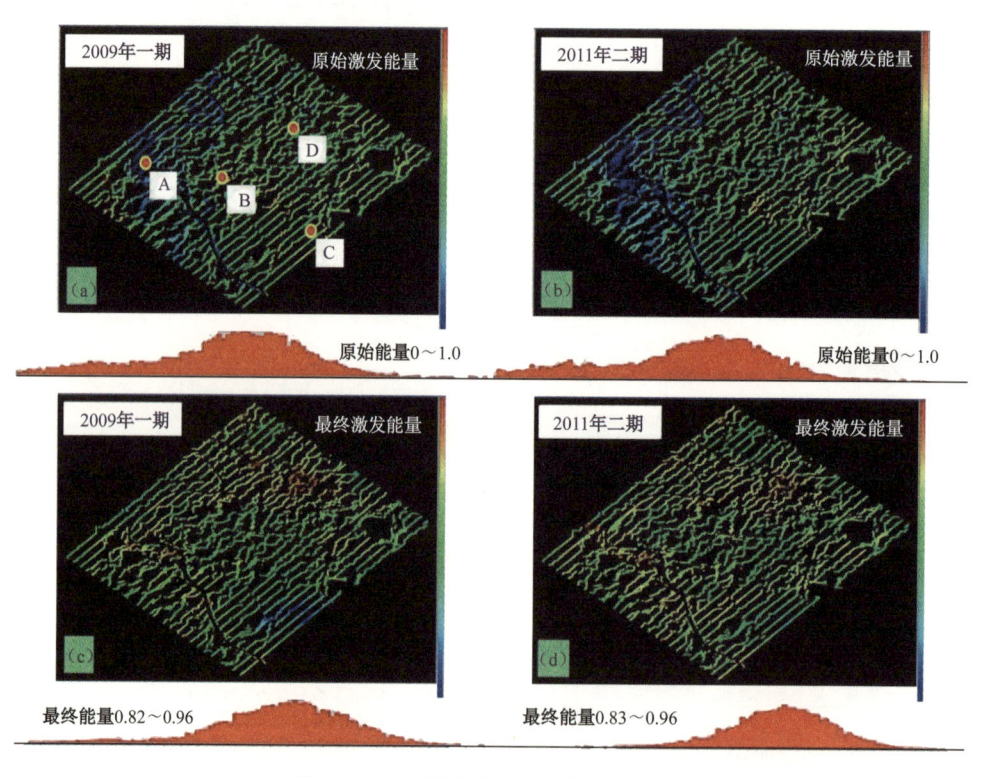

图4-97 最终处理三维激发能量监控

（2）波形保持处理。

激发子波是识别储层空间变化的重要信息，处理过程中消除近地表变化对地震子波的影响，相对保持地震子波的一致性十分重要。图4-98是两期时移采集数据叠前相对保持提高分辨率处理前后的三维激发子波监控结果。从三维子波监控图对比可以看出，两期数据原始激发子波具有很好的一致性，但空间差异很大，处理后的结果很好地消除了子波的空间差异，而且依然保持了很好的一致性，满足时移地震一致性处理的要求。

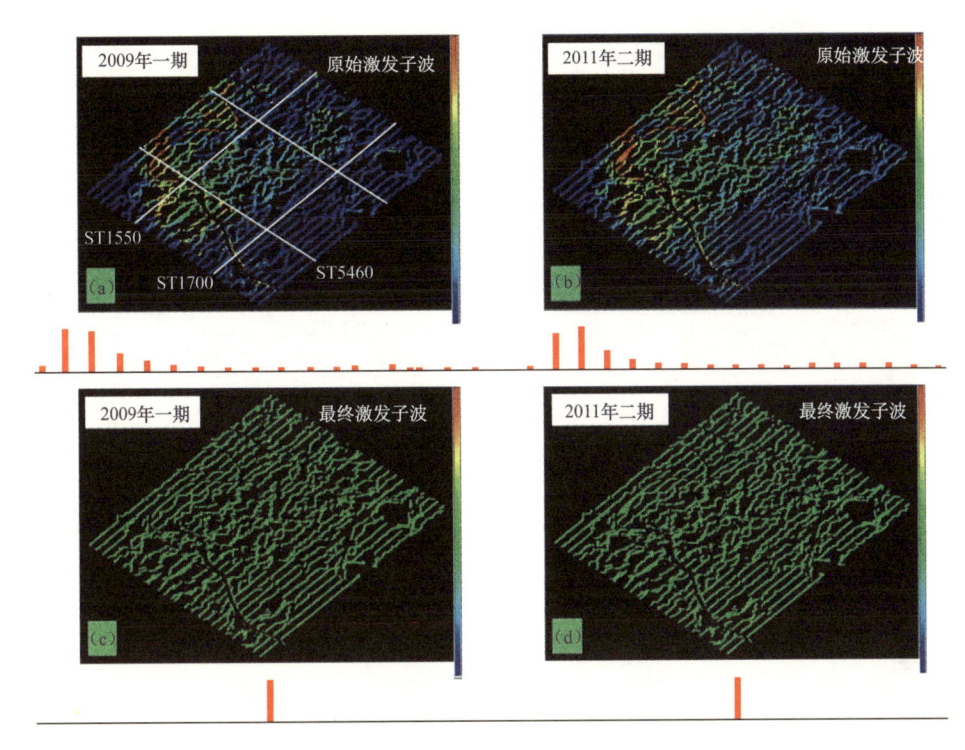

图 4-98 最终处理三维激发子波监控

（3）叠加成像。

叠加成像分析是质量监控中的必不可少的重要指标之一。图 4-99 给出了两期采集数据控制线 Inline320 叠前相对保持提高分辨率处理前后的叠加剖面，从目的层部位（700ms 附近）可以看出，最终数据的成像分辨率明显提高，浅、中、深层能量和频率基本一致，多次波干扰得到明显压制，信噪比没有明显下降。此外，从处理结果对比来看，两期处理结果保持了良好的一致性，采油区附近的差异依然存在，能够满足时移地震监测研究的需要。

2）相对保持一致性处理效果与地质评价

（1）时移地震剖面分析与评价。

经过相对保持储层信息的提高分辨率处理，最终能否达到时移地震勘探地质解释的要求，通过两期时移数据处理效果分析和地质评价来加以讨论，图 4-100 给出了最终成果剖面和两期差异结果。从中可以看出，两期时移数据最终成果的成像分辨率和信噪比都较高，波组特征清晰，能量强弱关系明显。控制线是穿越振幅属性变化最大部分，从最终成果剖面上可以清楚地看到气腔的范围和气腔影响造成的反射同相轴下拉现象，从两期数据的差异剖面中也可以清楚地看到气腔变化的影响，这与振幅属性的变化十分吻合。

（2）时移地震叠后属性分析与评价。

为了进一步说明相对保持储层信息的一致性处理效果，以下从沿层地震属性分析进行地质评价监控。图 4-101 给出了沿层（Nm 层）振幅属性分析结果，从图中可以看出，两期最终成果数据的振幅属性空间变化平缓，具有较好的规律性，虽然振幅大小略有差异，但分别规律近似，具有很好的一致性。从两期时移数据的差异数据振幅属性可以清楚地看出两期数据振幅差异很小，这是因为 Nm 在储层以上没有受到采油变化的影响。随着所选层位逐渐向下进入储层部位，在差异数据振幅属性上的反映也越来越明显，这在连续振幅属性切片上可以明显地看出来。从以上沿层振幅属性分析可以很好地说明本次时移地震处理的效果十分理想。

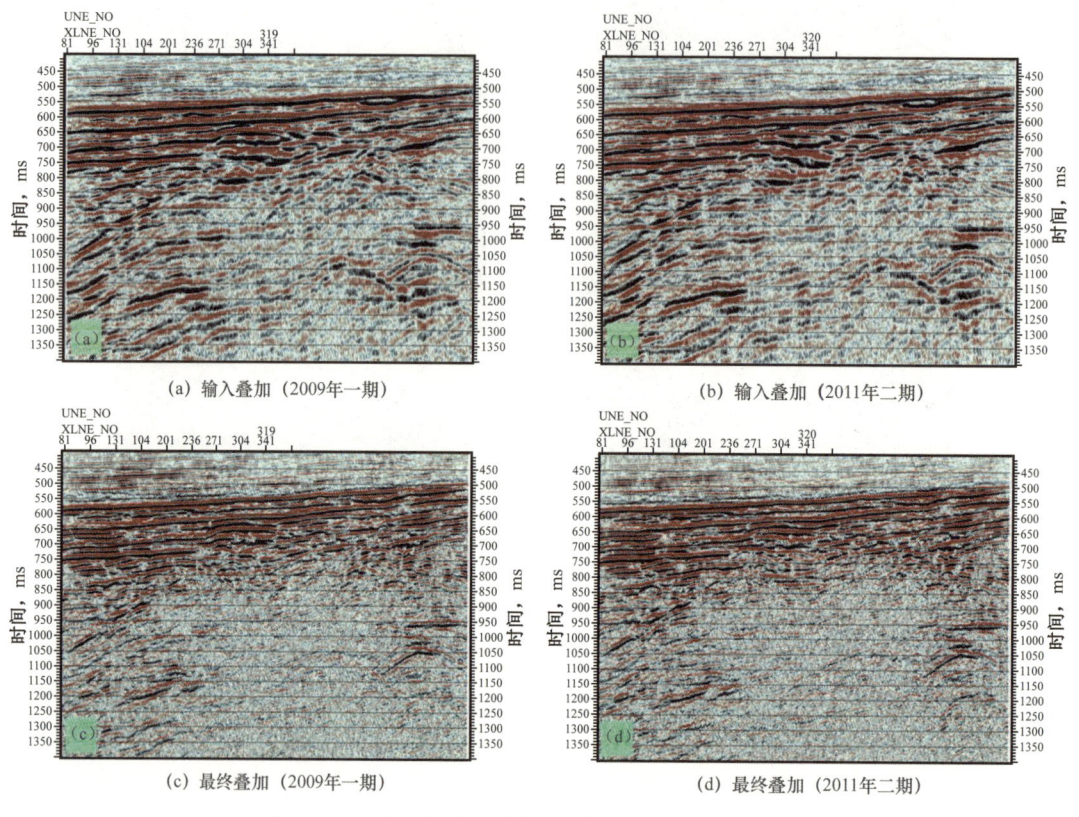

(a) 输入叠加（2009年一期）　　(b) 输入叠加（2011年二期）

(c) 最终叠加（2009年一期）　　(d) 最终叠加（2011年二期）

图 4-99　处理前后控制线叠加剖面对比（Inline320）

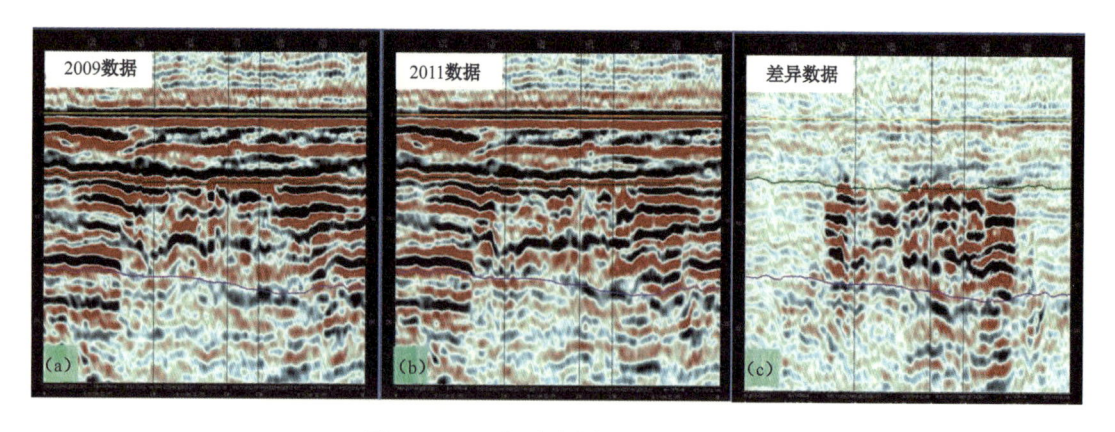

图 4-100　两期时移数据处理剖面对比

图 4-102 是沿层（Nm 层）相干属性分析结果。相干数据是通过计算地震数据的空间差异来反映地质信息的变化，相干属性主要用于检测断层、裂缝带、岩性边界等信息。因此相干属性在断层和断裂带应表现为不相干，在稳定沉积区应表现出相干特性。从图

4–102 中可以看出，本次时移数据沿层相干属性中断裂反映清楚，小断层空间分布清晰，具有很好的规律性，没有断裂的部分背景干净。两期时移数据的断裂展布非常相似，具有很好的一致性。

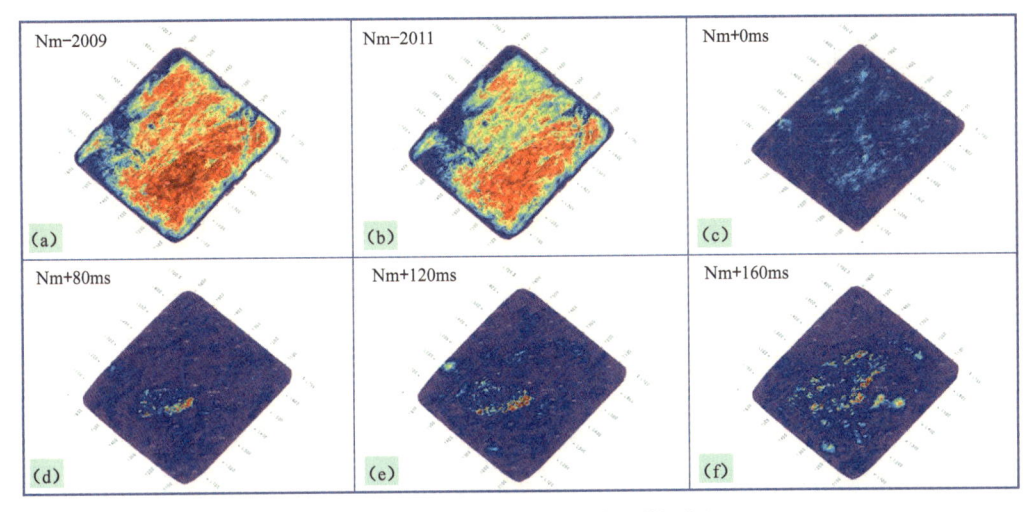

图 4-101　两期时移数据振幅属性对比

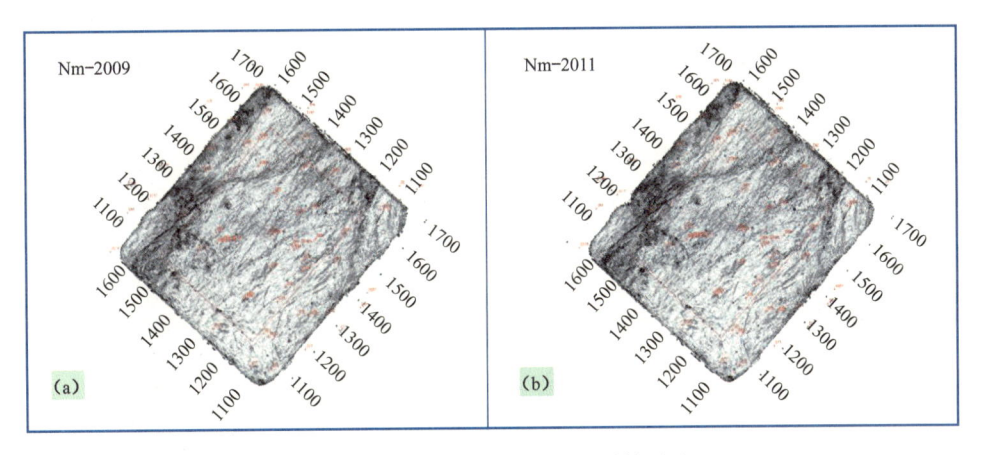

图 4-102　两期时移数据相干属性对比

通过以上两期时移地震数据剖面分析和沿参考标准层地震属性分析表明，本次时移地震相对保持一致性处理有效地消除了近地表非储层因素和非重复性采集因素的影响，地震数据在到达参考标准层时具有很好的一致性，两期时移地震数据的差异信息能够反映地下储层的变化，从而能够满足时移地震勘探地质解释的需要，也充分证明了本次研究的时移地震处理流程和相关技术的有效性。

3）储层格架精细解释技术

（1）层位标定。

制作合成地震记录，完成井—震层位的精确标定，是奠定地震剖面上储层边界的地震解释、准确追踪和井震联合储层解释的重要基础。选取工区探井中声波曲线全、且均匀分布的 5 口井，包括汽腔区域以及汽腔区域以外，拾取井反射系数序列，选择带通子波，制作了各井的合成地震道记录，对地震层位进行了井震标定。在汽腔外的井，合成记录标定吻合程度高，位于汽腔内部井的上部未被热蒸汽影响、反射同相轴吻合很好，底部出现杂乱反射同相轴无法进行匹配，一方面验证了非汽腔区的合成记录标定是准确无误的，另一方面也表明汽腔对地震成像的干扰。依据准确的井震标定结果可完成地震层位的空间上连续的追踪对比。

（2）构造解释。

在层位标定的基础上，本次地震层位解释主要开展了研究区内馆陶组的精细解释。研究区馆陶组为一套冲积扇砂砾沉积，顶部与明化镇组底呈整合接触，反射强度差异明显，为研究区标志反射界面。底部与沙河街组呈角度不整合。选择馆陶组顶（Nm）、底（Ng）以及中间等时面 $Ng_2$ 作为井震等时地质格架，并在此等时格架的基础上，通过井震结合的精细地震对比解释，在测井标定的基础上对研究区目的层段其他几个相对等时的反射界面$Ng_1$、$Ng_3$ 和 $Ng_4$ 开展了精细的对比解释。

（3）沉积格架精细解释技术。

通过上述地层等时界面的构造层位解释，可以将研究区目的层段分为5个沉积地层单元，即 $Ng_1$、$Ng_2$、$Ng_3$、$Ng_4$、$Ng$。本次研究针对单个地层单元，通过厚度分析，利用沿物源方向及垂直物源方向的过井地震剖面建立了研究区井震沉积相解释格架。图4-103是研究区 $Ng—Ng_4$ 地震沉积相解释格架，通过过井剖面的地震特征结合测井标定结果综合分析了馆陶组不同沉积阶段沉积物源的供给方向。由于受注入蒸汽的影响，地震属性在油藏范围内不能真实反映其沉积相特征，尽管如此，依然可以从油藏以外的整个宏观属性特征结合沉积地层的厚度差异去分析沉积物源及不同阶段的沉积变化规律。

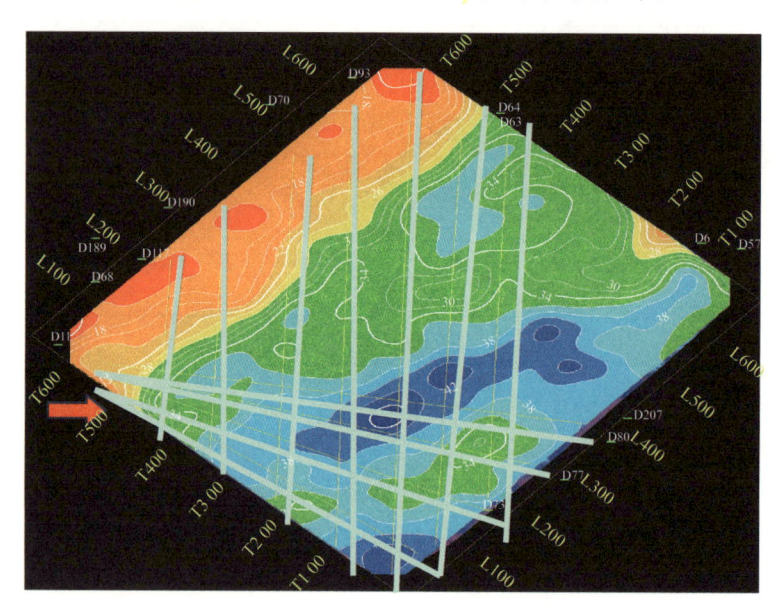

图4-103  $Ng—Ng_4$ 沉积相解释格架

本次时移地震相对保持处理和储层精细解释研究获认识如下：① 时移采集数据质量监控是正确认识采集数据问题、制定时移处理流程和确定处理参数的重要依据。② 基于空间相对分辨率相对保持储层信息的提高分辨率处理是时移地震处理的重要基础，它能够有效地消除近地表变化和非重复性采集因素的影响，获得相对保持储层信息的高分辨率处理结果。③ 科学、严格的地球物理监控与地质评价技术是时移地震数据处理成功的重要技术保证。④ 基于空间相对分辨率的地震勘探思想，采集、处理和解释的一体化解决方案是本次时移地震处理研究的关键。

## 二、地震约束的油藏模拟技术

油藏开发过程中，需要根据实际油藏的开发状况和生产条件进行各种调整，包括生产井网、射孔和各种注采参数的调整。进行这些调整的一个重要条件是要弄清油气藏的开发过程和流体分布变化情况，这样才能进行针对性的调整，从而取得好的调整效果。目前最常用的技术手段就是采用油藏数值模拟方法，通过建立油藏模型，进行历史拟合，利用数学的方法再现油藏的开发过程，从而认识油藏的开发过程和油藏的流体分布变化情况，进而制订合理的生产调整措施。

根据油藏的开发方式、流体类型等不同，油藏数值模拟工作通过不同的模拟模型进行，通常分为热采模拟模型、组分模拟模型和黑油模拟模型。曙一区杜84块超稠油油藏在正常状态下是难于流动的，因此采用注蒸汽热采开发的生产方式，进行数值模拟须选用热采模拟模型。图4-104是油藏数值模拟的一个常规流程图，可以看到油藏数值模拟是一个非常复杂的过程，输入数据和参数众多，需要反复迭代完成，在得到一个理想的拟合程度后完成，通过进行合理的方案设计实现对不同开发方案的优化设计。

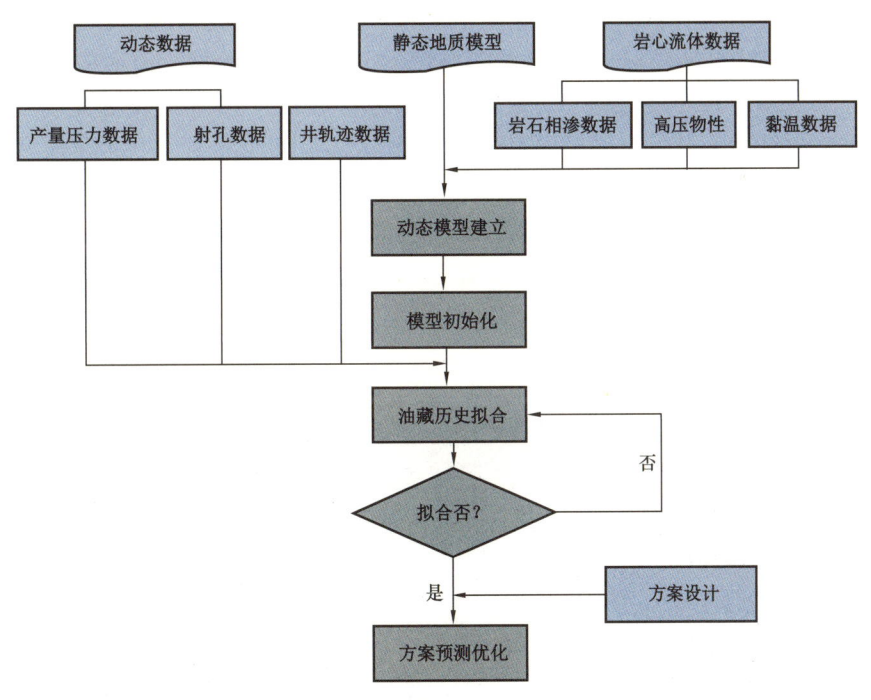

图 4-104 油藏数值模拟流程图

油藏数值模拟的基本输入参数可以分为三类，即动态数据、静态地质模型数据和岩心流体数据。静态地质模型数据是油藏研究人员在对地质、测井、岩心和地震等基础数据精细处理解释的基础上，利用恰当的空间插值方法在三维网格空间上建立的静态地质模型。模型通常网格数目巨大，无法直接用来进行数模运算，因此对建立的储层静态模型进行网格粗化是油藏数值模拟前期的一项重要工作。动态数据参数主要是油藏的各种注采井相关数据，包括注采井的注采产量数据、温度压力数据、射孔数据等，动态数据是反应油藏开发情况的直接数据，是油藏模拟动态模型建立的直接参考，也是油藏模拟过程中历史拟合的参考数据。岩石流体数据包括岩石的热膨胀系数、压缩系数、导热系数和各项流体的压缩系数、导热系数，以及流体的黏温曲线等数据，这些数据是影响稠油热采开发的重要因素，也是热采模拟中非常重要的输入参数。

1. 热采模拟参数设计

从油藏数值模拟的流程图可以看到，数值模拟的输入参数非常多，对稠油热采数值模拟尤其如此，以下分成不同类型说明本次热采模拟中的重要输入参数。

1）网格系统和储层静态参数

采用储层静态建模输出的网格系统和储层静态参数，储层静态建模采用井震结合的综合建模方法，在充分利用井资料的情况下加入了地震的约束，模型较好地反应了实际地质情况。原始地质模型总网格数过多，实际运算难以实现，因此在数模前需要对网格进行合理的粗化处理。

前期研究表明，曙一区杜84块油藏为边顶底水油藏，油藏上部无明显的泥岩隔档层，上部油水界面被沥青壳所隔挡。结合测井资料分析，在建模过程中描述了该沥青壳的空间位置，沥青壳位于馆一段，与区域构造倾向相同，下部紧挨馆二段顶部。在建立网格模型和描述沥青壳的基础上，对模型的孔隙度和渗透率也进行了粗化和初始化工作。

图4-105为初始化后的孔隙度三维模型，图4-106为初始化后的水平方向的渗透率三维模型。从图4-106可以看到，初始化后沥青壳以上部分网格被定义为无效网格，不参与实际油藏模拟工作，从而提高了模拟运算的工作效率，从孔隙度和渗透率模型上可以看到，孔渗模型具有一定非均质性，油藏为高孔高渗的特征。模型的垂向渗透率与水平方法渗透率的比值上下不同，下部比值相对较小，上部垂向渗透率比值相对较大，平均比值在0.7左右。初始温度采用的是随深度增加温度逐步升高的初始温度模型，图4-107为本次模拟的初始温度场，模型的温度在38～44℃之间。

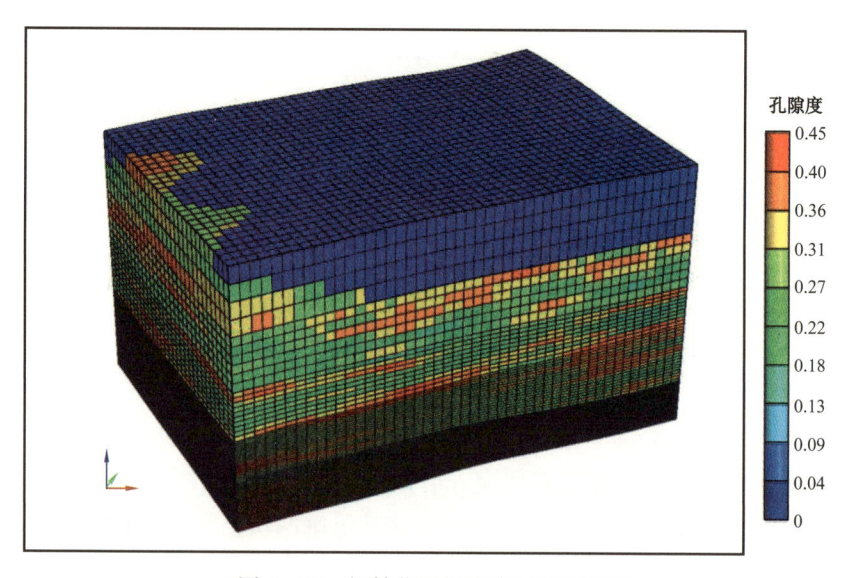

图4-105 初始化后的孔隙度三维模型

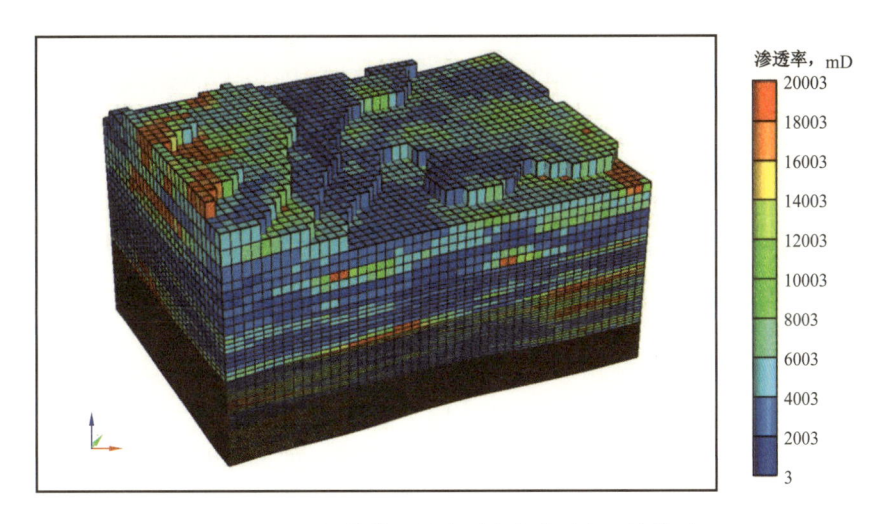

图 4-106　初始化后的水平方向渗透率三维模型

图 4-107　模型初始温度场

## 2）岩石和流体模型

采用三相两组分的流体模型，三种相态分别为油相、气相和水相，两种组分分别为水组分和死油组分。水组分的分子量为 18，高压物性采用的是默认水相高压物性参数，水组分的默认相态为水相，能出现的相态有气相。死油组分相对分子质量采用的是与油藏实际稠油一致的，相对分子质量为 450，属于超稠油的物性范围。死油组分默认相态为油相，不能以其他相态存在，因此相态处理问题相对较为简单，不存在相态平衡问题，但水相有相平衡问题需要处理。没稠油的密度为 1.001g/cm$^3$，水组分采用的密度是默认值 1.0g/cm$^3$。

对于热采开发，黏温数据是一项至关重要的参数，模拟采用提供的黏温关系数据，同时也参考了原油黏温关系的最新研究成果，对黏温数据开展了校正和平滑，处理后的黏温关系曲线总体平滑。稠油黏度随着温度的增加迅速降低，当温度升至65℃时，黏度降至5000mPa·s左右，当温度升至100℃时，黏度在1500mPa·s以下，具有一定的流动性。总体来看黏温曲线较好地反映了实际稠油的特征，能够满足模拟运算的效率和精度。

相渗模型是油藏数值模拟中重要的参数，采用提供的相渗试验数据，进行了相关校正和平滑，然后采用StoneⅡ相渗处理模型进行处理得到最终的三相相渗关系数据。该相渗模型为明显的亲水模型，模型油相具有较高的相对渗透性，这与油藏的整体物性吻合较好。

3）模拟井和生产动态参数

生产动态历史拟合是一个复杂而又费力的工作，模拟中参数众多而又相互交织影响，因此参数调整具有很强的技巧性，要花费大量的人力和时间。本次热采模拟工作参数调整采取的原则是先整体后局部，按生产方式不同分阶段进行的办法进行。参数调整的过程中，既要满足生产数据的历史拟合，同时也要考虑地质上的合理性，在模拟的过程中充分利用时移地震资料，参考时移地震资料反映的地质信息，同时也利用时移差异在平面上和空间上进行汽腔发育形态的约束，同时还充分利用了区域的温度观测井数据，取得了较好的模拟效果。

2. 热采模拟结果

在经过复杂的生产动态和汽腔形态拟合以后，得到本次稠油油藏热采模拟的结果。热采模拟结果包含油藏流体、温度、压力，以及生产井和注入井各项数据，是一个随时间变化的动态结果，非常直观地反映了油藏开发过程中油藏不同属性的动态变化过程，选取最能反映热采开发效果的温度参数进行简单分析。

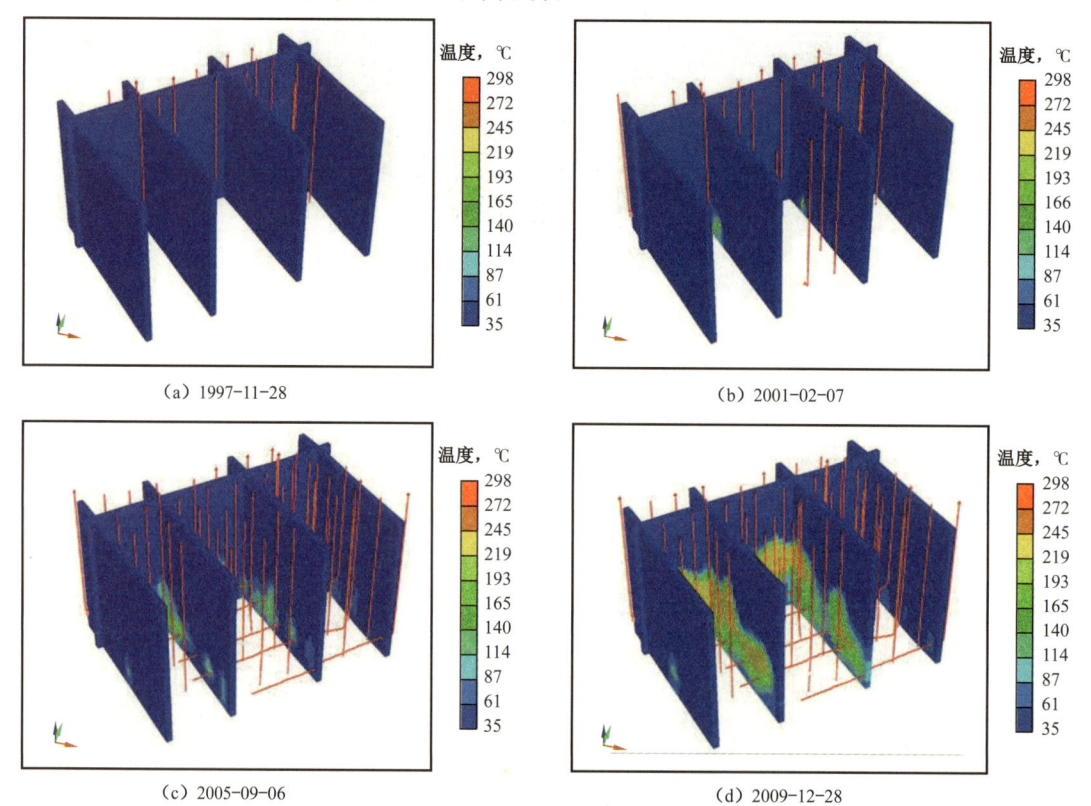

(a) 1997-11-28

(b) 2001-02-07

(c) 2005-09-06

(d) 2009-12-28

图4-108 模型栅状图不同时间点的三维温度显示

图4-108为模拟模型的栅状图温度三维显示,栅状图很好地反映了该油藏的实际开发历史,早期油藏北部温度升高是由北部上返井引起的,到2001年北部的井率先投入吞吐开发,温度升高相对较快,温度先是在纵向上发展较快,后期随着南部井的投入开发,南部区域温度迅速升高,到2009年时温度已经升到200℃左右,中部开始形成较大规模的汽腔连通。

图4-109为模拟温度结果不同时间点的平面显示图,从平面图上可以看到在油藏的中上部层位,2001年时已经有大量的井投入吞吐开发,但都只是在井点附近很小的区域有温度升高现象,到2004年时更多的井吞吐开发中,模型中星星点点的布满温度升高点,到2007年的时候已经有局部区域在该层段开始形成连通区域,至2010年时在该层段模型中部已经形成大片的温度连通,说明此时已经在油藏中部形成了接近整体的连通汽腔,SAGD开发已经进入一个相对温度的时期,但模型的东西两侧开发效果不够理想。

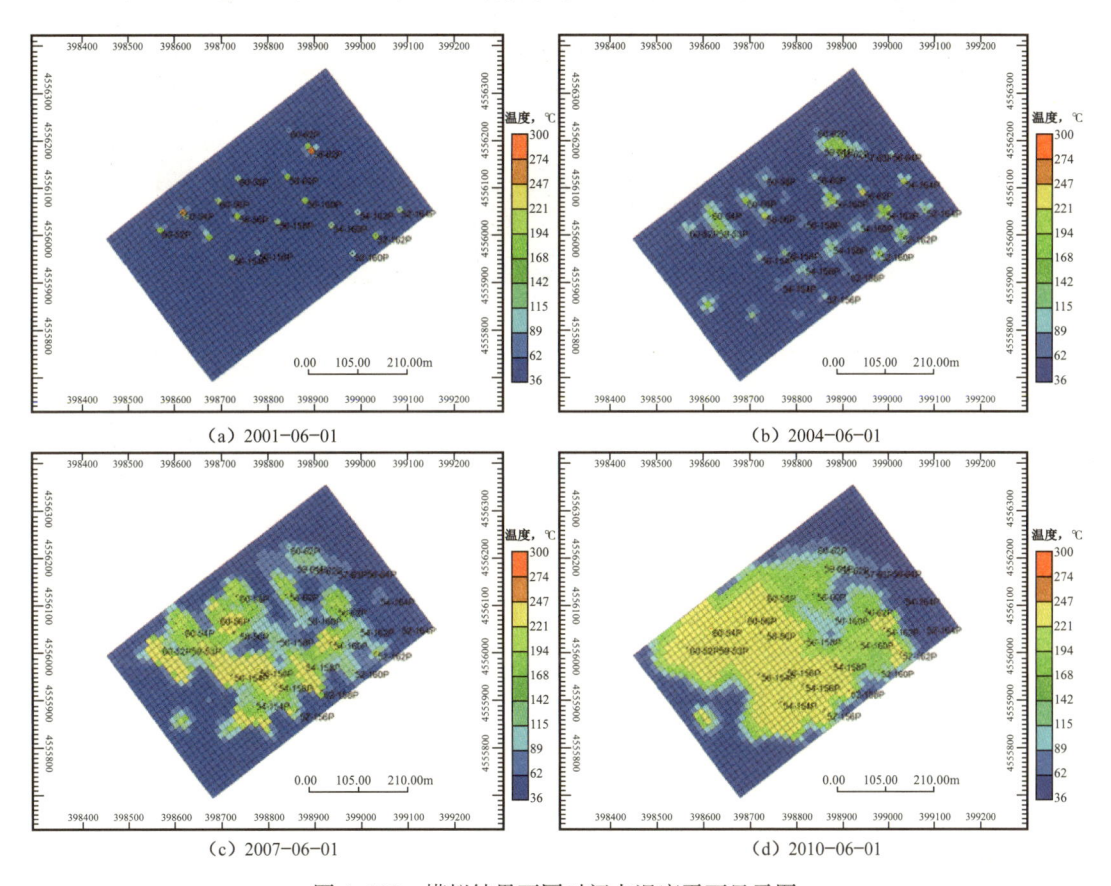

(a) 2001-06-01　　(b) 2004-06-01
(c) 2007-06-01　　(d) 2010-06-01

图4-109　模拟结果不同时间点温度平面显示图

3. 3.5D和4D地震剩余油气预测技术

3.5D地震是应用高精度三维地震和油田开发动态信息在油田开发中晚期求取剩余油气分布的技术,而4D地震是利用两期(或多期)地震观测数据进行油田开发监测及剩余油气分布预测的技术。辽河稠油研究区内的两期高精度三维地震分别是在2009年和2011年采集,均在油田开发的中晚期,也就是说研究区内没有开发前的基础地震观测。基于以上井震联合的油藏描述和油藏模拟研究结果以及一期高精度三维地震数据成像结果开展

3.5D 地震综合解释研究对稠油热采产生的汽腔形态和剩余油气分布进行预测。并在此基础上利用经过一致性处理的两期时移地震数据进行剩余油气预测。

1）地震信息解释

图 4-110 给出 2009 年采集的三维地震数据处理结果沿 $Ng_2$ 和 $Ng_2$ 以下 80ms 处的等时地震振幅切片。从图 4-110a（$Ng_2$ 等时地震振幅切片）中可以看出，在 Ng 主要油藏部位（黑圈内）存在明显的振幅局部变化，从图 4-110c（放大）可更清晰看出，在研究的油藏部位（黑圈内）和井组部位（黑框内）存在明显的地震振幅局部空间变化，这些地震振幅局部空间变化很难用地质沉积变化等因素来解释。

(a) $Ng_2$ 等时振幅切片　　(b) $Ng_2$+80ms 等时振幅切片

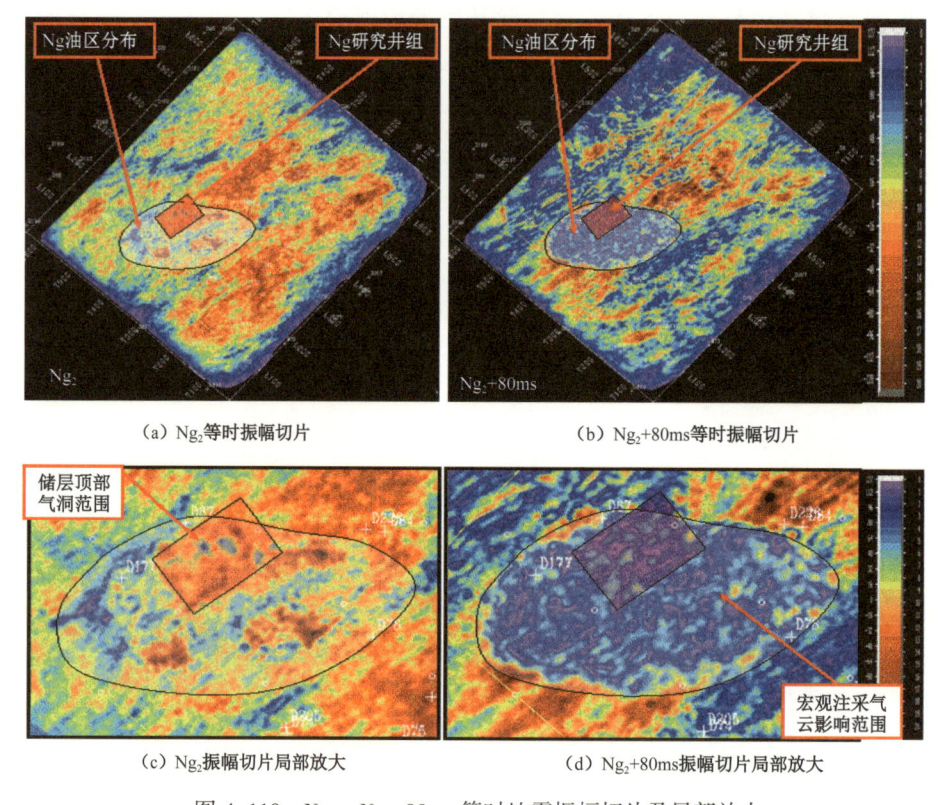

(c) $Ng_2$ 振幅切片局部放大　　(d) $Ng_2$+80ms 振幅切片局部放大

图 4-110　$Ng_2$、$Ng_2$+80ms 等时地震振幅切片及局部放大

而从图 4-110b 和图 4-110d（放大）$Ng_2$+80ms 的等时振幅切片可以看出，存在明显的一个弱振幅（蒸汽影响）变化区，它与 Ng 主要油藏部位（黑圈内）相吻合，这表明地震振幅明显反映了 Ng 稠油蒸汽热采的范围，同时从地震振幅的局部变化也可以确定可能存在热采气腔分布差异与剩余油气的存在。

尽管基于地震信息解释可以获得一定热采气腔的宏观解释结果，同时也可以看出一些地震振幅的局部空间变化，但这些局部变化难以直接用于区分地质沉积、小断裂和热采气腔的影响，从而也无法预测剩余油气的分布。因此必须进一步研究和区分以上影响因素，最终才能达到预测剩余油气的目的。

2）地震信息与油藏数模综合解释

把前面所述实验井组的油藏数值模拟结果和地震数据相结合，进行综合研究。图 4-111 是数值模拟结果与地震数据综合显示，从放大图（图 4-111b）上可以看出，在油藏底部的汽腔与井位置有关，而在油藏中部则具有较复杂的气腔空间连通性和复杂形态，在油藏顶部只具有少量和面积较小的汽腔存在。另外，油藏模拟结果从图4-112剖面上也可以看出垂向汽腔的空间复杂形态，以及剩余油气的空间展布。尽管油藏模拟技术具有一定的宏观预测能力，但油藏模拟的预测精度不免受到热传导方程中的介质密度、孔隙度和渗透率等参数的空间场精度影响。因此，油藏模拟结果存在一定的预测误差，并非十分准确。为此，采用高精度三维地震信息和油藏模拟信息的3.5D地震联合解释将有益于提高预测剩余油气分布的能力。

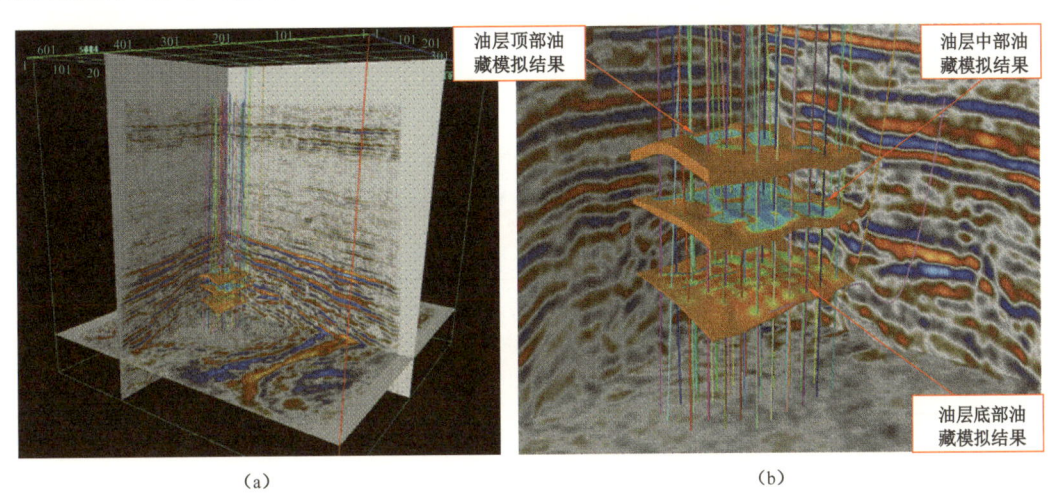

图4-111　数值模拟结果与地震数据综合显示

图4-113给出了与图4-112相应的油藏模拟和地震信息叠合剖面结果。通过二图对比可以明显看出：（1）根据蒸汽热采宏观油藏模拟结果，在汽腔顶部（标示①所示部位）会出现波形变窄（频率增加）和时间减小的特征，而在没有汽腔影响的部位则是波形较胖（频率减小）和时间滞后的特征。分析其原因是汽腔向上产生蒸汽和稠油的置换作用，使上覆地层向上推移，造成其反射系数的变化结果。（2）在蒸汽热采的汽腔内部（标示②所示部位）同样也出现波形变窄（频率增加）和时间减小的特征，而在没有汽腔影响的部位则是波形较胖（频率减小）和时间滞后的特征。分析其原因也是由于汽腔向上产生蒸汽和油的置换作用，使内部地层关系发生向上推移，从而造成其反射系数的变化结果。

通过以上油藏模拟和地震信息解释可以看出，如仅采用地震信息进行解释，以上标示①和②部位可解释为小断层和地质沉积的变化。而在结合了油藏模拟和地震信息的综合解释后，可以看出汽腔的边界作用，因此可以最终确定剩余稠油的分布范围，达到勘探剩余油气的目的。

此外，从油藏顶部的油藏模拟（图4-114）和地震属性（图4-115至图4-117）的空间切片对比可以看出，油藏模拟和地震信息具有一定的相关性。其中，从相干属性可以看出（图4-115），在汽腔部位存在明显的不相干特性，即反射不连续；从频率属性可以看出（图4-116），在汽腔部位存在明显的频率增大特性；从振幅属性可以看出（图4-117），在汽腔部位存在明显的反射振幅减低特性。从地震属性的解释可以看出，汽腔顶部特性具有不相干、高频和低振幅特征。

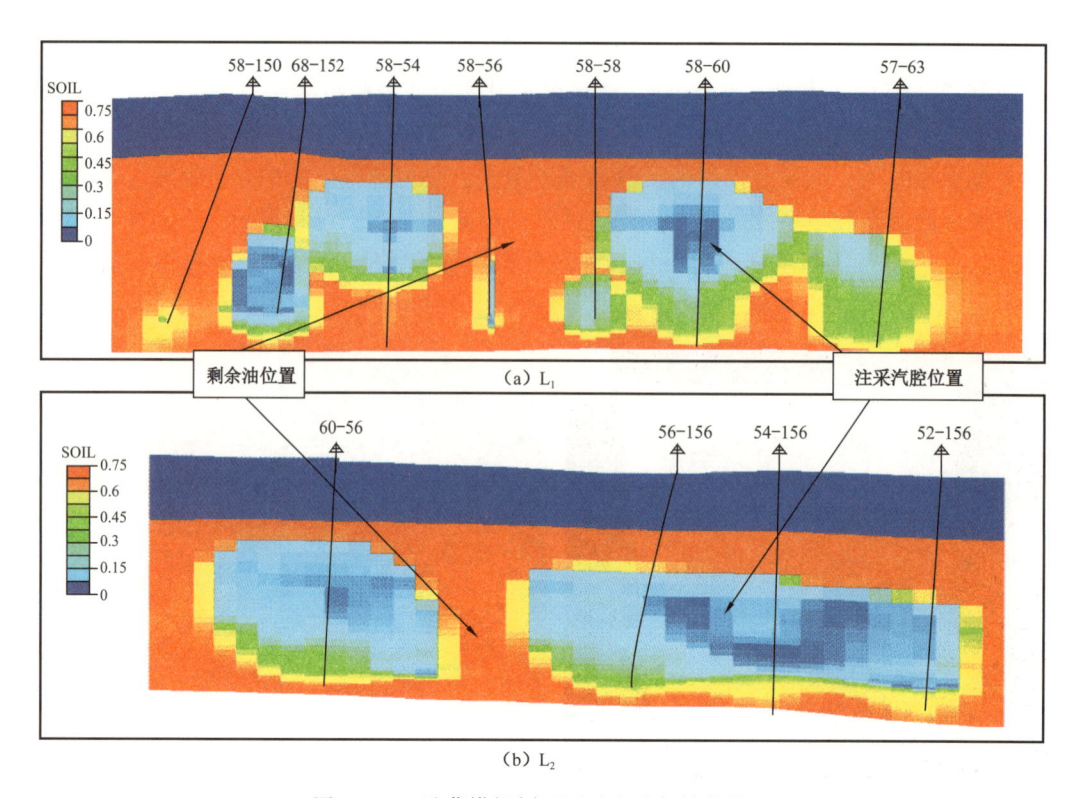

图 4-112　油藏模拟剖面展示汽腔与钻井位置

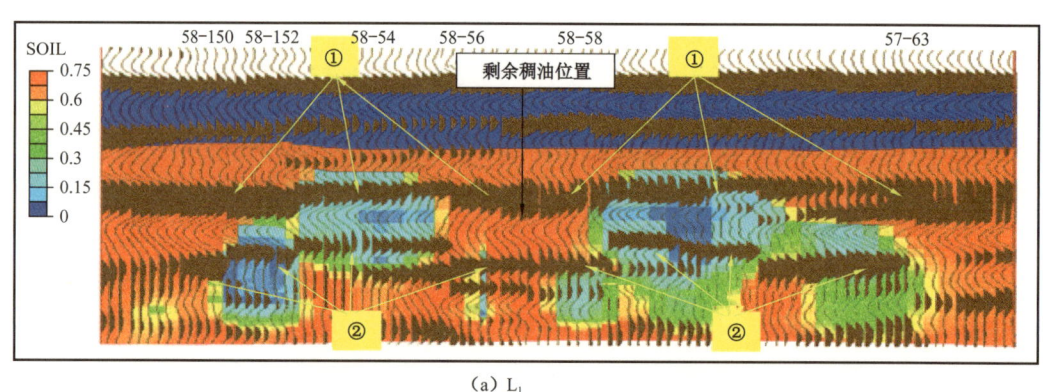

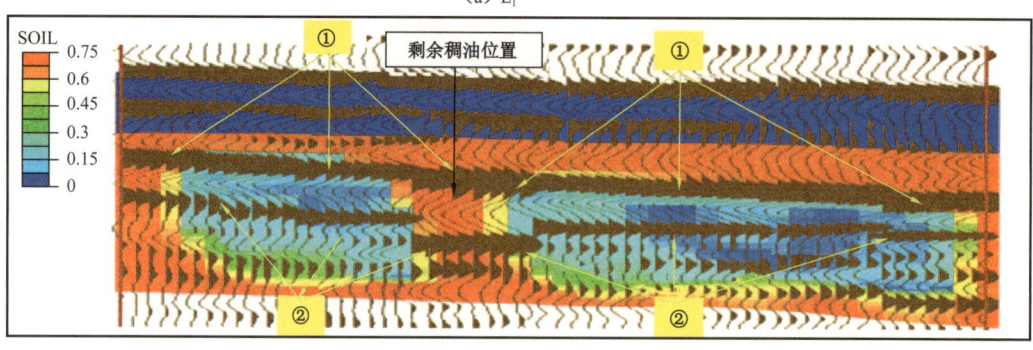

图 4-113　油藏模拟与地震叠合剖面

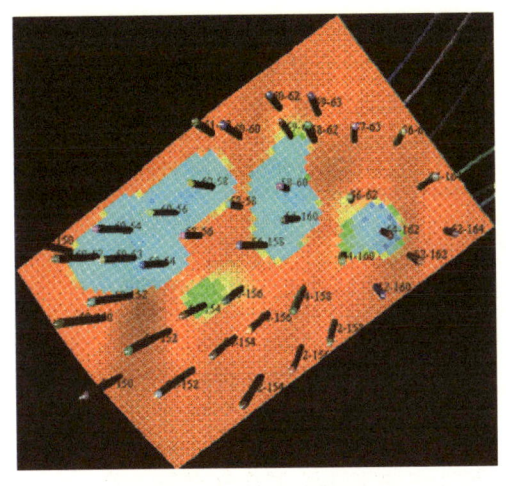

图 4-114 油藏顶部模拟结果

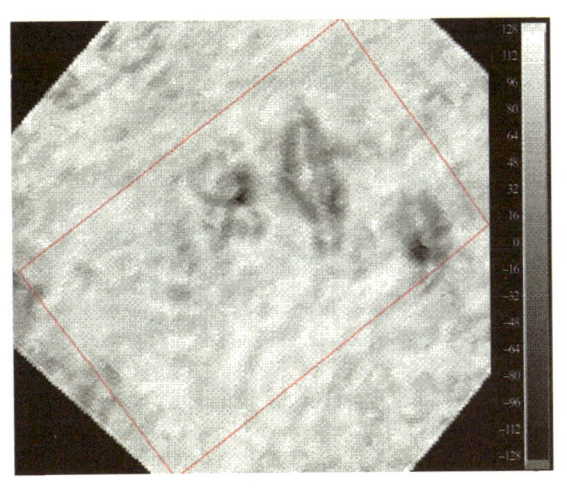

图 4-115 油藏顶部相干属性

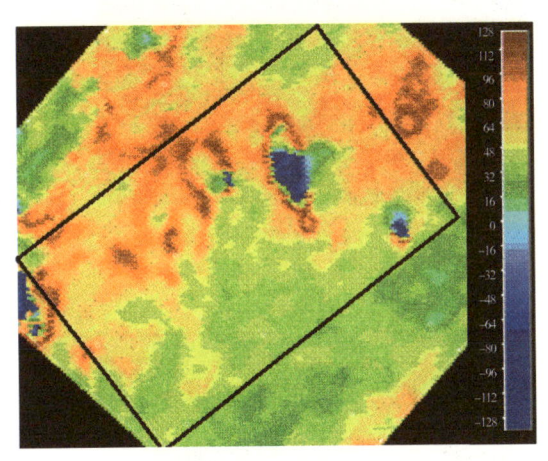

图 4-116 油藏顶部频率属性

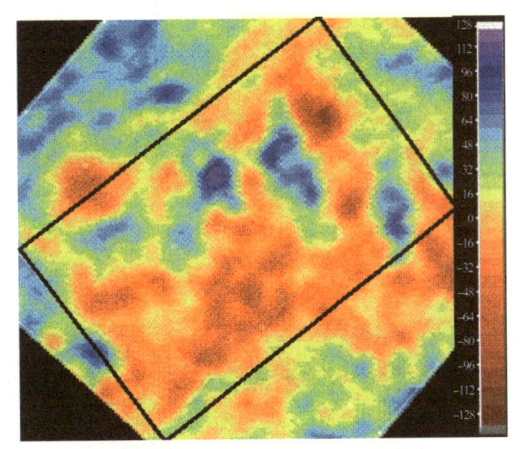

图 4-117 油藏顶部振幅属性

从地震属性和油藏模拟信息结果的空间位置对比可以看出，两者间存在一定的空间位置和汽腔大小上的差异，这表明油藏模拟计算结果和实际地震检测的结果间存在一定的差异。究其原因，油藏模拟的精度直接受密度、孔隙度和渗透率的精度影响，而实际高精度三维地震属性信息是来自实际地震波场对汽腔的反映。因此，两者的局部差异使地震属性的结果更具有实际意义，即地震属性结果在局部上的精度和实际意义要高于油藏模拟的结果。这表明油藏模拟与地震信息的 3.5D 综合解释具有更强的汽腔形态和剩余油气的解释能力。

3）5D 与 4D 解释对比研究

在 3.5D 地震综合解释基础上结合两期时移地震数据差异对蒸汽热采引起的汽腔变化做出解释。图 4-118a—c 是图 4-118d 所示位置处地震和油藏模拟结果叠合显示图，颜色是数值模拟的油藏温度，蓝色虚线多边形是综合 2009 年地震和数模结果解释出的 2009 年汽腔形态。对比图 4-118a，b 可清楚地看到经过两年的热采生产汽腔在纵向和横向上都有扩展，而将解释出的 2009 年和 2011 年汽腔形态叠置于图 4-118c 的地震和数模差异上后看到汽腔的变化和地震及数模的差异有较好的对应关系。

类似地，图 4-119a—c 是图 4-119d 所示位置处地震和油藏模拟结果叠合显示，对比

图 4-119a, b 可看到经过两年的热采生产汽腔在纵向和横向上有明显地扩展,而将解释出的 2009 年和 2011 年汽腔形态叠置于图 4-119c 的地震和数模差异上后看到汽腔的变化和地震及数模的差异有较好的对应关系。

(a) 2009年地震与开采至2009年模拟剖面

(b) 2011年地震与开采至2011年模拟剖面

(c) 2009年与2011年地震差异与开采模拟差异剖面

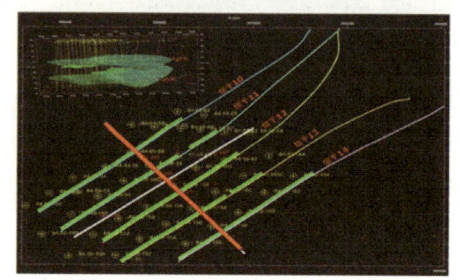

(d) 油藏开发井组与剖面位置

图 4-118　3.5D+4D 地震综合汽腔解释

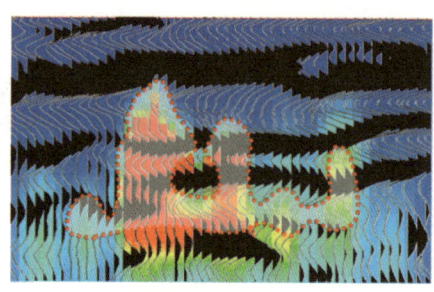

(a) 2009年地震与开采至2009年模拟剖面

(b) 2011年地震与开采至2011年模拟剖面

(c) 2009年与2011年地震差异与开采模拟差异剖面

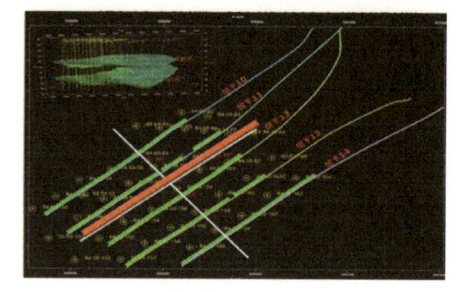

(d) 油藏开发井组与剖面位置

图 4-119　3.5D+4D 地震综合汽腔解释

# 第四节 多波地震勘探及裂缝储层预测配套技术

近年来，国内外在多波勘探和裂缝检测技术方面都取得了很大进展。在岩性油气藏勘探中，纵波（P波）和横波（S波）的传播速度和波阻抗的变化可以用来识别岩性圈闭；而在裂缝型油气藏勘探中，由于储层中定向排列的裂缝导致储层具有地震各向异性特征，在多波多分量地震勘探中可以观测到纵波方位各向异性与横波分裂现象。充分利用这些地震波场特征有助于开展对储层中裂缝走向、发育密度及其空间分布情况的定量描述。此外，从多波多分量地震数据中能够提取基于频率变化的地震属性，其中包含有与储层中填充的流体类型与流体赋存空间有关的重要信息。"十一五"和"十二五"期间，集团公司开展了多波地震勘探及裂缝性油气藏预测技术攻关，形成了具有创新性的配套技术系列。在采集技术方面，形成了以数字三分量为代表的多波地震采集技术；在处理解释方面，形成了高精度纵波和转换波去噪、静校正，叠前时间及深度偏移和高精度纵波、转换波匹配和联合反演等标志性技术；开发了具有自主知识产权的综合地震裂缝预测软件系统和多波地震数据处理软件系统，并在实际多波及裂缝预测应用取得了很好的效果。本节主要描述技术系列及一些关键技术的应用效果，整个配套技术的应用效果及实例参见第五章第二节中"四川盆地龙王庙组多波勘探攻关"部分。

## 一、多波地震资料采集关键技术及应用

采集上形成了以数字三分量为代表的多波地震采集技术，包括基于波动方程的观测系统设计、多分量检波器（数字）接收、动态激发井深岩性识别、STP小道距层析表层建模等技术。这些技术的应用，极大地提高了转换波资料的品质，尤其是转换波资料的主频和频带宽度。"十一五"之前，转换波地震资料信噪比大大低于纵波地震资料，频带宽度一般也只有纵波的一半。"十二五"期间，转换波资料的信噪比大有提高，特别是转换波的频带宽度接近了纵波频带的2/3，比如2013年在四川盆地龙王庙组开展的多波攻关中，纵波资料频带约为60Hz，而转换波频带达到了40Hz。

RTM期间采用以数字三分量为代表的多波地震采集技术，中国石油国内在长庆、四川、塔里木、青海等油气田都开展了多波地震勘探攻关工作；国际上在南美委内瑞拉和中东沙特阿拉伯也开展了多波地震勘探业务。在这些地区，都获得了与纵波资料品质相当的转换波地震资料（图4-120）。

## 二、多波地震资料处理关键技术及应用

在处理上，根据多波的特点，主要研究了提高多波地震资料处理精度的转换波综合静校正处理方法、基于形态滤波的噪声衰减方法、混合相位反褶积方法、反$Q$滤波处理方法、共反射点道集抽取方法、速度分析及动校正方法、转换波各向异性叠前时间偏移方法和转换波深度偏移方法。

（1）针对转换波资料的检波点横波静校正量难以求取的问题，当初至清晰并容易拾取时，采用基于转换型和非转换型折射波的静校正处理方法进行求取；当初至难以获得时，采用基于共检波点叠加静校正的方法进行处理。同时，提出了基于纵波构造约束的数据驱动的转换波剩余静校正方法。

(a)青海三湖纵波和转换波偏移剖面

(b)委内瑞拉纵波和转换波偏移剖面

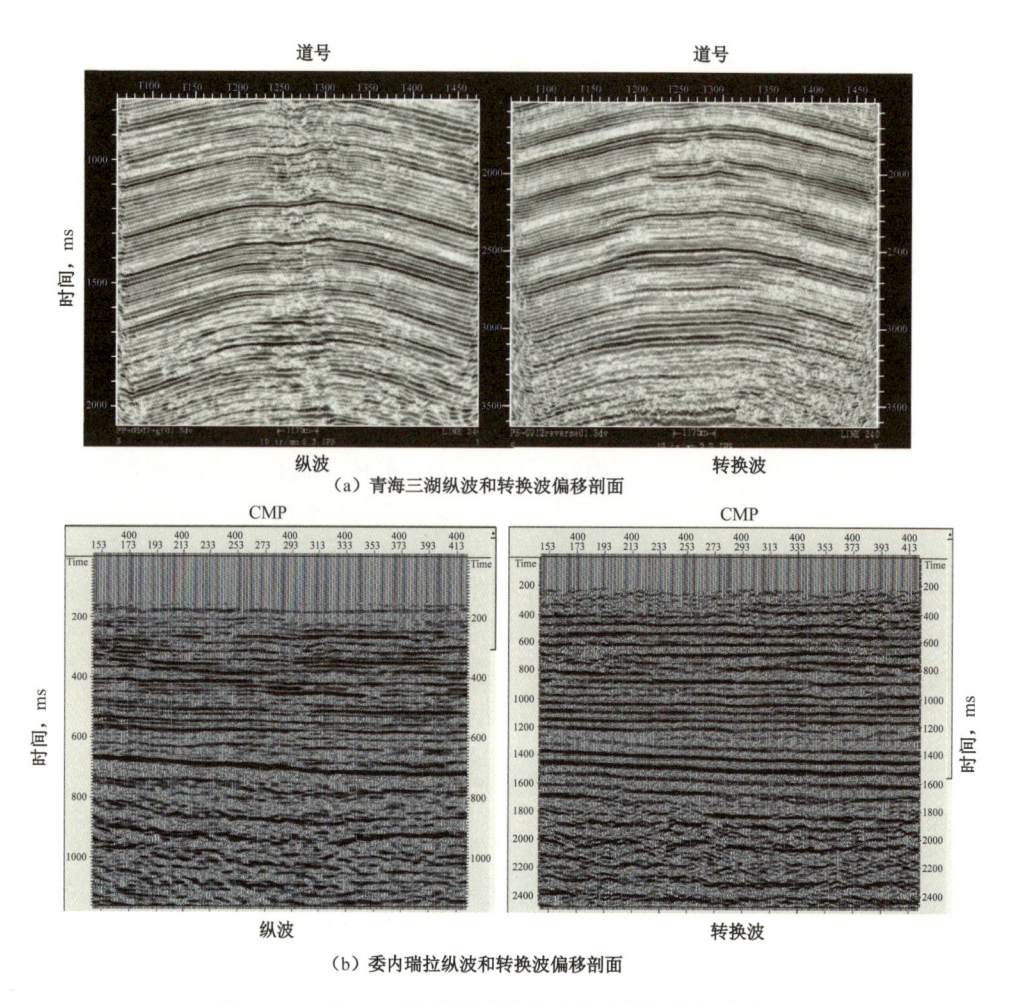

图4-120 "十二五"期间采集的多波地震资料品质对比

（2）基于形态滤波的噪声衰减方法能够有效地去除线性干扰信号，而且在噪声和有效波干涉的区域，不论干涉区域的大小，都能很好地保持有效波，在去除干扰信号的同时能最大程度地保护有效信号。

（3）基于信噪比谱约束下的多路径双谱法混合相位反褶积方法，克服常规反褶积技术的最小相位假设，实现混合相位子波提取和混合相位子波反褶积，在压缩子波的同时，消除剩余相位对分辨率的影响。

（4）形成了从叠前纵波和转换波道集中估算纵、横波$Q$值的方法，并利用沿射线路径的波场延拓，将一种稳定有效的反$Q$滤波方法应用到叠前共炮点纵波和转换波道集的衰减补偿中。

（5）针对转换波资料共中心点道集不是共转换点道集的问题，建立了一套基于CCP道集的处理方法，抽取CCP道集，在CCP道集上进行速度分析与动校正及后续处理。

（6）在大部分沉积盆地中，都存在一定程度的地震各向异性，特别是以层状介质为代表，以具有垂直对称轴的横向各向同性（VTI）为特征的地震各向异性。VTI对转换波的影响程度大大地高于纵波，因此转换波资料的处理一定要考虑VTI的影响。针对这一问题，研发了四参数的转换波速度建模及叠前时间偏移方法，形成了软件技术，并通过实际资料处理验证了方法的有效性。

（7）多波深度偏移有助于简化多波资料的层位对比和解释。针对这一问题研发了转换波克希霍夫深度偏移方法和软件以及多波逆时偏移算法及软件，通过实际资料测试，取得了很好的效果。

以上技术系列都集成到了 GeoEast 地震资料处理系统中，形成了 GeoEast-MC 多波地震数据处理软件（详细参见第三章第一节中的"GeoEast-MC 多波数据处理软件"部分）。由于篇幅所限，下面着重介绍多波深度域逆时偏移算法的实现及测试效果，以及多波处理技术在塔里木哈 7 井区和青海三湖地区的应用效果。

1. 多波地震资料深度域成像技术

弹性波逆时偏移的难点是计算量巨大，因此需要对算法进行优化。

一是利用 CPU/GPU 异构协同加速。为了取得最优加速效果，利用一个凹陷模型对不同计算条件下的逆时偏移效率进行对比。经测试发现，CPU 的并行性能并不按 CPU 核数量倍增，而所用 GPU 卡的单卡并行效率约为单 CPU 串行的 22 倍；多 GPU 并行情况下，单炮效率降低了一半，这主要是因为多块 GPU 在硬盘读写上造成了竞争，从而导致效率下降；但多块 GPU 运算下，整体的运算效率仍然是单个 GPU 的两倍以上。

二是采用多步法从计算机内存需求、硬盘需求、计算量三个方面同时对弹性波逆时偏移进行了优化。多步法多波逆时偏移从以下几个方面降低了弹性逆时偏移的计算代价。首先，通过网格剖分，每次处理的网格变小，从而降低了对计算机内存和硬盘的需求，提高了其可操作性。其次，速度场通常是随深度递增的，而差分网格的大小取决于计算网格内的最低速度，因而在存在低速的情况下，可以只在浅部的子区域使用较小的计算网格，而在深部子区域则使用较大的计算网格，从而降低内存、硬盘存储量和计算量。再次，在深部的子区域中只需要传播到达该区域的波场即可，减少了波场外推的时间步长数目，降低了硬盘存储量和计算量。最后，在各个子区域内，依据速度场的实际情况，可在保证成像精度的前提下，选用效率较高的成像方法，从而使得处理更为灵活高效。

以下是 Marmousi 模型基于 CPU/GPU 异构对多步法弹性逆时偏移进行的测试，该模型横波速度范围比较大：既存在小于 500m/s 的低速，也存在 2500m/s 以上的高速。显然，在常规弹性逆时偏移中为保证成像精度，必须按照最低速度选取较小的时间和空间离散步长，从而带来较高的存储量和计算量。

对该模型进行多炮多步法逆时偏移处理。总共 44 炮观测，炮点位置从 $x=100m$ 至 $x=4400m$，炮间隔 100m，多步法弹性逆时偏移和小步长的常规弹性逆时偏移叠加结果如图 4-121 所示。这主要是由于波场通过在交界面的地震记录往下传播过程中部分能量损失，但在整体上，多步法逆时偏移与常规逆时偏移成像精度相当，验证了多步法逆时偏移的有效性。

2. 哈 7 井区三维多波处理技术应用

工区位于塔北隆起英买力低凸起东部的哈拉哈塘凹陷内，行政上隶属于新疆库车县境内。工区东侧为中国石化塔河油田，是塔里木盆地已建成产能最大的碳酸盐岩油气田。

目前奥陶系碳酸盐岩勘探是塔北地区岩性勘探的重要目标，塔北地区奥陶系碳酸盐岩油气藏储集空间以溶洞、裂缝型为主，目前的常规三维地震资料对大洞周围缝洞带识别能力不足，制约了高产井网布设。开展多波勘探技术攻关，利用多波地震数据进行储层、裂缝预测和油气检测，提高储层和裂缝的识别精度。根据哈 6—新垦三维区目前的研究成果证实了哈拉哈塘地区奥陶系的有利储层主要发育在一间房组及鹰山组鹰一段，储层类型为洞穴型、缝洞孔洞型、裂缝型；良里塔格组的石灰岩物性较差，泥质含量高，不利于储层的发育。哈 6—新垦的出油层主要位于奥陶系一间房组及鹰山组一段。其中奥陶系一间房组顶部裂缝较发育，而鹰山组上部孔洞发育。

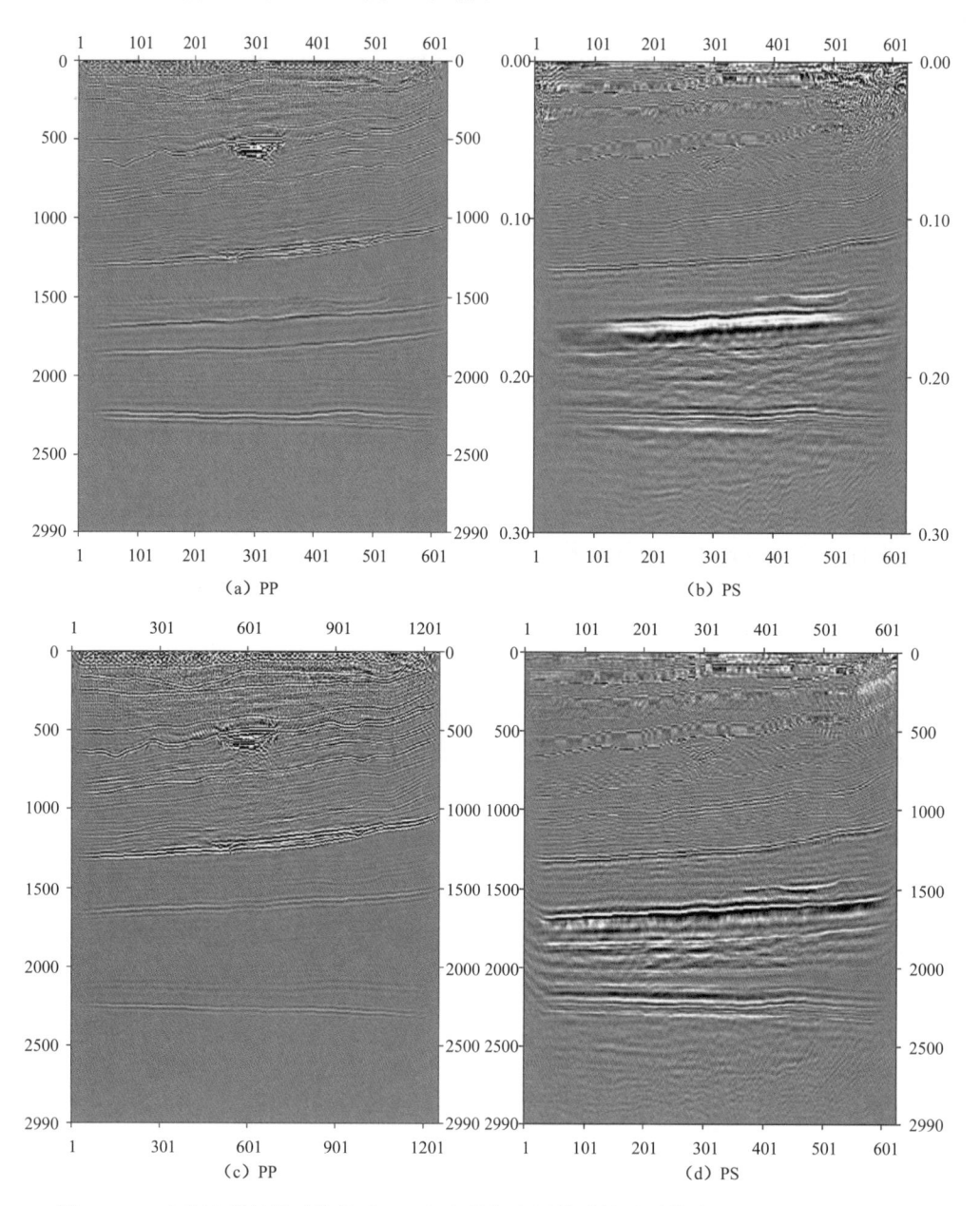

图 4-121　多步法弹性逆时偏移（a、b）和常规小网格弹性逆时偏移（c、d）叠加成像结果

最终获得的纵波转换波的叠前时间偏移剖面对比如图 4-122 所示，从剖面整体效果对比来看，转换波的资料品质与纵波相当。

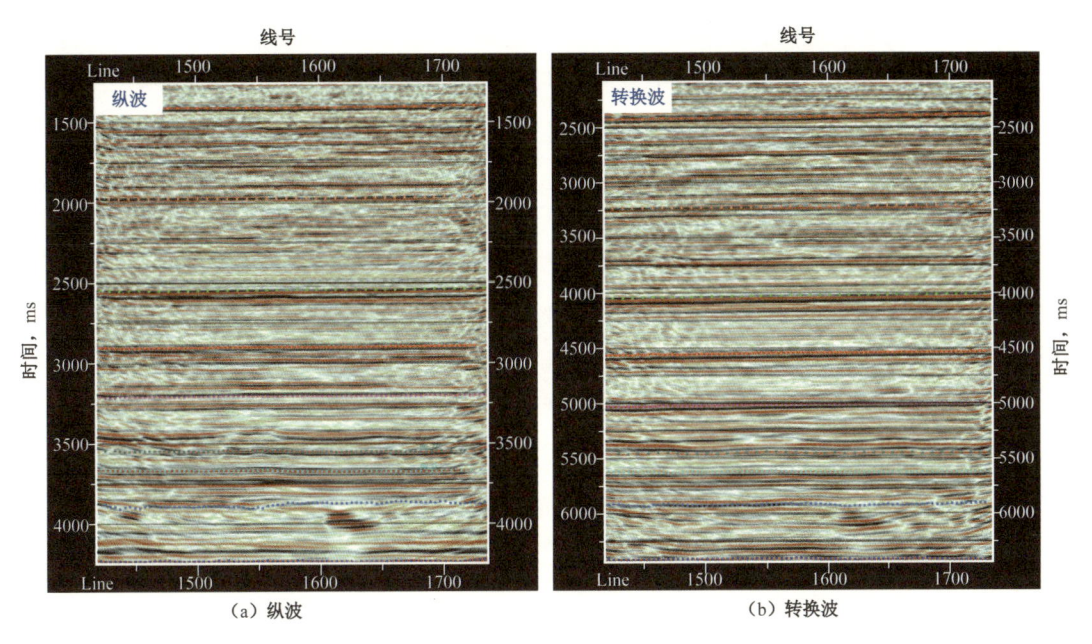

图 4-122 塔里木盆地哈 7 井区纵波和转换波偏移剖面对比

3. 三湖地区多波三维处理技术应用

柴达木盆地三湖地区位于柴达木盆地中东部，为青海油田主要的天然气勘探地区，经过多年的勘探，先后发现了多个气田及含气构造，尤其是近年来的天然气勘探生产取得很大成效。台南 9 井区及涩 34 井区的重大突破揭示了岩性气藏勘探的巨大潜力，盆地天然气剩余资源丰富，持续勘探具有巨大的资源基础。由于三湖储层多为砂泥薄互层，含气层段多，含气丰度较高，纵波地震资料上能量吸收严重、频率衰减快，资料品质差，造成构造不准，时间剖面与实钻构造不吻合。在 PP 波剖面上受气云区影响严重的位置，PSV 地震剖面的信噪比得到了较好的改善，构造成像有一定的恢复，气云区转换波资料的信噪比、频率都得到提高。在相同的时间比例下，PSV 波地震资料在浅层的频率比 PP 波要高，在深层 PSV 波频率有所下降，与 PP 波频率相当，由于传播距离远，能量损失比较严重，深层噪声有所增加。

三湖多波处理重点是如何考虑地震各向异性对转换波的影响。采用了四参数各向异性速度分析和偏移技术以及转换波分裂方位分析技术。图 4-123 为处理得到的转换波 PSV 波剖面与各向同性处理的转换波 PSV 波剖面对比分析，可以看到各向异性时间偏移处理之后的转换波剖面资料的品质明显提高，气云区资料信噪比明显改善，资料整体频率有所提高，尤其是深层资料的改善更为明显，资料品质的提高为后续该区薄储层的预测和含气性分析奠定了较好的资料基础。

处理技术的提高还表现在利用分方位各向异性处理技术，分离出了转换波快横波（PS1）与慢横波（PS2），快慢横波的有效分离为各向异性的研究提供了资料基础。横波发生分裂时，快横波平行于各向异性主方向而慢横波垂直于各向异性主方向，两者传播方向不同，在各向异性发育的地区同一地震反射同相轴反映到剖面反射特征上就有所不同。最为直观的反映是传播时间存在明显的延迟，同时地震波的动力学特征（振幅、频率、相位）也会由于各向异性的存在而发生变化，这种变化是利用快慢横波预测各向异性的基础。剖面特征明显表现出：在各向异性存在的区域，如构造断裂发育区，高含气丰度区，快慢横波差异最为明显，差异不仅表现在走时上，目的层的振幅及频率特征也存在明显不同（图4-124）。

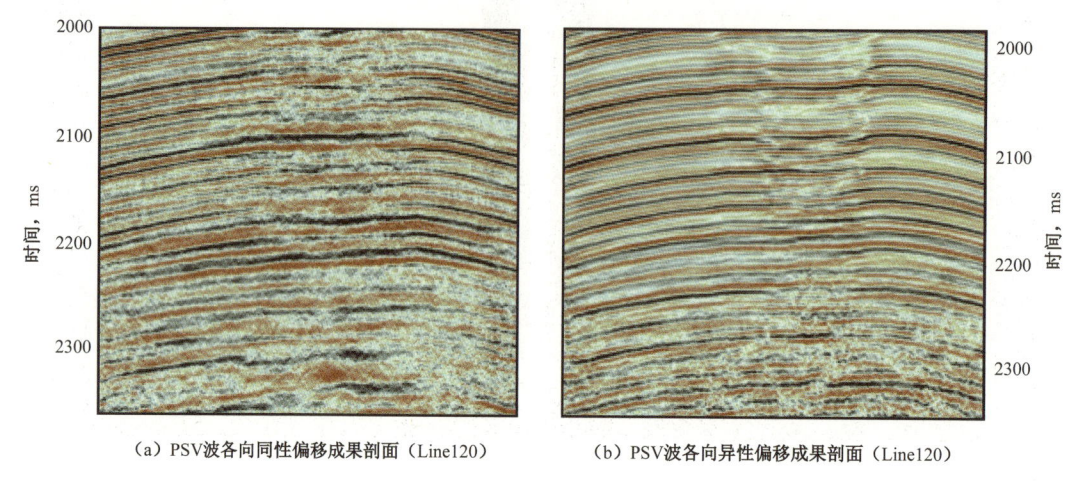

(a) PSV波各向同性偏移成果剖面（Line120）　　(b) PSV波各向异性偏移成果剖面（Line120）

图4-123　三湖地区多波三维地震资料PSV波各向同性与各向异性处理偏移成果

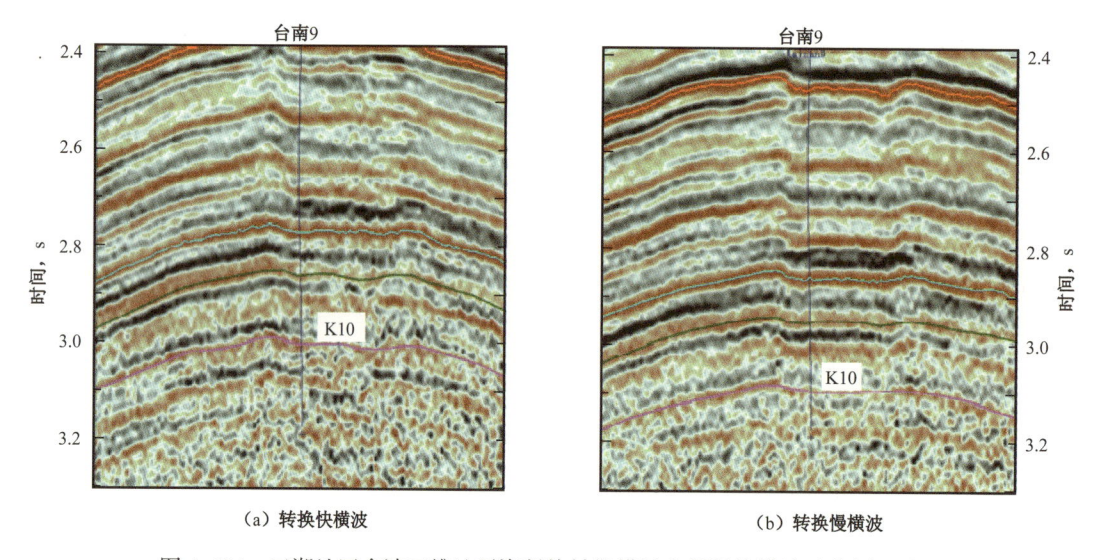

(a) 转换快横波　　(b) 转换慢横波

图4-124　三湖地区多波三维地震资料快转换横波和慢转换横波过井剖面对比

## 三、多波地震资料解释关键技术及应用

在多波解释方面，经过多年的技术攻关，已经完成了转换波正演与井震标定、多波层位匹配、多波联合反演以及属性分析等多项关键技术的研发，形成了一套基本的多波解释技术流程。

**1. 转换波正演与井震标定**

井震标定是连接测井与地震信息的桥梁。标定结果的准确与否直接决定着后续多波解释结果的准确性。转换波由于产生机理特殊，所以在地震波垂直入射反射界面时不会产生转换波。因此要进行转换波井震标定时，就要首先进行转换波叠前数据正演，得到指定的入射角范围（或者炮检距范围）的叠前正演数据，才能进行转换波的井震标定。

转换波正演需要测井数据和地震子波。其中测井数据包括纵波速度（或声波时差）曲线、横波速度（或横波时差）曲线和密度曲线（三条曲线缺一不可）。首先，对测井数据进行深时转换，进行时间域重采样，再根据 Zoeppritz 公式或其近似公式计算转换波反射系数，得到不同入射角度时间域的转换波反射系数序列。然后将这个反射系数序列与子波进行褶积，就得到转换波合成记录（图 4-125）。图 4-125a 是进行正演所需的测井数据，从左到右分别是密度曲线、纵波时差曲线、横波时差曲线；图 4-125b 是正演得到的在一定角度范围内（0°~30°）的已经消除动校时差的转换波道集；图 4-125c 是正演得到的在一定炮检距范围（0~4000m）内动校前的转换波道集。在得到转换波合成记录后，通过调整纵波速度、横波速度曲线，同步调整时深对应关系，直到合成记录与实际的转换波井旁道在目的层段的相似性达到最高，就完成了转换波时深标定。图 4-126 是在某工区的转换波合成记录制作及井震标定结果。从左到右分别是：密度、纵波速度、横波速度、转换波合成记录、转换波实际数据。

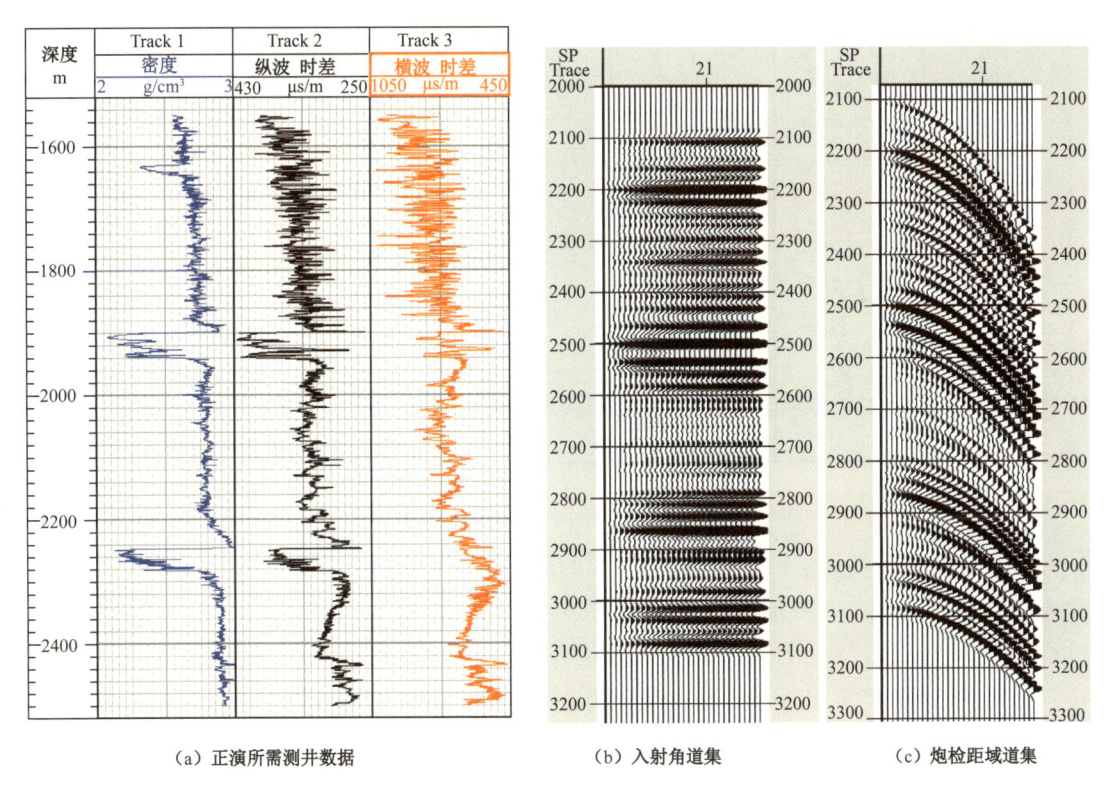

图 4-125 转换波正演结果

(a) 正演所需测井数据　　(b) 入射角道集　　(c) 炮检距域道集

### 2. 多波资料匹配与层位对比

因为纵波与转换波的传播速度不同，所以两种波的旅行时间有差异。要综合这两种数据对同一反射界面进行解释和预测，就需要将这两种数据的时间域进行统一。这就是多波资料的层位匹配与对比，多波数据的层位匹配是转换波多波解释中的关键技术。层位匹配质量的高低，直接决定着后续构造解释精度、联合反演的准确性。根据层位匹配使用的信息可分为基于地震层位的层位匹配技术、基于纵横波速度比谱的层位匹配技术和层位精细对比技术。

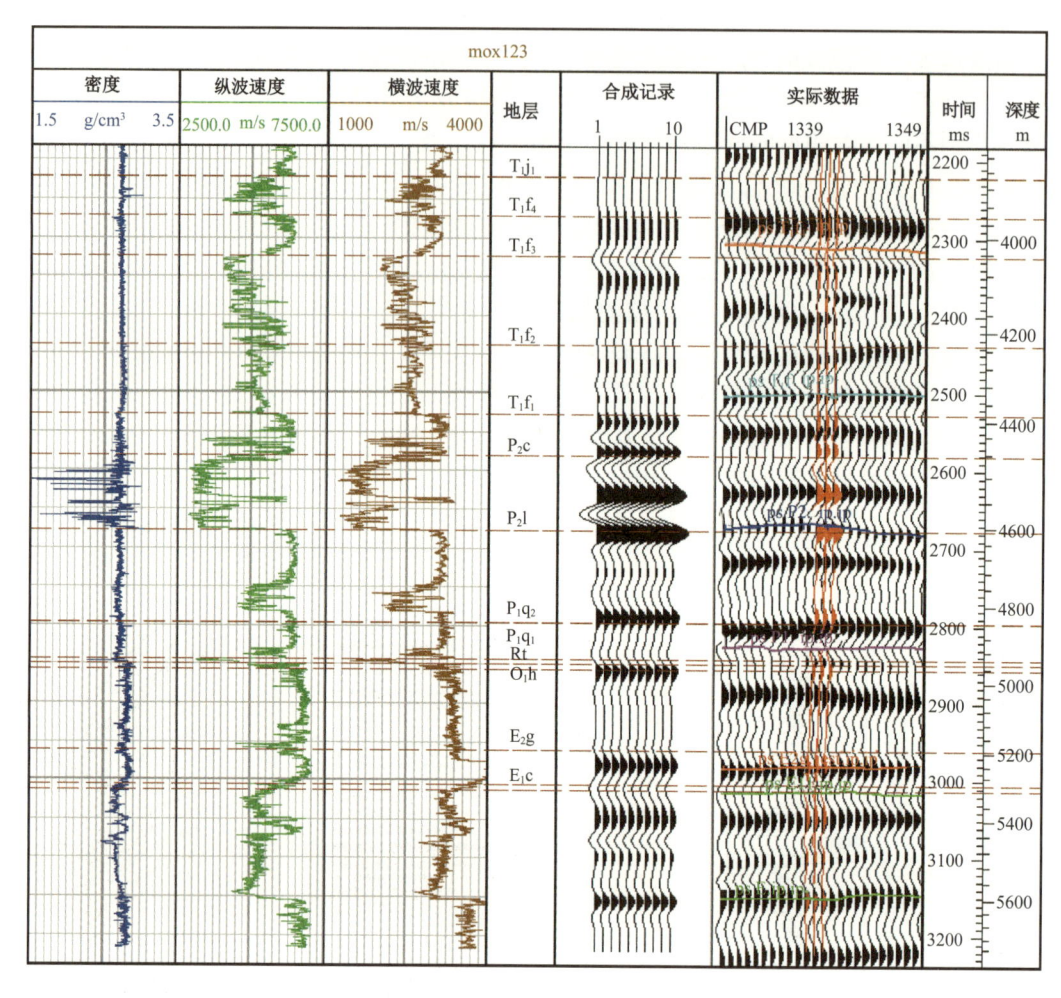

图 4-126 转换波合成记录制作及井震标定结果

基于地震层位的层位匹配技术主要是指在分别完成纵波和转换波构造解释的基础上，利用纵波和转换波一一对应的层位解释结果（不包含断层），计算对应层位处的时移量，进行数据的时间域转换。图 4-127 为纵波地震数据，经过构造解释后得到三套纵波地震层位。图 4-127b 是转换波地震数据，经过构造解释后得到了与纵波地震层位一一对应的三套转换波地震层位。图 4-127c 是经过基于地震层位的地震层位匹配后已经从转换波时间域变换到纵波时间域的转换波剖面。可以看到地震层位对应准确，波组特征一致。

基于速度比谱的多波匹配技术是在指定的纵横波速度比变化范围内，采用指定间隔，对转换波剖面进行不同速度比的压缩，并计算压缩后纵波数据与转换波数据的相似度，形成速度比谱（图 4-118a）。通过解释速度比谱，确定不同时间段内使纵波数据与压缩后的转换波数据相似度最高的速度比，从而建立纵波与转换波之间的层位对应关系（图 4-128b），实现纵波和转换波的匹配。

第四章 地球物理勘探技术

(a) 纵波地震数据　　　　　　(b) 转换波地震数据　　　　(c) 层位匹配后的转换波地震数据

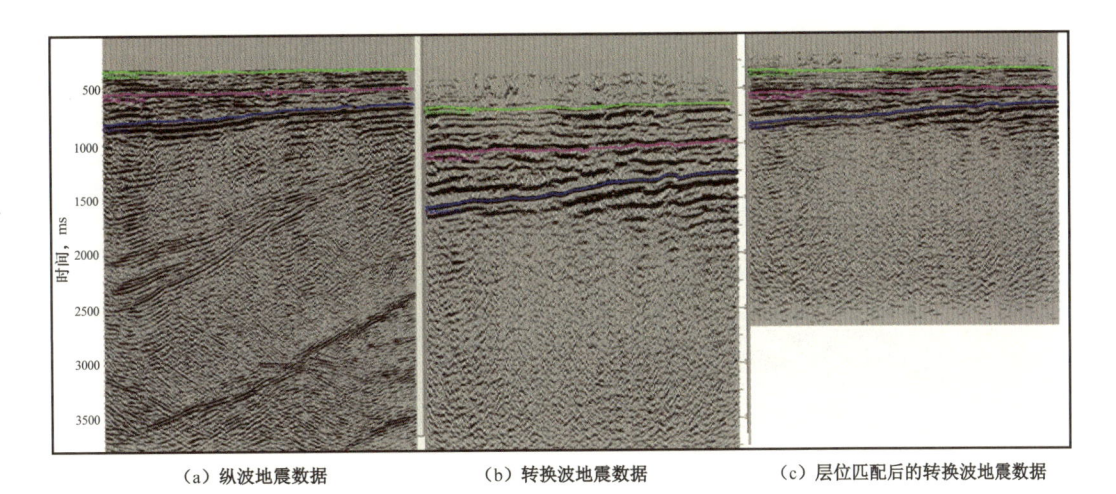

图 4-127　纵波、转换波地震剖面及其层位匹配

(a) 速度谱　　　　　　　　　　　　　(b) 纵波、转换波层位对应关系

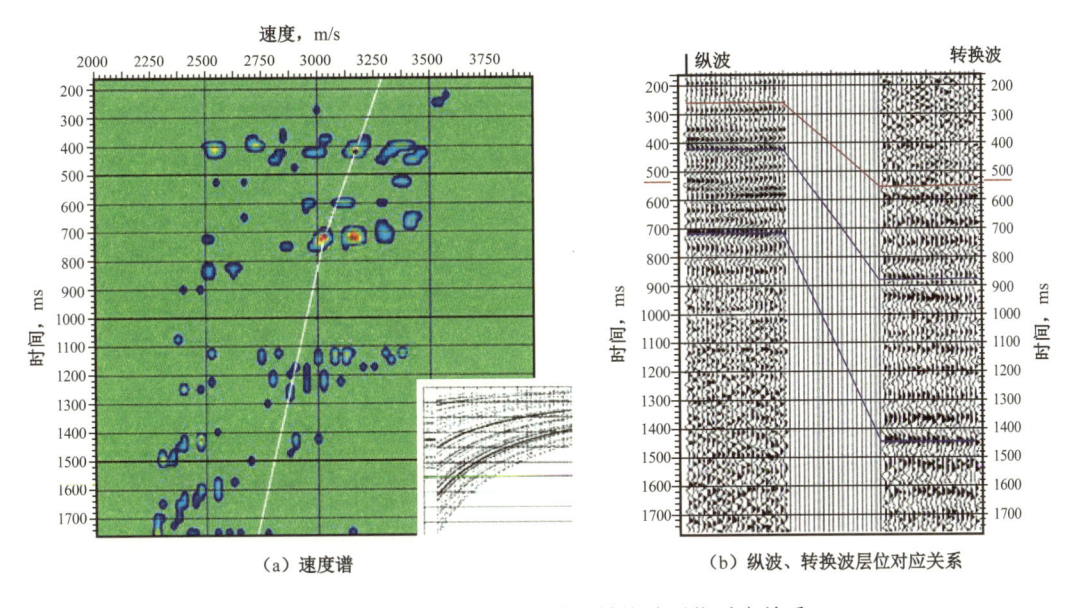

图 4-128　速度比谱和纵波、转换波层位对应关系

完成层位匹配后，转换波的时间域从转换波旅行时转换到纵波旅行时，虽然总体的波组特征已经与纵波数据基本一致，但仍然有波形方面的不匹配，这时就要以纵波道数据为标准，在小时窗内利用相似性计算转换波与纵波对齐的时移量。再根据位移量实现纵波、转换波之间的小层拉平，从而达到小层多波精细匹配的目的。

3. 纵波、转换波联合反演技术

利用转换波携带有横波信息这一特点，开发了纵波、转换波联合反演、转换波弹性阻抗反演等技术。纵波和转换波在含气地层中有着各自不同的传播规律，综合应用纵波和转换波地震资料进行反演，可增加反演过程中的已知条件和约束条件，克服常规纵波阻抗反演的多解性问题，提高反演结果的精度和含气砂岩的分辨能力。图 4-129 是利用反演结果（纵波速度、横波速度和密度）计算得到的杨氏模量和泊松比，可以用于识别含气性砂岩以及预测岩石的可压裂性。

(a) 杨氏模量    (b) 泊松比

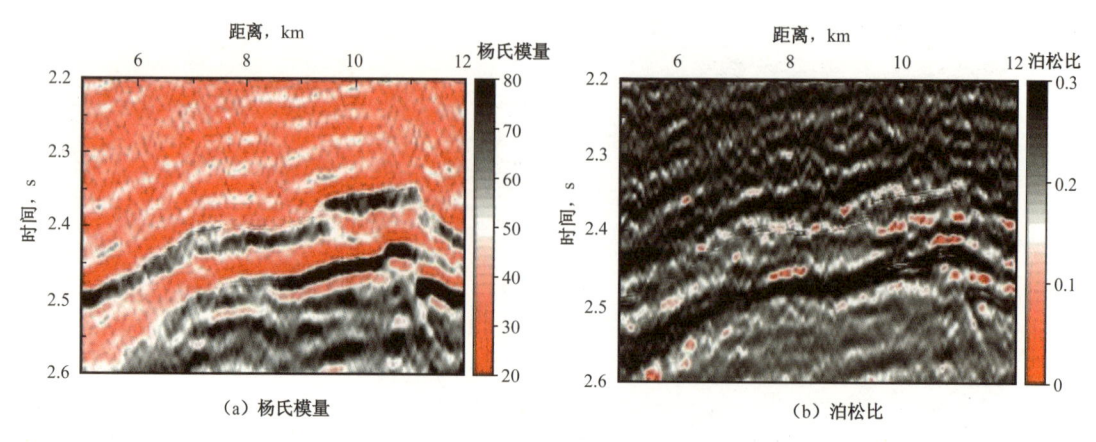

图 4-129　杨氏模量和泊松比反演结果

**4. 多波属性提取及分析技术**

由于转换波携带有纵波和横波两种信息，所以提取转换波地震数据信息，并结合纵波地震数据信息进行综合分析，可提高储层预测精度。同时，提取的转换波特有的地震属性还可对多波层位匹配、多波反演结果进行质控分析。纵波、转换波数据速度比属性提取是利用两种不同波叠加剖面上的层间时差比来求取速度比的。进而计算出平均速度比、拉梅系数与剪切模量的比值、泊松比和弱度比。在完成多波数据层位匹配后，在一定时间段内可计算纵波、转换波的振幅比。还可在滑动窗内计算纵波和转换波的互相关系数，用于检测层位匹配的相似程度。图 4-130a 是计算的某工区纵横波速度比属性切片，图 4-130b 是计算的均方根振幅比属性。

(a) 纵横波速度比属性    (b) 均方根振幅比属性

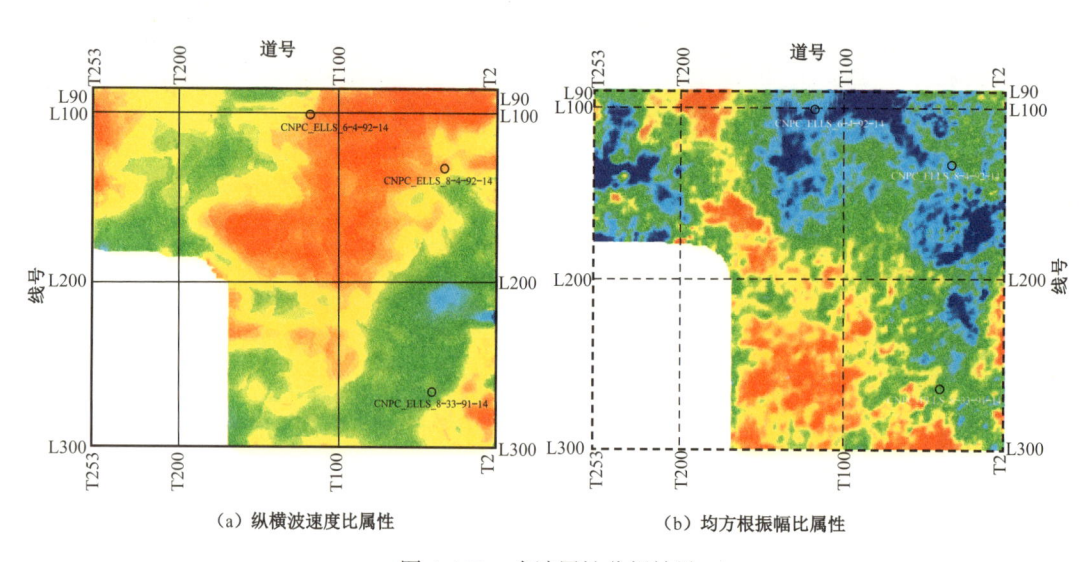

图 4-130　多波属性分析结果

## 四、多波地震资料裂缝检测技术

在裂缝型油气藏勘探中，由于储层中定向排列的裂缝导致储层具有地震各向异性特征，在多波多分量地震勘探中可以观测到横波分裂与纵波方位各向异性现象。充分利用这些地震波场特征有助于开展对储层中裂缝走向、发育密度及其空间分布情况的定量描述。横波分裂与纵波方位各向异性现象是利用多分量地震资料定量描述储层中裂缝情况的主要依据。

### 1. 转换波分裂分析及应用

当转换波在具有定向排列的裂缝介质中传播时会分裂为两个偏振方向相互垂直、传播速度不同的横波。快转换横波的偏振方向平行于裂隙走向，慢转换横波的偏振方向则垂直于裂隙走向；而快慢转换波的时差代表了裂缝的密度。因此，通过分析转换波分裂现象，可以定量描述裂缝的走向和密度。以数字三分量为代表的宽方位 3D3C 多波地震资料采集技术提高了转换波资料的品质，也为转换波分裂分析打下了很好的基础，尤其是在共偏移距径向（$R$）和切向（$T$）方位道集上，转换波分裂波场特征非常明显。在共偏移距径向（$R$）方位道集上，快慢转换横波交替变化；而在共偏移距切向（$T$）方位道集上，每 90° 有一个相位反转，如图 4-131 所示。图 4-131 显示了三湖地区采集到的转换波共偏移距方位道集资料，图 4-131a 为径向（$R$）分量；图 4-131b 为切向（$T$）分量。快波的偏振方向大约为 60°，代表了该地区裂缝或主应力的方向。通过坐标旋转，可以得到分离后的快慢横波（图 4-124）。每一个空间位置都可以利用图 4-131 的方式确定快横波的偏振方向，即代表了裂缝发育方向；而通过对图 4-124 中的快慢横波进行相关分析，可以确定快慢波的时差。图 4-132 显示了目标层（K10）的快横波偏振方向和快慢时差的叠合图，箭头代表偏振方向，颜色为快慢波时差，即代表了目标层的裂缝发育方向和密度。

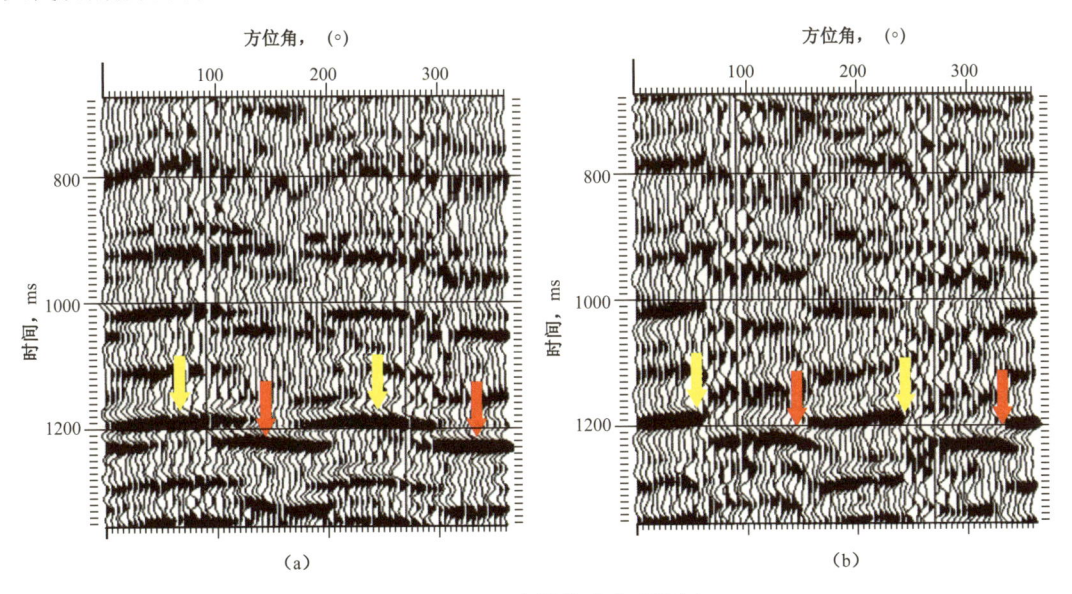

图 4-131 三湖转换波分裂特征

（a）共偏移距径向（$R$）分量方位道集，黄色箭头指示快横波，红色箭头指示慢横波；
（b）共偏移距径向（$T$）分量方位道集，黄红色箭头指示相位反转的位置

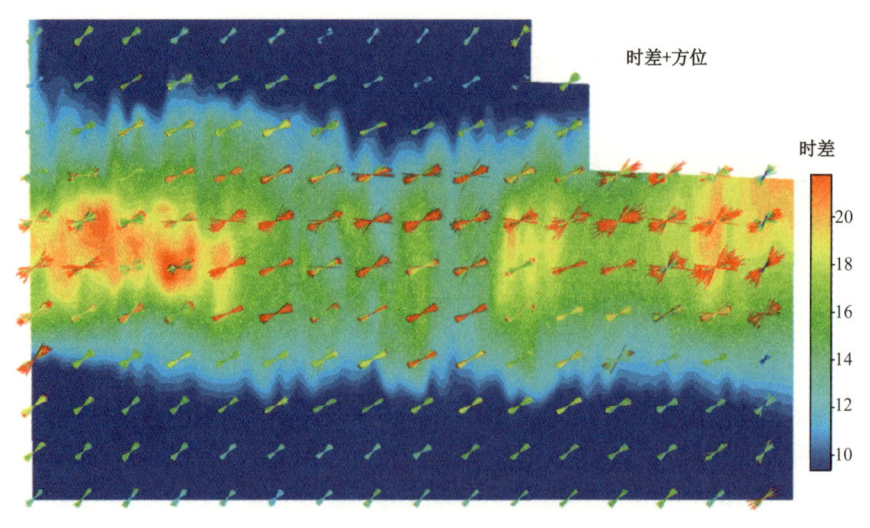

图4-132　快横波偏振方位及快慢横波时差

2. 纵波方位属性分析技术及应用

当储层裂缝走向主要集中在某一个方向时，纵波属性（如旅行时、叠加速度、振幅、波阻抗等）将随着观测方位角的变化而变化，而这些属性变化规律近似一个椭圆。椭圆的长轴指向裂缝的方向，椭圆长短轴的比值与裂缝发育密度有关。所以，只要获取足够充分的纵波属性随方位变化的信息，就可以从三维纵波数据体中获得裂缝方向和发育密度平面图，通常称之为方位属性分析技术。利用纵波方位属性分析预测裂缝首先要开展裂缝参数敏感性分析，同时要结合地质、测井等资料进行综合分析提高预测精度，减少预测的不确定性。

1）裂缝参数敏感性分析

影响裂缝预测精度的因素有很多，比如观测系统中偏移距与方位角的覆盖率，近地表以及目标地层的复杂程度等，因此，开展敏感参数分析是很有必要的。对四川盆地广安地区3D3C试验区须四段气层提取了多种多波地震属性，分析了这些属性的敏感性，并定量预测了裂缝发育带，获得了试验区裂缝发育带平面分布图。对层间PP波、PS波地震记录提取了双谱能量、关联维数、Hurst指数、最大李雅普洛夫指数以及突变幅度共5种多波属性，通过分析其敏感性，获得了目的层多波属性特征与裂缝的关系。经优化筛选获得对裂缝敏感的一些多波属性参数为纵波双谱能量、纵波关联维数和PS波突变幅度等。分别使用敏感属性参数、不敏感属性参数，以及全部属性参数进行裂缝预测（图4-133），敏感参数预测结果特征分布与井吻合最好。

2）综合裂缝预测分析及应用

针对国内裂缝型油气藏勘探需求，结合地震、地质及测井资料研发了裂缝储层预测特色技术并将现有技术进行系统集成，突出裂缝储层预测的综合分析功能，形成了一套针对复杂裂缝储层预测的GeoFrac软件系统。系统主要涵盖测井数据处理、叠后裂缝预测和叠前裂缝预测以及相关辅助功能。集成后的裂缝综合预测软件在中国石油各单位开展了推广使用，有效提高了储层地震预测和油藏描述的能力和精度以及油气勘探开发的整体效益。下面介绍裂缝预测技术在哈拉哈塘油田的应用效果。

(a) 敏感属性　　　　　　　　　　(b) 不敏感属性

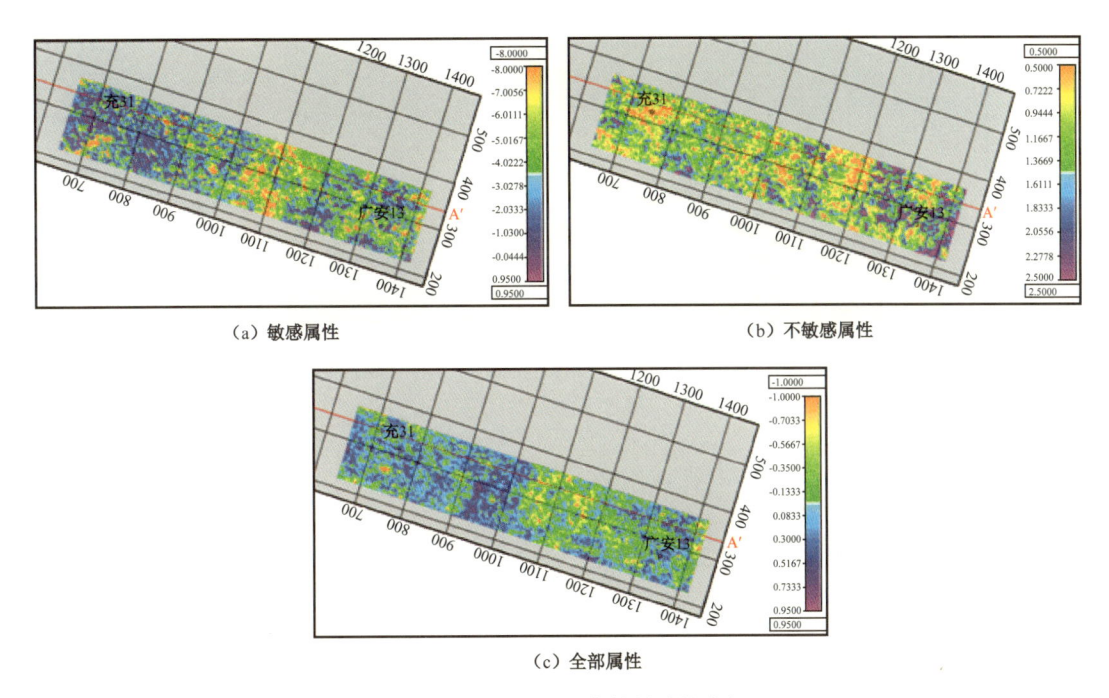

(c) 全部属性

图 4-133　裂缝预测参数敏感性分析

哈拉哈塘油田热瓦普区块岩性比较稳定（以石灰岩为主），目的层埋深大，流体的影响较弱，因此纵波方位各向异性属性主要受裂缝影响，即可认为方位各向异性强弱指示裂缝发育程度高低。因此，利用集成的裂缝综合预测软件，分别对旅行时、振幅、AVO 梯度等属性的敏感性进行了分析及应用。

分析表明，不同属性预测的裂缝特征与区域断裂的吻合程度高低依次为旅行时差、振幅、AVO 梯度，而与井点处（串珠状强反射）的裂缝吻合程度则以 AVO 梯度吻合程度最高。因此，对旅行时差、振幅和 AVO 梯度的各向异性结果进行融合（图 4-134），充分利用不同属性的优势来提高小尺度裂缝识别精度。从融合结果来看，裂缝发育特征与解释的断层及相干预测的断裂分布特征一致性较好，且井点处裂缝也比较发育，与缝洞体地质特征吻合较好。根据多属性各向异性综合分析结果（图 4-135），统计井点处产油气段的各向异性值，可见高产井与低产井差异明显，即各向异性值较大时（大于 0.75）主要对应高产、稳产井（累产油超过 10000t），各向异性值较小时（小于 0.75）主要对应低产井和高产、不稳产井，证明裂缝的发育程度对缝洞储层的产量影响较大，有利于指导高产井的部署。

方位角的划分和炮检距的选择对裂缝预测精度的影响大，应尽可能多利用远炮检距信息，并兼顾信噪比进行合理的方位角划分，提高方位各向异性的描述精度。旅行时差的方位变化能较好地减弱上覆地层影响，较真实反映目的层裂缝发育情况；振幅的方位变化结果指示的裂缝规律性较好，与区域断裂分布规律吻合程度高；AVO 梯度预测的裂缝精度高于常规属性，且在串珠位置（即缝洞发育处），预测的裂缝发育与实际地质情况吻合，但在串珠之外由于方位道集信噪比较低，其方位各向异性变化难以准确反映裂缝特征。充分利用不同属性叠前裂缝预测的优势，融合多种属性的方位各向异性分析结果，可提高小尺度裂缝检测精度，有利于指导高产井的部署。

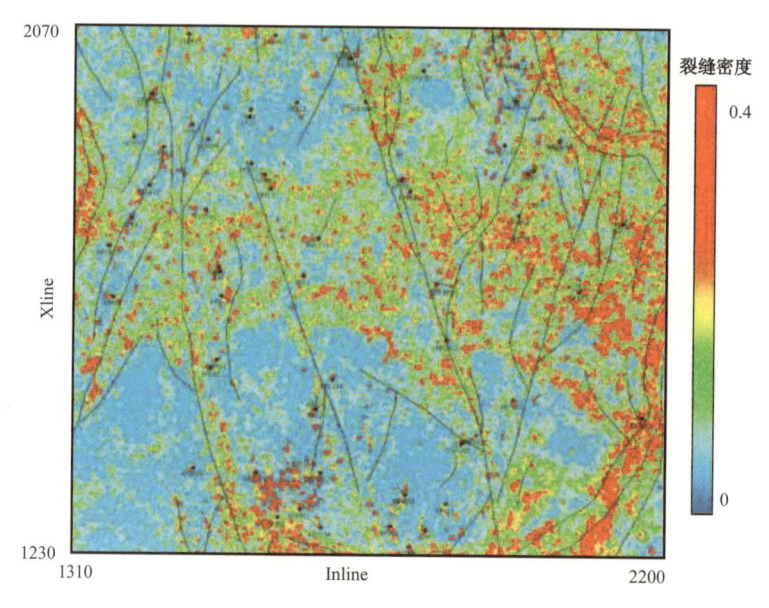

图 4-134　多属性融合裂缝密度预测

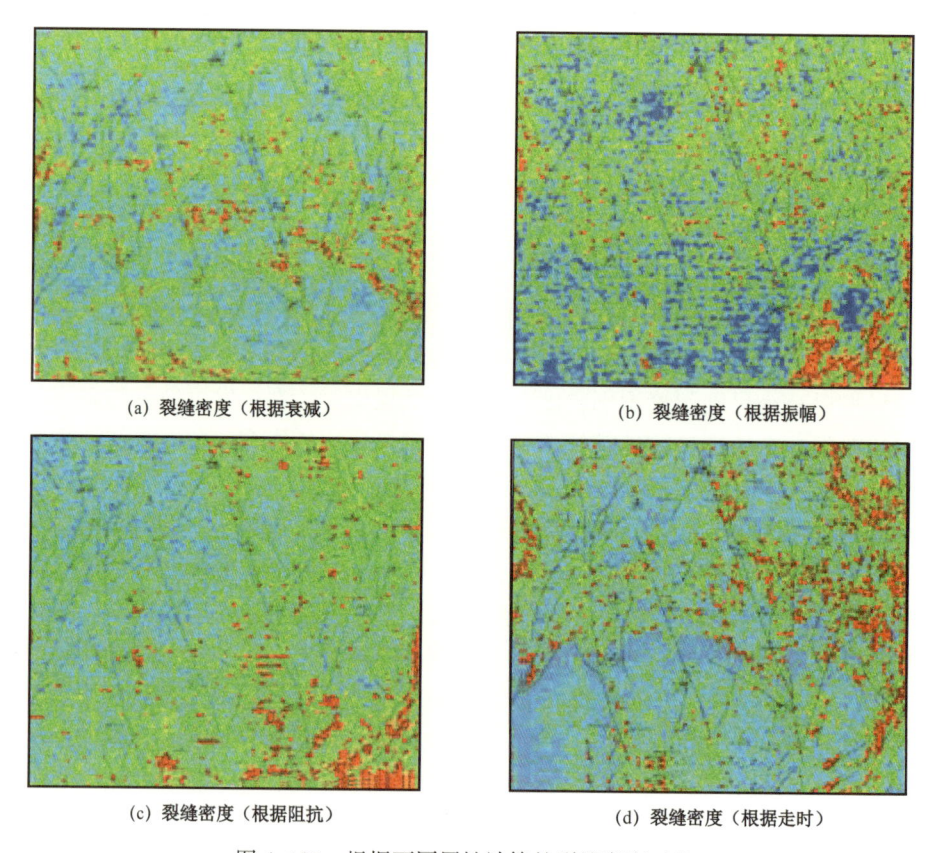

(a) 裂缝密度（根据衰减）

(b) 裂缝密度（根据振幅）

(c) 裂缝密度（根据阻抗）

(d) 裂缝密度（根据走时）

图 4-135　根据不同属性计算的裂缝密度对比

## 第五节 重磁电勘探一体化技术

"十一五"和"十二五"期间，物化探技术得到长足进步，发展了可控源时频电磁和三维重磁电综合勘探等新技术，而且采用多参数综合和三维处理，最大限度地减小了重磁电方法的三维效应和多解性的影响，特别是采用时域和频域联合处理，井震建模约束反演等提取激发极化信息，多信息综合预测含油气有利区等，形成了针对不同目标的配套技术。

重磁电配套关键技术主要有：提出了对应的三维采集方案，三维重磁电小面元联合采集技术和四方位全覆盖激发的三维时频电磁采集技术；以三维处理方法研究为核心，实现以空间域数据对象为处理单元的三维处理方法，包含了三维预处理和三维反演处理方法；三维可视化交互式解释技术主要借鉴成熟的地震解释系统，开发重磁电资料的三维解释方法。

表 4-3 重磁电技术发展对比

| 方法技术 | "十一五"末 | "十二五"末 | 总体水平 |
| --- | --- | --- | --- |
| 三维重磁电 | 重磁正交复测法，MT 小面元采集；<br>三维重力视密度反演；<br>三维 MT 静校正 | 三维重磁电小面元联合采集；<br>三维多介面重力反演和层系反演；<br>三维带地形及不均匀体 MT 反演 | 国际先进 |
| 重磁电震联合 | 重震联合剥离反演技术；<br>重磁电震井资料统一平台的交互解释 | 井约束三维重磁物性反演；<br>重力—电磁联合反演；<br>多信息联合反演 | 国际先进 |
| 时频电磁油气检测 | 二维时频电磁采集与反演技术；<br>激发极化异常的提取与反演；<br>时频电磁 IPR 油气检测方法 | 三维时频电磁采集方法技术；<br>时频井震建模目标最小化反演；<br>电—震联合识别油气目标 | 国际先进 |
| 软件系统 | 综合物化探软件 GeoGME 系统 V2.0 具备常规重磁电数据处理解释功能，包括大地电磁、重磁、时频等 | 综合物化探软件 GeoGME 系统 V3.0 增加重磁电三维处理及反演；海洋重磁、井地电磁、时移重力等 | 总体国际领先 |

### 一、重磁电勘探技术

1. 三维重磁电技术

1) 小面元三维重磁电联合采集技术

自主开发了小面元重磁电联合采集技术，如图 4-136 所示，并申报了多项发明专利。常规大地电磁采集方法数据质量一般以不超过 5% 的统计误差为准，比如单点的 MT、二维的 CEMP 采集方式等，测点之间要么相互独立，要么测线的排列太长，噪声不相关，因此难以采取有效方法消除背景噪声产生的干扰，而三维小面元采集方法则为消除或压制类似的干扰提供了手段。

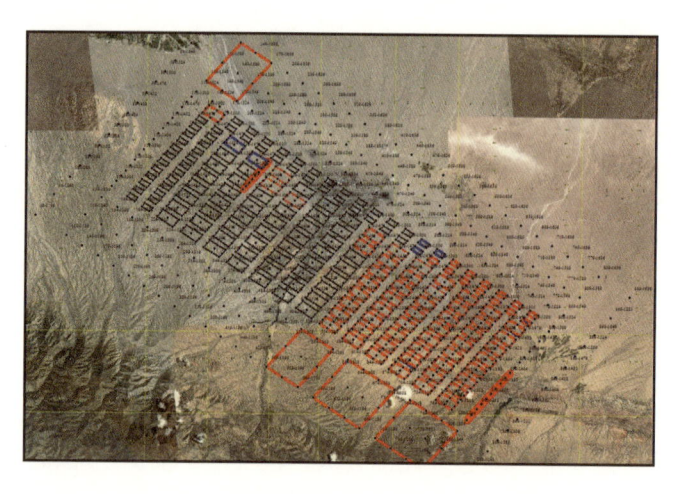

图 4-136 适应目标的三维重磁电联合测网

三维小面元采集技术对于提高观测精度、压制噪声、减小静态位移影响都具有独特的效果，与单点精度相比提高约两个百分点，同时，也是三维数据处理和反演最理想的基础数据。

小面元重磁电采集去噪处理，对同步的电位、布格及磁异常数据，分别计算每个小面元内每个采集参数的回路之和，以顺时针为正，进行平差和平滑处理，然后重建电位、布格及磁异常数据，再按常规处理方法进行电法、重力、磁力异常的计算。平差处理和重力勘探平差处理相同，在此不赘述；平滑处理即对小面元内测点的同步时序数据在空间域平滑滤波，平滑滤波可以用 5 点平滑。经过平差和平滑处理，压制了噪声、提高了数据信噪比。

2）重磁电经济技术一体化设计

由以前的面积均匀布网改进为根据地质目标通过正反演模拟计算设计测网大小和采集参数，改善了三维方法解决实际地质问题的能力，提高了方法的适应性。

在重磁电勘探中，需要考虑边界效应和沿走向和垂直走向场变化，沿走向场比较稳定，而垂直走向场变化很快。因此，需要加密采样，针对不同目标提出了变观设计，根据构造走向布设相应的采集网格，沿走向点距较稀，垂直走向点距较密。另外，过去不论针对什么深度的目标都采用一样的频带，往往探测深度不合适，比如，大地电磁采集时间过长，数据探测深度可以达到上百千米，对石油勘探来说形成冗余信息，而针对探测目标的频率又过稀，勘探精度达不到要求，因此需要根据目标深度设计采集频段和时间。

3）重力电法联合 3D 速度建场技术

地震资料精度高，但在复杂地区地震资料品质差，速度建模困难，有时存在速度陷阱。电法资料具有纵向分层能力，精度比地震低，而且电阻率与速度的关系较为复杂。重力资料纵向分层能力差，但密度与速度关系直接、简单。基于这些因素，联合重力—电法—地震勘探，利用电法资料对岩性敏感和纵向分层的特征，辅助地震进行构造建模，再利用三维重力井约束反演获得 3D 密度和转换 3D 速度。

重力电法联合 3D 速度建模流程有以下几点。

（1）对声波测井速度数据按重力三维反演纵向剖面分段进行数据平均计算，即对每个段内速度数据求取平均值。

（2）对上述声波测井数据的速度数据进行速度—密度换算。换算时依据井揭示的地层岩性规律不同而采用不同的方式。

（3）对电法反演的电阻率剖面地质结构充填密度，再进行剖面的重力拟合反演。剖面重力拟合反演中，根据密度和电阻率关系修正，最终得到剖面的绝对密度分布。

（4）构置井约束密度数组。依据剖面重力拟合反演的绝对密度分布，自上而下地构建井约束的三维重力反演数组。

（5）进行三维重力物性反演。

（6）对获得的三维密度数据进行密度—速度转换，依据井揭示的地层岩性不同而采用不同的关系式。

（7）进行变速成图和叠前深度偏移处理。

4）三维电磁连片反演技术

三维电磁处理实现了电磁海量数据拟三维反演处理，并全面应用于生产，进一步提高了纵向分层精度、改善了大地电磁勘探效果。主要方法是用快速1D反演形成2D初始模型、用2D反演结果做3D初始模型，用双线性插值成3D雅克比矩阵，从而大大减少了计算量，最后，采用共轭梯度法实现电磁3D级联反演。

其中，关键技术突破就是三维近似反演和正则化共轭梯度法解线性方程，在确定修正的电导率张量之后，使用电性反射率张量去计算异常体电导率。这样，反演方案把初始的非线性问题简化为线性反演问题。三维MT反演在获得岩层地电模型的过程中，参与反演控制的测点为区域性的。在迭代拟合的模型参数修正量的计算过程中，充分考虑了MT观测结果为体积效应的特点，区域性各测点处的电性模型都参与了各测点上场分量的计算。这大大提高了电性层成像精度，为地层解释提供了高精度数据（图4-137是不规则连片电磁数据反演电阻率可视化图示），从根本上改变了大地电磁应用效果。

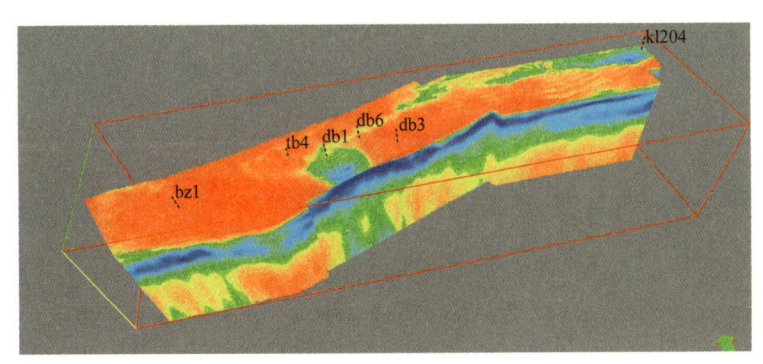

图4-137 不规则连片电磁数据反演电阻率三维显示

2. 大功率时频电磁油气检测技术

1）时频电磁方法

时频电磁法将频率域测深与时间域测深统一在一个系统中，可根据勘探目标的深度选择不同频率和不同类型的激发波形。在室内处理过程中通过对不同频率的信号进行分频处理，获得频率测深曲线；通过对不同周期的衰减信号分别进行时域处理，获得多组激发衰减曲线。大功率激发可以有效地获得深部流体的极化信息。如果将激发场源置于井中进行激发，就是井地电法，该方法采用井中二次激发，即分别在目标油层上方和下方激发电磁场，在室内作差分处理，以消除油气藏上方电性不均匀体的影响，计算目标储层相关参数的异常，能够有效圈定油气储层有利边界。

在资料反演模型中引入极化效应的 Cole—Cole 模型，可以同时研究多个参数：电场和磁场，电阻率（电导）和极化率，以及多组相位和双频相位，这些参数反映的是地下岩石物理特性的不同方面，通过这些测量信息可以比较严密地反演重构地下物性模型，如电阻率、极化率以及物性分布，多种参数的综合有利于提高重构模型的准确性。

2）不同含油饱和度岩心测试

将高温高压下油驱水形成的不同饱和度岩心，进行复频特性实验，将数据绘制振幅—频率曲线，对岩心含不同含油饱和度（0、11.95%、41.78% 和 48.81%）对应的频散曲线进行对比。由图 4-138a 可知，振幅与含油饱和度成正比，含油饱和度越高电阻率振幅曲线幅度越大；含油饱和度越高，曲线的斜率越大，斜率与极化率相关，而且是正相关，因此，含油饱和度越高，极化率越大。

另外，还测量了干样的电阻率复频特性，电阻率特别大，变化很小，无论是砂岩、石灰岩还是白云岩变化趋势基本相同，与前面含油气岩心测试结果完全不一样，显然，不含油气时干样不具有这种频散特性的特征。因此，采用电阻率和极化率来检测探测目标的含油气性具有坚实的物理基础。

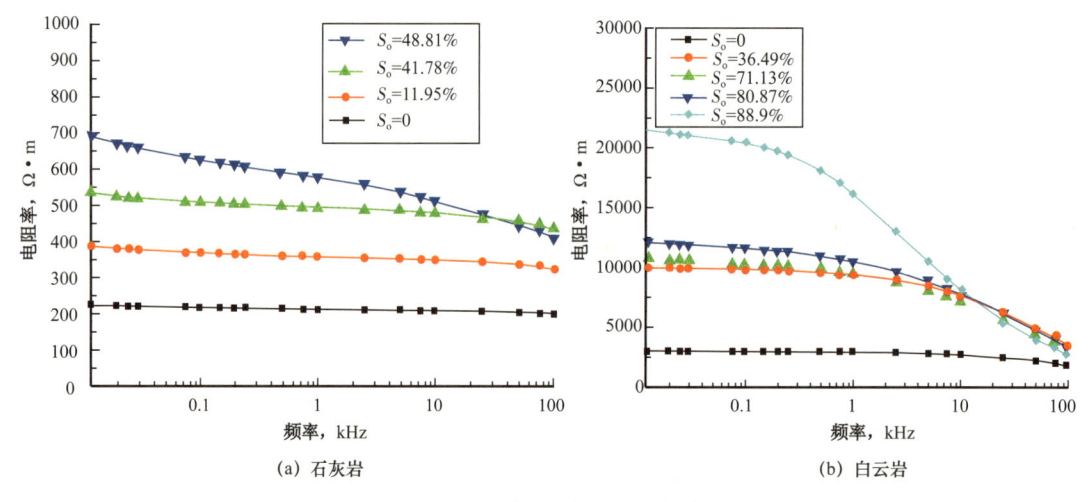

图 4-138 不同饱和度岩心复频曲线

3）井震建模约束反演

井震建模采用约束的非线性反演，也就是最小平方的数据拟合方法。通过地震和地质资料建立模型，每个测点的模型层厚度约束，不参与反演，电阻率则根据该地层的测井或岩性给定变化范围，初始电阻率取平均值。

如果某组砂泥岩地层电阻率在 1~15Ω·m 之间，平均值为 7Ω·m，则模型中的电阻率约束范围就是 1~15Ω·m，初始值为 7Ω·m。如果地层为碳酸盐岩，同样，根据电测井资料确定变化范围和初始值，对于已知储层也要根据电测井资料确定范围，根据含水时电阻率的可能值、含油气时电阻率的可能值来确定最大、最小变化值。有一些致密膏盐岩地层，其电阻率变化范围很小，只有0.1%的变化，这时候可以固定，不让参与反演，因为这样小的变化几乎不影响反演结果。这样做很大程度地减少了参与反演的未知数和拟合搜索范围，加快反演速度，特别是能够使反演朝着合理的地质地层性质发展，并最终得到符合地质现象的模型。不能完全以数学拟合精度来评价反演结果，完全不顾地质概念，过去有很多反演，把砂泥岩地层反演出碳酸盐岩一样的电阻率，把明明是高阻的碳酸盐岩反演出小于 $10\Omega \cdot m$ 的低阻层。因此，在符合地质现象和规律情况下，达到拟合精度才是最佳反演结果。

极化率反演也是一样，首先，需要了解和分析探区储层分布和特征，不是储层的地层一般给比较小的极化率初值和变化范围，储层则根据不同岩心测试结果给出极化率变化范围和初值，如果有激发极化测井资料则以此为依据。因为，描述地层复频特性的数学模型中，如 Cole—Cole 模型，电阻率和极化率都是乘积关系，反演很难同时拟合和确定其中任何一个未知数，由于电阻率影响较大，一般固定极化率，先反演电阻率，获得电阻率模型后，再固定电阻率反演极化率，可以反复反演几次，这样，电阻率模型结果反映的是基本地质模型的电性特征，而极化率反演模型结果则是除了基本电性特征之外的剩余电磁异常，主要为油气田激发极化效应，也有可能为其它大型侵染状黄铁矿，不过沉积盆地一般少见。

图 4-139 是非约束和约束反演电阻率、极化率剖面对比，可以明显看出，虽然非约束情况下也能获得比较好的拟合精度，但分层能力较低，对地层反映只能是大套的，而且与实际地层电性分布不符合，本来是砂泥岩地层反演电阻率却明显远高于实际。而层位形态约束后，由电阻率断面可见（图 4-139b），电阻率分布与地层相关度明显提高，分层能力增强，分辨率提高。进一步按电测井资料约束每一层的电阻率变化范围后（图 4-139c），电阻率与地层岩性更相关，同一套地层电阻率相对稳定，电阻率分布得到归位，每一套地层内部的横向变化与岩性岩相相关，而储层内部电阻率变化则反映油气水分布情况。

同样，极化率反演也有类似规律，非约束反演的极化率断面（图 4-139d），可以明显发现存在 6 个极化率异常目标，其他地层也存在一定的极化；但不归位，层位约束后，极化率异常沿层分布规律性增强（图 4-139e），纵向分辨率提高；进一步按该探区石油地质研究确定的储层和岩心激发极化测量结果约束反演后，极化率异常得到进一步归位，沿储层极化率异常明显（图 4-139f），但同一套储层极化率横向变化依然很大，反映了探区油气分布控制规律。在该区剖面左边的两口已知探井和后期钻探的钻井（剖面右边的两口）油气情况证明这一结果的正确性。

4）电磁—地震联合圈闭评价技术

在地震圈闭存在和地震 AVO 等属性异常存在时，采用地震圈闭/属性和电磁属性（IPR）匹配的新模式来评估目标部署钻探可以极大地提高勘探成功率。统计电磁—地震联合在中国 70 余个油气目标得到应用，在国外阿曼、乍得、尼日尔等 30 余个目标的应用情况为既有砂泥岩油气目标，也有碳酸盐岩油气目标，还有油田开发注水监测，都取得了良好效果。根据 50 余个碎屑岩砂泥岩油气藏目标应用统计，时频电磁油气检测钻探成功率可达 75% 以上，比如国外 FZ 地区，已经钻探的 18 口探井产油气情况与 TFEM 匹配异常完全吻合，而根据 TFEM 部署的探井 12 口其中 9 口获工业油流。对碳酸盐岩储层也有良好效果，根据我国西部 TLM 碳酸盐岩油气藏目标应用统计，TFEM 部署的钻探成功率可达

70%以上，比如 YM 地区根据 TFEM 部署并完钻井共计 28 口，其中 19 口井与时频电磁预测结果吻合。根据国内外总计 381 口钻井储层极化率、电阻率交会的油气评价，TFEM 异常预测为含油目标的成功率在 70%以上，而预测为干井的成功率可达 85%以上；目标深度小于 4500m，油气检测成功率大于 75%。也有失利预测井，比如根据时频结果确定的 TLM-44 井，钻探到 4400m 时还点火了，但只是昙花一现，没有获得工业油气流，后来证明由于单测线异常，真正的油气藏在测线以西。还有一个失败案例，在 HLHT 地区，早期工业油井只有一口，时频电磁对原圈闭评价采用的标定门槛值过高，使有利圈闭范围缩小了，后期在圈定的有利区外也钻探获得工业油流，其后将有油门槛值降低，后期钻探油气井均在有利范围之内。

方法的主要作用和适应性：勘探程度相对较低的地区，时频电磁用于评价优选目标，为三维地震部署提供依据；勘探程度相对较高的地区，时频电磁用于优选地震圈闭确定的钻探目标，提高钻探成功率；成熟油田区，时频电磁用于寻找剩余油气，圈定油水边界，提高采收率；时频电磁对于太深（>6km）和储层总厚度太小（<5m）的目标，以及对油水同层的目标难以预测或成功率较低。

## 二、复杂山地三维重磁电技术

山前复杂构造带的三维重磁电勘探技术是重磁电震多方法采集、处理、解释在高精度三维模式下联合解决复杂地质问题的作战方案，提出的重磁采集纵横 100%重复观测三维采集方法、MT/CEMP 小面元三维采集方法保证了资料的高质量；重磁资料的三维反演处理和 MT 资料的三维处理和并行三维反演，以及重磁电资料的三维可视化解释技术等是该技术最重要的特色技术。

1. 物性特征分析

根据库车山前复杂区已知井区的测井及物性分析资料统计砾石层的物性特征如下。

电阻率：砾岩总体表现为高阻；第四系砾岩电阻率高于古近—新近系砾岩；不同粒度砾岩电阻率不同，粒度越粗电阻率越高，其砾质含量与电阻率成正比。

密度：砾岩一般为高密度，与砾岩胶结度有关，当第四系未成岩的松散砾石胶结在一起时，密度就相对较低。

磁化率：砾石的磁性与砾石原岩有关，砾石主要成分为石英、变质岩、火山岩、碳酸盐、燧石，当砾石成分以火山岩为主时，砾石具有一定磁性。

地震剖面：第四系高速砾岩在地震剖面上表现为低频、弱振幅、断续、杂乱反射；$N_2k$ 组高速砾岩地震相呈连续、高频、中强振幅、局部断续或为空白反射。

波阻抗：第四系砾岩在波阻抗剖面上表现为次高波阻抗，砂泥岩为低波阻抗；$N_2k$ 组砾岩在波阻抗剖面上表现为次高和高波阻抗。

在综合地球物理资料处理解释系统平台上，利用重磁电震资料联合识别地质异常体，首先将三维重磁电反演数据转换成与地震测区相同、采用间隔相同的 SGY 格式文件，再以属性体的方式加载到测区；采用三维可视化法对重磁电震属性体中的高异常或低异常区进行自动追踪，得到满足条件的点集，点集中所包含的总体积元个数，点集的顶底界面就是异常体的边界，顶底界面的差就是异常体的厚度。利用物性与岩性的对应关系，预测地质异常体的空间分布，根据测区参数及数据体的纵向间隔计算出异常体的体积。

第四章 地球物理勘探技术

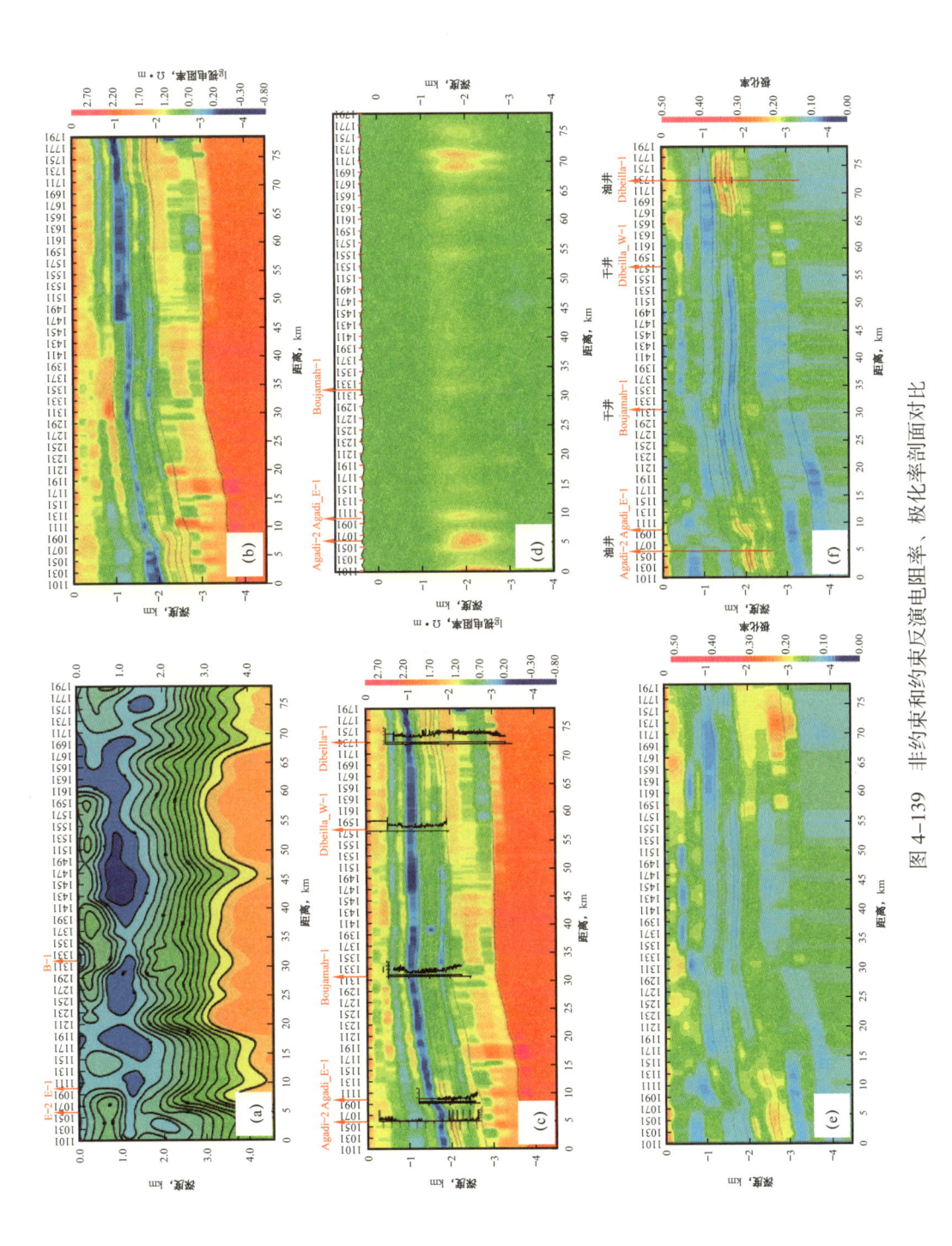

图 4-139 非约束和约束反演电阻率、极化率剖面对比

## 2. 重磁电震资料的标定及解释

通过测井资料、岩心实测结果与层位标定结果对比来看，DB 三维重磁电震区块砾岩在重磁电剖面上的特征与物性特征基本相同，具体表现在以下几个方面。

密度特征：Tq 砾岩与围岩密度差异不明显；Tn 砾岩密度比围岩密度高，密度差较大。

电性特征：Tq 砾岩和 Tn 砾岩与围岩相比均表现为高电阻率特征，但 Tq 砾岩比 Tn 砾岩的高阻特征更明显。

磁性特征：砾岩与砂泥岩的磁化率都较低，在磁化率反演剖面上无差异。

速度特征：Tq 砾岩与下伏砂泥岩速度接近，Tn 砾岩比围岩的速度高，在地震剖面上，砾岩与围岩地震相明显不同，而且其顶、底界面均不易对比解释。

综上所述，利用砾岩与围岩在密度、电阻率存在的差异，采用三维可视化方法对电性高异常区或密度高异常区进行自动追踪，可以对 Tq 砾岩和 Tn 砾岩进行识别；利用地震数据和磁化率数据则无法准确圈定砾岩的边界。

## 3. 确定门槛值圈定属性体

利用综合地球物理解释系统中的三维可视化功能，对电阻率剖面和密度剖面在三维空间进行浏览、刻画（图 4-140a，b），了解 Tq 砾岩和 Tn 砾岩的分布范围，综合物性分析结果及所有井标定结果，确定用于各地质异常体解释的属性体、门槛值及具体的解释方法。

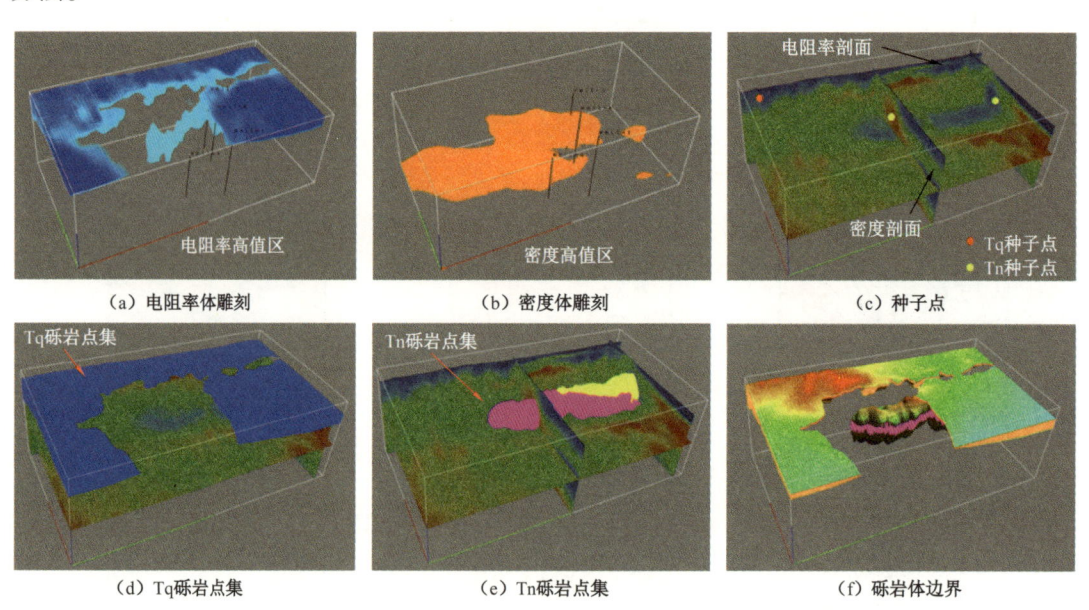

图 4-140 砾岩体多信息识别

Tq 砾岩解释：选择电阻率体，门槛值设定为 50Ω·m，约定电阻率大于门槛值的区域为 Tq 砾岩分布区。

Tn 砾岩解释：选择电阻率体和密度体，约定电阻率大于 50Ω·m 或者电阻率在 30~50Ω·m 且密度大于 2.58g/cm³ 的区域为 Tn 砾岩发育区。对于 Tq 砾岩，首先选择电阻率体（图 4-140c）设定门槛值，经自动追踪得到点集（图 4-140d），通过计算得到 Tq 砾岩体积大小及空间分布。

对于 Tn 砾岩，根据电阻率体和密度体门槛值，分别选择种子点进行自动追踪（图 4-140c），得到满足上述两个条件的点集（图 4-140e）及点集中所包含的总体积元个数，相同的计算方法得到 Tn 砾岩体积大小大小及空间分布（图 4-140f）。

同时，将各层位显示在地震及其他属性剖面上，以便通过交互可视化及综合分析判断解释结果的合理性。通过对比可知，砾岩的预测厚度与钻井统计厚度符合较好。

图 4-141 是过 BD301 井—BD5 井—BD6 井利用电阻率和地震剖面进行融合之后解释形成的岩性岩相划分剖面图，它较为清楚地反映了该测线南北方向的岩性岩相变化特征。

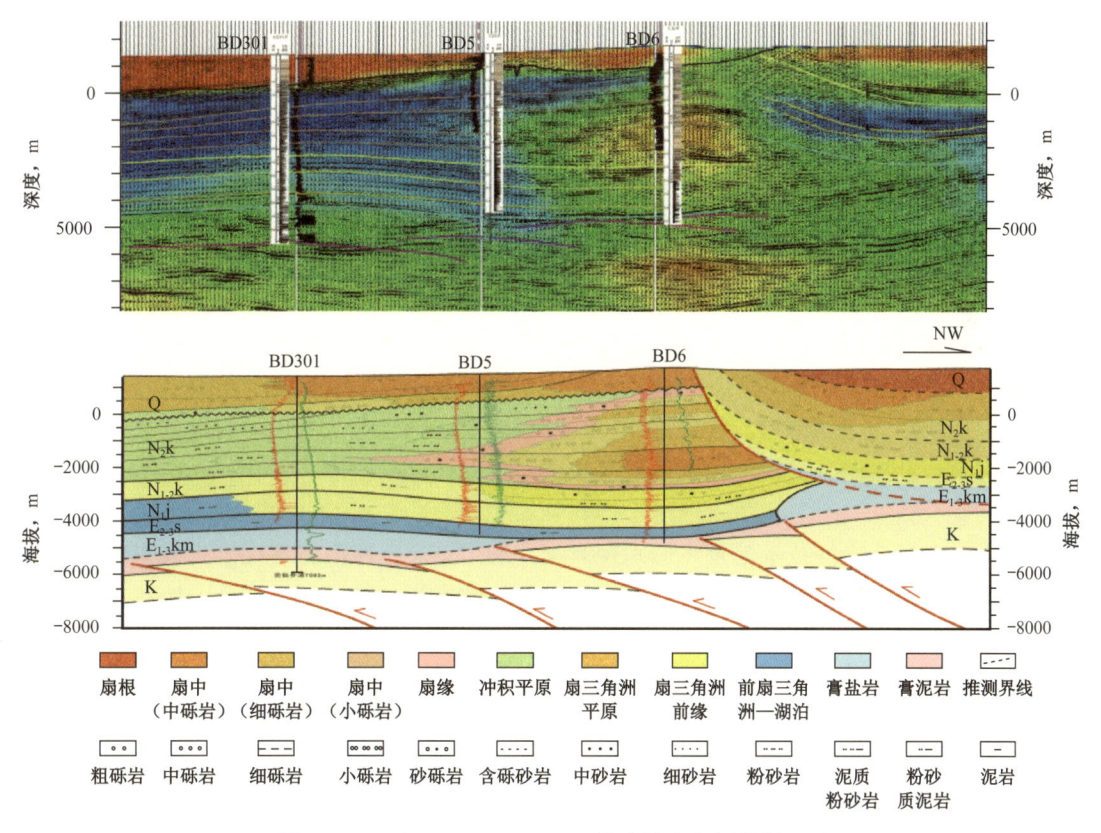

图 4-141 过 BD301-BD5-BD6 井岩性岩相划分剖面图

图 4-142 是 BD 探区第四系和新近系砾石层厚度分布图，通过对该区的 19 口钻井实钻砾石层厚度与非地震预测砾石层厚度对比，发现工区内未钻遇砾石的探井 BD1 井、BD101 井、BD201 井、WD1 井等 9 口探井，非地震无高阻砾石特征，完全吻合。与钻遇砾石层的探井对比，非地震预测砾石总厚度与实钻总厚度对比误差均小于 10%。通过统计，该工区内 19 口探井有 4 口井，即 BD204 井、BD6 井、BD302 井、BD303 井是在非地震施工后完钻的，这 4 口井非地震预测厚度误差最大 3%。

## 三、针对深层目标的重磁电震联合勘探技术

重磁电震联合勘探技术是近年来在我国松辽盆地、准噶尔盆地火成岩勘探中逐步发展而成熟的一项技术。可以把火成岩体与膏盐体、礁体、古潜山等统称为特殊地质体。它们在油气生成、运移、成藏过程中都具有重要作用。前已述及，特殊地质体发育区一般深度

较大，浅层多数已经经过长期的勘探开发而深层一直未有突破，如何提高对深部地质体的分辨和识别能力，对物探方法技术是一个难题和挑战。由于埋藏深度较大，特别是上部地层对地震反射波的屏蔽以及引起的速度异常变化等因素，从而造成地震勘探的困难。

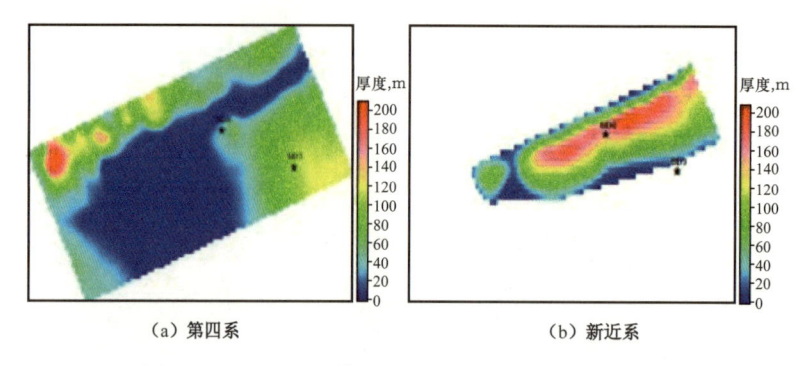

(a) 第四系　　　　　　　(b) 新近系

图4-142　BD地区第四系和新近系砾石层厚度分布图

而传统的勘探思维有时要求重磁力单独解决火成岩，不提供其他资料，结果肯定不好；有时要求用电磁法查清火成岩分布，结果也是不理想。虽然，火成岩与围岩之间物性存在明显差异，不同岩性的火成岩在密度、磁化率和电阻率方面也存在显著的物性差异特征，特别是磁性和电阻率差异往往达1～2个级次，而基性与酸性火成岩密度差异也可达0.25g/cm$^3$以上，由于重磁电方法的探测精度受到限制，单独应用难以取得好的效果。因而需要采用联合勘探的方式，利用不同火成岩岩石具有不同的密度、磁化率和电阻率的组合特征。

重磁电震联合勘探技术就是将地震探测火成岩形态和重磁电方法探测火成岩物性两者的优势结合起来，采用高精度的综合勘探技术和特殊有效的处理解释技术，所以火成岩勘探的技术难题就迎刃而解。该技术的发展首先是在准噶尔盆地采用重磁电震综合研究深部火成岩，圈定了火成岩范围、推断了火成岩岩性岩相，接着这一综合勘探方法被推广到塔里木、松辽盆地及南方。而在渤海湾盆地的辽河兴隆台等探区采用重磁电震综合研究深部潜山，为钻探部署提供了重要参考。使针对特殊地质目标的综合勘探技术走向成熟。

其主要作用有：作为火成岩等特殊地质体侦探手段，发现有利火山岩等特殊地质体储集目标，为针对火山岩等特殊地质体的油气勘探提供勘探方向。而重磁电在其中的作用是为火成岩等特殊地质体的处理解释提供参考和综合解释的补充；作为一组重要而独特的信息参与综合解释提高精度研究火山岩整体分布规律，细化火山岩的认识。

主要配套技术：大功率可控源采集技术、重磁三维采集技术、重磁电震联合处理技术和异常的模糊聚类模式识别评价技术，使技术从单一方法向多方法综合发展，从定性分析向定量解释发展。

1. 北疆深层火成岩联合勘探评价

北疆地区深层石炭系地震资料品质普遍较差，单靠地震勘探一种方法难以解决深层石炭系的问题，需要采用地震、非地震多兵种的一体化勘探技术。北疆地区古生界和中新生界叠合盆地，下部石炭系残留盆地属海相沉积、埋深大、火山岩发育，复杂的地质构造特征，对物探技术是一个巨大的挑战。重磁电勘探的体积效应决定了对叠合盆地深层勘探采用常规方法不可能有效，因为常规方法得到的重磁电异常是不同深度或不同构造层位地质体的综合效应，因此，要研究深层石炭系的地质结构特征，需要采用特殊的资料处理手段将石炭系上覆盖层引起的重磁电异常效应分离出来，从而得到由石炭系地质因素引起的异常，这就需要与地震进行联合，并结合钻井、测井及露头等资料进行综合研究。北疆地区虽然深层石炭系地震得到有效反射资料较为困难，但上覆中—新生界及二叠系地震资料品质普遍较好，且已有各层位的地震构造图、有关钻井、测井等资料可资利用，因此，为进行重磁电震联合正反演得到中—新生界、二叠系引起的重磁电异常效应，进而分离提取出与石炭系相关的异常奠定了基础。

地震与重磁电方法具有互补性关系，构成了重磁电与地震方法联合的基础。高速地层一般具有高密度，低速地层一般具有低密度，因此，地震的速度层与重力的密度层具有对应关系，地震的地层界面与重力的密度界面相一致；对于火山岩勘探，地震对磁性没有反应，而磁法对火成岩反应灵敏，火成岩一般具有较强的磁性，可引起明显的磁力异常，重磁对宏观异常及地质体的平面分布位置有很好的反应，可指导地震横向追踪。高速高电阻地层对地震信号具有屏蔽作用，但对电磁信号无屏蔽，地震对地层界面高分辨率探测，电磁法则对地层岩性变化反应灵敏。因此，重磁电勘探可弥补地震的不足，两者具有较强的互补关系，联合勘探更利于深层复杂地质问题的解决。

2. 石炭系火山岩序列结构特征

时频电磁剖面电性结构揭示陆东—五彩湾地区上石炭统发育上、下两套火山岩序列，中间为沉积岩层间隔，并且石炭系残留程度不同，电性结构存在明显差异。由西向东跨滴水泉凹陷—滴南凸起—五彩湾凹陷的建场测深连井剖面电性结构显示（图4-143），在石炭系高阻层内部纵向、横向都具有丰富的电性高、低变化，这些电性变化信息不仅较为清晰地反映了剖面上石炭系顶面起伏及构造发育情况，而且反映了石炭系内部火山岩的序列结构及其岩性变化情况。

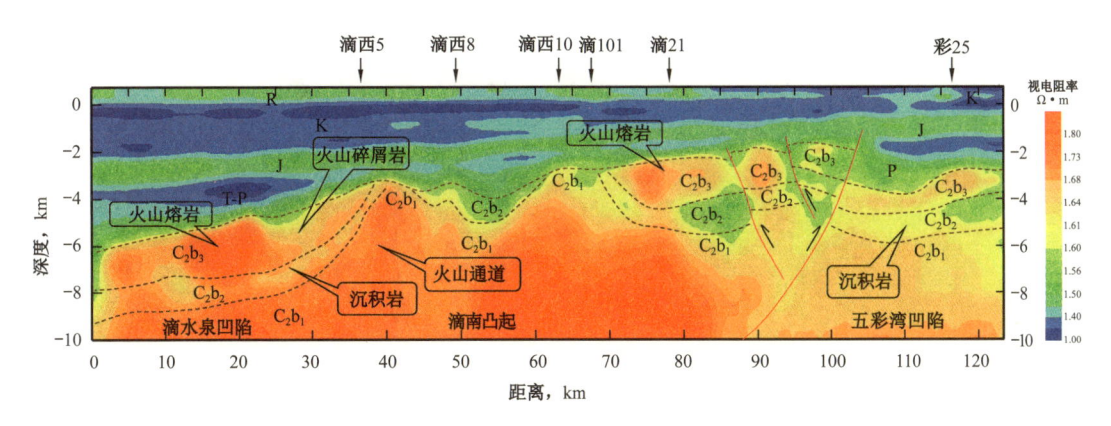

图4-143 时频电磁反演电性结构与地质解释剖面

通过结合钻井、地震等资料综合分析，石炭系层序残留程度不同，电性结构存在明显差异：（1）当上石炭统上、下火山岩序列及间隔的沉积层残留较全时，纵向电性结构表现出明显的高、低、次高—高阻电性层相间分布特征，自上而下分别对应上石炭统巴山组上火山岩序列（$C_2b_3$）、沉积岩层（$C_2b_2$）、下火山岩序列（$C_2b_1$）及下石炭统（$C_1$），对应中间沉积岩层的低阻层横向分布连续性较好是识别的标志层，多分布于残留凹陷内，如剖面上滴西5井区以西属滴水泉凹陷、滴21井区和彩25井区属五彩湾凹陷；（2）当上石炭统巴山组上火山岩序列被剥蚀殆尽，仅残留较薄沉积岩和下序列火山岩时，石炭系纵向电性结构表现出次高与高阻电性层过渡特征，其中次高阻电性层主要对应下火山岩序列（$C_2b_1$），高阻电性层对应下石炭统（$C_1$），发育于下序列的局部火山熔岩体多具有孤立的团块状或刺穿隆起状高阻异常特征，可作为识别标志，主要分布在凸起上，如剖面上滴西10井区和滴西8井区属滴南凸起。

识别研究不同序列的火山岩及沉积岩段的分布对油气勘探具有重要的意义，因为中酸性火山岩的储层物性一般要好于中基性火山岩，沉积泥岩段的厚度分布基本反映了烃源岩的发育区。根据前述石炭系上、下序列火山岩段及中间沉积岩段与建场剖面电性结构的对应关系及识别标志，对白家海凸起及周边地区分布的下序列火山岩、上序列火山岩及上序列地层的尖灭线进行了分析解释（图4-144）。圈定了9个上序列中基性火山岩发育区，主要分布在东道海子—五彩湾凹陷，在白家海凸起上发现了11个下序列中酸性火山岩发育区，东道海子—五彩湾凹陷也是石炭系沉积岩段厚度发育区，是有利的石炭系残留生烃凹陷。这些火山岩及其岩性、所属序列已多为钻井所证实，如图上彩深1井、彩25井、彩55井、彩参2井、彩36井、彩32井等井区的火山岩。

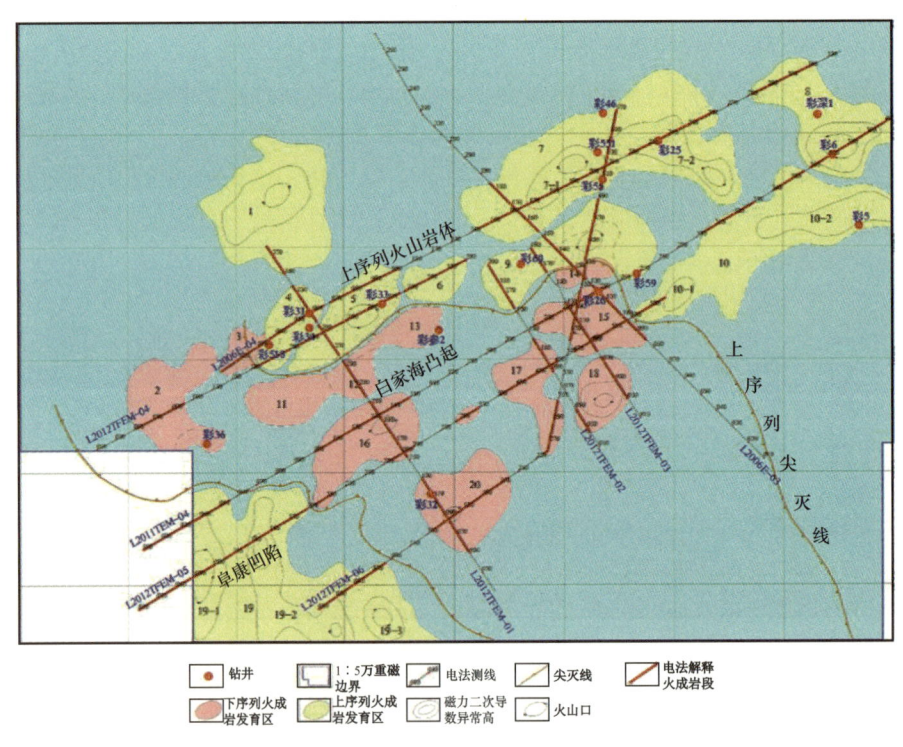

图4-144 白家海凸起及周边火山岩序列分布预测图

**3. 火山岩储层的研究**

石炭系火山岩序列内部电性的横向高、低变化反映了火山岩岩性的变化。高阻团块状异常一般是火山熔岩（玄武岩、安山岩、流纹岩等）的反映，相对低阻异常一般是凝灰岩、碎屑岩或火山碎屑岩的反映，而地震资料却难以反映这一信息。

磁力异常主要从平面上反映火成岩的分布范围，时频电磁则从纵向上反映火山岩的发育层位、形态及产状，两者结合更利于火山岩储层的研究。通过时频电磁剖面与 1∶5 万高精度地面磁力资料进行对比分析（图 4-145），不难发现二者在反映火山岩分布方面具有较好的对应关系：时频电磁反演剖面上石炭系顶部团块状高阻异常反映的火山熔岩发育段一般在磁力异常图上都为较强的磁力正异常区；相反，剖面上石炭系顶部相对低阻异常反映的火山碎屑岩或碎屑岩发育段，一般都对应弱磁或负磁异常区。磁力资料提供了火山岩的平面分布范围，时频电磁提供了火山岩的纵向分布层位及范围，两种资料不仅可以相互验证，而且可以相互补充，并且时频电磁对磁异常反映的火山岩发育区，可进行更精细的刻画解释，图 4-145 中白家海凸起彩 510-彩 33 井区，同一个强磁异常反映的火山岩发育区，依据时频电磁剖面高阻异常体的分布可以精细解释出三个上序列火山岩体。

重磁电震联合勘探能够有效揭示石炭系内幕结构，时频电磁揭示出多套火山旋回，并能够反映火山岩序列内部岩性的横向变化及火山机造的发育情况；不同地区石炭系残留程度不同，相应的地层电性结构存在明显差异，据此可对上、下序列火山岩的分布范围进行研究划分。

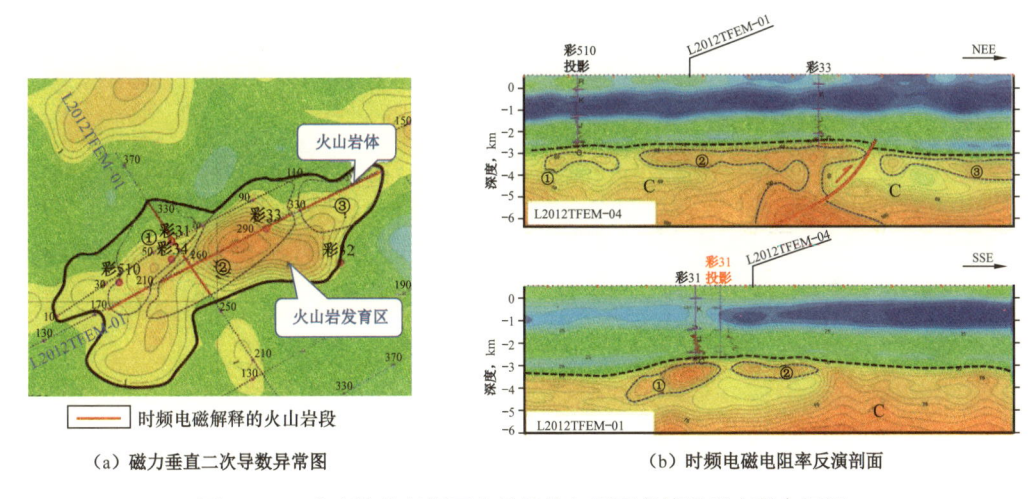

(a) 磁力垂直二次导数异常图　　(b) 时频电磁电阻率反演剖面

图 4-145　白家海凸起剖面电性结构与平面高精度磁力联合解释

高精度磁力异常提供了火山岩储层平面分布范围，时频电磁剖面提供了火山岩体的纵向分布层位及范围，并对磁异常反映的火山岩发育区可进行更精细的刻画解释，时频电磁与磁力联合更利于火山岩储层的研究。

多年勘探实践表明，重磁电震联合勘探技术可以有效地引导地震在深层勘探领域的解释和建模，尤其在解决构造界限划分、石炭系内幕残留结构、火成岩识别等方面，可以发挥很好的作用，弥补地震资料的不足。在北疆石炭系勘探领域的重磁电震联合勘探是研究深部石炭系地质结构与火山岩的典范，完全可以推广到其他类似勘探目标。

## 四、针对圈闭目标的电磁—地震联合勘探技术

电磁—地震联合油气检测技术是以电磁—地震一体化储层属性的联合分析研究，在石油地质、储层地质、测井储层解释等多信息综合指导下，进行油气有利区评价和开发监测。

电磁—地震联合油气检测技术的主要作用：侦探发现隐秘油气藏并圈定有利目标；为隐秘油气藏及油气田的油水边界解释提供参考；在储层地球物理中可以作为一个独特信息参与油气藏的评价和综合解释提高钻探成功率。同时，可以作为包括地层圈闭、岩性圈闭等隐秘油气藏以及开发油气水界面探测与监测中地震技术的重要补充和辅助技术。

电磁—地震联合油气检测技术中主要的配套技术：大功率时频电磁采集技术；大功率井地电法采集技术；激发极化异常的提取技术；电磁—地震油气异常解释技术等。

在塔里木古城地区分两期共部署了时频电磁勘探388km，其中第二期是针对一期强极化异常发育的古城6号部署加密进行的。在第一期时频电磁极化率剖面资料看，串珠状或浑圆状相对独立分布的极化率强异常，与地震剖面上的"串珠状"反射特征表现一致，可能为碳酸盐缝洞储层的反映（图4-146）。2D地震VVA（速度随方位角变化法）油气检测结果同样在寒武系白云岩风化壳存在明显的频率衰减现象，时频电磁结果和2D地震油气检测相结合认为古城6及周边为值得进一步勘探的有利区，引导了该区三维地震部署。

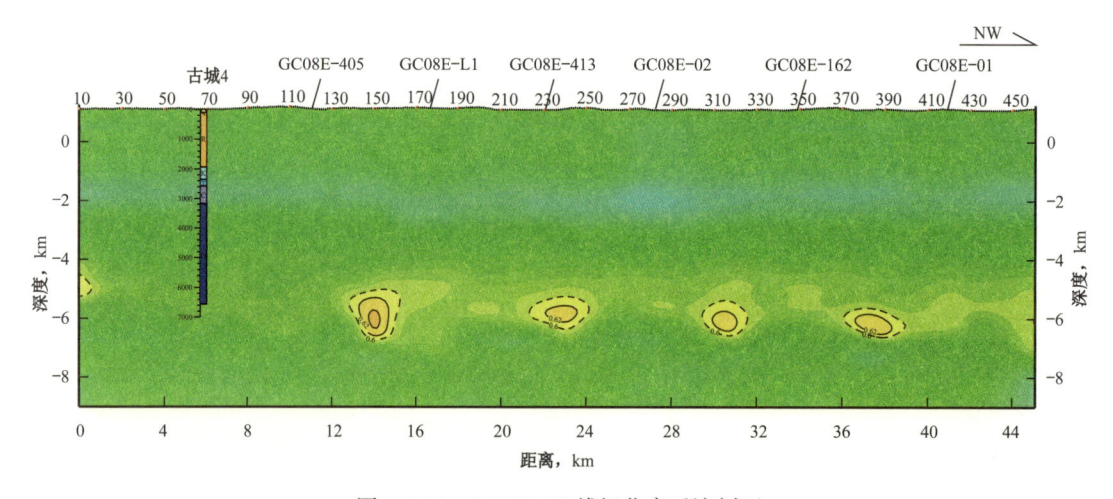

图4-146　GC08E-03线极化率反演剖面

在完成时频电磁勘探后，部署了三维地震勘探，塔里木油田陆续在本工区钻探了8口探井，从图4-147可以看出，除了城探1井吻合较差以外，所有的钻井的油气情况与时频电磁的评价吻合。

电磁—地震联合油气检测技术具有广阔的应用前景，在具有一定勘探基础的地区，利用电磁油气预测结果配合2D地震，发挥时频电磁法平面和纵向上对油气的预测作用，配合地震首先优选出有利靶区，再部署3D地震，发挥3D地震能精细定点的优势。结合钻井、地质等基础资料，充分结合电磁对油气目标的预测，可以开展目标评价和井位选择，为油田在类似地区优化勘探流程。

随着电磁勘探技术探测精度的提高，在复杂目标勘探和深层低信噪比地区以及油水识别中电磁勘探技术将成为地震方法的好帮手；地震方法能够精细描述储层骨架，而电磁异常主要用于描述目标岩性和预测储层中的流体分布。无论是在复杂地表、复杂地下目标以及在油田开发中，地震—电磁联合勘探技术对于圈定油气边界，指导探边井的部署，寻找和识别剩余油气，都具有重要作用。可以预见，随着电磁—地震联合勘探技术的发展和日臻完善，电磁—地震联合勘探技术将成为解决复杂地质问题不可或缺的金钥匙。

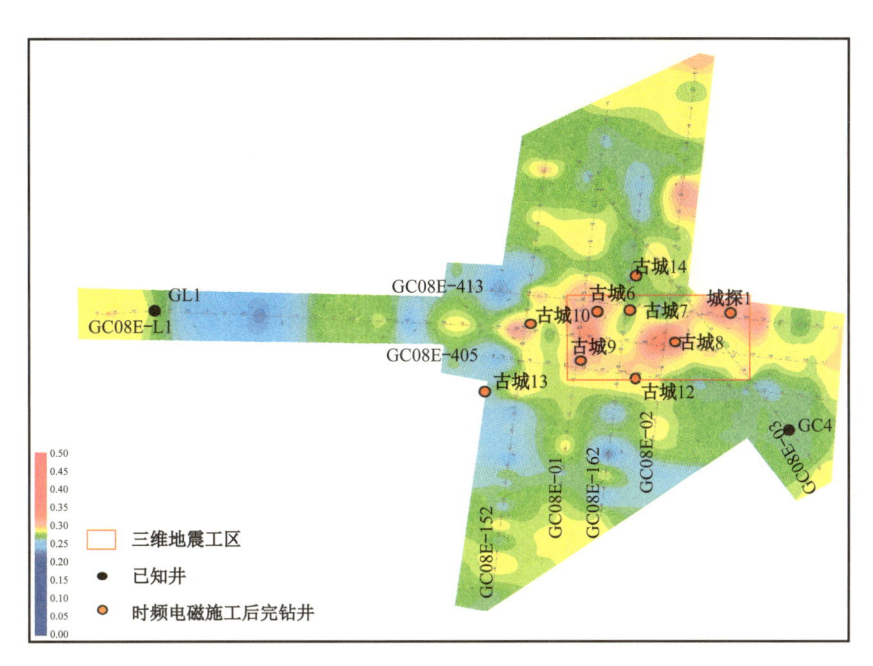

图 4-147 古城地区时频电磁极化异常平面图

# 第五章 重大标志性地震勘探实例

## 第一节 复杂山地复杂构造油气藏勘探

### 一、塔里木克深区带地震勘探攻关

克拉苏构造带位于库车坳陷中部,是靠近天山的第二排构造带。受南天山造山作用影响,地面发育多个 NEE 向延伸的地面背斜构造,地下构造具有南北分带的特征,可进一步划分为克拉区带和克深区带。克深区带石油地质条件优越,构造圈闭成排成带,是塔里木盆地天然气勘探的主战场。"十一五"和"十二五"期间,持续加大力度实施了一系列地震攻关,形成了以宽线大组合、复杂山地宽方位三维采集、复杂高陡构造叠前偏移成像处理、盐构造建模解释等适用技术,较好地解决了复杂山地盐下构造信噪比低、成像质量差、成图精度低等关键问题,基本理清了克拉苏构造带整体构造模式,落实了一批盐下构造,大北3井、克深2井、克深5井等一批探井相继取得突破。

1. 地震勘探难点

(1)低信噪比问题:① 近地表激发接收条件差;② 目的层埋藏深且复杂;③ 断裂断块发育,影响整体速度建模和盐下复杂构造的偏移成像。

(2)复杂构造速度建场问题:① 深层复杂构造速度建场难;② 中、浅层高陡构造速度建场难;③ 巨厚高速砾岩、膏盐层速度建场难。

(3)复杂构造准确偏移成像问题:① 复杂地表的静校正难;② 偏移基准面及偏移方法的选择问题;③ 深层盐下构造成像的各向异性问题。

(4)复杂构造精细解释及构造建模问题:① 地震解释多解性强;② 构造建模困难;③ 成图误差大。

2. 主要技术及措施

1)地震资料采集

在 2011—2013 年克拉苏构造带西部实施的大北、博孜和阿瓦特三个三维地震项目中,观测系统均按照宽方位、高密度思路来设计,并针对不同工区具体的地震地质条件和资料品质特征进行了优化。其中,在大北和博孜三维地震工区,考虑到工区浅层地层相对平缓,并具有一定的信噪比基础,主要问题是深层复杂构造的成像问题,优化设计为较大线距的宽方位观测系统;而阿瓦特三维地震工区存在目的层较浅、倾角较陡、浅层信噪比较低的问题,优化设计为较小线距的宽方位观测系统(表 5-1)。

表 5-1 近年来克拉苏构造带三维地震观测系统参数表

| 项目 | 大北宽方位三维地震 | 博孜三维地震 | 阿瓦特三维地震 |
|---|---|---|---|
| 观测系统类型 | 30线8炮340道 | 32线7炮352道 | 32线4炮256道 |

续表

| 项目 | 大北宽方位三维地震 | 博孜三维地震 | 阿瓦特三维地震 |
|---|---|---|---|
| 面元，m×m | 20×20 | 20×20 | 25×25 |
| 覆盖次数（横×纵） | 15×17 | 16×22 | 16×16 |
| 总覆盖次数，次 | 255 | 352 | 256 |
| 接收线距，m | 320 | 320 | 200 |
| 炮线距，m | 400 | 320 | 400 |
| 横向滚动排列 | 1 | 1 | 3 |
| 排列总道数 | 10200 | 11264 | 8192 |
| 纵向最大炮检距，m | 6780 | 7020 | 6375 |
| 最大非纵距，m | 4780 | 5100 | 3175 |
| 最大炮检距，m | 8296 | 8677 | 7122 |
| 横纵比 | 0.80 | 0.73 | 0.5 |
| 道密度，万/km$^2$ | 63.75 | 88 | 40.96 |

相对于常规三维地震勘探，宽方位高密度勘探的炮、道工作量会大幅度增加，勘探成本压力较大。在激发方法的攻关中，围绕如何降低激发成本、提高采集效率进行了激发参数的优化研究。研究认为振动次数对激发效果基本没有影响（图5-1），而振动次数却是影响激发工作效率的一个关键因素，振动次数越多激发效率越低，而且多振次激发很难应用于可控震源高效采集技术。基于上述认识，将可控震源的振次由4次降低到了1次。除此之外，为了进一步提高砾石区激发效果，在攻关中还引入了低频激发技术，将扫描起始频率由以往的8Hz降低到了3~4Hz，增加低频信号，利用低频信号穿透力强、衰减小的特点，进一步提高深层资料的信噪比。

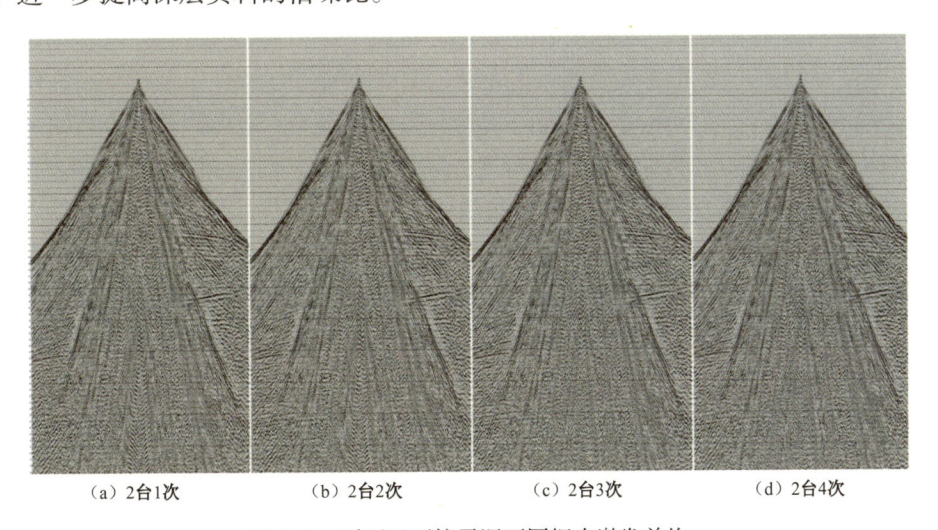

(a) 2台1次　　　　(b) 2台2次　　　　(c) 2台3次　　　　(d) 2台4次

图5-1　砾石区可控震源不同振次激发单炮

在复杂地表区，尤其是地形起伏剧烈的山地，为确保采集效果、提高采集施工效率，通常要在理论方案的基础上，以最优的激发接收环境、最低的施工难度和最小的安全风险为原则来调整炮检点的位置。为合理调整点位，采用了多信息智能化预设计技术，即以多种地表、近地表信息为基础，综合考虑，利用软件自动进行炮检点位预布设的方法。首先，利用具有 0.2~0.5m 精度的高精度航拍影像及数字高程模型、表层调查数据，提取工区表层厚度、岩性、地表坡度、高程、破碎度等信息；其次，对每种信息的每个样点评分；最后，在每个理论物理点位附近一定范围内选择累计分值最高的点位作为优选点位。采用这种方法，既优选了激发接收环境，减少了野外反复选点工作量，又尽最大可能保持了炮检点分布的均匀性，降低了施工的安全风险，为提高施工效率、获得高品质的地震资料奠定了基础。

2) 地震资料处理

（1）多种方法联合静校正。

针对库车山地复杂多变的表层结构和静校正问题，在详细近地表调查的基础上，分析工区不同部位的地表特征，同时分析不同静校正方法的适用条件，分别采用模型、初至折射、层析等多种静校正方法和静校正软件，先后计算了多套静校正量，对每一套静校正量的应用结果，进行反复比对，确定不同静校正方法的应用范围。最终通过优选、组合，确定了表层信息约束的层析或折射波静校正技术、初至波剩余静校正技术和三维模拟退火剩余静校正技术联合应用的静校正方法，较好地解决了复杂地表引起的静校正问题。

（2）叠前去噪。

针对不同噪声采用多域、多步去噪方法，包括异常振幅压制技术、分频噪声压制技术、十字交叉线性相干干扰压制技术，以及叠前四维去噪技术和宽方位资料 OVT 域 Tau—P 变换等噪声压制技术。通过这些去噪技术的联合使用，原始单炮及叠加成果信噪比得到了明显提高。

（3）速度建模。

为了做好准确速度建模，除利用研究区井资料的 VSP、声波速度外，还利用了研究区针对高速砾岩采集的三维重磁电资料。首先通过电法资料电性特征定性识别高度砾岩，确定在砾岩发育区速度空间变化规律，在此基础上通过地震—非地震同步联合反演建立砾岩区速度模型，提高高速砾岩的速度模型精度，确保速度模型与钻探速度与变化规律吻合，为网格层析法最终速度模型精度提高奠定基础。

（4）叠前深度偏移。

库车坳陷地震资料具有明显的各向异性，必须采用各向异性叠前深度偏移，其关键是建立各向异性叠前深度模型。首先选取近地表小圆滑面作为深度偏移基准面，解决波场畸变问题；然后求取 TTI 介质的 Thomsen 公式中的 5 个各向异性参数。一般的方法是首先求取各向同性速度模型，通过迭代使其收敛；然后通过井资料约束，求取水平介质（VTI 介质）$\delta$、$\epsilon$ 两个参数，通过速度模型与两个各向异性参数同时修正和迭代，使速度模型收敛，成像得到一定改善；最后是通过 VTI 介质速度建场成果，求取倾斜介质（TTI 介质）$\theta$、$\beta$ 两个参数，得到 TTI 介质速度模型。

3）地震资料解释

采用了多种方法相结合的复杂构造地震地质综合层位标定技术，主要包括地质露头地震层位标定方法、数字露头地震层位标定方法、VSP层位标定方法、声波合成记录层位标定方法、标志层及特殊反射结构标定方法。

采用"分层分析，综合建模"的思路，既在整体形变特点认识的基础上，对三大差异性构造层，分层具体分析，理清不同层段、不同区带结构特征的差异性和相关性，从而建立区域整体的构造模式。

在构造地质建模基础上，实现不同方向三维数据体拼接，利用连片三维地震资料，在三维空间识别断层、目的层，确定断片展布规律及接触关系空间，并在三维空间实现构造解释闭合。

利用叠前深度偏移成像速度将叠前深度偏移资料垂直转换为时间域资料，此时地质体成像位置不变；再利用深时转换资料进行构造解释，以研究区相控速度场对叠前深度偏移速度场进行适当调整和校正，利用校正后速度模型完成变速成图，得到最终构造图。

3. 攻关效果

通过采集处理一体化攻关，新采集的地震资料品质得到了明显改善。大北宽方位资料与原大北1窄三维地震资料相比，同相轴连续性更好、波组特征明显，结构关系清楚，有效指导构造解释，准确落实构造（图5-2）。

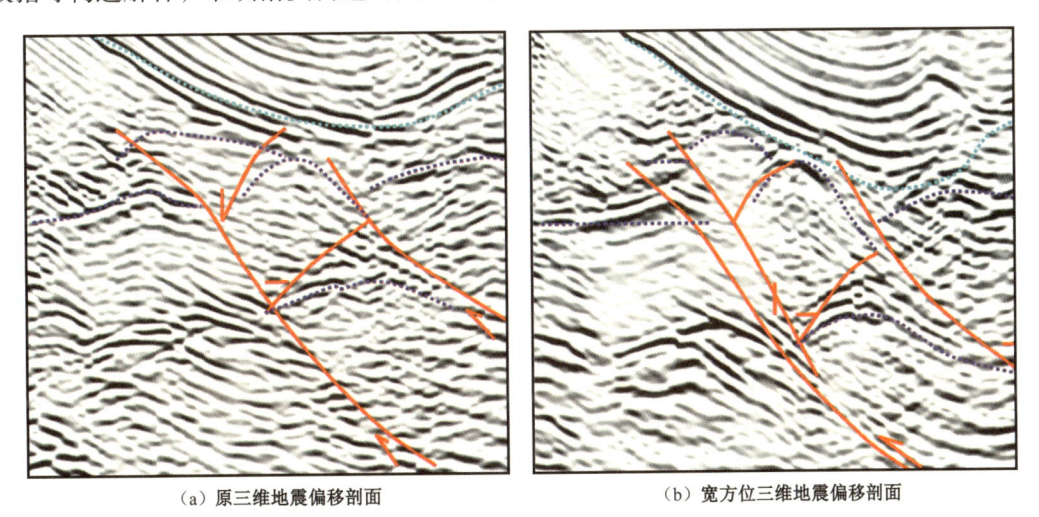

(a) 原三维地震偏移剖面　　(b) 宽方位三维地震偏移剖面

图5-2　大北宽方位三维地震与原大北三维地震叠前深度偏移剖面对比

博孜三维地震成像精度高，复杂断裂、断块发育特征清晰，解决了二维地震时间域资料波场复杂、归位不准的问题（图5-3）。

阿瓦特三维地震资料较二维地震资料信噪比大幅度提升，波场收敛效果好，能够较好地刻画复杂断裂、断块发育的发育特征（图5-4）。

随着地震资料品质不断提高，结合最新钻井及非地震勘探资料，取得了地质认识的新进展，油气发现捷报频传，区带勘探成果持续扩大。

1）大面积连片山地三维地震查明克深盐下构造成排成带

2008年在克深2井区一次性采集超大面积山地三维地震1002km$^2$，此后又陆续部署采集了克深 5、克拉 3、吐北 4 等 4 块窄方位中等覆盖次数三维地震，实现从大北、克深 5、克深 1—2、克拉 3 三维的连片。在大面积连片三维地震采集基础上，通过三维地震叠前深度偏移处理，三维地震的成像质量好于二维地震，断片接触关系、构造形态更清晰；归位更合理，圈闭刻画更精细，确定了 7 排构造区带特征，较好地支持了气藏评价。利用连片三维地震指导圈闭预探及滚动评价，基本落实了大北—克深区块 $1×10^{12}m^3$ 天然气规模。

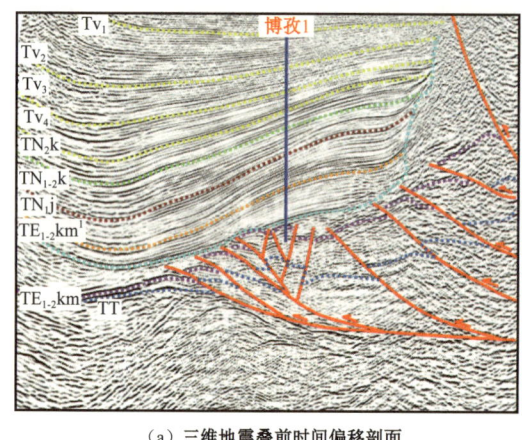

(a) 三维地震叠前时间偏移剖面　　　(b) 二维地震叠后时间偏移剖面

图 5-3　博孜三维地震叠前时间偏移与二维地震叠后时间偏移剖面对比

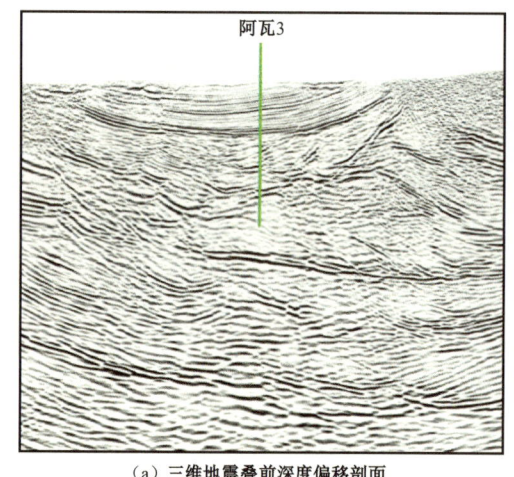

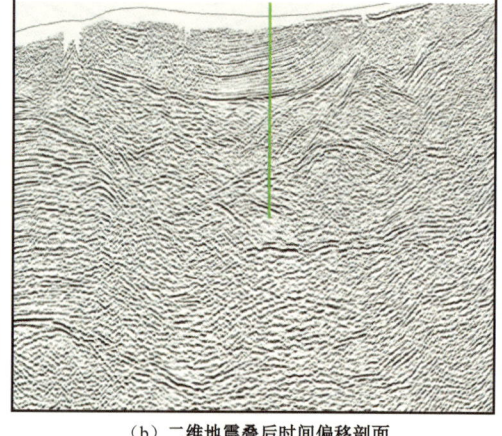

(a) 三维地震叠前深度偏移剖面　　　(b) 二维地震叠后时间偏移剖面

图 5-4　阿瓦特三维地震叠前深度偏移与二维地震叠后时间偏移剖面对比

2) 宽方位较高密度山地三维地震查明盐下复杂断块特征

通过宽方位采集+各向异性叠前深度偏移处理，三维地震成像质量大幅度提高，复杂断裂、断块发育特征清晰，解决了二维地震时间域资料波场复杂、归位不准的问题。博孜地区宽方位三维地震资料对构造、断层刻画更精细，三维地震西部圈闭为北西走向，与区域构造变形规律吻合。经精细构造研究，重新落实圈闭 10 个（图 5-5）。三维地震资料很好地支持了气藏的评价，2014 年上交博孜 1 气藏控制储量天然气 $1×10^{11}m^3$，凝析油 $1×10^7t$。

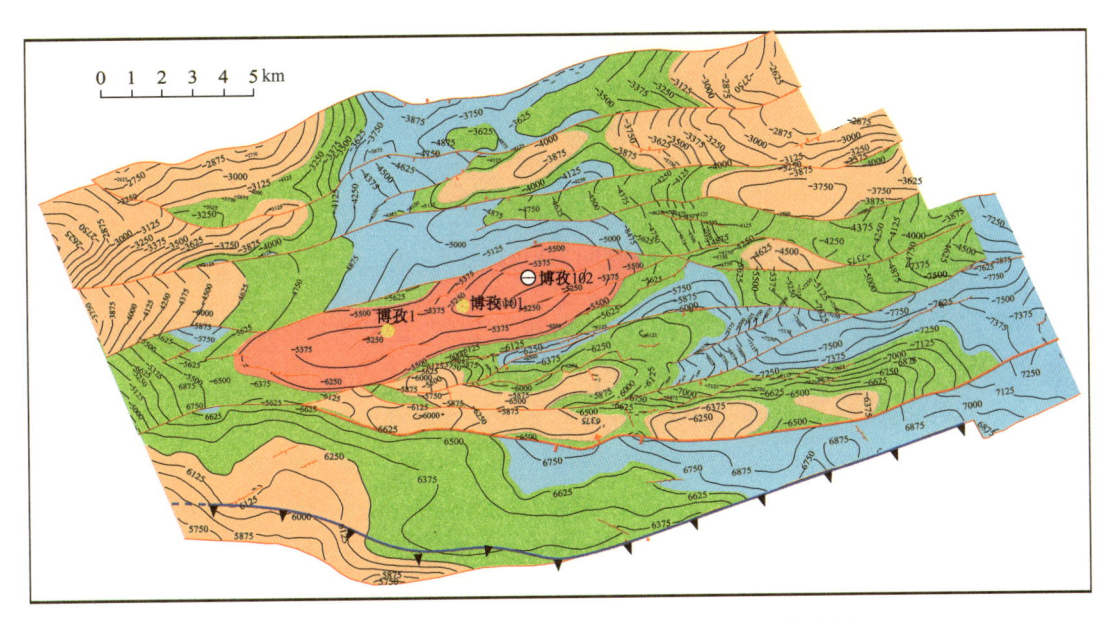

图 5-5　博孜三维地震区白垩系巴什基奇克组顶面构造图

## 二、柴达木英雄岭区带地震勘探攻关

英雄岭区带位于柴达木盆地西部坳陷中部，紧邻柴西地区的红狮凹陷和茫崖凹陷，构造成排成带发育，沟通源储的断裂构成良好的疏导系统。针对该区地形变化剧烈，地下高陡构造，断裂极为发育等难点开展了极低信噪比区高密度宽方位三维地震攻关，大幅度提高了资料品质，推动了英雄岭地区世界级勘探难题的突破。

1. 地震勘探难点

（1）野外采集施工和项目运作难。山地地表条件复杂，通行条件差，气候多变，高寒缺氧，环境恶劣，安全隐患多，对地震采集装备要求高，给野外地震采集施工、质量管理和 HSE 管理带来极大的挑战。

（2）地震采集提高原始资料的信噪比难。表层受长期风化作用，干燥疏松，地震波吸收衰减严重，给地震激发、接收带来极大挑战。地表非均质体引起的散射干扰，线性、随机和次生等干扰波发育，地震资料原始信噪比极低。

（3）地震处理提高成像质量难。复杂山地干扰波发育，近地表建模困难导致静校正问题突出，地下构造和地震波场复杂，速度变化大，地震资料处理静校正、去噪、成像处理等技术提出了非常高的要求，资料处理提高信噪比和提高成像效果难。

（4）地震解释构造建模难。地震剖面信噪比低，反射层位的追踪对比和断裂识别困难，地层速度变化大，提高速度研究和变速成图的精度难，导致精确的构造建模困难。

2. 主要技术及措施

1）高密度宽方位三维地震资料采集技术

针对复杂山地散射干扰极为发育，组合基距过大会损伤有效信号，而提高覆盖次数利用叠加压噪又会极大地增加采集成本，提出了"适度组合、联合压噪"，即野外组合与室内处理联合压噪的技术理念。创新提出了极低信噪比地区的三维地震资料采集的三个设计

- 345 -

原则，即满足初至时间误差小于有效信号周期1/4的叠加成像原则、满足无混叠假频的线距设计原则、满足有效信号高截频能量衰减小于3dB的叠前偏移原则。以此为指导，分析优化了接收线距、覆盖次数覆盖密度、横纵比（方位角）的关键参数。

研究区近地表岩性为古近—新近系砂泥岩互层，低速层速度低（300~600m/s），厚度薄（0~5m），风化剥蚀比较严重，属于典型的风化壳，横向变化快。风化壳对地震波的衰减强，占传播到主要目的层底（约2800m）总衰减的46%。降速层速度1000~1800m/s，厚度8~230m，其浅部岩性为比较稳定的细砂泥岩层。针对该区近地表特点，英东三维地震工区在降速层（6~8m）采用了小药量（单井<8kg）、多井组合激发（9口），获得了好的激发效果。

采用多检波器小面积组合接收压制短波长噪声，其他高速长波长噪声与有效波存在明显视速度差异，可以通过室内处理进行压制。对英东多种检波器图形的试验结果表明，3串检波器大面积组图形（大"Y"）的单炮记录信噪比明显最高。

英雄岭复杂山地沟壑纵横、悬崖峭壁等复杂地貌给野外施工带来极大挑战，采用了高精度航拍辅助不规则三维地震观测系统实施技术、高效钻井工艺改造技术和有限警戒作业新模式，大大提高了生产效率，是以往山地区工作效率的3倍，平均日效达到740炮，最高日效达到2140炮，创造了国内外复杂山地施工效率的最高纪录。同时，针对宽方位高密度采集地震记录数据量大、人工监控效率低的特点，采用ESQCPRO等适用性强的质量监控软件实时监控单炮记录数据，效率高、功能齐全、人机交互便捷，有效杜绝连续两炮出现质量问题，同时避免海量数据的纸记录回放，降低采集效率，生产效率提高了44%。

2）极低信噪比三维地震资料处理

（1）基于潜水面标志层的综合静校正技术。

英雄岭地区静校正问题非常突出，常规的模型法、初至折射法、层析反演法等基准面静校正方法能够解决一定的问题，但应用效果不明显。钻井地层压力、测井、微测井等资料表明，该区在海拔2900m附近为潜水面，与大炮初至反演的速度界面和地震剖面浅层分布广泛的强波阻抗反射界面基本一致。以潜水面作为表层结构建模和静校正计算的底界面，大大简化了该区复杂的静校正难题，形成了特色的基于潜水面标志层的综合静校正技术。

基于潜水面标志层的综合静校正技术的应用，同向轴的连续性得到了加强，浅、中、深层的信噪比都有很大的提高，成像质量得到了明显改善，静校正取得了显著的效果（图5-6）。潜水面既可作为表层结构建模和静校正计算的底界面，也可作为评价静校正质量的标准，潜水面的成像质量越好，表明静校正的效果越好。

（2）叠前多域多步组合去噪技术。

英东三维地震区面波、折射波及散射波发育，随着地表变化，噪声特征差别很大，叠前去噪困难。处理过程中从不同地表的干扰波性质与特征入手，通过噪声发育规律研究，分析干扰波场的主要特征，充分认识噪声的规律，在资料处理的不同阶段，采取多域、多步、分阶段的去噪方法，压制各种类型干扰，提高有效波能量。在炮域采用频率—空间域相干噪声压制去除高速线性干扰，采用十字排列锥形滤波对中、低速线性干扰进行压制，采用高能干扰分频压制（AAA）和地表一致性异常振幅处理（ZAP）进行异常噪声压制，在CMP道集通过四维地震叠前去噪进一步提高资料信噪比。

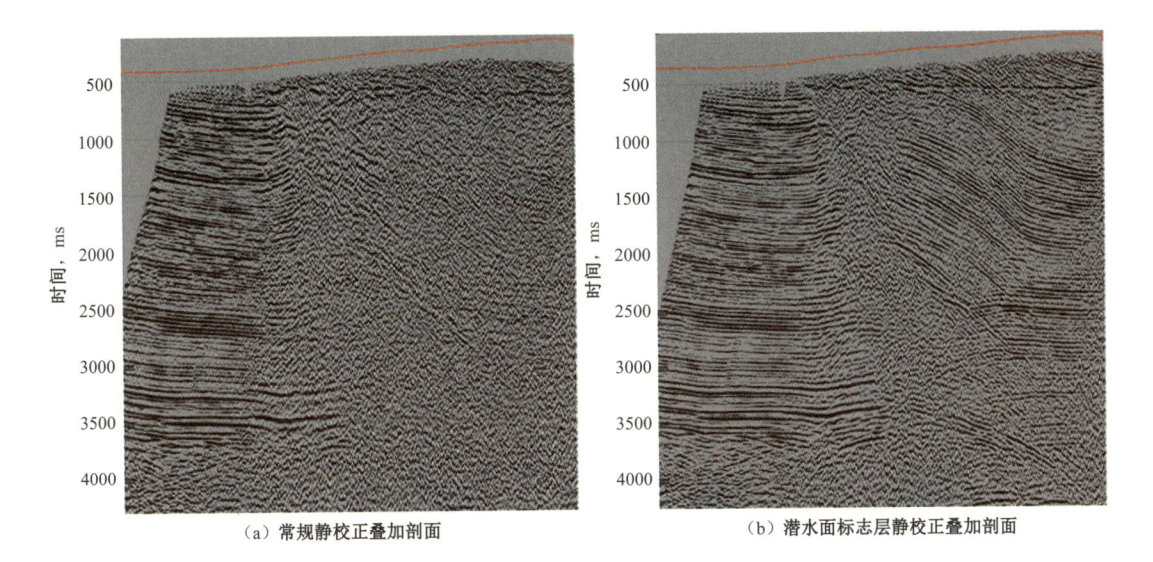

(a)常规静校正叠加剖面　　　　　(b)潜水面标志层静校正叠加剖面

图 5-6　英东三维常规静校正与潜水面标志层静校正对比图

（3）TTI 各向异性叠前深度偏移技术。

常规时间偏移是建立在水平层状或均匀介质理论基础上的，当地下构造复杂、地层速度存在横向变化时，不能满足斯奈尔（Snell）定律，因此不能实现准确的反射波偏移归位。而叠前深度偏移技术在一定程度上突破了水平层状、均匀介质的假设，弥补了时间偏移的不足，为正确认识地下复杂地质构造提供了可能。英雄岭英西三维地震的叠前深度偏移选用了近地表偏移基准面，减弱道集时差对偏移成像的影响；利用回折波层析反演建立近地表模型，提高浅层速度模型精度；采用多信息约束网格层析成像逐步优化中深层速度模型；使用 TTI 各向异性叠前深度偏移技术提高成构造成像精度。

3）复杂山地高陡构造多信息综合解释

（1）基于多源遥感数据的地表构造解译技术。

在有限的地质考察路线和观测点控制下，对 Corona、无人机、QuickBird 和 Landsat8 等多种类型的遥感数据进行图像处理，采取 Corona 立体像对、高精度数字正射影像（DOM）、大比例尺数字高程模型（DEM）和地面三维激光扫描仪多种方法进行地面地貌和地质信息的提取，可以查明露头区地层分布信息、地层产状信息和地表断裂信息。

（2）多信息断裂综合识别技术。

经自适应中值滤波处理后的曲率体对小断裂、小挠曲的识别能力显著提高。英雄岭地区采用多信息断裂综合识别技术明确了断裂的细节和展布特征。

（3）速度建场及变速成图技术。

采用 GeoEast 系统的层位控制法速度建场计算各层的层速度，然后进行层速度平滑，以层位面作为断面进行多维空间网格化，建立层速度场，并根据层速度场提取转换出平均速度，建立最终的平均速度场，变速成图钻井误差较小。

（4）构造建模技术。

以钻井钻遇的断层为约束，以地震解释的断层为主，在充分考虑断层切割关系和断层面构造成图的基础上，建立了英中—英东三维地震区复杂的断层模型。利用层位控制法获得的各地震反射层构造图建立层位模型。断层模型和层位模型建立后，就可以按照合理的网格大小模拟出精细的构造模型，英中—英东三维地震区由于油砂山断层断距较大，并存在一定规模的逆掩，因此对上、下盘分别进行了构造建模（图5-7）。

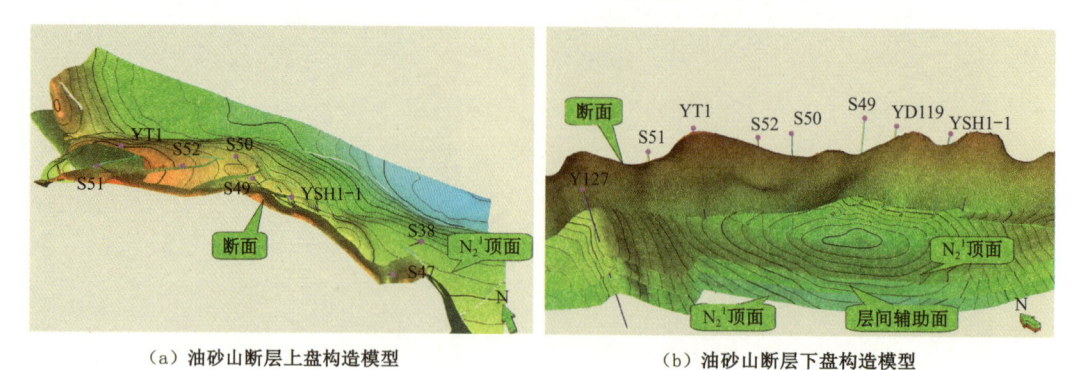

（a）油砂山断层上盘构造模型

（b）油砂山断层下盘构造模型

图5-7　英中—英东三维地震区构造模型

3. 勘探效果

英雄岭区带是首次在国内陆上复杂山地开展的高密度宽方位三维地震勘探，2011年英东三维实现了地震资料"从无到有"的历史性突破，深、浅层信噪比均明显提高，断层较为清晰，开创了极复杂山地三维地震勘探的新局面（图5-8）。2012年英中三维地震资料品质进一步改善，断层位置更加清晰、可靠，尤其是在地震波组特征方面较英东三维地震有明显改善。

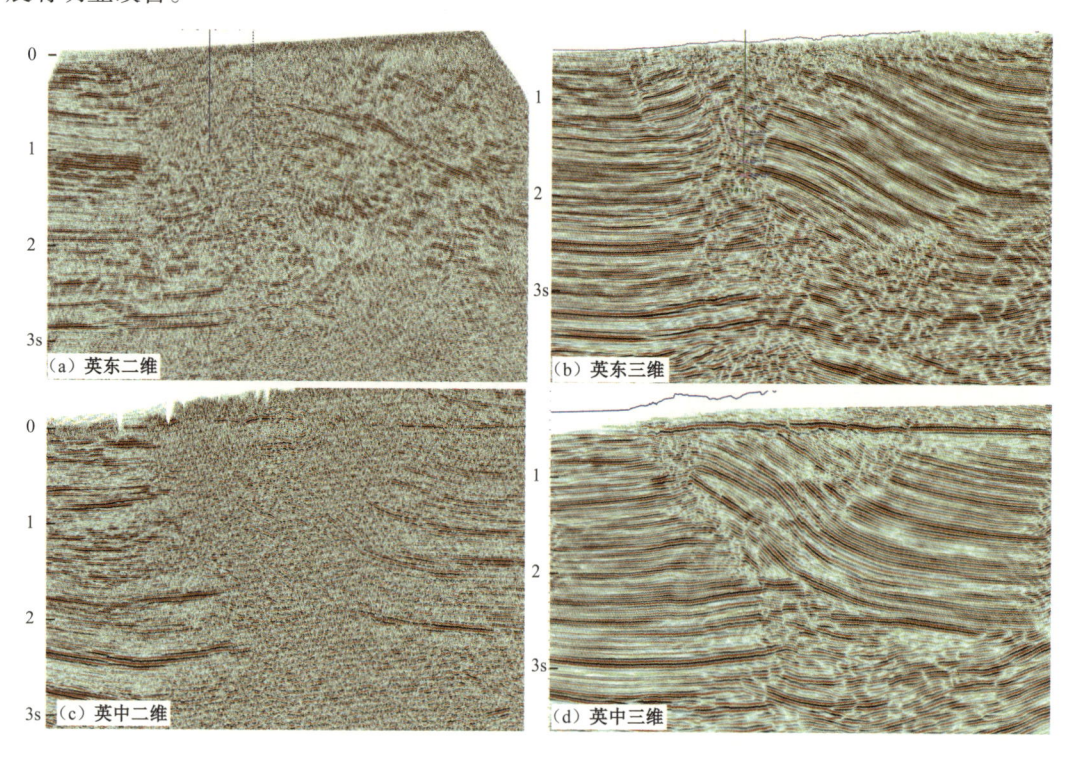

（a）英东二维

（b）英东三维

（c）英中二维

（d）英中三维

图5-8　英中—英东三维区地震剖面

## 第五章　重大标志性地震勘探实例

2013年实施的英西三维地震资料品质持续提高，层次清楚、信噪比高，断面波清晰，特殊地层膏盐岩成像效果好。尤其是应用TTI叠前深度偏移处理技术后，狮子沟断层及断层下盘的成像明显改善，②号断层位置准确，①号断层上盘的背斜形态清楚（图5-9），井震误差小，构造形态与地层倾角测井吻合好，能真实地反映地下复杂的构造面貌。

(a) 叠前时间偏移剖面　　　　　　(b) 叠前深度偏移剖面

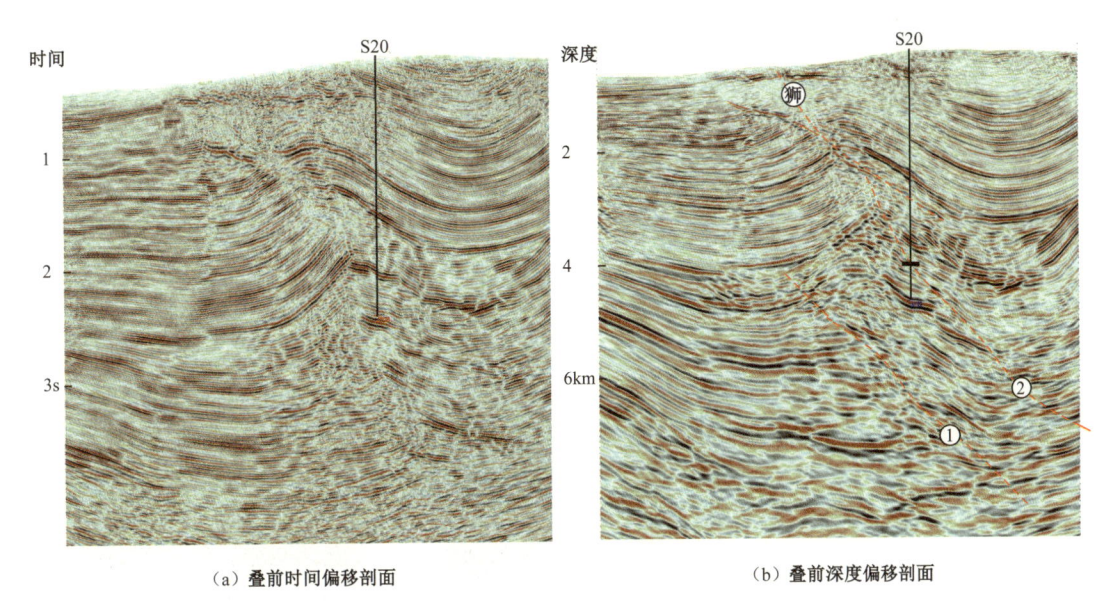

图 5-9　英西三维叠前时间偏移剖面与叠前深度偏移剖面对比图

应用英雄岭攻关高品质的地震资料明确了英雄岭南带的构造样式，查明了断裂的展布特征，落实了圈闭细节，勘探成功率大幅度提升，勘探开发效果显著。

英东三维地震实施后预探井成功率由18%提高到83%（提供预探井6口，成功5口），评价井成功率达96%（提供27口，成功26口），试采及开发井成功率达100%（提供168口，成功168口），取得了良好的勘探效果。英东1号油藏发现后，先后在英东二号、英东三号和油砂山断裂下盘勘探取得成功，英西深层盐下、盐间获得新突破。截至2016年底，英雄岭区带新增探明油气地质当量$9007.76 \times 10^4 t$，其中英东油田砂37区块新增探明石油地质储量$6685.28 \times 10^4 t$、天然气地质储量$61.45 \times 10^8 m^3$；油砂山下盘新增探明石油地质储量$1118.71 \times 10^4 t$，天然气地质储量$10.52 \times 10^8 m^3$；游园沟油田新增探明石油地质储量$484.07 \times 10^4 t$。英西深层新增控制、预测油气当量$1.18 \times 10^8 t$。英雄岭三维的实施也为开发方案的编制奠定良好的基础，该区新增储量区块年产量总计超过$45 \times 10^4 t$。

总之，英雄岭高密度宽方位三维地震勘探攻关技术攻克了制约该区油气勘探的地震瓶颈，形成了成熟的技术系列，勘探开发效果显著，取得了巨大的社会和经济效益，为青海油田建设"千万吨级高原油气田"发挥了重大作用。

## 第二节　碳酸盐岩油气藏勘探

### 一、塔里木盆地塔北地震勘探攻关

针对塔里木盆地碳酸盐岩发育区地震资料品质低及缝洞储层预测精度差的问题，以常规叠后时间偏移三维地震资料为基础，以精细构造解释和常规储层预测为主要解释手段，使地震资料品质和预测精度大幅度提升。近年来，通过宽方位+高密度的地震技术攻关，形成了宽方位+高密度三维地震采集技术、高保真各向异性叠前深度偏移技术、基于OVT处理与叠前裂缝预测技术，推动碳酸盐岩缝洞型储层描述技术不断发展，使塔里木盆地碳酸盐岩油藏的钻井成功率达到了80%以上。

1. 地震勘探难点

（1）储层非均质性强。原生孔隙普遍很低，后期储层改造溶蚀孔、洞、缝为主，储层发育范围广，非均质性极强。

（2）储层地震响应杂乱。碳酸盐岩缝洞储层具有明显的中强振幅、低频、高吸收的地震响应特征（图5-10）。裂缝的存在会对地震波的能量起到吸收衰减的作用，产生各向异性效应。

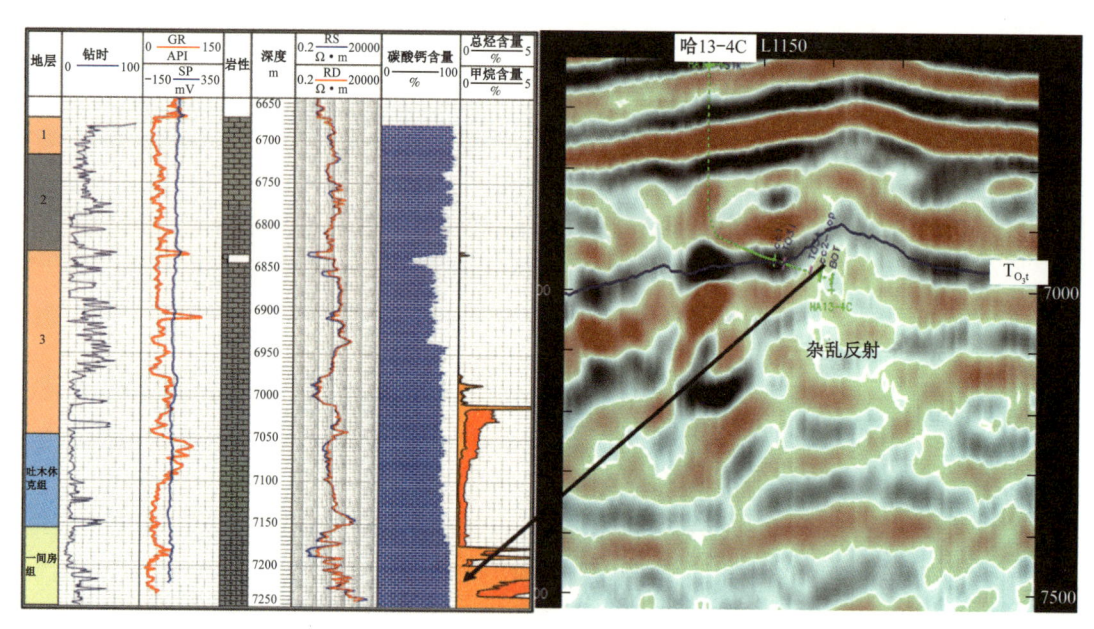

图5-10　哈拉哈塘地区哈13-4C井综合柱状图及地震剖面（杂乱反射）

2. 主要技术及措施

1）宽方位三维地震采集

近几年，在塔北地区实施的三维地震多为宽方位地震，特别是在塔北地区开展了全方位三维地震勘探技术攻关及拟全方位三维地震勘探技术攻关，为获取高品质地震资料打下坚实基础。

（1）全方位三维地震采集。

在采集方法上，面元由以往的 25m×25m 缩小到 15m×15m，覆盖次数从 72 次提升至 225 次，观测方位（横纵比）从 0.5 扩大到 1，炮道密度从 11 万 /km² 提高到 100 万 /km²；对全三维数据体进行了不同观测系统的对比分析，确定碳酸盐岩勘探采集技术方向及设计原则。在处理技术上，进行了分方位与宽方位三维地震资料叠前时间偏移处理技术攻关、三维克希霍夫和波动方程叠前深度偏移处理技术攻关、基于 Walkaway VSP 各向异性应用研究，进一步提高了缝洞体成像精度。在解释技术上，开展了全方位三维地震资料分方位角解释方法研究、缝洞体系刻画方法研究、全方位分方位各向异性裂缝检测技术攻关、基于全方位数据的叠前 AVO 与叠前弹性反演技术攻关和碳酸盐岩缝洞体量化描述技术攻关。

通过攻关，碳酸盐岩缝洞储层区地震资料较常规三维地震资料又上了一个台阶，大的溶洞储集体刻画精度大幅提高的同时，小的缝洞体和地质体也得到精确刻画（图 5-11、图 5-12），裂缝预测精度从常规三维地震 30% 左右提高到 70% 以上，为碳酸盐岩高产稳产井的部署提供了高精度地震资料；同时，总结形成了碳酸盐岩全三维地震勘探配套技术。

(a) 常规三维　　　　　　　　　　(b) 全方位三维

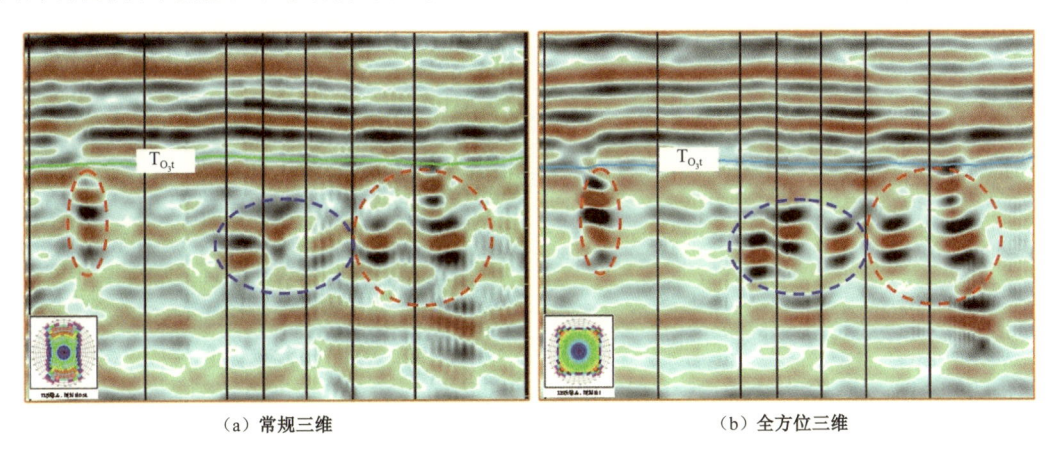

图 5-11　哈拉哈塘区块常规三维和全方位三维地震剖面对比图

(a) 常规三维　　　　　　　　　　(b) 全方位三维

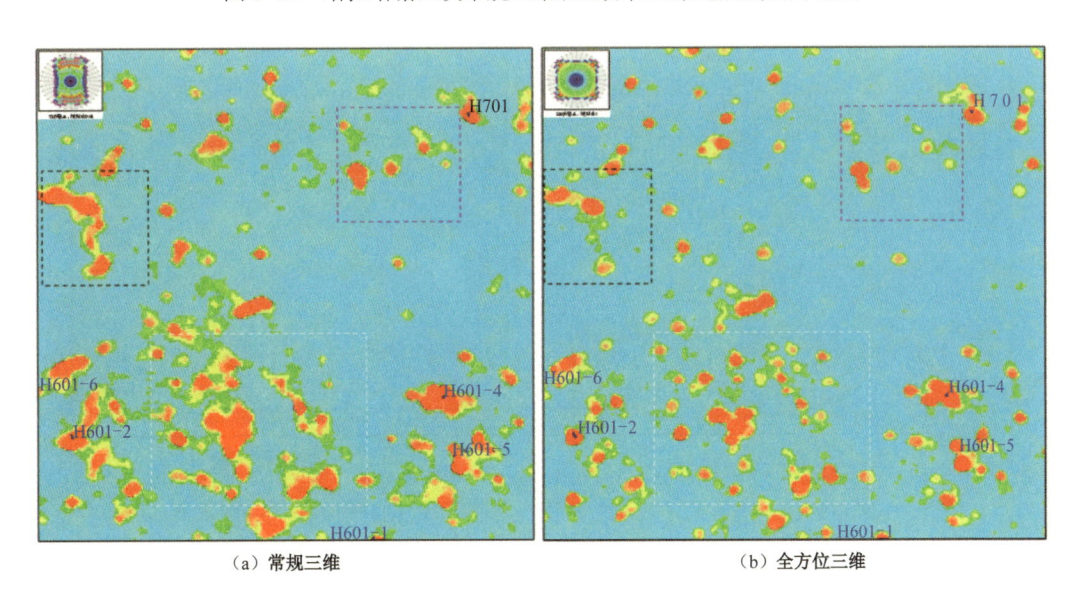

图 5-12　哈拉哈塘区块常规三维和全方位三维鹰山组顶面振幅平面图

（2）拟全方位三维地震采集。

拟全方位三维地震技术是在勘探区已进行三维地震勘探的基础上，充分利用了以往常规三维资料，通过改变观测方向进行补充性二次三维地震采集，将两次三维采集资料进行融合性处理，形成拟全方位三维地震资料。拟全方位三维拟合方式通常分为两种方式，一种是在原三维的基础上，将三维观测系统转90°，弥补原来在crossline方向资料的不足（图5-13a），另一种方式是在原有三维的基础上加宽，形成宽方位，弥补横向上资料的缺失（图5-13b）。哈601拟全方位三维勘探是以哈6井区三维地震为基础，面元保持不变仍为25m×25m，覆盖次数从72次提高至156次，观测方向与哈6井垂直，数据叠合后，观测方位（横纵比）从0.5扩大到1。

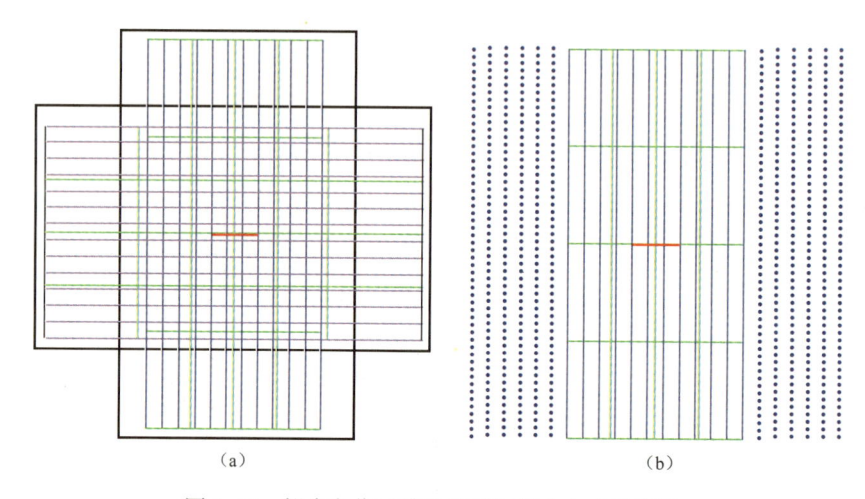

(a)

(b)

图5-13 拟全方位三维地震不同拟合方式示意图

在相同处理流程下，拟全三维地震资料的偏移剖面绕射收敛、断点干脆，岩溶内幕成像清晰（图5-14）。

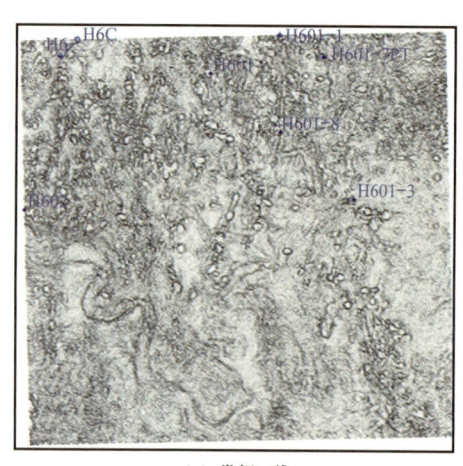

（a）常规三维

（b）拟全方位三维

图5-14 哈601拟全方位三维地震与常规三维地震$T_{O_3^t}$层0～45ms相干平面对比图

通过处理后得到了不同方位的叠加数据，且表现出了明显的各向异性，为裂缝方向的预测奠定了基础。在哈601三维地震区，利用振幅的各向异性进行裂缝定量预测的探索，取得了一定的效果。图 5-15 为哈 601 三维区奥陶系上部石灰岩裂缝预测平面图。图 5-15a—c 为已钻井的实测裂缝方向，图 5-15d—f 为地震预测的裂缝方向，从图中可以看到二者具有很强的相似性。因此可以认为叠前裂缝预测的方向是可靠的，可以用来指导后续井位设计时的井位优选和轨迹设计。

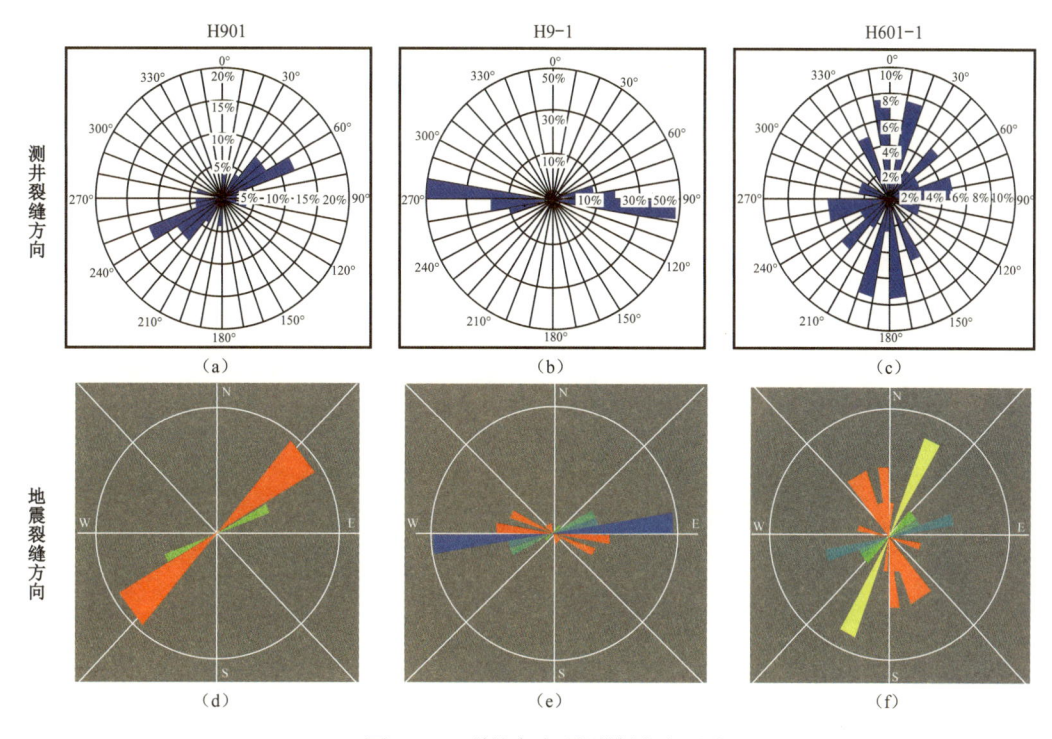

图 5-15 裂缝方向预测效果平面图

由于拟全方位三维全叠加资料具有更高的信噪比和更精确的偏移成像效果，实现对缝洞体更加准确的定位，且缝洞体的相对规模也更准确。同时其裂缝预测成结果也更符合地质规律，有利于缝洞连通性判别，从而优选出储量规模更大、地质条件更优越的靶点。

（3）UniQ 及数字三分量地震三维地震采集。

利用 UniQ 设备进行点接收下的超高密度、宽方位采集，尽可能实现对地震信号高保真采样。UniQ 外设系统的最大接收道数可达 20 万道，GAC 单点加速度检波器失真度低、响应频带宽。采用面元尺寸为 6.25m，覆盖次数 380～418 次，横纵比 0.86～0.95，炮道密度达到了 972.8 万～1070.1 万 /km$^2$。处理方面重点开展了面波分析、模拟和反演压制技术、OVT 域 HTI 各向异性叠前时间偏移（方位各向异性处理），以及基于回转波层析成像（DWT）、反射波层析反演（ZTOMO）、地质约束反演等多种建模手段的叠前深度偏移处理技术攻关。

UniQ 新数据体中溶洞成像更收敛，信噪比更高，频率成分更丰富（图 5-16）。

多波勘探是进行裂缝识别、流体检测的有效手段之一。对于塔里木盆地碳酸盐岩储层来说，超深目的层及高度非均质性特征对多波勘探是一个巨大挑战。从探索开发三维地震技术、进行前瞻性技术储备角度出发，2012 年，塔里木油田公司在轮古 17 井区进行了偏前满覆盖 69km$^2$ 的数字三分量三维地震技术攻关。在采集方法上，采用了三分量数字检波

— 353 —

器，面元尺寸为20m，覆盖次数为255次，宽度系数为0.74，炮道密度为63.75万/km²，形成了针对碳酸盐岩储层的三分量地震采集方法设计技术及现场质量监控技术。在处理技术方面，开展了转换波静校正技术攻关、各向异性保幅多分量处理技术研究。在解释技术方面，开展了流体检测技术、各向异性储层预测技术研究。

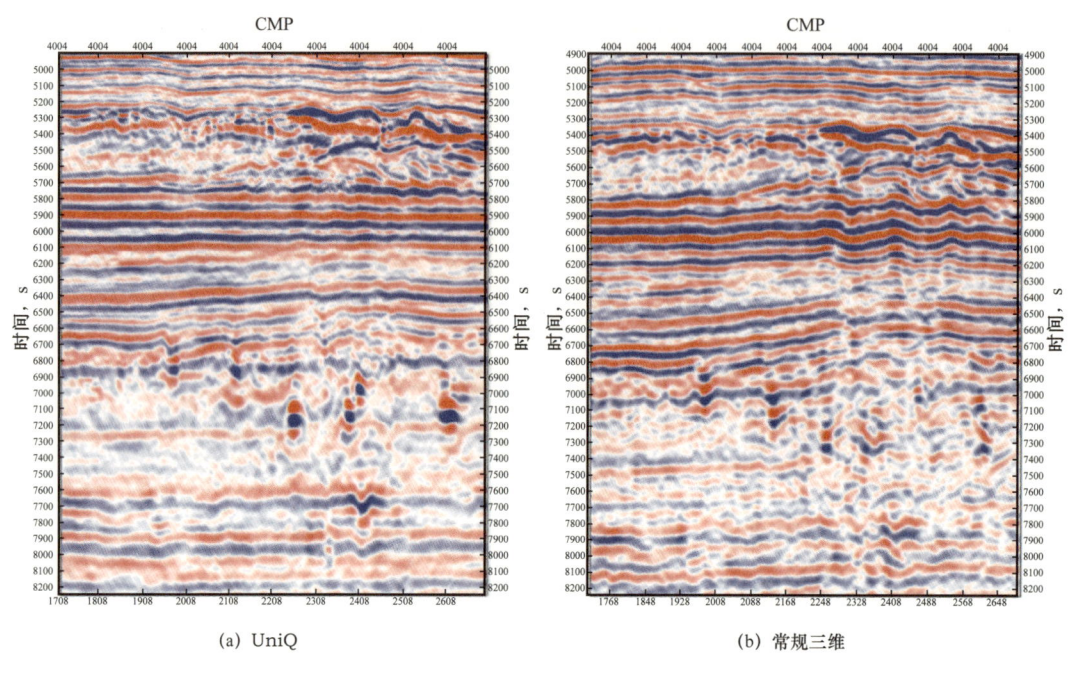

(a) UniQ  (b) 常规三维

图 5-16　UniQ 与常规三维地震剖面对比

攻关结果表明，单个数字检波器勘探超深弱信噪比储层是可行的，所获资料上，缝洞体、断裂、潜山沟谷刻画更加清楚、精细，利用攻关资料开展的叠前裂缝预测和井实测吻合程度提高；转换波勘探深度突破了5000m大关，碳酸盐岩缝洞体在转换波剖面上实现了准确成像，转换波叠前时间偏移成果相比纵波叠前时间偏移成果信息更加丰富、信噪比高、奥陶系内幕更清楚，而且在碎屑岩段转换波成像也较纵波有改善（图5-17）。但利用多分量信息对大埋深的碳酸盐岩储层进行流体检测仍是一个挑战，还需进行深入研究。

2）宽方位三维地震处理

通过近几年的技术攻关，塔里木盆地碳酸盐岩三维地震处理技术随着地质认识的提高、处理方法的进步及计算机能力的增强，经历了从叠后到叠前、时间域到深度域、各向同性到各向异性的不断进步，逐步形成了针对深层碳酸盐岩缝洞型储集体的处理思路及配套处理技术，为实现准确的储层空间定位和确定井位靶点发挥了主要作用。

（1）保幅、保真、保低频的去噪技术应用。

针对不同噪声类型，对去噪技术经过深入细致的研究和实践探索，逐步形成了针对碳酸盐岩地震资料处理的面波压制、炮域线性干扰波压制、多次波压制、随机噪声衰减等多域分步迭代系列去噪技术。为了能够科学、准确地判断各种去噪方法的优劣，对每一项去噪试验结果都采用多种质控图件综合地进行分析。主要形成的技术有：炮域压制低频面波的十字交叉锥形滤波技术和自适应滤波方法；多域压制强能量噪声的地表一致性区域异常振幅压制和分频去噪技术；CMP 域压制异常振幅的双向去噪技术；定量化的叠后三维随机噪声衰减技术等。

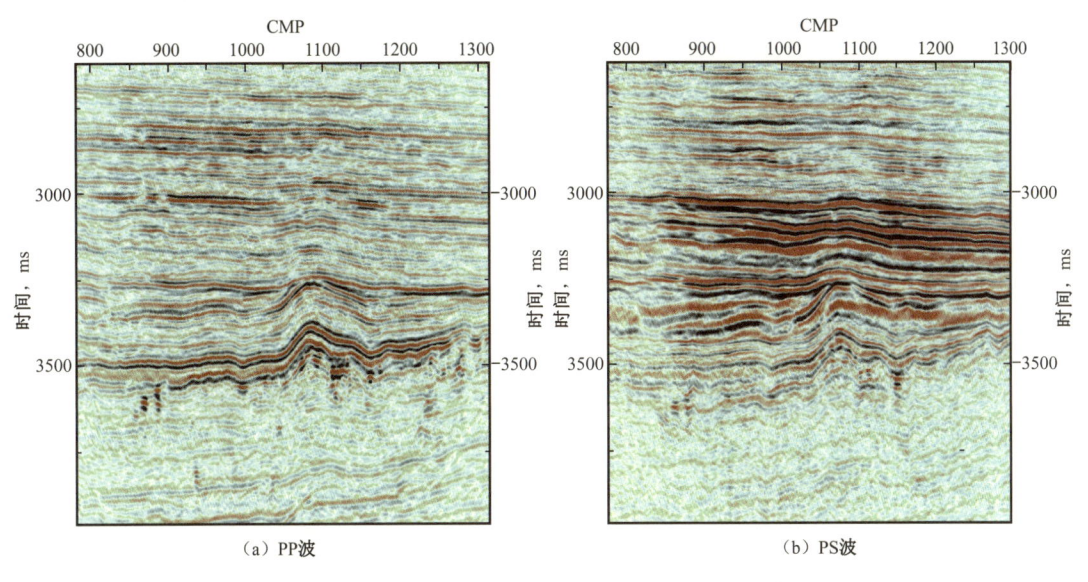

(a) PP波

(b) PS波

图 5-17　轮古 17 三维 PP 波与 PS 波的叠前时间偏移剖面对比

（2）井驱动的真振幅恢复技术应用。

井控地震处理的方法是通过 VSP 资料分析求取球面扩散补偿因子、$Q$ 补偿因子、速度、各向异性和反褶积等参数，用于约束地面地震处理，以提高地震资料的分辨率和信噪比的方法。在碳酸盐岩地震处理中应用较广泛的是真振幅恢复，该方法比常规方法更准确、更符合实际情况。真振幅恢复是从地面检波器记录到的振幅中消除波前扩散的影响，使其恢复到仅与地下反射界面的反射系数大小有关的真振幅值。

（3）速度建模与深度偏移成像技术应用。

针对塔北地区火成岩数据处理，首先要预测二叠系底的构造形态，即在钻井分层约束下对精细刻画的底界进行不同半径的平滑得到预期层，这样可以保持原层位构造趋势，确定合理的预期层位。将预测厚度与深度偏移剖面上的成像厚度进行比对，根据该厚度的差异，通过计算得到一个速度系数，应用到火山岩精细描述前的层速度上，通过多次迭代，直到得到满意的结果，建立最终精细的火山岩速度模型。图 5-18 是火成岩建模迭代过程的偏移结果，剖面显示较好地消除了火成岩对下伏地层成像的影响，提高了奥陶系的成像精度。

基于单平方根波动方程叠前深度偏移的基本思路，首先对每一炮进行单炮偏移成像，然后再把各炮成像结果在对应地下位置上叠加，从而得到整个成像剖面。对于塔里木盆地碳酸盐岩缝洞体成像问题的关键是绕射点的收敛与保幅性，能够充分发挥单程波动方程偏移的优势，对提高小尺度缝洞的成像精度及提高资料保幅性方面起到了明显效果，非常有利于提高储层预测精度，在提高钻井成功率方面发挥了重要作用。单程波动方程较积分法背景噪声小，偏移画弧现象弱，整体信噪比得到改善，串珠成像精度更高。

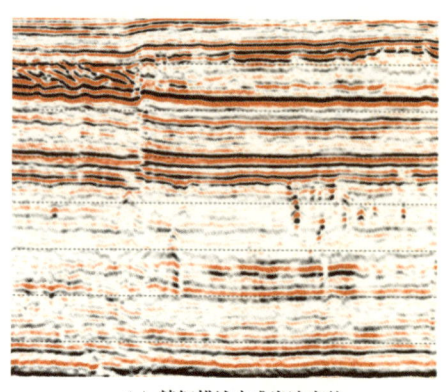

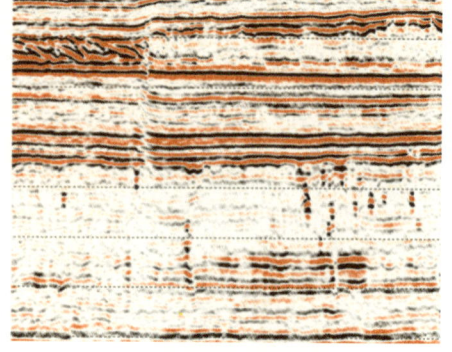

(a) 精细描述火成岩速度前　　　　　　　　(b) 精细描述火成岩速度后

图 5-18　精细描述火成岩速度前后的叠前深度偏移剖面对比

基于 OVT 域的数据处理已成为国际上高密度宽方位地震数据处理的常规技术。从 2012 年开始，OVT 域处理在塔北哈拉哈塘三维区块快速得到了应用，并且取得了初步效果。由于 OVT 道集在偏移后，能够保留所有方位角的信息，因此，更加有利于偏移后与方位有关的各向异性分析及校正，利用方位各向异性时差可以很好地开展裂缝发育密度及方向的检测。由 OVT 螺旋道集衍生的各种道集，有不同用途。不同方位道集，可用于不同方位叠加，即使原来的分方位处理结果，也可用于不同方位的流体检测，相互验证，提高流体检测的符合度；还可以衍生出 AVA 道集，用于检测流体等。

3）宽方位三维地震解释

碳酸盐岩油藏主要以裂缝、裂缝孔洞、洞穴型储层为主，储层纵横向非均质性很强，并且很多裂缝和孔洞都是被充填的，不能形成有效的储集空间，如何雕刻储层的有效储集空间成为碳酸盐岩油藏研究迫切需要解决的问题。经过近几年的研究，完善了对碳酸盐岩缝洞储层的定量雕刻技术。

总体思路是由地震数据反演波阻抗体，再利用波阻抗计算出密度属性体，再由密度属性体计算出孔隙度属性体，最后利用孔隙度属性体计算缝洞储层的有效储集空间，即利用先反演再正演的方法，进一步证明波阻抗反演预测缝洞储层的准确性。

地震孔隙度体雕刻化描述的核心问题是计算缝洞体的容积，这是一个看似简单，实则非常复杂，同时也非常重要的问题。说它简单，是因为如果单纯要计算一个缝洞体的体积，只需要将"串珠"状反射雕刻出来，就能直接得到其体元个数，乘以每个体元的体积，则就是串珠状反射的体积，这个体积在一定程度上代表了缝洞体的体积。说它复杂，是因为在不同的条件下，用前一种方法计算所得的体积，会与实际的缝洞体的体积相去甚远，甚至毫不相干，根本不能起到指导钻井的作用。在串珠状反射体积与缝洞体容积之间，涉及时深转换、孔隙度求取、体积校正等诸多问题，它们都会对最终计算结果产生重要影响。储层量化描述技术流程如图 5-19 所示。

在研究储层地震响应特征的基础上，通过对岩溶缝洞型储层地震反射特征的描述与地质解译，创新性提出了基于岩溶理论的"缝洞集合体"储层模式。缝洞集合体是指地质成因相似，地震相为串珠相+杂乱相、串珠+片状相、串珠群等共同组成的集合体，平面上表现为线状或连片特征，地质解译为通过裂缝、较大尺度溶蚀断裂或储层等沟通不同规模储集体所形成的缝洞集合体。其特点是缝洞体规模大、内部连通性好、缝洞体高部油气富集，容易获得高产高效。根据此认识，钻探目标优选由以往的单"串珠"转向与"串珠"相关的大型缝洞集合体。

哈拉哈塘奥陶系一间房组—鹰山组，大型缝洞集合体类型多，平面上南北向可分为潜山岩溶区和层间岩溶区，其中层间岩溶区受良里塔格组台缘带影响，进一步可分为层间岩溶—顺层改造区、层间岩溶—良里塔格组台缘叠加区、层间岩溶—断裂控储区。4个区对应4类大型缝洞集合

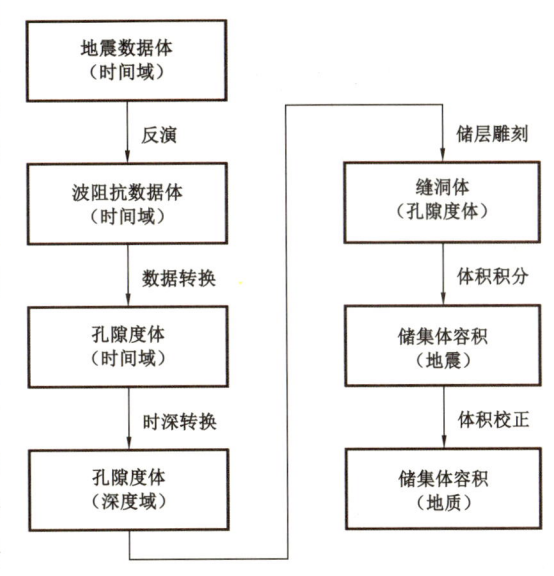

图 5-19 小尺度非均质地质体容积计算流程图

体，垂向上受内部高阻层分隔可形成深部储盖组合（图5-20）。层间岩溶—断裂控储区发育与断裂扩溶相关的大型缝洞集合体：良里塔格组台缘带以南储层主要沿断裂带分布，纵向上分布于一间房组—鹰山组，在断裂裂缝的沟通下易形成大型缝洞集合体。

在大型缝洞体认识的基础上创新形成了缝洞带、缝洞系统、大型缝洞集合体为主体的碳酸盐岩高效井优选技术，以及针对非均质碳酸盐岩储层特点的不规则井网布井技术，原油产量从2009年$4.53 \times 10^4$t快速上升到2014年$105 \times 10^4$t，推动了超深复杂碳酸盐岩油气藏的规模效益开发，解决了碳酸盐岩储层上产增储世界级难题。

对于提升裂缝的描述精度，应用OVT地震数据，可对五维地震数据的偏移距或者入射角进行优化，优选各方位覆盖次数均匀，能真实反映各向异性特征的数据，使参与椭圆拟合的数据收敛；其次通过可信度分析与质量控制等手段，提高椭圆拟合的稳定性，对拟合椭图的离心率进行刻度，椭圆离心率（0～1）越大，同时拟合椭圆的解越少，则可信度越高；第三则与实际钻井资料进行交互式分析，使所拟合椭圆的长轴（利用振幅信息预测裂缝）与电成像测井（FMI）结果的裂缝走向趋于一致，不断提高裂缝预测精度，为缝洞体连通性分析提供可靠依据。

图5-21为H601-4井、H901H井、H601-14井、H601-6井各向异性预测的裂缝方向与测井裂缝方向对比图，从图中可以看出利用各向异性特性预测的裂缝走向与对应的测井解释的裂缝走向各个井都基本一致。也就是说各向异性裂缝预测效果是很好的，跟井的吻合度高。通过对井统计，H7井高密度三维地震80%的井预测裂缝方向与测井解释的裂缝方向一致，可见在H7井地区应用全方位三维地震资料进行各向异性的裂缝预测与实际钻井吻合度较高，效果很好。

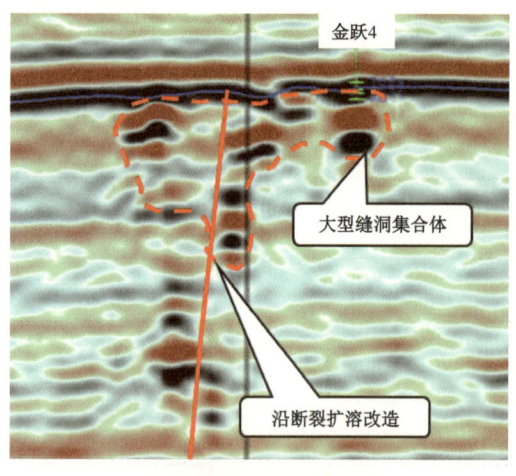

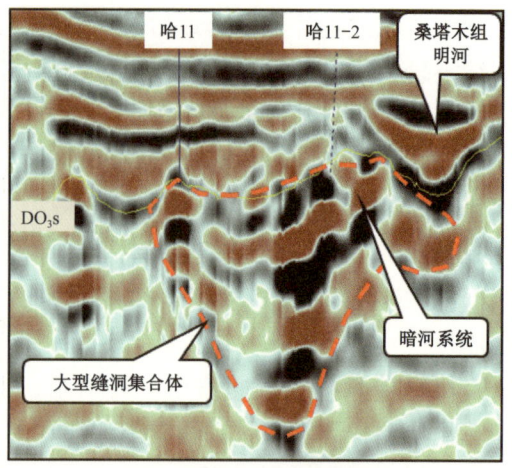

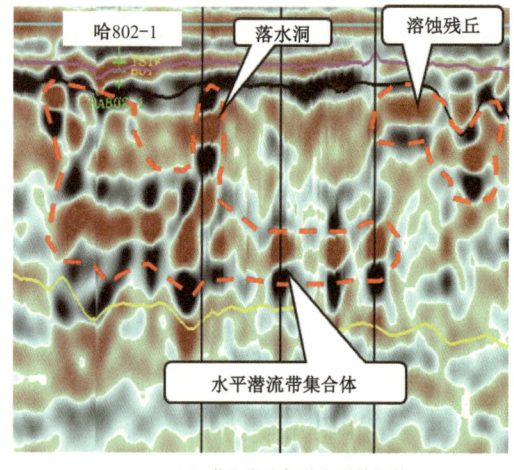

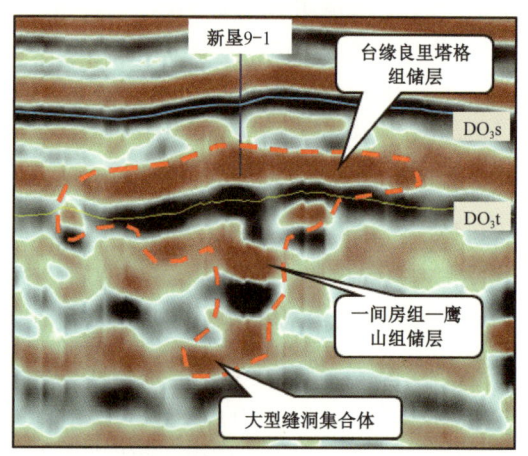

图5-20 4种成因大型缝洞集合体典型地震剖面图

以塔北地区某高密度全方位三维地震工区的应用为例，基于OVT道集数据的预测结果更有利于指导缝洞体系连通性分析（图5-22）。综合分析W1井与W2井的钻井特征和生产动态数据可知，两井所钻遇缝洞体系相互独立，且各自连通范围有限，其主要判定依据为：（1）W2井注水期间，W1井无明显干扰特征，油压和日产油量趋势平稳；（2）W1井和W2井的原油密度、气油比、$H_2S$量均不同；（3）目前两井均处于注水替油的生产状态，W1井电泵生产，W2井抽油机生产，油压低，分别为0.62MPa和0MPa，整体能量弱，均表现为典型的定容型缝洞体，缝洞体系所连通的范围有限，与非均质性碳酸盐岩储层特征一致。

3. 勘探开发成效

1）深度偏移处理在哈拉哈塘奥陶系实现大面积工业化应用

塔里木盆地奥陶系碳酸盐岩储层主要储集类型为次生的缝洞型储层，通过对已钻井地震特征分析发现储集体在叠后数据体上常表现为"串珠"状反射。哈拉哈塘钻井发现，大部分钻遇叠前时间偏移数据体"串珠"中心的井并不对应有利储层，通过理论分析和正演研究，认识到在倾斜界面时，叠前时间偏移在平面上不能对"串珠"准确归位，"串珠"

会向地层上倾方向和上覆地层平均速度较大的方向偏移，其偏移量与地层倾角和平均速度变化梯度有关：倾角越大，偏移量越大；速度变化梯度越大，偏移量越大。相对来说，叠前深度偏移资料对"串珠"、构造局部高点、断裂归位更加准确，与有利储层位置对应性更好，解决了缝洞型储层平面位置精确确定问题。

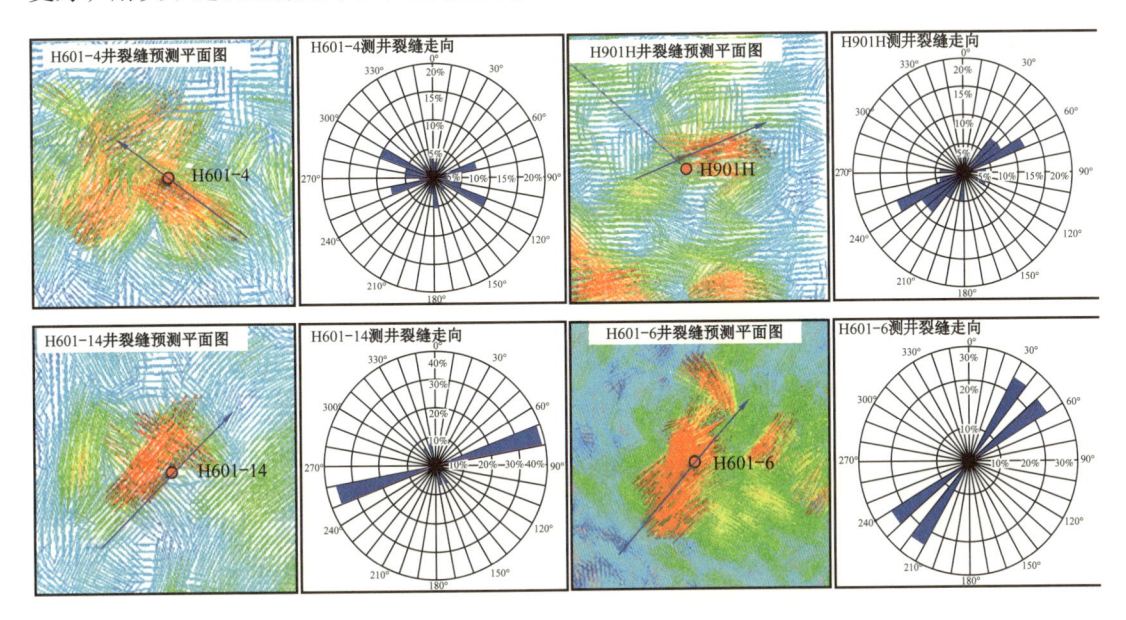

图 5-21　H601-4 井、哈 901H 井、哈 601-14 井、哈 601-6 井各向异性预测的裂缝方向与测井裂缝方向对比图

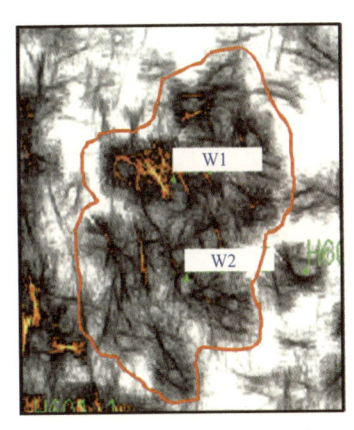

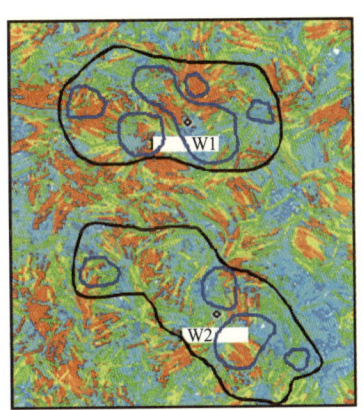

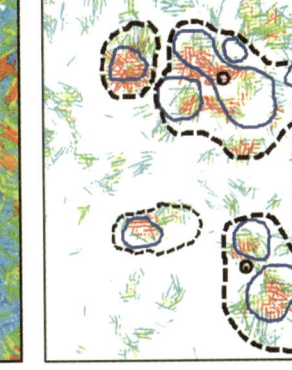

（a）W1—W2 井区叠后裂缝密度　（b）W1—W2 井区常规分方位叠前裂缝预测　（c）W1—W2 井区共入射角道集叠前裂缝预测

图 5-22　W1 井、W2 井区不同数据类型裂缝预测结果对比图

哈拉哈塘三维区奥陶系深度偏移"串珠"的位置与时间偏移资料相比向南偏移 20~280m，根据叠前深度偏移资料侧钻的新垦 9 井、哈 13-1 井、哈 7-4 井、哈 7-5 井、哈 9-1 井、哈 9-2 井等 9 口井、新部署完钻 35 口井均钻遇有利储层，并获得工业油气流，大大提高了直接中靶率和钻井成功率，节约定向钻井费用上亿元，钻井周期缩短 10~15 天。确保资料应用当年总钻探成功率提高到 82%。

2）缝洞单元划分及评价成为碳酸盐岩方案编制和井位优选的主要依据

以轮古为例。在轮古地区，早期缝洞系统和单元的划分主要依赖于静态的资料，单纯依赖古地貌和古水系，使得划分结果过分强调地震的作用，缺乏地质理论依据。针对这些问题，在目前的缝洞系统划分过程中，不仅结合储层分类和岩溶分区结果，还利用生产动态特征进行地质综合分析，首次采用静态技术与动态手段相结合的方法合理划分缝洞系统和单元。

通过对缝洞储层和古地貌、古水系的精细刻画研究，运用该技术将轮古潜山区共划分出119个缝洞系统，总面积1417.84km²，其中未钻探及已钻探未成功圈闭共计60个，面积516.27 km²。通过油藏精细解剖，从岩溶发育程度、溶洞充填程度、储量（缝洞系统的储量计算按残丘、浅部溶洞和深部溶洞三个部分分别计算）大小等三个方面对上述119个缝洞系统进行了综合评价，该方法改变了过去只能定性评价缝洞系统的局限性，创新了缝洞系统的量化评价技术手段（图5-23）。应用这一技术结果为轮古稳产方案编制和井位优选提供有效的技术支撑。

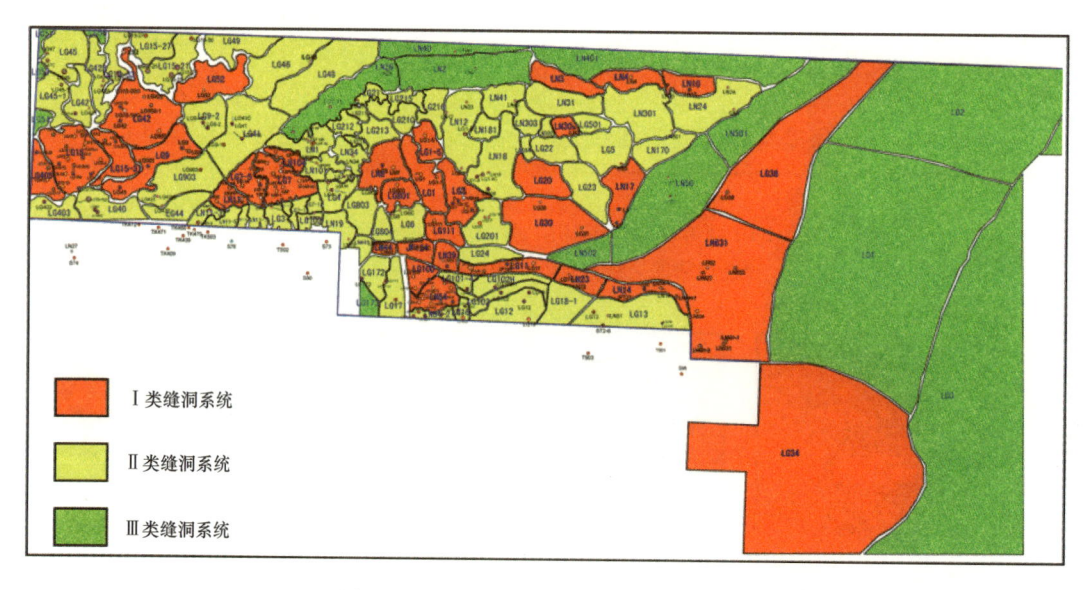

图5-23 轮古地区缝洞系统划分评价图

3）缝洞体量化雕刻技术在塔北碳酸盐岩储层研究中得到良好应用

缝洞体量化雕刻技术从轮廓走向结构、从定性走向定量，提高了缝洞型储层描述精度，有力地支撑了开发井部署及开发方案的编制。其思路：对地震体在地震地质建模的基础上，结合单井测井相建模、波组抗等约束，求取缝洞连通体有效孔隙度地质模型，然后雕刻有效孔隙度体，计算出有效储集空间，达到量化目的。该技术已在哈拉哈塘井位研究、缝洞型储集体储量计算和哈6区块$1×10^6$t初步开发方案编制中得到应用，提高了缝洞型储层描述精度和研究成果质量。缝洞储层地质建模量化雕刻技术，目前同行业国内领先，在塔北碳酸盐岩储层研究中得到广泛应用，目前碳酸盐岩储层识别吻合率达到了94.6%。

## 二、四川盆地龙王庙组多波地震勘探攻关

磨溪—龙女寺工区位于四川盆地川中古隆平缓构造区中部，乐山—龙女寺古隆起东面。地表与地腹均为单斜构造，构造形态简单。地表主要出露侏罗系遂宁组（$J_3s$）砂泥岩，沙溪庙组上段（$J_2s$）砂岩、泥岩，嘉陵江沿岸分布有第四系砾石。区内地腹各层相对平缓，地层倾角较小，断裂不发育，以中小正断层为主。总体上为东南高西北低的单斜构造，在其上发育了局部的小构造。以往勘探成果表明，其地腹地震地质条件较好。

1. 地震勘探难点

（1）龙女寺地区龙王庙组沉积特征差异较大，储层横向非均质性较强，波组特征变化大，准确追踪龙王庙组的顶底反射困难。

（2）龙王庙组为整体构造控制下的岩性油气藏，同时存在受滩体控制的单个独立岩性气藏，不具有统一气水界面，气水识别精度不高。

（3）龙王庙组埋深大于5000m。地震资料主频相对较低，要在保真保幅前提下提高多波纵横向分辨率处理较为困难，同时纵波、转换波分辨率差异较大，纵横波的联合匹配较难。

2. 主要技术及措施

主要以保真保幅和提高分辨率多波处理为核心，开展保真保幅纵波和转换波处理、叠前时间偏移处理，纵波叠前深度偏移处理；结合地质研究，在模型正演、岩石物理分析的基础上，纵横波地震联合开展寒武系龙王庙组的叠前叠后储层精细预测、多波小尺度缝洞检测和气层检测技术攻关研究，提高成像精度，落实构造圈闭，提高储层预测和流体检测精度，总结有利储层的分布规律。

1）纵波高精度成像及高分辨处理技术

目的层龙王庙组的储层多发育在上部，横向非均质性强、厚度差异大，导致龙王庙组顶界与储层很难分辨和识别，因此高分辨处理是纵波攻关处理核心之一。纵波高分辨处理攻关思路为：在OVT域进行规则化、振幅恢复及噪声衰减处理，提高成像精度，并在此基础上采用叠前炮集、时间偏移道集反褶积及叠后反褶积相结合的高分辨处理流程，提高地震资料纵向分辨率。攻关后的剖面较之前的分辨率有了较大的提高，剖面细节更加丰富，对龙王庙组底界的识别更加清楚。

2）转换波高精度成像及高分辨处理技术

首先，确定了工区的转换波静校正处理思路：利用系数法求取长波长静校正量，在此基础上采用基于构造控制的转换波共检波点静校正方法，解决大的转换波短波长静校正问题，最后采用分频地表一致性剩余静校正方法解决剩余的短波长静校正问题。依托这套思路，有效解决了转换波资料的静校正问题，获得了成像质量较好的转换波叠加剖面。

其次，采取逐步、多域、多方法联合去噪，提高转换波资料的信噪比，包括炮域、十字交叉排列域异常振幅衰减、十字交叉排列域自适应面波衰减及共偏移距域异常噪声衰减，在保幅、保真的同时，最大限度地突出有效波，提高资料的信噪比。

再次，采用基于高精度算子求取的转换波反褶积方法，在保持深层信噪比基础上有效

提高转换波目的层分辨率，最终获得的转换波信噪比较高，提高分辨率处理效果更佳，层间细节更丰富。

最后，采用各向异性克希霍夫叠前时间偏移方法，在精确拾取纵波偏移速度场、转换波偏移速度场、纵横波速度比场及各向异性场的基础上，完成转换波的叠前时间偏移。偏移后，绕射能量得到较好归位，构造特征清楚，同相轴连续性较好。

图 5-24 是纵波和转换波偏移叠加剖面对比，纵波、转换波成像质量好，纵横向分辨率高，且二者主要构造特征一致，主要目的层位吻合度较高，能满足联合解释的要求。

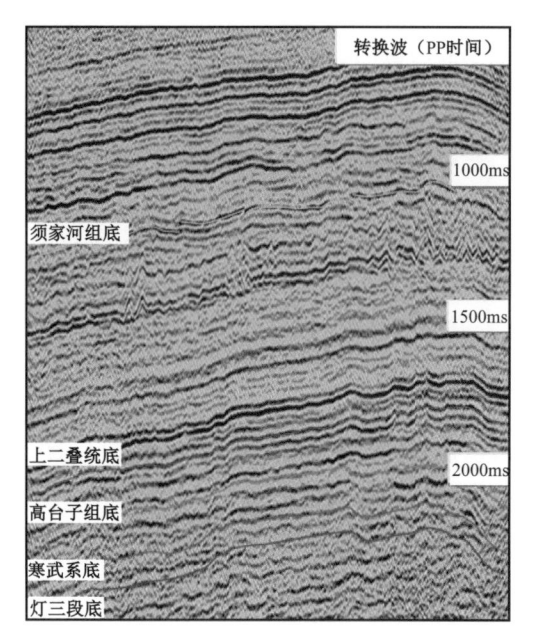

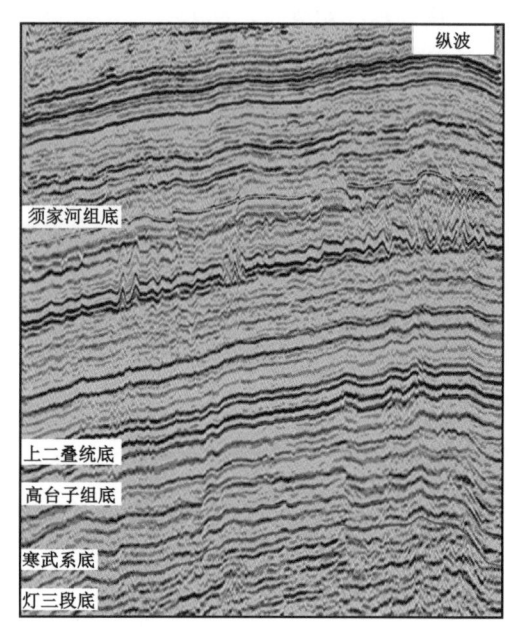

图 5-24　纵波、转换波最终偏移叠加剖面对比

3）多波高精度匹配技术

由于横波在岩层中的传播速度要小于纵波速度，转换波在相同深度层位对应的零偏移距双程旅行时比对应的纵波旅行时长，导致时间域内的纵波、转换横波剖面，相同层位对应的旅行时不一样。时间域内纵波和转换波同相轴匹配包括振幅匹配和层位匹配，前者消除纵波与转换波的振幅能量差，后者消除纵波与转换波地震反射响应的旅行时差。匹配后，纵波、转换波在振幅、相位及层位特征上对应关系较好，为后续多波联合解释打下了坚实的基础。

4）多波联合反演技术

多波联合反演得到的横波阻抗或横波速度是直接利用横波资料通过多井约束反演得到的，相对于单一纵波叠前同时反演获得的横波阻抗或横波速度有更客观的意义，因为其来源于实测资料，因此对储层的识别更加客观可靠。

图 5-25 是多波联合反演技术获得的过磨溪 23 井的弹性参数反演剖面，该井储层均发育在顶部，厚度为 20m。在纵、横波阻抗剖面上，龙王庙组储层均表现为低阻抗特征，纵波阻抗低于 18500g/cm$^3$·m/s，横波阻抗低于 9950 g/cm$^3$·m/s，由于横波阻抗来源于实测资料，其低横波阻抗特征展布十分清晰，与岩石物理分析结果一致。

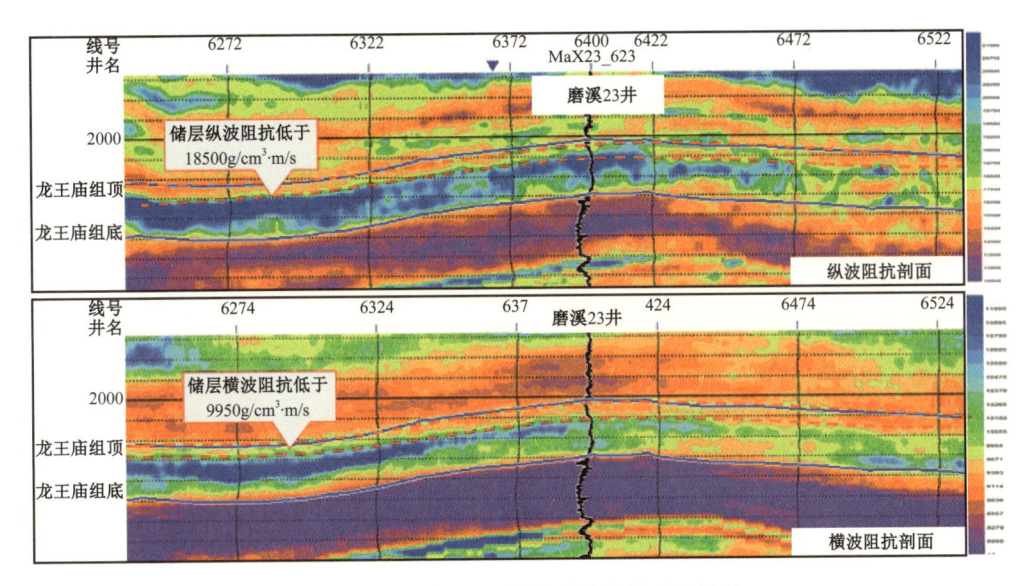

图 5-25 过磨溪 23 井的弹性参数反演剖面

## 三、地震勘探成效

利用多波叠前联合反演进行储层定量预测，根据研究区内 6 口井龙王庙组岩石物理多参数分析可知，随孔隙度增大，储层与致密白云岩和泥质云岩差异增大，纵、横波阻抗降低明显，识别效果更好。

采用纵波叠前反演和多波联合反演分别预测了龙王庙组储层厚度分布图（图 5-26）。二者的预测结果大体面貌一致，最大的差异在工区西部磨溪 29 井西北区域，纵波叠前预测结果是储层厚度薄，大部分区域小于 10m，而多波预测结果是储层厚度大部分为 10~30m。为了检验成果的符合性，采用刚完钻磨溪 42 井（位于磨溪 29 井西北区）进行验证，该井经测井解释储层厚度为 30m。纵波叠前反演预测厚度为 10m，多波联合反演预测结果为 28m，说明多波联合反演由于其横波速度源于实测地震资料，储层预测结果更为客观可靠。

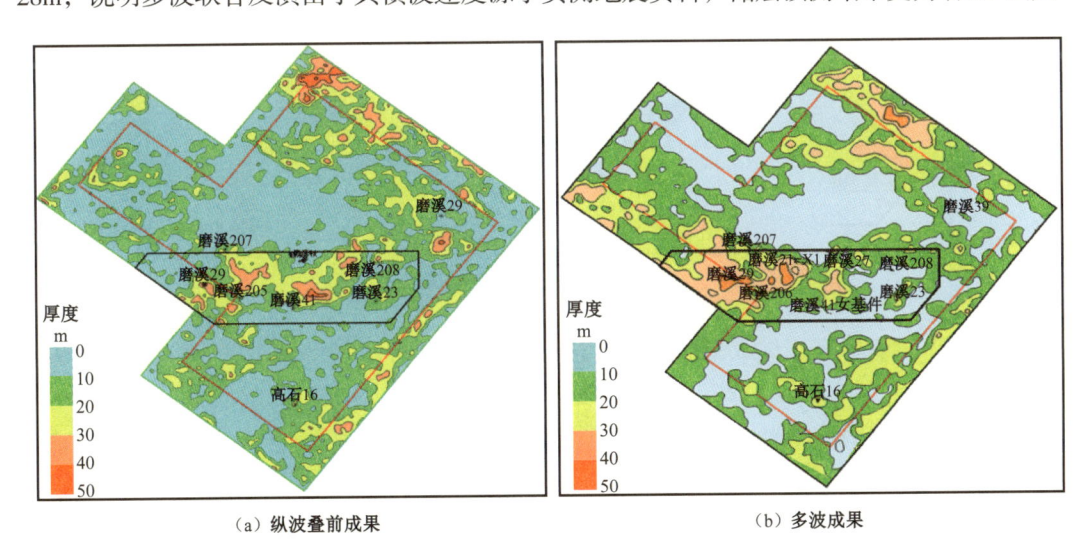

(a) 纵波叠前成果　　　　　　　　(b) 多波成果

图 5-26 龙王庙组储层预测厚度分布图

研究区龙王庙组储层厚度主要为10～40m，20m以上的储层发育区主要分布在龙女寺构造主体和北部地区，厚度大于10m的储层在研究区较为连片分布。研究区用于反演的井有7口井，没参与反演的井有4口，预测储层厚度与测井解释储层厚度误差小，最大绝对误差仅3.3m，其余10口井误差均小于3m，预测和验证符合率达100%。表明预测成果较为可靠，精度较高。

结合多波反演结果并应用含气概率模板剔除非气层后，提取含气概率大于50%的气层厚度，可以更好地预测含气有利区。图5-27是研究区内龙王庙组气层厚度图，根据钻井情况，气层厚度在10m以上的区域视为含气有利区，气层厚度在5～10m之间的区域视为较有利区，气层厚度在5m以下的区域视为含气较差区。图中含气有利区规模较小，主要分布在龙女寺构造主体磨溪29井—磨溪41井以北一带和磨溪39井北部区域（相对发育厚度大于10m的气层），高石16井区域及研究区北部零星发育。磨溪29井和磨溪23井的气层厚度为15～20m，高石16井气层厚度略低，为10～15m。

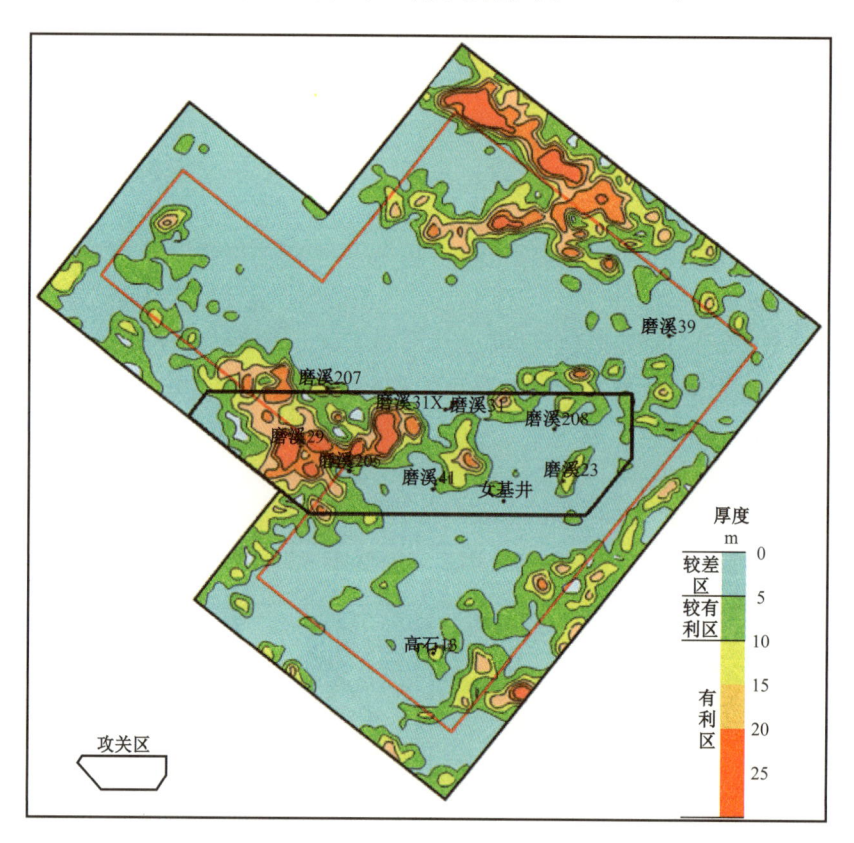

图5-27 龙王庙组含气有利区预测分布图

对研究区内5口有测试成果的井进行符合分析，工业气井磨溪23井、磨溪29井和高石16井均位于含气有利区，微气井磨溪31井和干井磨溪31X井位于含气较差区，与试油结果一致，预测符合率100%。6口验证井中磨溪206井和磨溪207井位于含气较有利区，磨溪208井、磨溪39井、磨溪41井、磨溪42井位于含气较差区，已验证符合。

通过磨溪—龙女寺地区龙王庙组的多波攻关处理解释，利用多波技术较好地解决了龙王庙组顶、底界层位识别、储层预测、气水判别、缝洞检测等一系列地质难题，与单一纵波相比，储层识别、流体识别精度均提高了 10% 以上，充分展示了多波技术的优势。同时，建立了针对深层碳酸盐岩的多波资料处理解释思路及流程，为下一步的推广应用打下了坚实的技术基础。

## 第三节 岩性油气藏勘探

### 一、苏里格地区岩性地震勘探技术攻关

苏里格气田北部处于内蒙古高原。地表为草原、沙地，地势较为平坦。南部为黄土高原。沟、梁、峁、塬相间分布，地形起伏较大。通过一系列地震勘探技术攻关，逐渐形成了基于叠前储层预测理论为基础的低渗透岩性气藏地震勘探技术系列。实现了宽方位观测，采用 OVT 域处理等先进的处理方法，进一步提高了从叠前资料提取储层参数的可靠性。叠前弹性波反演及交会、多波联合反演等气层预测方法的应用和完善，使"低渗透岩性气藏地震勘探"技术系列不断得到补充和完善，实现了有效储层、气层的地震检测，为气田有效开发井位部署、水平井轨迹设计，实现"工厂化"开采提供了依据。

1. 地震勘探难点

（1）地震资料信噪比低。北部沙漠草原区和南部苏南黄土山地区，上覆的第四系、古近—新近系以下，是白垩系砂岩。在相对平坦的地表下，是岩性、速度、厚度变化剧烈的近地表结构特征。

（2）规则干扰和随机干扰发育。北部沙漠区第四纪沉积巨厚区，地震激发、接收条件差，地震波吸收、衰减十分严重，地震资料信噪比和分辨率更低。

（3）低孔低渗岩性油气藏纵向地震波速度连续变化，要求地震资料具有较高的信噪比和分辨率。

勘探阶段，综合评价盒 8 段、山 1 段储层，预测有效砂体展布规律，为开发确定有利区；开发阶段，统一部署三维地震，准确刻画有效储层三维空间展布，指导丛式井和水平井设计，提高 Ⅰ + Ⅱ 类井比例和水平井气层钻遇率，提高单井产量，提高开发效率和效益。

2. 主要技术及措施

1）常规二维高密度勘探技术

常规二维高密度勘探技术从表层岩性、速度、厚度调查向虚反射界面、地震波激发特性研究的转变；从表层结构调查向激发因素的定量化设计的转变，形成了一套能够清晰刻画苏里格地区表层结构特点的完整数据库（图 5-28），为地震采集技术的创新和应用提供了保证。

观测系统设计理念完成了从叠后到叠前储层预测的转变。针对工区地质任务需求，结合工区资料特点，面向叠前储层预测，分别对工区的道距、最大偏移距、覆盖次数进行针对性的技术设计。

（1）高密度二维使得高频成分显著提高。

针对苏里格气田勘探开发形成了比较成熟的二维地震资料处理方法与流程，获得了高信噪比、高分辨率的叠加数据、叠前道集或分偏移距叠加数据，在鄂尔多斯盆地天然气地震勘探开发及井位优选中取得了良好的应用效果（图 5-29）。

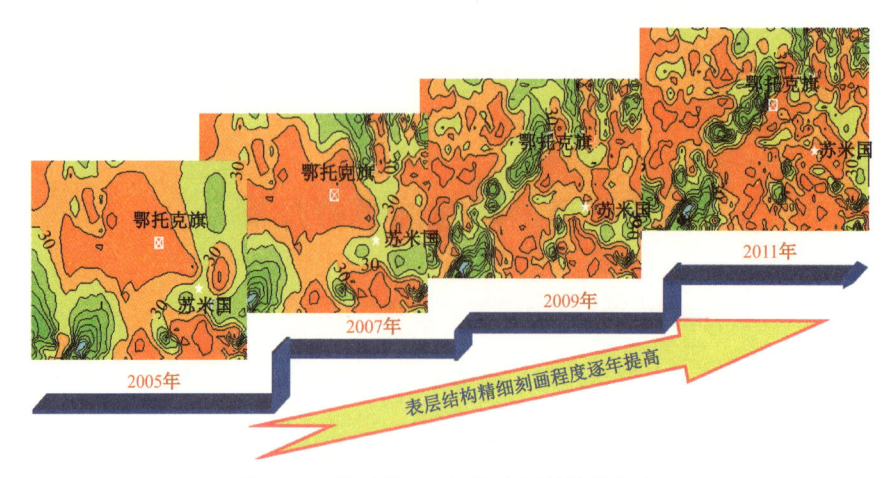

图 5-28 苏里格地区历年表层结构数据库

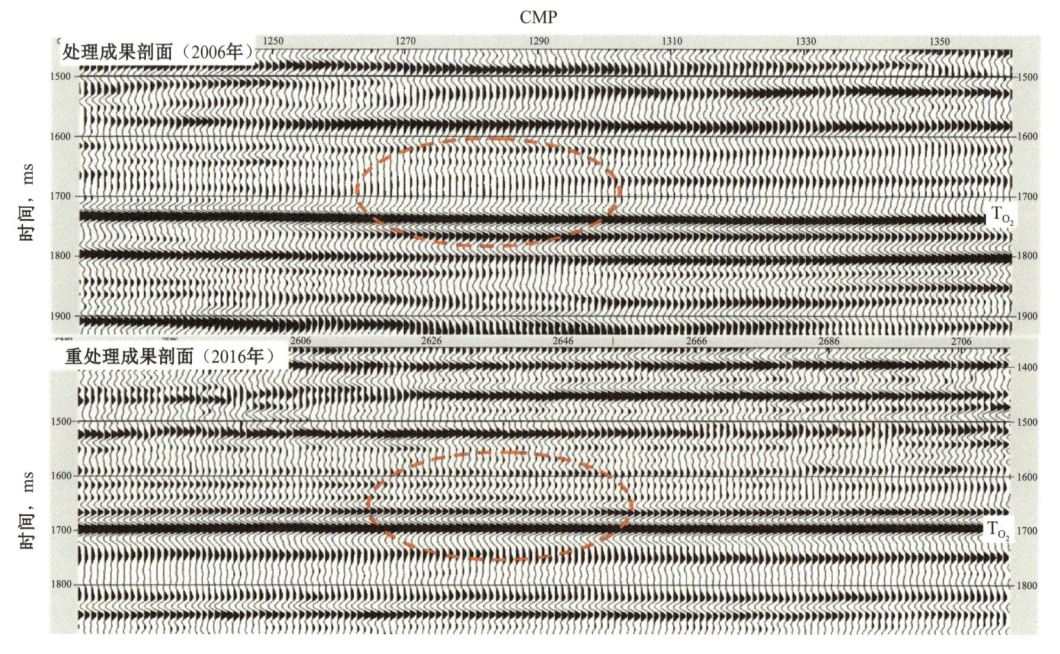

图 5-29 苏里格东区井炮采集二维同条测线不同年度处理成果对比

（2）高密度采集技术填补了低降速层巨厚区的资料空白。

针对巨厚低降速带及古生界气藏预测，借鉴国内外的先进技术、面向目标、全波长采集，微数据处理提供了丰富的基础信息，拓展了处理方法。采集效果明显，提高了资料品质，实现了叠后储层预测，同时为叠前储层预测的探索提供了依据，填补了低降速层巨厚区的资料空白（图 5-30），有效地应用于储层含气性预测。

（3）叠前反演资料的推广应用，提高了储层预测符合率。

在苏里格及苏里格外围地区，利用叠前反演结果进一步完善砂体、有效砂体展布，针对盒 8 段、山 1 段储层进行综合评价并提供建议井位，储层预测符合率逐年提高（图 5-31）。

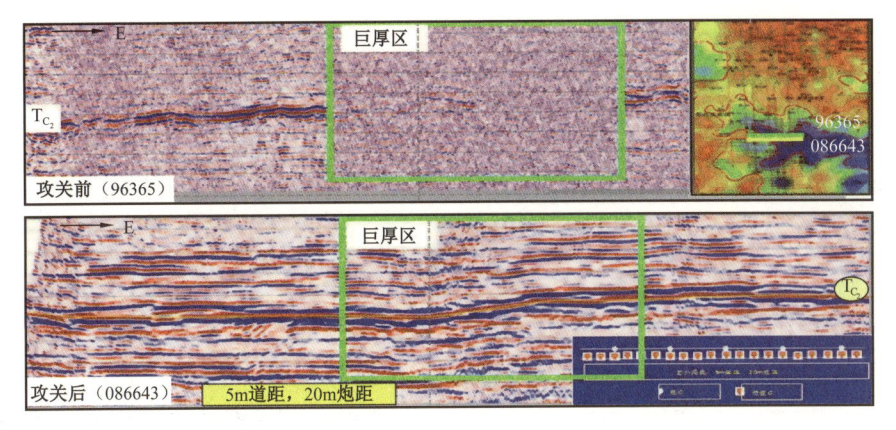

图 5-30　苏里格地区高密度采集技术采集效果

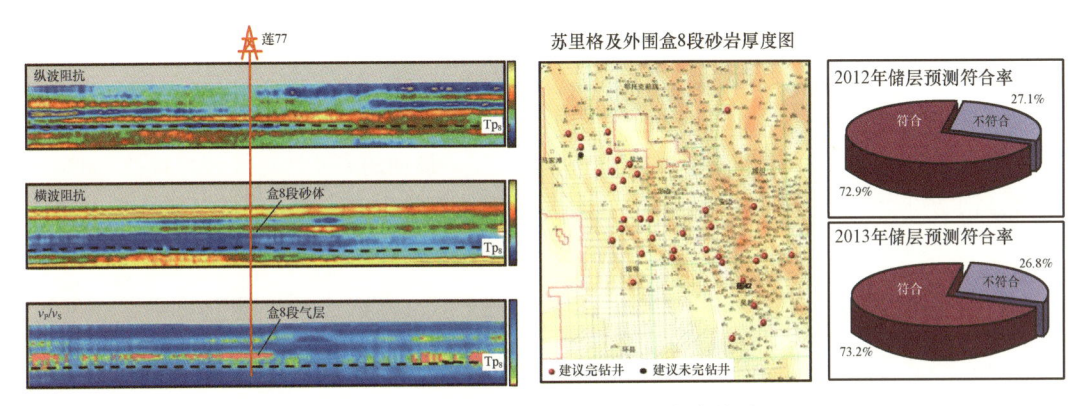

图 5-31　苏里格地区储层预测符合率统计

2) 全数字二维地震勘探技术

苏里格全数字地震技术的应用以储层预测机理和需要为出发点,以提高储层预测精度和有效储层成功率为目标。在资料采集中,有针对性地进行观测系统的设计和采集方法的优化,通过数字检波器单点接收以及高密度的空间采样,最大限度地取全、取准能够反映储层及流体性质的信息,实现地震原始数据高信噪比、高分辨率、高保真度。

(1) 三分量地震接收技术。

在以有效储层预测为核心的地震采集、处理及解释一体化思路的指导下,采用多波二维地震技术,应用三分量地震采集,在纵波地震叠前储层预测的基础上,应用纵波与转换波地震资料进行流体识别,通过对横波信息的认识得到更加准确的岩石弹性参数,进一步提高了储层预测的精度。

(2) 全数字二维地震资料处理。

在资料处理环节中要注重基础工作,采用室内组合加强有效信号、强化叠前多域保幅保真噪声压制、地表一致性振幅处理、大偏移距道集各向异性处理等技术,充分发挥全数字采集资料的优势,获得能够满足储层预测的高保真高信噪比的叠前道集和偏移叠加数据,获得的分偏移距资料 AVO 特征与已知井吻合度高(图 5-32)。

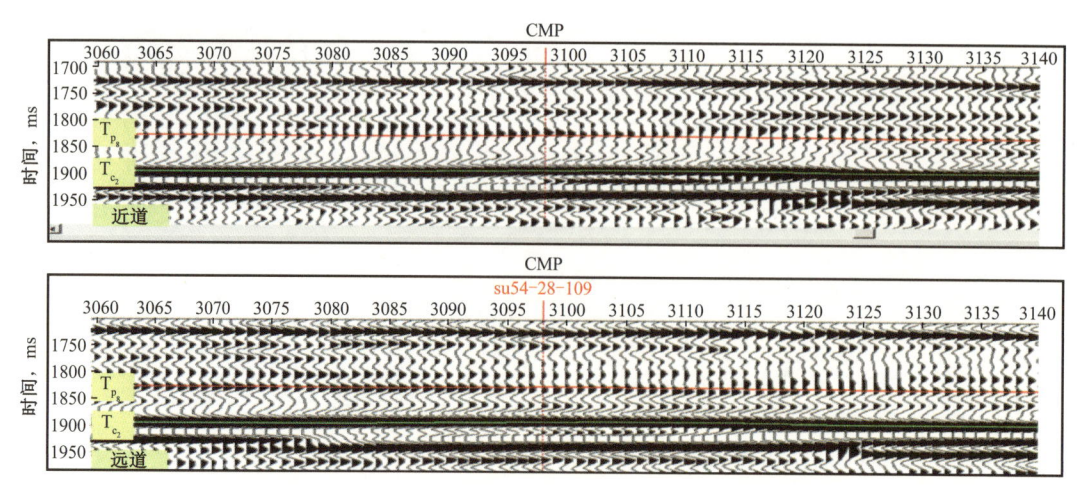

图 5-32 苏里格中区全数字二维地震资料分偏移距叠加成果

（3）多波二维地震资料解释。

纵波受岩性和流体共同影响，而横波主要受岩性影响，多波勘探增加了横波信息，降低了储层预测的多解性。结合苏里格地区气藏特点，在一系列的多波地震处理解释技术的应用下，提高了多波地震成像质量，优质储层井的预测精度较常规方法生产明显提高（图5-33）。

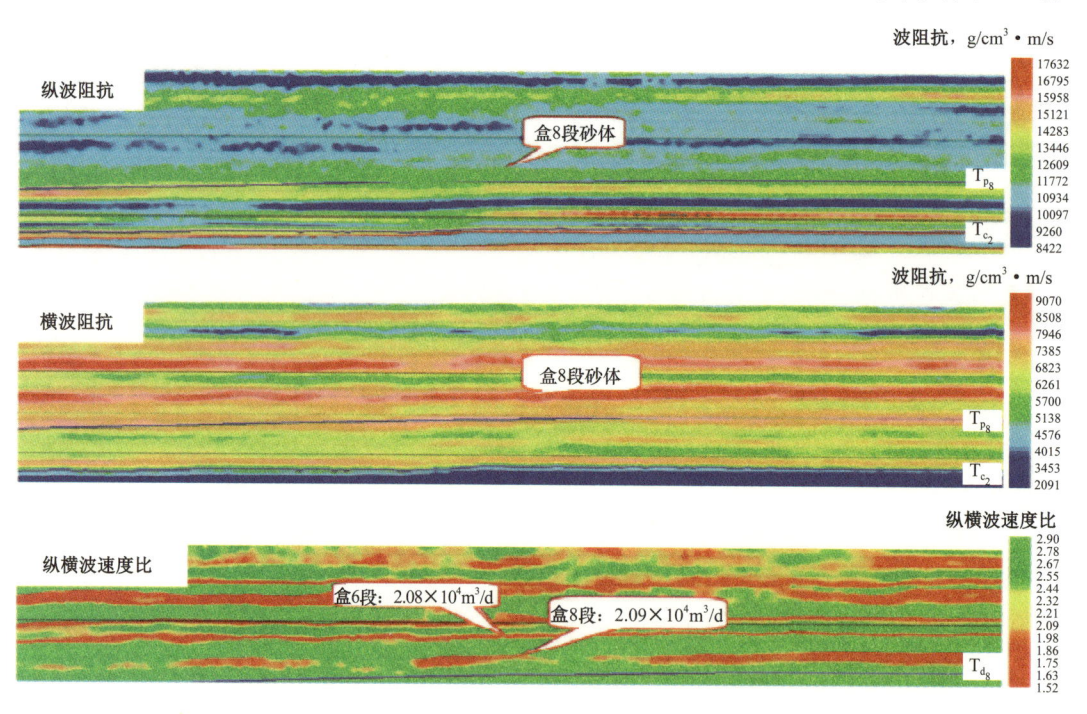

图 5-33 苏里格多波二维叠前反演剖面

3）苏里格三维地震勘探技术

苏里格地区连续开展了苏14井区，召30井、苏156等区块的三维地震采集。在这些采集项目中，基于河道砂体预测、储层厚度预测，物性、含气性预测的需要，重点在观测系统设计上充分考虑有利于叠前预测的采集方法，在观测方向、三维观测方位、激发一致性方面进行参数优化设计，最大限度地接收到所有能够反映储层岩性、物性、含气性特征的信息，为含气砂体分布预测、高产区带划分及油气富集规律研究提供了高品质的资料。

（1）针对目标和地质需求的采集方案。

应用基于叠前道集处理需求的采样点距及面元设计技术和满足分偏移距叠加的分角度、分方位覆盖次数设计技术。由于在进行叠前储层预测分析时，需要进行分偏移距叠加。因此，要求在不同偏移距范围内具有一定的覆盖次数，从而保证不同偏移距剖面的信噪比。同时还需考虑不同方位角覆盖次数的均匀性，满足 OVT 域方位角处理，刻画地质体的各向异性和裂缝发育带预测的需求。

苏里格地区陆续开展了常规、全数字、Hawk 节点仪器三维地震采集。三维采集资料的信噪比和分辨率获得了大幅度提升，成果数据地质现象清晰，处理后的成果剖面主频、频宽有效提升（图 5-34），有效提升了储层厚度预测精度，在断裂及小幅度构造圈闭空间描述、古地貌刻画、砂体及有效储层预测等方面应用效果显著，在油藏开发、评价中发挥了重要作用。

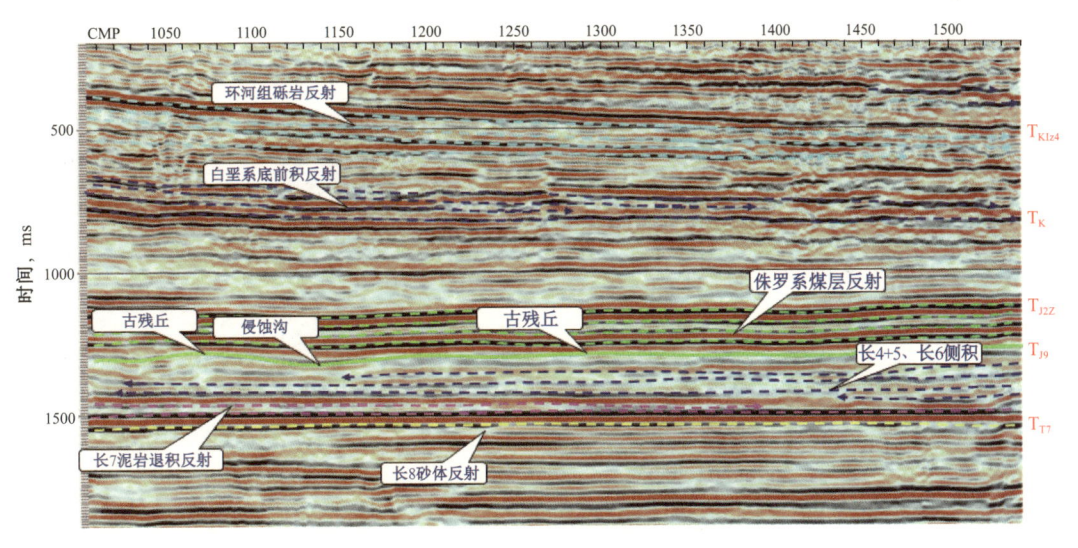

图 5-34 黄 257 井区三维地震某测线偏移剖面

（2）低信噪比地区三维地震资料处理。

通过对苏里格低信噪比地区三维地震资料处理技术和流程不断完善，开发应用三维微测井约束层析静校正、叠前四维去噪、井控 $Q$ 补偿及地表一致性振幅补偿、井控保幅宽频高分辨率、OVT 域偏移等技术，得到了能够满足储层预测的高保真高信噪比的叠前道集和偏移叠加数据，提高了三维地震资料及其成果在有效储层预测、流体识别及气藏精细描述方面的可靠性、准确性。

通过过井剖面与合成记录对比，标志层与目的层的振幅特性、相位特征与合成地震记录、VSP 资料匹配较好（图 5-35）。

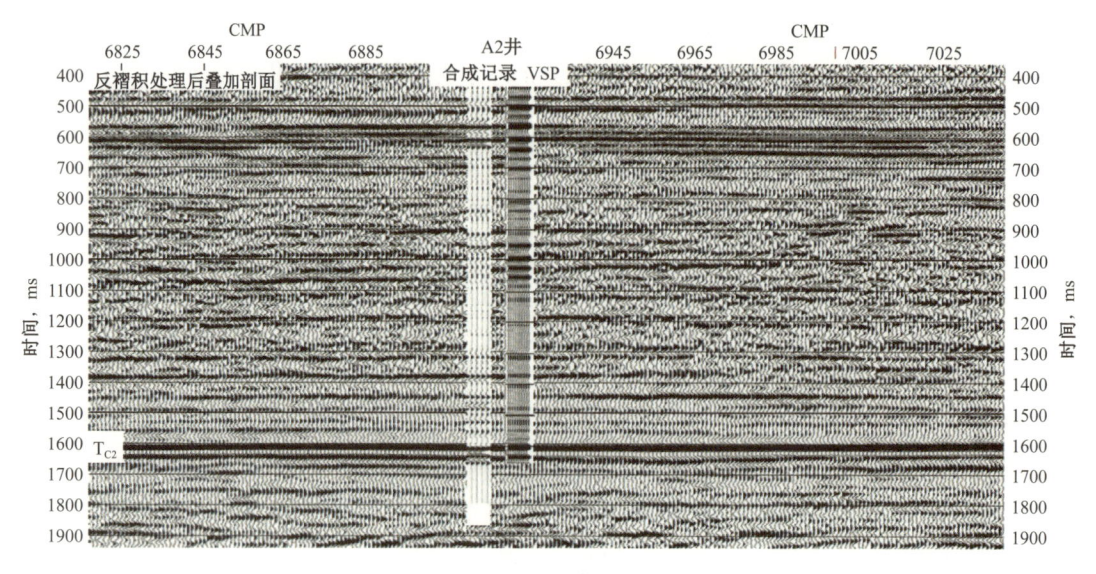

图 5-35 三维地震资料井震标定

在苏里格地区的应用结果表明，OVT 技术在数据规则化、叠前时间偏移成像及方位各向异性处理等方面比常规处理有明显的优势（图 5-36）。

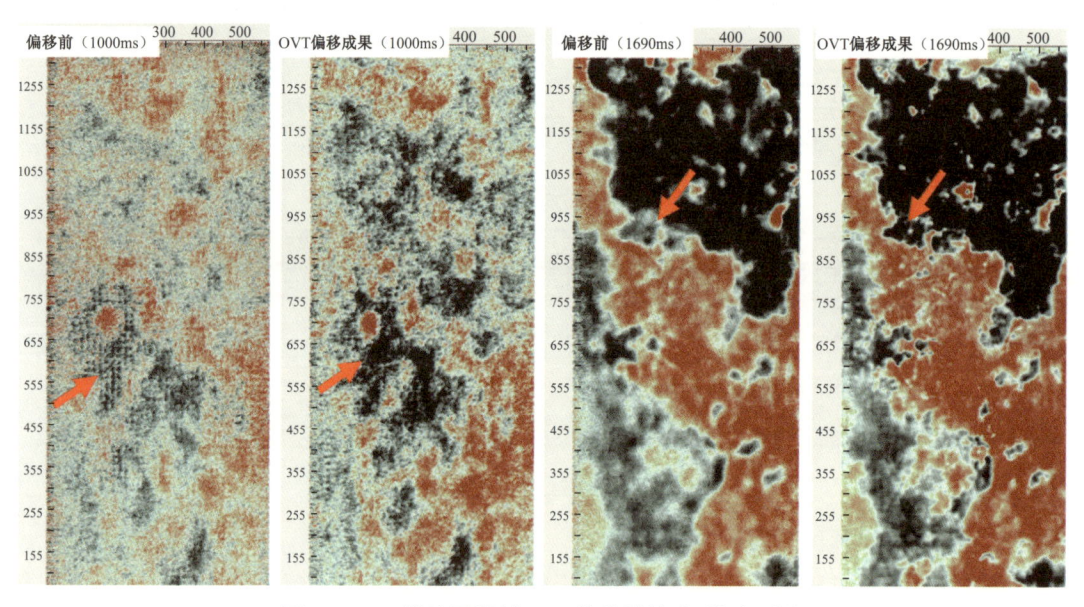

图 5-36 三维地震资料 OVT 偏移效果（时间切片）

通过各向异性处理、叠前去噪处理等，所获得的分角度叠加剖面目标层时间一致，不同角度叠加剖面频率特征、相位特征、振幅特征合理，AVO 响应特征与完钻井特征吻合度高，能够满足叠前反演的需求（图 5-37）。

3. 地震勘探成效

通过多年持续攻关，苏里格气田逐步形成了针对上古生界盒 8 段、山 1 段成熟的储层预测技术系列。资料处理方面以保幅保真为核心，提高资料信噪比与成像精度。加强高精度动、静校正处理，提高剖面质量；加大地表一致性及去噪处理，做好地震资料保幅保真；

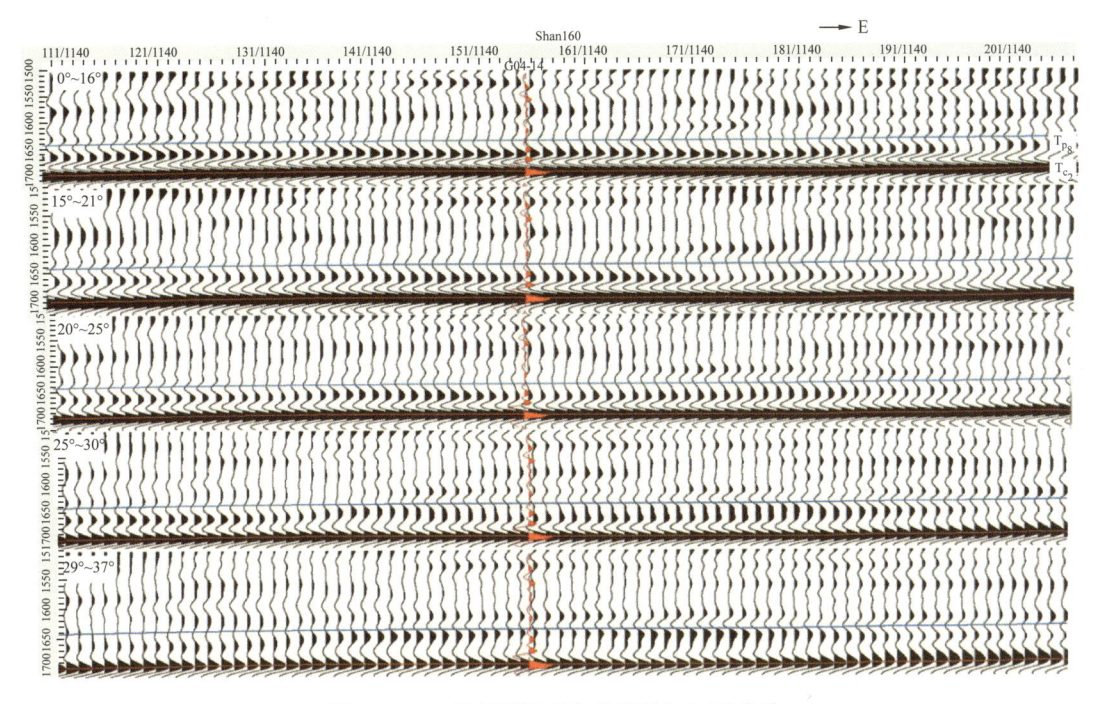

图 5-37　三维地震资料分角度叠加地震成果

针对叠前储层预测的需要，加强 CMP 道集的目标处理，提高目标层段的分偏移距叠加资料的剖面质量。资料解释方面形成了以叠前储层预测为主，叠后为辅的技术系列。首先应用波形特征分析、时差分析、相干体、频谱分解等技术刻画主河道展布特征，其次利用测井约束反演以及叠前弹性反演定量预测盒 8 段、山 1 段砂体展布，在此基础上采用敏感参数交会、AVO 烃类检测、吸收衰减等技术预测砂体含气性，最后以有效储层厚度为主，综合利用砂岩厚度，含气性检测成果，构造成果评价有利区带，指出勘探开发有利目标。这些技术在苏里格气田储量提交及井位优选、论证方面发挥重要作用。

相关技术在苏里格气田勘探中应用见到实效，储层预测符合率逐年提高，平均符合率在 70% 以上。目前苏里格已建成为我国最大的气田，截至 2015 年底，苏里格地区已有探明、基本探明地质储量 $4.56 \times 10^{12} m^3$，年生产天然气 $237 \times 10^8 m^3$，占长庆天然气总产量 63%。

## 二、准噶尔盆地环玛湖地区地震勘探技术攻关

准噶尔盆地中央坳陷西北缘的玛湖凹陷是准噶尔盆地两个重要的富烃凹陷及油气富聚区之一。为了精细油藏解剖的地质需求，先后实施了多块高密度宽方位三维地震，提高了空间分辨率和信噪比，提高了保幅和成像精度，较好地解决了玛湖斜坡区小断裂识别、沉积相刻画、岩性目标落实及优质储层预测的地质需求，并在油气勘探实践中发挥了巨大的作用。

1. 地震勘探难点

（1）地震资料的信噪比和分辨率普遍偏低，难以满足砂体识别的要求。

前期三维地震资料普遍信噪比和分辨率普遍较低，目的层有效频宽为 10～48Hz，主频在 25Hz 左右，经连片重新处理后目的层有效频宽可拓展到 10～55Hz，主频可以提高到

28Hz左右，按照1/4波长的地震分辨率估算，可识别35m左右厚度的砂体，难以满足当前对于10～20m单砂体识别的地质需求。

（2）老资料缺失低频信息且保幅性差，储层反演和油气检测精度低。

前期三维地震资料普遍缺失10Hz以下低频信息且保幅性较差，道集上近偏移距和远偏移距数据能量差异较大，难以有效判别AVO类型，叠加后振幅特征和基于测井数据的合成记录匹配性较差，地震资料很难进行储层预测及储层的含油气检测研究。

（3）老资料成像精度差，难以满足岩性尖灭点和小断层的识别。

前期三维地震资料以大面元、窄方位、低覆盖的采集方式为主，没有针对岩性地层勘探的地质需求考虑地质体或断裂各向异性的问题，造成了其空间采样率的不足，表现在地震剖面上则为断点不干脆、地层岩性尖灭点不清晰、地震同相轴叠置样式不符合层序沉积旋回特征等现象，因而难以应用其开展微小断裂的有效识别和地层岩性圈闭的精细落实。

（4）面临优质储层的预测技术问题。

叠后波阻抗反演可以有效区分泥岩和砂砾岩，但不能有效区分Ⅰ类、Ⅱ类、Ⅲ类和Ⅳ类储层，从而难以实现优质储层的预测。如何在岩石物理建模的基础上优选叠前弹性敏感参数，通过叠前反演来有效预测优质储层是当前三叠系百口泉组井位部署和增储上产最为紧要的工作。

2. 主要技术及措施

1)"两宽一高"三维地震采集

"两宽一高"三维地震勘探技术系列是提高油气勘探精度的关键性突破技术。通过增加空间采样密度实现对地震波场的充分、均匀、对称采样，改善原始地震数据的成像条件，进而达到提高地震成像信噪比、精度及分辨率的目的。同时，宽方位或全方位观测可以获得更完整的方位各向异性地震信息，有助于地质目标随观测方位变化的研究。拓宽激发和接收频带，不仅可以有效提升地震数据的分辨率，特别是向低频的拓宽，还可以提升储层预测及参数反演的精度。

可控震源高效采集技术有效降低勘探成本，实现了技术经济一体化，有效助推了宽方位高密度地震勘探技术的广泛应用，同时可控震源高效采集是一种绿色、环保、安全勘探的有效方法。在对"两宽一高"三维地震勘探技术研究的基础上，形成了"两宽一高"三维地震采集技术系列，包括高密度宽方位观测系统设计、地震数据高效采集、可控震源低频激发设计、数字化地震队系统和海量数据现场质控方法五项标志性技术。

（1）高密度宽方位观测系统设计。

高密度宽方位三维观测系统是通过大幅度提高空间地震波场的采样密度，实现对地震波场的充分、均匀、对称采样，高密度宽方位观测系统要求相对较高的覆盖密度（覆盖密度大于100万炮道以上）和较宽的观测方位（横纵比达0.6以上）。

（2）地震数据高效采集。

通过可控震源采集方法（交替扫描、滑动扫描、空间分离同步扫描、独立同步激发）、数字化地震队和海量数据质控等环节协同工作，大幅度提高可控震源激发效率的技术。其推广应用的主要意义有以下三个方面：一是可控震源高效采集可以大幅度提高生产效率，有效控制勘探成本，实现了宽方位高密度三维勘探技术的经济技术一体化；二是可控震源高效采集所具有的高效性和经济性，使宽方位高密度三维可以大幅度提高覆盖次数和覆盖密度，从而保证了三维地震资料的高品质，使之成为性价比极高的三维勘探技术；三是可控震源高效采集是一种绿色、环保、安全勘探的有效方法，特别是生态环境脆弱的地区，大规模推广应用极为必要。

（3）可控震源低频激发设计。

通过信号设计，将可控震源起始激发频率拓展到 3Hz 及其以下，从而拓宽可控震源激发子波相对频宽，是实现"两宽一高"地震采集的关键技术之一。低频信号激发技术特点和优势如下：① 低频信号的扩展改变相关子波形态，有利于提高地震资料分辨率；② 低频能量穿透能力强，有利于提高深层反射能量；③ 丰富的低频信息可以满足全波形反演需要；④ 增强地震资料低频成分有利于进行油气检测。

（4）数字化地震队系统。

数字化地震队系统在玛 131 井三维地震采集中发挥了重要作用，通过数字化地震队的应用，实现了可控震源作业的自动导航，测量成果的输出，力信号、QC、PSS 报告等自动记录；首次实现了通过 DSG 给 VIBPRO 箱体提供 GPS 信息；力信号收集可用性达到 95.6%，比玛 10 井和玛湖井 1 先导试验提高 30% 以上，实现 PSS 报告的返回率达 98.2%；通过 DSG 系统，各班组配合默契，在满足油田对可控震源畸变指标控制要求下，无效振次相对该区其他可控震源滑动扫描采集项目降到 10% 以下。

（5）海量数据现场质控方法。

主要是为高效采集单炮实时监控，能够及时发现采集中的问题炮，及时报警，通知操作员及时进行整改或补炮。在玛湖环带地震采集项目中，分析效率可完全满足现有的高效采集效率要求。以准噶尔盆地西北缘玛 131 井区三维地震采集项目为例，该项目满覆盖面积 388km²，290772 炮，首次在国内应用可控震源 DSSS 同步滑动扫描激发技术，平均采集效率 7250 炮/日，最高 12316 炮/日，每日平均采集数据量 1.2T。采用 KL-RtQC 软件、仪器监控软件和震源指标监控软件联合同步监控，质量监控主机与地震采集仪器主机通过网线联络，通过地震采集仪器主机从磁盘阵列中取出实时采集的地震数据。用实时监控技术替代人工评价，仅在软件评价结束后由人工抽取问题单炮进行原因查找及复评。

通过玛 131 项目的应用，KL-RtQC 实时完成 313017 炮的质量监控，实时率 100%，与人工评价的吻合率达 95.3%，重大质量问题报警的准确率 100%（表 5-2）。

表 5-2　玛 131 井区三维地震采集实时监控效果统计表

| | |
|---|---|
| 人工评价异常炮 | 7756 |
| KL-RtQC 监控报警 | 23927 |
| KL-RtQC 准确识别异常炮 | 7392 |
| KL-RtQC 未识别异常炮 | 364 |
| KL-RtQC 识别异常炮与人工评价的吻合率，% | 95.3 |
| 重大质量问题报警的准确率，% | 100 |

应用实时监控软件除了及时发现地震采集的质量问题，还减轻了操作员的劳动强度，提高了地震采集的时效性。以往采集每天的可控震源指标和地震采集资料质量监控任务需由操作员一人完成，玛 131 井三维地震采集把震源监控任务分解给 40 名震源操作手分担，

每人负责200多炮的质控任务，降低了工作强度，提高了监控效果和质量，把地震采集资料质量监控分解给施工员承担，由施工员通过KL-RtQC软件完成对原始资料实时质量监控工作。当KL-RtQC发出警报时，施工员可以立即检查该单炮，时效性强。

2）高密度宽方位地震资料处理

（1）地震保幅处理技术。

针对可控震源施工，研究应用了可控震源谐波干扰压制技术、邻炮干扰压制技术、井约束$Q$补偿技术。在保持振幅相对关系情况下，补偿几何扩散对地震波纵向的衰减及由于激发接收等地表一致性因素造成的能量横向上的差异，同时结合井约束$Q$补偿技术补偿近地表沙漠及地层吸收衰减的影响。

（2）井控提高分辨率处理技术。

利用丰富的测井资料确定合理的反褶积参数，提高目的层的分辨率，为含油气薄层的解释反演工作提供较好的资料。本次处理主要采用地表一致性反褶积、俞氏统计反褶积技术来提高资料的纵向分辨率。

（3）地震OVT域处理技术。

玛湖1井区的资料横纵比为0.7，覆盖次数达到1120次，为开展OVT域处理研究提供了非常好的数据基础。因此针对玛湖1井三维资料，进行了OVT道集的抽取、OVT域数据规则化、OVT域叠前时间偏移及偏移后方位时差校正的研究。

（4）基于GPU的叠前偏移技术。

采用GPU叠前时间偏移技术，大幅度提高了偏移效率，通过测试折算，玛湖1井先导试验区如果采用CPU偏移需要耗时一个月左右，采用GPU偏移只需十天。

在新采集的玛湖1井区三维地震资料上断面清晰，目的层同向轴错段现象较为明显，且走滑断层在剖面上的扭动现象非常清楚，可以快速确立研究区的断层样式。同时，从目的层附近的时间切片对比来看（图5-38），与老资料相比，新采集资料分辨率和信噪比都得到了较大幅度提高，断裂识别能力明显增强，平面展布规律及组合关系更加清楚。

玛湖1井区先导试验三维工区在目的层横纵比达到了1∶1。由玛湖1井和玛湖4井两口井产量的差异说明了该区的储层品质由基质和裂缝双重控制，因此高产区块的预测成为勘探研究上的一个主要需求。从全方位叠加与限方位叠加的叠前时间偏移剖面对比可以得出：在近乎垂直断裂走向方向的分方位叠加的剖面上，断裂在剖面上更容易识别。

根据研究区断裂分布规律，将玛湖1井先导试验区三维数据划分了6个方位，进行限方位叠加，从不同方位的沿目的层曲率属性切片上可以得出（图5-39），在不同限方位叠加的数据体上，断裂的横向展布规律和微小断裂识别能力存在较为明显的差异，可以根据不同方位的数据对不同的小断裂进行刻画。从方位角道集剖面上可以得出，断裂和裂缝发育的地方，方位角道集剖面上时差和振幅属性随方位角变化呈现出明显的周期性变化，因此，可以利用时差、振幅等信息求取各向异性特征，来实现对裂缝的定量预测。

3）地层岩性圈闭识别及储层评价

（1）地震多属性融合微小断层解释技术。

在地震勘探中，用于检测断层、裂缝及刻画地质体边界的属性方法包括相干、曲率及多属性体的融合解释。

(a) 中拐五八区　　　　　　　　　　　　　　　　(b) 玛湖1井区

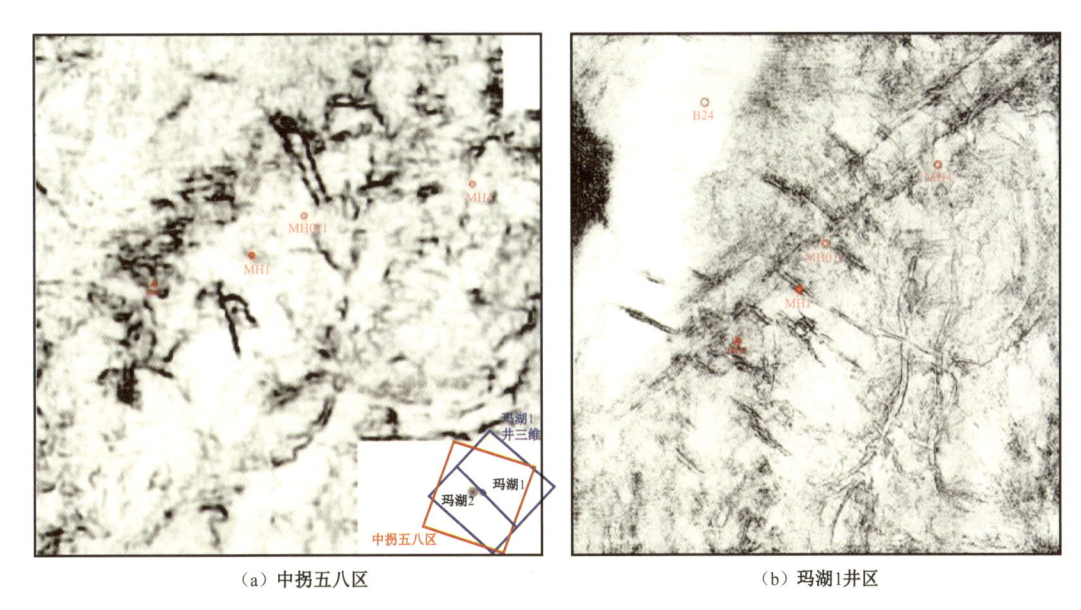

图 5-38　中拐五八区连片与玛湖 1 井区三维相干体切片对比图（$t$=2600ms）

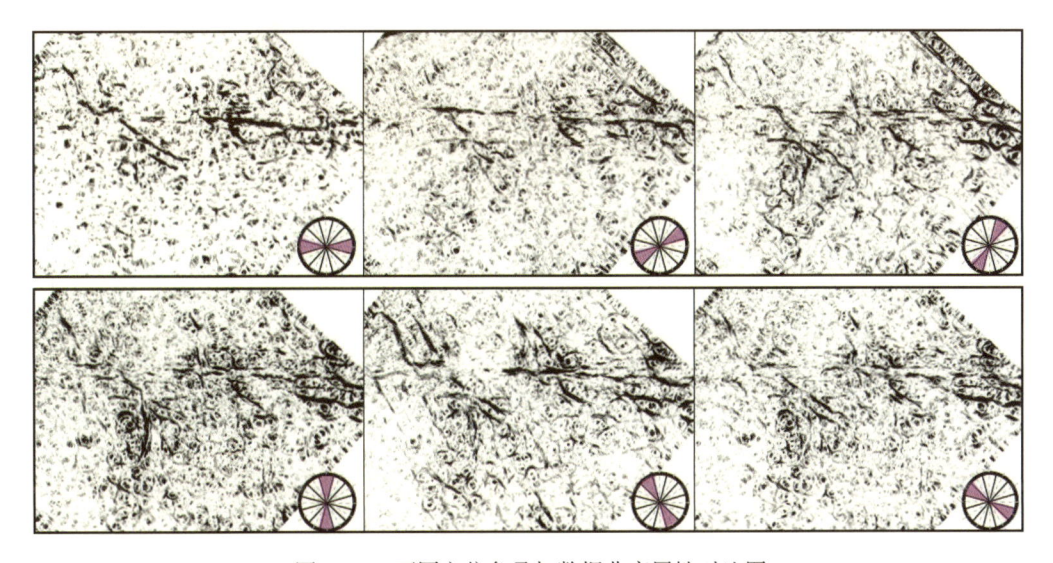

图 5-39　不同方位角叠加数据曲率属性对比图

依托玛湖 1 井先导试验区的高密度三维地震资料，运用分方位融合微小断裂识别技术有效解剖了玛湖 1 油藏，按照断块控藏的模式上钻了玛湖 4 井，该井在百口泉组获得工业油流，预计新增含油面积 26.1km$^2$。并在此基础上，依托 GeoEast 解释系统，形成以核主成分分析和融合技术为核心的高密度宽方位微小断裂识别套技术，有效提高了断裂识别能力，并为整个环玛湖地区开展断裂识别提供了技术支撑。

（2）基于地震多属性的地质统计学反演技术。

在准噶尔盆玛湖凹陷东北部的玛北地区沿三叠系百二段二砂层组提取的电阻率平面上，红色区域为预测得到的 I 类储层分布区域，黄色区域为预测得到的 II 类储层分布区域，通过 40 口钻井钻遇储层与预测结果对比，符合率达到 90%（图 5-40）。预测结果在纵向上与电阻率曲线吻合程度高，横向上砂体边界清晰，变化规律明显，整体与沉积特征相符，与实钻揭示的储层吻合率高，能够作为玛北地区储层分类评价的依据。从储层预测结果可以得出，百口泉组二段二砂层组受多期浪控影响，各砂体整体呈近南北向条带状交错展布，优势储层主要集中在玛131井至玛009井南北向的条带上，而前期因砂体分布规律不清楚，部分钻井并未钻探到砂体相对富集的区带上，因而失利。

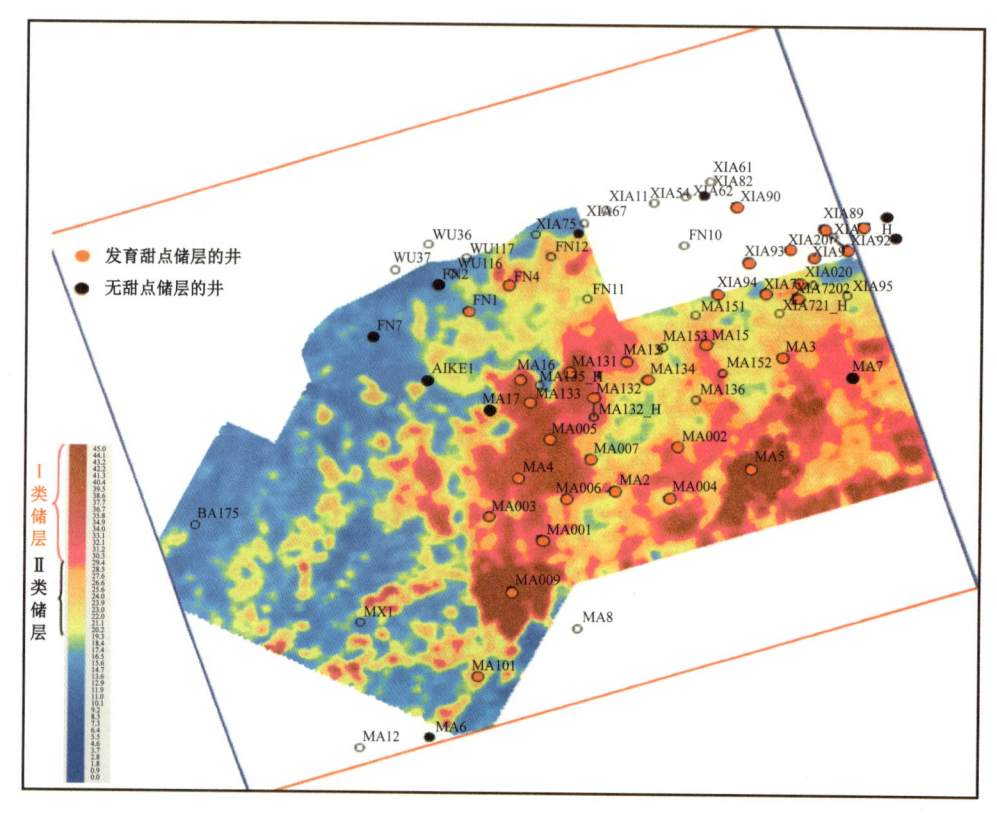

图 5-40 玛北地区三叠系百口泉组二段二砂组电阻率反演平面图

通过基于多属性的特征曲线反演技术在玛湖地区缓坡型扇三角洲储层预测中的应用，取得了一定成效，然而随着钻探程度的提高，电阻率反演结果面临新的问题。从原理上讲，电阻率曲线主要反映含油气性，但孔隙变化、颗粒度大小、胶结物及地层水变化都可以引起电阻率变化。从电阻率反演结果来看，无论是平面还是剖面，电阻率能够区分储层与非储层，但反演结果不能反映相带变化，优质储层预测能力有限。

（3）叠前砂砾岩优质储层预测技术。

叠前反演技术就是在已知地下岩石储层特性的情况下，通过岩石物理建模分析找出地震波特性与储层特性的联系，即不同的弹性参数与储层特征的对应关系。在找到这些关系后，利用地震资料和井资料进行叠前弹性参数反演，再结合岩石物理建模分析结果指导地震反演结果的解释。

依据纵横波速度比反演结果，在研究区落实了Ⅰ类有利区面积270km$^2$，Ⅱ类有利区600km$^2$。并据此提供了5口井位建议（玛602井、玛606井、艾湖6井、艾湖9井、艾湖013井），除艾湖9井待钻外，其余4口皆获得了钻探成功。

(4) 各向异性裂缝检测技术。

裂缝的存在会导致地震波穿过储层介质时引起地震波能量、振幅、频率、相位、吸收系数等地震波参数的改变，从而引起反射特征的变化。这些变化特征为地震资料进行裂缝发育程度的预测奠定了基础。目前，利用地震数据开展叠前裂缝检测的方法主要是通过地震属性（时差、振幅等）随方位角的变化规律、纵波方位 AVO 等来检测介质的各向异性，从而实现裂缝的预测。

玛湖 1 井区区域应力场研究及断裂解释结果表明，该区主应力方向为近东西向，主要发育了东西向的走滑断裂，并伴生了多个与走滑断裂呈锐角相交的羽状断裂。那么是否越靠近走滑主断裂带，裂缝就越发育吗？裂缝发育方向也大多为东西走向吗？带着这两个问题，采取了振幅拟合各向异性椭圆的方法开展了裂缝预测，目的就是验证是否与地质推测的结果一致，并定量表征裂缝的发育强度，准确预测裂缝发育方向。

从全区的裂缝预测结果来看，裂缝主要集中在走滑断裂带及与其伴生的北西—南东断裂附近，与区域应力分析结果一致。从裂缝预测局部放大图上来看（见图 4-73a），玛湖 1 井井点位置裂缝发育程度较高，玛湖 2 井、玛湖 4 井井点附近裂缝发育程度相对较低。玛湖 1 井的高压和高产可能是由于油气在裂缝中高丰度充注引起的，该井深浅侧向电阻率的差异在某种程度上也指示了裂缝的存在，裂缝方向为近南北向，与北东南西向羽状断裂走向基本一致（见图 4-73b）；而玛湖 4 井的成像测井资料表明，目的层只发育少量的高角度裂缝和钻井诱导缝，走向与近东西向走滑断裂的走向一致（见图 4-73c），试油油气产量也明显少于玛湖 1 井。

利用 OVT 道集数据对玛湖地区的裂缝发育实现了定量表征，三口井的预测结果与实钻结果完全吻合。同时发现工区东北部裂缝发育程度相对较高，是下步部署高产井的有利区带，并可根据裂缝发育方向，考虑部署水平井，以进一步提高单井产能。

3. 地震勘探成效

依托高密度宽方位三维地震资料，利用扇三角洲地层岩性油气藏勘探配套技术，玛湖凹陷斜坡区三叠系百口泉组区域认识整体深化，成藏规律和有利区带更加明确，钻井成功率大幅提高，规模储量不断升级，主要体现在以下几个方面。

(1) 区域构造及断裂特征认识进一步深化。前期研究认为三叠系百口泉组为断裂不发育的单斜构造，目前研究表明三叠系百口泉组为受网状断裂交错切割、发育多个低幅度鼻凸带的斜坡构造。

(2) 沉积模式发生颠覆性变化。前期研究认为三叠系百口泉组为近物源冲积扇沉积模式，有利储层局限在冲积扇扇中部位，勘探规模相对较小；目前研究认为三叠系百口泉组为扇三角洲沉积模式，有利储层大面积分布于扇三角洲前缘相带内，勘探规模大幅度扩展。

(3) 成藏模式更具有指导性。前期成藏研究认为三叠系百口泉组为断块或断鼻控藏；目前成藏研究认为受沉积环境的控制，各大扇体具有不同的成藏模式；夏子街扇为物源供给充分的相对狭窄沉积环境，前缘相有利砂体稳定连续分布，成藏具有断裂通源、相控大面积特征，夏子街扇西翼为较为有利的成藏区带；黄羊泉扇为物源供给充分的宽缓沉积环境，前缘相有利砂体叠置连片发育，成藏具有相控大规模叠置连片成藏、断裂分割的特征，黄羊泉扇的南翼为较为有利的成藏区带；克拉玛依扇为物源供给相对中等的多坡折狭窄沉积环境，成藏具有单砂体控藏、叠置连片、含边水的特征，坡折控制的砂体发育区为较为有利的成藏区带；夏盐扇、盐北扇和中拐扇成藏模式与克拉玛依扇类似。

（4）指导了岩性地层领域大规模地震部署。玛湖凹陷斜坡区自玛湖1井获得重大油气突破以来，共计部署高密度三维地震探区8块/2247km²，见到良好效果之后，相继在准噶尔盆地的腹部、东部和吐哈盆地的台北凹陷部署高密度三维地震探区11块/3006.72km²。

（5）钻井成功率得到大幅提高。自2012年以来，共计配合新疆油田公司采纳井位64口，截至2016年2月底之前共完钻51口，其中33口井获得工业油流，钻井成功率由之前的31%提高到65%，提交三级储量累计$2.3 \times 10^8$t，其中预测储量$8612 \times 10^4$t、控制储量$3011 \times 10^4$t、探明储量$1.14 \times 10^8$t，在夏子街西翼发现了玛湖凹陷斜坡区三叠系百口泉组第一个整装近亿吨级的风南油田，在黄羊泉扇南翼发现了玛湖凹陷斜坡区第一个整装高效近亿吨级的艾湖油田，在克拉玛依扇发现了玛湖4油藏。

## 第四节 复杂断块油气藏勘探

### 一、大港歧口区带地震勘探攻关

歧口凹陷是渤海湾盆地重要的富油气凹陷之一，南至埕宁隆起、北至汉沽断层、西南至孔店凸起、西北到沧县隆起、东到矿区边界。"十一五"和"十二五"期间，歧口凹陷开始高精度二次三维地震采集，使得小断块、潜山等复杂圈闭的勘探能力达到新的水平，大规模三维叠前连片处理的推广应用，显著提高了地震资料品质，在富油气凹陷斜坡区油气成藏理论和潜山油气成藏理论的指导下，出现新一轮储量高峰期，发现歧北、埕海等亿吨级储量规模区。

1. 地震勘探难点

（1）地表条件复杂，地震观测系统设计及施工极其困难。国内外均没有在现代化港口城区、航道码头、大片淤泥区等复杂地区的勘探经验，能否达到资料完整、浅层缺口小、中深层能量足的要求。

（2）横跨多个构造单元，断裂发育，地层接触关系复杂。发育在多类型斜坡背景上的砂体分布规律及控制因素也不尽相同。分块式采集处理地震资料易造成区块间地震属性存在差异，不利于凹陷整体构造解剖、沉积环境分析及控砂机制研究。

（3）勘探目的层系多，储层薄，且岩性变化大。单个薄层在地震上难以产生较明显反射，薄层地震响应以薄互层组合产生复反射为主，常规地震技术不能解决目前勘探中精细刻画薄储层的需求。

（4）油气藏受断层、储层、保存等多种因素控制，成藏条件复杂。以大断层为纽带，以断块油藏为主体形成了多层系、多岩性、多类型油气藏，纵向上各油气藏自成独立的油水系统，平面上不同断块油水界面不同，不同断块油气富集程度差异大。

2. 主要技术对策及措施

做好"三统一"的整体采集和连片处理，是全凹陷整体研究的基础。在整体采集原始资料的基础上，优化以精确成像为核心的地震处理，强化断层识别和解释技术是目标精细研究的关键。

1)"三统一"地震采集部署

所谓"三统一"部署方案，通俗地讲就是通过全凹陷的统一观测方位、统一观测方式和面元、统一桩号编排地震采集整体部署，使超大面积三维地震整体勘探尽量达到同一块三维施工的效果。

为保证断裂系统精确成像、目的层的能量聚焦与准确偏移归位，确保达到最佳接收和地下成像效果，将相对较高的纵向覆盖次数和相对较大的炮检距分布设计为垂直于主要断裂和构造走向。研究表明，歧口凹陷古近—新近系存在 NWW、NE、NEE、EW 等 4 组主要断裂和构造走向，其中 NEE 和 NE 向为凹陷内部主要走向，同时考虑到部分已完成的二次采集三维区块的观测方位，选择 NNW 向（333°）为全凹陷的统一观测方位。

观测系统设计是三维地震野外采集技术方案论证的主要内容，为达到三维地震数据空间采样分布的均匀性、对称性，最大限度避免观测系统设计不合理对储层信息带来的影响。

全凹陷采用同一个起算点为原点进行统一的桩号编排。第一，确保全区地震采集资料地下网格统一，便于高效地进行野外精确的现场设计和施工；第二，有利于提高资料处理时效和质量控制的针对性；第三，统一桩号编排后，确保了不同期次的处理资料线号的唯一性，有利于解释成果对比和应用。

通过"三统一"部署理念的创新，使歧口凹陷地震采集资料实现了面元属性相对均匀，保证了叠前时间偏移在偏移孔径内具有较好的一致性，为地震资料保幅处理、偏移成像、构造精细解释和储层预测奠定了基础。

2）海、陆、滩一体化激发与接收

（1）陆域和水域观测系统拼接。

观测系统拼接原则：两种观测系统拼接时，使拼接区域的面元属性基本保持一致；同时方位角、覆盖次数等要保持连续性或均匀渐变性。

观测系统拼接方法：基于本区陆域和水域的地表特点，其观测系统的拼接，存在横向和纵向拼接两方面。其拼接取决于观测系统的方向和陆域与水域接触方向。在横向拼接上，采用排列线重叠、炮点连续布设的方法；同时采用均匀渐变，逐步增加排列的设计理念；在纵向拼接上，采用排列线重叠，炮点连续对接的方法；同时采用炮点数不变，新增排列线的检波点数逐渐增加的设计理念。

（2）陆域和水域激发方式拼接。

激发方式拼接原则：激发因素变化越少越好；尽量采用能量较强的震源激发；区域范围内总体保持能量均衡。

激发方式拼接：水域采用气枪和炸药，陆域采用可控震源和炸药，即使用气枪、可控震源和炸药三种震源联合施工作业的方法进行衔接，具体要根据地表变化情况确定。

（3）陆域和水域接收方式拼接方法。

接收方式拼接的原则：接收因素变化越少越好；使用压电检波器接收要考虑满足水深条件。

接收方式拼接方法：水域使用压电检波器和速度检波器，陆域使用速度检波器，即使用压电检波器和速度检波器两种接收设备进行衔接，水深小于 1m 使用速度检波器接收。

通过海陆一体化激发与接收技术的应用，实现了不同地表、不同震源、不同检波器条件下地震采集一体化作业，使得地震资料面元、观测方位一致，覆盖次数均匀，为资料整体处理、整体研究提供最完善的原始数据。

3）复杂港口城区非纵观测及数据传输

歧口凹陷整体地震采集难度最大的区域是现代化港口城市，主要难点体现在三个方面：一是面积大，主城区面积达到200km²；二是现代化的大型港口，一直是地震采集施工的禁区；三是大规模的围海造陆淤泥沉积池密布，设备和人员均难以进入。这些复杂地表带给地震采集的影响有：浅层资料缺失甚至造成数据体"天窗"，因中深层能量不够而降低总体信噪比，阻碍数据传输，造成施工中断，无法完成预定的勘探任务。针对本区的特殊难点，采用以下几个方面的特有技术。

（1）障碍区炮检点不规则设计方法。

对于港口航运区这种特殊地表无法采用规则束状观测系统进行地震采集，需要利用高精度卫星照片和现场实地勘测成果，对障碍区内的炮点和检波点进行不规则设计，经反复调整后，合理避开障碍区，同时计算和模拟调整后障碍区内的面元属性分布情况，优选出最佳的不规则观测设计方案。

（2）填补浅层缺口的震检联合非纵观测。

针对港池、航道地表而言，由于此类地表不能满足物理点安全布设要求，不但无法布设检波点，并且炮点布设也受到一定限制，可能会造成目的层资料不完整或浅层资料缺失较大，所以必须因地制宜地采用特殊观测方法。

（3）压制噪声干扰的观测系统设计。

对于码头、货物储运场等障碍物多的地方，不但噪声干扰大，而且激发点布设明显减少，同时许多激发点也不能满足安全布设要求，采用横向上增加排列线的针对性观测设计方法，既能提高中浅层有效覆盖次数和地震成像效果，又能有效地压制噪声干扰，可谓一举两得。

（4）提高中深层能量设计方法。

在该区进行地震采集，采用多种震源激发和多种检波器接收，既存在着地下反射能量不均衡问题，也存在着地震子波、相位的差异问题。因此，在港口航运区内，充分挖掘可以使用炸药激发的物理点群，这些物理点群可通过排列片的滚动，实现在相同物理点上进行多次激发；在港口航运区边缘部位，均匀布设大药量的炸药激发点，通过中远炮检距来补偿港口航运区内的中深层有效波的反射能量。

4）海、陆、滩一体化处理

歧口凹陷二次三维地震采集面积大、地形变化复杂。应用数据净化、一致性处理等技术可以解决这些复杂的施工环境所产生的噪声问题、能量和子波复杂变化问题、覆盖次数不均匀问题以及地下构造变化所产生的成像问题。

（1）数据净化技术系列。

信号净化技术是提高信噪比、保证偏移质量的重要技术，有效压制噪声、提高信噪比是保证成像质量的前提。歧口凹陷环境复杂，造成工业干扰、次生干扰、强涌浪异常、随机强背景噪声、多次波等多种类型的噪声。

次生干扰是极浅海环境下产生的一种强干扰噪声，当水中存在某些障碍物且障碍物的大小与地震波长相近时，将在单炮记录上产生极强的双曲线型噪声。以往消除这种噪声所采用的FK滤波等方法，往往在双曲线顶点处留有剩余能量，效果较差。采用FXCN方法求出噪声模型，在次生干扰噪声发育的时间区域减去求出的噪声模型，取得了好的效果。

海洋环境涌浪干扰普遍发育，其特点是能量强、频带宽、非线性，对资料处理效果影响很大。常用的区域滤波、$F-K$滤波、区域异常振幅压制等传统去噪方法对这种噪声不能很好地消除。采用Swell_Noise_Atten去噪技术压制这种噪声，效果比较理想。

随机强背景噪声是影响成像质量的关键因素之一，有效地衰减随机噪声对提高成像质量具有重要意义，原来采用二维的随机噪声衰减方法，不能有效去除。运用四维去噪方法原理，将三维叠前地震数据体视为一个四维数据体。而随机噪声不可预测，利用F-XYZ预测理论求取每一个频率成分的预测算子，并用预测算子对该频率成分的四维地震数据体进行预测滤波，达到衰减随机噪声的目的。

（2）一致性处理技术。

歧口凹陷多变而复杂的地表条件造成了激发、接收所采用的设备多种多样，在地震记录上表现为振幅、子波、相位等不一致性，这种不一致性往往掩盖了地下地质信息的真实性，影响地震资料综合解释和预测精度。为此，有效消除施工因素变化带来的地震信息差异，使地震资料真实反映地下地质信息，是一致性处理的重要任务。

由于近地表结构和激发接收条件的差异，造成单炮记录之间能量差别很大，处理中采取球面扩散补偿、地表一致性振幅补偿、剩余振幅补偿等一系列振幅补偿措施，消除由于激发因素造成的空间能量不均衡的问题。

地表条件变化所引起的激发、接收条件的变化，会引起地震资料的地震子波发生变化，有针对性地做好地表一致性反褶积、预测反褶积、多种反褶积方法的串联，能够消除子波不一致性。

叠前时间偏移成像要求输入的 CMP 道集数据是均匀的。然而，在整体数据体的局部地区有时存在面元及能量不均匀现象，这种不均匀性对偏移成像精度的影响很大，且产生严重的画弧。以往对这种情况的处理采用人为降低覆盖次数的方法减少不均匀性，效果不理想；采用数据规则化方法，通过 DMO 和 DMO-1 的转换内插实现了面元规则化处理。

（3）超大面积三维地震数据精确成像技术。

三维地震偏移成像历来是地震资料处理中最重要的环节，通常采用的是克希霍夫弯曲射线各向同性介质假设的叠前时间偏移方法，这种偏移方法忽略了实际地层的各向异性特征，成像精度低。应用克希霍夫弯曲射线 VTI 介质叠前时间偏移方法和 WEFOX 能量聚焦偏移方法，使得成像精度大幅提高。

5）构造解释与储层预测

针对歧口凹陷超大面积三维工区资料数据量大、构造复杂、地层横向变化快的特点，在原解释技术方法基础上，加强区域层序地层格架研究、加强单井多井地震地质分析，统一全区地震层位，明确地球物理界面与地质界面的关系，重点采用以下技术方法。

（1）多属性体快速断层解释。

针对解释范围大、构造复杂、断裂组合多解性强的难点，利用解释系统的互动功能，将常规构造解释剖面与三维可视化数据体置于同一个平台，在地震体与 GeoEast 多属性相干融合体上，快速动态地识别断层及其组合、交切关系，利用曲率体快速识别小断层和裂缝带。针对信噪比较高的中浅层，当相干体、倾角体及曲率体上断层特征明显一致时，则利用自动追踪功能完成断层自动解释，达到快速断层解释的目的。

（2）快速层位解释。

在断层闭合解释和组合的基础上，利用连井剖面解释实现全区层位的统一；利用垂直剖面解释、水平切片解释、水平切片和垂直剖面的交互验证等方法实现层位精细解释。针对构造简单地震特征明显的斜坡区和火成岩等特殊异常体，采用层位自动追踪功能进行解释。以上技术实现了海量数据快速准确解释，提高了解释效率。

(3)大面积快速成图。

以往的目标解释一般采用常速成图，不同三维工区采用不同速度，造成工区拼接处构造不一致。歧口全凹陷成图面临的主要问题是三维空间速度变化剧烈，利用常速成图显然不适合。为此，充分利用三维叠加速度、VSP速度、标定后声波速度，结合钻井分层数据，反复修正建立三维速度场，在构造解释完成之后利用三维速度场空变成图，提高了成图效率和成图精度。

(4)相控储层预测。

针对不同地质背景、不同类型储层，宏观上，利用古地貌及合适的大时窗地震属性，夯实物源方向及沉积体系特征；在优势相带内利用测井资料，建立地质、测井、地震资料的关系，研究不同储层物性变化及含油气变化的地震响应。

3. 地震勘探成效

通过复杂地表高精度采集处理，形成了覆盖歧口全凹陷的5280km² 三维地震叠前时间偏移完整数据体，该数据体在能量、频率、相位和子波特征等方面达到了统一。全区大断裂反射清晰，地震反射连续性增强；浅层缺口小、断层更清晰，接触关系更明显（图5-41）；中深层信噪比高，上倾尖灭点清楚，频宽拓宽5～10Hz。

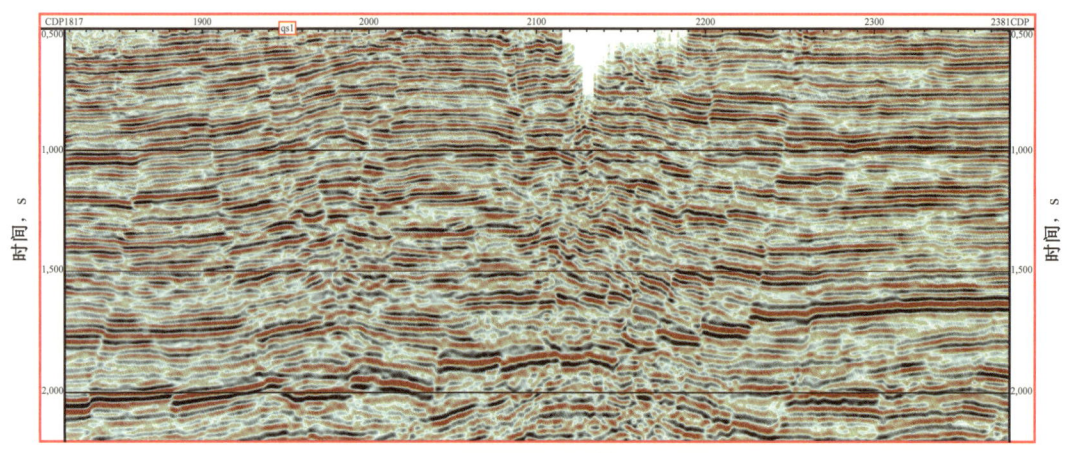

(a) 歧口凹陷老资料主测线2650地震剖面

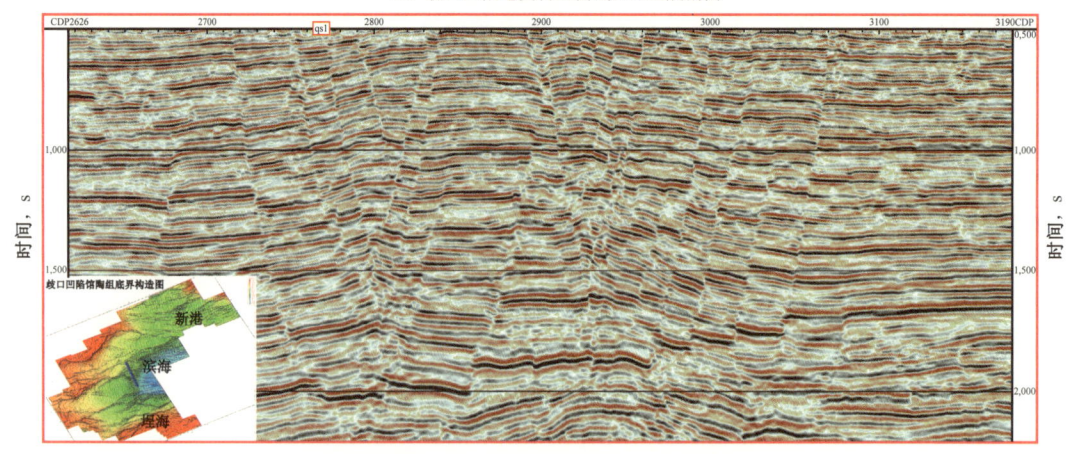

(b) 歧口凹陷5280km²叠前时间偏移主测线2650地震剖面

图5-41　歧口凹陷大连片地震数据与老资料的地震剖面对比图

1）重新梳理并整体落实了歧口凹陷构造特征

利用歧口凹陷大连片地震数据，系统开展了歧口凹陷结构构造研究，解决了板桥、歧南等地区长期分层不统一的问题，首次完成全凹陷 5280km² 共计 15 个标准层的构造工业化成图，新发现和重新落实有利圈闭 188 个，面积 1904.85km²。

歧口凹陷盆缘发育沧东断裂带、汉沽断裂带两组一级控盆断裂，凹陷内发育滨海、赵北、海河等 16 条二级断裂（图 5-42）以及数千条三、四级断层，不同级别、不同走向的断裂在凹陷区有序分布。其中二级断裂活动对次凹、斜坡以及沉积、成藏的控制作用明显，尤其是断裂的纵向输导性拓宽了含油气系统展布；新一轮构造研究表明，一些重点断裂特征与以往认识不同。

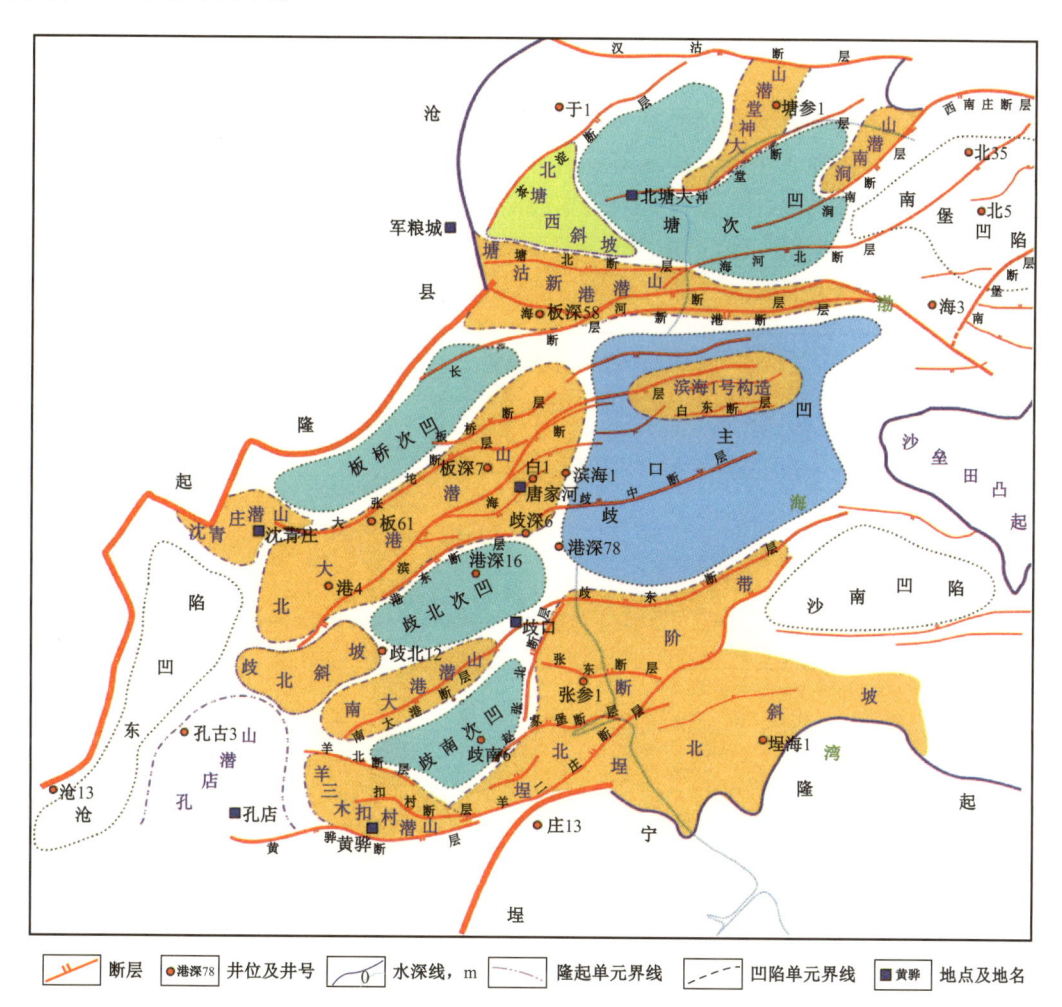

图 5-42 歧口凹陷构造单元

（1）沧东断裂带：以往的研究认为，沧东断裂带北段是北塘次凹的西部边界，控制古近系沉积。但新一轮地震资料解释证实，沧东断裂活动截止于海河断裂（图 5-43），在新近系构造图上，这种现象尤为清晰。

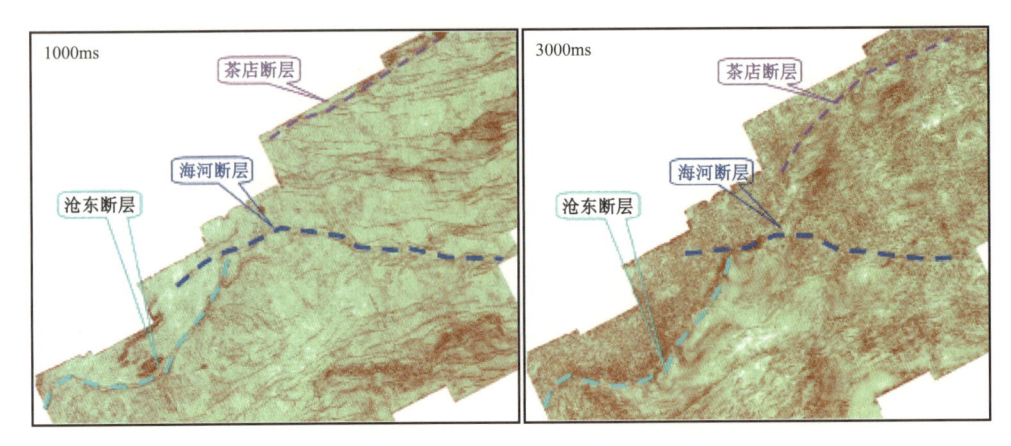

图 5-43　歧口凹陷大连片 1000ms 和 3000ms 相干切片

（2）北大港构造带：以往受地震资料、认识程度的制约，认为北大港构造带东侧发育 4 条基底断层，即港西、港东、唐家河及白水头断层，4 条断层各自独立活动，分别控制不同的构造样式。现今认为上述 4 条断层在浅层各自独立，但在深部却并入统一的基底断裂，在古近纪演化过程中，统一活动、分段侧接，共同控制北大港构造带（图 5-44）。通过研究，落实复杂断块圈闭 163 个，资源量 $2.1 \times 10^8$ t。

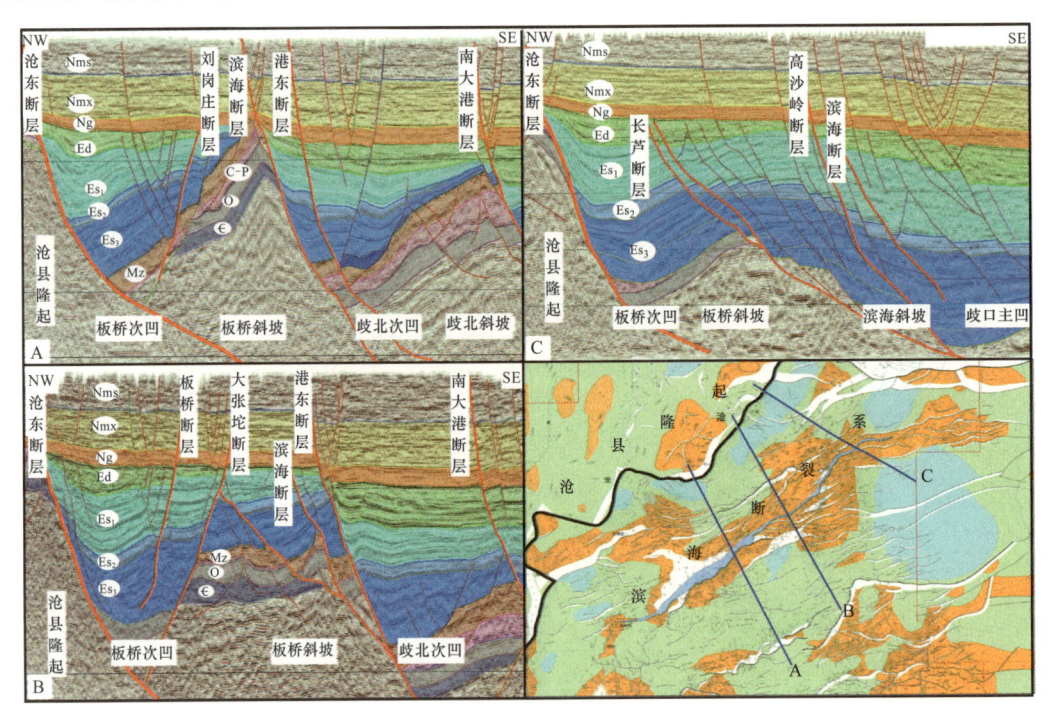

图 5-44　滨海断裂系分段地震地质结构解析剖面图

（3）白东断裂构造带：白东断裂的形成受控于海河—新港断层，是歧口海域深陷区中发育的属于新生代浅表层的大型伸展断层系统。白东构造带为主要形成于东营组沉积期的断裂背斜构造，构造带整体走向为近东西向，受整体近东西向展布断层分割（图 5-45）；构造具有三分性特点，北部为一系列南掉断层遮挡而形成的断鼻群；中部为背斜顶部的复式地堑区，发育碎小断鼻、断块，较破碎；南部为背斜构造南翼的复杂断块区，圈闭面积小。通过多种复杂断裂精细解释技术应用落实东营组、馆陶组、明化镇组构造圈闭74个，圈闭面积165km²；落实资源规模 $5000 \times 10^4$t。

（4）埕北断阶带：利用新资料重点解决了埕北断阶带海陆两区地层不统一的问题，重新梳理了区内主要二级断层的平面展布规律，进一步明确了羊二庄为整个断阶带的边界断层，其上升盘部分属于高斜坡区，下降盘逐次发育赵北、张东、歧东等北倾断层，将地层切割成台阶状，进而形成断阶带。通过对二级断层演化历程及对各沉积时期地层的控制作用分析，明确了埕北断阶带具有由南向北滚动演化特点，沙三段沉积期羊二庄、赵北断裂活动强，张东、歧东断裂活动弱；沙一段沉积期，演变为张东断裂活动强；到东营组沉积期歧东断层活动增强而赵北断裂活动减弱。这种演化规律对沉积及油气富集起到控制作用，通过研究，中低断阶区累计落实构造圈闭122个，圈闭面积143.8km²；资源规模 $2.5 \times 10^8$t。

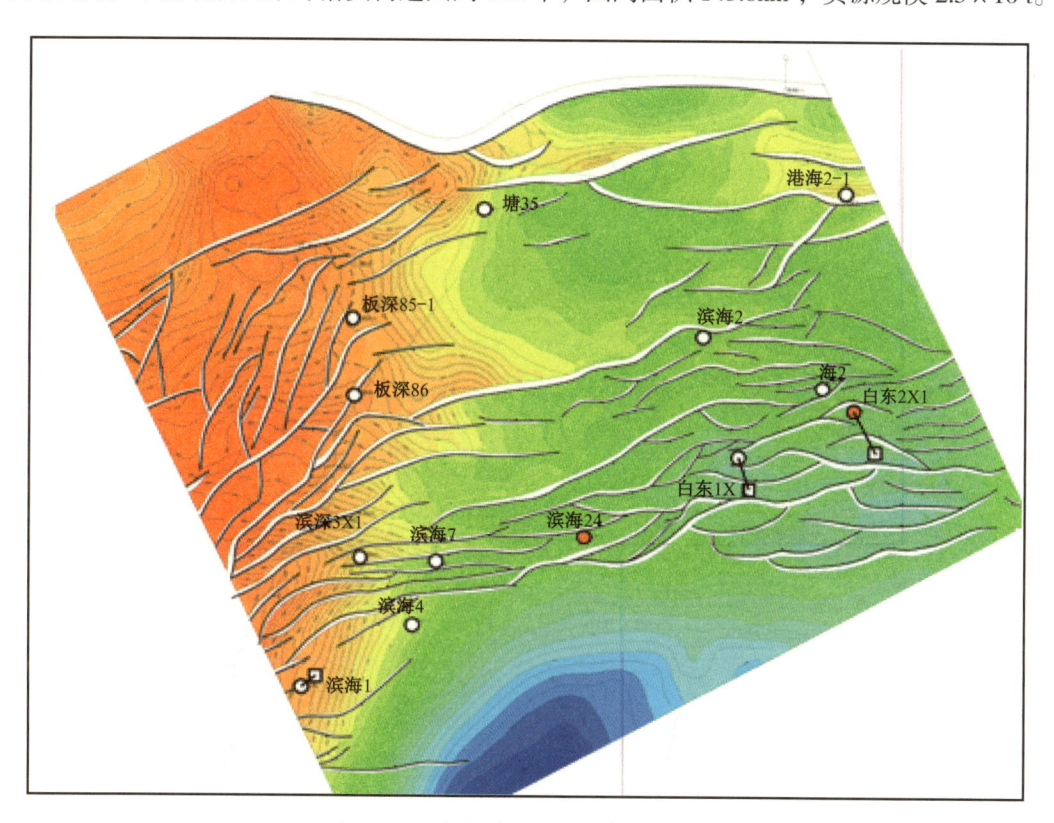

图5-45  白东地区东二段底界构造图

2）进一步明确储层发育区及油气富集规律

利用超大面积三维地震资料，将传统沉积学与层序地层学研究相结合，首次完成歧口凹陷古近系10个层沉积体系工业化制图。在此基础上通过宏观储层预测，认识到歧口凹陷古近系继承性发育来自埕宁隆起沧县隆起、北部燕山三大盆外物源和港西凸起、孔店凸起两个盆内物源砂体。各物源砂体沿古沟槽、断层调节带逐级由高斜坡向低断阶及主凹输送，进而形成各断裂带砂体发育、复杂断裂带断层发育并且与歧口主凹相连，供油条件优越。阶梯状断层与多层系砂体、不整合面构成的网状输导体系利于油气形成大面积、多层系油气聚集区，勘探潜力大。

针对复杂断块油气藏的勘探难点，利用该资料，在沉积概念模型指导下开展了多种储集类型的储层预测、烃类检测工作，为井位目标优选提供了依据。通过钻探实施，北大港构造带、埕北断阶带发现亿吨级储量规模。

## 二、华北油田富油凹陷地震勘探攻关

复杂断块油气藏是华北油田富油凹陷的勘探领域之一，是华北油田储量持续增长的重要支柱。通过持续攻关，在地质认识、勘探领域选择、技术及装备水平方面不断提高，整体评价研究不断深入，油田开发形势明显好转，油田产量稳中有升。

1. 地震勘探难点

华北探区复杂断块由于构造复杂多年来勘探成效不佳，构造核部资料品质差，断点归位不准，地层产状不清晰，波组特征不明显，复杂小断块的解释极为困难。

以往资料多次攻关处理后仍存在信噪比低、连续性差、断点位置模糊、小断层反映不清、波组特征不明显的问题（图5-46）。因此，常规采集处理解释手段难以满足该区精细勘探的地质需求。

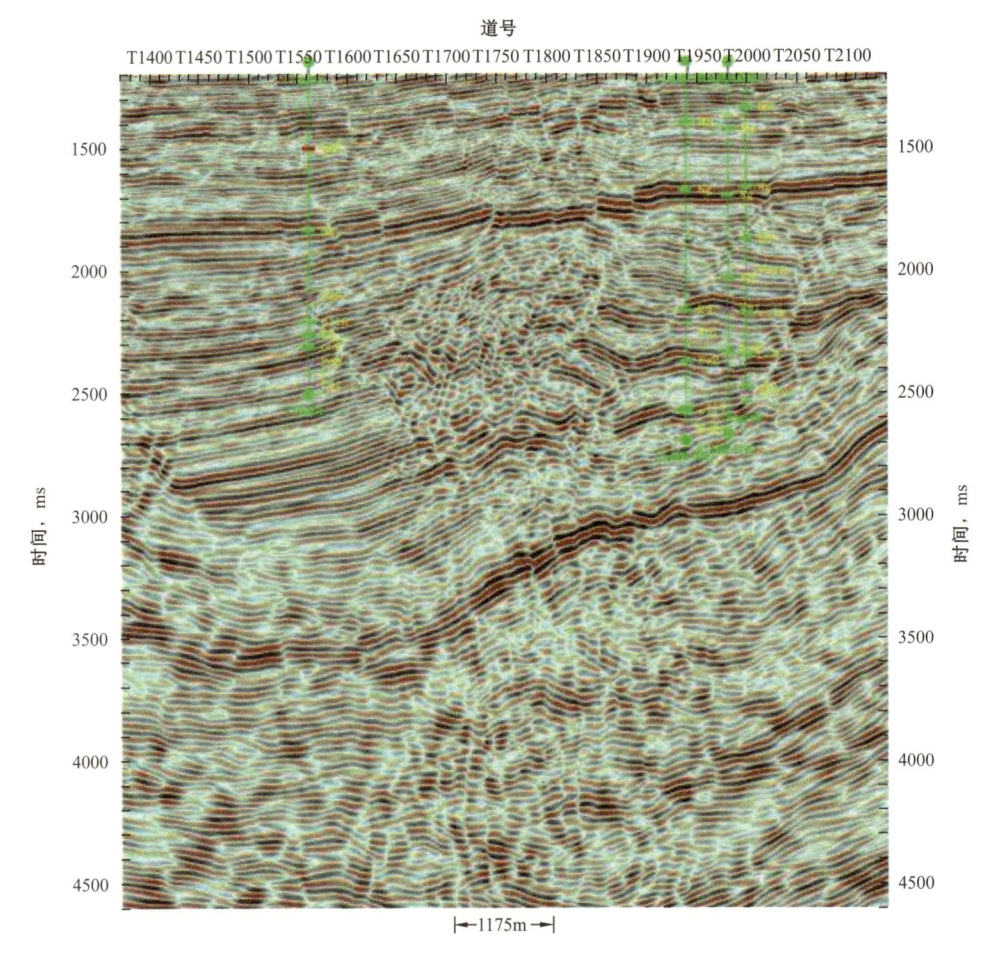

图5-46 冀中坳陷复杂断块区以往典型解释成果剖面

2. 主要技术及措施

1）针对复杂断块的观测系统设计技术

（1）细分面元设计技术。

细分面元三维地震勘探观测系统采用了不同于常规三维观测系统的观测方式，震源线的间距为道间距的非整数倍，接收线间距也不是炮点距的整数倍。接收线间距与震源线间距之比的余数决定了接收线方向和震源方向所期望的次反射面元。CMP点均匀分布在一个共反射面元内，面元具有可分性，地震处理人员可根据不同的地质任务选择面元大小，增加了资料处理和解释的可选性。

由于在共反射面元内增加了来自不同共中心点的地震资料信息，所以能够突出反映地下地质构造变化和局部异常。可根据地质任务的要求，获取高覆盖大面元以及低覆盖小面元的数据资料。它具有野外施工简单、静校正耦合效果良好、经济适用、处理灵活、适于做叠前偏移等优点。

（2）基于多期资料融合处理的垂直观测技术。

新一轮复杂断块目标地震勘探攻关，采用经济快速高效的宽方位、高密度地震勘探技术，提出了垂直观测技术思路，以保证相互垂直的断层、构造都能较准确地归位、成像。在开展新的目标攻关地震观测时，合理利用以往采集数据资料，在垂直于原观测测线方向布置新的观测系统，将新采集的数据与以往采集的数据进行融合处理，就可实现宽方位、高密度采样（图5-47），这样可以大大减少采集成本。另外，利用不同观测方向速度差异，还可提高速度分析精度，改善成像效果。

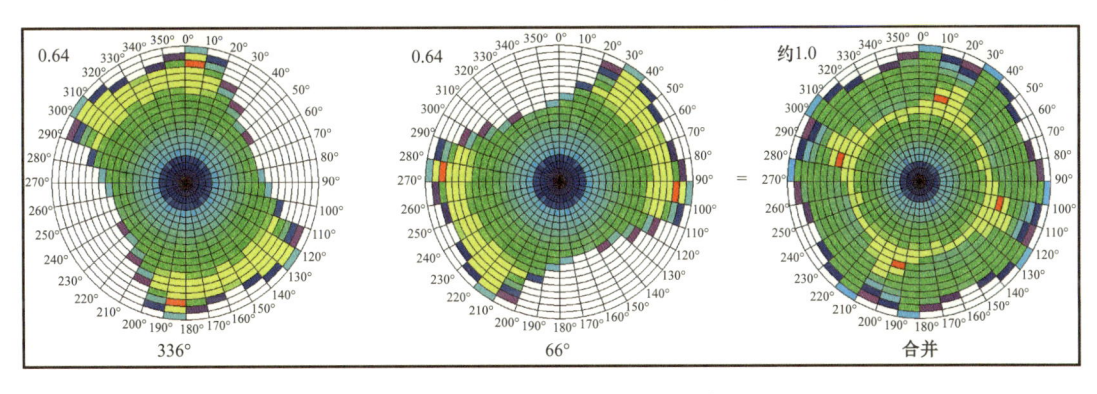

图5-47　垂直观测融合实现宽（全）方位原理示意图

2）基于保真、保幅的接收技术

检波器埋置要求做到"平、稳、正、直、紧"，目的是保证检波器与大地的良好耦合，提高地震波的接收效果。同时要考虑两个方面的影响因素：（1）远离地表风吹草动的干扰源，减小干扰强度；（2）增强与大地的耦合效应，以利于高频弱反射信号的接收。

以往施工，通常采用大镐或小镐来挖掘检波器坑，埋置检波器时，会出现检波器歪斜、埋置深度不够、检波器耦合效果差等问题，影响施工效率与质量。为了解决上述问题，在"十二五"期间先后设计研发了一系列的检波器钻孔器（图5-48）。

图 5-48 检波器钻孔器

在冬季上冻后实际作业中,为了有效打穿冻土层,保证接收效果,设计制作了第三代检波器钻孔器——汽油钻孔机,在冬季上冻后使用,代替铁锹挖坑,简单易行,效果良好(图 5-49)。

图 5-49 冻土区检波器钻孔器

坚持钻孔器在使用中持续创新、研发,适应不同地表要求,保证了检波器埋置深度、摆放平稳正直、检波器耦合良好,为提高野外采集资料品质提供有效的保障。

3)复杂断块地震处理关键技术

(1)细分面元处理技术。

野外地震采集时基本面元是 10m×10m、覆盖次数 196 次,激发线与接收线错开半个刻度施工,具备了面元细分与合并的多面元处理条件。处理时进行了细分面元处理,包括 20m×20m 面元、覆盖次数 784 次;10m×10m 面元、覆盖次数 196 次;5m×5m、覆盖次数 49 次。宏面元处理,可以通过增加覆盖次数来提高叠加剖面的信噪比,达到改善叠加成像的目的;而细分小面元处理可以通过增加地下同一反射段的信息量,来提高小断块的成像质量,两者互为补充,相得益彰(图 5-50)。

(2)全方位保真、保幅处理技术。

针对常见噪声的保真处理:主要针对坏道、面波、50Hz 工业电干扰、野值强能量和随机干扰等采取的常规保真手段处理。

针对特殊噪声的保真处理:在高保真去噪的基础上,针对由于过村庄、公路及放鞭炮(野外采集期间正赶上过春节)等形成的不同类别的干扰,进行分区、分类压制和去除,进一步提高资料的信噪比。如采用对单炮线性动校后再去噪以压制过村庄产生的异常干扰，采用模型法去噪压制过公路产生的规律性小单炮干扰，采用二维 $FK$ 滤波以压制随机鞭炮干扰等，保真效果明显。

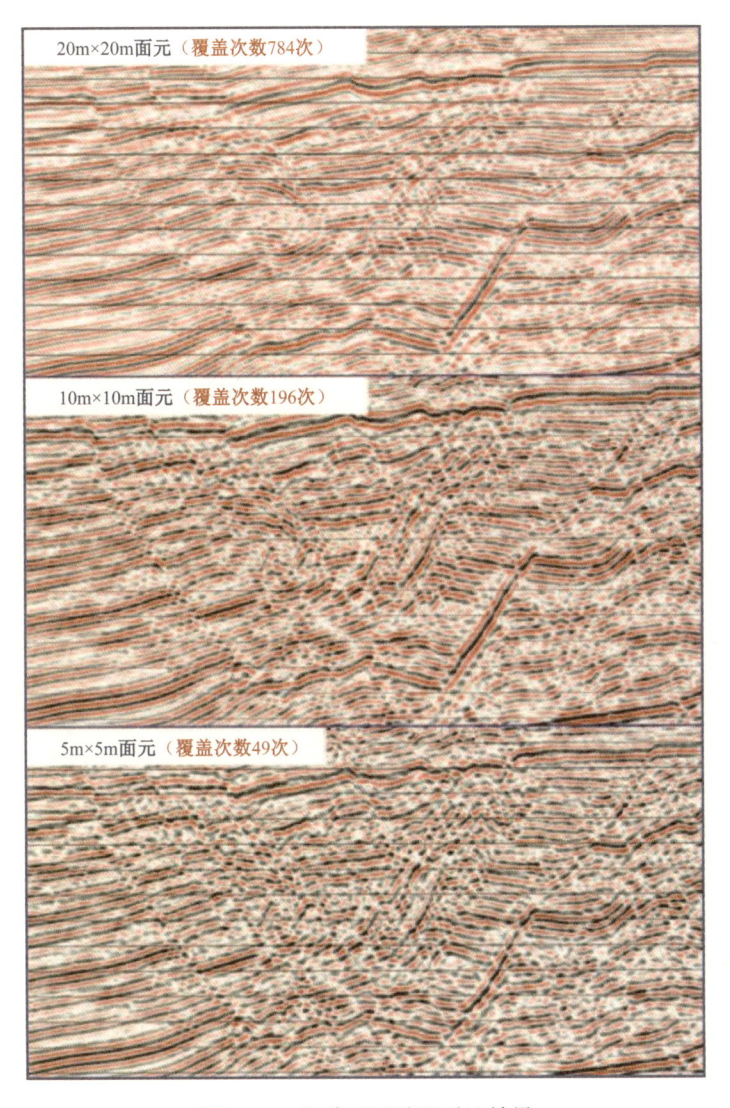

图 5-50　细分面元处理对比效果

时频域振幅补偿技术，是根据不同频率成分的地震波在传播过程中具有不同成分的吸收和衰减特点，通过时频域分频补偿的方法，在时频域对大地吸收进行点点补偿的新方法。相对于常规的地表一致性振幅补偿，时频域补偿不仅对振幅进行补偿，更突出对频率的补偿。

（3）分方位角处理技术。

分方位角处理技术包括分入射角处理技术、分方位角处理技术。通过分方位处理不仅可以得到不同入射角的角道集叠加结果，还可以得到不同方位角的 CRP 道集和偏移叠加结果，为断层识别和储层预测提供多套基础数据体。不同方位角资料对层位及断层的走向和倾向的变化会有明显不同的识别效果。

攻关采集数据横纵比达到了1.0，为全方位，满足了方位角的划分要求，取得最佳的预测效果。按覆盖次数均匀划分为原则使得数据在每个方位角内覆盖次数均匀，从而确保偏移的信噪比。在地质解释时，应用宽方位采集资料进行分方位处理，可以研究不同方位上的断层，提高对地质体的识别能力。

（4）各向异性叠前深度偏移技术。

针对华北复杂断块区目的层断块破碎，断裂关系复杂，速度变化较快的资料特点，制定了各向异性叠前深度偏移处理策略。整个处理和质量监控的过程中，紧紧抓住速度分析这一关键，建立精确的三维深度——层速度模型以用于深度偏移。各向异性叠前深度偏移成果剖面断面归位较时间偏移更合理，断面较时间偏移更清晰，构造核部地层产状较合理，横向连续性有所增强（图5-51）。

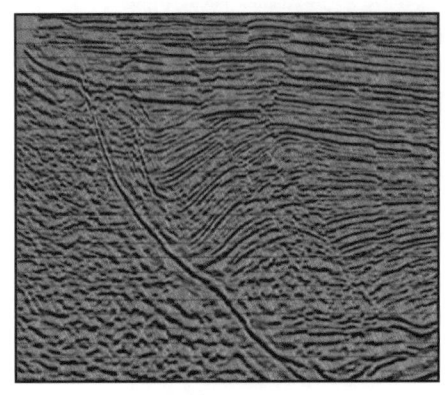

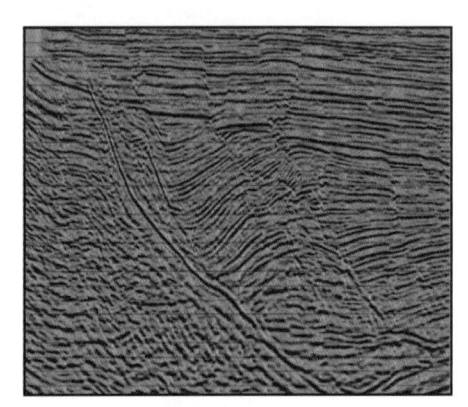

(a) 叠前时间偏移剖面　　(b) 各向异性叠前深度偏移剖面（时间比例）

图5-51　各向异性叠前深度偏移与叠前时间偏移剖面对比效果

4）复杂断块资料解释关键技术

断层精细解释是复杂构造带精细解释的关键。针对地震剖面上复杂断裂带断点识别难度大、空间组合困难的研究难点，优选地震体属性精细识别断点，创新应用基于无原子库自适应多道匹配追踪方法增强对断层的识别能力，图形增强处理技术与数据融合技术提高断层识别精度，三维空间立体解释技术实现断层空间合理组合，在冀中坳陷复杂构造带解释中取得了较好的效果。

复杂断裂带断层数量多，空间转换关系复杂，给断层空间组合造成困难。在实际工作中，地震剖面上完成断层解释之后，可以参考地震属性在平面上进行断层组合。利用虚拟现实技术在全三维空间组合断层，则可验证断层解释的合理性。

三维可视化技术可真正实现断层的空间组合，在立体空间中将目的层地震反射同相轴的间断连接起来即为断面，通过立体的三维空间显示（各个角度旋转透视）可以检验断面解释的合理性，还可确定不同断层间的接触关系，从而实现断层的空间立体解释和组合。

在复杂断块区，将表征断层的地震属性与地震数据联合显示，在解释之前对其进行预览，以建立初始的断层结构模型。通过三维可视化的立体显示和透视功能，直接进行断层的全空间三维解释，还可以结合其他表征断层的体属性数据体（如相干、曲率属性体，以及与地震体属性融合后的地震数据体等），进一步分析断层间的接触关系及组合特征，以指导下一步的断层解释（图5-52）。

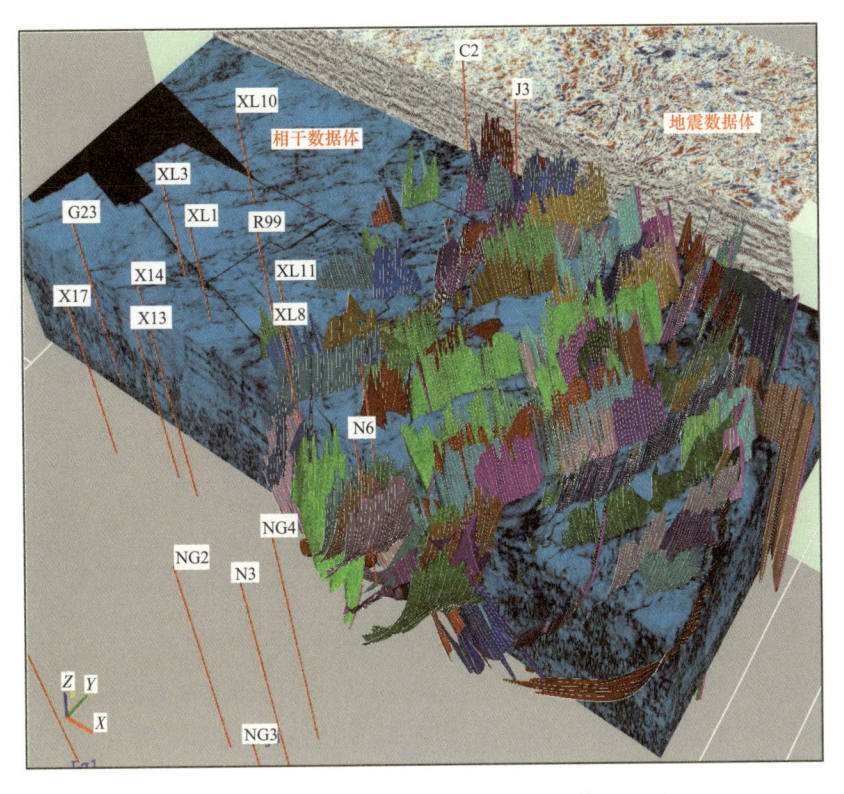

图 5-52　多数据体断层空间综合解释立体显示图

确定工区内主要断层的空间组合关系后，在较大断层得到有效控制的前提下，利用钻井资料解释出的断点，采用单种子点的自动拾取方法，以波组连续性、振幅一致性等为约束条件进行断层自动解释。由于断块复杂，自动拾取的范围不大，必须加上地质的观念，对断层附近地层的产状进行正确的判断，从而使次级断层的空间组合趋于合理。

3. 地震勘探成效

1）YLZ 复杂断块勘探成效

冀中饶阳凹陷 YLZ 复杂构造转换带断裂体系极为发育，断层空间转换频繁，断块破碎，构造非常复杂，难以落实规模较大的有利勘探目标。在新一轮的构造精细解释过程中，最终理清了本区的断裂体系。

在明确主要控制因素和成藏机理的基础上，在肃宁地区提出了一批东、西两侧受断层控制的南、北方向受滩坝砂尖灭线控制的构造—岩性目标，部署的 10 口预探井获得工业油流，其中 4 口井获高产油流。在 YLZ 复杂构造带提出了背斜背景上多目的层兼探的复杂断块目标，钻探的宁 81 井在东营组和沙一段获高产工业油流，在久攻不克的复杂构造区实现了勘探新突破。

2）CHJ 复杂断块勘探成效

CHJ 位于渤海湾盆地中部，是早期发现的复杂断块油藏之一，已进入开发中后期。采用以上综合配套关键技术进行重新采集、处理，资料品质较以往有了大幅提升（图 5-53），偏移成像质量大幅提高——大断层、小断面反射干脆，内幕成像清晰。

对新资料进行深入研究，对主力层系的沉积环境有了新认识，发现了 4 种潜力类

- 391 -

型：空白带连片的潜力、主力开发层之下新油层的潜力、沿断棱富集的潜力以及二次开发的潜力。共部署评价井 10 口，实现了大区域含油连片，并于 2014 年整体上报地质储量 $2518.26 \times 10^4 t$。

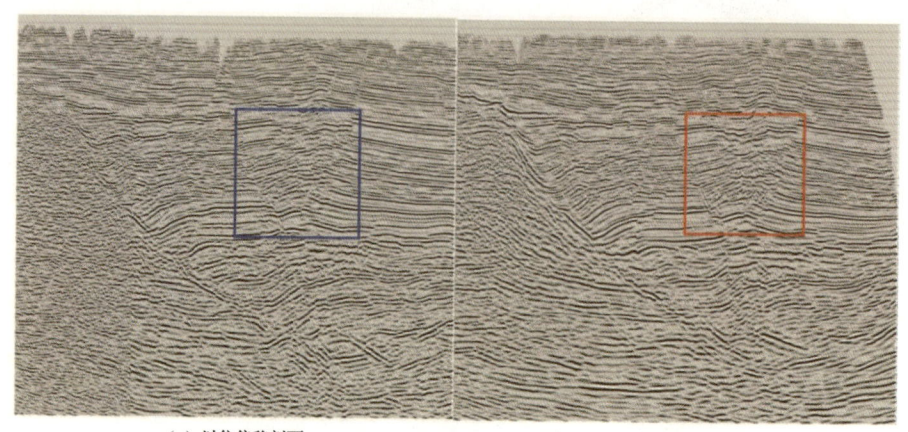

(a) 以往偏移剖面　　(b) 攻关偏移剖面

图 5-53　以往偏移成果与攻关偏移成果对比

2015 年又通过构思陡带砾岩作为封堵层，构建地层超覆成藏的新模式，在岔 404 井、雄古 1 井区完钻产能井 10 口，平均油层厚度 28.3m，日产油 5.5t，建产能 $1.1 \times 10^4 t/a$。初步探明可动用储量 $500 \times 10^4 t$。

2016 年利用新处理的地震资料进行精细构造落实，构造细节发生了较大变化，发现一组北西向断层，与北东向断层相互交割形成多个有利圈闭，形成了岔 83 南、岔 220、岔 86 等多个反向断层控油的断块圈闭。综合分析认为应该存在"反向断层牙刷状"油藏模式，沿断面钻探了岔 83-103x 井，二次解释 I 类油层 39.6m/18 层，II 类油层 64m/20 层。该井的成功证实了"牙刷状"油藏模式的存在。

## 第五节　火山岩油气藏勘探

### 一、徐家围子断陷火山岩天然气地震勘探攻关

徐家围子断陷处于整个松辽盆地深层断陷群的中北部，深层具有一定天然气资源潜力，是今后一定时期大庆油田的重点勘探方向之一，但勘探难度很大，为此开展了徐家围子断陷火山岩天然气地震勘探攻关。在徐家围子及周边部署实施了多个工区的三维地震，并取得了丰硕的技术成果和勘探成效，为整体评价徐家围子断陷及周边地区的储量规模，揭示火山岩、砂砾岩特殊储层气藏的成藏规律提供了技术支撑。

1. 地震勘探难点

松辽盆地北部深层地层倾角陡，断裂分布复杂，地层岩性种类多，厚度变化大，火山岩埋藏深度大，储层孔隙结构复杂，孔、洞和裂缝并存。

深层地层沉积压实作用强，不同岩性之间波阻抗差小，地震波反射能量弱、反射结构特征不明显，从而导致地震资料成像难度大，信噪比和分辨率都难于保证，开展目标精细

刻画难度较大。

深层火山岩存在识别和储层预测的双重勘探难题，尤其是深层火山岩隐蔽圈闭识别和火山岩储层定量预测属世界级难题。

因而，需加强对地震资料开展采集、处理和解释技术的攻关，在完善原有技术的基础上，创新发展新技术。整体上改善深层地震成像效果，提高地震资料应用的可靠性和地震解释成果的可靠性。

2. 主要技术及措施

1）深层复杂地质目标精细三维地震设计

深层采集的主要难点是信号吸收衰减比浅层严重，信噪比低，成像效果差，观测系统设计主要针对其采集难点进行有针对性的设计。

科学的设计是取得好资料的前提和基础，应根据施工工区的地震地质条件、地震波反射时间的大小、目的层埋藏深度、地层倾角的陡缓、地质任务的要求科学地设计，优化最佳采集参数。基于参数论证的方法设计首要注意事项是论证点要有代表性，要能够控制全区，另外还要求地球物理参数准确可靠，否则难以得到较为合适的采集方法。

观测方向的选择，主要根据以往模型分析和采集经验，观测方向主要考虑沿倾向、尽量垂直断层方向观测，地震信息丰富。深层勘探的重点一般是取全 $T_2$ 以下反射层位，还要识别好火山岩体等特殊地质体，要求采集方位角相对较宽，以便采集各个方位的反射信息。

横向分辨率是指在水平方向上能分辨的最小地质体的宽度，一般为第一个菲涅尔带半径 $R$。根据地质任务对横向分辨率的要求，论证可采集的资料频率。垂向分辨率是指地震波沿垂向能分辨的最小地层厚度，垂向分辨率 $\Delta H$ 应满足深层地震勘探队有效波频率的要求。根据地质任务对纵向分辨率的要求，从理论上论证可采集的资料频率。

道距 $\Delta X$ 的设计应满足空间采样定理，理想的 $\Delta X$ 不应大于有效信号波长的一半，如果有要求 $T_5$ 层反射波的采集频率不小于40Hz，那么可按高分辨率勘探进行论证，$\Delta X$ 不应大于有效信号波长的1/4。三维勘探的面元大小应满足最高无混叠频率和横向分辨率的要求。

最大炮检距的设计满足反射系数稳定，避免因入射角过大（一般取20°）而引起反射波畸变和产生寄生折射。同时，满足动校拉伸 $P$ 一般不应大于10%，满足速度鉴别精度，速度误差 $K$ 一般不应大于5%。通常取上述三种炮检距的平均值，作为最终的结果。

覆盖次数的选择应能充分压制干扰（环境噪声和次生干扰）、增加目的层的反射能量，从而提高资料的信噪比，确保成像效果综合来确定。

接收线距一般不大于垂直入射时的菲涅尔带半径。最大非纵距应保证三维地震资料同一面元内不同非纵距及方位角在整个道集内能同相叠加。根据地球物理参数，计算不同目的层菲涅尔带半径及最大非纵距。

2016年度松辽盆地北部徐家围子断陷升平—宋站南三维地震观测系统面元为 $10m \times 20m$，小面元采样更精准；束间滚动距为一个线距，即160m，小滚距有利于改善束线间面元属性的一致性；主要目的层 $T_{4-1}$ 的横纵比达到了0.73，相对较宽的方位角的炮检距分布更为均匀；较高的覆盖次数更能充分压制干扰，提高资料的信噪比，确保成像效果。

2）深层精细三维地震采集技术

随着勘探的不断深入，施工区域越来越复杂，施工区地表附着物越来越多、面积越来越大，为了保证测线的完整，需要借助卫星图片进行炮检点布设，做好特观设计，保证剖面的连续性；采用精细表层调查，从不同角度、不同方面对资料品质进行分析，合理设计井深，确定最佳的激发和接收等采集方法；严格质量控制，提高各个环节的工作质量，确保能采集到高精度的深层地震资料。

（1）精细表层调查技术。

近地表结构对陆上地震采集的影响较大，为此，在地震资料采集前，需要收集第四系地质资料，开展近地表沉积规律和地表结构特征研究及参数表征，编制表层岩性剖面图，掌握表层岩性在测线上及平面的变化规律，指导井深设计工作。在采集过程中，通过精细表层调查细分表层结构和岩性；利用精细的表层调查资料、已施工线束资料进行运动学和动力学分析，为实时动态设计井深、保证在最佳岩性段内激发和提高地震波激发能量提供准确依据；同时，对工区的单炮进行 $\tau$ 值预测，验证激发井深是否准确和合理，并为资料处理提供可靠依据，为后续工作奠定基础，提高地震采集资料的信噪比和分辨率。

① 高密度纵向探测方法。

用微测井法进行表层低降速带高密度纵向探测，就是提高微测井探测的纵向分辨率。激发点（井中激发微测井）或接收点（井中接收微测井）的密度越大，表层的纵向分辨率越高。井中激发微测井的激发点间距不能太密，要根据药量的大小和炸药的爆炸半径来定，以免发生殉爆现象；工作施工作业时，需提前预测表层低降速带的总厚度，在该深度范围内适当加密布设激发点（或接点），在低降速带以下激发点逐渐变疏，这样既可以保证纵向探测精度，又可以降低成本，提高工作效率。微测井的平均钻探深度约为30m，最浅为20m，最深达到100m。激发点间距布设方式为：在0～10m范围内0.5m间隔；10m以下是1m间隔，基本能够满足表层低降速带的分辨率要求。

② 高密度横向探测方法。

同地震检波器道距相同，微测井点位间距的大小决定了其横向分辨率，间距小密度大，横向分辨率就高，表层结构调查的精度就高。微测井的点位密度主要是 1口/km$^2$。如果有表层结构特殊异常区，则加密微测井，加密微测井的间距以控制好表层结构变化为宗旨。

（2）静校正量提取。

利用表层厚度和速度数据、地表高程及基准面数据，通过WISS软件自动计算出炮点和检波点的表层静校正量，用于现场剖面处理和室内成果剖面处理。表层调查的厚度精度≤0.5m时，速度精度≤3%，静校正量精度在2ms左右。实际工作表明，每个激发点和接收点的表层结构数据和静校正量数据精度都比较高时，井深设计和静校正的精度就更高，对提高采集资料品质更有利。

（3）精细井深设计技术。

虽然在区域上掌握了近地表结构，但是试验点和微测井的数量毕竟是有限的。综合这些因素到一起，进而设计每个炮点都能保证在最佳位置激发。根据虚反射影响下传地震波的机理，计算出了下传地震波频率与潜水面下激发深度的关系，此关系是确定井深考虑的重要因素之一。根据潜水面、虚反射界面、表层岩性及速度综合分析确定井深；利用微测井剖面，分析激发岩性对采集效果的影响，根据波的运动学和动力学特征综合确定井深；

充分利用试验点和相邻测线的井深数据动态校正井深，以实现高程、岩性、微测井资料、试验点资料等的最佳结合和统一，避免了由于人工平滑曲线造成的个别点、段低降速带厚度求取不准的问题。

（4）地震采集质量监控技术。

近三年来，野外采集采用软件现场实时监控单炮记录质量。软件系统与仪器车的 NAS 盘连接，能够实时对单炮能量、工作道状态、炮点位置和环境噪声等信息进行监控。

① 加载 SPS 文件、导入井深、药量、井数、静校正量数据，同时导入各井深段的炮点记录，选择有针对性和代表性的标准炮。

② 确定标准炮。对试验点、标准井单炮记录（工程技术人员现场监督记录的单炮）及先期施工的试验段单炮道集能量统计分析，确定施工区各地表类型的能量较均匀、频带较宽、主频较高的典型单炮记录作为相应区域的标准炮。

③ 设置监控参数、监控内容。根据施工区监控能量选择 500～2500m 偏移距范围内检波点计算均方根能量值，能量值低于标准炮能量值的 50% 时视为废炮。

④ 监控内容包括激发点位置、单炮道集能量、单炮远近排列、线性动校正、不正常道等，最后保存结果并导出监控报告。

3）深层复杂构造三维地震精确成像技术

"十一五"和"十二五"期间，伴随 PC 集群技术的发展，叠前时间偏移、叠前深度偏移及逆时偏移技术渐进步入工业化生产阶段。这为深层复杂构造等地质目标三维地震资料精确成像提供了技术支撑，深层复杂构造等地质目标的三维地震成像精度得到显著提高。

（1）叠前偏移精确成像技术。

目前叠前时间偏移已成为常规处理模块，并在构造变化较大，地层速度横向变化相对平缓地区取得了较好的成像效果，复杂构造成像精度明显提高。叠前深度偏移（克希霍夫法）已成功实现了工业化生产，并在构造复杂、速度纵横向变化较大地区取得较好的成像效果。

图 5-54 是汪家屯工区叠后时间偏移与叠前时间偏移剖面对比图，从图中可以看出，叠前时间偏移深层内部结构更加清晰。

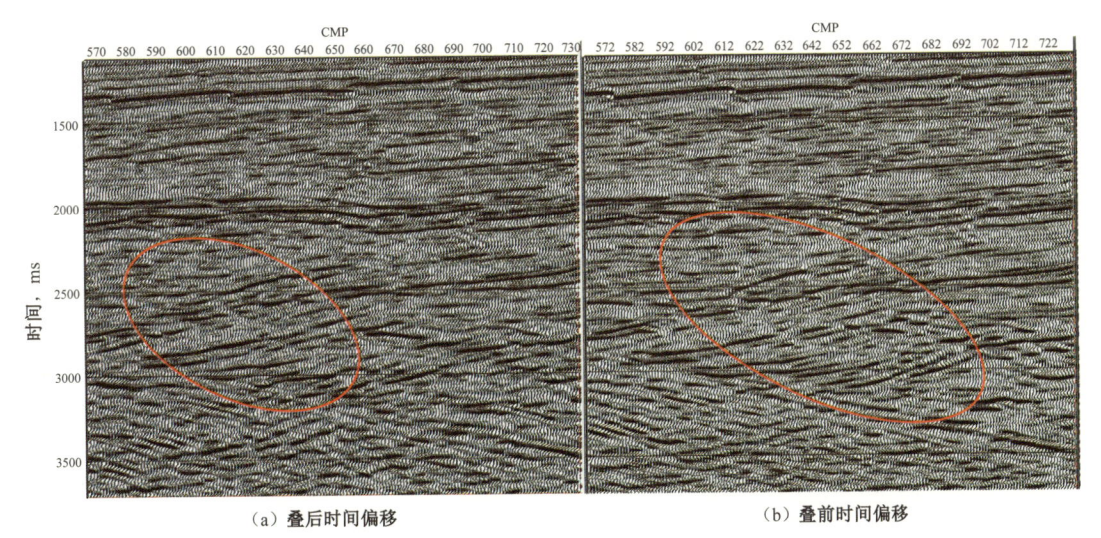

图 5-54　汪家屯工区叠后时间偏移与叠前时间偏移剖面对比图

(2)叠前深度偏移速度模型建立。

建立及优化速度场是叠前深度偏移处理的关键,速度模型建立及优化的方法,大致分4个阶段:初始速度模型建立、速度模型修正、速度模型融合拼接和百分比速度扫描。

(3)克希霍夫叠前深度偏移技术。

克希霍夫叠前深度偏移是最容易从运动学上来描述的方法。Kirchhoff偏移存在一些问题。首先,几乎所有的Kirchhoff偏移算法利用了只有$\omega t$很大时才成立的近似假设,其中$\omega$是角频率,$t$是旅行时。这个有效范围意味着在激发点和接收点位置数个波长范围内的绕射不能准确成像。这种高频近似导致对近地表成像精度的怀疑。其次,当速度不是常数时引起的问题,由于高频近似,绕射点和激发点或接收点之间的传播距离必须很大,不能将接收点观察到的波场只向地下延伸很小的距离而只能延伸很大的距离,因此存在许多可能的传播路径,Kirchhoff偏移还不能考虑所有的传播路径,相反所有的Kirchhoff偏移假定能量只沿少量路径传播(通常是一条)。

Kirchhoff偏移的优势是:由于使用单路径进行偏移,使得它在横向变速时偏移速度快。其缺点是:第一,由于理论的高频近似限制造成了该方法的精度不够;第二,假频问题是由算子通过绕射界面时没有考虑其频率成分所引起的。

图5-55是汪家屯工区叠前时间偏移与叠前深度偏移剖面对比图,从图中可以看出:叠前深度偏移剖面深层结构更加合理,火山岩特征刻画得更加清晰,内部结构清楚。叠前深度偏移剖面深层内部结构更加清楚。

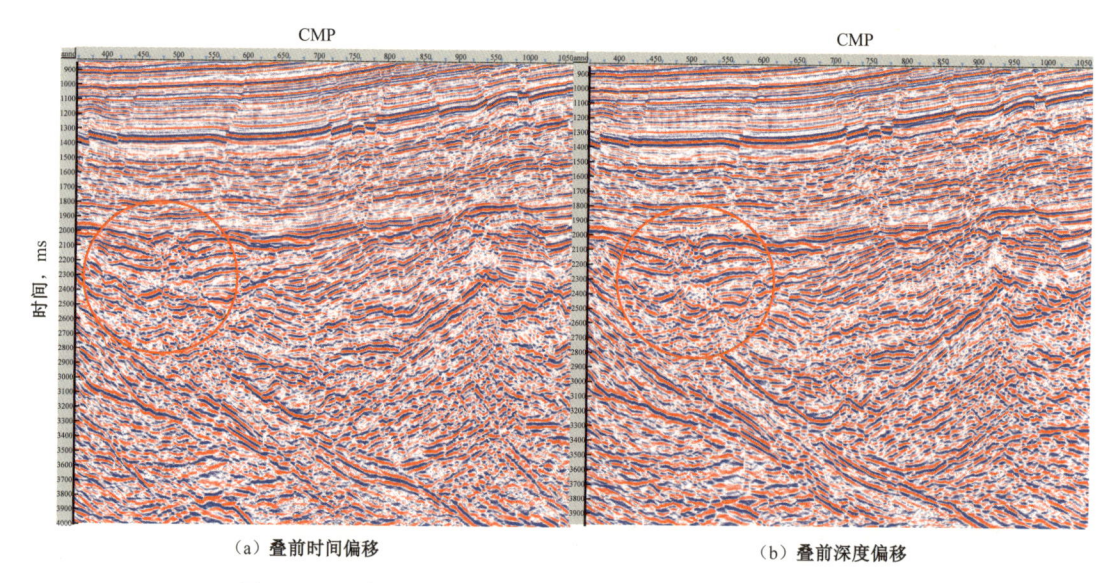

(a)叠前时间偏移　　　　(b)叠前深度偏移

图5-55　汪家屯工区叠前时间偏移与叠前深度偏移剖面对比图

(4)逆时偏移技术。

地震波逆时偏移方法是现行偏移方法中最精确的一种成像方法,是一种基于波动理论的深度域偏移方法,它与地震波正演数值模拟问题刚好相反,将检波器接收到的波场进行逆时延拓,利用逆时成像条件实现对地下各点的成像。

逆时偏移成像方法的优势:没有成像角度的限制,若模型准确可以使多种常规处理中不能成像的波归位成像。包括回折波、棱柱波、多次波等，均可准确成像；属于高精度的波传播过程；适应速度剧烈变化和复杂构造；容易解决各向异性问题；算法简单容易实现。

逆时偏移成像方法的缺点：海量存储及时耗费巨大。

图 5-56 是杏山工区叠前深度偏移与逆时偏移剖面对比图，从图中可以看出：逆时偏移剖面偏移噪声少，基底结构更加清楚。

4）深层火山岩天然气储层预测与描述技术

近几年，应用叠后地震资料在大庆徐家围子断陷开展了针对深层火山岩储层天构造解释和储层预测工作，形成了系列的地震解释技术，能够准确刻画营城组火山岩储层的几何形态、物性变化，在勘探中见到较好的实际效果。但没有解决不同火山岩相的储层预测问题，从目前深层天然气火山岩的勘探形势来看，需要开展"纵向分期次、横向分相带"的精细研究。

(a) 叠前深度偏移

(b) 逆时偏移

图 5-56 杏山工区叠前深度偏移与逆时偏移剖面对比图

松辽盆地北部徐家围子断陷深层营城组火山岩划分为6个喷发期次，其中营一段存在三个火山喷发期次、营三段也存在三个喷发期次。营一段期次Ⅰ以中基性岩为主，期次Ⅱ和期次Ⅲ以酸性岩为主，期次Ⅰ和期次Ⅱ之间界面为岩性突变，期次Ⅱ和期次Ⅲ之间界面为沉积夹层、风化壳等。营三段期次Ⅱ以中基性岩为主，期次Ⅰ和期次Ⅲ以酸性岩为主，期次Ⅰ和期次Ⅱ、期次Ⅱ和期次Ⅲ之间界面为岩性突变。火山岩地层在精细期次划分的基础上，为期次内部溢流相火山岩的精细解释提供保证。

通过单井、连井对比分析，安达地区营三段期次Ⅲ内部流纹岩与凝灰岩，期次Ⅱ内部中性岩与玄武岩，发育规律较稳定，可进行全区追踪。

通过对三种不同岩性模型的正演结果分析结合井—震联合统层，完成安达地区安山岩和玄武岩界面精细标定（图5-57），格架剖面标定结果显示，安达地区安山岩和玄武岩界面在地震资料上可全区对比追踪。

安达地区期次界面的岩性特征：期次Ⅰ（下部）由多次火山喷发活动形成，发育以火山沉积相和爆发相为主的酸性沉火山碎屑岩和凝灰岩互层，火山作用由强渐弱。期次Ⅱ（中部）由多次火山喷发活动形成，以喷溢相中基性岩为主，夹薄层凝灰岩，每个喷发间歇均由多个冷却单元组成，冷却单元顶部发育风化壳，测井曲线表现为高伽马、低电阻、低密度。期次Ⅲ（上部）主要为酸性凝灰岩与流纹岩岩性。火山岩底界面以玄武岩为主，期次Ⅱ底界面同样以玄武岩为主，期次Ⅲ底界面以安山岩和玄武岩为主，期次Ⅲ地层的岩性以流纹岩和凝灰岩为主。

| 岩性界面 | 岩性剖面 | 正演模型 | 地震剖面 | 追踪标准 |
| --- | --- | --- | --- | --- |
| 玄武岩顶、底面 | 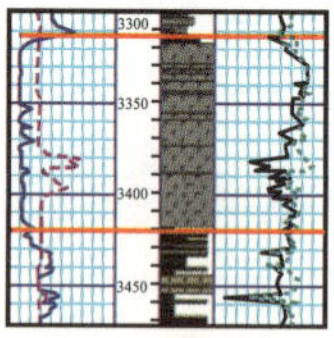 | 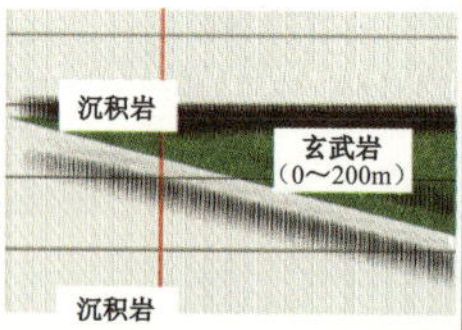 沉积岩／玄武岩（0～200m）／沉积岩 | 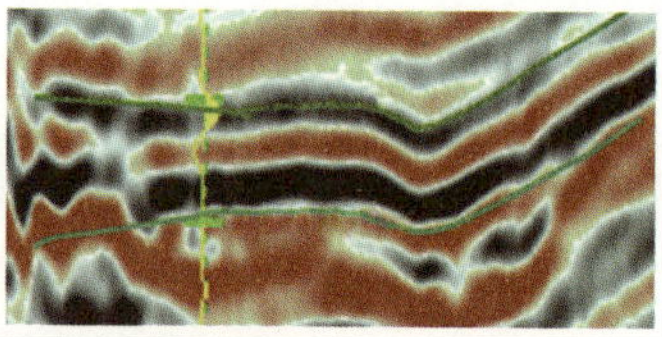 | 当岩性<1/4波长时，追踪波峰，根据振幅强度识别岩性厚度；当岩性厚度≥1/4波长时，玄武岩的顶面追踪波峰、底面为波谷 |
| 安山岩顶、底面 | 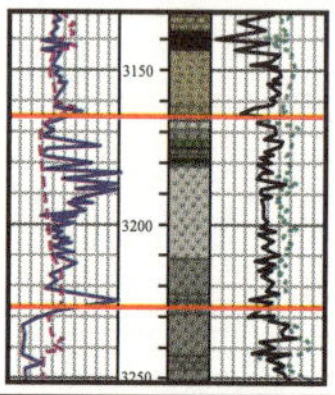 | 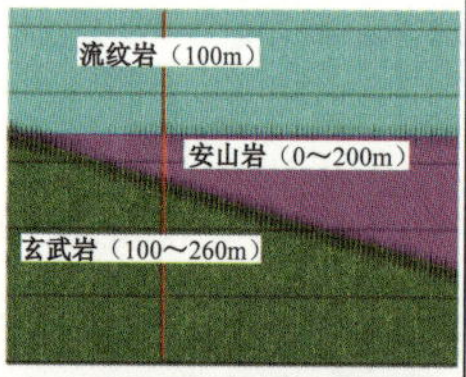 流纹岩（100m）／安山岩（0～200m）／玄武岩（100～260m） | 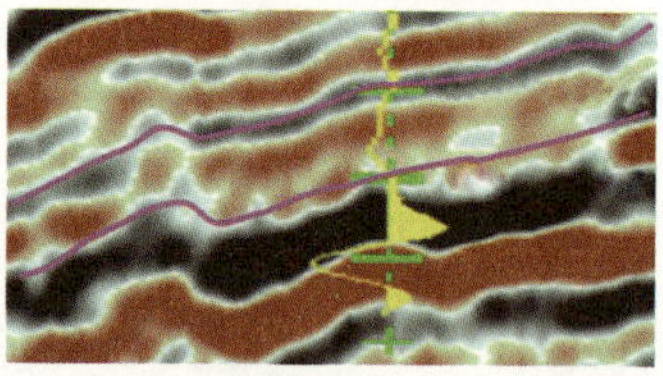 | 当岩性厚度<1/4波长时，追踪波峰，根据振幅强度识别岩性厚度，当岩性厚度≥1/4波长时，安山岩顶面追踪波峰，底面追踪波峰 |
| 流纹岩顶、底面 | 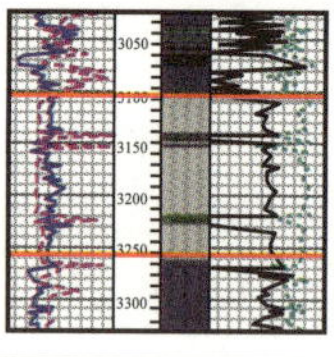 | 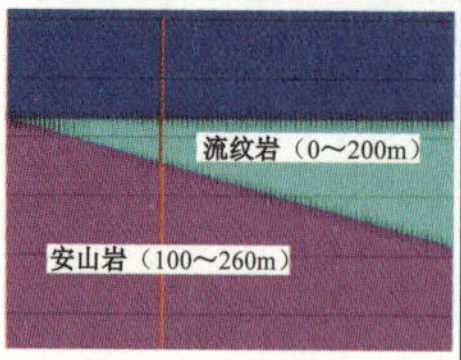 流纹岩（0～200m）／安山岩（100～260m） | 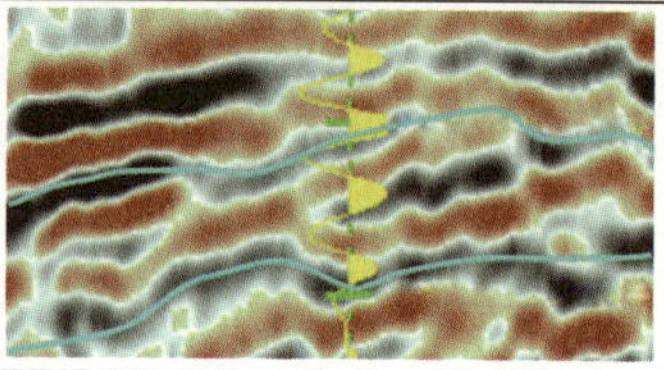 | 当岩性厚度<1/4波长时，追踪波峰，根据振幅强度识别岩性厚度，当岩性厚度≥1/4波长时，流纹岩顶面追踪波峰，底面追踪波峰 |

图5-57 建立玄武岩、安山岩、流纹岩三大岩性地震精细解释标志

地震反演基本目的是利用地震波在地下介质中的传播规律，通过数据采集、处理与解释等流程，推测地下岩层结构和物性参数的空间分布，进行储层定量预测的关键技术，为勘探开发提供重要依据。从地震反演所用的地震资料来分，地震反演可以分为叠前反演和叠后反演。从岩石物理分析结果（图5-58）来看，虽然纵波阻抗对火山岩储层具有一定

的敏感性，但密度参数相对于纵波阻抗参数效果更好，因此，需要开展叠前弹性参数反演来进行火山岩储层的预测。

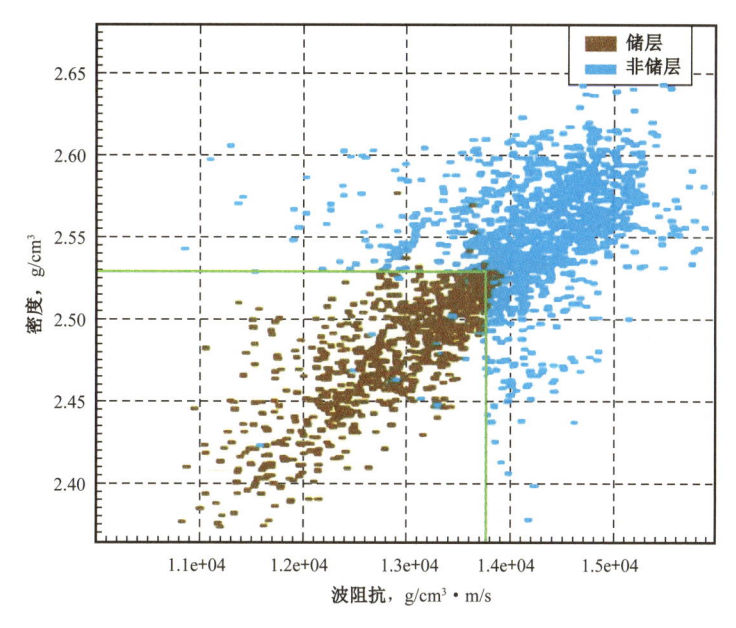

图 5-58  安达地区密度和波阻抗交会图

AVO反演主要利用不同岩性泊松比差异所形成的AVO特征响应，得到地下储层变化特征。由于Zoeppritz方程比较复杂，根据解决不同参数的需要可分别对其进行简化，得到不同的近似公式。AVO反演包括P波阻抗变化率、S波阻抗变化率、伪泊松比变化率、流体因子、垂直入射变化率、梯度、sign（$R_0$）·G乘积、泊松比变化率、$\lambda\rho$变化率、$\mu\rho$变化率、弹性波阻抗变化率、近角度叠加、远角度叠加等17种AVO属性。

叠前同时反演使用多个不同角度叠加或偏移距叠加的地震数据体，生成纵波阻抗、横波阻抗和密度体三个弹性参数体。再在这些弹性参数体基础上，利用弹性属性间的关系，将它们转换成多种对流体或岩性敏感的弹性属性体，进行流体和岩性定量预测，进而达到储层描述的目的。

3. 地震勘探成效

（1）形成了一套深层火山岩构造、储层和气藏的解释技术序列，包括细分火山岩岩体的解释技术、基于体控建模的深层火山岩叠前弹性参数反演岩性、储层预测技术。形成了综合多种地震技术手段，逐级识别的地震预测技术流程，即火山岩"定地层→分期次→圈岩体→划岩相→分岩性→找储层"。建立了营一段、营三段不同期次的火山岩岩性、储层识别图版等。

（2）提高了火山岩解释精度和储层预测精度，后验井符合情况良好，有力支撑了勘探部署。解释火山岩体钻遇符合率达98%，火山岩气藏综合评价，后验探井符合和基本符合的达70%以上。

（3）深层天然气勘探成果显著。2011—2016年，在徐家围子地区，发现火山机构68个，发现火山岩体含气面积720km$^2$，综合评价有利勘探目标57个，部署井位30口（其中宋深103H井等4口水平井均获得工业气流），其中20口获工业气流，新增可采天然气储

量 $506.8\times10^8m^3$。营城组火山岩共识别火口 190 个，已钻探 76 个，剩余 114 个，火口区沿主干断裂呈串珠状展布，与主干断裂伴生的次级断裂也是岩浆上涌的通道，近火口区围绕火口区展布，远火口区主要分布在断陷边部、徐西及安达东部。

通过精细研究，落实了徐家围子断陷安达、徐西、徐东地区营城组火山岩地层分布和岩相特征。

## 二、准噶尔克拉美丽地震勘探攻关

克拉美丽气田是新疆油田公司第一个大型整装气田，近年来，部署实施了滴西 10 和滴西 178 开发三维地震工区，确定了低频勘探在本区的优势及适用性。为进一步深化本区气藏的认识，为滚动评价开发提供有利靶区，进一步加大力度部署实施了高精度三维地震采集工程，并开展了滴西 178——滴西 14-18——滴西 10 地震资料连片处理解释，形成了沙漠地表区火山岩储层地震勘探配套技术，刻画了石炭系多个有利目标。

1. 地震勘探难点

（1）地表为腹部沙漠区，地表起伏大、沙层巨厚，沙层厚度大于 170m。地震波吸收衰减严重，激发接收条件很差；低降速层厚度横向变化大表层精细建模难度大。

（2）该区干扰波极为发育，面波频带较宽，且偏低，与石炭系信号频带接近；多次波干扰严重，成像难度大。

（3）目的层石炭系埋藏深，反射能量弱、信噪比低，构造复杂，断裂发育，火成岩成像困难，断点、地层尖灭线难以准确落实。

图 5-59 为近年来为进一步提高资料品质而部署的高精度三维地震工程，为整体评价克拉美丽气田提供了基础数据。

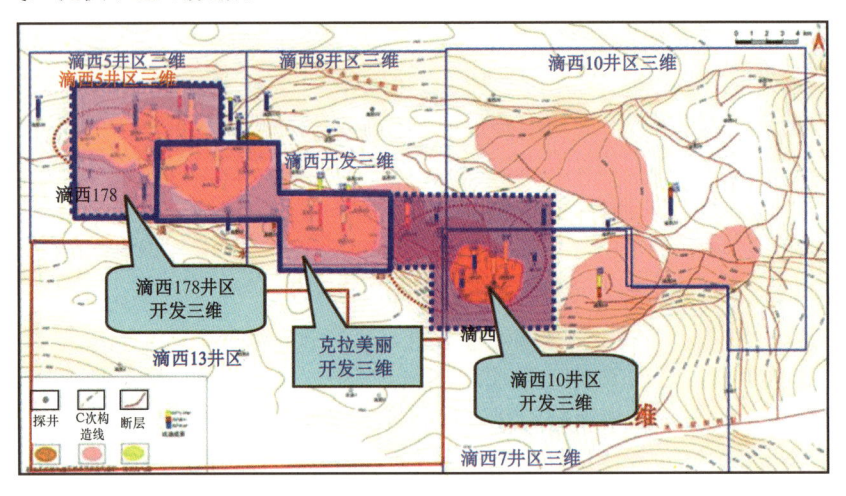

图 5-59 克拉美丽气田三维地震分布图

2. 主要技术及措施

1）高精度地震采集技术

（1）二维地震宽线高覆盖长排列技术。

针对克拉美丽地区巨厚大沙漠区和目的层弱信号的特点，二维采用小道距、长排列、宽线高覆盖的采集技术，效果明显见图 5-60。

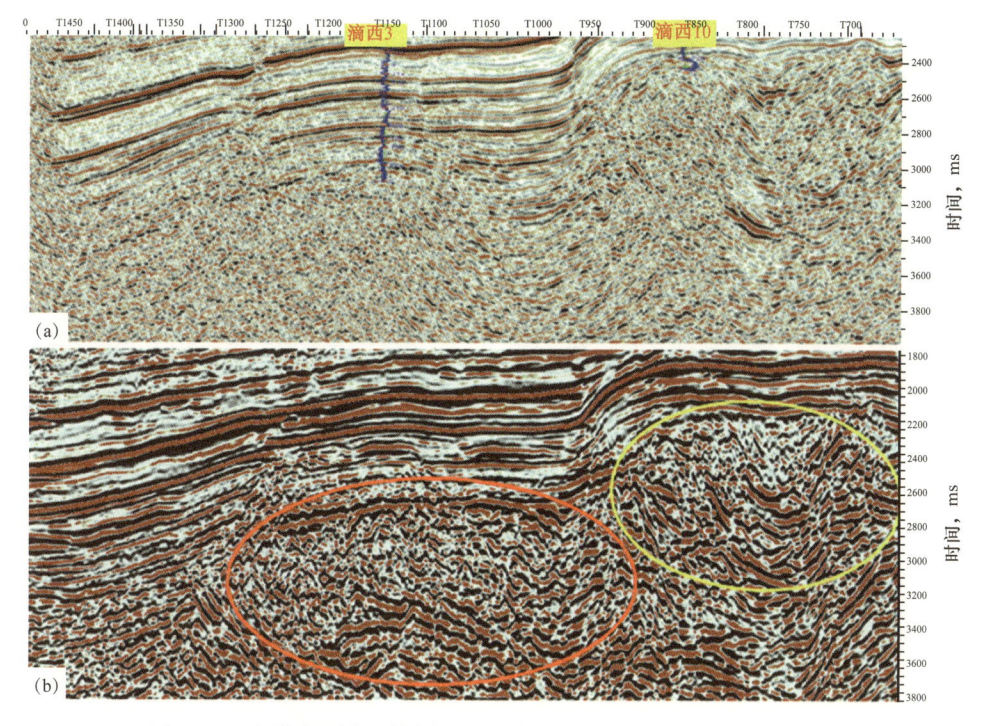

图 5-60　宽线高覆盖二维剖面（a）与三维连片处理剖面（b）对比

（2）高密度宽方位的三维地震采集技术。

针对火成岩地质目标的特点优化观测系统设计，高覆盖次数、大炮检距、宽方位角、合适的面元，同时采用对称采样，提高空间采样率，为压制干扰，提高资料信噪比，改善成像效果奠定了基础。较高的覆盖次数（有效覆盖次数）或覆盖密度，可以提高资料信噪比；较长的排列长度，可以压制多次波，提高深层资料的成像效果；较宽方位角观测、合适的面元，以增加对空间波场的采样，提高资料的横向分辨率，有利于各向异性分析和裂缝检查。

（3）针对巨厚沙漠层表层建模与静校正技术。

精细的微测井控制表层建模技术与层析反演静校正解决了沙漠区长波长静校正问题，层析反演与折射波静校正联合反演解决短波长静校正量，为深层低信噪比弱反射成像奠定基础。

通过野外深井微测井资料，沙丘曲线成果和大折射资料综合分析表层结构变化规律，约束初至反演静校正，应用多种静校正方法以期最大限度地解决静校正问题，多种野外静校正方法对比以及静校正量平面图分析本区低降带变化特点，选用层析静校正方法作为本区最终的解决方案（图 5-61）。

2）地震数据处理关键技术

（1）低信噪比区 VSP 井控提高分辨率处理。波场经过表层吸收衰减及煤层屏蔽，深层有效信号频带较窄，通过 VSP 井控叠前建立 $Q$ 场，进行井控 $Q$ 补偿处理，合理提高目的层段的分辨率。

针对目的层梧桐沟组薄储层针对性的小波变化提频处理，通过连井对比剖面可以看出梧桐沟组目的层主频更高，波形变化与井更吻合，薄砂体尖灭点更清楚（图 5-62）。

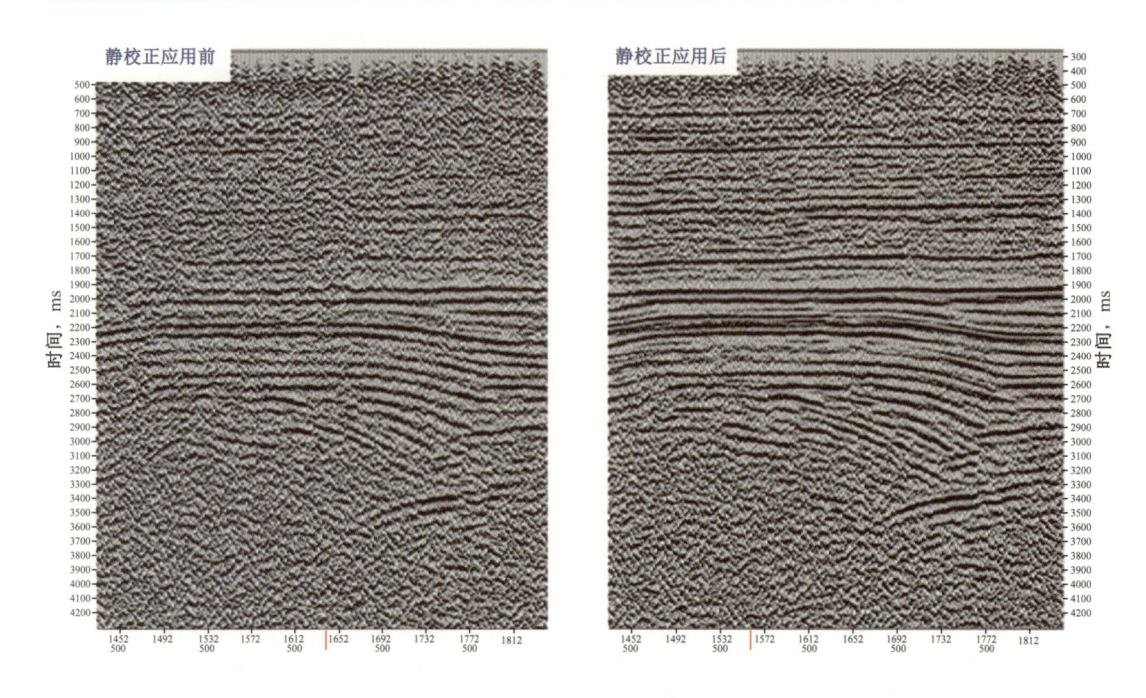

图 5-61  静校正处理前后剖面对比图

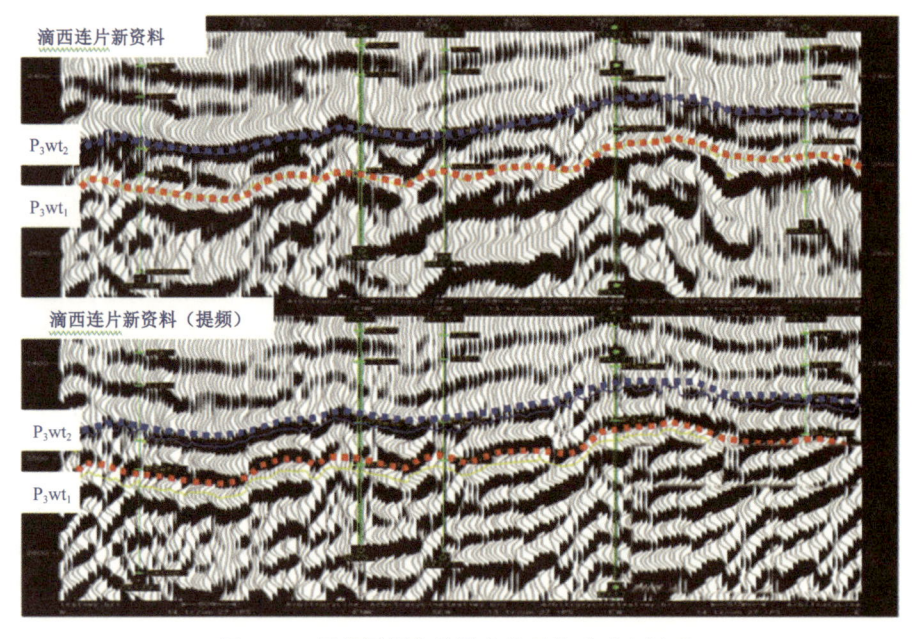

图 5-62  目的层提高分辨率处理前后对比剖面

（2）巨厚沙漠层和煤层屏蔽低频保护处理技术。通过 VSP 纵向频谱与地震数据联合分析，确定目的层段有效频宽，叠前去噪采用低频保护处理及低频信号恢复技术，增强深层弱信号反射特征，为地质解释识别火成岩特征奠定基础。

地震激发的低频成分比高频成分在地下传播得更远，实际地震勘探中，可以看到地震波的低频成分比高频成分对地层的穿透力更强，对于深层石炭系目标的研究低频成分起着至关重要的作用。在实际资料处理过程中除了常规处理技术外重点考虑低频噪声衰减不能损失 8Hz 以下的有效信号，同时不能使用脉冲反褶积拓宽频带，因为脉冲反褶积对低频成分有明显的压制作用，同时在处理中尽量选用不改变低频信号相位的处理模块（零相位反褶积）保证有效信号的频率振幅补偿（图 5-63）。

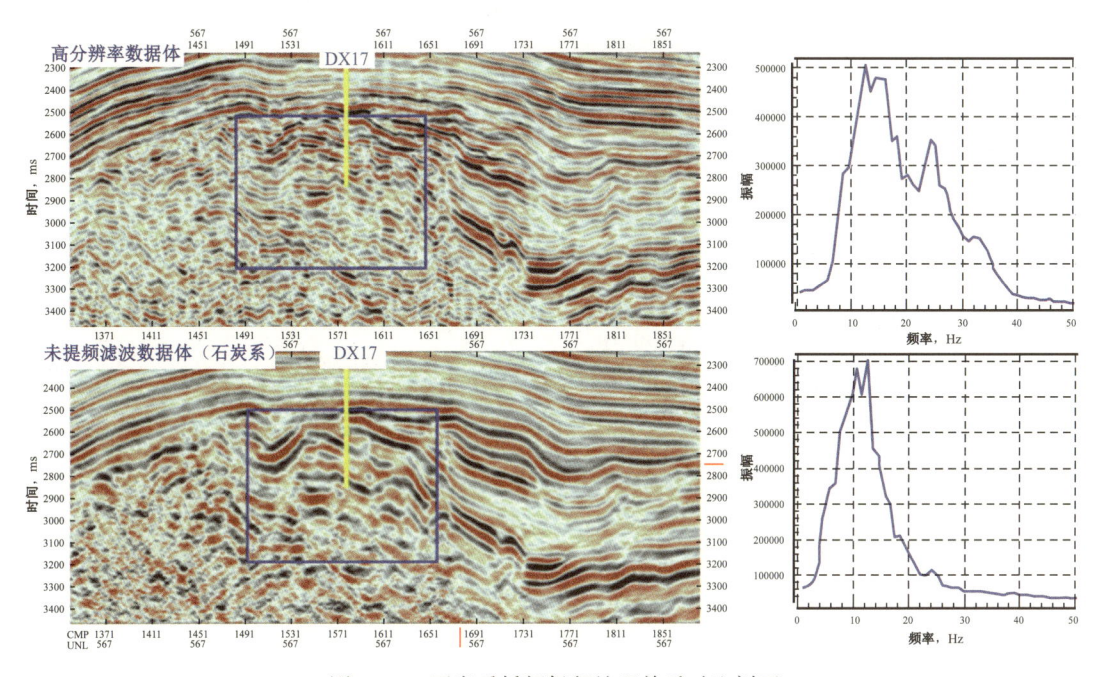

图 5-63　石炭系低频保留处理前后对比剖面

（3）VSP 波场标定识别地震层间多次波技术。侏罗系煤层与石炭系顶界强反射界面间存在小时差层间多次波，速度差异小，难以准确识别与消除。通过叠前道集与 VSP 波场标定分析，处理解释结合准确识别地震多次波，采用基于地质层位模式识别处理层间多次波，消除地质假象，提高火成岩识别精度。

VSP 垂直地震资料是地面激发井中接收的地震观测技术，能够避开或减弱近地表及传播路径对地震信号的干扰。相对地面地震波场可以更加直接有效研究地震波的运动学和动力学特征，利用 VSP 资料的这种优势联合三维地震资料处理，能够有效识别地面地震的干扰。根据 VSP 资料的波场分析和地质解释认识，对地震资料进行去高精度多次波，并通过走廊叠加与测井曲线标定验证处理结果，得到了比较理想的效果（图 5-64）。

3）地震解释技术

（1）处理解释一体化与反复迭代，多数据体、多属性目标解释技术。

（2）利用钻录井资料、地震剖面结构与现代火成岩建造模式相结合，确定石炭系火山岩建造模式，建立与该模式相对应的有效储层分布模式，从而确定火成岩建造的气藏模式。

（3）利用正演、相控等多方法联合刻画有利储层的分布范围，提出研究区火成岩两类成藏模式，即火山口复合岩性体圈闭（酸性火成岩）和火成岩地层不整合圈闭（基性火成岩）。

（4）基于特征曲线的地质统计学反演技术、基于油气检测的多属性融合薄储层预测技术与水平井轨迹实时跟踪调整技术为水平井轨迹设计、实时调整提供依据。

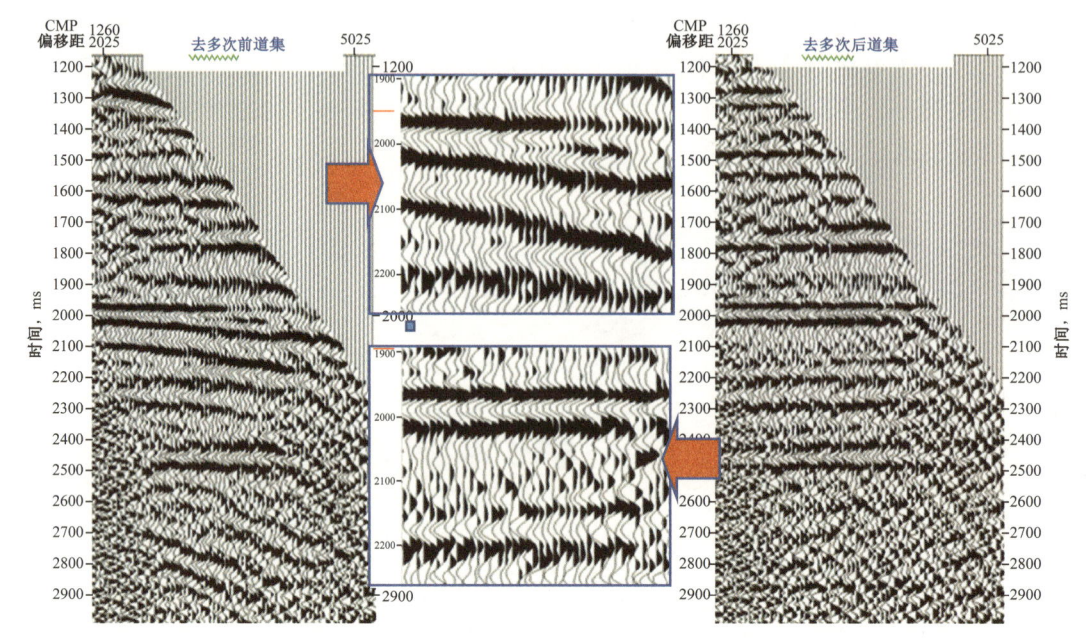

图 5-64 多次波处理前后对比道集

3. 地震勘探成效

通过地震攻关，完成了滴西地区构造演化分析及构造解释，包括石炭系顶部的分层方案、区域构造图、砂体构造图；刻画了石炭系多个有利目标，其中老目标重新刻画认识 7 个，提出开发井位部署建议 15 口；新发现目标 6 个，提出评价井位部署建议 4 口，探井井位部署建议 3 口；完成了三轮梧桐沟组储层预测与反演工作，积极配合现场完成水平井的设计，入靶或重新入靶，随钻轨迹调整，侧钻方案和分析调整等气层水平开发工作。

研究并取得了以下主要认识：

（1）通过古构造分析，认为二叠系梧桐沟组沉积前的海西运动、侏罗系末期的印支运动是形成该区构造两次关键的构造运动、白垩系—新近系主要为东北抬升西南沉降的掀斜运动；石炭系油气藏主要分布在古背斜的轴部和肩部。

（2）研究区梧桐沟组上下三分，下部为低位体系域的块状砂岩（滴西 33）局部分布；上部主要为高位体系域厚层泥岩盖层；中部主要为水进体系域的三角洲沉积，主要分布在西部，上下为区域泥岩封隔，在滴西大型鼻状构造内整体含油气，研究工作的关键是水平井设计及随钻实时调控。

（3）滴西石炭系火山岩油气藏分布主要受优质储层控制，而优质储层主要集中分布于火山口相带，寻找落实、圈定火山口相带是落实石炭系圈闭的关键。

（4）刻画石炭系火成岩体地震资料必须做保低频处理，在保留低频信息基础上适当提高资料分辨率。

（5）滴西火成岩油气藏主要分为 4 类：一是地层不整合油气藏，二是地层—岩性不整合油气藏，三是岩性油气藏，四是古地貌高潜山油气藏。

## 第六节 致密油气藏勘探

### 一、辽河油田雷家地震勘探攻关

辽河油田雷家致密油目标区主要油层和优质岩性埋深在 1600~3400m，沙四段岩性主要为泥质白云岩、白云质泥岩和灰质页岩，沙四段碳酸盐岩具备形成致密油气藏的条件。近年来，面向沙四段碳酸盐岩油气藏勘探开发需求，采用"两宽一高"地震技术，进行地震采集处理解释一体化攻关，在地震采集方面优化设计"两宽一高"三维地震观测系统，应用井炮—可控震源联合激发、单点检波器接收及配套工艺完成复杂地表区观测方案的高标准采集；在资料处理方面综合应用基于曲时面的初至统计迭代静校正、近地表吸收补偿、共炮检距矢量片（OVT 域）处理等技术提高中深度构造成像精度及沙四段致密油储层的分辨率；在地质解释方面利用叠前反演、岩石物理分析及烃类检测等技术，提高致密油储层岩性、物性、含油气性、岩石脆性、裂缝等"五性"参数的准确性，准确落实了雷家目标区致密油气藏有利目标分布范围，新增控制储量 $4199\times10^4$t，实现了规模储量的发现。

1. 地震勘探难点

（1）目标区勘探程度高，主要目的层埋藏深度变化大，观测系统的精准设计困难。特别是在勘探费用投入有限与较高地质要求的前提下，观测系统的技术经济一体化精准设计难度大。

（2）人口稠密，地表障碍密集，地震采集施工难度大。雷家地区经济发达，村庄众多，种植大棚和养殖池塘密集分布，各类障碍相互交织，激发点、接收点合理布设与实施困难。

（3）区内近地表条件复杂，表层岩性变化快，静校正难度大。河套区域存在较厚的低降速层，为地震单炮的低频区，不仅造成激发、接收参数的选择困难，而且也导致地震资料的静校正问题突出。

（4）目的层为深层碳酸盐岩地质体，对地震资料薄层与裂缝的准确刻画提出了极高要求。该区杜家台和高升油层的单层厚度统计表明，油层单层厚度一般小于 10m，需要准确刻画小尺度的裂缝及溶蚀孔，对地震资料的分辨率提出了极高要求。

2. 主要技术及措施

1）三维观测系统优化设计

以地震信号的保真均匀采样、提高地震资料分辨率为目标，应用先进的设计手段，进行地震采集参数论证，优化采集技术方案，确定"小面元+宽方位+宽频激发+单点接收"的采集方案。

（1）选取 $10m\times10m$ 的面元，实现有效地震信号和规则干扰的保真采样。对雷家目标区不同道距的单炮记录进行 $F—K$ 谱分析表明，本区地震采集面元小于 $12.5m\times12.5m$ 时，能够保证规则干扰对 90Hz 以内的有效地震信号不产生折叠污染；考虑在地震资料偏移处理过程中降低偏移噪声，保护高频信息，地震采集面元选用 $10m\times10m$。

（2）选用覆盖次数为 256 次的高覆盖方案、横纵比为 0.91 的宽方位观测系统，注重不同方位均匀观测，满足地震资料 OVT 域处理和分方位角裂缝预测的需要。雷家地区沙四段致密油储层裂缝和孔洞相对发育，各向异性特征明显，为了对裂缝和孔洞进行准确预测,分方位角叠前偏移处理的角道集信噪比必须能够满足资料分析的需求。对本区2009年三维地震采集资料进行面元扩大处理,50m×50m 面元大小的6分方位角偏移 CRP 道集覆盖次数在50次左右时,道集上主要目的层反射信号可连续追踪,资料信噪比基本能满足 AVO 分析的需求(图5-65)。因此,本次地震采集观测系统必须满足6分方位的角道集覆盖次数均在50次左右,即本区地震攻关覆盖次数应在300次左右比较合适。

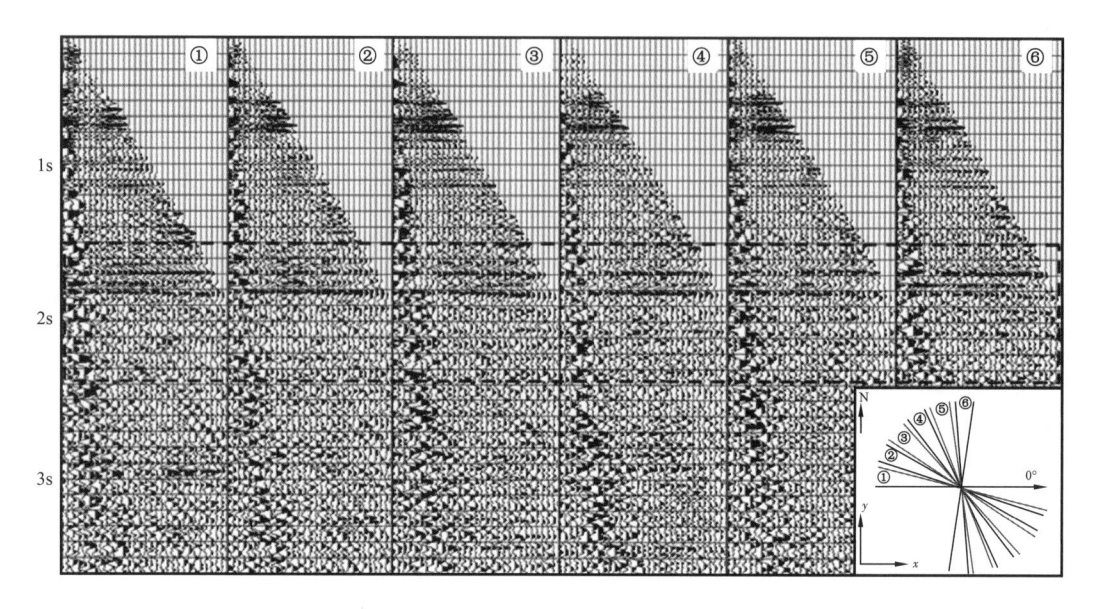

图5-65　雷家地区以往地震资料扩大面元后道集(6分方位角、覆盖次数均为50次)

(3)结合目的层埋藏深度,注重沙四段致密油储层的照明强度,确定最大炮检距。基于二维模型,选用不同的最大炮检距进行照明能量分析,当观测系统的最大炮检距达到4000~5000m 时,主要目的层沙四段照明强度差异较小,表明该值较为合适。对于沙四段致密油储层,考虑 AVO 叠前反演的需求,要求最大入射角达到30°左右,即最大炮检距 $X \approx 1.2 \times$ 目的层深度,按沙四段优质岩性最大埋深3400m 计算,反演需要的最大炮检距为4080m。综合以上分析和论证,本次观测系统设计的最大炮检距为4500m 左右。

(4)进行基于叠前偏移的三维观测系统量化分析与评价,优选最佳观测系统。基于三维模型的观测系统叠加响应、噪声压制、DMO 脉冲响应和叠前时间偏移脉冲响应的量化对比。辽河雷家目标区从三个对比方案中,优选、确定最佳的三维观测系统为32L×10S×352T,面元10m×10m,覆盖次数256次。

2)单点模拟检波器接收及工艺

为了避免组合接收导致的信号畸变和高频损失,最大限度保持原始地震资料频宽,在三维地震采集前,系统进行模拟检波器面积组合、单点模拟检波器接收及单点数字检波器接收的二维线对比试验,通过试验资料的能量、信噪比、频率指标的定性、定量化对比与分析,确定采用单点模拟检波器方式接收。

针对单点模拟检波器接收干扰波发育的特点,强化单点检波器的埋置质量,确保检波器与地面的耦合效果。针对正常地表和路面、场站地区等硬地表,按照如下标准进行检波器的埋置:(1)正常冻土地表,采用"双工序作业方法"实施,首先清理地面,使用机械钻孔提前打孔，其后放置检波器，木楔夹紧检波器外壳，两侧耳线压土各20cm；打孔和埋置工序分两组、"流水线"作业；（2）路面、场站地区等硬地表，采用"硬地表辅助接收装置"埋置，浇水冻实或发泡胶粘牢，保证检波器耦合质量。

3）障碍区采集方案动态调整与质控

通过加载地震采集雷家目标区卫片/数字化地图、地表障碍区地理信息、地震采集SPS文件，实现地震采集工区场景模拟与监控，高效识别受障碍区限制的物理点；通过基于地震采集覆盖次数和地表地理信息的点位优选，根据设置的偏移规则进行批量炮点的自动化快速变观，实现了地震采集变观从人工调整到自动化实施的转变，快速确定采集炮点实际可偏移的最佳位置，大幅提高了障碍区高密度采集方案动态调整效率。同时，提供地震采集施工质量控制所关注的主要要素（工区背景图的标定、预案检查与预案符合率、井深药量等施工因素、生产进程数据、环境噪声强度等）的快速统计与分析、直观显示等功能，全面、科学、快速对地震采集资料质量进行准确评价，有效指导地震采集实施。

4）地震资料处理关键技术

在资料处理过程中，在保真保幅的前提下，把提高信噪比、提高分辨率作为整个资料处理的核心，确保资料真实可靠，具体应用以下几项关键技术。

（1）基于曲时面的初至迭代静校正技术。

基于曲时面的初至统计迭代静校正技术是一种以原静校正量（模型、折射、层析等）为基础，通过曲时面平滑算法迭代，利用较为可靠的长波长校正量、初至时间来求取静校正的中、短波长分量，再对施加表层校正后的共炮点、共检点初至做曲时面拟合、迭代统计、精算来得到准确静校正量的技术。基于曲时面的初至迭代静校正应用效果如图5-66所示。

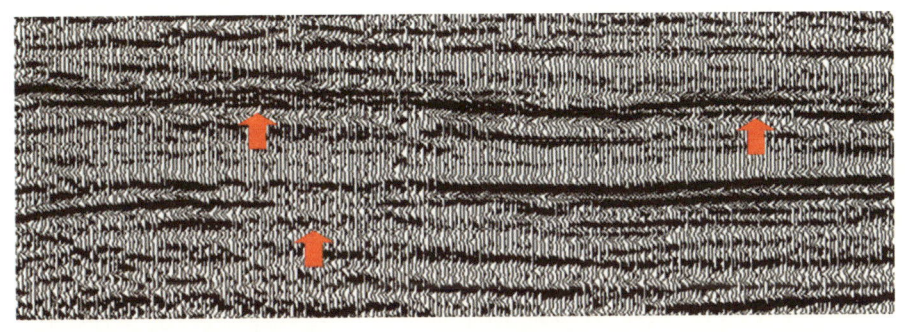

(a) 初至迭代静校正前

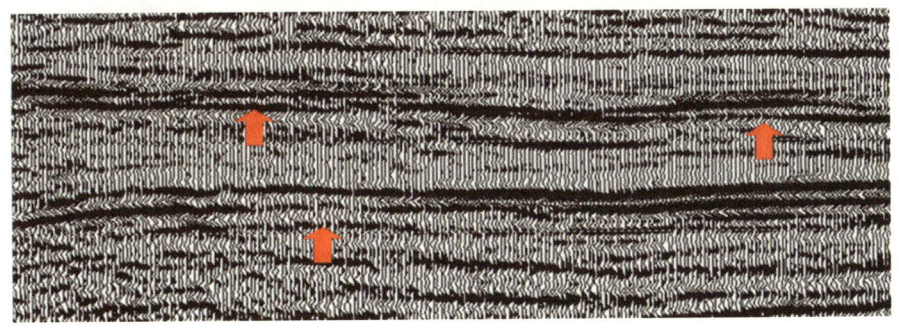

(b) 初至迭代静校正后

图5-66 基于曲时面的初至迭代静校正前后剖面对比

（2）近地表吸收补偿技术。

雷家目标区近地表岩性、速度及厚度在横向上均有明显变化，对地震波改造较大。复杂的近地表不仅导致地震波能量大幅衰减，而且造成地震信号高频成分损失，同时也引起信号频散，使相位发生畸变，对沙四段致密油储层的高分辨成像造成较大制约。

对雷家目标区地震资料的近地表吸收补偿，资料处理不仅实现定量求取表层空变 $Q$ 值，还通过自适应增益限制实现稳定的反 $Q$ 滤波，同时进行地震信号振幅补偿和相位校正，近地表吸收衰减补偿技术主要进行两个方面的改进。一是进行吸收衰减 $Q$ 值的定量预测，实现空/时变自适应补偿。基于雷家目标区的表层调查资料，建立精细表层模型，计算近地表吸收模型和表层空变 $Q$ 场，通过补偿处理，改善表层吸收造成的波形不一致，保持相对振幅关系。二是通过自适应增益限制实现稳定的反 $Q$ 滤波。为防止地震信号高频成分的过分补偿，造成高频噪声过量，信号失真，采用稳定 $Q$ 值补偿方法，同时进行高频能量补偿和相位校正，更好地消除了近地表对地震资料的影响。

（3）共炮检距矢量片（OVT 域）处理技术。

雷家目标区采集得到的"两宽一高"地震资料，很好地保留了不同观测方位角信息，为 OVT 域处理技术的实施提供了条件。

① OVT 数据提取。

从本区内所有可能的十字排列中把单一的向量片取出并组合到一起，形成单次覆盖的数据体，这个数据体具有相似的方位角和炮检距。图 5-67 为划分 OVT 子集后，其中一个 OVT 子集的偏移距和方位角的分布情况；可以看出，该 OVT 子集中的偏移距和方位角都集中在一个相对恒定的范围内，通过全区地震资料的 OVT 子集提取，就能将 OVT 拓展到整个工区。

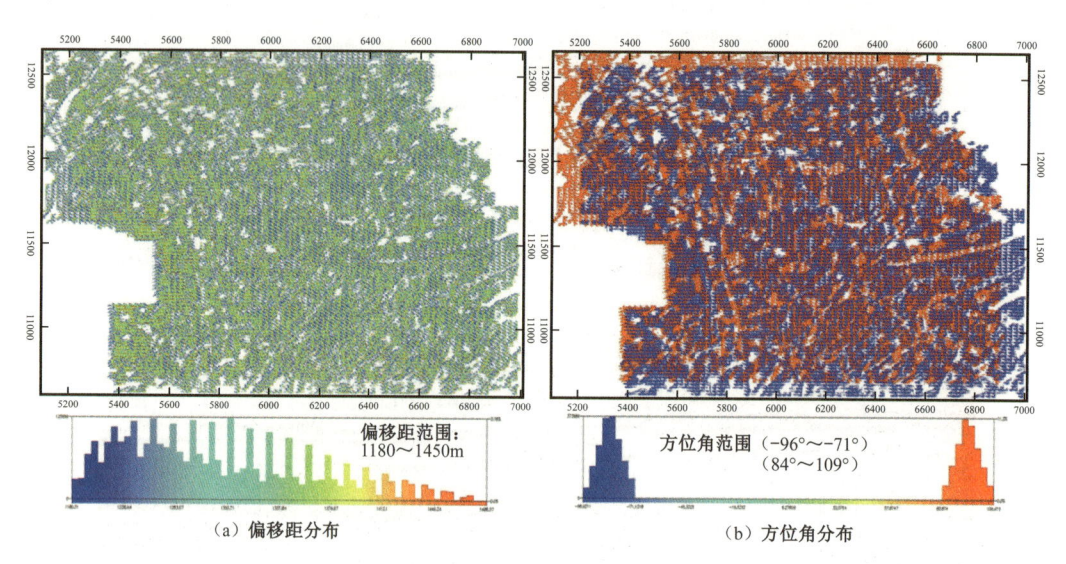

(a) 偏移距分布

(b) 方位角分布

图 5-67 一个 OVT 子集的偏移距和方位角分布

② 数据规则化处理。

以往常规的三维地震数据规则化处理，一般在共炮检距域进行数据插值，而计算插值因子所用的区域内地震数据来自不同的方位，会改变或丢失方位角信息；借道均化方法也会存在误差，丢失方位角等有用信息，影响叠前偏移的效果。而在OVT域内，计算插值因子所用的区域内的地震数据来自一个固定方位（或方位范围），因而数据的相似性更好，插值因子求取更合理。通过选用现有插值方法中的不同选件，首先进行炮检距域的规则化，查出每个OVT道集中缺少的道，然后进行方位角的规则化，实现OVT域的数据规则化。OVT域三维数据规则化后，使CMP的空间位置趋于规则分布，缺失的偏移距得到有效弥补，从而得到更好的插值效果。

③OVT域叠前偏移。

OVT域叠前偏移采用克希霍夫偏移方法进行各向异性偏移成像，其核心是各向异性叠前深度偏移速度场的准确建立。以雷家目标区构造解释成果为基础，建立时间域构造模型，通过分析目标区内井资料、结合时间偏移速度场建立初始的深度速度模型，通过沿层层析成像逐层修改层速度，以沿层剩余速度归零为准则，同时保证速度规律与井速度吻合，形成以大套地层为基础的深度速度模型。为了有效提高速度精度，建立10层以上的模型，在完成沿层速度建模的基础上，进一步通过网格层析成像优化速度场；最后以井资料为基础，求取各向异性速度场和$\delta$，并通过迭代的方式求取各向异性参数$\varepsilon$，建立最终的各向异性偏移参数体；基于各向异性速度场模型进行叠前深度偏移，通过CRP道集远道剩余时差是否归零进行各向异性参数的迭代和优化，完成各向异性叠前深度偏移的处理。

与以往的偏移成果剖面相比，OVT域叠前偏移得到的成果剖面可以按照地质解释需要的任意方位角进行叠加；同时，OVT域处理还提供快、慢速度和角道集三个数据体，辅助后续裂缝预测，进一步提高复杂构造成像及裂缝预测的精度。

5）地质解释关键技术

基于雷家目标区"两宽一高"三维地震数据，在构造特征认识的基础上，研究古地貌对碳酸盐岩沉积的控制作用，划分沉积相带。在此基础上应用地质统计学反演开展优势岩性预测，然后通过叠前弹性参数反演对储层的物性、含油气性、岩石脆性等进行研究；再根据各向异性分方位角裂缝预测技术分析裂缝密度及裂缝展布方向，进而综合分析，以寻找"岩性相对优势、物性、含油气性相对较好、岩石脆性、裂缝发育"的有效储层分布区。

在综合应用湖相碳酸盐岩优势储层预测技术的基础上，较准确地预测各油组有利储层的平面展布，即对油组的岩相、岩性、含油气性、岩石脆性、裂缝等综合评价，优选出优势储层发育区，在雷家地区共预测出三类甜点区。Ⅰ类甜点区：36.3km$^2$，碳酸盐岩厚度≥20m、有利储层厚度≥10m、脆性≥55%、裂缝强度≥0.4。Ⅱ类甜点区：59.5km$^2$，碳酸盐岩厚度10~20m、有利储层厚度5~10m、脆性40%~55%、裂缝强度≥0.3。Ⅲ类甜点区：78.9km$^2$，碳酸盐岩厚度2~10m、有利储层厚度2~5m、脆性25%~40%、裂缝强度≥0.2。结合构造特征、沉积特征、储层特征、油藏主控因素等研究成果，进一步分析雷家目标区沙四段的勘探潜力，为钻探部署、储量计算提供可靠依据；新钻油井均在甜点范围内，新增控制储量4199×10$^4$t，拓展了雷家地区的湖相碳酸盐岩的储量规模，推动了本区的勘探进程。

3. 地震勘探攻关效果

对比雷家目标区新采集资料和以往成果剖面表明，新采集剖面沙四段地震资料主频提高了10Hz（图5-68），层间信息明显丰富，显著提高了碳酸盐岩致密油储层的刻画精度。

在综合应用古地貌恢复等解释技术的基础上，通过对沙四段油组"五性"的综合评价，较准确地预测出各油组有利储层的平面展布，优选出优势储层发育区，实现了规模发现。

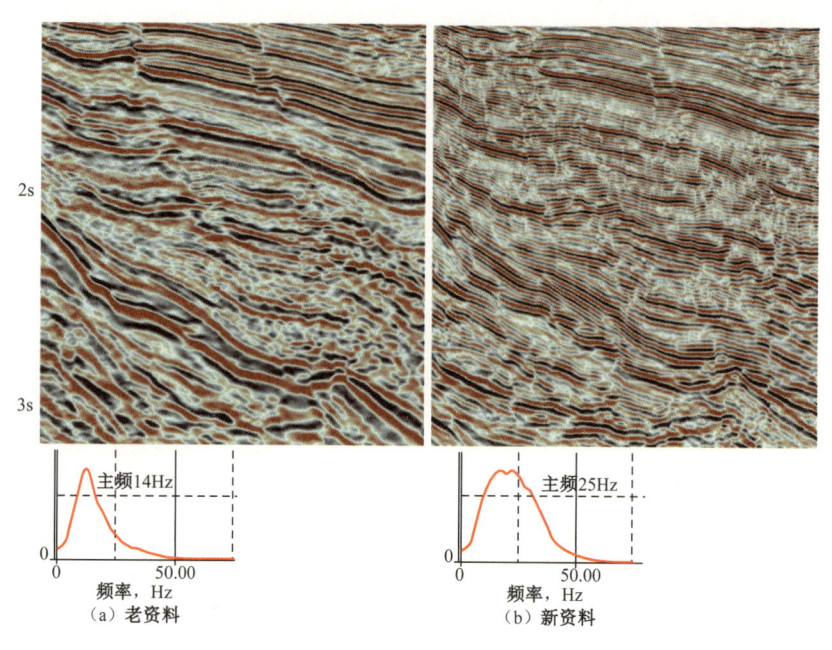

图 5-68　雷家地区新老叠前时间偏移剖面

辽河坳陷西部凹陷雷家致密油三维地震攻关效果表明，"两宽一高"三维地震采集方案通过小面元采集，大幅增加了观测密度，提高了空间采样率。采用单点高精度检波器接收，避免了组合接收导致的信号畸变和高频损失，最大限度保持了原始地震资料频宽；通过基于曲时面的初至统计迭代静校正、近地表吸收补偿等技术，有效提高了地震资料频率；应用共炮检距矢量片处理技术，显著改善了中深层薄储层及微断裂、小断块的成像精度；以岩石物理为桥梁，将地震弹性信息与测井数据等资料紧密相结合，利用分方位偏移地震数据，进行各向异性裂缝反演，根据碳酸盐岩的"五性"优选致密油储层"甜点"区，是辽河坳陷陆上致密油地震勘探技术的应用方向，也证明了"两宽一高"地震技术在辽河目标勘探阶段仍能在油气藏规模发现方面发挥重要作用。

## 二、准噶尔吉木萨尔地震勘探攻关

吉木萨尔凹陷位于准噶尔盆地东部，油气显示较好，但没有取得较大突破。2010年在二叠系芦草沟组钻井发现致密油，近年来，经过三维高密度地震勘探和钻井技术攻关，目前已建成亿吨级的非常规油气田——昌吉油田。

1. 地震勘探难点

（1）地震资料分辨率及储层表征问题。该区致密油储层是由多矿物组分组成的薄互层，单层厚度一般只有1～4m，用地震剖面很难直接识别和预测，地震资料分辨率及储层表征问题仍然是该区研究面临的难点。

（2）复杂岩性岩石物理建模问题。从井资料来看，目的层是由多矿物组分组成的复杂薄互层，其中的矿物成分多达12种，主要矿物8种，全井段都是过渡性岩性，优质储层和差储层之间差异小。除了矿物组成外，储层还受控于有机碳含量、微孔隙、微裂缝等，流体分布状态十分复杂,岩石物理建模难度很大。

(3)力学参数表征问题。在地球物理上,岩石力学参数的表征,一般通过岩石物理建模得到的弹性参数来实现。地层的弹性参数主要有杨氏模量 $E$、剪切模量 $\mu$、体积模量 $K$ 和泊松比 $\sigma$ 等。如何在弹性参数和力学参数之间建立关系,将弹性参数表征为研究所需的岩石力学参数是该区储层研究面临的第三个难点。

2. 主要技术及措施

针对该区致密油储层特点,从采集、处理、解释三个环节进行一体化联合攻关,最终形成了高密度全方位三维地震采集技术、全方位三维处理技术、致密油储层及工程参数预测关键技术的一体化技术系列。

1)高密度全方位三维地震采集技术

根据高密度三维观测系统参数设计的充分采样、均匀采样和对称采样三个理念,以往采集的三维地震明显存在方位角窄(0.23°~0.5°)、覆盖密度低(3.84 万~7.2 万道 /km²),本次吉 25-吉 33 井区三维采集采用宽方位角、高密度勘探的思路来提高资料的品质,为后续的地震资料处理进一步提高资料的成像精度、分辨能力和保幅性奠定资料基础。

依据工区地球物理参数和地质任务要求,经过采集技术详细论证及优化,确定采用全方位观测(横纵比等于 1),面元采用 25m×25m 的高密度观测。生产区覆盖密度较之前最高覆盖密度提高了 2.7 倍,试验区提高了 10.8 倍,实现了对目的层较为理想的高覆盖高密度全方位观测。

由于野外采集采用了横纵比为 1 的全方位三维观测方法,为开展各向异性研究奠定了基础。通过分析不同方位角处理结果来分析该区是否存在各向异性问题,采取三种方法互相验证:第一种为不同方位角叠前时间偏移后道集对比,第二种为不同方位角速度谱对比,第三种为不同方位角叠前时间偏移剖面和切片对比。在此以叠前时间偏移剖面为例,从图 5-69 中可以看出,不同方位剖面细节差异明显。

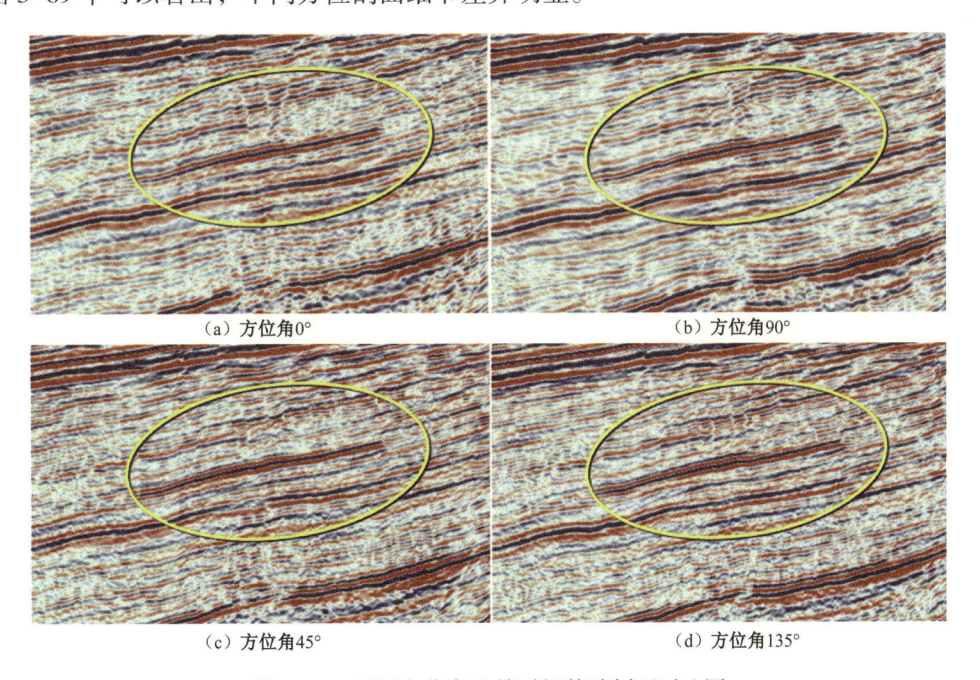

(a)方位角0°　　(b)方位角90°

(c)方位角45°　　(d)方位角135°

图 5-69　不同方位角叠前时间偏移剖面对比图

三种方法验证对比，不同方位角数据在道集、速度谱和剖面上存在明显差异，说明该区存在较为明显的方位各向异性。因此，可以利用方位各向异性信息来进行裂缝检测。

2）全方位三维地震处理技术

野外采用了高密度全方位地震采集，获得了较为完整的地震波场，炮检距、方位角分布较为均匀。通过处理技术的研究探索，形成了针对吉木萨尔凹陷致密油勘探的叠前保幅处理、高分辨率处理、分方位处理、OVT 域处理的全方位地震资料处理技术系列。

（1）地震叠前保幅处理技术。

针对保真、保幅的地质需求，通过相对保幅去噪技术来压制地震资料发育的各种干扰波，提高地震资料的信噪比。通过串联振幅补偿技术来补偿地震波在传播过程中激发接收条件的变化，以及地层吸收而造成的横向和纵向的能量差异，并定量分析和监控处理过程中去噪、振幅的补偿效果。

图 5-70 是振幅补偿前后目的层均方根振幅平面对比图，振幅补偿后空间振幅相对关系并未改变，但振幅能量关系的变化更清晰。通过振幅补偿消除地震记录在空间、时间上能量的差异，使最终剖面上地震波波形、振幅等特征的变化能真正反映地下介质的变化。

（a）振幅补偿前RMS振幅平面图　　（b）振幅补偿后RMS振幅平面图

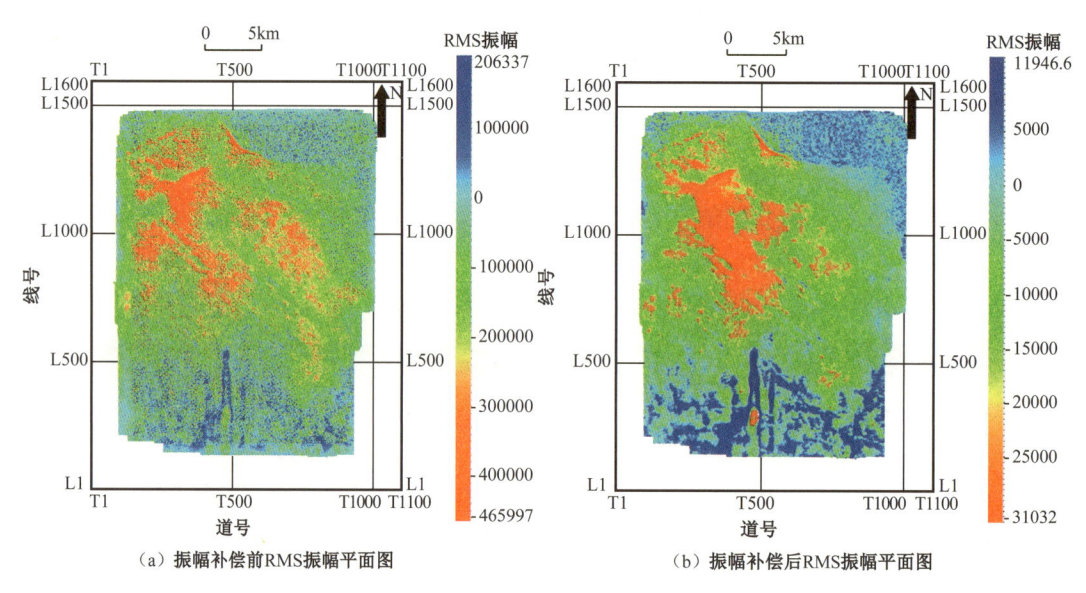

图 5-70　补偿前后梧桐沟组一段底界反射层 RMS 振幅平面对比图

（2）提高分辨率处理技术。

受该工区不同地表的激发和接收因素影响，地震记录在空间上表现为子波压缩不一致。地震子波不一致不仅影响了地震数据的叠加（偏移）成像质量，也不能满足储层厚度预测的需求。因此，地震子波的一致性处理是提高地震分辨率和成像精度的核心技术。

首先采用地表一致性反褶积和俞氏反褶积串联处理，子波一致性较好，子波及子波旁瓣得以压制，资料的分辨率进一步提高。然后根据工区内井资料，利用井约束提高分辨率处理。图 5-71 是井约束前后对比图，从炮统计频率属性图分析对比可知，目的层主频由 15Hz 提高至 30Hz，地震资料的纵向分辨率明显提高。

(a) 原始资料目的层频率属性图　　(b) 井约束提高分辨率后目的层频率属性图

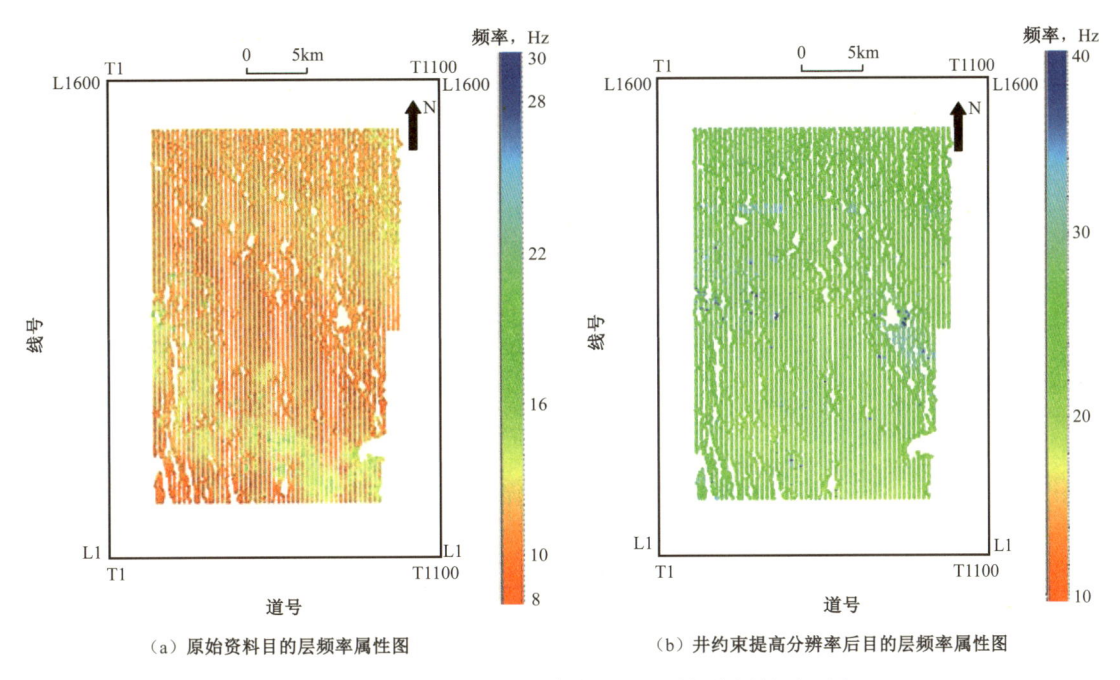

图 5-71　井约束提高分辨率前后目的层频率属性对比图

（3）分方位处理技术。

工区地震数据采集采用全方位观测，即横纵比等于1，高覆盖次数的正交观测系统。高密度全方位采集的海量地震数据通过OVT域偏移后形成的螺旋道集既保持了AVO信息，也保留了方位角信息，同时包含丰富的方向各向异性地质信息，可用于各向异性裂缝AVAZ特征分析从而进行裂缝方位和密度的预测。

OVT螺旋道集具有方位角信息，因此很容易由OVT螺旋道集得到分方位叠加结果。不同方位对断层的响应是有差异的，这些差异正是裂缝发育方向及裂缝密度的重要反映。

3）致密油储层及工程参数预测关键技术

基于吉木萨尔凹陷二叠系芦草沟组储层薄、钻井多且分布均匀、地震资料品质较好的特点，在叠前、叠后储层的预测方法上，储层及工程参数预测主要采用了基于多属性的神经网络地质统计学反演技术、叠前弹性参数反演技术、叠后属性裂缝预测技术和方位各向异性裂缝预测技术。

3. 地震攻关成效

根据吉木萨尔凹陷地质特点，结合非常规油藏研究方法，就该区二叠系芦草沟组致密油储层评价制定了以寻找"物性相对好""烃源岩有机质成熟度高""异常高压""岩石可破碎性高""水平应力差异小""裂缝发育"的6性综合"甜点"。

1）有利区带和位置预测

完成了吉木萨尔凹陷区致密油平面有利区带的预测并圈定了上、下甜点区域相对有利位置。主要从以下几方面进行评价选区：选取甜点储层物性较好，有效孔隙度大于8%的区域；选区烃源岩生烃能力较好，总有机碳含量大于4%的区域；由于存在异常高压带，而高压区易于形成高产油流，因此选取压力系数大于1.25的区域。

综合以上三项评价指标，结合吉25井—吉33井和吉17井两块三维地震的预测结果，重新预测了吉25井—吉33井和吉17井两块三维地震的储量规模，新增预测储量$1.8\times10^8$t。运用地层体融合的方法对上、下甜点进行了综合评价，其中上甜点预测有利面积417km²，下甜点预测有利面积459km²，进一步落实了井控含油气面积，为水平井有利靶区的确定奠定了基础。

2）提出井位部署

通过吉木萨尔凹陷致密油地震地质综合研究，配合油田提供井位3口，吉37井、吉38井、吉39井。采纳1口吉37井，该井获工业油流。

吉38井部署在吉251井附近甜点发育区，结合甜点分布及烃源岩总有机碳含量高的区域。

吉39井部署在吉36附近高压区，针对下甜点进一步确定异常高压潜力区。

针对下甜点整体部署吉38井、吉39井两口预探井位，为油田增储上产明确了下步主攻区带（图5-72）。

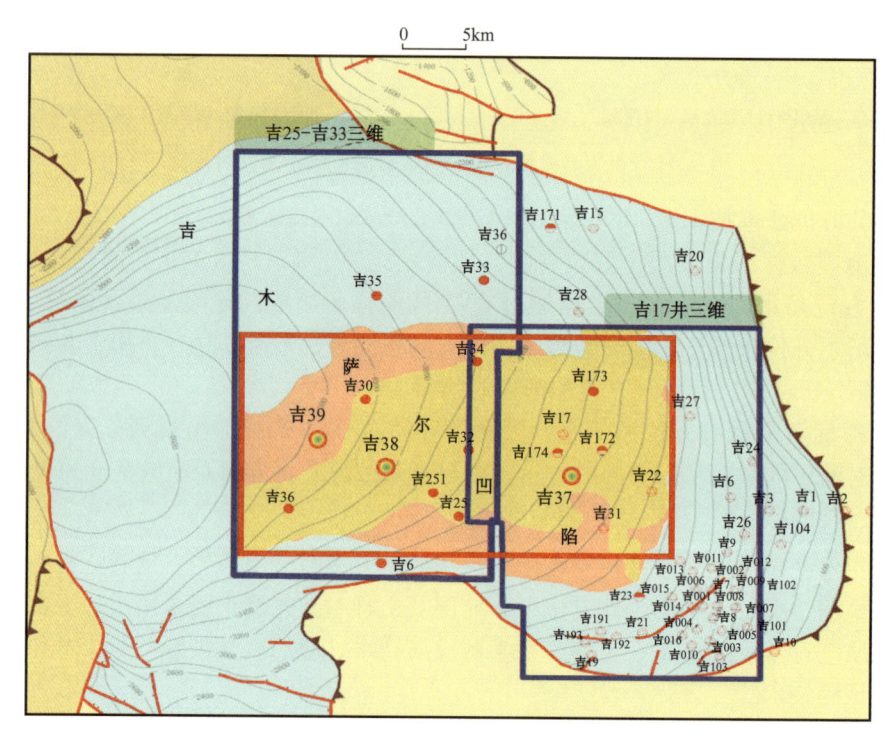

图5-72 吉木萨尔凹陷二叠系芦草沟组甜点有利区带预测及井位部署图

## 第七节 非常规储层勘探开发

"十一五"和"十二五"期间，我国非常规油气勘探开发在重点盆地取得重大突破及产能建设，相继成立长宁—威远、昭通页岩气，沁水煤层气示范区。地震勘探在经济型三维地震基础上，通过分方位处理、叠前各向异性处理，寻找优质烃源岩发育、构造及埋藏适宜、裂缝发育、易压裂、压后能形成可观裂缝型储集体，为非常规油气田高产稳产奠定基础。结合岩石物理、测井、微地震监测技术，开展岩性、物性、含气性及裂缝、TOC/脆性、压力等研究，初步形成甜点预测技术。物探技术进步有力推动了中国石油非常规油气勘探技术进展，初步形成非常规采集处理解释配套技术，在蜀南页岩气区块及昭通页岩气区块勘探中发挥重要作用。

## 一、蜀南页岩气地震勘探攻关

随着四川盆地及邻区页岩气资源调查和勘探工作的不断深入，蜀南龙马溪组页岩已成为中国页岩气勘探突破的首选领域，2011年，开展了国内第一块页岩气三维地震勘探，取得了显著效果，形成了针对二维有利勘探区评价思路以及针对三维区块"甜点区"选择的思路与流程。

1. 地震勘探难点

（1）碳酸盐岩出露区地震地质条件复杂，一般属高山地貌，地形切割厉害，陡崖遍布，相对高差较大，障碍物多，激发接收条件较差。

（2）页岩层内构造并不复杂，但其上覆和下伏构造复杂储层相对较厚，埋藏相对较浅，波阻抗差小，反射能量弱。

（3）页岩气储层裂缝不发育，要求提高优质页岩储层各向异性及裂缝展布情况的预测精度。

2. 主要技术及措施

1）三维地震采集技术

（1）进行精细表层结构调查，查清表层结构模型。

（2）优选激发参数，提高单炮质量。

（3）设计较为经济的宽方位、高覆盖次数的观测系统。

2）页岩气储层地震资料处理技术

（1）约束层析静校正技术。

在野外施工过程中，小偏移距信息的初至或被干扰或得不到。与低降速层速度有关初至信息不全，反演出的低降速层速度就不准确。因此在做层析反演静校正时，用野外调查获得的低降速带的速度资料进行风化层速度约束。

（2）高分辨率处理技术。

针对老资料优质页岩顶界识别难的问题，采用 GeoMountain 软件高分辨处理技术，使地震主频从 35Hz 提高至 40Hz，高分辨率处理后剖面优质页岩顶界、断点更清晰、更清楚。为提高地质甜点和工程甜点预测精度奠定基础。

（3）页岩气各向异性处理技术。

页岩气各向异性处理技术主要包括数据规则化与各向异性偏移两个方面。数据规则化技术是指利用匹配追踪傅里叶插值技术对输入数据（不规则的含有空洞的数据）进行傅里叶变换到频率域，离散傅里叶变换求取 $F$—$K$ 谱，在 $F$—$K$ 谱提取最强能量方向，进行高频率高波数截取后外推重构信号，再对此强方向的谱进行迭代变化。信号重构时低频率低波数数据占较大权重，而高频率高波数数据占权重较少，一定程度从源头上较大程度削弱了假频的影响。

通过数据规则化处理后，三维区块观测系统炮检距分布均衡、方位角一致、覆盖次数均衡；动校正道集各 CMP 道集数相当，道集成像质量有所改善；叠加剖面特征更加清晰、连续性更好（图 5-73）。

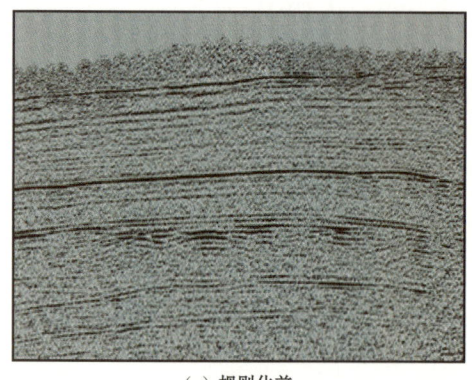

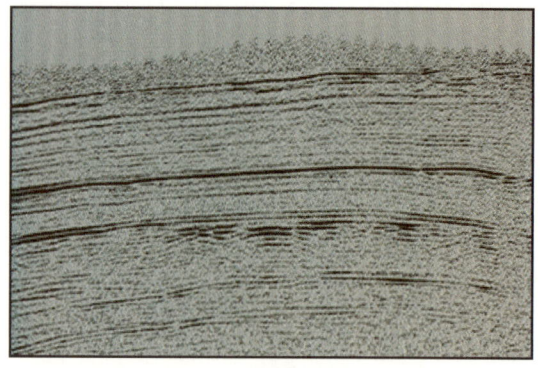

(a) 规则化前　　　　　　　　　　　(b) 规则化后

图 5-73　Inline1300 线规则化前后叠加剖面对比

各向异性参数分析技术是在椭圆各向异性假设的基础上，提取各向异性参数 $\varepsilon$ 和 $\delta$，通过剩余曲率拾取和构造倾角拾取，更新 $\varepsilon$，进行层析反演，准确获取偏移速度场。当前研究最多的各向异性模型是 VTI 模型，其特征为一个具有平行于 $x—y$ 平面的各向同性面和一个平行于 $Z$ 坐标轴的垂直对称轴，在平行于 $x—y$ 面内速度保持不变，在纵向上则为非均质性，此类模型更接近于实际地质情况，故基于 VTI 的各向异性偏移能够提高地震成像精度（图 5-74）。

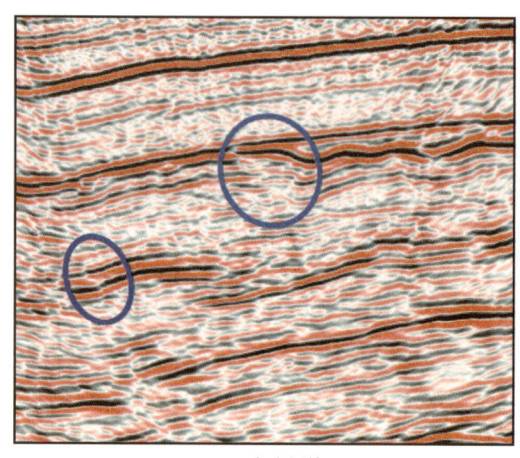

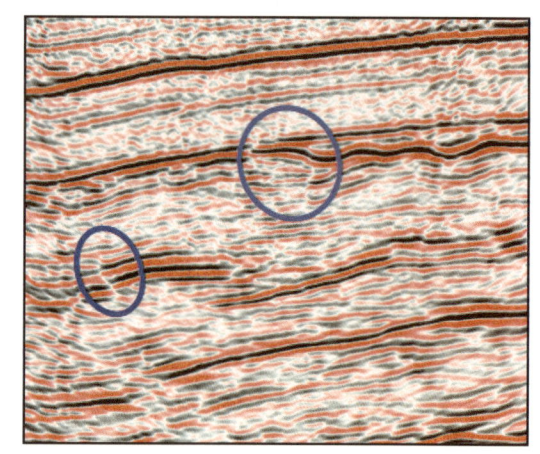

(a) 各向同性　　　　　　　　　　　(b) 各向异性

图 5-74　各向同性与各向异性叠前时间偏移剖面对比

3）蜀南页岩气地震识别与综合预测技术

（1）优质页岩厚度预测。

针对蜀南地区不同井区优质页岩测井与地震响应特征，分析其岩石物理参数，确定优质页岩所对应的岩石物理参数，利用伽马反演、速度反演以及基于模型反演等叠后反演技术，对优质页岩的厚度进行预测。

以威 204 井区为例，威 204 井区龙马溪组优质页岩具有相对低速的特征，通过叠后速度反演可对优质页岩厚度进行预测。威 203 井、威 204 井和威 205 井旁道与地震合成记录的波形特征相似，强弱关系一致。

图 5-75 为过威 203 井—威 204 井速度反演剖面，各井速度背景基本一致，井旁道反演结果与声波曲线吻合度高，特征一致。此外，从整个反演剖面来看，龙马溪组中上部呈现相对高速，龙马溪组底部呈现相对低速，且低速异常连续分布，这与实际地质情况一致。

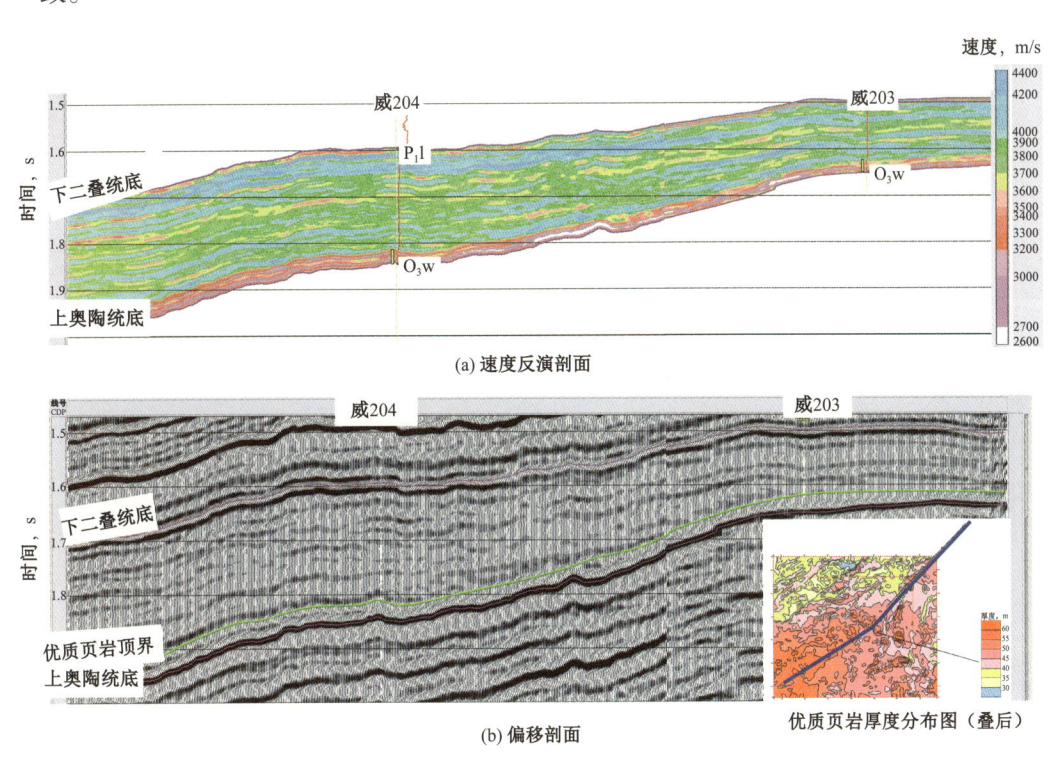

(a) 速度反演剖面

(b) 偏移剖面

图 5-75　威 204 井—威 203 井连井速度反演剖面和偏移剖面对比图

（2）TOC 地震预测技术。

目前测试或预测 TOC 的方法众多，但都仅限于钻井一个点。在实际工作中，通过技术攻关，将地震资料和钻井资料结合，通过交会分析寻找与 TOC 敏感的岩石物理参数，并建立二者的数学模型；采用叠前反演最终得到页岩的 TOC。

以蜀南威远地区为例，通过蜀南威远地区龙马溪组页岩的总有机碳含量与纵横波速度比交会图，总有机碳含量与纵横波速度比的相关性较好，相关系数达到 0.8 以上，可以用来预测龙马溪组优质页岩段平均总有机碳含量的分布。

图 5-76 为过井总有机碳含量预测剖面，可以看出，龙马溪组优质页岩段的总有机碳含量和总含气量都较高，横向变化趋势合理。

（3）含气量预测技术。

与 TOC 地震预测技术类似，含气量预测亦通过交会分析寻找与含气量敏感的岩石物理参数，并建立二者的数学模型；采用叠前反演最终得到页岩的含气量，有效刻画了纵、横向含气量的变化。

利用总含气量与 $v_P/v_S$ 的经验公式计算得到总含气量预测结果，图 5-77 是过威 202 井的总含气量预测剖面，可以看出，在龙马溪组底部有一套高含气量优质页岩，分布连续，特征与井吻合。

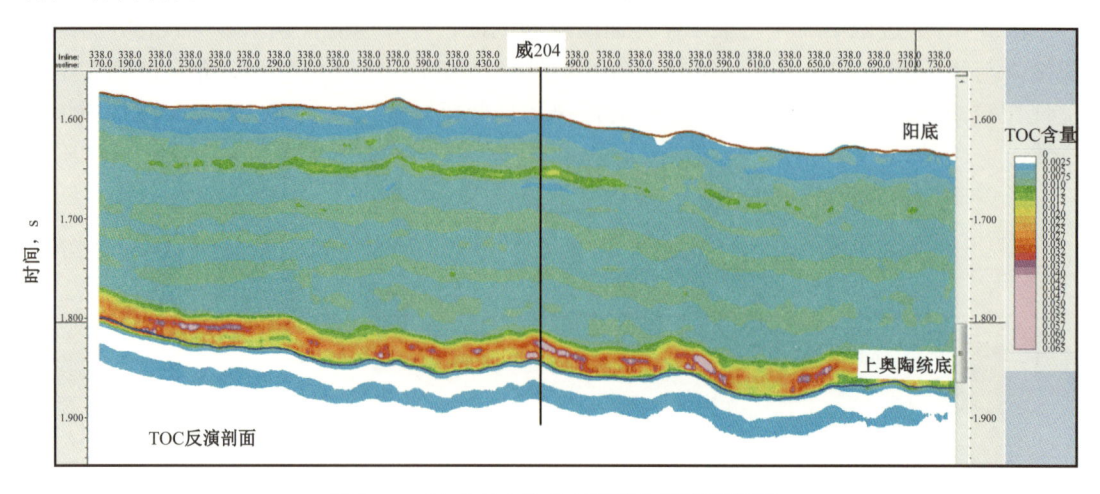

图 5-76　过威 204 井总有机碳含量预测剖面

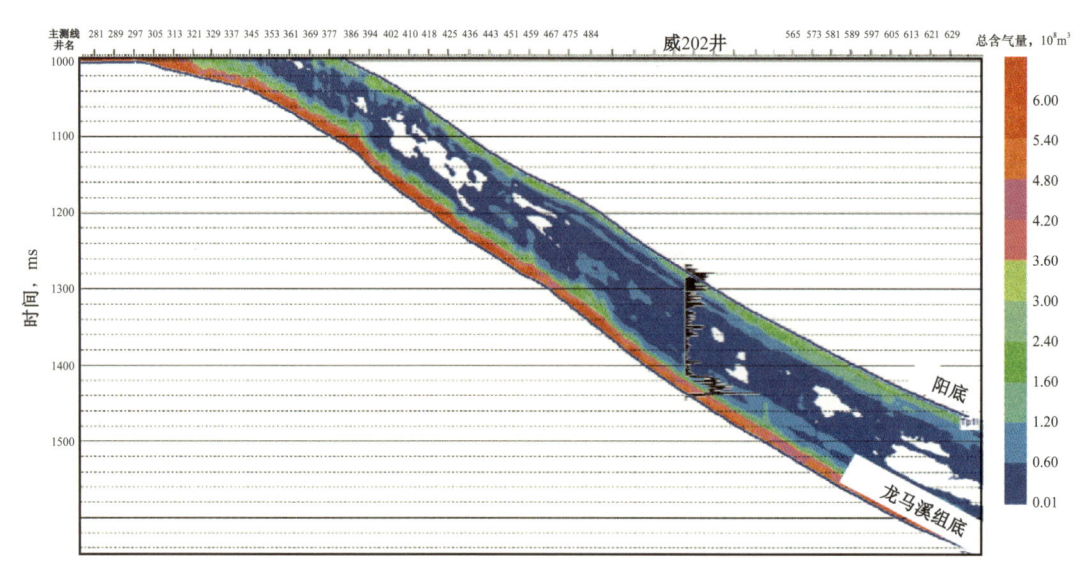

图 5-77　过威 202 井总含气量反演剖面

（4）脆性预测技术。

脆性指数无法通过反演直接得出，需要使用杨氏模量和泊松比两个基本的岩石力学参数进行计算，为了得到这两个参数，必须进行叠前弹性参数反演。然后通过纵波速度、横波速度和密度计算杨氏模量，再将泊松比和杨氏模量进行归一化之后，计算出脆性指数。

（5）裂缝预测技术。

叠后裂缝预测技术主要包括基于计算相邻道之间相似性的相干、反映几何体的弯曲程度对称性、基于倾角导向曲率以及蚂蚁追踪技术，利用上述 4 种方法对四川盆地长宁页岩气示范区宁 209-YS112 三维地区的上奥陶统底界异常分布图进行分析。总的而言，这 4 种方法预测的异常分布规律类似，主要呈北西向、北西西向以及北东向分布，蚂蚁体在细节上最为丰富（图 5-78）。

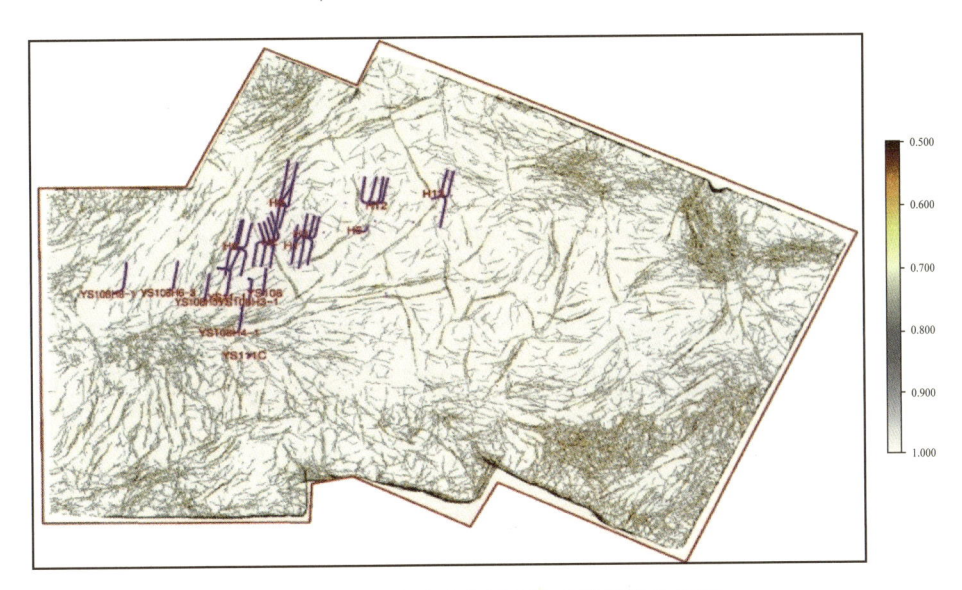

图 5-78　上奥陶统底界蚂蚁追踪异常分布图

（6）地层压力预测技术。

地层压力也是优质页岩储层评价的指标之一，异常高压是页岩气高产稳产的基本条件，也是良好保存条件的标志。研究形成了以 Fillippone 公式为基础，利用自主研发的软件，以等效介质模拟和叠前地震反演为工具的复杂岩性区压力预测方法。该方法综合测井、地震和叠加速度资料，进行岩石物理模拟。

从长宁区块龙马溪—五峰组地层压力平面图可以看出，地层压力系数在 1.4~2.0，储层超压明显，工区东南部压力系数高，西北部压力系数低（图 5-79）。

（7）地应力预测技术及效果。

地应力是油气运移、聚集的动力之一，地应力作用下形成的储层裂缝、断层及构造又是油气运移、聚集的通道和场所之一。在钻井过程中井壁稳定性，套管变形和损坏，油田开发井网合理布置、水力压裂优化设计等都与地应力大小和方向相关。

根据弹性力学理论和岩石破裂准则，裂缝总是沿着垂直于最小水平主应力的方向启裂，研究应用 OVT 域数据解释出来的裂缝方向指示最大主应力方向与单井解释成果吻合。

根据前述的三维地震甜点体预测思路，综合预测宁 209 探区龙马溪组构造、埋深、TOC、含气量、脆性以及裂缝分布，从而归纳宁 209 探区龙马溪组页岩气三维地震甜点体的分布（图 5-80）。

## 二、昭通页岩气示范区地震攻关

1. 地震勘探难点

（1）该区表层结构复杂，大部分地区岩石直接出露而没有低降速带或低降速带很薄，主要是两次结构，局部地区存在三层结构。

（2）由于表层结构复杂和地表起伏剧烈，导致该区的静校正问题非常突出，静校正的精度直接影响剖面的成像效果。

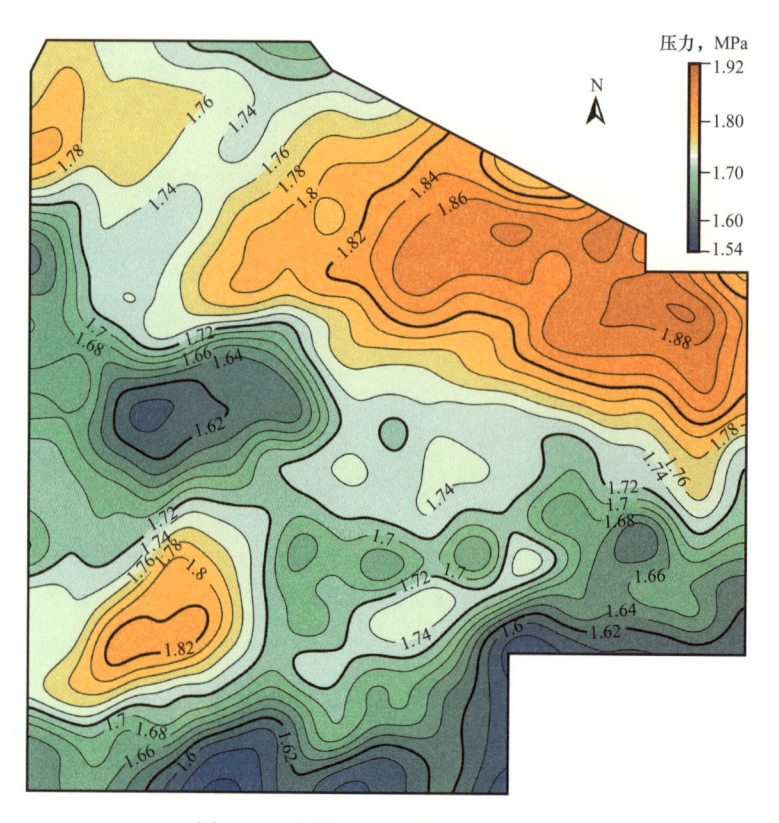

图 5-79　研究区目的层地层压力平面图

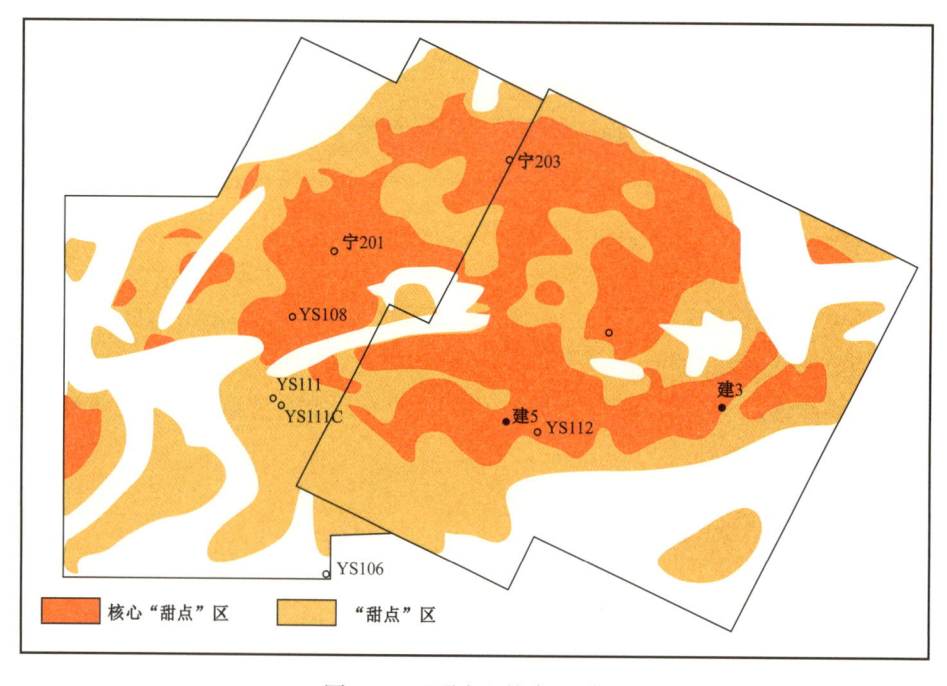

图 5-80　"甜点"综合识别图

（3）面临页岩气储层地震各向异性岩石物理建模问题。需要深入完善页岩气储层的岩石物理实验手段，研究页岩气储层的地球物理响应特征。

（4）页岩气储层"甜点"综合预测面临岩石物理参数反演和计算、各向异性和横波分裂分析精度问题。

2. 主要技术及措施

1）地震采集观测系统设计

观测系统设计注重对已有资料的分析及后期处理和解释对观测系统的要求，观测系统设计时增加了对目的层有效覆盖次数、AVO效应、叠前处理、分方位处理、OVT处理、基于已有地质资料和地震资料构建准确的二维或三维地质模型开展正演模拟和照明分析等因素的考虑，而且将这些因素对观测系统的道距、排列长度、覆盖次数和观测方位的要求作为主导因素。

2）地震数据处理关键技术

（1）井控真振幅补偿。

利用VSP测井资料提取TAR因子（真振幅恢复因子，True Amplitude Recovery），可以实现对地震资料的保真、保幅处理，有利于气藏描述中的信息属性提取及AVO分析，提高叠前反演的精度，为页岩气"甜点"预测奠定了基础。

图5-81是利用VSP资料提取TAR因子后对地震资料进行补偿前后的效果对比，补偿后的地震资料既反映了真实的振幅变化，又具有保真保幅的特点。

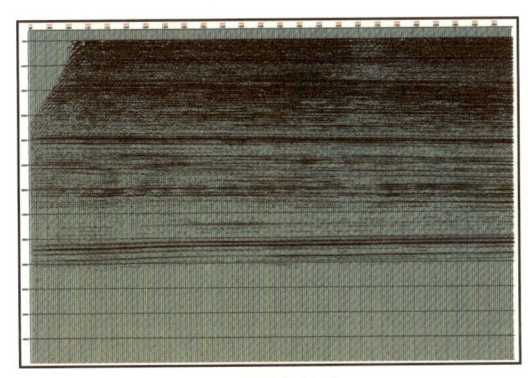

(a) 原始叠加剖面　　　　　　　　(b) TAR补偿后叠加剖面

图5-81 利用VSP资料提取TAR因子后对地震资料进行补偿前后的效果对比

（2）井控反$Q$滤波技术。

地震波在传播过程中要经受与地层有关的非弹性衰减，因此随传播时间的增大，地震波振幅衰减、相位畸变，分辨率和信噪比明显降低；反$Q$滤波可补偿地层$Q$吸收造成的能量损失，提高地震记录主频，拓宽有效频带，同时可消除子波时变影响，从而提高地震资料的分辨率。

VSP资料记录了各深度处的下行直达波，是$Q$值反演的最有力工具。从VSP原始资料中分离出下行波，并进行系列处理即可以反演得到$Q$值。在资料处理中通过反$Q$滤波即可实现对地层吸收衰减的补偿。图5-82是反$Q$滤波振幅补偿前后剖面对比，深层反射能量得到了恢复，且资料的分辨率和信噪比也有明显提高。

(a) 反 $Q$ 滤波前　　　(b) 反 $Q$ 滤波后

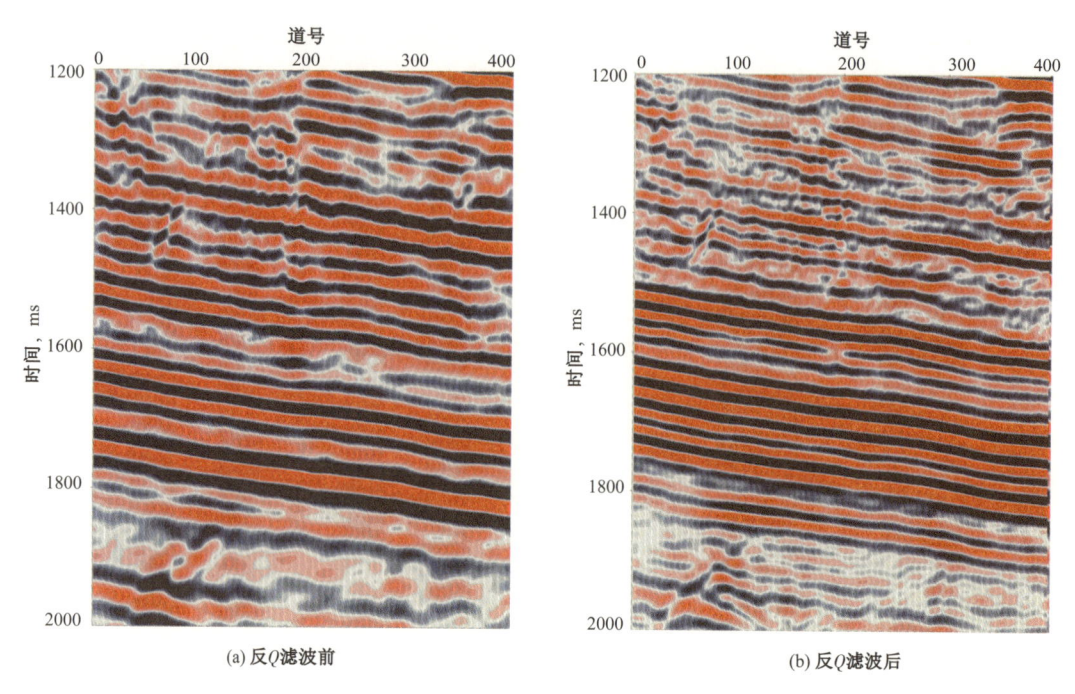

图 5-82　反 $Q$ 滤波振幅补偿前后剖面对比

（3）OVT 宽方位处理技术。

OVT 与偏移成像可以采用常规的 Kirchhoff 偏移模块实施，偏移后的道集称为 OVG 道集，也称为螺旋（Snail）道集，其最大的优势就是偏移后保留了方位角信息，可以按照不同地质需求灵活对数据进行扇位划分。图 5-83 是常规 CRP 道集和 OVT 域 Snail 道集的对比，红色曲线为每一道对应的方位角，可以看出 OVT 螺旋道集克服了共炮检距域偏移 CRP 道集远近道能量弱、中间偏移距能量强的问题，更真实地反映了 AVO 响应，提高流体检测的准确度。

（4）方位各向异性校正技术。

针对全方位采集地震资料的处理，分析了 HTI 介质影响下的地震纵波速度的方位各向异性现象，开发形成了纵波速度方位各向异性校正处理技术，较好地提高了地震成像精度，并将该项技术应用到了 OVT 处理技术中。

利用 OVT 处理形成五维数据，解释人员可以根据地质分析，选定不同的方位、优化不同的偏移距进行叠加，进而通过分析各向异性预测裂缝特征。图 5-84 是对 6 个不同方位 OVT 数据进行叠加后的剖面。从图 5-84 中分方位的剖面可以看出，不同方位剖面在反映地质特征有明显差异，比如画出的断裂特征和泥岩段的反射结构特征，差异明显。

3）昭通示范区"甜点"预测技术

（1）地球物理参数测试与岩石物理分析。

分析矿物含量及孔隙度的变化对密度、纵波速度、横波速度、阻抗（AI）和 PR 的影响，从而认识储层物性参数与弹性参数密度、纵波速度、横波速度、声阻抗和 PR 的变化关系，从而分析出其变化规律。

考虑到 TOC 和含气量的关系，以及石英和地层脆性的直接关系，选取 TOC 和石英作了重点分析，以了解这两种矿物变化时，弹性参数的变化情况，从而寻找对含气量和脆性比较敏感的参数。

(a) 常规CRP道集

(b) OVT域Snail道集

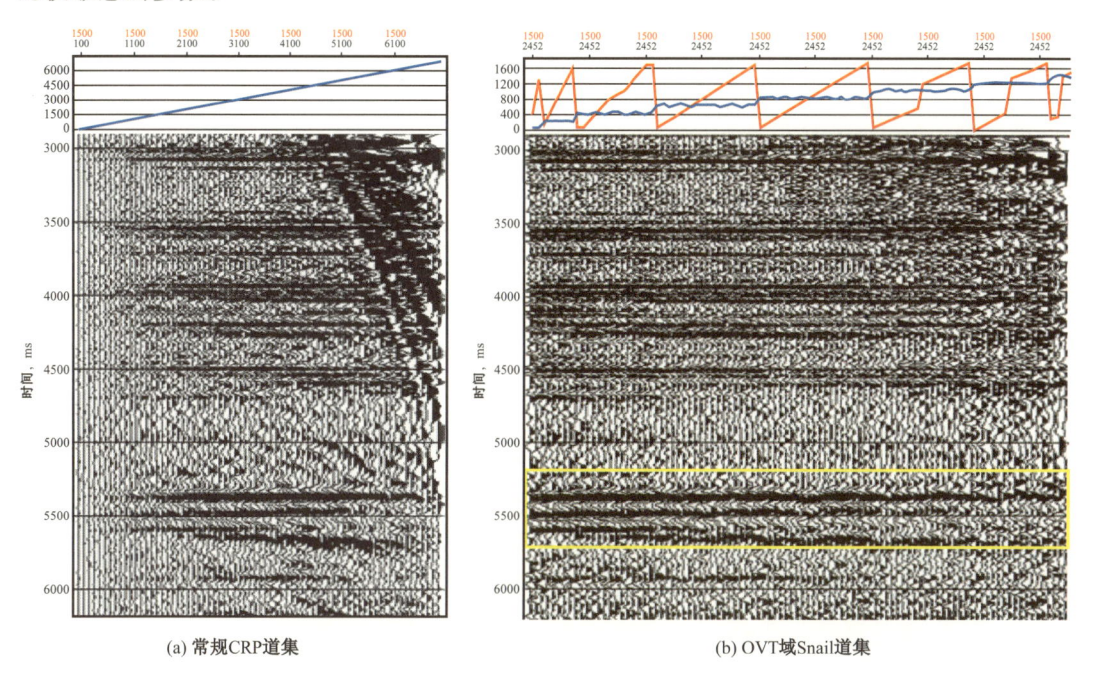

图 5-83 常规 CRP 道集和 OVT 域 Snail 道集的对比

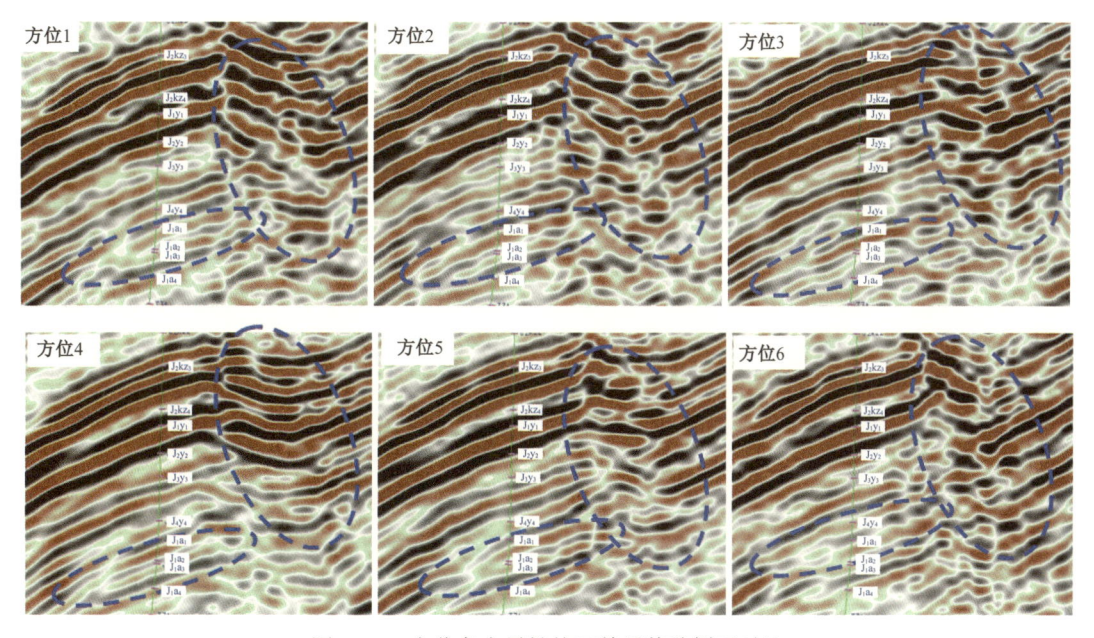

图 5-84 方位各向异性校正前后偏移剖面对比

（2）储层 TOC 含量预测。

通过回归拟合分析方法，寻找地震属性及其反演属性与 TOC 含量之间关系方程，应用方程将地震属性转为 TOC 含量，以实现 TOC 含量的区域预测。

沿反演剖面的主力层位提取TOC含量，制作TOC含量平面分布图，评价钻井区域的储层优劣，指导后续的油气开发。如图5-85所示，沿优质页岩内部，统计5m厚度内的TOC含量，制作厚度平面分布。由图5-85可知H1、H2、H3、H11平台优质页岩层段TOC含量一般大于3%，H12和H13这两个平台TOC含量也比较有利，其他平台次之。

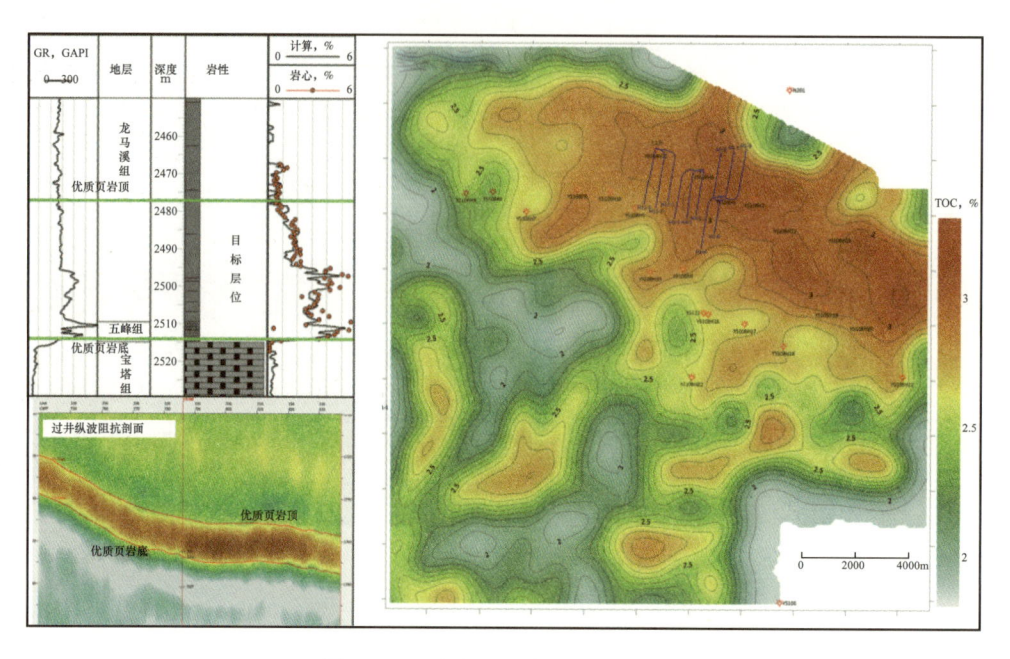

图5-85 预测TOC含量平面分布图

（3）储层脆性分布评价。

借鉴了国外学者的经验方法，并提出了改进意见。通过对国内几口页岩气井的分析发现，杨氏模量和脆性指数的相关程度与泊松比和脆性指数的相关程度是有差异的，使用相关较好的属性预测的脆性也较为精确，为了凸显这种差异，加入了权重系数，以区别不同属性在预测中的重要程度。

沿目标层段提取脆性属性成图，用于评价目标储层区域脆性分布，为油气开发提供重要成果图件。图5-86a为脆性预测平面分布图，由于在预测中杨氏模量属性使用了较大的权重系数，预测成果与杨氏模量分布特征比较吻合（图5-86）。由于这种较好的吻合性，在实际生产解释中，往往使用杨氏模量属性定性解释储层脆性发育分布特征。

（4）储层压力系数预测。

在预测过程中，主要应用叠前速度反演以获得较高精度的三维速度体，最终得到具有较高分辨率的三维压力系数。为了对结果进行质控，同时应用了三维均方根速度场进行约束Dix反演获得大的速度背景，从而得到较为粗略的三维压力系数分布趋势。通过对比，首先可以看到，两者储层段沿层压力分布趋势基本一致，目标储层表现为探区东北部相对西南部反映出异常高压的趋势，这恰恰与储层沉积演化的研究结果相吻合。总的来说，得到的储层压力系数预测结果与探井实测结果基本吻合，并且与井产气量有一定的相关性。

（5）多属性甜点识别与评价。

结合多种属性降低地球物理预测的多解性，提高储层预测精度。提出了"比例压缩——加权融合"的多属性解释评价方法。所谓"比例压缩——加权融合",顾名思义分为两个步骤,第一是将各种属性进行分类并按照不同的比例,压缩到同一个尺度下;第二是将压缩后的各种属性按照一定的权重系数融合为一个数据。

(a) 脆性指数

(b) 杨氏模量

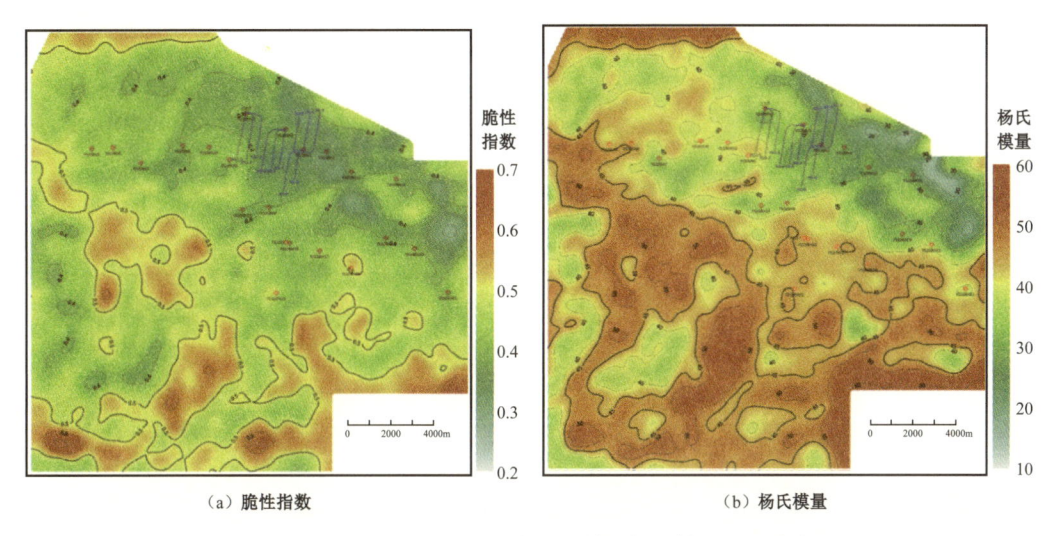

图 5-86 预测脆性平面分布图与储层杨氏模量平面分布图

将研究区储层划分为三类,将厚度属性、TOC 属性、波阻抗属性、剪切模量属性以及压力系数属性,按照比例进行了压缩。Ⅰ类储层压缩后的数值区间为 400~500,数值越大储层越优,200~300 为Ⅱ类储层,0~100 为Ⅲ类储层,考虑到融合时存在过渡段,每类之间间隔了 100,留作融合时产生的叠加区域。数值 300~400 区间认为是由Ⅱ类向Ⅰ类过渡的区域,同样数值区间 100~200 为由Ⅲ类向Ⅱ类过渡的区域。图 5-87 为 YS108 井区按比例压缩的融合评价图。

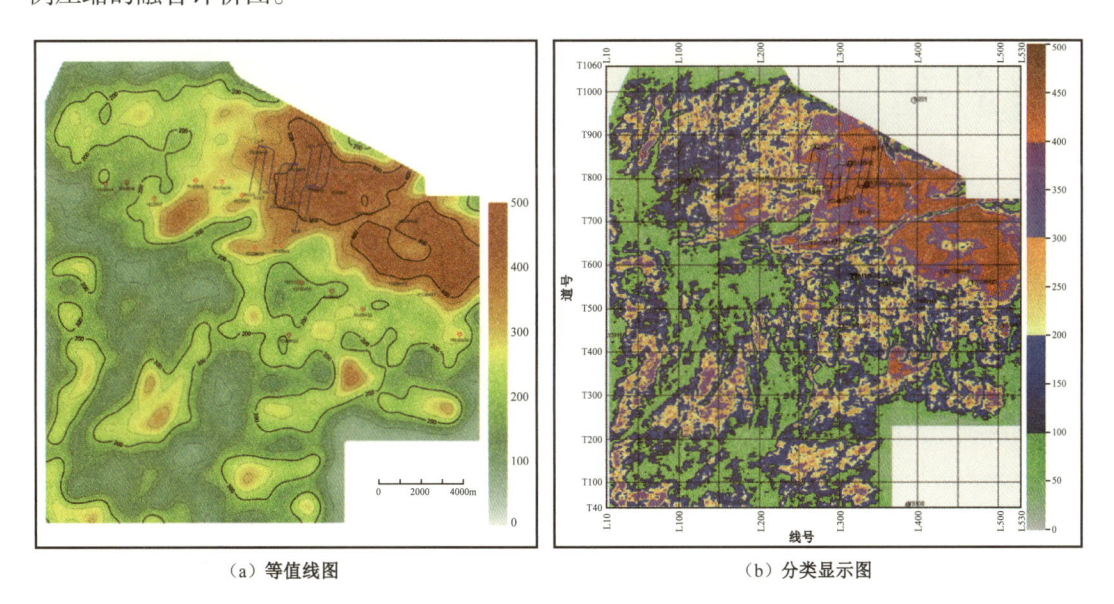

(a) 等值线图

(b) 分类显示图

图 5-87 按比例压缩、融合评价图

(6)地震综合解释技术。

地震与微地震相结合的作用之一是解释微地震事件产生的主控因素。储层压裂时会产生微小破裂,即为微地震事件。破裂的产生可能有以下几种情况:一是储层存在孔隙空间;二是致密岩石的自身破裂;三是存在断层,断层附近容易产生微小破裂事件。相结合的作用之二是检验微地震定位成果的准确性,验证地震预测的有效性。通过两者的相互验证,确保储层裂缝预测的准确性。两者相结合的作用之三是解释异常微地震事件。

图5-88为YS108H1平台的两口井的微地震事件与地震属性平面对比分析图,图5-88a为裂缝属性图,暖色调(红色)为裂缝发育区;图5-88b为脆性属性图,暖色调(红色)为脆性发育区。由图5-88b标注1处可知,右上角有一小断层,断层一侧发育有裂缝,使得1处有微地震事件发育,因此,此处的微地震事件主要是由于断层附近的裂缝产生的;再看标注2处的微地震事件,该处有微小的裂缝存在,同时脆性较发育,因此认为此处的微地震事件主要是由于目的层段的脆性比较发育造成的;标注4处,裂缝与脆性都很发育,而此处也是微地震事件最发育的地方;标注3处,在未压裂之前仪器已经记录到了微地震事件,该处应该分布有小断层或裂缝较发育,从地震属性平面图恰恰可以验证这一点。

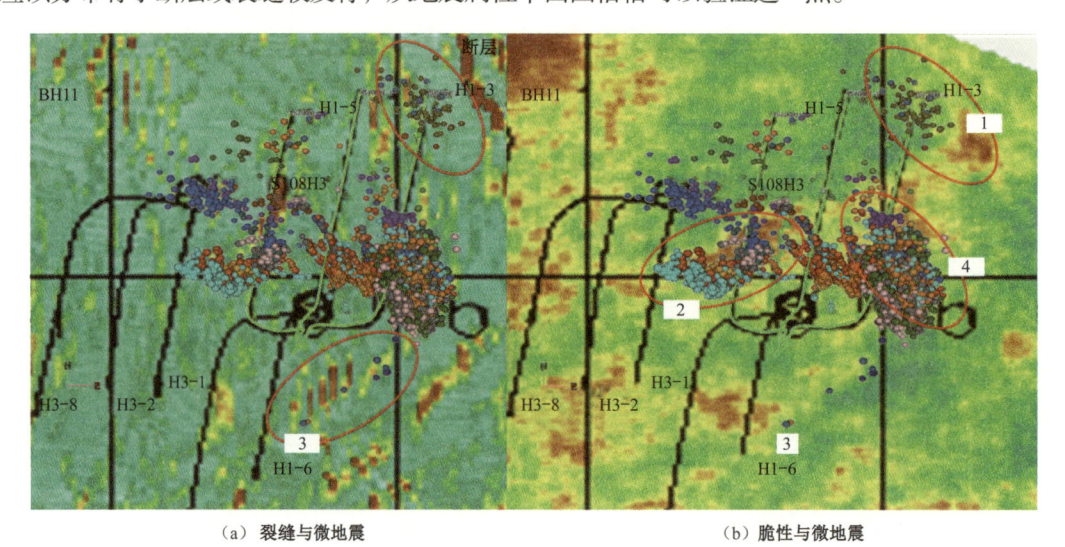

(a)裂缝与微地震　　　　　　　　(b)脆性与微地震

图5-88　微地震事件与地震属性平面对比分析图

应用平面图分析可以解释区域现象,剖面图的对比分析能够从另一个维度,认识两者之间的相互关系。如图5-89所示,图5-89a为反演的杨氏模量属性剖面,颜色越深,表示杨氏模量越大,也意味着地层脆性程度越高。图5-89b为微地震事件与杨氏模量剖面叠合显示图。由此可知,微地震事件与杨氏模量有着较为吻合的对应关系,在杨氏模量较大、脆性较发育的区域,微地震事件也较为发育。

3. 地震勘探成效

甜点预测有效指导了水平井位部署,指导10口页岩气水平井位设计及优化。辅助水平井压裂分段及工程参数优化,指导近100段压裂方案优化,提高产气率,减低成本。

创新提出甜点成果与微地震结合技术,利用钻井、测井、VSP测井、微地震测数据结合地震,指导页岩气示范区水平井组压裂优化。

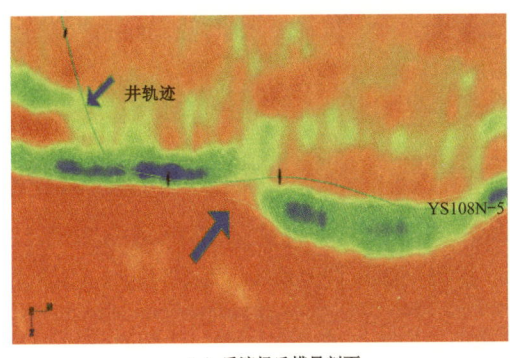

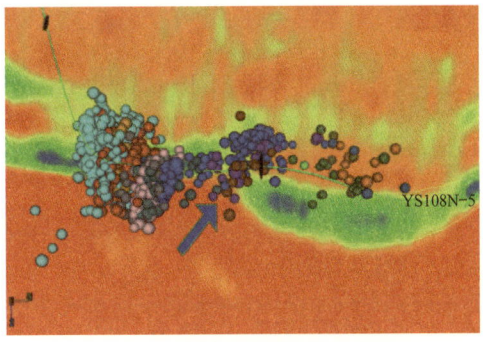

(a) 反演杨氏模量剖面　　　　　　　　　　　(b) 杨氏模量与微地震事件对比显示

图 5-89　地震属性揭示的储层各向异性

## 三、沁水煤层气地震勘探攻关

沁水盆地是我国原型盆地特征保留较好的聚煤盆地之一，也是华北地区石炭—二叠系保存最完整、连片面积最大、构造最稳定、埋藏深度最适中的一个含煤区。近年来，以晋城、阳泉地区为核心开展了煤层气的规模开发，探明了我国第一个千亿立方米大气田，并建成了国内第一个煤层气田示范工程。

1. 地震勘探难点

（1）小断层、陷落柱发育，精细落实小断层、陷落柱难度大。需要准确落实小于 10m 幅度圈闭和小于 2m 断层，查明断层的性质、产状和延伸长度，其平面位置误差小于 20m。查明直径 20m 以上的陷落柱（图 5-90），所以对微小断裂解释、落实低幅度构造等难度大。

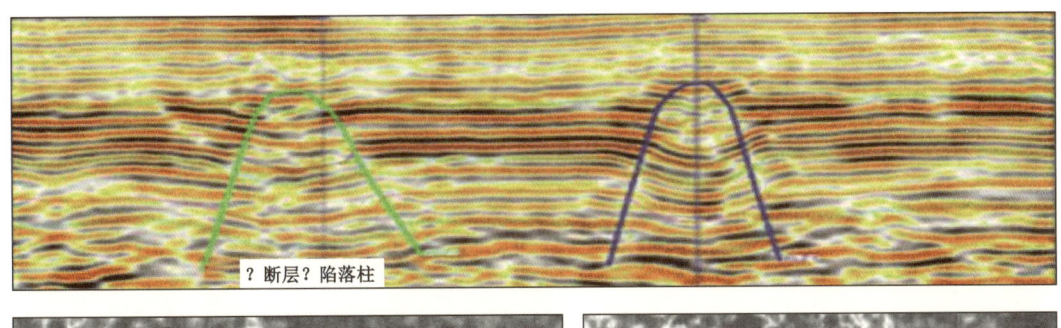

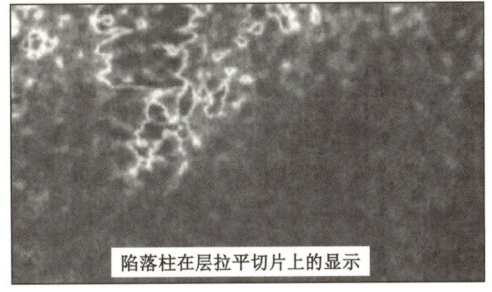

图 5-90　陷落柱的识别困难

（2）满足水平井、丛式井设计的需求，对地震资料品质要求高。
（3）地表起伏剧烈，表层岩性横向变化快，静校正问题突出。

（4）煤层薄，资料的分辨率要求高。山西组 3#、太原组 15# 等两套煤层薄，3# 煤层一般厚 4~7m，厚度相对稳定，预测误差相对小；而 15# 煤层一般厚 3~10m，横向厚度变化大，煤层间煤夹矸发育，而且 3# 煤层对下部储层反射有屏蔽，所以 15# 煤层的储层预测难度较大。

2. 主要技术及措施

为了解决以上问题，实现经济技术一体化，在沁水煤层气项目的运作过程中，针对工区的地震地质条件及地质需求，开展了采集、处理、解释一体化技术攻关，取得了良好的效果。

1）煤层气地震勘探优化采集技术

（1）基于经济技术一体化的观测系统优化技术。

针对煤层气开发技术要求与三维地震勘探投入的矛盾，按照价值工程的理念，综合考虑工区地震地质条件、可承受的地震价格、主要地质任务等因素，设计三维观测系统关键参数，平衡技术要求与物探投入之间关系。

首先，满足落实陷落柱的要求，选择较为适中的面元。要准确分辨直径为 20m 的陷落柱，需要的面元边长不大于 10m（图 5-91）；要准确分辨直径为 40m 的陷落柱，需要的面元边长不大于 20m。可见，面元边长应小于或等于需要落实陷落柱直径的一半。

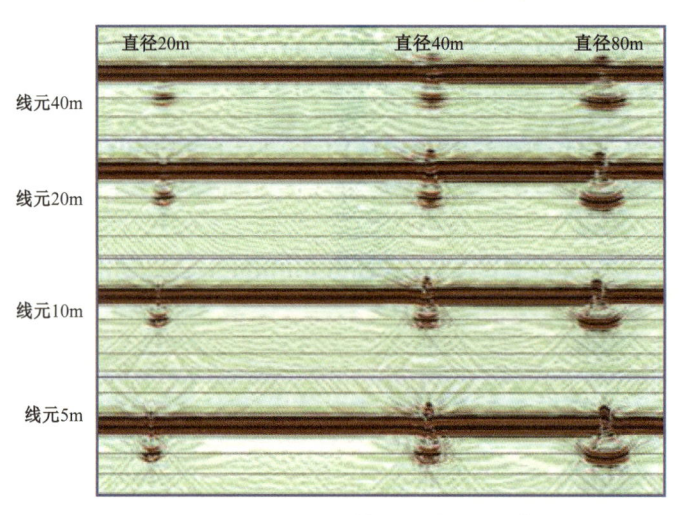

图 5-91　不同面元边长模拟正演的地震剖面

其次，基于整体资料信噪比，保证有足够的覆盖次数。从不同覆盖次数的分频剖面来看，当覆盖次数达到 30 次时，3#、15# 煤层地震资料的信噪比较高。因此，覆盖次数应选择在 30 次左右。

最后，根据经济技术一体化要求，选择尽可能大的最大炮检距。山地施工，钻井成本高，因此，在保证资料品质的前提下，尽可能降低炮密度。从不同排列长度的叠加剖面可以看出，增加排列长度，有利于提高煤层资料的信噪比及成像效果。因此，最大炮检距应选择在煤层埋深的两倍以上。

（2）基于拓展资料频宽的接收技术。

利用无人机获取工区高精度航空照片和 DEM 高程数据（图 5-92），形成地形坡度、坡向等图形数据。利用地理信息系统进行飞行踏勘，了解工区的地理信息（地表地貌、岩性、坡度），进行检波点预布设。

图 5-92 无人机航拍数据

多种地理属性符合有利于检波点的合理布设。可以利用栅格计算或空间分析工具中的数学对地理属性进行公式转换，形成新的可视化地理信息。利用无人机航拍数据，按照"避陡就缓、避高就低、避干就湿、避软就硬"四大原则指导野外检波点布设。

目前国内外进行煤层气勘探时，一般采用高频检波器接收，以提高资料高频成分。但在沁水盆地，目的层反射频率较高，高频成分可以通过优选激发岩性来解决。因此，在接收环节，重点是拓展低频信息，实现宽频采集，满足高分辨率处理的需求。

2）煤层气地震勘探综合处理技术

（1）山地黄土塬综合静校正技术。

沁水盆地受地表高程及表层岩性突变的影响，表层速度纵横向变化剧烈，单炮反射波信息杂乱，静校正问题严重。

针对煤层气地区地表情况复杂引起的严重静校正问题，经过近几年实践，形成了以野外（高程、小折射、微测井等）原始数据为基础，进行多种折射波静校正或层析反演静校正方法研究，并结合初至波剩余静校正和反射波剩余静校正迭代技术，逐步提高静校正精度的综合静校正技术。建立了一套针对煤层气资料的综合静校正处理流程，推广应用之后，取得了明显效果（图 5-93）。

（2）提高中浅煤层分辨率处理技术。

针对煤层厚度较薄、埋藏较浅而分辨率要求较高的特点，利用反 $Q$ 补偿、地表一致性反褶积、串联反褶积以及叠后零相位反褶积等处理手段逐步提高目的层的分辨率。

煤层气工区内干扰源多，各种干扰波发育，且频率与有效波重叠，在保真的前提下做好叠前噪声压制工作也很关键。根据不同干扰波的特点，在全面系统调查原始资料各种干扰波发育及分布情况后，针对性地应用不同的方法去除和压制干扰噪声，进行叠前系列去噪，提高资料的信噪比。

通过叠前保真系列去噪，逐步提高原始资料的信噪比，道集得到了有效净化，如图 5-94 所示，剖面的信噪比得到明显提高。

同时，针对煤层气储层低孔隙度、低渗透率、低含气饱和度的特点，采用分方位处理技术提供多套基础数据，以满足裂缝检测和储层预测的需求。

3）煤层气地震资料精细解释技术

常规油气储层的地震预测技术越来越成熟，而对于煤层气储层的双重孔隙结构和吸附特征，以及煤层本身低速、低密度特性和由于割理发育而具有的各向异性，都表明其与常规油气储层之间存在较大差异，也是地震勘探开发技术不断探索的关键。

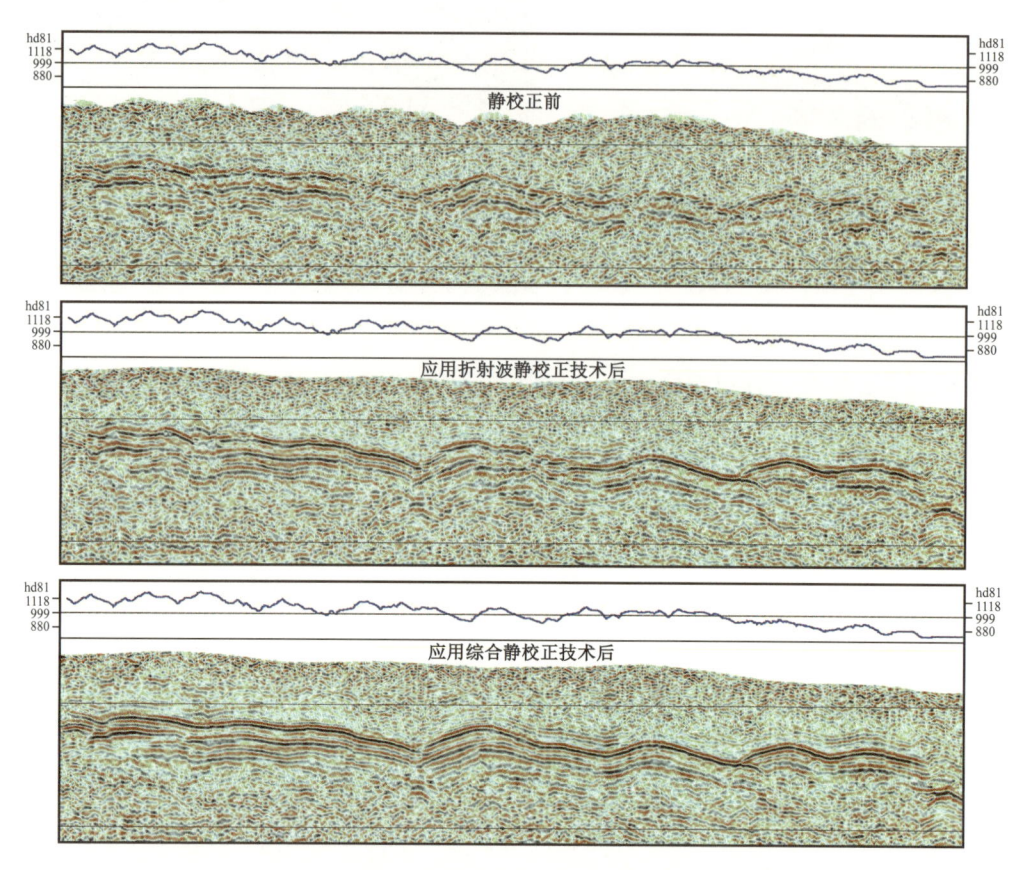

图 5-93　静校正前后偏移剖面

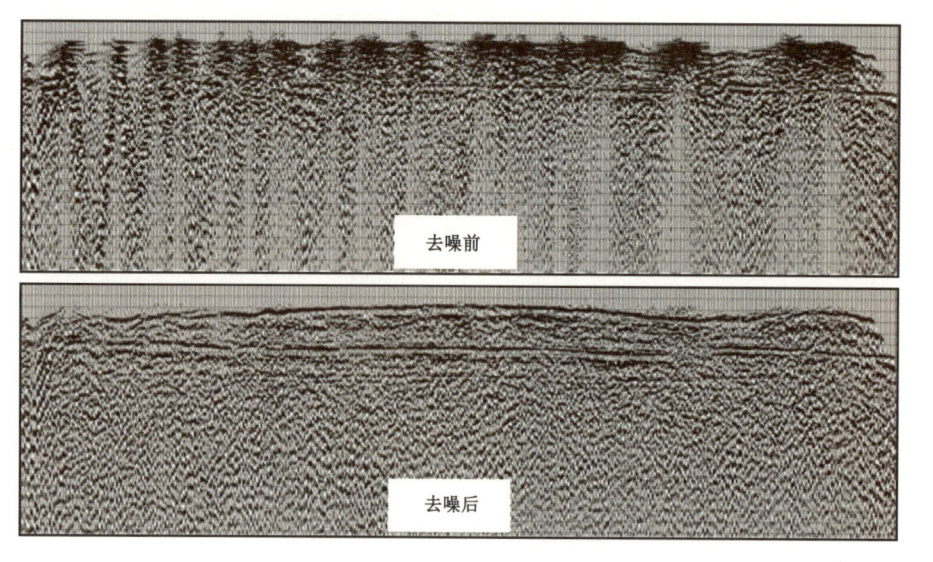

图 5-94　去噪前后的叠加剖面

通过多年技术总结及应用，煤层气地震解释关键技术主要有以下四个方面：

（1）微断裂体系刻画技术。

大断裂、陷落柱对煤层气具有破坏作用，而微小断裂和割理或节理对煤层气储层空间具有较大贡献，利用体曲率、蚂蚁体等技术应用，对微小断裂和割理或节理进行梳理和落实。对于煤层而言，微小断裂和陷落柱为最主要的特征，直接影响了煤层含气性。

由于沁南地区大断层不发育，主要以发育褶曲构造为主，幅度低，断距小，断开干脆的少，所以相干数据体响应较弱，小断层又不容易落实，而弯曲度为主的褶曲断层较为发育，所以体曲率有较好的响应，这样综合多技术手段对微断裂体系进行刻画。

针对研究区微断裂定量解释目前尚缺少有效的技术手段，但根据正演结果，推断蚂蚁体断层响应应该能够反映15~20m以内的微断裂和节理。虽然该技术目前尚不能对微断裂进行定量研究，但蚂蚁体技术仍可以作为对3#、15#煤层微断裂的定性表征的有力工具，在此基础上，结合曲率、相干、玫瑰图及叠加地震资料，可以作为该区断层解释较为有利的手段。

（2）陷落柱识别技术。

通过以上微断裂的系列识别技术应用和综合对比分析，针对陷落柱的识别主要有以下技术能够突出陷落柱的特征：特征值相干、相似性相干、方差体等技术。利用沿层方差体落实了3#、15#煤层陷落柱的平面分布特征，平面上主要表现为不规则圆形的特征，那么再从平面到线、到点，反推到地震剖面，明确了不同尺度的陷落柱的剖面特征（图5-95）。剖面上表现为双断堑式结构。

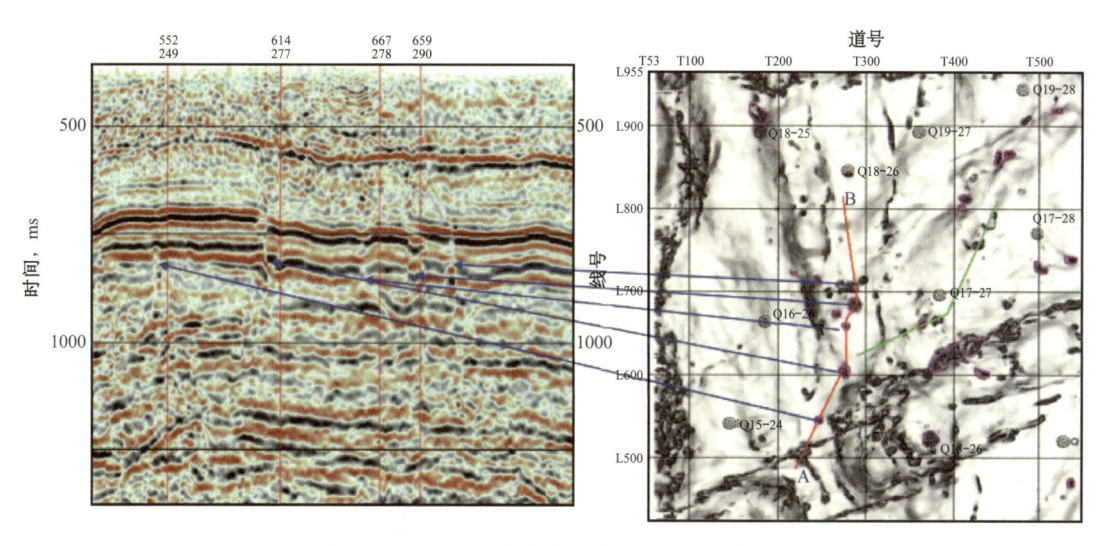

图5-95 利用方差体落实较大尺度的陷落柱

根据方差体等属性识别的陷落柱，通过拉十字线地震剖面、任意线地震剖面对比分析，对陷落柱进行进一步落实（图5-96）。将落实的陷落柱与构造图进行叠合，明确了陷落柱和构造特征，为后续煤层气藏的评价奠定了基础。

（3）煤储层厚度预测技术。

煤储层厚度预测主要利用地球物理方法，利用地球物理敏感参数识别煤层特征，并预测煤层厚度，主要应用了Jason公司的波阻抗反演中的稀疏脉冲反演和地质统计反演方法。通过多轮次分析，按照时深关系，将反演体分割为 3# 和 15# 煤层的两套数据体，对 3# 煤层反演数据体进行低阻抗对应的产层厚度进行提取，结合井校进行微调，得到 3# 煤层厚度平面分布图（图 5-97），工区内煤层分布稳定，厚度变化不大，中北部相对较厚，南部相对较薄；煤层厚度范围为 2~9m，平均为 6m，区内 7 口钻井吻合度较高，相对误差在 2% 以下，井区南北向存在多个条带状分布的煤层厚带。

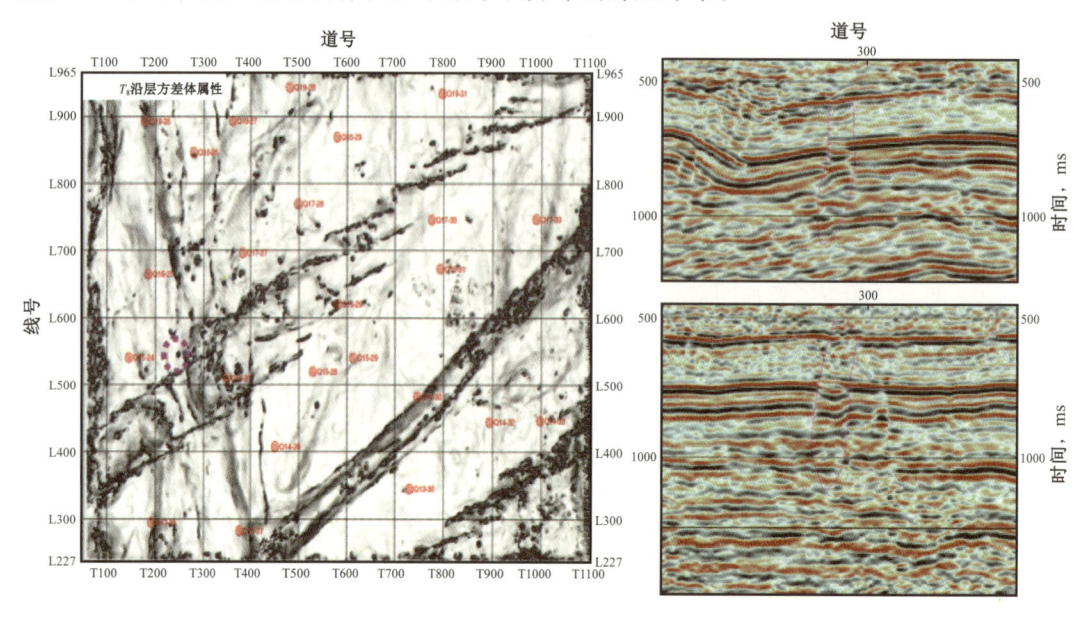

图 5-96　利用十字线剖面落实陷落柱

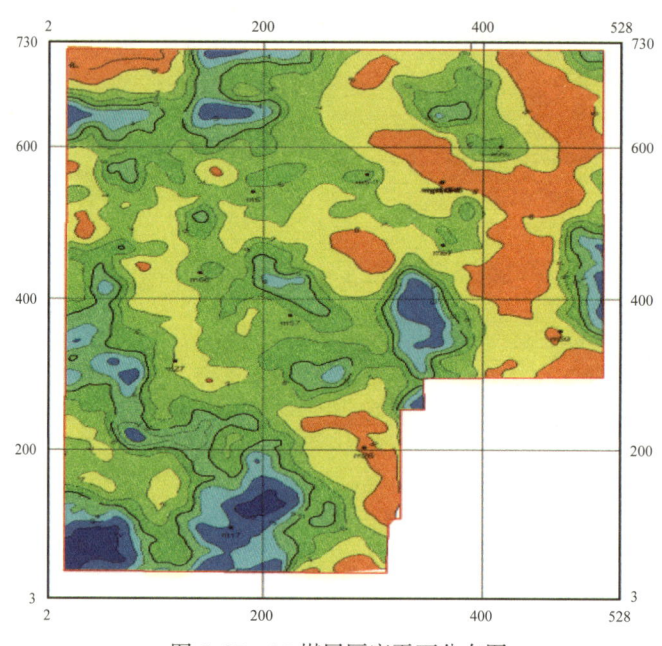

图 5-97　3# 煤层厚度平面分布图

（4）煤层气富集区带预测技术。

油和气的"低频共振，高频衰减"现象有所不同，油的"共振"现象明显，而气的

"衰减"现象明显。为用油气检测属性预测煤层气的富集区,奠定了理论基础。方法用于马必东三维区,对 3# 煤层和 15# 煤层的含气情况进行预测,从 3# 煤层的油气检测属性结果(图 5-98)来看,红色为煤层气含气量高,该区煤层气主要聚集在三个带内,这与裂缝预测和构造分析相对比较吻合。

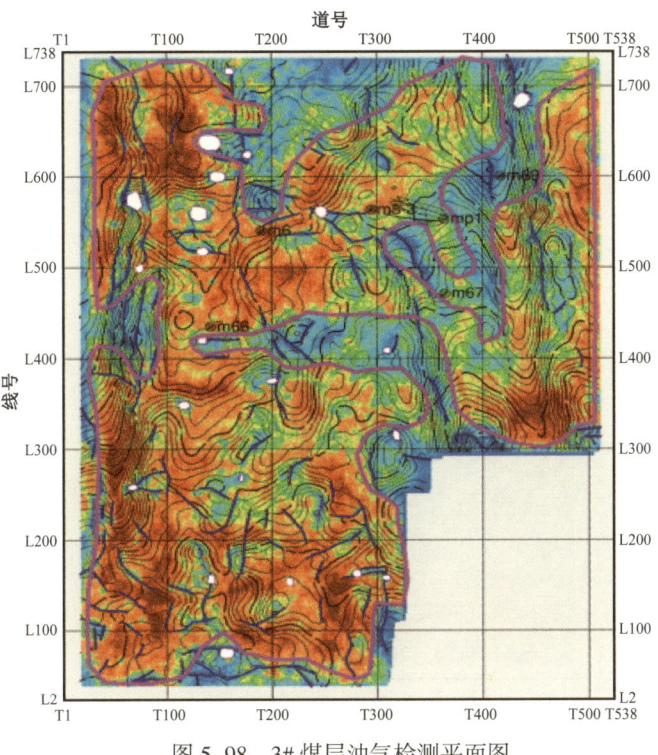

图 5-98　3# 煤层油气检测平面图

高亮体属性预测有利区。低峰值频率对应厚层、高峰值频率对应薄层;小的偏差对应正常的振幅,而大的偏差为异常振幅。频率域属性能真正反映含油气的变化,而高亮体能去掉振幅影响,把频率域的东西展示出来。利用高亮体属性,对 3# 煤层的沿层开时窗进行高亮体属性提取、分析,初步预测了三个高亮显示区,认为是煤层气富集区带(图 5-99),与油气检测结果基本一致,且均有井证实。

3. 地震勘探成效

通过 2010 年以来对郑庄、里必、郑庄北、沁南东、马必东等多个三维地震资料,以及马必、沁南—夏店等二维地震资料的采集处理解释研究,对煤层气勘探而言,三维地震不仅具有明显优势,同时勘探效果显著。

采用三维叠前时间偏移成像技术克服了叠后偏移技术的各种假设,同时能够更好地解决静校正问题,能够更精确地反映地下实际情况,以郑庄三维地震为例,二维断层有插手现象,难以准确落实断点位置,而三维断层归位准确,断点位置落实可靠(图 5-100),保证了断层、断点更加清晰,断面更加可靠。

常规的二维地震剖面只进行区域构造的解释,很难对煤层气储层岩性特征做出评价。而煤层气储存于分子级的微观煤层裂隙中,含气性主要与煤层的裂隙度和渗透性有关。煤层气勘探不但需要利用地震搞清构造,更需要地震技术能提供更多有关储层的信息,需要利用 AVO 反演技术、叠前弹性阻抗（EI）反演、地震属性分析等技术研究煤层气储层的含气性、渗透性及预测构造煤发育带，从而预测煤层气的富集部位，为煤层气开采提供依据。而常规二维地震勘探尺度上无法直接描述和刻画煤层的这些信息，只有通过三维地震才能使这些得以实现。

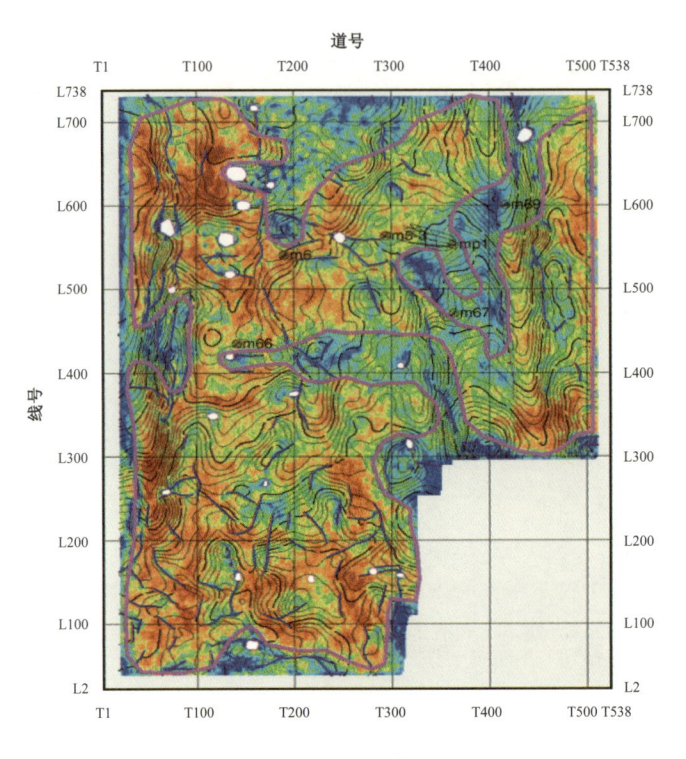

图 5-99　3# 煤层高亮体属性平面图

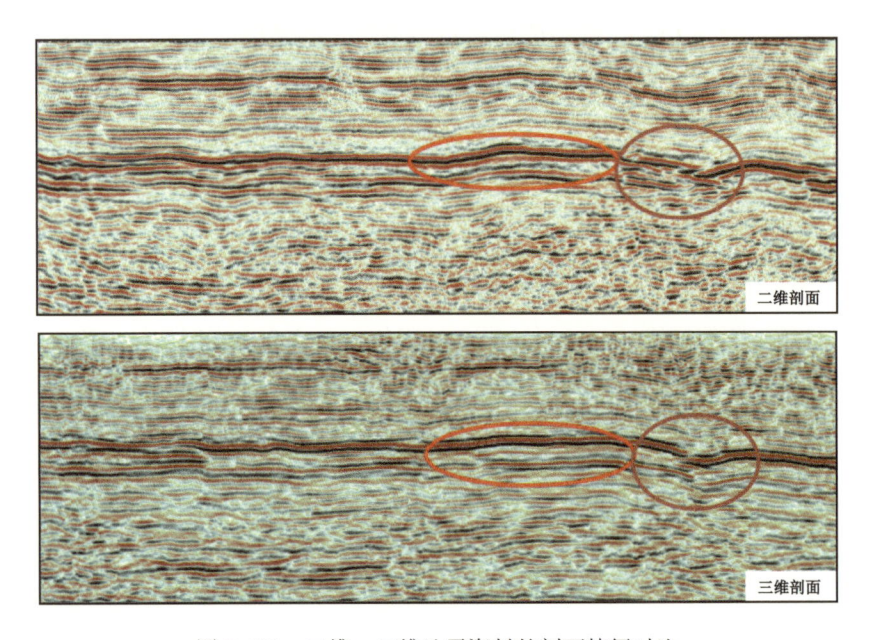

图 5-100　二维、三维地震资料的剖面特征对比

通过多年煤层气勘探采集处理解释攻关，三维地震研究成果在水平分支井轨迹设计中发挥了重要支撑作用。

（1）郑庄 95km² 三维区精细解释成果，指导了 23 个水平井组的设计，调整了 9 口水平井，取消了 12 口直井，而且多口洞穴井与分支井因断层进行了调整，如原设计主井眼与两洞穴井间存在断层，根据解释成果，主井眼向南移动 300m，可见三维地震成果在水平分枝井轨迹设计中发挥了重要支撑作用。

（2）在沁水示范区 3# 煤层厚度预测方面，3# 煤层实钻厚度与预测厚度的绝对误差小于 0.4m，相对误差小于 7%，煤层厚度预测结果与实钻吻合较好，为后续钻探开发提供了技术支撑。

（3）沁南东三维地震通过构造特征分析及区带评价，优选有利区带，解释阶段油田只提供了 10 口探井，后续在研究基础上共钻井约 370 口，均为验证井，建生产井 180 口，日产气量 $10.5 \times 10^4 m^3$，三维地震解释成果为煤层气开发的高成功率提供了保障（图 5-101），同时也节约了钻探成本。

(a) 3#煤顶构造图

(b) 3#煤层蚂蚁体属性与断裂系统分布叠合图

(c) 地震$T_6$可视化图

(d) 沁南东三维区渗透率预测图

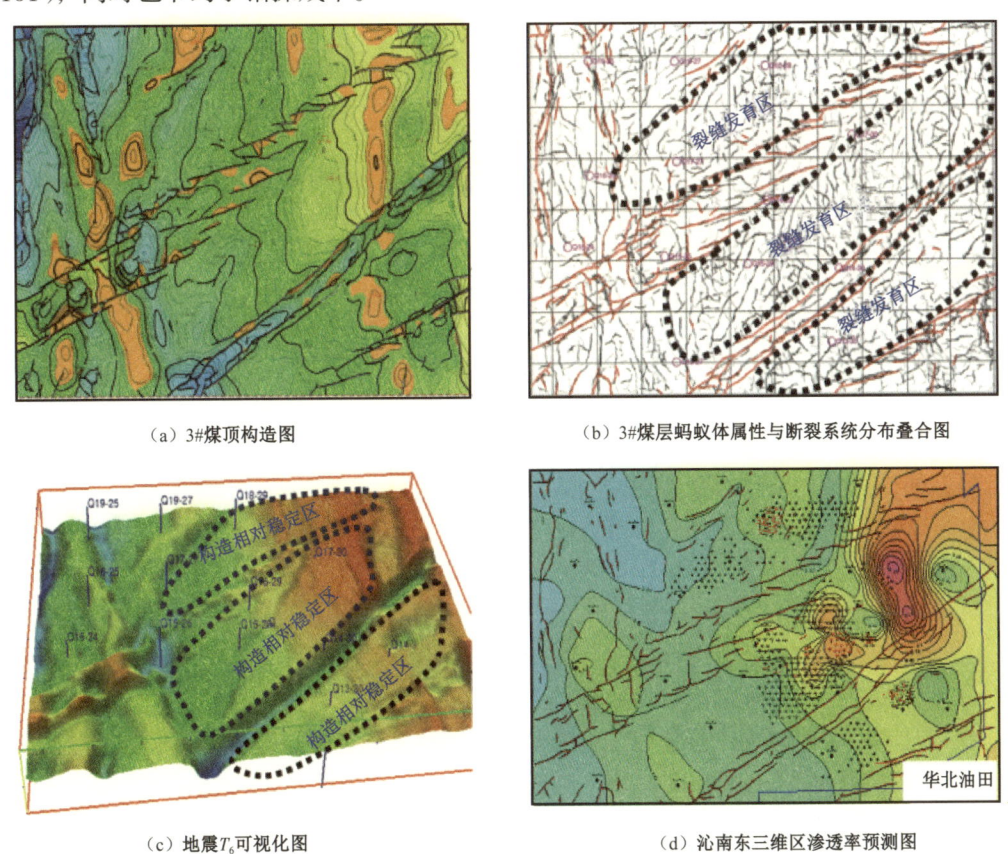

图 5-101　综合研究优选有利区与实际开发效果对比

## 第八节　二次开发油藏精细评价

大庆油田作为国家重要的能源基地，经过 40 多年的勘探与开发，勘探对象日趋复杂，后备资源储量日益紧张，储采结构失衡，稳产难度越来越大，因此大庆长垣剩余油的有效动用将成为未来10年油田开发的主要目标。根据大庆长垣稳油增储上产的"315"工程总体规划的要求，应用地震资料解释要以识别3m断层、提升1m储层的识别能力为攻关目标。近10年来，着力开展了高密度三维地震勘探，通过综合地质和测井资料对构造及储层进行精细描述，在密井网精细地质研究的基础上进行高精度油藏建模。重点研究层间微构造及小断层精细刻画技术、井间薄层砂体精细描述技术、剩余油分析预测技术。在准确预测井间断层及砂体发育情况的同时，准确确定油、水边界线并预测剩余油的分布，为开发调整方案编制提供依据，提高油田开发的经济效益。

## 一、地震勘探难点

（1）小断层识别难。目前除大断层的走向经过二维地震和加密井网基本落实以外，其他断层因素如平面组合模式、延伸长度、局部倾向、倾角等细节还没有认识清楚，井间未钻遇小断层无法识别。断点组合率只有85%左右，而且每次加密井都会发现新的断点，不同规模的断层对成藏的作用比较模糊。

（2）微幅构造不落实。仅用井点资料绘制趋势面方法研究微幅度构造，无法细致描述井间微幅度构造，井位部署不准确，导致开发中后期剩余油的富集区认识不足。

（3）剩余油分布高度分散。长期注水开发，特别是注聚合物后，注入后的地下流体场发生深刻变化，使得剩余油分布呈现复杂的分布特征。仅依靠井孔资料利用各种算法进行井间预测，缺少井间信息，严重影响着剩余油描述、开发效果评价和开发调整方案编制等。

## 二、主要技术及措施

1. 密井网高密度三维地震勘探观测系统设计技术

（1）精细地球物理建模方法及波动方程正演模拟配套技术。

根据油田区构造地质特征，通过测井资料提取地球物理参数，结合高密度三维地震观测系统精细设计的目标精细建立二维地球物理模型。开展波动方程正演模拟，解决针对油藏目标的精细地质模型建立和分析问题，分析论证由主要标准层推进到油层组或砂层组等层级更精细的地质目标。

由于面对的地质目标主要是薄互层，不仅要依据大的构造格局建立大尺度的构造模型，还需建立符合地质构造特点和砂泥岩薄互层特点的地质模型与地球物理模型，通过模拟分析给出最佳的采集设计参数。选用长垣北部喇嘛甸高密度二维地震试验线进行模型分析，其CMP间距为2.5m。

通过模型正演分析设计观测系统参数，可得到不同时刻的波场快照，分析波场到达断块区的波场响应，追踪断块的波场信息，通过与炮记录剖面做对照，从炮记录中识别出断块的波场信息。

将快照与炮记录对比，通过这种方法在炮记录剖面中找到断块的绕射，如图5-102所示。可见，对于层速度模型，即使是很小的断块绕射，也可以在正演炮记录中清楚地识别，图中红线标识部分。

(a) 含绕射波的单炮记录

(b) 对应的波场快照

(c) 正演模拟炮记录剖面

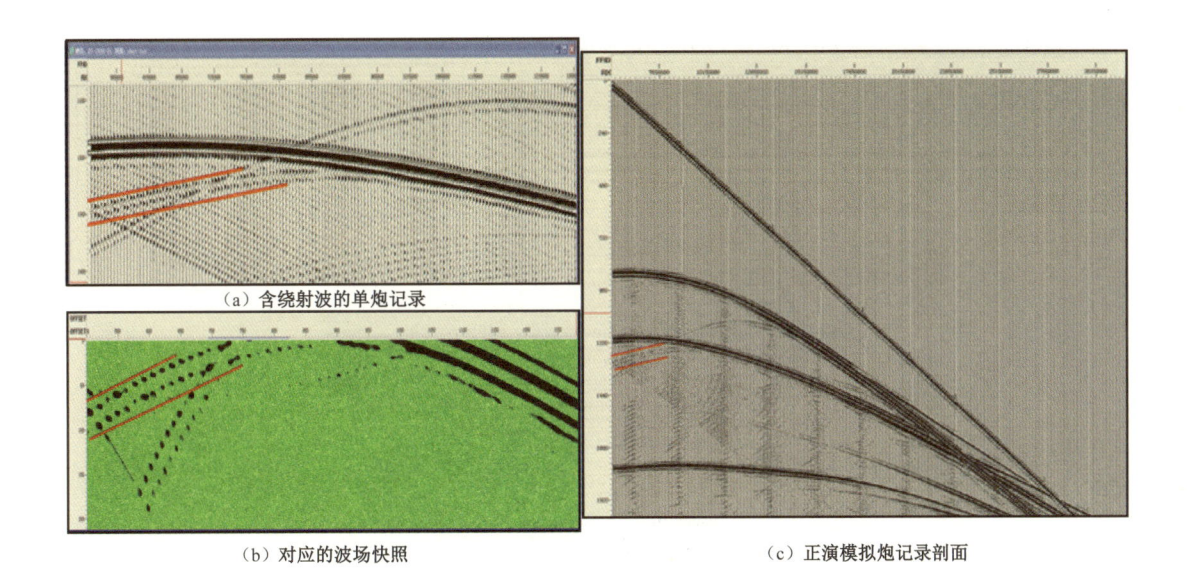

图 5-102　喇嘛甸油田三维地震观测系统正演模拟论证图（1109 线）

（2）高密度三维纵波及纵横波联合观测观测系统优化设计。

大庆长垣陆相沉积地层的特点决定了油气成藏和分布规律的复杂性，要求地震采集数据具有宽频、高保真、高信噪比、高动态，以便更好地识别岩性、流体、裂缝，以及改进油藏定位、储集特征、油藏连通性描述、提高采收率等。

高密度三维地震纵横波联采地震技术可提升识别小断层、薄砂体储层及剩余油分析预测能力，提高薄互层岩性油藏的预测能力。结合目标区砂泥岩薄互层特点，设计出适合大庆油田密井网区的观测系统。

① 面元大小分析。

勘探目标尺度既要考虑大的构造格局，又要考虑小型砂体展布特点。区内油田开发最密 100m 井网距仍难以描述小砂体的分布特点，实际目标的横向尺度无法通过井资料进行判断。解决可识别目标尺度问题的方法是利用区内已有的二维高密度地震资料来分析井间的地震相应，从地震响应入手，观察目标区域内连续性较短的同相轴变化情况，以便判断地下目标的横向变化情况。

图 5-103a 为 CMP 间距 2.5m 的剖面，最小连续同相轴为 7 道左右，约为 17.5m；图 5-103b 为 CMP 间距 5m 的剖面，对于该层间信息的反映基本一致；图 5-103c 为 CMP 间距 10m 的剖面，反映该层间变化的能力有所降低，连续道数较少的同相轴消失，能量变化模糊。通过分析可知，CMP 为 5m 的剖面可较清晰地反映目标层的横向变化；而 CMP 为 10m 的剖面目标层横向变化的一些信息模糊不清。综合考量，喇嘛甸三维地震工区采用 5m 尺寸的面元更有利于识别弱小信号。

针对厚度远小于调谐厚度的薄互层目标区设计论证，需要将识别地质目标从构造意义上的地质体转变为薄互层的目标，对于这样目标的识别应在薄互层模型基础上，用高密度地震资料来论证，横向上同相轴的细微变化就是不应错过的"目标"。

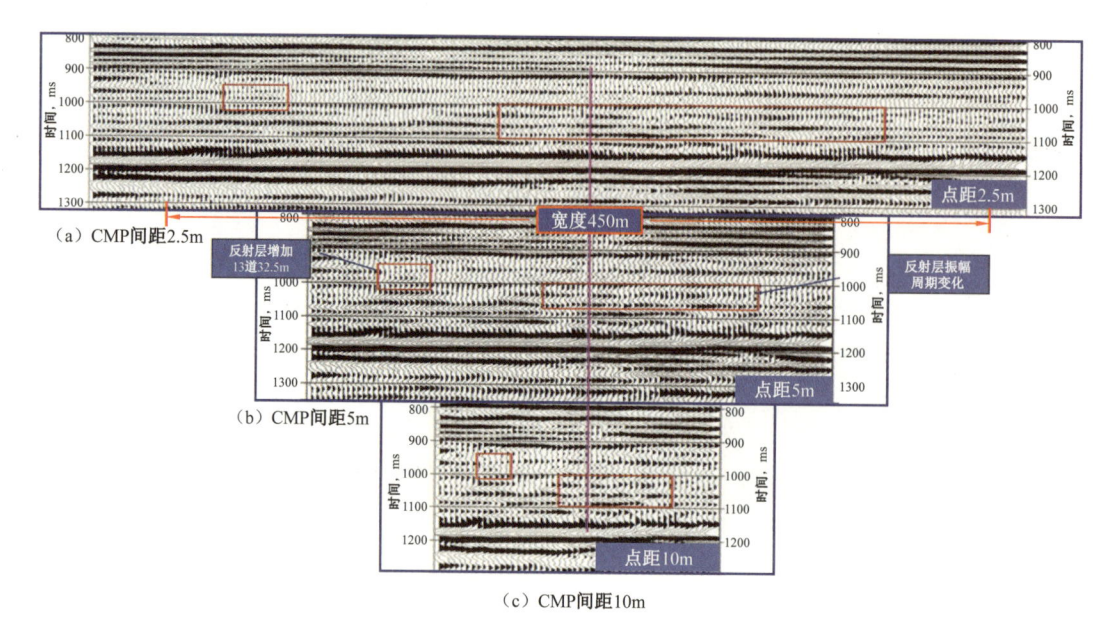

图 5-103　不同面元尺度的地震剖面对比图

②最大炮检距的选择。

综合考虑纵波及转换波的需求，由图 5-104 转换波记录可以看出，目的层内有面波和折射波干扰，对于 $T_2$ 层，最大炮检距 3400m 可获得较好的信息，反射能量较强区域在 3200m 以内。结合论证与实际资料，转换波最大炮检距选择 3000~3200m 可满足 $T_2$ 层要求。

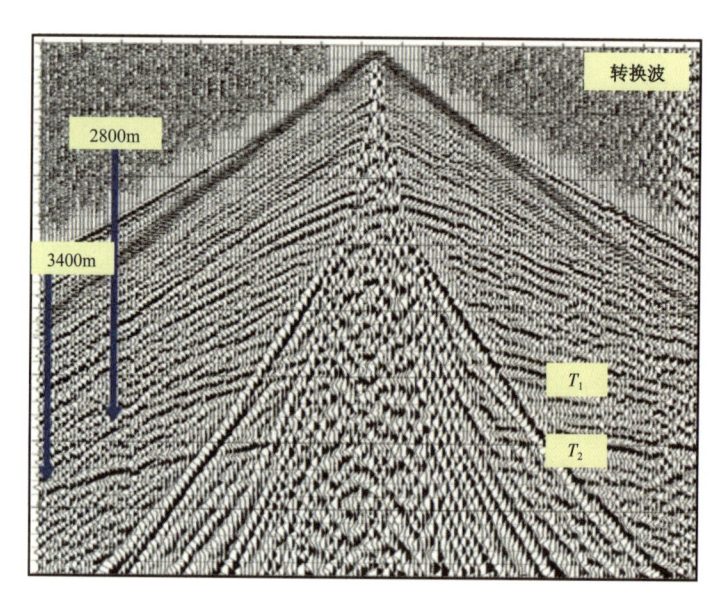

图 5-104　转换波记录炮检距分析

③覆盖次数分析。

覆盖次数的选择应有效压制干扰、增加目的层反射能量，提高资料信噪比，确保成像效果。其对于增加层间弱反射能量和压制环境噪声，改善高频有效反射的信噪比效果显著。

④ 观测系统确定。

通过论证分析，主要观测系统参数为：面元为 5m×5m，最大炮检距为 3000~3200m，炮线距和检波线距一般不超过 160m。技术方案需要考虑保证面元属性的一致性，观测系统主要参数的经济可行性等。

2. 密井网油区高精度三维地震激发接收技术

施工区 80% 区域为大庆长垣北部主力产油区，油田内除密集抽油机、油水泵站外，地上电网，地下油气水管线极其密集，状如蛛网。另外，表层结构特点与高精度的砂体与断层识别的要求仍显得复杂。

地震激发考虑了施工可实现性。可控震源激发不是最好的选择，在城区内广场、空地、绿地等布设激发点，点位选择相对灵活，在保证安全距离前提下采用深井小药量（1kg 为主）激发，可保证中浅层有效覆盖次数及资料频率，是适合城区采集的最佳激发方法。

地震激发井深综合设计。以全区近地表沉积规律调查、分析和精细表层结构调查为基础，结合试验点信息，全面考虑表层结构特征、激发围岩岩性、潜水面及虚反射效应、地震子波的运动学和动力学特征，综合确定激发井深，并通过点、线、面的方式实施综合滚动实时井深设计。

油城区地震激发点设计及布设。利用最新卫星照片，室内预设计。根据卫星照片，工程技术人员既可有针对性地提前进行特观设计和炮检点布设，又可对测量点成果进行监控。

地震接收采用数字检波器增耦降噪。由于 DSU3 数字检波器的外形与目前应用的模拟检波器差异较大，单道单点接收需要做好耦合及降噪双重施工工艺的攻关。冬季作为野外地震资料采集的最佳施工季节，但冬季由于受气候条件影响，地表存在不同厚度的冻土层，对 DSU3 数字检波器布设施工作业造成严重影响，主要体现在检波器耦合效果和施工效率两个方面。

在城区水泥地面等硬质地面采用数字检波器接收，设计耦合装置与硬质地面的接触方法，保障其与硬质地面的耦合效果，在插置完检波器的耦合器顶部覆盖沙袋，尽最大限度降低环境噪声水平。

3. 密井网老油区高密度三维地震保真处理技术

保真去噪提升信噪比，是油城及密井网区高密度三维地震处理的核心与关键；创新研究形成的"六分法"保真去噪技术及流程，以及基于小波域"工频"干扰保真去噪特色技术，确保了高保真、高信噪比处理。以井间薄互层砂体及小断层为目标，创新形成了"分步多域、逐级渐进"的处理技术理念；研究并形成了以高精度静校正、油田"工频"噪声压制、表层吸收衰减补偿、保真处理、保幅提频、各向异性叠前时间偏移等关键技术为核心密井网油区、油城工矿区高精度三维地震资料保真处理技术和流程（图 5-105）。

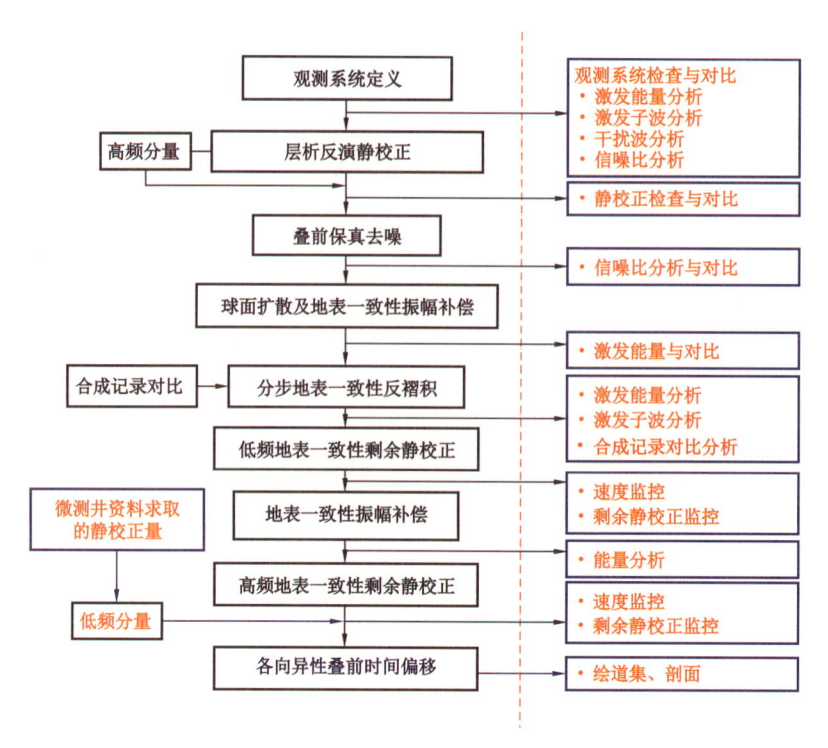

图 5-105　高密度三维地震资料相对保持振幅高精度处理及质量监控流程

以配套研究创新形成的高精度三维地震资料精确成像处理技术系列为基础，结合处理解释一体化的工作模式，确保其空间分辨率和保真度，更清楚地描述了大庆长垣中浅层薄互层储层井间砂体及小断层的展布，提高描述薄储层沉积特征以及储层物性和含油气性的空间分布特征的能力，指导老油田开发调整挖潜，进一步提高长垣油田原油采收率。

（1）油、城区高精度静校正技术。

以层析静校正结合微测井静校正、分频迭代地表一致性剩余静校正的高精度静校正能较好地解决油、城区静校正问题。结合单炮初至，确定微测井点以外的低降速带异常点，通过表层模型法和折射层析成像法联合求取静校正量，并使用模型法静校正量的低频分量和折射层析成像静校正量的高频分量联合应用的方法进行静校正处理，保证了构造的准确和成像效果。野外静校正前后单炮及剖面对比显示，反射同相轴连续性有较大幅度提高，基本上解决了长波长及部分中短波长的静校正量对地震资料精确成像的影响。

（2）密井网区地震资料噪声压制技术。

油田密井网特殊噪声是影响老油田二次或多次勘探精度的关键问题，针对油田密井网特殊噪声，首次提出了小波域分尺度消除输油管线、油田建筑等产生的双曲噪声；谐波小波域消除油井及泵站等油田设施产生的单频噪声和逆向时变小波阈值压制城区强能量噪声三大技术，并研制相应的处理软件，形成了油田密井网区叠前保真去噪的特色处理技术，在实际资料处理中效果明显，在消除噪声的同时，较好地保护了有效反射波，有效地解决了油田密井网地区勘探地震资料的信噪比问题。

图 5-106 是油城区工频噪声去除技术应用效果分析图。图 5-106a 为大庆长垣萨尔图油田去噪前后单炮图，可见，双曲噪声得到了有效压制，淹没在双曲噪声中的有效波得以

展现。面波特点与双曲噪声相似,在这里也得到了准确拟合,各种单频噪声得到了消除,强能量噪声得到了有效压制。通过综合去噪后资料信噪比明显提高,较好地解决了油田密井网区地震资料油田设施等特殊干扰问题,成果剖面信噪比由原始的1以下提高到了2.5以上(图5-106b)。

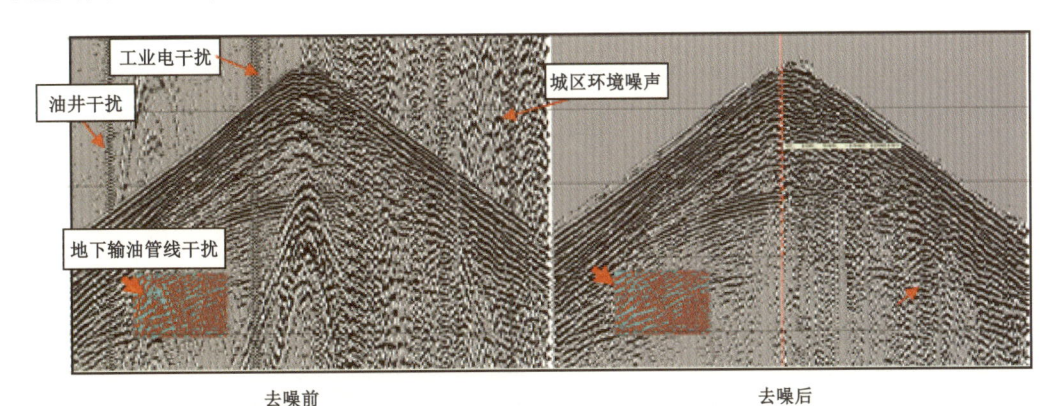

(a)压制各种油城区密井网资料特殊噪声前后单炮

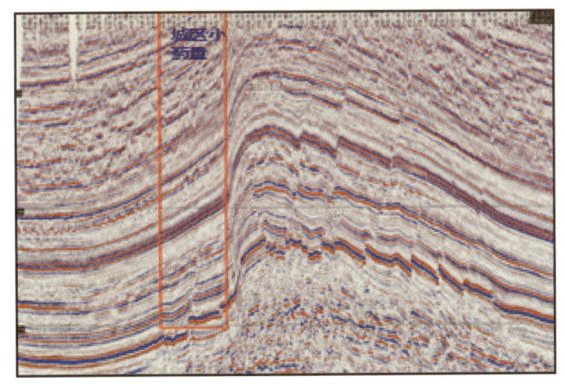

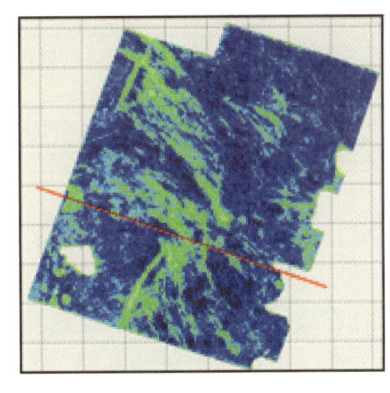

(b)长垣过油城区处理成果剖面和全区信噪比分析

图5-106 油城区工频噪声去除技术及应用效果分析

4. 密井网老油区高密度三维地震精细构造解释及储层描述技术

根据大庆长垣稳油增储上产工程总体规划的要求,应用地震资料解释要以识别3m断层、提升1m储层的识别能力为攻关目标,因此小断层的识别和储层的精细预测是本区解释的重点,也是难点。

(1)小断层综合解释技术。

采用断层的综合解释技术,提高了断层识别能力并取得较好的效果。大断层一般在剖面上具有明显的特征,一般采用剖面解释就可以有效地解决断层的识别和解释,但是小断层的情况要复杂得多。因此,在小断层解释主要采用了彩色的变密度剖面识别小断层、连续的多线对比、高精度广义$S$变换薄层检测、相干体切片等地震属性、井震交互解释等综合断层解释技术。在试验攻关研究区(25.5km$^2$)内取得以下几个方面的成果。

① 对井断重度点库的资料进行了逐一复查,着重统计了断距3~5m和断距小于3m

的小断层的井震匹配情况，总断点数 2098 个，识别出 1761 个，识别率 83.9%，断距 3m 以上的断点识别率达到 89.7%。

② 新发现了大量的小断层。以 $T_1$ 和 $T_{11}$ 两层为例：$T_1$ 层地震解释断层总条数为 224 条，井解释断层总条数为 149 条，其中地震有而井中未发现的有 87 条（包括油区外的 45 条），井有而地震中没有的为 12 条；$T_{11}$ 层地震断层总条数为 222 条，井断层总条数为 145 条，其中地震有而井中未发现的有 89 条（包括油区外的 44 条），井有而地震中没有的为 11 条。

③ 进一步落实了区内断层组合问题，并发现了大量的北东向断层。图 5-107 是高精度小断层精细解释地质效果分析图。图 5-107a 显示井原来解释的 1 条断层，通过地震解释发现，该处为由 4 条断层组成的复杂断裂带。以前一些的孤立断点无法组合，这次发现原来是一条北东向断层，该断层在剖面和相干体切片上都有清晰的显示。

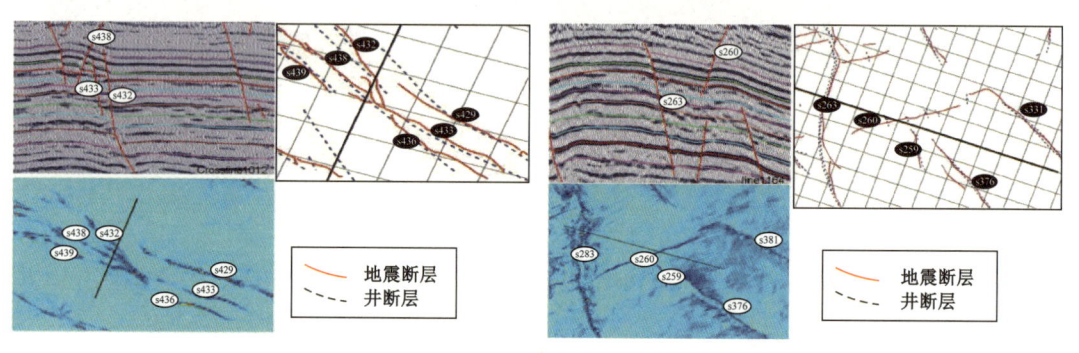

(a) 井断层与地震断层组合方式的不同　　(b) 断点库中孤立断点的组合

图 5-107　高精度小断层精细解释效果分析

以往在应用井资料进行断层解释时，一般主要按照区域地质认识以北西向为断层的主要组合方向，通过地震解释发现，本区尤其是南部背斜的顶部，大量发育北东向断层，这些断层一般断距比较小，延伸长度 1~3km，和北西向断层组成了"X"组合。

（2）叠前联合反演及储层定量预测。

利用叠前地震数据进行叠前反演储层预测已经成为精细储层预测的核心内容。叠前联合反演技术同时得到纵横波速度及密度信息。这种方法在反演过程中考虑了 $v_P$、$v_S$ 和密度之间的关系，大大提高了对岩性及流体识别的能力。

根据井网论证的结果，按照井间距 200m 左右选取了全区分布比较均匀的 600 口井进行建模和反演。在建模和反演之前，首先对地震资料重采样，将 1ms 采样的地震资料重新采样成 0.25ms。其次在建模过程中，采用信息融合技术把地质、测井、地震等多种地学信息统一到同一模型上，实现各类信息在模型空间的有机融合，来提高反演的信息使用量、信息匹配精度和反演结果的可信度，并且在建模时考虑了多种沉积模式的约束，模型完全保留储层构造、沉积和地层学特征在横向上的变化特征，这就使得地震反演结果符合工区的构造、沉积和地层特点。

图 5-108 是应用叠前高分辨率联合反演的地质效果分析图。图 5-108a 为反演结果的一条连井线密度剖面，反演结果表现出了横向非均质性较强，砂体较薄的特点，符合实际地质情况。

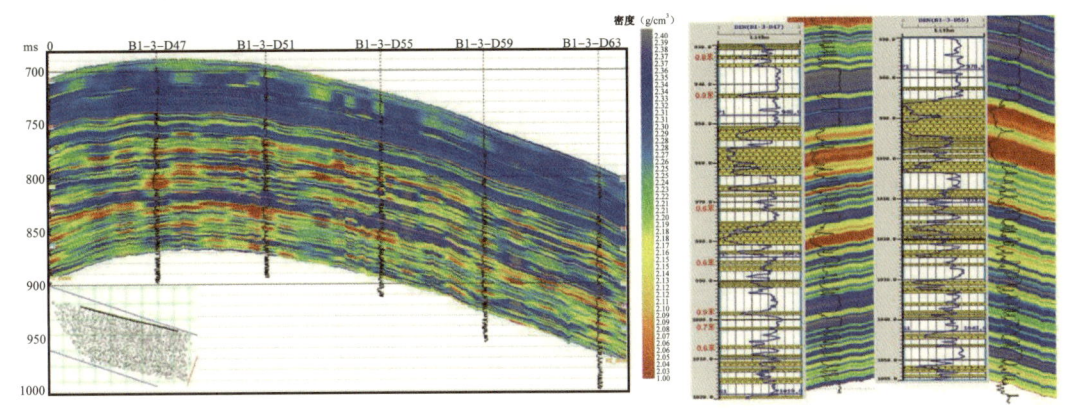

(a) 反演结果连井线密度剖面

(b) 反演结果砂岩厚度井点对比分析

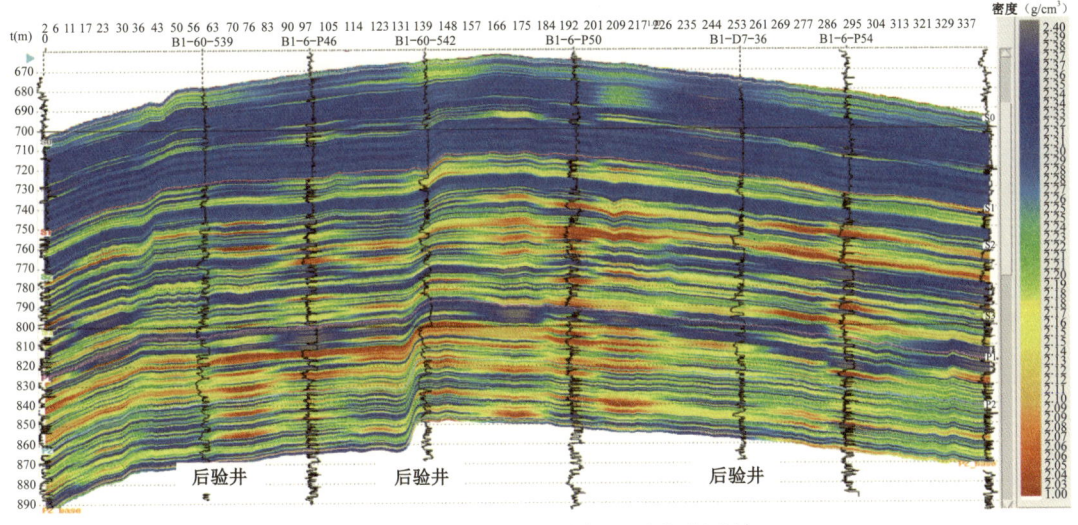

(c) 反演结果连井线密度剖面后验井对比分析

图 5-108 叠前高分辨率联合反演地质效果分析

对葡萄花油层进行了单井反演结果与测井解释结果放大后的对比分析，如图 5-108b 所示，从中可以看到反演结果完全能够满足分辨 1m 薄层的要求。

图 5-108c 为反演结果连井线密度剖面上的后验井定性分析，从图中可以看出反演密度与后验井密度曲线有很好的对应关系。

另外还做了识别率的定量分析工作，分别对葡萄花油层 17 个小层的所有井进行了砂岩厚度大于 2m 和 1m 的符合率分析。总的符合率 2m 以上为 89.3%、1m 以上为 86.6%。

（3）高精度井震结合三维地质建模。

以地质理论知识为指导，地震资料作控制，采取"井震联合"建模技术建立三维储层地质模型。建模过程中采用的井震联合建模方法，可以充分发挥井震各自的长处，互相弥补各自的缺点，达到更充分地利用现有的井震资料，有效地提高了模型精度。

井震联合建立构造模型、沉积相模型。相控建立储层物性参数模型，对不同的沉积单元、不同的沉积微相内孔隙度、饱和度和渗透率参数分别进行数据分析后，得到合理的变差函数模拟参数，然后在沉积微相模型控制下，采用序贯高斯模拟算法进行孔隙度、含水饱和度和渗透率属性参数模拟。孔隙度、渗透率、饱和度属性模型建立之后，对每个沉积单元的孔隙度采用算术平均、渗透率采用体积加权、含水饱和度采用算数平均，计算得到各沉积单元的属性分布图。

5. 密井网老油区剩余油预测技术

油藏数值模拟研究过程就是把实际油藏的基本特征用数值化方法表示，并结合物质平衡方程、质量守恒方程及相应的边界条件等，模拟在不同的时间离散点和空间离散单元上储层流体的运动及变化特征，通过与观测数据的对比检查模型及动态控制数据的合理性，而历史拟合过程就是对数值模型不断完善和修正的过程，通过数值模拟研究可实现油藏模型与数值模型的一致性，在此基础上实现对油藏开发效果的有效评价，分析剩余油的分布特征，指导开发方案的设计。

模拟区位于北一区断东西部，面积 5.79km$^2$，地质储量 5120×10$^4$t。北一区断东萨、葡油层于 1960 年投入开发，先后部署 5 套开发井网。总体来看，模拟工区内井网开发及开发层系相对比较复杂，存在多套开发井网且多次调整，开发历史长，且开发后期经过上返及聚合物驱开发；在构造具有高度的复杂性，在 5.79km$^2$ 模拟目标区域内存在 23 条不同走向不同规模的断层，增加了数值模拟研究的复杂度。

1）历史拟合

历史拟合工作是数值模拟研究工作中的一个关键技术环节，其目的是通过反复的试算及参数的调整获得一个能够反映实际油田特征的数值模型。

（1）油藏初始化。油藏初始化过程是对原始油藏状态模拟的过程，初始化结果代表了油藏未投入开发前的状态，是数值模拟的起点。在初始化过程中需要参考点的深度，参考点对应的压力、油水界面、油气界面、油水界面和油气界面处的毛细管压力，油藏饱和压力随深度变化特征等参数。通过初始化模型计算就获得了油藏初始状态模型，同时也得到了油藏模型的储量，如果该储量与实际模拟区块的地质储量存在较大的差别，就要对模型参数进行检查，通过对孔隙度、净毛比及相渗端点等相关参数的修正，获得模型储量的拟合，通常要求的拟合精度在 ±5% 以内。

按照细分单元划分结果设置了 58 个流动分区，统计 58 个沉积单元储量分布状况，研究区核实地质储量为 5120×10$^4$t，模型计算储量 5325×10$^4$t，储量误差为 4 个百分点，达到了拟合精度要求。

（2）生产指标拟合。在历史拟合操作过程中遵循了由大到小、由主到次的拟合方法，即首先拟合全区的总体生产指标，通过全区生产指标的拟合质量可直接反映油藏的总体流动特征，也可及时发现数值模型主体参数的合理性，在全区指标总体趋势复合较好时，开展相关井组的拟合工作，进一步改善拟合质量，并在此基础上加强对单井生产指标的拟合。主要包括压力拟合、全区和单井含水拟合、产出和注入指标拟合等内容。

经过细致的历史拟合工作，使全区的各项综合指标得到了很好的拟合：全区含水指标在整体趋势上达到了很好的吻合度，水驱末期到聚合物驱阶段有明显的下降趋势，并与实际指标曲线达到了很好的一致性。全区的日产油量得到了很好的拟合，水驱阶段计算指标与实际生产指标基本一致，在聚合物驱阶段局部时间点有较小的误差，但整体趋势保持了一致性，全区累计产液量误差为 3.0%，累计注入量误差仅为 0.02%，特别是在模拟末期相对误差达到了 1% 以下。从研究区域内 283 口采油井生产指标对比情况看，日产油量、含水指标在趋势上符合较好的井有241口，符合较差的井42口，拟合率达到了85.16%。

2）模拟区剩余油分布特征

剩余油分布富集部位是指剩余储量较大的弱水淹和未水淹部位，当油层的剩余储量相同时，有效厚度大的部位可能剩余油饱和度较小或者说水淹程度较高；剩余油饱和度大的薄层，有效厚度较小，井控储量较小。由于控制剩余油分布的因素较多，剩余油分布类型多种多样，不同类型剩余油分布规律亦不同。

（1）剩余油分布控制因素分析。

剩余油的形成与分布受生产动态和地质因素的双重影响。影响剩余油分布的主要地质因素包括沉积微相、微构造、油藏构造特征、储层非均质性等，生产动态因素包括井网条件、注水、注聚等，这些因素相互联系、相互制约，共同控制着剩余油的形成和分布。

（2）研究区剩余油类型分析。

井网控制不住因素形成的剩余油类型。一是注采不完善型。主要是由于规则井网与形状不规则砂体的不匹配造成的砂体局部注采不完善，可以通过注采系统调整、井网加密及补孔等来提高动用程度，主要有有注无采、有采无注、未射潜力、断层附近、井况变差等几种类型。二是井网控制不住型。油藏边部、砂体边部往往油层厚度较小，油层连通性较差，难动用，开发效果很差，剩余油往往富集在这些条带状区域内，可以考虑通过在构造低部位新增注水井提高油层水驱程度，从而提高该类油层动用程度。或因砂体比较窄小，从两口井中间穿过，因井距大井网没有控制住形成的剩余油。这类剩余油通过加密井完善注采关系可动用。

井网完善条件下形成剩余油类型。一是滞留区型。两口注入井相对，在两口注入井之间某一部位会达到压力平衡使原油难以流动而形成剩余油富集区；相邻两口油井之间若间距较大，在单井控制渗流区域外存在滞留区。二是平面干扰型。由于单井平面上钻遇各单元所处砂体及沉积相带位置不同，油层物性不同，平面上砂体动用状况也不同，高渗透率、厚度大的井点动用状况好，低渗透井点动用差；或原行列井网，砂体大面积发育单元，受注水方式影响，靠近注水井水淹程度高，中间井排存在部分剩余油，属于平面干扰二线受效型剩余油，加密调整井网改变后，该种剩余油较少。三是层间干扰型。同一井网内由于单井钻遇各油层所处相带位置不同，导致油层物性不同，动用状况也不同，高渗透率、厚度大的单元或微相动用状况好，薄差砂体沉积单元或微相动用状况较差或未动用，形成剩余油。四是层内干扰型。区块储层包括侧积点坝、垂积河道砂、分流河道砂、席状砂等沉积，受单元内沉积韵律及夹层影响，驱替效果不均匀，低孔低渗部位存在剩余油。五是吸水差型。由于注入井物性差，注入量满足不了油井开发需要，井区动用差形成剩余油。

（3）区块剩余油类型分布情况。

葡Ⅰ组聚合物驱井网，水驱阶段末井网较稀，条带状砂体单元注采不完善，该类剩余油比例较高，占33.4%，二线受效平面干扰的比例也较高，所占比例为24.3%，物性差单元受层间干扰剩余油比例为14.3%；目前，注采不完善、平面干扰、层间干扰的比例降低，水淹面积扩大，高水淹层层内剩余油比例提高，占27.5%。

二类油层聚驱井网，水驱阶段末注采不完善剩余油比例最高，占37.5%，平面干扰型剩余油比例为21.3%，物性差单元受层间干扰剩余油比例为15.8%；目前，注采不完善、平面干扰、层间干扰的比例降低,水淹面积扩大,高水淹层层内剩余油比例提高,占 20.6%。

水驱井网,1996 年末注采不完善剩余油比例最高,占 40.3%,物性差单元受层间干扰剩余油比例较高,为 17.2%;目前,注采不完善、平面干扰比例降低,水淹面积扩大,层间干扰、高水淹层层内干扰型剩余油比例提高,分别占 17.6%、16.5%。

### 三、地震勘探成效

大庆油田坚持"研究攻关与推广应用相结合"的科研攻关模式,研究形成的密井网开发老区及油城工矿区油藏地球物理应用技术系列等研究成果,均及时在大庆油田的油气勘探中推广应用,并不断优化及固化成熟的物探技术,为大庆油田"增储上产"战略的实施奠定了基础。

(1)密井网高成熟勘探开发老区及油城工矿区油藏地球物理应用技术实现了广泛的推广应用,地质效果突出。

油藏地球物理应用技术系列及研究成果持续在大庆油田、吉林油田、新疆油田、塔里木盆地等勘探区域或领域广泛推广应用,在太 30、齐家、长垣等实施了 23 个地震工程项目。

密井网开发区高精度储层岩性预测技术研究成果,已经在大庆油田、新疆塔里木盆地塔东区块及准噶尔盆地三个三维地震解释项目进行了应用,推广应用面积达到 7021.7km$^2$,有效提升了大庆长垣油田密井网开发区高精度储层岩性预测的精度,使 2~5m 厚度的窄小河道砂体、复合砂体内部单一河道的边界和沉积期次的描述精度由攻关前的 65% 提高到 80% 以上,突破了地震预测 1/4 波长理论分辨率极限,丰富了薄互层地震预测理论;实现了西超稠油区江 77 井喜获原油 51.84t/d 高产工业油流的历史性突破(图 5-109),开辟了大庆油田油气勘探的新领域;有效支撑了扶余油层致密油源 63—平 121 井水平井布设及准确入靶(图 5-110),砂岩钻遇率达到 92%,投产后获得 33.8t/d 的高产工业油流。

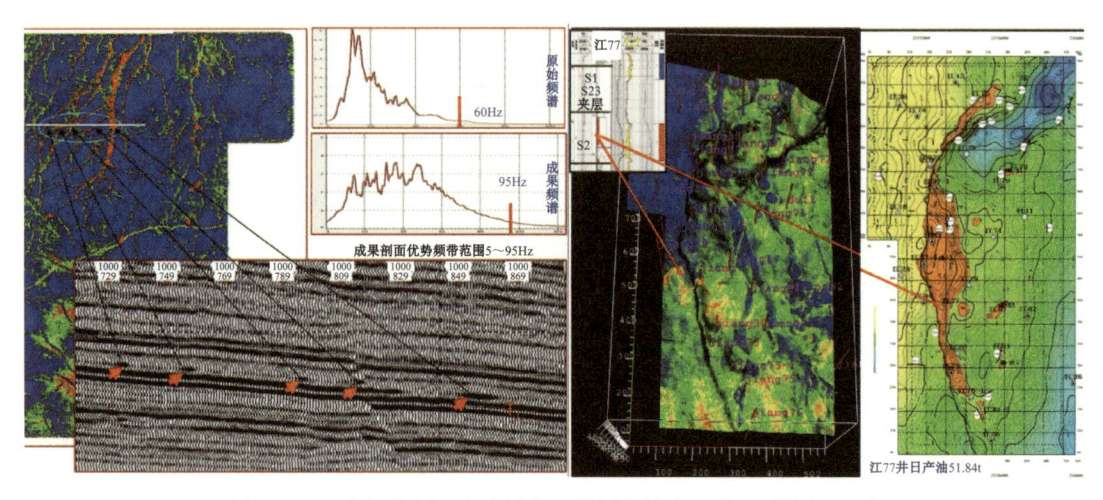

图 5-109 应用实例:中浅层薄互储层高精度三维地震精细识别

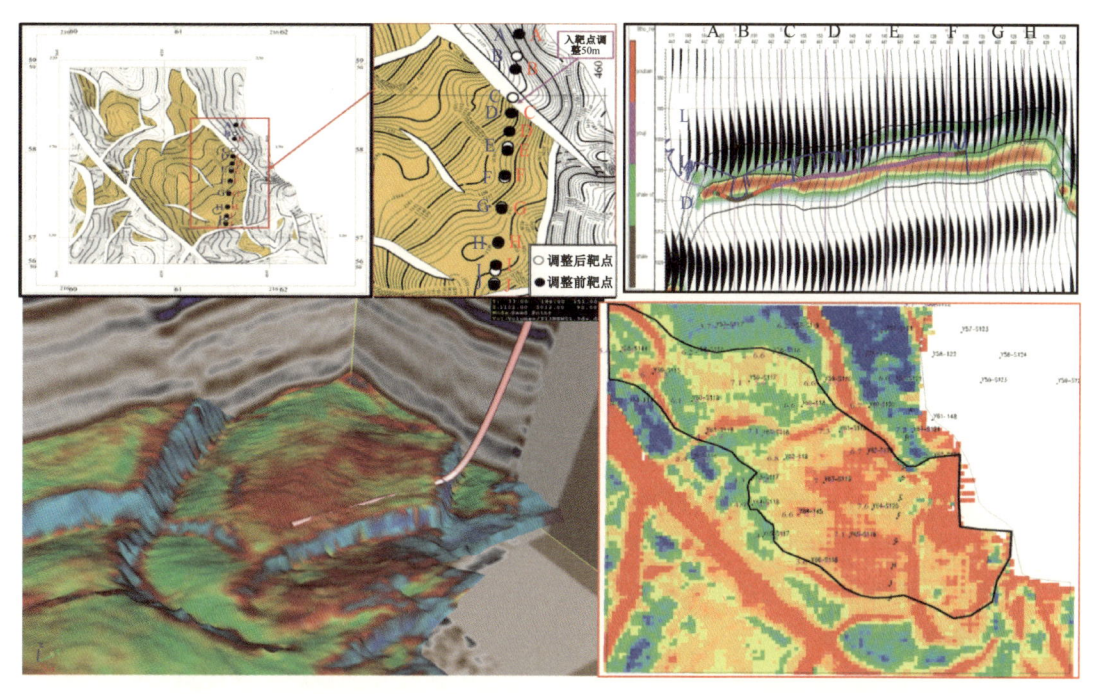

图 5-110 应用实例：支撑部署源 63—平 121 井水平井布设及准确入靶

（2）油藏地球物理应用技术突破及广泛推广应用，有效支撑了大庆油田油气资源储量战略的实施。

该研究成果在 2011—2015 年期间获得广泛推广应用，提交的石油三级储量 $6 \times 10^8$t 及可采储量 $2800 \times 10^4$t，有效地保证了大庆油田增储稳产的资源基础。

① 2013—2015 年，在大庆油田中浅层油气领域累计提交的预测储量 $2 \times 10^8$t、控制储量 $2.2 \times 10^8$t 和探明储量 $1.7 \times 10^8$t 的三级储量中做出了贡献。

② 密井网区高密度三维地震开发技术在大庆长垣油田开发老区应用，新增可采储量 $2800 \times 10^4$t。

## 第九节　海外油气勘探开发中的应用

### 一、土库曼斯坦阿姆河右岸盐下碳酸盐岩气藏技术攻关

土库曼斯坦阿姆河右岸区块面积 14314km², 位于阿姆河盆地东北部，西南以阿姆河为界，东北以土库曼斯坦和乌兹别克斯坦两国国界为界，是中国石油天然气集团公司在境外 100% 控股执行的首个大型天然气勘探开发项目。区内普遍发育上侏罗统厚层盐膏岩，盐上白垩系油气藏不发育，勘探开发目标主要是盐下中上侏罗统碳酸盐岩礁滩气藏。在 2007 年中国石油进入前，右岸地区勘探程度很低，勘探开发整体停滞不前，仅发现了萨曼捷佩等几个气田。中国石油进入后，经过 10 年的持续攻关，勘探开发获得重要突破，累计完成三维地震 10870km², 二维地震 4163km, 钻完井 128 口，探井成功率由前人的 22% 提高到 88.2%, 新发现了阿盖雷、霍贾古尔卢克、召拉麦尔根等 25 个新气田，重

新评价了萨曼捷佩、别列克特利—皮尔古伊、扬古伊—恰什古伊等18个老气田,已建成 $170×10^8m^3$ 年产能规模的两座天然气处理厂,截至2016年底,已累计产气 $580×10^8m^3$。

1. 地震攻关难点

(1)地表条件复杂多样,多种地貌并存。

区块内分布有沙漠、湖泊、沼泽、盐沼、农田和山地,地表条件复杂多样,要求在不同的地表,采用不同的地震采集技术,应用多种形式的激发和接收方法,增加了施工难度。复杂的地表变化也造成了复杂的近地表结构变化,在地震数据上造成了严重的静校正问题,为资料处理增加了难度。另外,由于地表变化,对地震波的激发能量吸收严重,反射波能量衰减迅速,造成地震资料成像困难。

(2)目的层之上直接覆盖巨厚盐膏岩,目的层成像难度大。

右岸勘探目的层之上直接覆盖巨厚的盐膏层(800~1400m),使盐下反射能量屏蔽严重,目的层资料信噪比低,构造成像难度大,礁滩体识别困难。同时,该区受喜马拉雅期挤压运动的影响较为强烈,盐膏层变形严重,速度纵横向变化剧烈,加上该区地表条件复杂,静校正问题严重,造成盐下地震波畸变,构造落实难,钻井成功率低。

2. 主要技术与措施

针对上述难点,该区地震勘探攻关的主要思路是在野外获得高信噪比资料的基础上,采取针对性的处理解释一体化技术,提高盐下资料信噪比,落实盐下构造形态,准确识别礁滩体,提高钻井成功率。

1)逆时偏移成像处理

处理中重点针对碳酸盐岩上覆"三膏两盐"揉皱变形引起的速度纵横向变化对下伏构造的影响,采用网格层析速度建场的波动方程RTM逆时深度偏移,解决了时间剖面上因局部的速度上拉畸变造成的 $T_0$ 构造与实际深度构造不符的问题,使盐下构造准确成像。

(1)速度模型建立。

速度建模是叠前深度成像处理的一个关键环节。处理中采用多种速度分析、修正及模型验证手段进行速度模型的求取。

① 垂向速度建模。当目的层为中浅层时,利用垂向速度分析所得的时间速度对,通过"样条加反演"产生层速度模型。垂向速度建模具有很多优势:垂向速度分析容易,有多种辅助手段,适宜于普通的处理人员;对处理人员的地质背景要求淡化,处理结果多解性减少,可得到垂向变化的连续介质模型,提高成像质量。

② 沿层速度建模。当目的层为中深层时,结合叠前时间偏移剖面上的构造解释,利用垂向分析所得的均方根速度对,沿层进行速度切取,生成层状速度模型。

③ 速度模型细化。经过速度分析后,可能还有一些局部速度误差,需要微调。采用三维网格层析成像,即在每个网格点修正速度。

图5-111为最终叠前深度偏移速度模型与对应深度偏移剖面,可以看到该地区上石膏层、中石膏层、盐层的速度翻转及GAP层速度变化都较好地反映在速度剖面上。

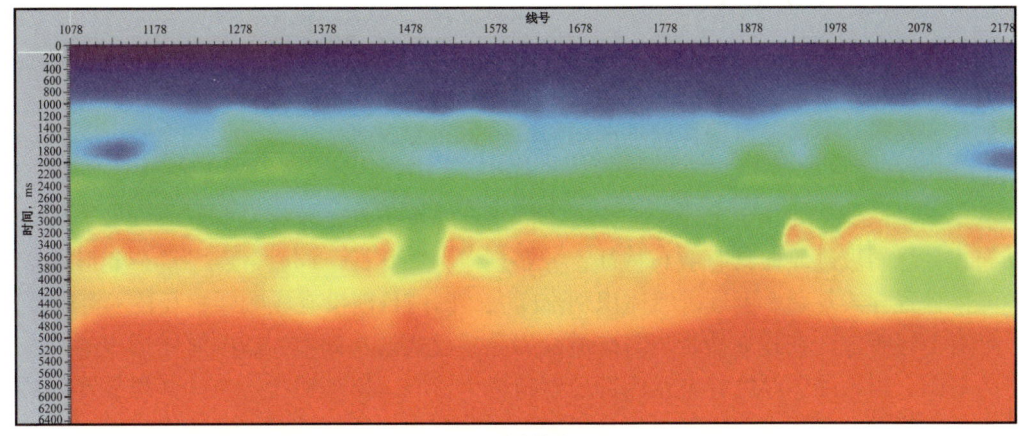

(a) 速度模型

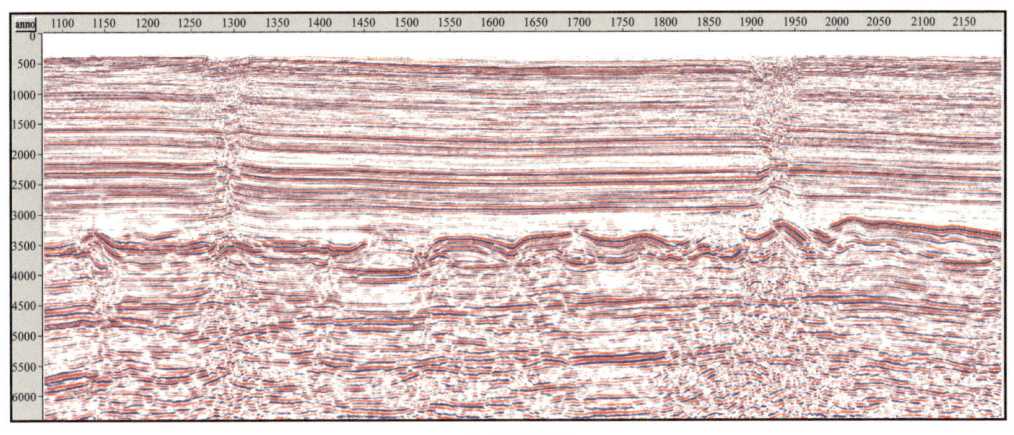

(b) 深度偏移剖面

图 5-111　最终速度模型及对应的深度偏移剖面

（2）偏移参数优选。

叠前偏移参数的选取直接影响到叠前偏移的信噪比、分辨率和偏移运行时间。在参数选择过程中既要依据理论公式和经验，还要做必要的试验。逆时偏移的关键参数包括偏移孔径、反假频因子、偏移输出主频等。

① 偏移孔径。决定于地下构造倾角的变化，理论上越大越好，但实际情况下孔径过大会造成偏移噪声过大，继而影响成像质量，需要结合实际资料情况进行试验。原则是在保证目的层及陡倾角构造能够成像的情况下尽量选择较小的孔径，这样不但可以保证平层的成像质量，而且还可以合理减少偏移时间。处理中根据目的层深度和最大地层倾角，分别进行了纵向和横向的偏移孔径试验，最终选择了两个方向都为 4000m（半径）的偏移孔径参数。

② 反假频因子。在道间距和最高频率一定的前提下，绕射波到达检波点的角度太大，偏移剖面易出现假频现象。它会影响偏移剖面的品质，因此需要进行三维反假频滤波处理。而反假频参数的选择直接影响到偏移剖面的信噪比和分辨率：反假频因子过小，偏移成果的分辨率提高、信噪比降低；反假频因子过大，信噪比提高、分辨率降低。结合信噪比和分辨率的双重要求，通过两个方向的反假频因子扫描试验，最终选择两个方向都为

- 449 -

20m（小于一个面元）的反假频因子。

③偏移输出主频。输出主频过高，会产生太多噪声，影响目的层资料的信噪比。该参数的选择要结合目的层资料的实际情况，协调好资料信噪比和分辨率的相对关系，保证最终的处理要求。本次逆时偏移处理选用的输出主频为30Hz。

2）礁滩体综合识别技术

右岸点礁滩体主要位于台缘缓坡带。不同于台缘堤礁带礁滩体沿台地边缘呈带状有规律展布，台缘斜坡礁滩体具有散布特征，分布规律不易掌握。同时，巨厚复杂变形盐膏岩与礁滩体叠置样式复杂，下伏礁滩体识别难度大，国内目前没有成熟经验及技术可借鉴。

针对上述难题，在建立盐膏岩与碳酸盐岩叠置模式的基础上，以礁滩体形成的古地貌背景为基础，以礁滩体厚度异常及内部反射特征为核心，以碳酸盐岩与盐膏岩叠置模式中的顶界面反射及上覆盐膏岩变形特征为线索，充分利用连片高精度三维地震资料，形成了包括古地貌恢复与碳酸盐岩厚度识别、碳酸盐岩内幕杂乱相地震多属性识别，以及礁滩体对上覆盐膏层变形影响的下盐厚度间接识别等技术在内的盐膏岩下伏缓坡礁滩体综合识别配套技术，有效指导了右岸中部地区勘探目标的优选。

（1）地震识别地质基础。

缓坡礁滩是一种特殊的碳酸盐岩沉积体，它的沉积建造和分布与沉积环境密切相关。由于经历了特殊的沉积作用和成岩过程，缓坡礁滩具有独特的地貌及岩石学特征。独特的地貌、结构、构造和岩石学特征决定了此类礁滩体的反射波振幅、频率、连续性等与围岩的差别，因此，可以通过地震剖面的外部形态、内部结构，以及与围岩的接触关系等来识别缓坡礁滩。

外形特征：礁滩厚度比同期四周沉积物明显增厚，因而在进行碳酸盐岩顶底同相轴追踪解释时，厚度明显增大处则可能是礁块（或生屑滩）分布的位置。缓坡礁滩在地震剖面上的形态呈丘状或透镜状，规模大小不等。

顶面反射特征：礁滩之上GAP泥岩沉积非常薄，不可分辨，等同于石灰岩与下石膏直接接触。碳酸盐岩与石膏波阻抗差异小，其界面表现为弱反射特征；而礁间GAP层沉积厚，泥岩和礁间石灰岩之间存在明显的波阻抗差，故出现强振幅反射相位。

内部反射特征：生物礁是丰富的造礁生物及附礁生物形成的块状格架地质体，内部呈块状或杂乱状，成层性不强，故礁体内部呈杂乱反射。

周缘反射特征：由于礁滩的生长速率远比同期周缘沉积物高，两者沉积厚度相差悬殊，因而出现礁翼沉积物向礁体周缘上超的现象。

上覆地层披覆特征：生物礁本身是具有抗浪格架、外形呈丘状、突出于周缘同期沉积物的碳酸盐岩岩隆，而其上覆GAP层受礁体沉积地貌的影响，在礁体上方GAP泥岩沉积薄，礁间部位GAP泥岩沉积薄，具披覆特征。

上覆地层塑性变形特征：盐层具有较强的塑性流动性，不论是构造运动的挤压或拉张应力，都会使盐层向低势能的地方流动。但是，这种流动遇到礁体等障碍物时，流动方向发生改变，盐层就会在礁体两翼堆积加厚，形似一对"眼睛"，而礁体的高部位盐层反而减薄乃至消失。

生物礁所表现出的这些特殊地震相反射结构特征，成为利用地震反射结构进行生物礁的地震识别和预测的基础。

（2）礁滩体综合识别。

① 厚度识别（底平顶凸）。礁滩体的发育往往与古地貌密不可分，相对深水区古地貌高部位常常是礁滩体优先生长的有利位置，礁滩体的生长使其高出其他同期沉积物，形成厚度明显增厚的丘状隆起特征，因此在地震剖面上寻找沉积地层厚度异常体是寻找和识别生物礁的重要方法之一。图 5-112 为某区中部碳酸盐岩时间厚度图，图中呈北西向展布的红黄色条带为碳酸盐岩沉积异常厚区，也是可能的礁滩体发育的条带。

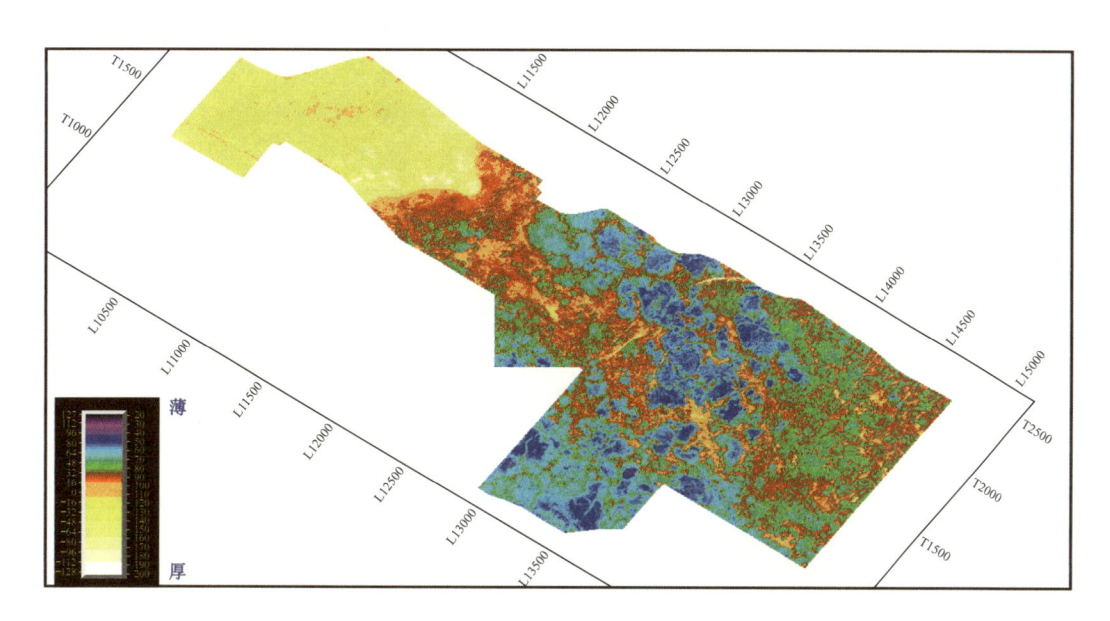

图 5-112　中部地区碳酸盐岩时间厚度图

② 地震相识别（杂乱反射）。地震属性能够比较直观地反映地质特征。选择生物礁滩敏感地震属性，定性的分析礁滩体分布，确定礁滩体边界。以本区碳酸盐岩层顶即卡洛夫—牛津阶顶界（$T_{14}$）为参考层，结合钻井地层厚度，对属性进行提取。通过属性敏感度分析，并结合钻井情况，选定的属性包括均方根属性、波阻抗属性和相干体属性。

礁滩发育区，内部呈杂乱反射，振幅显示为弱振幅异常。图 5-113 为中部区块碳酸盐层顶均方根振幅属性图，图中红黄颜色为低振幅，表示礁滩可能发育；绿色背景表示较高振幅，表示礁体不发育。可以看出，图中低振幅异常区域呈有规律地展布：在坦格古伊—鲍塔—别列克特利—皮尔古伊—扬古伊—恰什古伊—基尔桑一带呈条带状分布，而在堤礁带周缘麦捷让斜坡及奥贾尔雷南斜坡地区呈团块状分布。钻探证实了这些分布规律一致的地区都是礁滩体气藏。

生物礁储层物性好，孔隙较发育，速度与密度通常都较围岩小，波阻抗低。因此，利用测井约束的波阻抗反演平面属性可以较好地预测礁滩体展布。图 5-114 为阿姆河右岸中区块的波阻抗平面属性图。图中蓝色与绿色为高阻抗，表示岩性致密区域；而黄色与红色为低阻抗区，表示可能的礁滩发育区域。可以看出，黄色与红色展示的区域大致也可分为两种类型，一种是条带状，另一种则是团块状。条带状分布的礁滩发育带主要集中在坦格古伊—鲍塔—别列克特利—皮尔古伊—扬古伊—恰什古伊—基尔桑地区；团块状礁滩发育带主要集中于堤礁带周缘及奥贾尔雷南斜坡地区。与均方根振幅属性预测结果一致。

- 451 -

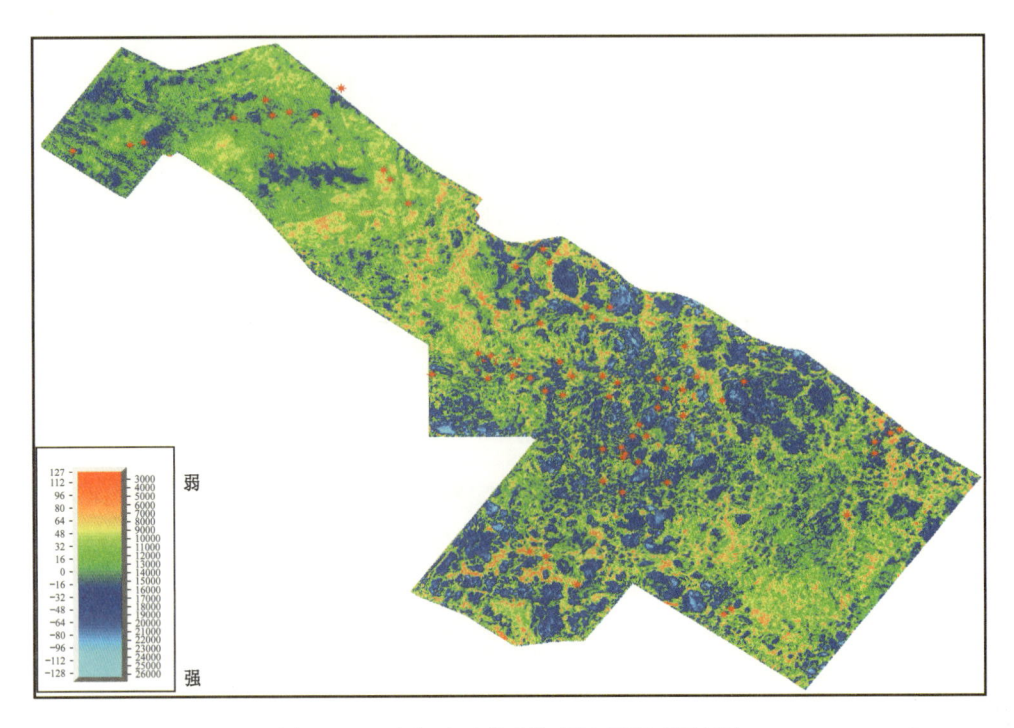

图 5-113　中部地区碳酸盐岩层顶振幅属性图

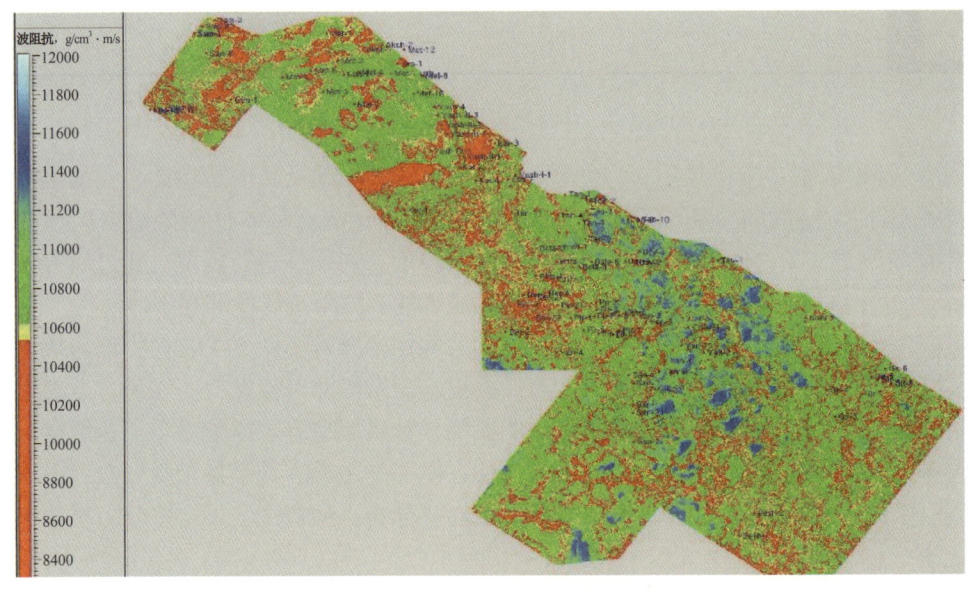

图 5-114　中部地区波阻抗属性图

相干技术可以压制连续性使不连续的特殊地质异常现象和断层的显示更加清晰、直观，更易于解释。礁体内部反射杂乱或无反射，在相干图上表现为不相干。通过不连续性属性，可以有效进行礁滩体的预测。图 5-115 为中部区块的相干体属性图。图中黑色背景为相干区域，表示反射连续性好；白色为不相干区域，表示反射连续性差或无反射，解释为可能的礁滩发育区域。可以看出，白色区域大致也可分为两种类型，并且其展布规律与均方根振幅属性和波阻抗属性的预测结果基本一致。

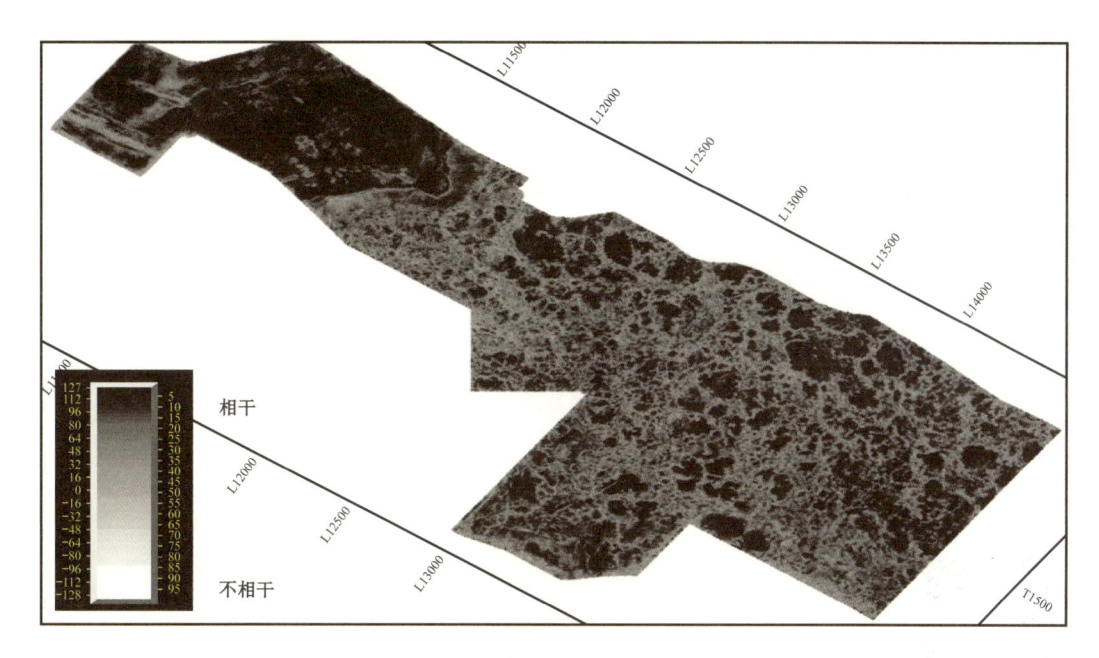

图 5-115　中部地区相干体属性图

③下盐厚度间接识别（塑性层流动障碍）。

礁滩体上覆巨厚的塑性盐膏层，碳酸盐岩顶面和上覆的白垩系底面形成两个滑脱面。在新构造造山运动所形成的东西向压扭应力作用下，由高部位向低部位流动，由于礁体岩隆地貌的阻挡，在礁体发育部位盐岩向两侧流动，造成礁体发育部位的下盐厚度明显减薄，而两侧厚度异常增厚，呈类似"眼球"状结构（图 5-116）。利用这一特点，可间接预测礁滩体的展布。

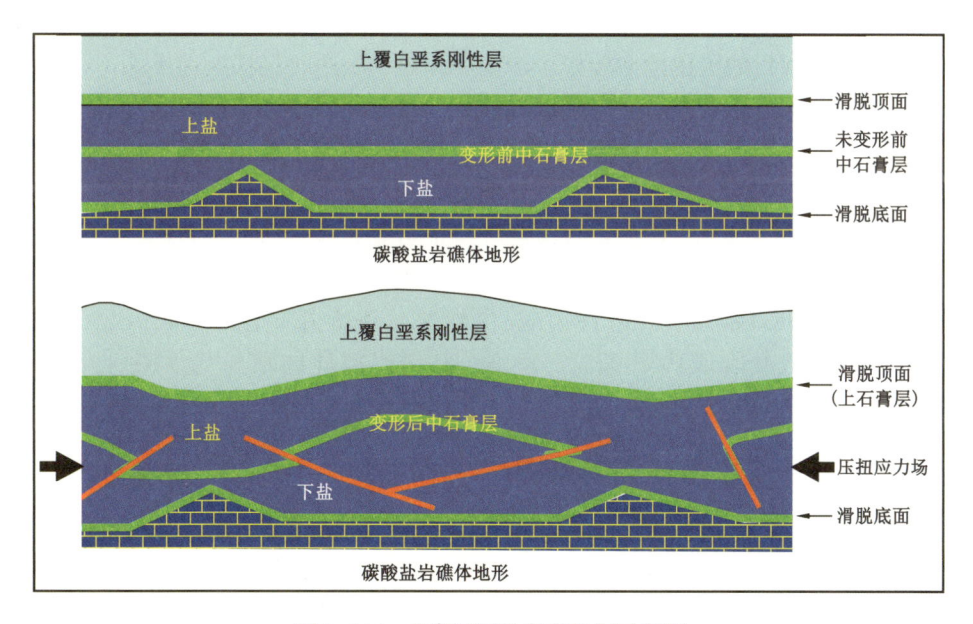

图 5-116　盐膏层塑性变形机制示意图

图5-117是中区下盐时间厚度图，蓝绿色表示下盐厚度大，红黄色表示下盐厚度小，厚度小的区域解释为可能的礁滩体发育区。可以看出，其展布特征与碳酸盐岩时间厚度（图5-112）基本一致。两者正好呈负相关，相互印证，共同圈定礁滩体的平面分布。

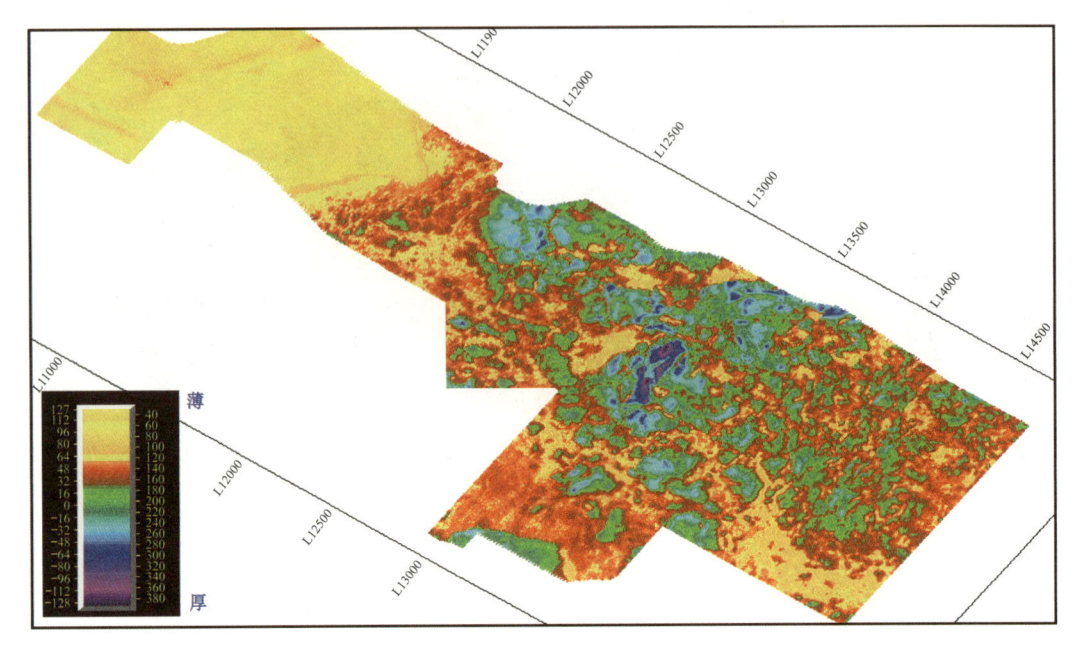

图5-117 中区下盐时间厚度图

**3. 地震勘探成效**

右岸复杂区块的逆时偏移攻关处理成果资料浅、中、深层信噪比和分辨率得到了较好兼顾，中石膏层之上反射层同相轴连续性好，频率信息丰富。中石膏层揉褶反射收敛较好，其下紧临的主要目的层成像亦较好。图5-118为本次逆时偏移处理成果（时间域）与常规处理成果的频谱分析结果对比。可以看到，逆时偏移处理成果频率信息丰富，较好地保留了原始资料的频率信息，中低频信号都得到较好的保护，尤其是低频端信号的能量比以往成果更强。

在构造解释和生物礁滩体储层地震响应特征分析的基础上，结合上覆膏盐层变形特点，利用时差、均方根振幅、波阻抗、波形等地震属性，共识别右岸中部地区礁滩体117个，面积1987km$^2$（图5-119），提供探井、评价井井位68口，已完钻井地质成功率100%，油气发现成功率93%，特别是针对礁滩体的钻井与预测研究吻合率达到100%。

## 二、物探技术对中东市场的支撑和保障

近10年来，中国石油海外业务快速发展，物探技术在开拓中东市场和工程服务保障方面发挥了重要支撑作用。在物探技术的强有力支撑下，沙特阿拉伯项目中标并优质高效运作了一个大型过渡带三维地震项目，一个大型红海二维地震过渡带节点项目，三个常规二维地震项目，一个低频小道距高密度二维地震项目，三个宽频宽方位高密度可控震源高

效采集项目，确保了东方地球物理公司在沙特阿拉伯高端市场竞争优势以及市场份额。伊拉克项目中标并顺利完成一个大型 ISSN 三维项目，多个 EXOON MOBIL、ENI、CNPC 和 CNOOC 二维、三维地震项目。中标阿曼 PDO 公司 3+1+1 年合同期的超级陆地三维队地震采集项目和 Daleel 等多个项目，10 多年来一直为 PDO 进行可控震源高效采集服务，也为东方地球物理公司 2015 年中标科威特 KOC 大型城区过渡带三维地震项目提供了技术保证。

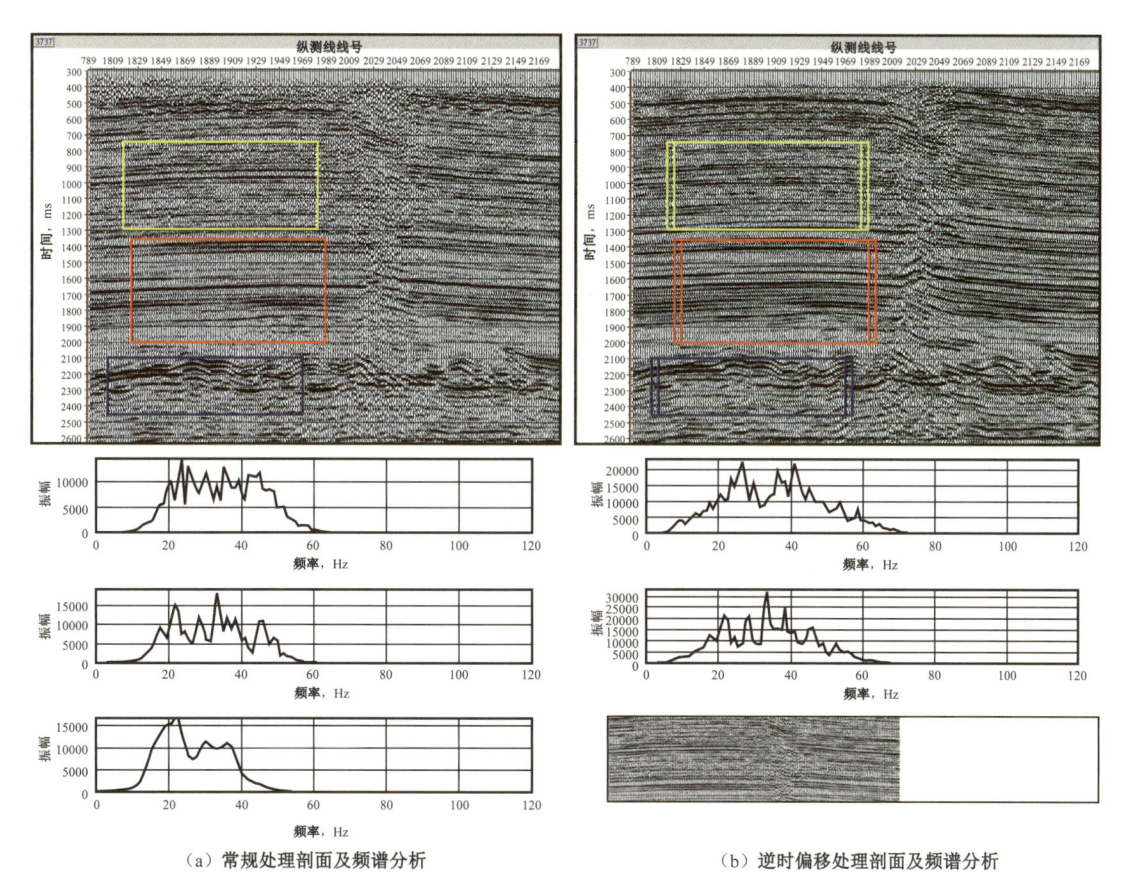

(a) 常规处理剖面及频谱分析　　　　　　(b) 逆时偏移处理剖面及频谱分析

图 5-118　常规处理和逆时偏移处理的频谱分析结果对比图

1. 技术支撑与保障沙特阿拉伯市场

1）S53 过渡带项目

S53 项目位于阿拉伯湾的西北部，沙特阿拉伯的东海岸，沙特阿美公司 MANIFA 油田区内，满覆盖面积为 1489.6km$^2$，施工面积 1876.8km$^2$，总计炮数 62.8 万炮，其中海上部分占总工作量的 80%，陆地部分占 20%。工区内既有陆地、沙滩，又有泥滩和礁石滩，并且沿岸被深水湾环绕，海底地形起伏变化剧烈，海上输油管线错综复杂、航道、钻井平台以及其他大型工程密布，北部和南部包括了少量的沙漠。由于诸多地表因素制约，该项目使用可控震源、炸药、气枪三种震源，在岛屿众多，水深不足的区域，还涉及浅水气枪船的使用。同时混合使用陆地检波器、沼泽检波器和 OBC 双检三种检波器，采用海、陆两套仪器的接收方式，海陆独立、联合作业。应用大道数、宽方位采集，陆地和滩涂采用

16线，48炮，最大道数3840道，480次覆盖；海上8线96炮，1920道，480次覆盖，海陆实现无缝连接。

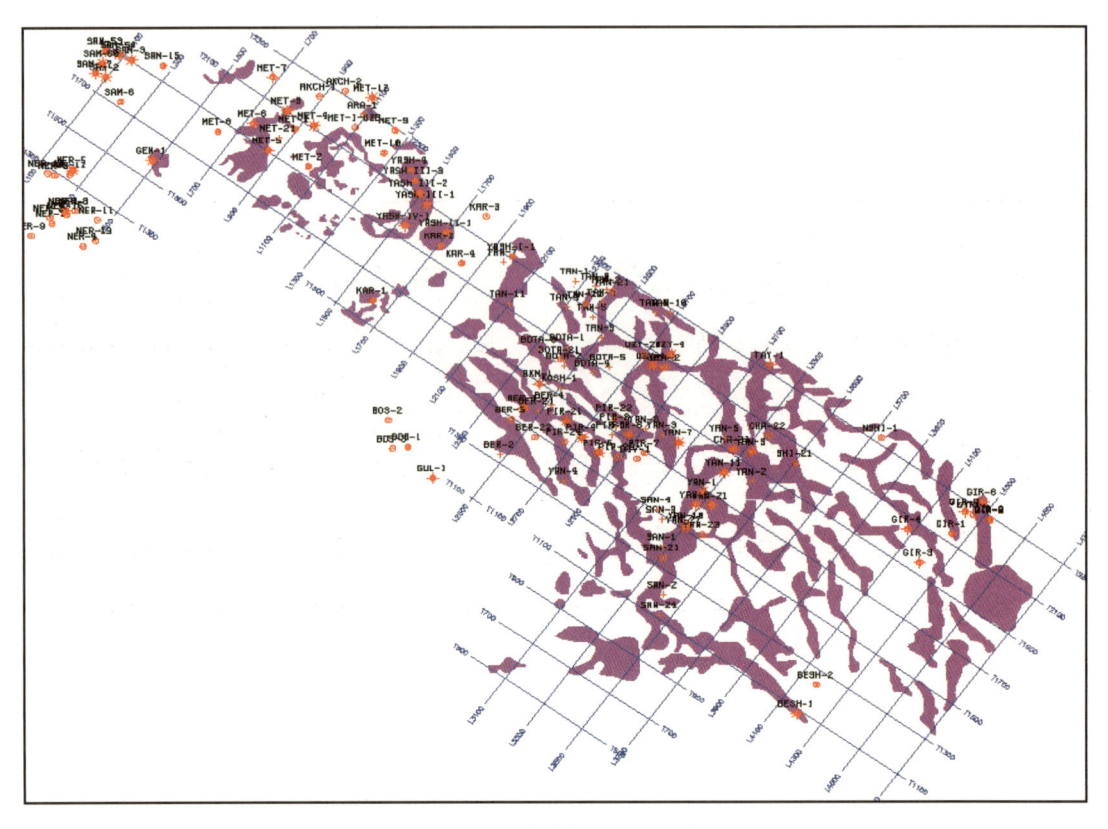

图 5-119　中区礁滩体预测平面分布图

S53项目通过海陆双套观测系统和采集系统，引入挂枪、拖枪及浅水气枪、炸药及可控震源等多类激发方式，根据水深采用陆检、沼检及双检结合的接收方式，在复杂城区和油田施工区域进行精心踏勘，对炮点进行最优化偏移设计，首次实现了海陆过渡带地震采集资料无缝衔接，保证了地震采集资料品质。该项目的高质高效运作，有力推动了MANIFA油田于2015年提前顺利投产，确保了沙特阿美保持日产$1250\times10^4$bbl原油的目标，得到了高度赞赏。

2）S64过渡带节点项目

S64项目是全球首个大型二维过渡带节点项目，工区位于沙特阿拉伯红海沿岸，从北部的Duba到南部的Jazan，跨度达1800km，东西约200km展布。总测线长度为检波线4220.975km，共168919个点，炮线4214.975km，共168679个点。工区包括了山地、戈壁、潮间带、岛屿等各种地形，尤其浅水部分的海底复杂，有大片的珊瑚、暗礁等，深水区域海底变化剧烈，最深达1600m。测线接收点距和激发点距均为25m，陆地和浅水观测系统为688道非对称观测系统，深水采用800道中间对称观察系统，覆盖次数340~400次。针对工区复杂的海底地形条件，采用可控震源、炸药、浅水气枪及深水气枪等多种激发方式结合互补，陆上和浅水使用陆检、沼检和双检，深水采用节点接收。陆地、过渡带以及海上 OBC 使用 428XL 采集系统，深水采用节点采集系统，实现陆海地震资料采集无缝连接。

S64 项目采用旁扫声呐技术，可有效识别海底起伏地形，为后续施工作业提供可靠指导；项目深水区域测线穿过珊瑚礁、海岛，水深变化大，绝大多数测线的深海部分水深超过 1000m，首次采用了深水节点系统进行作业，保证了深水地震资料采集质量；相配套的深海实时跟踪定位系统——USBL 深水定位，可以实时监控节点在放缆过程中的位置，大大提高点位放缆精度；开发配套的数据格式转换、节点质量控制技术确保了项目的顺利进行。该项目为东方地球物理公司后续过渡带项目市场开发和项目运作提供了宝贵的作业经验和技术支撑，确保了东方地球物理公司过渡带勘探技术在行业内的领先地位，有力提升了东方地球物理公司过渡带业务竞争力。

3）S69 沙漠高密度项目

S69 项目为沙特阿拉伯南部 Rub Al-khali 大沙区二维高密度勘探项目，合同期 5+1 年。工区地表条件复杂，包括沙漠区、人口稠密的城区以及西部山区。该项目为沙特阿拉伯首个无桩号高密度二维地震项目，观测系统采用 1220 道对称接收，检波点距为 15m，炮点距为 5m，覆盖次数达 1830 次。1 组 5 台震源单振次激发，扫长为 18s，采用 2～80Hz 自定义低频扫描。

沙特阿拉伯陆上勘探项目中，可控震源无桩号施工逐步取代了传统的标记桩号的施工方式。为了满足定位精度的要求，应用了自主研发的数字化地震队（DSS）系统，用于震源导航和作业管理，系统的控制端 DSC，主要对震源施工实施监控和发布作业任务，客户端 DSG 主要是震源导航放炮，取得了很好的效果。

在 S69 项目中，由于采用 In-line 和 Cross-line 两种震源组合方式进行采集，在沙丘和平缓地相互转换的地方，震源的组合图形同时也进行变换。在这一变换过程中，5 台震源中的 4 台都要重新进行震源平板点位的校准，而该过程比较耗时，震源 DSG 端能够实时显示组合中心距离理论炮点在 In-line 方向的偏移值，可以监控每一炮的组合中心是否合格，提高了 COG 精度并减少了 COG 超标的个数及比例。震源 DSG 端能够实时显示炮点方向指引各震源车体行进，当位于设计位置时会有警报声提示，即快速找到震源放点的目标位置，节约了震源组合图形和补炮时间。采用 DSS 系统可以使震源操作手进行独立自主导航，仪器操作员在仪器室内可以作为交叉监控，有效地降低质量事故的发生率，并且大量减少在炮点偏移情况下使用桩号旗引导震源施工的数量，真正意义上实现了无桩号施工，在人力、物力方面节约成本的同时也降低了在大沙区施工带来的安全风险。

4）S70/S71/S77 三维高效采集项目

沙特阿拉伯 S70 项目为沙特阿美石油公司乃至业界首个大道数高效采集项目，于 2012 年 6 月 1 日正式开工，合同期为 5+1 年。工区地形主要以戈壁、山地和沙漠等为主，地表复杂，障碍物繁多，油田设施密布、管道密集，公路和高压电网交错，城镇和农场较多，工区内还分布有多个大型厂矿和军事禁区，给项目施工带来了巨大困难。项目投入 6 万道采集设备，32 台 INOVA 364 震源，428XL 采集系统。首次采用交替扫描、滑动扫描，DS3 和 DS4 相结合的动态滑动扫描高效采集方法，采用可控震源无桩号施工。观测系统因不同工区而异，横纵比均为 1，最高炮密度到达 1600 炮 /km$^2$，最高道炮密度高达

36864000道/km²，采用2～118Hz低频自定义扫描，12s扫长，6s记录时间，一组两台震源单振次激发，12组震源同时布设在工区内施工。

S71项目是继S70项目之后东方地球物理公司在沙特阿拉伯成功运作的又一个大道数高效采集项目，合同期为5+1年，于2012年7月1日开工。工区主要地表为沙漠、戈壁、山地、农场、油田区等，主要障碍物包括高速公路和电网、城镇、大型厂矿及军事禁区等，S71项目一直在沙特阿拉伯—伊拉克边境区域施工，安保问题比较突出。项目投入近6万道采集设备，32台可控震源，采用交替扫描、DS3和DS4相结合的动态滑动扫描采集方法、无桩号施工。该宽频宽方位高密度采集项目最高炮密度到达800炮/km²，最高道密度高达16000000道/km²，横纵比为1，1.5～96Hz低频自定义扫描，12s扫长，6s记录时间，一组一台震源单振次激发。

沙特阿拉伯S77项目是继S70/S71之后，东方地球物理公司在中东高端市场中标的又一大道数可控震源高效采集项目，合同期为5年，于2015年10月1日按时开工。工区位于沙特阿拉伯南部大沙区域，地表起伏较大，沙丘成片且流动性大，给施工带来了很大的困难。该项目投入32台震源，43000道采集设备，采用交替扫描、DS3和DS4相结合的动态滑动扫描高效采集方法，同样采用无桩号施工。炮点距25m，检波点距为25m，炮线和检波线距均为150m，采用36线216+216道对称接收，横纵比为1，炮密度为533.3炮/km²，覆盖次数1296次，道密度为8294400道/km²。采用1.5～96Hz自定义低频扫描，12s扫长，6s记录时间，一组两台震源单振次激发，12组震源同时布设在工区内施工。S77项目首次使用508XT仪器系统、508FDU以及CX508采集设备，野外生产采用SEGD3.0格式记录原始数据，与S70/S71使用的428XL系统相比，508XT系统的采集理念和模式都有了重大革新，对野外生产组织及室内质控提出了新的更高要求。

在S70/S71/S77三维高效采集项目中，DSS系统的障碍物安全距离报警设置功能，大大降低了24小时施工安全风险，基于该功能，油气管线区作业的安全距离由原来的100m降低至25m，大幅提高了资料品质。DSS生产效率实时统计功能，为生产组织优化提供依据，为震源操作手管理和考核提供了重要参考，在一定程度上提高了震源操作手的积极性。DSS系统的震源属性及GPS信息实时监控、快速高精度导航以及组合中心显示等功能，保障了震源高精度、高质量、高效率作业。DSS系统的应用展示了东方地球物理公司在无桩号高效采集中的震源管理和导航技术实力，提升了东方地球物理公司在中东市场的竞争力。

在高密度高效采集项目中，每天数据量高达2～4T，传统的数据转储和质控方法已经不能满足项目生产需求。为此，东方地球物理公司自主研发了SeisPro系统，将数据转储速度较通用商业拷贝软件提高了50%以上，大大提高了海量数据转储速度，而且在数据转储过程中对原始单炮的自动质量控制，提升了数据质控效率。且针对S77项目的SEGD3.0数据，SeisPro根据SEGD3.0磁带拷贝标准要求实现了对TOC文件的编辑与拷贝，并在数据拷贝过程中直接从头块信息读取单炮开始采集时的GPS时间信息的功能，并根据GPS时间顺序进行磁带拷贝，避免了拷带前先根据SPS时间逐个调整文件号顺序，大大减低了人工操作的失误率。拷贝过程中根据硬件配备以及CPU的运行情况，实现多通道同步拷贝，数据拷贝速率可达到170Mb/s，较之前平均100Mb/s的速率提高了近70%，项目每天 2～4T 的数据量可在 3～4h 内完成，首次实现了海量 SEGD3.0 数据高效转储与质控，产品一次提交合格率达到 100%，满足了数据管理和质控的要求，为项目高质运作提供有力技术支撑，得到阿美公司的高度赞赏。

2. 技术支撑与保障阿曼市场

东方地球物理公司自 2004 年中标阿曼 PDO 公司滑动扫描三维项目，面对 Western Geco 物探公司、CGG 和 Global 等竞争对手，以技术为利器，保证了项目的安全高效生产，屡次赢得合同延期。至 2015 年，已在阿曼 PDO 项目成功运作 11 年，24 小时作业超过 6 年，安全作业人工时达到 1700 万，完成不同三维区块 23 个，作业面积约 27665km$^2$，4000 炮。如表 5-3 所示。

表 5-3　2004—2015 年阿曼合同情况及设备量变化

| 年份 | 合同状况 | 采集仪器 | 采集道数 | 震源数 | 震源型号 |
| --- | --- | --- | --- | --- | --- |
| 2004 | 中标 PDO 项目，为期两年 | Sercel 408+VE432 | 5500 | 11 | 362 |
| 2005 | 正常施工 | | 5500 | 11 | 362 |
| 2006 | HSE 和生产表现突出，中标新合同 2+1+1 共 4 年 | | 7000 | 11 | 362 |
| 2007 | 正常施工 | | 8500 | 11 | 362 |
| 2008 | 正常施工 | | 12500 | 11 | 362 |
| 2009 | 24 小时施工，DSSS 同步激发采集 | | 16500 | 17 | 362 |
| 2010 | 正常施工，获得合同延期一年 | Sercel 428+VE464 | 16500 | 17 | 362+364 |
| 2011 | 开始低频采集，中标 PDO 3 年 +1 年 +1 年超级队合同 | | 16500 | 17 | 362+364 |
| 2012 | 5 月 14 日开始超级队合同 | | 30050 | 16 | 380 |
| 2013 | 在盐沼区施工 | | 30050 | 21+6 | 380+326 |
| 2014 | 在盐沼区施工 | | 30050 | 21+6 | 380+326 |
| 2015 | 获得 PDO 两年 +5.5 月延期 | | 60100 | 21 | 380 |

通过激烈的技术竞争，中国石油东方公司完全赢得了阿曼市场，市场占有率 100%。其中"两宽一高"技术，可控震源高效采集配套技术、复杂探区地震勘探特色技术等关键技术利器对于市场稳定和开发起到了重要的支撑和保障作用。

在 2012—2013 年投标中国石油重点勘探项目——阿曼 Daleel 项目时，东方地球物理公司凭借先进的"两宽一高"地震采集技术，一举击败了主要竞争对手单点激发单点接收、低频高效采集方案。在可控震源高效采集及配套技术支持下，项目顺利完成，采集效果得到作业方的高度认可。数字化地震队（DSS）无桩号作业技术、地震数据质量控制系统及并行数据转储备份系统的推广应用，提高了作业效率，降低了项目作业成本。据最新的采集资料，筛选出 7 个含油气封闭，2015 年完钻的第一口井，初产原油量达到 1400bbl 每天，揭示了该区新的油气潜力。

因成本压力，PDO 在沙漠作业时大幅度减少了推土机清线的投入，要求凡是倾角大于

12°起伏的地形区域内的炮点都必须空掉，利用偏移和加密来保证采集质量。该项目沙漠覆盖区域大，如果依靠人工偏移和加密，需要多人才能完成室内清线和偏点工作，KLSeis完善后的偏移和加密模块，实现了高效自动偏点和清线设计功能，通过卫片、数字高程数据、推土机轨迹等信息，缩短了设计周期，减少了人员和设备成本，同时也进一步向PDO展示了东方地球物理公司的技术实力。在盐沼作业区，东方地球物理公司采用的不同震源联合施工，不同组合类型接收的采集方式也得到了认可，不仅有效地避免了设备损失和腐蚀，而且最大限度地填补了这里的勘探空白。

3. 技术支撑与保障伊拉克市场

Rumaila项目位于伊拉克南部，靠近科威特边境处和巴士拉市的西边，勘探面积1814.41km²。工区地表类型多样，以平坦地表为主，还有沼泽、小山，沙丘。北部的大面积沼泽区域成为雨季和冬季施工的障碍，工区南部多平沙地和小沙丘，会有少许地滚波，同时有大面积雷区存在（严禁作业人员暴露在地表）。地表障碍主要为油井井场和密布的输油输气管线，另外还有油田开发施工引起的油池和高低不平的地表。卫星图片及管线图如图5-120所示。

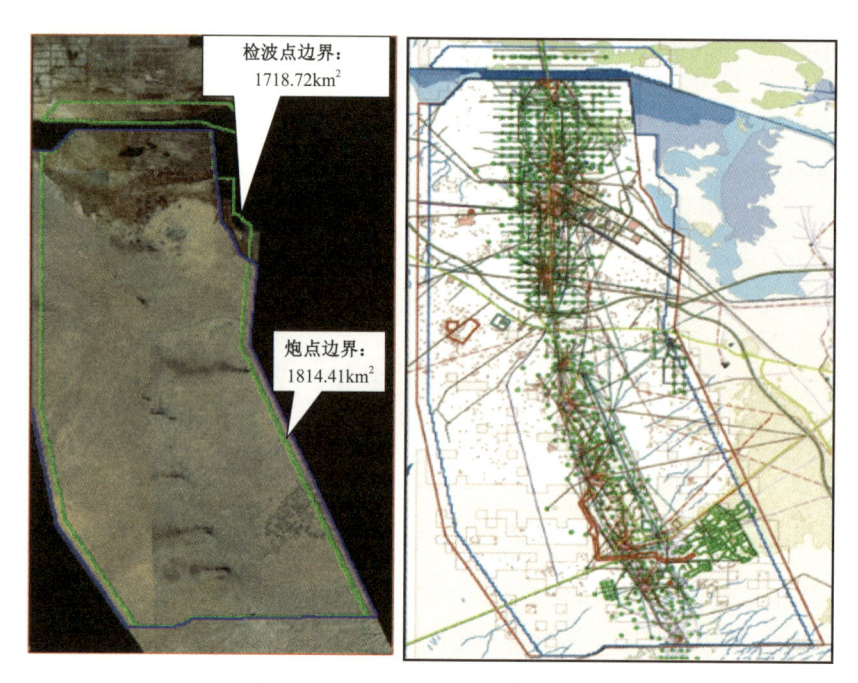

图 5-120 Rumaila项目工区卫星图片和管线图

该项目是世界上第一个大面积三维ISSN采集项目，项目作业方为BP公司（CNPC为合作方）。要求采用无线节点接收、多台可控震源单台单次独立扫描的方式进行采集，采用的观测系统为38条线/4炮全排列接收，检波点网格为200m×200m，炮点网格为50m×50m。工区东西宽约30km，单条接收线最大道数150道左右。由于采用全排列接收和高密度炮点，所以实现了宽方位和高覆盖，覆盖次数达到了近3000次，为属性提取和高品质资料提供了保证。

通过数字化地震队系统DSS、SeisPro节点数据质控与管理等可控震源高效采集配套技术的研发和应用，直接把现场用工从几百人乃至上千人减少到 150 人，节约了大量的测量设备和人力投入，地面没有一个木桩和沙袋，实现了真正意义上的无桩号施工；在遍布雷区和油气管线的工区，创造了项目安全运作达到 113 万小时，安全驾驶 233 万千米的奇迹！并且小时作业效率达到了 1000 炮以上，日效率从传统几百炮提高到 5000 炮以上（7 小时作业时间），得到了 ISSN 技术发明人、BP 公司高级副总裁现场的高度赞扬，创造了 BP 公司所有三维采集项目中的第一，由此 BP 公司将东方地球物理公司从普通合作商提升为核心合作商。该项目同时也得到了 CNPC 伊拉克公司的高度评价。

## 第十节　物探技术在煤矿生产安全中的应用

煤炭是我国的优势能源，受制于煤炭埋深、复杂地表和地下地质条件，矿井采掘依然是目前及未来我国的煤炭开采的主要方式，安全问题始终困扰煤矿生产，更加需要在煤矿勘探开采中应用地球物理等技术，结合钻孔等其他方法，查清煤矿精细地质构造、煤层展布和多种隐蔽致灾地质要素，综合指导煤矿科学安全开采。

自 2008 年起，以油气勘探开发中发展起来的高密度三维地震技术为基础，结合煤矿安全开采的地质需求和地震地质条件，通过试验、发展和完善，形成了包括高精度三维采集、高保真高分辨率处理和多信息结合精细解释为内涵的煤矿高精度三维地震配套技术。在近几年的应用中，获得了高品质的煤矿三维地震数据体，小断层、陷落柱、采空区等特殊地质体的解释精度明显提升，薄煤层、裂缝带、富气（水）带等地震预测也有效果，为煤矿的科学、安全开采提供了重要的成果依据。

### 一、煤矿安全开采的地质需求

我国煤炭资源和储量丰富，但地质构造复杂，煤炭赋存状况多样，煤炭开采强度大、采掘深度大、薄煤层多，煤矿开采安全风险多，瓦斯爆炸、水突水淹、塌陷成为煤矿生产的主要地质灾害。煤炭的科学与安全开采，迫切需要煤矿三维地震技术不断进步，以进一步提高成像精度和对地质体的空间分辨能力，解决以下制约煤矿安全生产的特殊地质需求：

（1）煤系及主力煤层的精细构造探测，与瓦斯突出密切相关的软煤层、构造煤层的探测；

（2）影响机械化采煤半个采煤高度（即垂直断距 3m 左右）的小断层的精细探测与解释；

（3）煤系地层中或其下的陷落柱（即古岩溶塌陷体）的精细探测与识别；

（4）侵入到煤系地层及主力煤层的火山岩侵入体的探测精细与识别；

（5）煤矿区老矿（老窑）采空区和老巷道的精细探测与圈定；

（6）主力煤层顶底板岩层岩性及富水性的探测；

（7）煤矿掘井工作面和回采工作面地质异常体及小构造精细探测；

（8）煤系地层或主力煤层裂缝发育特征及瓦斯气富集区的预测；

（9）煤系地层或主力煤层水富聚区的综合预测。

过去煤炭勘探中使用的常规三维地震技术，不能满足或不能完全满足以上这些特殊地质需求。

## 二、应用的主要物探技术

以油气勘探开发中发展起来的高密度三维技术为基础，结合煤炭勘探地表条件、地下地震地质特征和煤矿安全生产的特殊地质需求，在探索应用中加以发展与完善，基本形成和推广应用了煤矿高精度三维地震配套技术（系列），同时还探索及应用了时频电磁勘探技术。

### 1. 高精度煤矿三维地震采集技术

与油气勘探开发相比，煤矿三维地震勘探具有面积普遍较小、目的层埋藏浅、要求空间分辨能力高的特点。由此发展而来的高精度煤矿三维地震采集技术，主要有高精度煤矿三维观测系统设计与关键采集参数优化、高精度激发技术、数字检波器接收、配套高精度静校正等。

（1）高精度煤矿三维观测系统设计与优化。按照宽方位观测、宽频带激发与接收、小面元和高密度均匀覆盖的技术理念，通过模型正演、照明分析等有针对性的分析，利用KLseis等专业软件设计和遴选煤矿三维观测系统，权衡技术与经济指标，优选关键采集参数。

束状观测系统：根据地表条件和地下构造，兼顾主力煤层的全方位观测和便于野外采集施工，一般选用正交或斜交束状三维观测系统。

小面元观测：采用小面元观测，是提高煤层空间分辨率的资料基础和技术共识。目前，煤矿高精度三维地震均采用5m×5m面元；也有因为采集价格的原因，极少数案例选用10m×10m面元。

合理覆盖次数：根据煤层"三低一高"（低密度、低纵横波速、低声阻抗，高反射系数）特点，结合工区信噪比等条件，在确保均匀覆盖和价格可以承受的前提下，合理设计覆盖次数，不必过分强调高覆盖次数，覆盖次数一般在64~90次。

宽方位采集：虽然纵横（覆盖次）比大于0.5即为宽方位观测，但煤矿高精度三维采集中，在综合考虑各项因素的情况下，一般选用横纵比为1的全方位观测，以更好地满足三维资料分方位处理的要求。

高炮道密度：一般达到256万~360万（炮道对）/km$^2$，远高于以往煤矿常规三维地震的炮道密度。

表5-4为近几年几个煤矿高精度三维地震观测参数与常规三维地震的对比表。

表5-4 煤矿高精度三维地震观测参数对比

| 新老观测系统 | GC煤矿 | | QD煤矿 | | TR煤矿 | ZZ煤矿 | LD煤矿 |
|---|---|---|---|---|---|---|---|
| | 高精度三维 | 常规三维 | 高精度三维 | 常规三维 | 高精度三维 | 高精度三维 | 高精度三维 |
| 观测系统 | 16L10S160T | 8L3S24T | 16L8S160T | 8L8S50T | 16L10S200T | 北部<br>16L8S160T<br>南部<br>32L4S160T | 16L8S200T |
| 覆盖次数 | 8×8=64 | 2×6=12 | 8×8=64 | 5×4=20 | 80~120 | 80~160 | 72~160 |
| 道距,m | 10 | 20 | 10 | 20 | 10 | 10 | 10 |

续表

| 新老观测系统 | GC 煤矿 高精度三维 | GC 煤矿 常规三维 | QD 煤矿 高精度三维 | QD 煤矿 常规三维 | TR 煤矿 高精度三维 | ZZ 煤矿 高精度三维 | LD 煤矿 高精度三维 |
|---|---|---|---|---|---|---|---|
| 炮点距, m | 10 | 20 | 10 | 20 | 10 | 10 | 10 |
| 面元, m×m | 5×5 | 10×10 | 5×5 | 10×10 | 5×5 | 5×5 | 5×5 |
| 接收线距, m | 100 | 20 | 80 | 40 | 100 | 80/40 | 80 |
| 炮线距, m | 100 | 40 | 100 | 100 | 80 | 80 | 100/50 |
| 最大炮检距 m | 1124 | 493 | 1017 | 533 | 1435.3 | 1017 | 1180.5 |
| 纵横比 | 1 | 0.32 | 1 | 0.43 | 0.63 | 0.75 | 0.6 |
| 横向滚动 | 1线/100m | 6线/120m | 1线/80m | 4线/160m | 1线/100m | 1线/80(40)m | 1线/80m |
| 观测方式 | 中间对称 | 固定排列滚动 | 中间对称 | 中间对称 | 中间对称 | 中间对称 | 中间对称 |
| 炮道密度 万/km² | 256 | 12 | 256 | 20 | 320~480 | 320~640 | 288~640 |

（2）高精度激发技术。利用高精度卫照、航照等资料，在详细的地表结构调查和系统试验的基础上，分区设计激发参数；选择合适的深度和岩性，采用高爆速小药量的炸药激发；在村镇等障碍区，采用小吨位可控震源激发，确保设计激发点的到位率和均匀激发的要求。

（3）宽频数字检波器接收。与模拟检波器相比，数字检波器在灵敏度、保真度和记录频带宽度等方面具有明显优势，如图 5-121 所示。在地表激发接收条件和信噪比较高区域的煤矿高精度三维地震采集中，用数字检波器取代模拟检波器，采用数字检波器单点三分量接收或单点单分量接收，以保障地震信号的保真与完整记录。

2. 高保真高分辨率煤矿三维资料处理技术

以高保真、高分辨率、高成像精度为目标，发挥及组合应用 GeoEast 软件的既有模块功能，形成针对性的煤矿三维资料处理技术与流程。

（1）迭代静校正技术。应用层析静校正和折射波静校正等技术，解决长波长等基本静校正问题，在此基础上利用三维地表一致性剩余静校正技术，通过多次速度分析与剩余静校正的多次迭代，改善静校正效果，提高叠加精度。

（2）叠前多域压噪。应用自适应面波衰减、异常振幅衰减等叠前多域压噪技术，减少对有效波的损伤，有效压制各类噪声，提高资料的信噪比。

（3）保持振幅处理。使用球面扩散补偿和地表一致性振幅补偿等技术，补偿能量差异，提高资料处理的保真度。

（4）提高分辨率技术。应用 $Q$ 吸收补偿、地表一致性反褶积等技术，提高地震子波的一致性，压缩地震子波，提高纵向分辨率，提高对薄煤层和地质体细节变化的地震分辨能力。

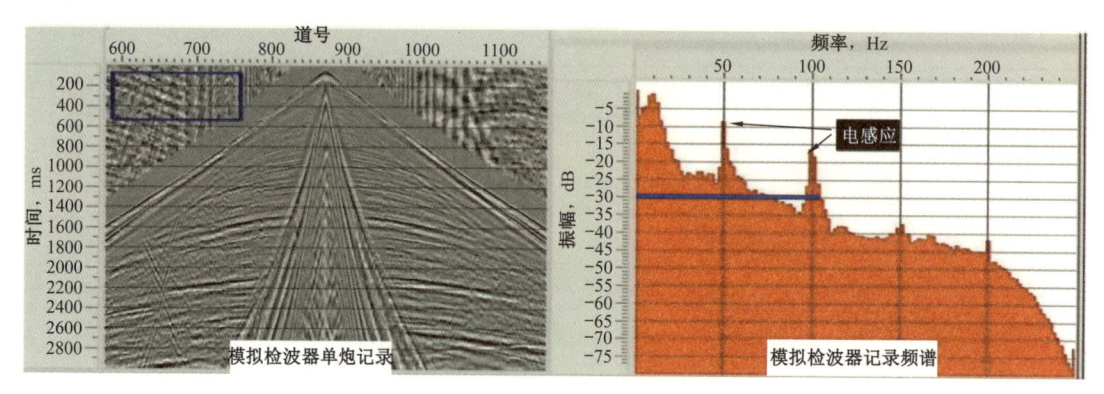

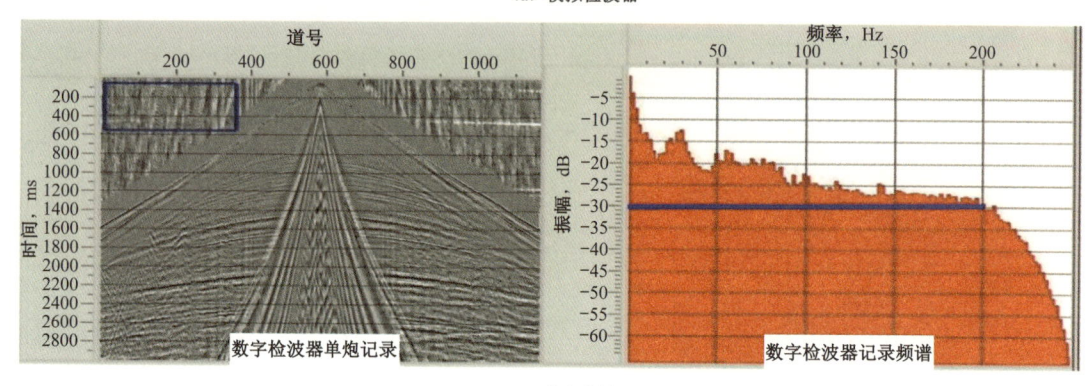

图 5-121　模拟检波器与数字检波器的单炮记录与频谱对比

（5）叠前深度偏移。处理与解释相结合，做好叠前时间偏移与成果解释，综合建立偏移速度场；采用双程波逆时偏移（RTM）等偏移技术，保证构造的准确归位，提高偏移成像精度。

（6）分方位处理。根据当前高精度煤矿三维资料只有中等覆盖次数的特点，一般将数据划分3个或4个方位，进行分方位叠加处理，获得对应方位的三维数据体，用于分方位数据的解释。基于OVT的分方位处理技术应用尚在探索之中。

**3. 多信息结合的煤矿三维资料精细解释技术**

围绕煤矿勘探开发的特殊地质需求，利用相关解释软件和解释工作站条件，在煤矿高精度三维资料解释中，应用和发展了多项解释技术。

（1）多属性结合的小断层及特殊地质体识别与解释。提取及应用剖面、水平切片、振幅、频率、相干体、方差、曲率体、谱分解等地震属性信息，在可视化的解释环境下，利用其中的敏感属性，综合识别和精细解释小断层、陷落柱、采空区、火成岩体、采掘巷道、煤层微细褶曲等特殊地质体，确定其空间展布特征。

（2）基于地质统计学反演等方法的薄煤层预测。以部分煤矿钻孔资料为约束，利用地质统计学反演、稀疏脉冲反演等方法，预测各套煤层的空间分布，提高了厚度小于1/4波长薄煤层的地震预测精度。

（3）煤层构造精细制图技术。在精细构造解释和精细地震速度场建立的基础上，对各主力煤层进行大比例尺构造制图，为煤矿开采方案编制提供基础图件。

（4）叠前与叠后信息结合的地震裂缝综合预测。利用相干、相干加强、曲率等叠后信息，预测煤层（及其顶底板）裂缝的发育方位和基本展布区带；利用分方位振幅（或能量）变化等叠前信息，定量预测裂缝带展布方向及裂缝发育强度。综合分析叠前与叠后地震裂缝预测成果，可以进一步认识煤层裂缝发育规律。

（5）煤层气"甜点区"地震预测技术。煤层气以吸附态为主，赋存于煤岩微细孔缝之中，煤层气含量的高低主要受控于煤阶、煤厚、埋深、断层、裂缝等多项地质因素。三维地震资料解释直接求取，得到了与这些地质因素密切相关的地震属性和成果信息。选取表征这些地质因素的敏感的地震属性，多信息相结合预测煤层气相对富集的"甜点区"，用以指导煤矿开采前及开采中的煤层气排采，预防瓦斯突出事故。

（6）地震与电法结合的富水区预测技术。在高精度三维地震成果的约束下，结合地面高精度电法勘探资料和含水层的电性异常，综合研究和预测煤系和主力煤层水富集区，预测水害发生的潜在区带，为煤矿开采方案制订和开采中水害预防提供参考信息。

## 三、应用效果

自2008年以来，应用上述技术，在中国东部地区共完成了煤矿高精度三维地震13块，三维满覆盖面积共91km²，取得很好的应用效果。

（1）获得了高品质的煤矿三维数据体。与常规三维数据相比，高精度煤矿三维数据信噪比和分辨率均显著提高。如在某矿业集团HN煤炭开采区采集的10块高精度煤矿三维地震资料中，埋深600～1200m的主力煤层地震资料频带宽度比以往（常规三维）拓宽了10～20Hz，目的层主频达到55～70 Hz，三维数据体保真度和成像精度明显提高，地质现象和地质体的成像更加清晰。图5-122为HND5煤矿高精度三维数据体。

图5-122　HND5煤矿高精度三维数据体局部显示

（2）断层及构造解释精度大幅提升。断层尤其是断距3～5m的小断层，20m以下低幅度构造，对煤矿瓦斯聚集和煤层导水富水的影响很大，同时也增加了煤矿开采巷道设计与工程实施的难度。以往的常规三维地震难以发现和准确刻画的小断层，是煤矿安全开采中迫切需要探查的隐蔽致灾地质因素。大量小断层、低幅度构造的发现和落实，为煤矿安全生产排除潜在地质隐患提供了物探成果依据。在所有煤矿高精度三维地震勘探案例中，所解释的煤层断裂系统均比以往发生明显变化，大或较大断层平面位置移动，垂直断距

3~5m 的小断层成倍增加，断裂组合方案也有明显不同。如 HNPB 煤矿高精度三维区主力煤层共解释断裂 107 条，比老三维资料解释增加 88 条，增加的主要是断距 5~10m 的小断层，而大的断层位置、方向和断裂组合均比老三维地震成果有显著改变，如图 5-123 所示，其中红色断层线为高精度三维地震解释断层；蓝色断层线为老三维地震资料所解释的断层。

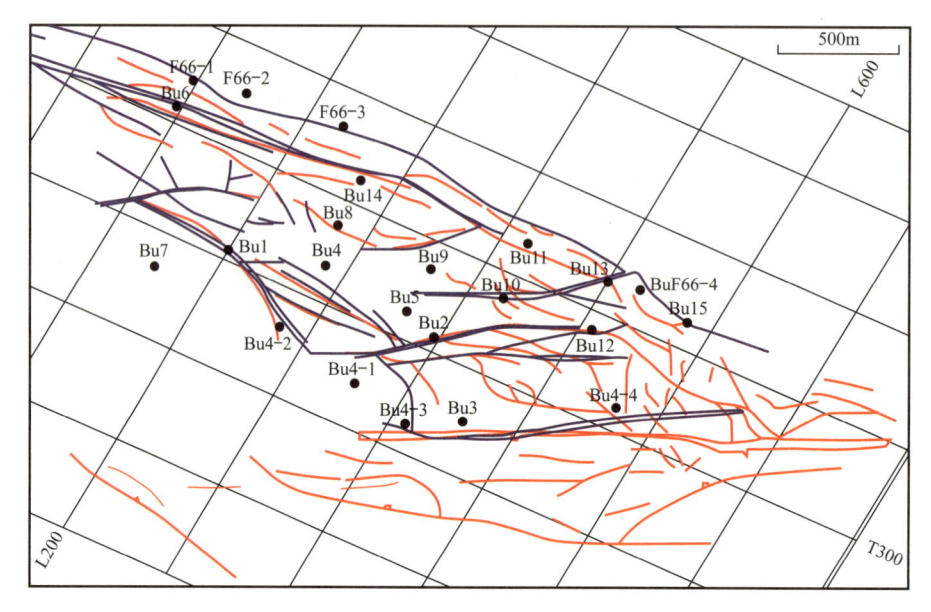

图 5-123　HNPB 煤矿高精度三维区某主力煤层断裂系统图

据掘进巷道和开采验证资料统计，煤矿高精度三维地震断层解释精度明显高于常规三维。断距大于 5m 的断层符合率大于 95%，断距 3~5m 的小断层符合率 87%，断距 2~3m 的小断层符合率约 65%。

经验证，煤矿高精度三维地震资料解释，主力煤层埋深误差小于 1%，比以往常规三维资料解释提高 0.5 个百分点。高精度三维地震解释，幅度 10m 以上的背斜、挠曲等低幅度构造制图基本可靠。

（3）发现了一批陷落柱、采空区等隐蔽地质体。陷落柱和采空区为我国煤矿安全开采中高度关注的地质隐患。发育于煤系及以下的陷落柱，不仅使煤层塌陷缺失，且与高含水层沟通性强，煤矿巷道和作业面如打通了陷落柱，常引发矿毁人亡的煤矿重大水害事故；在部分老矿区，煤层采空区复杂且易大量积水，新的煤层开采需要查清和预防老采空区积水，也是煤矿水灾害的潜在风险。在 HNDJ 煤矿，利用高精度三维地震多属性信息，较为准确地识别出截面 4m×4m、延伸长度约 1200m 的煤矿巷道，直接印证了高精度三维地震成果的精度，如图 5-124 所示。

在近几年完成的 6 个高精度煤矿三维地震项目中，共发现和识别陷落柱 13 个、岩浆侵入体 9 个。图 5-125 为某煤矿高精度三维地震解释中识别出的陷落柱分布图，从三维地震属性结合剖面和切片解释，发现了 NNE 方向带状展布、沿层地震属性上呈圆形、椭圆形的 4 个陷落柱，定量解释其直径 20~80m。这些成果为煤矿开采设计、进一步的探查和安全预防提供了重要依据。

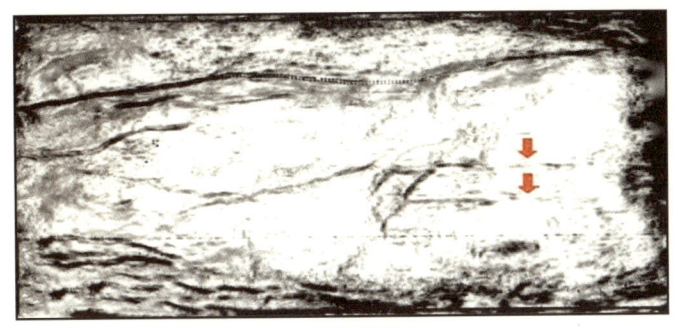

(a) 11号煤沿层相干

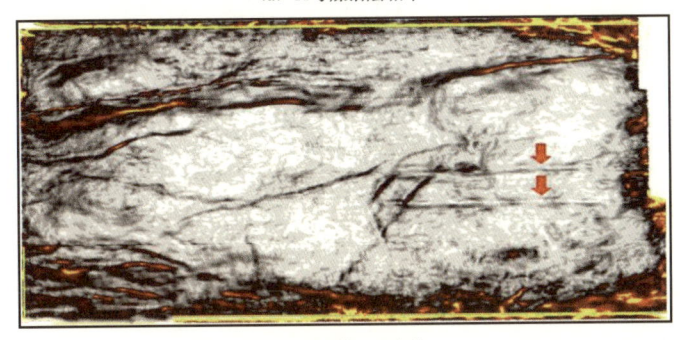

(b) 11号煤沿层方差

图 5-124　HNDJ 煤矿高精度三维资料沿层相干属性和沿层方差属性图

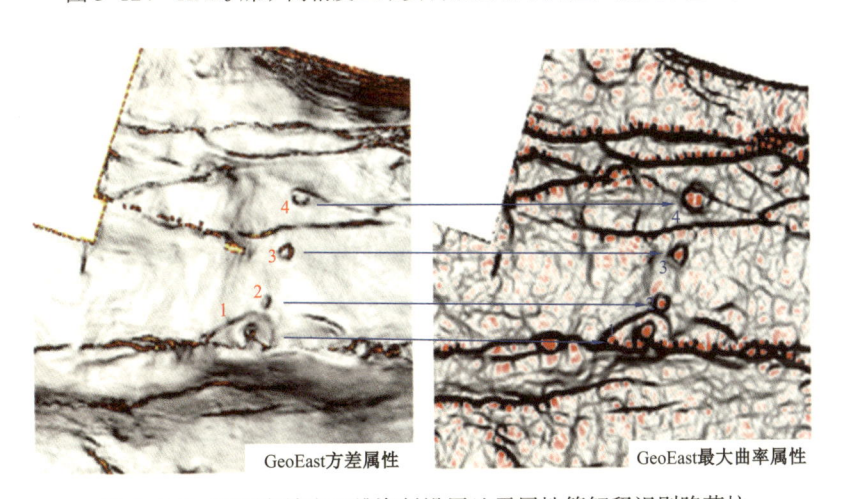

GeoEast方差属性　　　　　　GeoEast最大曲率属性

图 5-125　利用高精度三维资料沿层地震属性等解释识别陷落柱

1—4—地震识别的陷落柱编号

（4）薄煤层、裂缝等预测精度提高。基于高精度三维数据体的地震反演成果，对厚度 3m 左右薄煤层预测相对误差小于 20%，基于高精度三维地震预测的煤层厚度及空间展布，规律性和可靠性均优于仅依据密集钻孔资料绘制的成果；叠前与叠后属性结合的地震裂缝预测，主力煤层裂缝方位和发育带展布预测实现了半定量到定量化，裂缝预测成果已达到较高精度，提供了瓦斯和水害预测的物探基础信息。

（5）瓦斯和水危害风险的预测探索。根据高精度三维地震勘探成果，分析瓦斯主控要素和地震成果表征，地震属性和实测瓦斯含量的交会分析，发现单个地震属性对瓦斯气含量变化反应不敏感，相关性低；采用利用神经网络算法，综合多种地震属性，建立瓦斯预测模型，利用实测数据对模型进行检验和训练，进而对主力煤层瓦斯含量及风险进行预测；综合考虑煤层厚度、瓦斯含量、断层等主控因素，划分风险级别，进行瓦斯风险预测，编制了可供煤矿安全生产参考的瓦斯突出综合预测图，如图5-126所示。

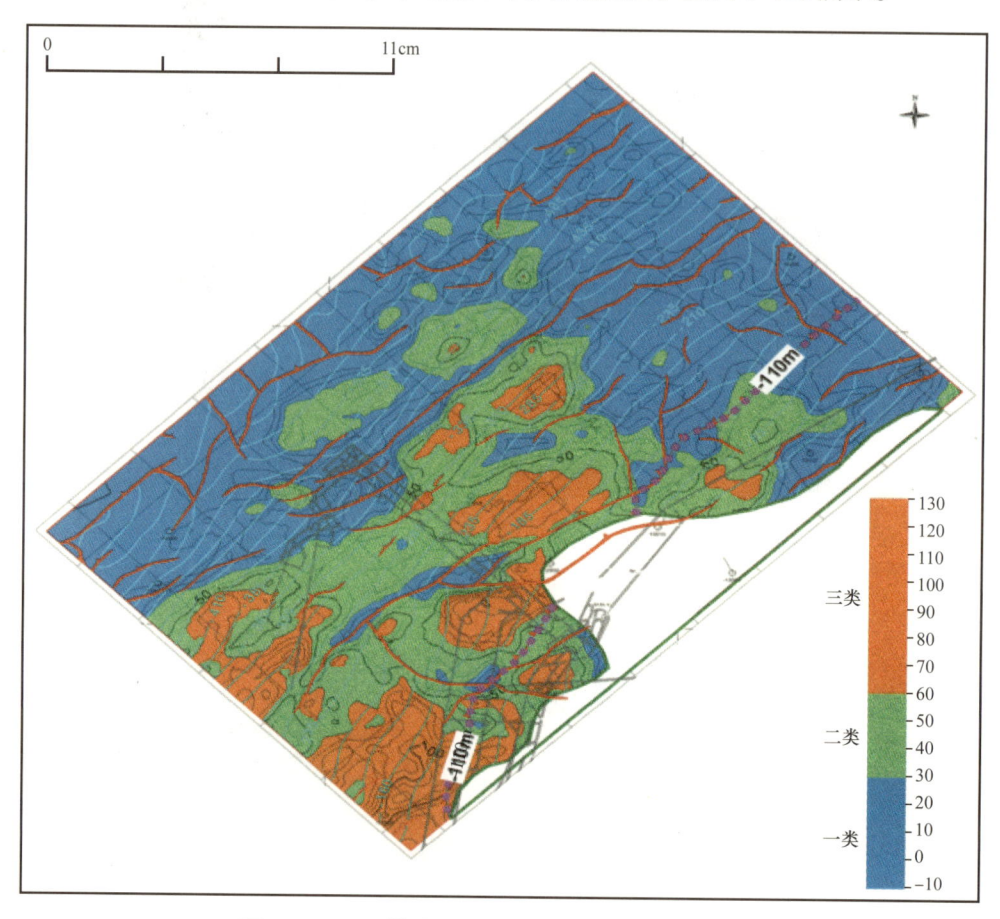

图5-126 GC煤矿二1煤瓦斯突出风险综合预测图

煤矿水危害的预测，突出地震与电法结合、多种信息结合的技术思路；基于地震岩性反演，分析富水岩性的空间分布，为富水区和导水通道的预测奠定基础信息；综合断层解释和裂缝预测成果，分析导水构造带和通道；利用时频电磁反演与解释成果，了解地下水富集带分布的电法信息；地震、电法、钻孔、测试等结合，综合预测煤矿开采的水突危害区，为煤矿安全开采及水灾害的预防提供重要参考。

（6）其他应用效果。高精度三维地震勘探及解释成果，在煤炭储量重新核定及评价、煤矿开采选区、钻井及巷道设计、数字煤矿建设、生产安全预防等方面见到效果。如根据GC煤矿高精度三维地震成果，调整了原有生产部署方案，降低了安全风险，新增构造稳定的主力煤层可采面积0.2km²，增加了可采煤炭储量约$90 \times 10^4$t；如在断层十分复杂的QD煤矿采区，根据高精度三维地震解释断裂和煤层厚度等成果，在主力8号煤层中评价选择5个构造稳定的可采区块，总面积1.59km²，保障了该矿稳定及安全生产。

# 第六章 技术发展展望

"十一五"和"十二五"期间，全球石油天然气市场总体较好，推动了物探工程服务市场的大发展，中国石油物探借势而上，充分发挥公司一体化优势，集中精力发展了一批具有国际先进水平的工程服务利器，初步实现了由物探技术跟随者向领跑者的转变。但是也应该看到，油气勘探开发对物探技术的需求永远在路上，中国石油物探技术发展依然存在原始创新薄弱、技术获取方式不灵活等问题。在"十三五"低油价新常态影响下，物探业务更是面临降本增效新要求，发展效益科技新挑战的问题。

因此，展望"十三五"及中长期发展，中国石油物探仍要坚持战略目标不动摇，持续丰富技术创新战略内涵，在技术研发与应用方面持续改进与完善，以不断的技术创新，满足中国石油稳健发展和降本增效的需求，同时，为行业复苏做好储备。

## 一、生产需求

就目前发展趋势判断，未来5~10年的油气勘探开发地球物理主流技术仍然是宽方位宽频高密度三维地震，出现革命性技术的难度大，国内二次/三次三维地震以后，地震部署问题突出，高陡构造、老区、低渗透、地层岩性、深层、深海、非常规等重点领域对物探的精度不断提高，一些关键技术尚待突破。

（1）高陡构造领域要求提高成像精度，构造误差小于1.5%，提高储层预测精度，钻探成功率提高20%。主要技术需求是高密度高覆盖地震采集技术、高分辨率处理技术、起伏地表叠前深度偏移技术、深度域解释+变速成图建模技术、重磁电综合物化探技术。

（2）低渗透地层岩性领域要求地震主频提高10~15Hz，预测东部厚1~3m、西部厚3~7m的薄层，识别3~5m断层，岩性圈闭落实成功率提高20%。主要技术需求是高密度宽方位地震采集技术、精细近地表速度建模技术、保真去噪和精细静校正技术、方位处理技术、叠前综合甜点预测技术、复电阻率储层预测技术。

（3）深层领域要求构造落实精度误差小于2%，储层预测精度达到15~30m，准确率达80%。主要技术需求是宽频、超长排列地震采集技术、折射波+回转波反演近地表速度建模技术、弱信号补偿技术、重磁优化+RTM+FWI成像技术、区域构造变形特征、盐相关构造建模技术、电磁+地震叠前反演预测技术。

（4）成熟探区领域要求进一步提高分辨率，预测东部厚1~3m、西部厚3~7m的薄层，识别3~5m断层，流体预测符合率提高20%。主要技术需求是宽频目标采集技术、提高分辨率处理技术、储层及流体成像技术、油藏精细建模技术、永久监测技术、多学科油藏地球物理技术。

（5）深海领域要求构造落实精度误差小于4%，烃类检测符合率达到80%以上。主要技术需求是多层拖缆和洋底接收技术、宽频激发技术、FWI+RTM成像技术、无井情况下的储层预测和烃类检测技术、海洋可控源电磁高精度油气识别技术。

（6）非常规储层领域要求预测孔隙度小于5%的储层，有效储层和烃类检测符合率提高20%，预测微裂缝发育带、TOC、岩石脆性等。主要技术需求是岩石地球物理分析技术、OVT域处理技术、微地震裂缝检测技术、甜点预测技术、电磁油气饱和度预测技术。

（7）海外油气勘探开发制约因素多，节奏快，面临的对象复杂，强化国内成熟技术在海外的有效应用是核心。

## 二、发展优势

中国石油物探技术发展还兼顾着国际市场竞争的需要，总体上来看，中国石油物探实力雄厚，陆上地震采集能力居世界第一，在全球油气勘探业务中占有一席之位，物探技术发展有着一些差别优势。

（1）陆上地震勘探技术整体处于国际先进水平，复杂山地地震勘探技术处于国际领先水平。国际上，高密度、宽方位三位采集技术普遍应用，高精度数据处理、叠前偏移成像、海量数据处理解释技术先进，多学科油藏地球物理综合研究成熟配套，永久监测技术投入应用。中国石油物探的山地、沙漠等复杂地表区采集、静校正、去噪、构造建模与深度域解释等技术先进适用，形成高密度采集处理、多波采集处理配套技术，以陆上宽频、宽方位、高密度三维地震采集处理技术、3.5D/4D和井震联合地震勘探技术投入应用对比来看，物探数据处理解释技术能够替代引进产品，采集技术实力较强。高效、低成本配套技术，以及弹性波成像超前技术与国际先进水平有差距，但正在缩小。深层地震配套技术储备不足，需要深入研究。

（2）大型地震仪器、可控震源技术与国际保持同步。国际上，出现实时百万道有线地震采集系统，功耗更低、强度更高、速度更快。海上光纤永久油藏监测系统已成功商业化应用，正在发展陆上光纤地震采集系统。中国石油物探拥有10万道带道能力的地震仪器、3~120Hz带宽的可控震源、噪声水平50ng的数字检波器。海洋勘探设备全部依赖进口。

对比来看，宽频可控震源技术先进，超大道数地震仪器和高精度检波器正逐步缩小差距。数字检波器、光纤技术、深海装备有差距，产品稳定性及与采集处理技术的结合有待加强。

（3）物探软件整体处于国际先进水平，油藏地球物理技术取得重要进展。国际上，面向油藏的处理解释软件向海量数据、大规模计算、多学科协同工作、云计算等方面发展，已经推出了有Ocean、DSD等代表性产品。中国石油物探具备海陆采集处理和解释一体化功能，满足常规高密度数据处理解释、叠前深度偏移成像、多波与VSP数据处理要求，以及基本的海洋数据处理需要，初步建立了与油藏结合的多学科协同工作机制及平台。

对比来看，地震数据采集、去噪、静校正处理有特色优势，深度偏移、多波和VSP处理、构造和储层解释等功能与国际先进水平同步。三维速度建模、全波形反演功能，以及数据管理、协同工作、开放平台方面刚刚起步，海洋资料处理、弹性波偏移技术需要加速发展。

（4）非常规、海洋等地球物理技术处于起步阶段。国际上，在深水装备、海洋可控源电磁、海洋节点采集装备及技术较为成熟，处于垄断地位。非常规油气地震勘探技术处于领先水平，支撑非常规油气低成本勘探开发。中国石油物探拥有12缆拖缆勘探船，装备能力处于中等水平，具备三维SRME、数据规则化等基本的海洋数据处理解释能力。页岩气、煤层气等非常规储层三维经济技术一体化研究还处于起步阶段。

对比来看，海洋和非常规储层的常规地震采集和处理解释技术与国外差距不大，并且在中国海域有综合研究优势。深海拖缆、节点、电磁装备及配套处理技术全面落后，非常规储层岩石物理分析、TOC 分析等基础研究差距较大。

### 三、技术发展方向

1. 通过持续加强自主创新，保持或预期领先的技术

（1）陆上宽频高密度地震勘探技术：该技术是中国石油物探优势领域技术，通过不断集成先进适用新方法，形成针对不同领域生产需求的配套技术，进一步解决长期困扰勘探开发的生产难题，并形成一体化品牌技术，提供高性价比技术服务，进一步提高国际竞争能力。

（2）地震采集工程设计技术：与国际同类产品相比，在功能多样性和与生产结合的适用性方面达到国际领先水平。结合高密度和超高密度勘探发展趋势，发展完善基于叠前目标的正演模拟、大数据实时质控和数据评价等技术。

（3）地震仪器、可控震源及高效采集技术：超高密度勘探可以获得更高信噪比、更高分辨率地震数据，进而产生更可靠的储层参数和油藏特征参数解释结果，是重要技术发展方向，国际上率先提出百万道地震采集系统概念并正在实施，中国石油拥有无线、节点、有线一体化功能的 10 万道级仪器，拥有先进的宽频可控震源，具备技术研发的基础。

（4）弹性波叠前成像、多波技术：全弹性波动方程偏移是解决复杂构造高角度成像、岩性成像、流体成像等复杂问题的高端技术，但目前弹性波叠前成像、多分量处理过程复杂、成本太高，大数据问题也是其中的一个瓶颈。要结合计算机技术设计一体化的解决方案，而不仅是单一技术，有可能在 5~10 年后发展成为常规处理技术。

（5）全波形反演、速度建模：全波形反演技术在海洋数据上见到了较好的应用实例，陆上数据相对复杂，进展较缓。目前油公司都看好这项技术，从事研发的公司和大学较多，结合正在开展的三维速度建模研究，需要加强信息收集，增强对该技术发展进展的敏感性，组织力量，不断探索争取在该技术突破、领先的可能性。

（6）微地震监测技术：目前在非常规油气勘探领域可用的不多的地球物理技术之一，正处于艰难发展时期，北美只有 1% 的页岩气注水破裂过程使用微地震监测技术。检测结果的可靠性有待于突破，解决问题的关键不仅是单一技术，也在于整体问题的解决方案。

（7）陆上三维重磁电技术：与国际同行业相比，在方法多样性和应用经验方面优势明显，三维处理及联合解释技术走在国际前列，形成了山前带、复杂岩性体及隐蔽油气藏等物化探配套技术。在仪器装备及与地震联合勘探技术方面有待进一步发展和提高。

2. 通过引进合作再创新，保持与国际先进同步发展的技术

（1）处理解释一体化技术（GeoEast）：已经具备较完备的陆上地震数据处理解释功能，同时具备了海上数据常规处理和多波、VSP 处理功能，进入比效果、比效率的生产时期，技术发展还有很大改进和完善空间。

（2）一体化协同工作平台：兼顾云计算、三维可视化、跨平台的适应多学科协同工作环境的开放式平台已经起步发展，需要研发扩充高精度地震成像、多波多分量、大数据处理、叠前反演等先进功能。

（3）油藏地球物理技术：中国石油已形成复杂油藏综合研究配套技术，初步开发了油

藏地球物理综合评价软件。要完善油藏描述、油藏模拟、油藏监测和协同工作系统，集成到新一代协同一体化软件平台，进而推广应用。

（4）非常规物探技术：要进一步加强装备、技术和人才的引进与合作，快速形成从岩石物理到产量预测的非常规油气勘探开发整体解决方案，支撑生产。

（5）海洋电磁技术：中国石油已开展海洋电磁装备研发工作，要结合装备研制成果，开展配套采集处理解释技术研究，尽快形成海洋电磁生产能力。

3. 通过探索合资并购商业营运模式，加速追赶的技术

深海高端配套技术：在现有高端海洋装备规模不可能大幅提高的前提下，合作或收购一家具备拖缆宽频勘探能力的公司，加快宽频采集处理配套技术研发，尽快形成参与深海高端勘探市场竞争的门槛技术。

## 四、展望

依据中国石油发展战略及中长期发展规划，未来5~10年，物探技术总体保持国际先进水平，陆上复杂区物探技术持续保持国际领先，新一代开放式物探数据处理解释软件平台、百万道级地震数据采集系统、新一代地震成像技术、基于大数据的两宽一高地震勘探关键技术等4项战略性技术的成熟度达到现场试验级别。将形成宽频宽方位高密度地震勘探和油藏地球物理两项核心配套技术，研制百万道级地震数据采集系统、高精度宽频可控震源和宽频检波器、深水可控源电磁勘探系统、新一代地震数据处理解释等装备及软件。创新发展与超前储备深层油气藏地球物理探测、非常规能源地球物理、多波及裂缝储层预测、弹性波地震成像等关键技术。掌握深海宽频、海底节点勘探采集/处理技术，形成海洋电磁勘探作业能力，形成井中—地面联合微震监测技术和服务能力。

中国石油物探发展正在面临前所未有的机遇与挑战，站在建设国际性综合能源公司的战略高度，需要更加发挥综合一体化业务优势，切实依靠改革创新，实现有质量有效益可持续的发展。一是强化自主创新，培育核心竞争力和价值创造力。二是加强国际一流人才队伍建设，抢占未来发展制高点。三是推进资源优化整合，加大投入，增强超前研究与再创新能力。四是借助市场化和资本运作，建立全球研发能力。通过一系列措施的实施与保障，中国石油物探将向陆上物探技术领先者转变迈出更加坚实的一步。